Bernhard Welz

Atomabsorptions-spektrometrie

verlag chemie

Bernhard Welz

Atomabsorptions-spektrometrie

Dritte, völlig neu bearbeitete Auflage

verlag chemie
Weinheim
Deerfield Beach, Florida
Basel

Dr. Bernhard Welz
Bodenseewerk Perkin-Elmer & Co GmbH
Postfach 11 20
D-7770 Überlingen

Verlagsredaktion: Dr. Hans F. Ebel
Herstellerische Betreuung: Dipl.-Wirt.-Ing. (FH) Myriam Nothacker

Dieses Buch enthält 140 Abbildungen und 51 Tabellen.

CIP-Kurztitelaufnahme der Deutschen Bibliothek

Welz, Bernhard:
Atomabsorptionsspektrometrie / Bernhard Welz. – 3., völlig neu bearb. Aufl. –
Weinheim ; Deerfield Beach, Florida ; Basel : Verlag Chemie, 1983.
ISBN 3-527-26073-0

Satz und Druck: Schwetzinger Verlagsdruckerei GmbH, D-6830 Schwetzingen
Bindung: Klambt-Druck GmbH, D-6720 Speyer
Printed in the Federal Republic of Germany

Vorwort zur 3. Auflage

In den acht Jahren seit der Fertigstellung der zweiten Auflage dieser Monographie hat die Atomabsorptionsspektrometrie eine wesentliche Entwicklung durchgemacht. Dies gilt nicht so sehr für die Flammen-AAS, die sich heute in praktisch allen Bereichen der Elementanalytik als Routineverfahren etabliert hat, als vielmehr für die anderen AAS-Techniken. Während die Flammen-AAS wegen ihrer Zuverlässigkeit im mg/L-Bereich vielfach schon Eingang in die Normung gefunden hat, wurde der Graphitrohrofen- und Hydrid-AAS zum Teil noch vor wenigen Jahren die Fähigkeit abgesprochen, im µg/L- und ng/L-Bereich überhaupt richtige Resultate zu liefern.

Die von zahlreichen Analytikern mit diesen Techniken beobachteten Schwierigkeiten beruhten teils auf Unzulänglichkeiten der verwendeten Geräte, teils auf der nicht optimalen Verwendung der Verfahren, da die Bedeutung einiger Parameter nicht erkannt wurde. Hinzu kommen die allgemeinen Probleme der Spuren- und Ultraspurenanalyse, die mit diesen Techniken der AAS zugänglich werden.

Heute sind die Ursachen der meisten Störungen ebenso bekannt wie Möglichkeiten zu ihrer Vermeidung. Auch wenn noch nicht alle anwendungstechnischen Probleme gelöst sind, so ist doch der Weg dazu vorgezeichnet.

In der AAS gibt es demnach heute neben der Flammen-Technik gleichberechtigt die Graphitrohrofen-, die Hydrid- und die Kaltdampf-Technik. Die Einsatzschwerpunkte dieser neueren Verfahren liegen in der Spuren-, Ultraspuren- und Mikrospurenanalyse. Jede dieser Techniken arbeitet mit eigenen Atomisierungseinrichtungen, hat ihre besonderen Atomisierungs- und Interferenzmechanismen und natürlich auch ihre bevorzugten Einsatzgebiete. In dieser dritten Auflage werden daher die einzelnen Techniken konsequent getrennt behandelt, wo immer sich dies als sinnvoll erwies.

Das bedingte die Neufassung zahlreicher Kapitel. So werden in Kapitel 3 jetzt nur noch die Atomisierungseinrichtungen, ihre historische Entwicklung und die durch die verschiedenen Techniken bedingten Besonderheiten behandelt. Dafür wurde ein neues Kapitel 8 eingeführt, in dem für jede der Techniken die Atomisierungs- und Interferenzmechanismen ausführlich diskutiert werden. Weiterhin erscheinen hier die jeweils typischen Störungen und die Möglichkeiten zu deren Vermeidung. Die Klassifizierung der Interferenzen und ihre allgemeine Diskussion sind Gegenstände des vorausgehenden Kapitels 7. In diesem Kapitel wird auch der Einsatz des Zeeman-Effekts zur Untergrundkorrektur ausführlich besprochen, und zwar die theoretischen Aspekte ebenso wie die verschiedenen Ausführungsformen der Methode mit ihren Vor- und Nachteilen in der praktischen Anwendung. Bei der Besprechung der einzelnen Elemente und der speziellen Anwendungen werden alle Techniken, soweit sie anwendbar sind, gegeneinander abgewogen.

Neu aufgenommen wurde auch eine ausführliche Diskussion der Spuren- und Ultraspurenanalytik, weil die neueren AAS-Techniken zu den empfindlichsten Verfahren für die Elementbestimmung gehören. Auch die direkte Festprobenanalyse wird besprochen, die besonders mit der Graphitrohrofen-Technik möglich geworden ist. Neu ist in dem Kapitel über spezielle Anwendungen auch ein Abschnitt über Umweltanalytik, in dem die aktuellen Fragen der Luft-, Abwasser- und Klärschlammanalyse erörtert werden.

Von verwandten Analysenverfahren wurde besonders die Atomemissionsspektrometrie mit dem induktiv gekoppelten Argonplasma (ICP) berücksichtigt, da sie häufig als Konkurrenzverfahren zur Flammen-AAS gesehen wird. Auf eine zu breite Behandlung dieses Themas mußte allerdings verzichtet werden.

Auch die Graphitrohrofen-Atomemissionsspektrometrie wurde mit aufgenommen, obwohl sie – ähnlich wie die Atomfluoreszenzspektrometrie – praktisch kaum genutzt wird.

Schließlich wurden Begriffe, Nomenklatur und Meßgrößen auf den neuesten Stand gebracht, was sich auch in dem etwas geänderten Titel dieser Monographie äußert. Insbesondere wurden die internationalen Regeln für die chemische Nomenklatur und Terminologie sowie das Gesetz über Einheiten im Meßwesen berücksichtigt. An die Stelle der früher üblichen „Gewichts-%“ ist der Massenanteil (in %) getreten.

Wesentlichen Anteil an der Klärung und Definition der Begriffe in der Atomabsorptionsspektrometrie hat der DIN-Arbeitskreis NMP 815 unter der fachkundigen Leitung von Herrn Dr. HANS MASSMANN. Bis zu seinem Tode hat Herr MASSMANN, dem ich zahlreiche Anregungen verdanke, an der Vollendung der Norm 52 401 gearbeitet, und die Jahre meiner Tätigkeit in diesem Ausschuß waren auch für die Gestaltung dieser neuen Auflage äußerst fruchtbar.

Ich danke auch allen Lesern, die mir geschrieben haben, nachdem sie auf Fehler in der zweiten Auflage gestoßen waren. Sie haben wesentlich zur Verbesserung des Werkes beigetragen. Besonders danken möchte ich Sir ALAN WALSH, der im theoretischen und apparativen Teil auf einige Fehler aufmerksam machte und zahlreiche Verbesserungen und Präzisierungen vorschlug.

Die vielen neuen Zeichnungen wurden von Herrn E. KLEBSATTEL mit bewährter Sorgfalt und Genauigkeit angefertigt. Ihm möchte ich ebenso danken wie Herrn J. STORZ für die Entwürfe zur Gestaltung des Umschlags.

Meersburg, im Februar 1983 BERNHARD WELZ

Vorwort zur 2. Auflage

Die Atom-Absorptions-Spektroskopie hat in den letzten Jahren durch die flammenlose Atomisierung im Graphitrohrofen eine Fülle neuer Impulse erhalten. An erster Stelle sei dabei die um zwei bis drei Größenordnungen gesteigerte Empfindlichkeit genannt; dadurch wurde es möglich, den stetig steigenden Anforderungen auf den verschiedensten Gebieten der Analytik gerecht zu werden, ohne auf zeitraubende Anreicherungsschritte ausweichen zu müssen. Darüber hinaus wurden der Atom-Absorptions-Spektroskopie neue Gebiete erschlossen, die bisher nur von wesentlich aufwendigeren Analysenverfahren bedient werden konnten.

In der zweiten Auflage wurde dieser Entwicklung voll Rechnung getragen; so wurde der Abschnitt Atomisierung konsequent in zwei Kapitel getrennt, die „Atomisierung in Flammen“ und die „Atomisierung ohne Flammen“. Dabei wurde versucht, die meist völlig anders gearteten Mechanismen in der Graphitrohrküvette so gut wie möglich herauszuarbeiten. Dies ist allerdings nicht immer einfach, da die Untersuchungen über die Vorgänge während der thermischen Vorbehandlung und der Atomisierung im Graphitrohr eben erst begonnen haben.

Über diesen speziellen Abschnitt hinaus wurde die flammenlose Atom-Absorptions-Spektroskopie auch in allen anderen Kapiteln berücksichtigt und besonders die Abschnitte über Methodik, die einzelnen Elemente und die speziellen Anwendungen entsprechend überarbeitet und erweitert. Es muß allerdings betont werden, daß die Publikationen auf diesem Gebiet immer noch recht gering und zum Teil widersprüchlich sind. Daher sind auch relativ viel persönliche Meinungen und Erfahrungen mit verarbeitet, die vielleicht im Laufe der Zeit hier oder da einer gewissen Revision bedürfen.
Schließlich wurden die neueren Publikationen bis etwa Ende 1974 in allen Abschnitten berücksichtigt und das Literaturverzeichnis um mehr als 60% erweitert. Erwähnenswert sind in diesem Zusammenhang die Entwicklungen bei den elektrodenlosen Entladungslampen und dem Untergrundkompensator, wobei letzterer im Zuge der flammenlosen Atomisierung besonders an Bedeutung gewonnen hat. Unter den Techniken zur Probenaufgabe verdient neben dem DELVES-System und seinen Varianten das Hydrid-System besondere Beachtung, bei dem Elemente, die kovalente Hydride bilden, gasförmig in die Flamme oder ein geheiztes Rohr eingebracht werden.
Schließlich wurden auch die Probleme, die bei der direkten Analyse fester Proben auftreten, besonders wieder im Zusammenhang mit der Atomisierung im Graphitrohr in einem gesonderten Abschnitt diskutiert. Weiterhin wurden einige neuere Aufschlußtechniken bei den speziellen Anwendungen etwas ausführlicher besprochen, da sie mit Sicherheit das Arbeiten in der Atom-Absorptions-Spektroskopie erleichtern.
Insgesamt ist damit diese gründlich überarbeitete und erweiterte 2. Auflage wieder auf dem neuesten Stand, nicht nur was die flammenlose Atom-Absorptions-Spektroskopie anbetrifft. Wesentlich dazu beigetragen hat wieder Herr E. Klebsattel, der das gesamte Bildmaterial überarbeitet und eine Reihe neuer Abbildungen gezeichnet hat. Wichtige Anregungen bekam ich auch von Herrn Dr. W. Witte, der sich sehr intensiv mit den Problemen der Atomisierung im Graphitrohr befaßt hat. Danken möchte ich auch denjenigen aufmerksamen Lesern, die mich auf Fehler in der 1. Auflage hingewiesen haben. Nachdem auch die 2. Auflage trotz aller Bemühungen sicherlich nicht ganz fehlerfrei sein wird, freue ich mich auch in Zukunft über jeden Hinweis auf Irrtümer oder über Vorschläge für Verbesserungen.

Meersburg, Mai 1975 Dr. Bernhard Welz

Vorwort zur 1. Auflage

Die Atom-Absorptions-Spektroskopie hat sich während der sechziger Jahre rasch zu einer universell einsetzbaren, hoch selektiven und empfindlichen Analysenmethode entwickelt, die heute in allen Sparten der Analytik Anwendung findet. Entsprechend zahlreich sind die Publikationen, die sich mit dieser Methode befassen. Erstaunlicherweise gibt es jedoch bis heute kein zusammenfassendes Werk in deutscher Sprache zu diesem Thema; die vorliegende Monographie soll diese Lücke schließen.
Um möglichst viel Information auf knappem Raum bieten zu können, wurde die Problematik überall da nur kurz angeschnitten, wo es dem Leser leicht fällt, andere ausführliche

Quellen heranzuziehen. Dieses Prinzip wurde ganz konsequent in dem Kapitel über spezielle Anwendungen eingesetzt, wo detaillierte Informationen für alle Einsatzmöglichkeiten sicher den Rahmen dieser Monographie gesprengt hätten; die Anwendungsbeispiele werden hier nur kurz diskutiert, statt dessen wird tabellarisch auf die einschlägige Literatur verwiesen. Darüber hinaus stehen heute umfangreiche Methodensammlungen mit gut ausgearbeiteten Vorschriften zur Verfügung. Aber auch der einführende theoretische Teil bringt die physikalisch-spektroskopischen Grundlagen der Atom-Absorptions-Spektroskopie nur so weit, wie es für das Verständnis der Zusammenhänge erforderlich ist. Hier stehen zur weiteren Information zahlreiche Lehrbücher der Physik oder der physikalischen Chemie zur Auswahl.

Dadurch sollte die Lesbarkeit des Buches erhöht werden, ohne einerseits auf wesentliche Informationen zu verzichten oder andererseits zu ausführlich zu werden; die enge Verflechtung zwischen Theorie und praktischer Anwendung sollte dem gleichen Zweck dienen.

Da die Atom-Absorptions-Spektroskopie eine noch relativ junge Analysenmethode ist, kann die vorliegende Monographie nicht durchweg auf dem allerneuesten Stand sein. Während in der Flammen-Atom-Absorption eine relative Beruhigung eingetreten ist, hat in dem Jahr seit der Fertigstellung des Manuskripts die flammenlose Atom-Absorption eine stürmische Aufwärtsentwicklung durchgemacht, deren Ende noch nicht abzusehen ist. Später wäre es daher sicher angebracht, dieser Technik einen breiteren Raum zu widmen und etwa das Kapitel Interferenzen um jüngste Erkenntnisse zu erweitern. Während die von der Flamme her bekannten Störungen in der Graphitrohrküvette praktisch nicht zu beobachten sind, können hier erhebliche Schwierigkeiten auftreten, wenn das interessierende Element mit einem Matrix-Bestandteil eine leicht flüchtige Verbindung bildet. Weiterhin hat sich gezeigt, daß unspezifische Lichtverluste durch Streuung an festen Partikeln im Strahlengang in der flammenlosen Atom-Absorption relativ weit verbreitet sind. Damit ist der Deuterium-Untergrundkompensator bei dieser Technik von entscheidender Bedeutung – zumal bei den ballistischen Signalen der flammenlosen Atom-Absorption das unspezifische Signal meist sehr schwer reproduzierbar und daher kaum durch nachträgliche Messung eliminierbar ist.

Schließlich haben sich erste Anhaltspunkte ergeben, daß möglicherweise Plasmen in der Atom-Absorptions-Spektroskopie erheblich an Bedeutung gewinnen könnten. Es wurden flammenähnliche Plasmen geeigneter Temperatur beschrieben, die wegen ihrer praktisch völlig inerten Atmosphäre vor allem bei der Bestimmung refraktärer Elemente von Nutzen sein könnten. Abschließend möchte ich es nicht versäumen, all denen zu danken, die direkt oder indirekt zum Gelingen dieses Buches beigetragen haben, auch wenn sie nicht namentlich erwähnt sind.

Herr Dr. H. Stenz hat sich bereitgefunden, einen großen Teil des Manuskripts durchzusehen, und hat in zahlreichen Diskussionen viel zur Klärung der physikalischen und theoretischen Aspekte beigetragen. Besonders danken möchte ich auch Herrn E. Klebsattel für die sehr sorgfältige und gewissenhafte Anfertigung der zahlreichen Abbildungen.

Meersburg, Februar 1972 Dr. Bernhard Welz

Inhaltsverzeichnis

1 Einführung

Atomabsorptionsspektrometrie ist die Messung einer Absorption von optischer Strahlung durch Atome im Gaszustand.

1.1 Geschichte

Das Phänomen der Strahlungsabsorption wurde schon Anfang des 18. Jahrhunderts, hauptsächlich an Kristallen und Flüssigkeiten, untersucht. Dabei wurde beobachtet, daß die ursprüngliche Bestrahlungsstärke in drei Komponenten zerfällt, in reflektierte, in durchgelassene und in absorbierte Strahlung. LAMBERT [723] fand 1760, fußend auf Experimenten von BOUGUER [147], daß die von einer planparallelen Schicht eines homogenen Mediums hindurchgelassene Strahlungsmenge abhängig ist von der Dicke d dieser Schicht. Außerdem ist das Verhältnis der Intensitäten der durchgegangenen Strahlung I_D zu der ursprünglichen Strahlung I_0 von der Bestrahlungsstärke unabhängig.

$$I_D = I_0 \cdot e^{-\varkappa' d} \qquad (1.1)$$

Der Proportionalitätsfaktor $\varkappa'$ ist ein Maß für das Schwächungsvermögen der Schicht und heißt Absorptionskoeffizient.

Handelt es sich bei dem durchstrahlten Medium nicht um einen einheitlichen Stoff, sondern um die Lösung eines absorbierenden Stoffes in einem nicht absorbierenden Medium, so ist der Absorptionskoeffizient der Konzentration c proportional.

$$\varkappa' = k' \cdot c \qquad (1.2)$$

Das Gesetz von LAMBERT erfuhr durch BEER [95] eine eingehende Prüfung und wird heute meist in der Form

$$A \equiv \log \frac{I_0}{I_D} = k \cdot c \cdot d \qquad (1.3)$$

verwendet. Es besagt, daß die Extinktion A (bzw. der Logarithmus der reziproken Durchlässigkeit) der durchstrahlten Schichtdicke und der Konzentration des absorbierenden Stoffes proportional ist.

Die Geschichte der Absorptionsspektrometrie ist eng verbunden mit der Beobachtung des Sonnenlichts [1248]. Bereits 1802 wurden von WOLLASTONE die schwarzen Linien im Sonnenspektrum entdeckt, die später von FRAUNHOFER eingehend untersucht wurden. BREWSTER äußerte 1820 die Ansicht, daß diese FRAUNHOFERschen Linien durch Absorptionsvorgänge in der Sonnenatmosphäre hervorgerufen werden. Die grundlegenen Zusammenhänge haben KIRCHHOFF und BUNSEN während ihrer systematischen Untersuchungen der Linienumkehr in Alkali- und Erdalkali-Spektren erarbeitet [648–651]. Sie haben eindeutig nachgewiesen, daß die von Natriumsalzen in einer Flamme emittierte typische gelbe

Linie identisch ist mit der schwarzen D-Linie des Sonnenspektrums; Abb. 1 zeigt die historische Versuchsanordnung.

Den Zusammenhang zwischen Emission und Absorption formulierte KIRCHHOFF in seinem allgemein gültigen Gesetz, daß jede Materie auf *der* Wellenlänge Strahlung absorbieren kann, auf der sie auch selbst Strahlung emittiert.

PLANCK (1900) stellte schließlich das Gesetz der quantenhaften Absorption und Emission der Strahlung auf, nach dem ein Atom nur Strahlung eindeutig gegebener Wellenlänge (Frequenz) absorbieren, d. h. nur bestimmte Energiebeträge ε aufnehmen und auch wieder abgeben kann.

$$\varepsilon = h\nu = \frac{hc}{\lambda} \tag{1.4}$$

Darin sind für jede Atomart besondere Werte von ε und ν charakteristisch.

Fällt kontinuierliche Strahlung auf ein z. B. Natrium oder Quecksilberdampf enthaltendes Quarzgefäß, so beobachtet man nach spektraler Zerlegung der durch das Gefäß hindurchgegangenen Strahlung das volle, kontinuierliche Spektrum der Strahlungsquelle mit Ausnahme einer schmalen Linie, die als schwarze Unterbrechung sichtbar ist. Diese „schwarze" Linie ist für das Material des Dampfs charakteristisch und liegt für Natrium bei 589,2 nm im sichtbaren und für Quecksilber bei 253,6 nm im ultravioletten Spektralbereich.

Beobachtet man das mit kontinuierlicher Strahlung bestrahlte Quarzgefäß senkrecht zur Strahlungsrichtung, so stellt man fest, daß von den in dem Gefäß enthaltenen Atomen nur eine einzige Wellenlänge wieder ausgestrahlt wird, und zwar genau die, die in dem Spektrum der durchfallenden Strahlung als schwarze Unterbrechung erschienen ist.

Es hat sich gezeigt, daß nicht nur die gleiche Wellenlänge ausgestrahlt wird, die absorbiert wurde, sondern auch diesselbe Strahlungsmenge. Man spricht daher von „Resonanzfluoreszenz". 1913 stellte BOHR basierend auf diesen und zahlreichen anderen Beobachtungen sein Atommodell auf, dessen Grundlage war, daß Atome nicht in beliebigen Energiezuständen

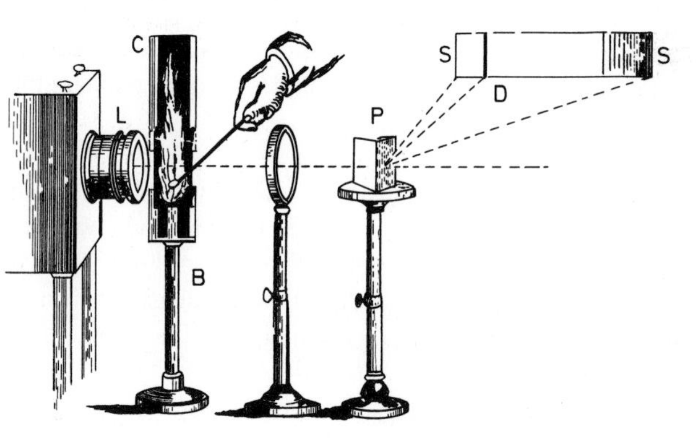

Abb. 1 Versuchsaufbau von KIRCHHOFF und BUNSEN zur Untersuchung der Linienumkehr im Natriumspektrum (nach [1248]). – Die durch die Linse L gebündelte Strahlung einer kontinuierlichen Strahlungsquelle durchstrahlt die Flamme eines Bunsenbrenners B, in die mit Hilfe eines Löffels Natriumchlorid eingebracht wird. Das durch das Prisma P spektral zerlegte Strahlungsbündel wird auf dem Schirm S beobachtet. Die Natrium-D-Linie tritt dabei als schwarze Unterbrechung in dem sonst kontinuierlichen Spektrum auf

existenzfähig sind, sondern nur in ganz bestimmten, die sich um ganze Quantenzahlen voneinander unterscheiden.

Nach Aufnahme eines Energiequants ist das Atom in einen besonderen, energiereicheren Zustand übergegangen, in dem es die aufgenommene Strahlungsenergie „enthält". Später (genauer nach einer Verweilzeit von 10^{-9} bis 10^{-7} s) kann es diese Energie dann wieder ausstrahlen – als Resonanzfluoreszenz-Quant – und so in den Normalzustand zurückkehren.

Obwohl KIRCHHOFF schon um das Jahr 1860 das Prinzip der Atomabsorption erkannt hat und in den folgenden Jahrzehnten die theoretischen Grundlagen immer weiter ausgebaut wurden, ist die praktische Bedeutung dieses Verfahrens lange nicht erkannt worden.

Seit den Arbeiten von KIRCHHOFF wurde das Prinzip der Atomabsorption lediglich von einigen Astronomen zur Bestimmung der Metallkonzentration in der Atmosphäre von Sternen verwendet. Nur sehr vereinzelt wurden auch chemische Analysen nach diesem Prinzip durchgeführt; eine begrenzte Bedeutung fand dabei die Bestimmung von Quecksilberdampf [1354]. Das eigentliche Geburtsjahr der modernen AAS ist das Jahr 1955. WALSH [1282] sowie ALKEMADE und MILATZ [33][34] brachten unabhängig voneinander Veröffentlichungen, in denen die Atomabsorptionsspektrometrie als ein generell anwendbares Analysenverfahren vorgeschlagen wurde.

In den folgenden Jahren haben dann hauptsächlich WALSH und Mitarbeiter bei der C.S.I.R.O.*) die Atomabsorption zu einer quantitativen Analysentechnik hoher Empfindlichkeit und Selektivität ausgebaut. WALSH gebührt das Verdienst, sowohl die theoretischen Grundlagen als auch die praktische Anwendung und die apparativen Prinzipien umfassend erarbeitet zu haben.

1.2 Atomspektren

Es wurde schon erwähnt, daß ein Atom nur ganz bestimmte Energiebeträge aufnehmen und auch wieder abgeben kann und daß das Atom nach Aufnahme eines Energiequants in einen besonderen, energiereichen oder „angeregten" Zustand übergeht. Bei Rückkehr in energieärmere Zustände gibt das Atom die aufgenommene Energie dann meist in Form von Strahlung wieder ab.

Man unterscheidet zwischen drei verschiedenen Arten der Energieaufnahme bzw. -abgabe bei Atomen, die mit Strahlung verbunden sind:

Regt man Atome thermisch oder elektrisch an, so senden diese die aufgenommene Energie in Form des Emissionsspektrums aus. Erfolgt die Anregung durch optische Strahlung, so nehmen die Atome nur genau definierte Energiebeträge (d. h. Strahlung bestimmter Frequenz) auf, und man beobachtet das Absorptionsspektrum. Die auf diese Weise aufgenommene Energie wird in Form des Fluoreszenzspektrums wieder abgegeben.

Wenn es in einem Atom nur *einen* angeregten Zustand gäbe, so könnte auch nur eine einzige Emissions-, Absorptions- oder Fluoreszenzlinie auftreten. Dies ist aber, wie das Experiment zeigt, nicht der Fall. Betrachtet man das Absorptionsspektrum eines Atoms, so findet man eine Vielzahl von Linien, die offenbar gesetzmäßig aufeinander folgen. Nach kürzeren Wellen hin erscheinen die Linien in immer engeren Abständen und nehmen regelmäßig an Intensität ab, bis schließlich eine „Konvergenzstelle", d. h. eine Häufungsstelle

* C.S.I.R.O. = Commonwealth Scientific and Industrial Research Organization, Australien.

auftritt, jenseits der man keine Linien mehr beobachtet, sondern eine kontinuierliche Absorption.

Im Absorptionsspektrum des Natrium z. B. (s. Abb. 2a) ist es bis jetzt gelungen, 57 Absorptionslinien zu beobachten und zu vermessen. Das Emissionsspektrum (Abb. 2b), das bei Anregung durch eine Glimmentladung, durch eine Flamme oder einen Lichtbogen entsteht, ist schließlich noch wesentlich linienreicher und scheint vor allem nicht die Gesetzmäßigkeiten des Absorptionsspektrums aufzuweisen.

In einem Atom sind zahlreiche Energiezustände und damit zahlreiche spektrale Übergänge in Absorption und Emission möglich. Um diese anschaulich darzustellen, bedient man sich gerne des sog. „Termschemas" (vgl. Abb. 3).

Jede Spektrallinie läßt sich als Differenz zweier Atomzustände oder „Terme" ν auffassen.

$$\frac{1}{\lambda} = \tilde{\nu}_k - \tilde{\nu}_j \tag{1.5}$$

Die Termdifferenzen sind die mit $1/h \cdot c$ multiplizierten Energiedifferenzen der Anregungszustände des Atoms.

$$\tilde{\nu}_k - \tilde{\nu}_j = \frac{1}{h \cdot c} (E_k - E_j) \tag{1.6}$$

Die verschiedenen Zustände in einem Atom lassen sich unter den hier interessierenden Bedingungen mit Hilfe von drei Quantenzahlen, der Hauptquantenzahl n, der Nebenquantenzahl L und der „inneren" Quantenzahl J eindeutig beschreiben. In Tab. 1 sind als Beispiel die in einem Alkalispektrum möglichen Terme zusammengestellt.

Für das Zustandekommen eines Spektrums ist es noch erforderlich zu wissen, welche dieser Terme durch optische Übergänge in Absorption (oder Emission) „kombinieren", das heißt, verbunden werden können. Hierfür gibt es Auswahlregeln, die zum Beispiel für die

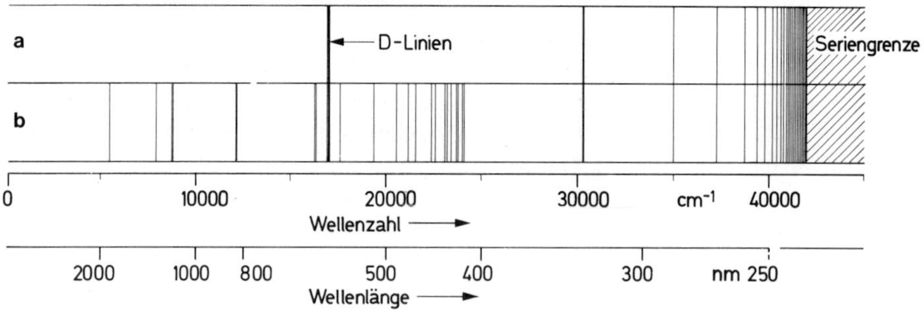

Abb. 2 a) Absorptions- und b) Emissionsspektrum des Natriums. – Bei den üblicherweise für Absorptionsmessungen verwendeten Temperaturen befindet sich die überwiegende Mehrzahl ($\approx 99{,}9\%$) der gebildeten Atome im Grundzustand. Es können daher in Absorption praktisch nur solche Übergänge auftreten, die von diesem Grundzustand ausgehen („Hauptserie"). Bei thermischer oder elektrischer Anregung von Natriumatomen können dagegen alle möglichen Anregungszustände erreicht werden, von denen aus die Emission der Haupt- und aller „Nebenserien" möglich ist. Die Überlagerung dieser Serien führt zu dem beobachteten Linienreichtum des Emissionsspektrums

Tabelle 1 Termmöglichkeiten in Alkalispektren*)

	$L = 0$(s)	$L = 1$(p)	$L = 2$(d)	$L = 3$(f)
n = 1	1 s $^2S\frac{1}{2}$			
n = 2	2 s $^2S\frac{1}{2}$	2 p $^2P\frac{1}{2}$; $^2P\frac{3}{2}$		
n = 3	3 s $^2S\frac{1}{2}$	3 p $^2P\frac{1}{2}$; $^2P\frac{3}{2}$	3 d $^2D\frac{3}{2}$; $^2D\frac{5}{2}$	
n = 4	4 s $^2S\frac{1}{2}$	4 p $^2P\frac{1}{2}$; $^2P\frac{3}{2}$	4 d $^2D\frac{3}{2}$; $^2D\frac{5}{2}$	4 f $^2F\frac{5}{2}$; $^2F\frac{7}{2}$
n	n s $^2S\frac{1}{2}$	n p $^2P\frac{1}{2}$; $^2P\frac{3}{2}$	n d $^2D\frac{3}{2}$; $^2D\frac{5}{2}$	n f $^2F\frac{5}{2}$; $^2F\frac{7}{2}$

Alkalispektren in Absorption eine Zunahme der Nebenquantenzahl L um eine Einheit fordern. Die Hauptquantenzahl n kann sich dagegen um jeden Betrag ändern.

In Abb. 3 ist das Termschema des Natriums dargestellt. Der „tiefste" Term ist hier 3s $^2S\frac{1}{2}$, weil das „Leuchtelektron" sich auf der 3s- „Bahn" oberhalb der gefüllten K- ($n = 1$) und L-Schale (n = 2) befindet.

Im normalen Natriumdampf befinden sich bei den hier interessierenden Temperaturen praktisch alle Atome im Grundzustand (s. Abschn. 1.4), d. h. das Leuchtelektron findet sich auf dem 3 s $^2S\frac{1}{2}$-Term. Alle in Absorption auftretenden Linien bestehen daher und auf Grund der Auswahlregeln aus Übergängen von diesem Term aus nach P-Termen hin.

$$3s\,^2S\tfrac{1}{2} \dashrightarrow 3p\,^2P\tfrac{1}{2},\tfrac{3}{2} \text{ (589,593 nm/588,966 nm)}$$
$$3s\,^2S\tfrac{1}{2} \dashrightarrow 4p\,^2P\tfrac{1}{2},\tfrac{3}{2} \text{ (330,294 nm/330,234 nm)}$$
$$3s\,^2S\tfrac{1}{2} \dashrightarrow np\,^2P\tfrac{1}{2},\tfrac{3}{2}$$

Wird dagegen Natriumdampf thermisch (z. B. in einer heißen Flamme) oder elektrisch (z. B. in einer Glimmentladung) angeregt, so können Terme mit beliebigen n und L erreicht werden und es können nun in Emission alle Linien auftreten, die von diesen Termen aus unter Beachtung einiger Auswahlregeln möglich sind. Dabei läßt sich jeder Nebenquantenzahl eine vollständige Emissionsserie zuordnen; da sich diese Emissionsserien überlagern, treten die Gesetzmäßigkeiten der einzelnen Serien auch nicht deutlich hervor.

Daraus ist klar ersichtlich, daß das Emissionsspektrum bei den hier betrachteten Temperaturen wesentlich linienreicher sein muß als das Absorptionsspektrum. Dies gilt besonders für Atome mit mehreren Leuchtelektronen. Während sich die Verhältnisse beim Natrium noch recht einfach darstellen lassen, werden bei komplizierter aufgebauten Atomen besonders die Emissionsspektren sehr komplex.

Die Atomfluoreszenz ist die Umkehrung des Absorptionsvorgangs, d. h., das Fluoreszenzspektrum entsteht durch Abgabe der beim Absorptionsvorgang aufgenommenen Strahlungsenergie.

Fluoreszenzspektren sind in der Regel einfach aufgebaut; sie entsprechen dem Übergang eines Atoms von einem durch Absorption von Strahlungsenergie erzeugten angeregten Zustand in einen niedrigeren Energiezustand bzw. in den Grundzustand. Fluoreszenzlinien besitzen daher üblicherweise die gleiche oder eine niedrigere Frequenz (größere Wellenlänge) als die entsprechende Absorptionslinie. Einzelheiten hierüber sollen in einem späteren Abschnitt diskutiert werden.

---

* Einzelheiten siehe Lehrbücher der Physikalischen Chemie.

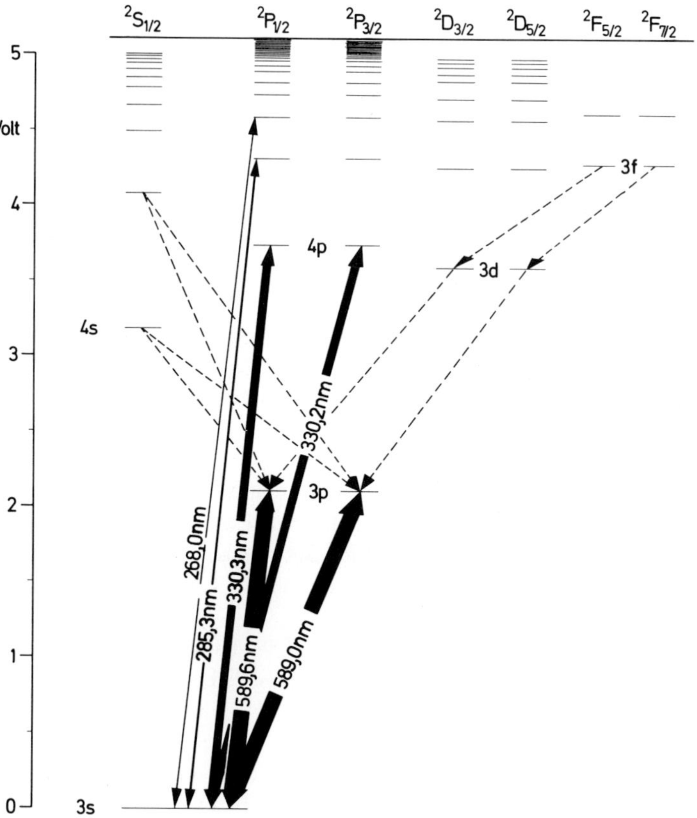

Abb. 3 Termschema des Natriums. – Die mit Doppelpfeilen versehenen, durchgezogenen Linien sind die ersten Übergänge der Hauptserie und treten in Absorption und Emission auf. Die gestrichelten Linien gehören zu den verschiedenen Nebenserien und treten unter den hier interessierenden Temperaturverhältnissen nur in Emission auf. Dickere Übergänge bedeuten stärkere Spektrallinien

1.3 Auswahl der Spektrallinien

Betrachtet man das Termschema des Natriums (Abb. 3), so scheint klar zu sein, daß in Absorption praktisch nur solche Linien auftreten können, die vom Grundterm des neutralen Atoms ausgehen. Diese Linien bezeichnet man als Resonanzlinien, da sie mit optischer Strahlung geeigneter Frequenz in Resonanz treten können bzw. da deren Strahlung von Atomen im Grundzustand absorbiert werden kann. Die intensivste und am leichtesten anregbare Linie sollte die sog. „letzte Linie" sein, die dem Übergang vom Grundzustand in den ersten angeregten Zustand entspricht. Der Name „letzte Linie" rührt daher, daß für den Übergang in den ersten Anregungszustand die geringste Energie erforderlich ist, diese Linie demnach die Absorptionslinie kleinster Frequenz und daher das Ende des Absorptionsspektrums auf der langwelligen Seite darstellt.

Diese klaren Verhältnisse gelten allerdings nur für die Alkali- und Erdalkalimetalle, deren Atome sehr einfach gebaut sind. Für eine Reihe anderer Elemente können auch solche Linien intensiver sein, die einem Übergang des Atoms vom Grundzustand in einen höheren Anregungszustand entsprechen.

Die Atome der Übergangselemente weisen schließlich häufig eine größere Zahl von niedrigen Anregungszuständen oder besser von Grundzuständen etwas erhöhter Energie auf, deren Besetzung von der Temperatur abhängig ist. Über diese Probleme soll in einem späteren Kapitel noch eingehend gesprochen werden. Hier kann nur das Experiment über die Intensitätsverhältnisse entscheiden.

ALLAN [37] [38], DAVID [270] sowie MOSSOTTI und FASSEL [885] untersuchten die Absorptionsspektren zahlreicher Übergangselemente und Lanthaniden mit Hilfe eines Emissionsspektrographen, vor dem eine Flamme montiert war, in der die betreffenden Metalle in hoher Konzentration zugegen waren. Auf diese Weise lassen sich die Intensitäten der Absorptionslinien messen und die empfindlichsten Linien ermitteln.

Im Prinzip läß sich jedes Element mittels Atomabsorption bestimmen, da die Atome eines jeden Elementes anregbar und damit auch zur Absorption fähig sind. Die Grenzen liegen heute praktisch nur auf dem apparativen Sektor. So ist es z. B. schwierig, bei Wellenlängen unterhalb 190–200 nm in dem sog. Vakuum-UV zu messen, da hier der atmosphärische Sauerstoff und besonders die heißen Flammengase zu absorbieren beginnen. In diesem Spektralbereich liegen beispielsweise die Resonanzlinien von Selen (189,1 nm und 196,1 nm) und Arsen (189,0 und 193,7 nm), die mit guten Atomabsorptionsspektrometern noch erfaßbar sind, sowie die Resonanzlinien aller Gase und der typischen Nichtmetalle. Mit etwas modifizierten Geräten und einer abgeschirmten Flamme [654] [669] oder mit einem Graphitrohrofen [779] [780] lassen sich jedoch auch Elemente wie Iod (183,0 nm), Schwefel (180,7 nm) und Phosphor (177,5 nm, 178,3 nm und 178,8 nm) noch befriedigend messen.

Abgesehen von den verbleibenden Nichtmetallen sind alle Metalle und Halbmetalle mit der AAS bestimmbar. Eine Ausnahme bilden lediglich die Elemente Cer und Thorium, die sich bis heute einer Bestimmung mit diesem Analysenverfahren entzogen haben. Die wenigen Hinweise auf eine direkte Messung von Cer bei 522,4 nm bzw. 569,7 nm sind zweifelhaft und die genannten Nachweisgrenzen wenig ermutigend [582]. Erst kürzlich haben L'VOV und PELIEVA [2587] gefunden, daß auf der Linie bei 567,0 nm eine etwas bessere Empfindlichkeit zu erzielen ist und dieses Element vielleicht doch bestimmt werden kann [2577].

In der Natur nicht vorkommende, sowie stark radioaktive Elemente wurden aus naheliegenden Gründen bisher noch nicht untersucht.

1.4 Thermische Anregung

Zunächst sollen die Unterschiede zwischen dem thermischen und dem optischen Anregungsvorgang klargelegt werden, da sich damit die prinzipiellen Unterschiede in den beobachteten Emissions-, Absorptions- und Fluoreszenz-Spektren erklären lassen.

Das Verhältnis der Anzahl Atome N_j, die sich in irgend einem angeregten Zustand j befinden, zu der Anzahl Atome N_0 im Grundzustand ist für nicht zu kleine Temperaturen gegeben durch:

$$\frac{N_j}{N_0} = \frac{P_j}{P_0} \cdot e^{-E_j/kT}\,, \tag{1.7}$$

wobei P_j und P_0 die statistischen Gewichte des angeregten und des Grundzustands, E_j die Anregungsenergie, k die BOLTZMANN-Konstante und T die absolute Temperatur darstellen. Da die Wellenlänge umgekehrt proportional der Anregungsenergie ist (Gl. 1.4), steigt der Anteil angeregter Atome – je nach Lage der betreffenden Resonanzlinie – exponentiell mit größer werdenen Wellenlängen (Abb. 4).

In Gl. (1.7) ist der Exponent umgekehrt proportional der absoluten Temperatur, was einen exponentiellen Anstieg der relativen Zahl N_j/N_0 der angeregten Atome mit steigender Temperatur bedeutet. WALSH [1282] hat das Verhältnis N_j/N_0 für einige Elemente bei verschiedenen Temperaturen berechnet (Tab. 2). Dabei hat sich ergeben, daß N_j stets klein ist gegenüber N_0, d. h. daß die Zahl der angeregten Atome gegenüber der Zahl der Atome im Grundzustand vernachlässigt werden kann, besonders für Temperaturen unter 3000 K und Wellenlängen kleiner als 500 nm.

Damit kann für die Absorption angenommen werden, daß die Zahl der Atome im Grundzustand in erster Näherung identisch ist mit der Gesamtzahl der gebildeten Atome. Das bedeutet, daß die Zahl der Atome im Grundzustand von der Anregungsenergie E_j und von der Temperatur unabhängig ist, falls durch letztere nicht die Gesamtzahl N der vorhandenen Atome beeinflußt wird, z. B. durch chemische Effekte in der Flamme bei Veränderung der

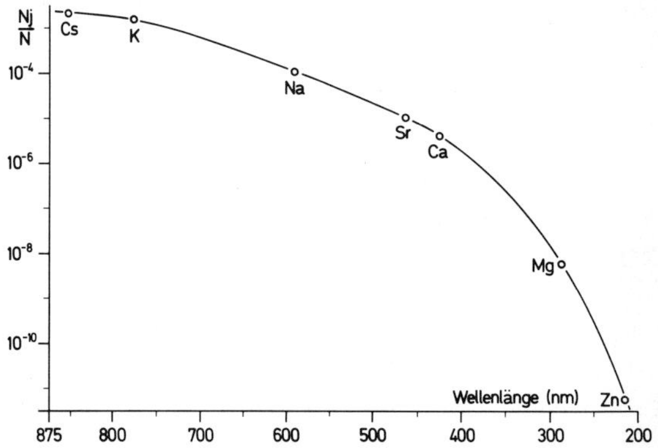

Abb. 4 Für eine gegebene Temperatur steigt mit größer werdener Wellenlänge die Zahl der angeregten Atome N_j exponentiell an. Die in die Kurve eingezeichneten Werte wurden für 2500 K berechnet

Tabelle 2 Temperatur- und Wellenlängen-Abhängigkeit des Verhältnisses N_j/N_0 – nach WALSH [1282]

Element	Resonanzlinie nm	$\frac{P_j}{P_0}$	N_j/N_0 2000 K	3000 K	4000 K
Zn	213,9	3	$7 \cdot 10^{-15}$	$6 \cdot 10^{-10}$	$1 \cdot 10^{-7}$
Ca	422,7	3	$1 \cdot 10^{-7}$	$4 \cdot 10^{-5}$	$6 \cdot 10^{-4}$
Na	589,0	2	$1 \cdot 10^{-5}$	$6 \cdot 10^{-4}$	$4 \cdot 10^{-3}$
Cs	852,1	2	$4 \cdot 10^{-4}$	$7 \cdot 10^{-3}$	$3 \cdot 10^{-2}$

Gaszusammensetzung. Dieser Einfluß der Temperatur auf die Gesamtzahl der Atome, d. h. auf die Effektivität der Atomisierung, soll in einem späteren Kapitel noch ausführlich behandelt werden; er hat jedoch nichts mit der Aussage der Gl. (1.7) zu tun. Ändert sich die Gesamtzahl N der gebildeten Atome, so beeinflußt dies N_0 und N_j gleichermaßen. Das führt in der Praxis zu einer prozentual gleichen Schwächung sowohl der Emissions- als auch der Absorptionslinie; das Verhältnis N_j/N_0 wird davon jedoch nicht berührt.

1.5 Absorptionskoeffizient

Freie Atome im Grundzustand sind in der Lage, Strahlungsenergie genau definierter Frequenz (Lichtquanten $h\nu$) zu absorbieren und dabei in einen angeregten Zustand überzugehen. Die insgesamt pro Zeit- und Volumeneinheit absorbierte Energie ist dabei proportional der Anzahl N freier Atome pro Volumeneinheit, der Strahlungsenergie $h \cdot \nu_{jk}$ und der spektralen Bestrahlungsstärke S_ν auf der Resonanzfrequenz

$$E_{\text{abs}} = B_{jk} \cdot NS_\nu \cdot h\nu_{jk} \,. \tag{1.8}$$

Der Proportionalitätsfaktor B ist der EINSTEINsche Wahrscheinlichkeitskoeffizient der Absorption für den Übergang $j \rightarrow k$. Das Produkt $B_{jk} \cdot S_\nu$ ist ein Ausdruck für den Bruchteil aller im Grundzustand vorhandenen Atome, die ein Photon der Energie $h \cdot \nu_{jk}$ pro Zeiteinheit absorbieren.

Pro Zeiteinheit tritt eine Strahlungseinheit von $c \cdot S_\nu$ (c = Lichtgeschwindigkeit) bzw. $c \cdot S_\nu/h\nu$ Photonen durch das Einheitsvolumen. Der Bruchteil Photonen, der davon durch Atome im Grundzustand absorbiert wird, ist proportional der Gesamtzahl N der freien Atome und dem „Wirkungsquerschnitt" eines Atoms, dem sog. Absorptionskoeffizient $\varkappa_{jk}$. Die insgesamt pro Volumeneinheit absorbierte Energie kann daher auch ausgedrückt werden als Produkt der Anzahl absorbierter Photonen und deren Energie.

$$E_{\text{abs}} = \varkappa_{jk} \cdot N \cdot c \cdot S_\nu \tag{1.9}$$

Durch Gleichsetzen der Energien in Gl. (1.8) und (1.9) ergibt sich für den Absorptionskoeffizienten:

$$\varkappa_{jk} = \frac{h \cdot \nu}{c} \cdot B_{jk} \tag{1.10}$$

Ein Atom kann auch als oszillierender elektrischer Dipol betrachtet werden, wobei die um den Kern umlaufenden Elektronen die mit der Strahlung im Gleichgewicht befindlichen Oszillatoren darstellen. Diese können im elektromagnetischen Feld optischer Strahlung zu einer Bewegung höherer Frequenz angeregt werden.

Gemäß den Gesetzen der Elektrodynamik kann die durch einen solchen harmonischen Oszillator insgesamt pro Zeiteinheit absorbierte Energie ausgedrückt werden durch

$$E_{\text{abs}} = f\,\frac{\pi e^2}{m} \cdot S_\nu \tag{1.11}$$

wobei e die Elektronenladung und m die Masse eines Elektrons darstellen. f ist ein dimensionsloser Faktor, die sog. Oszillatorstärke, der nichts anderes darstellt als die effektive Zahl klassischer Elektronenoszillatoren, die dem Absorptionseffekt eines Atoms für den Übergang $j \rightarrow k$ entsprechen. Vereinfacht dargestellt bedeutet f die durchschnittliche Anzahl Elektronen pro Atom, die durch die einfallende Strahlung ν_{jk} angeregt werden können.

Durch Gleichsetzen der Energien in (1.8) und (1.11) ergibt sich – unter Berücksichtigung der Tatsache, daß Gl. (1.11) für 1 Atom angesetzt ist – für den Absorptionskoeffizienten

$$\varkappa_{jk} = \frac{\pi e^2}{m c} \cdot f_{jk} \,. \tag{1.12}$$

Der Absorptionskoeffizient $\varkappa$ hat die Dimension einer Fläche (wie für einen Wirkungsquerschnitt zu erwarten) und ist ein Maß für die Strahlungsmenge der Frequenz ν, die von einem Atom absorbiert werden kann.

In der Praxis ist es bequemer, anstelle des auf ein Atom bezogenen Absorptionskoeffizienten $\varkappa$ den auf die Volumeneinheit bezogenen Absorptionskoeffizienten κ (Dimension: Länge^{-1}) zu verwenden.

$$\kappa_{jk} = N \cdot \varkappa_{jk} \,. \tag{1.13}$$

Gl. (1.12) erscheint dann in der Form:

$$\kappa_{jk} = \frac{\pi e^2}{m c} \cdot N \cdot f_{jk} \,. \tag{1.14}$$

Hier stellt nun κ_{jk} die auf die Volumeneinheit bezogene Wahrscheinlichkeit für eine Strahlungsabsorption, eine meßbare Größe dar. Auf der anderen Seite der Gleichung finden wir neben einer eindeutig berechenbaren Konstanten zwei Unbekannte, nämlich die

Tabelle 3 Absolute Oszillatorstärke f für einige spektrale Übergänge – nach L'vov [778]

Element	Resonanzlinie nm	Übergang	f
Ag	328,1	$5\,^2S_{1/2} - 5\,^2P_{3/2}$	0,31
Be	234,9	$2\,^1S_0 - 2\,^1P_1$	0,62
Bi	306,8	$6\,^4S_{3/2} - 7\,^4P_{1/2}$	0,077
Cd	228,8	$5\,^1S_0 - 5\,^1P_1$	1,3
Ga	287,4	$4\,^3P_{1/2} - 4\,^2D_{3/2}$	0,19
In	303,9	$5\,^2P_{1/2} - 5\,^2D_{3/2}$	0,27
Pb	283,3	$6\,^3P_0 - 7\,^3P_1$	0,19
Sb	231,1	$5\,^4S_{3/2} - 6\,^4P_{1/2}$	0,042
Sn	286,3	$5\,^3P_0 - 6\,^3P_1$	0,11
Te	225,9	$5\,^3P_2 - 6\,^5S_2$	0,0018
Tl	276,8	$6\,^2P_{1/2} - 6\,^2D_{3/2}$	0,29
Zn	307,6	$4\,^1S_0 - 4\,^3P_1$	0,00013

Gesamtzahl N der Atome pro Volumeneinheit und schließlich die Oszillatorstärke f. Läßt sich N messen, so kann auf diese Weise f berechnet werden. Andererseits kann bei bekanntem f die Absolutzahl N an freien Atomen berechnet werden. Dieses ursprünglich von WALSH [1282] vorgeschlagene Verfahren wurde von verschiedenen Autoren erfolgreich zur Bestimmung von f herangezogen [777] [778] [1074] [1269] [1270]. In Tabelle 3 sind einige typische Werte für die Oszillatorstärke f zusammengestellt.

In der Absorption wird also die Energie durch ein Lichtquant angeregt, ein Tempraturfaktor ist nicht vorhanden, und der Absorptionskoeffizient wird bestimmt durch das Produkt aus der Gesamtzahl der pro Volumeneinheit vorhandenen freien Atome und der Oszillatorstärke der Resonanzlinie.

1.6 Linienbreite

Im vorausgegangenen Abschnitt wurde häufig von der Frequenz ν_{jk} der Resonanzlinie und auch von der Bestrahlungsstärke S_{jk} auf der Resonanzfrequenz gesprochen. Dabei wurde jedoch nichts über die Dimension ausgesagt, es wurde vielmehr stillschweigend angenommen, daß die spektrale Bestrahlungsstärke S_ν in einem endlichen Frequenzintervall $\Delta\nu$ konstant ist und daß die Frequenz ν_{jk} in diesem Intervall liegt.

Der in Gl. (1.12) gegebene Ausdruck für den Absorptionskoeffizienten stellt für eine endlich breite Spektrallinie ein Integral über die Linienbreite (oder das Frequenzintervall) dar:

$$\varkappa_{jk} = \int \varkappa_\nu \cdot d\nu \,. \tag{1.15}$$

WALSH zeigte, daß die natürliche Breite einer Resonanzlinie, bedingt durch die Wahrscheinlichkeitsverteilung auf jedem Energieniveau bzw. die HEISENBERGsche Unschärferelation, in der Größenordnung von 10^{-5} nm ist. Dieser natürlichen Linienbreite steht die tatsächliche gegenüber, die durch verschiedene Faktoren beeinflußt wird, und zwar hauptsächlich durch die ungeordnete thermische Bewegung der Atome und durch unterschiedliche Zusammenstöße der Atome.

Der erste Einfluß, die ungeordnete thermische Bewegung der Atome, bewirkt, daß das Linienprofil die Gestalt einer MAXWELL-Verteilung der Atomgeschwindigkeiten annimmt und als GAUSS-Funktion ausgedrückt werden kann. Dieser sog. DOPPLER-Effekt ist gegeben durch

$$D = \frac{\nu}{c}\sqrt{\frac{2RT}{M}} \tag{1.16}$$

d. h. die DOPPLER-Linienbreite D ist proportional der Wurzel aus der absoluten Temperatur T und umgekehrt proportional der Wurzel aus dem Atomgewicht M.

Ein weiterer Effekt, die sog. Druck- oder Stoß-Verbreiterung, rührt daher, daß die Energieniveaus, die für die Aussendung bzw. Absorption von Lichtquanten maßgeblich sind, durch Zusammenstöße der Atome etwas verschwommen sind. Daher werden Lichtquanten etwas unterschiedlicher Frequenz emittiert und auch absorbiert. Je nachdem, welcher Art

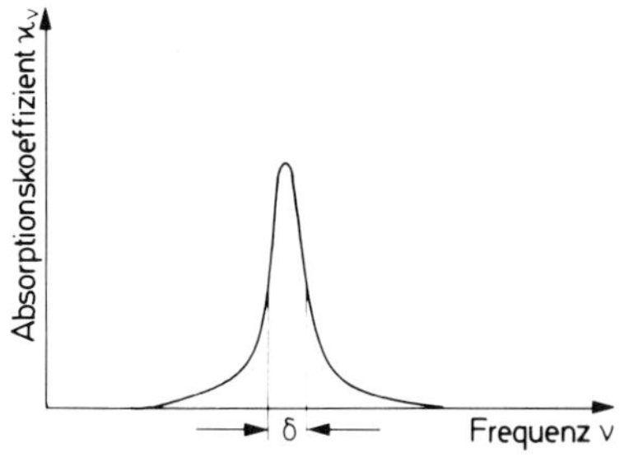

Abb. 5 Profil einer Resonanzlinie. – Die Halbwertsbreite δ wird häufig als Maß für die Linienbreite verwendet

die Teilchen sind, mit denen sich der Zusammenstoß ereignet, ist auch der Effekt etwas verschieden. Erfolgt eine Wechselwirkung mit elektrisch geladenen Teilchen, so spricht man vom STARK-Effekt; bei Zusammenstößen mit ungeladenen Teilchen spricht man vom VAN-DER-WAALS-Effekt; bei Zusammenstößen von Atomen gleicher Art untereinander heißt der Effekt Resonanz- (oder HOLTSMARK-) Verbreiterung. Da die drei Effekte in der Praxis nur schwer zu trennen sind, faßt man sie häufig unter der Bezeichnung LORENZ-Verbreiterung zusammen.

Schließlich sei noch darauf hingewiesen, daß in zahlreichen Fällen DOPPLER- und LORENZ-Verbreiterung gleichzeitig auftreten und die beiden Profile zu dem sog. VOIGT-Profil kombinieren, das nur noch durch eine relativ komplizierte Funktion ausgedrückt werden kann. In Abb. 5 ist das Profil einer Resonanzlinie schematisch darstellt. Darüber hinaus weisen zahlreiche Resonanzlinien eine durch einen Kernspin hervorgerufene Hyperfeinstruktur auf, die ebenfalls zu einer Linienverbreiterung führt. Schließlich zeigen die Linien solcher Elemente, die mehrere stabile Isotope besitzen, einen sog. Isotopenshift. Das bedeutet, daß nicht eine Linie, sondern jeweils so viele Linien zu beobachten sind, wie auch Isotope vorhanden sind. Außer bei den ganz leichten und bei den ganz schweren Elementen ist dieser Isotopenshift so gering, daß er mit üblichen Spektralapparaten nicht aufgelöst werden kann und damit nur zu einer weiteren Linienverbreiterung führt. Auf die Bedeutung der Halbwertsbreite von Emissions- und Absorptionslinien für den Absorptionsvorgang soll im folgenden Kapitel noch näher eingegangen werden.

Die Halbwertsbreite von Resonanzlinien nimmt mit steigendem Druck und steigender Temperatur zu. Verschiedene Autoren [664] [665] [778] [953] [999] [1160] haben Halbwertsbreiten der Resonanzlinien zahlreicher Elemente gemessen oder berechnet; die Werte liegen etwa in der Größenordnung 0,0005 bis 0,005 nm.

1.7 Messung der Absorption

Da Atome nur in einem sehr engen Frequenzintervall in der Lage sind, Strahlung zu absorbieren, müssen an die Strahlungsquelle bestimmte Anforderungen gestellt werden. Kontinuumstrahler liefern zwar eine hohe Gesamtstrahlungsstärke, die spektrale Strahlungsstärke in dem interessierenden Intervall von etwa 0,0005 bis 0,005 nm ist jedoch meist zu schwach. WALSH hat daher schon vorgeschlagen, daß man für Absorptionsmessungen als Strahlungsquelle zweckmäßigerweise eine Lampe verwendet, die das Spektrum des zu bestimmenden Elements aussendet. Mit einer derartigen Anordnung muß dann lediglich die

Resonanzlinie mit Hilfe eines Monochromators von anderen Spektrallinien des *gleichen* Elements getrennt werden (Abb. 6).

Bis jetzt wurde stets die Absorption von Strahlung pro Volumeneinheit betrachtet, eine in der Praxis schwer meßbare Größe. Verwendet man dagegen die bei normalen Absorptionsmessungen übliche Größe des Strahlungsflusses Φ, so läßt sich auf die Messung der Atomabsorption das LAMBERT-BEERsche Gesetz (Gl. 1.1–1.3) anwenden in der Form:

$$\Phi_a = \Phi_e \cdot e^{-\varkappa_\nu N l} \quad (1.17)$$

wobei Φ_e bzw. Φ_a den Strahlungsfluß vor dem Eintritt, bzw. nach dem Durchtritt durch eine absorbierende Schicht der Länge l darstellen. $\varkappa_\nu$ ist der spektrale Atomabsorptionskoeffizient und N die Gesamtzahl der freien Atome.

Nach Umformen ergibt sich aus Gl. (1.17) in Analogie zu Gl. (1.3)

$$A \equiv \log \frac{\Phi_e}{\Phi_a} = 2{,}303 \cdot \varkappa_\nu N l \,, \quad (1.18)$$

wobei A, die Extinktion, direkt proportional ist N, der Gesamtzahl der vorhandenen freien Atome. Die maßgebende Meßgröße A ist dabei definiert durch den negativen dekadischen Logarithmus der Durchlässigkeit (Reintransmissionsgrad) τ_i

$$A = -\log \tau_i \quad (1.19)$$

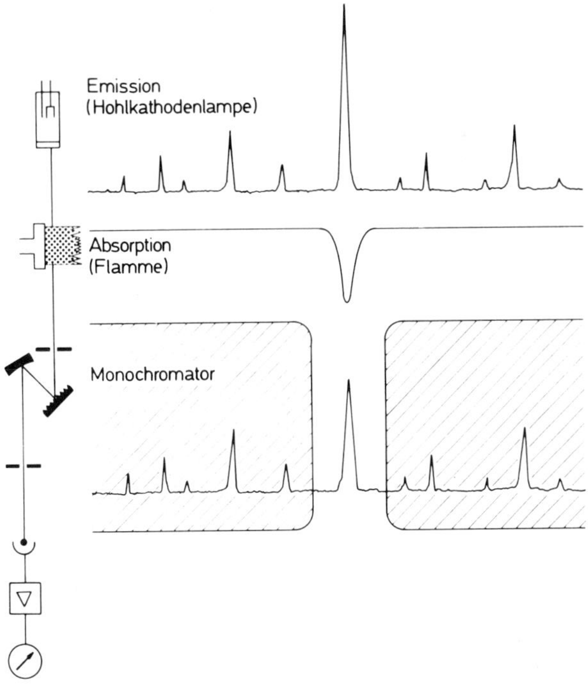

Abb. 6 Messung der Absorption. – Von einem Linienstrahler, z B. einer Hohlkathodenlampe wird das Spektrum des zu bestimmenden Elements ausgesandt. In der Flamme wird ein der Konzentration an diesem Element entsprechender Anteil der Strahlung auf der Resonanzlinie absorbiert; Spektrallinien, die nicht in Absorption auftreten, werden nicht geschwächt. Nach der spektralen Zerlegung der Strahlung im Monochromator wird durch den Austrittsspalt die Resonanzlinie ausgesondert und alle anderen Linien ausgeblendet. Der Detektor „sieht" daher nur die Resonanzlinie, deren Schwächung durch die Probe schließlich zur Anzeige kommt

die ihrerseits mit der Absorption (Reinabsorptionsgrad) α_i zusammenhängt über

$$\alpha_i = 1 - \tau_i \ . \tag{1.20}$$

Mit Hilfe von Gl. (1.18) lassen sich zwar keine Absolutmessungen von N durchführen, dies ist jedoch auch für Routinemessungen nicht erforderlich; die Atomabsorptionsspektrometrie ist demnach wie zahlreiche andere spektrometrische Verfahren ein Relativverfahren, da eine lineare Beziehung zwischen der Konzentration an freien Atomen im Meßstrahl und der Extinktion der Strahlung besteht.

In der Praxis beobachtet man bei höheren Extinktionswerten relativ häufig eine Abweichung vom LAMBERT-BEERschen Gesetz, die sich in einer Krümmung der Bezugskurve (Extinktion gegen Konzentration) gegen die Konzentrationsachse äußert. Es wurde von einigen Autoren [11] [1006] [1073] untersucht, inwieweit dieser Effekt durch eine Resonanzverbreiterung hervorgerufen wird. Es konnte jedoch gezeigt werden, daß dies wohl nicht der Fall ist [30].

Gelegentlich kann eine Unlinearität der Bezugsfunktion durch die Hyperfeinstruktur einer Spektrallinie hervorgerufen werden. Die meisten Spektrallinien besitzen, bedingt durch Isotopenshift und Kernspin, eine derartige Feinstruktur, die jedoch normalerweise in den früher beschriebenen Verbreiterungseffekten praktisch untergeht. Nur bei sehr leichten oder sehr schweren Elementen lassen sich die einzelnen Komponenten der Linien trennen; hier kann auch eine durch die Hyperfeinstruktur verursachte Krümmung nachgewiesen werden [409] [1348].

Am häufigsten werden jedoch Unlinearitäten der Bezugsfunktion durch nicht absorbierbare Strahlung ganz allgemein hervorgerufen [862], wobei diese sowohl Streulicht im eigentlichen Sinne sein kann, häufiger jedoch „Strahlungsuntergrund“ aus der Strahlungsquelle ist [1147]. Daher soll dieses Phänomen auch im Zusammenhang mit den Strahlungsquellen in der Atomabsorptionsspektrometrie im nächsten Kapitel ausführlich behandelt werden.

Es sei an dieser Stelle schon darauf hingewiesen, daß eine quantitative Absorption der einfallenden Strahlung durch Atome nur dann erfolgen kann, wenn die Halbwertsbreite der Emissionslinie aus der Strahlungsquelle wesentlich kleiner ist als die Halbwertsbreite der Absorptionslinie. Ist dies nicht gegeben, so bleibt eine gewisse nicht absorbierbare Reststrahlung beiderseits der Resonanzwellenlänge erhalten, die als Strahlungsuntergrund wirkt. Eine derartige Verbreiterung der von Linienstrahlern ausgesandten Resonanzlinien findet zum Beispiel durch hohen Gasdruck in der Strahlungsquelle statt. Die dabei meist gleichzeitig auftretende Selbstabsorption ist ein weiterer Störfaktor für die Absorptionsmessung. Neben dieser Auswirkung hat die Gesamtbreite von Emissionslinien noch erhebliche Bedeutung beim Auftreten von spektralen Interferenzen in der AAS. Besonders FASSEL [342] hat auf diese Tatsache hingewiesen und von effektiven Linienbreiten (einschließlich der „Schwingen“) in der Größenordnung von 0,1 nm berichtet. Auf dieses Problem soll im Zusammenhang mit spektralen Interferenzen noch ausführlicher eingegangen werden.

1.8 Apparatives

Der allgemeine Aufbau eines Atomabsorptionsspektrometers ist einfach und in Abb. 7 schematisch dargestellt. Die wesentlichen Komponenten sind eine Strahlungsquelle, die das

Spektrum des zu bestimmenden Elementes aussendet; eine Atomisierungseinrichtung, in der aus der zu untersuchenden Probe – z. B. in einer Flamme geeigneter Temperatur – Atome gebildet werden; ein Monochromator zur spektralen Zerlegung der Strahlung, mit einem Austrittsspalt, der die Resonanzlinie aussondert; ein Empfänger, der die Messung der Strahlungsintensität ermöglicht, gefolgt von einem Verstärker und einem Anzeigegerät für die Meßwertausgabe.

Ein derartiges System, wie es in Abb. 7 a gezeigt ist, hat einen entscheidenden Nachteil. Bei genauerer Betrachtung ist ein nach diesem Prinzip gebautes Atomabsorptionsspektrometer nichts anderes als ein Emissions-Flammenphotometer mit einer vorgeschalteten Strahlungsquelle, die die Flamme durchstrahlt. In der AAS sollte die Flamme im Idealfalle jedoch eine Absorptionsküvette sein, die die zu untersuchende Probe atomisiert und nur Atome im Grundzustand produziert. In der Flammenemission dagegen muß die Flamme möglichst viele angeregte Atome und damit ein möglichst intensives Emissionspektrum des zu bestimmenden Elements liefern.

Obgleich die Zahl der angeregten Atome bei normaler Flammentemperatur stets wesentlich kleiner ist als die Zahl der Atome im Grundzustand (s. Abschn. 1.4), sind aus der Praxis zahlreiche Beispiele bekannt, bei denen die Emission der Flamme die Absorptionsmessungen in einem Gerät dieser Konstruktion erheblich stört. Dies ist auch nicht weiter verwunderlich, wenn man bedenkt, daß in einer „echten" Probe meist eine Vielzahl von Elementen zugegen ist, die alle ihr Emissionsspektrum in der Flamme aussenden (vgl. [176]).

Gelingt es nicht, die Resonanzlinie des zu bestimmenden Elements von einer Emissionslinie eines anderen Elements zu trennen, d. h. die Störlinie mit dem Austrittsspalt des Mono-

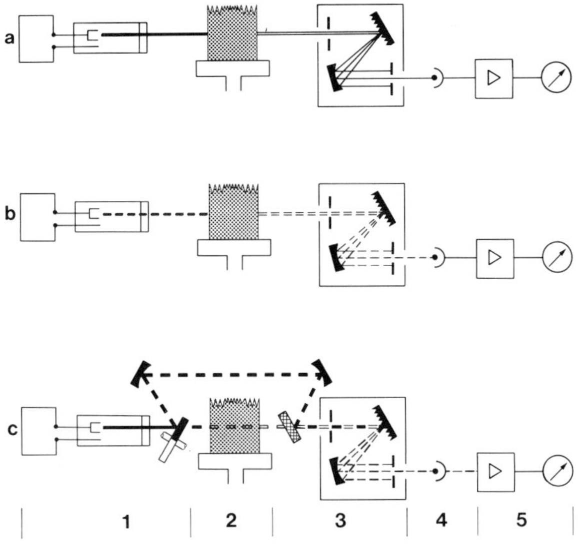

Abb. 7 Schematischer Aufbau eines Atomabsorptionsspektrometers. – **1** Strahlungsquelle, **2** Flamme, **3** Monochromator, **4** Detektor, **5** Verstärker, Elektronik und Meßwertausgabe. **a**) Einstrahl-Gleichlicht (DC)-Gerät; **b**) Einstrahl-Wechsellicht (AC)-Gerät; das Wechsellicht kann elektrisch durch Verwendung eines pulsierenden Gleichstroms zur Lampenversorgung, oder mechanisch durch eine, zwischen Strahlungsquelle und Flamme geschaltete rotierende Sektorblende erzeugt werden. **c**) Zweistrahl-Wechsellicht (AC)-Gerät; die Strahlung der Hohlkathodenlampe wird durch einen rotierenden Sektorspiegel wechselweise durch die Flamme und um die Flamme geleitet. Als Strahlenvereiniger dient ein halbdurchlässiger Spiegel hinter der Flamme

chromators abzutrennen, so spricht man von „spektralen Interferenzen" [7] [176] [605]. In einem solchen Falle mißt man nicht das Verhältnis Φ_e/Φ_a, aus dem sich die Extinktion ergibt (s. Gl. 1.18), sondern $\Phi_e/(\Phi_a + \Phi_E)$, wobei Φ_E die Intensität einer durch den Monochromator nicht abgetrennten Emissionslinie der Frequenz ν' ist. Die aus diesem Verhältnis sich ergebende Extinktion ist in jedem Falle kleiner als die zu erwartende. In ungünstigen Fällen kann $(\Phi_a + \Phi_E)$ sogar größer als Φ_e werden und daraus eine scheinbar negative Extinktion resultieren.

Um diese Störung durch die Flammenemission auszuschalten, arbeiten heute praktisch alle Atomabsorptionsspektrometer nicht nach dem in Abb. 7a dargestellten Gleichlicht (DC)-, sondern nach dem Wechsellicht (AC)-System, das in Abb. 7b dargestellt ist. Hierbei wird die Strahlung der Strahlungsquelle mechanisch oder elektrisch mit einer bestimmten Frequenz moduliert und die Verstärkerelektronik auf die gleiche Modulationsfrequenz abgestimmt („Selektiv-Verstärker"). Bei diesem AC-System wird nur die mit der Modulationsfrequenz am Detektor ankommende Strahlung der Primärstrahlungsquelle verstärkt, während die Emission aus der Flamme, die ja nicht moduliert ist, unberücksichtigt bleibt. Spektrale Interferenzen durch die Emission der Probenatome in der Flamme können demnach in einem derartigen System praktisch nicht auftreten.

Eine weitere Verfeinerung dieses Prinzips stellt das in Abb. 7c gezeigte Zweistrahl-AC-System dar [604]. Hier wird die Strahlung der Primärstrahlungsquelle durch einen rotierenden Sektorspiegel in einen Meßstrahl (durch die Flamme, Φ_a) und einen Vergleichsstrahl (um die Flamme, Φ_e) geteilt und hinter der Flamme wieder vereint. Die Elektronik dieses Systems ist so ausgelegt, daß das Verhältnis der beiden Strahlen gebildet wird, und zwar dient der Meßstrahl als Nenner und der Vergleichsstrahl als Zähler. Da beide Strahlen aus der gleichen Strahlungsquelle kommen, den gleichen Monochromator passieren, vom gleichen Detektor empfangen und von der gleichen Elektronik verstärkt werden, erscheinen Veränderungen in der Emission der Primärstrahlungsquelle, der Detektorempfindlichkeit oder Verstärkung gleichermaßen in Zähler und Nenner und werden damit eliminiert. Die Stabilität dieses Systems ist daher a priori besser als die des Einstrahlsystems [1273] und wird nur noch durch Schwankungen in der Atomisierungseinrichtung beeinflußt, die allerdings, wie später noch gezeigt wird, in einzelnen Fällen dominant sein können.

Ein ideales Zweistrahlsystem liefert, wie später noch ausführlich gezeigt wird (vgl. 7.1.4), der inverse Zeeman-Effekt. Hierbei wird optisch ein Einstrahlsystem eingesetzt und die Atomisierungseinrichtung in ein starkes Magnetfeld gebracht. In dem Magnetfeld spalten die Terme aufgrund des magnetischen Moments der Elektronen in verschiedene Niveaus auf. Dies bewirkt, daß auch die Absorptionslinie aufspaltet, und zwar in eine gegenüber der ursprünglichen Wellenlänge nicht verschobene, parallel zum Magnetfeld polarisierte π-Komponente und zwei, jeweils nach größeren und kleineren Wellenlängen verschobene, senkrecht zum Magnetfeld polarisierte σ-Komponenten.

Arbeitet man mit einem Magnetfeld, das synchron mit der Strahlungsquelle gepulst wird und setzt zudem in der Strahlungsführung einen Polarisator ein, der parallel zum Magnetfeld polarisierte Strahlung ausblendet, so ergibt sich ein optimales Zweistrahlsystem. Es wird mit *einer* Strahlungsquelle und *einem* Detektor gemessen; auch die Strahlungsführung und sogar das Profil der Emissionslinie aus der Strahlungsquelle ist in den beiden Meßphasen völlig identisch. In der Meßphase mit ausgeschaltetem Magnetfeld wird ganz normal Atomabsorption und evtl. vorhandene Untergrundabsorption, d. h. Φ_a, gemessen; in der Meßphase mit eingeschaltetem Magnetfeld wird dagegen jegliche Atomabsorption ausge-

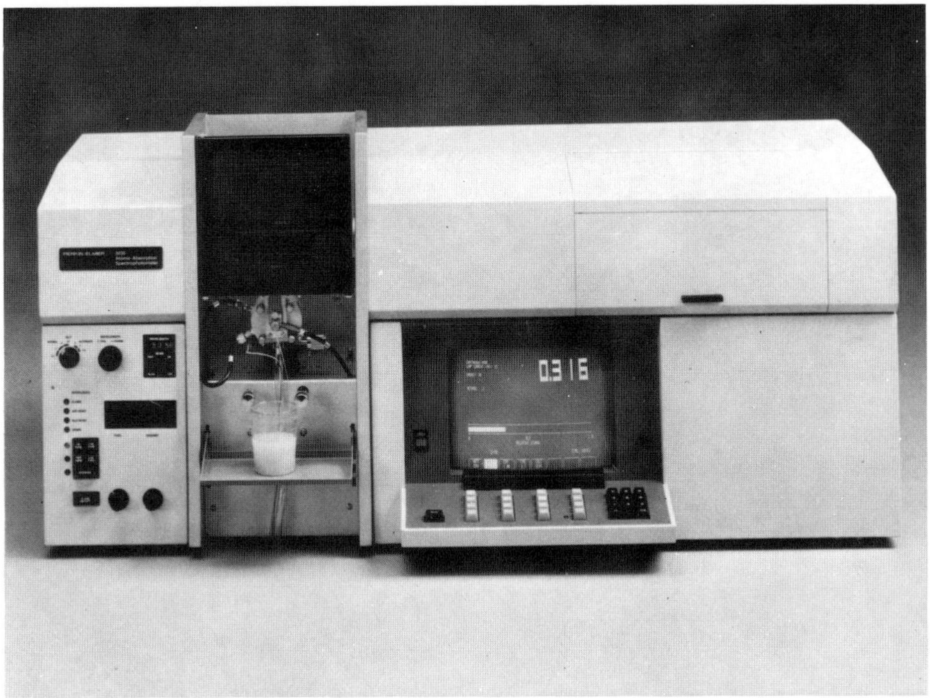

Abb. 8 Atomabsorptionsspektrometer, Modell 3030 (Perkin-Elmer), ein modernes Zweistrahlgerät mit digitaler und analoger Meßwertausgabe auf einem Bildschirm

blendet und damit Φ_e, sowie etwa vorhandene Untergrundabsorption erfaßt. Durch Verhältnisbildung erhält man die reine Netto-Atomabsorption, wobei jetzt auch alle Schwankungen in der Atomisierungseinrichtung mit kompensiert werden. Der Zeeman-Effekt hat besonders in der Graphitrohrofen-Technik erhebliche Bedeutung erlangt, wie später noch gezeigt werden soll.

Eine weitere Variante ist das Zweikanalsystem, bei dem mit zwei Strahlungsquellen gearbeitet wird, die durch die gleiche Atomisierungseinrichtung (z. B. eine Flamme) geführt und dann in zwei Monochromatoren, zwei Detektoren und zwei Elektronik-Einheiten unabhängig voneinander verarbeitet werden. Neben der Simultanbestimmung von zwei Elementen bietet dieses System die Möglichkeit, mit einem „inneren Standard“ zu arbeiten. Damit lassen sich gewisse Einflüsse von seiten des Zerstäuber-Brenner-Systems auf die Stabilität der Analyse reduzieren. Das Zweikanalsystem ist eine Spezialform des (kommerziell noch nicht erhältlichen) Mehrkanalsystems, auf das an anderer Stelle noch eingegangen werden soll.

In den folgenden Abschnitten sollen die wesentlichen Bestandteile eines Atomabsorptionsspektrometers und deren Bedeutung für die Analyse ausführlich besprochen werden.

2 Strahlungsquellen

Zahlreiche Vorteile der Atomabsorptionsspektrometrie sind direkt oder indirekt darin begründet, daß die Resonanzlinien eine so geringe Halbwertsbreite besitzen, d. h., daß die Absorption eines Elements innerhalb eines sehr eng begrenzten Spektralbereichs erfolgt. Dieser Vorteil wirkt sich besonders günstig aus, wenn als Strahlungsquellen Linienstrahler verwendet werden, die das Spektrum des zu bestimmenden Elements in Form von Spektrallinien aussenden, die schmaler sind als die Absorptionslinien. Hierfür sind ganz besonders Hohlkathodenlampen und elektrodenlose Entladungslampen geeignet. BUTLER und BRINK [194] sowie SULLIVAN [2945] haben Übersichtsartikel über Strahlungsquellen in der Atomabsorption und Atomfluoreszenz publiziert, in denen die verschiedensten Lampentypen und ihre Funktionsweise beschrieben werden.

2.1 Hohlkathodenlampen

In der Praxis werden heute hauptsächlich Hohlkathodenlampen zur Anregung verwendet, da sie dem Routinebetrieb bezüglich Leistung und Bedienungsfreundlichkeit am meisten entsprechen.

Die Technologie dieses Lampentyps ist nicht neu, sie wird schon 1916 von PASCHEN [955] beschrieben; WALSH und Mitarbeiter [589] [1075] modifizierten und vereinfachten für den Einsatz in der AAS deren Konstruktion. Anfang der siebziger Jahre ist es schließlich gelungen, mit Einführung der Intensitron-Lampen die Leistung der Hohlkathodenlampen hinsichtlich Intensität und Reinheit der Strahlung zu optimieren.

Eine Hohlkathodenlampe besteht aus einem mit Edelgas (Neon oder Argon) unter einem Druck von wenigen Torr gefüllten Glaszylinder, in den eine Kathode und eine Anode eingeschmolzen sind (Abb. 9). Die Kathode selbst hat die Form eines Hohlzylinders und ist entweder aus dem interessierenden Metall gefertigt oder mit ihm gefüllt; die Anode hat die Form eines starken Drahtes und besteht meist aus Wolfram oder Nickel.

Wird eine Spannung von einigen hundert Volt zwischen den Elektroden angelegt, so bildet sich eine Glimmentladung. Besteht die Kathode aus zwei parallelen Elektroden oder aus einem Hohlzylinder, so kann sich die Entladung unter bestimmten Bedingungen praktisch vollständig auf das Innere der Kathode zurückziehen. Hier spielen sich dann zwei Vorgänge ab. Durch den Strom positiver Gasionen, der auf der Kathode auftrifft, werden Metallatome aus der Oberfläche herausgeschlagen. Diese gelangen in den Bereich der intensiven Entladung, treffen dort auf eine konzentrierte Strömung von Gasionen und

Abb. 9 Schematischer Aufbau einer Hohlkathodenlampe

angeregten Edelgasatomen und werden ihrerseits zur Strahlung angeregt. Da der größte Teil der Emission aus dem Inneren des Hohlzylinders ausgestrahlt wird, ist die Emission relativ gut gebündelt.

Die Herstellung von Hohlkathodenlampen ist durchaus nicht problemlos. So spielen zum Beispiel Art und Druck des Füllgases, Auswahl des geeigneten Kathodenmaterials sowie angelegte Spannung und Stromstärke eine entscheidende Rolle, die sich schließlich in der Intensität und Reinheit des Lampenspektrums und besonders in der Halbwertsbreite und Gestalt der emittierten Linien äußert. Es würde zu weit führen, all diese Aspekte hier im Detail zu diskutieren, zumal die Qualität der heute im Handel erhältlichen Hohlkathodenlampen meist ausgezeichnet ist und von einigen Herstellern sehr detaillierte Angaben über den optimalen Betrieb gemacht werden.

HUMAN [540] fand, daß bei Hohlkathodenlampen, deren Gasdruck nahe Null ist, die Temperatur keinen nennenswerten Einfluß auf die Linienbreite hat. Das bedeutet, daß die von Hohlkathodenlampen emittierten Linien in der Regel eine merklich kleinere Halbwertsbreite besitzen als die Absorptionslinien in der Flamme oder einem Graphitrohrofen, da letztere unter Atmosphärendruck und höheren Temperaturen stärker verbreitert werden. Damit würden Hohlkathodenlampen ideale Strahlungsquellen für die AAS darstellen.

Frühe Hohlkathodenlampen zeigten jedoch einige Nachteile. Die durch die Gasionen aus dem Inneren der Kathode abgeschlagenen Metallatome bilden, besonders wenn die Kathode selbst relativ heiß wird, eine Wolke von Atomen im Grundzustand vor der Kathodenöffnung. Dies führt zu einer Intensitätsverminderung der Emission durch Selbstabsorption und einer gleichzeitigen Veränderung des Linienprofils. Diese Selbstabsorption kann besonders bei höheren Stromstärken an Metallen mit hohem Dampfdruck deutlich beobachtet werden [613] [1280].

Das Phänomen der Selbstabsorption und Selbstumkehr, das in Abb. 10 am Beispiel Kupfer dargestellt ist, verdient eine etwas ausführlichere Betrachtung; es tritt nicht nur bei Spektrallampen unterschiedlichster Bauart auf, es läßt sich vielmehr auch bei Emissions- und Fluoreszenz-Messungen bei hohen Atomkonzentrationen usw. beobachten.

Normalerweise läßt sich die Emissions-Intensität einer Hohlkathodenlampe dadurch erhöhen, daß man die angelegte Stromstärke erhöht und damit die Zahl der durch die Gasionen angeregten Metallatome vergrößert. Bei leichter flüchtigen Metallen führt die

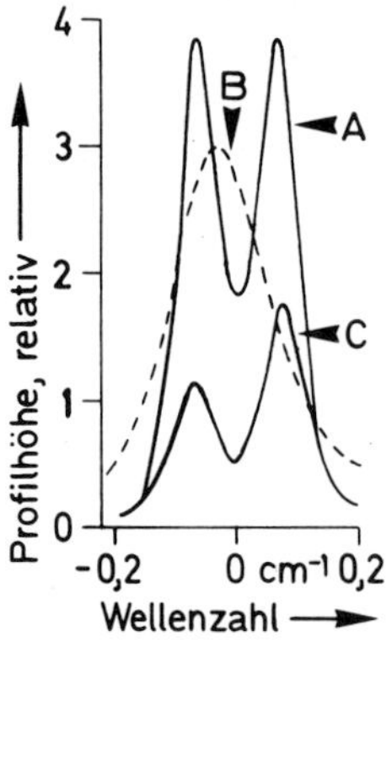

Abb. 10 Profil der Kupferlinie bei 324,7 nm aus einer mit 25 mA betriebenen Hohlkathodenlampe. **A**: Linienprofil mit Selbstabsorption vor Durchgang durch die Atomisierungseinrichtung. **B**: Absorptionsprofil einer Flamme, in die 10 mg/L Kupferlösung versprüht werden. **C**: Linienprofil nach Absorption durch Kupferatome in der Flamme (nach [2911])

erhöhte Stromstärke und die dadurch bedingte höhere Temperatur in der Kathode zu verstärktem Verdampfen des Kathodenmaterials, was gleichzeitig die Zahl der Zusammenstöße mit neutralen und geladenen Teilchen erhöhter Temperatur vermehrt und damit eine deutliche Linienverbreiterung bewirkt. Die vor der Kathodenöffnung gebildete Wolke von Atomen im Grundzustand ist nun in der Lage, aufgrund ihrer relativ niedrigen Temperatur und der damit geringeren Halbwertsbreite der Absorptionslinie Strahlung selektiv aus dem Emissionsmaximum zu absorbieren, während auf den Flanken verhältnismäßig wenig absorbiert wird. Hierbei ergibt sich ein Linienprofil mit einer für die AAS sehr ungünstigen Frequenzverteilung. An der Stelle der größten Absorptionswahrscheinlichkeit findet sich in der Emissionslinie ein Energieminimum mit zwei Maxima an den beiden Flanken, wo jedoch die Absorptionswahrscheinlichkeit stark abnimmt (vgl. Abb. 10).

BRUCE und HANNAFORD [2114] fanden allerdings, daß eine kühlere Schicht von Atomen vor einer emittierenden Zone höherer Temperatur nicht unbedingt für eine Selbstumkehr verantwortlich sein muß. Sie zeigten, daß Selbstumkehr auch auftreten kann, wenn die Emissions- und Absorptionslinien die gleiche Breite haben. Voraussetzung ist nur, daß sich eine nicht oder nur schwach emittierende Schicht vor der Hauptemissionszone befindet und daß entweder die emittierende oder die nicht emittierende Schicht eine ausreichende optische Dichte aufweist.

Die Autoren fanden für die von einer Hohlkathodenlampe emittierte Resonanzlinie für Calcium eine Halbwertsbreite von 0,0009 nm bei einem Lampenstrom von 5 mA und von 0,0015 nm bei 15 mA. Diese Werte lasen sich in erster Linie der DOPPLER-Verbreiterung bei den entsprechenden Temperaturen von 347 bzw. 429 K in der Hohlkathode sowie der Selbstabsorptionsverbreiterung zuordnen.

Diese Veränderung des Linienprofils durch Selbstabsorption und Selbstumkehr führt dazu, daß nur noch ein Teil der von der Strahlungsquelle ausgestrahlten Resonanzlinie durch die Atome in der Flamme absorbiert werden kann. Damit nähert sich die Absorptionskurve nicht asymptotisch 0% Durchlässigkeit, sondern einem der verbleibenden Reststrahlung entsprechenden Wert. In der Praxis bedeutet das eine Abweichung vom LAMBERT-BEERschen Gesetz, also nichtlineare Bezugsfunktionen.

BRUCE und HANNAFORD [2114] berechneten den Einfluß der endgültigen Linienbreite aus einer Calcium-Hohlkathodenlampe auf die Bezugsfunktion bei Verwendung einer typischen Luft/Acetylen-Flamme als Atomisierungseinrichtung. Bei kleinen Lampenströmen belaufen sich die Fehler aus der Annahme einer unendlich scharfen Emissionslinie und einer nicht verschobenen, einzigen VOIGT-Absorptionslinie auf etwa 10%. Dieses Ergebnis kann als typisch angesehen werden für Resonanzlinien ohne oder mit nur geringer Feinstruktur.

WAGENAAR und DE GALAN [3025] fanden, daß für Resonanzlinien mit einer Hyperfeinstruktur a priori eine nichtlineare Bezugsfunktion resultiert und daß Selbstumkehr bei höheren Lampenströmen diese Nichtlinearität noch erhöht. Für Kupfer beträgt die Abweichung von der Linearität aus diesen Gründen für einen Lampenstrom von 25 mA bei A = 1,0 bereits 15% (vgl. auch Abb. 10).

Es ist vielleicht angebracht, an dieser Stelle noch über einige weitere Ursachen zu sprechen, die ebenfalls zu nichtlinearen Bezugsfunktionen führen und ebenfalls in den Strahlungsquellen zu suchen sind. Die Wirkung all dieser Effekte ist die gleiche; nicht absorbierbare Strahlung passiert den Monochromator und bildet ein additives Glied zu Φ_a, das damit für hohe Atomkonzentrationen nicht gegen Null gehen kann, sondern einen endlichen Wert behält.

Als Ursachen für nicht absorbierbare Strahlung innerhalb des vom Monochromator durchgelassenen Spektralbereichs kommen hauptsächlich in Betracht: eine unspezifische Untergrundstrahlung, Emissionslinien des Füllgases oder des Kathodenträgermaterials, falls dieses nicht identisch ist mit dem Kathodenmaterial selbst, sowie schließlich Emissionslinien des zu bestimmenden Elements selbst, die höheren Übergängen entsprechen.

Es war lange Zeit ein Problem, für eine Reihe von Elementen, hochreines Kathodenmaterial frei von Wasserstoff zu bekommen. Bei älteren Lampen wurde dann häufig während des Betriebs Wasserstoff freigesetzt, der unter dem Einfluß der Glimmentladung ein intensives kontinuierliches Spektrum aussandte. Der Anteil dieses Kontinuums an der Gesamtstrahlung ist dabei gelegentlich weit über 50% angewachsen [851], was die Verwendbarkeit solcher Lampen stark einschränkte (Abb. 11).

Achtet man bei der Auswahl von Trägermaterial für Kathoden leicht flüchtiger Elemente und von Füllgas nicht peinlich genau auf die Emissionsspektren dieser Fremdelemente, so kann es leicht vorkommen, daß dieses Material eine Emissionslinie in unmittelbarer Nachbarschaft der Resonanzlinie des interessierenden Metalls besitzt, was zu ähnlichen Effekten führt, wie das Kontinuum des Wasserstoffs. Hier muß allerdings bemerkt werden, daß praktisch nur zwei Gase (Neon und Argon) als Füllgase für Hohlkathodenlampen zur Auswahl stehen und daß sich nicht sehr viele Metalle als Trägermaterial für Kathoden eignen, so daß es also gelegentlich nicht vermieden werden kann, daß kleinere Emissionslinien von Füllgas oder Trägermaterial innerhalb der eingestellten Spaltbreite des Monochromators liegen [810]. Schließlich gibt es eine Anzahl Elemente, deren Emissionsspektren so linienreich sind, daß die Resonanzlinien nicht völlig von anderen, nicht absorbierbaren Linien getrennt werden können [856]. Dieses Problem wird uns im Zusammenhang mit der spektralen Spaltbreite der für die AAS üblicherweise verwendeten Monochromatoren nochmals beschäftigen. Nachdem die Gründe für die häufig beobachteten Abweichungen vom LAMBERT-BEERschen Gesetz bekannt und zu einem großen Teil den Hohlkathodenlampen zugeschrieben werden konnten, begann Anfang der siebziger Jahre bei der Entwicklung neuer Lampen eine lebhafte Aktivität, die schließlich zu einer erheblichen Verbesserung der Lampen und zu einer Beseitigung oder Verminderung zahlreicher Schwierigkeiten führte.

WHITE [1316] hatte bereits 1959 gezeigt, daß eine normale zylindrische Hohlkathode nach mehreren hundert Betriebsstunden ihre Geometrie durch Metalltransport von der heißen Innenseite an die Oberfläche verändert (Abb. 12). Es entsteht demnach eine Kathode in Form einer Hohlkugel mit einer relativ kleinen Öffnung.

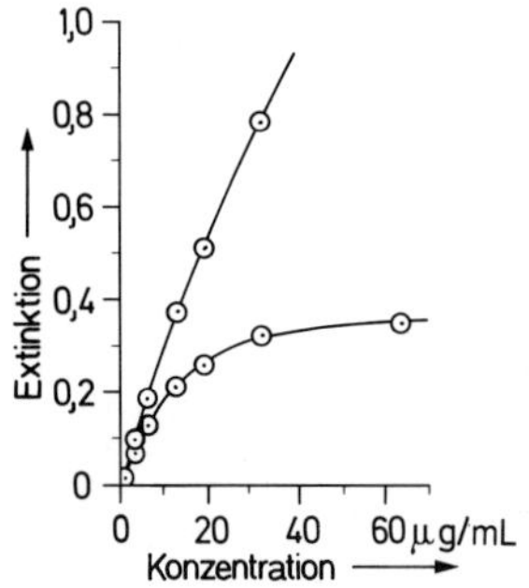

Abb. 11 Bezugskurven für Nickel, die mit einer neuen und einer alten Hohlkathodenlampe gemessen wurden. Die alte Lampe (untere Kurve) sandte ein intensives Wasserstoffspektrum aus, das zu der starken Krümmung der Kurve führte

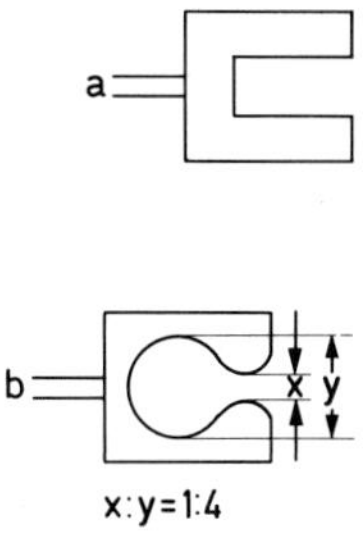

Abb. 12 Bei längerem Betrieb einer zylindrischen Hohlkathode **a** verändert sich deren Gestalt durch Metalltransport an den Kathodenrand. **b** Bei einem Verhältnis des Durchmessers *x* der Öffnung zu dem Durchmesser *y* der Hohlkugel von 1 : 4 findet praktisch kein weiteres Verdampfen von Metall aus der Kathode statt

WHITE wies nach, daß bei einem Verhältnis des Öffnungsdurchmessers zum Durchmesser der Hohlkugel von 1 : 4 sowie bei einem sorgfältig ermittelten optimalen Gasdruck praktisch keine Matallatome mehr aus dem Inneren der Kathode entweichen können und somit weder Selbstabsorption noch Metallverluste auftreten. VOLLMER [1277] konnte diesen Befund bestätigen, und etwa seit 1967 werden diese Erkenntnisse kommerziell verwendet [812].

Die Verwendung der WHITEschen Kathodenform, besonders für leicht schmelz- und verdampfbare Elemente, sowie eine völlige elektrische Isolierung der Kathode und Anode mit keramischem Material und Glimmerscheiben (Abb. 13) haben es mit sich gebracht, daß die Glimmentladung praktisch vollständig auf das Kathodeninnere beschränkt wurde. Hierdurch konnte neben einer erheblich gesteigerten Strahlungsdichte auch ein wesentlich „reineres“ Spektrum erzielt werden. Das heißt, daß nicht absorbierbare Fremdlinien ebenso wie Ionenlinien des untersuchten Elements selbst im Vergleich zu den Resonanzlinien in ihrer Intensität stark zurücktreten. Hierdurch und durch die wesentlich geringere Selbstabsorption werden viele der oben beschriebenen Schwierigkeiten beseitigt, die zu starken Krümmungen der Bezugskurven führten.

Für einige Elemente kann eine besonders stabile Emission dadurch erzielt werden, daß sie in der Kathode geschmolzen werden, ein Verfahren, das praktisch nur in Verbindung mit der WHITEschen Kathodenform einen dauerhaften Erfolg verspricht [813] [1275] [1276]. Eine weitere Verbesserung der Strahlungsintensität kann erzielt werden, wenn Hohlkathodenlampen nicht mit Gleich- oder Wechselstrom, sondern mit kurzen Impulsen entsprechend höherer Stromstärke gespeist werden [1007]. Mit diesem Verfahren läßt sich mit

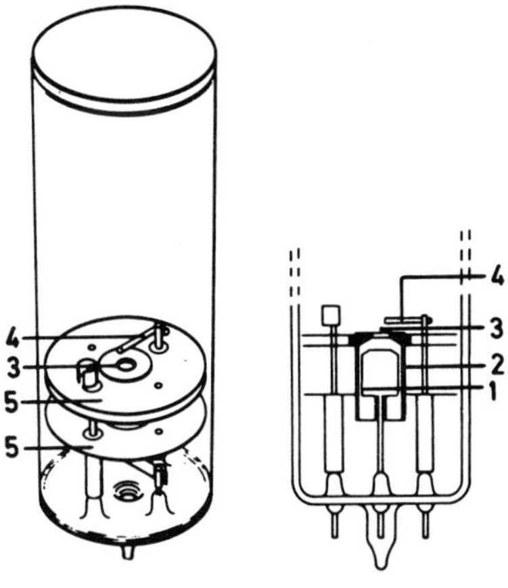

Abb. 13 Schema einer Intensitron®-Hohlkathodenlampe. – **1** Hohlkathode, **2** Isolierung aus keramischem Material, **3** verengte Kathodenöffnung, **4** Anode, **5** Glimmerscheiben

handelsüblichen Lampen ein besseres Signal/Rausch-Verhältnis erzielen, ohne daß durch die im Pulsbetrieb höhere Stromstärke die Lebensdauer der Lampen wesentlich beeinflußt wird.

Es wird immer wieder als ein gewisser Nachteil empfunden, daß bei einer Atomabsorptions-Analyse im Prinzip für jedes zu bestimmende Element eine separate Strahlungsquelle verwendet werden muß. Aus diesem Grund hat man sich schon frühzeitig um die Herstellung von Mehrelement-Hohlkathodenlampen bemüht.

WALSH baute eine Lampe, die mehrere verschiedene Kathoden, jede aus einem anderen Metall gefertigt, in dem gleichen Glaszylinder enthielt. Die größte Schwierigkeit bei dieser Lampe war die richtige Justierung im Gerät. MASSMANN [828] sowie BUTLER und STRASHEIM [197] konstruierten Mehrelementlampen, deren Kathoden aus mehreren Ringen verschiedener Metalle zusammengepreßt waren. Die Metallringe waren dabei in der Reihenfolge ihrer Flüchtigkeiten angeordnet.

Die heute übliche Konzeption zum Bau von Mehrelementlampen wurde von SEBENS und Mitarbeitern [1104] [1140] entwickelt. Hierbei werden verschiedene pulverförmige Metalle in bestimmtem Verhältnis gemischt, gepreßt und gesintert. Nach dieser Methode lassen sich praktisch beliebig viele Metallkombinationen herstellen [364] [501] [811]. Soll eine Mehrelementlampe jedoch für die AAS verwendet werden, so müssen verschiedene Aspekte berücksichtigt werden. Einmal wird in der Regel gefordert, daß bei Mehrelementlampen die Intensität des Spektrums für jedes einzelne Element nicht wesentlich schwächer ist als bei vergleichbaren Einzelelementlampen. Auf keinen Fall darf jedoch bei Verwendung von Mehrelement-Hohlkathodenlampen der enorme Vorteil der AAS, nämlich die Spezifität, verloren gehen, etwa durch Einführen von spektralen Interferenzen durch ungeeignete Elementkombinationen.

Wie schon früher erwähnt, werden in der AAS spektrale Interferenzen von Atomen der Begleitelemente im Prinzip durch eine Modulation der Strahlungsquelle und ein Abstimmen des Verstärkers auf die gleiche Modulationsfrequenz ausgeschaltet. Spektrale Interferenzen entstehen in der Emissions-Spektralanalyse, wenn zwei Emissionslinien verschiedener Elemente durch den Monochromator nicht mehr aufgelöst werden und gleichzeitig auf den Detektor fallen.

Bei Verwendung ungeeigneter Metallkombinationen in Mehrelementlampen können Resonanzlinien verschiedener, in der Kathode enthaltener Elemente so eng beisammen liegen, daß sie im Monochromator nicht mehr getrennt werden. Da beide Linien aus der gleichen Strahlungsquelle kommen, haben sie auch die gleiche Modulationsfrequenz und werden von dem Detektor gleichermaßen verstärkt. In der Praxis ist es dann nicht mehr möglich, eine erfolgte Absorption einem bestimmten Element zuzuordnen [574].

Bei der Herstellung von Mehrelementlampen muß daher sorgfältig auf die Abwesenheit von spektralen Interferenzen geachtet werden, und bei Kauf von Kombinationslampen sollte stets geprüft werden, ob diese speziell für die Verwendung in der Atomabsorptionsspektrometrie gebaut wurden.

Während Kombinationslampen mit 2 oder 3 Elementen üblicherweise ohne Bedenken eingesetzt werden können, sind Lampen mit 4 und mehr Elementen nicht für alle Anwendungen empfehlenswert. Bei diesen Vielelementlampen ist die Strahlungsintensität für die einzelnen Resonanzlinien zum Teil erheblich geringer als bei Einelementlampen. Daraus resultiert ein etwas ungünstigeres Signal/Rausch-Verhältnis, das sowohl die Präzision als auch die Nachweisgrenze beeinflussen kann.

Darüber hinaus zeigen die Bezugskurven gelegentlich wegen des großen Linienreichtums dieser Lampen eine stärkere Krümmung, so daß der lineare Arbeitsbereich kleiner wird. Für zahlreiche Routineaufgaben stellen die Mehrelementlampen jedoch eine deutliche Erleichterung dar.

Verschiedene Autoren haben über zerlegbare Hohlkathodenlampen berichtet [431] [685] [686] [870] [1060] [1177]. Diese werden sicher in der Routine kein großes Interesse finden, da ihre Handhabung nicht einfach ist und gewisse Erfahrungen in der Hochvakuumtechnik voraussetzt. Für verschiedene Forschungsaufgaben kann ihnen allerdings eine gewisse Bedeutung zukommen. Es soll in diesem Rahmen jedoch nicht weiter auf diese Entwicklung eingegangen werden.

Zur Beseitigung der Selbstabsorption und um die Strahlungsintensität zu erhöhen, konstruierten SULLIVAN und WALSH [1193] eine besondere Art Hohlkathodenlampen, bei der die Glimmentladung an der Hohlkathode in erster Linie dazu verwendet wurde, möglichst viel von dem Kathodenmaterial zu atomisieren. Die Atomwolke, die bei normalen Hohlkathoden Selbstabsorption verursacht hätte, wurde dann in einer zweiten Entladungsstrecke angeregt, die über zusätzliche Elektroden, von der ersten Entladung isoliert, vor der Kathode erzeugt wurde. Die Autoren berichten von einer etwa hundertfach intensiveren Strahlung, die mit diesem Lampentyp im Vergleich zu konventionellen Hohlkathodenlampen erzielt werden konnte. Die Halbwertsbreite und das Profil der Resonanzlinien sollen dabei nicht verändert sein, vor allem soll praktisch keine Selbstabsorption und Selbstumkehr mehr zu beobachten sein. Entsprechend zeigten auch die ersten von SULLIVAN und WALSH veröffentlichten Bezugskurven eine gute Linearität bis in hohe Extinktionsbereiche. Arbeiten von CARTWRIGHT [213–215] bestätigten die Befunde von SULLIVAN, wobei besonders auch auf die erheblichen Verbesserungen für schwer flüchtige Elemente wie Si, Ti und V hingewiesen wurde. Für diese Elemente waren nur sehr strahlungsschwache Lampen erhältlich, die meist unbefriedigende Ergebnisse brachten.

Obwohl diese Hochintensitätslampen zu Anfang großes Interesse fanden, zeigte sich doch bald, daß sie im Routinebetrieb nicht nur Vorteile bieten. So wurde besonders die für die zusätzliche Entladungsstrecke erforderliche zweite Stromversorgung und die lange Aufwärmzeit, die zur Stabilisierung der Emission erforderlich ist, als störend empfunden. Auch stand der durch die aufwendige Konstruktion bedingte Preis in keiner Relation zu der oft beobachteten kurzen Lebensdauer.

Als sich schließlich zeigte, daß durch wesentlich einfachere Mittel, wie Verwendung der WHITEschen Kathodenform und Isolieren des Raums hinter der Kathodenöffnung [812], mit normalen Hohlkathodenlampen die gleichen Ergebnisse erzielbar sind wie mit den Hochintensitätslampen, schwand das allgemeine Interesse stark. Heute werden solche Lampen praktisch nur noch für Forschungszwecke verwendet. Allenfalls könnten sie in Verbindung mit der Atomfluoreszenzspektrometrie eine gewisse Bedeutung gewinnen, da bei dieser Technik die erzielbare Empfindlichkeit direkt von der Strahlungsstärke abhängt.

GOUGH und SULLIVAN [2311] haben kürzlich eine weitere Lampenkonstruktion vorgeschlagen, die ebenfalls eine wesentlich höhere Strahlungsintensität als herkömmliche Hohlkathodenlampen liefert. Ein leicht verdampfbares Element wird in einem Teil der Lampe durch eine genau geregelte Heizung verdampft und dann in einer Entladung niedriger Spannung aber hohen Stroms angeregt. Neben der hohen Strahlungsintensität zeichnet sich dieser Lampentyp durch eine besonders geringe Linienbreite und die Abwesenheit von Selbstumkehr aus.

2.2 Metalldampflampen

Sehr flüchtige Metalle wie Quecksilber, Thallium, Zink und die Alkalimetalle wurden früher häufig mit Niederdruck-Metalldampflampen bestimmt, da diese preiswert kommerziell angeboten wurden und eine sehr hohe Strahlungsdichte lieferten. Verschiedene Arbeiten wurden publiziert, in denen diese Lampen mit Hohlkathodenlampen verglichen wurden [810] [1074] [1151]. Der Nachteil dieser Lampen ist, daß sie – unter Normalbedingungen betrieben – wegen der hohen Atomkonzentration im Innern durch Selbstabsorption und Selbstumkehr stark verbreiterte Linien emittieren und somit für Atomabsorptions-Messungen wenig geeignet sind [1240]. Metalldampflampen müssen daher für die Atomabsorptionsspektrometrie mit stark reduzierter Stromstärke betrieben werden, um eine übermäßige Selbstumkehr zu vermeiden. Das kann aber wiederum zu einer zunehmenden Instabilität der Lampe führen. Insgesamt sind Niederdruck-Metalldampflampen beiweitem nicht so problemlos in der Benutzung wie moderne Hohlkathodenlampen. Da heute gerade für die leicht flüchtigen Elemente ausgezeichnete elektrodenlose Entladungslampen zur Verfügung stehen, die die Nachteile der Metalldampflampen nicht aufweisen, ist dieser Lampentyp heute bedeutungslos geworden.

2.3 Elektrodenlose Entladungslampen

Elektrodenlose Entladungslampen gehören zu den Strahlungsquellen in der Atomabsorptions- und -fluoreszenzspektrometrie, die die höchste Strahlungsintensität und geringste Linienbreite besitzen. Sie wurden schon 1935 von BLOCH und BLOCH [2088] eingehend untersucht und in der Folgezeit mehrfach für Hochauflösungsstudien eingesetzt. Anfang der siebziger Jahre haben dann elektrodenlose Entladungslampen in Verbindung mit der Atomfluoreszenzspektrometrie steigendes Interesse gefunden [25] [62] [169] [252] [263] [824]. Bei der Atomfluoreszenz sind Linienprofil und die die Resonanzlinie umgebende spektrale Zone von untergeordneter Bedeutung, da die von der Lampe ausgesandte Strahlung nicht auf den Detektor fällt. Interessant ist hier in erster Linie die Strahlungsintensität, da die Empfindlichkeit über weite Bereiche dieser direkt proportional ist.

Der größte Vorteil der elektrodenlosen Entladungslampen ist hierbei die um Größenordnungen intensivere Strahlung, verglichen mit konventionellen Hohlkathodenlampen. Außerdem sind sie mit relativ einfachen Mitteln billig herzustellen. Sie bestehen aus einem an beiden Enden abgeschmolzenen Quarzrohr von einigen Zentimetern Länge und etwa 5–10 mm Durchmesser, gefüllt mit wenigen Milligramm des interessierenden Elements (als reines Metall, als Halogenid, oder als Metall unter Zugabe von Iod) unter einem Argondruck von wenigen Torr [263] [1355]. Das Röhrchen wird in die Spule eines Hochfrequenzgenerators (z. B. 2450 MHz) eingebracht und mit einer Leistung von wenigen Watt bis zu 200 W angeregt.

Lange Zeit bereitete die Herstellung von guten elektrodenlosen Entladungslampen erhebliche Probleme [25] [27] [516]. WEST und WINEFORDNER geben detaillierte Instruktionen für den Bau guter Röhren [253] [255] [817] [1378].

Verschiedene Faktoren, wie etwa das Entgasen und Reinigen der verwendeten Quarzröhren, die Röhrchendimensionen, der Fülldruck des Edelgases sowie besonders auch die Menge und die chemische Art des Füllmaterials spielen eine wichtige Rolle [105] [381] [567] [857].

HOARE [516] beobachtete, daß besonders kleine Röhrchen nur relativ kurze Zeit verwendbar waren. Gute Erfolge konnten mit Röhrchen erzielt werden, die zur besseren thermischen Isolierung in einem Vakuummantel eingeschmolzen waren. Eine besonders hohe Stabilität läßt sich erreichen, wenn die Lampen thermostatisiert werden [172]. HAARSMA und Mitarbeiter [454] haben einen umfassenden, kritischen Übersichtsartikel über die Herstellung und den Betrieb von elektrodenlosen Entladungslampen veröffentlicht, der sich als Leitfaden für den Eigenbau gut eignet.

Über den Nutzen der elektrodenlosen Entladungslampen in der AAS herrschten lange unterschiedliche Auffassungen, da hier eine höhere Strahlungsintensität die Empfindlichkeit nicht beeinflußt; lediglich das Signal/Rausch-Verhältnis kann gelegentlich verbessert werden, was dann zu einer höheren Präzision und zu günstigeren Nachweisgrenzen führt. Einige Autoren haben allerdings schon frühzeitig auch in der AAS diesen Lampentyp mit Erfolg eingesetzt [458] [1355]. Besonders beim Vordringen in das Vakuum-UV sind elektrodenlose Entladungslampen von großem Vorteil [654] [669] [670].

Für die dort bestimmbaren Elemente sind keine oder nur unbefriedigende andere Strahlungsquellen verfügbar und zudem ist die hohe Strahlungsintensität hier besonders wichtig, da größere Energieverluste durch geringere Transparenz der Luft, der Flamme und von Linsen sowie durch schlechtere Reflexion der Spiegel zu erwarten sind.

Der größte Nachteil der elektrodenlosen Entladungslampen für den Einsatz in der Atomabsorption war lange Zeit, daß sie relativ kurzlebig waren und meist lange Einbrennzeiten brauchten, während der sie häufig drifteten. Seit 1973 kamen Lampen auf den Markt, die speziell für die AAS konstruiert waren und die bekannten Schwierigkeiten weitgehend überwunden hatten [74].

Der wesentlichste Unterschied zu den herkömmlichen Lampen ist hier, daß das mit dem zu bestimmenden Element gefüllte Quarzröhrchen fest mit der Hochfrequenzspule verbunden und in einem gut isolierten Mantel untergebracht ist (Abb. 14). Damit lassen sich die Lampen sehr einfach handhaben und zeigen nach einer relativ kurzen Einbrennzeit eine sehr gute Stabilität. Ein weiterer Vorteil ist, daß diese Lampen mit nur 27 MHz betrieben werden, womit das Netzgerät erheblich einfacher wird. BARNETT [74] berichtet über erhebliche Verbesserungen im Signal/Rausch-Verhältnis und damit in der Nachweisgrenze, sowie auch in der Linearität der Bezugskurven besonders für die Elemente Arsen und Selen.

Heute haben elektrodenlose Entladungslampen (EDL) ihren festen Platz in der AAS und haben für einige Elemente andere Lampentypen praktisch verdrängt. Dies gilt beispiels-

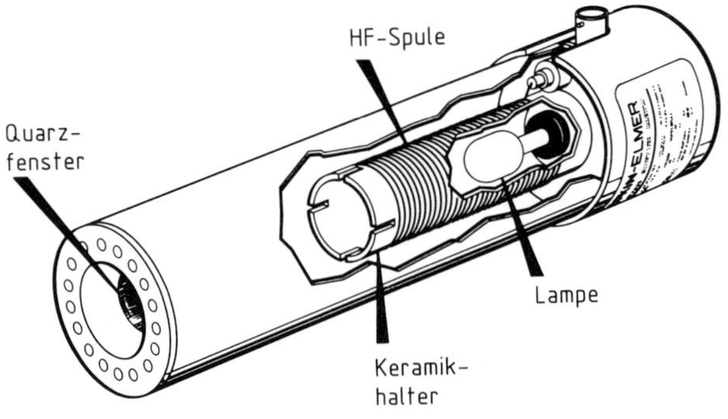

Abb. 14 Elektrodenlose Entladungslampe. – Die eigentliche Strahlungsquelle besteht aus einer Quarzkugel, in der das Element unter einem Füllgasdruck von wenigen Torr eingeschmolzen ist. Die Anregung geschieht durch ein Hochfrequenzfeld

weise für Arsen, für das die EDL eine um den Faktor zwei bessere Empfindlichkeit und eine um eine Größenordnung bessere Nachweisgrenze liefert (s. unter Arsen). Für Rubidium und Caesium haben die elektrodenlosen Entladungslampen die Metalldampflampen ersetzt und gleichzeitig bessere Nachweisgrenzen ermöglicht, die bis dahin nur mit Flammenemissionsspektrometrie erreichbar waren [2061]. Auch die Bestimmung von Phosphor wurde erst mit Einführung einer EDL sinnvoll [2061]. Inzwischen gibt es für alle leichter flüchtigen Elemente elektrodenlose Entladungslampen, die das Angebot an Hohlkathodenlampen sehr sinnvoll ergänzen. Sie liefern für diese Elemente üblicherweise um den Faktor zwei bis drei bessere Nachweisgrenzen. Viel wichtiger ist jedoch die Tatsache, daß Hohlkathodenlampen für leicht flüchtige Elemente oft instabil und kurzlebig waren, während gerade für diese Elemente die entsprechende EDL besonders stabil und langlebig ist. Mit anderen Worten, Hohlkathodenlampe und elektrodenlose Entladungslampe ergänzen sich in idealer Weise.

2.4 Flammen als Strahlungsquellen

Schon Alkemade und Milatz [34] haben 1955 eine Flamme, in die hohe Metallsalzkonzentrationen versprüht werden, als Strahlungsquelle für die Atomabsorptionsspektrometrie vorgeschlagen, und verschiedene Autoren folgten diesem Beispiel [1134]. Eine Flamme als primäre Strahlungsquelle hat den Vorteil, billig, universell und sehr flexibel zu sein. Insbesondere in Verbindung mit Mehrelementanalysen [197] [1178] bietet sie den Vorteil, praktisch jede beliebige Elementkombination zuzulassen. Ein Nachteil dieser Strahlungsquelle ist, daß sie etwas instabil ist und nicht besonders intensiv emittiert. Besonders ungünstig ist aber, daß die Halbwertsbreiten der Emissionslinien im besten Fall genauso groß, meist aber deutlich breiter sind als die der Absorptionslinien. Damit ist eine der grundlegenden Anforderungen an eine optimale Strahlungsquelle nicht erfüllt; es resultieren relativ unlineare Bezugsfunktionen. Eine Variante stellt die Verwendung eines Lichtbogens, etwa des Kranz-Bogens [702], als primäre Strahlungsquelle dar. Dieser gas- und wandstabilisierte Bogen soll eine hohe Emissionsstabilität und ein geringes Untergrund-Kontinuum liefern; die mit ihm erzielten Ergebnisse sind in etwa mit denen vergleichbar, die auch mit Hohlkathodenlampen erhalten werden [539].

2.5 Kontinuierliche Strahlungsquellen

Strahlungsquellen, die ein kontinuierliches Spektrum ausreichender Helligkeit aussenden (Wasserstoff- oder Deuterium-Lampen, Hochdruck-Xenon-Lampen [347] [820] [850] oder Halogenlampen [346]), sind aus verschiedenen Gründen auf den ersten Blick recht attraktiv. Sie zeigen eine gute Stabilität, ermöglichen Mehrelementanalysen und sparen Kosten, besonders wenn sehr viele Elemente zu bestimmen sind [820]. Diese scheinbaren Vorteile werden jedoch mehr als kompensiert durch zwei Nachteile, die darin begründet sind, daß die Absorption nur in einem sehr kleinen Frequenzintervall erfolgt.

Auf einer Breite von etwa 0,002 nm, der Halbwertsbreite einer durchschnittlichen Resonanzlinie, hat eine kontinuierliche Strahlungsquelle eine im Vergleich zu einem Linienstrahler nur sehr geringe Intensität, selbst wenn die Gesamtintensität eines solchen Kontinuumstrahlers sehr groß ist. Außerdem stellt eine derartige Strahlungsquelle sehr hohe Anforderungen an die Auflösung des Monochromators. Mit den besten Monochromatoren kommerzieller Atomabsorptionsspektrometer lassen sich Empfindlichkeitseinbußen um etwa den Faktor 100 nicht umgehen [807] [915]. Diese Tatsache wurde schon erkannt, als dieses Verfahren zum ersten Mal vorgeschlagen wurde [411], und ist darin begründet, daß es nur wenig Monochromatoren gibt, deren spektrale Spaltbreite der Halbwertsbreite einer Atomemissionslinie entspricht. Begnügt man sich mit Monochromatoren größerer spektraler Spaltbreite, so wird stets ein erheblicher Anteil an nicht absorbierbarer Strahlung neben der Resonanzlinie auf den Detektor fallen, der zu der beschriebenen geringen Empfindlichkeit und starken Krümmung der Bezugskurven führt. Zudem besteht bei Verwendung von Kontinuumstrahlern eine erhöhte Gefahr der Einschleppung von spektralen Interferenzen, da die Strahlungsquelle selbst nicht mehr spezifisch ist.

Trotz dieser allgemeinen Nachteile hat FASSEL [348] diese Strahlungsquelle eingehend studiert und gefunden, daß sie unter gewissen Voraussetzungen recht nützlich sein kann.

ZANDER und Mitarbeiter [3095] bauten ein Atomabsorptionsspektrometer mit einer 200 W Xenon-Bogenlampe bzw. einer 150 W Eimac Lampe als Strahlungsquelle. Um die erforderliche Auflösung zu erzielen, verwendeten sie einen käuflichen Echelle-Monochromator, den sie so modifizierten, daß eine Wellenlängen-Modulation mit einer Quarz-Refraktorplatte möglich wurde. Später zeigten die gleichen Autoren [3096], daß man mit diesem modulierten System alle wesentlichen Arten von spektralen Interferenzen in der AAS beseitigen kann. O'HAVER und Mitarbeiter [2701] fanden schließlich mit dem gleichen System, daß eine 300 W Eimac Xenon-Bogenlampe auch in dem engen betrachteten Spektralbereich üblichen Hohlkathodenlampen in der Strahlungsstärke vergleichbar ist.

Die Verwendung eines Echelle-Monochromators eröffnet für die AAS mit einer kontinuierlichen Strahlungsquelle die Möglichkeit einer simultanen oder raschen, sequentiellen Multielementanalytik, ein Gebiet, das auf anderem Wege kaum erreichbar ist. Selbstverständlich bleiben auch in diesem System noch viele Probleme ungelöst.

3 Atomisierungseinrichtungen

Das von der Strahlungsquelle erzeugte Emissionsspektrum des zu bestimmenden Elements wird durch eine „Absorptionszelle" geschickt, in der z. B. durch thermische Dissoziation gebildete Atome einen Teil der Lampenstrahlung absorbieren. Die wichtigste Aufgabe dieser Absorptionszelle ist demnach das Erzeugen von Metallatomen im Grundzustand aus den in der Probe vorhandenen Ionen oder Molekülen. Dies ist zweifellos der schwierigste und kritischste Vorgang innerhalb des ganzen Atomabsorptions-Prozesses. Von der Wirksamkeit des Atomisierens hängt praktisch das Gelingen oder Mißlingen einer Analyse ab; die Empfindlichkeit einer Bestimmung ist direkt proportional dem Atomisierungsgrad des interessierenden Elements in der Probe. Schließlich sind alle in der AAS bekannten nichtspektralen Interferenzen nichts anderes als eine Beeinflussung der Atomisierung, also der Gesamtzahl an Atomen, die gebildet werden.

Das in der AAS am längsten praktizierte und daher auch am weitesten verbreitete Verfahren zum Überführen einer Probe in die Atome ist das Versprühen einer Lösung in eine Flamme. Für die Spuren- und Ultraspurenanalytik haben seit den siebziger Jahren besonders die Graphitrohrofen-Technik sowie die Hydrid- und die Kaltdampf-Technik große Bedeutung erlangt.

3.1 Die Flammen-Technik

Zum Atomisieren einer Probe in einer Flamme wird diese üblicherweise in Form einer Lösung mit Hilfe eines pneumatischen Zerstäubers in die Flamme versprüht. Es sind allerdings auch Verfahren beschrieben, bei denen Festproben direkt oder als Suspension in die Flamme eingebracht werden. Einen Sonderfall der Festprobeneingabe stellt die Boot-Technik und ihre Varianten dar, bei der die feste (oder getrocknete) Probe mit einem Tantalschiffchen oder einem Nickelgefäß in die Flamme gebracht werden. Einen weiteren Sonderfall stellt das Einleiten gasförmiger Proben in die Flamme dar, wie es etwa bei einigen Formen der Hydridtechnik verwirklicht ist.

Wird ein Zerstäuber zum Versprühen der Probe in die Flamme verwendet, so entsteht ein gleichbleibendes, zeitunabhängiges Signal, das in seiner Höhe proportional ist der Konzentration and dem interessierenden Element und das so lange ansteht wie Probenlösung angesaugt und versprüht wird. Bei anderen Arten der Probenaufgabe, etwa bei der Boot- oder Hydrid-Technik entstehen zeitabhängige Signale, die in ihrer Höhe (oder Fläche) proportional sind der absoluten Masse an dem zu bestimmenden Element.

3.1.1 Die verschiedenen Flammen

Aufgabe der Flamme ist, wie in Kap. 8.1 noch ausführlich besprochen wird, die Probe in den atomaren Zustand überzuführen. Da sich die Gase einer Flamme und damit auch die mitgeführten Probenbestandteile stets mit einer mehr oder weniger großen Geschwindigkeit fortbewegen, läßt sich die Zeit, die für das Atomisieren einer Probe erforderlich ist, direkt ausdrücken als Höhe in der Flamme bzw. als Abstand über dem Eintritt der Probe in die

Flamme. Es ist daher wünschenswert, daß das Atomisieren möglichst schnell erfolgt. Darüber hinaus sollte die Messung der Extinktion an einer Stelle in der Flamme erfolgen, an der die Atomisierung vollständig ist, bzw. ein Gleichgewicht erreicht hat.

Da in der AAS die Flamme zur Messung der Extinktion durchstrahlt wird, sollte sie möglichst transparent sein, d. h. keine oder möglichst wenig Eigenextinktion zeigen. Sie sollte außerdem möglichst wenig Eigenemission haben, die, wie noch gezeigt wird, zwar keine Fehlmessungen hervorruft, aber zu erhöhtem Rauschen führen kann. Generell sollte eine Flamme eine hohe Wirksamkeit in der Produktion von Atomen aufweisen und Folgereaktionen des zu bestimmenden Elements mit anderen Probenbestandteilen und Verbrennungsprodukten der verwendeten Gase vermeiden. Dabei ist die Temperatur der Flamme nur bis zu einem gewissen Grad von Bedeutung, viel wichtiger sind oft ihre oxidierenden oder reduzierenden Eigenschaften, die bestimmt werden durch die Partialdrucke der bei der Verbrennung entstehenden reaktiven Spaltprodukte.

Wohl die bekannteste und in der AAS am häufigsten verwendete Flamme ist die Luft/Acetylen-Flamme. Sie bietet für zahlreiche Elemente eine günstige Umgebung und eine für die Atomisierung ausreichende Temperatur, wobei nur in wenigen Fällen (Alkali-Metalle) eine merkliche Ionisierung auftritt. Die Flamme ist über einen weiten Spektralbereich völlig transparent und zeigt erst unterhalb 230 nm eine merkliche Eigenabsorption, die schließlich bei der Wellenlänge des Arsens (193,7 nm) auf etwa 65% anwächst (s. Abb. 15). Zudem ist die Emission der Luft/Acetylen-Flamme sehr gering, so daß für viele Elemente ideale Bedingungen gegeben sind. Normalerweise wird diese Flamme stöchiometrisch oder schwach oxidierend betrieben; sie ist jedoch in weiten Bereichen variierbar, was ihre Anwendbarkeit noch erweitert. Einige Edelmetalle, wie Gold, Iridium, Palladium, Platin und Rhodium lassen sich zum Beispiel in einer stark oxidierenden Luft/Acetylen-Flamme am empfindlichsten und weitgehend störungsfrei bestimmen. Während die Erdalkali-Metalle am günstigsten in einer leicht reduzierenden, d. h. mit geringem Brenngas-Überschuß betriebenen Luft/Acetylen-Flamme bestimmt werden, fand DAVID [271], daß Molybdän in einer stark leuchtenden Flamme (großer Brenngas-Überschuß) am intensivsten absorbiert. Ähnliche Flammenbedingungen haben sich auch für Chrom und Zinn bewährt. Die Nachteile dieser stark reduzierenden Flamme sind eine verhältnismäßig hohe Emission und eine merkliche Eigenabsorption durch unverbrannten Kohlenstoff. Die Emission führt, besonders bei Verwendung energieschwacher Strahlungsquellen, zu erhöhtem Rauschen.

Die Temperatur der Luft/Acetylen-Flamme reicht allerdings nicht aus, zahlreiche, hauptsächlich oxidische Bindungen zu dissoziieren, beziehungsweise deren Bildung in der Flamme zu verhindern. Daß die Oxidation häufig erst in der Flamme selbst erfolgt, konnte von RANN und HAMBLY [1018] für das Molybdän nachgewiesen werden. In einer stöchiometrischen Luft/Acetylen-Flamme beobachteten sie direkt über der primären Reaktionszone in einem sehr schmalen Bereich eine hohe Konzentration an Molybdänatomen, die jedoch sehr rasch mit dem vorhandenen Sauerstoff abreagierten.

Das Auftreten zahlreicher, oft schwer kontrollierbarer Störungen bei der Bestimmung von Molybdän, Zinn und besonders Chrom in der brenngasreichen Luft/Acetylen-Flamme weist allerdings deutlich darauf hin, daß diese Flamme hier nicht mehr sonderlich geeignet ist. Das Auftreten von nicht-spektralen Störungen weist häufig darauf hin, daß gewisse chemische Verbindungen in der Flamme nicht mehr aureichend dissoziiert werden können, oder daß die gebildeten Atome spontan mit Bestandteilen der Flamme reagieren. Ein gehäuftes Auftreten von derartigen Störungen sollte daher als Anzeichen dafür gewertet

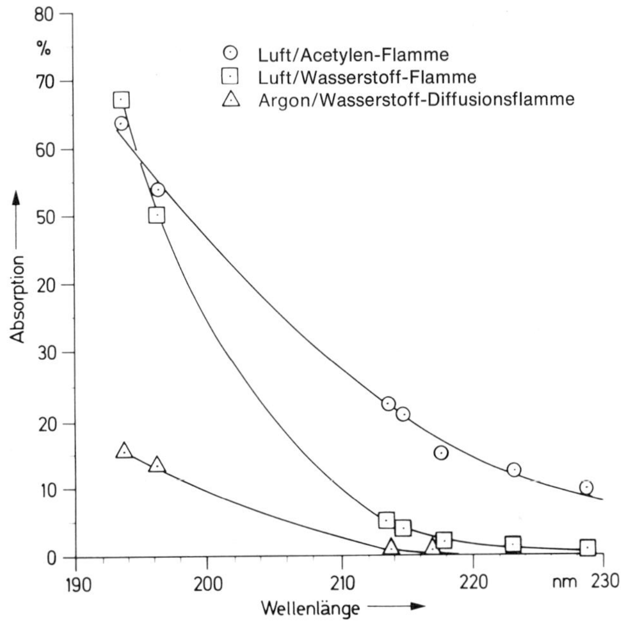

Abb. 15 Eigenabsorption einiger Flammen in Abhängigkeit von der Wellenlänge

werden, daß die Grenze der Leistungsfähigkeit einer bestimmten Flamme erreicht ist. Etwa 30 Elemente lassen sich schließlich in der Luft/Acetylen-Flamme praktisch überhaupt nicht bestimmen. Es sind dies die Elemente, die sehr stabile oxidische Bindungen eingehen.

In den ersten Jahren der AAS wurde daher versucht, diese Elemente, die schwer schmelzbare Oxide bilden, entweder in der heißen Sauerstoff/Acetylen-Flamme [187] [281] [312] [349] [677] [885], häufig unter Verwendung organischer Lösungsmittel [40] [1146], mit modifizierten Brennern [47] [791] oder sogar mit einer Sauerstoff/Cyanogen-Flamme [1039] [2284] zu bestimmen. Auch der Zusatz von Komplexbildnern wurde untersucht [276]. Dabei hat sich gezeigt, daß eine brennstoffreiche, vorgemischte Sauerstoff/Acetylen-Flamme zwar für die Dissoziation einiger [345], jedoch wegen ihrer niedrigeren Temperatur [842] nicht aller Elemente ausreicht [241].

Wohl die bedeutendste Entwicklung auf dem Gebiet der Flammen war die Einführung der Distickstoffmonoxid(Lachgas)/Acetylen-Flamme durch WILLIS im Jahre 1965 [1333]. Diese heiße Flamme bietet durch ihre niedrige Brenngeschwindigkeit eine günstige chemische, thermische und optische Umgebung für praktisch alle Metalle, die bei der Bestimmung in der Luft/Acetylen-Flamme Schwierigkeiten machen.

Die normalerweise mit leichtem Brenngas-Überschuß betriebene Lachgas/Acetylen-Flamme zeigt über der 2–4 mm hohen bläulichweißen primären Reaktionszone eine charakteristische, etwa 5–50 mm hohe rote Reduktionszone. Darüber erhebt sich dann die blaß blauviolette sekundäre Reaktionszone, in der die Oxidation des Brenngases erfolgt.

Analytisch interessant ist lediglich die rote Reduktionszone. Hier findet die Dissoziation der Probe in die Atome statt, und hier kann auch noch keine nennenswerte Oxidation der Metallatome erfolgen.

Bald beschäftigten sich zahlreiche Arbeitskreise mit dieser Flamme [48] [150] [689] [794] [795] [976] [977] [1152] und fanden, daß sie weitgehend frei ist von chemischen Interferenzen [547] [764] [1155]. MARKS und WELCHER [823] untersuchten den Einfluß der Flammenzusammensetzung und der Geräteeinstellung auf Störungen in der Lachgas/Acetylen-Flamme. Sie stellten dabei fest, daß die Beobachtungshöhe und das Oxidans/Brenngas-Verhältnis den stärksten Einfluß haben und daß bei richtiger Wahl der Parameter die meisten Störungen verschwinden oder zumindest reduziert werden. Um die Flammenbedingungen möglichst exakt beschreiben zu können, führten sie einen Parameter ϱ ein, der das molare Oxidans/Brenngas-Verhältnis als Bruchteil des stöchiometrischen Verhältnisses 3 : 1 ($3\,N_2O + C_2H_2 \rightarrow 2\,CO + 3\,N_2 + H_2O$) darstellt.

Verschiedene Autoren stellen auch fest, daß in der Lachgas/Acetylen-Flamme eine größere Zahl freier Atome produziert wird als in allen anderen gebräuchlichen Flammen [350] [575] [688], wobei diese jedoch genau lokalisiert und stark von der Stöchiometrie abhängig sind, da es sich bei der Atomisierung ja um einen Gleichgewichtsvorgang handelt [350]. RASMUSON und Mitarbeiter [1023] stellten fest, daß es für jedes Metall, das ein Monoxid mit einer Dissoziationsenergie kleiner als 6,5 eV bildet, ein Strömungsverhältnis ϱ (Lachgas : Acetylen) gibt, bei dem die Atomisierung vollständig ist (eine vollständige Verdampfung der Probe vorausgesetzt).

Die Lachgas/Acetylen-Flamme hat allerdings zwei Nachteile, die unbedingt berücksichtigt werden sollten. Einmal werden zahlreiche Elemente in der heißen Flamme mehr oder weniger stark ionisiert und zeigen somit eine verminderte Empfindlichkeit, und außerdem zeigt diese Flamme eine relativ starke Eigenemission [794]. Während sich die Ionisationsinterferenz häufig sehr einfach durch Zusatz eines anderen leicht ionisierbaren Elements im Überschuß beseitigen läßt (s. Abschn. 8.1.5), bereitet die Emission gelegentlich ernsthafte Schwierigkeiten [127].

Die über einen weiten Spektralbereich auftretenden, oft recht intensiven CN-, CH- und NH-Banden können, wenn sie mit der Resonanzlinie eines zu bestimmenden Elements zusammenfallen, durch „Emissionsrauschen" (s. Abschn. 5.2) die Präzision der Analyse beeinflussen und ggf. bei schwachen Strahlungsquellen, eine Bestimmung unmöglich machen.

Ist man sich jedoch über die genannten Schwierigkeiten im klaren, so lassen sie sich meist auch umgehen, und es gibt oft keinen Grund, diese Flamme nicht zu verwenden. Die Vorteile der Lachgas/Acetylen-Flamme und ihre Erfolge veranlaßten SLAVIN [1149] in einem Übersichtsartikel 1969 festzustellen, es seien noch einige chemische Interferenzen übrig, die sich nicht einmal in der Lachgas/Acetylen-Flamme beseitigen ließen. Zweifellos hat diese Flamme wesentlich dazu beigetragen, Schwierigkeiten mit der Dissoziation stabiler, oxidischer Bindungen zu beseitigen [1334].

FLEMING [378] hat ein System beschrieben, in dem Mischungen von Luft und Lachgas mit Acetylen als Brenngas verwendet wurden. Diese Flammen überstreichen den Temperaturbereich zwischen der Luft/Acetylen- und der Lachgas/Acetylen-Flamme. BUTLER und FULTON [2120] fanden, daß über die „justierbare" Temperatur dieser Flamme zahlreiche Interferenzen auszuschalten sind und diese fast universell einsetzbar ist. Als Hauptvorteile werden Flexibilität und Sicherheit genannt. BUTLER und FULTON [2120] untersuchten auch eine Propan-Butan/Lachgas-Flamme für spezielle Anwendungen, wo Störfreiheit wichtiger ist als Empfindlichkeit.

Von zwei Arbeitskreisen wurde unabhängig eine Lachgas/Wasserstoff-Flamme untersucht [260] [1336], wobei sich diese der Lachgas/Acetylen-Flamme zumindest für die Atomabsorption als deutlich unterlegen erwiesen hat. LUECKE [765] berichtet über eine Stickoxid/Acetylen-Flamme, die für die Elemente Barium, Bor, Strontium und Zirconium eine bis zu 60% höhere Empfindlichkeit liefert. Eine ausgezeichnete Übersicht über Flammen hoher Temperatur und ihre Verwendung publizierte WILLIS [1334].

ALLAN [43] fand, daß die Empfindlichkeit für Zinn in einer Luft/Wasserstoff-Flamme erheblich besser ist als in einer Luft/Acetylen- oder einer Lachgas/Acetylen-Flamme. Andere Autoren haben diesen Befund bestätigt [206] [208]. Allerdings sind in dieser Flamme auch wieder mehr chemische Interferenzen zu erwarten. Eine eingehende Untersuchung der Luft/Wasserstoff-Flamme [1087] zeigte, daß diese auch für die Bestimmung einiger anderer Elemente, zum Beispiel durch die im Vergleich zur Luft/Acetylen-Flamme geringere Ionisierung der Alkali-Metalle, gewisse Vorteile aufweist. Auch zeigt sie im Bereich zwischen 230 und 200 nm eine geringere Eigenabsorption (Abb. 15). Es muß allerdings meist mit mehr chemischen Interferenzen gerechnet werden, und auch das Arbeiten mit organischen Lösungsmitteln ist zwar möglich, aber etwas kritischer [1219].

WINEFORDNER untersuchte während seiner Arbeiten über Atomfluoreszenzspektrometrie eine Argon/Wasserstoff/Luft-Flamme [1264] [1368], und DAGNALL berichtete über die geringe Eigenabsorption einer Stickstoff/Wasserstoff/Luft-Flamme [253] [254]. Bei diesem Flammentyp dient Wasserstoff als Brenngas und Argon bzw. Stickstoff zum Zerstäuben der Probe in die Mischkammer. Entzündet man die Flamme, so brennt der mit einem Inertgas verdünnte Wasserstoff in der ihn umgebenden Luft. Daraus resultiert eine Flamme mit einem eigenartigen Profil, das besonders auffällig wird, wenn ein Dreischlitz-Brennerkopf [139] verwendet wird. Sie hat an der Außenseite, wo sie mit der umgebenden Luft durchmischt wird, eine Temperatur von etwa 850 °C, während sie in der Mitte – je nach Flammenhöhe – nur Temperaturen von 300–500 °C erreicht [254]. Man bezeichnet diesen Flammentyp als „Diffusionsflamme“.

KAHN [617] hat die Verwendbarkeit der Argon/Wasserstoff-Flamme (diese vereinfachte Bezeichnung soll in Zukunft verwendet werden) für die AAS untersucht und für Arsen, Selen, Cadmium und Zinn erhebliche Verbesserungen in den Empfindlichkeiten und Nachweisgrenzen gefunden. Die Atomisierung erfolgt hier sehr wahrscheinlich durch eine aktive Beteiligung von Wasserstoff [903] [1067] [1068], wobei jedoch der Mechanismus noch nicht voll geklärt ist. Alle Autoren weisen jedoch auch auf die erheblichen Störungen hin, die in einer Flamme so niedriger Temperatur auftreten können, wobei sowohl zahlreiche spektrale als auch nicht-spektrale Interferenzen auftreten können. Die größten Vorteile zeigt die Diffusionsflamme im beginnenden Vakuum-UV wegen ihrer hohen Transparenz im Vergleich zu anderen Flammen (s. Abb. 15); damit eignet sie sich besonders für die Bestimmung von Arsen und Selen. In Verbindung mit dem Hydridsystem fallen zudem die üblichen Nachteile kaum ins Gewicht, da bei dieser Technik das zu bestimmende Element von der übrigen Matrix abgetrennt und gasförmig in den Brenner eingeleitet wird [799].

Ebenfalls im Zusammenhang mit Emissions- und Atomfluoreszenz-Messungen berichteten WEST und Mitarbeiter über abgetrennte Luft/Acetylen- [517] [518] [660] und Lachgas/Acetylen-Flammen [250] [658–662]. Hierbei brennen diese Flammen entweder in einem Quarzrohr oder in Argon- bzw. Stickstoff-Atmosphäre, wodurch die sekundäre Reaktionszone räumlich von der primären getrennt wird. Dieses Abtrennen und Abschirmen von atmosphärischem Sauerstoff schafft eine Zwischenzone mit sehr geringem Strahlungsuntergrund [668]. Das ist besonders deshalb interessant, weil unmittelbar über der primären Reaktionszone der Flamme die höchste Atomkonzentration beobachtet werden kann. An dieser Stelle setzt aber auch, unterstützt durch die eindringende Außenluft, bei allen Kohlenwasserstoff-Flammen die Verbrennung des Kohlenmonoxids ein. Dies äußert sich im Auftreten der besonders intensiven OH-Banden bei 309 und 306 nm und des breiten Chemilumineszenz-Kontinuums von der Reaktion $CO + O \rightarrow CO_2 + h\nu$, direkt über der primären Reaktionszone. Durch die Trennung von primärer und sekundärer Reaktionszone bleibt die hohe Atomkonzentration über der Primärzone erhalten, die mit der Sekundärzone verbundene Emission dagegen wird in höhere Regionen verschoben; an der Stelle höchster Atomkonzentration konnte eine um mehr als zwei Größenordnungen geringere Emission in der separierten Flamme gemessen werden. Dies hat sich für Emissions- und Atomfluoreszenz-Messungen als sehr vorteilhaft erwiesen.

KIRKBRIGHT und Mitarbeiter [666] untersuchten die Temperaturverhältnisse in normalen und abgeschirmten Lachgas/Acetylen-Flammen und fanden je nach Beobachtungshöhe und Stöchiometrie eine Abnahme um 40–180 °C in der für die Atomabsorption interessanten Zwischenzone. Trotz dieser geringeren Temperatur fanden die Autoren für Elemente, die refraktäre Oxide bilden, mindestens die gleichen, wenn nicht bessere Empfindlichkeiten [659]. Das heißt, daß die Flammentemperatur nicht so entscheidend ist wie ein hoher Partialdruck an reduzierenden Gasen und ein geringer Partialdruck an Sauerstoff. Obgleich die ersten Anwendungen der abgetrennten Flammen in der AAS noch keine nennenswerten Verbesserungen mit sich brachten [652] [657], haben sich doch einige interessante Möglichkeiten gezeigt. So stellte RUBEŠKA [1066] beispielsweise fest, daß bei der Bestimmung von Barium in einer abgeschirmten Lachgas/Acetylen-Flamme auch bei hohem Calcium-Überschuß keine störende CaOH-Emission mehr zu beobachten ist.

KIRKBRIGHT und Mitarbeiter [654] [669] konnten schließlich nur mit Hilfe einer abgeschirmten Lachgas/Acetylen-Flamme erfolgreich Bestimmungen von Iod, Schwefel und Phosphor im Vakuum-UV durchführen. Sauerstoff, der in dem genannten Spektralbereich am stärksten absorbiert, weist besonders in einer brenngasreichen, abgeschirmten Lachgas/Acetylen-Flamme einen nur sehr geringen Partialdruck auf. Prinzipiell wird in einer solchen Flamme gemäß $2\,N_2O + C_2H_2 \rightarrow 2\,CO + H_2 + N_2$ kein Sauerstoff und kein Wasser gebildet, zusätzlich kann auch noch die Reaktion $CN + O \rightarrow CO + \frac{1}{2}N_2$ ablaufen, so daß hier unter stark reduzierenden Verhältnissen gearbeitet wird. Entsprechend gering ist auch die Absorption einer derartigen Flamme; auf der Wellenlänge des Arsen bei 193,7 nm absorbiert die abgeschirmte Lachgas/Acetylen-Flamme nur 5% der Strahlung verglichen mit etwa 65% der nicht abgeschirmten Flamme. Selbst bei 178,3 nm, der Resonanzlinie des Phosphor werden von der abgeschirmten Flamme nur 45% der Strahlung absorbiert (verglichen mit Stickstoff), so daß hier noch durchaus vernünftig gearbeitet werden kann.

Die ersten Anwendungsarbeiten der AAS von WALSH und Mitarbeitern wurden mit einer Luft/Kohlengas-Flamme durchgeführt. Diese Flamme stellte zwar mit ihrer sehr niedrigen Brenngeschwindigkeit eine gute Absorptionszelle dar, die niedrige Flammentemperatur bewirkte jedoch bei vielen Elementen keine ausreichende Atomisierung [7] [413]. Wie früher schon betont wurde, hat die Flammentemperatur keinen merklichen Einfluß auf die Absorptionscharakteristik. Es sollte daher versucht werden, unter Wahrung der guten optischen Eigenschaften dieser Flamme, mit der Temperatur so hoch wie möglich zu gehen, um chemische Interferenzen zu vermeiden, jedoch ohne dabei zu starke Ionisation zu bekommen. Die Luft/Kohlengas-Flamme wird heute ähnlich wie die Luft/Propan-Flamme praktisch nicht mehr verwendet.

Die mit reinem Sauerstoff als Oxidans arbeitenden Flammen können wegen ihrer hohen Brenngeschwindigkeit nur in direktzerstäubenden Turbulenzbrennern (vgl. 3.1.2) verwendet werden. Diese Flammen haben gerade wegen ihrer hohen Brenngeschwindigkeit und der damit verbundenen ungenügenden Atomisierung stark an Bedeutung verloren, besonders seit mit Einführung der Lachgas/Acetylen-Flamme eine Flamme vergleichbarer Temperatur, jedoch wesentlich geringerer Brenngeschwindigkeit zur Verfügung steht.

Tabelle 4 Eigenschaften verschiedener Flammen*)

Gasgemisch Oxidans	Brenngas	Brenngeschwindigkeit (cm/s)	Temperatur (°C)	Bereich**)	Literatur
Argon + Diffusionsluft	Wasserstoff		400	(350–1 000)	[254]
Luft	Erdgas	55	1 840	(1 700(1 900)	[842]
Luft	Methan	70	1 875		[842]
Luft	Kohlengas	55	1 900		[746]
Luft	Propan	80	1 930		[842]
Luft	Wasserstoff	440	2 045	(2 000–2 050)	[587]
Luft	Acetylen	160	2 300	(2 125–2 400)	[587] [936]
Lachgas	Acetylen	180	2 750	(2 650–2 800)	[936] [1337]
Sauerstoff	Wasserstoff	1 150	2 660	(2 550–2 700)	[773]
Sauerstoff	Acetylen	2 480	3 100	(3 060–3 155)	[504]
Sauerstoff	Cyanogen	140	4 500		[67] [2284]

* Eine Zusammenstellung weiterer Flammen findet sich bei Kniseley [676] und Willis [1334].
** Vgl. Reif [1029] und Snelleman [1159].

In Tabelle 4 sind die Eigenschaften verschiedener in der AAS verwendeter Flammen zusammengestellt. Die Mehrzahl der hier erwähnten Gasgemische ist allerdings hauptsächlich von historischem oder wissenschaftlichem Interesse. In der Praxis werden heute fast ausschließlich die Luft/Acetylen- und die Lachgas/Acetylen-Flamme eingesetzt. Damit lassen sich praktisch alle Elemente mit guter Empfindlichkeit und weitgehend störfrei bestimmen. Zudem hat besonders die Hydrid-Technik (s. 3.3) einige Flammen mit Wasserstoff als Brenngas entbehrlich gemacht.

Abschließend soll noch kurz über „elektrische Flammen", sog. Plasmen, gesprochen werden, die schon seit längerer Zeit von verschiedenen Arbeitskreisen untersucht werden [843] [1265] [1304] [1305] [1307]. Eine praktische Bedeutung ist diesem Atomisierungsmittel in der AAS bis jetzt kaum zugekommen, da eine entsprechende Anlage recht aufwendig und die Probeneingabe nicht problemlos ist. In fast allen Arbeiten wurden Plasmen bislang für Emissionsmessungen verwendet [300] [338] [667], da mit ihnen sehr hohe Temperaturen erreicht werden können. Eine etwas ausführlichere Besprechung folgt daher in Kapitel 9.1 über die Atomemissionsspektrometrie.

Im Prinzip müßten sich Plasmen jedoch auch in der Atomabsorption speziell für die Bestimmung solcher Elemente gut eignen, die mit den Flammengasen stabile Verbindungen eingehen und z. B. Oxide bilden. Ein Plasma stellt eine chemisch völlig inerte Umgebung dar und zudem ist die Probe so verdünnt, daß praktisch keine Interelement-Effekte auftreten sollten, wenn die Probe nur lange genug im Plasma verweilt.

MAGYAR und AESCHBACH [2606] habe dies auch bestätigt, als sie ein induktiv gekoppeltes Plasma (ICP) als Atomreservoir für die AAS untersuchten. Sie fanden, daß die ICP-AAS wie die Flammen-AAS eine hohe Selektivität und kaum chemische Interferenzen aufweist. Als größten Vorteil empfanden sie die praktisch vollständige Dissoziation der Probe in der heißen, inerten Umgebung, wobei praktisch kaum eine Ionisation der Atome zu beobachten ist. Als Nachteile sind die geringe Empfindlichkeit und die schlechten Nachweisgrenzen zu nennen, die im wesentlichen auf der um etwa eine Größenordnung geringeren Dicke der durchstrahlten Schicht beruhen. Die Autoren fanden die ICP-AAS als wertvolles Hilfsmittel bei der Analyse komplexer Verbindungen, die in der Flamme schwer dissoziierbar sind.

3.1.2 Zerstäuber und Brenner

Heute werden in der AAS praktisch ausschließlich sog. Mischkammerbrenner eingesetzt, die mit ihrer laminar brennenden Flamme ausgezeichnete Voraussetzungen für eine störarme Bestimmung bieten. Die Probenlösung wird durch einen pneumatischen Zerstäuber angesaugt und in eine Mischkammer versprüht. Dort wird das Probenaerosol mit dem Brenngas und zusätzlichem Oxidans gründlich gemischt, bevor es aus dem Brennerschlitz austritt, über dem die Flamme brennt. Die entstehende Flamme ist je nach Konstruktion des Brennerschlitzes 5 bis 10 cm lang und wenige mm breit und wird üblicherweise von der Strahlung der Primärstrahlungsquelle in seiner ganzen Länge durchlaufen.

Bereits bei den ersten Anwendungen der AAS in Australien wurde ein solcher Mischkammerbrenner eingesetzt [237] [1328]. Seine Konstruktion wurde mehrfach in den Details

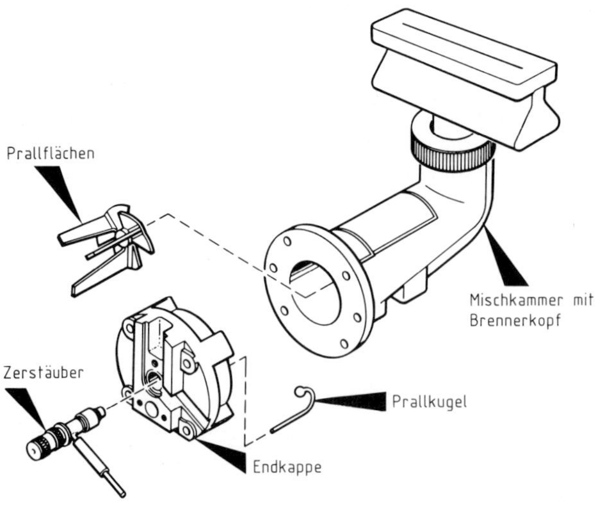

Abb. 16 Mischkammerbrenner zur wahlweisen Verwendung von Prallflächen oder einer Prallkugel (Perkin-Elmer)

verbessert bezüglich Widerstandsfähigkeit, Stabilität und Effektivität [190] [1139]. Eine neuere Version dieses Brennertyps ist in Abb. 16 gezeigt.

Um die im letzten Abschnitt (3.1.1) erwähnten unterschiedlichen Flammen verwenden zu können, werden beim Mischkammerbrenner üblicherweise verschiedene Brennerköpfe aufgesetzt, deren Schlitzöffnungen den unterschiedlichen Brenngeschwindigkeiten der Flammen angepaßt sind. Handelsüblich sind Brennerköpfe mit Schlitzöffnungen von etwa 5–10 cm Länge und 0,5 mm (Acetylen/Luft) bis 1,5 mm (Propan/Luft) Breite. Besondere Vorteile bieten dabei wegen ihrer hohen chemischen Widerstandsfähigkeit Brennerköpfe aus Titan.

Ein früher viel verwendeter Brennerkopf mit drei parallel angeordneten Schlitzen von 11 cm Länge und je 0,45 mm Weite wurde von BOLING [139] vorgeschlagen. Dieser Dreischlitz-Brennerkopf liefert eine bessere Flammenoptik [140] [737] und damit ein verbessertes Signal/Rausch-Verhältnis; verschiedene Elemente lassen sich außerdem mit höherer Empfindlichkeit bestimmen, wie etwa Calcium, Chrom und Molybdän [1172].

AGEMIAN und Mitarbeiter [2004] weisen allerdings darauf hin, daß der Dreischlitz-Brennerkopf nur für solche Elemente eine bessere Empfindlichkeit liefert, die Oxide mit hohen Dissoziationsenergien bilden. Für andere Elemente treten wegen der stärkeren „Verdünnung" in dem größeren Gasvolumen häufig Empfindlichkeitsverluste auf.

Der größte Vorteil dieses Brennerkopfes ist jedoch, daß mit ihm relativ hohe Gesamtsalzgehalte versprüht werden können, ohne daß die Brennerschlitze verstopfen würden. Während mit normalen Schlitzbrennern bis etwa 5% Gesamtsalzgehalt verwendet werden können, lassen sich mit dem Dreischlitzbrenner häufig noch 30% Feststoffgehalt oder etwa auch unverdünntes Blutserum über längere Zeit verbrennen. Dieser Brennerkopf eignet sich für Luft/Acetylen- und Luft/Propan- sowie für Diffusionsflammen, wie die Argon/Wasserstoff-Flamme.

Eine interessante Variante bildet ein von BUTLER [191] vorgeschlagener Brennerkopf, bei dem die Schlitze durch fünf Lochreihen ersetzt sind. Für einige leichter atomisierbare Elemente wurde unter Verwendung einer Luft/Propan-Flamme über Verbesserungen in der Empfindlichkeit um etwa den Faktor 10 berichtet. ALDOUS und Mitarbeiter [26] verwendeten einen Brenner, dessen Schlitz aus einer Reihe von Kapillaren bestand und fanden für diese Konstruktion eine geringere Emission und eine höhere Stabilität. Als größten Vorteil sahen die Autoren die Tatsache, daß selbst extreme Gaszusammensetzungen verwendet werden konnten, ohne daß die Gefahr des Zurückschlagens der Flamme bestand. RAMSEY [2772] hat einen Brenner vorgeschlagen, dessen Schlitz ebenfalls von einer Reihe von Kapillaren gebildet wird, der jedoch der konischen Form des Strahlengangs angepaßt ist. Mit diesem Brennerkopf ließ sich die Linearität der Bezugskurve deutlich verbessern und an die theoretischen Werte annähern.

SCHMIDT und SANSONI [1093] berichteten von einem Brenner, der unmittelbar am Brennerschlitz eine Kühlung mit auf 30 °C thermostatisiertem Wasser hatte und fanden mit diesem Brenner ein erheblich verbessertes Signal/Rausch-Verhältnis. Besonders beim Versprühen hochkonzentrierter Salzlösungen zeigte diese Brennerkonstruktion eine sehr geringe Neigung zum Verstopfen und beim anschließenden Versprühen von Wasser ein hohes Maß an Selbstreinigung.

Für die heiße Lachgas/Acetylen-Flamme sind speziell konstruierte Brennerköpfe erforderlich [792] [912], die sich jedoch auch für andere Gasgemische eignen. Wegen der etwas höheren Brenngeschwindigkeit müssen kleinere Schlitzöffnungen gewählt werden, um ein

Zurückschlagen der Flamme zu vermeiden. Verschiedene Bemühungen sind unternommen worden, die bei dieser Flamme beobachtete Abscheidung von kristallinem Pyrokohlenstoff zu umgehen. Die Erfolge waren jedoch bisher wechselnd (vgl. [497]). Je heißer ein solcher Brennerkopf vom Material und von der Konstruktion her werden kann, desto günstiger scheint dies für seine Leistung zu sein.

HELL [497] und VENGHIATTIS [1267] haben unabhängig voneinander versucht, die durch das Abscheiden der größeren Lösungströpfchen bedingte geringe Ausnutzung der angesaugten Probe durch Beheizen der Mischkammer zu verbessern. Der Flamme wird dadurch das Trocknen der Lösungströpfchen weitgehend erspart. Für zahlreiche Elemente wurde auch eine etwa um den Faktor 10 höhere Empfindlichkeit gefunden, doch läßt sich dieses Verfahren nur für verdünnte wäßrige Lösungen anwenden.

Vor allem in den sechziger Jahren wurden besonders in Nordamerika neben den Mischkammerbrennern auch sog. Turbulenzbrenner (amerikanisch: total consumption burner) untersucht und verwendet.

Die aus der Emissions-Flammenphotometrie bekannten direktzerstäubenden Turbulenzbrenner (Abb. 17) bestehen aus zwei konzentrischen Rohren, durch die Brenngas und Oxidans getrennt der Brenndüse zugeführt werden. Brenngas und Oxidans werden praktisch erst in der Flamme gemischt, wodurch erhebliche (optische und akustische) Turbulenzen entstehen. Die Probenlösung wird über eine zentrisch im Brenner hochführende Kapillare durch den an der Brenndüse auftretenden Druckabfall des Oxidans angesaugt und direkt in die Flamme zerstäubt.

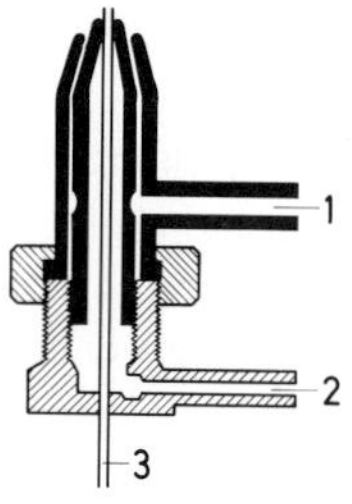

Abb. 17 Direktzerstäuber Turbulenzbrenner. – **1** Brenngaszufuhr, **2** Oxidans-Zufuhr, **3** Ansaugkapillare für die Probenlösung

Die wichtigsten Vorteile des Turbulenzbrenners sind seine einfache Konstruktion, die eine billige Herstellung erlaubt, seine Sicherheit (ein Zurückschlagen der Flamme ist ausgeschlossen) und die Möglichkeit, praktisch alle denkbaren Gaskombinationen mit ihm zu verwenden, wobei jedoch in der Konstruktion die entsprechenden Brenngeschwindigkeiten berücksichtigt werden müssen. Für die unterschiedlichen Gasgemische werden verschiedene Brenner komplett angeboten.

Als größter Nachteil des Mischkammerbrenners wird meist die Tatsache angesehen, daß das relativ große Volumen eines brennbaren Gasgemischs in der Mischkammer stets eine potentielle Gefahrenquelle darstellt. Moderne Brennerkonstruktionen sind jedoch gegen ein „Zurückschlagen" der Flamme weitgehend gesichert. Daneben haben Mischkammerbrenner den Nachteil, daß nur Flammen mit relativ kleinen Brenngeschwindigkeiten verwendet werden können; das schließt zum Beispiel alle Gasgemische aus, die mit reinem Sauerstoff arbeiten.

Im folgenden sollen die beiden Brennerkonstruktionen im Hinblick auf ihre Atomisierungseigenschaften untersucht werden: Beide Brennertypen arbeiten mit einem pneumatischen Zerstäubersystem und haben vergleichbare Ansaugraten, die etwa zwischen 2 und 10 mL/min liegen. Im allgemeinen haben dabei die Direktzerstäuber etwas kleinere Ansaugraten. Die Ansaugrate eines Direktzerstäubers wird durch Druck und Strömung des Oxidans bestimmt. Eine Veränderung in Druck und Strömung des Brenngases bedingt ebenfalls eine Veränderung in der Ansaugrate. Dies ist ein Nachteil bei Turbulenzbrennern, da keine unabhängige Optimierung von Zerstäubung und Flamme möglich ist. Mischkammerbrenner haben dagegen meist ein unabhängig justierbares Zerstäubersystem, das mit konstantem Oxidansdruck arbeitet. Zur Optimierung des Brenngas/Oxidans-Gemischs haben Mischkammerbrenner eine zusätzliche, vom Zerstäuber unabhängig regelbare Oxidans-Zufuhr.

Pneumatische Zerstäuber erzeugen ein Aerosol der Probe mit sehr unterschiedlicher Tröpfchengröße. Es gibt jeweils ein maximales Tröpfchenvolumen, bis zu dem eine gegebene Flamme ein gegebenes Lösungsmittel innerhalb einer bestimmten Zeit eben noch zu verdampfen vermag. Durch die unterschiedliche Tröpfchengröße erfolgt die Verdampfung an verschiedenen Stellen in der Flamme; sehr kleine Tröpfchen werden schon kurz nach Eintritt in die Flamme getrocknet, sehr große Tröpfchen dagegen erst sehr spät. Entsprechendes gilt selbstverständlich auch für alle anderen Vorgänge in der Flamme bis hin zum Atomisieren (vgl. Kap. 8.1.1).

Da beide Brennertypen mit einem vergleichbaren Zerstäubersystem arbeiten, sind auch die Feinheit des erzeugten Aerosols und die maximale Tröpfchengröße vergleichbar. Während im Direktzerstäuber jedoch die Probe direkt in die Flamme hinein zerstäubt wird, muß das Aerosol bei Mischkammerbrennern zunächst eine gewisse Strecke überwinden und Prallflächen passieren, bevor es in die Flamme gelangt. An den Prallflächen der Mischkammer werden dabei die größeren Lösungströpfchen kondensiert und fließen durch eine Öffnung in der Mischkammer ab. Auf diese Weise wird zwar ein erheblicher Anteil der Probenlösung vernichtet (es gelangen nur etwa 5–10% der Probenlösung in die Flamme), die maximale Tröpfchengröße ist jedoch stark reduziert.

Kerbyson [639] führte interessante Vergleichsmessungen durch, wobei er das von einem Direktzerstäuber erzeugte Aerosol einmal direkt und dann nach Zwischenschalten einer Mischkammer untersuchte. Das in einem Abstand von 5 cm über dem Brenner (ohne Flamme) beobachtete maximale Tröpfchenvolumen war bei dem Direktzerstäuber etwa 7 nL und bei dem Mischkammerbrenner etwa 0,05 nL.

Zudem ist die Austrittsgeschwindigkeit der Gase aus der Düse eines Turbulenzbrenners mit vergleichbaren Gasgemischen um etwa den Faktor 50 größer als bei einem Laminarbrenner. Es ist demnach zu erwarten, daß die größeren Lösungströpfchen, die die Flamme eines Turbulenzbrenners in wenigen ms durchtreten, keine Gelegenheit zur quantitativen Atomisierung haben. Gibson [412] fand bei Turbulenzbrennern, daß selbst Wassertröpfchen die ganze Flamme durchwandern können, ohne völlig verdampft zu werden. Andere Autoren haben diese Befunde bestätigt [282] [1344].

Betrachtet man die Atomkonzentration in der turbulenten Flamme eines Direktzerstäubers in Abhängigkeit von der Flammenhöhe, so wird man nur relativ kleine Änderungen feststellen, d. h. die Atomisierung findet über einen weiten Bereich der Flamme hinweg statt. Ebenso findet man aber auch über die ganze Länge der Flamme hinweg in jeder Höhe Lösungströpfchen, Partikel, usw. Eine turbulente Flamme aus einem Direktzerstäuber ist nur wenig strukturiert. Im Gegensatz dazu findet man in der laminaren Flamme eines

Mischkammerbrenners eine deutlich ausgebildete Zonenstruktur, da die reduzierte Tröpfchengröße eine optimale Atomisierung innerhalb eines definierten Flammenbereichs ermöglicht [241] [460] [1018].

Verschiedene Autoren haben die Vor- und Nachteile der beiden Brennerkonstruktionen verglichen [7] [682] [1145], wobei besonders das Auftreten von chemischen Interferenzen untersucht wurde [14] [1384]. Die verbreitetste Ursache für das Auftreten von Störungen beruht auf dem Einfluß von Begleitsubstanzen in der Probe auf den Grad der Umwandlung der Aerosoltröpfchen in freie Atome des zu bestimmenden Elements [25]. Verschiedene Autoren fanden, daß besonders physikalische Faktoren die Verdampfungs- und Atomisierungsrate beeinflussen. Abnehmende Tröpfchengröße des Aerosols, höhere Flammentemperaturen und ein längerer Aufenthalt in der Flamme vermindern oder eliminieren zahlreiche Störungen [511] [683] [1374]. Dies wird auch durch den Befund bestätigt, daß Störungen oft in höheren Flammenzonen schwächer auftreten als direkt über dem Brennerschlitz [35] [391]. Genaue Untersuchungen an bekannten Interferenzerscheinungen, wie etwa der Beeinflussung von Calcium durch Phosphat [1155] und ähnlichen Anionen, ergab, daß diese durch die Wahl geeigneter Flammen und Brenner praktisch völlig beseitigt werden können [344] [368] [884] [976].

Eingangs wurde für eine Flamme gefordert, daß sie die Probe möglichst quantitativ atomisieren und daß sie optisch transparent sein soll. Die erste Forderung wird von einem Laminarbrenner mit vorgeschalteter Mischkammer recht gut erfüllt, da er ein wesentlich feineres Aerosol und eine langsamere Brenngeschwindigkeit liefert als der Turbulenzbrenner.

Die mit beiden Brennern erreichbaren Temperaturen sind vergleichbar, wie im folgenden noch näher erläutert wird. Die Transparenz schließlich ist bei einem Laminarbrenner, wie verschiedentlich durch Schlierenaufnahmen gezeigt wurde [140] [1145], praktisch in idealer Weise gegeben, während eine turbulente Flamme auch optisch uneinheitlich ist, von der Strahlungsstreuung durch nicht verdampfte Partikel ganz abgesehen.

Das optische Rauschen einer Flamme ist ein Ergebnis der sich verändernden optischen Eigenschaften der Flamme. Diese Fluktuationen werden verursacht durch Konvektion der Gase und durch Turbulenzen. Der Einfluß des Flammenrauschens auf die Präzision ist in der AAS wesentlich größer als etwa in der Flammenemissions- oder in der Atomfluoreszenzspektrometrie, da bei den beiden letztgenannten Verfahren die Flamme nicht durchstrahlt, bzw. die durchgehende Strahlung nicht berücksichtigt wird.

Lebedev [737] fand bei umfangreichen Untersuchungen an verschiedenen Flammen und Brennern, daß Mischkammerbrenner besonders mit Mehrschlitz-Brennerköpfen ein minimales optisches Rauschen erzeugen. In solchen Flammen lassen sich völlig stabile Mittelzonen beobachten. Turbulenzbrenner dagegen zeigen, besonders beim Versprühen von organischen Lösungsmitteln, das stärkste optische Rauschen.

Aus den genannten Gründen ist der Turbulenzbrenner heute aus der AAS praktisch völlig verdrängt worden.

Fuwa und Vallee [399] [2284] führten 1963 den Langrohr-Brenner ein, bei dem die Flamme eines Turbulenzbrenners auf die Öffnung eines im Strahlengang des Atomabsorptionsspektrometers angebrachten Rohrs aus keramischem Material gefertigt ist (Abb. 18). Auf diese Weise werden die Atome gezwungen, sich länger im Strahlengang aufzuhalten, woraus eine erhöhte Empfindlichkeit resultiert. Dies gilt allerdings nur, falls die betrachteten Atome eine ausreichend lange Lebenszeit haben. Für diese sollte dann gemäß Gl. (1.18) (S. 13) die Extinktion proportional der Rohrlänge anwachsen. Bis zu einem gewissen Grad

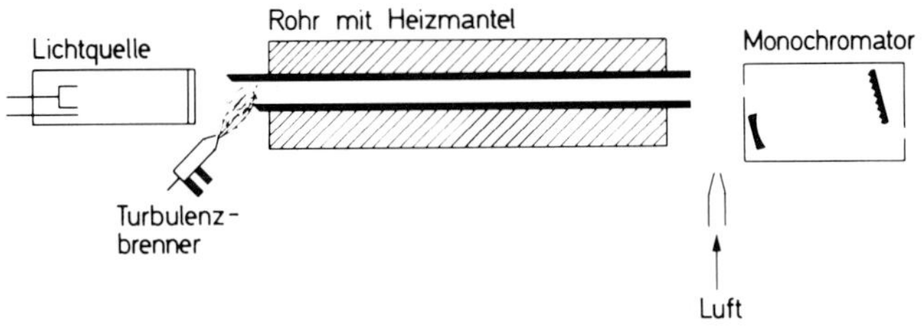

Abb. 18 Langrohr-Brenner nach FUWA und VALLEE [399] in der beheizten Form nach MOLDAN [872]

ist das auch richtig [685], die Rohrlänge ist jedoch stets durch die Lebenszeit der Atome begrenzt [1236]. Zwar entstehen durch die in dem Rohr herrschende niedrigere Temperatur einige Schwierigkeiten, wie Verschleppung oder erhöhte chemische Interferenzen [1186], doch lassen sich diese durch zusätzliches Beheizen des Rohrs wieder weitgehend beseitigen [872] [1070] [1071]. Verschiedene Anwendungsgebiete sind ausführlich behandelt bei AGAZZI [20], CHAKRABARTI [224], FUWA [398] [399], KOIRTYOHANN [685], RAMAKRISHNA [1015], RUBEŠKA [1064] [1071] und ŠTUPAR [1186] [1189].

3.1.3 Spezielle Verfahren zum Einbringen der Probe

Es wurde oft als unbefriedigend empfunden, daß die konventionellen pneumatischen Zerstäuber ebenso wie die Direktzerstäuber Tröpfchen stark unterschiedlicher Größe erzeugen und das maximale Tröpfchenvolumen weit über der Größe liegt, die in der Flamme noch atomisiert werden kann. Die Effektivität eines derartigen Zerstäubers liegt bei etwa 10%, d. h. rund 90% der angesaugten Probenlösung werden auf die eine oder andere Art vernichtet. Dies scheint ein echter Ansatzpunkt für eine Verbesserung der Empfindlichkeit der Atomabsorptions-Analyse zu sein. Von verschiedenen Autoren wurden daher auch Ultraschallzerstäuber beschrieben, die oft ein sehr gleichförmiges und feines Aerosol liefern. In der Praxis sind diese Zerstäuber jedoch nicht sehr einfach zu handhaben, und die effektive Verbesserung in den erzielten Empfindlichkeiten ist wegen der relativ geringen Ansaugrate dieser Zerstäuber oft nicht sehr groß [515] [1163] [1187] [1188] [1307].

ISAAQ und MORGENTHALER [2413] [2414] [2415] haben über ein verbessertes Modell berichtet, bei dem zwischen dem Ultraschallzerstäuber und dem Brenner eine Heizkammer mit Temperaturüberwachung und ein Kühler zum Vortrocknen des Probenaerosols angebracht sind. Sie haben mit diesem System eine hohe Wirksamkeit erreichen können – 86% der zerstäubten Probe erreichen die Flamme, wobei bis zu 72% des Lösungsmittels entfernt waren. Obgleich die erzielten Empfindlichkeiten und Nachweisgrenzen um rund eine Größenordnung besser sind als mit einem konventionellen pneumatischen Zerstäuber, hat das System wenig Aussicht auf Erfolg, da es zu langsam und zu komplex ist.

HARRISON und JULIANO [473] sowie KASHIKI und OSHIMA [626] haben versucht, Festproben als Suspensionen in die Flamme einzubringen und direkt zu analysieren. Wasserunlösliche Zinnverbindungen ließen sich dabei ohne Stabilisator so lange in Suspension halten, wie es für die Messung erforderlich war [473], während Aluminiumoxid-Katalysatoren in Methanol durch einen speziellen Rührer in Suspension gehalten wurden [626]. Die Ergebnisse waren von der physikalischen Art der Proben abhängig, zeigten jedoch wenig Interferenzen, und bei Kalibrieren mit ähnlichen Suspensionen konnte eine gute Übereinstimmung mit Werten erhalten werden, die mit einer Aufschlußmethode ermittelt wurden.

WILLIS [3070] versprühte Suspensionen geologischer Proben direkt in die Flamme und bestimmte Elemente wie Blei, Cobalt, Kupfer, Mangan, Nickel und Zink. Er fand, daß nur Partikel kleiner als 12 µm wesentlich zu der beobachteten Extinktion beitragen und daß die Wirksamkeit der Atomisierung mit abnehmender Teilchengröße rasch ansteigt.

FRY und DENTON [2273] verwendeten einen Babington-Zerstäuber zum Versprühen von hoch viskosen Lösungen und Suspensionen und bestimmten Kupfer und Zink in Urin, Vollblut, Seewasser, Kondensmilch und Tomatensoße.

FULLER [2281] bestimmte Blei, Eisen, Kupfer und Mangan in wäßrigen Suspensionen von Titandioxidpigmenten. Vorteil dieses Materials ist, daß die Teilchengröße sehr einheitlich 10,0 ± 0,3 µm beträgt und die Bestimmung daher eine gute Reproduzierbarkeit zeigt. FULLER fand allerdings, daß bei kontinuierlichem Ansaugen der suspendierten Probe der Zerstäuber sehr rasch verstopfte und verwendete daher die von SEBASTIANI und Mitarbeitern [2835] vorgeschlagene Injektionsmethode.

Dieses Verfahren, bei dem die Probenlösung (oder Suspension) nicht kontinuierlich angesaugt und versprüht, sondern ein festes Volumen von z. B. 50 oder 100 µL eingespritzt wird, wurde auch von MANNING [2613], INGLIS und NICHOLLS [2408] sowie besonders von BERNDT und JACKWERTH [2076] [2077] eingehend untersucht. Die Injektionsmethode wurde später sogar automatisiert [2077] [2083], um die Präzision und die Bedienungsfreund-

Abb. 19 Probenautomat AS-3 für das Injektionsverfahren (Perkin-Elmer). Ein Aliquot der Meßlösung wird in einen Trichter dosiert, der mit der Ansaugkapillare des Zerstäubers verbunden ist

lichkeit zu verbessern und den Probendurchsatz zu erhöhen (Abb. 19). Mit diesem Automaten wurden routinemäßig verschiedene Elemente in hochreinem Aluminium [2077], die Elektrolyte Na, K, Ca und Mg sowie Li in 5–20 μL Serum [2079] und Eisen, Kupfer sowie Zink in weniger als 500 μL Serum [2080] bestimmt.

MALLOY und Mitarbeiter [2610] haben darauf hingewiesen, daß sich die Wirksamkeit eines pneumatischen Zerstäubers ändert, wenn kleine, diskrete Proben versprüht werden. Wird eine Prallkugel hinter den Zerstäuber geschaltet, so steigt die Wirksamkeit der Aerosolerzeugung wegen einer besseren Zerteilung der Tröpfchen. Dies führt weiterhin zu einer Abnahme von chemischen und solchen Interferenzen, die auf einer unvollständigen Verflüchtigung beruhen. Ohne Prallkugel könnte nach Meinung der Autoren jedoch der umgekehrte Effekt auftreten. Nach eigenen Erfahrungen werden durch die Injektionsmethode zumindest Störungen durch unterschiedliche physikalische Eigenschaften von Proben- und Bezugslösungen vermindert.

SHABUSHNIG und HIEFTJE [2842] haben einen Dispenser entwickelt, der gleichförmige Tröpfchen mit einem Volumen kleiner als 4 nL produziert. Probenvolumina von z. B. 40 nL lassen sich damit mit einer Präzision von 1,5% dosieren. CRESSER [2174] hat kürzlich eine gute Übersicht über diskrete Probenzerstäubung in der AAS sowie deren Vor- und Nachteile publiziert.

COUDERT und VERGNAUD [240] sowie GOVINDARAJU [435] verwendeten eine Transportschraube um die feste, pulverisierte Probe direkt in die Flamme bzw. die Flammengase einzubringen. Für verschiedene Industrieprodukte, sowie für geologische Proben wurden dabei erstaunlich präzise Ergebnisse gefunden.

Eines der kontinuierlichen Bestreben in der AAS geht dahin, immer noch bessere Empfindlichkeiten und Nachweisgrenzen zu erzielen. Es wurden dementsprechend zahlreiche Versuche unternommen, hauptsächlich die Effektivität des Zerstäuber-Brenner-Systems zu verbessern. Erstaunliche Erfolge wurden dabei mit einer sehr einfachen Atomisierungsmethode, der sog. Probenboot-Technik [616], erzielt, die an den beiden schwächsten Punkten des Zerstäuber-Brenner-Sytems eingreift. Wie bereits erwähnt, gelangen hierbei nur etwa 10% der angesaugten Probenlösung in die Flamme, während etwa 90% ungenützt abfließen.

Ein weiterer Nachteil des Versprühens der Probenlösung in die Flamme ist, daß der Transport von Probe in die Flamme begrenzt ist durch die Ansaugrate des Zerstäubers. Beide Nachteile beseitigt die Boot-Technik: eine kleine Probenmenge (max. 1 mL) wird in ein Tantalschiffchen eingebracht, die Lösung getrocknet (z. B. in der Nähe der Flamme eines Atomabsorptionsspektrometers, oder in einem Muffelofen [527]) und dann das Schiffchen in die Flamme eingebracht. Dabei wird die in dem „Boot“ befindliche Probe rasch, d. h., innerhalb weniger Sekunden, und quantitativ atomisiert; es resultiert ein rasch erscheinendes, hohes und schmales Signal, das mit Hilfe eines Schreibers registriert wird. Da die mit der Probenboot-Technik erzielbare Temperatur nur etwa 1200 °C beträgt, läßt sich dieses Verfahren nur für leicht atomisierbare Elemente wie Arsen, Bismut, Blei, Cadmium, Quecksilber, Selen, Silber, Tellur, Thallium und Zink anwenden.

Für diese bringt die Boot-Technik eine Verbesserung in der Nachweisgrenze um etwa den Faktor 20–50 (Tabelle 5). Da sich gerade toxikologisch und vom Standpunkt der Umweltkontrolle her interessante Elemente mit hoher Empfindlichkeit bestimmen lassen und bei der Boot-Technik biologische Proben, wie Urin oder Blut direkt analysiert werden können [618], hat diese Methode rasch Anklang gefunden. CHENG und AGNEW [2155] bestimmten mit der Boot-Technik Tellur in Leberhomogenisat und FAVRETTO-GABRIELLI und Mitar-

Tabelle 5 Absolute und relative Nachweisgrenzen der Boot-Technik und des DELVES-Systems

Element	Absolute Nachweisgrenzen g		relative Nachweisgrenzen µg/L		
	Boot-Technik	DELVES-System	Boot-Technik (1 mL Probe)	DELVES-System (0,1 mL Probe)	Flammen-Technik
Ag	2×10^{-10}	1×10^{-10}	0,2	1	1
As	2×10^{-8}	2×10^{-8}	20	200	20
Bi	3×10^{-9}	2×10^{-9}	3	20	20
Cd	1×10^{-10}	5×10^{-12}	0,1	0,05	0,5
Hg	2×10^{-8}	1×10^{-8}	20	100	200
Pb	1×10^{-9}	1×10^{-10}	1	1	10
Se	1×10^{-8}	1×10^{-7}	10	1000	100
Te	1×10^{-8}	3×10^{-8}	10	300	20
Tl	1×10^{-9}	1×10^{-9}	1	10	10
Zn	3×10^{-11}	5×10^{-12}	0,03	0,05	1

beiter [2237] bestimmten Blei in getrocknetem, pulverisiertem Muschelgewebe in guter Übereinstimmung mit Aufschlußverfahren.

Auch zur Wasseruntersuchung [186], zur Analyse von Milch [724] und anderen Lebensmitteln [527], sowie für geologische Proben [329] [766] [767] wurde die Boot-Technik schon mit Erfolg eingesetzt. BEATY [92] fand das Arbeiten mit der Boot-Technik besonders ein-

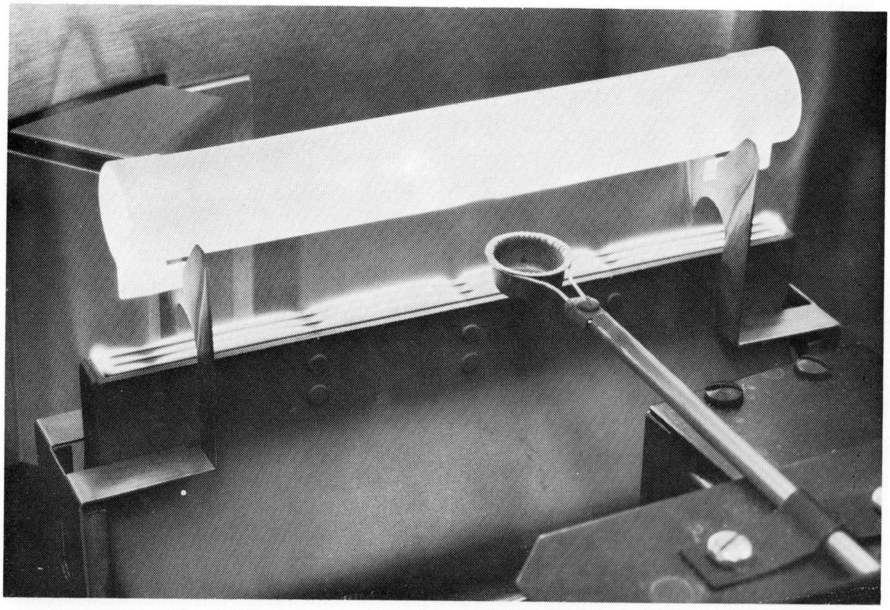

Abb. 20 DELVES-System. Die Probe wird in einem Nickeltiegel in die Flamme eines Dreischlitzbrenners gebracht. Die Atome gelangen durch eine Öffnung in ein Quarzrohr, das sich über dem Brenner genau im Strahlengang des Atomabsorptions-Spektrometers befindet

fach, wenn er mit nur 10 μL Probenvolumen arbeitete, da er dann auf den Trocknungsschritt verzichten konnte und gleichzeitig eine bessere Präzision und eine längere Lebensdauer für die Tantalboote erreichte.

Wenig später schlug DELVES [292] eine Modifizierung der Boot-Technik vor, die er speziell für die Bestimmung von Blei in Blut entwickelt hatte. Das längliche Tantalschiffchen wurde ersetzt durch kleine runde Nickelgefäße, und zur Erhöhung der Empfindlichkeit war über den Tiegelchen in der Flamme ein offenes Rohr (aus Nickel oder besser Quarz) angebracht, durch das der Meßstrahl hindurchführte und in das hinein das zu bestimmende Element atomisiert wurde. Dieses Rohr verlängert die Aufenthaltsdauer der Atome im Strahlengang (Abb. 20). Die Blutproben wurden in den Nickelgefäßen auf einer Heizplatte getrocknet und chemisch vorbereitet, bevor sie in die Flamme eingebracht werden konnten. Zahlreiche Autoren überprüften [359] und modifizierten [85] [318] [357] [1056] dieses Verfahren zur Bleibestimmung in kleinen Blutproben und fanden es besonders für Übersichtsanalysen sehr nützlich. Später wurde auch die Anwendung der DELVES-Technik auf die Bestimmung von Cadmium in Blut [218] [319] [592] und anderen biologischen Materialien [750] ausgedehnt. DELVES [2197] fand, daß ein Zusatz von primärem Ammoniumphosphat wie in der Graphitrohrofen-Technik die Bestimmung von Cadmium in Blut wesentlich erleichtert. Durch diese Matrix-Modifikation verschwindet das unspezifische Signal von Natriumchlorid praktisch völlig und ermöglicht damit eine Bestimmung ohne Untergrundkorrektur.

Auch über die Bestimmung von Blei in Urin [2421], Silber in Blut [2396] sowie von Thallium in biologischen Materialien [1120] wurde berichtet. Schließlich wurde das Verfahren auch für die Analyse von Milch [456] und Farben [502] [2537] [2670] eingesetzt, wobei auch Suspensionen und feste Proben direkt untersucht wurden.

WARD und Mitarbeiter [3032] und KAHL und Mitarbeiter [2446] verwendeten statt dem Nickel- ein Molybdäntiegelchen und statt der Luft- eine Lachgas/Acetylen-Flamme. Zwar ließ sich damit die Empfindlichkeit der leichtflüchtigen Elemente nicht wesentlich verbessern, chemische Störungen traten jedoch kaum mehr auf. Außerdem gelang den Autoren auch die Bestimmung einiger schwerer flüchtiger Elemente wie Chrom, Cobalt, Kupfer, Mangan, Nickel und Zinn mit Nachweisgrenzen im unteren Nanogrammbereich.

Eine weitere Änderung in dem System von DELVES nahmen CERNIK und SAYERS [219] vor, indem sie die Blutprobe auf ein Filterpapier aufbrachten und nach dem Trocknen ein Stück davon ausstanzten, das sie dann mit dem Nickelgefäß in die Flamme brachten. CERNIK wies besonders auf die Einfachheit und Zuverlässigkeit dieses Verfahrens hin [217] und darauf, daß das Signal von Änderungen im Gefäßmaterial weitgehend unabhängig ist. Andere Autoren konnten diese Befunde weitgehend bestätigen [591] [593].

WATLING [3036] verwendete schließlich für die Boot-Technik ein geschlitztes Quarzrohr und konnte damit deutliche Empfindlichkeitssteigerungen für leicht atomisierbare Elemente erzielen.

Wichtig ist, daß bei der Probenboot-Technik ebenso wie bei der Modifikation nach DELVES zum Teil erhebliche unspezifische Signale durch Rauchentwicklung während der Atomisierung entstehen, wenn nicht spezielle Probenvorbereitungen [85] [592] oder eine Extraktion des zu bestimmenden Elements in ein organisches Lösungsmittel [1056] der Bestimmung vorgeschaltet werden. Die Verwendung eines Untergrundkompensators zur Verbesserung der Richtigkeit und der Präzision ist bei diesem Verfahren daher zu empfehlen (Abb. 21).

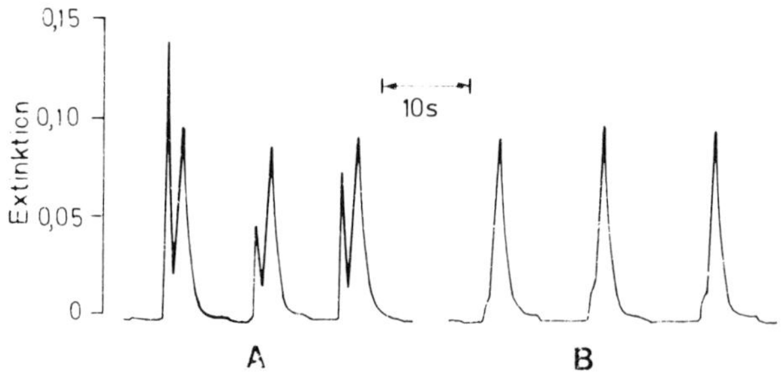

Abb. 21 Bestimmung von Blei in Blut mit dem DELVES-System. – **A:** ohne Untergrundkompensator erscheint vor dem Bleisignal ein sehr schlecht reproduzierbares Signal. **B:** mit Untergrundkompensator erhält man nur das elementspezifische Bleisignal

LAU und Mitarbeiter [2536] brachten ein gekühltes Quarzrohr in einer Luft/Acetylen-Flamme an, das wie eine „Atomfalle" wirkt, da sich eine Reihe von Elementen darauf kondensieren. Nach einer ausreichenden Sammelzeit wird die Kühlung abgestellt und die kondensierten Elemente wieder abgegeben. Je nach Sammeldauer läßt sich damit eine erhebliche Empfindlichkeitssteigerung erzielen.

NEWTON und DAVIS [2691] schieden Elemente wie Cadmium elektrolytisch auf einer Wolfram-Drahtschlaufe ab, die sie dann in eine Flamme einbrachten und zusätzlich elektrisch heizten. BERNDT und MESSERSCHMIDT [2082] setzten eine Platinschlaufe ein, auf die sie Mikrolitermengen der Probe aufbrachten, die sie wie bei der Boot-Technik in der Nähe der Flamme trockneten und dann rasch in die Flamme fuhren. Zur Unterstützung des Atomisierungsvorgangs wurde die Platinschlaufe zusätzlich elektrisch geheizt. Mit diesem Verfahren lassen sich zwar Nachweisgrenzen im unteren µg/L-Bereich erzielen, es treten jedoch erhebliche Matrixinterferenzen, selbst in einfachen Proben, auf [3063], so daß praktisch nur nach einer Lösungsmittelextraktion zuverlässige Werte zu erwarten sind [2075].

Für die Bestimmung von Elementen, die gasförmige, kovalente Hydride bilden, wie Antimon, Arsen, Bismut, Germanium, Selen, Tellur, und Zinn besteht die Möglichkeit, die Proben nicht in gelöster Form in die Flamme zu versprühen, sondern gasförmig in den Brenner einzuleiten. HOLAK [524] hat dieses Verfahren erstmals für Arsen vorgeschlagen. Mit Zink entwickelte er in der salzsauren Probenlösung naszierenden Wasserstoff und sammelte das Arsin in einer mit flüssigem Stickstoff gekühlten Falle. Nach Beendigung der Reaktion erwärmte er die Falle und leitete das Arsin mit einem Stickstoffstrom in die Flamme.

DALTON und MALANOSKI [266] vereinfachten dieses Verfahren, indem sie das Arsin zusammen mit dem entwickelten Wasserstoff direkt in eine Argon/Wasserstoff-Flamme einleiten. FERNANDEZ und MANNING [362] [799] haben die Technik schließlich optimiert und ein kommerzielles System vorgestellt. Später wurden von POLLOCK und WEST [993] [994], sowie von SCHMIDT und ROYER [1092] andere Reduktionsmittel zur Wasserstofferzeugung vorgeschlagen, und das Verfahren auf weitere Elemente ausgedehnt. FERNANDEZ [358] hat daraufhin die Reduktion mit Natriumborhydrid eingehend untersucht und optimale Parameter für sieben Elemente ermittelt, bezüglich Säurekonzentration und Einwirkungszeit des Reduktionsmittels.

Diese Technik ist inzwischen wesentlich verfeinert und weiterentwickelt worden und wird in Abschn. 3.3 ausführlich behandelt. Die Hydride werden heute nur noch sehr selten direkt in eine Flamme eingeleitet; die Atomisierung erfolgt vielmehr meist in einem geheizten Quarzrohr.

3.2 Die Graphitofen-Technik

In dem kontinuierlichen Bestreben, die Nachteile des Zerstäuber-Brenner-Systems zu umgehen, bessere Nachweisgrenzen zu erzielen oder Absorptionsküvetten zu schaffen, die z. B. für physikalische Messungen eine geeignete Umgebung bieten, wurden schon frühzeitig elektrisch geheizte Atomisierungseinrichtungen konstruiert und eingesetzt.

3.2.1 Die verschiedenen Graphitöfen

L'vov [775–777] entwickelte bereits 1959 einen auf den Arbeiten von King [641] basierenden Graphitrohrofen von 10 cm Länge, der innen mit einer Tantalfolie ausgekleidet war. Die Probe wurde auf eine Graphitelektrode aufgebracht, getrocknet, und mit der Elektrode in eine Bohrung im Graphitrohr eingebracht. Das Rohr wurde durch Widerstandsheizung aufgeheizt und die Probe durch einen Gleichstrombogen atomisiert. In einer verbesserten Version [778] wurde ein kürzeres, etwa 5 cm langes Rohr aus Pyrokohlenstoff verwendet und das Graphitrohr selbst als Gegenelektrode verwendet. Auf diese Weise bildet sich der Lichtbogen, der die Probe atomisiert, in dem Moment aus, wo diese mit der Elektrode in die Bohrung des Graphitrohrs eingesetzt wird (Abb. 22). Die ganze Anordnung befindet sich in einer geschlossenen Argonkammer mit Quarzfenstern zum Lichtdurchtritt (Abb. 23), so daß auch mit reduziertem oder erhöhtem Druck gearbeitet werden kann. Mit dieser Anordnung konnte L'vov für etwa 40 Elemente Nachweisgrenzen zwischen 10^{-10} und 10^{-14} g erreichen, Werte, die um mehrere Größenordnungen besser sind als die der Flammen-Atomabsorption.

Massmann [832] [833] baute auf Anregung von L'vov einen vereinfachten Graphitrohrofen (Abb. 24), der ebenfalls aus einem etwa 5 cm langen Graphitrohr besteht, jedoch durch Anlegen hoher Stromstärken (500 A) bei geringer Spannung (10 V) an die Enden des Rohrs aufgeheizt wird. Diese Widerstandsheizung gestattet eine recht feine Abstufung der Heiztemperatur und somit die Wahl optimaler Temperaturbedingungen für die Atomisierung jedes einzelnen Elementes. Der Graphitrohrofen von Massmann ist im Gegensatz zu dem von L'vov nicht in einer geschlossenen Argonkammer untergebracht und muß daher kontinuierlich mit einem Inertgasstrom gespült werden, um ein Eindringen von atomsphäri-

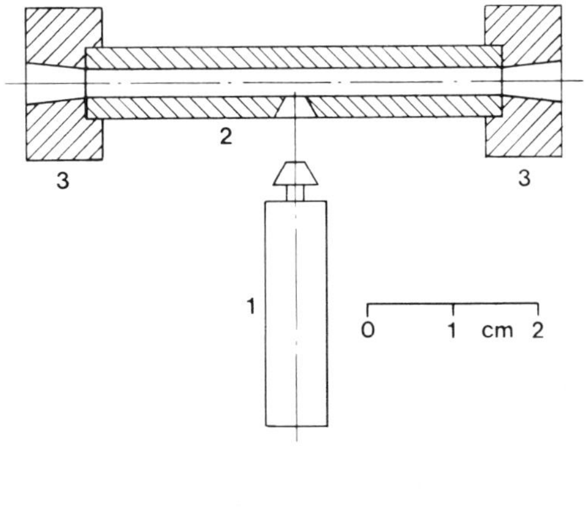

Abb. 22 Graphitrohrofen nach L'vov [778]. – **1** bewegliche Graphitelektrode, **2** Graphitrohr, **3** Kontakte

Abb. 23 Argonkammer von L'vov mit Graphitrohrofen und 10 Elektroden (mit freundlicher Genehmigung von B. V. L'vov)

schem Sauerstoff zu vermeiden. Die Probe (max. 0,5 mg Festsubstanz oder 50 μL Lösung) wird, mit Hilfe einer Mikropipette durch eine in der Graphitrohrwand angebrachten Bohrung, eingegeben.

Massmann erreicht mit seiner Anordnung Nachweisgrenzen, die typischerweise um eine Zehnerpotenz schlechter sind als die von L'vov genannten. Die Ursache hierfür ist einmal in der erzwungenen Schutzgasströmung durch das Graphitrohr zu suchen, die die Aufenthaltsdauer der Atome reduziert. Dazu kommt, daß die Aufheizgeschwindigkeit der Widerstandsheizung geringer ist, als die der Atomisierung im Lichtbogen, so daß die Atomisierungszeit länger wird.

Massmann [829] [830] beobachtete für zahlreiche Elemente eine mehr oder weniger große Untergrundabsorption in seinem Graphitrohrofen, die er durch Verwendung eines Zweikanal-Spektrometers beseitigte. Auch konnte eine zum Teil erhebliche Abhängigkeit der Signalhöhe von Art und Menge der Matrix festgestellt werden [831].

Woodriff konstruierte einen kontinuierlich geheizten Graphitrohrofen, in den die Probenlösung mit Hilfe eines pneumatischen [1351] oder eines Ultraschallzerstäubers [1353] eingespritzt wird.

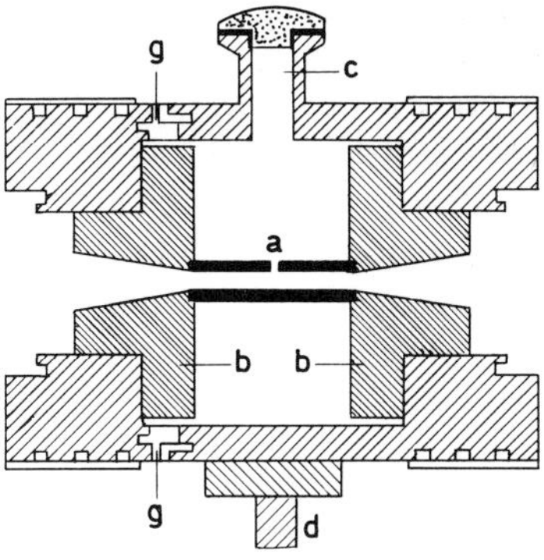

Abb. 24 Argonkammer mit Graphitrohr zur Atomabsorptions-Analyse nach MASSMANN [832]. – **a** Graphitrohr, **b** Stahlscheiben, **c** Öffnung für Probeneingabe, **d** Halterung, **g** Isoliermaterial aus Kunststoff

WOODRIFF fand, daß das Graphitrohr durch wäßrige Lösungen angegriffen wird und verwendete daher für seine Untersuchungen ausschließlich Lösungen in absolutem Methanol. Die mit diesem Verfahren gefundenen charakteristischen Konzentrationen sind um eine bis zwei Größenordnungen besser als die mit Flammen erzielbaren; die Nachweisgrenzen sind dagegen wegen des relativ hohen Rauschpegels nicht wesentlich verbessert. Später führte WOODRIFF in einem Graphitpfännchen eingedampfte oder gesammelte Proben in das geheizte Graphitrohr ein und fand für 15 Elemente Nachweisgrenzen in der Größenordnung 10^{-10} g [1122] [1352]. KOIRTYOHANN [684] fand, daß der von WOODRIFF beschriebene Ofen relativ frei ist von spektralen und nicht-spektralen Störungen und daß er eine recht stabile Küvette für Grundsatzstudien darstellt; wegen seiner Größe und dem komplizierten Aufbau läßt er sich jedoch kaum für Routineuntersuchungen einsetzen.

WEST [1311] schlug eine stark vereinfachte Version eines Graphitofens vor. Ein Kohlestab von 1–2 mm Durchmesser und etwa 20 mm Länge befindet sich zwischen zwei Elektroden eingespannt in einem von Argon durchströmten Glaszylinder (Abb. 25).

Durch geringfügige Änderungen am Glasmantel läßt sich die gleiche Anordnung auch für Atomfluoreszenz-Messungen verwenden. Die Probe (z. B. 1 µL) wird mit einer Mikropipette oder Spritze auf den Kohlefaden aufgebracht und dieser mit Widerstandsheizung (100 A, 5 V) zum Glühen gebracht. Eine Bestimmung dauert etwa 5–10 s und nach ungefähr 2 min kann die nächste Probe aufgebracht werden. In einer weiteren Version wurde auf den schützenden Glasmantel verzichtet und der Kohlefaden lediglich von unten her mit

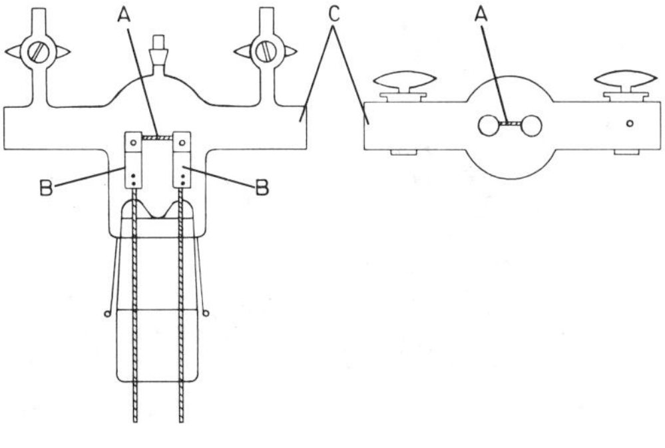

Abb. 25 Kohlefaden von WEST [1311] zur Graphitofen-Atomabsorption. – **A** Kohlefaden, **B** Kontakte, **C** Glasmantel

Argon umspült [1310]. Diese „offene" Version ist wegen ihrer leichten Zugänglichkeit besonders einfach zu bedienen.

WEST fand mit diesem System für Silber und Magnesium eine Nachweisgrenze von etwa 10^{-10} g. Allerdings ist die Probenaufgabe bei diesem Verfahren kritisch und bedarf einiger Erfahrung; auch haben sich zahlreiche Interferenzen gezeigt [51] [52], die auf dem starken Temperaturgefälle zwischen dem Kohlefaden und der Umgebung beruhen. Dies konnte durch Versuche bestätigt werden, bei denen der Meßstrahl unmittelbar über dem glühenden Kohlestab fokussiert wurde [52], wobei eine deutliche Zunahme der Interferenzen und eine Abnahme der Empfindlichkeit mit zunehmender Entfernung vom Kohlestab gefunden wurde.

Ein ähnliches Prinzip wurde von MONTASER und Mitarbeitern [2675] vorgeschlagen, die statt des Graphitstabs eine aus Graphitfäden gewobene Borte von 1,5 bis 2 mm verwendeten. Vorteil dieses Materials ist neben dem geringeren Strombedarf die Tatsache, daß es die Probenlösung relativ gut aufsaugt und damit leichter etwas größere Probenvolumina aufnehmen kann. Allerdings war die Graphitborte nicht in besonders hoher Reinheit erhältlich und die Lebensdauer selbst bei reduzierten Temperaturen relativ gering. Schließlich waren auch die hiermit erzielbaren relativen Nachweisgrenzen kaum besser als mit der Flammen-Technik [2673], so daß sich das Verfahren mehr für eine Mikro- als für eine Ultra-Spurenanalyse eignet.

Die kommerziell erhältlichen Graphitrohröfen beruhen praktisch alle auf dem Prinzip von MASSMANN, d. h. es sind Rohröfen, die durch Widerstandsheizung aufgeheizt werden. Sie unterscheiden sich jedoch z. T. stark in der Röhrchengröße, in der Programmierbarkeit, der Flexibilität und im Bedienungskomfort [835] [1294]. Zwei Systeme, der Graphitrohrofen

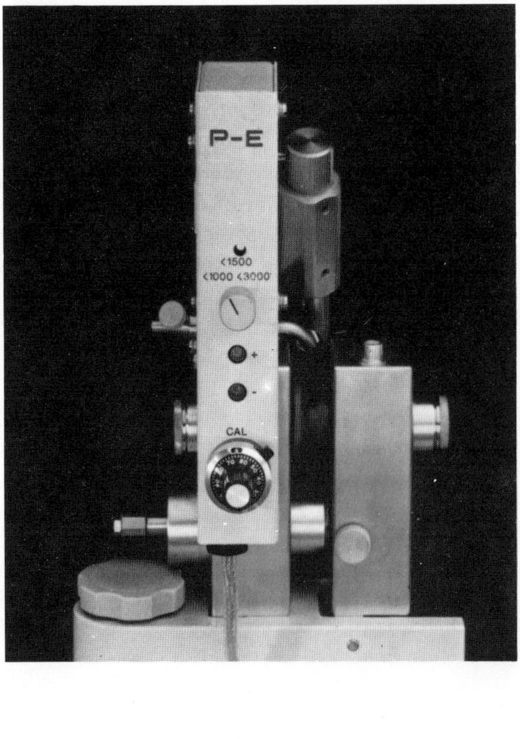

Abb. 26 Graphitrohrofen HGA-500 mit optischem Temperatursensor (Perkin-Elmer)

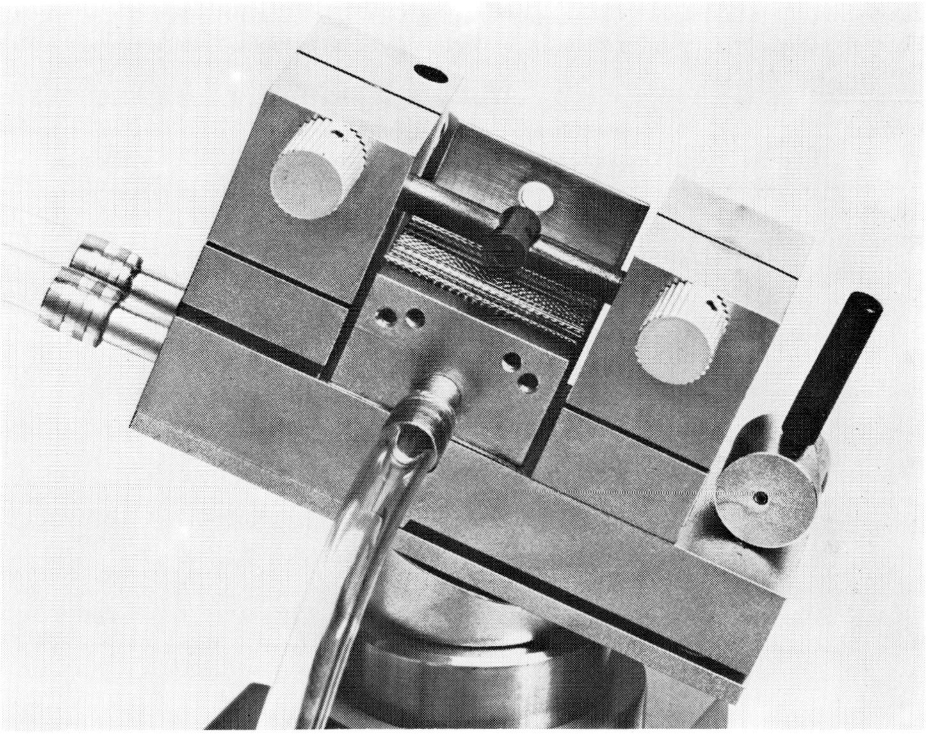

Abb. 27 Carbon rod atomizer CRA-90 in der „Mini-Massmann"-Ausführung (mit freundl. Genehmigung von VARIAN GmbH)

HGA-500 und der „Mini-Massmann" CRA-90 sind in Abb. 26 und 27 gezeigt. Der CRA-90 kann außer mit einem Graphitrohr auch mit einem kleinen Graphittiegel ausgerüstet werden, der hauptsächlich der Bestimmung fester Proben dient.

KOIRTYOHANN [684] hat die beiden Systeme verglichen und gefunden, daß der Mini-Massmann-Ofen eine geringe Untergrundabsorption und eine höhere absolute Empfindlichkeit zeigt, dafür aber die schwersten Matrixeffekte aufweist und auf kleine Probenvolumina beschränkt ist. Die HGA hat die bessere relative Empfindlichkeit und die höchste Präzision, leidet dafür unter größeren Untergrundabsorptions-Problemen. MORROW und MCELHANEY [882] fanden, daß der kleine Rohrdurchmesser des „Mini-Massmann" den Meßstrahl stark abschattet, was zu erhöhtem Rauschen führt; außerdem hatten sie Schwierigkeiten, Probenmengen von wenigen μL zu pipettieren und fanden eine schlechte relative Empfindlichkeit. Sie verwendeten daher ein Rohr größeren Durchmessers, mit dem sie diese Schwierigkeiten nicht hatten.

Beispiele für relative Nachweisgrenzen, wie sie mit einem guten Graphitrohrofen erzielt werden, sind in Tabelle 6 zusammengestellt und mit denen der Flammen-AAS verglichen.

Im folgenden soll noch etwas ausführlicher auf die einzelnen Komponenten eines Graphitrohrofens und deren Bedeutung eingegangen werden. Wie später noch gezeigt wird,

Tabelle 6 Beispiele für relative Nachweisgrenzen (in µg/L), wie sie mit der Graphitrohrofen- und der Flammen-Technik erzielt werden können. Die Werte der Graphitrohrofen-Technik sind auf 100 µL Probenvolumen bezogen

Element	Nachweisgrenze µg/L Graphitrohrofen (100 µL Meßlösung)	Flamme
Ag	0,005	1
Al	0,01	30
As	0,2	20
Au	0,1	6
B	15	1 000
Ba	0,04	10
Be	0,03	2
Bi	0,1	20
Ca	0,05	1
Cd	0,003	0,5
Co	0,02	6
Cr	0,01	2
Cu	0,02	1
Fe	0,02	5
Hg	2	200
K	0,002	1
Li	0,2	0,5
Mg	0,004	0,1
Mn	0,01	1
Mo	0,02	30
Na	0,01	0,2
Ni	0,2	4
P	30	50 000
Pb	0,05	10
Pt	0,2	40
Sb	0,1	30
Se	0,5	100
Si	0,1	50
Sn	0,1	20
Te	0,1	20
Ti	0,5	50
Tl	0,1	10
V	0,2	40
Zn	0,001	1

hängt die Höhe des in einem Graphitrohrofen gemessenen Absorptionssignals ab von der Dichte der dort vorhandenen Atomwolke. Diese wird ihrerseits beeinflußt von der Atomisierungsgeschwindigkeit (d. h. der Entstehungsrate der Atome aus der Probe) und von der Aufenthaltsdauer der Atome im Graphitrohr (d. h. der Verlustrate der Atome aus dem Absorptionsraum) [2936].

Sieht man zunächst einmal von einem Verlust an Atomen durch erzwungene Gasströmungen ab, so bleibt als wichtigster Faktor für Verluste an Atomen aus dem Graphitrohr heraus die Diffusion. Gemäß Gl. (3.1) ist der relative Masseverlust

$$\frac{\mathrm{dM}}{M} = - \frac{8D}{l^2} d\tau \tag{3.1}$$

an Atomdampf umgekehrt proportional dem Quadrat der Rohrlänge l und unabhängig von dessen Querschnitt (D = Diffusionskoeffizient); das heißt, daß die Länge des Graphitrohrs eine ganz entscheidende Rolle spielt bei der Aufenthaltsdauer der Atome im Strahlengang. Aus Gl. (3.1) leitet sich für die mittlere Aufenthaltsdauer τ der Atome im Absorptionsvolumen ab, daß

$$\tau = \frac{l^2}{8D} \tag{3.2}$$

diese direkt proportional dem Quadrat der Länge l des Graphitrohrs ist. L'VOV hat z. B. für die Diffusion von Quecksilber bei 1500 K aus einer 5-cm-Küvette eine mittlere Aufenthaltsdauer τ von 1,8 s errechnet. Messungen ergaben allerdings einen Wert von 0,5 s, also eine kürzere Aufenthaltsdauer.

Um eine möglichst große Aufenthaltsdauer der Atome und damit die optimale Empfindlichkeit zu erhalten, sollte das Graphitrohr möglichst lang sein. Allerdings läßt sich die Rohrlänge nicht beliebig steigern, da mit der Länge auch die Stromaufnahme steigt, so daß Rohre von mehr als 10 cm Länge nicht mehr einsetzbar sind. Das Optimum liegt bei etwa 3 bis 5 cm, wie sich experimentell zeigen läßt [8] [882] [1294], wobei natürlich die optimale Rohrlänge im Prinzip für jedes Element und jede Temperatur verschieden ist.

Neben der Rohrlänge spielt auch der Rohrdurchmesser eine gewisse Rolle. Er ist zwar ohne Einfluß auf die Diffusion und damit auf die Aufenthaltsdauer der Atome im Graphitrohr, da jedoch das Rohrvolumen mit dem Quadrat des Durchmessers steigt, wird die darin enthaltene Atomwolke entsprechend verdünnt werden. Mit anderen Worten wird die absolute Empfindlichkeit in einem Graphitrohrofen umgekehrt proportional sein dem Rohrdurchmesser. Für eine gute *absolute* Empfindlichkeit wäre demnach ein möglichst langes und gleichzeitig dünnes Graphitrohr zu fordern.

Da jedoch ein größeres Graphitrohr üblicherweise auch ein größeres Probenvolumen fassen kann, gilt für die *relative* Empfindlichkeit (d. h. die Empfindlichkeit in Konzentrationseinheiten) in erster Näherung, daß diese unabhängig ist vom Rohrquerschnitt. Für die Rohrlänge gilt die gleiche Proportionalität wie für die absolute Empfindlichkeit, d. h. die Forderung nach einem langen Rohr.

Eine weitere wichtige Größe darf bei den Betrachtungen über die Rohrdimensionen keinesfalls außer acht gelassen werden, und zwar die Tatsache, daß das Graphitrohr sich im Strahlengang eines Atomabsorptionsspektrometers befindet. Das heißt, der Meßstrahl sollte möglichst ungehindert durch das Graphitrohr hindurchtreten können, da eine stärkere Abschattung durch zu enge Rohrquerschnitte zu erhöhtem Rauschen und zu anderen Schwierigkeiten führen kann [834]. Auch ein zu großer Rohrquerschnitt ist zu vermeiden, da hierbei die Atomwolke schlecht ausgenützt wird. Die optimalen Rohrdimensionen sollten sich nach dem Strahlenbündel richten und zwar bei einem parallelen Strahlenbündel

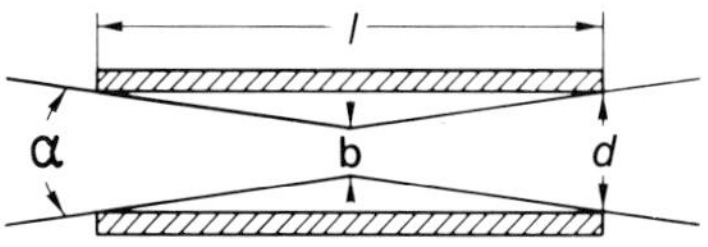

Abb. 28. Optimale Graphitrohrdimensionen. – Bei einem im Probenraum fokussierten Strahlengang errechnen sich optimale Länge und Durchmesser eines Graphitrohrs nach $d = \mathrm{b} + l \cdot \mathrm{tg}\,\alpha$

dieses möglichst genau umschließen, während Rohrlänge l und Rohrdurchmesser d im Falle einer Fokussierung des Strahls im Probenraum der in Abb. 28 gezeigten Gesetzmäßigkeit

$$d = \mathrm{b} + l \cdot \mathrm{tg}\,\alpha \tag{3.3}$$

gehorchen sollten [1303].

FRIGIERI und TRUCCO [2270] fanden, daß bei normalen Graphitrohröfen wegen der Fokussierung des Meßstrahls immer nur ein Teil der aus der Probe gebildeten Atome für die Absorption zur Verfügung steht. Sie konstruierten daher ein der Strahlgeometrie angepaßtes Rohr und erzielten damit für eine Reihe von Elementen um den Faktor 2–5 bessere Empfindlichkeiten.

3.2.2 Graphitrohrmaterial und -beschichtung

Neben der Rohrform ist das Rohrmaterial bzw. dessen Oberfläche oft von ganz entscheidender Bedeutung, worauf später noch ausführlicher eingegangen werden soll. Hierbei soll besonders auf den Einfluß der Rohroberfläche auf Atomisierungsmechanismen und auf Interferenzen durch Reaktion des Kohlenstoffs mit der Probe eingegangen werden. Schon sehr frühzeitig wurde jedoch festgestellt, daß heißer Graphit für Metallatome recht durchlässig sein kann.

Durch Versuche mit Radiotracern konnten L'VOV und KHARTSYZOV [781] zeigen, daß die Diffusion von Metallatomen durch die Wandungen des Graphitrohrs hindurch (in Abhängigkeit von der Temperatur) größer sein kann als die Diffusion durch die offenen Rohrenden. In ersten Versuchen wurden die Innenflächen des Graphitrohrs mit einer Tantalfolie überzogen, die diese Verluste sofort verhinderte. Später fand L'VOV, daß Rohre aus pyrolytischem Kohlenstoff (hergestellt durch Pyrolyse von Kohlenwasserstoffen, z. B. Methan bei etwa 2000 °C) oder solche, die mit einer Schicht Pyrokohlenstoff überzogen waren, die gleichen Eigenschaften hatten. Mit derartig beschichteten Rohren konnte durch Vermeidung der Diffusionsverluste für einige Elemente die doppelte Empfindlichkeit erzielt werden.

CLYBURN und Mitarbeiter [2161] führten als erste eine Pyrokohlenstoff-Beschichtung direkt im Graphitrohrofen durch, indem sie eine Methan-Inertgas-Mischung durch ein bei etwas über 2000 °C betriebenes Graphitrohr leiteten. Hierbei wird eine Kohlenstoffschicht auf der Oberfläche abgeschieden, die dicht, hart, gasundurchlässig und widerstandsfähig gegen Oxidation ist. Anfangs traten häufig Schwierigkeiten mit der Haltbarkeit der pyrolytisch abgeschiedenen Kohlenstoffschicht auf [2051], so daß z. B. MORROW und MCELHANEY [883] dem Schutzgas 10% Methan beimischten und so eine dauernde Neubeschichtung und deutliche Verlängerung der Rohrlebensdauer erhielten.

MANNING und SLAVIN [2617] [2618] behandelten Rohre mit pyrolytisch abgeschiedenem Kohlenstoff zusätzlich mit Molybdän und erhielten reproduzierbare Signale, was sich mit einem Verschließen von Rissen oder Fehlstellen in der Pyroschicht erklären läßt. ORTNER und KANTUSCHER [2712] schlugen als erste vor, Graphitrohre mit Metallsalzen zu imprägnieren und fanden, daß Natriumwolframat-getränkte Rohre die höchste Empfindlichkeit und die beste Reproduzierbarkeit über die Lebensdauer gaben. RUNNELS und Mitarbeiter [2813] verwendeten eine Beschichtung mit Lanthan bzw. Zirconium, um den Kontakt der Proben mit Graphit und damit eine Carbidbildung zu verhindern. THOMPSON und Mitarbeiter [2970] schlugen ebenfalls eine Beschichtung mit Lanthan vor, ZATKA [3097] verwendete Tantal in flußsaurer Lösung und HAVEZOV und Mitarbeiter [2353] Zirconium. Als Wirkungsmechanismus wurde allgemein vorgeschlagen, daß die Metallsalze bei erhöhter Temperatur mit dem Kohlenstoff Carbide bilden, die eine ähnlich dichte und weitgehend inerte Schicht bilden wie der pyrolytisch abgeschiedene Kohlenstoff.

MANNING und EDIGER [2615] haben das von CLYBURN und Mitarbeitern [2161] vorgeschlagene Verfahren zur „in situ" Pyrobeschichtung verbessert, und VÖLLKOPF und Mitarbeiter [3022] haben gezeigt, daß bei entsprechender Programmoptimierung Rohre mit ausgezeichneten Eigenschaften erhalten werden können. Inzwischen scheint klar zu sein, daß

Abb. 29 Graphitrohroberflächen in 2000facher Vergrößerung: *A*: unbeschichtet (RWO – HD, Ringsdorff). *B*: bei 2200 °C durch Pyrolyse von Methan beschichtetes Rohr

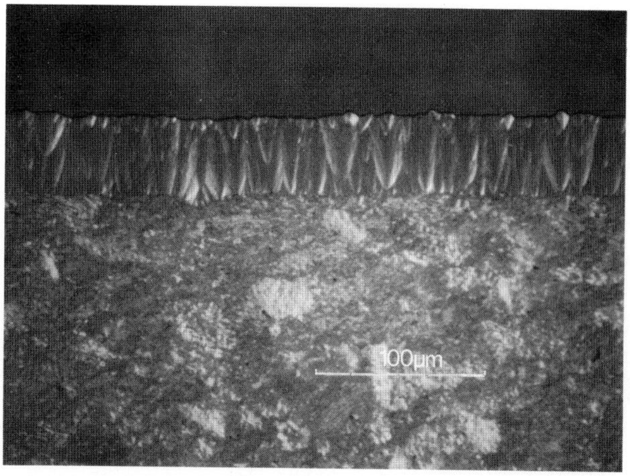

Abb. 30 Schliffbild eines mit Pyrokohlenstoff beschichteten Graphitrohrs mit nahtlos anhaftender Schicht (mit freundlicher Genehmigung der Fa. Ringsdorff)

eine unter optimalen Bedingungen aufgebrachte Schicht pyrolytisch abgeschiedenen Kohlenstoffs die besten Rohreigenschaften ergibt. Metallsalzimprägnierungen bzw. Metallcarbidbeschichtungen können im besten Fall die Qualität guter Pyroschichten erreichen; eine Verbesserung ist nur gegenüber unzureichenden oder fehlerhaften Pyroschichten zu erzielen.

Der Hauptgrund für die Verwendung Pyrokohlenstoff-beschichteter Graphitrohre ist die damit verbundene Verbesserung der Empfindlichkeiten und Nachweisgrenzen für solche Elemente, die mit Kohlenstoff schwer flüchtige Carbide bilden wie Molybdän, Titan, Vanadium [2933] und viele andere (vgl. Tabelle 6, S. 54). Daneben gibt es einige Elemente wie etwa Phosphor, bei denen zumindest unter bestimmten Bedingungen mit unbeschichteten Graphitrohren die besseren Empfindlichkeiten erzielt werden [2933]. Für eine dritte Gruppe von Elementen schließlich wird mit beiden Rohrtypen die gleiche Empfindlichkeit erreicht. In solchen Fällen entscheidet dann meist die Probenmatrix über das zu verwendende Graphitrohr. Mit Pyrokohlenstoff beschichtete Rohre zeigen nämlich eine weit größere Resistenz gegen oxidierende Reagenzien wie sauerstoffhaltige Säuren usw. In Abb. 29 ist der Unterschied in der Beschaffenheit der Oberfläche eines unbeschichteten und eines durch Pyrolyse von Methan mit Pyrokohlenstoff beschichteten Graphitrohrs zu sehen. Abb. 30 zeigt zusätzlich, wie dicht eine optimale Pyrokohlenstoffschicht die Oberfläche des Substratmaterials abdeckt.

3.2.3 Das Schutzgas

Eine nicht unerhebliche Bedeutung kommt auch dem Schutzgas zu, das den Graphitofen durchströmt und dessen Hauptaufgabe es zunächst ist, die heißen Graphitteile vor dem Zutritt von Luftsauerstoff und damit vor dem Verbrennen zu schützen. Natürlich reagieren auch Metallatome bei hohen Temperaturen rasch mit Sauerstoff, so daß aus diesem Grund ebenfalls eine Inertgasatmosphäre erforderlich ist. Neben dieser Schutzaufgabe sollte das Inertgas aber auch noch dafür sorgen, daß die während der thermischen Vorbehandlung

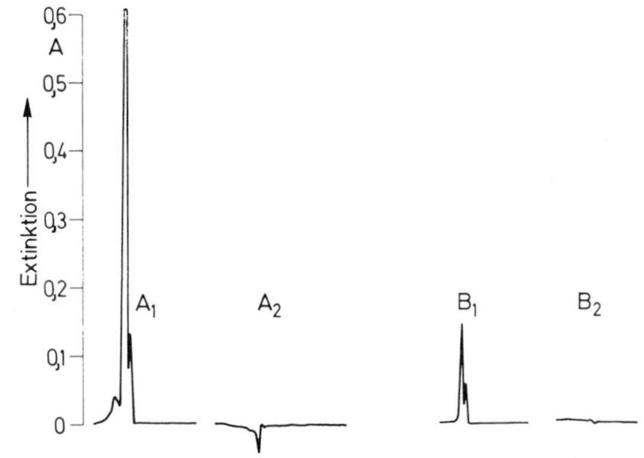

Abb. 31 Einfluß der Symmetrie der Gasströmung auf das Untergrundsignal von 20 µL Urin im Graphitrohrofen. *A*: bei unsymmetrischer Gasströmung entsteht ein hohes Untergrundsignal (A_1), das sich mit einem Kontinuumstrahler-Untergrundkompensator nicht korrigieren läßt (A_2). *B*: Bei symmetrischer Gasströmung entsteht ein viel kleineres Untergrundsignal (B_1), das leicht korrigierbar ist (B_2). Wellenlänge: 283,3 nm

verflüchtigten Begleitsubstanzen der Probe rasch aus dem Strahlengang transportiert werden, so daß sie nicht an kühleren Stellen des Ofens kondensieren.

In den meisten Graphitrohröfen ist diesem Aspekt nur wenig oder gar nicht Rechnung getragen, dabei kann eine gut kontrollierte Gasströmung durch das Graphitrohr einen ganz erheblichen Beitrag z. B. zur Reduzierung der Untergrundabsorption liefern (vgl. Abb. 31). In Abb. 32 ist ein Graphitrohrofen gezeigt, bei dem ganz konsequent die Schutzgasströ-

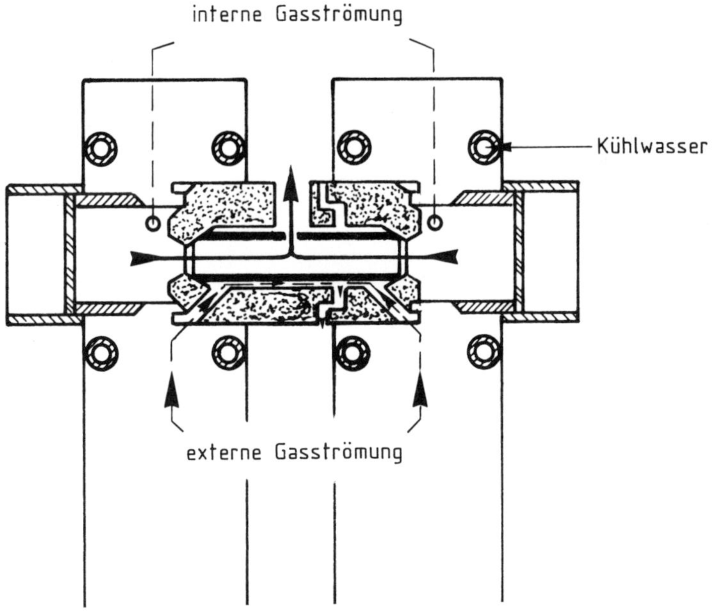

Abb. 32 Interne und externe Gasströmung im Graphitrohrofen HGA-500 (Perkin-Elmer). Das interne Spülgas wird von den Enden her in das Graphitrohr geführt und verläßt es durch die Probenbohrung. Dadurch werden verdampfte Probenbestandteile auf dem kürzesten Weg aus dem Graphitrohr transportiert. Das externe Schutzgas umspült das Graphitrohr dauernd und verhindert den Zutritt von Luftsauerstoff wirkungsvoll, auch wenn die Spülgasströmung abgeschaltet wird

mung um das Graphitrohr von der Spülgasströmung durch das Graphitrohr getrennt wurde. Die Spülgasströmung wird zudem von den Enden des Graphitrohrs zur Mitte hin geführt, so daß ein Kondensieren von verdampften Probenbestandteilen an den kälteren Rohrenden vermieden wird. Um die Gasströmung sicher kontrollieren zu können und auch von Außeneinflüssen unabhängig zu machen, ist der Ofen beiderseits durch herausnehmbare Quarzfenster verschlossen.

Dieses System erlaubt es auch die Spülgasströmung während des Atomisierens zu reduzieren oder ganz abzuschalten, ohne daß dabei Luft in den Ofen eindringen kann. Dadurch erhält man eine möglichst lange Aufenthaltsdauer der Atome im Strahlengang und folglich die höchstmögliche Empfindlichkeit. Wenn andererseits die Konzentration des zu bestimmenden Elements in der Probe größer ist und nicht die höchste Empfindlichkeit gefordert wird, so gestattet dieses System eine bestimmte Gasströmung während der Atomisierung vorzuwählen und damit die gewünschte Empfindlichkeit vorzuprogrammieren (vgl. Abb. 33).

STURGEON und CHAKRABARTI [2936] fanden, daß für schwer atomisierbare Elemente ein erheblicher Empfindlichkeitsverlust auftritt, wenn man die Fenster vom Graphitofen entfernt, da der Atomdampf dann leichter zu den kälteren Rohrenden diffundieren und dort kondensieren kann. Bei leicht atomisierbaren Elementen ist dieser Effekt nicht zu beobachten. SPERLING [2899] fand für Cadmium, daß ein einseitiges Verschließen des Graphitrohrofens mit einem Quarzfenster eine bessere Kontrolle über die sich entwickelnde Atomwolke erlaubt. Obwohl die Empfindlichkeit im Vergleich zum offenen System abnimmt, wird die Reproduzierbarkeit, auch in komplexer Matrix, besser.

Bei Temperaturmessungen in Graphitrohröfen fanden VAN DEN BROEK und Mitarbeiter [2998], daß die Gastemperatur der Wandtemperatur unter „Gas Stop"-Bedingungen bis auf wenige Grad genau folgt, wenn auch mit einer gewissen Zeitverzögerung. Eine Gasströmung durch das Graphitrohr verursacht stets eine Temperaturdifferenz, wobei diese bei

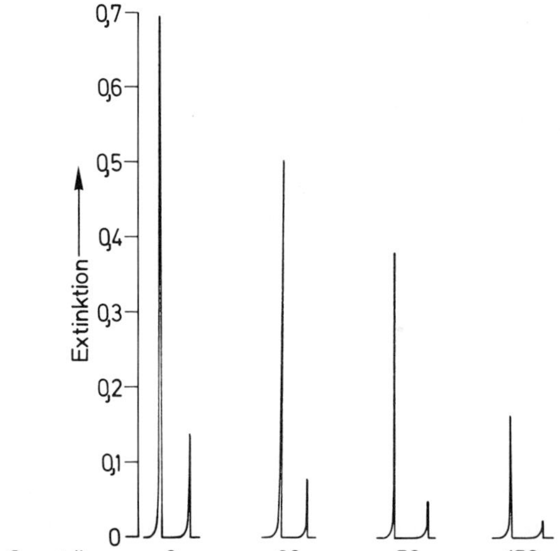

Abb. 33 Empfindlichkeit für 5,0 und 0,5 ng Blei bei verschiedenen Spülgasströmungen durch das Graphitrohr während der Atomisierung

einem Gaseintritt von den Enden her relativ gering ist. Besonders ungünstig ist ein Gaseintritt in der Rohrmitte, da hier das kalte Gas unmittelbar auf die Atomwolke trifft, was zu erheblichen Störungen führen kann.

Als Schutz- und Spülgas wird üblicherweise Argon hoher Reinheit (z. B. 99,996%) verwendet. Aus Kostengründen wurde gelegentlich auch Stickstoff eingesetzt, wobei jedoch zu bedenken ist, daß dieser bei den hohen Temperaturen des Graphitrohrofens nicht mehr als Inertgas zu betrachten ist. MANNING und FERNANDEZ [802] berichten, daß die Bestimmung von Aluminium in Argon um den Faktor drei empfindlicher ist als in Stickstoff, was auf eine Cyanidbildung schließen läßt. CERNIK [216] fand bei der Bleibestimmung in Argon eine bessere Präzision als in Stickstoff. L'VOV und PELIEVA [2588] berichten schließlich über CN-Banden und Spektren von Monocyaniden der Alkali- und Erdalkalielemente, wenn diese Elemente in Stickstoffatmosphäre atomisiert werden. In Argon sind diese Spektren nicht zu beobachten, was klar darauf hinweist, daß der Stickstoff bei den hohen Temperaturen mit dem Kohlenstoff des Graphitrohrs reagiert.

3.2.4 Temperaturprogramm und Heizrate

Gibt man eine flüssige, gelöste oder auch feste Probe in ein Graphitrohr, so versucht man zunächst durch eine stufenweise oder auch gleichmäßig ansteigende Temperaturerhöhung möglichst viel von den Begleitsubstanzen zu entfernen, bis das zu bestimmende Element durch eine weitere, rasche Temperaturerhöhung schließlich in die Atome dissoziiert wird. Ein erster wesentlicher Unterschied zu der Atomisierung in der Flamme besteht hier schon darin, daß Teile der Probe (z. B. das Lösungsmittel) *vor* der Atomisierung des zu bestimmenden Elements abgetrennt werden, und damit nicht wie in der Flamme störend wirken können.

Wie später noch gezeigt werden soll, kann eine Bestimmung in einem Graphitrohrofen um so störfreier durchgeführt werden, je besser die Abtrennung aller Begleitsubstanzen vor dem Atomisieren gelingt. Dies gilt sowohl für nicht-spektrale Störungen als auch für die Untergrund-Absorption. Wie gut diese Trennung gelingt, hängt ab von der Flüchtigkeit sowohl des zu bestimmenden Elements als auch der Begleitsubstanzen. Sie wird um so problemloser sein, je schwerer flüchtig das zu bestimmende Element und je leichter flüchtig die Begleitsubstanzen sind. Auf die verschiedenen Möglichkeiten hier noch steuernd einzugreifen, soll in dem Abschnitt über Störungen und deren Beseitigung ausführlich eingegangen werden.

An dieser Stelle soll nur kurz erwähnt werden, daß besonders bei komplexen Proben die Flexibilität der Programmierbarkeit oft von entscheidender Bedeutung ist. Für das Verdampfen des Lösungsmittels („Trocknen") hat es sich sehr bewährt, mit der Temperatur zunächst rasch in die Nähe und dann langsam bis auf den Siedepunkt des Lösungsmittels und etwas darüber zu gehen und etwa 10–20 s auf dieser Temperatur zu verweilen. Bei unbekannten Proben sollte das Trocknen unbedingt beobachtet werden, um ein Verspritzen der Substanz zu vermeiden. Die weitere thermische Vorbehandlung verläuft in ähnlicher Weise, wobei größere Temperaturintervalle, in denen sich die Probe nicht verändert, aus Zeitgründen rasch durchschritten werden. Das Entfernen größerer Salzmengen oder von Ölfraktionen sowie das Verkohlen oder Veraschen biologischer oder anderer organischer Materialien kann nur mit einer langsamen Temperaturerhöhung bis auf den Siede- bzw. Zersetzungspunkt oder etwas darüber einwandfrei durchgeführt werden. Ihr folgt dann eine Isothermphase, die ein vollständiges Entfernen bzw. Zerstören garantiert. Oft sind mehrere derartige Temperaturerhöhungen und Isothermphasen erforderlich, um alle Begleitsubstanzen erfolgreich abzutrennen. Die Obergrenze dieser thermischen Vorbehandlung ist gegeben durch die Flüchtigkeit des zu bestimmenden Elements.

Zum Atomisieren des interessierenden Elements wählt man üblicherweise einen möglichst raschen Temperaturanstieg, da die Atomwolkendichte und damit die Empfindlichkeit um so größer wird, je schneller die Atomisierung erfolgt. Andererseits sollte dabei die zum Atomisieren erforderliche Temperatur nicht wesentlich überschritten werden, da bei höheren Temperaturen die Ausdehnung des Gases und die Verluste durch Diffusion aus dem Absorptionsraum zunehmen. Ideal wäre ein „unendlich" rasches Aufheizen auf eine Temperatur etwas oberhalb der Atomisierungstemperatur.

Diesem Idealfall am nächsten kommt die bereits 1974 von MANTHEI [2622] vorgeschlagene Atomisierung durch Kondensatorentladung, die später von L'VOV [2576] sowie CHAKRABARTI und Mitarbeitern [2141] näher untersucht wurde. In der Praxis konnte sich das Verfahren noch nicht durchsetzen, da es recht aufwendig ist und auch einige Probleme besonders in der Signalverarbeitung mit sich bringt.

LUNDGREN und Mitarbeiter [771] haben stattdessen ein System verwendet, bei dem das Graphitrohr durch Anlegen eines sehr hohen Stroms rasch auf eine vorgewählte Temperatur aufgeheizt und dann innerhalb ± 10° konstant gehalten wird. Ein Infrarotdetektor mißt die Strahlung des Graphitrohrs und regelt die Temperatur.

Ein ähnliches System wurde 1977 in einem kommerziellen Gerät eingeführt [3064]. Das Graphitrohr wird hier mit einer maximalen Anstiegsrate von mehr als 2000 °C/s aufgeheizt und die Temperatur dabei von einer Silicium-Photodiode überwacht, die vorher auf die gewünschte Maximaltemperatur eingestellt worden ist. Sobald diese Temperatur, die meist nur wenig über der optimalen Atomisierungstemperatur liegt, erreicht ist, wird von der Heizung mit maximaler Leistung auf normale Heizung mit Spannungsregelung umgeschaltet und die erreichte Temperatur konstant gehalten. Abb. 34 zeigt den Temperaturverlauf dieser „superschnellen" Heizrate im Vergleich zur konventionellen Aufheizung durch Anlegen eines vorgewählten Spannungswertes.

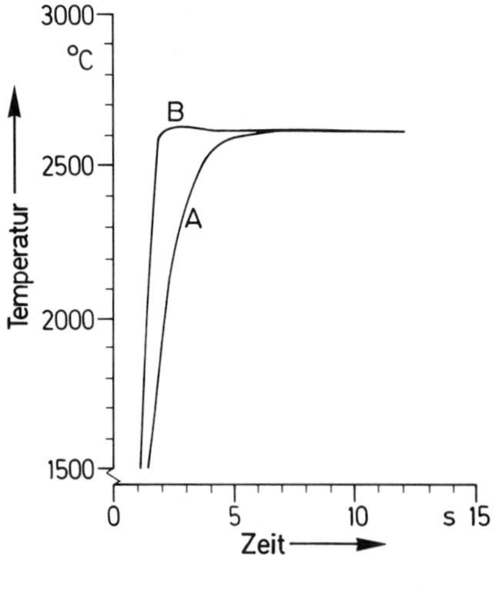

Abb. 34 Temperatur-Zeit-Profil für verschiedene Graphitrohrheizungen. *A*: „normale" Aufheizung mit Spannungsregelung. *B*: „Superschnelle" Aufheizung mit maximaler Heizrate und optischer Temperaturüberwachung

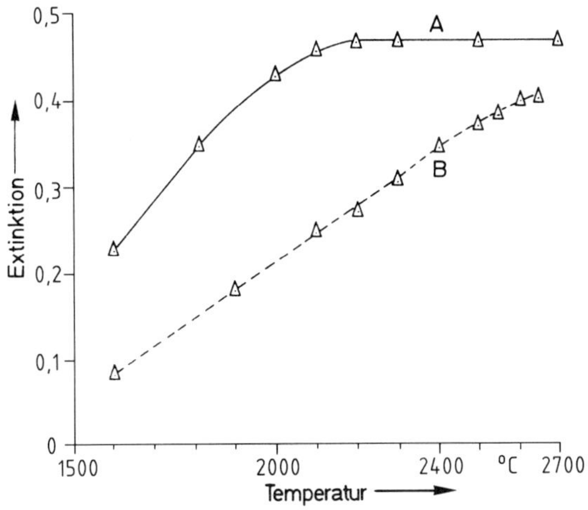

Abb. 35 Atomisierungskurven für Kupfer (4 ng). A: Mit der „superschnellen" Heizrate wird die maximale Empfindlichkeit bereits bei 2200 °C erreicht, während sie bei normaler, spannungsgeregelter Aufheizung (B) selbst bei 2700 °C noch nicht erreicht ist

Die Hauptvorteile dieses wesentlich schnelleren Aufheizens liegen in dem dadurch möglichen Absenken der Atomisierungstemperaturen um mehrere hundert Grad (vgl. Abb. 35) und die zum Teil erheblichen Empfindlichkeitssteigerungen für schwer atomisierbare Elemente. Daneben gelingt in gewissen Fällen auch eine erheblich bessere Abtrennung des zu bestimmenden Elements von den Begleitsubstanzen, besonders für leicht atomisierbare Elemente in schwer flüchtiger Matrix [771] [3064].

In diesem Zusammenhang erhebt sich auch die Frage nach der Richtigkeit der Temperatur sowie deren Messung und Regelung. MONTASER und CROUCH [2674] betonen, daß sowohl eine Strom- als auch eine Spannungsregelung zu Temperaturdrift und -veränderung führen können. Die Hauptursache für eine Veränderung der Graphitrohrtemperatur ist dabei in einer Änderung des Röhrchenwiderstands durch Übergangswiderstände und Veränderungen der Graphitstruktur zu suchen. Eine Leistungsregelung sollte Widerstandsänderungen im Rohr kompensieren und daher eine bessere Reproduzierbarkeit der Temperatur ergeben.

Genaue Messungen (Abb. 36) haben gezeigt, daß in der Praxis Widerstandsänderungen im Graphitrohr über einen weiten Temperaturbereich am besten mit einer Spannungs-Effektivwertregelung kompensiert werden. Ein Unterschied im Röhrchenwiderstand von 27% gibt hierbei linear über den gesamten interessierenden Temperaturbereich eine Abweichung von nur 4%. Das bedeutet, daß bei entsprechend engen Toleranzen für den Widerstand der Graphitrohre eine sehr gute Temperaturkonstanz erreicht werden kann.

Trotzdem lassen sich noch einige gute Argumente für eine echte Temperaturregelung anführen. Einmal würde diese natürlich völlig unabhängig vom Röhrchenwiderstand machen, was den Einsatz sehr unterschiedlicher Graphitmaterialien, ohne Einfluß auf die Temperatur, erlauben würde. Weiterhin ermöglicht eine echte Temperaturregelung die Verwendung beliebiger Temperatur/Zeit-Programme und macht die Maximaltemperatur unabhängig von der Heizrate. Dies gilt, besonders für die bei der Atomisierung erforderlichen schnellen Heizraten, natürlich nur, wenn das System praktisch verzögerungsfrei arbeitet.

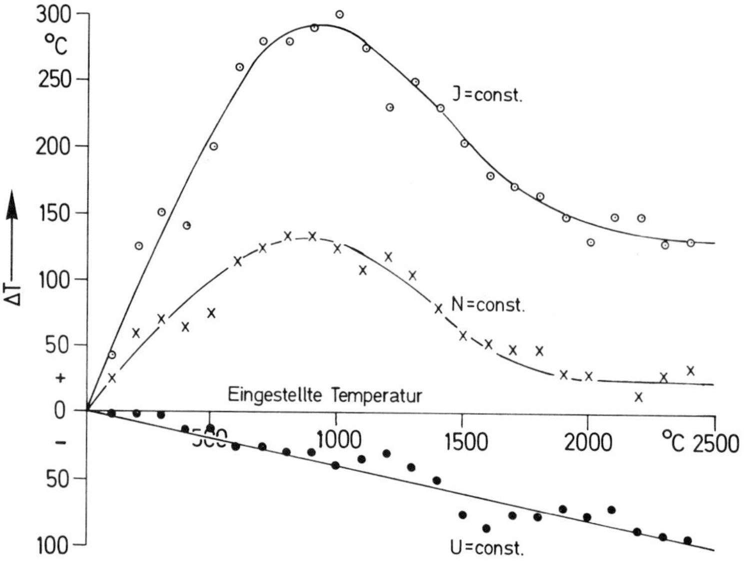

Abb. 36 Abweichung der effektiven Graphitrohrtemperatur im Vergleich zur eingestellten Temperatur für einen um 3,1 mΩ (+ 27%) höheren Rohrwiderstand mit verschiedenen Regelsystemen (Temperatur eingestellt für 11,6 mΩ; Temperatur gemessen mit einem Rohr mit 14,7 mΩ Widerstand). Die geringste Abweichung über den gesamten Temperaturbereich (+ 4%) liefert die Spannungsregelung

Jede Regelung kann aber nur so gut sein wie die ihr zugrunde liegende Messung. Deshalb kommt für eine Temperaturregelung nur eine optische Strahlungsmessung in Frage, da nur sie schnell genug erfolgt [2674]. Leider gibt es bislang noch keine kommerziellen Systeme, die eine Messung über den gesamten interessierenden Bereich von der Trocknung bis zur Atomisierung stufenlos ermöglichen; eine zuverlässige optische Messung ist üblicherweise erst ab 800 °C möglich. Die Messung muß zudem im Inneren des Graphitrohrs gemacht werden, da es sich sonst nicht wie ein idealer schwarzer Strahler verhält; Messungen an der äußeren Rohrwand zeigen erhebliche Störungen durch Änderungen des Emissionsfaktors.

Eine Temperaturmessung (und -regelung) über Thermoelemente oder Widerstandsdrähte usw. ist nur im unteren Temperaturbereich möglich. Sie ist zudem relativ langsam, da die Wärmeübertragung vom Rohr auf das Meßinstrument immer eine gewisse Zeit beansprucht und ist damit für schnelle Temperaturanstiege ungeeignet. Schließlich müssen Thermoelemente usw. spätestens bei 2000 °C von dem Graphitrohr entfernt werden, da bei dieser Temperatur der Kohlenstoff zu sublimieren beginnt. Es besteht dann die Gefahr einer Carbidisierung und damit einer irreversiblen Veränderung der für die Messung verwendeten Metalle oder Legierungen. King [2467] beobachtete bereits 1932, daß Wolfram, das einen Schmelzpunkt von etwa 3400 °C hat, in einem Graphitrohrofen bereits ab 2300 °C gewisse Veränderungen zeigt. Bei 2450 °C schmelzen Wolframstäbe im Graphitrohr zusammen, bilden Kugeln und werden schließlich bei 2700 °C von dem Graphit „aufgesaugt“. Andere Elemente verhalten sich sehr ähnlich und reagieren bereits deutlich unterhalb ihres Schmelzpunktes mit Kohlenstoff unter Carbidbildung.

3.2.5 Der Ofen im thermischen Gleichgewicht

L’VOV hat bereits vor der Einführung des ersten kommerziellen Graphitrohrofens in seinem Buch [8] darauf hingewiesen, daß das Ofenprinzip von MASSMANN keineswegs optimal ist. Dadurch, daß die Probe auf die kalte Rohrwand dosiert und das Rohr zum Atomisieren rasch aufgeheizt wird, befindet sich die Probe nach ihrer Verdampfung in einer Umgebung, die weder räumlich noch zeitlich im Gleichgewicht ist. Dies kann, wie später noch ausführlich gezeigt wird, zu einer ganzen Reihe von Störungen führen. Auch WOODRIFF hat immer wieder darauf hingewiesen, daß in einem konstant beheizten, isothermen Ofen weit weniger chemische Störungen auftreten.

STURGEON und CHAKRABARTI [2934] fanden, daß etwa 60% der gebildeten Atome zu den kühleren Endes des Graphitrohrs diffundieren und dort kondensieren. SLAVIN und Mitarbeiter [2883] stellten bei 2500 °C ein Temperaturgefälle von etwa 1000 °C zwischen der Mitte und den Enden eines Graphitrohrs fest. Sie veränderten daraufhin die Wandstärken des Graphitrohrs über die Länge und bauten ein Modell, bei dem die Temperaturdifferenz nur noch 100 °C betrug.

Wesentlich wichtiger als die Temperaturkonstanz über die Länge ist jedoch das thermische Gleichgewicht über die Zeit. Sowohl in dem Ofen von L’VOV als auch in dem von WOODRIFF wird die Probe in eine Umgebung konstanter Temperatur hinein atomisiert. L’VOV und Mitarbeiter [2590] schlugen daher vor, beim MASSMANN-Ofen die Probe nicht auf die Graphitrohrwand, sondern auf eine in das Rohr eingelegte „Plattform“ zu dosieren (vgl. Abb. 37). Da das Graphitplättchen nur lose im Rohr liegt, erfolgt praktisch keine Wärmeübertragung durch Kontakt. Dieser Effekt wird noch verstärkt, wenn die „Plattform“ aus Pyrokohlenstoff gefertigt wird, der eine hohe Anisotropie aufweist und daher praktisch keine Wärmeleitung senkrecht zur Schichtebene zuläßt. Wird das Graphitrohr in der Atomisierungsphase rasch aufgeheizt, so folgt die Plattform dieser Temperaturerhöhung zunächst nur sehr zögernd. Erst wenn Graphitrohr und Gasphase bereits ihre Endtemperatur erreicht haben und sich weitgehend im Gleichgewicht befinden, wird auch die Plattform durch Strahlung und durch das heiße Gas rasch aufgeheizt. Die Probe wird jetzt in eine Umgebung hinein atomisiert, die ihre Temperatur nicht mehr ändert (vgl. Abb. 38). L’VOV fand mit dieser Anordnung signifikant weniger Gasphasen-Interferenzen, was später von anderen Arbeitsgruppen bestätigt wurde [2880].

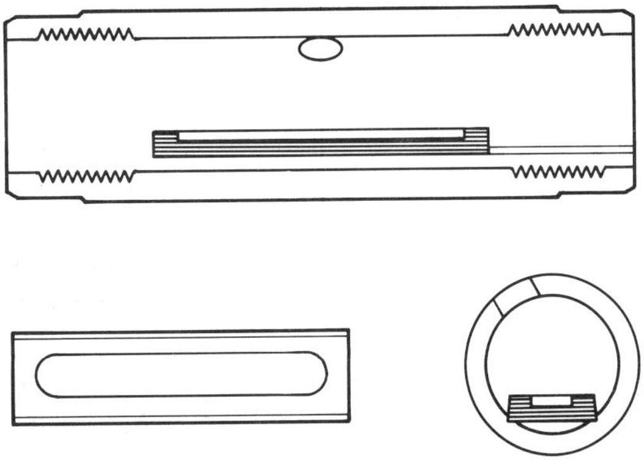

Abb. 37 L’VOV-Plattform in einem Graphitrohr. Vorder- und Seitenansicht, sowie Draufsicht auf die Plattform

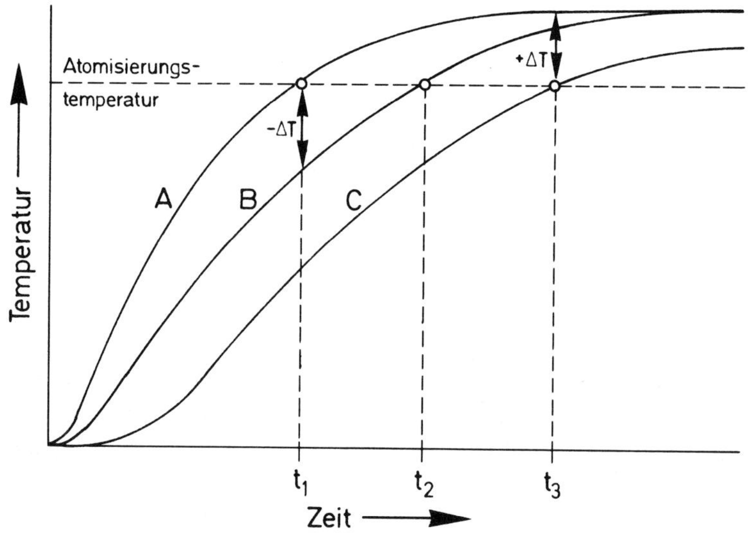

Abb. 38 Aufheizkurven für Graphitrohrwand (*A*), Inertgas (*B*) und L'VOV-Platform (*C*). Bei Atomisieren von der Rohrwand wird die Probe sehr früh (t_1) verflüchtigt, wenn das umgebende Inertgas noch relativ kühler ist ($-\Delta T$). Von der L'VOV-Plattform erfolgt die Atomisierung erheblich zeitverzögert (t_3) wenn Graphitrohr und Inertgas auf einer höheren Temperatur ($+\Delta T$) sind und sich thermisch stabilisiert haben

Später brachten L'VOV und PELIEVA [2585] die Probe auf einen Wolframdraht auf, den sie in ein vorgeheiztes Graphitrohr einbrachten. Sie fanden mit dieser Anordnung eine wesentlich höhere Empfindlichkeit für einige schwer atomisierbare Elemente. Die Störfreiheit ist mit dieser Anordnung mindestens so gut wie bei der Atomisierung von der Plattform [2621]. Der wesentliche Nachteil der Drahttechnik liegt in dem kleinen Probenvolumen, auf das man hierbei beschränkt ist.

3.2.6 Automation

Eine besondere Bedeutung kommt in der Graphitrohrofen-Atomabsorption der Automation zu. Bei der Zerstäuber-Brenner-Technik der Flammen-AAS sind die durchzuführenden Handgriffe sehr einfach, und das Verfahren ist schnell; hier bringt eine Mechanisierung keine Vorteile, außer, daß sie die Arbeiten des Bedieners übernimmt. Bei der Graphitrohrofen-Technik sind dagegen die bei der Probendosierung durchzuführenden Arbeiten schwieriger und erfordern große Sorgfalt. Dazu kommen relativ lange Wartezeiten zwischen den einzelnen Dosierungen, die ein manuelles Arbeiten am Graphitrohrofen unrationell machen. In Abb. 39 ist ein bewährter Dosierautomat für die Graphitrohrofen-Technik gezeigt.

Viel wichtiger noch sind jedoch die Betrachtungen zur Präzision und Richtigkeit im Zusammenhang mit der Probendosierung. Einmal ist es durchaus von Bedeutung, an welcher Stelle im Graphitrohr eine Probe dosiert und wie der Tropfen auf die Rohrwand

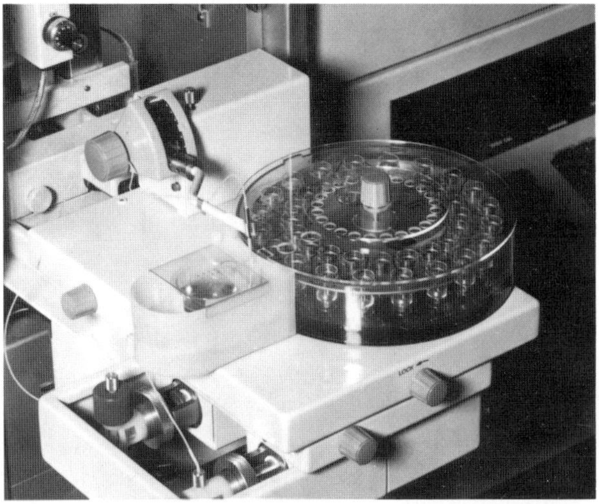

Abb. 39 Probenautomat AS-40 für die Graphitrohrofen-Technik (Perkin-Elmer)

aufgebracht wird. Diese Faktoren lassen sich bei einer Handdosierung kaum völlig unter Kontrolle bringen. Dazu kommt noch die Gefahr, daß mit der Pipettenspitze lose an der Dosieröffnung des Graphitrohrs hängende Teilchen mit in das Rohr befördert werden und dort zu Kontamination führen. Die mit Handdosierung erzielbare Reproduzierbarkeit liegt daher üblicherweise nur bei einigen Prozent. Bei automatischer Probendosierung läßt sich dagegen, wie in Abb. 40 gezeigt, üblicherweise eine Reproduzierbarkeit besser als 1% erreichen [2920].

Ein weiteres, mehrfach in Publikationen erwähntes Problem der Graphitrohrofen-Technik ist die Kontamination von Pipettenspitzen, die sich oft auch durch gründliches Auslaugen mit Säuren und längeres Spülen nicht ganz beseitigen läßt [2074] [2816] [2897]. Wie in Abb. 41 gezeigt wird, ist z. B. bei einer mit Eisen verunreinigten Pipettenspitze auch nach

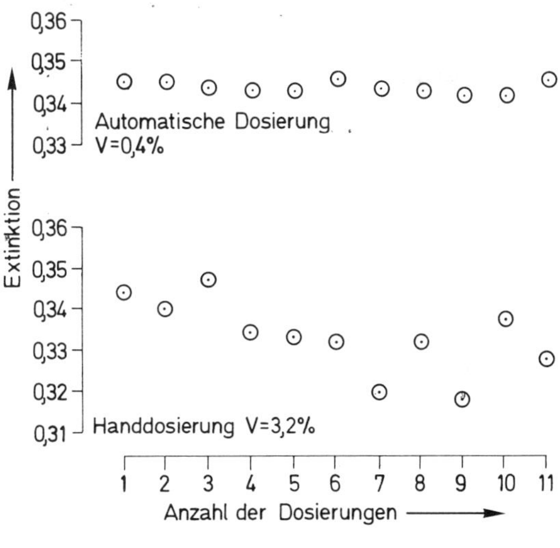

Abb. 40 Präzision einer Bleibestimmung (20 µL, 0,2 mg/L Pb) im Graphitrohrofen mit automatischer und Handdosierung

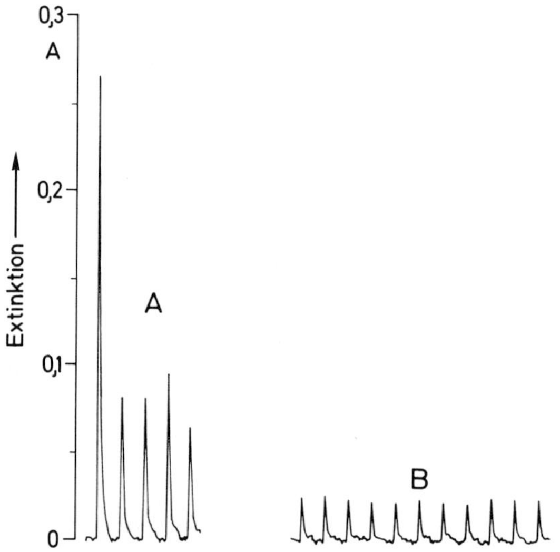

Abb. 41 Kontamination von Pipettenspitzen mit Eisen; wiederholtes Dosieren von 0,4 ng Fe von Hand mit einer Polypropylen-Pipettenspitze (*A*) und automatisch mit einer PTFE-Pipettenspitze (*B*)

mehrfacher Verwendung noch ein erheblicher Blindwert festzustellen, der zu einer schlechten Präzision und zu Fehlmessungen führt. Bei Einsatz eines Probenautomaten mit einer Dosierspitze aus PTFE treten diese Probleme kaum nennenswert auf [3046] [3047]. STOEPPLER und Mitarbeiter [2920] fanden mit dem gleichen automatischen Dosiersystem für ^{89}Sr eine Verschleppung von 10^{-7}.

SCHULZE [2833] berichtet über eine Modifikation dieses Probenautomaten, die eine quasi-kontinuierliche Dosierung aus fließenden Systemen gestattet. Diese Version eignet sich besonders für die Überwachung von Betriebssystemen und Anlagen. MATOUSEK [2633] hat vorgeschlagen, die Proben nicht mit einer automatisierten Pipette zu dosieren, sondern mit einem Zerstäuber in das leicht geheizte Graphitrohr einzusprühen. Die Vorteile des Systems liegen darin, daß die Konzentrations-Empfindlichkeit über die Sprühzeit variabel ist und sich praktisch eine unbegrenzte Probenmenge abscheiden läßt. Klare Nachteile des Verfahrens sind der wesentlich größere Zeitbedarf für das Dosieren größerer Probenmengen und der erheblich höhere Probenbedarf. Wie bei allen Mischkammerzerstäubern gelangen auch hier nur etwa 5–10% der Probe in das Rohr, während der Rest vorher abgeschieden und verworfen wird. Schließlich werden mit der Verwendung eines Zerstäubers in der Graphitrohrofen-Technik auch wieder die bekannten Transport-Interferenzen der Flammen-Technik eingeführt.

3.2.7 Analyse fester Proben

Es ist eine der Eigenarten der Graphitrohrofen-Technik, daß mit ihr auch, relativ leicht, feste Proben direkt analysiert werden können. Am häufigsten werden dabei unveränderte Graphitöfen verwendet und die Probe mit Hilfe eines kleinen Schiffchens eingebracht, das in das Rohr entleert und zurückgewogen wird. Größere Probenstücke werden auch gelegentlich mit einer Pinzette durch das aufgebohrte Dosierloch direkt in das Graphitrohr gegeben.

LANGMYHR und Mitarbeiter [731] verwendeten für ihre Arbeiten einen mit einem Hochfrequenz-Induktionsgenerator beheizten Graphitrohrofen, der sich für Festprobenanalysen offensichtlich besonders eignet. Während diese Autoren die Proben auch mit einem Schiffchen in das kalte Graphitrohr geben und dieses dann stufenweise aufheizen, fanden es andere von Vorteil, die Proben in einen auf konstante Temperatur vorgeheizten Ofen einzubringen. ANDREWS und HEADRIDGE [2041] setzten dabei ebenfalls einen Induktionsofen ein, an dem vertikal ein Becher angebracht ist, in den die metallurgischen Proben eingeworfen werden. LUNDBERG und FRECH [2571] verwenden zur Analyse metallurgischer Proben ein ähnliches Prinzip, arbeiten jedoch nur mit kleinen, vorgeheizten Graphitnäpfchen.

Ein interessantes Werkzeug, das das Einbringen fester Proben in einen konventionellen Graphitrohrofen relativ einfach macht, wird von GROBENSKI und Mitarbeitern [2520] beschrieben (s. Abb. 42). In einem Halter befindet sich eine Glaskapillare, die durch mehrmaliges Eindrücken in die fein gemahlene oder pulverisierte Probe bis zur gewünschten Höhe gefüllt wird. Das Werkzeug wird gewogen und die Kapillare wie bei einer Mikropipette durch das Dosierloch in das Graphitrohr eingeführt. Auf Druck schiebt ein Stempel die Probe aus der Glaskapillare in das Graphitrohr. Das geleerte Werkzeug wird zurückgewogen, so daß sich aus der Differenz die, in das Graphitrohr eingebrachte, Probenmenge errechnet. Der Dosiervorgang kann auch teilmechanisiert werden, so daß das Einbringen der Probe in das Graphitrohr bequem und zuverlässig ausgeführt werden kann.

L'VOV [2575] hat sich besonders mit den Nachteilen beschäftigt, die aus der Limitierung auf wenige mg Probengewicht bei konventionellen Graphitrohröfen entstehen, wie Wägefehler und Homogenitätsprobleme. Er hat daher vorgeschlagen, die feste Probe aus einem Hohlraum heraus zu atomisieren, dessen Wände für Gase durchlässig sind.

In einer Ausführungsform verwendet L'VOV eine Graphitkapsel mit 45 bis 60 mm^3 Volumen, die durch Aufbohren eines Graphitstabs entstanden ist. Etwa 40 mg Probe werden mit Graphitpulver gemischt, in die Kapsel eingefüllt und diese mit einem Graphitstopfen verschlossen. Die Kapsel wird dann zwischen zwei Graphitkontakte eingesetzt und von einer Luft- bzw. Lachgas/Acetylen-Flamme über einem Meker-Brenner erhitzt (Abb. 43). Atomisiert wird durch einen zusätzlichen Stromstoß, dessen Stärke je nach dem zu bestimmenden Element zwischen 0,3 (Cd) und 2,6 kW (Ti) liegt. Mit dieser Anordnung lassen sich etwa 50 Elemente mit Nachweisgrenzen zwischen 10^{-1} und 10^{-3} µg/g gut bestimmen.

Während bei der ersten Ausführungsform die Absorption der herausdiffundierten Atome über der Kapsel in der Flamme gemessen wird, verwendet L'VOV in einer zweiten Ausführung ein doppelwandiges Graphitrohr, durch das der Meßstrahl in der üblichen Art hindurchgeht (Abb. 44). Wichtig ist bei dieser Form, daß das äußere Rohr mit Pyrokohlenstoff

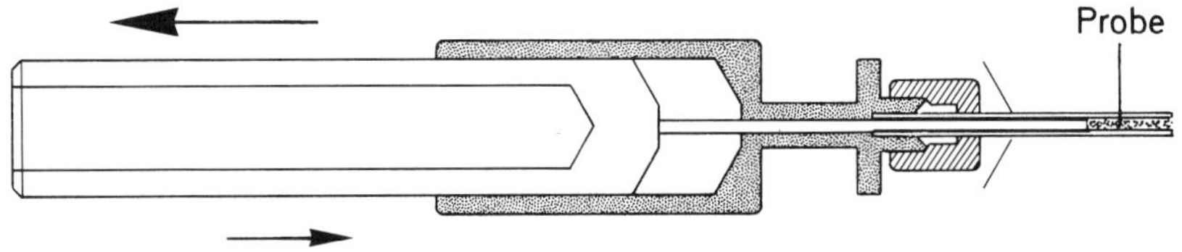

Abb. 42 Werkzeug zum Einbringen fester, pulverisierter Proben in einen Graphitrohrofen (Perkin-Elmer)

Abb. 43 Graphitkapsel von L'VOV zum direkten Atomisieren von Festproben. Die Graphitkapsel befindet sich unterhalb des Meßstrahls eines Atomabsorptionsspektrometers

beschichtet und damit gasdicht ist, während das innere Rohr aus porösem Graphit gefertigt wird. Der Ringspalt zwischen den beiden Rohren hat ein Volumen von etwa 150 mm^3 und kann etwa 100 mg mit Graphitpulver vermischte Probe aufnehmen.

Da die Masse des doppelwandigen Rohrs deutlich größer ist und dieses nicht zusätzlich von einer Flamme beheizt wird, ist eine größere Stromstärke zur Atomisierung erforderlich, die zwischen 1,0 (Cd) und 3,7 kW (Ni) liegt. Auch sind mit dieser Ausführung die besonders schwer atomisierbaren Elemente wie Titan, Vanadium oder Molybdän nicht bestimmbar. Für die leichter atomisierbaren werden dagegen Nachweisgrenzen erzielt, die mit 10^{-3} bis 10^{-6} µg/g um gut zwei Zehnerpotenzen besser sind als bei der Kapsel in der Flamme.

Ein weiterer, interessanter Vorteil bei beiden Systemen ist, daß Atome viel leichter durch den porösen Graphit hindurchdiffundieren können als größere Moleküle. Es wird daher eine wesentlich geringere Strahlungsstreuung bzw. Molekülabsorption beobachtet, als etwa beim Verdampfen in einem offenen System. Ähnliche Beobachtungen machten auch NICHOLS und Mitarbeiter [2692], die biologische Proben in Kapseln aus porösem Graphit verschraubten und in einen auf konstante Temperatur geheizten Graphitrohrofen brachten. Die Untergrundabsorption war hierbei um eine bis zwei Größenordnungen niedriger als im offenen System.

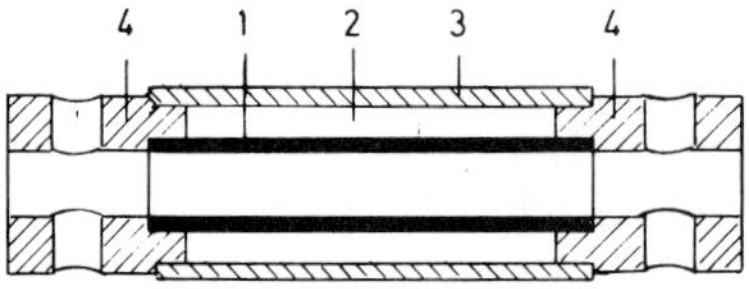

Abb. 44 Doppelwandiges Graphitrohr von L'VOV zur direkten Analyse von Festproben. *1*: inneres Rohr aus porösem Graphit, *2*: Hohlraum für die Probe, *3*: äußeres Rohr aus Pyrographit, *4*: Kontakte aus Pyrographit (nach [2575])

3.3 Die Hydrid-Technik

Die Tatsache, daß Arsen und einige weitere Elemente der IV., V. und VI. Hauptgruppe des Periodensystems mit „naszierendem“ Wasserstoff gasförmige, kovalente Hydride bilden, wird schon seit über 100 Jahren, beispielsweise in der MARSHschen oder der GUTZEITschen Arsenprobe ausgenutzt. Der Vorteil dieser Verflüchtigung als gasförmiges Hydrid liegt ganz klar im Abtrennen und Anreichern der zu bestimmenden Elemente und der damit verbundenen Reduzierung oder dem vollständigen Ausschalten von möglichen Störeinflüssen.

Anfang der fünfziger Jahre wurde dann eine Reihe von Verfahren zur Bestimmung von Arsen und anderen Hydridbildnern mit Hilfe der Lösungs-Spektrophotometrie beschrieben. Dabei wurde das Hydrid mit Zink in saurer Lösung gebildet und die gasförmigen Reaktionsprodukte in Lösungen, z. B. mit Ammoniummolybdat und Hydrazinsulfat, eingeleitet, die mit dem Hydrid einen charakteristisch gefärbten Komplex bilden. Einige dieser Verfahren sind noch heute in Verwendung.

1969 hat HOLAK [524] erstmals die Hydridentwicklung für die Bestimmung von Arsen mit der AAS eingesetzt. Mit Zink entwickelte er in der salzsauren Probenlösung Wasserstoff und sammelte das Arsin in einer mit flüssigem Stickstoff gekühlten Falle. Nach Beendigung der Reaktion erwärmte er die Falle und leitete das Arsin mit einem Stickstoffstrom in eine Argon/Wasserstoff-Diffusionsflamme zur Messung mit Atomabsorption. In der Folgezeit erschienen zahlreiche Veröffentlichungen, die das Verfahren in vielen Details modifizierten und optimierten. Breite praktische Verwendung fand die Hydrid-AAS-Technik aber erst vor wenigen Jahren, nachdem die ersten zuverlässigen Zubehöre für diese Technik auf dem Markt erschienen.

3.3.1 Methoden der Hydridentwicklung

Die schon früher gebräuchlichste Methode zum Erzeugen von naszierendem Wasserstoff und damit von Hydriden wie Arsin war die Reaktion von unedlen Metallen wie Zink mit Salzsäure. Es ist daher nicht verwunderlich, daß dieses Verfahren auch zu Anfang in der AAS eingesetzt wurde. Die Reaktionsgefäße waren oft Kolben mit Dosiereinrichtungen, die es erlaubten, z. B. Zink in die angesäuerte Probenlösung einzugeben, ohne daß das System geöffnet werden mußte [799]. LICHTE und SKOGERBOE [2544] verwendeten dagegen eine mit granuliertem Zink gefüllte Säule, durch die die Probenlösung lief.

GOULDEN und BROOKSBANK [2312] verwendeten in einem automatisch arbeitenden System eine Suspension von Aluminiumpulver in Wasser als Reduktionsmittel. In diesem Falle mußte allerdings das gebildete Hydrid in einer beheizten, gepackten Kolonne mit Inertgas ausgetrieben werden. Anderen Autoren gelang es allerdings nicht, mit diesem Reduktionsmittel befriedigende Ergebnisse zu erzielen [2751]. LANSFORD und Mitarbeiter [2535] fanden bei der Bestimmung von Selen erhebliche Störungen durch Quecksilber, Nitrat und hauptsächlich durch Arsen, wenn sie Zink als Reduktionsmittel einsetzten. Stattdessen schlugen sie die Verwendung von Zinn(II)-chlorid vor, das zu der 6 mol/L salzsauren Probenlösung gegeben wurde; das Selenhydrid mußte dann mit einem Inertgasstrom aus der Lösung ausgetrieben werden. POLLOCK und WEST schließlich setzten ein Gemisch von Magnesium und Titantrichlorid für die Hydriderzeugung aus salz- und schwefelsaurer Probenlösung ein [993] [994].

Die Metall-Säure-Reaktion hat einige Nachteile, die nicht unbedingt dazu beigetragen haben, der Hydrid-Technik weite Verbreitung zu verschaffen. Einmal lassen sich mit Zink als Reduktionsmittel offensichtlich nur Antimon, Arsen und Selen bestimmen. Weiterhin sind die granulierten Metalle oft nicht in der erforderlichen Reinheit erhältlich, so daß häufig mit erheblichen, oft schwankenden Blindwerten gearbeitet werden mußte. McDANIEL und Mitarbeiter [2651] stellten schließlich fest, daß bei dieser Reaktion nur 8% des Hydrids freigesetzt werden, während rund 90% in dem entstehenden Zinkschlamm zurückgehalten wurden bzw. nicht reagierten. Eine derart geringe Ausbeute ist sicher für eine Spurenbestimmung nicht befriedigend.

Die Einführung von Natriumborhydrid als Reduktionsmittel in der Hydrid-Technik [2102] brachte dann eine gewisse Wende mit sich. SCHMIDT und ROYER [1092] bestimmten Antimon, Arsen, Bismut und Selen mit diesem Reduktionsmittel, POLLOCK und WEST [994] bestimmten Germanium und FERNANDEZ [358] optimierte schließlich die Parameter für diese Elemente sowie für Tellur und Zinn. THOMPSON und THOMERSON [2967] berichteten noch über die erfolgreiche Bestimmung von Blei mit Natriumborhydrid als Reduktionsmittel und erhöhten damit die Zahl der nach dieser Technik bestimmbaren Elemente auf acht.

Anfangs wurde auch mit diesem Reduktionsmittel ähnlich gearbeitet wie vorher mit Zink, d. h. es wurden Natriumborhydrid-Tabletten in ein Reaktionsgefäß geworfen, das die angesäuerte Probenlösung enthielt. Diese Arbeitsweise war nicht befriedigend, da sie häufig nur schlecht reproduzierbare Werte lieferte und mit ähnlichen Kontaminationsproblemen behaftet war wie die mit Zink. Die Reaktion ließ sich auch schwer kontrollieren, da sich um die Borhydrid-Tablette eine alkalische Zone entwickelt, in der völlig andere Vorgänge ablaufen als in saurer Umgebung. McDANIEL und Mitarbeiter [2651] fanden, daß bei Verwendung von Borhydrid-Tabletten in 0,6 mol/L salzsaurer Probenlösung nur etwa 10% des Hydrids (bei Selen) freigesetzt wurden, während in 6 mol/L salzsaurer Lösung und zusätzlichem Durchmischen der Lösung durch einen Stickstoffstrom die Ausbeuten auf 40–60% stiegen. YAMAMOTO und KUMAMARU [3085] verglichen die Verwendung von Zink- und Natriumborhydrid-Tabletten für die Bestimmung von Antimon, Arsen und Selen und fanden, daß jedes System gewisse spezifische Störungen besaß. Sie gaben für die Bestimmung von Arsen dem Zink, für die beiden anderen Elemente dem Borhydrid den Vorzug.

Erst der Einsatz von Natriumborhydrid-Lösung, die der besseren Haltbarkeit wegen am besten mit etwas Natronlauge stabilisiert wird, hat schließlich die erforderliche Reproduzierbarkeit und Kontrolle über die Reaktion gebracht. Auch ließ sich das Verfahren jetzt, da nur noch mit Lösungen gearbeitet wurde, leichter automatisieren und eine höhere Probenfrequenz erzielen. Meist wurde entweder die Borhydrid-Lösung in die Probe [2168] [2489] [2857] [2893] oder umgekehrt, die Probe in die vorgelegte Borhydridlösung eingespritzt [3037]. Je nach verwendetem Probengefäß wurde zur besseren Durchmischung und zum Austreiben des gebildeten Hydrids entweder mit einem Magnetrührer gerührt [2489] oder ein Inertgas durch die Lösung geblasen [2168] [2857] [2893].

JACKWERTH und Mitarbeiter [2431] haben gezeigt, daß bei Verwendung eines speziell geformten Reaktionsgefäßes mit V-förmig ausgebildetem Bodenteil und bei Einleiten der Borhydrid-Lösung an der untersten Stelle dieses Gefäßes mittels einer Kapillare, eine zusätzliche mechanische Durchmischung der Probenlösung unterbleiben kann. Durch die heftige Reaktion der alkalischen Reduktionslösung mit der sauren Probenlösung, bei der sehr viel Wasserstoff entsteht, erfolgt bei dieser Gefäßform eine sehr gute, turbulente Durchmischung, die eine rasche und vollständige Reaktion garantiert. Die beschriebene

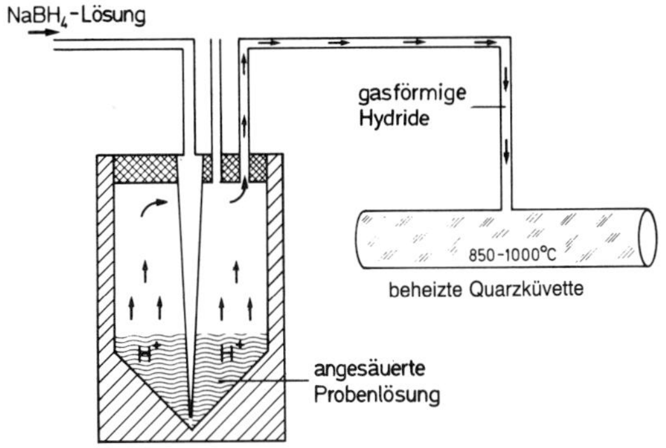

Abb. 45 Hydridsystem zum Erzeugen und Atomisieren gasförmiger Hydride (schematisch)

Gefäßform wird auch in einigen kommerziellen Systemen verwendet (vgl. Abb. 45) und arbeitet dort recht problemlos.

Neben dem Borhydrid wurde auch Cyanoborhydrid (BH_3CN^-) als Reduktionsmittel für die Hydrid-AAS-Technik vorgeschlagen [2111]. Die Autoren berichteten dabei über erhebliche Verbesserungen der Ausbeuten an Hydrid und besonders eine weit größere Störfreiheit in Gegenwart hoher Konzentrationen an Kationen wie Nickel. Der große Nachteil dieses Reduktionsmittels ist jedoch die sehr langsame Reaktion, die über mehrere Minuten geht und die ein Sammeln des Hydrids, z. B. durch Ausfrieren in einer mit flüssigem Stickstoff gekühlten Falle erforderlich macht. Dadurch ist das Verfahren zwar für Interferenz-Studien, kaum aber für die tägliche analytische Praxis geeignet.

3.3.2 Sammeln des Hydrids

Ist das Hydrid einmal entwickelt und aus der Lösung ausgetrieben, so kann es auf verschiedene Art weiterbehandelt werden. Holak [524] hat in seiner ersten Arbeit das Arsin zunächst in einer mit flüssigem Stickstoff gekühlten Falle gesammelt, bevor er es dann durch Erwärmen wieder verflüchtigte und zur Messung brachte. Dieses Verfahren wurde von verschiedenen anderen Autoren auch später noch eingesetzt, da damit eine höhere Empfindlichkeit (in Peakhöhe) und eine größere Störfreiheit erzielt werden konnte [2318] [2711]. Dies gilt besonders dann, wenn die Störung darin besteht, daß das Hydrid aus der Probe aus irgendwelchen Gründen schneller oder langsamer entwickelt wird als aus der verwendeten Bezugslösung. McDaniel und Mitarbeiter [2651] fanden dabei mit Radiotracern, daß sich das Hydrid nur dann quantitativ ausfrieren und anschließend unzersetzt zur Messung bringen läßt, wenn die mit flüssigem Stickstoff gekühlte Falle mit Glasperlen gefüllt ist. Vor dem Einfrieren sollte das Hydrid getrocknet werden, wozu sich Calciumchlorid am besten eignet, da es eine sehr hohe Trocknungswärme entwickelt, bei der dann kein Hydrid gelöst oder adsorbiert wird.

Da das Ausfrieren des Hydrids in einer Kühlfalle und das anschließende Verdampfen durch Erwärmen recht zeitaufwendig ist, haben Fernandez und Manning [362] ein System vorgestellt, bei dem das Hydrid in einem Ballon gesammelt wird. Nach etwa 15 bis 30 s Sammelzeit werden das Hydrid und der Wasserstoff mit einem Inertgasstrom in die Atomisierungseinrichtung geleitet. Ein Nachteil dieses Verfahrens ist, daß die Sammelzeit bei einigen Elementen sehr exakt eingehalten werden muß, da sich deren Hydride sehr leicht wieder zersetzen.

DALTON und MALANOSKI [266] haben daher vorgeschlagen, das Hydrid direkt in eine Flamme einzuleiten. Sie fanden weiterhin, daß hierbei gar kein Trägergas erforderlich ist, da der Wasserstoff das Hydrid sehr wirkungsvoll vom Reaktionsgefäß in die Atomisierungseinrichtung transportiert. Spätere Untersuchungen haben allerdings ergeben, daß ein zusätzlicher leichter Inertgasstrom durch die Probenlösung die Ausbeute an Hydrid noch deutlich verbessert [2651].

KANG und VALENTINE [2455] fanden, daß die Bezugskurven beim Arbeiten mit dem „on-line“ System deutlich besser linear waren, als beim Sammeln des Hydrids in einem Ballon. Sie stellten weiterhin fest, daß eine Peakflächenintegration die meisten Nachteile der Direktmethode beseitigt, die demnach nur bei Messung in Peakhöhe auftreten. Die potentiellen Schwierigkeiten beim Durchflußsystem liegen in der Abhängigkeit der Reduktionsgeschwindigkeit von der Wertigkeitsstufe des zu bestimmenden Elements und in dem möglichen Einfluß von Begleitsubstanzen auf das Abtrennen des Hydrids aus der Probenlösung.

Das Direktverfahren bietet aber für Routineuntersuchungen den großen Vorteil einer hohen Meßfrequenz und einer sehr einfachen Handhabung. Darüber hinaus befreit eine Integration über die Peakfläche dieses Verfahren von den meisten kinetischen Störungen. Zwar lassen sich durch Ausfrieren der Hydride in einer Kühlfalle und anschließendes rasches Aufwärmen sehr hohe Ausbeuten [2651] und die besten absoluten Empfindlichkeiten [2856] erzielen, die Empfindlichkeit des Durchflußsystems ist jedoch für allgemeine analytische Arbeiten üblicherweise voll ausreichend und die wesentlich größere Schnelligkeit in der Praxis oft entscheidend.

3.3.3 Atomisieren der Hydride

Zum Atomisieren der gasförmigen Hydride wurden anfangs fast ausschließlich Argon (oder Stickstoff)/Wasserstoff-Diffusionsflammen eingesetzt. In solche Flammen ließ sich sowohl das zusätzliche Inertgas als auch der bei der Reaktion entwickelte Wasserstoff einleiten, ohne daß sich die Brenneigenschaften wesentlich änderten. Wurde das Hydrid vorher ausgefroren, so konnte zudem noch der überschüssige Wasserstoff entfernt und nur das Hydrid mit etwas Trägergas in die Flamme geleitet werden. Die Temperatur der Diffusionsflammen reichte völlig aus, um die Hydride zu atomisieren. Weiterhin besaßen sie die nötige Transparenz im fernen UV, um z. B. für die Bestimmung von Arsen und Selen ein günstiges Signal/Rausch-Verhältnis zu liefern.

Es kamen jedoch bald die ersten Vorschläge, statt der Flamme ein elektrisch [2158] oder in einer Flamme [2967] beheiztes Quarzrohr zum Atomisieren der Hydride einzusetzen. Das Quarzrohr bietet gegenüber der Flamme den Vorteil einer höheren Empfindlichkeit und, besonders für Arsen und Selen, einer praktisch zu vernachlässigenden Untergrundabsorption und somit eines erheblich verbesserten Signal/Rausch-Verhältnisses. DRINKWATER [2206] fand es besonders wichtig, daß ein Entzünden des Wasserstoffs an den Enden des Quarzrohrs vermieden wird, da sonst schlecht korrigierbare, unspezifische Signale entstehen. Dieser Befund konnte von uns später voll bestätigt werden.

GOULDEN und BROOKSBANK [2312] verwendeten für ihr automatisches System zunächst ein elektrisch auf 1100 °C geheiztes, an den Enden durch Fenster verschlossenes Quarzrohr.

Sie stellten dann jedoch fest, daß sich die Empfindlichkeit, speziell für Antimon und Arsen, deutlich steigern ließ, wenn dem Gasstrom Sauerstoff oder Luft zugemischt wurde. Die besten Werte, nämlich eine mehr als 3fache Erhöhung der Empfindlichkeit, wurden bei einem Sauerstoff: Wasserstoff-Verhältnis von 1:5 erzielt. Unter diesen Bedingungen brannte eine sehr brenngasreiche Flamme im Quarzrohr. Andere Autoren haben die Idee von der „Flamme im Rohr" aufgegriffen [2857] [2858] und in der seitlichen Zuführung zu dem Quarzrohr einen kleinen Brenner für die Sauerstoff/Wasserstoff-Flamme eingesetzt.

DĚDINA und RUBEŠKA [2188] fanden bei dieser Atomisierung in einer kühlen, brenngasreichen Sauerstoff/Wasserstoff-Diffusionsflamme, die im Einlaßteil eines T-förmigen Quarzrohrs brennt, einen sehr hohen (möglicherweise 100%igen) Atomisierungsgrad für Selen. Sie zeigten auch, daß die Atomisierung von Selen nicht auf einer thermischen Dissoziaton der Hydride beruht, sondern durch freie Radikale (H, OH) bewirkt wird, die in der Flamme entstehen (s. 8.3.1).

3.3.4 Automation

Wegen der hohen Empfindlichkeit des Verfahrens und der großen Bedeutung, die die damit bestimmbaren Elemente, besonders in der Umweltanalytik haben, wurden schon bald Versuche unternommen, die Hydrid-AAS-Technik zu automatisieren. GOULDEN und BROOKSBANK [2312] kombinierten ein 20-Kanal-Pumpensystem mit einem Atomabsorptionsspektrometer und verwendeten eine Aufschlämmung von Aluminium in Wasser in Gegenwart von Zinn(II)-chlorid und Salzsäure als Reduktionsmittel für Antimon, Arsen und Selen. PIERCE und Mitarbeiter [2749] [2750] [2751] fanden demgegenüber, daß sich eine Natriumborhydrid-Lösung viel besser für eine Automation eignet als die Aluminium-Aufschlämmung, was auch von anderen Autoren bestätigt wurde [2767] [3019]. FISHMAN und SPENCER [2251] automatisierten schließlich auch noch das Aufschlußverfahren für Wasser- und Sedimentproben und bauten es in die automatische Bestimmung mit ein; sie erreichten damit eine Frequenz von 30 Proben pro Stunde.

3.3.5 Proben- und Meßvolumen

Der wesentliche Unterschied zwischen der Hydrid- und den anderen Atomisierungstechniken in der AAS ist sicher das Abtrennen des zu bestimmenden Elements von den Begleitsubstanzen als gasförmiges Hydrid. Die relativ kleine Zahl an Komponenten, die bei der Hydrid-Technik daher in die Atomisierungseinrichtung gelangt, macht Interferenzen in dieser Phase relativ unwahrscheinlich. Dies gilt ganz besonders für spektrale Interferenzen durch Strahlungsstreuung oder Molekülabsorption, die in einem gut konzipierten System nicht zu beobachten sind.

Damit hat die Hydrid-Technik schon einen ganz entscheidenden Vorteil gegenüber anderen Techniken, wenn auch die weitgehende Abwesenheit von Interferenzen in der Atomisierungseinrichtung noch nicht heißt, daß das Verfahren störfrei arbeitet. Über die im Reaktionsgefäß möglichen Wechselwirkungen, die die Bildung und Freisetzung der Hydride beeinflussen können, soll später noch ausführlich berichtet werden (s. 8.3.2).

Auf eine weitere Besonderheit der Hydrid-Technik soll hier allerdings noch eingegangen werden, da sie für das praktische Arbeiten von großer Bedeutung sein kann, und zwar den Unterschied zwischen dem Proben- und dem Meßvolumen. Die Hydrid-Technik ist ein Absolutverfahren, d. h. die in Peakhöhe oder gelegentlich auch in Peakfläche gemessenen Signale sind proportional der absoluten Menge an dem interessierenden Element und nicht dessen Konzentration in der Lösung. Zwar spielt das Meßvolumen beim Direktverfahren eine gewisse Rolle, besonders wenn in Peakhöhe gemessen wird, dabei handelt es sich jedoch um einen Sekundäreffekt, der einmal von der verwendeten Apparatur abhängt und außerdem nie proportional der Verdünnung ist (s. Abb. 46).

Die meisten Reaktionsgefäße für die Hydrid-Technik sind so gebaut, daß sie relativ große Flüssigkeitsvolumina von z. B. 50 oder 100 mL aufnehmen können und ein gewisses Mindestvolumen von z. B. 5 bis 10 mL benötigen, um einen einwandfreien Reaktionsablauf zu gewährleisten. Aufgrund der hohen Empfindlichkeit der Hydrid-Technik ist es aber nur selten erforderlich, Probenvolumina von 10 bis 50 mL für die Messung einzusetzen; meist genügen Volumina um 1 mL oder weniger, um in den optimalen Meßbereich zu kommen.

In der Praxis verfährt man dabei so, daß ein (nicht genau abgemessenes) Säurevolumen von z. B. 10 mL im Reaktionsgefäß vorgelegt und dazu das (genau gemessene) Probenvolumen von z. B. 0,5 mL pipettiert wird. Das Meßvolumen kann demnach erheblich größer sein als das eigentlich eingesetzte Probenvolumen. Daraus ergibt sich, wie noch ausführlich gezeigt wird, eine Fülle von Möglichkeiten, die chemische „Umgebung" für die Hydridbildung so zu modifizieren, daß störende Reaktionen in weiten Bereichen kontrolliert und unterdrückt werden können. Nur in wenigen Fällen, etwa der Analyse natürlicher Wässer, kann es erforderlich werden, extrem große Probenvolumina von bis zu 50 mL einzusetzen. In diesem Fall ist dann das Probenvolumen gleich dem Meßvolumen. In Tabelle 7 sind die mit der Hydrid-AAS-Technik erzielbaren relativen Bestimmungsgrenzen zusammengestellt und mit denen der Graphitrohrofen-Technik verglichen.

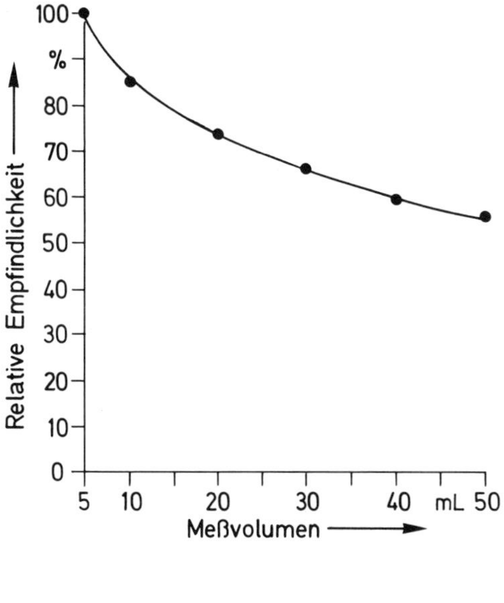

Abb. 46 Abhängigkeit des Selensignals vom Volumen der Meßlösung bei der Hydrid-Technik

Tabelle 7 Bestimmungsgrenzen der Hydrid-Technik (50 mL Meßlösung) im Vergleich zur Graphitrohrofen-Technik (0,1 mL Meßlösung)

Element	Bestimmungsgrenze µg/L Hydrid-Technik	Graphitrohrofen-Technik
As	0,02	0,3
Bi	0,02	0,2
Sb	0,1	0,2
Se	0,02	1,0
Sn	0,5	0,2
Te	0,02	0,2

3.4 Die Kaltdampf-Technik

Die einmaligen Eigenschaften von Quecksilber, das als einziges Metall bereits bei Zimmertemperatur atomar vorkommt und einen beträchtlichen Dampfdruck aufweist, haben dazu geführt, daß sich viele Arbeitskreise schon früh um die Bestimmung dieses Elements bemüht haben. Dazu kommt die relativ schlechte Empfindlichkeit dieses Elements bei einer Messung in der Flamme und die immer stärker zunehmende Notwendigkeit seiner Bestimmung in sehr geringen Spurenkonzentrationen. Da Quecksilber bei 20 °C einen Dampfdruck von 0,0016 mbar besitzt, entsprechend einer Konzentration von etwa 14 mg/m^3 Luft, besteht die Möglichkeit seiner direkten Bestimmung mit AAS ohne eine eigentliche Atomisierungseinrichtung. Das Element muß lediglich aus seinen Verbindungen zum Metall reduziert und in den Dampfraum überführt werden.

3.4.1 Apparative Entwicklung

Woodson [1354] hat schon 1939, also vor der eigentlichen Wiederentdeckung der Atomabsorption durch Walsh ein Gerät zur Bestimmung von Quecksilber in Luft beschrieben, das von verschiedenen Autoren in abgewandelter Form eingesetzt wurde. Brandenberger [152] [153] entwickelte ein Verfahren zur elektrolytischen Abscheidung von Quecksilber auf einer Kupferspirale und der anschließenden Verdampfung in eine Quarzküvette (Abb. 47) durch elektrisches Aufheizen der Kupferspirale. Später stellte er neben der dynamischen Methode, bei der das Quecksilber mit einem leichten Gasstrom durch die Küvette transportiert wird, ein statisches Verfahren vor [154] [155], das einfacher zu handhaben ist. In beiden

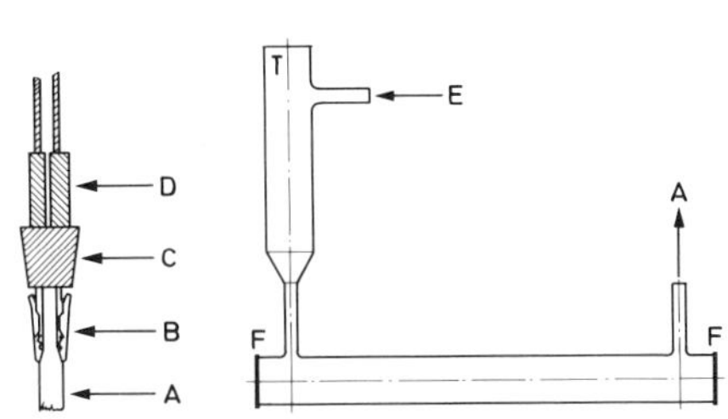

Abb. 47. Apparatur zur Hg-Bestimmung nach Brandenberger [152]. – Links: Halterung der Kupferspirale, **A** Kupferspirale, **B** Krokodilklemmen, **C** Gummistopfen, **D** Bananenstecker. Rechts: Absorptionsgefäß: **T** Trichter zum Einführen der Kupferspirale, **E** Einlaßstutzen für Luft, **A** Absaugstutzen für Luft, **F** Quarzfenster

Küvetten lassen sich noch Absolutmengen von 2×10^{-10} g Quecksilber nachweisen. HINKLE und LEARNED [514] verwendeten ein ähnliches Verfahren, jedoch schieden sie Quecksilber auf chemische Art auf einem Drahtnetz ab, das sie dann anschließend erwärmten.

Das erfolgreichste Verfahren zur Quecksilberbestimmung fanden jedoch POLUEKTOV und VITKUN [995] [996]. Während ihrer Untersuchungen zur Quecksilberbestimmung mit Flammen-AAS stellten sie eine ungewöhnliche Erhöhung der Extinktion um 1 bis 2 Größenordnungen fest, wenn sie der zu versprühenden Probe Zinn(II)-chlorid zugaben. Dies war der reduzierenden Wirkung dieses Reagens zuzuschreiben, die dafür sorgte, daß praktisch alles versprühte Quecksilber bereits atomar in die Flamme gelangte. Daraufhin eliminierten sie schließlich auch noch Zerstäuber und Flamme, leiteten Luft durch die Probe nachdem sie das Zinn(II)-chlorid zugegeben hatten und führten diese durch eine im Atomabsorptionsspektrometer angebrachte Quarzküvette von 30 cm Länge. Die Nachweisgrenze mit dieser Technik betrug 5×10^{-10} g Quecksilber.

POLUEKTOV und Mitarbeiter waren zwar nicht die ersten, die die Reduktion von Quecksilbersalzen zum metallischen Quecksilber mit Zinn(II)-chlorid beschrieben haben, sie haben diese Reaktion jedoch erstmals in Verbindung mit der AAS eingesetzt. HATCH und OTT [481] haben das Verfahren dann weiter ausgebaut und zur Analyse von Metallen, Gesteins- und Bodenproben eingesetzt. Zahlreiche Autoren haben später den Einsatz dieses Systems z. T. mit geringen Modifikationen zur Quecksilberbestimmung in den unterschiedlichsten Materialien beschrieben.

KAHN [611] hat das erste kommerzielle System beschrieben, das auf dem Prinzip von POLUEKTOV und VITKUN beruht (Abb. 48). Obgleich das System einfach ist und verbreitet Verwendung gefunden hat, müssen doch gewisse Dinge beachtet werden, wenn Fehlmessungen vermieden werden sollen.

Die Ursachen für die beobachteten systematischen Fehler hängen alle mehr oder weniger direkt mit der Mobilität des Quecksilbers und seiner Verbindungen zusammen. Es soll hier nur auf die Fehlerquellen eingegangen werden, die in der verwendeten Apparatur zu suchen sind; eine ausführliche Untersuchung findet sich in Abschn. 8.4.2. Außerdem sei auf Kap. 6.4 (Problematik der Spurenanalyse) verwiesen.

Mehrere Autoren haben sich schon mit der Frage der geeignetsten Gefäßmaterialien für die Aufbewahrung quecksilberhaltiger Lösungen befaßt. Normales Laborglas zeigt dabei eindeutig die schlechtesten Eigenschaften. PTFE ist besser, jedoch keinesfalls befriedigend, wenn es nicht vorher mit 65%iger Salpetersäure ausgedämpft wurde [2447]. Insgesamt zeigt sich, daß Quarz und glasartiger Kohlenstoff am besten geeignet sind. Ein Ausdämpfen mit 65%iger Salpetersäure führt in jedem Fall zu einer geringeren Bereitschaft der Gefäße, Quecksilber zu adsorbieren [2448].

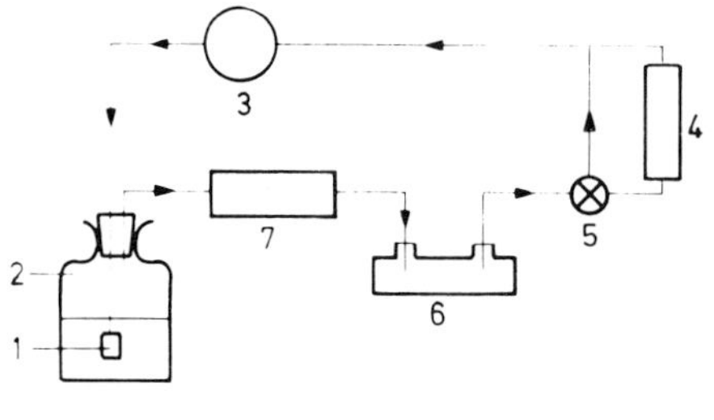

Abb. 48. System zur Quecksilberbestimmung mit der Kaltdampf-Technik. – Das durch Reduktion mit Zinn(II)-chlorid in dem Reaktionsgefäß **2** freigesetzte metallische Quecksilber wird mit einer Umlaufpumpe **3** durch eine Absorptionsküvette **6** geleitet. **1** Blasenerzeuger, **4** Absorptionsmittel, **5** Dreiwegehahn, **7** Trocknungsmittel

LITMAN und Mitarbeiter [2551] berichten ebenfalls über hohe Adsorptionsraten von Quecksilber an Glas, Teflon und besonders an Polyäthylen im Konzentrationsbereich < 1 µg/L. Sie vermuten, daß die Verluste auf eine Reduktion zum Metall zurückzuführen sind. KOIRTYOHANN und KHALIL [2482] fanden bei Verwendung von Polypropylen, daß häufig für die Bezugslösungen zu niedrige Werte gefunden werden, nicht aber für Proben, die überschüssiges Oxidationsmittel aus dem Aufschluß enthalten. Als Ursache hierfür fanden sie Di-t-butyl-methyl-phenol, das dem Polypropylen als Antioxidans zugesetzt war und hier als Reduktionsmittel wirkte. Das Problem ließ sich durch Zusatz eines Oxidationsmittels wie $KMnO_4$ zu den Bezugslösungen beseitigen.

STUART [2926] weist darauf hin, daß jedes Teil, das der Quecksilberdampf nach seiner Reduktion berührt, ein potentielles Problem darstellen kann. Um Verluste zu vermeiden, müssen die mit Quecksilberdampf in Kontakt kommenden Oberflächen möglichst klein sein. Selbst bei größter Sorgfalt wird jedoch stets etwas Quecksilber im System zurückgehalten und kann während der nächsten Messung wieder abgegeben werden. Häufige Blindwertmessungen sind daher besonders bei stärker wechselnden Quecksilberkonzentrationen unerläßlich.

FRITZE und STUART [388] weisen schon auf die Möglichkeit von Quecksilberverlusten in Schläuchen hin. TÖLG [2975] nennt dabei besonders rote Gummischläuche, die mit Ammoniumsulfiden versetzt sind und Quecksilber an ihrer Oberfläche als HgS binden; PVC-Schläuche wiederum halten Quecksilber an nicht abgesättigsten Chlorvalenzen zurück. Weiterhin weist TÖLG [2975] auf Austauschreaktionen beim Quecksilber z. B. durch Zementieren an unedleren Metalloberflächen hin.

Ein besonderes Problem kann das Trocknungsmittel darstellen [388]. Ganz schlecht ist Calciumchlorid, das in feuchtem Zustand fast das gesamte Quecksilber adsorbiert [2926]. Viel besser ist Magnesiumperchlorat, das nur wenige Prozent Quecksilber bindet; noch geeigneter scheint konzentrierte Schwefelsäure zu sein [2503], wobei hier jedoch wieder das Problem des zu großen Totvolumens in einer Waschflasche auftreten kann.

Eine genauere Untersuchung hat gezeigt, daß Wasserdampf auf der Quecksilberlinie nicht absorbiert, so daß eigentlich gar kein Trocknungsmittel erforderlich ist. Es muß lediglich vermieden werden, daß zu große Lösungströpfchen vom Trägergas mitgerissen werden [2926]. Häufig genügt dann ein leichtes Erwärmen der Absorptionsküvette, um eine störende Kondensation von Wasserdampf zu vermeiden.

Für die Bestimmung von Quecksilber wird heute weitgehend das gleiche Zubehör eingesetzt wie für die Hydrid-Technik. Dabei sind jedoch bei Verwendung von Zinn(II)-chlorid als Reduktionsmittel einige Änderungen notwendig, z. B. Zuschalten einer Umlaufpumpe oder Einschalten eines höheren Gasstroms zum Austreiben des Quecksilbers. Häufig lassen sich diese geänderten Bedingungen durch einfaches Umschalten am Zubehör einstellen.

In diesem Zusammenhang muß aber auf die Unverträglichkeit der beiden Reduktionsmittel Natriumborhydrid und Zinn(II)-chlorid hingewiesen werden. Ein Verwenden beider Reagenzien im gleichen System ohne vorheriges gründlichstes Reinigen führt unweigerlich zu Niederschlagsbildung und zum Verstopfen von dünnen Leitungen und Ventilen. Am besten verwendet man für jedes der beiden Reduktionsmittel ein getrenntes Reaktionsteil; dies kommt auch in anderer Hinsicht der Sonderstellung des Quecksilbers sehr entgegen.

3.4.2 Reduzieren und Abtrennen des Quecksilbers

Zur Reduktion des Quecksilbers wurde früher, wie schon erwähnt, fast ausschließlich Zinn-(II)-chlorid verwendet; in letzter Zeit wurde jedoch mehr und mehr auch Natriumborhydrid eingesetzt [2448] [2542] [2659] [2799]. Die wesentlichen Unterschiede zwischen den beiden Reagenzien sind, daß Natriumborhydrid ein deutlich stärkeres Reduktionsmittel ist und daß bei seiner Reaktion mit der sauren Probenlösung sehr viel Wasserstoff gebildet wird. Dieser trägt bereits die Hauptmenge des zum Metall reduzierten Quecksilbers aus der Lösung aus, während bei Zinn(II)-chlorid stets ein Gas durch die Lösung geblasen werden muß, um das Quecksilber abzutrennen. Schließlich zeigt jedes der beiden Reduktionsmittel einige typische Störungen, die bei dem anderen jeweils nicht auftreten.

Bei den frühen Geräten [481] [611] wurde üblicherweise im geschlossenen System gearbeitet, wobei die Luft durch das Reaktionsgefäß und die Absorptionsküvette im Kreislauf umgepumpt wurde (s. Abb. 48). Hierbei stellte sich innerhalb etwa 1 min ein Gleichgewicht zwischen der Luft und der wäßrigen Phase ein. Der numerische Wert dieser Konstanten ist etwa 0,4 und ist von den meisten Variablen wie der Quecksilberkonzentration, dem Volumenverhältnis der beiden Phasen (im Bereich Luft zu Wasser 1 : 3 bis 4 : 1) und der Säurekonzentration (HCl und HNO_3) unabhängig. Lediglich Schwefelsäure (hohe H_2SO_4-Konzentrationen führen zu einer höheren Hg-Konzentration in der Gasphase) und die Temperatur der Lösung (höhere Temperaturen erhöhen die Hg-Konzentration in der Gasphase) haben einen deutlichen Effekt [2482].

Neben diesem Umpumpverfahren, bei dem sich nach einiger Zeit ein statisches Signal einstellt, gibt es noch das Einwegverfahren, bei dem einfach Luft oder ein anderes Gas durch die quecksilberhaltige Lösung geblasen und dann durch die Absorptionsküvette geleitet wird. Das hierbei entstehende dynamische Signal ist üblicherweise etwas niedriger als das beim Umpumpverfahren erhaltene, es besteht jedoch die Möglichkeit, diesen Nachteil durch Integration über die Peakfläche auszugleichen.

Bei Verwendung von Natriumborhydrid als Reduktionsmittel kommt nur das offene Verfahren in Frage, da das hierbei entstehende große Volumen Wasserstoff in einem geschlossenen System zu einem erheblichen Überdruck führen würde. Gleichzeitig läuft die Reduktion mit Natriumborhydrid deutlich rascher ab, so daß die im offenen System registrierte Peakhöhe praktisch ebenso groß ist wie das mit Zinn(II)-chlorid im Umlaufsystem gemessene Signal (Abb. 49).

Ein weiterer großer Vorteil der schnelleren Reaktion des Natriumborhydrids und des offenen Systems ist, daß der Quecksilberdampf hierbei nur relativ kurz mit Schläuchen und anderen Teilen des Systems in Berührung kommt und daher Austauschreaktionen keine so große Rolle spielen. Im geschlossenen System, bei dem das Quecksilber im Umlauf angereichert wird, sind Verluste durch Adsorption wie auch Verschleppungen von einer Probe zur nächsten ein viel größeres Problem [2659].

Neben dem Reduzieren des Totvolumens in der Apparatur ist vor allem die Effektivität der Diffusion von elementarem Quecksilber in das Trägergas von erheblicher Bedeutung für die Leistungsfähigkeit des Systems [2355]. KAISER und Mitarbeiter [2448] berichten beispielsweise von Austreibzeiten von 3 (für $NaBH_4$) bzw. 5 min (für $SnCl_2$), um 95% des Quecksilbers in die Gasphase zu überführen. Bei Verwenden eines geeigneteren, im unteren Teil V-förmigen Reaktionsgefäßes und Einbringen der Reduktionslösung am tiefsten Punkt des Gefäßes erfolgt eine gute, turbulente Durchmischung von Probe und Reduktions-

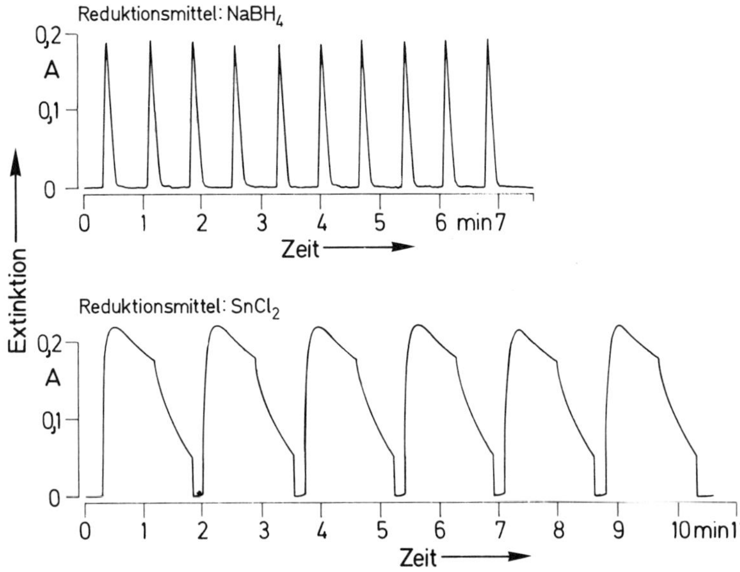

Abb. 49 Bestimmung von Quecksilber mit der Kaltdampf-Technik. Vergleich zwischen dem Einwegverfahren mit Natriumborhydrid als Reduktionsmittel und dem Kreislaufverfahren mit Zinn(II)-chlorid. Beim Öffnen des Kreislaufs tritt ein Knick in der Extinktionskurve auf

mittel, die ein rasches und vollständiges Austreiben des Quecksilberdampfs garantiert [2431]. Zwar ist die Austreibzeit etwas abhängig von dem Lösungsvolumen, sie ist jedoch bei Verwendung einer derartigen Apparatur nach 1 bis 1,5 min abgeschlossen, wie auch aus Abb. 49 zu ersehen ist [3053].

3.4.3 Amalgamieren und Zementieren

Die Notwendigkeit, Quecksilber oft noch in kleinsten Konzentrationen nachzuweisen, hat schon früh dazu geführt, daß unterschiedliche Anreicherungs- und Abtrennverfahren eingesetzt wurden. Häufig wurde dabei die Tatsache ausgenützt, daß Quecksilber ein sehr edles Metall ist und sich aus seinen Lösungen leicht chemisch oder elektrolytisch, z. B. auf Kupfer, abscheiden läßt. Es sei hier nur noch einmal kurz auf die schon eingangs erwähnten Arbeiten von Brandenberger [152–155] sowie Hinkle und Learned [514] verwiesen.

Kaiser und Mitarbeiter [2447] haben allerdings festgestellt, daß diese „statischen" Verfahren bei Quecksilberkonzentrationen um und unter 10 µg/L nur noch schlechte Ausbeute bringen, die auch durch lange Elektrolysezeiten von 10 h und mehr sowie durch Rühren und Ultraschall nicht verbessert werden können. Sie verwendeten daher eine kleine, gegenüber der Lösung kathodisch geschaltete, mit Kupfergaze gefüllte Säule, durch die die Lösung mehrmals im Kreislauf durchgepumpt wurde. Die Kupfernetzsäule wirkt dabei ähnlich wie eine Ionenaustauschersäule. 50 pg Quecksilber lassen sich mit diesem System aus 10 mL salpetersaurer Lösung in 5 min quantitativ abscheiden.

Wesentlich weiter verbreitet als diese Verfahren zum Abtrennen und Anreichern von Quecksilber aus der Lösung hat sich eine Kombination der Reduktion und Verflüchtigung des metallischen Quecksilbers mit einer anschließenden Amalgamierung aus der Gasphase. Vielfach wird dieses Abscheiden von Quecksilberdampf z. B. auf Zinn [621] oder häufiger auf Silber [2447] [2640] [2679] oder Gold [1249] [1262] [2447] [2448] [2636] [3053] [3087] zum Vermeiden kinetischer Interferenzen eingesetzt (s. auch 8.4.2).

KAISER und Mitarbeiter [2447] berichten über eine ganze Reihe von Aufschlußapparaturen, in denen biologische oder nichtflüchtige anorganische Proben im Sauerstoffstrom aufgeschlossen und das verflüchtigte Quecksilber auf einer Goldnetzsäule durch Amalgamieren gesammelt wird. Auch Quecksilberdampf in Luft oder in Abgasen usw. läßt sich auf diese Weise sammeln und anreichern.

Am häufigsten wird die Amalgam-Technik allerdings ganz einfach zum Verbessern der Nachweisgrenze der Kaltdampf-Technik eingesetzt. Üblicherweise wird ja das Quecksilber über eine oder mehrere Minuten hinweg aus der Lösung langsam freigesetzt und erzeugt am Schreiber ein relativ breites und niedriges Signal. Sammelt man nun den Quecksilberdampf während dieser Zeit durch Amalgamieren, z. B. auf einer Goldnetzsäule und setzt das Quecksilber dann durch rasches Erhitzen auf 500–700 °C frei, so entsteht ein wesentlich höheres und schmäleres Signal. Wie aus Abb. 50 zu ersehen ist, bringt diese Anreicherung eine Empfindlichkeitssteigerung um mehr als eine Größenordnung mit sich.

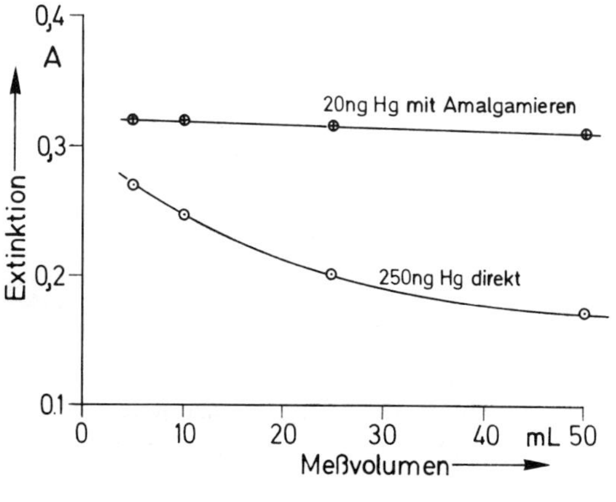

Abb. 50 Empfindlichkeitssteigerung der Quecksilberbestimmung durch Amalgamieren. Die Amalgam-Technik bewirkt eine Anreicherung des Quecksilbers und macht die Bestimmung zudem vom Meßvolumen unabhängig

Die Nachweisgrenze dieses Verfahrens liegt noch unter 0,1 ng absolut, was bei Verwenden von z. B. 50 mL Lösung einer relativen Nachweisgrenze von etwa 1 ng/L entspricht. Eine weitere Verbesserung dieser Nachweisgrenze durch Optimieren aller Parameter [2355] oder durch eine Kombination der bei der Kaltdampf-Technik verwendbaren großen Volumina mit den exzellenten absoluten Nachweisgrenzen der Graphitrohrofen-Technik [2855] wäre sicher denkbar. Die Allgegenwartskonzentration des Quecksilbers in Luft ist jedoch so hoch, daß sie bei Bestimmungen im unteren ng-Bereich erheblich als Blindwert ins Gewicht fällt. Somit ist es fraglich, ob Nachweisgrenzen kleiner als 0,1 ng überhaupt praktisch ausgenützt werden können [2447] [3053] (s. auch 6.4).

3.5 Sonstige Atomisierungsmöglichkeiten

Obgleich die bisher geschilderten Techniken – Flamme, Graphitrohrofen, Hydrid- und Kaltdampftechnik – praktisch allen Anforderungen einer Routineanalyse voll genügen, gab und gibt es einige weitere Systeme, die für spezielle Anforderungen mit gewissem Erfolg eingesetzt werden.

GATEHOUSE und WALSH [406] berichteten 1960 über eine zerlegbare Verdampfungskammer, die nach dem Prinzip einer Hohlkathodenlampe aufgebaut ist und in deren beidseitig offenem Hohlzylinder die Probe in einer Glimmentladung verdampft wird. Später berichtete WALSH [1283] über die Bestimmung von Phosphor in Kupfer, sowie von Silicium in Aluminium und Stahl mit diesem Verfahren. GOLEB [424] [427] führte in einer ähnlichen Verdampfungskammer mit gutem Erfolg Isotopenbestimmungen aus. Vor einiger Zeit berichtete WALSH [1284] über Versuche zur Mehrelement-Bestimmung mit dieser Verdampfungskammer als Atomisierungsmittel. GOUGH und Mitarbeiter [433] untersuchten die Kathodenzerstäubung unter reduziertem Druck in einer Edelgasentladung für die Direktbestimmung einiger Elemente in Legierungen mit Atomfluoreszenz. Das Verfahren läßt sich genauso für Messungen mit der AAS einsetzen [1286] [2310]. MCDONALD [2653] fand, daß das Verfahren bei Verwendung eines internen Standards größere Unterschiede in der Probenzusammensetzung erlaubt und gute Ergebnisse liefert.

LOFTIN und Mitarbeiter [760] leiteten Luft über Graphitstäbe, die in einem Hochfrequenzfeld zur Weißglut gebracht wurden, und bestimmten in einem sich anschließenden, geheizten Quarzrohr Blei mit Atomabsorption. MORRISON und TALMI [881] verwendeten eine ähnliche Vorrichtung zur direkten Feststoffanalyse. MARINKOVIC und VICKERS [822] untersuchten die Atomisierungsmöglichkeiten in einem Gleichstrombogen und fanden für sehr schwer atomisierbare Elemente wie Bor oder Wolfram eine bessere Empfindlichkeit als in Flammen.

KANTOR und Mitarbeiter [2456] verdampften feste Proben in einem Lichtbogen und überführten das Aerosol in eine Flamme. Sie fanden eine um etwa 1–2 Größenordnungen bessere Empfindlichkeit als mit der konventionellen Flammen-Technik.

LANGMYHR und THOMASSEN [731] heizten ein Graphitrohr mit einem Hochfrequenz-Induktionsgenerator und bestimmten darin Rubidium und Caesium in Standard-Silikatgesteinen direkt aus der festen Probe. Die erreichte Temperatur war mit etwa 2200 °C relativ niedrig und die Aufheizgeschwindigkeit relativ langsam, was in diesem Falle jedoch offensichtlich einen gewissen Vorteil bietet, da die Zeit der Wärmeübertragung auf die Probe hier klein wird gegenüber der Gesamtaufheizzeit.

ROUSSELET und Mitarbeiter [1062] untersuchten die Atomisierung mit Elektronenbeschuß. Theoretisch bietet dieses Verfahren zwei Vorteile; einmal erreicht man sehr hohe Temperaturen (die über dem Schmelzpunkt des Wolframs, also über 3400 °C liegen) und weiterhin kann man einen Partialdruck an Elektronen schaffen, der günstig für das Erzeugen von Atomen im Grundzustand ist. Die Proben im Bereich 10–100 nL werden auf eine Wolfram-Zielscheibe unter dem Durchgang des Strahlenbündels aufgebracht und im Hochvakuum dem Beschuß durch beschleunigte Elektronen ausgesetzt, die durch ein starkes elektrisches Feld (2 kV/cm) erzeugt werden. Der analytische Vorteil liegt hier bei der Verwendbarkeit extrem kleiner Probenmengen verbunden mit einer sehr guten absoluten Empfindlichkeit.

MOSSOTTI und Mitarbeiter [886] berichteten schon 1967 über den Einsatz von Lasern zur Atomisierung, eine Idee, die später von VULFSON [1278] wieder aufgegriffen wurde. Auch bei diesem Verfahren ist der Hauptvorteil der geringe Probenverbrauch (10–100 μg) und die ausgezeichneten absoluten Nachweisgrenzen (10^{-11} g für Kupfer und Silber bzw. 10^{-10} g für Mangan). VULFSON und Mitarbeiter untersuchten nach diesem Verfahren verschiedene geologische Proben auf Spurenelemente.

KÖNIG und NEUMANN [2492] setzten einen Ionen-Dauerstrichlaser zur Probenverdampfung ein und untersuchten besonders die Möglichkeiten der Rastermikroanalyse fester Proben mit der AAS. ISHIZUKA und Mitarbeiter [2411] untersuchten Stahl, Messing und Aluminiumlegierungen durch Verdampfen mit einem Rubin-Laser in Argon und bestimmten Al, Cr, Cu, Fe, Mn, Mo, Ni und V.

DONEGA und BURGESS [309] verwendeten ein elektrisch geheiztes Schiffchen aus Tantal- oder Wolframblech in einer geschlossenen Kammer bei reduziertem Druck, um zahlreiche Elemente mit Nachweisgrenzen bis 10^{-12} g herunter zu bestimmen. Das System ist relativ einfach, hat eine geringe Stromaufnahme und den Vorteil, daß es sich in weniger als 0,1 s auf 2200 °C aufheizen läßt (wodurch sich eine maximale Atomwolkenkonzentration ausbilden kann).

Dieses Tantalschiffchen-Prinzip wurde später von HWANG und Mitarbeiter [549] in leicht veränderter Form übernommen und als kommerzielles Gerätezubehör eingeführt. HWANG erreichte Nachweisgrenzen bis 10^{-13} g, hatte jedoch Schwierigkeiten mit schwer atomisierbaren Elementen, da die erreichbare Maximaltemperatur unter 2400 °C liegt. Die Verwendung von Wasserstoff als Schutzgas soll dabei die Lebensdauer des Tantalschiffchens verlängern und gleichzeitig einige Störungen beseitigen. Außer für die Analyse einfacher wäßriger Lösungen und organischer Extrakte wurde das System auch für die direkte Bestimmung von Blei in verdünntem Blut eingesetzt [551].

Verschiedene Autoren berichten jedoch über eine starke Abhängigkeit der Signalhöhe von dem verwendeten Anion [334] bzw. von der Säure [827], in deren Gegenwart die Bestimmung durchgeführt wird. Diese Störungen dürften ähnlich wie bei dem Kohlefaden von WEST auf den starken Temperaturgradienten zurückzuführen sein, der zwischen dem geheizten Schiffchen und der umgebenden Atmosphäre auftritt.

Ein interessantes Verfahren zur direkten Atomisierung von Festkörpern – meist Erzen oder Gesteinen – wurde von VENGHIATTIS [1266] vorgeschlagen. Hierbei wird die fein gepulverte Probe mit einer brennbaren Substanz innig gemischt, das Gemisch zu einer Tablette gepreßt und diese unter dem Strahlengang eines Atomabsorptions-Spektrometers gezündet. Die hierbei entstehende Flamme hat etwa die Temperatur einer Luft/Acetylen-Flamme, so daß auch etwa die gleichen Elemente mit dieser Technik bestimmbar sind, wie in der Luft/Acetylen-Flamme. Da die Matrixabhängigkeit dieser Methode größer ist als die der konventionellen AAS, muß üblicherweise gegen voranalysierte Standardgesteine oder -erze oder nach dem Additionsverfahren gearbeitet werden. Die erreichbare Genauigkeit ist dann etwa 5–10%.

4 Optik

Der in der Atomabsorptionsspektrometrie nutzbare Spektralbereich beginnt bei 852,1 nm, der Wellenlänge des Caesium, im nahen Infrarotbereich und reicht bis ins Vakuum-UV, unter 200 nm, wobei die apparative Grenze für ein nicht gespültes Gerät und bei Verwendung von Flammen heute bei 193,7 nm, der Wellenlänge des Arsens, liegt. Damit überstreicht die Atomabsorptionsspektrometrie etwa den gleichen Wellenlängenbereich wie die Atomemissions- bzw. die UV/VIS-Spektrometrie. Es ist daher im Prinzip möglich, in der Atomabsorption auf bewährte Monochromatoren zurückzugreifen. Es hat sich jedoch gezeigt, daß die Anforderungen der AAS hinsichtlich Auflösung und Dispersion des Monochromators von anderen Techniken verschieden sind.

4.1 Spektrale Spaltbreite

Wie schon früher erwähnt, können Atome nur ganz bestimmte Energiebeträge aufnehmen, d. h. nur innerhalb eines sehr eng begrenzten Spektralbereichs absorbieren (vgl. 1.2 Atomspektren). Einer der größten Vorteile der Atomabsorptionsspektrometrie, ihre Spezifität, beruht auf der Verwendung elementspezifischer Strahlungsquellen, die das Spektrum des zu bestimmenden Elements in Form sehr scharfer Spektrallinien aussenden. Während für andere Analysenverfahren die Qualität eines Geräts oft direkt von der Auflösung des Monochromators bzw. seiner spektralen Spaltbreite (der vom Austrittsspalt durchgelassenen spektralen Bandbreite) abhängt, ist diese bei der AAS nicht von derart primärer Bedeutung.

Wenn mit einem Wechsellichtgerät und einem elementspezifischen Linienstrahler als Strahlungsquelle gearbeitet wird, ist die AAS selektiv und praktisch frei von spektralen Interferenzen durch direkte Überlappung von Atomlinien verschiedener Elemente. Die Strahlungsquelle sendet das Spektrum eines oder weniger Elemente aus, und durch Selektivverstärkung wird die nicht modulierte Emissionsstrahlung der Flamme oder des Graphitofens eliminiert. Die Fähigkeit der Atomabsorptionsspektrometrie, zwischen zwei Elementen unterscheiden zu können, hängt lediglich von der Halbwertsbreite der Emissionslinie (~ 0,001–0,002 nm) aus der Strahlungsquelle und der der Absorptionslinie (~ 0,002–0,005 nm) ab, von Werten also, die an der Grenze oder jenseits des Auflösungsvermögens normaler Monochromatoren liegen. Der Monochromator in einem Atomabsorptionsspektrometer hat lediglich die Aufgabe, die Resonanzlinie des zu bestimmenden Elements von anderen Emissionslinien aus der Strahlungsquelle abzutrennen. Dies ist, wie die Erfahrung gezeigt hat, mit einer spektralen Spaltbreite von 0,2 nm praktisch bei allen Elementen möglich. Verwendet man eine kleinere spektrale Spaltbreite, als es zum Abtrennen anderer Emissionslinien aus der spektralen Strahlungsquelle erforderlich ist, so bringt dies im Prinzip keinerlei Vorteile. Verwendet man eine größere spektrale Spaltbreite, so verliert die AAS dadurch zwar nichts an ihrer Spezifität und Selektivität, falls nicht bei Verwendung von Mehrelement-Lampen die Resonanzlinien von zwei Elementen gleichzeitig auf den Detektor fallen. Der Nachteil, den eine zu große spektrale Spaltbreite in der Atomabsorption mit sich bringt, ist eine geringere Empfindlichkeit und eine zunehmende Krümmung der

Bezugskurve. Gelangt außer der Resonanzlinie eine weitere nicht absorbierbare Emissionslinie (s. S. 21 f.) durch den Austrittsspalt des Monochromators auf den Detektor, so „sieht" dieser stets die Strahlung beider Linien. Bei zunehmender Absorption der Strahlung aus der Resonanzlinie bleibt die Intensität der zweiten Linie unverändert, so daß sich die Absorptionskurve nicht wie sonst üblich asymptotisch 100% Absorption (0% Durchlässigkeit), sondern einem Wert nähert, der dem prozentualen Strahlungsanteil der zweiten Linie entspricht. DE GALAN und SAMAEY [286] haben gezeigt, daß meist triviale Gründe für die Krümmung von Bezugskurven verantwortlich sind. Als die beiden Hauptursachen wurden nicht aufgelöste Multipletts (mehrere Resonanzlinien gelangen durch den Austrittsspalt) und nicht absorbierte Linien (außer der Resonanzlinie gelangt noch eine nicht absorbierbare Linie durch den Austrittsspalt) erkannt und die Befunde rechnerisch belegt.

Die nächsten Abbildungen sollen dieses Verhalten veranschaulichen und den Einfluß der spektralen Spaltbreite auf die Empfindlichkeit, das Signal/Rausch-Verhältnis und die Krümmung der Bezugskurven zeigen.

Abb. 51 zeigt die sechs Silicium-Resonanzlinien zwischen 250–253 nm und deren Empfindlichkeit in der Atomabsorptionsspektrometrie. Bei genügend kleiner spektraler Spaltbreite liefert jede der Resonanzlinien in dem betrachteten Bereich eine lineare Bezugskurve.

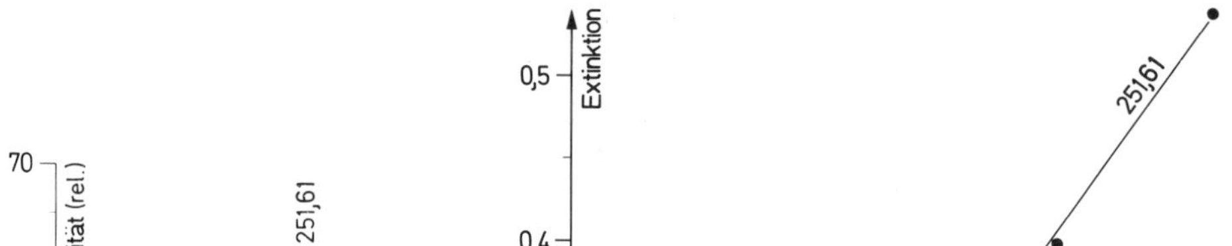

Abb. 51 Verschiedene Silicium-Resonanzlinien im Bereich 250–253 nm. – a) Emmissionsspektrum einer Si-Hohlkathodenlampe bei einer spektralen Spaltbreite von 0,07 nm. b) Bezugskurven der sechs Resonanzlinien, aufgenommen bei einer spektralen Spaltbreite von 0,07 nm

In Abb. 52 ist der Einfluß der spektralen Spaltbreite des Monochromators auf die Bezugskurve und das Signal/Rausch-Verhältnis am Beispiel der 251,6 nm Resonanzlinie des Siliciums gezeigt. Mit kleiner werdender spektraler Spaltbreite steigt zunächst die Empfindlich-

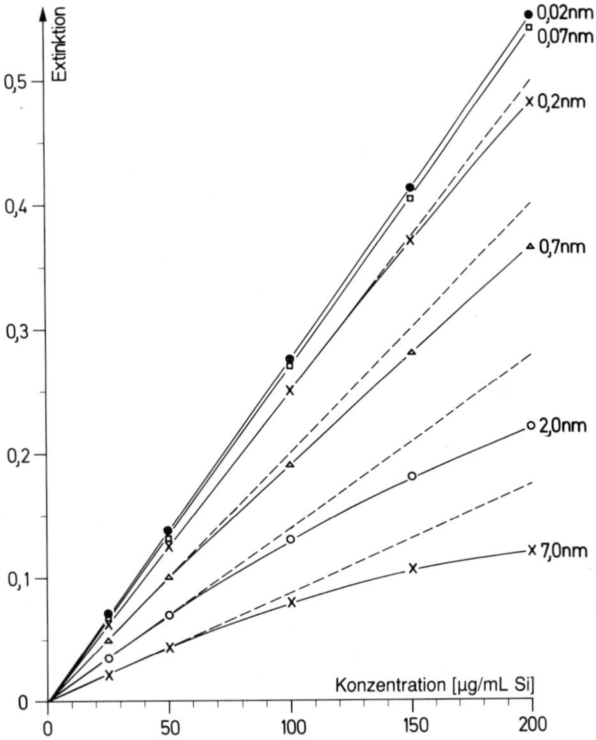

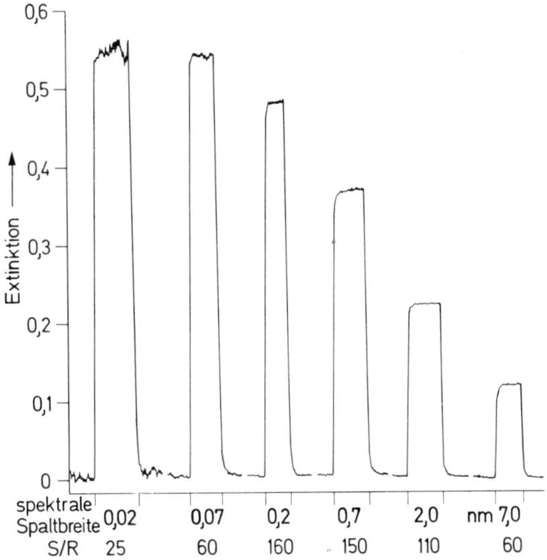

Abb. 52 Einfluß verschiedener spektraler Spaltbreiten auf die Bestimmung von Si auf der 251,6 nm Resonanzlinie. – a) Die Empfindlichkeit nimmt bei Spaltbreiten größer als 0,2 nm deutlich ab, und die Krümmung der Bezugskurven nimmt zu. b) Das Signal/Rausch-Verhältnis (*S*/*R*) weist bei einer spektralen Spaltbreite von 0,2 nm ein Optimum auf und fällt nach beiden Seiten hin deutlich ab. (Bezugslösung mit 200 µg/mL Si; Lachgas/Acetylen-Flamme)

keit deutlich an, und die Linearität der Bezugskurven wird besser. Ist schließlich die optimale Spaltbreite – in diesem Falle 0,2 nm – erreicht, d. h. diejenige spektrale Spaltbreite, bei der nur noch die Resonanzlinie auf den Detektor gelangt, bringt eine weitere Verkleinerung der Spaltbreite keine nennenswerten Vorteile mehr. Zwar läßt sich dadurch, wie aus Abb. 52 a zu ersehen ist, die Linearität der Bezugskurve und die Empfindlichkeit meist noch etwas verbessern, da in der Praxis immer noch kleine Restbeträge an Streustrahlung verbleiben, die durch Verkleinern der spektralen Spaltbreite weiter reduziert werden können. Diese leicht verbesserte Linearität muß jedoch, wie Abb. 52 b deutlich zeigt, durch erhöhtes Rauschen und damit durch ein deutlich verschlechtertes Signal/Rausch-Verhältnis erkauft werden, ein Effekt, auf den anschließend noch ausführlicher eingegangen werden soll.

Bei dem Beispiel Silicium handelt es sich um den Einfluß eines nicht aufgelösten Multipletts bei Verwendung von spektralen Spaltbreiten größer als 0,2 nm, wobei die Krümmung der Bezugskurven durch die verschiedenen Absorptionskoeffizienten $\varkappa_\nu$ der einzelnen Resonanzlinien verursacht wird (s. Gl. 1.18, S. 13). Anders ausgedrückt bedeutet das, der Absorptionskoeffizient in Gl. (1.15) (S. 11) ist über den integrierten Bereich nicht konstant, wenn mehrere Resonanzlinien durch den Austrittsspalt auf den Detektor gelangen können.

In Abb. 53 ist ergänzend hierzu der Einfluß der spektralen Spaltbreite auf die Bezugskurve des Antimons gezeigt. Neben der Resonanzlinie bei 217,6 nm emittiert die Antimon-Hohlkathodenlampe eine Bogen-Linie bei 217,9 nm und eine Funken-Linie bei 217,0 nm. Keine dieser beiden Linien wird selbst von hohen Antimon-Konzentrationen meßbar absorbiert, d. h. die Strahlung dieser beiden Linien kann als „nicht absorbierbar“ betrachtet werden.

In Abb. 53 b zeigt Antimon im Bereich kleiner spektraler Spaltbreiten bis 0,2 nm das gleiche Verhalten wie Silicium, d. h. ein Verkleinern der Spaltbreite bringt, wenn einmal die Resonanzlinie ausgesondert ist, keine Vorteile mehr. Bei einer Vergrößerung der spektralen Spaltbreite macht sich, sobald nicht absorbierbare Strahlung auf den Detektor fällt, eine sprunghafte Abnahme der Empfindlichkeit und eine starke Zunahme der Krümmung bemerkbar. Dies ist nicht weiter verwunderlich, da das Ausmaß der Krümmung bestimmt wird durch den Unterschied der einzelnen Absorptionskoeffizienten. Haben zwei Linien exakt den gleichen Absorptionskoeffizienten (es ist kein derartiger Fall bekannt), so sollte keine Krümmung und kein Empfindlichkeitsverlust eintreten. Die stärkste Krümmung tritt jedoch sicher auf, wenn die zweite Spektrallinie überhaupt nicht absorbierbar ist. Hier sollte die Bezugskurve sich asymptotisch einem Wert nähern, der der prozentualen Durchlässigkeit der nicht absorbierbaren Linie entspricht. DE GALAN und SAMAEY [286] haben diesen Wert für Antimon bei großen Spaltbreiten mit 55% Transmission (Extinktion 0,254) berechnet und fanden diese „Grenzextinktion“ auch experimentell für eine 1000 µg/mL Sb-Lösung.

Während für verschiedene Elemente, wie aus dem vorher gesagten hervorgeht, eine spektrale Spaltbreite von 0,2 nm erforderlich ist, um eine gute Empfindlichkeit und Linearität der Bezugskurven zu erhalten, liegen bei anderen Elementen die Resonanzlinien mehr oder weniger isoliert, so daß ohne Nachteil mit größeren Spaltbreiten gearbeitet werden kann. Es ist selbstverständlich, daß in solchen Fällen immer der größtmögliche Spalt eingestellt wird, der gerade noch die Resonanzlinie von anderen Linien abtrennt, da hierdurch, wie auch aus Abb. 52 b zu ersehen ist, das Signal/Rausch-Verhältnis günstig beeinflußt wird.

Sind bei breitem Spalt Abbildungsfehler und Beugung vernachlässigbar, so hat das spektrale Durchlaßprofil des Monochromators die Form eines gleichschenkligen Dreiecks, dessen Halbwertsbreite gleich der spektralen Spaltbreite ist. In diesem Fall sind spektrale

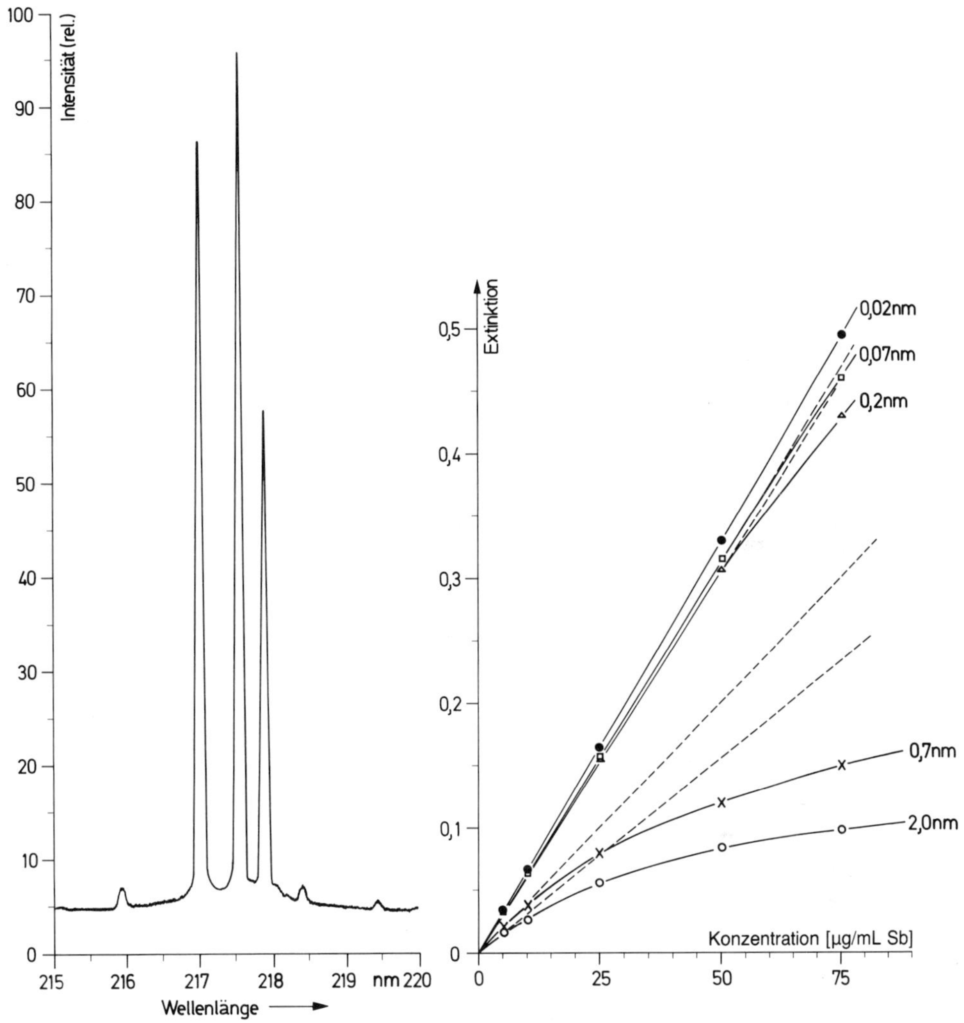

Abb. 53 Einfluß der spektralen Spaltbreite auf die Bestimmung von Antimon. – a) Emissionsspektrum einer Sb-Hohlkathodenlampe bei einer spektralen Spaltbreite von 0,07 nm. Neben der Resonanzlinie bei 217,6 nm erscheint eine Bogen-Linie bei 217,9 nm und eine Funken-Linie bei 217,0 nm. b) Bei größer werdender Spaltbreite nimmt die Empfindlichkeit sprunghaft ab, sobald die nicht absorbierbaren Linien durch den Austrittsspalt gelangen

Spaltbreite und spektrale Bandbreite gleich. Bei kleiner werdenden Spaltbreiten muß dies nicht unbedingt der Fall sein; die minimale spektrale Bandbreite stimmt nicht mit der gewählten spektralen Spaltbreite überein, sondern wird durch Abbildungsfehler begrenzt.

4.2 Reziproke Lineardispersion

Die Größe der spektralen Spaltbreite sollte, wie erwähnt, so gewählt werden, daß nur die Resonanzlinie des zu bestimmenden Elements auf den Detektor fällt und alle anderen

Emissionslinien aus der als Strahlungsquelle dienenden Spektrallampe von den Spaltbacken zurückgehalten werden.

Eine weitere wichtige Größe ist die geometrische Spaltbreite. Sie gibt an, welche Breite in mm oder µm der Ein- und Austrittsspalt bei einer gegebenen spektralen Spaltbreite effektiv haben. Diese geometrische Spaltbreite bestimmt, welcher Anteil der von der Strahlungsquelle ausgesandten Strahlung wirklich in den Monochromator und auf den Detektor gelangt.

In einem Atomabsorptionsspektrometer wird die Strahlungsquelle auf dem Eintrittsspalt des Monochromators abgebildet, d. h. es fällt ein Strahl von einigen mm Durchmesser auf den Eintrittsspalt. Wie aus Abb. 54 deutlich wird, bestimmt die geometrische Breite des Eintrittsspalts die Strahlungsmenge, die auf das Dispersionselement und demnach schließlich auf den Detektor fällt. Bei einem weiten Eintrittsspalt trifft also relativ viel Strahlungsenergie auf den Detektor; das bedeutet wiederum, daß das im Signal stets vorhandene Rauschen (z. B. das Schrotrauschen des Photonenstroms) relativ zum Signal gering wird. Gleichzeitig kann mit geringerer Verstärkung gearbeitet werden, wodurch auch eventuelle Beiträge der Elektronik zum Rauschen abnehmen. Geringes Rauschen bedeutet für den Analytiker eine ruhige Anzeige und damit eine gute Präzision und kleine Nachweisgrenzen.

Wir haben nun zwei Forderungen an den Monochromator eines Atomabsorptionsspektrometers gestellt, die sich nicht a priori in Einklang bringen lassen. Einmal wurde eine spektrale Spaltbreite von 0,2 nm gefordert, außerdem sollte der Eintrittsspalt eine möglichst große geometrische Breite besitzen. Eintritts- und Austrittsspalt eines Monochromators müssen aber gleiche (oder wenigstens sehr ähnliche) mechanische Dimensionen besitzen.

Spektrale Spaltbreite $\Delta\lambda$ und geometrische Spaltbreite s_α sind aber gemäß Gl. 4.1 verknüpft über die reziproke Lineardispersion $d\lambda/dx$ des Monochromators, ausgedrückt in nm/mm (oft auch fälschlicherweise nur Lineardispersion oder Dispersion genannt).

$$\Delta\lambda = s_\alpha \cdot \frac{d\lambda}{dx} \tag{4.1}$$

Eine reziproke Lineardispersion von 2 nm/mm bedeutet, daß bei einer geometrischen Spaltbreite von 1 mm die spektrale Spaltbreite 2 nm beträgt oder daß eine geometrische Spaltbreite von 0,1 mm erforderlich ist, um die gewünschte spektrale Spaltbreite von 0,2 nm zu erreichen.

Aus dieser Überlegung geht hervor, daß es wünschenswert ist, eine möglichst kleine reziproke Lineardispersion zu haben, d. h. ein stark dispergierendes Element zu verwenden,

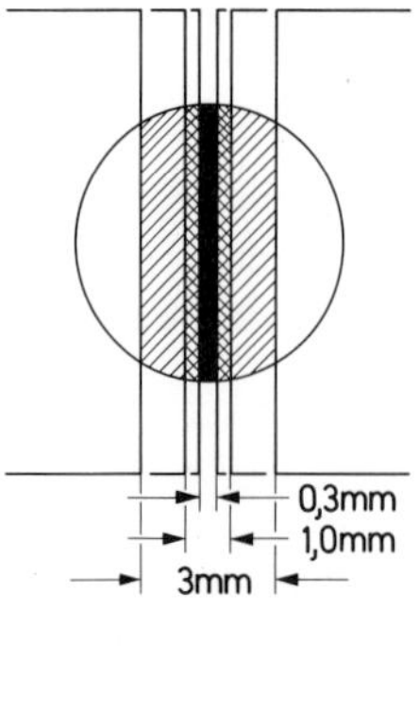

Abb. 54 Die Strahlungsquelle wird auf dem Eintrittsspalt abgebildet. Seine geometrische Breite bestimmt die Strahlungsmenge, die auf das Dispersionselement fällt

da in diesem Falle auch bei kleinen spektralen Spaltbreiten noch verhältnismäßig viel Strahlung durch den Monochromator kommt. Andererseits ergibt sich aus der Bedeutung der geometrischen Spaltbreite auch wieder die Konsequenz, daß immer die größtmögliche Spaltbreite eingestellt wird, die gerade noch den Forderungen nach der Isolierung der Resonanzlinie nachkommt.

4.3 Prismen und Gitter

Zur Dispersion, d. h. zur Zerlegung der Strahlung in die einzelnen Wellenlängen, dienen Prismen oder Gitter. Es soll kurz untersucht werden, welches der beiden Dispersionsmittel sich besser für unsere Anforderungen eignet.

Die reziproke Lineardispersion eines Prismas ist festgelegt durch die Dispersion des Prismenmaterials, d. h. durch die Wellenlängenabhängigkeit $dn/d\lambda$ des Brechungsindex. Bei einem Prismenmonochromator ist also die reziproke Lineardispersion und damit auch die spektrale Spaltbreite bei fest eingestellter geometrischer Spaltbreite wellenlängenabhängig, und zwar derart, daß beide Größen nach längeren Wellen zu in erster Näherung exponentiell ungünstiger werden (Abb. 55). Das bedeutet in der Praxis, daß mit einem variablen Spaltsystem gearbeitet werden muß, bei dem der geometrische Spalt, um die gleiche spektrale Spaltbreite zu gewährleisten, nach größeren Wellenlängen zu immer kleiner werden muß. Das bedeutet aber gleichzeitig eine kontinuierliche Verschlechterung des Lichtleitwertes des Monochromators nach längeren Wellen hin.

Die spektrale Spaltbreite und die reziproke Lineardispersion eines Gittermonochromators hängen von der Gitterkonstanten ab, und sie werden um so besser, je kleiner der Abstand zweier Gitterstriche ist, bzw. je mehr Linien pro mm ein Gitter enthält. Daneben spielt selbstverständlich die Ordnung des Spektrums eine Rolle, doch interessiert dies bei

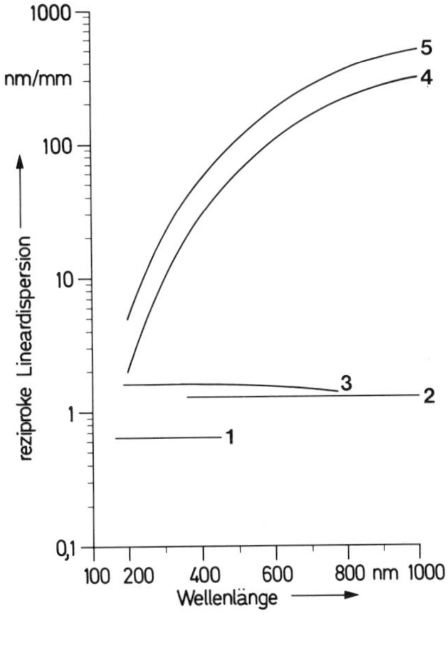

Abb. 55 Reziproke Lineardispersion in Abhängigkeit von der Wellenlänge in Gitter- (**1–3**) und Prismen- (**4–5**) Monochromatoren. – **1** PERKIN-ELMER-Modelle 4000 und 5000 im UV-Bereich (0,65 nm/mm). **2** PERKIN-ELMER-Modelle 4000 und 5000 im VIS-Bereich (1,3 nm/mm). **3** PERKIN-ELMER-Modell 3030 (1,6 nm/mm). **4** und **5** Quarzprismen-Monochromatoren

der Atomabsorptionsspektrometrie praktisch nicht, da hier fast ausschließlich in 1. Ordnung gemessen wird.

Beide Größen sind fast nicht wellenlängenabhängig, d. h. ein Gittermonochromator besitzt bei fest eingestellter geometrischer Spaltbreite praktisch über den gesamten Wellenlängenbereich die gleiche spektrale Spaltbreite und die gleiche reziproke Lineardispersion (Abb. 55). Für die AAS, die praktisch einen Bereich von annähernd 700 nm überstreicht und bei der die Präzision des Analysenergebnisses ebenso wie die Nachweisgrenzen nach dem vorher gesagten von der reziproken Lineardispersion des Monochromators abhängen, bietet demnach ein Gittermonochromator gegenüber dem Prisma erhebliche Vorteile. Bedenkt man zudem, daß heute ein gutes Gitter eine Strichdichte von 2000 bis 3000 Linien pro mm aufweist (bei insgesamt etwa 10^5 Strichen), so lassen sich damit und mit üblichen Brennweiten unschwer reziproke Lineardispersionen von 1 nm/mm und weniger erreichen. Vergleichbare reziproke Lineardispersionen werden von normalen Prismen-Monochromatoren, wie aus Abb. 55 deutlich zu entnehmen ist, nur im fernen UV erreicht, während sie schon im nahen UV um Größenordnungen schlechter liegen.

In der AAS werden vorwiegend geritzte Gitter verwendet. Holographische Gitter weisen zwar wesentlich weniger Unregelmäßigkeiten auf und zeigen daher ein geringeres Streulicht, dies ist jedoch in der Atomabsorption von nur untergeordneter Bedeutung.

Strahlung, die auf ein Gitter fällt, wird reflektiert und dabei wellenlängenabhängig richtungsmäßig aufgefächert, und zwar sowohl rechts als auch links von der einfallenden Strahlung. Geblazete Gitter haben ein stark unsymmetrisches, sägezahnförmiges Profil, wodurch die Strahlung hauptsächlich in eine Richtung konzentriert wird, was zu einer erheblich besseren Ausbeute führt. Diese Strahlungskonzentration auf eine einzige Richtung wirkt aber nur bei einer bestimmten Gitterstellung, d. h. bei einer bestimmten Wellenlängeneinstellung des Monochromators optimal. Man nennt diese die Blaze-Wellenlänge des Gitters. Je weiter man sich von dieser Wellenlänge entfernt, umso ungünstiger wird der Wirkungsgrad des Gitters. Die spektrale Verteilung des Wirkungsgrads zeigt demnach ein Maximum bei der Blaze-Wellenlänge mit einem steileren Abfall nach kleineren und einem flacheren Abfall nach größeren Wellenlängen hin. Wegen der großen Bedeutung des UV-Bereichs wählt man zweckmäßigerweise eine relativ kurzwellige Blaze-Wellenlänge, was jedoch zu einer recht starken Energiereduzierung am langwelligen Ende führt. Besonders wirkungsvoll sind daher Monochromatoren, die mit zwei Gittern in Sequenz arbeiten, wobei das eine sehr weit im UV (z. B. bei 210 nm) geblazet sein kann, während das zweite für den sichtbaren Bereich sein Maximum etwa bei 500 nm haben kann. Eine ähnliche Leistung zeigen Gitter, die auf zwei Wellenlängen geblazet sind und daher zwei Maxima aufweisen.

Für den Aufbau des Monochromators selbst sind verschiedene technische Lösungen bekannt; die beiden wichtigsten, nämlich der einfachere LITTROW-Monochromator und der etwas aufwendigere EBERT-Monochromator, hier in der modifizierten CZERNY-TURNER-Aufstellung, sind in Abb. 56 dargestellt. Die beiden Monochromator-Typen werden in Atomabsorptionsspektrometern mit Erfolg verwendet.

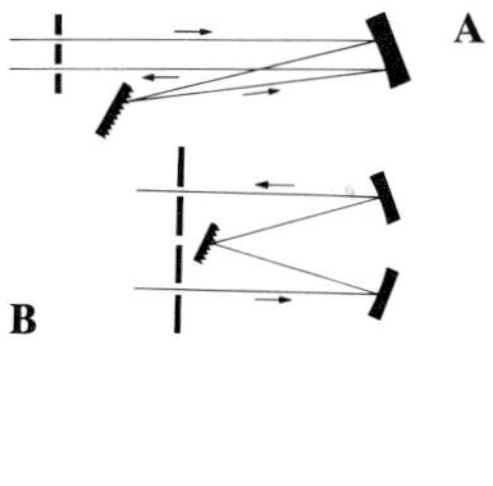

Abb. 56 Zwei häufig verwendete Monochromator-Typen. – **A** LITTROW- und **B** CZERNY-TURNER-Monochromator

In diesem Zusammenhang sei nur noch kurz erwähnt, daß Filter-Monochromatoren in der Atomabsorptionsspektrometrie (außer vielleicht für einzelne Elemente im sichtbaren Spektralbereich) nicht verwendet werden können, da mit diesen nicht die erforderliche Auflösung erreicht werden kann, was unweigerlich zu den in Abschn. 4.1 beschriebenen Schwierigkeiten führt.

4.4 Resonanz-Detektoren

SULLIVAN und WALSH berichten in verschiedenen Publikationen über die Verwendung von Resonanz-Detektoren als „Monochromatoren" in Atomabsorptionsspektrometern [1194] [1195] [1198] [1285].

In Abb. 57 ist die Wirkungsweise dieser Resonanz-Detektoren schematisch dargestellt. Die von der Strahlungsquelle ausgesandte Strahlung fällt nach dem Durchgang durch die Atomisierungseinrichtung auf den Resonanz-Detektor. Dieser besteht aus einer (der Hohlkathodenlampe ähnlichen) Vorrichtung zur Erzeugung einer Wolke neutraler Atome im Grundzustand. Primärstrahlungsquelle und Resonanz-Detektor sind dabei aus dem gleichen Metall gefertigt. Fällt nun die durch die Absorptionszone hindurchgegangene Strahlung auf eine Wolke aus Atomen des zu bestimmenden Elements, so werden die Resonanzlinien absorbiert, während die übrige („nicht absorbierbare") Strahlung einfach durch die Atomwolke hindurchgeht. Die absorbierte Resonanzstrahlung regt die Metallatome zur Fluoreszenz an, die dann durch einen z. B. rechtwinklig zur Strahlungsrichtung angebrachten Detektor gemessen werden kann. Das Fluoreszenz-Signal ist dabei proportional der Intensität der Resonanzstrahlung.

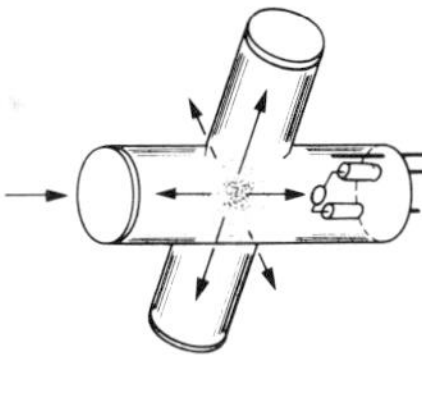

Abb. 57 Resonanzdetektor. – Die von der Primärstrahlungsquelle ausgesandte Strahlung fällt nach Durchgang durch die Absorptionszone auf die im Resonanzdetektor gebildete Atomwolke. Diese Atome absorbieren die Strahlung der Resonanzlinie und strahlen sie in Fluoreszenz wieder aus. Die Messung erfolgt senkrecht zur Bestrahlungsrichtung

Da das Spektrum der Fluoreszenzstrahlung nur aus solchen Spektrallinien besteht, die von der Atomwolke absorbiert wurden, können Resonanz-Detektoren die Funktion des Monochromators übernehmen, der die in der Atomabsorptionsspektrometrie zu messenden Linien aussondert.

Es war zu erwarten, daß die mit derartigen „Resonanz-Monochromatoren" bestimmten Bezugsfunktionen wegen der Abwesenheit von nicht absorbierbarer Untergrundstrahlung usw. über einen weiteren Bereich linear sind als diejenigen, bei denen die Strahlung der Primärstrahlungsquelle direkt auf den Detektor fällt. Diese Erwartung wurde durch das Experiment bestätigt. Ein Nachteil der Resonanz-Detektoren ist, daß nur ein kleiner Teil der in alle Raumrichtungen gehenden Fluoreszenzstrahlung auf den Detektor gelangt.

Die Absorption von Resonanzstrahlung durch eine Wolke neutraler Metallatome läßt sich noch in anderer Weise zur Isolierung von Resonanzlinien verwenden, und zwar durch die sogenannte „selektive Modulation" [149] [193] [758] [1198]. Hierbei wird nicht modulierte Strahlung aus einer Hohlkathodenlampe durch eine Entladungsröhre geschickt, deren beidseitig offener Kathodenzylinder aus dem gleichen Element besteht wie die Hohlkathode der Strahlungsquelle. Die Stromversorgung dieser Entladungsröhre ist nun moduliert, wodurch eine pulsierende Atomwolke gebildet wird, die mit der Modulationsfrequenz die Resonanzlinien aus der Hohlkathodenstrahlung absorbiert. Auf diese Weise entsteht eine Strahlung, aus modulierten Resonanzlinien und nicht modulierten Nicht-Resonanzlinien. Von einem dem Detektor nachgeschalteten Selektivverstärker werden daher nur die Resonanzlinien verstärkt, die nicht modulierten Ionen- und Füllgaslinien werden eliminiert.

Bei diesem Verfahren muß allerdings ein Monochromator verwendet werden, da sonst zu viel nicht modulierte Strahlung auf den Detektor fällt und dort zu Rauschen führt. Es genügen jedoch einfache Monochromatoren ohne besondere Anforderungen an das Auflösungsvermögen; häufig kann sogar mit Filtern gearbeitet werden. Auch mit diesem Verfahren der selektiven Modulation erhält man Bezugskurven, die über einen weiten Bereich linear sind.

SEBESTYEN [1105] hat gezeigt, daß es möglich ist, mit einem normalen Atomabsorptionsspektrometer und einer normalen Hohlkathodenlampe einen ähnlichen Effekt zu erzielen, indem man dem Betriebsgleichstrom der Hohlkathodenlampe periodisch einen schmalen Impuls sehr hoher Stromstärke überlagert. Hierdurch wird periodisch eine intensive Atomwolke vor der Kathode erzeugt, die die Resonanzstrahlung kurzzeitig absorbiert und auf diese Weise moduliert. Mit einer diesem Modulationsverfahren angepaßten Demodulations-Elektronik konnten zum Beispiel für Eisen und Nickel Bezugsfunktionen erhalten werden, die bis in hohe Extinktionsbereiche linear waren.

4.5 Multielementgeräte

Ein prinzipieller Nachteil der Atomabsorptionsspektrometrie ist, daß sie ein Einelementverfahren ist und eine simultane Mehrelementbestimmung auf gewisse Schwierigkeiten stößt. Selbst eine rasche, sequentielle Multielementbestimmung ist nicht einfach, da beim Wechsel von einem Element zum anderen relativ viele Parameter verändert werden müssen (vgl. 5.5).

Dennoch hat es schon früh Versuche gegeben, auch mit der AAS eine simultane Multielementbestimmung durchzuführen, um den Probendurchsatz zu erhöhen. MAVRODINEANU [884] beschrieb ein Mehrkanal-Gerät, das unter Verwendung mehrerer Hohlkathodenlampen und mehrerer Detektoren arbeitet. Besonders WALSH und Mitarbeiter [1198] haben verschiedentlich auf die Verwendbarkeit von Resonanz-Detektoren für Mehrelement-Geräte hingewiesen (vgl. Abb. 58) und funktionsfähige Geräte nach diesem Prinzip aufgebaut [1196] [1197] [1284]. ALDOUS, JACKSON und MITCHELL [28] [868] verwendeten einen

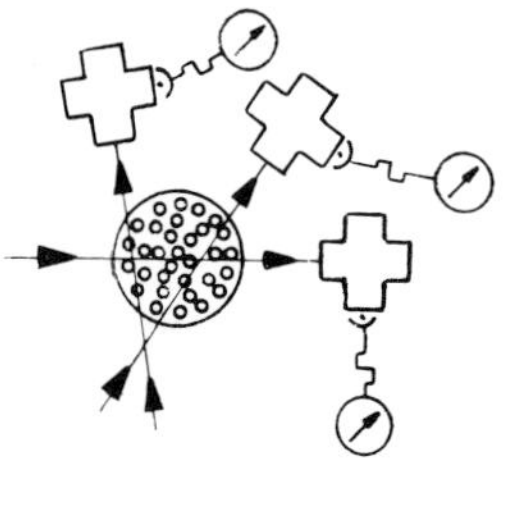

Abb. 58 Mehrelement-Gerät nach SULLIVAN und WALSH [1198]. – Durch Verwendung mehrerer Hohlkathodenlampen, die die gleiche Flamme durchstrahlen und deren Strahlung durch Resonanz-Detektoren aufgefangen wird, können verschiedene Elemente gleichzeitig in einer Probe bestimmt werden

Vidicon-Detektor zum Bau eines Mehrkanal-Atomabsorptionsspektrometers und bestimmten damit zehn und mehr Elemente simultan. SILVESTER und Mitarbeiter [1125] fokussierten die Strahlung von zwei Mehrelementlampen durch die Flamme oder den Graphitrohrofen auf einem Dreiweg-Strahlenteiler. Jeder der drei Strahlen gelangt dann in einen Monochromator mit zwei Austrittsspalten und zwei Detektoren, so daß insgesamt 6 Elemente simultan bestimmt werden können. RAWSON [1027] bestimmte ebenfalls 6 Elemente simultan. Er vereinigte die Strahlung aus 4 Hohlkathodenlampen über Faseroptik und einen Quarzstab-Strahlungsintegrator und leitete sie dann in einen Monochromator mit 6 Austrittsspalten. Hinter jedem Austrittsspalt leitete er die elementspezifische Strahlung wieder mit Faseroptik auf 6 Detektoren. Der größte Nachteil dieses Systems sind die hohen Strahlungsverluste durch die Faseroptik. BUSCH und MORRISON [188] veröffentlichten eine gute Übersicht über die Mehrelement-Flammenspektrometrie.

Es wurde schon bei der Diskussion der Strahlungsquellen erwähnt (vgl. 2.5), daß Kontinuumstrahler für die AAS nicht sonderlich geeignet sind. Ein Grund hierfür war die relativ geringe Strahlungsstärke innerhalb des schmalen Absorptionsprofils einer Atomlinie; noch wichtiger war aber die Wiedereinführung von spektralen Interferenzen durch Überlappen von Atomlinien verschiedener Elemente, wenn mit ungenügender Auflösung gearbeitet wird. Beide Probleme wurden offensichtlich von ZANDER und Mitarbeiter [3095] [3096] beim Bau ihres simultanen Multielementgeräts gelöst. Sie verwendeten eine sehr intensive Xenon-Bogenlampe, einen Echelle-Monochromator hoher Auflösung und eine Wellenlängenmodulierung durch eine schwingende Quarzplatte. Ein Vorteil dieses Systems ist, daß die Auflösung des Echelle-Monochromators etwa in der Größenordnung der Breite einer Atomlinie liegt [2464], so daß spektrale Überlappungen kaum zu erwarten sind. Gleichzeitig wird dadurch auch nicht absorbierbare Strahlung wirkungsvoll ausgeblendet und damit eine der normalen AAS vergleichbare Empfindlichkeit erreicht.

Ein besonders interessantes Verfahren zur simultanen Multielement-Spetrometrie wird von SCHARMANN und WIRZ [2823] vorgeschlagen. Sie setzen die sog. Vorwärtsstreuung in einem starken Magnetfeld zum Aussondern von Resonanzlinien aus der Gesamtstrahlung einer Xenon-Bogenlampe ein. Hierzu wird vor und hinter einem Graphitrohrofen je ein Polarisator angebracht und zwar in gekreuzter Anordnung, so daß im Prinzip keine Strahlung durchtreten kann. Unter der Wirkung des Magnetfelds am Ofen spalten die Niveaus der Atome jedoch so auf und werden so polarisiert, daß ein Teil der Strahlung auf der Resonanzwellenlänge auch den zweiten Polarisator passieren kann. Es genügt dann ein normaler Monochromator zur Dispersion der durchgelassenen Linien, die z. B. auf einem Vidicon-Detektor aufgefangen werden.

Gerade in Verbindung mit der Graphitrohrofen-Technik wäre eine simultane Multielementbestimmung besonders nützlich. Diese Technik gehört zu den empfindlichsten Verfahren der Elementanalytik und verspricht auch eine weitgehend störfreie Bestimmung von mehr als 60 Elementen. Lediglich die Tatsache, daß nur immer ein Element pro Atomisierungszyklus bestimmt werden kann, macht das Verfahren relativ langsam und daher für einige Anwendungsfälle weniger attraktiv.

5 Meßwertbildung und -ausgabe

Die Anforderungen an die Elektronik und an die Meßwertausgabe in der Atomabsorptionsspektrometrie sind je nach Art der Anwendung oft sehr verschieden, und nach Möglichkeit sollte ein AAS-Gerät allen Gegebenheiten entsprechen.

Drei Forderungen werden heute häufig erhoben: Die Forderung nach Schnelligkeit, nach hoher Präzision und nach kleinsten Nachweisgrenzen. Die beiden letzten Punkte lassen sich auch zusammenfassen, wenn man fordert, die Elektronik muß in der Lage sein, noch kleinste Unterschiede in der Absorption zu erkennen und anzuzeigen. Dies ist jedoch nur dann möglich und sinnvoll, wenn die Signale selbst ruhig und stabil sind; die Stabilität der Signale hängt aber ursächlich mit der Stabilität der Strahlungsquelle und der Atomisierungseinrichtung sowie der Leistungsfähigkeit der Optik zusammen. Das heißt wieder einmal, daß alle Teile eines Atomabsorptionsspektrometers gut konstruiert und aufeinander abgestimmt sein müssen, um ein Optimum an Leistung zu erbringen.

Schon die Strahlungsquelle muß stabil brennen und ein Maximum an Strahlungsenergie liefern. Eine Flamme darf nicht durch unnötige Turbulenzen oder Unregelmäßigkeiten in der Produktion freier Atome in Erscheinung treten und auch bei anderen Atomisierungseinrichtungen ist die Stetigkeit der Atomproduktion und deren Austragung aus dem Absorptionsvolumen von großer Bedeutung. Der Monochromator schließlich muß eine kleine reziproke Lineardispersion besitzen, damit eine hohe Strahlungsflußdichte am Detektor ankommt. Wie schon an anderer Stelle erwähnt, wird dann das relative Rauschen des Signals gering. Zusätzlich kann mit geringer Hochspannung am Photomultiplier, d. h. mit geringer Verstärkung, gearbeitet werden. Dieses stabile elektrische Signal ist eine Voraussetzung für Schnelligkeit, Präzision und gute Nachweisgrenzen.

Ein stabiles Signal läßt sich oft erheblich spreizen – AAS-Geräte gestatten oft eine bis zu hundertfache Dehnung –, wodurch die Ablesegenauigkeit um ein Vielfaches verbessert werden kann. In modernen Geräten ist es möglich, noch Unterschiede von 0,0001 Extinktionseinheiten zu messen. Läßt sich in einem Atomabsorptionsspektrometer nicht nur der Bereich kleinster Extinktionen und Konzentrationen zum Erzielen bester Nachweisgrenzen stark spreizen, sondern jeder beliebige Teilbereich der Extinktionsskala (durch Nullpunktsunterdrückung), so lassen sich auch Bestimmungen höchster Präzision von Proben mit hohen Elementgehalten durchführen. Selbstverständlich ist es bei Messungen mit sehr hohen Dehnungsfaktoren erforderlich, das Rauschen, d. h. die Fluktuation des Signals, der Dehnung und der Stabilität des Signals entsprechend zu dämpfen. Kleinste Nachweisgrenzen und höchste Präzision lassen sich nur auf Kosten der Schnelligkeit erzielen.

Ebenso wichtig wie die Möglichkeit, durch Spreizen und Dämpfen des Signals kleinste Unterschiede in der Extinktion sichtbar zu machen und damit gute Nachweisgrenzen und hohe Präzision zu erreichen, ist für viele Anwendungen die Möglichkeit, auch mit sehr kurzen Zeitkonstanten arbeiten zu können. Ein Nachteil der hohen Spreizung und Dämpfung ist nämlich der stets mit der längeren Meßzeit verbundene hohe Substanzverbrauch. Dies kann schon bei der konventionellen Atomabsorptionsspektrometrie mit Zerstäuber und Flamme von ausschlaggebender Bedeutung sein, wenn nur geringe Probenmengen für eine Messung zur Verfügung stehen. Eine geringe elektronische Dämpfung bedeutet in diesem Falle einen geringen Substanzverbrauch. So lassen sich zum Beispiel mit schnell

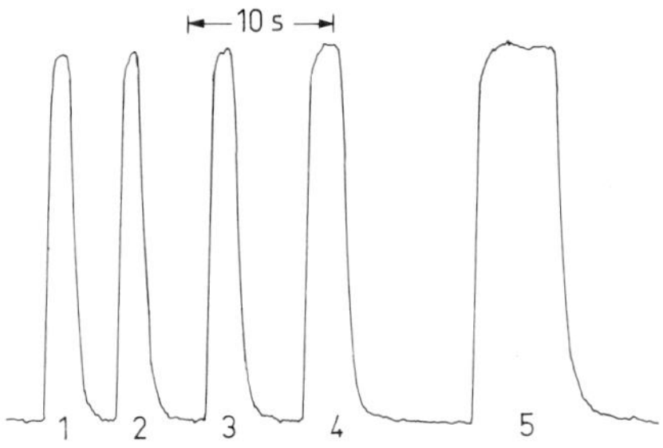

Abb. 59 Ansaugzeiten von nur 1 s geben bei einem Gerät mit schnell ansprechender Elektronik bereits ausreichend präzise Signale. Der Probenverbrauch liegt noch unter 0,1 mL pro Meßwert. Ansaugzeiten: Signale 1–3 je 1 s; Signal 4: 2 s und Signal 5 : 5 s

ansprechenden Geräten schon mit weniger als 0,1 mL Probenlösung sehr präzise Messungen durchführen, wie in Abb. 59 gezeigt ist.

Unter gewissen Voraussetzungen lassen sich sogar noch kleinere Volumina einsetzen [226]; besonders BERNDT und JACKWERTH [2076] [2077] [2083] haben sich ausführlich mit der von SEBASTIANI und Mitarbeitern [2835] vorgeschlagenen Injektionsmethode befaßt (vgl. auch 3.1.3), bei der eine kleine, abgemessene Probenmenge in die Flamme eingesprüht wird.

Die seit den siebziger Jahren sehr stark in den Vordergrund getretene Graphitrohrofen-Technik läßt sich schließlich nur mit Geräten durchführen, die eine sehr kurze Ansprechzeit besitzen. Die mit dieser Technik erzeugten Signale erreichen oft schon in weniger als einer Sekunde ihre Spitze und kehren innerhalb weniger Sekunden zur Grundlinie zurück. Diese Technik erfordert daher sehr rasch ansprechende Geräte mit einer minimalen Zeitkonstante worauf später noch ausführlich eingegangen wird.

Im folgenden soll noch auf einige wichtige Einzelheiten in der Elektronik und Meßwertausgabe eingegangen werden, wobei besonders die für den Analytiker bedeutsamen Teile erwähnt werden.

5.1 Detektoren

Zur Umwandlung der optischen Strahlung in ein elektrisches Signal dienen in der Atomabsorptionsspektrometrie meist Photomultiplier (Sekundärelektronenvervielfacher – SEV). Das sind Vakuumphotozellen mit einer Anode, einer strahlungsempfindlichen Elektrode (Photokathode) und mehreren Emissionskathoden (Dynoden), die sich auf zunehmend positivem Potential gegenüber der Photokathode befinden. Häufig werden Photomultiplier mit insgesamt 10 Elektroden verwendet, in Sonderfällen erhöht sich die Elektrodenzahl bis auf 13.

Ein von der Photokathode freigesetztes Photoelektron wird von der ersten Dynode angezogen und fällt mit einer, dem herrschenden Spannungsgefälle proportionalen, kinetischen Energie auf diese Dynode, setzt dort einige Sekundärelektronen frei, die erneut beschleunigt werden und ihrerseits eine noch größere Zahl von Elektronen auslösen usw., wobei sich der Effekt immer mehr verstärkt. Die Verstärkung eines SEV hängt ab von der angelegten Hochspannung, die bis in die Größenordnung von 1 000 bis 1 500 V kommen kann.

Der spektrale Bereich, in dem ein Photomultiplier verwendbar ist, hängt von der strahlungsempfindlichen Schicht auf der Kathode und dem Fenstermaterial der Röhre ab. Dabei ist es nicht leicht, Photomultiplier zu finden, die für den gesamten in der AAS interessierenden Bereich ausreichend empfindlich sind. Mit guten Photomultipliern lassen sich Strahlungsströme von 10^{-6} bis 10^{-11} lm messen. Die Empfindlichkeit ist etwa 10–100 A/lm und der Maximalstrom etwa 10 μA. Fällt bei einer gegebenen Verstärkung mehr Strahlung auf den Photomultiplier, so daß der Strom die 10 μA überschreitet, so fällt das Signal rasch ab. Dabei können reversible und irreversible Veränderungen der Dynoden eintreten.

Ein wichtiges Kriterium für die Qualität eines Photomultipliers ist der Dunkelstrom. Das ist der Strom, der unter dem Einfluß der Hochspannung durch die Röhre fließt, ohne daß optische Strahlung auf die Photokathode fällt. Das sog. Dunkelrauschen, die Schwankungen des Dunkelstroms, ist unter Umständen eine wichtige Komponente des Detektorrauschens; es steigt mit wachsender Hochspannung stark an. Um deshalb einen guten Abstand des Signals vom Dunkelrauschen zu erhalten, ist neben der Wahl eines geeigneten Photomultipliers wiederum eine möglichst hohe Strahlungsintensität am Detektor wichtig.

Besondere Bedeutung kommt bei einem Photomultiplier der Quantenausbeute der Photokathode (spektrale Kathodenempfindlichkeit) zu, die praktisch angibt, wieviele Photonen erforderlich sind, um ein Elektron von der Photokathode abzulösen. Eine geringe Quantenausbeute führt zu erheblichen Energieverlusten bei der Umwandlung des Photonenstroms in einen Elektronenstrom und damit zu einer Erhöhung des (Schrot-) Rauschens, das durch höhere Nachverstärkung nicht wieder beseitigt werden kann.

Andere Detektoren haben in der AAS bislang noch keine Bedeutung erlangt. Auf die von Sullivan und Walsh [1194] [1195] [1198] [1285] vorgeschlagenen Resonanzdetektoren wurde schon an anderer Stelle ausführlich eingegangen (vgl. 4.4). Im Zusammenhang mit simultanen Multielement-AAS-Geräten werden neben dem klassischen Spektrometerprinzip [1027] [2015] [2574] mit mehreren Austrittsspalten, hinter denen sich je ein Photomultiplier befindet, auch schon lange Vidicon-Detektoren eingesetzt [28] [868] [2025] [2239] [2823]. Der größte Nachteil dieser Detektoren ist ihre relativ geringe Empfindlichkeit im fernen UV unterhalb 250 nm, wo eine ganze Reihe wichtiger Resonanzlinien zu finden ist.

Recht interessant könnten unter Umständen Photodioden-Streifendetektoren [2164], ebenfalls im Zusammenhang mit Multielementbestimmungen werden, doch ist auf diesem Gebiet sicher noch viel Grundlagenarbeit notwendig.

5.2 Rauschen

Es wurde schon mehrfach über Ursachen für das Auftreten von erhöhtem Rauschen gesprochen. Da das Rauschen über das Signal/Rausch-Verhältnis einen direkten Einfluß auf die erzielbare Präzision und die Bestimmungs- oder Nachweisgrenze hat, sollen hier noch kurz weitere Ursachen für das Auftreten von Rauschen untersucht werden. Eine sehr gründliche, zusammenfassende Arbeit hierzu wurde von Alkemade und Mitarbeitern [2029] [2097] veröffentlicht.

Auf das Rauschen des Dunkelstroms wurde schon kurz eingegangen; als zweite Rauschquelle im Detektor ist noch das Photonenrauschen zu nennen, das durch die statistischen Schwankungen des durch die Strahlung der Strahlungsquelle erzeugten Stroms in der Photokathode verursacht wird. Dazu kommt noch das durch Schwankungen in der Strahlungsintensität der Strahlungsquelle hervorgerufene Lampenrauschen.

Vor allem, wenn eine Flamme als Atomisierungseinrichtung verwendet wird, kann diese selbst einen erheblichen Beitrag zum Rauschen liefern. Als Hauptursache kommt dabei eine

Fluktuation in der Transmission der Strahlung durch Eigenabsorption oder Strahlungsstreuung in Frage. Weiterhin können natürlich auch Schwankungen in der Absorption des zu bestimmenden Elements durch ungleichmäßige Produktion und unsteten Transport von Atomen entstehen.

Schließlich ist noch das Emissionsrauschen zu erwähnen, das durch Emission der Atomisierungseinrichtung (Flamme, Graphitrohr) oder der Probenbestandteile verursacht wird. In einem Wechsellichtsystem wird zwar die Emission aus der Atomisierungseinrichtung kompensiert, es kann jedoch erhöhtes Photonenrauschen entstehen, wenn zu viel Strahlung am Photomultiplier ankommt.

Der Beitrag der Elektronik selbst zum Rauschen sollte in jedem Fall bei einem gut konzipierten Gerät so gering sein, daß er gegenüber den anderen Ursachen für erhöhtes Rauschen nicht ins Gewicht fällt.

In der Nähe der Nachweisgrenze werden in erster Linie Schwankungen in der Transmission der Flamme dominant [2098] [2545], daneben spielen auch Schwankungen in der Emission der Strahlungsquelle und das Photonenrauschen eine wichtige Rolle [2545]. Bei höheren Extinktionswerten spielen dagegen fast nur noch Schwankungen in den Absorptionseigenschaften des zu bestimmenden Elements eine Rolle [2098] [2099]; dies gilt gleichermaßen für Einstrahl- und für Zweistrahlgeräte [2546].

In Graphitrohröfen und Quarzküvetten ist prinzipiell die Fluktuation in der Transmission der Strahlung erheblich geringer, so daß sich ein deutlich geringeres Rauschen bei Arbeiten in der Nähe der Nachweisgrenze ergibt. Die in Graphitrohröfen oft beobachtete Untergrundabsorption bringt jedoch ihrerseits eine Erhöhung des Rauschens [2407]. Bei Einsatz eines Kontinuumstrahlers zur Untergrundkompensation ist generell mit einer Erhöhung des Rauschens um den Faktor 2–3 zu rechnen.

Emissionsrauschen wurde früher häufig bei Verwendung leistungsschwacher Strahlungsquellen beobachtet. Je nach Ursache der Störung trat das überhöhte Rauschen entweder schon beim Zünden der Flamme oder erst beim Versprühen der Probenlösung auf [176]. Mit der Graphitrohrofentechnik tritt dieser Effekt besonders bei Verwendung älterer Geräte auf, die noch nicht für diese Technik konzipiert waren [638]. Hierbei beobachtet man beim Atomisieren der Probe ein durch die hohe Strahlungsemission des glühenden Graphitrohrs hervorgerufenes starkes Rauschen oder sogar einen mehr oder weniger starken Versatz der Basislinie (Abb. 60).

Mit Hilfe eines dem Photomultiplier nachgeschalteten Selektivverstärkers liefert die Atomabsorptionsspektrometrie elementspezifische Signale, da dieser nur die mit einer

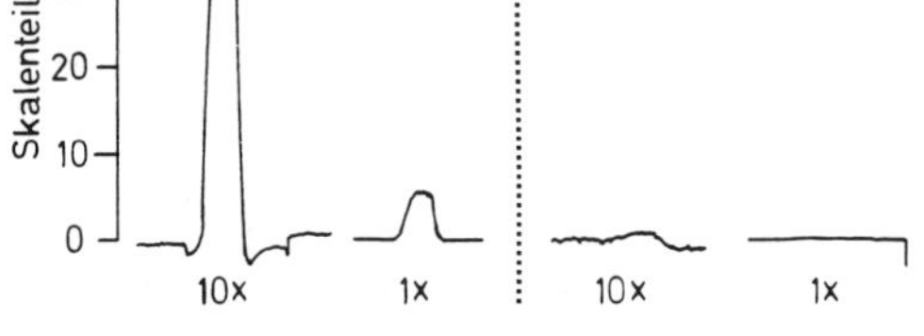

Abb. 60 Einfluß der nicht modulierten Strahlungsemission des Graphitrohrs auf die Basislinie während der Atomisierung. – **1** Atomisierung auf der Wellenlänge des Calcium (422,7 nm) bei 2200 °C bringt in einem älteren Gerät einen erheblichen Versatz der Basislinie. **2** in einem Gerät, dessen Optik und Elektronik den Erfordernissen der Graphitrohrofen-Technik angepaßt ist, spielt diese Strahlungsemission keine Rolle mehr (422,7 nm, 2500 °C) [638]

bestimmten Modulationsfrequenz ankommenden Signale verstärkt. Würde man statt dessen einen Gleichstromverstärker verwenden, so würde auch die evtl. von anderen Elementen in der Probe oder von der Flamme selbst in dem betrachteten Spektralbereich erzeugte Emission mit verstärkt werden und damit ein Signal geben. Besonders intensive Signale würde man dabei von breiten Emissionsbanden bekommen, wie sie von glühendem Graphit oder auch von Molekülbanden in der Flamme emittiert werden.

Der Selektivverstärker eliminiert, wie bereits erwähnt, diese kontinuierliche Emission, er „übersieht" die nicht modulierte Komponente. Die Strahlung fällt jedoch genauso wie die modulierte Strahlung auf den Detektor und erzeugt dort einen Photonenstrom. Der den Photomultiplier verlassende Strom setzt sich daher aus einer modulierten Komponente, die der Strahlung aus der Strahlungsquelle zuzuordnen ist, und einer nicht modulierten Komponente zusammen, die aus der Emission der Flamme bzw. des Graphitrohrofens kommt. Nachdem sich die am Photomultiplier anzulegende Hochspannung ausschließlich nach der Intensität der modulierten Komponente, also der Lampenstrahlung richtet, kann es, besonders wenn diese etwas schwach ist, zu einer Überlastung des Photomultipliers kommen, wenn die Summe der beiden Ströme den Maximalstrom übersteigt. Dieses Überlasten äußert sich in einem Empfindlichkeitsverlust des Photomultipliers und damit in einem raschen Abfall des Signals. Jedoch auch wenn der Detektor noch nicht überlastet ist, äußert sich ein hoher Anteil an nicht modulierter Strahlung in einem mehr oder weniger starken Schwanken des Signals, was schließlich zu verschlechterten Nachweisgrenzen und zu einer geringeren Präzision des Ergebnisses führt.

Zur Eliminierung oder Verminderung dieses Emissionsrauschens gibt es im Prinzip verschiedene Möglichkeiten, die entweder auf einer Verringerung des nicht modulierten Anteils oder auf einer Erhöhung des modulierten Anteils der Gesamtstrahlung beruhen. Die Erhöhung des modulierten Anteils läßt sich am sichersten durch Verwenden einer intensiveren Strahlungsquelle erreichen; gelegentlich hilft auch ein Erhöhen, seltener ein Erniedrigen des Lampenstroms. Das Verringern des nicht modulierten Anteils, soweit er von der Flamme ausgeht, gelingt am sichersten durch die Wahl einer anderen Flamme, falls dies möglich ist; gelegentlich hilft auch eine Veränderung der Stöchiometrie der Flamme oder ein Verkleinern der Spaltbreite.

Im Falle des Graphitrohrofens ist die Strahlungsemission des glühenden Graphitrohrs typischerweise um einige Größenordnungen intensiver als die Emission aus einer Flamme. Daher beobachtet man hier die Störung auch viel häufiger. Ganz allgemein gelten hier zunächst die gleichen Regeln zur Beseitigung der Störung, nämlich Verwenden einer intensiveren Strahlungsquelle (z. B. einer Einelementlampe anstelle einer Mehrelementlampe, oder einer elektrodenlosen Entladungslampe anstelle einer Hohlkathodenlampe), oder Reduzieren des nicht modulierten Anteils.

Die Strahlungsemission des Graphitrohrs läßt sich sehr einfach und wirkungsvoll verringern, indem die Atomisierungstemperatur reduziert wird. Die meisten Elemente lassen sich z. B. schon bei Temperaturen zwischen 2000 und 2500 °C oder darunter mit maximaler Empfindlichkeit atomisieren, wenn mit einer superschnellen Heizrate gearbeitet wird. Eine höhere Atomisierungstemperatur bringt oft nur eine geringe Empfindlichkeitssteigerung, erhöht dafür aber das Emissionsrauschen erheblich, so daß insgesamt eine deutliche Verschlechterung des Signal/Rausch-Verhältnisses zu beobachten ist.

Im Gegensatz zur Flamme ist die Emissionsquelle bei einem Graphitrohrofen optisch eindeutig lokalisiert, und zwar ringförmig um die Atomwolke herum. Es besteht daher die

Möglichkeit, diese Strahlungsemission optisch weitgehend auszublenden. Welche Verbesserungen sich mit einem derart modifizierten optischen System erzielen lassen, ist in Abb. 60 gezeigt. In modernen Atomabsorptionsspektrometern sind entsprechende optische und elektronische Maßnahmen, wie Abringen von Stops und Blenden, Reduzierung der Spalthöhe, Verwendung geeigneter Multiplier usw. üblicherweise bereits berücksichtigt.

Bei Temperaturen oberhalb 2500 °C beginnen in zunehmendem Maße auch von der Graphitrohroberfläche abdampfende Bestandteile (z. B. C_2-Radikale) oder durch Verbindungsbildung mit dem Schutzgas gebildete Moleküle oder Radikale (z. B. CN) zu emittieren. Diese Strahlungsemission läßt sich natürlich nicht mehr ausblenden – ein weiterer Grund, keine zu hohen Atomisierungstemperaturen oder keinen Stickstoff als Schutzgas zu verwenden.

5.3 Meßwertbildung

Da in einem Atomabsorptionsspektrometer apparativ eine Abnahme von Strahlungsenergie gemessen wird, genauer gesagt, die Strahlungsflußdichte Φ_a nach Einbringen der Probe mit der Strahlungsflußdichte Φ_e ohne Probe verglichen wird, ist die zunächst anfallende Meßgröße der Reinabsorptionsgrad α_i bzw. der Reintransmissionsgrad τ_i. Nach dem LAMBERT-BEERschen Gesetz ist die Konzentration proportional dem negativen Logarithmus der Durchlässigkeit, also der Extinktion (Gl. 1.18, S. 13). Da für das praktische Arbeiten lineare Abhängigkeiten wesentlich leichter zu handhaben sind als logarithmische, müssen Signale von Absorption erst in Extinktion umgerechnet werden. Dies geschieht in allen modernen AAS-Geräten bereits automatisch, so daß die Anzeige linear in Extinktion erfolgt.

Die am längsten gebräuchliche Art der Messung ist die einfache Spannungsmessung auf einem entsprechend kalibrierten Voltmeter, nachdem vorher ein Gleichrichter (Einstrahlgerät) durchlaufen wurde oder nach vorheriger elektronischer Verhältnisbildung zwischen Meßsignal und Vergleichssignal (Zweistrahlgerät). Bei einer derartigen Signalverarbeitung erscheinen alle auftretenden Schwankungen in Abhängigkeit von den gewählten Zeitkonstanten mehr oder weniger stark auf dem Anzeigeinstrument, und nach sprungartigen Änderungen, wie sie etwa beim Einbringen einer Probe auftreten, stellt sich das Anzeigeinstrument im allgemeinen erst nach Ablauf mehrerer Zeitkonstanten asymptotisch auf das „mittlere" Meßresultat ein.

In neuerer Zeit wurde, besonders in Verbindung mit der digitalen Meßwertanzeige, immer mehr eine „echte" Integration der Signale als Funktion der Zeit durchgeführt. Dies bedeutet, daß im Gerät eine „Uhr" eine präzise Integrationszeit definieren muß, da das Meßresultat bei zeitunabhängigem Extinktionsverlauf nun kritisch von der Länge des Integrationsintervalls abhängt. In der Praxis ist dabei weniger die absolute Länge als vor allem die Reproduzierbarkeit der Integrationszeit wichtig. Diesem Problem steht aber der enorme Vorteil gegenüber, daß nach Ablauf der vorgegebenen Integrationszeit das Meßresultat innerhalb einer gewissen Genauigkeit zweifelsfrei feststeht. Es muß dann weder beobachtet werden, ob das Anzeigesystem den asymptotischen Grenzwert schon genügend genau erreicht hat, noch muß aus einer schwankenden Anzeige ein Mittelwert abgeschätzt werden. Dem Benutzer wird es dadurch weitgehend abgenommen zu entscheiden, wann und was er ablesen kann.

Die Präzision des Meßergebnisses hängt dabei ab von der Integrationszeit, und zwar ist sie umgekehrt proportional der Wurzel aus der Zeit. Üblicherweise wird das integrierte Meßsignal nach der Messung durch die Zeiteinheit dividiert, so daß die Signalhöhe unabhängig ist von der Meßzeit und sich die längere Integrationszeit lediglich in einem geringeren Variationskoeffizienten ausdrückt. Das integrierte Signal kann jedoch auch direkt ausgegeben werden, so daß eine längere Integrationszeit ein entsprechend höheres Signal ergibt – das Signal/Rausch-Verhältnis wird dadurch allerdings nicht weiter verbessert.

Während bei der Flammen-AAS die Integration der Meßergebnisse in erster Linie eine Zeitersparnis mit sich bringt, sowie eine gewisse Verbesserung in der Präzision, kann sie in der Graphitrohrofen-Technik, wie später noch gezeigt wird, in ganz entscheidender Weise die Richtigkeit der Ergebnisse beeinflussen.

Bei Signalen mit zeitabhängigem Extinktionsverlauf, wie sie bei allen Techniken mit diskreter Probenaufgabe entstehen, hat die elektronische Ermittlung des Integralwerts eine völlig andere Bedeutung als bei Techniken mit kontinuierlicher Probenaufgabe (z. B. mit einem Zerstäuber). Wird eine Probe in einer endlichen Zeit vollständig atomisiert, so entspricht das Integral der Extinktion über diese Zeit der Gesamtzahl der Probenatome. Unter geeigneten Bedingungen lassen sich durch eine derartige Integration kinetische Effekte bei der Atomisierung eliminieren [2576]. Es wäre natürlich sinnlos, in diesem Fall wie bei der Flammen-Technik das Integral durch die Zeit zu dividieren.

Schon frühzeitig haben mehrere Autoren berichtet, daß eine Integration über die Peakfläche bei der Graphitrohrofen-Technik die Präzision und besonders die Linearität der Bezugskurven verbessert [751] [982] [2787] [2831] [2937] [2939]. Auch über bessere Empfindlichkeiten und Nachweisgrenzen bei Auswertung des Integralwertes wurde berichtet [2787] [2937]. Allerdings ist sowohl die Art der Signalverarbeitung als auch die gewählte Integrationszeit nicht unkritisch. Besonders bei stärker verrauschten Signalen können zu lange Integrationszeiten zu einer erheblichen Verschlechterung der Präzision führen.

Siemer und Baldwin [2853] fanden, daß der Einfluß einer stärkeren Filterung auf Integralwerte der Extinktion vor oder nach der logarithmischen Umwandlung verschieden ist. RC-Zeitkonstanten verfälschen das Signal, wenn sie vor der Logarithmierung eingesetzt werden, da hier das Signal nicht proportional ist der Menge an dem zu bestimmenden Element. Nach der Logarithmierung ist kein Einfluß mehr feststellbar, da die Proportionalität dann gegeben ist.

Auch Erspamer und Niemczyk [2230] berichten über Signalverfälschungen bei zeitabhängigem Extinktionsverlauf durch zu langsame Signalverarbeitung im AAS-Gerät. Lundberg und Frech [2573] fanden, daß sowohl das Ausmaß als auch das Vorzeichen einer Interferenz von der Zeitkonstante eines Geräts abhängen kann. Sie stellten fest, daß die minimal erforderliche Zeitkonstante für ein verzerrungsfreies Messen von zeitabhängigen Extinktionsverläufen ein Zehntel der Halbwertsbreite des schnellsten Signals betragen muß.

5.4 Meßwertausgabe

Zur Meßwertausgabe dienten früher meist Zeigerinstrumente mit kalibrierter Skala. Heute haben praktisch alle Atomabsorptionsspektrometer eine digitale Meßwertausgabe, z. T. kombiniert mit einer graphischen Darstellung der Signale auf einem Bildschirm. Zum Registrieren der Meßwerte eignen sich Kompensationsschreiber, Drucker oder Plotter.

Zeigerinstrumente hatten den Vorteil, daß sie meist recht preiswert waren; auch lassen sich Schwankungen oder Änderungen in der Anzeige recht gut verfolgen. Die Ablesegenauigkeit ist jedoch meist nicht sehr groß; dadurch ist die Verwendbarkeit von Zeigerinstrumenten für Präzisions- und Spurenbestimmungen beschränkt.

Eine digitale Meßwertausgabe bietet ein Optimum an Bedienungskomfort und Genauigkeit und hilft mit, individuelle, systematische Ablesefehler auf ein Minimum zu reduzieren. Als Meßwerte können meist die Extinktion A sowie weitere wählbare, transferierte Größen wie die Konzentration oder Masse ausgegeben werden.

Üblicherweise besteht für zeitunabhängigen Extinktionsverlauf (z. B. Zerstäuber-Brenner-Technik) die Möglichkeit, zwischen einer quasi kontinuierlichen Momentanwertausgabe und einer Mittelwertausgabe zu wählen, bei der die über eine vorgegebene Meßzeit gemittelten Momentanwerte einer Meßgröße ausgegeben werden. Für zeitabhängigen Extinktionsverlauf (z. B. Graphitrohrofen-Technik) besteht die Möglichkeit einer Maximalwertausgabe, bei der der größte Wert einer zeitabhängigen Meßgröße ausgegeben wird, der sich bei Messungen mit einer vorgegebenen Zeitkonstante oder aus einer Folge kurzzeitiger Integrationen ergibt. Eine weitere Möglichkeit ist die der Integralwertausgabe, bei der die aus den in einem vorgebenen Zeitintervall integrierten Momentanwerten gebildete Meßgröße ausgegeben wird.

Die Momentanwertausgabe erlaubt ein bequemes Beobachten der Veränderung der Meßwerte mit der Zeit und eignet sich daher ausgezeichnet zum Justieren der Strahlungsquelle, von Zerstäuber, Brenner oder Graphitrohrofen. Auch die Auswahl einer geeigneten Zeitkonstante oder Integrationszeit bei zeitunabhängigem Extinktionsverlauf läßt sich in dieser Betriebsart bequem durchführen.

Für den Routinebetrieb ist die Mittelwertausgabe besonders geeignet, da sich dadurch subjektive Ablesefehler ausschließen lassen. Bei dieser Betriebsart muß allerdings berücksichtigt werden, daß ein Einzelwert nichts über die Präzision der Bestimmung aussagen kann. Es ist daher sinnvoll, mehrere Mittelwerte auszugeben, um deren statistische Schwankung zu ermitteln. Häufig besteht heute die Möglichkeit, sich neben den Mittelwerten auch noch statistische Daten wie Standardabweichung und Variationskoeffizient ausgeben zu lassen. Diese Daten vermitteln dann direkt ein Maß für die Präzision der Bestimmung.

Bei Verfahren mit zeitabhängigem Extinktionsverlauf wurde lange Zeit fast ausschließlich die Maximalwertausgabe routinemäßig eingesetzt. Neuere Erkenntnisse über den Einfluß der Meßwertbildung und -ausgabe sollten hier allerdings eine Wende zugunsten der Integralwertausgabe bringen.

Es muß hier eindringlich davor gewarnt werden, bei zeitabhängigem Extinktionsverlauf ausschließlich eine digitale Meßwertausgabe einzusetzen; dies gilt ganz besonders für die Maximalwertausgabe. Es sind zahllose Beispiele bekannt, wo der Maximalwert durch verschiedene Faktoren mehr oder weniger stark beeinflußt wird. Dies führt zwangsläufig zu Meßfehlern, wenn nicht eine weitere Kontrolle eingesetzt wird, etwa ein analoges Registrieren der Signale. Die Integralwertausgabe ist hier weit weniger anfällig, allerdings nur, wenn in einem System gearbeitet wird, das die Voraussetzungen für eine interferenzfreie Bestimmung erfüllt, d. h. einem Ofen im thermischen Gleichgewicht (s. 3.2.5, 8.2.1, 8.2.4). Auch hier sollte allerdings nicht ganz auf die Möglichkeit einer analogen Registrierung der Signale verzichtet werden.

Ein Drucker, der die ausgegebenen Meßwerte registriert, ist eine fast selbstverständliche Ergänzung der Digitalanzeige und ein wesentlicher Schritt zur Automatisierung. Ein Drukkerstreifen kann auch ein wesentliches Dokument darstellen, wenn er nicht nur einen Meßwert enthält, sondern mehrere pro Probe sowie den Mittelwert und statistische Daten. Während einfache Folgedrucker üblicherweise nur eine Reihe von Zahlen liefern, die durch Symbole gekennzeichnet sind (Abb. 61), lassen sich mit Kleinrechnern oft ganze Analysenprotokolle schreiben (vgl. Abb. 63). Entscheidend für den Nutzen eines solchen Dokuments ist dabei die gewählte Formatierung.

Ein Schreiber war früher praktisch das einzige Instrument, um die erhaltenen Meßwerte zu registrieren; er liefert aber auch heute noch bei zeitunabhängigem Extinktionsverlauf ein

	0.001	
	0.001	
	0.002	
	0.001	AV
	43.30	CV
	0.000	AZ
	0.082	
	0.081	
	0.081	
	0.082	AV
	0.71	CV
	0.250	S1
	0.685	C
	0.685	C
	0.687	C
	0.686	AV
	0.17	CV
	0.625	S2
	0.261	
	0.267	
	0.262	
1	0.264	AV
	1.22	CV
	0.075	
	0.077	
	0.077	
2	0.076	AV
	1.51	CV
	0.069	
	0.071	
	0.071	
3	0.070	AV
	1.64	CV

Abb. 61 Beispiel für den Ausdruck digitaler Meßwerte mit Berechnung des Mittelwerts und der Standardabweichung. AZ: Nullwert, S 1 und S 2: Bezugslösungen, AV: Mittelwert, CV: Variationskoeffizient

wertvolles Dokument. Die Schreiberaufzeichnung stellt praktisch die einzige Möglichkeit dar, die Verhältnisse bei einer Analyse klar festzuhalten; sie gibt Auskunft über die Ansaugzeit, die Signalhöhe, über eventuelle Driften, Schwankungen oder sonstige Änderungen in der Basislinie und im Signal. Sie gibt ferner Auskunft über das Signal/Rausch-Verhältnis, über die verwendeten Zeitkonstanten sowie über eventuelle Verschleppungen oder Memory-Effekte. Insgesamt also gibt die Schreiberaufzeichnung auch nach Jahren noch ein einigermaßen klares Bild vom Verlauf der Analyse, über Dinge also, die an einem Zeigerinstrument nur im Moment der Ablesung und bei einer Digitalanzeige unter Umständen überhaupt nicht festgestellt werden können.

Bei zeitabhängigem Extinktionsverlauf ist die ausschließliche Verwendung der digitalen Meßwertausgabe – besonders der Maximalwertausgabe – wie schon erwähnt, äußerst bedenklich. Zur Überwachung der Signalform ist das Registrieren des Analogsignals auf einem Schreiber fast unerläßlich. Selbst wenn sich ein Verfahren schon im Routineeinsatz befindet, sollte auf diese zusätzliche Kontrollmöglichkeit nicht verzichtet werden.

Besonders wichtig ist das analoge Registrieren des zeitabhängigen Extinktionsverlaufs beim Ausarbeiten einer Analysenmethode. Dabei muß in jedem Fall auch die „unkorrigierte" oder die Untergrundabsorption während des gesamten Temperaturprogramms, also auch während der thermischen Vorbehandlung und des Ausheizschritts, zusätzlich zu dem korrigierten Atomabsorptionssignal registriert werden. Nur so lassen sich Zeiten und Temperaturen für eine bestimme Analyse optimieren.

Jeder Schreiber hat eine gewisse „Ansprechzeit" und jedes Analogsignal eine gewisse Zeitkonstante. Das ist diejenige Zeitspanne, nach welcher ein neuer Momentanwert auf 1/e der ursprünglichen Differenz angenähert ist. Es ist grundsätzlich ein Mehrfaches der Zeitkonstanten notwendig, damit sich die Anzeige dem Momentanwert ausreichend annähert; nach der 7fachen Zeitkonstante ist die Annäherung 0,999 („Einstellzeit").

In der AAS verändern sich die zeitabhängigen Signale oft sehr rasch; das bedeutet, daß Schreiber mit sehr kurzer Ansprechzeit erforderlich sind und mit kleinsten Zeitkonstanten gearbeitet werden muß. Dadurch wird jedoch andererseits das Rauschen oft sehr stark erhöht, was wiederum die Präzision nicht unwesentlich beeinflußt. Üblicherweise werden Schreiber eingesetzt, die in weniger als 0,5 s den vollen Skalenausschlag (z. B. 25 cm) erreichen. Dabei wird stillschweigend eine gewisse Verzerrung des Signals in Kauf genommen [2936], die zu einer verstärkten Krümmung der Bezugsfunktion und zu einem gewissen Empfindlichkeitsverlust führt. Solange gleichartige Signale verglichen werden, führt dies jedoch zu keinen zusätzlichen Störungen; beim Vergleich digital ermittelter Maximalwerte mit den am Schreiber registrierten ergeben sich jedoch üblicherweise Differenzen. Diese von der Schnelligkeit des Signals und von der Zeitkonstante der Momentanwertbildung abhängige Verzerrung des registrierten Extinktionsverlaufs macht die Schreiberaufzeichnung für eine Reihe von Forschungsaufgaben nur bedingt einsetzbar. Schon früh wurde daher nach Möglichkeiten zur verzerrungsfreien Registrierung von Meßwerten, besonders bei der Graphitrohrofen-Technik gesucht, und relativ häufig wurden Speicheroszilloskope dafür eingesetzt [2612][2936].

Barnett und Cooksey [2058] beschreiben den Anschluß eines Minicomputers an ein kommerzielles AAS-Gerät, das 50 fünfstellige Meßwerte pro Sekunde übermittelt. Die Meßwerte lassen sich bei Bedarf digital glätten, ohne daß es dabei zu einer Verzerrung der Signalform kommt. Mit dem System lassen sich neben dem Maximal- und dem Integralwert auch der Zeitpunkt des Auftretens eines Signals (die erste Ableitung wird positiv), der

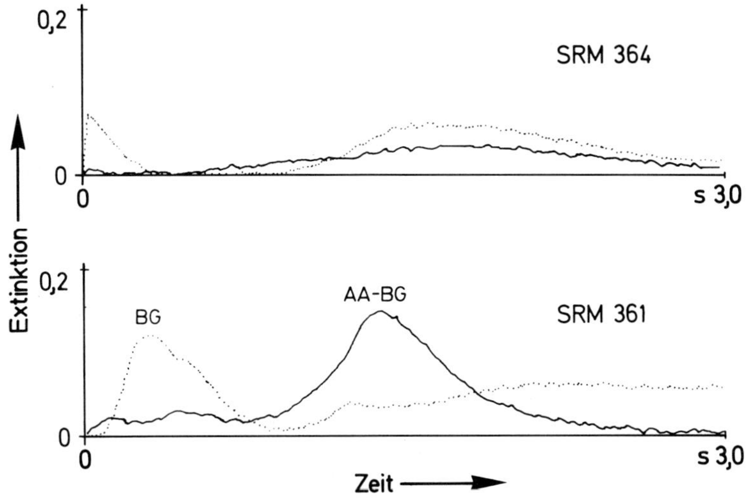

Abb. 62 Beispiel für den Ausdruck hochaufgelöster Signale der Graphitrohrofen-Technik mit einem Plotter. Bestimmung von Blei in zwei Stahlproben. BG: Untergrund, AA – BG: korrigiertes Signal

Zeitpunkt zu dem das Maximum erreicht wird (erste Ableitung geht durch Null) und das Ende des Signals (erste Ableitung wird wieder Null) ermitteln. Der Nutzen derartiger hochaufgelöster, unverzerrter Signale für Methodenentwicklung und das Studium von Interferenzen und Atomisierungsmechanismen ist aus Abb. 62 zu ersehen.

Nachdem derartige verzerrungsfreie, hochaufgelöste Signale heute bei einigen Geräten schon an einem eingebauten Bildschirm angezeigt und über einen Plotter ausgedruckt werden können, erübrigt sich in diesem Fall natürlich der Einsatz eines Schreibers. Geräte mit einer Bildschirmanzeige bieten auch sonst noch eine Reihe von Vorteilen und Bequemlich-

	AA	AA-BG	BG
PEAK HOEHE (EXTINKTION)	0.155	0.157	0.003
PEAK FLAECHE (EXT.SEKUNDEN)	0.063	0.062	0.001

EINZELWERTE:

01:	0.88	02:	0.91	03:	0.92	04:	0.91	05:	0.91

STATISTISCHE DATEN
STANDARDABWEICHUNG: 0.02 VARIATIONSKOEFFIZIENT: 1.81

ZEIT: 16:09

Abb. 63 Beispiel für den Ausdruck von Daten bei Geräten mit Meßwertausgabe auf einem Bildschirm (Perkin-Elmer, Modell 3030). Ausdruck von Maximal- (Peak Höhe) und Integralwert (Peak Fläche), von Einzelwerten, sowie von statistischen Daten. AA: unkorrigiertes Signal, AA – BG: korrigiertes Signal, BG: Untergrundsignal keiten, etwa die simultane Anzeige von Einzelwerten, dem Mittelwert und von statistischen Daten. Auch die gleichzeitige Ausgabe von Maximalwert und Integralwert mit und ohne Untergrundkompensation, zusätzlich zu der graphischen Darstellung des Extinktionsverlaufs, ist möglich (Abb. 63). Eine derartige Meßwertausgabe liefert auf alle Fälle ein Maximum an Information.

5.5 Automation

Da die Atomabsorptionsspektrometrie ein sehr schnelles Analysenverfahren darstellt, ist es nicht weiter verwunderlich, daß 1966, in dem Jahre, als sie ihren größten Aufschwung nahm und allgemeine Anerkennung fand, die ersten Analysenautomaten vorgestellt wurden. GAUMER [408] setzte ein Gerät zur automatischen Bestimmung von Spurenelementen ein, bei dem ein kommerzielles Atomabsorptionsspektrometer mit einem automatischen Probenwechsler, einem Digitalauswerter [630] und einem Drucker [1173] verbunden wurde. Wenig später wurde auch die erste kommerzielle Gerätekombination für automatische Atomabsorptions-Analysen vorgestellt [1138]. Sie bestand aus einem Verdünnungsautomaten, einem Probenwechsler für 200 Gefäße, einem Zweistrahl-Atomabsorptionsspektrometer mit nachgeschaltetem Digitalauswerter und Drucker. Alle Schritte einer AAS-Analyse wurden automatisch ausgeführt und das Ergebnis direkt in Konzentration ausgedruckt. Moderne Atomabsorptionsspektrometer besitzen heute neben der Anschlußmöglichkeit für Probenwechsler oft schon alle Voraussetzungen für einen on-line-Betrieb mit einem externen Computer. Die im Gerät bereits erfolgte Digitalisierung der Meßwerte ist dabei ein nicht unwesentlicher Faktor für die weitere Signalverarbeitung. Die Tendenz in der AAS scheint jedoch nicht so sehr zum Anschluß an einen Großrechner, als vielmehr zum selbständigen Informationszentrum zu gehen. Hierbei werden Grundgerät und alle Zubehöre von einer zentralen Steuereinheit überwacht, die schließlich auch das fertige Analysenprotokoll liefert.

In der Flammen-AAS bietet eine Automation nicht unbedingt große Zeitvorteile, da die Bestimmung selbst sehr schnell ist. Nur wenn mehrere Elemente aus der gleichen Meßlösung zu bestimmen sind, kann ein echter Zeitgewinn erwartet werden. In der Graphitrohrofen-Technik ist die Situation jedoch völlig anders. Hier ist die Probenaufgabe selbst schon ein recht diffiziler Schritt, und zudem sind die Wartezeiten zwischen den einzelnen Dosierungen ziemlich lang. Daraus ergibt sich schon eine deutliche Verbesserung der Präzision und eine erhebliche Arbeitserleichterung aus der Mechanisierung [2920]. Dazu kommt bei dieser Technik auch noch eine höhere Richtigkeit, die sich aus dem reduzierten Kontaminationsrisiko bei der automatischen Probendosierung erklärt [3046] [3047].

Ein prinzipieller Nachteil der AAS, der besonders bei der schnellen Flammen-Technik zum Tragen kommt, wenn von Automation gesprochen wird, ist der relativ hohe Zeitbedarf für den Wechsel von einem Element zum nächsten. Mehrelement-Lampen bieten hier einen gewissen Vorteil, wenn entsprechende Elementkombinationen zu bestimmen sind, doch ist der Lampenwechsel noch mit der schnellste Vorgang. Das Einstellen der neuen Wellenlänge und der evtl. damit verbundenen Geräteparameter, wie Spalt, Verstärkung usw. sowie die erneute Kalibrierung sind die zeitraubendsten Vorgänge, die nur mit einem gewissen Aufwand mechanisierbar und automatisierbar sind. Mit Hilfe moderner Mikroprozessor-Technik sowie Schrittmotoren zum Gitterantrieb und ähnlichen Maßnahmen ist auch ein vollautomatischer Elementwechsel möglich [2166]. Trotz der eindeutigen Vorteile eines solchen Meßplatzes, der eine automatische, sequentielle Mehrelementbestimmung möglich macht, ist auch hier der Elementwechsel noch ein zeitbestimmender Schritt. Es werden daher sinnvollerweise eine Anzahl Proben zuerst auf ein Element untersucht, dann nach dem Elementwechsel auf das nächste usw.

Das Problem der simultanen Mehrelementbestimmung, das besonders bei Techniken mit zeitabhängigem Extinktionsverlauf von großem Interesse wäre, ist auf diesem Wege nicht lösbar. Hierzu müssen, wie schon früher angedeutet (s. 4.5), andere apparative Lösungen gesucht werden.

6 Methodik, Begriffe und Verfahren

6.1 Wichtige Begriffe, Größen und Funktionen

Die in diesem Abschnitt verwendeten Begriffe sind weitgehend in Übereinstimmung mit der DIN-Norm 51 401, Teil 1 „Atomabsorptionsspektrometrie – Allgemeine Grundlagen und Begriffe".

Mit der AAS lassen sich unter gewissen Voraussetzungen auch feste Proben direkt analysieren (vgl. 8.2.5), üblicherweise werden jedoch flüssige und gelöste Proben untersucht. Nach Behandeln der zu analysierenden Probe z. B. mit Lösungsmitteln, Säuren oder einem Aufschluß entsteht die *Probenlösung*. Diese kann direkt oder nach weiteren Vorbehandlungsschritten, wie Verdünnen, Zusetzen eines Puffers usw. gemessen werden. Die Lösung, die unmittelbar der Messung zugeführt wird, ist die *Meßlösung*.

Da die AAS kein Absolut-, sondern ein Relativverfahren ist, benötigt man zur quantitativen Bestimmung eines Elements eine Vergleichslösung. Ausgangspunkt hierfür ist eine *Stammlösung* geeigneter Zusammensetzung, die das zu bestimmende Element in hoher und bekannter Konzentration, häufig 1,000 g/L, enthält. Diese Stammlösung wird durch Auflösen von 1,000 g hochreinen Metalls oder einer entsprechenden Menge eines hochreinen Salzes in einer geeigneten Säure usw. und Verdünnen auf 1 L hergestellt. Häufig werden auch käufliche Konzentrate verwendet, die nur noch auf ein bestimmtes Volumen verdünnt werden müssen. Solche Stammlösungen sind bei sachgemäßer Aufbewahrung etwa ein Jahr haltbar.

Aus der Stammlösung stellt man sich vor der Bestimmung des interessierenden Elements durch geeignetes Verdünnen verschiedene *Bezugslösungen* her. Diese Lösungen enthalten das zu bestimmende Element in bekannten Konzentrationen sowie, je nach Erfordernis, die bei der Erstellung der Probenlösung verwendeten Chemikalien und die die Messung beeinflussenden Bestandteile in gleicher oder ähnlicher Konzentration wie die zu analysierende Probe. Auf alle Fälle muß die Bezugslösung die bei der Herstellung der Meßlösung zugesetzten spektrochemischen Puffer (s. 7.2.2) in gleicher Konzentration enthalten. Im Idealfall ist die Bezugslösung bis auf die Konzentration an dem zu bestimmenden Element identisch mit der Meßlösung. Eine Bezugslösung ist je nach Konzentration des zu bestimmenden Elements oft nur wenige Tage beständig und sollte im Zweifelsfall täglich frisch bereitet werden. Bezugslösungen können auch mehrere Elemente in bekannter Konzentration enthalten, wenn diese nacheinander aus der gleichen Meßlösung bestimmt werden müssen.

Zum Einstellen des Nullpunkts am Spektrometer dient eine *Nullwertlösung,* üblicherweise das reine Lösungsmittel, z. B. entionisiertes Wasser. Waren zum Erstellen der Probenlösung größere Mengen Säure oder andere Chemikalien erforderlich, so sind diese daraufhin zu untersuchen, ob sie nicht das zu bestimmende Element in meßbarer Konzentration enthalten. Eine *Blindwertlösung* enthält die bei der Erstellung der Probenlösung verwendeten Chemikalien in der gleichen Konzentration wie die Meßlösung, jedoch ohne die zu analysierende Probe. Die *Leerwertlösung* schließlich enthält sowohl die bei der Erstellung der Probenlösung verwendeten Chemikalien als auch die die Messung beeinflussenden Bestandteile der Probe, insbesondere spektrochemische Puffer, in gleicher oder ähnlicher

Konzentration wie die zu analysierende Probe. Ihr ist jedoch ausdrücklich nicht das zu bestimmende Element zugefügt. In Sonderfällen kann auch die Blindwertlösung oder die Nullwertlösung die Leerwertlösung sein. Die Leerwertlösung dient dazu, den Schnittpunkt der Bezugskurve mit der Konzentrationsachse zu ermitteln.

Die Beziehung zwischen der gemessenen Extinktion A und der Konzentration c oder der Masse m an dem zu bestimmenden Element ist gegeben durch die *Bezugsfunktion*

$$A = f(c) \tag{6.1}$$

bzw.

$$A = f(m) \tag{6.2}$$

für das angewendete Verfahren und das für die Messung benutzte Atomabsorptionsspektrometer. Die graphische Darstellung der Bezugsfunktion ist die *Bezugskurve.*

Der Zusammenhang zwischen Konzentration c, bzw. Masse m und der Meßgröße wird bei der Atomabsorptionsspektrometrie durch Verwenden von Bezugslösungen und einer Leerwertlösung festgestellt. Dieser als *Kalibrieren* bezeichnete Vorgang umfaßt die Probenbehandlung, das Messen der Bezugslösungen sowie das Aufstellen der Bezugsfunktion aus den Meßwerten (Anzeige) und den Kennwerten der Bezugslösungen (Konzentration c oder Masse m).

Die Steigung S der Bezugsfunktion

$$S = \frac{\partial A}{\partial c} \tag{6.3}$$

bzw.

$$S = \frac{\partial A}{\partial m} \tag{6.4}$$

wird als *Empfindlichkeit* bezeichnet. Sie ist für den Fall, daß die Bezugsfunktion dem LAMBERT-BEERschen Gesetz gehorcht (Gl. 1.3, S. 1), unabhängig von der Konzentration bzw. Masse. Bei nichtlinearer Bezugsfunktion ist die Empfindlichkeit eine Funktion der Konzentration c oder der Masse m.

Um ein Maß für die Empfindlichkeit, d. h. für die Steigung der Bezugsfunktion für ein Element unter bestimmten Bedingungen zu haben, bedient man sich in der AAS der Begriffe *charakteristische Konzentration* bzw. *charakteristische Masse.* Dabei handelt es sich um diejenige Konzentration c oder Masse m des zu bestimmenden Elements, die mit einer Extinktion $A = 0{,}0044$ bzw. einer Absorption von 1% gemessen wird. Früher wurde für diese Größe häufig der Begriff „Empfindlichkeit" verwendet, was jedoch nicht in Übereinstimmung mit anderen spektrometrischen Verfahren war und daher zu Verwirrungen führte [284]. In diesem Zusammenhang sei noch darauf hingewiesen, daß der Begriff „Nachweisempfindlichkeit" nirgends definiert ist und daher auf alle Fälle vermieden werden sollte.

Die Auswertung des Analysenergebnisses erfolgt über die *Auswertefunktion*

$$c = g(A) \tag{6.5}$$

bzw.

$$m = g(A) \tag{6.6}$$

Die graphische Darstellung der Auswertefunktion ist die *Auswertekurve.*

Der gemessene Wert soll natürlich dem wahren, richtigen Wert entsprechen. Wegen verschiedener Fehler bei der Durchführung des Bestimmungsverfahrens ist das nur mehr oder weniger genau möglich. Wie „richtig“ ein Meßwert ist, stellt man durch Vergleich mit einem eingewogenen Standard oder einer Referenzprobe fest, deren Gehalt an dem zu bestimmenden Element durch mehrere unabhängige Analysenverfahren gut gesichert ist.

Die *Richtigkeit* ist ein Maß für die Übereinstimmung zwischen dem wahren Wert für ein Element in einer Probe und dem Mittelwert einer häufig wiederholten Bestimmung nach einem bestimmten Analysenverfahren. Die Richtigkeit läßt sich aus der Differenz zwischen dem wahren Wert und den gemittelten Meßwerten errechnen.

Richtigkeit darf nicht mit Genauigkeit oder Präzision verwechselt werden. So können übereinstimmende Ergebnisse bei wiederholten Bestimmungen eine hohe Präzision anzeigen, obwohl die Ergebnisse nicht richtig sind. In Abb. 64 ist das am Beispiel von Treffern auf einer Zielscheibe gezeigt, wobei der richtige Wert im Zentrum der Scheibe liegt.

Fehlertyp		zufällig	systematisch
	A	B	C
	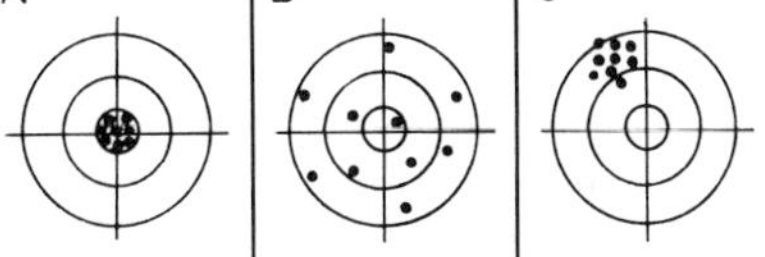		
Präzision	gut	schlecht	gut
Richtigkeit	gut	gut	schlecht

Abb. 64 Schematische Darstellung verschiedener Fehlertypen in der Analytik in Form von Treffern auf einer Zielscheibe

Die *Präzision* ist ein Maß für die Übereinstimmung der Ergebnisse auf einem gegebenen Niveau, wenn das Analysenverfahren wiederholt unter gleichen Bedingungen angewandt wird. Die Präzision läßt sich ermitteln, indem man entweder bei 30 oder mehr Messungen zweimal die Standardabweichung s nimmt, oder bei weniger als 30 Messungen das Produkt ts, wobei t der STUDENT-Faktor ist. Die Standardabweichung s ist dabei gegeben durch

$$s = \sqrt{\frac{\Sigma(\bar{x} - x_i)^2}{n - 1}} \tag{6.7}$$

wobei $\bar{x}$ der Mittelwert aller Meßwerte, x_i die einzelnen Meßwerte und n die Anzahl der Meßwerte sind. Aus der Standardabweichung errechnet sich der Variationskoeffizient VK, auch relative Standardabweichung s_{rel} genannt nach

$$VK = \frac{s}{\bar{x}} \cdot 100\% \tag{6.8}$$

Die *Nachweisgrenze* eines Bestimmungsverfahrens gibt an, welche Konzentration c oder Masse m noch mit einer vorgegebenen statistischen Sicherheit nachgewiesen werden kann. Sie ist definiert durch die Gleichung

$$c_L = \left(\frac{\partial c}{\partial A}\right) \cdot k \cdot s \tag{6.9}$$

bzw. $$m_L = \left(\frac{\partial m}{\partial A}\right) \cdot k \cdot s \tag{6.10}$$

worin $(\partial c/\partial A)$ bzw. $(\partial m/\partial A)$ die reziproke Empfindlichkeit des Verfahrens, und s die absolute Standardabweichung der Meßgröße A ist, die aus Messungen mit Nullwertlösungen ermittelt wird. Der Faktor k (meist 2 oder 3) kann entsprechend der geforderten statistischen Sicherheit gewählt und sollte angegeben werden.

Die Nachweisgrenze hängt natürlich mit von der Empfindlichkeit ab, da diese die für eine bestimmte Konzentration oder Masse erreichbare Signalhöhe angibt; als zweite Variable enthält die Nachweisgrenze zusätzlich die Fluktuation des Untergrunds, im folgenden kurz „Rauschen" genannt. Während die Empfindlichkeit, wie im folgenden noch gezeigt werden soll, weitgehend eine „Naturkonstante" darstellt, ist das Rauschen praktisch nur „apparativ" bedingt. Obgleich zahlreiche Ursachen für das Entstehen von Rauschen in Frage kommen, ergeben sich doch bei genauer Betrachtung deutliche Zusammenhänge, die meist schon in früheren Kapiteln ausführlich behandelt wurden und hier nur noch kurz wiederholt werden sollen.

Eine häufige Ursache für erhöhtes Rauschen ist zu geringe Energie. Das kann bedeuten, daß bereits die Strahlungsquelle auf der eingestellten Wellenlänge zu schwach emittiert; dies war vor allem früher bei zahlreichen Hohlkathodenlampen der Fall, wie in Abb. 65 gezeigt ist.

Weiterhin kann ein leistungsschwacher Monochromator die Ursache für eine zu geringe Energie sein; eine unzureichende reziproke Lineardispersion (hohe Werte in nm/mm) bedeutet einen sehr schmalen Eintrittsspalt durch den nur ein kleiner Bruchteil der von der Hohlkathodenlampe emittierten Strahlung in den Monochromator gelangen kann (s. S. 90). Hierüber und über andere Ursachen für erhöhtes Rauschen wurde jedoch schon früher ausführlich berichtet.

Wenn man davon absieht, daß auch die Elektronik selbst einen gewissen Beitrag zum Rauschen des Signals liefern kann, so bleibt als eine der wichtigsten Quellen für ein unerwünschtes Rauschen die Flamme. Während gut konzipierte Laminarbrenner mit vorgeschalteter Mischkammer außer im beginnenden Vakuum-UV ein relativ geringes Rauschen liefern, wie BOLING [140] und SLAVIN [1145] gezeigt haben, liefern turbulente Flammen nach den ausgezeichneten Untersuchungen von LEBEDEV [737] ein maximales optisches Rauschen, das sich direkt auf das Signal überträgt (s. auch Abschn. 3.1.3, Seite 43 ff).

ROOS hat versucht, die unterschiedlichen Ursachen für ein Rauschen in der Atomabsorption quantitativ mit einzelnen Funktionen zu erfassen [1046] [1047] [1050]. Er fand dabei, daß für die meisten Elemente die Flamme den größten Einzelbeitrag zum Rauschen liefert, wobei sich dieses Rauschen zusammensetzen kann aus reinen zeitlichen Veränderungen in der Atomkonzentration, aus Änderungen in der Flammenabsorption (fernes UV) sowie Emissionsrauschen (s. S. 100).

In einem gut konzipierten Atomabsorptionsspektrometer sind die apparativen Ursachen für das Auftreten von überhöhtem Rauschen berücksichtigt, d. h. das Gerät ist so ausgelegt,

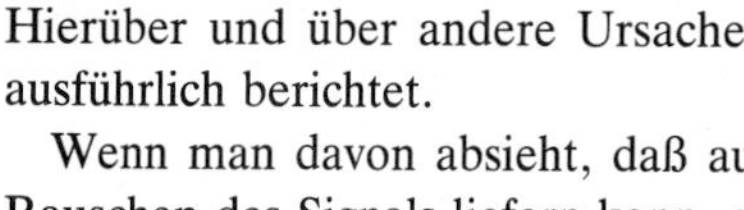

Abb. 65 Einfluß der Strahlungsintensität auf das Signal/Rausch-Verhältnis; links: alte, energieschwache Hohlkathodenlampe; rechts: Intensitron-Hohlkathodenlampe

daß das Rauschen a priori schon möglichst gering ist. Ist dies der Fall, so lassen sich kleine Signale elektrisch oft erheblich spreizen (bis 100fach und mehr) und somit viel genauer ablesen. Da bei einer entsprechenden Dehnung des Signals selbstverständlich auch das Rauschen gleichermaßen mit gespreizt wird, müssen derartige Signale meist irgendwie elektronisch gemittelt werden, etwa durch Einführen von RC-Gliedern (Widerstands-Kondensator-Kombinationen) oder durch Integration (s. auch S. 102f).

Die zweite Größe, die Einfluß hat auf die Nachweisgrenze eines Elementes, ist die Signalhöhe oder, was im Prinzip das gleiche ist, die Empfindlichkeit. Die Empfindlichkeit ist abhängig von der Dicke d der durchstrahlten Schicht (in cm) und dem Absorptionskoeffizienten κ. Der Absorptionsgrad und damit auch die Empfindlichkeit sind gegeben durch Gl. 1.14 (S. 11), die in vereinfachter Form lautet:

$$\kappa_\nu = \text{const.} \cdot N_\nu \cdot f_\nu. \tag{6.11}$$

Die einzige Variable in dieser Gleichung ist N, die Zahl der Atome, die für eine Absorption von Strahlung der Frequenz ν zur Verfügung stehen. Es ist also zunächst zu prüfen, welche Faktoren die Größe N_ν beeinflussen, wobei vorerst die Möglichkeit einer unvollständigen Atomisierung außer Betracht gelassen werden soll.

Da der Absorptionskoeffizient κ_ν des Übergangs für die Linie der Frequenz ν nicht von der Gesamtzahl N der Atome pro Volumeneinheit, sondern von N_ν abhängt, der Zahl der Atome, die für eine Absorption von Strahlung der Frequenz ν zur Verfügung stehen, ist als nächstes zu prüfen, wie groß N_ν im Vergleich zu N ist.

Schon in Abschn. 1.3 (S. 6f) wurde darauf hingewiesen, daß der allgemeine Satz, „Atome im Grundzustand sind in der Lage, Strahlung genau definierter Frequenz zu absorbieren", für komplizierter aufgebaute Atome einer gewissen Erweiterung bedarf, da „der Grundzustand" nicht immer eindeutig definiert ist. Vielmehr weisen solche Atome häufig Anregungszustände niedriger Energie auf, die bei den herrschenden Flammentemperaturen oft stärker besetzt sind als der eigentliche Grundzustand.

Eine interessante Studie, die diese Verhältnisse bei Zinn deutlich macht, wurde von Capacho-Delgado und Manning [208] publiziert. Bei Untersuchungen mit verschiedenen Flammen fanden sie für einzelne Resonanzlinien eine stärkere relative Erhöhung der Empfindlichkeit bei Verwendung der Luft/Wasserstoff-Flamme (2050 °C) gegenüber der Luft/Acetylen-Flamme (2300 °C). In Tabelle 8 sind die Ergebnisse zusammengefaßt. Linien, die vom Grundzustand ausgehen, erfahren in der etwas kälteren Wasserstoff-Flamme eine Erhöhung um etwa den Faktor 2,6, während Linien, die von den metastabilen Zuständen (1692 K bzw. 3428 K) ausgehen, eine geringere bzw. überhaupt keine Erhöhung erfahren. Dies bedeutet nichts anderes, als daß bereits eine Veränderung der Flammentemperatur um 250 °C eine deutliche Verschiebung in der Besetzung des Grundzustands und metastabiler, angeregter Zustände bringt. L'vov und Mitarbeiter [3102] haben ein sehr empfindliches und genaues Verfahren zur Messung der Temperatur in Gasen entwickelt, das auf dieser unterschiedlichen Besetzung der Energieniveaus basiert.

Je komplizierter die Elektronenhülle eines Elements aufgebaut ist, desto zahlreicher sind auch die metastabilen Zustände; besonders bei Verwendung der heißen Lachgas/Acetylen-Flamme sind diese auch alle mit einer mehr oder weniger großen Wahrscheinlichkeit besetzt. Daraus resultiert dann zwangsläufig ein kleiner werdendes Verhältnis N_ν/N, was einer geringen Empfindlichkeit auf der Frequenz ν entspricht, und, was besonders bei den

Tabelle 8 Extinktion auf verschiedenen Sn-Resonanzlinien in der Luft/Wasserstoff- und Luft/Acetylen-Flamme [208]

Wellenlänge nm	Energieniveaus (*K*)	Extinktion Luft/H_2	Luft/C_2H_2	$\frac{H_2}{C_2H_2}$
224,605	0–44 509	0,821	0,337	2,6
286,333	0–34 914	0,492	0,193	2,7
254,655	0–39 257	0,178	0,074	2,5
207,308	0–48 222	0,013	0,005	2,6
			Mittelwert:	2,6
235,484	1692–44 145	0,398	0,239	1,7
270,651	1692–38 629	0,201	0,194	1,7
303,412	1692–34 641	0,148	0,102	1,5
300,914	1692–34 914	0,087	0,052	1,8
219,934	1692–47 146	0,042	0,028	1,5
233,480	1692–44 509	0,041	0,023	1,8
266,124	1692–39 257	0,028	0,013	2,2
			Mittelwert:	1,7
283,999	3428–38 629	0,108	0,119	0,9
242,949	3428–44 576	0,105	0,109	1,0
226,891	3428–47 488	0,065	0,075	0,9
317,505	3428–34 914	0,053	0,055	1,0
220,965	3428–48 670	0,023	0,021	1,0
248,339	3428–43 683	0,014	0,009	(1,7)
228,664	3428–47 146	0,006	0,005	1,2
			Mittelwert:	1,0

Lanthaniden auffällt (vgl. Tabelle 31, S. 313 f), eine große Zahl Resonanzlinien mit vergleichbarer Empfindlichkeit. In Tabelle 9 ist dies am Beispiel Titan gezeigt.

Besonders ungünstig ist das Verhältnis N_ν/N bei Elementen, die aus irgendwelchen Gründen auf einer Linie bestimmt werden müssen, die von einem wenig besetzten metastabilen Zustand ausgeht oder die einem wenig wahrscheinlichen Übergang entspricht. So liegen die Resonanzlinien für Quecksilber (184,9 nm) und Phosphor (177,5 nm) im Vakuum-UV und sind damit der Atomabsorptionsspektrometrie schwer zugänglich. Quecksilber muß daher auf der (etwa um den Faktor 100) weniger empfindlichen Interkombinationslinie bei 253,7 nm und Phosphor auf der 213,6 nm-Linie bestimmt werden [3103], die von dem nur sehr schwach besetzten metastabilen Zustand (11 361 K) ausgeht. Die Empfindlichkeiten für diese Elemente sind daher auch erwartungsgemäß schlecht und fallen aus der entsprechenden Gruppe des Periodensystems heraus.

Neben dieser „naturgegebenen“ Beeinflussung der Empfindlichkeit gibt es als weitere wichtige Ursache die Chemie der Umgebung, die die Gesamtzahl N der gebildeten Atome verändern kann. Hier sind ganz besonders die Bildung stabiler, schwer dissoziierbarer Verbindungen des zu bestimmenden Elements mit Bestandteilen der Flammengase, oder von

Tabelle 9 Resonanzlinien Titan [214]

Wellenlänge nm	unteres Energieniveau (*K*)	beobachtete Intensität	charakteristische Konzentration (µg/mL 0,0044 A)
260,515	170	4	8,6
261,128	387	7	6,0
264,110	0	4	4,7
264,426	170	5	4,4
264,664	387	8	3,7
294,200	0	16	5,2
294,826	170	17	4,4
295,613	387	21	3,4
318,651	0	117	3,0
319,191	170	165	2,6
319,990	387	185	2,0
334,188 I	0	230	3,7
334,188 II	4629		
335,463	170	170	2,9
337,145	387	220	2,0
337,748	387	93	7,0
337,758	170		
363,520	387	390	5,6
363,546	0		
364,286	170	430	1,8
365,350	387	465	1,6
372,981	0	195	5,8
374,106	170	250	2,6
375,285	387	356	2,5
375,364	170	47	–
394,778	170	175	19,0
394,867	0	273	10,5
395,634	170	286	9,5
395,821	387	426	5,7
398,176	0	500	6,2
398,248	0	100	
398,976	170	490	4,7
399,864	387	640	4,3

Carbiden mit dem Graphitrohrmaterial zu nennen. Diese Vorgänge fallen streng genommen nicht unter den Begriff „Interferenzen“, sie können aber die Gesamtzahl N der gebildeten Atome und damit die erreichbare Empfindlichkeit ganz erheblich beeinflussen.

Neben der Nachweisgrenze gewinnt der Begriff *Bestimmungsgrenze* immer mehr an Bedeutung. Hierbei handelt es sich um die kleinste Konzentration c (die Überlegungen gelten gleichermaßen für die Masse m), die noch mit einer für den speziellen Anwendungsfall vorgegebenen Präzision bestimmt werden kann. HUBAUX und VOS [2397] haben sich ausführlich mit diesen Größen befaßt.

Da man bei einer Bestimmung zunächst nur den Meßwert y erhält, muß man zuerst die den beiden Grenzkonzentrationen c_L und c_D entsprechenden spezifischen Meßniveaus y_L und y_D bestimmen. Dabei ist zu beachten, daß für eine gegebene Konzentration das korrespondierende Meßsignal keinen festen Wert einnimmt, sondern zufällig um einen Mittelwert verteilt ist, und daß außerdem die der Konzentrationsbestimmung zugrunde liegende Bezugsfunktion nur eine Schätzung der wahren Bezugsfunktion darstellt. Die Berechnung einer unbekannten Konzentration c aus einem gemessenen Wert y über die Bezugsfunktion führt demnach zur Bestimmung eines Vertrauensbereichs für c.

Aus einer Bezugsfunktion und ihrem Vertrauensband (Abb. 66) läßt sich durch einen Schnitt mit einer horizontalen Linie im Meßwert y der zu diesem Meßwert gehörende Konzentrationsbereich $c_{min} - c_{max}$ mit einer mittleren Konzentration c ermitteln. Für den Wert y_c ist die auf diese Weise bestimmte untere Grenze des Konzentrationsbereichs gleich Null. Für Meßwerte, die gleich oder kleiner y_c sind, kann also nicht entschieden werden, ob ein zu bestimmender Parameter anwesend ist oder nicht.

Andererseits wird die geringste Konzentration, die von Null unterscheidbar ist, festgelegt durch die obere Grenze des durch y_c bestimmten Konzentrationsbereichs c_L; deshalb nennt man c_L die Nachweisgrenze. Hier ist zwar ein qualitativer Nachweis möglich, eine genaue quantitative Bestimmung dagegen noch nicht. Denn für Meßwerte, die größer als y_c, aber kleiner als y_D sind, liegen die unteren Vertrauensgrenzen c_{min} der entsprechenden Konzentrationen immer noch unter der Nachweisgrenze c_L.

Eine quantitative Bestimmung wird erst dann möglich, wenn der Meßwert y_D erreicht ist, für den sich ein Konzentrationsbereich ergibt, dessen untere Grenze der Nachweisgrenze entspricht und somit von Null verschieden ist. Den zu y_D gehörenden mittleren Konzentrationswert c_D definiert man als Bestimmungsgrenze, denn nur Meßwerte, die größer als y_D sind, bieten aufgrund ihrer Präzision erst die Voraussetzung für eine quantitative Bestimmung.

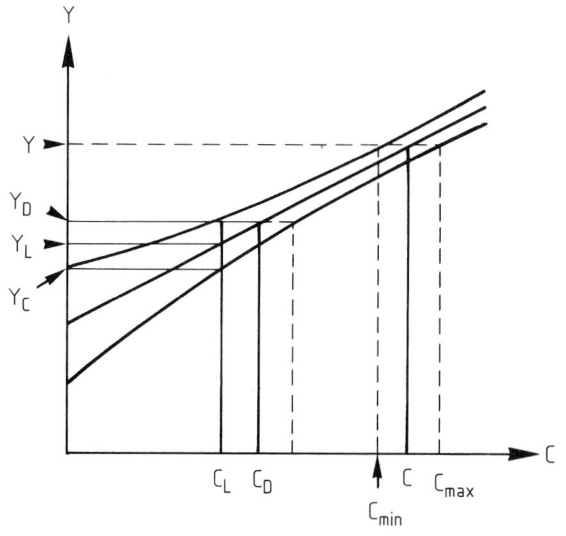

Abb. 66 Bezugsfunktion und ihr Vertrauensband in der Nähe der Nachweisgrenze c_L und der Bestimmungsgrenze c_D. Erklärungen siehe Text

Schließlich läßt sich noch ein *nutzbarer Konzentrationsbereich* definieren, in dem mit einer vorgegebenen Präzision die Konzentration c oder Masse m bestimmt werden können. Die untere Grenze dieses Bereichs ist wieder die Bestimmungsgrenze.

6.2 Kalibrierverfahren

Die Atomabsorptionsspektrometrie ist kein Absolut- sondern ein Relativverfahren, das nur im Vergleich mit Bezugslösungen oder Bezugssubstanzen ein quantitatives Ergebnis bringt. Das hat den Nachteil, daß stets Vergleichsmessungen durchgeführt werden müssen. Andererseits lassen sich dadurch und durch Wahl einer geeigneten Bezugssubstanz bzw. -lösung zahlreiche Störungen beseitigen. Insbesondere Langzeitschwankungen sowie Änderungen von Meßreihe zu Meßreihe und von Tag zu Tag werden durch dieses Verfahren klein gehalten.

Je nach den analytischen Gegebenheiten und den Anforderungen an Richtigkeit, Präzision oder Geschwindigkeit bieten sich verschiedene Kalibrierverfahren zur Durchführung der Messung und Auswertung der Meßsignale an. Die Vor- und Nachteile der einzelnen Verfahren sollen im folgenden kurz untersucht werden. Es sei noch darauf hingewiesen, daß das Auftreten von Fehlern nicht selten auf der Wahl eines weniger geeigneten Kalibrierverfahrens beruhen kann [1133].

6.2.1 Standard-Kalibrierverfahren

Das einfachste und schnellste Kalibrierverfahren ist der direkte Vergleich der Meßlösung mit Bezugslösungen. Die Bezugsfunktion bzw. Bezugskurve wird mit mehreren Bezugslösungen erstellt, ausgehend von der Extinktion $A = 0$ bis zur Extinktion der höchsten zu erwartenden Konzentration der Meßlösung (Abb. 67). Ist die Funktion linear, gehorcht also dem LAMBERT-BEERschen Gesetz, so gilt bei Schneiden des Nullpunkts einer gedachten Bezugskurve

$$c_x = \frac{A_x}{A_B} \cdot c_B \qquad (6.12)$$

bzw.

$$m_x = \frac{A_x}{A_B} \cdot m_B \qquad (6.13)$$

wobei c_x die Konzentration oder m_x die Masse des zu bestimmenden Elements in der Meßlösung, A_x die Extinktion der Meßlösung, A_B die Extinktion der Bezugslösung und c_B die Konzentration oder m_B die Masse des zu bestimmenden Elements in der Bezugslösung sind.

Heute werden meist keine Bezugskurven mehr gezeichnet, um die Auswertung graphisch durchzuführen. Bei digital anzeigenden Geräten kann üblicherweise die Konzentration oder Masse des zu bestimmenden Elements in der Bezugslösung in das Gerät eingegeben werden, das dann die Bezugsfunktion ermittelt und den Meßwert direkt in der gewählten Meßgröße ausgibt. Wird bei einer linearen Bezugsfunktion mit mehr als einer Bezugslösung gearbeitet,

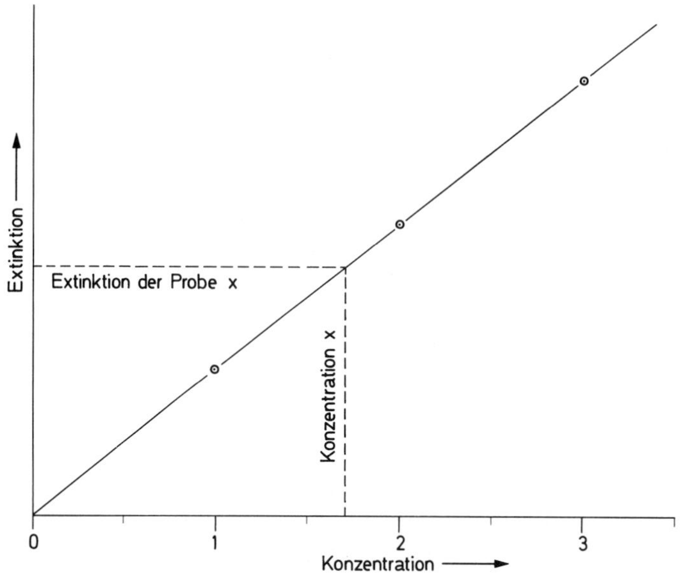

Abb. 67 Standard-Kalibrierverfahren – Die Extinktion einiger Bezugslösungen bekannten Gehalts an dem zu bestimmenden Element wird gegen deren Konzentration aufgetragen. Die Bestimmung der unbekannten Konzentration c_x einer Probe aus ihrer Extinktion erfolgt durch lineares Interpolieren

so wird die Steigung der Bezugsfunktion bevorzugt nach dem Verfahren der kleinsten Fehlerquadrate errechnet.

Besonders vorteilhaft wirkt sich die Leistungsfähigkeit der modernen Mikrocomputer-Elektronik bei mehr oder weniger unlinearen Bezugsfunktionen aus. Während hier über Bezugskurven nur ein relativ ungenaues Ergebnis zu erhalten ist, gibt es sehr genaue Verfahren zur Berechnung derartiger Funktionen [2993]. Dem Gerät müssen nur die Konzentrationen bzw. Massen von zwei oder drei Bezugslösungen über den Meßbereich eingegeben werden, die Meßwertausgabe erfolgt dann direkt in der gewählten Meßgröße.

6.2.2 Eingabelungsverfahren

Das Eingabelungsverfahren ist eine Sonderform des Standard-Kalibrierverfahrens. Hierbei wird die Bezugsfunktion mit meist zwei Bezugslösungen ermittelt, deren Konzentrationen oder Massen die des zu bestimmenden Elements in der Meßlösung in einem engen Bereich einschließen. Bei diesem Verfahren wird praktisch nur ein kleiner Ausschnitt aus der gesamten Bezugsfunktion betrachtet. Die Ermittlung der Konzentration c_x in der Meßlösung erfolgt gemäß

$$c_x = \frac{(A_x - A_1)(c_{B1} - c_{B2})}{A_2 - A_1} + c_{B1} \tag{6.14}$$

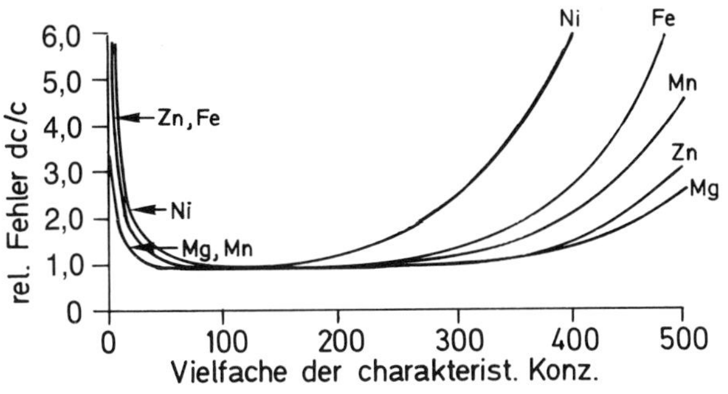

Abb. 68 Relativer Fehler (normalisiert für einen Minimalwert von 1,0) für einige Elemente als Funktion der Konzentration (nach [1050])

wobei c_{B1} und c_{B2} die Konzentrationen an dem zu bestimmenden Element in den beiden Bezugslösungen und A_1 und A_2 die zugehörigen Extinktionen sind. Die Ermittlung der Masse m_x erfolgt entsprechend.

Der Vorteil dieses Eingabelungsverfahrens ist die bessere Genauigkeit, die damit erzielt werden kann. Ein weiterer Vorteil ist, daß es sich auch im gekrümmten Bereich der Bezugsfunktion einsetzen läßt, wenn die Konzentrationen oder Massen der Bezugslösungen nahe genug bei der der Meßlösung liegen.

Roos [1050] weist allerdings darauf hin, daß es für jedes Element einen optimalen Konzentrationsbereich gibt, in dem der relative Fehler ein Minimum durchläuft (vgl. Abb. 68). Für viele Elemente liegt dieser im Bereich zwischen dem 90- und 150fachen der charakteristischen Konzentration oder Masse, bzw. im Extinktionsbereich $A = 0{,}35 - 0{,}60$. Es ist daher ratsam, die Konzentration oder Masse an dem zu bestimmenden Element durch Verdünnen oder durch Wahl einer geeigneten Resonanzwellenlänge so einzustellen, daß in diesem Extinktionsbereich gearbeitet werden kann. Außerhalb dieses Bereichs, und besonders wenn die Bezugsfunktion nicht linear ist, muß mit einer Verschlechterung der Meßgenauigkeit gerechnet werden.

6.2.3 Additionsverfahren

Beim Additionsverfahren wird mit Bezugslösungen kalibriert, die durch Zugabe abgestufter Konzentrationen oder Massen des zu bestimmenden Elements zu gleichen Volumina der Probenlösung erstellt werden. Die Auswertung erfolgt durch Extrapolation der Bezugsfunktion bis zur Extinktion $A = 0$. Für die Konzentration c_x des zu bestimmenden Elements in der Meßlösung ergibt sich dann

$$c_x = \frac{(A_x - A_0)(c_{B2} - c_{B1})}{A_2 - A_1} \qquad (6.15)$$

Die Ermittlung der Masse m_x erfolgt entsprechend; die graphische Auswertung ist in Abb. 69 gezeigt.

Zur Durchführung des Additionsverfahrens teilt man die Probenlösung in drei oder mehr aliquote Anteile und setzt jedem das gleiche Volumen einer (meist wäßrigen) Bezugslösung zu. Dabei haben die zugesetzten Lösungen verschiedene Gehalte an dem zu bestimmenden

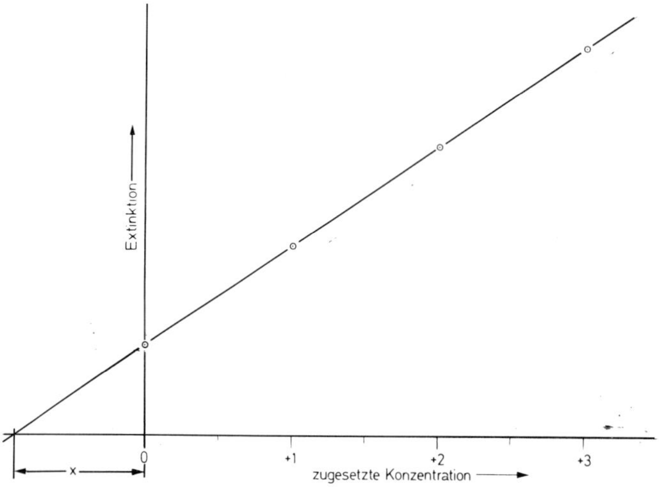

Abb. 69 Additionsverfahren. – Der unbekannten Probenlösung werden Bezugslösungen verschiedener Konzentrationen zugemischt. Durch Extrapolieren der erhaltenen Extinktionswerte gegen Null läßt sich die Konzentration c_x in der Probenlösung ermitteln. Durch das Additionsverfahren lassen sich in erster Linie Transportinterferenzen beseitigen

Element und eine davon den Gehalt „Null", d. h. ein Aliquot der Probenlösung wird z. B. mit einer entsprechenden Menge Wasser verdünnt.

Nach dem Durchmischen haben alle Meßlösungen exakt die gleiche Zusammensetzung, bis auf den Gehalt an dem zu bestimmenden Element, also wird auch der Einfluß der Begleitsubstanzen auf dieses in allen Lösungen gleich sein. Trägt man die für die einzelnen Meßlösungen erhaltenen Extinktionswerte gegen die zugesetzten Konzentrationen auf, so erhält man eine Bezugskurve, die die Extinktionsachse in einem Punkt größer Null schneidet (Abb. 69).

Die Steigung dieser Bezugskurve ist spezifisch für das zu bestimmende Element in der unbekannten Meßlösung. Sind mehrere Proben gleicher Zusammensetzung zu analysieren, so kann diese Bezugskurve parallel verschoben werden bis sie bei $c = 0$ durch $A = 0$ geht und für die übrigen Proben wie beim Standard-Kalibrierverfahren als Bezugskurve dienen.

Ist die Zusammensetzung der Begleitsubstanzen von Probe zu Probe verschieden, so kann es erforderlich sein, das Additionsverfahren bei jeder Probenlösung anzuwenden. Der Gehalt an dem zu bestimmenden Element in der Meßlösung wird dann durch Extrapolieren der Bezugskurve bis zur Extinktion $A = 0$ ermittelt. Zur Berechnung des Gehalts in der ursprünglichen Probenlösung muß nur noch der Verdünnungsfaktor berücksichtigt werden.

Wichtig bei Verwendung des Additionsverfahrens ist, daß dieses nur im linearen Bereich der Bezugskurve richtige Ergebnisse liefert. Das Extrapolieren von gekrümmten Bezugsfunktionen bis zur Extinktion $A = 0$ führt üblicherweise zu erhöhten Meßwerten für die Probe. Die Verdünnung der Meßlösung und die Konzentration der Bezugslösungen sind daher so zu wählen, daß alle Meßwerte im linearen Meßbereich liegen. Am geeignetsten sind Meßwerte von $A = 0{,}1 - 0{,}2$ für die niedrigste Meßlösung und Zugabe von Bezugslösungen, die den Meßwert um etwa das 2-, 3- und 4fache erhöhen.

FULLER [394] hat eine Technik beschrieben, die das Additionsverfahren bei Geräten mit automatischer Nullstellung, Kalibrierung und Digitalanzeige mit negativem Vorzeichen deutlich vereinfacht. Zuerst wird die Extinktion der Meßlösung auf Null gestellt, dann die Extinktion der Meßlösung mit der höchsten Zugabe auf die Konzentration der zugegebenen Bezugslösung eingestellt. Mit Hilfe weiterer addierter Bezugslösungen läßt sich die Linearität überprüfen. Schließlich wird die (negativ angezeigte) Konzentration einer Blindwertlösung abgelesen, die der Konzentration an dem zu bestimmenden Element in der Meßlösung direkt entspricht (mit positivem Vorzeichen). RATZLAFF [2781] hat eine Reihe von Gleichungen entwickelt, die eine Optimierung der Genauigkeit beim Additionsverfahren ermöglichen.

Da sich Transportinterferenzen und größtenteils auch Verdampfungs-, Verteilungs-, sowie ein Teil der Gasphaseninterferenzen konzentrationsunabhängig nur auf die Steigung der Bezugskurve auswirken, lassen sich diese mit dem Additionsverfahren sicher und quantitativ beseitigen. Voraussetzung ist allerdings, daß die durch die Beleitsubstanzen bewirkte Signalunterdrückung nicht zu groß ist, da die Genauigkeit der Messung natürlich mit kleiner werdender Empfindlichkeit stark abnimmt. Generell sollten stärkere Störungen zunächst durch geeignete Zusätze vermindert werden, bevor man sie durch Einsatz des Additionsverfahrens völlig beseitigt.

Nicht beseitigen lassen sich mit dem Additionsverfahren konzentrationsabhängige Interferenzen wie etwa die Ionisationsinterferenz. Diese Störungen wirken sich auf verschiedene Konzentrationen oder Massen des zu bestimmenden Elements unterschiedlich aus. Daraus resultieren schwer kontrollierbare Krümmungen der Bezugsfunktion, die ein Extrapolieren gegen Extinktion $A = 0$ stark erschweren und die Richtigkeit der Messung beeinträchtigen.

Spektrale Interferenzen lassen sich prinzipiell *nicht* mit dem Additionsverfahren korrigieren. Das hier beobachtete Signal setzt sich stets aus zwei Komponenten zusammen, der spezifischen Absorption des zu bestimmenden Elements und der störenden Absorption einer Begleitsubstanz. Ein Trennen der beiden Anteile durch Zumischen von Bezugslösungen ist nicht möglich.

Gleiches gilt natürlich auch für alle anderen additiven, systematischen Fehler, wie eingeschleppte Blindwerte usw., da diese alle Signale um den gleichen Betrag erhöhen bzw. auch erniedrigen. Das Additionsverfahren kann nur solche Störungen beseitigen, die die Steigung der Bezugskurve verändern, nicht aber solche, die sie parallel verschieben.

6.3 Extrahieren, Anreichern und Trennen

In allen Bereichen der Analytik ist das Problem bekannt, daß ein Bestimmungsverfahren für eine spezielle Aufgabenstellung nicht die erforderliche Empfindlichkeit aufweist, um die gesuchte Substanz nachweisen oder bestimmen zu können. In solchen Fällen gibt es grundsätzlich zwei Möglichkeiten: entweder man geht auf ein anderes, empfindlicheres Verfahren bzw. eine empfindlichere Technik über, oder man bleibt bei dem Verfahren und versucht, die zu bestimmende Substanz durch Anreichern, Extrahieren usw. in den Meßbereich des Verfahrens zu bringen.

Wie im folgenden Abschnitt (6.4) über die Problematik der Spurenanalyse noch näher ausgeführt wird, ist der erste Weg, die Wahl einer empfindlicheren Technik grundsätzlich der bessere. In der Spurenanalyse stellt jeder Probenvorbehandlungsschritt eine potentielle

Fehlerquelle dar und sollte daher nach Möglichkeit vermieden werden. Zudem erfordern Trenn- und Anreicherungsschritte meist einen nicht unerheblichen Zeit- und Arbeitsaufwand und setzen eine gewisse Übung voraus.

Die meisten Verfahren führen aber nicht nur zu einer Anreicherung des zu bestimmenden Elements, sondern gleichzeitig zu seiner weitgehenden Abtrennung von der Hauptmenge der Begleitsubstanzen. Das heißt, daß mit der Erhöhung der Konzentration auch noch ein Reduzieren von Störeinflüssen verbunden sein kann. Unter diesem Aspekt werden Trenn- und Anreicherungsschritte unter Umständen wieder attraktiver, obgleich sie natürlich nach wie vor mit größter Sorgfalt durchgeführt werden müssen. In der Hand eines erfahrenen Analytikers können sie jedoch zu einem nützlichen Hilfsmittel in der Spurenanalytik werden.

6.3.1 Lösungsmittelextraktion

Die Lösungsmittelextraktion ist ein Verfahren, das dem Analytiker schon lange bekannt ist; es soll daher an dieser Stelle auch nur kurz auf einige Vorteile dieses Verfahrens für die Anwendung in der Atomabsorptionsspektrometrie eingegangen werden. Weiterhin sollen einzelne Extraktionsverfahren im praktischen Teil speziell dann erwähnt werden, wenn eine entsprechende Bestimmung auf direktem Wege nicht oder wesentlich schlechter durchführbar ist. Im übrigen sei auf die einschlägige Fachliteratur verwiesen, wie etwa die Bücher von MORRISON und FREISER [880] oder von CRESSER [2173].

Lösungsmittelextraktion ist ein Prozeß, bei dem zwei nicht mischbare Flüssigkeiten in so engen Kontakt miteinander gebracht werden, daß ein oder mehrere Elemente aus der einen flüssigen Phase in die andere überführt werden. Normalerweise ist die eine Phase die wäßrige Probenlösung und die andere ein mit Wasser nicht mischbares organisches Lösungsmittel, es kann jedoch auch eine umgekehrte Extraktion erfolgen.

Wegen ihres ionischen Charakters sind einfache Metallsalze normalerweise in wäßrigen Medien viel besser löslich als in organischen. Um ein Metall mit organischem Lösungsmittel extrahieren zu können, muß dieses zunächst aus der ionogenen in eine ungeladene Form überführt werden; das geschieht in der Regel durch Komplexbildung mit einem organischen Liganden.

Die Lösungsmittelextraktion wird in der AAS meist dann angewendet, wenn die Konzentration des zu bestimmenden Elements in der Probe für eine direkte Bestimmung zu niedrig ist oder wenn die Matrix zu komplex wird und die daraus resultierenden Störungen nicht mehr kontrollierbar sind. Das heißt also, die Lösungsmittelextraktion dient der Anreicherung oder der Abtrennung und wird immer dann verwendet, wenn andere, einfachere Verfahren versagen.

Eine weitere Einsatzmöglichkeit wurde von DELVES und Mitarbeitern [294] beschrieben. Durch selektive Extraktion wurden aus 1 mL Probe nach und nach 11 Elemente extrahiert und bestimmt, so daß mit minimalen Probenvolumina gearbeitet werden konnte.

Daneben bietet die Lösungsmittelextraktion in der Flammen-AAS einen weiteren, oft bedeutsamen Vorteil. Wie bereits früher erwähnt, geben organische Lösungsmittel in der Flamme z. T. erheblich verbesserte Empfindlichkeiten und auch Nachweisgrenzen. Dieses Verfahren bietet also neben der eigentlichen Anreicherung, die meist mit einem Extraktionsschritt verbunden wird, eine weitere Erhöhung des Signals durch die Verwendung organischer Lösungsmittel. Diese Vorteile haben trotz des mit einer Extraktion verbundenen Zeit- und Arbeitsaufwands dazu geführt, daß zahlreiche Arbeiten publiziert wurden, die sich mit der Anwendung der Lösungsmittelextraktion in der AAS befassen.

Eine besondere Verbreitung hat dabei die Kombination Ammoniumpyrrolidindithiocarbamat (APDC) als Chelatbildner und Methylisobutylketon (MIBK) als organisches Lösungsmittel gefunden [894], da APDC mit zahlreichen Metallen über einen weiten pH-Bereich stabile Chelate bildet und MIBK in der Flamme ideale Brenneigenschaften aufweist. Entsprechend lassen sich jedoch auch andere Komplexbildner und fast alle gebräuchlichen organischen Lösungsmittel verwenden. Ungeeignet sind lediglich Benzol, das eine stark rußende Flamme gibt sowie hoch chlorierte Kohlenwasserstoffe wie Chloroform oder Tetrachlorkohlenstoff, die schlechte Brenneigenschaften besitzen und in der Flamme häufig Phosgen bilden; prinzipiell lassen sich jedoch auch diese verwenden. Weiterhin sind sehr leichtflüchtige Lösungsmittel wenig geeignet, da bei diesen leicht Verdunstungsverluste auftreten können, die ein quantitatives Arbeiten erschweren. Andererseits eignen sich auch Lösungsmittel mit einem Festpunkt nur wenig unter Zimmertemperatur nicht, da diese an der Zerstäuberdüse durch die dort auftretende Verdunstungskälte erstarren können.

Viele Extraktionsverfahren wurden für die Flammentechnik optimiert. Mit der wesentlich empfindlicheren Graphitrohrofen-Technik lassen sich derartige Bestimmungen meist direkt durchführen. Zahlreiche Autoren haben jedoch auch für diese Technik die unterschiedlichsten Extraktionsverfahren vorgeschlagen, hauptsächlich um die oft beobachteten schweren Störungen zu beseitigen. Bei der ohnehin zeitaufwendigeren Graphitrohrofen-Technik ist es besonders wichtig, daß sich die Metallkonzentration in dem Extrakt nicht mit der Zeit ändert, was bei verschiedenen Metallchelaten ein Problem ist. Weiterhin muß die Lösung leicht und reproduzierbar zu dosieren sein und darf im Graphitrohr nicht zu sehr verlaufen. Aus diesen Gründen sollten organische Lösungsmittel möglichst vermieden werden.

Verschiedene Autoren haben daher nach der Extraktion in ein organisches Lösungsmittel eine Rückextraktion in eine wäßrige, schwach saure Lösung vorgeschlagen [2604]. Üblicherweise gelingt auf diesem Wege eine praktisch völlige Trennung des zu bestimmenden Elements von den Begleitsubstanzen, so daß eine fast reine, wäßrige Lösung entsteht, die kaum noch Interferenzen zeigt. Es muß jedoch darauf hingewiesen werden, daß eine derartige doppelte Extraktion im Spurenbereich äußerste Sorgfalt erfordert und eine Fülle von Fehlerquellen beinhaltet. Es kann daher vorkommen, daß zwar die Bestimmung in der endgültigen Meßlösung störfrei verläuft, daß aber der gefundene Gehalt an dem zu bestimmenden Element in keiner Weise mehr dem in der ursprünglichen Probe entspricht. Es ist daher auf alle Fälle vorzuziehen, Störungen in der Ultraspurenanalytik mit der Graphitrohrofen-Technik auf anderem Wege zu beseitigen. Insbesondere sei dabei auf die Bedeutung eines thermischen Gleichgewichts zum Zeitpunkt der Atomisierung verwiesen, auf das in Abschnitt 8.2 noch ausführlich eingegangen wird.

6.3.2 Trenn- und Anreicherungsverfahren

Die Kombination aus naßchemischer Multielementanreicherung und spektrochemischer Bestimmung ergibt in vielen Fällen besonders leistungsfähige Verbundverfahren zur Reinstoffanalyse. Dies gilt vor allem dann, wenn die durch die Probenvorbehandlung bedingte zusätzliche Blindwertbelastung genügend klein gehalten werden kann. Als besonders günstig haben sich Trenntechniken gezeigt, bei denen die Spuren an säureunlöslichen Trägermaterialien sorbiert werden. Im Gegensatz zu den säurelöslichen Trägern erhält man hier Konzentrate, die praktisch nur noch die Spuren enthalten und somit eine störfreie Bestimmung garantieren.

Als gut geeignetes Trägermaterial für diese Art der Spurenanreicherung hat sich Aktivkohle erwiesen. Mit einer relativ einfachen Arbeitstechnik lassen sich eine Vielzahl von Elementspuren aus unterschiedlichen Matrices anreichern. Dabei wird in allen Fällen nach einem recht ähnlichen Arbeitsschema verfahren: Die zu untersuchenden Materialien werden zunächst in Lösung gebracht, definierte pH-Bedingungen eingestellt und die Elementspuren dann durch Zusatz eines Reagenz in Komplexverbindungen überführt. Die Lösung mit den komplexierten Elementspuren wird durch ein mit Aktivkohle gleichmäßig beschichtetes Filterchen filtriert, wobei die Lösung mit den „Matrix-Elementen" durch das Filter läuft und die Elementspuren von der Kohle zurückgehalten werden. Das Filterchen wird getrocknet, die Kohle in ein kleines Becherglas geschabt; durch Eindampfen mit konzentrierter Salpetersäure werden die Komplexe und die aktive Oberfläche der Kohle zerstört. Der Rückstand wird mit einer kleinen definierten Säuremenge genommen, die Kohle abzentrifugiert und in der überstehenden Lösung bestimmt man die Elementspuren mit AAS [563] [2077] [2081] [2423] [2425] [2426].

In ähnlicher Weise lassen sich auch Silberhalogenide [2078], Kupfersulfid [2428] oder Erdalkalinitrate [2430] als unter bestimmten Bedingungen säureunlösliche Spurenfänger einsetzen.

Bei der chemischen Umsetzung von Matrixelementen verursacht ein über die stöchiometrisch erforderliche Menge hinausgehender Reagenzzusatz vielfach eine unmittelbar im Äquivalenzpunkt wirksam werdende Eigenschaftsänderung des Trennsystems, die zum Verlust eines Teils der Spurenpalette führt.

Im Überschuß eingesetztes Reagenz bewirkt z. B. das Überschreiten des Löslichkeitsprodukts von Spurenverbindungen bzw. eine sprunghafte Verschiebung ihrer Verteilungsgleichgewichte, die elektrische Umladung von Fällungsprodukten mit ladungsbedingter Adsorption der Spuren, oder die plötzliche Veränderung der NERNST-Potentiale mit elektrochemischer Reaktion der Spuren u. a. [2424].

Für Spurenverluste verantwortliche Fehlerquellen dieser Art können oft einfach dadurch ausgeschaltet werden, daß man sich damit begnügt, die Matrix zwar überwiegend, aber nicht quantitativ abzutrennen. Eindrucksvolle Beispiele hierfür sind die Anreicherung und Bestimmung von Elementspuren in Reinstaluminium durch partielles Lösen der Matrix in Gegenwart von Quecksilber [519] sowie in Reinstcadmium [2385] oder hochreinem Gallium [2427] nach der Methode des partiellen Lösens der Matrix.

Ein weiteres Verfahren, bei dem eine sehr wirkungsvolle Trennung und Anreicherung des zu bestimmenden Elements erfolgt, ist die elektrolytische Abscheidung auf Graphit. THOMASSEN und Mitarbeiter [2961] trennten eine ganze Reihe von Elementen aus hochprozentigen Salzlösungen durch elektrolytisches Abscheiden an einer Graphitelektrode ab. Diese wurde dann gemahlen und das Graphitpulver direkt im Graphitofen analysiert.

BATLEY und MATOUSEK [2062] [2063] schieden Cobalt und Nickel sowie Chrom unter Zusatz von Quecksilber(II) direkt auf der inneren Oberfläche eines pyrolytisch beschichteten Graphitrohrs ab und setzten dieses zur Bestimmung der Elemente in einen Graphitrohrofen ein. Zur Abscheidung verwendeten sie eine Durchflußzelle mit geregeltem Potential, in der das Graphitrohr als Kathode geschaltet war. Die Abscheidezeit für Cobalt war

15 min, die für Nickel 10 min; die charakteristische Konzentration für beide Elemente 0,02 µg/L. Im Falle des Chrom gelang den Autoren durch Variation des Abscheidungspotentials eine Trennung zwischen Cr(III) und Cr(VI) und damit die spezifische Bestimmung der beiden Wertigkeitsstufen.

VOLLAND und Mitarbeiter [3021] beschreiben ebenfalls eine Elektrolysezelle, die es erlaubt, galvanostatisch ng-Mengen von Elementen in relativ kurzer Zeit aus Lösungskonzentrationen < 10 µg/L quantitativ abzuscheiden und damit von Matrixelementen zu trennen. Die Graphitrohrkathode aus Reinstgraphit kann ebenfalls unmittelbar zur nachweisstarken Bestimmung der abgeschiedenen Elemente direkt in einen Graphitrohrofen eingesetzt werden. Die Autoren fanden, daß dabei jedoch die obere Meßgrenze des Bestimmungsverfahrens meist schon durch die Allgegenwartskonzentration der Elemente erreicht wird, was die Bestimmung erheblich erschwert.

Eine Variante dieser Technik stellen die Arbeiten von HOSHINO und Mitarbeitern [2394] [2395] dar, die die zu bestimmenden Elemente selektiv auf einem Wolframdraht adsorbieren und dann im Graphitrohrofen atomisieren. CZOBIK und MATOUSEK [2183] haben diese elektrolytische Abtrennung und Anreicherung auf einem Wolframdraht weiter untersucht. Sie elektrolysierten mit konstanter Spannung und konnten Elemente wie Blei, Cadmium, Kupfer, Silber oder Zink in 30 bis 300 s abscheiden. Bei der Atomisierung war keine Untergrundabsorption zu beobachten.

Eine Übersicht über neuere Trenn- und Anreicherungsverfahren und die einschlägigen Publikationen wurde von WILSON [3071] veröffentlicht.

6.4 Problematik der Spurenanalyse

Es wurde schon gelegentlich auf Besonderheiten hingewiesen, die bei der Spuren- und Ultraspurenanalytik auftreten können, und es wird auch in den folgenden Kapiteln immer wieder diese Problematik angesprochen. Dies soll beispielsweise im Zusammenhang mit besonders anfälligen Techniken, gefährdeten Elementen und speziellen Anwendungen geschehen. An dieser Stelle soll auf die generellen Probleme der Elementbestimmung im Spuren- und Ultraspurenbereich ganz allgemein eingegangen und Möglichkeiten zu deren Reduzierung und Beseitigung diskutiert werden.

Der Konzentrationsbereich µg/mL in Lösungen, bzw. µg/g in festen Proben ist heute relativ gut beherrschbar und größere systematische Fehler sind bei sorgfältigem Arbeiten kaum zu befürchten. Kritisch ist dagegen der Bereich ng/mL (bzw. µg/L) und darunter in Lösungen, bzw. ng/g in festen Proben, wobei die Gefahr für systematische Fehler mit abnehmender Konzentration oft exponentiell ansteigt.

Die Fehler können dabei sowohl zu Minderbefunden durch Verluste an dem zu bestimmenden Element während der Probenvorbereitung führen als auch zu Mehrbefunden durch Einschleppen des Elements. Wichtig ist, daß in der AAS systematische Fehler üblicherweise während der Probenvorbereitung entstehen und nur selten dem Analysenverfahren selbst angelastet werden können. Aus diesem Grund sind in der Ultraspurenanalytik meist Direktverfahren solchen vorzuziehen, die eine größere Probenvorbehandlung erfordern.

Feste Proben lassen sich allerdings nur mit der Graphitofen-Technik relativ problemlos direkt analysieren, so daß am Anfang der meisten Bestimmungen ein Aufschluß steht. Besonders für leicht flüchtige Elemente und solche, die leicht flüchtige Verbindungen bilden, besteht hierbei die Gefahr von Verlusten durch Verdampfen. Schmelzaufschlüsse sind wegen der höheren herrschenden Temperaturen davon stärker betroffen, aber auch Säureaufschlüsse sind keineswegs problemlos. Den absolut besten Schutz vor Verdampfungsverlusten bieten Druckaufschlüsse in geschlossenen Gefäßen, sog. Aufschlußbomben (Abb. 70).

Eine besondere Gefahr für systematische Fehler besteht immer dann, wenn ein Verfahren, das für höhere Konzentrationen problemlos funktioniert, ohne genauere Prüfung auf den Ultraspurenbereich ausgedehnt wird. Dies gilt beispielsweise in hohem Maße für Extraktionsverfahren, die in diesem Bereich durchaus nicht mehr quantitativ sein müssen.

Vielleicht am stärksten verbreitet sind Verluste durch Adsorption an Materialien, mit denen die Probenlösung in Berührung kommt. Diese Fehler können auch schon bei höheren Konzentrationen auftreten und im Ultraspurenbereich erhebliche Ausmaße annehmen. Neutrale Lösungen zahlreicher Metalle sind nicht stabil und neigen zur Hydrolyse; umgekehrt wird aus sauren Siliciumlösungen z. B. rasch Kieselsäure ausgefällt. Dabei ist zu bedenken, daß bei verdünnten Lösungen die Fällung nicht erkennbar ist und fest an der Gefäßwand haftet. Aber auch angesäuert sind sehr verdünnte Lösungen oft nur kurze Zeit beständig, was besonders bei Bezugslösungen beachtet werden muß. KAISER und Mitarbeiter [2447] haben das sehr eindrucksvoll am Beispiel Quecksilber gezeigt. Aber auch bei weniger mobilen Elementen wie Blei [2416] können schon innerhalb einer Stunde Verluste bis 50% auftreten, wenn neutrale, wäßrige Lösungen in Glasgefäßen aufbewahrt werden. Ähnliches wurde auch für Calcium und Magnesium [2609] beschrieben und ist mehr oder weniger für alle Elemente zu erwarten.

Häufig hilft ein einfaches Ansäuern der verdünnten Lösung mit Salz- oder Salpetersäure, um die Verluste wenigstens über Stunden unter Kontrolle zu halten; bei einigen Elementen ist es allerdings erforderlich, einen Komplexbildner zuzusetzen (z. B. KI bei Quecksilber), um Adsorptionseffekte sicher zu vermeiden. Auf alle Fälle ist eine sorgfältige Auswahl des Gefäßmaterials erforderlich, da dieses oft einen entscheidenden Einfluß ausübt; Glas ist für fast alle Elemente im Spurenbereich ungeeignet.

Da Adsorptionsvorgänge üblicherweise proportional sind der adsorbierenden Oberfläche, ist letztere möglichst klein zu halten. Überaus kritisch sind aus dem gleichen Grund

Abb. 70 Autoklav 3 zum verlustfreien Aufschluß schwer löslicher Proben unter Druck und erhöhter Temperatur in einem geschlossenen PTFE-Gefäß (Perkin-Elmer)

beispielsweise Filterpapiere, da diese eine sehr große Oberfläche aufweisen. Ähnliches gilt für voluminöse Niederschläge, die oft große Mengen an Spurenelementen adsorbieren und mitreißen können.

Eine besondere Fehlerquelle besteht noch bei der Graphitofen-Technik durch Verdampfungsverluste während der thermischen Vorbehandlung im Graphitrohr. Auf dieses Thema wird in Abschnitt 8.2.3 noch ausführlich eingegangen. Es sei hier nur darauf hingewiesen, daß ein Element in einer Probe unter Umständen weitaus flüchtiger sein kann als in einer wäßrigen Bezugslösung, da die chemische Bindungsform und die Liganden einen erheblichen Einfluß auf die physikalischen Eigenschaften haben können.

BEHNE und Mitarbeiter [2071] haben beispielsweise gezeigt, daß bei der Direktbestimmung von Chrom in Bierhefe mit der Graphitrohrofen-AAS nur 22 ng/g Cr gefunden werden, während sie nach einem Druckaufschluß mit Salpetersäure ebenso wie bei der Direktbestimmung mit instrumenteller Neutronenaktivierungsanalyse 150–160 ng/g Cr bestimmten. Hier kann natürlich nicht mehr behauptet werden, daß die Direktbestimmung das bessere und richtigere Ergebnis liefert. In der Graphitrohrofen-Technik müssen daher Verdampfungsverluste während der thermischen Vorbehandlung durch sorgfältige Wahl der Vorbehandlungstemperatur, durch einen geeigneten Aufschluß sowie durch Matrix-Modifikation vermieden werden.

Besonders verbreitet sind in der Ultraspurenanalytik systematische Fehler durch Einschleppen des zu bestimmenden Elements mit den Reagenzien, den verwendeten Geräten und Gefäßen oder aus der Umgebung. In Extremfällen können hierdurch die wahren Gehalte bis um mehrere Größenordnungen verfälscht werden, so daß das Analysenergebnis nichts mehr mit der ursprünglichen Konzentration des zu bestimmenden Elements in der Probe zu tun hat.

Die Auswahl der Reagenzien muß daher in der Ultraspurenanalytik mit besonderer Sorgfalt erfolgen. Mineralsäuren sind üblicherweise viel leichter rein zu erhalten als Salze, weshalb schon aus diesem Grund Säureaufschlüsse den trockenen Schmelzaufschlüssen vorzuziehen sind. Weiterhin sollte die Menge der verwendeten Reagenzien möglichst klein gehal-

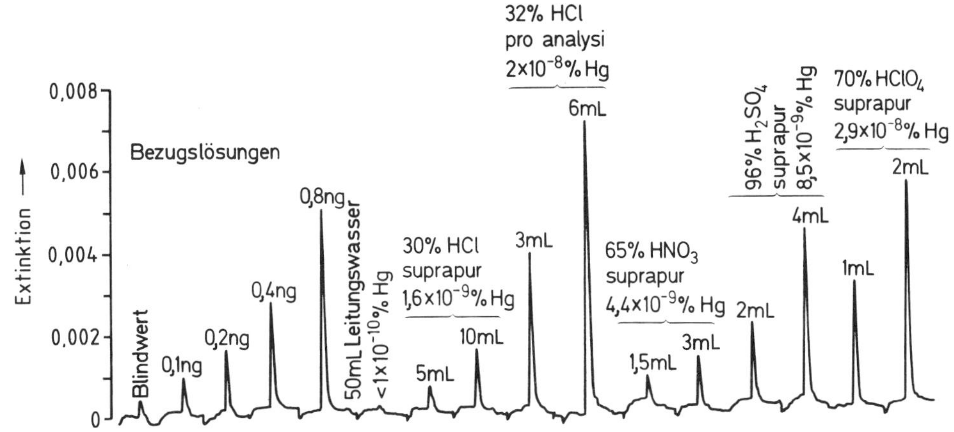

Abb. 71 Blindwerte für Quecksilber in verschiedenen Säuren des Reinheitsgrades „pro analysi" und „suprapur", gemessen mit der Amalgamtechnik

ten werden, weshalb wiederum Druckaufschlüsse mit Salpetersäure, Salzsäure, Flußsäure usw. besonders günstig sind.

Häufig wird jedoch auch eine „suprapur“ Qualität nicht ausreichen, da die Empfindlichkeit der Graphitrohrofen-, der Hydrid- und der Kaltdampf-Technik einfach viel zu groß ist. Abb. 71 zeigt beispielsweise die Blindwerte für Quecksilber in verschiedenen gängigen Säuren unterschiedlichen Reinheitsgrades, gemessen mit der Amalgamtechnik. Es ist daher oft unumgänglich Reagenzien vor ihrer Verwendung für die Ultraspurenanalytik nachzureinigen. Für Säuren hat sich dabei eine Destillation unterhalb des Siedepunkts besonders bewährt; eine hierfür geeignete Apparatur ist in Abb. 72 gezeigt. Wichtig ist, daß derartig nachgereinigte Säuren nicht länger aufbewahrt werden können und nur mit völlig sauberen Gefäßen in Berührung kommen dürfen, da sie aus der Umgebung rasch wieder Spurenelemente aufnehmen können.

Besonders kritisch ist in diesem Zusammenhang hochreines Wasser [2940], das nur mit Materialien mit niedrigsten Spurenelementgehalten (PTFE, Hochdruck-Polyäthylen, Quarz) in Berührung kommen darf und am besten überhaupt nicht aufbewahrt wird. Da hochreines Wasser begierig aus der Umgebung Spurenelemente aufnimmt, sollte es stets frisch bereitet werden.

Einige Ammonium-, Alkali- oder Erdalkalisalze, wie sie beispielsweise für die Matrix-Modifikation in der Graphitrohrofen-Technik als Isoformierungshilfen eingesetzt werden, lassen sich durch Extraktion gut nachreinigen. Hierzu stellt man eine Lösung mit geeignetem pH-Wert her, setzt einen möglichst universellen Komplexbildner wie APDC zu und extrahiert die Lösung mehrfach mit einem organischen Lösungsmittel. Dadurch lassen sich die Spurenelementgehalte oft um Größenordnungen weiter reduzieren.

Bereits erwähnt wurde die Bedeutung der Gefäße und verwendeten Gerätschaften. Ungeeignet für eine Ultraspurenanalytik ist meist normales Laborglas; besser geeignet sind Materialien mit relativ inerten Oberflächen wie PTFE, Hochdruck-Polyäthylen, Quarz sowie auch glasartige Kohle. Aber auch diese Materialien sind nicht a priori rein und bleiben auch nicht für alle Zeiten frei von Spurenelementen. Es ist daher unbedingt erforderlich, daß die für Spurenelementbestimmungen verwendeten Gefäße vor ihrem Einsatz gründlich gereinigt werden. Hierfür hat sich ein Ausdämpfen mit Salpetersäure am besten bewährt (vgl.

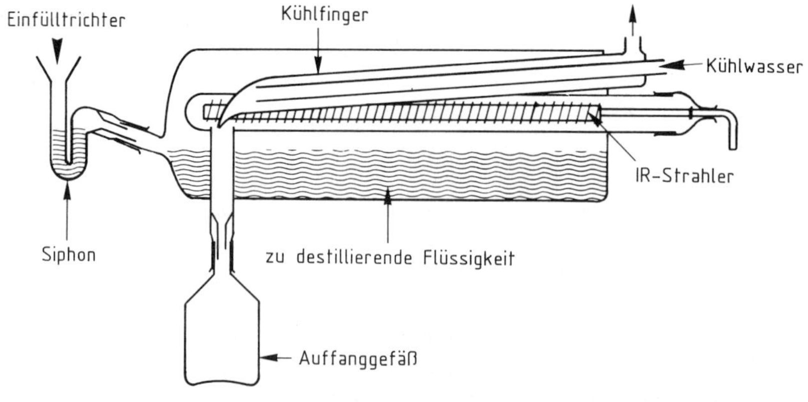

Abb. 72 Apparatur zur Destillation von Säuren unterhalb des Siedepunktes (Kürner Analysentechnik)

Abb. 73), während normales Auswaschen oder Auslaugen im Ultraspurenbereich üblicherweise nicht zu dem gewünschten Erfolg führt [2074] [2897].

Ein erhebliches Problem stellt in diesem Zusammenhang die Probendosierung in der Graphitrohrofen-Technik dar, wie schon in Abschnitt 3.2.6 erwähnt wurde. Pipettenspitzen sind häufig mit Spurenelementen verunreinigt und nur schwer zu reinigen [2074] [2897]. Bekannt ist beispielsweise die Verunreinigung von gelben Pipettenspitzen mit Cadmium [2816]. Ein Probenautomat, bei dem alle mit der Meßlösung in Berührung kommenden Teile z. B. aus PTFE sind, bringt hier eine gewaltige Verbesserung nicht nur der Präzision sondern auch der Richtigkeit [3046] [3047] (vgl. Abb. 41, S. 68). Auch die Verschleppung von einer Probe zur nächsten ist in einem derartigen System minimal [2920].

Die Automation hat jedoch in der Ultraspurenanalytik noch einen weiteren großen Vorteil, da sie die Anwesenheit des Analytikers erübrigt. Es ist bekannt, daß neben den oben genannten Ursachen auch die Laborluft und der Staub der Umgebung ein erhebliches Kontaminationsrisiko darstellen. Deshalb wird es häufig notwendig sein Ultraspurenbestimmungen an einem staubfreien Arbeitsplatz oder sogar in einem Reinraum durchzuführen.

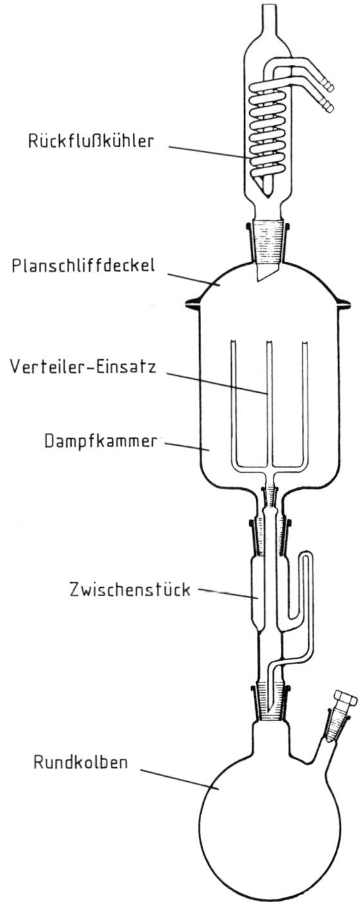

Abb. 73 Ausdämpfapparatur zum Reinigen von Laborgefäßen für die Spurenanalytik (Kürner Analysentechnik)

An einem solchen Ort ist dann der Mensch die größte Kontaminationsquelle, weshalb hier eine Automation von besonderer Bedeutung ist.

Es wurde schon erwähnt, daß mit abnehmenden Elementkonzentrationen die systematischen Fehler stark zunehmen. Dazu kommt, daß diese oft nur schwer zu erkennen sind, da ihre Ursachen oft in der Probenbehandlung und -vorbereitung liegen. Die Übereinstimmung der Analysenergebnisse mit den realen Gehalten in der ursprünglichen Probe ist daher eine der entscheidenden Fragen der Ultraspurenanalytik. Sie läßt sich nur durch Einsatz mehrerer unabhängiger Analysenverfahren einschließlich unabhängiger Aufschlußverfahren, sowie durch häufigen Vergleich mit anderen Labors (Ringversuche) beantworten. Erst wenn mit mehreren unterschiedlichen Methoden bei derselben Probe übereinstimmende Werte gefunden werden, ist die Frage der Richtigkeit geklärt [2977].

Die einfachste und schnellste Methode zur Überprüfung der Richtigkeit der Messungen in einem Labor besteht in der regelmäßigen Verwendung von Standard-Referenzmaterialien, die wie unbekannte Proben analysiert werden. Demnach steht und fällt die Zuverlässigkeit instrumenteller Methoden mit der Existenz geeigneter, verläßlicher Referenzmaterialien [2976]. Bei der Vielzahl der Probenarten und der in sehr unterschiedlichen Konzentrationsbereichen zu bestimmenden Elemente, die über viele Größenordnungen variieren können, ist dieses Problem bis jetzt noch nicht befriedigend gelöst. Um seine Lösung sind verschiedene nationale und internationale Institutionen mit beträchtlichem Aufwand bemüht, um wenigstens für vorrangige Aufgaben Lösungen zu schaffen. Zu diesen Organisationen gehören beispielsweise das National Bureau of Standards, Gaithersburg/USA (NBS), die International Atomic Energy Agency, Wien (IAEA), das Community Bureau of Reference, Brüssel (BCR) oder die Bundesanstalt für Materialprüfung, Berlin (BAM).

7 Interferenzen in der AAS

Die Anwesenheit von Begleitsubstanzen neben dem zu bestimmenden Element in der Probe kann Störungen (Interferenzen) verursachen, die zu systematischen Fehlern bei der Messung führen können. Der Einfluß des Atomisierungsmediums selbst, also beispielsweise der Flamme, des Graphitmaterials oder der Quarzküvette sowie des Lösungsmittels wird nicht als Interferenz bezeichnet, da diese Parameter üblicherweise für Proben und Bezugslösungen gleich sind [2409]. Eine Interferenz verursacht allerdings nur dann einen Meßfehler, wenn der Störung bei der Ermittlung der Meßwerte nicht entsprechend Rechnung getragen wird.

Interferenzen bei der spektrochemischen Analyse werden ganz allgemein eingeteilt in spektrale und in nicht-spektrale Interferenzen [2409]. Spektrale Interferenzen beruhen auf einer unvollständigen Isolierung der von dem zu bestimmenden Element absorbierten Strahlung von anderer Strahlung oder Strahlungsabsorption, die von dem Detektor erfaßt und von der Elektronik verwertet wird. Bei nicht-spektralen Interferenzen wird dagegen das Meßsignal des zu bestimmenden Elements selbst direkt beeinflußt.

7.1 Spektrale Interferenzen

Spektrale Interferenzen beruhen, wie schon gesagt, auf einer unvollständigen Isolierung der von dem zu bestimmenden Element absorbierten Strahlung von anderer Strahlung oder Strahlungsabsorption. Ursachen hierfür können sein:

- Absorption von Strahlung der Strahlungsquelle durch Überlappung von Atomlinien oder Molekülbanden der Begleitsubstanzen.
- Streuung von Strahlung der Strahlungsquelle an nicht verdampften Partikeln der Begleitmaterialien.
- Indirekte Beeinflussung der Eigenabsorption oder Streuung des Atomisierungsmediums (z. B. der Flamme) durch Begleitsubstanzen.
- Absorption einer Fremdstrahlung, wenn die betreffende Strahlung von der Strahlungsquelle zusätzlich zur Analysenlinie innerhalb der spektralen Bandbreite des Monochromators emittiert wird. Dies kann besonders dann vorkommen, wenn ein Kontinuumstrahler eingesetzt wird.

Die in der Emissionsspektrometrie am häufigsten beobachtete spektrale Interferenz durch thermische Emission von Begleitsubstanzen, die vom Monochromator durchgelassen wird oder den Detektor als Streustrahlung erreicht, tritt in der Atomabsorptionsspektrometrie nicht auf. Durch das Wechsellichtsystem, bei dem die Strahlung aus der Strahlungsquelle moduliert und der Verstärker auf diese Modulationsfrequenz abgestimmt ist, wird jegliche in der Atomisierungseinrichtung erzeugte, nicht mit der gleichen Frequenz modulierte Strahlung eliminiert. Dies ist ein entscheidender Vorteil der AAS gegenüber allen spektrochemischen Verfahren, die mit Emission arbeiten.

7.1.1 Direktes Überlappen von Atomlinien

Die Zahl der Absorptionslinien ist bei den in den Atomisierungseinrichtungen der AAS herrschenden Temperaturen erheblich geringer als etwa die Zahl der Emissionslinien in einer Flamme oder einer noch energiereicheren Emissionsquelle. Da zudem Absorptionslinien relativ schmal sind, ist eine direkte Überlappung relativ unwahrscheinlich. Da jedoch besonders einige Übergangselemente eine große Zahl von spektralen Übergängen aufweisen, ist es nicht verwunderlich, daß es dennoch einige Übergänge verschiedener Elemente gibt, die zufällig die gleichen Energien haben. In diesem Fall kann das zweite Element die Strahlung des ersten absorbieren; man spricht von einer direkten spektralen Überlappung. Alle bisher in der Literatur beschriebenen Überlappungen dieser Art sind in Tabelle 10 zusammengefaßt.

Das Ausmaß der Störung hängt ab vom Grad der Überlappung der Emissionslinie des zu bestimmenden und der Absorptionslinie des Störelements. Außerdem spielen der Absorptionskoeffizient des Störelements und die Anzahl störender Atome des Begleitelements im Meßstrahl eine Rolle. Wie aus Tabelle 10 zu ersehen ist, muß das Störelement üblicherweise in größerem Überschuß vorhanden sein vor eine echte Interferenz auftritt, die zu einer Fehlmessung führt. Vom analytischen Gesichtspunkt sind die meisten dieser spektralen Interferenzen von nur geringer Bedeutung; Ausnahmen sind lediglich die zwischen Gallium und Mangan [2030] sowie zwischen Praseodym und Neodym [2710].

Eine spektrale Interferenz durch direkte Linienüberlappung kann am besten durch Ausweichen auf eine andere Analysenlinie umgangen werden. Ist dies nicht möglich, so hilft nur eine exakte Blindwertmessung und Abzug des Blindwerts vom Meßwert.

Neben dieser direkten Überlagerung auf der Analysenlinie gibt es noch eine zweite Störmöglichkeit durch Absorption von Fremdstrahlung aus der Strahlungsquelle. Jede Strah-

Tabelle 10 Spektrale Interferenzen durch direktes Überlappen von Analysenlinien in der AAS

Emissionslinie	(nm)	Absorptionslinie Störelement	(nm)	Verhältnis der Signale
Al	308,215	V	308,211	200 : 1
Ca	422,673	Ge	422,657	–
Cd	228,802	As	228,812	–
Co	252,136	In	252,137	–
Cu	324,754	Eu	324,753	500 : 1
Fe	271,903	Pt	271,904	500 : 1
Ga	403,298	Mn	403,307	3 : 1
Hg	253,652	Co	253,649	8 : 1
Mn	403,307	Ga	403,298	–
Pr	492,495	Nd	492,453	–
Sb	217,023	Pb	216,999	10 : 1
Sb	231,147	Ni	231,097	–
Si	250,690	V	250,690	8 : 1
Zn	213,856	Fe	213,859	–

lungsquelle emittiert eine Vielzahl von Spektrallinien; liegt mehr als eine derartige Linie innerhalb der spektralen Bandbreite des Monochromators, so resultiert zunächst einmal eine nicht lineare Bezugskurve, wie in Abschn. 4 schon erklärt wurde. Üblicherweise wird man daher schon aus diesem Grund die Spaltbreite so wählen, daß nur die eigentliche Resonanzlinie innerhalb der Bandbreite des Monochromators liegt. Es gibt aber eine Reihe von Fällen, wo eine derartige Abtrennung nicht möglich ist. Weist eine Emissionslinie beispielsweise eine Hyperfeinstruktur auf, so liegt die Aufspaltung der einzelnen Komponenten weit unterhalb des Auflösungsvermögens der Monochromatoren, die in der AAS verwendet werden. Die einzelnen Linien eines Multipletts sind zwar viel weiter voneinander entfernt, so daß meist eine Auftrennung möglich wäre. Gelegentlich verzichtet man aber zugunsten eines besseren Signal/Rausch-Verhältnisses darauf und nimmt dafür die stärkere Krümmung der Bezugskurve in Kauf.

Mit zunehmender Breite und Zahl der Linien, die durch den Austrittsspalt des Monochromators gelangen können, wächst natürlich auch die Gefahr einer spektralen Interferenz. FASSEL [342] hat zudem darauf hingewiesen, daß in Gegenwart hoher Elementkonzentrationen Absorptionslinien relativ breit werden können. Bei Calcium konnte er beispielsweise noch in einem Abstand von 0,03 nm vom Zentrum der Linie 10% der dort beobachteten Absorption messen. Die Gesamtbreite einer Absorptionslinie kann gelegentlich bis zu 0,1 nm anwachsen, was um mehr als eine Größenordnung über der normalerweise angenommenen Halbwertsbreite von 0,003–0,005 nm liegt. PANDAY und GANGULY [2728] haben einige derartige Überlappungen beschrieben, die auf einer Verbreiterung der Absorptionslinie beruhen.

Eine besondere Gefahr für das Auftreten von spektralen Interferenzen liegt im unkritischen Einsatz von Mehrelement-Strahlungsquellen. Einmal können, wenn vom Hersteller nicht darauf geachtet wurde, in einer solchen Strahlungsquelle ungeeignete Elemente kombiniert sein. In solchen Fällen liegt dann u. U. innerhalb der spektralen Bandbreite des Monochromators neben der Resonanzlinie des zu bestimmenden Elements auch die Linie eines Begleitelements. Hier ist natürlich die Selektivität der AAS und eine für das zu bestimmende Element spezifische Anzeige nicht mehr gegeben. Da die Gefahr derartiger spektraler Interferenzen mit größer werdender spektraler Bandbreite stark zunimmt, sind auf alle Fälle die vom Hersteller empfohlenen Spaltbreiten zu verwenden; im Zweifelsfall empfiehlt sich immer die kleinere Spaltbreite. Besonders gefährlich sind Strahlungsquellen, die zwar nominell nur das Spektrum eines Elements aussenden, de facto aber mehrere Elemente enthalten. Dies kann der Fall sein, wenn vom Hersteller kein spektralreines Metall eingesetzt wird, wenn aus Gründen der Stabilität die Kathode aus einer Legierung oder einer intermetallischen Verbindung hergestellt ist oder wenn leicht flüchtige Metalle sich in einer Trägerkathode aus einem anderen Metall befinden. Üblicherweise wird dabei das zweite Metall vom Hersteller nicht genannt, es sendet aber trotzdem sein Spektrum aus. Normalerweise werden Hersteller zwar keine ungeeigneten Metalle kombinieren, wird eine Strahlungsquelle jedoch nicht speziell für die AAS angeboten, so ist besonders auf sekundären Resonanzlinien größte Vorsicht geboten.

Werden schließlich keine Linien-, sondern Kontinuumstrahler als Strahlungsquellen eingesetzt, so ist spektralen Interferenzen Tür und Tor geöffnet und die Spezifität der AAS nicht mehr gegeben. In diesem Fall wird jedes Element, das innerhalb der spektralen Bandbreite des Monochromators absorbieren kann, ein Signal geben, das nur vom Absorptionskoeffizienten und seiner Konzentration im Meßstrahl abhängt.

7.1.2 Überlappen von Molekülbanden und Streuung von Strahlung durch Partikel

Obgleich die beiden Effekte, Absorption der Strahlung aus der Strahlungsquelle durch Überlappen mit Molekülbanden der Begleitsubstanzen und Streuung der Strahlung an nicht verdampften Partikeln grundsätzlich verschieden sind, werden sie hier gemeinsam behandelt, da ihre Unterscheidung in der Praxis oft schwierig ist. Außerdem werden grundsätzlich die gleichen Maßnahmen zu ihrer Beseitigung oder Kompensation eingesetzt. Schließlich wird für beide Effekte oft der gleiche Oberbegriff „Untergrundabsorption" verwendet, obgleich nur der erste eine echte Absorption darstellt.

Diese sog. Untergrundabsorption beruht auf einem unspezifischen (nicht durch das spezifische Element hervorgerufen) Strahlungsverlust, der grundsätzlich ein zu hohes Signal vortäuscht. Genauer gesagt setzt sich das erhaltene Signal zusammen aus der echten Absorption des zu bestimmenden Elements und der unspezifischen Absorption des Untergrunds. Eine einfache Trennung der beiden Signale ist nicht möglich.

Der Effekt der Streuung von Strahlung aus der Strahlungsquelle an Partikeln von Begleitmaterialien gehorcht in erster Näherung dem RAYLEIGHschen Streulichtgesetz, wonach der Streukoeffizient τ in 1. Näherung gegeben ist durch

$$\tau \equiv \frac{I_D}{I_0} = 24\pi^3 \frac{N \cdot \nu^2}{\lambda^4} . \qquad (7.1)$$

Demnach ist dieser Effekt direkt proportional der Anzahl N an streuenden Partikeln pro Volumeneinheit und dem Quadrat des Teilchenvolumens ν sowie umgekehrt proportional der vierten Potenz der Wellenlänge λ. Diese Strahlungsstreuung wird daher besonders stark auftreten bei zunehmender Teilchengröße (τ wächst für doppelten Teilchenradius auf etwa das 64fache) und für kürzer werdende Wellenlängen (von 800 nm im Sichtbaren bis 200 nm im fernen UV wächst τ auf das 256fache).

Aus diesen Überlegungen heraus kann für Flammen gesagt werden, daß bei direktzerstäubenden Turbulenzbrennern Störungen dieser Art erheblich stärker auftreten müssen. Wie KERBYSON [639] feststellte, beträgt das maximale Tröpfchenvolumen bei einem Direktzerstäuber etwa das 100fache eines Mischkammerbrenners, die Strahlungsstreuung müßte also um etwa den Faktor 10 000 stärker sein.

Die Erfahrung hat gezeigt, daß bei einem gut konzipierten Mischkammerbrenner Strahlungsstreuung nur sehr selten auftritt, zumindest solange die Gesamtsalzkonzentration in der versprühten Lösung unter 5% und die Wellenlänge oberhalb 300 nm liegt. Bei höheren Feststoffanteilen in der versprühten Lösung sind allerdings unterhalb 250 nm gewisse Störungen zu erwarten, besonders wenn in Flammen niedrigerer Temperatur gearbeitet wird. BILLINGS [123] hat die Strahlungsstreuung durch verschiedene Salze in einer Luft/Propan-Flamme gemessen. In Abb. 74 sind die von BILLINGS für eine 1%ige Ca-Lösung gefundenen Werte gegen eine berechnete Kurve aufgetragen. Man kann davon ausgehen, daß in einem modernen Mischkammerbrenner und einer Luft/- oder Lachgas/Acetylen-Flamme kaum Probenpartikel unverdampft in den Meßstrahl gelangen; damit ist auch keine Interferenz durch Strahlungsstreuung zu erwarten. In Graphitrohröfen ist die Situation jedoch anders. Besonders beim Verkohlen von organischen Materialien im Inertgasstrom gelangen oft erhebliche Mengen an Partikeln in den Meßstrahl. Auch wenn bereits verdampfte anorgani-

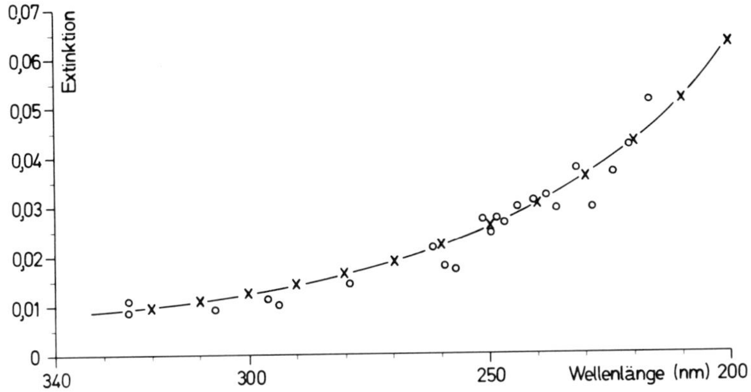

Abb. 74 Unspezifische Strahlungsverluste durch Streuung gemessen auf verschiedenen Wellenlängen; 1% Ca-Lösung in einer Propan/Luft-Flamme: ○ Meßwerte nach BILLINGS [123]; × theoretische Kurve, nach dem RAYLEIGHschen Streulichtgesetz

sche Materialien wieder in kühlere Zonen gelangen, kondensieren diese häufig und führen dann zu einer Streuung der Strahlung [447].

Die Ursachen für das Auftreten hoher Konzentrationen an Molekülen im Meßstrahl sind für die unterschiedlichen Atomisierungseinrichtungen verschieden. In einer Flamme entstehen hohe Molekülkonzentrationen oft durch Reaktion eines Begleitelements mit Bestandteilen der Flammengase. Wird ein leicht atomisierbares Element in Gegenwart eines Begleitelements, das ein schwer dissoziierbares Oxid, Hydroxid, Cyanid usw. bildet, in einer Flamme relativ niedriger Temperatur gemessen, so wird zwar das zu bestimmende Element atomisiert, nicht aber die Begleitsubstanzen. Wegen der starken Pufferwirkung der stets in sehr großem Überschuß vorhandenen Flammengase ist dies die häufigste Ursache für das Auftreten von Molekülabsorption in Flammen. Daneben wurden allerdings auch Halogenidspektren in Flammen beobachtet, wenn diese Verbindungen in sehr hoher Konzentration in der Probe vorliegen.

Da in Graphitrohröfen kein als Puffer wirkendes Gas in ausreichender Konzentration vorhanden ist, beherrschen dort die durch die Probe eingebrachten Begleitmaterialien die Atmosphäre. Es wird sich daher die Verbindung bilden, die unter den herrschenden Temperaturen thermodynamisch am stabilsten ist. Bei zahlreichen Elementen sind das die gasförmigen Halogenide, in Gegenwart von Stickstoff aber auch oft Monocyanide [2880]. GÜÇER und MASSMANN [447] haben sehr detaillierte Untersuchungen über diese Art von Molekülspektren in geheizten Graphitrohröfen angestellt. Sie haben beispielsweise die Dissoziationskontinua zahlreicher Moleküle aufgenommen, die charakteristische, breite Maxima zeigen (Abb. 75) und deren langwellige Grenzen durch die Dissoziationsenergien der Moleküle bestimmt werden.

Eine spektrale Interferenz tritt natürlich nur dann auf, wenn eine derartige Molekülbande mit der Analysenlinie des zu bestimmenden Elements zusammenfällt. Die Wirkung ist dann praktisch die gleiche wie bei der früher beschriebenen direkten Überlappung von zwei Atomlinien. Das heißt, die Absorption setzt sich aus zwei Komponenten zusammen, der spezifischen Absorption des zu bestimmenden Elements und der Molekülabsorption; eine einfache Trennung ist nicht möglich.

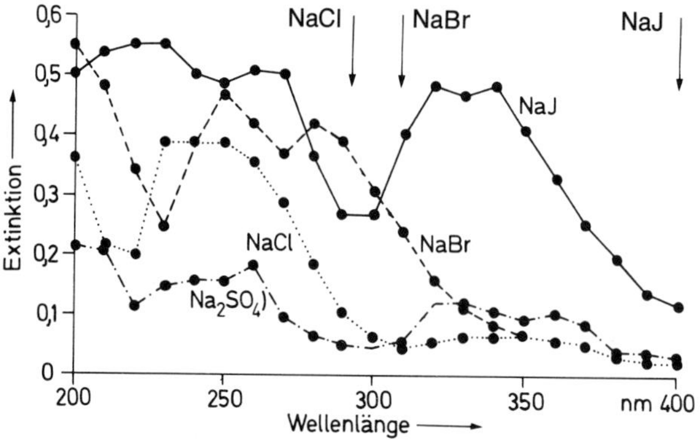

Abb. 75 Dissoziationskontinua von NaCl, NaBr und NaI in einem Graphitrohrofen. – Grenzwellenlängen für die Photodissoziation sind durch Pfeile gekennzeichnet (nach [447])

Zur Beseitigung der Untergrundabsorption durch Moleküle und der Streuung von Strahlung an Partikeln wurden verschiedene Verfahren vorgeschlagen. In Flammen ist eines der wirksamsten Mittel der Einsatz einer Flamme höherer Temperatur und mit stärker reduzierenden Eigenschaften, d. h. einem geringeren Partialdruck an Sauerstoff. Wie schon früher erwähnt wurde, gelangen in einem gut konzipierten Mischkammerbrenner kaum mehr Probenpartikel in den Meßstrahl, wenn mit einer Luft/Acetylen-Flamme gearbeitet wird. Ähnlich wird die Zahl der Moleküle drastisch reduziert, wenn man von einer Luft/- auf eine Lachgas/Acetylen-Flamme übergeht, in der kaum noch Untergrundabsorption zu beobachten ist. Allerdings verlieren einige Elemente auch erheblich an Empfindlichkeit, wenn sie in der heißeren Flamme gemessen werden, so daß dieses Verfahren nicht immer einsetzbar ist.

In Graphitrohröfen bietet sich die sog. Matrix-Modifikation als sehr wirksames Mittel an, um Untergrundabsorption zumindest erheblich zu reduzieren. Hierbei wird ein Isoformierungsreagens der Probe in hoher Konzentration zugesetzt, um das zu bestimmende Element thermisch stabiler oder die Begleitsubstanzen flüchtiger zu machen, damit eine bessere Abtrennung vor der Atomisierung gelingt. Dieses Verfahren ist ausführlich in Abschn. 8.2.2 behandelt.

Die immer wieder vorgeschlagene Messung gegen eine „Blindprobe", die die gleiche Untergrundabsorption zeigt wie die Probe, jedoch das zu bestimmende Element nicht enthält, läßt sich in der Praxis nur sehr selten durchführen. Einmal sind solche Blindproben meist nicht erhältlich und Versuche, sie synthetisch herzustellen, scheitern fast immer an den hohen Reinheitsforderungen, die an solche Substanzen zu stellen sind. Außerdem ist die Zusammensetzung der Begleitmaterialien oft von Probe zu Probe verschieden und ihr Gehalt häufig unbekannt.

Die meisten Verfahren, die für die Beseitigung von Untergrundabsorption vorgeschlagen wurden, basieren darauf, daß im Gegensatz zur Atomabsorption sowohl die Molekülabsorption als auch die Streuung von Strahlung an Partikeln üblicherweise relativ breitbandig ist. Hierzu gehört die Methode des „inneren Standards", bei der die Untergrundabsorption auf der nahegelegenen Wellenlänge eines anderen Elements gemessen und von der Absorption auf der Linie des zu bestimmenden Elements abgezogen wird. Voraussetzung für dieses Verfahren ist natürlich, daß das zweite Element nicht in der Probe enthalten ist bzw. unter den Versuchsbedingungen nicht atomisiert wird und daher auch nicht absorbieren kann.

Dabei ist aber die Erkenntnis von großer Wichtigkeit, daß außerhalb eines begrenzten Spektralbereiches von einigen zehntel nm keine Gewähr für eine Konstanz der Untergrundabsorption gegeben ist. Nach dem RAYLEIGHschen Streulichtgesetz ändert sich die Strahlungsstreuung bei 200 nm schon in einer Entfernung von 10 nm um etwa 20%. Bei der Molekülabsorption erfolgen die Änderungen noch viel rascher; das ist davon abhängig, in welchem Teil der Absorptionsbande gemessen wird. Eine Grundforderung aller Kompensationsverfahren für unspezifische Strahlungsverluste ist daher, daß die Kompensation „so nahe wie möglich" an der eigentlichen Absorptionslinie zu erfolgen hat.

Bei der Methode des inneren Standards muß für die Korrektur unspezifischer Strahlungsverluste das „nächstbeste" Element verwendet werden [1171], d.h. das Element, dessen Wellenlänge dem zu bestimmenden Metall am nächsten liegt. Häufig liegt aber auch schon die nächstgelegene Resonanzlinie so weit entfernt, daß nur eine qualitative oder höchstens halbquantitative Aussage über die Untergrundabsorption auf der interessierenden Wellenlänge gemacht werden kann.

WILLIS [1330] und SLAVIN [1140] hatten daher vorgeschlagen, die Untergrundabsorption durch Messen des Effektes auf einer nicht absorbierbaren Linie und Subtraktion des erhaltenen Signales vom Meßsignal zu korrigieren. Unter nicht absorbierbaren Linien versteht man Emissionslinien, die auf einem höher angeregten Zustand enden, Ionen- oder Füllgaslinien, allgemein also Emissionslinien, die für kein metallisches Element in der betreffenden Atomisierungseinrichtung eine meßbare Absorption zeigen. Während solche Linien zwar keine elementspezifische Absorption zeigen, können diese sehr wohl durch Strahlungsstreuung, Molekülabsorption usw. geschwächt werden, also Untergrundabsorption anzeigen. Die Verwendung nicht absorbierbarer Linien zur Korrektur für unspezifische Strahlungsverluste hat den Vorteil, daß eine auf solchen Linien gemessene Absorption nur eine unspezifische sein kann und weiterhin, daß diese Linien meist viel zahlreicher zur Verfügung stehen als Resonanzlinien.

Auch dieses Verfahren hat jedoch den Nachteil, daß häufig keine nicht absorbierbare Linie in unmittelbarer Nähe der Resonanzlinie zur Verfügung steht, so daß nicht immer eine exakte Kompensation möglich ist. Durch Messung der Untergrundabsorption auf mehreren nicht absorbierbaren Linien beiderseits der Resonanzlinie läßt sich die Genauigkeit dieses Kompensationsverfahrens zwar weiter erhöhen, doch ist dieses Verfahren zeitraubend und umständlich.

Heute werden zur Kompensation von Untergrundadsorption praktisch ausschließlich apparative Verfahren eingesetzt. Einmal ist das die Untergrundkorrektur durch Messen der Absorption mit einem Linienstrahler (elementspezifische Strahlungsquelle) und einem Kontinuumstrahler in rascher Folge. Dazu kam in letzter Zeit als zweite Möglichkeit der Einsatz des ZEEMAN-Effektes zur sehr exakten Untergrundkompensation.

7.1.3 Untergrundkompensation mit Kontinuumstrahlern

KOIRTYOHANN [681] und L'VOV [778] verwendeten zum Eliminieren von Untergrundabsorption ein Zweikanalsystem, bei dem abwechselnd die Strahlung der Hohlkathodenlampe und eines Kontinuumstrahlers durch die Flamme, bzw. durch das Graphitrohr geschickt wird. KAHN [608] beschreibt das erste kommerzielle System dieser Art, das mit handelsüblichen Zweistrahl-Atomabsorptionsspektrometern verwendbar ist. Durch einen rotierenden Sektorspiegel wird, wie in Abb. 76 dargestellt ist, in rascher Folge die Strahlung der vor dem Sektorspiegel montierten Hohlkathodenlampe und die Strahlung einer hinter dem Sektor-

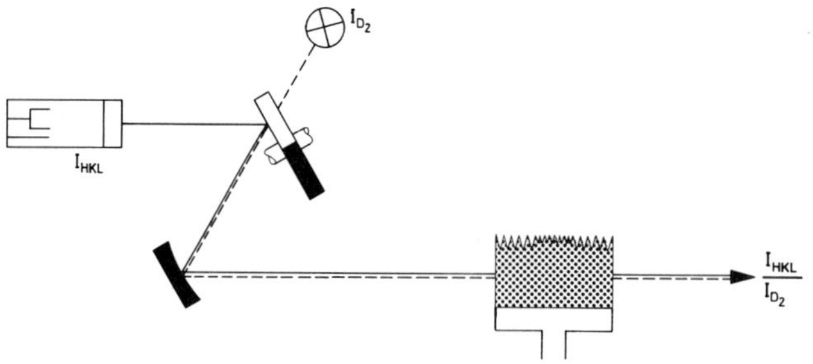

Abb. 76 Deuterium-Untergrundkompensator, schematischer Aufbau. – Durch einen rotierenden Sektorspiegel wird abwechselnd Strahlung aus einer Hohlkathodenlampe (I_{HKL}) und Strahlung einer Deuteriumlampe (I_{D_2}) durch die Flamme geschickt

spiegel angebrachten Deuterium-Bogenlampe durch die Flamme geschickt. Nach Durchgang durch den Monochromator fallen beide Strahlen auf den gleichen Detektor. Die Elektronik bildet sodann das Verhältnis aus den beiden Strahlungsintensitäten.

Die Funktionsweise dieses Deuteriumkompensators ist in Abb. 77 dargestellt. Durch den Austrittsspalt des Monochromators wird aus dem Emissionsspektrum der elementspezifischen Strahlungsquelle die Resonanzlinie ausgesondert, während von dem Kontinuum der Deuteriumlampe ein der eingestellten spektralen Bandbreite entsprechender Bereich durchgelassen wird. Die Halbwertsbreite der Emissionslinie der primären Strahlungsquelle ist etwa 0,002 nm; die Breite des betrachteten Kontinuums beträgt – je nach eingestellter Bandbreite – meist 0,2 nm oder 0,7 nm. Die Intensität der Hohlkathodenstrahlung I_{HKL} und die der Deuteriumlampe I_{D_2} werden vor dem Beginn der Messung abgeglichen, so daß $I_{D_2}/I_{HKL} = 1$ ist und damit keine Anzeige am Meßinstrument erscheint.

Erfolgt eine normale Absorption durch das zu bestimmende Element in der Atomisierungseinrichtung, so wird I_{HKL} entsprechend der Atomkonzentration geschwächt. Selbstverständlich wird auch I_{D_2} auf der Resonanzwellenlänge geschwächt; da jedoch die Halbwertsbreite einer Absorptionslinie in der Größe von 0,003 nm liegt und die Breite des betrachteten Kontinuums mindestens 0,2 nm beträgt, werden selbst bei 100%iger Absorption der Resonanzlinie aus der primären Strahlungsquelle nur maximal 1,5% der D_2-Strahlung absorbiert. Für normale Messungen liegt also die Absorption der kontinuierlichen Strahlung unter 1% und kann daher vernachlässigt werden. Dies gilt selbstverständlich besonders für Spaltbreiten von 0,7 nm und darüber. Während also I_{D_2} praktisch ungeschwächt am Detektor ankommt, wird I_{HKL} entsprechend der Elementkonzentration in der Probe geschwächt, so daß $I_{D_2}/I_{HKL} > 1$ wird und damit eine Anzeige am Meßinstrument erfolgt. I_{D_2} dient hier praktisch als Referenzstrahl in einem Zweistrahlsystem. Im Falle einer Untergrundabsorption, sei es durch Strahlungsstreuung oder durch Molekülabsorption, wird dagegen von beiden Strahlen der gleiche prozentuale Anteil absorbiert, da die Untergrundabsorption meist breitbandig ist. Es wird dabei allerdings vorausgesetzt, daß die Untergrundabsorption über den kleinen betrachteten Spektralbereich von 0,2 nm (oder auch 0,7 nm) konstant ist oder sich zumindest monoton ändert.

Da Strahlungsstreuung und Molekülabsorption beide Strahlungen, I_{D_2} und I_{HKL} in gleichem Ausmaß schwächen, bleibt $I_{D_2}/I_{HKL} = 1$, es erscheint also keine Anzeige am Meßinstrument; damit ist aber auch die Untergrundabsorption kompensiert. Findet neben der unspezifischen Untergrundabsorption noch eine elementspezifische Absorption statt, so wird I_{HKL} selbstverständlich zusätzlich weiter geschwächt, was eine normale Anzeige dieser Absorption bedeutet.

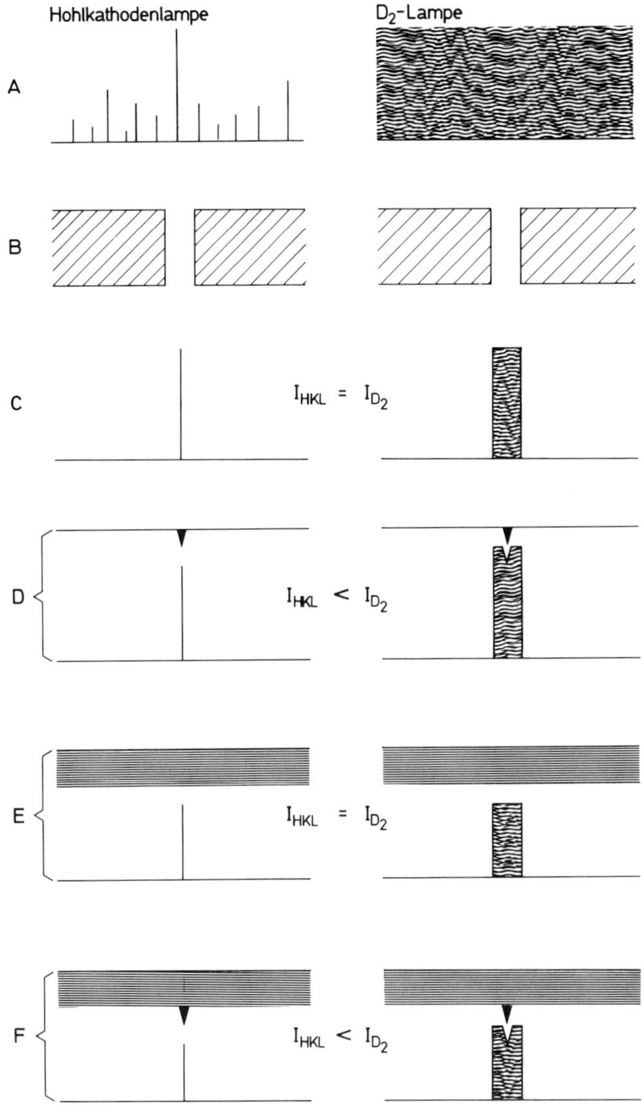

Abb. 77 Funktionsweise eines Deuterium-Untergrundkompensators. – **A** die Hohlkathodenlampe emittiert ein Linienspektrum, die Deuterium-Bogenlampe ein Kontinuum. Der Austrittsspalt **B** des Monochromators isoliert aus dem Spektrum der Hohlkathodenlampe die Resonanzlinie mit einer Halbwertsbreite von etwa 0,002 nm, während er aus dem Kontinuum der D_2-Lampe ein der eingestellten spektralen Bandbreite (etwa 0,2 oder 0,7 nm) entsprechendes Stück aussondert. **C** Die Intensitäten der beiden Strahlungsquellen innerhalb des betrachteten Spektralbereichs werden abgeglichen. **D** Im Falle einer normalen Linienabsorption durch das zu bestimmende Element wird I_{HKL} entsprechend der Konzentration dieses Elements geschwächt, während I_{D_2} in erster Näherung nicht geschwächt wird. **E** Eine breitbandige Untergrundabsorption schwächt die Intensität der beiden Strahlungsquellen gleichermaßen. **F** Eine zusätzlich auftretende Linienabsorption schwächt I_{HKL} wieder entsprechend der Konzentration an dem zu bestimmenden Element, während I_{D_2} in erster Näherung nicht weiter geschwächt wird

Diese Untergrundkorrektur, durch Vergleich der Schwächung der Emissionsstrahlung eines Linienstrahlers (Hohlkathodenlampe, elektrodenlose Entladungslampe usw.) mit der Schwächung eines Kontinuumstrahlers, hat gegenüber den früher vorgeschlagenen Verfahren, bei denen auf einer benachbarten Linie gemessen wurde, den entscheidenden Vorteil, daß die Korrektur direkt auf der Linie erfolgt. Somit handelt es sich um eine echte Kompensation der Untergrundabsorption, die mit guter Genauigkeit und Richtigkeit erfolgt, wenn die Voraussetzung erfüllt ist, daß es sich um eine innerhalb des betrachteten Spektralbereichs kontinuierliche Absorption handelt. Zudem erfolgt die Kompensation natürlich automatisch, und damit ohne jeglichen Zeit- oder Arbeitsaufwand.

Während Störungen durch Untergrundabsorption in einem gut konzipierten Mischkammerbrenner nur relativ selten auftreten, d. h. nur bei Verwendung von Lösungen mit hohen Gesamtsalzgehalten und im ferneren UV, sind sie in der Graphitrohrofen-Technik relativ häufig. Es ist daher nicht weiter verwunderlich, wenn mit dem steigenden Interesse an dieser Technik auch die Untergrundkompensation weiter entwickelt wurde. So kamen Einstrahlgeräte auf den Markt, die den Einsatz eines Untergrundkompensators ermöglichten [1292], sowie Zweistrahlgeräte, die auch im Betrieb mit Untergrundkompensator in beiden Kanälen nach dem Zweistrahlprinzip arbeiten. Darüber hinaus wurde außer der Deuteriumlampe auch eine Halogenlampe eingesetzt, um eine Kompensation über den gesamten Spektralbereich zu ermöglichen. Es sei in diesem Zusammenhang nur kurz erwähnt, daß die Verwendung einer Wasserstoff-Hohlkathodenlampe zur Kompensation weniger geeignet ist, da sie eine recht geringe Intensität aufweist (Abb. 78), was zu relativ starkem Rauschen bei der Messung führt.

Die Untergrundkompensation mit einem Kontinuumstrahler hat allerdings auch ihre Nachteile und Grenzen. Einmal erhöht sich das Rauschen der Messung allein durch das Zuschalten der zweiten Strahlungsquelle und die damit verbundenen Änderungen in der Signalverarbeitung üblicherweise um den Faktor 2 bis 3. Größere Untergrundabsorptionen bringen eine weitere Erhöhung des Rauschens, so daß man versuchen sollte, diese unter 0,5 A zu halten. Werte über 0,7 bis 0,8 A werden häufig nicht mehr vollständig kompensiert, vor allem wenn es sich um rasche, dynamische Signale aus dem Graphitrohrofen handelt.

Besonders DE GALAN und MASSMANN haben mehrfach darauf hingewiesen, daß die bloße Anwendung eines Untergrundkompensators keine richtigen Ergebnisse garantieren kann, sie kann sogar selbst Fehler verursachen. Es ist sehr wichtig, daß man zumindest bei unbekannten Proben sowohl ohne als auch mit Untergrundkompensator arbeitet. Man erhält auf diese Art wertvolle Informationen über Aussehen und Größe der Untergrundabsorption, die bei ausschließlichem Arbeiten mit Untergrundkompensator verloren gehen. Moderne Atomabsorptionsspektrometer gestatten heute schon die simultane Registrierung des unkorrigierten oder Untergrundsignals und des korrigierten Signals.

Es wurde schon mehrfach darauf hingewiesen, daß eine wesentliche Voraussetzung für das Funktionieren der Untergrundkompensation mit einem Kontinuumstrahler die Kontinuität des Untergrunds innerhalb des vom Austrittsspalt durchgelassenen spektralen Bandes ist. Das ist gegeben für Strahlungsstreuung an Partikeln, sowie für sog. Dissoziationskonti-

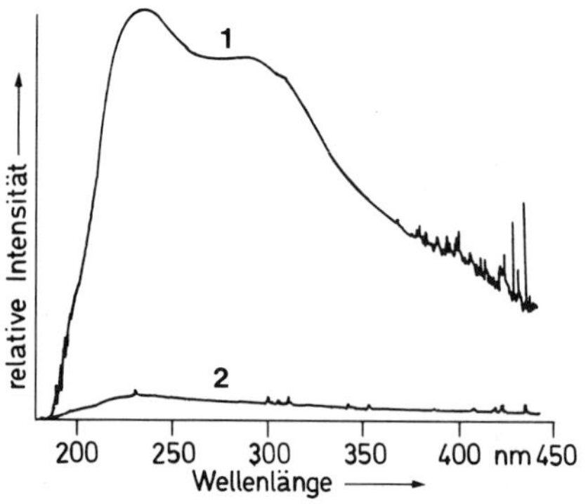

Abb. 78 Emission einer Deuterium-Bogenlampe (**1**), Betriebsstrom 800 mA, im Vergleich zu einer Wasserstoff-Hohlkathodenlampe (**2**), Betriebsstrom 40 mA

nua. Absorbieren Moleküle Strahlung, deren Quantenenergie größer ist als die Dissoziationsenergie, so ist der Endzustand kein diskreter Energiezustand. Man beobachtet daher oberhalb einer bestimmten Grenzwellenlänge ein spektrales Kontinuum.

Untergrundkompensatoren mit Kontinuumstrahlern sind dagegen nicht in der Lage, die Untergrundabsorption von Elektronenanregungsspektren zu korrigieren, da diese aus vielen schmalen Linien bestehen. Diese Spektren beruhen auf Elektronenübergängen in den Molekülen und die Struktur der Banden beruht darauf, daß die Übergänge von den Rotationsniveaus der verschiedenen Schwingungsniveaus des einen Elektronenzustands zu den Rotations- und Schwingungsniveaus des anderen Elektronenzustands, also zwischen diskreten Energiezuständen des Moleküls erfolgen [2629].

Bei derartigen Elektronenanregungsspektren hängt die tatsächliche Untergrundabsorption völlig ab von dem Grad der Überlappung zwischen der Element-Emissionslinie und der oder den individuellen Molekül-Rotationslinien [2365] [2630]; die Auflösung der in AAS-Geräten verwendeten Monochromatoren ist da völlig überfordert. Abb. 79 zeigt als Beispiel einen Ausschnitt aus dem Absorptionsspektrum von InCl, aufgenommen mit einem Spektralapparat hoher Auflösung. Die Gold-Resonanzlinie bei 267,6 nm liegt hier genau in der Mitte zwischen zwei Rotationslinien, so daß die tatsächliche Untergrundabsorption relativ gering ist. Setzt man einen Kontinuumstrahler zur Untergrundkompensation ein, so ermittelt dieser die mittlere Extinktion über den betrachteten Spektralbereich, die natürlich hier größer ist als die Extinktion des Untergrunds auf der Gold-Resonanzlinie. Bei Subtraktion der beiden Extinktionswerte ergibt sich demnach eine Überkompensation und somit ein Meßfehler [2384].

Massmann und Mitarbeiter [2630] berichten über ähnliche Störmöglichkeiten der Bestimmung von Bismut (306,8 nm) und Magnesium (285,2 nm) durch Absorptionsbanden

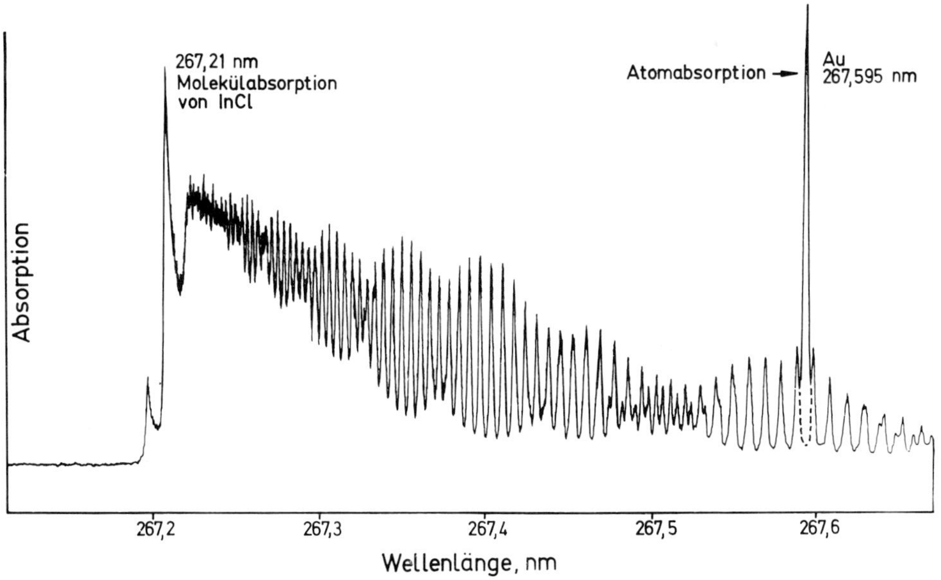

Abb. 79 Hochaufgelöstes Absorptionsspektrum von InCl in der Umgebung der Resonanzlinie für Gold bei 267,6 nm, die genau in der Mitte zwischen zwei Rotationslinien des InCl-Moleküls liegt (aus [2629])

des OH-Radikals in einer Luft/Acetylen-Flamme. Die gleichen Autoren haben auch das Elektronenanregungsspektrum von PO in einer Luft/Acetylen-Flamme aufgenommen, das mit den Resonanzlinien für Eisen (247,3 nm), Palladium (244,8 nm und 247,6 nm) und Ytterbium (246,4 nm) zusammenfällt.

MARKS und Mitarbeiter [2624] weisen auf eine mögliche Fehlerquelle bei Untergrundkorrektur mit Kontinuumstrahlern durch Absorption der kontinuierlichen Strahlung durch Atome von Begleitelementen innerhalb der spektralen Bandbreite hin, die vom Monochromator durchgelassen wird. Das Ergebnis ist auch hier eine Überkompensation.

MANNING [2614] berichtet von einer derartigen spektralen Interferenz bei der Bestimmung von Selen in Gegenwart von Eisen und VAJDA [2995] fand eine ganze Reihe ähnlicher Beispiele.

Obwohl diese Grenzen der Untergrundkompensation mit Kontinuumstrahlern seit Jahren bekannt sind, haben viele Analytiker ein blindes Vertrauen in die Unfehlbarkeit der Untergrundkompensation gezeigt. Natürlich ist ein Untergrundkompensator ein sehr nützliches Hilfsmittel, das auch sehr oft zu richtigen Ergebnissen führt. Bei unbekannten Proben sollte im Zweifelsfall jedoch überprüft werden, ob das Verfahren auch wirklich zuverlässig arbeitet.

Vor allem bei Messungen mit dem Graphitrohrofen ist es wichtig, daß die Strahlen der beiden Strahlungsquellen im Bereich der Atomisierungseinrichtung exakt zusammenfallen. Ist dies nicht der Fall, so wird das Ergebnis falsch, wenn der Probendampf nicht homogen verteilt ist. Dies läßt sich am einfachsten prüfen, indem man ein Drahtnetz im Strahlengang hin und her bewegt; die Anzeige darf sich dabei nicht wesentlich ändern.

Einen zu großen, nicht mehr kompensierbaren Untergrund kann man am einfachsten feststellen, indem man die Probe verdünnt. Wird das Signal dabei überproportional kleiner, so lag nicht mehr kompensierbare Untergrundabsorption vor. Eine weitere qualitative Prüfmöglichkeit besteht in der Messung mit Untergrundkompensator auf einer nahegelegenen, nicht absorbierbaren Linie. Erscheint hierbei ein Meßsignal, so ist die Kompensation nicht vollständig, da auf dieser Linie ja kein elementspezifisches Signal erscheinen kann.

Eine gute Prüfung für einen Untergrund mit Feinstruktur, etwa durch Elektronenanregungsspektren, ist die Messung mit verschiedenen Spaltbreiten. Ist das Ausmaß der Untergrundkompensation (nicht die Extinktion!) abhängig von der eingestellten Spaltbreite, so liegt mit großer Wahrscheinlichkeit ein nicht kontinuierlicher Untergrund vor und damit die Gefahr einer Fehlmessung durch Über- oder Unterkompensation.

7.1.4 Einsatz des Zeeman-Effekts

Als Zeeman-Effekt bezeichnet man die im Jahre 1897 von dem holländischen Physiker ZEEMAN [3098] entdeckte Aufspaltung von Spektrallinien im magnetischen Feld. Genau genommen werden allerdings nicht die Spektrallinien aufgespalten, sondern die Energieniveaus (Terme) in den Atomen. In Abb. 80 ist diese Aufspaltung der Terme und die sich daraus ergebende Aufspaltung der Spektrallinien schematisch dargestellt.

Im einfachsten Fall spalten die Terme und damit auch die Spektrallinien in drei Komponenten auf, eine zentrale π-Komponente, die in ihrer Energie bzw. Frequenz gegenüber der ursprünglichen Lage nicht verändert ist sowie zwei Komponenten mit geringfügig höherer bzw. niedrigerer Energie. Letztere erscheinen als $\sigma\pm$-Linien rechts und links der ursprüngli-

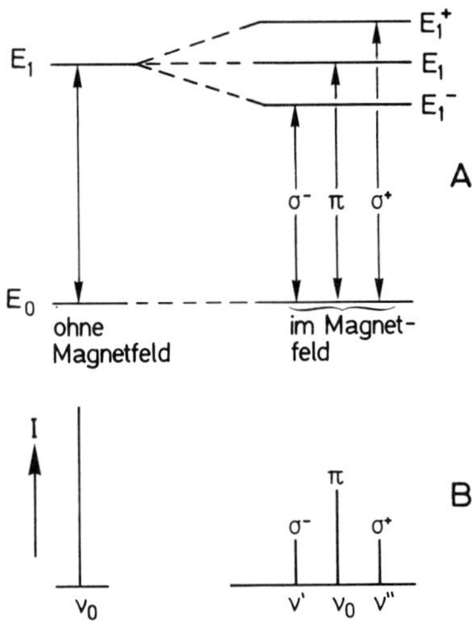

Abb. 80 Normaler Zeeman-Effekt. *A*: Aufspaltung der Terme und *B* der daraus resultierenden Spektrallinien im Magnetfeld

chen Spektrallinie bei etwas höheren bzw. niedrigeren Frequenzen. Das Ausmaß der Verschiebung hängt dabei ab von der angelegten magnetischen Feldstärke. Die Energie- bzw. Intensitätsverhältnisse verteilen sich zwischen den drei Komponenten $\sigma+:\pi:\sigma-$ wie 25 : 50 : 25, wobei die Summe der einzelnen Komponenten der Intensität 100 der ursprünglichen Linie entspricht.

Gleichzeitig mit der Aufspaltung der Spektrallinien tritt auch noch eine Polarisierung der Strahlung auf, die je nach Anordnung des Magnetfelds bzw. je nach Beobachtung der Strahlung (in Richtung des Magnetfeldes oder senkrecht dazu) verschieden ist. Auf diesen Effekt und seine Bedeutung wird später noch ausführlich eingegangen.

Die oben beschriebene, einfache Aufspaltung der Spektrallinien in drei Komponenten tritt nur bei Singulettlinien (Terme mit $S = 0$) auf und wird als „normaler“ Zeeman-Effekt bezeichnet. Singulettlinien sind beispielsweise die Hauptresonanzlinien der Elemente der II. Haupt- und Nebengruppe (Be, Mg, Ca, Sr, Ba, Zn, Cd, Hg). Alle anderen Linien zeigen einen „anomalen“ Zeeman-Effekt mit einer Aufspaltung in mehr als drei Komponenten. Charakteristisch für den anomalen Zeeman-Effekt ist, daß auch die π-Komponente in mehrere Linien aufspaltet und damit nicht mehr exakt mit der ursprünglichen Resonanzlinie zusammenfällt.

Zu unterscheiden ist dabei noch zwischen einer Aufspaltung in eine ungerade Anzahl von π-Komponenten, wobei die ursprüngliche Linie zumindest in einer Komponente erhalten bleibt, und einer Aufspaltung in eine gerade Anzahl von π-Komponenten, wobei die ursprüngliche Linie aus dem Spektrum völlig verschwindet. In Abb. 81 ist die Zeeman-Aufspaltung für einige der gebräuchlichen Elemente und deren Resonanzlinien in der AAS dargestellt. Als weitere Variante kommt noch hinzu, daß bei Elementen, die eine Feinstruktur aufweisen, z. B. aufgrund eines Isotopenshifts (Abb. 82) jede dieser Isotopenlinien ihre eigene Zeeman-Aufspaltung zeigt.

Wie schon früher erwähnt, tritt beim Zeeman-Effekt neben der Aufspaltung in mehrere Komponenten auch noch eine Polarisierung der Strahlung auf, die je nach Beobachtungsrichtung verschieden ist. Beobachtet man die Strahlung senkrecht zum Magnetfeld bzw. legt man das Magnetfeld rechtwinklig zur Strahlrichtung an, so werden die π-Komponenten in

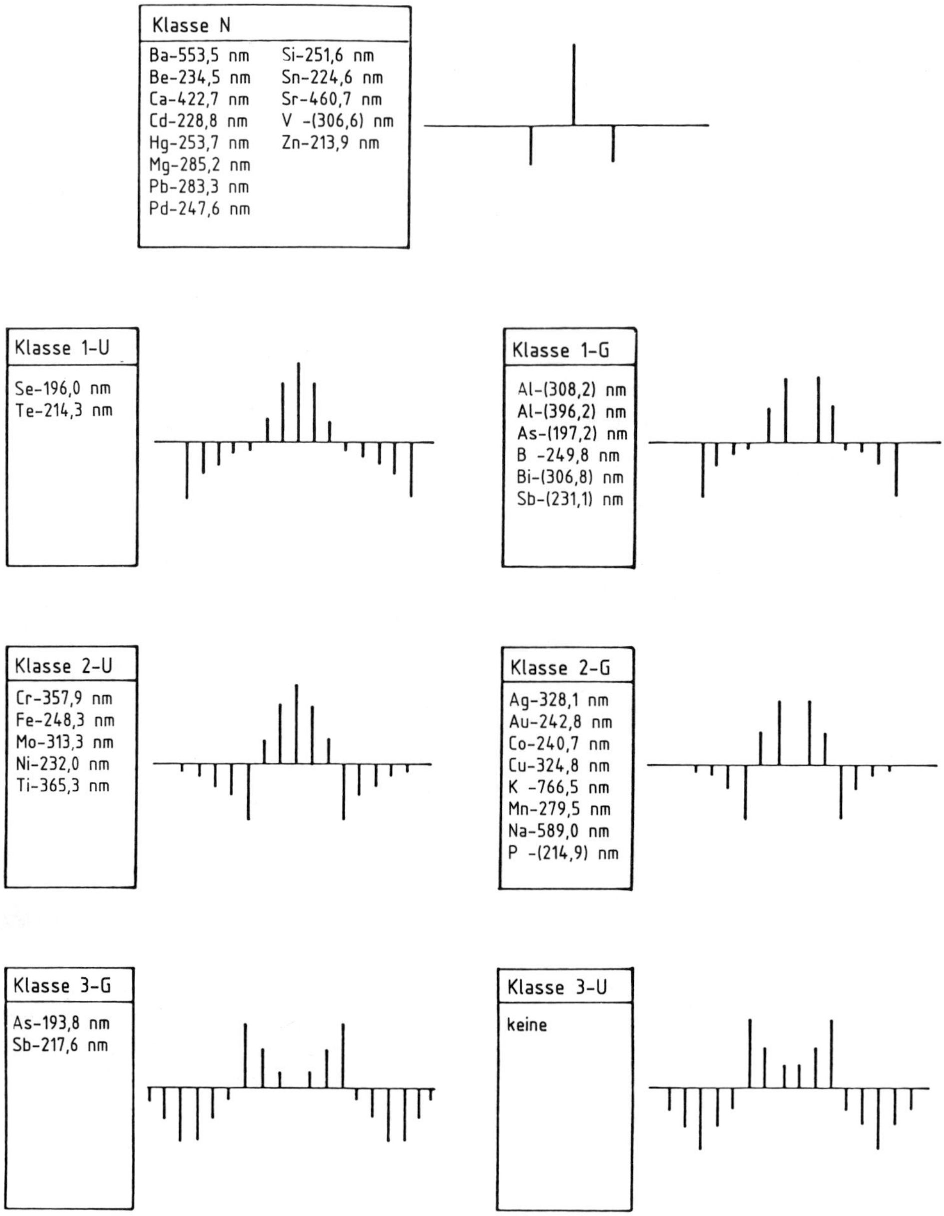

Abb. 81 Normale und anomale Zeeman-Aufspaltung von 35 gebräuchlichen Elementen und Resonanzlinien in der AAS. Klasse N: normale Zeeman-Aufspaltung. Klassen 1-U, 2-U, 3-U: anomale Zeeman-Aufspaltung in eine ungerade Anzahl von Komponenten. Klassen 1-G, 2-G, 3-G: anomale Zeeman-Aufspaltung in eine gerade Anzahl von Komponenten. Sekundäre Resonanzlinien sind in Klammern angegeben

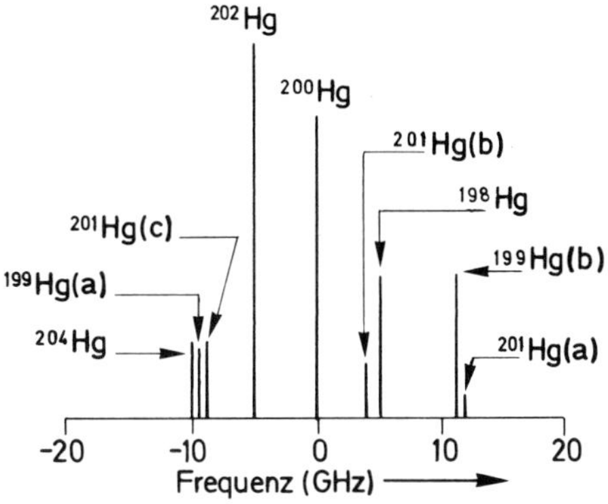

Abb. 82 Die einzelnen Isotopenlinien der Quecksilberlinie bei 253,65 nm. Jede dieser Isotopenlinien zeigt im Magnetfeld ihre eigene Zeeman-Aufspaltung (nach [3089])

einer Richtung parallel zum Magnetfeld polarisiert, während die σ-Komponenten senkrecht zum Magnetfeld polarisiert sind (Abb. 83). Diese Anordnung bezeichnet man als *transversalen Zeeman-Effekt*, während man bei einer Beobachtung in Richtung des Magnetfeldes bzw. einer Anordnung des Magneten parallel zur Strahlrichtung vom *longitudinalen Zeeman-Effekt* spricht. In diesem zweiten Fall fehlen die π-Komponenten im Spektrum und man beobachtet nur die zwei zirkular polarisierten $\sigma+$ und $\sigma-$ Komponenten (Abb. 83). Der longitudinale Zeeman-Effekt unterscheidet sich vom transversalen, also nicht nur in der Polarisation sondern auch im Erscheinungsbild, da die π-Komponente fehlt. Schließlich ist auch noch die Intensitätsverteilung verschieden, da hier die beiden σ-Komponenten jeweils die halbe Intensität der ursprünglichen Spektrallinie aufweisen.

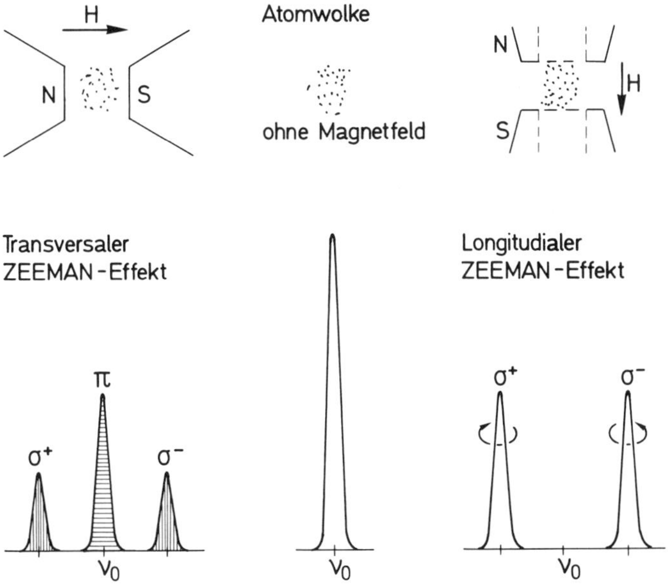

Abb. 83 Transversaler (Magnetfeld senkrecht zur Strahlrichtung) und longitudinaler (Magnetfeld parallel zur Strahlrichtung) Zeeman-Effekt

Schon eingangs wurde darauf hingewiesen, daß beim Zeeman-Effekt nicht die Spektrallinien aufgespalten werden, sondern die Energieniveaus (Terme) in den Atomen. Das heißt, das Magnetfeld darf nicht irgendwo im Strahlengang angebracht sein, sondern muß an der Atomwolke angelegt werden. In der AAS gibt es hierfür grundsätzlich zwei verschiedene Möglichkeiten: die Atomwolke in der primären Strahlungsquelle und die in der Atomisierungseinrichtung für die Probe.

Legt man das Magnetfeld an der Strahlungsquelle an, so spricht man vom *direkten Zeeman-Effekt*. In diesem Fall werden die Energieniveaus in den die Strahlung emittierenden Atomen aufgespalten und man beobachtet daher tatsächlich die bereits beschriebene Aufspaltung der Spektrallinien in mehrere Komponenten sowie die unterschiedliche Polarisation dieser Komponenten. Legt man dagegen das Magnetfeld an die Atomisierungseinrichtung, so spricht man vom *inversen Zeeman-Effekt*, wobei hier natürlich die Strahlungsquelle wie bei der normalen AAS nur die ursprünglichen, nicht aufgespaltenen Linien aussendet. Beim inversen Zeeman-Effekt werden die Energieniveaus der absorbierenden Atome aufgespalten, womit sich deren Absorptionsbereitschaft grundlegend ändert. Da die Strahlungsquelle nur die ursprüngliche Resonanzlinie aussendet, kann diese Strahlung nur von den π-Komponenten in der Probe, nicht aber von den σ-Komponenten absorbiert werden. Beim direkten Zeeman-Effekt dagegen, bei dem von der Strahlungsquelle sowohl die π- als auch die σ-Komponenten emittiert werden, kann auch auf den Wellenlängen der σ-Komponenten eine Absorption gemessen werden. Die Atome des zu bestimmenden Elements werden natürlich auch hier im Normalfall nur die nicht verschobene Strahlung der π-Komponente absorbieren.

Ein letzter Unterschied, der sich besonders in der Art der Messung äußert, ist schließlich darin gegeben, ob ein magnetisches Gleichfeld oder ein Wechselfeld für die Aufspaltung eingesetzt wird. Ein Gleichfeld, erzeugt von einem Permanent- oder Gleichstrommagneten, spaltet die Emissions- bzw. Absorptionslinien der Atome permanent auf. Um die verschiedenen Komponenten unabhängig messen zu können, nützt man deren unterschiedliche Polarisation aus, z. B. indem man einen rotierenden Polarisator in den Strahlengang bringt. Ein von einem Wechselstrommagneten erzeugtes Wechselfeld spaltet dagegen die Spektrallinien nur dann auf, wenn das Feld eingeschaltet ist; ist das Feld abgeschaltet, so erfolgt keine Aufspaltung und es wird in ganz normaler AAS gemessen.

Aus diesen verschiedenen Möglichkeiten den Zeeman-Effekt einzusetzen: transversal oder longitudinal, direkt oder invers sowie mit Gleichfeld oder Wechselfeld, ergeben sich insgesamt acht prinzipiell verschiedene Ausführungsformen. Sie unterscheiden sich z. T. erheblich in ihrer Realisierbarkeit, in den Einsatzmöglichkeiten und in der Art wie die Messung durchgeführt wird (vgl. Tabelle 11).

1969 haben PRUGGER und TORGE [2765] erstmal vorgeschlagen, den Zeeman-Effekt in der Atomabsorption zur Korrektur von Untergrundabsorption und zur Kompensation von Flammenrauschen einzusetzen. Sie brachten die Strahlungsquelle in ein Magnetfeld und setzten einen rotierenden Polarisator in den Strahlengang, um in rascher Folge die parallel zum Magnetfeld polarisierte π-Komponente bzw. die senkrecht zum Magnetfeld polarisierten $\sigma\pm$-Komponenten zu messen. Während die π-Komponente sowohl von den Probenatomen als auch vom Untergrund absorbiert werden kann, werden die σ-Komponenten nur durch den Untergrund geschwächt; eine Subtraktion der beiden Meßwerte ergibt die reine Atomabsorption. Erfolgen die beiden Messungen in rascher Folge (z. B. mit 50 Hz), so ist damit die Möglichkeit für eine automatische Untergrundkorrektur gegeben.

Tabelle 11 Verschiedene Ausführungsformen zur Nutzung des Zeeman-Effekts in der AAS und deren Besonderheiten

Ort des Magneten	Anordnung des Magneten zur Strahlführung	Art des Magnetfelds	Besonderheiten
an der Strahlungsquelle („direkt“)	parallel („longitudinal“)	Gleichfeld	rotierender Polarisator
		Wechselfeld	kein Polarisator erforderlich
	rechtwinklig („transversal“)	Gleichfeld	rotierender Polarisator
		Wechselfeld	feststehender Polarisator
an der Atomisierungseinrichtung („invers“)	parallel („longitudinal“)	Gleichfeld	in der AAS nicht verwendbar
		Wechselfeld	kein Polarisator erforderlich
	rechtwinklig („transversal“)	Gleichfeld	rotierender Polarisator
		Wechselfeld	feststehender Polarisator

PARKER und PEARL [2730] zeigten später, daß bei Einsatz des Zeeman-Effekts sich mit einer Einstrahloptik ein Zweistrahleffekt erzielen läßt. Da hier beide Komponenten aus einer Strahlungsquelle kommen, beide durch die Atomisierungseinrichtung gehen und die gleiche Strahlungsführung aufweisen, lassen sich wieder bei raschem Vergleich der beiden Meßwerte Drifterscheinungen in der Strahlungsquelle ebenso wie Rauschen und verschiedene Absorption der Flamme auskompensieren.

Bis 1976 befaßten sich fast alle Arbeiten mit dem direkten Zeeman-Effekt, verwendeten also das Magnetfeld an der Strahlungsquelle. Das von PRUGGER und TORGE [2765] vorgeschlagene System mit einem transversalen Gleichfeld und einem rotierenden Polarisator zur abwechselnden Messung der Absorption auf der π- bzw. den σ-Komponenten wurde später auch von KOIZUMI und YASUDA [2483], sowie STEPHENS und RYAN [2914] [2915] eingesetzt. Bei dieser Ausführungsform sind, wie schon früher erwähnt, die Emissionslinien aus der Strahlungsquelle permanent in die π- und σ-Komponenten gespalten. Steht der rotierende Polarisator parallel zum Magnetfeld, so wird die gegenüber der ursprünglichen Resonanzlinie nicht verschobene π-Linie durchgelassen und sowohl Atomabsorption als auch die Untergrundabsorption gemessen. Steht der rotierende Polarisator senkrecht zum Magnetfeld, so werden die geringfügig nach höheren bzw. niedrigeren Wellenlängen verschobenen, senkrecht polarisierten σ-Komponenten durchgelassen. Sind diese weit genug verschoben, so daß keine Überlappung mehr mit der Absorptionslinie auftritt, so wird in dieser Phase nur die Untergrundabsorption gemessen. Wichtig für unsere weiteren Betrachtungen ist, daß in den zwei Meßphasen bei geringfügig verschiedenen Wellenlängen gearbeitet wird.

In der Literatur nicht beschrieben ist die Verwendung eines transversalen Wechselfelds an der Strahlungsquelle. Wie bei allen Systemen mit magnetischem Wechselfeld wird hier in rascher Folge ohne bzw. mit eingeschaltetem Magnetfeld gemessen. Alle Messungen in der Phase „Magnetfeld aus" erfolgen mit konventioneller Atomabsorption; die Strahlungsquelle sendet die Resonanzlinie auf der ursprünglichen Frequenz aus und es wird sowohl Atomabsorption als auch Untergrundabsorption gemessen. In der Phase „Magnetfeld ein" erfolgt die bekannte Zeeman-Aufspaltung der emittierten Strahlung in polarisierte π- und σ-Komponenten wie beim transversalen Gleichfeld beschrieben. Beim Wechselfeld ist jedoch kein rotierender Polarisator erforderlich; zur Differenzierung der Meßphasen genügt ein feststehender Polarisator senkrecht zum Magnetfeld, der in der Phase „Magnetfeld ein" die π-Komponente permanent ausblendet. Damit wird in dieser Phase nur der Untergrund auf den geringfügig verschobenen σ-Komponenten der Strahlung gemessen.

Hadeishi und Mitarbeiter [2333] [2335] befaßten sich seit 1971 ausführlich mit verschiedenen Zeeman-Systemen und begannen mit der Untersuchung des longitudinalen Gleichfelds an der Strahlungsquelle. Wie schon früher erwähnt, tritt beim longitudinalen Feld, d. h. der Beobachtung der Strahlung in Richtung des Magnetfelds, die π-Komponente nicht auf, womit eine Messung auf der ursprünglichen Resonanzlinie nicht möglich ist. Hadeishi verwendete eine elektrodenlose Entladungslampe als Strahlungsquelle, die mit dem reinen Isotop ^{199}Hg (bzw. später mit dem Isotop ^{198}Hg) gefüllt war. In einem geeigneten Magnetfeld (etwa 0,7 Tesla) spaltet die Isotopenlinie so auf, daß die $\sigma-$ Komponente mit dem Zentrum der Absorptionslinie von natürlichem Quecksilber zusammenfällt, während die $\sigma+$ Komponente am fernen, blauen Ende des Absorptionsprofils zu liegen kommt. Mit der $\sigma-$ Komponente wird die Atomabsorption und die Untergrundabsorption gemessen, während mit der $\sigma+$ Komponente nur die Untergrundabsorption erfaßt wird. Die Unterscheidung erfolgt auch hier mit einem rotierenden Polarisator, der abwechselnd die verschieden polarisierten σ-Komponenten durchläßt. Dieses Verfahren ist nur anwendbar auf Elemente, die ein geeignetes natürliches Isotop besitzen und einen ausreichenden Isotopenshift aufweisen; es ist damit auf wenige Elemente begrenzt.

Im Gegensatz dazu ist ein System mit einem longitudinalen Wechselfeld an der Strahlungsquelle wieder universell einsetzbar, da hier in der Phase „Magnetfeld aus" die normale, unbeeinflußte Resonanzlinie ausgestrahlt wird. Diese erlaubt wie gewohnt eine Messung der Atomabsorption und der Untergrundabsorption. In der Phase „Magnetfeld ein" werden von der Strahlungsquelle nur die entsprechend verschobenen σ-Komponenten ausgesandt, die von den Probenatomen nicht absorbiert werden und daher eine Messung der Untergrundabsorption ermöglichen. Da beim longitudinalen Zeeman-Effekt die π-Komponente nicht auftritt, ist in der Phase „Magnetfeld ein" auf der ursprünglichen Wellenlänge keine Atomabsorption möglich. Es ist daher auch kein Polarisator erforderlich, um eine der Komponenten abzutrennen; bei diesem Aufbau wird lediglich die Zeeman-Verschiebung für die Messung ausgenutzt.

Beim inversen Zeeman-Effekt mit dem Magnetfeld an der Atomisierungseinrichtung gelten im Prinzip die gleichen Überlegungen wie beim direkten Zeeman-Effekt. Der wesentliche Unterschied ist, wie schon erwähnt, daß hier die Strahlungsquelle stets die normale Resonanzlinie aussendet und dafür die Absorptionsbereitschaft der Probenatome (d. h. deren Terme) durch das Magnetfeld verändert wird.

Auch beim inversen Zeeman-Effekt wurde das transversale Gleichfeld am häufigsten beschrieben, da es offensichtlich die einfachste Lösung darstellt. KOIZUMI und YASUDA [2486] [2487] beschäftigten sich seit 1976 ausführlich mit dieser Version, aber auch DAWSON und Mitarbeiter [2187] sowie FERNANDEZ und Mitarbeiter [2246] untersuchten die Möglichkeiten dieses Aufbaus sehr gründlich.

Durch das Magnetfeld an der Atomisierungseinrichtung wird die Absorptionsbereitschaft der Atome permanent verändert. Das Absorptionsspektrum (das als solches natürlich nur mit einem Kontinuumstrahler als primärer Strahlungsquelle zu beobachten ist) spaltet in eine parallel zum Magnetfeld polarisierte π-Komponente, die auf der gleichen Frequenz liegt wie die ursprüngliche Absorptionslinie, und in, nach höheren und niedrigeren Frequenzen verschobene, senkrecht zum Magnetfeld polarisierte σ-Komponenten. Bringt man einen rotierenden Polarisator in den Strahlengang, so beobachtet man in der Phase, in der dieser parallel zum Magnetfeld steht, die Atomabsorption durch die π-Komponente und die Absorption durch den nicht polarisierten Untergrund. Steht der Polarisator senkrecht zum Magnetfeld, so wird die π-Komponente ausgeblendet, d. h. man mißt keine Atomabsorption mehr, sondern nur noch die Absorption durch den nicht polarisierten Untergrund. Die Differenz der beiden Absorptionen ergibt wieder die reine Atomabsorption.

Es ist wichtig festzustellen, daß hier im Gegensatz zum direkten Zeeman-Effekt mit Magnetfeld an der Strahlungsquelle nur Messungen auf der eigentlichen Resonanzwellenlänge durchgeführt werden, da nur diese von der Strahlungsquelle emittiert wird. Die nach kürzeren bzw. längeren Wellenlängen verschobenen σ-Komponenten können, falls sie weit genug verschoben sind, nicht für Messungen herangezogen werden, da sie nicht mit Strahlung aus der primären Strahlungsquelle überlappen.

1978 haben DE LOOS-VOLLEBREGHT und DE GALAN [2192] [3101] vorgeschlagen, ein transversales Wechselfeld an der Atomisierungseinrichtung (Graphitrohr) einzusetzen, da dieses System eine Reihe von Vorteilen bietet [2194]. In der Phase „Magnetfeld aus" werden die übliche Atomabsorption und die Untergrundabsorption gemessen, während in der Phase „Magnetfeld ein" mit einem feststehenden, senkrecht zum Magnetfeld orientierten Polarisator die π-Komponente ausgeblendet und damit nur die nicht polarisierte Untergrundabsorption gemessen wird. FERNANDEZ und Mitarbeiter [2244] haben die Leistungsfähigkeit dieses Systems zur Korrektur hoher Untergrundabsorption in der Graphitrohrofen-Technik untersucht, während es BRODIE und LIDDELL [2107] für die Flammen-Technik einsetzten.

Von den beiden denkbaren Möglichkeiten, die mit einem longitudinalen Magnetfeld an der Atomisierungseinrichtung arbeiten, ist die mit einem Gleichfeld nicht realisierbar. Da hierbei die π-Komponente permanent aus dem Spektrum verschwindet, ist mit dieser Anordnung keine Messung der Atomabsorption möglich.

Die zweite Variante, ein longitudinales Wechselfeld, wurde 1975 von UCHIDA und HATTORI [2990] und ein Jahr später von OTRUBA und Mitarbeitern [2716] jeweils für die Flamme als Atomisierungsmittel beschrieben. 1978 haben DE LOOS-VOLLEBREGHT und DE GALAN [2192] dieses System auch für den Graphitrohrofen als optimal vorgeschlagen. Beim longitudinalen Wechselfeld an der Atomisierungseinrichtung wird in der Phase „Magnetfeld aus" wieder normal Atomabsorption und Untergrundabsorption gemessen. In der Phase „Magnetfeld ein" treten in Absorption nur die σ-Komponenten auf, d. h. man beobachtet bei ausreichender Verschiebung keine Atomabsorption sondern nur Untergrundabsorption.

Bei diesem System arbeitet man wieder ohne Polarisator und nützt nur die Verschiebung der σ-Komponenten und die Auslöschung der π-Komponente durch den Zeeman-Effekt aus.

Im folgenden sollen kurz die instrumentellen Aspekte diskutiert werden, wie sich der Einsatz des Zeeman-Effekts in der AAS auf so wichtige Komponenten wie die Strahlungsquelle und die Atomisierungseinrichtung auswirkt. Daneben sollen auch der neu hinzukommende Magnet und der Polarisator betrachtet werden.

Beim *direkten* Zeeman-Effekt wird ein starkes Magnetfeld an der Strahlungsquelle angelegt. Normale, handelsübliche Strahlungsquellen, wie sie in der Atomabsorption eingesetzt werden, sind hierfür nicht sonderlich geeignet. Sie würden einen mehrere Zentimeter breiten Luftspalt zwischen den Magnetpolen bedingen, was bei den erforderlichen Feldstärken um 1 Tesla (10 kGauss) die Dimensionen des Magneten gewaltig werden ließe.

Weit problematischer als die Größe des Magneten ist aber die Tatsache, daß es sehr schwierig ist, eine Glimmentladung in einem starken Magnetfeld zu zünden und eine stabile Emission aufrecht zu erhalten. Lediglich mit geringer Leistung betriebene, elektrodenlose Entladungslampen scheinen als Strahlungsquellen geeignet zu sein. Quecksilber ist aber das einzige Element, das einen genügend großen Dampfdruck besitzt, um unter diesen Bedingungen stabil zu brennen. Es ist daher auch nicht weiter verwunderlich, daß sich die ersten Arbeiten zum Zeeman-Effekt fast ausschließlich mit diesem Element beschäftigten [2333–2335] [2483].

Bei anderen Elementen, selbst wenn sie recht leicht flüchtige Halogenide bilden, muß die elektrodenlose Entladungslampe auf Temperaturen um 250 bis 300 °C geheizt werden, um einen Dampfdruck von etwa 10^{-3} Torr aufrecht zu erhalten. Das ist erforderlich, wenn die Strahlungsquelle mit 2 W Leistung bei 100 MHz stabil emittieren soll [2484] [3089].

Elektrodenlose Entladungslampen lassen sich, auch wenn sie zusätzlich geheizt werden, nur für Elemente mit einem relativ hohen Dampfdruck bauen, wie für Arsen, Blei, Cadmium, Selen oder Zink. Sie kommen damit für die Mehrzahl der mit der AAS bestimmbaren Elemente als Strahlungsquelle nicht in Frage. Daraus ergibt sich die Notwendigkeit für den Einsatz des direkten Zeeman-Effekts spezielle Strahlungsquellen zu entwickeln, die auch in dem starken Magnetfeld ausreichend stabil emittieren.

STEPHENS [2910] baute für einige Elemente kapazitativ gekoppelte, mit relativ niedrigen Frequenzen von 2 MHz betriebene Lampen, die magnetisch stabil waren. KOIZUMI und YASUDA [2485] entwarfen eine Lampe, bei der sich Kathode und Anode in Form von zwei parallelen Platten gegenüberstehen. Diese Strahlungsquelle wurde mit einer Gleichspannung bis etwa 500 V betrieben, der ein Hochfrequenzfeld von 100 MHz überlagert war. MURPHY und STEVENS [2678] versuchten, konventionelle Hohlkathodenlampen mit einer Hochfrequenzleistung von 2,5 MHz zu betreiben, dabei wurde jedoch die Kathode ziemlich rasch zerstört. In ähnlicher Weise waren auch andere Versuche mit Hohlkathodenlampen in starken Magnetfeldern zu arbeiten nicht sonderlich erfolgreich [2911] [2912].

Generell kann gesagt werden, daß die Anwendbarkeit des direkten Zeeman-Effekts in der AAS stark darunter leidet, daß der Betrieb konventioneller Hohlkathodenlampen unter üblichen Bedingungen im starken Magnetfeld praktisch nicht möglich ist. Der direkte Zeeman-Effekt erfordert daher die Entwicklung spezieller Strahlungsquellen, was in Einzelfällen sicher möglich ist, bei verschiedenen Elementen jedoch auf große Schwierigkeiten stoßen wird. Es wird wohl kaum möglich sein für alle mit der AAS bestimmbaren Elemente Strahlungsquellen zu entwickeln, die im starken Magnetfeld zünden und stabil emittieren.

Es kann daher als großer Vorteil des inversen Zeeman-Effektes mit dem Magnetfeld an der Atomisierungseinrichtung angesehen werden, daß hier die erprobten, konventionellen Strahlungsquellen der AAS direkt verwendbar sind. Es erhebt sich nur die Frage, inwieweit hier Beschränkungen bezüglich der Atomisierungseinrichtung auftreten.

In den meisten früheren Arbeiten zum Einsatz des Zeeman-Effektes in der AAS wird, falls nicht Quecksilber mit der Kaltdampf-Technik bestimmt wird, eine Flamme als Atomisierungsmittel eingesetzt. Es ist daher wohl nicht verwunderlich, daß bis 1976 fast ausschließlich der direkte Zeeman-Effekt mit dem Magnetfeld an der Strahlungsquelle untersucht wurde. Vermutlich besteht hier ein ursächlicher Zusammenhang, da die Kombination Brenner – Magnet sicher nicht ganz einfach ist.

Die Probleme liegen in der Dimension der üblicherweise in der AAS verwendeten Flammen mit einer Länge von 5 bis 10 cm und in der von ihnen entwickelten Strahlungswärme. Letztere macht üblicherweise eine Wasserkühlung des Magneten notwendig und erfordert zudem einen größeren Abstand der Magnetpole von der Flamme. Die Länge der Flamme und der relativ große Luftspalt machen den Magneten recht groß und unhandlich und zwingen zudem meist zu Kompromissen was die erreichbare Feldstärke anlangt.

Es wurden in jüngster Zeit verschiedene Kombinationen Flamme – Zeeman-Magnet beschrieben, wobei in zwei Fällen ein transversales Gleichfeld [2246] [3089] und einmal ein transversales Wechselfeld [2107] eingesetzt wurde. In allen Fällen ist jedoch die an der Flamme erzielte Feldstärke deutlich niedriger als die am Ofen [2246] [3089] und reicht kaum aus, um eine optimale Aufspaltung zu erzielen [2107].

Es bereitet also Schwierigkeiten ein ausreichend starkes Magnetfeld an einer Flamme als Atomisierungseinrichtung anzulegen. Dazu kommt, daß bei der Flammen-Technik von der Anwendung her eigentlich keine Notwendigkeit für den Einsatz des Zeeman-Effekts besteht. Die Untergrundabsorption ist üblicherweise gering und läßt sich häufig durch Verwenden heißerer Flammen weiter reduzieren. Die Reststörungen sind dann leicht mit einem Kontinuumstrahler wie einer Deuterium- oder einer Halogenlampe kompensierbar. Auch die im fernen UV, besonders bei Arsen und Selen zu beobachtende starke Eigenabsorption der Flamme läßt sich mit einem Deuterium-Untergrundkompensator beseitigen, der gleichzeitig eine deutliche Verbesserung des Signal/Rausch-Verhältnisses und der Bestimmungsgrenze mit sich bringt [2059].

Echte Probleme mit der Untergrundabsorption und deren Korrektur treten eigentlich nur bei der Graphitrohrofen-Technik auf. Die Kombination Graphitrohrofen – Magnet scheint aber, wie verschiedene Publikationen zeigen, relativ problemlos zu sein. Einmal sind Graphitrohre üblicherweise klein genug, so daß der Luftspalt zwischen den Polschuhen und damit die Ausmaße des Magneten in vernünftigen Dimensionen bleiben. Weiterhin wird das Graphitrohr nicht dauernd geheizt, so daß die Wärmeabstrahlung deutlich geringer ist und damit eine Kühlung des Magneten unterbleiben kann. FERNANDEZ und Mitarbeiter [2244] haben gezeigt, daß ein konventioneller Graphitrohrofen ohne nennenswerte Änderungen direkt in einen Zeeman-Magneten eingepaßt werden kann.

Wie später noch gezeigt wird, ist für eine einwandfreie Aufspaltung und Trennung der einzelnen Zeeman-Komponenten π und $\sigma \pm$ ein homogenes Magnetfeld in der Größenordnung von 1 Tesla (10 kGauss) erforderlich. Je nach dem erforderlichen Luftspalt zum Unterbringen der Strahlungsquelle oder der Atomisierungseinrichtung ist hierfür schon ein relativ massiver Magnet notwendig.

Um ein magnetisches Gleichfeld zu erzeugen, kann man entweder einen Permanentmagneten oder einen Gleichstrom-Elektromagneten einsetzen. Der letztere bietet den Vorteil, daß die Feldstärke variiert und damit, falls erforderlich, den speziellen Gegebenheiten einer Bestimmung angepaßt werden kann. Zum Erzeugen eines magnetischen Wechselfelds setzt man einen Wechselstrom-Elektromagneten ein. Da in dieser Betriebsart in rascher Folge mit eingeschaltetem und abgeschaltetem Magnetfeld gemessen werden soll, ist es wichtig, daß ein System geringer Trägheit eingesetzt wird, bei dem nach Abschalten des Stroms der Magnetismus sehr rasch abklingt. Die Elektronik muß dabei mit dem Elektromagneten so abgestimmt sein, daß die erste Messung in der Phase gemacht wird, in der die magnetische Feldstärke am größten und die zweite Messung, wenn der Magnetismus völlig abgeklungen ist.

Um ein transversales Magnetfeld zu bekommen, bringt man die beiden Polschuhe des Magneten zu beiden Seiten der Strahlunsquelle oder der Atomisierungseinrichtung senkrecht zur Strahlungsrichtung an. Um ein longitudinales Magnetfeld zu erhalten, müßten die beiden Magnetpole jedoch in Strahlungsrichtung, also vor bzw. hinter der Strahlungsquelle bzw. der Atomisierungseinrichtung angeordnet und die Polschuhe zum Strahlungsdurchtritt durchbohrt werden. Einfacher läßt sich ein longitudinales Magnetfeld erzeugen, wenn man um die Strahlungsquelle bzw. die Atomisierungseinrichtung eine Luftspule legt.

Aus gerätetechnischer Sicht besteht noch ein weiterer prinzipieller Unterschied zwischen einem Gleichfeld und einem Wechselfeld. In einem magnetischen Gleichfeld bleibt die Aufspaltung der Emissions- bzw. Absorptionslinie in eine zentrale π- und in die verschobenen $\sigma\pm$-Komponenten permanent erhalten. Um das Intensitätsverhältnis der beiden Komponenten bestimmen zu können, muß meßtechnisch zwischen ihnen unterschieden werden. Hierzu bietet sich die unterschiedliche Polarisation an, zu deren Messung im Strahlengang doppelbrechende Filter [2187] [2486] oder ein polarisierendes Prisma [2485] angebracht werden. Um die beiden Komponenten alternierend messen zu können, wird das Filter oder Prisma im Strahlengang gedreht, so daß in rascher Folge einmal die parallel und dann die senkrecht zum Magnetfeld polarisierte Strahlung durchgelassen wird.

Sowohl Filter als auch Prismen haben den Nachteil, daß sie im fernen UV (<220 nm) zunehmend undurchlässig werden und daher größere Strahlungsverluste auftreten. Durch die Polarisation werden ohnehin maximal nur 50% der Strahlung durchgelassen. Eine weitere Schwierigkeit entsteht durch die Notwendigkeit, die Polarisationseinrichtung mit relativ hoher Geschwindigkeit (z. B. 50 oder 100 Hz) zu drehen, da die Masse dieser Bauteile nicht unerheblich ist, was leicht zu einer gewissen Unwucht führt. Wesentlich wichtiger ist aber die bei Verwendung magnetischer Gleichfelder (sowohl an der Strahlungsquelle als auch an der Atomisierungseinrichtung) zu beobachtende ungleiche Reflexion der π- und σ-Strahlung am Gitter des Monochromators. Diese Bevorzugung einer der Polarisationsrichtungen im Monochromator kann zudem stark wellenlängenabhängig sein. Aus diesem Grund erfordern Geräte mit Gleichfeld einen justierbaren Polarisator und der Abgleich der beiden Komponenten muß bei jeder Wellenlänge neu vorgenommen werden [3101].

Bei Einsatz eines magnetischen Wechselfelds treten derartige Schwierigkeiten nicht auf. Hier wird die bei maximaler Feldstärke gemessene Extinktion mit der bei abgeschaltetem Magnetfeld verglichen; die optimale Empfindlichkeit erhält man, wenn die π-Komponente der Strahlung herausgefiltert wird. Bei einem transversalen Magnetfeld geschieht dies, indem man einen feststehenden Polarisator in den Strahlengang bringt, der nur senkrecht zum Feld polarisierte Strahlung durchläßt. Natürlich wird auch hierbei die Hälfte der Strahlungsintensität geopfert – in der Phase „Magnetfeld ein“ die π-Komponente und in der Phase „Magnetfeld aus“ statistisch die Hälfte der willkürlich in alle Raumrichtungen polarisierten Primärstrahlung.

Nur bei Einsatz eines longitudinalen Wechselfeldes treten keine Energieverluste durch eine Polarisationseinrichtung auf, da hier in der Phase „Magnetfeld ein“ die zentrale π-Komponente fehlt. Der Einsatz eines Polarisators kann daher unterbleiben, so daß diese Version von der energetischen Seite her am günstigsten ist. Zudem vereinfacht die Abwesenheit einer derartigen Komponente natürlich den gesamten Aufbau.

Aufgrund dieser apparativen Betrachtungen ist ein Magnet um die Atomisierungseinrichtung klar vorzuziehen, da er gestattet, die zuverlässigen Strahlungsquellen der AAS beizubehalten. Magnetische Gleichfelder sind zwar einfacher zu erzeugen, sie erfordern aber einen rotierenden Polarisator und zusätzliche Komponenten, um die Intensitäten der beiden verschieden polarisierten Anteile der Strahlung abzugleichen. Magnetische Wechselfelder haben diese Schwierigkeiten nicht und sind daher vorzuziehen [3101].

Entscheidend für den Einsatz des Zeeman-Effekts in der AAS sollte die analytische Leistungsfähigkeit sein. Dabei gibt es im wesentlichen zwei Gründe, den Zeeman-Effekt zu verwenden. Einmal sollte ein Zeeman-AAS-Gerät ein ideales Zweistrahlgerät sein, und zweitens sollte es die beste Möglichkeit zur richtigen Korrektur von Untergrundabsorption bieten. Beim longitudinalen Zeeman-Effekt nutzt man dazu das Verschwinden der eigentlichen Resonanzlinie aus und beim transversalen Zeeman-Effekt die verschiedene Polarisierung der π- und σ-Komponenten. Beim direkten Zeeman-Effekt erfolgt dabei stets eine Messung auf der Resonanzlinie und die zweite neben der Linie, wobei die Größe der Verschiebung von der Feldstärke abhängt. Beim inversen Zeeman-Effekt erfolgen dagegen beide Messungen auf der Resonanzlinie. Bei Anwendung eines Gleichfelds schließlich und Einsatz eines rotierenden Polarisators wird abwechselnd die π-Komponente durchgelassen und die σ-Komponenten ausgeblendet und umgekehrt. Bei Anwendung eines Wechselfeldes dagegen und Einsatz eines festen Polarisators erfolgt abwechselnd eine Messung ohne Magnetfeld, also mit „normaler“ AAS, und eine Messung mit eingeschaltetem Magnetfeld und Ausblenden der π-Komponente.

Für die Überlegungen, welches System bezüglich seiner analytischen Leistungsfähigkeit am besten geeignet ist, sollte der Grundsatz gelten, daß es möglichst viele Vorteile und möglichst wenig Nachteile mit sich bringt. Es ist also die Frage zu stellen, welches apparative Prinzip liefert die beste Untergrundkompensation und das stabilste Zweistrahlsystem bei möglichst gleicher Empfindlichkeit, Nachweisgrenze und Linearität wie die konventionelle AAS.

Bei der Frage nach dem *Zweistrahlprinzip* muß unterschieden werden zwischen dem direkten Zeeman-Effekt mit dem Magneten an der Strahlungsquelle und dem inversen Zeeman-Effekt mit dem Magneten an der Atomisierungseinrichtung. Beim direkten Zeeman-Effekt verwenden der Meßstrahl (π) und der Referenzstrahl ($\sigma \pm$) verschiedene Wellenlängen mit unterschiedlichen spektralen Linienprofilen. Beim inversen Zeeman-Effekt liegen dagegen Meß- und Vergleichsstrahl exakt auf der gleichen Wellenlänge (ν_0) und besitzen das gleiche Linienprofil (die Emissionslinie aus der Strahlungsquelle). Sie unterscheiden sich in einem Gleichfeld (rotierender Polarisator) nur durch die verschiedene Polarisierung, während im Wechselfeld (feststehender Polarisator) auch noch diese Unterscheidung entfällt. Die direkte Zeeman-AAS ist daher ein Zwei-Wellenlängen-Verfahren, während die inverse Zeeman-AAS ein echtes Zweistrahl-Verfahren ist.

YASUDA und Mitarbeiter [3089] zeigten, daß bei Einsatz der direkten Zeeman-AAS die Basislinie nach dem Einschalten der Strahlungsquelle zunächst eine Drift aufweist, die später jedoch verschwindet. Die Basislinie weist allerdings auch nach längerer Einbrenndauer der Strahlungsquelle noch Instabilitäten auf, die auf Unterschiede im Grad der Selbstabsorption zwischen den π- und σ-Komponenten der Emissionslinie zurückzuführen sind. Derartige Selbstabsorptions-Effekte lassen sich bei keiner Strahlungsquelle vermeiden. Die inverse Zeeman-AAS zeigt demgegenüber unmittelbar nach dem Einschalten der Strahlungsquelle eine ideale Linearität und ist frei von Schwankungen. Das Zweistrahlprinzip wird also mit dem inversen Zeeman-Effekt in idealer Weise erreicht, da beide Strahlen von derselben Strahlungsquelle emittiert werden, exakt auf der gleichen Wellenlänge liegen und das gleiche spektrale Linienprofil aufweisen, derselben Strahlführung folgen, beide gleichermaßen durch die Probe und durch alle optischen Elemente gehen und auf denselben Detektor fallen.

Die *Richtigkeit der Untergrundkorrektur* ist unabhängig von der Art des verwendeten Magnetfeldes, ob der transversale oder longitudinale Zeeman-Effekt eingesetzt wird und ob ein Element den normalen oder einen anomalen Zeeman-Effekt zeigt. Sie hängt wie das Zweistrahlprinzip lediglich davon ab, ob das Magntfeld an der Strahlungsquelle (direkter Zeeman-Effekt) oder an der Atomisierungseinrichtung (inverser Zeeman-Effekt) angebracht ist. Im ersten Fall erfolgt die Messung der Gesamtabsorption (Atomabsorption und Untergrundabsorption) auf der Resonanzlinie (π-Komponente), während die Messung der Untergrundabsorption rechts und links neben der Resonanzlinie mit Hilfe der σ-Komponenten erfolgt. Im zweiten Fall, dem inversen Zeeman-Effekt, erfolgen beide Messungen auf der Resonanzlinie, da nur diese von der Strahlungsquelle emittiert wird. Bei ausgeschaltetem Magnetfeld bzw. bei parallel orientiertem Polarisator wird die Gesamtabsorption gemessen, während bei eingeschaltetem Magnetfeld und senkrecht orientiertem Polarisator die π-Komponente ausgeblendet und damit nur die Untergrundabsorption gemessen wird. Wichtig für die Überlegungen über die Richtigkeit der Untergrundkompensation ist noch die Frage, wie weit die σ-Komponenten denn von der ursprünglichen Wellenlänge entfernt werden. Bei einem Magnetfeld von 0,8 bis 1,2 Tesla (8 bis 12 kGauss) beträgt der Wellenlängenshift etwa 0,01 nm, ist also relativ gering. Bei quasi kontinuierlichem Untergrund, wie er bei der Photodissoziation zahlreicher Moleküle entsteht oder bei Strahlungsstreuung an Partikeln, sind sicher beide Systeme gleich gut und liefern eine ausgezeichnete Kompensation der Untergrundabsorption. Auf alle Fälle sind sie der konventionellen Untergrundkompensation mit Deuterium- oder Halogenlampe überlegen, da kein Abgleich der Intensitäten erforderlich ist und auch keine Justageprobleme auftreten.

Bei strukturiertem Untergrund (Rotations-Feinstruktur) kann allerdings eine Messung des Untergrunds 0,01 nm neben der Resonanzlinie zu Meßfehlern führen, wenn sich der Untergrund in diesem Bereich ändert (vgl. Abb. 79, S. 143). Unter diesen Aspekten ist demnach der inverse Zeeman-Effekt an der Atomisierungseinrichtung dem direkten Zeeman-Effekt an der Strahlungsquelle überlegen. DAWSON und Mitarbeiter [2187] haben als erste deutlich darauf hingewiesen, daß nur beim inversen Zeeman-Effekt die Untergrundkorrektur exakt auf der gleichen Wellenlänge erfolgt, wo auch die Atomabsorption gemessen wird. KOIZUMI und Mitarbeiter stellten auch fest, daß mit dem inversen Zeeman-Effekt höhere Untergrundabsorptionen korrigierbar sind als mit dem direkten [2485] [2487]. DE LOOS-VOLLEBREGHT und DE GALAN [2192] fanden schließlich, daß alle Zeeman-Systeme eine gute Untergrundkorrektur liefern solange die Untergrundabsorption kontinuierlich ist und nicht absorbierbare Linien abwesend sind. Bei Untergrundabsorption mit Feinstruktur hat jedoch die direkte Zeeman-AAS im Grunde keine Vorteile gegenüber der konventionellen Untergrundkompensation mit Deuteriumlampe. Nur die inverse Zeeman-AAS kann hier richtige Werte liefern.

Stephens und Murphy [2913] und später auch Massmann haben zwar darauf hingewiesen, daß auch Moleküle einen Zeeman-Effekt zeigen können, so daß sich daraus eine weitere Fehlermöglichkeit ergeben würde. Molekül-Absorptionsbanden werden aber durch Magnetfelder kleiner als 1,5 Tesla nur relativ wenig oder gar nicht beeinflußt [3089], so daß das inverse Zeeman-AAS-System auf alle Fälle die besten Ergebnisse liefert.

Die *Empfindlichkeit* der Bestimmung mit der Zeeman-AAS ist unabhängig davon, wo sich der Magnet befindet (direkter oder inverser Zeeman-Effekt); sie ist nur davon abhängig, wie gut die Trennung der σ- und π-Komponenten gelingt. Bei normaler Zeeman-Aufspaltung werden mit allen Arten von Magneten die „normalen" Empfindlichkeiten der konventionellen AAS erreicht, wenn das Magnetfeld groß genug ist, um die σ- von den π-Komponenten abzutrennen (etwa 0,8 Tesla für Barium in Abb. 84). Entscheidend ist beim direkten Zeeman-Effekt, daß die $\sigma\pm$-Komponenten der Strahlungsquelle nicht mehr mit den Schwingen der Absorptionslinie, und beim inversen Zeeman-Effekt, daß die $\sigma\pm$-Komponenten der Probenatome nicht mehr mit der Emissionslinie überlappen (Abb. 85). Da die Emissionslinie aufgrund der niedrigeren Temperatur und des reduzierten Drucks in der Strahlungsquelle erheblich schmaler ist als die Absorptionslinie, läßt sich die Trennung beim inversen Zeeman-Effekt oft bei etwas niedrigeren Feldstärken erzielen. Für die meisten Elemente sind magnetische Feldstärken um 1 Tesla für eine gute Abtrennung ausreichend.

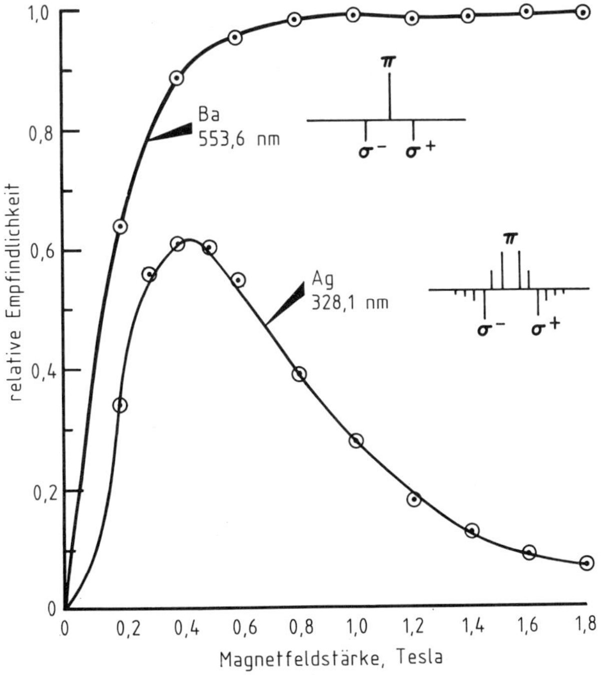

Abb. 84 Relative Empfindlichkeit bei verschiedenen Feldstärken für Barium (normaler Zeeman-Effekt) und Silber (anomaler Zeeman-Effekt) in einem veränderlichen magnetischen Gleichfeld

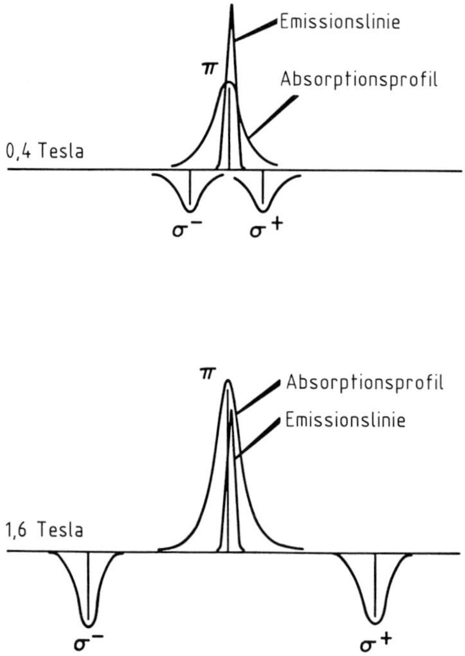

Abb. 85 Linienprofile für Cadmium (normale Zeeman-Aufspaltung) bei 228,8 nm für Magnetfelder von 0,4 und 1,6 Tesla an der Atomisierungseinrichtung (inverser Zeeman-Effekt)

Bei Elementen und Wellenlängen mit anomaler Zeeman-Aufspaltung hängt die erreichbare Empfindlichkeit davon ab, ob ein Gleichfeld oder ein Wechselfeld eingesetzt wird. Bei Verwendung eines variablen Gleichfelds beobachtet man zunächst ein normales Ansteigen der Empfindlichkeit mit steigendem Magnetfeld, da die σ-Komponenten weiter von der Resonanzlinie entfernt werden (Kurve für Ag, Abb. 84). Bei weiterem Erhöhen der Feldstärke wird dann ein Maximum erreicht, jenseits dessen die Empfindlichkeit wieder abnimmt. Diese Empfindlichkeitsabnahme ist dadurch zu erklären, daß bei anomaler Zeeman-Aufspaltung zwei oder mehr π-Komponenten vorliegen, die bei stärker werdendem Magnetfeld ebenfalls immer weiter auseinandergezogen und damit aus der Absorptionszone entfernt werden. In Abb. 86 ist dies für das Element Chrom gezeigt, für das das Optimum bei etwa 0,4 Tesla liegt. Die π-Komponente ist hier erst so wenig verbreitert, daß noch eine gute Überlappung zwischen Absorptions- und Emissionslinie gegeben ist. Die σ-Komponenten sind allerdings noch nicht genügend abgetrennt, so daß auch sie noch eine erhebliche Überlappung und damit Absorption zeigen. Das Empfindlichkeitsmaximum liegt für die meisten Elemente bei 0,4 bis 0,6 Tesla, also bei deutlich kleineren Werten als sie für den normalen Zeeman-Effekt optimal sind (vgl. Tabelle 12). Besonders ungünstig schneiden dabei Elemente ab, die eine gerade Zahl an π-Komponenten aufweisen, da bei ihnen die ursprüngliche Wellenlänge praktisch fehlt. Bei hohen Feldstärken kann hier eine Art „Linienumkehr" der π-Komponente wie bei Selbstabsorption auftreten, was zu erheblichen Empfindlichkeitseinbußen führt. Ein Elektromagnet mit variabel einstellbarem Gleichfeld erlaubt die Optimierung des Magnetfelds und somit das Erreichen der maximalen Empfindlichkeit für die meisten Elemente. Wichtig ist aber die Feststellung, daß diese maximalen Empfindlichkeiten stets deutlich unter denen der normalen AAS liegen (Tabelle 13). Ein

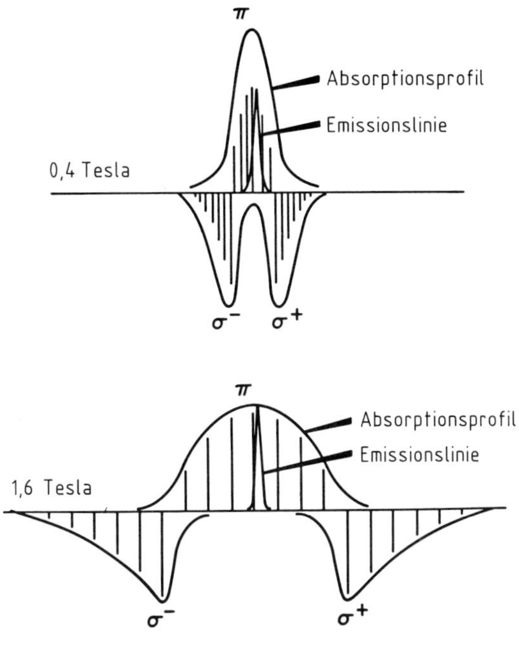

Abb. 86 Linienprofile für Chrom (anomale Zeeman-Aufspaltung, Klasse 2-U) bei 357,9 nm für Magnetfelder von 0,4 und 1,6 Tesla an der Atomisierungseinrichtung (inverser Zeeman-Effekt)

Permanentmagnet oder ein Elektromagnet mit fest eingestelltem Gleichfeld erlaubt diese Optimierung dagegen nicht und liefert – in Abhängigkeit von der vorgegebenen Feldstärke – oft weit weniger als die Hälfte der mit normaler AAS erreichbaren Empfindlichkeit.

Bei Einsatz eines magnetischen Wechselfelds erfolgt die Messung in der Phase „Magnetfeld aus" in normaler AAS und liefert daher auch die Empfindlichkeit der konventionellen Atomabsorption. In der Phase „Magnetfeld ein" wird die Atomabsorption durch den Polarisator ausgeblendet, d. h. es wird nur die Untergrundabsorption gemessen. Hierfür ist die Form der π-Komponente bedeutungslos, d. h. es kann ein so hohes Magnetfeld angelegt

Tabelle 12 Optimale Feldstärken für einige Elemente bei Einsatz eines Gleichstrommagneten

Element	Zeeman-Aufspaltung	optimales Magnetfeld (Tesla)
Ag	Anomal	0,5
Al	Anomal	1,0
As	Anomal	0,5
Ba	Normal	0,9
Cd	Normal	0,9
Cr	Anomal	0,4
Cu	Anomal	1,3
In	Anomal	1,6
Mo	Anomal	0,3
Pb	Normal	0,8
Zn	Normal	1,0

Tabelle 13 Maximal erreichbare Empfindlichkeiten für einige Elemente bei Einsatz eines variablen Gleichstrommagneten im Vergleich zur normalen Empfindlichkeit der AAS

Maximal erreichbare Empfindlichkeit %	Elemente
90	Al, Cd, Si, Sn, Ti
80	Co, Ni, Pb
70	Bi, Fe, Pt, V
60	Ag, As, Cr, Mn
50	Se, Tl
40	Cu

werden, daß die nun allein durchgelassenen σ-Komponenten auf alle Fälle aus dem Bereich der Resonanzlinie gebracht werden. Bei ausreichend starkem Magnetfeld – meist genügt auch hier ein Feld von etwa 1 Tesla – läßt sich mit einem magnetischen Wechselfeld also auch bei anomaler Zeeman-Aufspaltung die volle Empfindlichkeit der „normalen" AAS erreichen.

Für die *Nachweisgrenzen* mit der Zeeman-AAS gilt zunächst einmal das für die Empfindlichkeit Gesagte in gleicher Weise, da die Nachweisgrenze eine direkte Funktion der Empfindlichkeit ist. Als zweiter Faktor tritt bei der Nachweisgrenze noch das Rauschen auf. Sieht man von starken Schwankungen und Instabilitäten in der Strahlungsquelle ab, die beim direkten Zeeman-Effekt allerdings nicht auszuschließen sind, so sind wahrscheinlich keine Unterschiede für die verschiedenen Zeeman-Systeme zu erwarten. Es ist anzunehmen, daß das Rauschen etwa so stark ist wie bei „normaler" AAS ohne Untergrundkompensator oder etwas größer [2911]. Auf alle Fälle wird das Rauschen geringer sein als bei Untergrundkorrektur mit einem Kontinuumstrahler (Deuterium- oder Halogenlampe).

Bei gleicher Empfindlichkeit (normale Zeeman-Aufspaltung sowie anomale Zeeman-Aufspaltung mit ausreichend starkem magnetischem Wechselfeld) ist also mit besseren Nachweisgrenzen zu rechnen als bei normaler AAS mit D_2-Untergrundkorrektur. Nimmt man noch die bessere Untergrundkorrektur mit in die Überlegungen auf, so ist für „echte Proben" eine erhebliche Verbesserung der Bestimmungsgrenzen zu erwarten. Bei Einsatz eines Gleichfelds und besonders eines Permanentmagneten mit festgelegter Feldstärke können diese Vorteile allerdings wegen der meist erheblich schlechteren Empfindlichkeiten nicht oder zumindest nicht voll ausgenutzt werden [2246].

Besonders komplex sind die Überlegungen zur *Linearität der Bezugskurven* bei der Zeeman-AAS. Bei der konventionellen AAS hängt das Signal ab von einem einzigen Absorptionskoeffizienten κ, der zwar nicht streng proportional der Konzentration an dem zu bestimmenden Element ist, aber immerhin eine monoton ansteigende Funktion dieser Konzentration darstellt. Das heißt, daß in der konventionellen AAS die Bezugskurve zwar gekrümmt sein kann, sie steigt jedoch stetig an, so daß sich jeder Extinktion eine eindeutige Konzentration zuordnen läßt. In der Zeeman-AAS ist dies nicht unbedingt der Fall, da sich das Signal gemäß der Gleichung

$$\ln \frac{I_2}{I_1} = (\kappa_1^a - \kappa_2^a) + (\kappa_1^b - \kappa_2^b) + \ln \frac{I_2^0}{I_1^0} \tag{7.2}$$

aus der Differenz zweier Absorptionskoeffizienten κ_1^a und κ_2^a, und die endgültige Krümmung der Bezugskurve sich aus der Differenz zweier nicht linearer Kurven ergibt.

I_1^0 bzw. I_2^0 sind die Intensitäten der Strahlung vor, und I_1 bzw. I_2 nach Durchgang durch die absorbierende Schicht. κ_1^a bzw. κ_2^a sind die Absorptionskoeffizienten für die Atomabsorption und κ_1^b bzw. κ_2^b die Absorptionskoeffizienten für den Untergrund. Eine ausführliche Abhandlung über das Aussehen von Bezugskurven in der Zeeman-AAS wurde von DE LOOS-VOLLEBREGHT und DE GALAN [2193] publiziert.

Der endgültige Kurvenverlauf in der Zeeman-AAS hängt von der Position des Magneten (direkter oder inverser Zeeman-Effekt) ebenso ab wie von der Art des Magnetfelds (Gleich- oder Wechselfeld), dessen Feldstärke und der Art der Zeeman-Aufspaltung (normale oder anomale Zeeman-Aufspaltung). Am einfachsten ist die Situation wieder für den normalen Zeeman-Effekt. Hier läßt sich die gleiche Linearität für die Zeeman-AAS erreichen wie für die konventionelle AAS, wenn das Magnetfeld stark genug ist, um die σ-Komponenten aus dem Absorptionsbereich der Resonanzlinie herauszubringen. Dies gilt für alle Formen des Zeeman-Effekts.

Bei Elementen und Wellenlängen mit anomaler Zeeman-Aufspaltung läßt sich ebenfalls die gleiche Linearität erzielen wie für die normale AAS, wenn mit einem Wechselfeld und ausreichender Feldstärke gearbeitet wird, damit die σ-Komponenten aus dem Absorptionsbereich der Resonanzlinie entfernt werden. Bei Verwendung eines Gleichfelds (Permanent- oder Gleichstrom-Magnet) hängen die Ergebnisse jedoch stark ab von der Position des Magneten.

Beim direkten Zeeman-Effekt (Magnet an der Strahlungsquelle) findet mit zunehmender Feldstärke eine Verbreiterung und Aufspaltung der Emissionslinie statt, während die Absorptionslinie unverändert bleibt (Abb. 87). Diese Verbreiterung führt dazu, daß die emittierte Strahlung in immer geringerem Umfang absorbierbar wird, was eine zunehmende Krümmung der Bezugskurve bewirkt.

Beim inversen Zeeman-Effekt (Magnet an der Atomisierungseinrichtung) findet mit zunehmender Feldstärke eine Verbreiterung der Absorptionslinie statt, während die Emissionslinie unverändert bleibt (vgl. Abb. 86, S. 159). Dies führt zwar zunächst zu einer besseren Linearität der Bezugskurve, jedoch nur für relativ kleine Konzentrationen. Zudem muß das im Zusammenhang mit der geringeren Empfindlichkeit gesehen werden, die mit diesem System erreicht wird. Eine Übersicht über die mit den unterschiedlichen Zeeman-Systemen im normalen Konzentrationsbereich erzielbaren Empfindlichkeiten und Linearitäten ist in Abb. 88 für das Element Silber auf seiner Resonanzlinie bei 328,1 nm zusammengestellt.

Die bisherigen Betrachtungen haben sich auf den unteren bis mittleren Konzentrationsbereich bezogen. Dehnt man die Betrachtungen aus auf höhere Konzentrationen, so zeigt sich bei der Zeeman-AAS ein ganz typischer Effekt, nämlich das *Überrollen von Bezugskurven*, der allerdings auch wieder von der Art des Magnetfelds abhängt. Eine klare Forderung für eine gute Linearität der Bezugskurven bei anomalem Zeeman-Effekt ist, daß das Magnetfeld stark genug sein muß, um die σ-Komponenten aus dem Bereich der ursprünglichen Analysenlinie herauszubringen. Je besser dies gelingt, desto größer wird der Absorptionskoeffizient κ_1^a, desto kleiner κ_2^a und desto größer und linearer wird $\kappa_1^a - \kappa_2^a$. Dies ist am besten erfüllt in einem ausreichend starken Wechselfeld. Wie in Abb. 89 an den Absorptionskur-

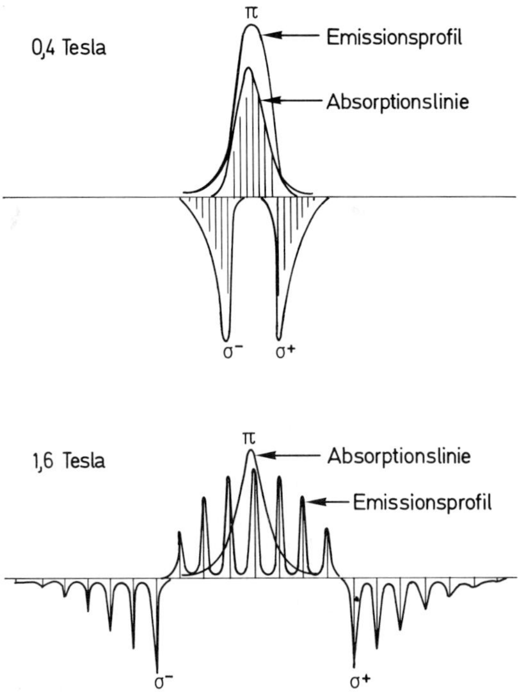

Abb. 87 Linienprofile für Chrom (anomale Zeeman-Aufspaltung) bei 357,9 nm für Magnetfelder von 0,4 und 1,6 Tesla an der Strahlungsquelle (direkter Zeeman-Effekt)

ven für die π- und σ-Komponenten gezeigt, wird in einem Gleichfeld zwar κ_2^a mit zunehmender Feldstärke (bessere Entfernung der σ-Komponenten) ebenfalls kleiner, aber auch κ_1^a wird wegen Verbreiterung der π-Komponenten nach Überschreiten eines Maximums wieder kleiner. Bei abnehmender Feldstärke wird κ_1^a kleiner und κ_2^a größer, was den eingangs gestellten Forderungen genau entgegenläuft. Bei einem Gleichfeld müssen also stets Kompromisse gemacht werden.

Die endgültige Bezugskurve in der Zeeman-AAS ergibt sich aus der Differenz $\kappa_1^a - \kappa_2^a$. Der Idealfall ist gegeben bei einem Wechselfeld ausreichender Stärke, da dann κ_1^a identisch mit dem normalen Absorptionskoeffizienten der AAS und κ_2^a praktisch Null ist. $\kappa_1^a - \kappa_2^a$ ist

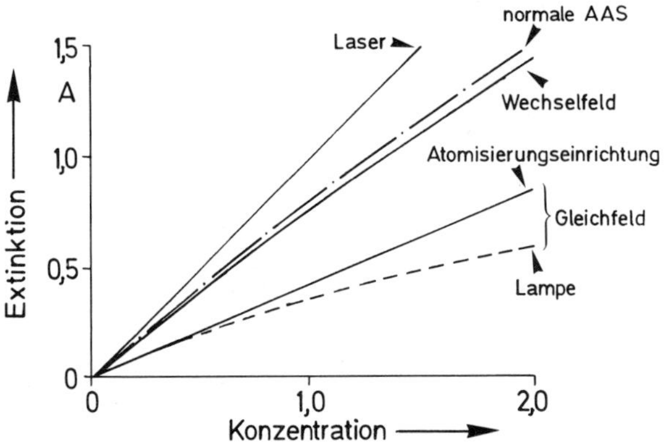

Abb. 88 Empfindlichkeit und Linearität der Bezugskurven für Silber bei 328,1 nm (anomale Zeeman-Aufspaltung, Klasse 2-G) in einem magnetischen Wechselfeld und einem Gleichfeld an der Atomisierungseinrichtung, bzw. an der Lampe im Vergleich zur „normalen" AAS ohne Magnetfeld. Magnetfeldstärke bei allen Messungen 0,6 Tesla (nach [2193])

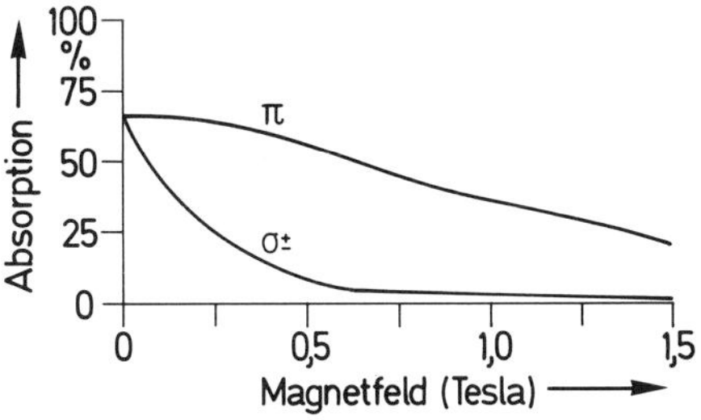

Abb. 89 Abhängigkeit der π- und σ-Absorption von der Magnetfeldstärke in einem Gleichfeld. Bei anomaler Zeeman-Aufspaltung nimmt mit zunehmender Feldstärke die Absorption der σ-Komponenten ab, da sie immer mehr aus dem Profil der Resonanzlinie entfernt werden. Gleichzeitig nimmt aber auch die Absorption der π-Komponenten ab, da auch sie durch Verbreiterung aus dem Linienprofil entfernt werden.

demnach identisch dem Absorptionskoeffizienten der konventionellen AAS. Bei Verwendung von Wechselfeldern nicht ausreichender Stärke und besonders bei Verwendung von Gleichfeldern ergibt sich folgende Situation: κ_1^a steigt zunächst rascher an als κ_2^a; κ_1^a beginnt aber früher abzukrümmen als κ_2^a, d. h. die Anstiegsrate von κ_1^a im Vergleich zu κ_2^a nimmt mit zunehmender Konzentration ab. Sobald die Anstiegsrate κ_1^a gleich geworden ist der Anstiegsrate κ_2^a, ist das Maximum der Zeeman-AAS-Bezugskurve erreicht. Für noch höhere Konzentrationen nimmt die Empfindlichkeit wieder ab, d. h. die Kurve rollt über (Abb. 90). Das größte Problem bei dem Überrollen von Bezugskurven ist, daß diese damit doppeldeutig werden und jeder Extinktion im Prinzip zwei Konzentrationen zugeordnet

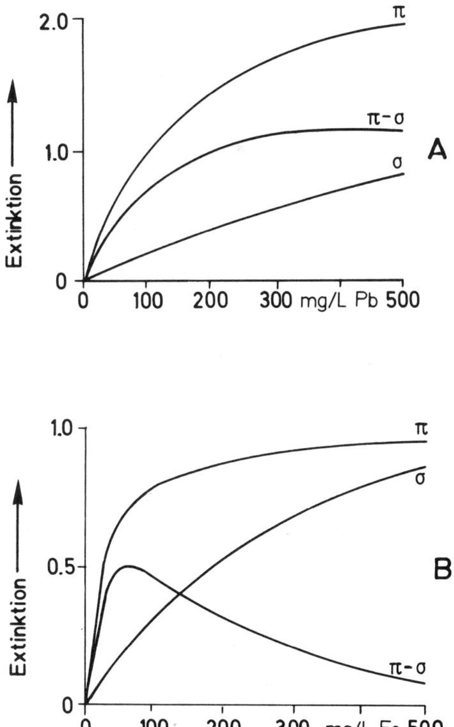

Abb. 90 Beispiele für das Überrollen von Bezugskurven (π – σ) bei Einsatz eines magnetischen Gleichfelds von 0,9 Tesla an der Atomisierungseinrichtung (inverser Zeeman-Effekt). *A*: Blei bei 283,3 nm (normaler Zeeman-Effekt) *B*: Eisen bei 248,3 nm (anomaler Zeeman-Effekt, Klasse 2-U) nach [3089]

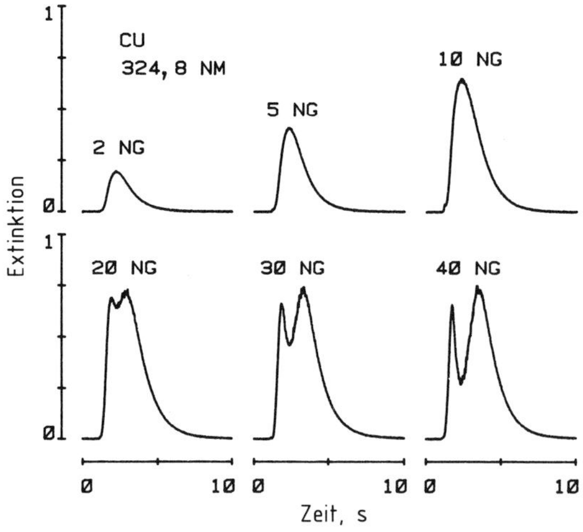

Abb. 91 Auswirkung des Überrollens der Bezugsfunktion auf die Signalform in der Graphitrohrofen-Technik. Bestimmung hoher Kupferkonzentrationen in einem magnetischen Wechselfeld von 0,8 Tesla (nach [2244])

werden können. Das einzig sichere Mittel zum Erkennen dieser Störung ist ein Verdünnen der Probe.

In der Graphitrohrofen-Technik läßt sich das Überrollen der Bezugskurve auch aus der Signalform erkennen (Abb. 91). Das nicht gestörte und verzögerungsfrei registrierte Signal vom Graphitrohrofen spiegelt die Änderung der Atomkonzentration über die Zeit wider; die Konzentration steigt zunächst an, erreicht ein Maximum und fällt dann etwas langsamer wieder ab. In der Zeeman-AAS bei nicht vollständiger Abtrennung der σ-Komponenten sieht das für eine hohe Elementkonzentration so aus, daß bei ansteigender Atomkonzentration das Signal zunächst proportional mitsteigt und dann bei Überschreiten der Sättigungskonzentration gemäß der Überrollkurve wieder fällt. Bei abnehmender Atomkonzentration steigt der Peak wieder um schließlich entsprechend der weiter fallenden Atomkonzentration gegen Null zu gehen. Aus diesen Betrachtungen ergibt sich, daß das optimale Zeeman-System den Magneten an der Atomisierungseinrichtung hat (inverser Zeeman-Effekt), mit einem Wechselfeld von etwa 1 Tesla arbeitet und aus praktischen Erwägungen den transversalen Zeeman-Effekt einsetzt. Diese Konstruktion bietet ein optimales Zweistrahlsystem, eine Untergrundkompensation mit hoher Richtigkeit, eine Linearität und Empfindlichkeit ähnlich der konventionellen AAS, Nachweisgrenzen besser als mit normaler D_2-Untergrundkorrektur und geringe Probleme mit dem Überrollen der Bezugskurve. Mit diesem System lassen sich Untergrundabsorptionen bis 2,0 A gut und sicher kompensieren.

Aus praktischen Erwägungen heraus ist die Zeeman-AAS auch sinnvoll auf die Graphitrohrofen-Technik beschränkt, da nur hier große Probleme mit der Untergrundabsorption auftreten. Ein Magnet um die Flamme würde wegen der größeren Dimensionen des erforderlichen Feldes noch größer ausfallen, so daß sich der Aufwand bei Abwesenheit geeigneter Einsatzgebiete sicher nicht lohnt.

Ganz sicher ist die Zeemaneffekt-AAS allen anderen heute bekannten Verfahren zur Korrektur von Untergrundabsorption weit überlegen, besonders wenn ein magnetisches Wechselfeld ausreichender Stärke an der Atomisierungseinrichtung eingesetzt wird. Man sollte jedoch im Zeeman-Effekt kein Wundermittel sehen, das alle Probleme der Graphitrohrofen-Technik mühelos beseitigen kann. Zu warnen ist ganz sicher vor Äußerungen wie denen von HADEISHI [2333–2335], daß selbst eine „unerfahrene Person wie etwa ein Fischer“ jetzt leicht eine Analyse ausführen könne, da eine richtige Untergrundkorrektur eine erhebliche Vereinfachung der chemischen Probenvorbehandlung gestattet. Auch KOIZUMI und YASUDA [2484] beschreiben eine Bestimmung von Blei in Blut und Leber sowie von Cadmium in Urin direkt ohne Vorbehandlung, sowie ohne Trocknen oder Veraschen im Graphitrohrofen. Eine derartige Simplifizierung der Probleme der Spurenanalytik zeugt von einem schwerwiegenden Mangel an analytischem Verständnis und führt mit an Sicherheit grenzender Wahrscheinlichkeit zu groben Meßfehlern. Untergrundabsorption ist eine Sache, Probenvorbehandlung sowie nicht-spektrale Interferenzen und deren Beseitigung sind etwas anderes und haben damit nichts zu tun.

7.2 Nicht-spektrale Interferenzen

Bei nicht-spektralen Interferenzen wird das Elementsignal selbst direkt beeinflußt. Da die Atomabsorptionsspektrometrie ein Relativverfahren ist, d. h. daß quantitative Messungen nur durch Vergleich mit Bezugssubstanzen – meist Bezugslösungen – ausgeführt werden können, bedingt jedes – verglichen mit der Bezugssubstanz – andersgeartete Verhalten der Probe eine Störung. Die Gesamtheit dieser potentiellen Störungen, die, wenn sie nicht erkannt werden, zu Fehlmessungen führen, bezeichnet man als Interferenzen, die dann je nach Ursache für ihr Auftreten weiter unterteilt werden. Kann eine Interferenz nicht näher klassifiziert werden, etwa weil ihre Ursache unbekannt oder komplexer Natur ist, so spricht man meist von einem „Effekt“. Unter Matrixeffekt versteht man beispielsweise die Summe der Störungen durch alle Begleitsubstanzen einer Probe. Wird ein anderes Lösungsmittel als Wasser eingesetzt, so wird dessen Einfluß nicht als Interferenz betrachtet, da für die Bezugslösung definitionsgemäß das gleiche Lösungsmittel zu verwenden ist. Man kann jedoch durchaus von dem Effekt eines Lösungsmittels sprechen. Ganz entsprechendes gilt für alle Zusätze zur Probe, die Interferenzen beseitigen oder einen bestimmten Effekt bewirken sollen. Auch ihr Einfluß kann nicht als Interferenz bezeichnet werden, da derartige Zusätze gleichermaßen auch zu den Bezugslösungen gemacht werden müssen.

7.2.1 Klassifizierung nicht-spektraler Interferenzen

Am besten teilt man Interferenzen ein nach dem Ort, dem Vorgang oder Zustand in dem sie auftreten, z. B. Transport-, Verdampfungs-, Verteilungs- oder Dampfphasen-Interferenz. Die früher gebräuchliche Einteilung in physikalische und chemische Interferenzen verliert mehr und mehr an Bedeutung, da häufig sowohl physikalische wie auch chemische Eigenschaften von Probenbestandteilen zusammenwirken [2409].

Unter *physikalischen Interferenzen* versteht man Störungen, die durch unterschiedliche physikalische Eigenschaften von Probe und Bezugssubstanz hervorgerufen werden, etwa durch verschiedene Viskositäten, durch verschiedene Oberflächenspannungen oder durch unterschiedliche spezifische Gewichte der Lösungen. Diese Eigenschaften beeinflussen in erster Linie das Zerstäuben der Probe und den Transport des Aerosols in die Flamme. Man spricht daher heute bevorzugt von *Transport-Interferenzen*, wobei hiermit alle Vorgänge erfaßt werden, die die Wirksamkeit der Überführung der Probe bis in die eigentliche Atomisierungseinrichtung beeinflussen. Die Interferenz kann dabei sowohl positiv als auch negativ sein, d. h. sowohl eine Signalerhöhung als auch eine Erniedrigung verursachen. Transportinterferenzen treten praktisch ausschließlich in der Flammen-Technik durch den Einsatz von pneumatischen Zerstäubern und Mischkammerbrennern auf. In der Graphitrohrofen-Technik sind derartige Interferenzen unbekannt, es sei denn, die Probe wird mit Hilfe eines Zerstäubers kontinuierlich in das Graphitrohr versprüht. Die in der Hydrid-Technik gelegentlich beobachtete Behinderung der Austreibung des Hydrids durch Schaumbildung oder ein größeres Lösungsvolumen gehört im Prinzip ebenfalls hierher; ähnliches gilt für das Austreiben des Quecksilbers bei der Kaltdampftechnik.

Eine *chemische Interferenz* ist streng genommen jede Verbindungsbildung, die eine quantitative Atomisierung eines Elements verhindert. Beim Vergleich verschiedener Proben und Bezugssubstanzen unter sonst gleichen Bedingungen (Atomisierungseinrichtung, Lösungsmittel usw.) versteht man unter einer chemischen Interferenz eine durch chemische Verbindungsbildung bedingte Veränderung des pro Volumen- oder Zeiteinheit gebildeten Anteils an freien Atomen. Auch diese Interferenz kann sowohl positiv als auch negativ sein, d. h. in einer Probe können, relativ zu der Bezugssubstanz, mehr oder weniger Atome gebildet werden. Das Auftreten von chemischen Interferenzen kann im Prinzip zwei Ursachen haben: Entweder die Umwandlung der Probe in Atome erfolgt nicht quantitativ, etwa weil ein schwer schmelz- oder verdampfbares Salz gebildet wird oder die gebildeten Moleküle nicht vollständig dissoziieren oder aber die gebildeten Atome reagieren spontan mit anderen Atomen oder Radikalen aus der Umgebung zu neuen Molekülen oder Radikalen, so daß sie nicht lange genug für eine Absorption zur Verfügung stehen. Da in einer Flamme und auch in einem Graphitrohrofen recht unterschiedliche Ursachen für das Auftreten von chemischen Interferenzen verantwortlich sein können, unterscheidet man besser zwischen Interferenzen in der kondensierten Phase und in der Gasphase. Die *Interferenzen in der kondensierten Phase* umfassen alle Vorgänge von der Verbindungsbildung während des Verdunstens des Lösungsmittels über Umlagerungsreaktionen bis hin zur vollständigen Verdampfung des zu bestimmenden Elements als Molekül oder Atom. Vor allem in Flammen bezeichnet man diese Art Störungen bevorzugt als *Verdampfungsinterferenzen.* Sie werden verursacht durch Änderungen in der Verdampfungsrate des zu bestimmenden Elements aus den Aerosolpartikeln in Anwesenheit oder Abwesenheit einer Begleitsubstanz. Diese Interferenz ist spezifisch, wenn das zu bestimmende Element und die störende Substanz eine neue Phase unterschiedlicher thermischer Stabilität bilden. Sie kann aber auch unspezifisch sein, wenn das zu bestimmende Element einfach in einem großen Überschuß einer schwer schmelzbaren Begleitsubstanz verteilt ist und daher langsamer verdampft.

In Graphitöfen treten Verdampfungsinterferenzen vor allem dann auf, wenn das zu bestimmende Element, in Anwesenheit einer Begleitsubstanz, bei einer niedrigeren Temperatur verflüchtigt wird, als in Abwesenheit dieser Substanz. Es entsteht dadurch die Gefahr, daß während der thermischen Vorbehandlung Verluste an dem zu bestimmenden Element auftreten.

Interferenzen in der Gasphase können immer dann auftreten, wenn das zu bestimmende Element nicht vollständig in Atome im Grundzustand dissoziiert. Ursache hierfür kann sein, daß das zu bestimmende Element in Gegenwart einer Begleitsubstanz eine Verbindung bildet, die nicht in dem gleichen Ausmaß in Atome dissoziiert wie in der Bezugssubstanz.

Eine weitere Ursache für Gasphaseninterferenzen kann in einer raschen Weiterreaktion der gebildeten Atome mit verdampften Begleitsubstanzen liegen.

Eine Weiterreaktion der Atome mit Bestandteilen der Flammengase oder dem Spülgas eines Graphitrohrofens, etwa die Bildung von Monocyaniden in Gegenwart von Stickstoff, zählt definitionsgemäß nicht zu den Interferenzen. Eine (positive oder negative) Beeinflussung dieser Reaktion durch Begleitsubstanzen gehört dagegen wieder zu den Gasphaseninterferenzen. Die Reaktion eines Elements mit Sauerstoff oder Hydroxid-Radikalen in der Flamme unter Bildung schwer dissoziierbarer Monoxide oder Hydroxide ist keine Interferenz, wohl aber eine Verschiebung des Dissoziationsgleichgewichts durch Begleitsubstanzen. Besonders häufig treten Gasphasen-Interferenzen in Graphitrohröfen vom Massmann-Typ auf, bei denen das zu bestimmende Element verflüchtigt wird, bevor die Graphitrohrwand und das Inertgas ihre Endtemperatur erreicht haben. Da in solchen Öfen kein thermisches Gleichgewicht herrscht und die Gasphase kühler ist als die Rohroberfläche, beobachtet man oft eine starke Rekombination von Probenatomen mit Begleitelementen. Dies führt zu erheblichen Signalunterdrückungen.

In Flammen sind die Verbrennungsprodukte stets in großem Überschuß vorhanden und die Partialdrucke der einzelnen Komponenten werden durch Probenbestandteile kaum wesentlich verändert. Die Flamme übt daher eine starke Pufferwirkung aus. Die Inertgasatmosphäre in einem Graphitrohrofen hat dagegen kaum eine nennenswerte Pufferwirkung. Hier bestimmen in erster Linie die verdampften Probenbestandteile die Atmosphäre, so daß ihre Wirkung viel stärker sein kann als in einer Flamme.

Zu den Gasphaseninterferenzen gehört auch die *Ionisations-Interferenz*, die hauptsächlich in Flammen hoher Temperatur beobachtet wird. Auch hier gilt, daß die Ionisation von Atomen selbst eigentlich keine Interferenz darstellt, sondern nur die Verschiebung des Ionisationsgleichgewichts durch Begleitsubstanzen. Nur letztere kann nämlich zu Fehlmessungen führen. Da jedoch eine Ionisation des zu bestimmenden Elements zu einem oft beträchtlichen Empfindlichkeitsrückgang führt und die Bezugskurve eine relativ starke Krümmung zur Extinktionsachse hin aufweist, ist es notwendig, diese praktisch in jedem Fall zu beseitigen (vgl. 8.1.5).

Alle Gasphaseninterferenzen sind spezifisch. Sie lassen sich leicht experimentell erkennen, da sie auch auftreten, wenn das zu bestimmende Element und die störende Substanz räumlich getrennt verdampft werden. Dies läßt sich beispielsweise durch Verwenden eines Mischkammerbrenners mit zwei Zerstäubern oder durch Verdampfen von verschiedenen Stellen in einem Graphitrohr erreichen.

In der Hydrid-Technik können Gasphaseninterferenzen dadurch entstehen, daß die in relativ geringer Konzentration vorhandenen H-Radikale, die die Atomisierung bewirken, bevorzugt von einem anderen gasförmigen Hydrid verbraucht werden. Die Begleitsubstanz unterdrückt damit die Atomisierung des zu bestimmenden Elements indirekt.

Verteilungs-Interferenzen beobachtet man, wenn Änderungen in der Konzentration von Begleitsubstanzen die Massenströmungsrate oder die Massenströmungsverteilung der Probenpartikel in einer Flamme verändern. Sie können verursacht werden durch Änderungen im Volumen und der Brenngeschwindigkeit der Flammengase. In Extremfällen können sie Größe und Gestalt der Flamme sichtbar beeinflussen. Da hierdurch die Flammengeometrie verändert wird, ist diese Interferenz unspezifisch. Sie kann jedoch auch spezifisch sein, wenn in Gegenwart einer Begleitsubstanz nicht die Flammengeometrie verändert, sondern die Verdampfung von Partikeln verzögert wird. Hierdurch wird die für eine laterale Diffusion der verdampften Probe vor Eintritt in das Beobachtungsfeld des Spektrometers zur Verfügung stehende Zeit verkürzt.

Eine ausführliche Behandlung der verschiedenen Störmöglichkeiten erfolgt im nächsten Kapitel (Kap. 8 „Die Techniken der Atomabsorptionsspektrometrie"), da jede Atomisierungstechnik ihre ganz spezifischen Interferenzen aufweist. Weitere Hinweise auf Interferenzen finden sich bei den einzelnen Elementen (Kap. 10) und den speziellen Anwendungen (Kap. 11).

7.2.2 Beseitigung von nicht-spektralen Interferenzen

Auch hier sollen nur die allgemeinen Möglichkeiten zum Beseitigen oder Umgehen von Störungen diskutiert werden. Die speziellen Verfahren sind in den folgenden Kapiteln: Kap. 8, Kap. 10 und Kap. 11 detailliert beschrieben.

Generell lassen sich nicht-spektrale Interferenzen, also direkte Einflüsse auf die gemessene Empfindlichkeit dadurch beseitigen, daß man Probenlösung und Vergleichslösung einander möglichst ähnlich macht. Im Idealfall enthält eine *Bezugslösung* nicht nur das gleiche Lösungsmittel und die gleichen Zusätze wie die Probenlösung, sondern auch die gleichen Begleitsubstanzen. Sie sollte also definitionsgemäß der Probenlösung bis auf die Konzentration an dem zu bestimmenden Element entsprechen. Ist dies der Fall, so beobachtet man im strengen Sinne auch keine Interferenzen, da die Matrixeffekte das zu bestimmende Element in der Proben- und Bezugslösung gleichermaßen beeinflussen.

Dieser Idealfall ist allerdings in der Praxis oft nicht realisierbar. Einmal ist die exakte Zusammensetzung einer Probe häufig unbekannt und in vielen Fällen auch nicht nachahmbar. Selbst wenn diese Voraussetzungen erfüllt sind, erfordert das Herstellen einer Bezugslösung, die der Probenlösung exakt entspricht, den Einsatz hochreiner Reagenzien und oft einen nicht unerheblichen Zeitaufwand. Sind schließlich zahlreiche Proben unterschiedlicher Zusammensetzung zu untersuchen, so verbietet sich dieses Verfahren von selbst.

Erfreulicherweise sind aber die Interferenzen in der AAS nur selten so ausgeprägt, daß die Bezugslösung der Probenlösung ganz exakt angepaßt sein muß. Oft genügt es, das gleiche Lösungsmittel zu verwenden und einen Hauptbestandteil der Probe anzugleichen. Vor allem in der Flammen-Technik ist häufig eine Routinebestimmung direkt gegen einfache Bezugslösungen möglich.

Bei stärker wechselnder Probenzusammensetzung und komplexeren Matrixeffekten empfiehlt sich der Einsatz des *Additionsverfahrens.* Da hier praktisch für jede Probe durch Zumischen von Bezugslösungen eine individuelle Bezugskurve aufgestellt wird, ist der weiter oben beschriebene Idealfall praktisch erreicht. Mit diesem Verfahren müßten sich eigentlich alle nicht-spektralen Interferenzen beseitigen lassen, soweit sie nicht von der Konzentration des zu bestimmenden Elements abhängen.

Eindeutig konzentrationsabhängig ist die Ionisation, so daß sich das Additionsverfahren zur Beseitigung dieses Effekts nicht einsetzen läßt. In der Hydrid-Technik spielt weiterhin die Wertigkeit der Elemente oft eine entscheidende Rolle für deren Empfindlichkeit; bei Einsatz des Additionsverfahrens muß dieser Tatsache unbedingt Rechnung getragen werden. In der Graphitrohrofen-Technik haben die Bindungsform und die Liganden oft einen erheblichen Einfluß auf das thermische Verhalten und damit auf die Flüchtigkeit eines Elements. Wird bei dem Additionsverfahren das zu bestimmende Element in einer anderen

Bindungsform zugesetzt, so kann es sich völlig anders verhalten, d. h. die Interferenz wird damit nicht beseitigt.

Ideal läßt sich das Additionsverfahren einsetzen für die Beseitigung aller unspezifischer Interferenzen, etwa der Transportinterferenzen bei der Flammen-Technik. Sollen spezifische Interferenzen kompensiert werden, so muß sichergestellt sein, daß die Einflüsse auf das zu bestimmende Element in der Probe und in der zugesetzten Bezugslösung identisch sind.

Das *Verfahren des inneren Standards,* bei dem der Probe ein anderes Element in bekannter Konzentration zugesetzt wird, eignet sich definitionsgemäß nur zur Korrektur unspezifischer Interferenzen wie etwa der Transport-Interferenz. Da alle spezifischen Interferenzen, wie der Name sagt, spezifisch sind für das zu bestimmende Element, kann nicht erwartet werden, daß sie durch Messen eines anderen Elements korrigiert werden. Wie schon früher (Kap. 6.2) erwähnt, stellt das Verfahren des inneren Standards zudem erhebliche apparative und analytische Anforderungen, so daß sich sein Einsatz in der AAS kaum lohnt.

Eine wesentliche Voraussetzung für all diese Verfahren ist, daß die Signalunterdrückung durch die Begleitsubstanzen nicht zu stark ist. Sind die Interferenzen zu groß, so daß die Bezugs- bzw. Additionskurve zu flach verläuft, so ist oft ein sinnvolles Messen nicht mehr möglich. Außerdem führt der Empfindlichkeitsverlust natürlich zu einer erheblichen Verschlechterung der Bestimmungsgrenze.

Ein weit verbreitetes Verfahren zum Reduzieren oder völligen Beseitigen von Interferenzen ist das Zusetzen eines *spektrochemischen Puffers* zu Proben- und Bezugslösungen. Je nach Art der Interferenz werden dabei sehr verschiedene Puffer mit ganz unterschiedlicher Wirkungsweise verwendet. Hierzu gehören beispielsweise Zerstäubungshilfen, die die physikalischen Eigenschaften wie Viskosität oder Oberflächenspannung der Meßlösungen angleichen und damit Transportinterferenzen beseitigen. Eine weitere Gruppe von spektrochemischen Puffern sind die Verdampfungs- und Atomisierungshilfen, mit denen das zu bestimmende Element in eine leichter verdampfbare bzw. atomisierbare Form übergeführt wird.

Weit verbreitet ist die Verwendung von *Abfangsubstanzen,* das sind Zusätze, die verhindern, daß das zu bestimmende Element eine thermisch stabile, d. h. schwer dissoziierbare Verbindung eingeht. Dieses Verfahren zur Beseitigung von Verdampfungs- und Gasphasen-Interferenzen beruht auf der Erkenntnis, daß diese schon während des Eindunstens des Lösungsmittels, bei den ersten Fällungen aus der übersättigten Lösung und bei Umlagerungsreaktionen innerhalb der festen Partikel entstehen. Fügt man der Probenlösung ein Kation in großem Überschuß zu, das mit dem störenden Anion eine Verbindung mit kleinerem Löslichkeitsprodukt bildet als das zu bestimmendes Kation, so wird das Störion auf Grund des Massenwirkungsgesetzes praktisch quantitativ von dem zugesetzten Kation gebunden. Das interessierende Element läßt sich dann normal atomisieren und ist störungsfrei bestimmbar. Dieses Verfahren läßt sich auch für sehr ausgeprägte Interferenzen gut anwenden, hat jedoch den Nachteil, daß bei Zumischungen in großem Überschuß Kontaminationen nicht immer vermieden werden können. Das wohl bekannteste Beispiel für diese Art der Beseitigung chemischer Interferenzen ist der Zusatz von Lanthan bei der Bestimmung von Calcium in Gegenwart von Sulfat, Phosphat, Aluminat, Silikat usw. in einer Luft/Acetylen-Flamme.

Zur Unterdrückung der Ionisation verwendet man einen *Ionisationspuffer.* Es ist dies ein leicht ionisierbares Element wie Caesium oder Kalium, das die Konzentration an freien

Elektronen im Absorptionsvolumen erhöht und damit den Ionisationsgrad des zu bestimmenden Elements vermindert und stabilisiert.

In der Graphitofen-Technik setzt man häufig ein als *Matrix-Modifikation* bekannt gewordenes Verfahren zum Reduzieren oder Beseitigen von Verdampfungs- und Gasphasen-Interferenzen ein. Hierbei wird eine sog. *Isoformierungshilfe* zugesetzt zum Angleichen der physikalischen und chemischen Beschaffenheit der zu untersuchenden Substanzen. Diese Isoformierungshilfen sorgen darüber hinaus oft dafür, daß das zu bestimmende Element in eine weniger flüchtige Form übergeführt wird, so daß höhere thermische Vorbehandlungstemperaturen verwendet werden können oder daß Begleitsubstanzen flüchtiger werden. Beide Maßnahmen zielen auf eine wirkungsvollere Trennung der Begleitsubstanzen von dem zu bestimmenden Element während der thermischen Vorbehandlung.

Bei Verwendung von Flammen als Atomisierungsmittel muß man sich stets vor Augen halten, daß die Dissoziation von Molekülen in Atome eine temperaturabhängige Gleichgewichtsreaktion darstellt und daß diese Reaktion durch Folge- und Parallelreaktionen beeinflußbar ist, sowohl positiv als auch negativ. Daneben darf auch nicht vergessen werden, daß die Atomisierung in einer Flamme eine dynamische Atomisierung ist, d. h. die Zeit ist ein entscheidender Faktor. Wie später noch erklärt wird (s. S. 174ff.), muß die Reaktion vom Verdampfen des Lösungsmittels bis zum Freisetzen der Atome aus dem Molekülverband in wenigen ms ablaufen, da in dieser Zeit der Weg vom Brennerschlitz bis zur Beobachtungszone im Absorptionsvolumen durchschritten wird. Eine Ursache für das Auftreten von Interferenzen – oder zumindest für ein verstärktes Auftreten – kann daher sein, daß sich das Gleichgewicht zwischen Molekülen und Atomen noch nicht eingestellt hat. Derartige Beobachtungen konnten verschiedentlich gemacht werden, als eine Störung in verschiedenen Höhen über dem Brennerschlitz quantitativ gemessen wurde (vgl. [31]).

Während man Verdampfungs-Interferenzen gelegentlich dadurch umgehen, bzw. reduzieren kann, daß in höheren Flammenzonen gemessen wird, lassen sich die früher erwähnten Störungen durch Verbindungsbildung mit Flammenbestandteilen, z. B. Sauerstoff, manchmal durch Messen näher am Brennerschlitz beseitigen [1048]. Je größer die Affinität des zu bestimmenden Elements zu Sauerstoff ist, desto früher und rascher fällt die Atomkonzentration mit der *Beobachtungshöhe* ab.

Eine zu geringe *Flammentemperatur* oder eine ungeeignete chemische Umgebung verschieben oft das temperaturabhängige Gleichgewicht zwischen Molekülen und Atomen nach links. Generell läßt sich sagen, daß mit steigender Flammentemperatur die Zahl der beobachteten Verdampfungs- und Gasphasen-Interferenzen stark abnimmt. Besonders deutlich fällt dies bei Verwendung der Lachgas/Acetylen-Flamme auf, die neben einer relativ hohen Temperatur (etwa 2750 °C) eine zur Dissoziation zahlreicher Verbindungen praktisch ideal reduzierende Umgebung bietet. Demgegenüber weist die noch heißere Sauerstoff/Acetylen-Flamme (etwa 3050 °C) durch ihre stark oxidierenden Eigenschaften deutliche Nachteile und zahlreiche Interferenzen auf.

Nach diesen Betrachtungen über die Ursachen für das Auftreten von Interferenzen und über die Möglichkeiten zu deren Beseitigung könnte streng genommen die Behauptung aufgestellt werden, daß das Auftreten zahlreicher Interferenzen auf eine Fehlbedienung, d. h. auf die Verwendung eines ungeeigneten Atomisierungsmittels zurückzuführen ist. Die Behauptung hat sicher ihre Berechtigung, speziell wenn man sie auf die Fülle von Publikationen bezieht, die sich mit den unterschiedlichsten Interferenzen befassen die bei den Elementen der Erdalkali-Gruppe auftreten (vgl. [1012]). Diese Interferenzen lassen sich, wie später noch dokumentiert werden soll, praktisch ausnahmslos durch Verwenden einer vorgemischten Lachgas/Acetylen-Flamme beseitigen.

Allerdings sei hier eingeräumt, daß keine beliebig große Auswahl an Atomisierungsmitteln, speziell Flammen, zur Verfügung steht, so daß schon deshalb einige Interferenzen nicht völlig beseitigt werden können. Gelegentlich kommt es vor, daß ein anderes Medium, mit dem sich eine Interferenz beseitigen ließe, für eine spezielle Analyse, oder ganz allgemein, andere Nachteile bietet. Läßt sich eine solche Interferenz auf andere Weise umgehen, so kann dieser Weg der günstigere sein, da er das kleinere Übel darstellt.

Zahlreiche Interferenzen lassen sich aber, wie mehrfach ausgeführt, durch Erhöhen der Flammentemperatur oder durch Verändern der chemischen Umgebung eliminieren. Ähnliches gilt für die Graphitrohrofen-Technik, bei der Verdampfungs-Interferenzen durch Isoformierungshilfen und Interferenzen in der Gasphase durch Atomisieren in eine *thermisch stabilisierte Umgebung* vermieden werden können. L'VOV [8] hat schon 1970 auf die Bedeutung eines thermischen Gleichgewichts bei der Atomisierung hingewiesen, da unter diesen Bedingungen die restlichen nicht-spektralen Interferenzen durch eine Integration der Peakfläche beseitigt werden können. Praktisch alle in der Graphitrohrofen-Technik beobachteten Gasphasen-Interferenzen lassen sich darauf zurückführen, daß im MASSMANN-Ofen die Probe in eine thermisch nicht stabilisierte Umgebung hinein verdampft wird. Die Atomisierung erfolgt während der Aufheizphase, in der sich die Temperatur noch stark ändert und das Gas sich im Graphitrohr erheblich ausdehnt. Besonders wichtig ist aber, daß das Inertgas zum Zeitpunkt der Atomisierung bzw. Verdampfung des zu bestimmenden Elements kälter ist als die Rohroberfläche, von der aus die Verdampfung erfolgte. Dies führt verbreitet zu Rekombination von Atomen oder generell zu Verbindungsbildung in der Gasphase.

Arbeitet man mit einem auf konstanter Temperatur gehaltenen Rohrofen oder verzögert die Verdampfung der Probe bis sich Graphitrohrwand und die Gasatmosphäre im Rohr im thermischen Gleichgewicht befinden, so verschwinden praktisch alle Gasphasen-Interferenzen. Auch hier kann also gesagt werden, daß das Auftreten zahlreicher Interferenzen in der Graphitofen-Technik praktisch auf einer Fehlbedienung beruht.

8 Die Techniken der Atomabsorptionsspektrometrie

In diesem Abschnitt sollen die Flammen-, die Graphitrohrofen-, die Hydrid- und die Kaltdampf-Technik eingehend auf ihre Besonderheiten, d. h. auf ihre Vor- und Nachteile untersucht werden. Dabei sind vor allem praktische, analytische Gesichtspunkte von Bedeutung, wie etwa die jeder Technik eigenen Störmöglichkeiten und deren Beseitigung. Zum besseren Verständnis werden zudem bei jeder Technik die Vorgänge diskutiert, die schließlich zur Atomisierung der Probe bzw. des zu bestimmenden Elements führen.

8.1 Die Flammen-Technik

Zum Atomisieren einer Probe wird diese in der Flammen-Technik üblicherweise in Form einer Lösung mit Hilfe eines pneumatischen Zerstäubers in eine Mischkammer versprüht, bevor sie in die Flamme gelangt. Dieses allgemein übliche Verfahren stellt die Grundlage der folgenden Betrachtungen dar. Andere Arten der Probeneinführung, wie sie in Abschn. 3.1 erwähnt wurden, können vor allem das Ausmaß und auch die Art von zu erwartenden Störungen ändern. Auf diese Besonderheiten kann hier nur in sehr begrenztem Umfang eingegangen werden; es muß auf die jeweilige Originalliteratur verwiesen werden.

Die nicht-spektralen Interferenzen werden bei der Flammentechnik zweckmäßigerweise in der Reihenfolge ihres Auftretens eingeteilt. Transportinterferenzen beschreiben die Störungen beim Zerstäuben der Probe und Transport des Aerosols in die Flamme. Verdampfungsinterferenzen beschreiben die Einflüsse beim Übergang der Probe vom kondensierten in den gasförmigen Zustand, gefolgt von Interferenzen in der Gasphase und von Störungen in der räumlichen Verteilung der Atome in der Flamme.

8.1.1 Atomisierung in Flammen

Versprüht man eine flüssige oder gelöste Probe (z. B. die Lösung eines Salzes in Wasser) in eine Mischkammer und gelangt das feine Aerosol dann in die Flamme, so werden zunächst die Lösungströpfchen getrocknet, d. h. das Lösungsmittel verdampft. Die Verdampfungsgeschwindigkeit ist dabei abhängig von der Tröpfchengröße und von der Art des Lösungsmittels. Die entstandenen festen Partikel (z. B. Salzkriställchen) können nun unter dem Einfluß der Flammentemperatur unterschiedliche Veränderungen erleiden; organische Substanzen werden verbrennen, anorganische Komponenten werden untereinander und auch mit den Flammengasen reagieren. Hydratisierte Chloride, die von vielen Elementen aus salzsaurer Lösung gebildet werden, können Chlorwasserstoff abspalten und Oxide bilden oder auch unter Wasserabspaltung in wasserfreie Chloride übergehen. Ähnlich können aus Carbonaten oder Sulfaten Oxide oder aus Phosphaten Pyrophosphate entstehen. Von diesen Umwandlungsreaktionen werden häufig alle weiteren Vorgänge wie das Schmelzen und Verdampfen (oder Sublimieren, usw.) der freien Partikelchen abhängig sein; es sei in diesem Zusammenhang nur an die thermische Stabilität einiger hochgeglühter Oxide erinnert (vgl. [36]). Hier ist auch die Ursache für zahlreiche chemische Interferenzen zu suchen. Die oben erwähnten thermischen Umwandlungsreaktionen sind häufig abhängig von den sonst noch in der Probe enthaltenen Reaktionspartnern. Ein Calcium-Ion wird aus reiner salzsaurer Lösung ein dehydratisiertes Chlorid bilden, das sich sehr leicht verdampfen läßt; sind dagegen Sulfat- oder Phosphat-Ionen in der Lösung zugegen, so wird sich ein Oxid oder Pyrophosphat bilden, das wesentlich langsamer bzw. erst bei höheren Temperaturen geschmolzen und verdampft wird. Es wird daher schon klar, daß die Temperatur eine wesentliche Rolle bei unseren späteren Betrachtungen der chemischen Interferenzen spielen wird.

Haben wir schließlich, nachdem die Partikelchen verdampft sind, gasförmige Moleküle vorliegen, so beginnt der eigentliche thermische Dissoziationsprozeß der Moleküle in die Atome. Es handelt sich hierbei um eine Gleichgewichtsreaktion, die dadurch oft erheblich kompliziert wird, daß zahlreiche ähnliche Reaktionen parallel ablaufen oder sich anschließen.

In einer Flamme liegen neben den uns interessierenden Atomen unterschiedliche Verbrennungsprodukte (CO_2, CO, C, H_2O, O_2, O, H_2, H, OH, NO, N_2) in z. T erheblichem Überschuß vor. Ebenso müssen die von dem verdampften Lösungsmittel und evtl. von anderen in der Probe vorhandenen Substanzen herrührenden Spaltprodukte berücksichtigt werden. Atome, Radikale, Ionen usw. sind unter Normalbedingungen nicht existenzfähig (wenn man von den Edelgasen absieht) und werden in der Flamme nur in temperaturabhängigen Gleichgewichtsreaktionen gebildet. Entsteht bei zwei Gleichgewichtsreaktionen das gleiche Spaltprodukt, so beeinflussen sich die beiden Reaktionen gemäß dem Massenwirkungsgesetz über die Partialdrucke der Reaktionsprodukte. Dies wird für unsere Betrachtungen dann interessant, wenn der anionische Bestandteil der interessierenden Elementverbindung gleichzeitig im Zuge einer anderen Gleichgewichtsreaktion in der Flamme in hoher Konzentration (hohe Partialdrucke) gebildet wird. Hierdurch wird die thermische Dissoziation des zu bestimmenden Elements unter Umständen stark beeinflußt. Die Flamme kann im Prinzip als „Lösungsmittel" betrachtet werden, in dem sich eine Spur Metallatome befindet [580].

Neben einem Zurückdrängen des Dissoziationsgleichgewichts

$$MX \rightleftharpoons M + X$$

durch eine parallel ablaufende Gleichgewichtsreaktion, bei der ebenfalls X entsteht, kann die Gesamtzahl der gebildeten Metallatome M auch durch eine Folgereaktion beeinflußt werden, so z. B. durch Ionisation (vgl. [1065])

$$M \rightleftharpoons M^{\oplus} + e^{\ominus}$$

oder durch Verbindungsbildung mit einem anderen anionischen Partner

$$M + Y \rightleftharpoons MY\ .$$

Einen schematischen Überblick über die wichtigsten in einer Flamme möglichen Vorgänge gibt Abb. 92.

Nachdem bekannt ist, welche physikalischen und chemischen Vorgänge sich auf dem Weg vom Lösungströpfchen zum freien Atom abspielen oder abspielen können, soll als nächstes noch der Faktor Zeit betrachtet werden. Jede Flamme brennt mit einer für die verwendeten

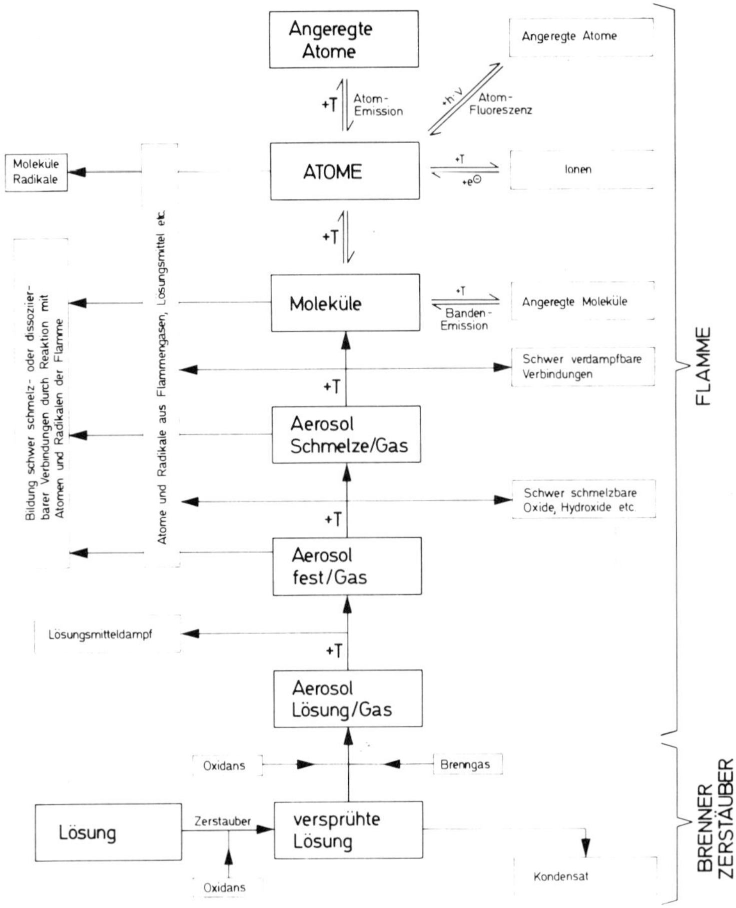

Abb. 92 Schematische Darstellung der wichtigsten in einer Flamme möglichen Reaktionsabläufe

Gase und deren Mischungsverhältnis typischen Brenngeschwindigkeit; ein weiterer wichtiger Faktor ist noch die Geometrie des Brennerschlitzes. Das in die Flamme eingesprühte Probenaerosol wird mit etwa der gleichen Geschwindigkeit mit den Flammengasen mittransportiert. Die in Abb. 92 schematisch gezeigten Vorgänge spielen sich demnach nicht nur nacheinander, sondern, bedingt durch die Gasströmung, auch in verschiedenen Höhen in der Flamme ab.

Schließlich ist zu berücksichtigen, daß eine Flamme keine isotherme Atomisierungszelle darstellt, sondern ein Temperaturprofil aufweist, das die einzelnen Vorgänge zusätzlich beeinflußt. Und darüber hinaus spielen sich noch chemische Umsetzungen in der Flamme ab, so daß sich auch die Partialdrucke an einzelnen Bestandteilen über die Höhe in der Flamme ändern. Diese wiederum können ihrerseits einen Einfluß auf den Atomisierungsgrad ausüben.

Sicher wird der Zeitbedarf für die Überführung eines Lösungströpfchens in gasförmige Moleküle von der Größe des Lösungströpfchens und von der Temperatur der Flamme abhängen. Die Atomisierung selbst ist ebenfalls von der Temperatur und häufig vom Partialdruck eines oder mehrerer Bestandteile (Verbrennungsprodukte) der Flamme abhängig. Dieser läßt sich durch Wahl geeigneter Flammengase beeinflussen; so ist beispielsweise der Partialdruck an atomarem Sauerstoff in einer Acetylen/Sauerstoff-Flamme etwa 200fach höher als in einer Wasserstoff/Luft-Flamme. Chemische Folgereaktionen lassen sich auf die gleiche Art beeinflussen, d. h. durch Wahl geeigneter Gasgemische. Ionisation dagegen ist wieder temperaturabhängig, und zwar in gleicher Weise wie die Atomisierung selbst. Die Temperatur müßte demnach so gewählt werden, daß die Atomisierung rasch abläuft, aber noch keine Ionisation eintrit. Schließlich ist es möglich, den Gesamtablauf der Atomisierung durch eine längere Aufenthaltsdauer der zu untersuchenden Probe in der Flamme zu beeinflussen, d. h. in Flammen niedriger Brenngeschwindigkeit wird die Atomisierung vollständiger erfolgen können. Dies wird besonders deutlich, wenn man bedenkt, daß schon in Flammen relativ niedriger Brenngeschwindigkeit, etwa der Luft/Acetylen-Flamme, eine Strecke von 1 cm in weniger als 10 ms durchschritten wird.

Trotz der gewaltigen Fortschritte, die die AAS seit den sechziger Jahren gemacht hat, wissen wir nur relativ wenig über das Schicksal der Metallatome und unserer Probe ganz allgemein in der Flamme. Doch sind gerade *die* Vorgänge in der Flamme, die die Wirksamkeit der Atomisierung beeinflussen, für das Verständnis und die richtige Einschätzung chemischer Interferenzen von ausschlaggebender Bedeutung.

ROBINSON berechnete 1966 noch, daß von den 10^{15} in 1 mL einer 0,1 µg/mL-Kupferlösung enthaltenen Kupfer-Ionen nur etwa 10^{-3} % atomisiert werden, wenn die Lösung in eine Luft/Acetylen-Flamme versprüht wird, bedingt durch unzureichende Zerstäubung, durch unzureichende thermische Dissoziation und durch die Tatsache, daß eine Flamme nicht, wie man es von einer idealen Atomisierungseinrichtung erwarten sollte, chemisch inert ist. Diese Beobachtungen beziehen sich allerdings auf die gesamte Brennereinheit und sind insgesamt zu komplex, um eine Aussage über den eigentlichen Atomisierungsvorgang zuzulassen. So ist es sicher nicht vorteilhaft, die Zerstäubung der Probe mit in die Betrachtungen einzubeziehen. Das in den 70er Jahren stark angewachsene Interesse an alternativen Atomisierungsverfahren und die damit erreichbaren wesentlich besseren Empfindlichkeiten hat die Frage nach der Effektivität der Atomisierung mit und ohne Flammen neu belebt.

DE GALAN und WINEFORDNER [285] berechneten für 22 Elemente den Anteil an freien Atomen, der in einer Luft/Acetylen-Flamme gebildet wird. Sie fanden dabei, daß einige Elemente in dieser Flamme annähernd quantitativ atomisiert werden, z. B. Kupfer und Natrium. Diese Berechnung läßt sich allerdings nicht auf alle Elemente ausdehnen, da sie die Kenntnis der Oszillatorstärke f (s. Abschn. 1.5) voraussetzt; letztere ist aber für die Mehrzahl der Elemente nicht bekannt. WILLIS [1335] hat diese Befunde durch unabhängige Messungen bestätigt und bemerkt, daß bei früheren Berechnungen, die zu geringeren Atomisierungsraten geführt hatten, wichtige Punkte ausgelassen wurden. KOIRTYOHANN [690] hat daher versucht, die Wirksamkeit der Atombildung experimentell zu ermitteln, indem er die Atomabsorption und die Molekülemission in ein Verhältnis zueinander setzte. Er nahm an, daß – bei Verwendung eines Mischkammerbrenners und einer heißen Flamme – der in die Flamme gelangende Anteil der Probe quantitativ verdampft, d. h. in Moleküle und Atome übergeführt wird.

Ist der Anteil an freien Atomen β und der Anteil an gebundenen Atomen γ, so gilt, wenn die oben gemachte Annahme stimmt:

$$\beta + \gamma = 1 \tag{8.1}$$

und

$$\frac{A_1}{A_2}\beta + \frac{E_1}{E_2}\gamma = 1 \; , \tag{8.2}$$

wobei A_1 und A_2 die Extinktionswerte der zu bestimmenden Atome und E_1 und E_2 die Emissionsintensitäten der gebildeten Molekülart jeweils in brenngasarmer und -reicher Flamme sind.

Besonders einfach gestalten sich die Verhältnisse, wenn in einer Flamme nur eine einzige Molekülart gebildet wird, z. B. das Monoxid. Dies ist beispielsweise für zahlreiche seltene Erdmetalle in der Lachgas/Acetylen-Flamme der Fall, und KOIRTYOHANN ermittelte für diese und andere Elemente β-Werte, die gut mit berechneten Werten übereinstimmen. FASSEL und Mitarbeiter [350] weisen ganz besonders darauf hin, daß die freien Atome von Metallen, die stabile Monoxide bilden, in der Lachgas/Acetylen-Flamme in hohem Maße lokalisiert sind. Das Gesamtprofil der über die Flamme hinweg beobachteten Extinktion ändert sich mit der Stöchiometrie der Flamme und steht in direktem Zusammenhang mit der Stabilität der Monoxide, was auf die Bedeutung dieser Verbindungen bei der Bildung freier Atome hinweist. Die β-Werte sind für viele Elemente nur dann sinnvolle Größen, wenn sie sich auf einen bestimmten Punkt in der Flamme und auf eine bestimmte Stöchiometrie beziehen.

RASMUSON und Mitarbeiter [1023] fanden, daß es in der Lachgas/Acetylen-Flamme ein bestimmtes Strömungsverhältnis ϱ gibt, bei dem die Atomisierung vollständig ist, wenn das Metall ein Monoxid mit einer Dissoziationsenergie kleiner als 6,5 eV bildet (eine vollständige Verdampfung der Probe vorausgesetzt). Zu diesen Elementen gehören z. B. Aluminium, Beryllium, Eisen, Kupfer, Lithium, Magnesium und Natrium. SMYLY und Mitarbeiter [1158] fanden dagegen in einer abgetrennten Sauerstoff/Wasserstoff-Flamme erheblich schlechtere Werte, was wieder einmal zeigt, daß die chemische Umgebung und ganz besonders der Partialdruck an Sauerstoff eine entscheidende Rolle bei dem Atomisierungsvorgang spielen.

L'VOV und Mitarbeiter [2580] untersuchten die Zusammensetzung und Temperatur von Luft/Wasserstoff-, Luft/Acetylen- und Lachgas/Acetylen-Flammen über einen weiten Bereich von Brenngas-Oxidans-Mischungen. Die Ergebnisse der Berechnungen wurden verwendet, um die Fähigkeit dieser Flammen zu bestimmen Monoxide zu dissoziieren. Dabei konnte theoretisch bewiesen und auch experimentell bestätigt werden, daß nahezu alle mit der AAS bestimmbaren Elemente in einer Lachgas/Acetylen-Flamme geeigneter Zusammensetzung praktisch quantitativ dissoziiert werden.

Die Autoren haben weiterhin die Bildung schwerflüchtiger Carbide für Lithium und Zinn in Gegenwart von Kohlenstoff in der Flamme nachgewiesen. Dieser Effekt ist auch für eine Reihe von „Anomalien“ verantwortlich, die diese Elemente in Flammen niedrigerer Temperatur zeigen. Es ist zu vermuten, daß besonders in Flammen wie der brenngasreichen Luft/Acetylen-Flamme viel häufiger eine ähnliche Carbidbildung auftritt als aus thermodynamischen Daten zu erwarten ist. Etwa die erheblichen Unterschiede in der Extinktion, die man für die Elemente der Eisengruppe in kohlenstoffreichen Flammen beobachtet, könnten darauf zurückzuführen sein. Auch der Einfluß von Eisen, Cobalt und Nickel auf die Extinktion von Chrom in der reduzierenden Flamme könnte mit der Bildung schwerflüchtiger Carbide zusammenhängen.

RASMUSON und Mitarbeiter [1023] haben als erste darauf hingewiesen, daß einige Elemente in reduzierenden Flammen hoher Temperatur stabile Monocyanide bilden können. L'VOV und Mitarbeiter [2580] schlossen aus thermochemischen Daten, daß sowohl Alkalielemente wie Natrium und Kalium, als auch Bor in diese Klasse gehören sollten. Die Dissoziationsenergie für das gasförmige Monocyanid BCN in B und CN ist etwa 800 kJ/Mol. Die geringe Empfindlichkeit für Bor in der roten Reduktionszone der Lachgas/Acetylen-Flamme sollte hauptsächlich auf dieses Phänomen zurückzuführen sein.

HALLS [2342] [2343] stellt fest, daß es viel mehr die chemische Umgebung ist und nicht etwa die Temperatur, die die Atomkonzentration in einer Flamme kontrolliert. Diese Auffassung hat sich in den letzten Jahren immer stärker durchgesetzt und muß zumindest dort, wo die Zusammensetzung der Gase die Atomisierung beeinflußt, als gegeben angenommen werden.

Die Theorie des Dissoziationsgleichgewichts zur Atombildung gibt oft falsche Werte. In solchen Fällen sollte versucht werden, den Atomisierungsmechanismus über eine Reduktion durch Komponenten der Flamme zu erklären. Dabei ist die Überlegung wichtig, daß die „chemische Umgebung" in einer Flamme durch die Komponenten der Flamme gebildet wird, die üblicherweise in weit höheren Konzentrationen vorhanden sind als irgendwelche Probenbestandteile.

CO und H_2 haben nicht genügend freie Energie, um die meisten Monoxide zu reduzieren, und die freie Energie, die bei der Oxidation von C_2- oder H-Radikalen frei wird, reicht gerade aus, um die Reduktion solcher Metalloxide zu bewerkstelligen, die bekanntlich gut atomisiert werden. CH-Radikale und C-Atome sollten in der Lage sein, noch stabilere Oxide wie SiO_2 zu reduzieren. Berechnungen der Wirksamkeit der Atomisierung (β) für Natrium und Magnesium basierend auf der Annahme einer Reduktion durch H-Radikale stimmen viel besser mit experimentellen β-Werten überein als solche, die auf der Basis des Dissoziationsgleichgewichts berechnet wurden [2343]. Dazu kommt natürlich noch die Überlegung, wie die einzelnen Komponenten über die Flamme verteilt sind. C_2- und CH-Radikale finden sich beispielsweise nur im untersten Teil der Flamme; H-Radikale bleiben dagegen relativ lange in der Flamme vorhanden und können daher viel wirkungsvoller in den Atomisierungsvorgang eingreifen. HALLS [2342] fand, daß der enge Zusammenhang beispielsweise zwischen dem Verteilungsprofil der Indium-Atome und dem der H-Radikale praktisch eine Beteiligung der H-Radikale an der Atomisierung des Indium aufdrängt.

Die Abhängigkeit der Calcium-Atomisierung von dem Brenngas/Oxidans-Verhältnis ist hinlänglich bekannt. HALLS [2342] weist auch hier auf die hohe Wahrscheinlichkeit der Mitwirkung von H-Radikalen bei der Reduktion von CaO und dessen Atomisierung hin. Interessant ist auch ein Vergleich zwischen Magnesium und Aluminium. Berechnungen des Verhältnisses [M]:[MO] (wobei M = Metall und MO = Metalloxid) auf der Basis von thermischen Dissoziationsgleichgewichten ergeben einen Wert von 0,16 für Magnesium und 0,016 für Aluminium in einer Luft/Acetylen-Flamme. Das würde bedeuten, daß Magnesium etwa zehnmal empfindlicher zu bestimmen sein sollte als Aluminium. In Wirklichkeit ist aber die Wirksamkeit der Atomisierung für Magnesium in der Luft/Acetylen-Flamme mit $\beta = 0{,}64$ sehr hoch, während Aluminiumatome praktisch nicht nachweisbar sind. Auch hier müssen Komponenten der Flamme, z. B. H-Radikale eine Rolle spielen, da über eine thermische Dissoziation die Unterschiede nicht erklärt werden können.

8.1.2 Spektrale Interferenzen

Wie schon in Abschn. 7.1 ausgeführt, sind spektrale Interferenzen durch direktes Überlappen der Emissionslinie aus der primären Strahlungsquelle und der Absorptionslinie eines zweiten Elements in der AAS sehr selten. In Gegenwart sehr hoher Konzentrationen eines Begleitelements im Bereich mehrerer g/L kann es allerdings zu erheblichen Verbreiterungen des Absorptionsprofils in einer Flamme kommen. Besonders FASSEL [342] hat darauf hingewiesen, daß dann die Schwingen der Absorptionslinie mit der primären Emissionslinie überlappen können, auch wenn dies aufgrund der Halbwertsbreiten und des Linienabstandes nicht möglich wäre. FASSEL konnte beispielsweise in einem Abstand von 0,03 nm vom Zentrum einer Calciumlinie noch 10% der Absorption messen. Die Gesamtbreite einer solchen Absorptionslinie kann an der Basis gelegentlich bis 0,1 nm anwachsen.

PANDAY und GANGULY [2728] berichten aufgrund einer derartigen Linienverbreiterung über die Absorption von Terbium im Bereich von 1 g/L auf der Magnesium-Linie bei 285,2 nm und von Chrom auf der Osmium-Linie bei 290,9 nm. NORRIS und WEST [2698] setzten eine derartige spektrale Überlappung zwischen der Antimon- und der Bleilinie zur Bestimmung hoher Bleikonzentrationen in Kupferlegierungen ein.

Spektrale Interferenzen durch Strahlungsstreuung an Partikeln in der Flamme oder durch Molekülabsorption sind in einem gut konzipierten Mischkammerbrenner ebenfalls keine häufig auftretende Störung. Das Ausmaß der beobachteten Störungen hängt unter anderem ab von den jeweiligen Flammenbedingungen und der Beobachtungshöhe. Durch Optimieren aller Parameter läßt sich die Untergrundabsorption oft stark reduzieren, jedoch nicht in allen Fällen beseitigen.

Strahlungsstreuung an Partikeln tritt in der Flamme eines Mischkammerbrenners praktisch nicht auf, während sie in einem Direktzerstäuber-Brenner relativ häufig zu beobachten ist. Schon KERBYSON [639] stellte fest, daß das maximale Tröpfchenvolumen bei einem Direktzerstäuber-Brenner etwa das 100fache eines Mischkammerbrenners beträgt. Aufgrund der quadratischen Beziehung zwischen Tröpfchenvolumen und Strahlungsstreuung müßte diese in einem Direktzerstäuber-Brenner daher etwa 10000mal stärker sein. Lediglich in vorgemischten Flammen niedriger Temperatur, etwa einer Luft/Propan-Flamme, wurde daher in Sonderfällen Strahlungsstreuung an Partikeln beobachtet [123].

Die in der Flamme eines Mischkammerbrenners beobachteten Störungen durch Untergrundabsorption beruhen praktisch ausschließlich auf einer nichtspezifischen Verminderung des Strahlungsflusses durch Absorption von Molekülen oder Radikalen. Diese können in einer Flamme dann in großer Zahl entstehen, wenn ein leicht atomisierbares Element in Gegenwart einer schwerer atomisierbaren Matrix in einer Flamme niedriger Temperatur bestimmt wird oder wenn ein in hoher Konzentration in der Matrix vorhandenes Element mit den Flammengasen ein stabiles Oxid oder Hydroxid-Radikal bildet. Voraussetzung ist natürlich, daß das zu bestimmende Element und das Molekül im gleichen Spektralbereich absorbieren. Ein typisches Beispiel hierfür ist die CaOH-Bande (Abb. 93) in einer Luft/Acetylen-Flamme, deren Absorptionsmaximum praktisch genau mit der Resonanzlinie für Barium zusammenfällt. CAPACHO-DELGADO und SPRAGUE [210] fanden, daß eine 1%ige Calcium-Lösung auf der Barium-Linie (gemessen mit einer Ba-Hohlkathodenlampe) eine Absorption von 50% ergab. In einer Lachgas/Acetylen-Flamme ist dieser Effekt nicht zu beobachten.

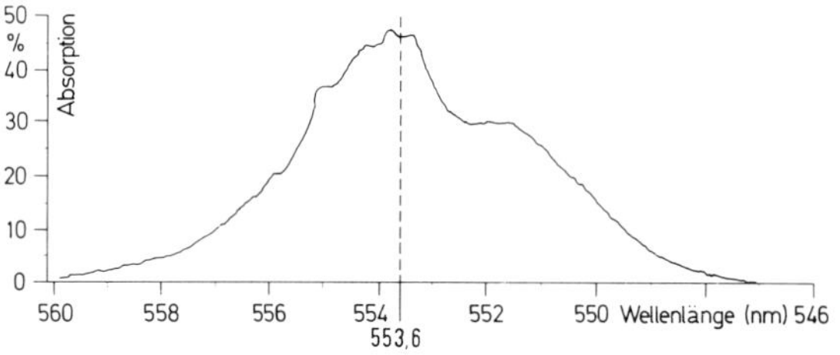

Abb. 93 Absorption des CaOH-Radikals (1% Ca-Lösung) in einer Luft/Acetylen-Flamme im Bereich der Barium-Resonanzlinie (553,6 nm)

Ein weiteres typisches Beispiel für Molekülspektren in Flammen niedrigerer Temperatur sind die Alkalihalogenid-Spektren, die hauptsächlich im kurzwelligen Bereich unterhalb 300 nm stören können. SIERTSEMA [2861] fand beispielsweise bei der Bestimmung von Eisen in Serum auf der 248,3 nm-Linie eine Interferenz durch das NaCl-Spektrum, das durch HCl und Trichloressigsäure starkt erhöht wurde. Die Messung wurde aber offensichtlich mit einem ungeeigneten Brennersystem durchgeführt, da andere Autoren diese Störung nicht feststellen konnten.

FRY und DENTON [2274] untersuchten den Bereich von 190 bis 300 nm und fanden für Vollblut, Kondensmilch und Tomatensoße keine meßbare Untergrundabsorption, und auch für Urin war das Untergrundsignal kaum höher als das Untergrundrauschen. Für 5%ige Lösungen von Natriumchlorid bzw. Calciumchlorid konnten die Autoren ein Molekülspektrum in einer Luft/Acetylen-Flamme registrieren mit Extinktionsmaxima von 0,02 A bzw. 0,03 A zwischen 230 und 240 nm. Unverdünntes Seewasser gab eine maximale Extinktion von 0,015 A. In einer Lachgas/Acetylen-Flamme ließ sich die Absorption durch Moleküle nochmals um etwa eine Zehnerpotenz reduzieren, so daß diese praktisch bedeutungslos wurde. Allerdings ist auch die Empfindlichkeit einiger leicht atomisierbarer Elemente in der heißen Flamme deutlich schlechter, so daß dieser Weg nicht immer gangbar ist – er sollte aber auf alle Fälle untersucht werden.

Für die relativ seltenen Fälle, in denen bei Verwendung einer vorgemischten, laminaren Flamme noch spektrale Interferenzen durch Absorption von Molekülen oder Radikalen auftreten, werden diese am besten durch Untergrundkompensation mit einem Kontinuumstrahler beseitigt. Da die Untergrundabsorption in Flammen nie sehr groß ist, wird der Arbeitsbereich eines üblichen Untergrundkompensators sicher nicht überschritten. Da in Flammen zudem ein statisches Signal entsteht, sind auch von Seiten der Schnelligkeit keine Schwierigkeiten zu erwarten.

MARKS und Mitarbeiter [2624] haben allerdings darauf hingewiesen, daß bei der Analyse von Metallen und komplexen Legierungen auf Spurenelemente Störungen bei Einsatz eines Kontinuumstrahlers auftreten können. Dabei können Atome von Hauptbestandteilen der Legierung, die innerhalb der vom Monochromator durchgelassenen spektralen Bandbreite absorbieren, Strahlung des Kontinuumstrahlers absorbieren. Damit wird nur Strahlung des Kontinuumstrahlers, nicht aber des Linienstrahlers geschwächt, was zu einer Überkompensation führt.

HÖHN und JACKWERTH [2384] haben von einer ähnlichen Störung bei der Bestimmung von Spuren Gold in Indium berichtet. Hier ist die Störung allerdings auf Molekülabsorption durch InCl zurückzuführen, die eine Feinstruktur aufweist; die einzelnen Linien besitzen dabei etwa die gleiche Breite wie die Absorptionslinie von Gold (Abb. 79, S. 143). Bei Messung mit der elementspezifischen Hohlkathodenlampe wird allein der Untergrund unmittelbar unter der Goldlinie, d. h. nur ein schmaler Spektralbereich erfaßt. Wegen der relativ großen Spaltbreite des Monochromators im Atomabsorptionsspektrometer wird mit einem Kontinuumstrahler jedoch auch der Untergrund in der Umgebung der Analysenlinie gemessen. Nach Abb. 79 fällt die Au-Linie bei 267,6 nm nicht mit einer Linie des Untergrunds zusammen. Dies bedeutet, daß die Untergrundabsorption bei Messung mit der Hohlkathodenlampe geringer ist als mit dem Kontinuumstrahler. Bei Differenzbildung wird demnach ein zu großer Wert für den Untergrund abgezogen; man erhält damit zu kleine, u. U. sogar negative Signale.

In diesem und in den meisten ähnlich gelagerten Fällen empfiehlt sich als Abhilfe eine Bestimmung in der heißeren Lachgas/Acetylen-Flamme, in der – wie schon erwähnt – die Störungen nochmals erheblich reduziert sind. Darüber hinaus ist natürlich zu überlegen, ob nicht generell auf eine empfindliche Technik, z. B. die Graphitrohrofen-AAS übergegangen wird. Dort kann dann mit erheblich größerer Verdünnung und damit auch mit geringeren Störungen gearbeitet werden.

Der Einsatz des Zeeman-Effekts zur Untergrundkorrektur wurde für einige Spezialfälle auch in der Flammen-Technik beschrieben [3089]. Üblicherweise lassen sich die in Flammen auftretenden Störungen jedoch auf anderem Wege einfacher beseitigen. Es besteht daher keine Veranlassung den Zeeman-Effekt in der Flammen-AAS einzusetzen, da die Nachteile sicher die Vorteile überwiegen werden.

8.1.3 Transportinterferenzen

Mit der Flammen-AAS als analytischer Technik muß die Konzentration des gesuchten Elements in der Lösung, nicht die Konzentration an Atomen in der Flamme bestimmt werden. Es wurde schon gezeigt, daß für zahlreiche Elemente bei Wahl einer geeigneten Flamme entsprechender Stöchiometrie praktisch eine quantitative Atomisierung erreicht werden kann. Der eigentlich beschränkende Faktor ist damit oft die Effektivität des Transports der Lösung in die Flamme. Diese hängt ab von der Ansaugrate und der Wirksamkeit des Zerstäubers sowie dem Anteil des Aerosols, der schließlich die Flamme erreicht. Unter konstanten experimentellen Bedingungen hängen diese ab von den physikalischen Eigenschaften, wie der Viskosität, der Oberflächenspannung, dem Dampfdruck und der Dichte der Lösung; man spricht daher auch von physikalischen Interferenzen.

Transportinterferenzen entstehen durch Änderungen in der Massenströmung des Aerosols durch den horizontalen Querschnitt der Flamme in der Beobachtungshöhe. Eine gute, quantitative mathematische Behandlung der einzelnen Vorgänge und Einflüsse findet sich bei RUBEŠKA und MUSIL [2811].

Die Änderungen in der Dichte einer Lösung, die durch anorganische Salze verursacht werden, beeinflussen die Ansaugrate nicht und die entstehende Tröpfchengröße nur geringfügig. Dagegen können die durch anorganische Salze oder freie Säuren verursachten Änderungen in der Viskosität bis zu 10% oder mehr betragen. Erhöht man die Viskosität einer wäßrigen Lösung durch Zugabe immer größerer Salzmengen, so wird man feststellen, daß bei gleicher Zerstäubereinstellung immer weniger Probe angesaugt wird und daß gleichzeitig die bei der Zerstäubung gebildeten Tröpfchen relativ größer werden. Das bedeutet aber, daß auch ein größerer Anteil der Lösung in der Mischkammer kondensiert wird und somit ein kleinerer Teil der Probe in die Flamme gelangt. Diese Störung macht sich ab etwa 1%

Gesamtsalzgehalt allmählich bemerkbar, wobei sich selbstverständlich organische Makromoleküle, wie Eiweiß oder Zucker, stärker auswirken als rein anorganische Salze [683].

HÖHN und UMLAND [520] weisen darauf hin, daß eine Signalerniedrigung in Gegenwart zunehmender Gesamtsalzkonzentrationen nicht unbedingt auf physikalische Effekte, d. h. auf eine geringere Ansaugrate des Zerstäubers zurückzuführen ist. Vielmehr kann es sich dabei auch um eine zunehmende Einbettung des zu bestimmenden Elements in Fremdsalze handeln, die nicht mehr dissoziiert werden.

Die Oberflächenspannung hat praktisch keinen Einfluß auf die Ansaugrate, sie beeinflußt jedoch die Zerstäubung direkt und hat einen entscheidenden Effekt auf die Tröpfchengröße. Anorganische Salze beeinflussen die Oberflächenspannung wäßriger Lösungen nur unwesentlich; organische Materialien haben dagegen einen ausgeprägten Einfluß. Oberflächenaktive Stoffe haben dagegen einen relativ geringen Einfluß, da sie üblicherweise nicht genügend Zeit haben, während der Tröpfchenbildung an die Oberfläche zu wandern.

In echten Proben ändern sich natürlich die Viskosität und die Oberflächenspannung gleichzeitig. Dazu kommt, daß die Wirkungen einer Änderung von physikalischen Eigenschaften manchmal gegenläufig sind und sich damit teilweise wieder aufheben. Eine niedrigere Viskosität erhöht beispielsweise die Ansaugrate, erhöht aber gleichzeitig auch die mittlere Tröpfchengröße.

Die Änderungen, die unterschiedliche Salz- oder Säuregehalte in einer Probe hervorrufen, genügen meist nicht, um Transportinterferenzen hervorzurufen. Nicht ganz zu vernachlässigen sind die Änderungen, die größere Temperaturunterschiede hervorrufen können, solange es nicht nur wenige Grad sind. Am stärksten wirken sich üblicherweise organische Materialien, besonders organische Lösungsmittel aus. Der Einsatz organischer Lösungsmittel, entweder im Gemisch mit Wasser oder als reine Lösungsmittel, zur Erzielung höherer Probensignale wurde schon von verschiedenen Autoren im Zusammenhang mit der Flammenphotometrie vorgeschlagen [116] und untersucht [133] [134]. ALLAN [40] führte entsprechende Untersuchungen erstmals in der AAS durch und fand ähnliche Effekte für die Empfindlichkeit der Bestimmung. In Tabelle 14 sind verschiedene Mischungen organischer

Tabelle 14 Erhöhung des Cu-Signals durch organische Lösungsmittel in einer vorgemischten Flamme (nach ALLAN [40])

Lösungsmittel		relative Empfindlichkeit*)
Salzsäure, c(HCl) = 0,1 mol/L		1,0
Methanol	40%	1,7
Ethanol	40%	1,7
Aceton	40%	2,0
Aceton	80%	3,5
Aceton	20%	
+ Isobutanol	20%	2,35
Ethylamylketon		2,8
Methylisobutylketon		3,9
Ethylacetat		5,1

* bezogen auf H_2O = 1,0

Lösungsmittel mit Wasser sowie reine organische Lösungsmittel und deren erhöhende Wirkung zusammengestellt.

Da die meisten organischen Lösungsmittel eine geringere Viskosität und ein geringeres spezifisches Gewicht als Wasser aufweisen, werden sie auch leichter angesaugt; die oft wesentlich geringere Oberflächenspannung bewirkt zudem eine feinere Verstäubung, wodurch deutlich mehr Probe pro Zeiteinheit in die Flamme gelangen kann. Dies sind die physikalischen Ursachen, die zur Erhöhung des Signals bei Verwendung organischer Lösungsmittel beitragen; sie sind typisch für jedes Lösungsmittel. Daneben gibt es aber noch einen chemischen Effekt, der zudem von Element zu Element noch gewisse Unterschiede bringen kann [683].

Während die Dissoziation von Wasser (die ja stets in der Flamme vorsichgeht, wenn wäßrige Lösungen versprüht werden) eine stark endotherme Reaktion darstellt, die die Flammentemperatur merklich herabsetzt, ist die Verbrennung eines organischen Lösungsmittels in der Regel (außer für CCl_4 usw.) eine exotherme Reaktion, die die Flammentemperatur zumeist erhöht. Eine höhere Flammentemperatur kann durchaus eine bessere Atomisierung eines Elements bewirken, so daß auch von dieser Seite her noch ein erhöhender Effekt erwartet werden kann. Schließlich lassen sich vermutlich viele Metallatome leichter aus einer organischen Bindung freisetzen als aus verschiedenen anorganischen, da organische Moleküle bekanntlich thermisch weniger stabil sind als anorganische. Auch diese Tatsache kann zu einer weiteren Signalerhöhung führen; zudem macht dieser Effekt, ebenso wie die etwas erhöhte Flammentemperatur, schwerwiegende chemische Interferenzen in organischen Lösungen wenig wahrscheinlich.

Für einige Elemente konnte gezeigt werden, daß eine lineare Beziehung besteht zwischen der Erhöhung der Empfindlichkeit und dem Logarithmus aus dem Produkt aus Viskosität und Siedepunkt [740]. Damit ist zumindest für die untersuchten Elemente die rein physikalische Natur des Effekts offenkundig.

In jedem Falle sind Transportinterferenzen relativ leicht zu beseitigen; am einfachsten wird man Proben- und Bezugslösungen in ihren physikalischen Eigenschaften einander anpassen, etwa indem man das gleiche Lösungsmittel verwendet oder durch Verdünnen der Probenlösungen oder auch, indem man die störende Substanz auch den Bezugslösungen zugibt. Ist das nicht möglich, so wird zweckmäßigerweise das Additionsverfahren eingesetzt, das derartige Transportinterferenzen einwandfrei und vollständig beseitigt.

Ein immer wieder vorgeschlagenes Verfahren zur Beseitigung von Transportinterferenzen ist die Verwendung eines internen Standards [353] [1034]. Dieses Verfahren, bei dem zu der Probe eine bekannte Konzentration eines anderen Elements zugegeben wird und die Beeinflussung dieses Elements auf das unbekannte übertragen wird, läßt sich zur Beseitigung solcher Interferenzen einsetzen, ist jedoch an bestimmte Voraussetzungen gebunden; unter anderem sollte nach Möglichkeit ein Zweikanal-Spektrometer eingesetzt werden, da sich die Messung sonst zu kompliziert gestaltet. Es sollte dabei erwähnt werden, daß sich die Methode des internen Standards ausschließlich zur Korrektur von Transportinterferenzen eignet. Die Beseitigung anderer Interferenzen mit diesem Verfahren ist weder theoretisch noch praktisch fundiert.

Andere Autoren haben statt des pneumatischen Zerstäubers eine Probenpumpe mit fester Flüssigkeitszufuhr zum Zerstäuber verwendet, um Transportinterferenzen auszuschalten [585] [1044]. Die Ergebnisse damit sind erstaunlich gut, jedoch ist das System für einen Routinebetrieb meist zu langsam. Zudem lassen sich mit einer Pumpe nur Änderungen in der Ansaugrate, nicht die in der Zerstäubung und dem Aerosoltransport beseitigen.

8.1.4 Verdampfungsinterferenzen

Das Lösungsmittel des Probenaerosols verdunstet entweder schon in der Mischkammer oder unmittelbar nach Eintritt in die Flamme. Dieser Vorgang ist üblicherweise unproblematisch; man kann daher sagen, daß die Probe in fester Form in die Flamme gelangt.

Der Vorgang der Verdampfung eines festen Teilchens in heißen Gasen ist einer der am wenigsten erforschten Prozesse in der Flammenspektrometrie und basiert daher noch in hohem Maße auf Vermutungen. Die Verdampfung kann im einfachsten Falle ein rein physikalischer Vorgang sein, kann aber auch chemische Reaktionen des zu bestimmenden Elements mit Begleitsubstanzen aus der Probe oder mit Flammengasen einschließen. All diese Reaktionen können die Verdampfung beeinflussen, und wenn diese in Anwesenheit und Abwesenheit des Störers nicht gleich ist, so liegt eine Verdampfungsinterferenz vor.

Verdampfungsinterferenzen können sowohl zu einer Erhöhung als auch zu einer Erniedrigung des Signals führen. Sie sind im allgemeinen spezifisch und hängen in hohem Maße ab von den Eigenschaften der Verbindungen, die nach dem Verdampfen des Lösungsmittels aus den Aerosoltröpfchen gebildet werden. Man nennt diese Art Störungen daher auch chemische Interferenzen.

In einer vorgemischten, laminaren Flamme kann angenommen werden, daß die Verdampfung fester Teilchen beginnt, sobald diese in die primäre Reaktionszone eintreten. Der eigentliche Verdampfungsvorgang braucht eine gewisse Zeit, die u. a. stark abhängt von der Größe der Teilchen. Zeit kann aber bei einer Flamme stets direkt übersetzt werden in eine bestimmte Höhe in der Flamme. Das Auftreten einer Interferenz kann daher auch sehr kritisch abhängen von der jeweiligen Beobachtungshöhe.

Die Verdampfung kann im einfachsten Fall ein rein physikalischer Vorgang sein. Aufgrund der vorausgegangenen Überlegungen zur Teilchengröße kann jedoch auch ein völlig indifferentes Salz die Verdampfung des zu bestimmenden Elements beeinflussen. Liegt der Siedepunkt des störenden Salzes niedriger als die Flammentemperatur, so wird die Verdampfung durch die Wärmeübertragung bestimmt. Die Zugabe eines relativ flüchtigen Salzes (z. B. eines Alkalihalogenids) wird das Erhitzen des Teilchens verzögern und damit auch die Verdampfung des weniger flüchtigen Elements. Das Auftreten einer Interferenz ist hier nur abhängig von der Beobachtungshöhe. Es kann allerdings auch der umgekehrte Effekt eintreten, wenn das Salz sehr rasch verdampft und die Partikel dadurch aufgebrochen werden; auf diese Weise wird die Verdampfung des zu bestimmenden Elements gefördert. Besonders wirkungsvoll sind dabei Salze, die sublimieren (z. B. NH_4Cl) oder sich zu gasförmigen Produkten zersetzen (z. B. NH_4NO_3).

Häufig ist die Verdampfung jedoch kein rein physikalischer Vorgang, da das zu bestimmende Element während seiner Verdampfung zu weniger flüchtigen Verbindungen reagiert. Die schwerwiegendsten Vorgänge in diesem Zusammenhang sind die Bildung thermisch stabiler Mischoxide und die Reduktion des Elements durch die Flammengase zu schwerflüchtigen Metallen oder Carbiden. Das Ausmaß, sowohl der Verdampfung als auch der Bildung von schwerflüchtigen Verbindungen, hängt in hohem Maße davon ab, in welcher Form das zu bestimmende Element bei der Bildung des festen Teilchens aus dem Aerosoltröpfchen ausfällt. Dieser Vorgang des Eintrocknens und Verdampfens des Lösungsmittels ist daher von großer Bedeutung und soll etwas eingehender betrachtet werden.

Im wesentlichen beeinflussen zwei Faktoren die endgültige Form, in der das zu bestimmende Element vorliegen wird, das sind die vorhandenen Anionen und die möglichen Liganden. Da in jeder Probenlösung üblicherweise mehr als ein Anion enthalten ist, wird beim Verdampfen des Lösungsmittels das zu bestimmende Element mit *dem* Anion (oder Kation) eine Verbindung eingehen und auskristallieren, mit dem es das am schwersten lösliche Salz bildet.

Dieses Salz kann dann sekundär weiterreagieren. Handelt es sich um ein hydratisiertes Salz, so wird es weiter Wasser abgeben; dieser Vorgang ist oft von einer Hydrolyse begleitet. Das Salz kann sich auch thermisch zersetzen und es können Reaktionen mit Begleitsubstanzen unter Bildung einer neuen Phase mit höherer thermischer Stabilität ablaufen. Schließlich können sich auch heterogene Reaktionen mit den Flammengasen abspielen, speziell eine Reduktion zum Metall oder zu einem Carbid. Die flüchtigsten Salze sind üblicherweise die Halogenide (Fluoride, Chloride). Oxide, wie sie meist bei der thermischen Zersetzung von Salzen der Sauerstoffsäuren entstehen, sind im allgemeinen weniger flüchtig. Man sollte jedoch nicht vergessen, daß viele Halogenide hydratisiert kristallisieren und daß ihre thermische Zersetzung ebenfalls zur Bildung von Oxiden führen kann. RUBEŠKA und MUSIL [2811] haben gezeigt, daß man die Art der thermischen Zersetzung eines Salzes aus dem Flammenprofil ablesen kann.

Abb. 94 zeigt die Flammenprofile verschiedener Magnesiumsalze. Da sich Magnesiumchlorid gemäß

$$MgCl_2 \cdot H_2O \xrightarrow{581\,°C} MgO + 2\,HCl$$

ebenso wie Magnesiumnitrat, zum Oxid zersetzt, sind die Flammenprofile für diese beiden Salze identisch. Calciumchlorid verliert dagegen zuerst sein Kristallwasser und bildet vorwiegend ein wasserfreies Chlorid, das nur teilweise zum Oxid hydrolysiert. Die Flammenprofile für das Chlorid und das Nitrat sind daher für dieses Element unterschiedlich (Abb. 95).

Alle Elemente, die thermisch stabile Oxide bilden – das sind diejenigen, die mit der Lachgas/Acetylen-Flamme bestimmt werden müssen – bilden auch aus salzsauren Lösungen schließlich Oxide. Speziell die Oxide der Elemente der III. und IV. Gruppe des Periodensystems sind sehr schwer zu verflüchtigen, da sie große, dreidimensionale, polymere Strukturen bilden. Die Empfindlichkeit dieser Elemente läßt sich deutlich steigern, wenn man die Bildung einer Metall-Sauerstoff-Bindung in der endgültig auskristallisierenden Form des zu

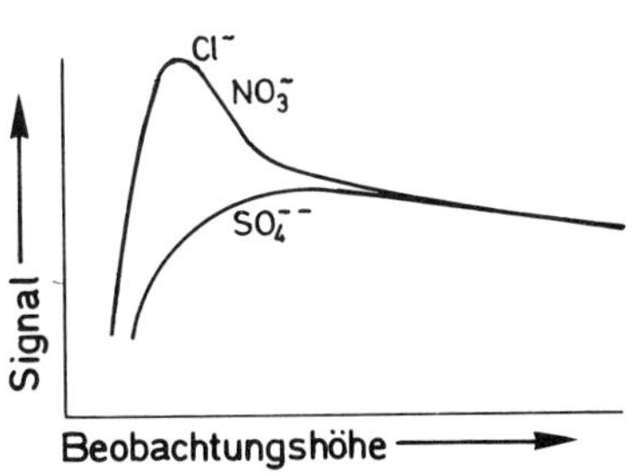

Abb. 94 Flammenprofile für verschiedene Magnesiumsalze (nach [2811])

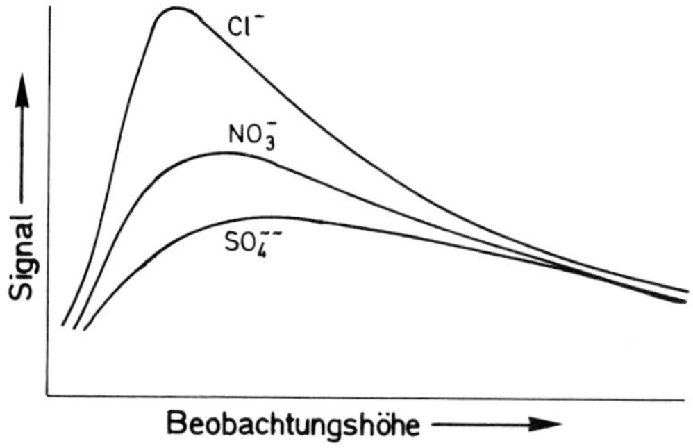

Abb. 95 Flammenprofile für verschiedene Calciumsalze (nach [2811])

bestimmenden Elements verhindert. SASTRI und Mitarbeiter [2821] haben das für Titan, Zirconium, Hafnium und Molybdän gezeigt, indem sie diese als Acetylacetonate (mit einer Metall-Sauerstoff-Bindung) und als Metallocene (ohne derartige Bindung) in die Flamme versprühten. Das gleiche Ergebnis wurde für Niob und Tantal gefunden, die einmal als Oxalate und dann als Fluorokomplexe versprüht wurden.

Wie schon erwähnt, enden viele Elemente als Oxide unabhängig von den in der Lösung ursprünglich vorhandenen Anionen. Bei den relativ hohen Temperaturen, die in einer Flamme herrschen, können Oxide untereinander reagieren und neue Phasen noch höherer thermischer Stabilität bilden. Dadurch wird die Flüchtigkeit des zu bestimmenden Elements weiter herabgesetzt. Speziell Verbindungen vom Spinell-Typ ($MO \cdot M_2O_3$) oder vom Ilmenit- und Perowskit-Typ ($MO \cdot MO_2$) bilden ein sehr stabiles Gitter, das bei der Temperatur der Luft/Acetylen-Flamme noch nicht schmilzt.

Diese Art Interferenzen werden am häufigsten dadurch beseitigt, daß man der Probenlösung (und der Bezugslösung) ein anderes Element im Überschuß zusetzt, das mit der störenden Begleitsubstanz eine Verbindung eingeht, die noch stabiler ist als die des zu bestimmenden Elements. Das zu bestimmende Element geht dann eine Verbindung ein, so als ob die störende Begleitsubstanz nicht anwesend wäre und kann daher ungehindert verdampft werden. Das wohl bekannteste Element in diesem Zusammenhang ist Lanthan, das häufig zugesetzt wird, um die Störung von Aluminium und von Phosphaten usw. auf Erdalkalielemente zu beseitigen.

Es wurde vorgeschlagen, daß die Wirkung auf einer niedrigeren freien Bildungsenergie des zugesetzten Elements mit dem Störer beruht, im Vergleich zu der Verbindung des zu bestimmenden Elements mit dem Störer. Andere vermuten, daß es mehr ein Massenwirkungseffekt ist.

Ein weiteres Verfahren zum Beseitigen dieser Interferenz beruht auf dem Prinzip der Komplexbildung. Das zu bestimmende Kation wird in einem starken, chemisch möglichst resistenten und wenig dissoziierten Komplex gebunden, so daß keine Salzbildung mit dem störenden Anion erfolgen kann. Das Metall gelangt in dem „Schutzmantel" des Komplexbildners (häufig EDTA) in die Flamme, wo schließlich unter dem Einfluß der Temperatur der Komplex zerstört und das Metall freigesetzt wird. Auch dieses Verfahren läßt sich vielseitig anwenden, auch wenn es relativ selten beschrieben wurde; es hat lediglich den Nachteil, daß meist keine sehr stark sauren Lösungen verwendbar sind.

Da diese Interferenzen auf der Bildung einer thermisch stabilen Phase beruhen, hängen sie natürlich stark ab von der Flammentemperatur. Die meisten dieser Störungen verschwinden daher in der heißeren Lachgas/Acetylen-Flamme, deren Temperatur ausreicht, die Oxide zu verdampfen. Dazu kommt noch die reduzierende Atmosphäre in der roten Zwischenzone dieser Flamme, die die Oxide auch noch chemisch angreift.

Eine Ausnahme davon könnte die Interferenz von Eisen auf Chrom sein, die als Chromitbildung ($FeCr_2O_4$) interpretiert wurde. In der Luft/Acetylen-Flamme werden jedoch sowohl Eisen- als auch Chromoxide leicht zum Metall bzw. zu Carbiden reduziert. Die Interferenzen, die generell nur in reduzierenden Flammen beobachtet werden, beruhen daher wahrscheinlich auf der Bildung gemischter Carbide, wie schon früher diskutiert. Zugabe von Ammoniumchlorid, das diese Interferenz beseitigt, erhöht die Flüchtigkeit von Chrom [1049]. Das läßt sich aus der Form erklären, in der Chrom aus der Lösung auskristallisiert. In Gegenwart großer Mengen Ammoniumchlorid kristallisiert Chrom aus salzsaurer Lösung als Ammoniak-Komplex, der beim Erwärmen Chromchlorid mit einem Sublimationspunkt von 1300 °C bildet. Der gleiche Komplex entsteht auch, wenn man Kaliumdichromat mit Ammoniumchlorid erhitzt. In Abwesenheit von Ammoniumchlorid bildet Chrom dagegen schwerflüchtige Chromoxide, von denen aus die Interferenz einsetzen kann.

Das Element, an das das zu bestimmende Element direkt gebunden ist, kann die Reduktion in der kondensierten Phase ebenfalls stark beeinflussen. Eine Reduktion des zu bestimmenden Elements zum Metall oder Carbid kann dessen Verflüchtigung beschleunigen oder auch verzögern, je nachdem welche Form flüchtiger ist [2811]. Der Siedepunkt wird oft als Maß für die Flüchtigkeit verwendet. Ein Vergleich der physikalischen Daten zeigt, daß bei einigen Elementen wie Mg, Ca, Sr, Ba, Cr oder Mn das Metall den niedrigsten Siedepunkt hat, bei anderen ein Oxid wie B_2O_3, SiO, TiO_2, V_2O_3, MoO_3, Fe_2O_3, CoO oder NiO und bei einigen wenigen sogar ein Carbid wie bei BeC_2 oder Al_4C_3. Eine Zugabe von Liganden, die die Reduktion erleichtern, wird daher die Signale von solchen Elementen erniedrigen, die als Oxide am leichtesten flüchtig sind.

L'vov und Orlov [2583] haben gezeigt, daß in reduzierenden Acetylenflammen die Reduktion von Cr, Fe, Co und Ni zu Carbiden vor der Verflüchtigung in einem verschiedenen Ausmaß abläuft je nach dem anwesenden Anion. Am wenigsten werden Chloride reduziert, da sie am schnellsten verflüchtigt werden. Nitrate zersetzen sich leicht zu Oxiden, die langsamer verflüchtigt werden, so daß eine Reduktion durch die Flammengase stattfinden kann. Die größten Signalerniedrigungen werden in reduzierenden Flammen für Sulfate beobachtet, die recht stabil sind und daher am langsamsten verflüchtigt werden. Für Chloride nimmt die Unterdrückung mit abnehmender Salzsäurekonzentration in der Lösung zu. Dies läßt sich erklären durch teilweise Hydrolyse der Tröpfchen während des Verdampfens oder durch thermische Zersetzung der entsprechenden Aquokomplexe. Diese Reduktion zu Carbiden in der kondensierten Phase öffnet den Weg für zahlreiche wechselseitige Interferenzen, weil die meisten dieser Carbide untereinander mischbar sind. Störungen für Cr, Mn, Fe, Co und Ni, die auf der Bildung von Mischcarbiden beruhen, sind daher in reduzierenden Flammen und für Sulfate und Nitrate viel stärker ausgeprägt. In oxidierenden Flammen und in salzsauren Lösungen verschwinden sie dagegen vollständig [2811].

Ist in der Probe eine Verbindung vorhanden, die die reduzierenden Komponenten verbraucht, so wird das zu bestimmende Element leichter verdampfen, da die reduzierenden Komponenten bevorzugt mit der Begleitsubstanz reagieren. Die Bildungswärmen der Übergangsmetallcarbide nehmen allgemein in der Reihe M(VI) > M(V) > M(IV) ab, und Aluminiumcarbid hat eine der niedrigsten Bildungswärmen von allen Elementen. In Anwesenheit von Aluminium wird daher die Reduktion der meisten Elemente verlangsamt. Und wenn das zu bestimmende Element als Oxid flüchtiger ist als in der metallischen Form oder als Carbid, so wird man eine Signalerhöhung beobachten. Aluminium sollte also beispielsweise die Empfindlichkeit für Mo, W, V, Si, Ti oder B erhöhen, was auch tatsächlich beobachtet wird [1306] [2162] [2727] [2808] [2812]. Aluminium hat auch eine stark erhöhende Wirkung auf Cr, Fe, Co und Ni in reduzierenden Luft/Acetylen-Flammen. Aluminium wird daher oft statt Lanthan als Puffer für die Bestimmung von Titan und Vanadium eingesetzt.

Man kann annehmen, daß sich Aluminiumoxid, das beim Calcinieren seiner Salze entsteht, gemäß

$$Al_2O_3 \xrightarrow{2080\ K} Al + AlO + O_2$$

zersetzt und der freigesetzte Sauerstoff die Verflüchtigung des zu bestimmenden Elements als Oxid erleichert. Es wird praktisch ein „oxidierendes Mikroklima“ in dem Teilchen aufrecht erhalten [2811].

Für Aluminium und Beryllium, die am flüchtigsten in Form ihrer Carbide sind und unter den herrschenden Bedingungen leicht reduziert werden, sollte man daher keine Verdampfungsinterferenzen erwarten, was auch mit den experimentellen Beobachtungen übereinstimmt. Die Platinmetalle bilden relativ flüchtige Oxide, sind aber als Metall sehr wenig flüchtig. Sie haben alle Siedepunkte z. T. weit oberhalb 3000 °C und ihre Atomisierungswärmen sind mit Ausnahme von Palladium alle größer als 500 kJ/Mol. Alle diese Elemente werden leicht zum Metall reduziert, von wo aus sie wegen der hohen Atomisierungsenergie und ihrer Neigung, Agglomerate zu bilden, in einer Luft/Acetylen-Flamme nur sehr uneffektiv atomisiert werden. Da sie zudem untereinander leicht Legierungen bilden, vergrößert ein zweites Platinmetall zusätzlich noch die endgültige Teilchengröße in dem das zu bestimmende Element als Legierungskomponente gebunden ist.

Die wechselseitige Unterdrückung der Platinmetalle in einer Luft/Acetylen-Flamme ist wohlbekannt. Oxidierende Pufferreagenzien wie Lanthansalze [1095] [3002] oder eine Kombination von Cadmium, Kupfer und Alkalisulfaten [571] unterdrücken die Interferenzen und erhöhen die Empfindlichkeit der Platinmetalle. Neben ihrer oxidierenden Wirkung dispergieren diese Puffer auch die Partikel und verhindern die Bildung von Agglomeraten.

8.1.5 Interferenzen in der Gasphase

Der Strahlungsfluß, der von dem Spektrometer in das gemessene Signal umgewandelt wird, überträgt die Information über die spektroskopisch aktive Form des zu bestimmenden Elements in der Beobachtungszone der Atomisierungseinrichtung. Eine Flamme ist ein dynamisches System, von dem man jedoch annehmen kann, daß die Aufenthaltsdauer der Probe in der Beobachtungszone in erster Näherung lang genug ist, damit sich ein Gleichgewicht zwischen freien Atomen und Verbindungen (Dissoziationsgleichgewicht), Ionen (Ionisationsgleichgewicht) und angeregten Atomen (Anregungsgleichgewicht) einstellt. Diese Gleichgewichte lassen sich durch das Massenwirkungsgesetz, die SAHA-Gleichung und das BOLTZMANNsche Verteilungsgesetz beschreiben. All diese Vorgänge sind temperaturabhängig und da die Temperatur sich innerhalb der Flamme verändert, verändern sich auch die Konzentrationen der einzelnen Komponenten in der Gasphase [1029].

Das Gleichgewicht selbst und die evtl. unvollständige Überführung des zu bestimmenden Elements in seine spektroskopisch aktive Form, das Atom im Grundzustand, kann man nicht als Interferenz bezeichnen. Lediglich die Wirkung einer Begleitsubstanz, die eine Änderung des Gleichgewichts bewirkt und damit den Bruchteil an dem dissoziierten, ionisierten oder angeregten Element ändert, ist eine Interferenz. Das setzt voraus, daß sowohl das zu bestimmende Element als auch der Störer sich gleichzeitig in der Gasphase befinden und daß sie einen gemeinsamen dritten Partner besitzen, z. B. ein gemeinsames Anion oder ein freies Elektron.

Bei dieser thermodynamischen Betrachtung spielt der Mechanismus, mit dem das Gleichgewicht erreicht wird, keine Rolle. Eine derartige Betrachtung ist jedoch nur möglich, wenn das Gleichgewicht in einer Zeit erreicht wird, die kürzer ist als die Aufenthaltsdauer bis zur Messung, d. h. die kürzer ist als die Zeit, die benötigt wird, die Beobachtungshöhe zu erreichen. Da die Geschwindigkeit der Flammengase etwa 10^3 cm/s beträgt, liegt die verfügbare Zeit zum Erreichen eines Gleichgewichts in der Größenordnung von Millisekunden. Ist dieser Zeitraum zu kurz, um ein Gleichgewicht zu erreichen, so müssen die Vorgänge nicht thermodynamisch sondern kinetisch betrachtet werden.

Änderungen im Gleichgewicht können eintreten durch eine Verlangsamung der Reaktionen, so daß das Gleichgewicht nicht mehr erreicht wird oder durch eine Änderung des Reaktionsmechanismus. In der primären Reaktionszone einer Flamme wird ein Gleichgewichtszustand sehr rasch erreicht. Nachdem die Probe diese Zone verlassen hat, stellt sich ein Gleichgewicht jedoch erheblich langsamer ein, da die Zahl der reaktionsfähigen Radikale und Elektronen stark abnimmt. Ein Beispiel hierfür ist das Ionisationsgleichgewicht, das sich in der primären Reaktionszone durch schnelle Ladungsübertragung rasch einstellt. In höheren Zonen ist die viel langsamere Stoßionisation in Flammengasen für Abweichungen vom Gleichgewicht verantwortlich.

Interferenzen in der Gasphase lassen sich recht einfach dadurch erkennen, daß man das zu bestimmende Element und die störende Substanz getrennt mit zwei Zerstäubern ansaugt und in die gleiche Flamme versprüht. Im Falle einer Gasphaseninterferenz muß der Effekt der gleiche sein wie beim gemeinsamen Ansaugen. Interferenzen in der Gasphase verändern die Steigung der Bezugskurve um einen bestimmten Faktor, der größer oder kleiner als 1 sein kann.

Bei der Betrachtung von Gasphasen-Interferenzen ist es wichtig zu beachten, daß die Flammengase stets in großem Überschuß vorhanden sind und als Puffer wirken. Ihre Zusammensetzung wird durch die Probe nur unwesentlich verändert. Die Zusammensetzung der Flammengase hängt ab von der verwendeten Gasmischung und der Brennerkonstruktion. Wird eine reine Probenlösung angesaugt, so kann sich die Zusammensetzung der Flammengase aufgrund des verwendeten Lösungsmittels verändern, nicht aber aufgrund des zu bestimmenden Elements, da dessen Konzentration zu niedrig ist.

Bei den in der Gasphase vorkommenden Verbindungen handelt es sich vorwiegend um zwei- und dreiatomige Teilchen wie Monohydroxide (NaOH, BaOH, BeOH usw.), Cyanide [2586] oder Oxide (z. B. Cu_2O). Der Dissoziationsgrad kann sich mit der Flammentemperatur ganz erheblich ändern. Es ist bekannt, daß das versprühte Lösungsmittel die Flammentemperatur deutlich beeinflussen kann; dies sollte definitionsgemäß jedoch nicht als Interferenz betrachtet werden. Es ist jedoch wichtig, diesen Effekt beim Wechsel des Lösungsmittels im Auge zu behalten. Besonders bedeutungsvoll kann dies bei organischen Lösungsmitteln mit einem wechselnden Wassergehalt usw. werden. Der Effekt der übrigen Probenmatrix auf die Flammentemperatur ist dagegen zu vernachlässigen.

Eine Änderung der Flammentemperatur kann daher in der Praxis nur erzielt werden, indem die Art oder Zusammensetzung der Brenngase verändert wird. Gleichzeitig mit einer Temperaturänderung erfolgt in diesem Falle aber eine oft wesentlich stärkere Änderung in der Zusammensetzung der Flammengase, die zu einer Verschiebung von Gleichgewichten führen kann.

Dissoziationsgleichgewichte enthalten häufig Bestandteile der Flammengase. Typische Beispiele hierfür sind die Dissoziation von Oxiden, Hydroxiden, Cyaniden oder Hydriden. Die Konzentrationen an O, OH, CN und H in einer Flamme werden bestimmt durch Reaktionen zwischen den natürlichen Bestandteilen der Flamme. Der Effekt der versprühten Probe ist zu vernachlässigen, woraus sich die Pufferwirkung der Flammengase ergibt.

Das gilt auch, wenn noch kein Gleichgewicht erreicht ist, besonders da in der primären Reaktionszone oft wesentlich höhere Konzentrationen dieser Radikale auftreten, so daß der Puffereffekt noch verstärkt wird. In der primären Reaktionszone einer Lachgas/Acetylen-Flamme ist die Konzentration an Sauerstoff-Radikalen etwa drei Größenordnungen höher als die Gleichgewichtskonzentration. Eine Erklärung der Interferenz von Aluminium auf Vanadium mit einer Konkurrenzreaktion um den Sauerstoff in der Gasphase ist daher sicher falsch [1023]. Ähnliche Betrachtungen gelten für alle anderen Gleichgewichtsreaktionen, die Flammenkomponenten beinhalten, etwa die Dissoziation von Cyaniden [2586] und anderen Molekülen. Die einzige Bedingung ist, daß die Reaktionen zwischen den Komponenten der Flammengase rasch genug ablaufen müssen, was üblicherweise auch der Fall ist.

Es sei nochmal betont, daß unter Gleichgewichtsbedingungen der Mechanismus der Reduktion des zu bestimmenden Elements zu Atomen nicht von Interesse ist. Der Weg, auf dem das Gleichgewicht erreicht wurde, hat keinen Einfluß auf das Gleichgewicht selbst [2343]. Unter diesen Bedingungen wird das Dissoziationsgleichgewicht von Oxiden, Hydroxiden und anderen Verbindungen mit Komponenten der Flammengase von Begleitsubstanzen der Probe nicht beeinflußt; es können demnach auch keine Gasphaseninterferenzen unter Gleichgewichtsbedingungen auftreten.

Grundsätzlich anders ist die Situation bei der Dissoziation von Halogeniden, da Halogene üblicherweise nicht Bestandteil der Flammengase sind. Ihre Konzentration in der Flamme hängt daher ab von ihrer Konzentration in der angesaugten Probenlösung. Generell läßt sich sagen, daß die Menge und Art des Anions, an das das zu bestimmende Element gebunden ist, bedeutungslos wird, sobald die Halogenkonzentration in der Lösung 1 mol/L übersteigt. Liegt das zu bestimmende Element als Halogenid vor, so wird es üblicherweise vollständig verdampft, die Dissoziation in die Atome muß dagegen keinesfalls vollständig sein. Die Existenz undissoziierter Halogenide vor allem in kühleren Flammen wurde schon mehrfach durch Molekülspektren von Monohalogeniden bewiesen. Da die Dissoziationskonstanten der Halogenide temperaturabhängig sind, findet man auch in Flammen niedriger Temperatur die stärksten Dissoziationsinterferenzen.

Die Dissoziationsenergien der Halogenide steigen mit abnehmendem Atomgewicht des Halogenids. Ein Beispiel, wo die Zunahme der Dissoziationsenergie in der Reihe HI < HBr < HCl übereinstimmt mit einer Zunahme der Unterdrückung, ist die Bestimmung von Indium in Gegenwart von Halogenwasserstoffsäuren. Auch bei Kupfer findet man gute Übereinstimmung. Oft sind allerdings die Interferenzen durch Halogenwasserstoffsäuren viel komplexer, da sie auch die Verdampfung beeinflussen können.

Häufig werden die Atomisierungsprozesse in Flammen von freien Radikalen beeinflußt, die dann zu einer Abweichung vom Gleichgewicht führen. Theoretische Betrachtungen der Wirksamkeit der Atomisierung, die auf einer reinen thermischen Dissoziation der Monoxide beruhen, ohne auch Radikale zu berücksichtigen, sind daher häufig falsch und stimmen nicht mit den Meßergebnissen überein [2342] [2343]. Das Extinktionssignal vieler Elemente steigt mit dem Brenngas/Oxidans-Verhältnis, obgleich sich die Temperatur von Kohlenwasserstoff-Flammen nur geringfügig ändert. Das deutet darauf hin, daß die Atomisierung nicht ausschließlich durch eine thermische Dissoziation bestimmt wird.

Seit geraumer Zeit ist bekannt, daß sich Oxide mit Dissoziationsenergien größer als 6,3 eV pro Bindung (523 kJ/Mol) als „refraktäre Oxide“ verhalten. Dieser Energiewert ist verdächtig nahe den Bindungsenergien von CO und C_2, was eine Reduktion nach den Mechanismen

$$MO + CO \rightarrow M + CO_2$$

oder

$$MO + C_2 \rightarrow M + CO + C$$

möglich erscheinen läßt.

Diese Betrachtung der Bindungsenergien hat allerdings die Änderungen in der Entropie vernachlässigt. Eine Species kann nur dann eine Reduktion bewirken, wenn die resultierende Änderung der freien Energie negativ ist, d. h. wenn die Änderung der freien Energie der Reaktion

$$2\,CO + O_2 \rightarrow 2\,CO_2$$

kleiner ist als die freie Energie der Oxidbildung des Metalloxids. Numerische Berechnungen haben gezeigt, daß Reduktionen mit CO oder auch H_2 kaum in größerem Maßstab ablaufen. C_2 und H-Radikale sind dagegen sehr wirkungsvolle Reduktionsmittel [2343].

Wie schon erwähnt, wird der Reduktionsvorgang kaum durch eine Begleitsubstanz der Probe beeinflußt. Lediglich Komponenten, die die Anzal C_2 oder H-Radikale verändern, können die Reduktion in der Gasphase beeinflussen. Dies sind in erster Linie organische Lösungsmittel, woraus sich deren oft deutliche Erhöhung des Extinktionssignals erklärt. Da Lösungsmittel jedoch definitionsgemäß bei der Betrachtung von Interferenzen ausgeschlossen werden, kommen hier lediglich andere organische Komponenten der Probe in Frage.

Wird der Gleichgewichtszustand in der Flamme langsam erreicht, so können die Begleitsubstanzen einen katalytischen Effekt ausüben, indem sie die Atomisierung beschleunigen oder indem sie Konkurrenzreaktionen beschleunigen und damit die Atomisierung verlangsamen. Ein Beispiel für die zweite Möglichkeit ist die katalytische Wirkung von Elementen wie Cr, Ca, Sr, Ba und Verbindungen wie SO_2 und Stickoxide auf die Rekombination von H-Radikalen und schließlich deren Effekt auf Zinn.

Wenn der katalytische Effekt von Zinn auf die Rekombination von Wasserstoffatomen über freie Zinnatome abläuft, dann sollte die Atomisierung von Zinn proportional sein der Konzentration an Wasserstoff-Radikalen, die über die Gleichgewichtskonzentration hinausgeht. Das würde die hohe Atomisierungsrate für Zinn in kühlen Wasserstoff-Diffusionsflammen erklären, die eine wesentlich höhere Konzentration an Wasserstoffradikalen aufweisen als etwa Wasserstoff/Luft- oder Acetylen/Luft-Flammen. Alle Elemente und Verbindungen, die eine Rekombination von Wasserstoff katalysieren, sollten dann eine signalerniedrigende Wirkung auf Zinn ausüben. Das ist in Übereinstimmung mit Beobachtungen in Flammen und Langrohrbrennern [1068] [2672]. In letzteren wurde eine gute Übereinstimmung zwischen der Wirksamkeit des Katalysators und der unterdrückenden Wirkung verschiedener Metalle auf Zinn gefunden [2807].

Eine weitere, relativ weit verbreitete Interferenz in der Gasphase ist die Ionisations-Interferenz. Ionisation findet hauptsächlich in der primären Reaktionszone durch Ladungsübertragung von Molekülen wie $C_2H_3^+$ oder H_3O^+ statt. In höheren Flammenbereichen findet man dagegen hauptsächlich Stoßionisation mit relativ langen Relaxationszeiten, die zu Abweichungen vom Gleichgewichtszustand führen. Alle Ionisationsreaktionen, an denen Species beteiligt sind, die in der primären Reaktionszone entstehen, erreichen ihr Gleichgewicht langsam, so daß die Konzentration an neutralen Atomen des zu bestimmenden Elements mit der Beobachtungshöhe ansteigt. Ionisationsgleichgewichte können in Gegenwart von Elektronenakzeptoren verschoben werden. Cyanid kann beispielsweise die Ionisation verstärken, indem es freie Elektronen gemäß

$$CN + e^- \rightarrow CN^-$$

bindet [1023]. Umgekehrt werden in der primären Reaktionszone Ionen durch Reaktionen der Flammengase gebildet, etwa durch

$$CH + O \rightarrow CH^+ + O^-.$$

Diese Ionen unterdrücken die Ionisation des zu bestimmenden Elements.

Die Frage, ob eine größere Ionisation auftritt und ob eine Ionisationsinterferenz zu erwarten ist, hängt ab von der Ionisationsenergie des zu bestimmenden Elements, den möglicherweise störenden Begleitsubstanzen und der Flammentemperatur. In der heißen Lachgas/Acetylen-Flamme tritt Ionisationen üblicherweise bei Elementen mit einer Ionisationsenergie von 7,5 eV oder kleiner auf. In Flammen niedrigerer Temperatur ist Ionisation praktisch auf die Alkalimetalle beschränkt. Zudem ist das Ausmaß der Ionisierung für ein gegebenes Element und eine gegebene Flammentemperatur noch abhängig von der Konzentration des zu bestimmenden Metalls. Bei niedrigen Gehalten tritt, wie in Abb. 96 am Beispiel des Barium zu sehen ist, stärkere Ionisation auf als bei hohen Konzentrationen. Daraus resultiert eine konkav von der Konzentrationsachse weg gekrümmte Bezugskurve, was sich aus der bei höheren Konzentrationen immer deutlicher auftretenden raschen Rekombination der gebildeten Ionen und Elektronen erklärt.

Eine durch Ionisation gekrümmte Bezugskurve hat für die praktische Analyse zwei entscheidende Nachteile: einmal sind zahlreiche Meßpunkte erforderlich, um die Krümmung eindeutig zu fixieren. Außerdem sind von der Empfindlichkeitseinbuße die kleinen Gehalte besonders stark betroffen, was eine Spurenanalyse praktisch unmöglich macht. Schon aus diesen Gründen ist eine Beseitigung der Ionisation sehr wünschenswert.

Zur Unterdrückung der Ionisation gibt es im Prinzip zwei Möglichkeiten. Man bestimmt beispielsweise das betreffende Element in einer Flamme niedrigerer Temperatur. Das läßt sich unter anderem für die Alkalimetalle durchführen, die in der Luft/Acetylen-Flamme z. T. beträchtlich (s. Tabelle 15), in der nur wenig kühleren Luft/Wasserstoff-Flamme dagegen praktisch nicht mehr ionisiert sind. Für die meisten Elemente ist dieser Weg jedoch nicht praktikabel, da sie entweder in kühleren Flammen nicht bestimmbar sind (Lanthani-

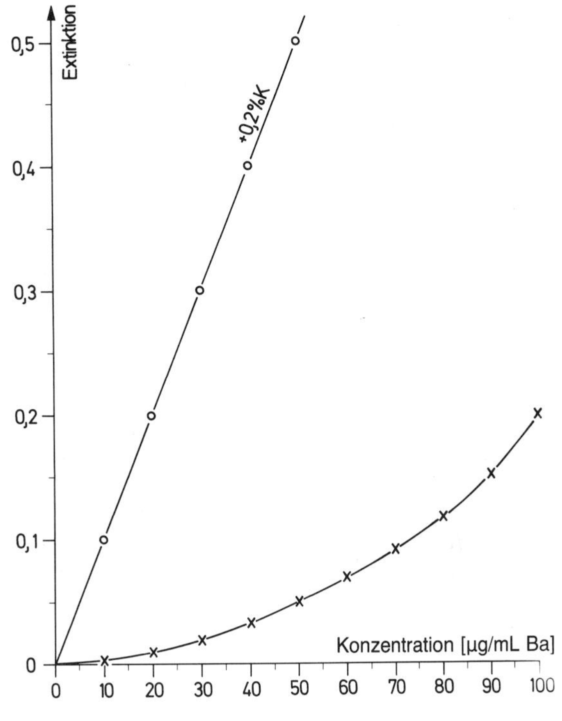

Abb. 96 Ionisationsinterferenz bei der Bestimmung von Barium in einer Lachgas/Acetylen-Flamme. – Die untere Kurve (×) wurde mit reinen wäßrigen Lösungen, die obere (○) unter Zusatz von 0,2% Kalium (als KCl) zum Unterdrücken der Ionisation aufgenommen

den usw.) oder aber mit erheblichen chemischen Interferenzen gerechnet werden muß (z. B. Barium).

Der zweite Weg zur Unterdrückung der Ionisation ist die Verschiebung des Ionisationsgleichgewichts

$$M \rightleftharpoons M^+ + e^-$$

aufgrund des Massenwirkungsgesetzes durch Erzeugen eines großen Elektronen-Überschusses in der Flamme bzw. durch Ladungsübertragung. Dies geschieht in der Praxis sehr einfach dadurch, daß man den Proben- und Bezugslösungen einen großen Überschuß an einem besonders leicht ionisierbaren Element (meist Kalium oder auch Caesium) zufügt. Dieses wird in der Flamme weitgehend ionisiert und die Ionisation des zu bestimmenden Elements praktisch quantitativ zurückgedrängt (s. auch Abb. 96). Die Verschiebbarkeit des Ionisationsgleichgewichts ist ein weiterer wichtiger Grund, der eine Beseitigung dieser Interferenz unbedingt erforderlich macht und sie zu einer echten Interferenz werden läßt. Verwendet man nämlich eine Bezugslösung, die lediglich das zu bestimmende Element in Form eines Salzes enthält, so wird das Element in einem gewissen Ausmaß ionisiert. Enthält die Probenlösung neben dem zu bestimmenden Element noch andere Metalle, wie es meist zu erwarten ist, und sind diese evtl. sogar leichter ionisierbar oder in größerer Menge vorhanden, so wird in der Probe das Ionisationsgleichgewicht zurückgedrängt, d. h. es erscheint ein relativ höheres Signal. Auf diese Weise sind also echte Fehlmessungen von oft beträchtlichem Ausmaß möglich, die unbedingt vermieden werden müssen.

Tabelle 15 Ionisation einiger Elemente in einer Luft/Acetylen- und einer Lachgas/Acetylen-Flamme

Element	verwendete Konzentration µg/mL	% Ionisation Luft/Acetylen	Lachgas/Acetylen
Li	2	0	
Na	2	22	
K	5	30	
Rb	10	47	
Cs	20	85	
Be	2	–	0
Mg	1	0	6
Ca	5	3	43
Sr	5	13	84
Ba	30	–	88
Y	100		25
Lanthaniden			35–80
Tm	50		57
Yb	15		20
Lu	1000		48
Ti	50		15
Zr	500		10
Hf	1000		10
V	50		10
U	5000		45
Al	100		10

Nachdem chemische Interferenzen mit steigender Flammentemperatur abnehmen, Ionisations-Interferenzen aber zunehmen, steht man bei verschiedenen Elementen vor der Wahl, welche Interferenz als schwerwiegender einzuschätzen ist. Häufig wird dabei die Wahl auf die Flamme höherer Temperatur fallen, da eine Ionisation in der Regel viel leichter zu kontrollieren ist. Die Entscheidung ist jedoch häufig auch direkt von der Matrix abhängig; auf die Wahl des günstigsten Atomisierungsmediums in Abhängigkeit von der Matrix soll daher im praktischen Teil noch ausführlich eingegangen werden.

KORNBLUM und DEGALAN [698] fanden, daß Elemente mit einem Ionisierungspotential kleiner als 5,5 eV in einer Lachgas/Acetylen-Flamme praktisch vollständig ionisiert sind und daher einen Zusatz von mindestens 10 g/L eines anderen leicht ionisierbaren Elements (Caesium oder Kalium) brauchen, um störungsfrei gemessen zu werden. Elemente mit einem Ionisierungspotential bis etwa 6,5 eV brauchen 1–2 g/L und solche mit einem Ionisierungspotential über 6,5 eV nur etwa 0,2 g/L eines leicht ionisierbaren Elements, um die Interferenz zu beseitigen. Bei der Ermittlung der erforderlichen Menge an Ionisationspuffer wird man allgemein versuchen, das Plateau zu erreichen und dabei gleichzeitig die Empfindlichkeit optimieren. Die dabei für reine Lösungen gefundene Menge kann aber für echte Proben unnötig hoch sein, da Begleitsubstanzen bereits als Ionisationspuffer wirken können [906]. Die Verwendung niedrigerer Pufferkonzentrationen setzt aber eine gute Kenntnis der Matrix voraus. In der Lachgas/Acetylen-Flamme ist die Verwendung eines Ionisationspuffers für viele Elemente beschrieben worden [377] [794] [2162] und hat sich auch allgemein eingebürgert, um Interferenzen zu vermeiden. Da der Ionisation in Flammen die Dissoziation vorausgeht und beides Gleichgewichtsreaktionen sind, können die einzelnen Vorgänge oft recht komplex miteinander zusammenhängen, so daß eine quantitative Beschreibung oft nicht gelingt.

Theoretisch kann auch die Anregung des zu bestimmenden Elements zu einer Interferenz führen, ähnlich wie die Ionisation. Da jedoch, wie schon früher gezeigt, ein Element in einer Flamme sich nur sehr kurze Zeit im angeregten Zustand befindet, beträgt die Anzahl angeregter Atome in den üblicherweise verwendeten Flammen stets weniger als 1%. Diese Interferenz ist daher in der Atomabsorption praktisch unbekannt, bzw. zu vernachlässigen.

8.1.6 Verteilungsinterferenz

Räumliche Verteilungsinterferenzen entstehen durch Änderungen in der Strömungsrate oder der Strömungsrichtung der Probe in der Flamme. Daraus resultiert eine Veränderung in der Konzentration des zu bestimmenden Elements (in all seinen Formen) in der Beobachtungszone, wobei jedoch die Gesamtmenge an dem zu bestimmenden Element in der Flamme konstant bleibt. Die Beobachtungszone ist dabei definiert als der Bereich der Flamme, der von der Strahlungsquelle durchstrahlt und durch den Austrittsspalt des Monochromators auf den Detektor gelangt.

Die Bedingung, daß sich die Konzentration des zu bestimmenden Elements in all seinen Formen in der Beobachtungszone ändern muß, also in kondensierter und verdampfter Form sowie als Verbindung und in atomarer Form, ist notwendig, um die räumliche Verteilungsinterferenz von der Verdampfungsinterferenz zu unterscheiden; die letztere erfordert lediglich eine Änderung in dem Anteil, der verdampft wird. Im Falle einer quantitativen Verdampfung der Probe in der Flamme kann daher keine Verdampfungsinterferenz auftreten, wohl aber eine Verteilungsinterferenz.

Änderungen in der Massenströmung können verursacht werden durch eine Änderung in der Menge an Verbrennungsprodukten und eine dadurch bedingte Veränderung im Volumen der Flamme. Andererseits kann auch die Flamme unverändert bleiben und sich nur die Strömungsrate oder Strömungsrichtung der Probe innerhalb der Flamme ändern.

Boss und Hieftje [2095] sowie L'vov und Mitarbeiter [2580] haben das Verteilungsmuster von Probe und Probenatomen in Flammen eingehend untersucht. Die Ergebnisse haben gezeigt, daß dieses hauptsächlich von der Größe und der Verdampfungsgeschwindigkeit der festen Teilchen beeinflußt wird. Die Diffusion von Molekülen und Atomen scheint weniger bedeutend zu sein. Daraus kann man schließen, daß eine Störung in der räumlichen Verteilung der Atome in einer unveränderten Flamme eng zusammenhängt mit der Verdampfung der kondensierten Phase. Sie darf trotzdem nicht mit einer Verdampfungsinterferenz verwechselt werden, wie schon weiter oben erklärt wurde.

Änderungen in der räumlichen Verteilung der Atome können zu einer Erhöhung oder zu einer Erniedrigung der Empfindlichkeit führen je nach der gewählten Beobachtungszone [1018] [2762]. Je kleiner diese Beobachtungszone ist, desto eher können derartige Störungen auftreten; sie sind in jedem Fall stark abhängig von dem verwendeten Gerät, dessen Optik und dem Brennersystem.

Im Brennerschlitz strömt das Gasgemisch mit dem Probenaerosol mit einer bestimmten Geschwindigkeit exakt vertikal. In der primären Reaktionszone ändert sich das Gasvolumen sehr stark, hauptsächlich aufgrund seiner thermischen Ausdehnung. Als Konsequenz davon wird sich auch seine Geschwindigkeit und die Strömungsrichtung ändern; neben der vertikalen Strömungsrichtung macht sich auch eine horizontale Komponente bemerkbar. Diese plötzliche Änderung in der Strömungsrichtung bewirkt, daß eine Kraft auf die Teilchen einwirkt, deren horizontale Komponente ein Abweichen von der linearen Bewegung verursacht. Aufgrund ihrer Masse wird jedoch die laterale Ausdehnung der Partikel kleiner sein als die der Flammengase, und sie wird um so kleiner sein je größer die Teilchen sind. Die Störung in der Verteilung wird sich also dahingehend auswirken, daß die störende Substanz die nach dem Trocknen des Aerosols entstehenden Teilchen relativ größer macht und diese dann bei genügend langem Aufenthalt in der Flamme stärker in der Mitte der Flamme konzentriert werden als ohne Matrix.

L'vov und Mitarbeiter [2581] [2582] haben diesen Effekt quantitativ betrachtet und gefunden, daß er für die normalen, niedrigen analytischen Konzentrationen zu vernachlässigen ist. In extremen Fällen mit hohen Gesamtsalzgehalten an refraktären Elementverbindungen kann er jedoch recht erhebliche Ausmaße annehmen. Störungen in der räumlichen Verteilung der Atome findet man in der heißeren Lachgas/Acetylen-Flamme viel häufiger, da diese unter anderem eine etwa fünfmal größere laterale Ausdehnung aufweist als eine Luft/Acetylen-Flamme. Schon in den allerersten Arbeiten über diese Flamme hoher Temperatur wurde auch über derartige Verteilungsinterferenzen berichtet [48]. Koirtyohann und Pickett [688] gaben auch eine erste qualitative Erklärung für die Erhöhung der Signale für Al, Ba, Ca, Li und Sr durch Perchlorsäure. Sie fanden, daß die Störung verschwindet, wenn man den Schlitzbrenner um 90° dreht und bestätigten dann ihre Vermutung durch Vermessen des lateralen Absorptionsprofils für Strontium.

L'vov und Mitarbeiter [2582] haben später das laterale Flammenprofil für mehrere Elemente mit einem sehr schmalen Strahlbündel von nur 0,3 mm Durchmesser registriert. Bei genauer Betrachtung der Problematik ergibt sich eine starke Abhängigkeit des beobachteten Effekts von den experimentellen Bedingungen und technischen Details [823] [2808] [3065] [3066], sowie ein enger Zusammenhang mit der Verdampfungsinterferenz [1306]. Um eine Störung als Verteilungsinterferenz klassifizieren zu können, müssen zwei Bedingungen erfüllt sein. Die Störung muß verschwinden, wenn man den Brenner um 90° zur optischen Achse dreht und zudem sollte die relative Erhöhung mit zunehmender Beobachtungshöhe abnehmen.

8.2 Die Graphitrohrofen-Technik

Mit der Graphitrohrofen-Technik lassen sich sowohl flüssige und gelöste, als auch feste Proben direkt analysieren. Man gibt eine abgemessene oder abgewogene Probenmenge in das Graphitrohr und ist bestrebt, zunächst durch eine stufenweise oder auch gleichmäßig ansteigende Temperaturerhöhung möglichst viel von den Begleitsubstanzen zu entfernen, bis das zu bestimmende Element durch eine weitere rasche Temperaturerhöhung schließlich atomisiert wird. Ein erster wesentlicher Unterschied zu der Atomisierung in der Flamme besteht hier schon darin, daß Teile der Probe (z. B. das Lösungsmittel) vor der Atomisierung des zu bestimmenden Elements abgetrennt werden und damit nicht, wie in der Flamme, störend wirken können. Wie später noch gezeigt werden soll, kann eine Bestimmung in einem Graphitrohrofen um so störungsfreier durchgeführt werden, je besser die Abtrennung aller Begleitsubstanzen gelingt.

Ein weiterer Vorteil ist die Inertgasatmosphäre, in der die Atomisierung in einem Graphitrohrofen erfolgt, die durch die stark reduzierenden Eigenschaften von glühendem Kohlenstoff noch weiter unterstützt wird. Während in der Flamme stets die Gefahr besteht, daß die aus der Probe bereits gebildeten Atome mit hoch reaktiven Bestandteilen der Flamme (z. B. Sauerstoff- bzw. Hydroxidradikale) Verbindungen eingehen und damit der Bestimmung entzogen sind, fördert die inerte, reduzierende Atmosphäre im Graphitrohr die Atomisierung. Es soll allerdings schon hier bemerkt werden, daß die theoretisch bessere Störfreiheit der Graphitrohrofen-Technik in der Praxis oft nicht erreicht wird. Hauptverantwortlich dafür ist, daß im Graphitrohrofen die „Pufferwirkung" der Flammengase fehlt und die Umgebung ganz wesentlich durch die Begleitsubstanzen der Probe bestimmt wird.

Ähnlich wie bei der Flamme werden auch hier die nicht-spektralen Interferenzen eingeteilt in solche, die in der kondensierten Phase und beim Übergang in die Gasphase ablaufen, sowie solche, die sich in der Gasphase selbst abspielen. Eine Unterscheidung ist allerdings nicht immer einfach, da auch fest/gasförmige Reaktionen ablaufen.

Im letzten Abschnitt soll noch über die speziellen Probleme und Möglichkeiten der direkten Festprobenanalyse gesprochen werden. Die Graphitrohrofen-Technik ist die einzige AAS-Technik, die feste Proben ohne größere Schwierigkeiten direkt akzeptieren kann.

8.2.1 Atomisierung in Graphitöfen

Die wohl ausführlichsten, theoretischen und praktischen Untersuchungen zur Atomisierung in Graphitöfen wurden von L'VOV [8] durchgeführt, der sich schon seit 1959 [775] [776] mit diesem Problemkreis befaßt. Erst seit Ende der siebziger Jahre beschäftigen sich auch andere Arbeitsgruppen mit diesem Thema, wobei die Vorstellungen allerdings z. T. noch recht konträr sind.

Wichtig ist für die folgenden Überlegungen die Frage, wie sich die zu untersuchende Probe über die Graphitrohroberfläche verteilt. Eine einfache Rechnung zeigt, daß der Platzbedarf des zu bestimmenden Elements je nach Art und Menge der Probe etwa in dem Bereich 0,0001 bis 10 mm^2 liegt, was in jedem Falle erheblich weniger ist als die Oberfläche des Graphitrohrs. Nimmt man eine gleichmäßige Verteilung des zu bestimmenden Elements über die von der eingegebenen Meßlösung benetzte Oberfläche an, so müßte eine monoatomare oder monomolekulare Schicht entstehen. Selbst wenn während des Eintrocknens der Meßlösung kleine Anhäufungen von Atomen oder Molekülen (Kristalle) entstehen, was allerdings als wahrscheinlich angenommen werden darf, so ist doch stets ein guter Kontakt des zu bestimmenden Elements mit der Graphitoberfläche gegeben. Dies mag verschieden sein, wenn Festproben direkt eingegeben werden oder auch wenn hoch konzentrierte Salzlösungen in das Graphitrohr einpipettiert werden, darüber soll jedoch erst später diskutiert werden.

Betrachten wir die Atomisierung selbst, so kann diese entweder von Molekülen oder von Atomen ausgehen, je nach Art der eingegebenen Probe und dem Verhalten des zu bestimmenden Elements. Geht man von Molekülen aus, so kann die Atomisierung entweder eine einfache thermische Zersetzung (Dissoziation) einer Verbindung sein, oder die Reduktion eines Oxids an der glühenden Graphitoberfläche. Der Unterschied zwischen diesen beiden

Mechanismen ist lediglich die aktive Beteiligung des Rohrmaterials Graphit an der Dissoziation der Probenmoleküle, und häufig wird eine eindeutige Differenzierung nicht einfach sein.

Geht man vom Metall aus, so kann die Atomisierung entweder eine Desorption oder eine Verdampfung sein. Wegen der geringen Menge und der weiten Verteilung der Probe kann ein Sieden a priori als Atomisierungsmechanismus ausgeschlossen werden. Liegt nach dem Eintrocknen der Probe eine monoatomare Schicht vor, d. h. ist jedes Atom isoliert vom nächsten, so wird die Atomisierung eine Desorption des Atoms von der Graphitoberfläche sein und wird durch die Adsorptionsisotherme bestimmt. Es sei jedoch gleich vorausgeschickt, daß dieser Mechanismus recht unwahrscheinlich ist, und daß bislang keine Hinweise auf eine derartige Atomisierung gefunden werden konnten. Liegen die Atome dagegen, was als wahrscheinlich anzunehmen ist, in kleinen Anhäufungen, z. B. Kristallen, vor, so ist die Atomisierung eine reine Verdampfung. Die Verdampfungstemperatur kann dabei erheblich unter dem Siedepunkt und sogar unterhalb des Schmelzpunktes liegen. Wegen der extrem kleinen Probenmengen und dem damit verbundenen geringen Partialdruck der gebildeten Atomwolke, kann eine quantitative Verdampfung bereits bei sehr niedrigen Dampfdrucken stattfinden.

Nach der Kinetischen Gastheorie ist die Masse G, die eine Probe pro Zeit- und Flächeneinheit verliert, wenn sie auf eine Temperatur T aufgeheizt wird, gegeben durch Gleichung (8.3)

$$G = P \sqrt{\frac{M}{2\,\pi RT}}\ [\mathrm{g/cm^2 \cdot s}] \qquad (8.3)$$

wobei P den gesättigten Dampfdruck bei der Temperatur T und M das Molekulargewicht darstellen. Es ist allerdings noch zu berücksichtigen, daß Gleichung (8.3) nur für die Atomisierung im Vakuum gilt und daß diese in Gegenwart eines Gases, das mit der Probe nicht chemisch reagiert, um bis zu zwei Größenordnungen geringer sein kann. Wir wollen nun kurz prüfen, bei welchem Dampfdruck es gelingt, ein metallisches Element innerhalb 0,1 s (eine Bedingung auf die später noch näher eingegangen wird) zu atomisieren. Nimmt man eine Probenmenge von 10 ng mit einem mittleren Atomgewicht von 50, verteilt auf einer Oberfläche von 1 mm^2 und eine Atomisierungstemperatur von 3000 K an, so errechnet sich aus Gleichung (8.3) ein Druck P von etwa 0,1 Torr. Für die meisten Elemente ist aber der gesättigte Dampfdruck bei 3000 K größer als 0,1 Torr, außer für Tantal, Wolfram und Rhenium, sowie einige weitere, die Carbide mit äußerst geringem Dampfdruck bilden wie Hafnium, Niob, Thorium und Zirconium. Die meisten übrigen Elemente werden entweder in weniger als 0,1 s oder aber bei tieferen Temperaturen als 3000 K atomisiert.

Ein Element läßt sich unter den angenommenen Voraussetzungen innerhalb von ~0,1 s atomisieren, wenn der gesättigte Dampfdruck ~0,1 Torr beträgt, die Atomisierung beginnt aber schon bei erheblich niedrigeren Dampfdrucken (d. h. Temperaturen), jedoch ist dann die Atomisierungszeit entsprechend länger. Diese Überlegung ist wichtig, da einmal, wie später noch gezeigt wird, während der thermischen Vorbehandlung der Probe keinesfalls über den Punkt der beginnenden Atomisierung hinaus erhitzt werden darf, da sonst Verluste an dem zu bestimmenden Element auftreten. Weiterhin läßt sich daraus ableiten, daß die Zeit, in der die Atomisierungstemperatur erreicht wird, eine bedeutende Rolle spielt. Bei einer langsamen Aufheizgeschwindigkeit werden schon erhebliche Anteile der Probe vor Erreichen der eigentlichen Atomisierungstemperatur verdampfen, d. h. die Atomisierung erfolgt langsam. Nur bei einem „unendlich“ raschen Anstieg auf die Atomisierungstemperatur kann aber die Verdampfung in der spezifizierten Zeit von 0,1 s oder schneller ablaufen.

Die Atomisierungszeit ist von großer Bedeutung, da nur unter der Bedingung, daß diese kleiner ist als die Verweilzeit der Atome im Graphitrohr, die maximale Atomwolkendichte erreicht werden kann. Wie noch gezeigt wird, beträgt die Aufenthaltsdauer von Atomen im Graphitrohr nur einige Zehntel Sekunden, so daß tatsächlich eine Atomisierungszeit von 0,1 s gefordert werden muß, damit diese klein wird gegenüber der Aufenthaltsdauer. L'vov hat gezeigt, daß man so tatsächlich zu der maximalen Atomwolkendichte und damit zu der größten Empfindlichkeit in Peakhöhe kommen kann. L'vov weist gleichzeitig darauf hin, daß die Atomisierung im Graphitrohr etwa 1000mal langsamer vor sich geht als die in einer Flamme, und daß dies der Grund ist für die relative Störfreiheit der Bestimmungen im Graphitrohr, da refraktäre Substanzen genügend Zeit haben zu dissoziieren.

Kehren wir nun noch einmal zurück zum eigentlichen Atomisierungsvorgang, d. h. zu der Diskussion über den Mechanismus der Atomisierung im Graphitrohr und zu der Frage, ob diese von Metall ausgeht oder von Molekülen und inwieweit sich der heiße Graphit aktiv an der Atomisierung beteiligt.

Zur experimentellen Klärung dieser Frage kann ein Verfahren herangezogen werden, das von uns für zahlreiche Elemente in Gegenwart verschiedener Anionen erprobt wurde [3048]. Man stellt dazu Doppelkurven auf, in denen die Signalhöhe aufgetragen ist gegen die Temperatur, und zwar einmal die Höhe oder Fläche des Signals bei der optimalen Atomisierungstemperatur gegen die Vorbehandlungstemperatur als Variable und als zweites die Signalhöhe oder -fläche gegen die Atomisierungstemperatur bei variabler Atomisierungstemperatur (Abb. 97). Die erste Kurve zeigt, bis zu welcher Temperatur eine Probe thermisch vorbehandelt werden kann, ohne daß Verluste an dem zu bestimmenden Element

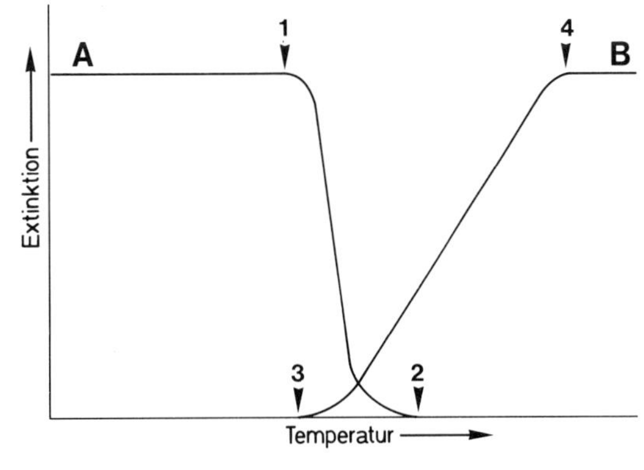

Abb. 97 Vorbehandlungs/Atomisierungs-Kurve in einem Graphitrohrofen. – Bei der Vorbehandlungskurve **A** wird die bei der optimalen Atomisierungstemperatur **4** gemessene Extinktion bei variabler Vorbehandlungstemperatur gegen diese Vorbehandlungstemperatur aufgetragen. **1** liefert die höchste Temperatur, bei der man das zu bestimmende Element in einer Matrix verlustfrei thermisch vorbehandeln kann. **2** gibt die niedrigste Temperatur an, bei der das zu bestimmende Element quantitativ verflüchtigt wird. Die Atomisierungskurve **B** zeigt die Extinktion in Abhängigkeit von der Atomisierungstemperatur. **3** ist die Temperatur, bei der das erste Atomisierungssignal beobachtet wird und **4** ist die optimale Atomisierungstemperatur

auftreten. Weiterhin kann man der ersten Kurve die Temperatur entnehmen, bei der das zu bestimmende Element in einer gegebenen Zeit quantitativ verdampft. Schließlich kann man gelegentlich aus dem Verlauf der Kurve zwischen diesen beiden Punkten Rückschlüsse auf Umwandlungsreaktionen in der Probe ziehen. Aus der zweiten Kurve läßt sich die Temperatur ablesen, bei der die Probe erstmals atomisiert wird, die sog. Erscheinungstemperatur sowie die optimale Atomisierungstemperatur, bei der die maximale Atomwolkendichte erreicht wird.

Trägt man in diese experimentell ermittelten Kurven die physikalischen Daten wie Schmelzpunkte, Siedepunkte, Zersetzungspunkte des zu bestimmenden Elements und seiner Verbindungen ein, so lassen sich daraus häufig Rückschlüsse auf den Atomisierungsmechanismus ziehen. Hierbei handelt es sich zwar um eine rein empirische Methode, die jedoch schon zu recht brauchbaren Ergebnissen geführt hat [1297]. Im folgenden sollen daher einige Beispiele angeführt werden, die Hinweise auf unterschiedliche Mechanismen geben. Abb. 98 und 99 zeigen die Vorbehandlungs/Atomisierungs-Kurven für Gold und Eisen; bei beiden Beispielen treten etwa 100 bis 200 °C unterhalb des Schmelzpunktes des zu bestimmenden Elements die ersten Verluste bei der thermischen Vorbehandlung auf, wobei gleichzeitig ein geringes Atomisierungssignal gemessen wird.

Beide Kurven sind dabei unabhängig von dem verwendeten Salz, bzw. der zugesetzten Säure. Diese Befunde, die übrigens für alle untersuchten Edelmetalle und verschiedene andere Elemente sehr ähnlich sind, deuten klar darauf hin, daß hier die Atomisierung vom Metall ausgeht. Neuere Untersuchungen von ROWSTON und OTTAWAY [2804] haben diese Annahmen für die Edelmetalle anhand von thermogravimetrischen Messungen, Röntgenbeugungsstudien usw. bestätigt. Sie sind auch in Übereinstimmung mit der schon früher gemachten Überlegung, daß bei den sehr kleinen Mengen an Metall, die hier zu atomisieren

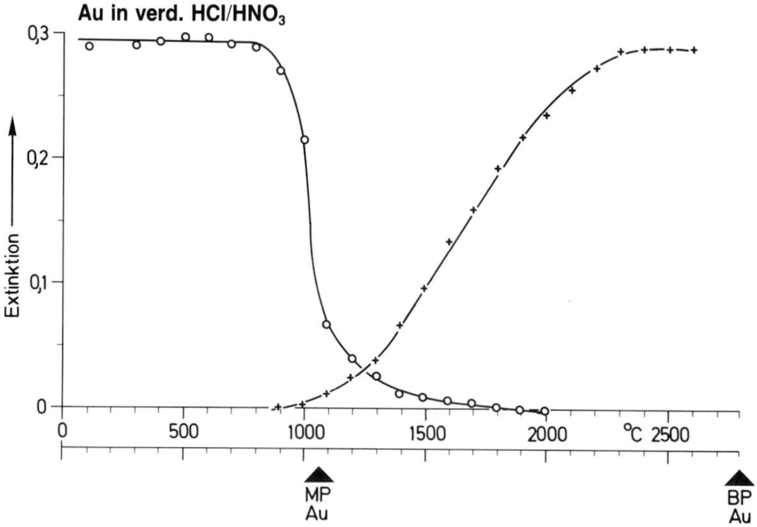

Abb. 98 Vorbehandlungs/Atomisierungskurve für Gold. – Die ersten Verluste und die beginnende Atomisierung liegen etwas unterhalb des Schmelzpunkts für Gold. Die Atomisierung geht vom Metall aus

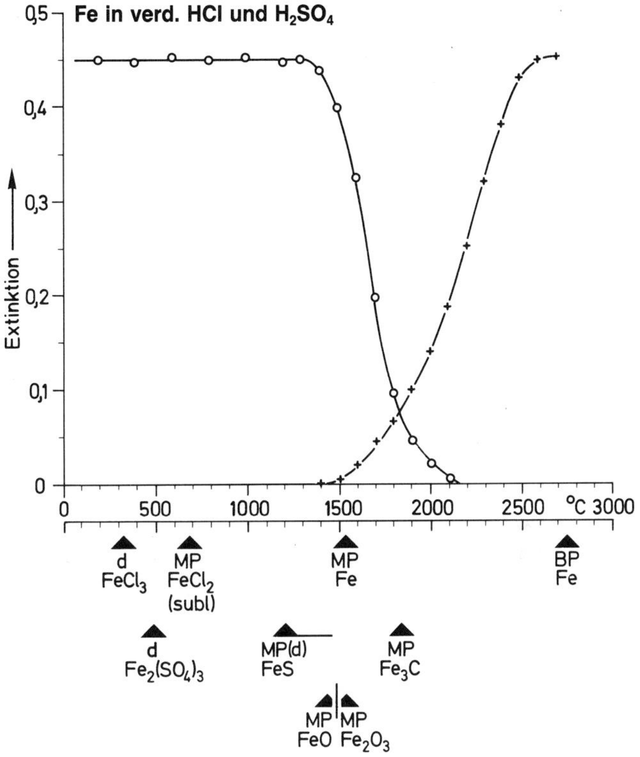

Abb. 99 Vorbehandlungs/Atomisierungskurve für Eisen. – Die ersten Verluste und die beginnende Atomisierung liegen etwas unterhalb des Schmelzpunktes für Eisen. Die Atomisierung geht vom Metall aus

sind, bereits recht geringe Partialdrucke für eine Atomisierung ausreichen und daß diese bereits unterhalb des Schmelzpunkts erreicht werden.

Dies bedeutet aber, daß bereits zu einem früheren Zeitpunkt während der thermischen Vorbehandlung eine Reduktion der Verbindung zum Metall erfolgt sein muß, wie auch FULLER [393] [2277] vermutet hat.

Demnach ist der Unterschied zwischen den verschiedenen vorher diskutierten Mechanismen lediglich der *Zeitpunkt* der Reduktion oder Dissoziation. Ist die Zersetzungstemperatur des Salzes (mit oder ohne Mitwirkung des heißen Graphits) deutlich niedriger als die Verdampfungstemperatur, so wird die Probe schon während der thermischen Vorbehandlung zum Metall reduziert und die Atomisierung ist eine reine Verdampfung. Ist dagegen die Vorbehandlungstemperatur der Verbindung höher als die Verdampfungstemperatur des Metalls, so ist diese gleichzeitig die Temperatur, bei der das erste Atomisierungssignal beobachtet wird.

Ein Beispiel für den zweiten Mechanismus ist die in Abb. 100 gezeigte Vorbehandlungs/Atomisierungskurve für Antimon in schwefelsaurer Lösung. Der Punkt, an dem die ersten Verluste auftreten und gleichzeitig das erste Atomisierungssignal beobachtet wird, ist praktisch identisch mit dem Zersetzungspunkt des Antimon(III)-sulfids. Dieses wird offensichtlich während der thermischen Vorbehandlung durch Reduktion des Sulfats am heißen Graphit gebildet.

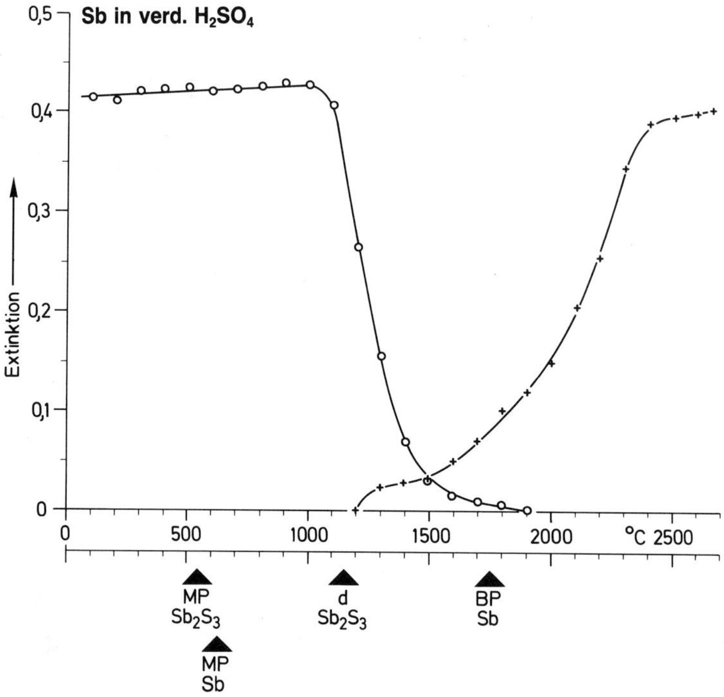

Abb. 100 Vorbehandlungs/Atomisierungskurve für Antimon in Schwefelsäure. – Die ersten Verluste und die beginnende Atomisierung fallen zusammen mit dem Zersetzungspunkt des Antimon(III)-sulfids

Einen besonders interessanten Kurvenverlauf zeigt das Element Beryllium. Bestimmt man dieses Element aus saurer Lösung (Abb. 101), so findet man schon bei relativ niedrigen Temperaturen ein Abfallen der Vorbehandlungskurve, ohne jedoch ein Atomisierungssignal zu messen. Der Punkt, ab dem die Verluste auftreten, fällt zusammen mit dem Zersetzungspunkt des Berylliumsulfat bzw. dem Siedepunkt des Chlorids. Da jedoch nicht gleichzeitig eine Atomisierung gemessen werden kann, muß das Beryllium in einer molekularen Form aus dem Graphitrohr ausgetragen werden, womit es für die nachfolgende Bestimmung verloren ist.

Bei weiterer Temperaturerhöhung erreicht die Vorbehandlungskurve ein Plateau, d. h. bei weiterer Temperatursteigerung treten keine weiteren Verluste an Beryllium auf; das weist auf die Bildung einer stabileren Verbindung hin. Der erneute Abfall und gleichzeitig das Auftreten des ersten Atomisierungssignals fällt zusammen mit dem Zersetzungspunkt des Berylliumcarbids, womit sicher zu sein scheint, daß beim ersten Zersetzungspunkt das Berylliumsulfat sowohl Berylliumcarbid als auch eine nicht näher identifizierte, flüchtige Verbindung bildet. Ganz anders zeigt sich der Kurvenverlauf, wenn man von einer alkalischen Berylliumlösung, d. h. dem Hydroxid ausgeht (Abb. 102). Während der thermischen Vorbehandlung wird Berylliumoxid gebildet, das thermisch sehr stabil ist und daher auch im Graphitrohr wesentlich höher verlustfrei erhitzt werden kann. Die Atomisierung scheint hier klar eine Reduktion des Oxids an der heißen Graphitoberfläche zu sein; einen ganz

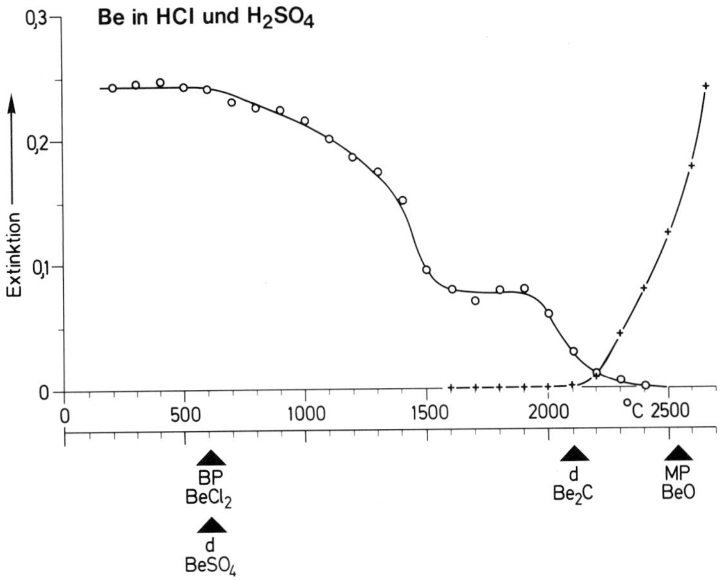

Abb. 101 Vorbehandlungs/Atomisierungskurve für Beryllium in saurer Lösung. – Die ersten Verluste beginnen mit dem Siedepunkt des Chlorids bzw. dem Zersetzungspunkt des Sulfats. Die ersten Atomisierungssignale zeigen sich aber erst beim Zersetzungspunkt des Carbids

ähnlichen Kurvenverlauf findet man auch für Elemente wie Aluminium und Silicium, die sich auch nur dann befriedigend bestimmen lassen, wenn während der thermischen Vorbehandlung die Oxide gebildet werden.

CAMPBELL und OTTAWAY [205] haben einen derartigen Reduktionsmechanismus

$$MO + C \rightarrow M + CO$$

für viele Metalle gefordert. Sie berechneten die freie Energie für eine entsprechende Reaktion und haben die thermodynamisch gefundenen Werte mit den Temperaturen verglichen, wo das erste Atomisierungssignal erscheint und eine gute Übereinstimmung gefunden. Den vorangegangenen Ausführungen ist allerdings zu entnehmen, daß nicht nur diese Oxidreduktion als Atomisierungsmechanismus in Frage kommt.

Ein weiterer Hinweis darauf, daß die aktive Mitwirkung des heißen Graphits nicht in allen Fällen erforderlich ist, zeigen Versuche zur direkten Bestimmung leicht atomisierbarer Elemente aus festen Gesteinsproben [768] [1295]. Dabei werden einige Milligramm Gesteinspulver in das Graphitrohr eingegeben und dieses auf etwa 1400–1700 °C aufgeheizt. Bei diesem Verfahren kommen die zu bestimmenden Elemente (z. B. Blei, Cadmium, Quecksilber, Silber, Thallium, Zink) sicher kaum mit dem Graphit in direkten Kontakt, dennoch kann man die ersten Atomisierungssignale bereits unterhalb des Schmelzpunktes dieser Elemente registrieren. Die Empfindlichkeiten waren hier allerdings erheblich geringer als beim Arbeiten mit Lösungen.

Die Überlegungen von CAMPBELL und OTTAWAY [205] haben zwar einige wertvolle Informationen über die bei der Atomisierung beteiligten Reaktionen liefern können, es ist

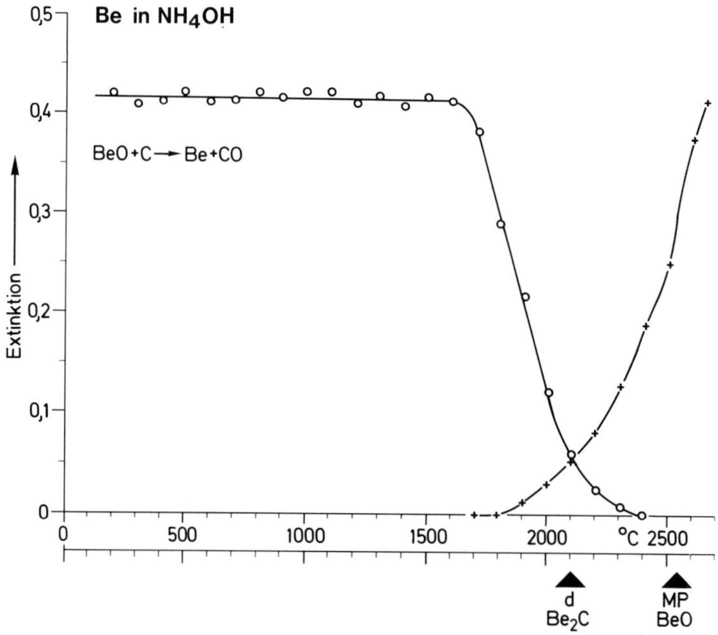

Abb. 102. Vorbehandlungs-/Atomisierungskurve für Beryllium in ammoniakalischer Lösung. – Die ersten Verluste und die beginnende Atomisierung fallen zusammen, sind jedoch mit keinem Umwandlungspunkt einer Verbindung in Beziehung zu bringen. Die Atomisierung ist hier eine Reduktion des Oxids am heißen Graphit

jedoch nicht möglich, wie schon von L'VOV [8] gezeigt wurde, die zeitabhängigen Signale der Graphitrohrofen-Technik auf thermodynamischer Basis zu beschreiben. Die analytischen Signale, die man mit Graphitrohröfen erhält, sind üblicherweise Kurven mit einem Maximum. Ihr exaktes Aussehen für ein bestimmtes Element wird beeinflußt von den physikalischen und chemischen Eigenschaften der Matrix, von der Geometrie und der Konstruktion des Ofens, vom Graphitmaterial, der Gasströmung und von der Heizrate.

STURGEON und Mitarbeiter [2938] haben Atomisierungsmechanismen mit einem kombinierten thermodynamisch-kinetischen Ansatz studiert. Unter der Annahme, daß ein Gleichgewicht zwischen der Oberfläche der Probe und der Gasphase im Ofen besteht und daß die Produktion von Atomen charakterisiert ist durch eine unimolekulare Geschwindigkeitskonstante, gibt der Logarithmus der Extinktion, aufgetragen als Funktion der inversen absoluten Temperatur $1/T$ eine Gerade, aus der die Aktivierungsenergie E_a des bestimmenden Schritts im Zuge der Atomisierung erhalten werden kann. Aus diesen E_a-Werten ergeben sich drei mögliche Atomisierungsmechanismen: eine thermische Dissoziation des Oxids, eine thermische Dissoziation des Halogenids und eine Reduktion des Oxids am heißen Kohlenstoff mit anschließender Verdampfung des gebildeten Metalls. In späteren Arbeiten haben STURGEON und CHAKRABARTI [2140] [2936] ihr Verfahren weiter verfeinert und schließlich vier verschiedene Mechanismen vorgeschlagen:

1. Reduktion fester Oxide an der Graphitoberfläche nach dem Schema:

$$MO_{(s)} \xrightarrow{C} M_{(l)} \rightleftharpoons \frac{1}{2} M_{2(g)} \rightarrow M_{(g)}$$

wobei M für Co, Cr, Cu, Fe, Mo, Ni, Pb, Sn oder V steht.
(s fest, l flüssig, g gasförmig)

2. Thermische Zersetzung von festen Oxiden nach dem Schema:

$$MO_{(s)} \xrightarrow{T} M_{(g)} + \frac{1}{2} O_{2(g)}$$

wobei M für Al, Cd oder Zn steht.

3. Dissoziation von Oxidmolekülen in der Gasphase nach dem Schema:

$$MO_{(s)} \rightleftharpoons MO_{(g)} \rightarrow M_{(g)} + \frac{1}{2} O_{2(g)}$$

wobei M für Cd, Mg, Mn oder Zn steht.

4. Dissoziation von Halogenidmolekülen in der Gasphase nach dem Schema:

$$\begin{array}{ccccc} MX_{2(s)} \rightarrow & MX_{2(l)} \rightarrow & MX_{(g)} & + & X_{(g)} \\ & & \swarrow \searrow & & \\ & & M_{(g)} \quad X_{(g)} & & \end{array}$$

wobei M für Cd, Fe oder Zn steht
und X für Cl.

Die Reaktionen 1 und 2 brauchen einen engen Kontakt mit der Graphitoberfläche und sollten stark abhängen von der bei der Atomisierung verwendeten Heizrate. Dies konnte auch experimentell durch Einsatz einer Kondensatorentladung für den Atomisierungsschritt bestätigt werden [2140]. Die Reaktionen 3 und 4 enthalten dagegen eine Dissoziation in der Gasphase und sollten daher verstärkt von der Temperatur des Inertgases abhängen, sowie davon, ob sich die Graphitrohrwand, von der die Probe verdampft wird und die Gasphase, in der die Atomisierung erfolgen soll, im thermischen Gleichgewicht befinden. Auf diese Bedingungen soll später noch näher eingegangen werden, da sie besonders im Zusammenhang mit dem Auftreten von Interferenzen von Bedeutung sind.

Fuller [2277] hat bereits 1974 eine kinetische Theorie für die Atomisierung in Graphitrohröfen vorgeschlagen und damit Anomalien aus dem thermodynamischen Ansatz erklären können. Für die Atomisierung von Kupfer forderte er eine zweistufige Reaktion, wobei die Reduktion von CuO zu Cu durch den heißen Kohlenstoff eine langsame Reaktion erster Ordnung ist, gefolgt von der raschen Verdampfung des metallischen Kupfers. Die Geschwindigkeit der Konzentrationsänderung an Kupferatomen mit der Zeit ist unabhängig von der Entfernungsgeschwindigkeit von Kupferatomen aus dem Graphitrohrofen und hängt nur ab von deren Bildungsgeschwindigkeit. Die viel höhere Empfindlichkeit für Kupfer in einem mit einer Tantalfolie ausgelegten Graphitrohr erklärt sich dann aus der raschen Reduktionsgeschwindigkeit von CuO durch Tantal. Die Reduktion von CuO ist also tatsächlich der geschwindigkeitsbestimmende Schritt. Auch PAVERI-FONTANA und Mitarbeiter [2734] haben schon frühzeitig einen kinetischen Versuch zur Klärung von Atomisierungsmechanismen unternommen; ihr Ansatz war jedoch nur auf offene Systeme wie Graphitstäbe anwendbar.

Später stellte FULLER [2280] eine allgemein gültige Gleichung (8.4) auf, mit der er versuchte, die Konzentration an Metallatomen M in einem Graphitrohrofen zur Zeit t zu beschreiben

$$\text{Extinktion (M)} = p\,\mathrm{M}_0 \frac{k_1}{k_2 - k_1} [\exp(-k_1 t) - \exp(-k_2 t)] \tag{8.4}$$

wobei M_0 die anfänglich in den Ofen eingebrachte Menge des zu bestimmenden Elements ist, k_1 die Bildungskonstante erster Ordnung für die Metallatome, k_2 die Konstante erster Ordnung für deren Austragung aus dem Graphitrohr und p einen Proportionalitätsfaktor darstellt, eine Funktion der Oszillatorstärke für das betreffende Element (eine Konstante) und der Wirksamkeit der Atomproduktion.

Mit dieser Gleichung ist man in der Lage, alle wesentlichen Faktoren zu erfassen, die die Form des Signalprofils beeinflussen. k_1 stellt die Abhängigkeit des Signals von der Bildungsgeschwindigkeit der Metallatome in der Atomisierungseinrichtung dar. Damit lassen sich physikalische Effekte erfassen, wenn beispielsweise die Matrix den Kontakt mit dem Graphit verändert und damit die Reduktionsgeschwindigkeit des Metallsalzes beeinflußt oder wenn die Matrix ein schnelleres oder langsameres Verdampfen des Metalls verursacht. Aber auch chemische Effekte, etwa die Bildung einer mehr oder weniger stabilen Verbindung des zu bestimmenden Elements mit der Matrix gehen hier ein.

k_2 stellt die Abhängigkeit des Signals von der Entfernungsgeschwindigkeit der Atome aus dem Ofen dar. Hier gehen Faktoren ein, wie die Strömungsgeschwindigkeit des Inertgases durch das Rohr oder auch eine veränderte Diffusion von Atomen durch die Wand des Graphitrohrs aufgrund von dessen Alterung oder eine Kondensation von Atomen an kälteren Stellen im Ofen.

p schließlich stellt die Abhängigkeit des Signals von dem Ausmaß dar, mit dem das zu atomisierende Element im Vergleich zur Verdampfung anderer Spezies (z. B. Oxide, Chloride) in den Ofen gelangt. Diese Größe reflektiert jegliche Änderung in der Atomisierungseffizienz.

FULLER weist auch darauf hin, daß eine Integration über die Peakfläche in Gegensatz zur Peakhöhenauswertung unabhängig macht von Faktoren, die die Bildungsgeschwindigkeit von Metallatomen (k_1) beeinflussen. Auch das integrierte Signal ist abhängig von der Austragungsgeschwindigkeit der Atome aus dem Ofen und von der Wirksamkeit der Atomisierung; es ist linear proportional p und umgekehrt proportional k_2.

SMETS [2886] fand bei seinen Überlegungen zur Bildung und Austragung von Atomen in Graphitrohröfen nur jeweils zwei Gruppen von Elementen. Für die Bildung von Atomen ist entweder die Reduktion des Oxids am Kohlenstoff selbst der zeitbestimmende Schritt, oder aber die Verdampfung des durch Reduktion des Oxids am Kohlenstoff entstandenen Metalls. Als einzige Ausnahme hiervon nennt SMETS das Aluminium, für das er eine Gasphasendissoziation von AlO annimmt. Die Aktivierungsenergie für die Atomisierung dieses Elements korreliert recht gut mit der Dissoziationsenergie von $AlO_{(g)}$. SMETS findet generell keinen Unterschied im kinetischen Verhalten der untersuchten Elemente, ob diese als Chlorid oder sauerstoffhaltiges Salz eingegeben werden. Er schließt daraus, daß in jedem Fall Metalloxide als Zwischenstufe gebildet werden.

Für das Austragen der Atome aus dem Graphitrohr gibt SMETS ebenfalls zwei Mechanismen an. Elemente wie Ag, As, Au, Bi, Cd, Hg, Pb, Se oder Zn werden durch reine Diffusion aus dem Rohr ausgetragen. Die integrierte Extinktion ist direkt proportional der integrierten Bildungsrate der Atome oder mit anderen Worten dem Anteil des tatsächlich atomisierten Elements. Bei diesen Elementen hat die Gasströmung durch das Rohr einen großen Einfluß auf die gemessene Empfindlichkeit. Elemente wie Ba, Be, Ca, Cr, Cu, Fe, K, Li, Mn, Mo, Na, Ni, Sr, U oder V werden dagegen nicht durch einfache Diffusion aus dem Rohr ausgetragen. Sie werden vielmehr mehrfach verdampft und wieder kondensiert in einer Art Kurzwegdestillation aufgrund eines herrschenden Temperaturgradienten oder spezifischer „Hafteigenschaften". Hierbei kommen sowohl die Bildung stabiler Carbide als auch von Einlagerungsverbindungen in Graphit in Frage. Eine Änderung der Gasströmung hat keinen großen Einfluß auf die Empfindlichkeit dieser Elemente. Durch die längere Aufenthaltsdauer der Atome im Strahlengang entstehen deutlich breitere Peaks und damit eine höhere integrierte Extinktion.

FRECH und Mitarbeiter [2266] haben die Atomisierungsprozesse in komplexen chemischen Systemen anhand von Hochtemperatur-Gleichgewichtsberechnungen studiert. Solche Rechnungen setzen eigentlich ein thermisches Gleichgewicht für den Zeitpunkt der Atomisierung voraus, das bei nicht-isothermen Öfen nicht gegeben ist. Wird die Probe während der Aufheizphase des Graphitrohrofens atomisiert, so geht ein Teil der Gasphase verloren. Die von FRECH benutzten Gleichungen lassen sich jedoch auch unter diesen Bedingungen zumindest halbquantitativ verwenden.

Ein Computerprogramm wird mit den freien Bildungsenergien für jede mögliche Spezies gespeist, d. h. für alle Reaktionsprodukte, die in Konzentrationen vorkommen können, in denen sie das Massengleichgewicht beeinflussen. Das sind insbesondere auch O_2, H_2 und N_2 aus Spuren Wasser bzw. Salpetersäure sowie Cl_2 aus Salzsäure, die im Rohr zurückgehalten werden. Mit diesem Programm wurde eine ganze Reihe von interessanten Elementen untersucht und die beobachteten Phänomene gedeutet.

FRECH und CEDERGREN [2260–2262] betrachteten *Blei* besonders im Hinblick auf dessen Bestimmung in Stahl. Sie fanden, daß schon kleine Mengen Chlor eine Umverteilung bewirken, so daß sich hauptsächlich flüchtiges PbCl und $PbCl_2$ bilden. Diese Formen werden schon bei 700 K mit dem Argon ausgetrieben, so daß erhebliche Bleiverluste auftreten. Die Autoren fanden auch, daß in Gegenwart von H_2 größere Chloridkonzentrationen toleriert werden können, ohne daß merkliche Mengen Bleichloride gebildet werden. Die für die Entfernung des Chlorids hauptsächlich verantwortliche Reaktion ist:

$$FeCl_{2(g)} + H_{2(g)} \rightarrow Fe_{(s)} + 2\,HCl_{(g)}$$

Je größer der Partialdruck an H_2 ist, desto effektiver wird Chlorid aus dem System entfernt. In einem unbeschichteten Graphitrohr wird H_2 aus Wasser gebildet, das bei der Vorbehandlung zurückbleibt [2261]. Die hierbei gebildete Menge H_2 reicht aus, um alles Cl_2 aus dem Rohr zu entfernen und die Bildung flüchtiger Bleichloride zu verhindern.

PERSSON und Mitarbeiter [2742–2744] untersuchten die Atomisierung von *Aluminium* und fanden, daß bei der thermischen Vorbehandlung neben Cl_2 besonders auch CO und H_2 stören. Während $Al_2O_{3(s)}$ bis 1800 K stabil ist, treten in Gegenwart von CO und H_2 schon bei 1500 K Verluste auf. Dies sind aber die Hauptreaktionsprodukte zwischen Graphit und dem restlichen, im Graphitrohr verbleibenden Wasser. Der Zustand des Graphits ist daher bei diesem Element besonders wichtig, da beispielsweise auf einer intakten, dichten Schicht Pyrokohlenstoff praktisch kein Wasser im Graphitrohr zurückbleibt. O_2 und N_2 stören zusätzlich bei der Atomisierung, so daß der Ausschluß dieser Elemente eine wesentliche Forderung für das Erzielen guter Ergebnisse ist.

Bei der Untersuchung von *Silicium* fanden FRECH und Mitarbeiter [2263] bei Vorbehandlungstemperaturen oberhalb 1600 K Verluste in Form von $SiO_{(g)}$. Ab etwa 2200 K wurde ein erstes Atomisierungssignal beobachtet, wobei die Atomisierung eine Gasphasendissoziation des SiO darstellt nach:

$$SiO_{2(s)} \rightleftharpoons SiO_{(g)} \xrightarrow{T} Si_{(g)} + O_{(g)} .$$

Bei höheren Atomisierungstemperaturen dissoziiert auch evtl. gebildetes Siliciumcarbid. Bei Temperaturen oberhalb 2900 K bildet sich zunehmend $SiC_{2(g)}$, so daß höhere Atomisierungstemperaturen nicht unbedingt von Vorteil sind.

Für *Eisen* bestätigten FRECH und Mitarbeiter [2266] den von uns schon früher [3048] vorgeschlagenen Atomisierungsmechanismus:

$$FeO_{(s)} + C_{(s)} \rightarrow CO_{(g)} + Fe_{(s)} \rightarrow Fe_{(g)} .$$

Die in Abb. 99 (S. 201) gezeigte Vorbehandlungs/Atomisierungskurve ist in ausgezeichneter Übereinstimmung mit der Theorie.

Ein besonders interessantes Element, das von PERSSON und FRECH [2741] eingehend untersucht wurde, ist *Phosphor*. Bei Temperaturen unterhalb 1800 K herrschen die flüchtigen Oxide $PO_{(g)}$ und $PO_{2(g)}$ vor, so daß erhebliche Verluste bei Verwendung niedrigerer Vorbehandlungstemperaturen zu erwarten sind. Bei höheren Temperaturen wird die Bildung von Phosphoratomen hauptsächlich von dem Gleichgewicht zwischen einatomigem und zweiatomigem Phosphor bestimmt, wobei größere Mengen Phosphoratome erst bei relativ hohen Temperaturen entstehen.

Unbeschichtete Graphitrohre sind reaktiv genug, um für einen ausreichend niedrigen Partialdruck an Sauerstoff zu sorgen, so daß Verluste an Phosphor in Form gasförmiger Oxide während der thermischen Vorbehandlung unbedeutend werden. Sie stellen dennoch keine ideale Umgebung für die Atomisierung von Phosphor dar, da aus zurückgehaltenem Wasser bei erhöhter Temperatur Wasserstoff gebildet wird [2260], der die Bildung von Methinophosphid ($HCP_{(g)}$) begünstigt.

Es konnte gezeigt werden, daß die günstigsten Bedingungen für Phosphor geschaffen werden, wenn die Atomisierung von einer aus massivem Pyrokohlenstoff gefertigten Plattform erfolgt, die in einem unbeschichteten Graphitrohr montiert ist [3061]. Das unbeschichtete Graphitrohr sorgt dabei für einen niedrigen Partialdruck an Sauerstoff und verhindert damit die Bildung von PO und PO_2. Andererseits wird die Probe nicht auf die Rohrwand, sondern auf die Plattform dosiert, so daß kein Wasser zurückgehalten wird, womit die Bildung von Wasserstoff zu vernachlässigen ist. Schließlich erleichtert diese Vorrichtung das Einstellen eines thermischen Gleichgewichts im Graphitrohrofen, worauf noch eingegangen werden soll. PERSSON und FRECH [2741] weisen besonders darauf hin, daß nur dann sinnvolle und reproduzierbare Ergebnisse für Phosphor erzielt werden können, wenn die Heizrate und die Endtemperatur des Ofens ebenso wie die Gasatmosphäre in seinem Inneren während der Bestimmung unabhängig voneinander kontrollierbar sind. Ein Ofen im thermischen Gleichgewicht sollte die besten Ergebnisse bringen.

In einer Reihe neuerer Arbeiten haben L'VOV und Mitarbeiter [2577] [2578] [2586] [2588] [2589] [2592] die „Thermochemie gasförmiger Medien“ genauer untersucht. Sie sind dabei zu der Auffassung gelangt: „Wir haben lange in einer oxidierenden Welt gelebt und uns daran gewöhnt, daß Monoxide und Hydroxide die einzigen Hindernisse auf dem Weg zur quantitativen Atomisierung sind. Die reduzierenden Eigenschaften von heißem Kohlenstoff sollten hier helfen, aber das reduzierende Medium blieb nicht inert und hat die C-Analogen zu den Oxiden und Hydroxiden herausgebracht, die Cyanide und Dicarbide.“

L'VOV und Mitarbeiter weisen auf die Ähnlichkeit des CN-Radikals mit den Halogenatomen hin, die schon lange bekannt ist. Die Dissoziationsenergien der Monocyanide liegen in allen Fällen zwischen denen der Chloride und der Fluoride. Die Elektronegativität des OH-Radikals ist etwas niedriger als die des CN-Radikals. Daher müssen die Dissoziationsenergien von Hydroxiden systematisch niedriger sein als die von Monocyaniden.

L'VOV und PELIEVA [2586] [2589] untersuchten 42 Elemente und fanden, daß 30 davon Monocyanide bilden. Dabei ist allerdings ein erheblicher Unterschied zwischen Argon und Stickstoff als Spülgas festzustellen. In Stickstoff sind die Spektren zahlreicher Monocyanide klar ausgeprägt, während in Argon praktisch nichts zu sehen ist [2588]. L'VOV weist schließlich auch noch darauf hin, daß die von verschiedenen Autoren gemessenen Oxid- oder Hydroxid-Spektren im Graphitrohr in Wirklichkeit falsch interpretierte Spektren von Monocyaniden oder Halogeniden sind [2577].

Abschließend sei noch einmal auf die Bedeutung isothermer Bedingungen bei der Atomisierung hingewiesen. Der Graphitrohrofen von MASSMANN, nach dem im Prinzip alle kommerziellen Öfen gebaut sind, befindet sich bei der Atomisierung weder räumlich noch zeitlich im Gleichgewicht, er verändert vielmehr seine Temperatur in komplexer Weise über die Zeit. Bei einer für das Element und die Matrix typischen Wandtemperatur wird das zu bestimmende Element verflüchtigt und atomisiert, während sich die Temperatur von Graphitrohr und Schutzgas weiter verändern. Wird das gleiche Element in einer unterschiedlichen Matrix bestimmt, so kann es bei einer anderen Temperatur verflüchtigt und atomisiert werden. Damit wird das peakförmige Atomisierungssignal auf der Zeitachse verschoben. Das Absorptionssignal hängt aber in seiner Form und Größe von einer Anzahl Variablen ab, z. B. der Temperatur und der Aufenthaltsdauer im Graphitrohr. Das heißt, daß das Absorptionssignal der beiden Proben verschieden sein wird, und zwar sowohl in Peakhöhe als auch in Peakfläche, selbst wenn die gleiche Konzentration an dem zu bestimmenden Element vorhanden ist. Dies führt zu einer ganzen Reihe von Störungen, auf die im folgenden noch ausführlich eingegangen werden soll. Es erklärt jedoch auch, warum alle Versuche, Atomisierungsmechanismen in Graphitrohröfen quantitativ mathematisch zu erfassen, nicht so recht erfolgreich waren.

SLAVIN und Mitarbeiter [2882] haben daher vorgeschlagen, eine Reihe von schon früher beschriebenen und empfohlenen Maßnahmen zu kombinieren, um so die Eigenschaften des MASSMANN-Ofens entscheidend zu verbessern. Dabei ist es zunächst wichtig, daß das Graphitrohr möglichst rasch auf die gewünschte Endtemperatur aufgeheizt wird, was durch die bereits erwähnte „superschnelle Heizrate“ von etwa 2000 °C/s erreicht werden kann [3064]. Gleichzeitig wird die Atomisierung der Probe bzw. des zu bestimmenden Elements durch

Verwendung der von L'VOV und Mitarbeitern [2590] vorgeschlagenen Plattform verzögert. Dadurch kann das Graphitrohr die vorgewählte Endtemperatur erreichen und auch das Inertgas im Rohr kann sich auf diese Temperatur erwärmen, bevor die Plattform die Atomisierungstemperatur erreicht und das zu bestimmende Element verdampft wird.

Wesentlich in diesem Zusammenhang ist natürlich auch, daß die Gasströmung durch das Graphitrohr während, oder besser schon kurz vor der Atomisierung unterbrochen wird. Damit wird sowohl ein vorzeitiges Austragen von Atomen aus dem Graphitrohr vermieden als auch eine Störung des thermischen Gleichgewichts durch das strömende, kalte Gas. Befindet sich das Schutzgas zum Zeitpunkt der Atomisierung oder Verdampfung der Probe im thermischen Gleichgewicht mit der Rohrwand, so erfolgt auch keine weitere Ausdehnung des Gases mehr, wodurch wiederum Verluste vermieden werden. Die Austragung der Atome aus dem Graphitrohr erfolgt dann nur noch durch Diffusion.

Ein weiteres wesentliches Kriterium zum Erreichen eines thermischen Gleichgewichts in einem MASSMANN-Ofen zum Zeitpunkt der Verdampfung der Probe ist, daß der Temperatursprung von der thermischen Vorbehandlungs- zur Atomisierungstemperatur nicht zu groß ist. SLAVIN [2882] gibt hier eine Obergrenze von etwa 1000 °C an, die nicht überschritten werden sollte. Bei größeren Temperatursprüngen wird das thermische Gleichgewicht nicht erreicht, die Probe wird in eine Umgebung hinein verdampft, deren Temperatur sich noch ändert, womit der gewünschte Erfolg nicht erzielt wird. Einmal ermöglicht es die Verwendung der superschnellen Heizrate, die optimale Empfindlichkeit bereits bei wesentlich niedrigeren Atomisierungstemperaturen zu erreichen [2245] [3064]. Bei Messung in Peakfläche liegen die Werte oft noch tiefer als in Peakhöhe. Verwendet man außerdem noch eine geeignete Matrix-Modifikation [2217], worauf im nächsten Kapitel noch ausführlich eingegangen wird, so gelingt zusätzlich oft eine deutliche Anhebung der Vorbehandlungstemperatur. Mit diesen Maßnahmen, Matrix-Modifikation für höhere Vorbehandlungstemperaturen sowie superschnelle Heizrate und Peakflächenintegration für niedrigere Atomisierungstemperaturen, läßt sich für fast alle Elemente die Forderung nach einem Temperatursprung von weniger als 1000 °C gut erfüllen.

Die Peakflächenintegration ist auch aus anderen Gründen noch der Peakhöhenmessung vorzuziehen, da sie den Meßwert von der Bildungsgeschwindigkeit der Metallatome unabhängig macht. Ein unterschiedlicher Kontakt der Probenatome mit der Graphitrohroberfläche oder ein mehr oder weniger schnelles Verdampfen spielen damit keine Rolle mehr [2280]. Von besonderer Bedeutung beim Erarbeiten idealer Bedingungen für die Atomisierung im thermischen Gleichgewicht ist die Möglichkeit, die Signalform unverfälscht mit hoher Auflösung zu erhalten. BARNETT und COOKSEY [2058] haben ein Computerprogramm entwickelt, das eine Darstellung hochaufgelöster Signale an einem Bildschirm ermöglicht. Die Signale lassen sich auf Diskette speichern und beliebig wieder abrufen und vergleichen.

Der wesentlichste Vorteil dieses Ofens im thermischen Gleichgewicht wird sich im nächsten Kapitel zeigen. Neben den theoretischen Erwägungen zur Atomisierung hat es sich nämlich herausgestellt, daß mit diesem Konzept eine von Gasphasen-Interferenzen weitgehend freie Analyse im Graphitrohrofen möglich wird.

8.2.2 Spektrale Interferenzen

Echte spektrale Interferenzen, verursacht durch direktes Überlappen von Atomlinien, sind in der Graphitrohrofen-Technik genauso selten wie in der Flammen-Technik, da auf den gleichen Resonanzlinien, und natürlich auch mit modulierten Strahlungsquellen und einem auf diese Modulationsfrequenz abgestimmten Selektivverstärker gearbeitet wird. Weit verbreitet ist in der Graphitrohrofen-Technik jedoch eine Absorption der Primärstrahlung durch Molekülbanden von verdampften Begleitsubstanzen oder eine Streuung an Probenpartikeln im Absorptionsraum.

Das Ausmaß der unspezifischen Absorption ist in hohem Maße abhängig von bestimmten konstruktiven Merkmalen des verwendeten Ofens und von dem gewählten Temperaturprogramm und anderen Betriebsparametern. Zudem verursachen häufig die gleichen Begleitsubstanzen sowohl spektrale Interferenzen als auch Störungen durch Reaktionen mit dem zu bestimmenden Element in der kondensierten oder in der Gasphase. Oft lassen sich daher die gleichen Maßnahmen gegen beide Arten von Interferenzen einsetzen.

L'vov [8] [778] hat schon frühzeitig erkannt, daß Molekülabsorption durch Alkalihalogenide und Strahlungsstreuung durch „Nebel" an den kalten Enden des Ofens die Hauptursachen für Störungen sind. L'vov stellte auch fest, daß eine Untergrundabsorption erst dann auftreten sollte, wenn die störende Substanz in einer um 4 bis 5 Größenordnungen höheren Konzentration vorliegt als das zu bestimmende Element. Dieses Verhältnis wird jedoch bei der sehr hohen Empfindlichkeit der Graphitrohrofen-Technik und der damit betriebenen Spuren- und Ultraspurenanalytik sehr schnell erreicht.

Massmann und Mitarbeiter [448] [2630] [2631] haben als erste die für die Untergrundabsorption verantwortlichen Prozesse umfassend untersucht und beschrieben. Sie fanden

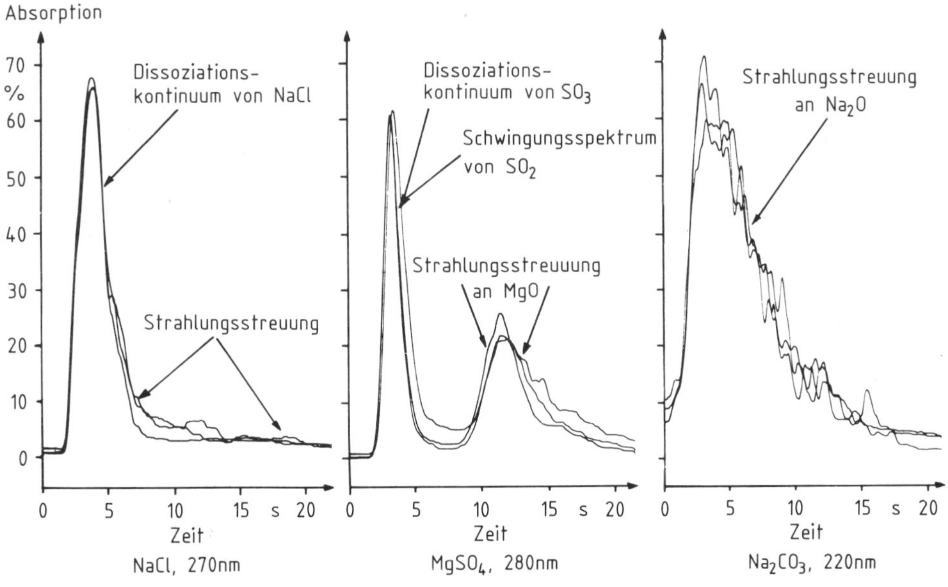

Abb. 103 Zeitlicher Verlauf der Absorptionssignale beim Aufheizen eines Graphitrohrofens mit NaCl, $MgSO_4$ und Na_2CO_3 als Proben (nach [447])

dabei, daß Molekülabsorption stets gut reproduzierbar ist, während sich die Strahlungsstreuung von Messung zu Messung ändern kann (Abb. 103). Sie fanden auch, daß einer Molekülabsorption stets eine Strahlungsstreuung zeitlich folgt und erklärten das damit, daß die Moleküle zu den kälteren Enden des Graphitrohrofens gelangen, dort kondensieren und damit die Strahlungsstreuung verursachen. Diese Beobachtung ist jedoch sicher sehr stark von dem verwendeten Ofen abhängig.

MASSMANN und Mitarbeiter [2630] haben auch die Molekülspektren eingeteilt in Dissoziationskontinua und Elektronen-Bandenspektren. Dissoziationskontinua zeigen charakteristische, breite Maxima, die dadurch entstehen, daß Moleküle aufgrund von Strahlungsabsorption in der Dampfphase dissoziieren (Photodissoziation). Das langwellige Maximum entspricht der Dissoziation des Moleküls in neutrale Atome, die kürzerwelligen Maxima entsprechen der Dissoziation in angeregte Atome. Die Energiedifferenzen zwischen den einzelnen Maxima entsprechen den verschiedenen Anregungszuständen (Energieniveaus) von Atomen.

Die Absorptionsspektren der verschiedenen zweiatomigen Alkalihalogenide (Abb. 75, S. 138) wurden auch von verschiedenen anderen Autoren beobachtet und beschrieben [2002] [2179] [2764]. GÜÇER und MASSMANN [447] gelang es jedoch, auch entsprechende Vorgänge bei mehratomigen Oxi-Anionensalzen zu verfolgen. So beobachteten sie bei mehreren Metallsulfaten die folgenden Photodissoziationsprozesse:

$$SO_3 + h\nu \rightarrow SO_2 + O \quad \text{(Grenzwellenlänge: 330 nm)}$$
$$SO_2 + h\nu \rightarrow SO + O \quad \text{(Grenzwellenlänge: 190 nm)}$$
$$SO + h\nu \rightarrow S + O \quad \text{(Grenzwellenlänge: 245 nm)}$$

Die Elektronen-Bandenspektren, die im Graphitrohrofen beobachtet werden, weisen eine Feinstruktur auf, die allerdings nur mit hoher spektraler Auflösung erkennbar ist. GÜÇER und MASSMANN [447] und später auch L'VOV [2577] beobachteten in einem mit Stickstoff gespülten Graphitrohrofen starke CN-Banden mit Bandenköpfen bei 390 nm, deren Intensität exponentiell mit der Ofentemperatur ansteigt. Auch starke C_2-Banden mit Bandenköpfen bei 430 und 470 nm tragen zur Untergrundabsorption im Ofen bei. Strahlungsstreuung an Partikeln im Ofen wird, wie schon L'VOV und MASSMANN feststellten, am häufigsten verursacht durch Kondensation von verflüchtigten Begleitsubstanzen an kühleren Stellen im Ofen. Das Ausmaß dieser Störung ist in sehr hohem Maße abhängig von der Konstruktion des verwendeten Ofens, wie noch gezeigt wird. Eine weitere Ursache kann die thermische Zersetzung von biologischen oder anderen organischen Materialien unter Inertgas sein, bei der sich „Rauch" oder Ruß bildet. Schließlich kommen auch noch bei hohen Temperaturen vom Graphitmaterial absublimierende Partikel als Störquelle in Betracht. Generell kann man jedoch sagen, daß der Beitrag der Strahlungsstreuung in einem gut konzipierten Ofen relativ gering ist; bei Graphitstäben kann sie jedoch ein beträchtliches Ausmaß annehmen.

Ganz entscheidend für das Ausmaß der auftretenden Untergrundstörungen sind, wie schon erwähnt, konstruktive Details und die gewählten Bedingungen in dem verwendeten Ofen. Besonders wichtig sind dabei Temperatur und Gasströmung. Praktisch alle kommerziellen Graphitrohröfen weisen ein mehr oder weniger starkes Temperaturgefälle von der Mitte zu den Enden hin auf. Damit besteht die Gefahr, daß einmal verdampfte Probe, wenn sie sich entlang des Rohrs ausdehnt, in kältere Zonen gelangt und wieder kondensiert. Diese

Gefahr besteht auch in einem über die ganze Länge gleichmäßig geheizten Rohr [2539], da auch dieses von kälterem Gas umströmt ist.

ISSAQ und ZIELINSKI [2418] versuchten dieses Problem zu umgehen, indem sie Graphitrohre am Ende mit großen Schlitzen versahen und praktisch nur den heißen Mittelteil analytisch verwendeten. Sie fanden einen erheblich reduzierten Untergrund durch diese Änderung. Als besonders wirkungsvolle Maßnahme zur Reduzierung der Untergrundabsorption hat sich die schon in Kap. 3.2 erwähnte kontrollierte, symmetrische Gasströmung von den Enden des Graphitrohrs und das Austreiben der verflüchtigten Substanzen an der heißesten Stelle des Rohrs bewährt (vgl. Abb. 31 und 32, S. 59). Im Vergleich dazu ist die Untergrundabsorption in Rohren ohne, oder mit nur schlecht kontrollierter Gasströmung oft um mehr als eine Größenordnung höher.

Eine weitere wichtige Größe ist die Temperatur. Das Auftreten von Molekülen bedeutet schließlich nichts anderes, als daß die im Graphitrohr herrschende Temperatur nicht zu deren Dissoziation ausreicht. So beobachteten beispielsweise CHAKRABARTI und Mitarbeiter [2141] bei Einsatz einer Kondensatorentladung zur Graphitrohrheizung kaum mehr Untergrundabsorption. Auch andere Autoren [2199] [2929] haben schon eine bessere Isothermie zwischen der Rohrwand und dem Gasraum gefordert, um Untergrundstörungen besser kontrollieren zu können. Es konnte auch gezeigt werden, daß die Untergrundabsorption in einigen Fällen deutlich kleiner wird, wenn die umgebende Gastemperatur höher ist als die Temperatur der Oberfläche, von der die Probe verdampft wird. Dies läßt sich erreichen durch eine superschnelle Heizrate und Atomisierung von der L'VOV Plattform (Abb. 104).

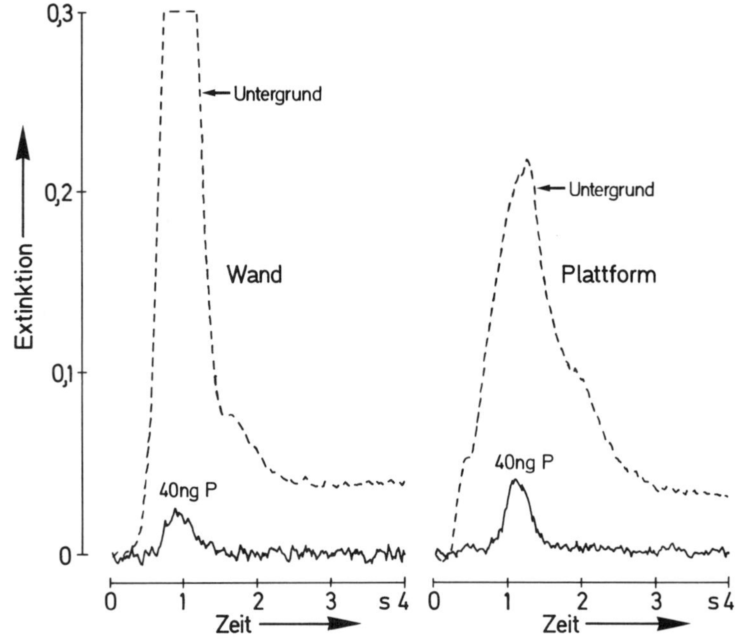

Abb. 104 Verringerung der Untergrundabsorption durch Eisen bei der Bestimmung von Phosphor (213,6 nm) durch Atomisieren von der L'VOV-Plattform in einem Ofen im thermischen Gleichgewicht

Besonders wichtig für das Vermeiden einer übermäßigen Untergrundabsorption ist ein sorgfältiges Programmieren des Temperaturanstiegs im Graphitrohr [88]. Zahlreiche Begleitsubstanzen lassen sich vor dem Atomisieren des zu bestimmenden Elements durch Anlegen einer geeigneten Temperatur verflüchtigen und damit abtrennen. Biologische oder andere organische Materialien lassen sich meist bei Temperaturen oberhalb 500 bis 800 °C thermisch zerstören (verkohlen). Besonders bewährt hat sich in diesem Zusammenhang ein langsames, gleichmäßiges Erhöhen der Vorbehandlungstemperatur zum Abtrennen bzw. thermischen Zerstören komplexer Matrices [1294].

Nach dem Einbringen der Probe in das Graphitrohr wird im ersten Temperaturschritt das Lösungsmittel entfernt, wobei Temperatur und Zeit so abzustimmen sind, daß das Lösungsmittel nicht zu langsam, aber ohne zu verspritzen quantitativ verdunstet. Häufig ebenfalls vorhandene höher siedende Komponenten wie Sauerstoffsäuren müssen in einem zweiten Schritt in ähnlicher Weise entfernt werden. Wichtig ist dabei die Feststellung, daß derartige Säuren oder ihre Spaltprodukte oft weit über ihren Siedepunkt hinaus von Graphit im Gitter oder an aktiven Stellen festgehalten werden. Zu ihrer vollständigen Entfernung sind daher oft relativ hohe Temperaturen bis nahe 1000 °C erforderlich. Mit pyrolytisch abgeschiedenem Kohlenstoff beschichtete Graphitrohre zeigen dieses Phänomen praktisch nicht, da ihre Oberfläche dicht und weitgehend inaktiv ist.

Für jegliche thermische Vorbehandlung ist die Temperatur besonders wichtig, bei der das zu bestimmende Element gerade noch nicht meßbar flüchtig ist. Bis zu diesem Punkt kann und sollte man mit der thermischen Vorbehandlung gehen, um alle Möglichkeiten der Matrixabtrennung und -zerstörung auszuschöpfen. Zu beachten ist in diesem Zusammenhang allerdings, daß die Matrix selbst die Flüchtigkeit des zu bestimmenden Elements stark beeinflussen kann. *Wie* diese maximale Vorbehandlungstemperatur erreicht wird, entscheiden die Begleitsubstanzen der Probe. Wichtig ist, daß das Abtrennen ausreichend schnell erfolgt, ein Verspritzen der Probe oder sonstige heftige Reaktionen aber auf alle Fälle vermieden werden. Bei Vielkomponentengemischen oder generell bei hohen Matrixkonzentrationen sind mehrstufige Vorbehandlungsprogramme und ein langsames Erhöhen der Temperatur (Gleitprogramme) unerläßlich. Ganz entscheidend ist auch, wie schon erwähnt, eine gezielte Gasströmung durch das Graphitrohr während des thermischen Vorbehandelns. Die verflüchtigten Probenbestandteile müssen aus dem Graphitrohr und dem Strahlengang entfernt werden, ohne daß sie an kälteren Stellen kondensieren. Wird verflüchtigte Matrix nicht aus dem Strahlengang entfernt, so werden die Vorbehandlungszeiten unnötig verlängert und kondensierte Probenbestandteile werden im Atomisierungsschritt wieder verflüchtigt und führen zu den bekannten Störungen.

Gelingt es, die Matrix durch thermisches Vorbehandeln weitgehend abzutrennen und zu entfernen, so läßt sich das interessierende Element meist störungsfrei bestimmen. Gelingt die Abtrennung wegen einer zu großen Flüchtigkeit des zu bestimmenden Elements nicht oder nur unvollständig, so steht als weitere Möglichkeit das Atomisieren des leichtflüchtigen Elements bei sehr niedriger Temperatur zur Verfügung. Verschiedene Autoren fanden, daß hierbei zwar die Empfindlichkeit reduziert und damit eine etwas geringere Signalhöhe erzielt wird. Gleichzeitig wird aber das Verdampfen der Begleitsubstanzen verzögert, die unspezifischen Signale werden daher kleiner und zudem vom Atomisierungssignal zeitlich abgesetzt.

LUNDGREN und Mitarbeiter [771] entwickelten eine temperaturgesteuerte Regelung für die Graphitrohrheizung, die einen besonders raschen Temperaturanstieg auf eine vorgewählte Temperatur ermöglicht. Sie atomisierten damit Cadmium in Gegenwart von 2% Natriumchlorid bei 750 °C, wo praktisch noch kein Kochsalz verdampft und damit die Störung durch Untergrundabsorption vernachlässigbar ist. Wie schon früher erwähnt, wurde das Verfahren später weiter verfeinert [3064] und von verschiedenen Autoren z. B. für die Bestimmung von Cadmium in Seewasser [2788], Sedimenten und partikulärem Material [2775] oder von Blei in Seewasser [2788] eingesetzt.

Die thermische Vorbehandlung allein reicht aber häufig noch nicht aus, um eine befriedigende Trennung von interessierendem Element und Begleitsubstanzen zu erreichen. Besonders wenn die Flüchtigkeit des zu bestimmenden Elements und von Matrixbestandteilen sehr ähnlich ist, kann eine Trennung auch durch ausgefeilte Temperaturprogramme nicht zum Erfolg führen.

MATOUSEK [2634] hat ausführlich auf die Möglichkeiten der chemischen Vorbehandlung der Probe und die dadurch mögliche Reduzierung der Untergrundstörung hingewiesen. Besonders Phosphorsäure [2632] und Salpetersäure [2108] [2262] eignen sich zu diesem Zweck. Letztere ist als „Veraschungshilfe" bei biologischen und anderen organischen Materialien schon lange bekannt und reduziert auch im Graphitrohr die Untergrundabsorption oft ganz erheblich. FRECH und CEDERGREN [2262] weisen aber darauf hin, daß die Verwendung von Sauerstoffsäuren umgekehrt auch wieder zu Empfindlichkeitsverlusten bei dem zu bestimmenden Element führen kann, wenn nicht bei ausreichend hohen Temperaturen die Säuren und deren Spaltprodukte ausgetrieben werden.

EDIGER und Mitarbeiter [320] haben als erste vorgeschlagen, der Probe eine höhere Konzentration eines Reagens wie Ammoniumnitrat zuzusetzen und damit eine sog. Matrix-Modifikation zu erzielen. Zweck des Reagens kann es sein, die Flüchtigkeit der Begleitsubstanzen zu erhöhen oder die thermische Stabilität des zu bestimmenden Elements zu verbessern, d. h. seine Flüchtigkeit zu erniedrigen; in besonders günstigen Fällen kann ein Reagens auch beides gleichzeitig bewirken. In jedem Fall bewirkt die Matrix-Modifikation, daß die Flüchtigkeiten der Begleitsubstanzen und des zu bestimmenden Elements so unterschiedlich werden, daß sie durch thermisches Vorbehandeln wieder leichter zu trennen sind.

In ihrer ersten Arbeit schlagen EDIGER und Mitarbeiter einen Zusatz von Ammoniumnitrat vor, um die Störungen durch Natriumchlorid bei der Seewasseranalyse zu umgehen. Gemäß der Gleichung

$$NaCl + NH_4NO_3 \rightleftharpoons NaNO_3 + NH_4Cl$$

entstehen dabei Natriumnitrat und Ammoniumchlorid, die beide schon bei Temperaturen unter 400 °C zerfallen bzw. sublimieren, so daß sich das Gleichgewicht völlig auf die rechte Seite verlagert. Überschüssiges Ammoniumnitrat ist bei der thermischen Vorbehandlung ebenfalls leicht aus dem Graphitrohr zu entfernen. Wie in Abb. 105 zu sehen ist, läßt sich die Untergrundabsorption damit bei der Atomisierung ganz erheblich reduzieren.

Da die Matrix-Modifikation nicht nur unspezifische Strahlungsverluste sondern auch chemische Interferenzen in der kondensierten und in der Gasphase kontrollieren hilft, soll eine ausführliche Behandlung in den nächsten Abschnitten (8.2.3 und 8.2.4) erfolgen.

Der Einsatz eines anderen Gases, z. B. Wasserstoff als Spülgas, wurde erstmals von AMOS und Mitarbeitern [46] zum Reduzieren spektraler Interferenzen vorgeschlagen, AMOS arbeitete mit einem Graphitstab und der Wasserstoff entzündete sich an dem heißen Graphit. Ähnlich berichtete auch ROUTH [2803] von einer Verringerung der Untergrundabsorption

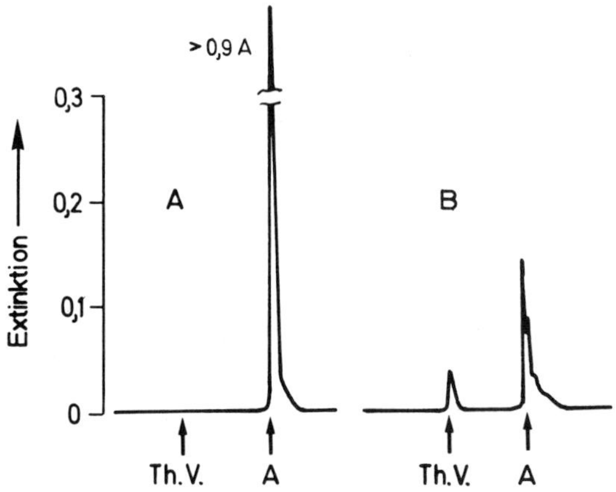

Abb. 105 Verringerung der Untergrundabsorption von 0,15 mg NaCl (*A*) durch Matrix-Modifikation mit 6 mg Ammoniumnitrat (*B*) gemessen bei 229 nm (nach [2217]). Th.V. = Thermische Vorbehandlung bei 300 °C, A = Atomisierung bei 2200 °C

bei der Chrombestimmung in Urin, wenn er das Graphitrohr in einer Wasserstoff-Diffusionsflamme betrieb. Beaty und Cooksey [2066] fanden, daß das Untergrundsignal von Natriumchlorid erheblich reduziert wurde, wenn sie vor der Atomisierung für 10 s Wasserstoff durch das Graphitrohr leiteten.

Kundu und Prevot [2514] berichten über eine schnelle Zerstörung der organischen Matrix bei der Bestimmung von Kupfer in Öl, wenn sie dem Schutzgas bei niedrigen Temperaturen Sauerstoff zumischen. Gleichzeitig wird dadurch auch die durch die Rauchentwicklung bedingte Strahlungsstreuung stark reduziert. Besonders bei der Analyse größerer Mengen biologischer Materialien hat sich die Verwendung von Luft oder Sauerstoff als internes Gas während der thermischen Vorbehandlung sehr bewährt. Damit findet im Graphitrohr eine echte Veraschung statt, und nicht, wie üblicherweise in der Inertgasatmosphäre, nur ein Verkohlen der organischen Matrix. Letztere hat beispielsweise bei der Bestimmung von Nickel in Serum zu erheblichen Schwierigkeiten durch die Kohlenstoffrückstände geführt [2066], wo hingegen bei Verwendung von Sauerstoff während der thermischen Vorbehandlung praktisch keine unspezifischen Strahlungsverluste mehr auftreten [2065] [2066]. Auch für die Bestimmung von Cadmium in Blut wurde dieses Verfahren erfolgreich eingesetzt [2198].

Einige Autoren finden die Störungen durch Begleitelemente in der Graphitrohrofen-Technik zu groß bzw. die Mittel zu deren Reduzierung oder Beseitigung zu aufwendig und greifen daher zu Trennmaßnahmen vor dem Einbringen in das Graphitrohr. Am bekanntesten sind hierbei sicher die Extraktion des komplexierten Metalls in ein organisches Lösungsmittel [2702] [2703] [2705] und gelegentlich auch noch dessen Rückextraktion in ein wäßriges Medium [2604] [2704]. Nachdem bei diesen Verfahren das zu bestimmende Element üblicherweise von fast allen Begleitsubstanzen abgetrennt wird, resultiert meist eine völlig störfreie Bestimmung. Man sollte jedoch keinesfalls die bereits in Abschn. 6.4 angesprochenen Probleme bei der Spurenanalyse vergessen. Jeder Vorbehandlungsschritt birgt in diesem Konzentrationsbereich erhebliche Fehlerquellen durch Verluste (nicht vollständige Extraktion) und Einschleppen (Kontamination der verwendeten Reagenzien und Lösungsmittel) des zu bestimmenden Elements.

Eine weitere Möglichkeit der Abtrennung des zu bestimmenden Elements von den Begleitsubstanzen besteht in dessen elektrolytischer Abscheidung. Die vorgeschlagenen

Verfahren bergen allerdings zahlreiche praktische Probleme; eine Zusammenfassung wurde kürzlich von MATOUSEK [2634] veröffentlicht. Erwähnt werden muß an dieser Stelle sicher auch noch das von JACKWERTH und Mitarbeitern [2424] sehr sorgfältig untersuchte Gebiet des partiellen Lösens, Fällens und Extrahierens der Matrix als vielseitiges Trennkonzept zur Elementanreicherung.

All die bislang beschriebenen Maßnahmen, mit Ausnahme vielleicht der Trennverfahren, reduzieren zwar die Untergrundabsorption, können sie aber normalerweise nicht vollständig beseitigen. Das bedeutet, daß die Graphitrohrofen-Technik üblicherweise den Einsatz eines Untergrundkompensators erfordert.

Umgekehrt sind aber bei den extremen Konzentrationsverhältnissen zwischen dem zu bestimmenden Element und den Begleitsubstanzen die apparativen Grenzen oft schnell erreicht. Das heißt wiederum, daß der Einsatz eines Untergrundkompensators die früher beschriebenen Maßnahmen zum Reduzieren der unspezifischen Strahlungsverluste nicht entbehrlich macht. Vielmehr muß die unspezifische Absorption erst z. B. durch ein geeignetes Temperaturprogramm oder durch Matrix-Modifikation in den Arbeitsbereich des Untergrundkompensators gebracht werden, bevor die restliche Störung apparativ beseitigt werden kann.

Es sei hier noch einmal gesagt, daß die bloße Anwendung eines Untergrundkompensators keine richtigen Ergebnisse garantiert, sie kann sogar selbst Fehler verursachen. Hauptursache für derartige Meßfehler ist ein zu hohes Untergrundsignal, wie schon oben erwähnt wurde. Optimal für das Erkennen dieser Störung ist das simultane (oder auch sequentielle) Registrieren des unkorrigierten (bzw. des unspezifischen) und des korrigierten Signals. Die Grenze für eine einwandfreie Korrektur unspezifischer Signale liegt bei den meisten Untergrundkompensatoren mit Kontinuumstrahlern bei etwa 0,5 bis 0,8 A. Da jedoch in der Praxis häufig keine ideale Überlagerung zwischen den Strahlen der beiden Strahlungsquellen gegeben ist, sollte man die Untergrundabsorption auf alle Fälle kleiner als 0,5 A halten.

Da zudem die Messung des Untergrundsignals stets etwas zeitversetzt zur Messung der Gesamtabsorption erfolgt, können in der Graphitrohrofen-Technik auch noch Störungen auftreten, wenn das Untergrundsignal zu schnell erscheint und sich damit die Untergrundabsorption von Messung zu Messung stark ändert. Man beobachtet dann häufig ein sinusförmiges Über- und Unterschwingen der Basislinie.

Ein ganz erheblicher Meßfehler kann auch dadurch entstehen, daß Untergrundkompensatoren mit Kontinuumstrahlern nicht in der Lage sind, den Untergrund von Elektronen-Bandenspektren richtig zu korrigieren. Da diese aus vielen schmalen Rotationslinien bestehen, hängt die aktuelle Untergrundabsorption nur von dem Grad der Überlappung zwischen der Element-Absorptionslinie und der individuellen Molekül-Rotationslinie ab [2365] [2630]. Bei der Kontinuumstrahler-Untergrundkompensation wird dagegen nur der Mittelwert der Molekül-Rotationslinien über die spektrale Spaltbreite gebildet und von der Gesamt-Absorption abgezogen (vgl. Abb. 79, S. 143).

Obwohl diese Einschränkungen und Fehlerquellen seit Jahren bekannt sind, haben viele Analytiker ein blindes Vertrauen in die Unfehlbarkeit der Untergrundkompensation gezeigt. Nur wenige Autoren berichten über derartige spektrale Interferenzen, die mit einer Kontinuumstrahler-Untergrundkompensation nicht zu beseitigen sind. MANNING [2614] fand bei der Bestimmung von Selen in Eisen bei 196,0 nm spektrale Interferenzen. Er führte dies darauf zurück, daß Eisen in der Nähe von 196 nm einige Resonanzlinien aufweist, die zwar nicht vom Selen, wohl aber von dem Kontinuumstrahler absorbiert werden. VAJDA

[2995] berichtet über zahlreiche weitere Elementkombinationen, bei denen hohe Konzentrationen an Matrixelementen, die eine Resonanzlinie in unmittelbarer Nachbarschaft der Analysenlinie haben, bei der Untergrundkompensation mit Kontinuumstrahlern Probleme bereiten können. SAEED und THOMASSEN [2815] fanden, daß Calciumphosphat bei der Bestimmung von Antimon, Arsen, Selen und Tellur erhebliche Überkompensation verursacht; sie führten dies auf eine spektrale Interferenz vermutlich durch P_2-Molekülrotationsbanden zurück.

Das einzige Verfahren, das bei all diesen Störungen ganz eindeutig eine erhebliche Verbesserung bringen kann, ist die Untergrundkompensation mit dem Zeeman-Effekt. Umgekehrt ist auch die Graphitrohrofen-Technik die einzige Technik in der Atomabsorptions-

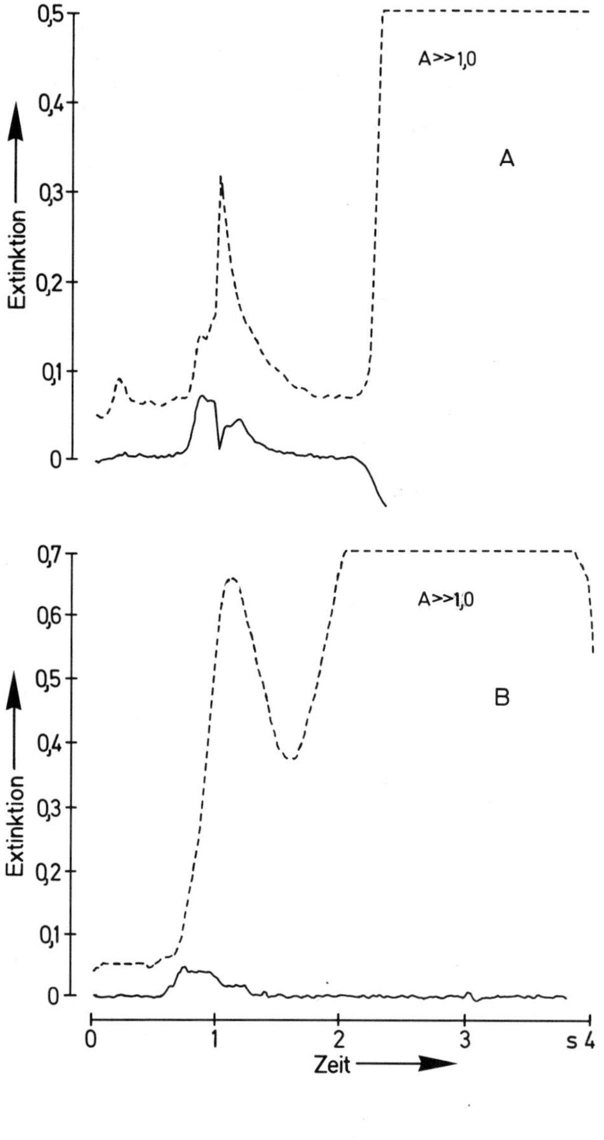

Abb. 106 Hochaufgelöste Signale ohne und mit Untergrundkorrektur für Cadmium in Gegenwart von 0,5% Aluminium. Atomisierung von der L'vov-Plattform bei 1900 °C in einem Ofen im thermischen Gleichgewicht. *A*: Untergrundkorrektur mit Kontinuumstrahler (D_2-Lampe); *B*: Zeeman-Effekt-Untergrundkorrektur

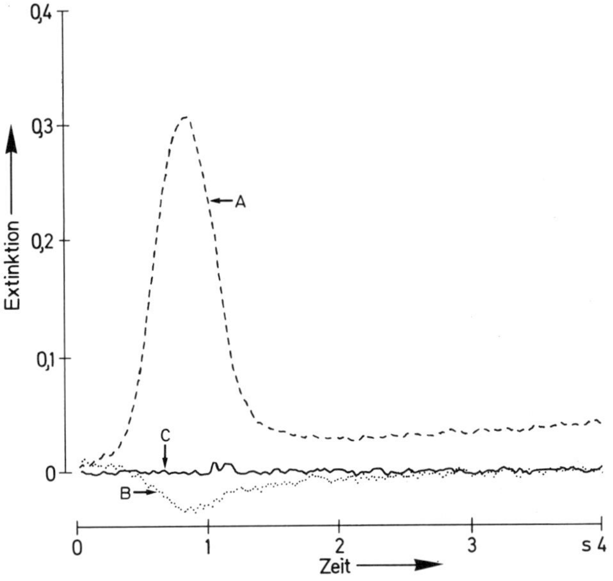

Abb. 107 Untergrundabsorption durch eine 2%ige Eisenlösung auf der Phosphorlinie bei 213,6 nm. *A*: ohne Untergrundkorrektur; *B*: Untergrundkorrektur mit Kontinuumstrahler (D_2-Lampe); *C*: Zeeman-Effekt-Untergrundkorrektur (nach [3061])

spektrometrie, bei der spektrale Interferenzen in einem Umfang auftreten, der den Einsatz des Zeeman-Effekts voll rechtfertigt.

Wie schon in Abschn. 7.1.2 betont, eignet sich die Untergrundkompensation mit dem Zeeman-Effekt sowohl für die Kompensation hoher unspezifischer Absorption bis etwa 2,0 A, als auch – wenn der inverse Zeeman-Effekt mit dem Magnetfeld am Ofen eingesetzt wird – für die richtige Messung bei fein strukturiertem Untergrund.

In Abb. 106 ist dies am Beispiel der Cadmiumbestimmung in Gegenwart hoher Aluminiumkonzentrationen gezeigt. Das hohe Untergrundsignal von >1 A verursacht bei Verwendung eines Kontinuumstrahler-Untergrundkompensators starke Störungen, die eine Auswertung unmöglich machen. Bei Einsatz des Zeeman-Effekts zur Untergrundkompensation sind keine derartigen Probleme zu beobachten; das Meßsignal läßt sich hier eindeutig auswerten. In Abb. 107 ist das unspezifische Signal gezeigt, das eine 2%ige Eisenlösung auf der Wellenlänge für Phosphor bei 213,6 nm erzeugt. Normalerweise müßte die Untergrundabsorption von etwa 0,3 A mit einem Deuterium-Untergrundkompensator einwandfrei korrigierbar sein; tatsächlich tritt hier aber eine Überkompensation auf, in der kleine Phosphorsignale völlig verschwinden. Mit Hilfe der Zeeman-Untergrundkorrektur wird eine einwandfreie Basislinie erzielt, die selbst den äußerst geringen Phosphorgehalt von reinem Eisen (ca. 0,001%) noch als Signal erkennen läßt.

8.2.3 Verdampfungs-Interferenzen

Unter Verdampfungs-Interferenzen oder Interferenzen in der kondensierten Phase versteht man all die Störungen, die das Element bis zu dem Zeitpunkt beeinflussen, wo es schließlich verdampft und die Oberfläche verläßt. Die Vorgänge sind z. T. sehr komplex und bei weitem noch nicht völlig geklärt. Unter die Verdampfungs-Interferenzen fallen einmal Verluste an dem zu bestimmenden Element während der thermischen Vorbehandlung, weiterhin Bildung von Carbiden, Einlagerungsverbindungen und ähnliche Vorgänge, die zu einer unvollständigen Atomisierung führen. Schließlich gehören auch noch kinetische Effekte hierher, wenn z. B. die Abgabe des Elements in den Dampfraum durch Oberflächenkräfte beeinflußt wird.

SEGAR und GONZALEZ [1109] haben als erste die Vermutung geäußert, daß die erheblichen Empfindlichkeitsverluste, die sie bei der Bestimmung verschiedener Spurenelemente in Seewasser beobachteten, auf einer Mitverdampfung mit dem Kochsalz während der thermischen Vorbehandlung beruhen. CZOBIK und MATOUSEK [2182] weisen auf den in der Emissionsspektrometrie schon lange bekannten Trägereffekt hin, der zur gleichzeitigen Verdampfung, z. B. von Natriumchlorid und Blei führt; Natriumchlorid kann bereits kurz oberhalb 700 °C in µg-Mengen verdampft werden und reißt dabei Blei mit. Die Autoren stellen auch fest, daß in Gegenwart von Natriumchlorid das Bleisignal praktisch zusammenfällt mit der Verdampfung von Natriumchlorid von der Rohrwand.

YASUDA und KAKIYAMA [3090] [3091] nehmen an, daß Elemente wie Blei, Cadmium und Zink in Gegenwart hoher Chloridkonzentrationen gasförmige Metallchloride bilden, die zu Beginn der Atomisierung teilweise aus dem Rohr getragen werden. Sie beobachteten auch die Spektren zahlreicher Metallhalogenide bei relativ niedrigen Temperaturen, die bei höheren Temperaturen jedoch nicht mehr auftraten. KARWOWSKA und Mitarbeiter [2457] fanden, daß das Eisensignal in Gegenwart von halogenierten organischen Lösungsmitteln stark unterdrückt wird und führten dies auf die Flüchtigkeit von Eisen(II)-chlorid zurück.

SMEYERS-VERBEKE und Mitarbeiter [2888] fanden ebenfalls, daß z. B. Erdalkalichloride zu Verlusten an dem zu bestimmenden Element während der thermischen Vorbehandlung führen können. Sie haben jedoch auch darauf hingewiesen, daß sorgfältig programmierte thermische Vorbehandlungsschritte dazu führen können, daß die störenden Substanzen entfernt und damit die Interferenzen reduziert oder ganz beseitigt werden.

Von verschiedenen Autoren [2072] [2441] werden starke Störungen durch Perchlorsäure berichtet, die sowohl die Oberfläche des Graphits – vor allem bei Verwendung unbeschichteter Rohre – oxidativ stark angreift, als auch zu erheblichen Signalerniedrigungen führt. FULLER [2279] führte die Störung der Thalliumbestimmung durch Perchlorsäure ebenfalls auf die Bildung flüchtiger Chloride zurück. Zugabe von überschüssiger Schwefelsäure beseitigte die Störung durch Perchlorsäure ebenso wie die durch Salzsäure und Natriumchlorid.

KOIRTYOHANN und Mitarbeiter [2481] fanden eine mehr als 95%ige Signalunterdrückung für Aluminium, Gallium und Thallium durch Perchlorsäure (Konzentration 0,5 mol/L). Die Autoren fanden, daß der Effekt bleibt, selbst wenn das Rohr weit über den Siedepunkt der Perchlorsäure erhitzt wird; man muß bis über 1700 °C aufheizen, um die Wirkung zu beseitigen. Perchlorsäure oder ein Zersetzungsprodukt reagiert offensichtlich mit Graphit zu einem thermisch stabilen Produkt, das später verflüchtigt wird und die Atomisierung stört. ALDER und HICKMAN [2022] stellen allerdings die Theorie in Frage, daß Chloride während der thermischen Vorbehandlung verflüchtigt werden. Die Autoren halten eine Verbindungsbildung im Graphitrohrofen, die z. B. durch Hydrolyse von Chloriden zum Oxid führt, für wahrscheinlicher.

FULLER [2282] fand bei der Bleibestimmung starke Unterschiede in der Störung durch Magnesiumchlorid in Abhängigkeit von der Graphitrohroberfläche. Während in einem neuen, unbeschichteten Rohr und in einem mit Pyrokohlenstoff beschichteten Rohr starke Störungen auftraten, waren diese in einem „gealterten“ Rohr nicht mehr zu beobachten.

Auch ein Zusatz von Oxalsäure beseitigt die Störung durch Magnesiumchlorid. Sowohl Oxalsäure als auch der feinverteilte Kohlenstoff des gealterten Rohrs reduzieren Bleioxid zu metallischem Blei. FULLER schloß daraus, daß die Störung der Bleibestimmung durch Magnesiumchlorid eine Gasphasen-Interferenz ist. BEHNE und Mitarbeiter [2072] setzten bei der Bestimmung von Blei in biologischen Materialien Ameisensäure zu, um den Einfluß der Salpetersäure zu beseitigen. Sie fanden, daß weder die Ameisensäure noch die daraus durch Oxidation entstehende Oxalsäure die Bleibestimmung stören.

Verluste während der thermischen Vorbehandlung stellen nur dann ein Problem bzw. eine Fehlerquelle dar, wenn die Flüchtigkeit des zu bestimmenden Elements durch Begleitsubstanzen in der Probe relativ zu der Bezugslösung erhöht wird. Daraus ergibt sich die oft geäußerte Forderung, daß die Temperaturkurve für die thermische Vorbehandlung (s. 8.2.1) nicht nur für jedes Element, sondern auch für jede Matrix getrennt aufgenommen werden muß. Das würde natürlich eine ganz erhebliche Komplizierung der Graphitrohrofen-Technik darstellen; bei Proben mit stets wechselnder Zusammensetzung ist dieses Verfahren schlichtweg undurchführbar.

Die von EDIGER [2217] vorgeschlagene Matrix-Modifikation stellt hier einen ganz entscheidenden Schritt dar, die Verhältnisse wieder überschaubar und analytisch kontrollierbar zu machen. Wie schon erwähnt, werden dabei den Proben und Bezugslösungen ein Reagens, meist ein anorganisches Salz, in großem Überschuß zugesetzt. Das Reagens bewirkt, daß entweder die störenden Begleitsubstanzen flüchtiger und damit leichter abtrennbar, oder daß das zu bestimmende Element in eine weniger flüchtige Form übergeführt wird. In besonders günstigen Fällen gelingt es, mit *einem* Reagens beide Effekte gleichzeitig zu erzielen.

Bereits im vorausgegangenen Kapitel (8.2.1) über spektrale Interferenzen wurde mit der Abtrennung von Natriumchlorid als Natriumnitrat und Ammoniumchlorid nach Zusatz von Ammoniumnitrat ein Beispiel für die erste Form der Matrix-Modifikation gegeben. Im Zusammenhang mit der Kontrolle von Interferenzen in der kondensierten Phase ist allerdings die zweite Form, das Überführen des zu bestimmenden Elements in eine definierte und thermisch stabile Verbindung, von noch größerer Bedeutung. Die Matrix-Modifikation gestattet demnach die Gleichbehandlung aller Proben eines Elements unabhängig von dessen ursprünglicher Bindungsform und von den Begleitsubstanzen.

Zu den bereits von EDIGER [2217] vorgeschlagenen Reagenzien zur Matrix-Modifikation gehört Nickel, das Arsen bis etwa 1400 °C und Selen bis etwa 1200 °C stabilisiert. Vermutlich geht dies über die Bildung der thermisch sehr stabilen Nickelarsenide und -selenide. CHAKRABORTI und Mitarbeiter [2144] fanden, daß Nickelsulfat das am besten geeignete Salz ist. GLADNEY [2302] setzte ebenfalls Nickel ein, um Bismut bis 1200 °C thermisch zu stabilisieren, was von uns allerdings nicht bestätigt werden konnte. Neben Nickel wurden auch Kupfer, Silber und andere Edelmetallsalze zur Stabilisierung von Selen und Arsen vorgeschlagen und als etwa gleichwertig empfunden. WEIBUST und Mitarbeiter [3041] fanden Palladium und Platin am besten geeignet um sowohl anorganisches als auch organisch gebundenes Tellur zu stabilisieren. Dabei lassen sich Vorbehandlungstemperaturen bis etwa 1050 °C verwenden. HENN [2366] hat schließlich noch Molybdän vorgeschlagen, ebenfalls um Selen zu stabilisieren und konnte Vorbehandlungstemperaturen bis 1300 °C verwenden. Später hat er das gleiche Reagens eingesetzt, um wirkungsvoll auch Matrixstörungen bei der Bestimmung von Blei und Cadmium zu reduzieren [2367].

Für die Stabilisierung von Cadmium hat EDIGER [2217] ursprünglich Ammoniumfluorid, Ammoniumsulfat und Ammoniumhydrogenphosphat untersucht und die drei Reagenzien weitgehend gleichwertig gefunden. Sie alle erlauben Vorbehandlungstemperaturen bis etwa 900 °C. HINDERBERGER und Mitarbeiter [2372] untersuchten die Verwendbarkeit von primärem Ammoniumphosphat eingehender und fanden, daß es nicht nur für Cadmium sondern auch für Blei, Chrom und Nickel zur Matrix-Modifikation sehr wirkungsvoll einsetzbar ist. SPERLING [2900] fand, daß ein Zusatz von Ammoniumperoxodisulfat und Schwefelsäure die Direktbestimmung von Cadmium erheblich verbessert.

MACHATA [783] [784] hat schon 1973 einen Zusatz von Lanthan für die Bestimmung von Blei in Blut vorgeschlagen. Auch ANDERSSON [2037] hat gefunden, daß Lanthan die Störung der Bleibestimmung durch Sulfat beseitigt und die Empfindlichkeit erhöht.

BRODIE und MATOUSEK [2108] [2632] haben schon frühzeitig einen Zusatz von Phosphorsäure empfohlen, um Verluste bei der thermischen Vorbehandlung von Cadmium zu vermeiden und um höhere Vorbehandlungstemperaturen einsetzen zu können. CZOBIK und MATOUSEK [2181] erprobten die Phosphorsäure dann für zahlreiche andere Elemente. Für Elemente mit Atomisierungstemperaturen niedriger als Zinn fanden sie eine Erhöhung der Atomisierungstemperatur durch Phosphorsäure, während sie auf die übrigen Elemente keinen Einfluß hatte. Verschiedene andere Autoren [2122] [2379] [3040] setzten Phosphorsäure zur Matrix-Modifikation bei der Bleibestimmung ein. Sie konnten dabei die Vorbehandlungstemperatur auf etwa 900 bis 1000 °C erhöhen und zahlreiche Interferenzen beseitigen. Die am häufigsten und erfolgreichsten für Blei eingesetzten Reagenzien zur Matrix-Modifikation sind allerdings primäres und sekundäres Ammoniumphosphat.

BELLING und JONES [2073] fanden, daß Natriumnitrat das Mangansignal stärker unterdrückt als Kaliumnitrat, und EBDON und Mitarbeiter [2215] berichten, daß zwar Kaliumnitrat das Mangansignal erniedrigt, Calciumnitrat aber eine Erhöhung bringt. SLAVIN und Mitarbeiter [2882] schlagen schließlich Magnesiumnitrat als besonders wirkungsvolles Reagens zur Matrix-Modifikation vor. Es gelingt damit nicht nur Mangan bis 1400 °C, sondern auch Aluminium bis 1700 °C, Chrom bis 1650 °C, Cobalt bis 1450 °C und Nickel bis 1400 °C zu stabilisieren und zahlreiche Interferenzen zu beseitigen.

Das zweifellos flüchtigste Element ist Quecksilber und es muß bezweifelt werden, ob es überhaupt sinnvoll mit Hilfe der Graphitrohrofen-Technik bestimmt werden kann. EDIGER [2217] hat dennoch eine Matrix-Modifikation mit Ammoniumsulfid vorgeschlagen, mit der es bis etwa 300 °C stabilisiert werden kann. ISSAQ und ZIELINSKI [2417] konnten Vorbehandlungstemperaturen bis 200 °C verwenden, wenn sie Quecksilber mit H_2O_2 stabilisierten. ALDER und HICKMAN [2021] bezweifeln allerdings, daß Wasserstoffperoxid überhaupt einen Effekt hat. Sie finden, daß nur Salzsäure und Wasserstoffperoxid gemeinsam das Quecksilber stabilisieren, wobei der Haupteffekt von der Salzsäure kommt. HCl-Gas ist in der Gasphase im Überschuß vorhanden und möglicherweise wird Quecksilber als $HgCl_2$ stabilisiert.

KIRKBRIGHT und Mitarbeiter [2470] fanden, daß sich Kaliumdichromat in salpetersaurer Lösung am besten zur Matrix-Modifikation für Quecksilber eignet. Es sind damit thermische Vorbehandlungstemperaturen bis etwa 250 °C möglich. Mit dem gleichen Reagens läßt sich auch Selen bis etwa 1200 °C stabilisieren. Eine ähnliche Wirkung für Quecksilber zeigt auch eine Mischung von Kaliumpermanganat und Silbernitrat in salpetersaurer Lösung; dieses Reagens ist allerdings für die Stabilisierung von Selen nicht so gut geeignet.

Lange Zeit waren die Arbeiten zur Interferenzbeseitigung in der Graphitrohrofen-Technik rein empirisch und die Hintergründe für das Auftreten z. B. von Verlusten bei der thermischen Vorbehandlung wurden nicht systematisch untersucht. MATSUSAKI und Mitarbeiter [2637] fanden, daß die Störung der Aluminiumbestimmung durch Natrium- und Kaliumchlorid bei Vorbehandlungstemperaturen oberhalb 1000 °C verschwindet. HOCQUELLET und LABEYRIE [2378] berichten für Zinn, daß eine niedrigere Vorbehandlungstemperatur auch eine geringere Empfindlichkeit gibt, daß jedoch bei höheren Temperaturen Verluste an SnO_2 auftreten. MONTASER und CROUCH [2674] weisen besonders darauf hin, daß in solchen Fällen, wo die Atomisierung über das Oxid geht und dieses bei einer Temperatur flüchtig ist, die deutlich niedriger ist als die Atomisierungstemperatur, erhebliche Verluste auftreten können. In solchen Fällen ist es wichtig, keine zu hohe Atomisierungstemperatur zu wählen und eine möglichst schnelle Aufheizrate zu verwenden; die Strahlungsmessung gibt hier die besten Ergebnisse. In diesem Zusammenhang sind wahrscheinlich auch die von CHAKRABARTI und Mitarbeitern [2141] beobachteten stark reduzierten Matrixeinflüsse bei Einsatz einer Kondensatorentladung zum Atomisieren zu sehen.

Systematische Untersuchungen der chemischen Reaktionen in Graphitrohröfen wurden erst von FRECH und Mitarbeitern [2266] durchgeführt. Sie studierten die Atomisierungsprozesse für zahlreiche Elemente in komplexen chemischen Systemen anhand von Hochtemperatur-Gleichgewichtsberechnungen. Solche Berechnungen sind besonders für Gasphasen-Interferenzen von Bedeutung, geben aber auch über Reaktionen in der kondensierten Phase Auskunft und sind speziell für Verluste während der thermischen Vorbehandlung sehr aufschlußreich.

FRECH und Mitarbeiter fanden beispielsweise, daß in einem unbeschichteten Graphitrohr Wasser selbst nach 15 min bei 1200 °C im Vakuum noch in ausreichender Menge zurückgehalten wird. Bei höherer Temperatur stellt sich sehr rasch das Wassergasgleichgewicht

$$CO + H_2O \rightleftharpoons CO_2 + H_2$$

ein, so daß in einem unbeschichteten Graphitrohr stets ein relativ hoher Partialdruck an Wasserstoff herrscht; in einem mit Pyrokohlenstoff beschichteten Graphitrohr sind die Verhältnisse allerdings anders.

FRECH und CEDERGREN [2260] konnten bei der Bestimmung von Blei in Stahl zeigen, daß sich in Abwesenheit von Wasserstoff bei 400 °C flüchtige Bleichloride bilden, die zu Verlusten bei der thermischen Vorbehandlung führen. In Gegenwart einer ausreichend großen Menge Wasserstoff wird dagegen das Chlor bei 600 °C als HCl-Gas aus dem Graphitrohr entfernt. Wenn umgekehrt in Gegenwart von Salpetersäure gearbeitet und die Probe nicht bei einer ausreichend hohen Temperatur thermisch vorbehandelt wird, kann der Partialdruck an Sauerstoff bei der Atomisierung relativ hohe Werte erreichen. Es kann dann zur Bildung von gasförmigem Bleioxid kommen, was zu einem Empfindlichkeitsverlust führt [2262].

Aluminiumoxid ist bis 1500 °C stabil, in Gegenwart von CO und H_2 aber nur bis etwa 1200 °C [2743] [2744]. Dies erklärt den Einfluß der Graphitrohroberfläche ebenso wie die erheblichen Unterschiede in den Vorbehandlungstemperaturen, die von verschiedenen Autoren berichtet werden. Damit ist aber auch die Wirkungsweise eines oxidierenden Reagens wie Magnesiumnitrat für die Matrix-Modifikation verständlich. Zudem ist die Störung der Aluminiumbestimmung durch Chlorid umso kleiner, je höher die thermische Vorbehandlungstemperatur gewählt werden kann.

Relativ problematisch ist die Bestimmung von Phosphor mit der Graphitrohrofen-Technik. EDIGER und Mitarbeiter [2219] fanden schon, daß sich zwar Calciumphosphat recht gut bestimmen läßt, daß aber Phosphorsäure praktisch kein Signal gibt. Die Autoren vermuteten bereits, daß Phosphor hier in molekularer Form verloren geht und schlugen daher einen Zusatz von Lanthan zur Matrix-Modifikation vor [2218].

PERSSON und FRECH [2741] zeigten anhand von Hochtemperatur-Gleichgewichtsberechnungen, daß bei niedrigeren Temperaturen die flüchtigen Verbindungen PO, PO_2 und P_2 vorherrschen; größere Mengen Phosphoratome werden erst bei relativ hohen Temperaturen gebildet. In Gegenwart von Calcium entsteht dagegen die thermodynamisch stabile Verbindung $Ca_3(PO_4)_2$, die dann mit Kohlenstoff gemäß

$$Ca_3(PO_4)_{2(s)} \xrightarrow{C_{(s)}} CaO_{(s)} + P_{(g)} + (PO,\ PO_2,\ P_2)_{(g)}$$

weiterreagiert. Ganz entsprechend reagiert auch Lanthan, das ein noch stabileres Phosphat bildet als Calcium.

Eine entscheidende Rolle bei der Atomisierung von Phosphor spielt allerdings auch das Graphitmaterial. PERSSON und FRECH [2741] fordern, daß die Atomisierung unter reduzierenden Bedingungen zu erfolgen hat, um die Bildung von PO gering zu halten. Unbeschichtete Graphitrohre garantieren zwar einen ausreichend niedrigen Partialdruck an Sauerstoff, bieten aber trotzdem keine ideale Umgebung für die Atomisierung von Phosphor. Der in diesen Rohren stets in relativ großer Menge entstehende Wasserstoff führt zur Bildung von HCP, einer weiteren gasförmigen Phosphorverbindung. Erst die Atomisierung von einer Plattform aus massiv Pyrokohlenstoff in einem unbeschichteten Graphitrohr [3061] führt zu den günstigsten Bedingungen, da einerseits ein geringer Partialdruck an Sauerstoff herrscht, andererseits aber nur wenig Wasserstoff gebildet wird, da Wasser kaum in die Plattform aus Pyrokohlenstoff eindringt.

KOREČKOVÁ und Mitarbeiter [2494] untersuchten sehr eingehend die verschiedenen Faktoren, die die Bestimmung von Arsen in der Graphitrohrofen-Technik beeinflussen. Die Autoren verglichen dabei ein normales, unbeschichtetes Graphitrohr mit einem Rohr aus glasartigem Kohlenstoff und fanden z. T. erhebliche Unterschiede. Zwar zeigte Arsen in beiden Rohrtypen die gleiche Erscheinungstemperatur von 1100 °C und auch die Peakmaxima fallen zusammen, die Konzentration an freien Atomen ist jedoch in dem Rohr aus glasartigem Kohlenstoff viel geringer. Das äußert sich in einer viel geringeren Signalhöhe und -fläche in dem Rohr aus glasartigem Kohlenstoff und in einem erheblich größeren Tailing des Signals bei dem Rohr aus Normalgraphit, was auf einen Rückhalteprozeß schließen läßt.

KOREČKOVÁ und Mitarbeiter fordern die Bildung von Verbindungen zwischen Arsen und dem Graphit. Bei niedrigen Temperaturen wird, wie auch andere Autoren schon festgestellt haben, Sauerstoff an Graphit chemisorbiert und bildet Kohlenstoff-Sauerstoff-Komplexe, die aktive Stellen bilden und Arsen anziehen. Zur Stabilisierung der Graphitarsenat-Verbindungen muß Wasserstoff zugegen sein. Die Bildung aktiver Stellen wird durch Wasser katalysiert, d. h. daß die Oberfläche unbeschichteter Graphitrohre gute Bedingungen für Einlagerungsverbindungen bieten sollte, wenn wasserhaltige Proben analysiert werden.

Wasser und Sauerstoff werden schrittweise mit steigender Temperatur entfernt, so daß die Stabilität interlamellarer Arsenverbindungen abnimmt; das Optimum liegt bei etwa 500 °C. Aber auch bei höheren Temperaturen, selbst bis 2500 °C, wird etwas Arsen an normalem Graphit festgehalten, wie das Tailing zeigt. An Kristallfehlstellen werden lamellare Verbindungen gebildet, wo Arsen durch freie Valenzen stark gebunden werden kann. Derartige Verbindungen können auch noch nach der Atomisierung an der Graphitoberfläche mit verdampftem Arsen gebildet werden; die Beschaffenheit der Graphitoberfläche ist hier natürlich von ganz entscheidender Bedeutung.

In Gegenwart anderer Begleitsubstanzen können diese die Oberflächeneigenschaften durch Reaktionen mit dem Graphit erheblich ändern. Salpetersäure vergrößert bekanntlich den Abstand zwischen den Graphitschichten und schafft so mehr aktive Stellen, was zu höheren Arsensignalen führt. Phosphorsäure verursacht dagegen Signalerniedrigungen, da Arsen und Phosphor in der Bildung interlamellarer Verbindungen konkurrieren. Wasserstoffperoxid stabilisiert Arsen ganz erheblich, es sind thermische Vorbehandlungstemperaturen bis 1400 °C möglich und die Erscheinungstemperatur steigt bis auf 1800 °C; andere Oxidationsmittel wie Salpetersäure oder Kaliumpermanganat wirken ganz ähnlich. Erwartungsgemäß sind diese Reagenzien jedoch nur in Verbindung mit unbeschichteten Graphitrohren wirksam, nicht aber in solchen aus glasartigem Kohlenstoff. Das heißt, daß sie nicht direkt mit dem Arsen reagieren, sondern nur mehr aktive Stellen auf der Graphitoberfläche schaffen.

Im Gegensatz dazu stabilisiert Nickel das Arsen unabhängig vom Graphitmaterial und unabhängig von anderen Begleitsubstanzen und ermöglicht thermische Vorbehandlungstemperaturen von mindestens 1100 °C. KOREČKOVÁ und Mitarbeiter fordern hier die Bildung der Verbindung $Ni(AsO_3)_2 \cdot NiO$. Eine ähnliche Reaktion von bereits verdampften Atomen mit Graphit, wie dies für Arsen beschrieben wurde, fordert SMETS [2886] für zahlreiche Elemente. Durch Bildung von Einlagerungsverbindungen und durch eine Art Kurzwegdestillation erklären sich die längere Aufenthaltsdauer und die breiteren Peaks für diese Elemente. VEILLON und Mitarbeiter [3005] stellten durch Untersuchungen mit ^{51}Cr sogar fest, daß erhebliche Anteile dieses Elements irreversibel im Graphitrohr festgehalten werden; es lassen sich allerdings große Unterschiede in Abhängigkeit von der Probenmatrix feststellen.

Nur in einzelnen Fällen ist die aktive Beteiligung von Graphit oder von mit Sauerstoff besetzten aktiven Stellen des Graphits an der Atomisierung von Vorteil. Normalerweise wird man versuchen, einen direkten Einfluß des Rohrmaterials auszuschalten, besonders wenn es sich dabei um die Bildung stabiler Carbide handelt. Eine Carbidbildung ist zwar im strengen Sinne keine Interferenz, da die Störung nicht aus der Probe selbst resultiert. Sie soll hier aber trotzdem behandelt werden, da oft das Ausmaß der Carbidbildung in unbeschichteten Graphitrohren durch Probenbestandteile beeinflußt werden kann, wenn diese ihrerseits mit dem Graphitmaterial reagieren.

ORTNER und Mitarbeiter [2272] [2712] [2713] fanden beispielsweise für verschiedene Elemente in Anwesenheit von Molybdän oder Wolfram als Matrix eine bessere Empfindlichkeit und Reproduzierbarkeit und entwickelten daraus ein Beschichtungsverfahren von Graphitrohren mit Natriumwolframat. Verschiedene andere Arbeitskreise [2353] [2559] [2813] [2970] [3097] haben Beschichtungen mit anderen carbidbildenden Metallen wie Lanthan, Tantal, Zirconium oder Molybdän vorgeschlagen (s. 3.2).

L'VOV und PELIEVA [2584] legten ein Graphitrohr mit einer Tantalfolie aus und beobachteten erwartungsgemäß für solche Elemente, die Carbide oder Metall-Graphit-Einlagerungsverbindungen bilden, eine Verbesserung der Empfindlichkeit. Häufig ließen sich auch gleichzeitig die Atomisierungstemperaturen erniedrigen. Die Autoren berichten jedoch auch, daß einige Elemente wie Co, Ir, Mo, Ni, Pd, Pt, Rh und Ru intermetallische Verbindungen mit Tantal bilden und daher langsamer und zudem selbst bei höchsten Temperaturen unvollständig verdampfen.

Die für die meisten Fälle beste und wirkungsvollste Beschichtung von Graphitrohren ist die mit Pyrokohlenstoff (durch Pyrolyse gasförmiger Kohlenwasserstoffe wie Methan bei hohen Temperaturen auf der Oberfläche des Graphitrohrs abgeschieden). Anfangs gab es erhebliche Schwierigkeiten durch starke Unterschiede in der Qualität der abgeschiedenen Pyrokohlenstoffschicht [3020]. MANNING und SLAVIN [2617] [2618] empfahlen daher eine Nachbehandlung von Pyrorohren mit Molybdän, um Fehlstellen und Risse in der Schicht zu überdecken und reproduzierbare Signale zu erhalten. SLAVIN und Mitarbeiter [2881] stellten später fest, daß Rohre mit einer fehlerhaften Pyrokohlenstoffschicht nicht nur schlechte Ergebnisse bringen, sondern darüber hinaus eine starke Alterung aufweisen. Verschiedene Interferenzen zeigen einen völlig veränderten Verlauf in einem gealterten Rohr im Vergleich zu einem neuen. Die gleichen Autoren fanden jedoch auch, daß Rohre mit einer dichten, fehlerfreien Pyroschicht sehr zuverlässige Ergebnisse bringen und über ihre Lebensdauer keinen Alterungseffekt zeigen.

FULLER [2280] hat schon frühzeitig auf den kinetischen Aspekt der Pyrobeschichtung hingewiesen, da diese eindeutig die Abgaberate von Atomen pro Zeiteinheit erhöht. Daneben kann aber auch durch eine effektivere Atomproduktion das integrierte Signal größer werden. Der letztere Effekt, die Wirksamkeit der Atomproduktion kann jedoch verfälscht oder völlig überdeckt werden durch die von SMETS [2886] beschriebenen „Hafteigenschaften" zahlreicher Atome auf unbeschichtetem Graphit. Durch Mehrfachkondensation und -verdampfung aufgrund von Kurzwegdestillation oder der Bildung von Einlagerungsverbindungen gelangt ein Atom mehrfach in den Meßstrahl und täuscht daher eine höhere integrierte Atomkonzentration vor als in einem pyrokohlenstoffbeschichteten Graphitrohr, in dem diese Phänomene nicht auftreten.

L'VOV und Mitarbeiter [2579] entwickelten eine makrokinetische Theorie der Probenverdampfung in der Graphitrohrofen-Technik. Demnach verteilt sich die Probe nicht gleichmäßig in einer monomolekularen Schicht auf der Oberfläche, sondern in Form individueller Mikropartikel (Kristalle, Tröpfchen usw.), die durch Bereiche ohne Probe getrennt sind. Bei normalem, unbeschichtetem Graphit dringt die Probenlösung unter der Wirkung von Kapillarkräften in den Graphit ein. Beim Trocknen wird die Probe dann über die Dicke der Wandung verteilt. Atomisierung „von der Wand" bedeutet daher immer Atomisierung aus der Graphitmasse heraus. Bei pyrokohlenstoffbeschichteten Graphitrohren verteilt sich die Probe dagegen nur über die Oberfläche. Daraus erklärt sich zwanglos die Wirkung der Pyrobeschichtung und anderer Oberflächenbeschichtungen bei Elementen, die relativ inaktiv sind gegen Kohlenstoff wie Kupfer, Indium oder Zinn [2272] [3012].

Nach VAN DEN BROEK und DE GALAN [2997] wird das Abdampfen der Atome von der Graphitoberfläche in guter Näherung beschrieben durch eine Arrhenius-Gleichung. Die Rate, mit der das Element in das Gasvolumen des Rohrofens gelangt, wird bestimmt durch die Temperatur der Graphitrohrwand, den Häufigkeitsfaktor und die Aktivierungsenergie, wobei die beiden letzteren Faktoren auch durch Begleitsubstanzen z. T. erheblich verändert werden können.

GARNYS und SMYTHE [2295] stellten bei der Bestimmung von Blei in Vollblut fest, daß nach dem thermischen Vorbehandeln das meiste Blei als Oxid oder Metall vorliegt, eingebettet in einen Film von Kohlenstoff mit offener Struktur, der große Mengen Eisen-, Calcium- und Siliciumoxide und -carbide enthält. Das Aschenetz ist aufgrund elektronenmikroskopischer Untersuchungen 0,2 bis 2 µm dick und erlaubt dem Blei bei 1700 °C quantitativ zu verdampfen. Bei jeder folgenden Probenaufgabe wird ein Teil der Probe unter diese Kohlenstoffschicht hinuntergesaugt und geht für die Bestimmung verloren, bis sich eine einigermaßen kontinuierliche und dichte Oberfläche gebildet hat. Kurzzeitiges Einleiten von Sauerstoff während der thermischen Vorbehandlung zerstört das Kohlenstoffgerüst und gestattet eine störfreie Bestimmung [2198].

Einen umgekehrten Effekt fanden SLOVÁK und DOČEKAL [2885]. Bei der Bestimmung von Kupfer und Eisen in schwerflüchtigen Matrices hoher Konzentration können diese die Atomisierung verzögern und wie eine „Mini-Plattform" die Peakempfindlichkeit erhöhen.

L'VOV [8] [2576] hat mehrfach darauf hingewiesen, daß bei einer quantitativen Verdampfung der Probe unter isothermen Bedingungen durch Peakflächenintegration kinetische Einflüsse auf die Signalform eliminiert werden können.

SMETS [2886] hat die gleiche Feststellung gemacht und gefunden, daß die integrierte Extinktion unabhängig von der Graphitstruktur konstant bleibt. Die Betonung muß aber ganz klar auf den *isothermen* Bedingungen liegen. SLAVIN und Mitarbeiter [2882] haben auch deutlich auf diesen Umstand hingewiesen, der ein wesentlicher Bestandteil des „Ofens im thermischen Gleichgewicht" ist.

Abschließend sei noch auf ein Phänomen hingewiesen, das bei einigen leicht flüchtigen Metallen zu beobachten ist, nämlich Doppelpeaks bzw. ein zeitliches Verschieben der Signale. MCLAREN und WHEELER [2657] finden bei Zugabe verschiedener Reagenzien wie Ascorbinsäure, Flußsäure oder Wasserstoffperoxid zu verschiedenen Probenlösungen für Blei Doppelpeaks mit unterschiedlicher Erscheinungszeit. REGAN und WARREN [2784] fanden einen Einfluß des Alterungsprozesses des Rohrs auf Doppelpeaks; Ascorbinsäure verhinderte das und brachte nur einen frühen Peak. Auch FULLER [2282] berichtet, daß der Zustand des Graphitrohrs einen Einfluß darauf hatte wie stark die Doppelpeaks auftreten.

CLARK und Mitarbeiter [235] haben das Auftreten von Doppelpeaks mit einem Temperaturgradienten zwischen der Rohrmitte und den Enden in Verbindung gebracht. SLAVIN und MANNING [2879] sowie L'VOV [2576] schlagen den gleichen Mechanismus von Kondensation und Wiederverdampfung vor. Dieser Vorgang ist aber kontinuierlich, wie SMETS [2886] gezeigt hat, und kann nur zu einer Peakverbreiterung führen. Doppelpeaks wurden zudem nur für wenige Elemente wie Blei oder Zink beobachtet, während eine Kondensation und Wiederverdampfung bei mehr als der Hälfte aller Elemente erwartet werden kann (zu denen übrigens nach SMETS [2886] Blei und Zinn nicht gehören). SALMON und Mitarbeiter [2817] weisen auch noch darauf hin, daß für Blei und Zinn auch bei Atomisierung von Graphitstäben Doppelpeaks beobachtet werden, und bei Graphitstäben ist eine Kondensation und Wiederverdampfung äußerst unwahrscheinlich. SALMON und Mitarbeiter schlagen daher vor, daß chemisorbierter Sauerstoff, der sich an die aktiven Stellen im Graphit anlagert, für Doppelpeaks und Verschiebungen der Erscheinungstemperatur verantwortlich ist. Flüchtige Metalle zeigen diesen Effekt, weil ihre Verdampfungstemperatur zwischen der Temperatur für die optimale Sauerstoffadsorption bei 500 °C und der Temperatur für totale

Desorption bei 950 °C liegt. Es wurde verschiedentlich vorgeschlagen, daß der Atomisierung von Blei die Reduktion an der Graphitoberfläche vorausgeht. Dies geschieht in dem Bereich um 500 °C, der optimalen Temperatur für die Bildung von Oberflächenoxiden. Wenn die aktiven Stellen aber von Sauerstoff besetzt sind (es bildet sich ein recht stabiles Oberflächenoxid), so kann das einen anderen Atomisierungsmechanismus mit anderen Aktivierungsenergien bedingen. Es kann z. B. erforderlich werden, daß weniger aktive Stellen auf der Oberfläche eingreifen müssen, die erst bei höherer Temperatur wirksam werden. Es könnte auch sein, daß der spätere Peak von einer direkten thermischen Zersetzung des Metalloxids herrührt, da keine aktiven Graphitstellen zur Verfügung stehen.

Verschiedene Nitrate oder Phosphate werden zur Matrix-Modifikation für Blei vorgeschlagen und stabilisieren dieses bis etwa 950 °C. Es ist leicht möglich, daß diese Reagenzien direkt die Menge des chemisorbierten Sauerstoffs beeinflussen, indem sie sich unter Sauerstoffabgabe zersetzen und die aktiven Stellen der Graphitoberfläche belegen. Andererseits könnte beispielsweise Ascorbinsäure aktive Stellen freisetzen und damit die Reduktion von Bleioxid bei niedrigerer Temperatur fördern.

Ähnlich dürfte der in einem „gealterten“ Graphitrohr reichlich vorhandene, feinverteilte Kohlenstoff große Mengen an aktiven Stellen bieten, womit die niedrigere Erscheinungstemperatur erklärlich wäre. Andererseits können Metallcarbid- oder Pyrokohlenstoffbeschichtungen aktive Stellen abblocken, die normalerweise mit Bleioxid reagieren würden.

SALMON und Mitarbeiter weisen noch darauf hin, daß Doppelpeaks nicht nur bei Peakhöhenauswertungen Fehler verursachen können. Zeitlich verschobene Signale, die von einer Verflüchtigung bei unterschiedlichen Temperaturen herrühren, werden auch bei Peakflächenintegration meßbare analytische Fehler verursachen, da hier keinesfalls die Forderung nach isothermen Bedingungen erfüllt sein kann. Solche Doppelpeaks und zeitverschobene Signale können nur durch eine Matrix-Modifikation wirkungsvoll angegangen werden. Verwendung der optimalen Menge Sauerstoff während der thermischen Vorbehandlung könnte zudem zu einer wirkungsvollen Veraschung der Probe mit minimaler Kohlenstoffabscheidung im Rohr führen.

8.2.4 Interferenzen in der Gasphase

Bereits im vorausgegangenen Kapitel über Verdampfungs-Interferenzen haben immer wieder Gasphasenreaktionen mit hineingespielt und eine Trennung ist oft nicht leicht. Dazu kommt, daß die kondensierte Phase in einer steten Wechselwirkung mit der Gasphase steht, die ihrerseits wieder mit der Graphitoberfläche reagieren kann. Da all diese Vorgänge relativ rasch und bei erhöhter Temperatur ablaufen, ist es alles andere als leicht, sie zu verfolgen und eindeutig zu beschreiben.

AGGETT und WEST [2014] haben bereits 1971 gezeigt, daß Gasphaseninterferenzen existieren. Sie verwendeten einen doppelten Graphitstab, um das zu bestimmende Element und die störende Substanz unabhängig voneinander zu verdampfen. Die Störungen waren identisch, ob die beiden Spezies bereits in der kondensierten Phase oder erst in der Gasphase aufeinander trafen.

Die Autoren fanden auch, daß das Ausmaß der Störungen mit der Höhe über dem Graphitstab, d. h. mit abnehmender Temperatur, zunimmt. Heute ist bekannt, daß sich in der Gasphase eines Graphitrohrofens wie in einer Flamme Prozesse wie Dissoziation und

Ionisation abspielen, die sich durch das Massenwirkungsgesetz und die SAHA-Gleichung beschreiben lassen. Allerdings gibt es bezüglich der Art und des Ausmaßes der Reaktionen und Interferenzen z. T. erhebliche und entscheidende Unterschiede. So ist beispielsweise die Ionisation im Graphitrohrofen recht gering, u. a. wegen der hohen Konzentration an freien Elektronen, die im Ofen erzeugt wird [2930]. Das in der Flammen-Technik übliche Verfahren, ein leicht ionisierbares Element im Überschuß zuzusetzen, um die Ionisationsinterferenz zu unterdrücken, ist in der Graphitrohrofen-Technik wirkungslos. LUECKE und Mitarbeiter [768] fanden sogar einen deutlichen Empfindlichkeitsverlust beim Zusatz von Caesiumsalzen zu leicht ionisierbaren Elementen.

Im Graphitrohrofen stellt im Gegensatz zur Flamme die durch die Begleitelemente eingebrachten Spezies die Hauptmenge der Reaktionspartner dar, und nicht etwa reaktive Flammengase. Die einzige entscheidende Ausnahme davon beobachtet man, wenn Stickstoff statt dem sonst üblichen Argon als Spülgas verwendet wird. HUTTON und Mitarbeiter [2402] beobachteten unter diesen Bedingungen im Graphitrohrofen starke CN- und C_2-Emissionsbanden.

Besonders L'VOV und Mitarbeiter [2577] [2589] haben darauf hingewiesen, daß Cyanide und Dicarbide nichts anderes sind als die Kohlenstoff-Analogen der Monoxide und Monohydroxide und daß man aus der „oxidierenden Welt der Flamme" sich nun hineindenken muß in die „reduzierende Welt des Graphitofens". L'VOV und PELIEVA [2586] fanden, daß 30 von 42 untersuchten Elementen im Graphitrohrofen in Stickstoffatmosphäre Monocyanide bilden. Die Autoren fanden allerdings auch erhebliche Unterschiede in Abhängigkeit vom Spülgas [2588]; während in Stickstoff beispielsweise deutlich ausgeprägte Spektren von Erdalkalicyaniden zu sehen waren, traten diese in Argon nicht auf. L'VOV und RIBZYK [2592] berichten für Aluminium in Stickstoff über Absorptionsspektren von AlCN, während sie das in Argon beobachtete Molekülspektrum dem Dicarbid Al_2C_2 zuschreiben. Von diesen Ausnahmen abgesehen, d. h. bei Verwendung eines wirklich inerten Spül- und Schutzgases, wird die Atmosphäre in einem Graphitrohrofen weitgehend durch die mit der Probe eingebrachten Materialien bestimmt. L'VOV [8] hat schon frühzeitig thermodynamische Gleichgewichtsberechnungen benutzt, um quantitative Aussagen über mögliche Reaktionen und Interferenzen zu machen. Diese Berechnungen setzen allerdings voraus, wie schon früher betont, daß sich der Ofen, d. h. die Gasphase und das Graphitrohr im thermischen Gleichgewicht befinden.

FRECH und Mitarbeiter [2266] weisen darauf hin, daß unter nicht-isothermen Bedingungen die Probe während der Aufheizphase des Ofens verdampft wird, was bedeutet, daß ein Teil der Gasphase verloren geht. Obwohl kein echter Gleichgewichtszustand erreicht wird, lassen sich die Gleichungen trotzdem anwenden, wenn auch nur für halbquantitative Aussagen. Sie setzten zum Studium von Atomisierungsprozessen in komplexen chemischen Systemen Hochtemperatur-Gleichgewichtsberechnungen ein. Dabei werden die freien Bildungsenergien für jede Spezies eingegeben, d. h. für alle Reaktionsprodukte die möglicherweise in Konzentrationen vorkommen können, die das Massengleichgewicht beeinflussen. Besonders wichtig sind dabei Sauerstoff, Wasserstoff und Stickstoff, sowie evtl. Schwefel aus Spuren Wasser und Salpetersäure, bzw. Schwefelsäure usw. Auf einen Teil der Ergebnisse wurde bereits im vorausgegangenen Kapitel 8.2.3 über Verdampfungs-Interferenzen eingegangen. Eine der Hauptursachen für Gasphaseninterferenzen im Graphitrohrofen ist die Bildung von Monohalogeniden. Weiterhin interessieren vor allem Verschiebungen von Dissoziationsgleichgewichten durch Spaltprodukte des Lösungsmittels, das stets in großem

Überschuß vorhanden ist. Die meisten Elemente bilden schon mit extrem kleinen Konzentrationen an Störelementen stabile Moleküle.

Das sicher am besten untersuchte Element ist Blei. Schon kleine Mengen Chlorid bewirken eine Umverteilung von Blei, so daß es hauptsächlich als flüchtiges Monochlorid PbCl und Dichlorid $PbCl_2$ vorliegt [2260]. Diese Formen werden meist mit dem Spülgas ausgetrieben, so daß erhebliche Bleiverluste auftreten. In Gegenwart von Wasserstoff können dagegen höhere Chloridkonzentrationen toleriert werden, bevor merkliche Mengen Bleichloride gebildet werden.

FRECH und CEDERGREN [2261] zeigen für die Bestimmung von Blei in Stahl, daß Chlorid hauptsächlich auf dem Weg

$$FeCl_{2(g)} + H_{2(g)} \rightarrow Fe_{(s)} + 2\,HCl_{(g)}$$

aus dem System entfernt wird. Wasserstoff wird, wie schon diskutiert, in einem unbeschichteten Graphitrohr aus Wasser gebildet, das bei der Vorbehandlung zurückgehalten wird [2261]. Die Vorbehandlungstemperatur ist daher recht kritisch in bezug auf das Auftreten oder Nichtauftreten von Interferenzen [2265].

Bei der Bestimmung von Blei in Gegenwart hoher Natriumchloridkonzentrationen sollten nach FRECH und CEDERGREN [2262] kaum Interferenzen auftreten. Natriumchlorid ist ein relativ stabiles Molekül und der Gleichgewichts-Partialdruck von Chlor ist niedrig. Oberhalb 1200 °C ist $Pb_{(g)}$ die bevorzugte Spezies; $PbCl_{2(g)}$ tritt nur unterhalb 900 °C in größeren Mengen auf. Wie schon früher betont, gelten diese Bedingungen allerdings nur für einen isothermen Ofen. Es ist daher nicht weiter verwunderlich, daß die Bleibestimmung in einem WOODRIFF-Ofen durch Natriumchlorid bei 1600 °C praktisch nicht gestört wird, während man in einem konventionellen Ofen eine starke Signalerniedrigung beobachtet [2338]. Erwartungsgemäß bringt eine Atomisierung von der L'VOV-Plattform [2590] bzw. von einem Wolframdraht [2621] eine erhebliche Verbesserung, da hiermit eine weitgehende Annäherung an isotherme Bedingungen bei der Atomisierung gelingt.

In Gegenwart von Natriumsulfat tritt mit der Bildung von $PbS_{(g)}$ eine Konkurrenzreaktion auf, die eine quantitative Atomisierung von Blei verhindert. In einem WOODRIFF-Ofen bei 1600 °C beträgt jedoch auch hier die Wiederfindungsrate 96%, während sie in einem nichtisothermen Ofen bei 40% liegt [2338]. Bei Atomisieren von der L'VOV-Plattform in einem Ofen im thermischen Gleichgewicht liegt die Wiederfindung jedoch ebenfalls über 90%.

HOLCOMBE und Mitarbeiter [2223] [2386] [2818] weisen besonders auf den Einfluß von Sauerstoff auf Gasphasen-Interferenzen hin. Die Autoren beobachteten die Extinktion mit hoher räumlicher Auflösung und fanden beispielsweise, daß das Bleisignal in geringer Höhe über der Wand stark abfällt, wenn dem Spülgas etwas Sauerstoff beigemengt wird. Gleichzeitig fanden sie eine höhere Erscheinungstemperatur und ein kleineres integriertes Signal, d. h. es wurden weniger Atome produziert.

Überschüssiges Nitrat oder Sulfat in einer Probe kann zu Fehlern führen, wenn man mit wäßrigen Bezugslösungen vergleicht. In vielen Fällen können Fehler in einer vorhersehbaren Art einer Gasphasenoxidation zwischen dem zu bestimmenden Element und den thermischen Zersetzungsprodukten der Nitrate und Sulfate angelastet werden [2223]. Das Ausmaß der Signalunterdrückung steht in einer Relation zu dem Umfang der Zersetzung des Nitrats oder Sulfats; die größten Signaldepressionen werden durch die am leichtesten zersetzbaren Salze verursacht.

Viele in der Literatur beschriebene Störeffekte lassen sich auf dieser Basis erklären. BELLING und JONES [2073] berichten beispielsweise, daß Natriumnitrat das Mangansignal stärker erniedrigt als Kaliumnitrat, selbst wenn dieses in höherer Konzentration vorhanden ist. EBDON und Mitarbeiter [2215] zeigten, daß Kaliumnitrat das Mangansignal erniedrigt, während Calciumnitrat eine Erhöhung bringt. FRECH und CEDERGREN [2262] zeigten, daß eine thermische Vorbehandlung der Probe eben unterhalb der Verdampfungstemperatur von Blei die Nitratstörung wirkungsvoll beseitigt, da sich die Nitrate hier zersetzen. Selbst in sehr einfacher Matrix kann sich nach Zugabe von Salpetersäure aus Kalium- oder Natriumsalzen ein Nitrat bilden. Das kann dann zu den oben erwähnten Störungen führen und Signalerniedrigungen hervorrufen. Geschickte Auswahl der thermischen Vorbehandlungsbedingungen kann mithelfen, störende Spezies vor dem Atomisieren zu verflüchtigen oder zu zersetzen und damit Störungen wirkungsvoll zu beseitigen.

EKLUND und HOLCOMBE [2222] zeigen auch einige Fälle, in denen durch eine bevorzugte Bindung von Sauerstoff durch ein Begleitelement in der Gasphase eine Signalerhöhung für das zu bestimmende Element entsteht. Die Autoren reihen beispielsweise die Erhöhung des Blei- oder Chromsignals durch Lanthan um 30–60% oder des Silbersignals durch Mangan in diese Gruppe ein. HOLCOMBE und Mitarbeiter [2386] weisen darauf hin, daß die Gasphasen-Interferenzen in Öfen durch Gleichgewichts- oder thermodynamische Betrachtungen nicht ausreichend beschrieben werden können. Bei den hier in Frage kommenden Partialdrucken spielen Reaktionskinetiken eine bedeutende Rolle in der Vorhersage bis zu welchem Ausmaß das Element und der Störer reagieren.

FRECH [2259] fand bei der Bestimmung von Antimon in Stahl, daß in Gegenwart von Spuren Sauerstoff sowohl Salzsäure als auch Salpetersäure starke Signalerniedrigungen hervorrufen. Unter Ausschluß von Sauerstoff stören dagegen beide Säuren nicht.

PERSSON und Mitarbeiter [2743] [2744] stellten fest, daß selbst kleinste Mengen Sauerstoff, Wasserstoff, Chlor, Schwefel und Stickstoff die Bestimmung von Aluminium während der Atomisierungsphase stören. Die Verwendung möglichst hoher Vorbehandlungstemperaturen sowie der Ausschluß von Sauerstoff und Stickstoff z. B. aus der Luft sind eine wesentliche Voraussetzung für gute Ergebnisse.

Auch die Bestimmung von Phosphor [2741] hängt, wie schon früher betont, sehr kritisch ab vom Partialdruck an Sauerstoff, Wasserstoff und Stickstoff im Rohr. Hier kommt noch hinzu, daß man reproduzierbare Ergebnisse nur dann erhalten kann, wenn sowohl die Heizrate als auch die Endtemperatur und die Atmosphäre im Graphitrohr exakt unter Kontrolle sind. In einem nicht-isothermen Ofen sind kaum sinnvolle Signale für Phosphor zu erwarten.

KOREČKOVÁ und Mitarbeiter [2494] untersuchten die möglichen Gasphasen-Interferenzen bei der Bestimmung von Arsen. In Gegenwart von Chlorid ist $AsCl_{3(g)}$ eine der beständigsten Verbindungen bis 1700 °C. In Anwesenheit von überschüssigem Wasserstoff ist dagegen der Gleichgewichts-Partialdruck von Chlor nicht groß genug, um eine größere Menge $AsCl_{3(g)}$ zu bilden. Die Autoren finden daher die Verwendung eines unbeschichteten Graphitrohrs vorteilhafter.

In Gegenwart von Sulfat bildet sich $AsS_{(g)}$. Die Bildung dieser Spezies wird am besten unterdrückt durch höhere Temperaturen und einen niedrigeren Partialdruck an Sauerstoff. Eine weitere Möglichkeit besteht in der Zugabe von Lanthan, das Lanthansulfid bildet und damit das gleichzeitige Verdampfen von Arsen und Schwefel verhindert. Interferenzen bei der Arsenbestimmung lassen sich durch ein Erhöhen der Umgebungstemperatur minimieren, da hier die meisten molekularen Spezies weniger stabil sind und auch die Bildung von $As_{2(g)}$ oberhalb 1700 °C deutlich abnimmt. Optimale Bedingungen werden erhalten mit der Plattform-Technik in Verbindung mit geeigneten Reagenzien zur Stabilisierung von Arsen, z. B. Nickel.

Ganz generell können Interferenzen in der Gasphase zunächst einmal mit den gleichen Mitteln beseitigt oder reduziert werden wie auch viele spektrale oder Verdampfungs-Interferenzen. Dazu gehört ein sorgfältiges Programm zur thermischen Vorbehandlung und selektiven Verflüchtigung von Begleitsubstanzen sowie eine chemische Vorbehandlung bzw. Matrix-Modifikation, und eine möglichst hohe thermische Vorbehandlungstemperatur. Darüber hinaus kommt bei der Beseitigung von Gasphasen-Interferenzen dem thermischen Gleichgewicht im Ofen ganz besondere Bedeutung zu, weshalb hier der Einsatz der L'vov-Plattform besonders wirkungsvoll ist.

Es sei hier aber nochmal mit allem Nachdruck darauf hingewiesen, daß ein Atomisieren von einer Graphitplattform allein noch keineswegs ein thermisches Gleichgewicht schafft [2880]. Weitere entscheidende Faktoren sind, daß das Graphitrohr sehr rasch (z. B. mit einer Aufheizgeschwindigkeit von 2000 °C/s oder mehr) auf die vorgewählte Atomisierungstemperatur gebracht wird. Die L'vov-Plattform, die möglichst wenig mechanischen Kontakt mit dem Graphitrohr haben soll, verzögert dann die Atomisierung bis Graphitrohrwand und die Gasphase ihre Endtemperatur erreicht haben und sich im Gleichgewicht befinden. Ebenso wichtig ist auch, daß die Gasströmung durch das Graphitrohr während der Atomisierung unterbrochen wird und daß der Temperatursprung von der thermischen Vorbehandlung zur Atomisierung möglichst kleiner als 1000 °C ist. Letzteres läßt sich üblicherweise mit einer geeigneten Matrix-Modifikation zur Stabilisierung des zu bestimmenden Elements erreichen. Nachdem schließlich ein System im thermischen Gleichgewicht vorliegt, bringt eine Peakflächenintegration weitere Vorteile und beseitigt kinetische Störeinflüsse.

Die Flächenintegration erlaubt auch häufig noch niedrigere optimale Atomisierungstemperaturen, womit die Forderung nach dem kleineren Temperatursprung noch leichter zu erfüllen ist. Allerdings sollte man hierbei nicht zu weit gehen, da aus thermodynamischer Sicht das Ausmaß der Gasphasen-Interferenzen bei höheren Temperaturen geringer ist [2138]. Ideal wäre daher ein System, bei dem die Probe in eine Umgebung hinein verdampft wird, die sich auf einer hohen und konstanten Temperatur befindet, mit der Möglichkeit, auch noch die Zusammensetzung der Gasatmosphäre zu überwachen.

Wie gut es gelingt, mit einem nach den oben genannten Prinzipien betriebenen Ofen im thermischen Gleichgewicht Interferenzen zu beseitigen, zeigen einige neuere Publikationen. Hinderberger und Mitarbeiter [2372] fanden beispielsweise bei der Bestimmung von Blei, Cadmium, Chrom und Nickel in biologischen Materialien, daß nur eine Kombination von Matrix-Modifikation und Atomisierung von der L'vov-Plattform Matrix-Interferenzen praktisch völlig beseitigt. 12 verschiedene Urine gaben für Blei unter diesen Bedingungen (sekundäres Ammoniumphosphat zur Matrix-Modifikation) ein mittleres Steigungsverhältnis von 0,97 ± 0,03, d. h. eine praktisch gleiche Steigung für alle Proben und direktes Kalibrieren gegen wäßrige Bezugslösungen. Fernandez und Mitarbeiter [2243] beobachteten bei der Bestimmung von Blei und Cadmium in verschiedenen biologischen Referenzmaterialien bei Atomisieren von der L'vov-Plattform, daß sie nur in Peakfläche richtige Ergebnisse erzielten. Bei Auswertung über die Peakhöhe war ein direktes Kalibrieren gegen wäßrige Bezugslösungen nicht möglich.

MANNING und SLAVIN [2619] beobachteten beispielsweise die von SMEYERS-VERBEKE und Mitarbeitern [2888] gefundene Signalerhöhung für Mangan in Gegenwart von Magnesiumchlorid nicht; die Wiederfindung war die gleiche, die HAGEMAN und Mitarbeiter [2337] für den WOODRIFF-Ofen berichteten. Ganz ähnliches findet man für den Einfluß von Calciumchlorid auf Mangan, das eine stärkere Unterdrückung zeigt. HAGEMAN und Mitarbeiter [2337] finden in einem WOODRIFF-Ofen bei einem 10^4fachen Überschuß an Calciumchlorid weniger als 10% Störung, in einem CRA-63 jedoch schon bei einem 10^3fachen Überschuß 90% und bei einem 10^4fachen Überschuß vollständige Unterdrückung des Mangansignals. SMEYERS-VERBEKE und Mitarbeiter [2888] berichten für die HGA-72 ebenfalls über eine starke Unterdrückung.

MANNING und SLAVIN [2619] finden in einem Ofen im thermischen Gleichgewicht dagegen Werte, die praktisch identisch sind mit denen, die HAGEMAN und Mitarbeiter für den Ofen bei konstanter Temperatur berichteten.

SLAVIN und MANNING [2880] gelang es, die Chlorid-Interferenzen bei der Bestimmung von Blei, Cadmium und Thallium bei Atomisierung von einer L'VOV-Plattform in einem Ofen im thermischen Gleichgewicht bis zu den Grenzen zu reduzieren, die der Untergrundkompensator setzte. Das ist in Übereinstimmung mit den Befunden von L'VOV [2576], daß das Dampfphasengleichgewicht der Metallchloride bei höherer Temperatur in Richtung zu stärkerer Dissoziation gedrängt wird. Auch MANNING und Mitarbeiter [2621] berichten, daß Thallium bei 2700 °C etwa zehnmal mehr Chlorid tolerieren kann als bei 1800 °C. SLAVIN und Mitarbeiter [2882] fanden ähnliches auch für die Calciumchlorid-Interferenz bei der Bestimmung von Aluminium, die bis zu einem 10^4fachen Überschuß störfrei verlief, wenn in einem Ofen im thermischen Gleichgewicht gearbeitet wurde.

Abschließend sei noch einmal darauf hingewiesen, daß es heute möglich zu sein scheint, mit einer sorgfältigen thermischen Vorbehandlung, dem Zusatz eines geeigneten Reagens zur Matrix-Modifikation, sowie der Atomisierung von der L'VOV-Plattform in einem Ofen im thermischen Gleichgewicht Interferenzen in der kondensierten und in der Gasphase weitgehend zu beseitigen. Bis völlige Klarheit besteht, bleibt allerdings noch viel Arbeit zu tun. Eine geeignete Matrix-Modifikation und eine sorgfältige thermische Vorbehandlung können auch spektrale Interferenzen (unspezifische Strahlungsverluste) stark reduzieren. Es bleibt jedoch nach wie vor richtig, daß fast alle Messungen in der Graphitrohrofen-Technik einen Untergrundkompensator erfordern. Nicht selten sind die Störungen sogar so groß, entweder wegen sehr hoher Untergrundabsorption oder wegen Vorliegen einer Molekülabsorption mit Rotations-Feinstruktur, daß nur mit dem Zeeman-Effekt eine einwandfreie Kompensation erreicht wird.

8.2.5 Analyse fester Proben

Bei Vergleichen mit anderen Verfahren zur instrumentellen Element-Analytik wird immer wieder als Nachteil der Atomabsorptionsspektrometrie erwähnt, daß sie im Prinzip nur mit verdünnten, flüssigen oder gelösten Proben arbeiten kann. Dies ist sicher weitgehend richtig in bezug auf die Flamme als Atomisierungsmittel, die mit ihrer Zerstäuber-Brenner-Technik wohl kaum sinnvoll für die Analyse von Festproben einsetzbar ist. Ähnliches gilt auch für die Hydrid- und die Kaltdampf-Technik, die ebenfalls praktisch auf Lösungen angewiesen sind.

Kolloidale Lösungen lassen sich zwar mit der Zerstäuber-Brenner-Technik meist noch störfrei analysieren [469], Suspensionen bereiten dagegen schon einige Schwierigkeiten, wie am Beispiel von Eisenpartikeln in gebrauchten Schmierölen gezeigt wurde [83] [709]. Auf alle Fälle ist auf eine stete, gute Durchmischung von Suspensionen zu achten, wenn zuverlässige Ergebnisse erzielt werden sollen [626]. Das direkte Einbringen von Festproben in Flammen, wie es etwa mit der Schraubentechnik versucht wurde [240] [435] [436], bringt schließlich eine Reihe von Problemen mit sich und ist nur für wenige Elemente und Proben praktikabel.

L'vov stellte einige grundsätzliche Überlegungen und Berechnungen zur direkten Festprobeneingabe in Flammen an [2575] und fand, daß diese hierfür ungeeignet sind. Einmal müßte man, um eine relative Nachweisgrenze von $10^{-6}\%$ in einer Flamme zu erzielen (bei einer mittleren absoluten Nachweisgrenze von 10^{-8} g/s für ein Element), die Probe mit einer Rate von etwa 1 g/s zuführen, was sicher nicht sehr praktikabel ist. Die bei direkter Festprobendosierung in eine Flamme erzielbaren Nachweisgrenzen werden daher relativ ungünstig sein. Weiterhin müßten die der Flamme zugeführten Partikel bei einer mittleren Flüchtigkeit eine Größe von 1 µm oder weniger besitzen, um eine ausreichend vollständige Verdampfung zu erzielen. Bei den für geologische Proben üblichen Mahlvorgängen werden aber Korngrößen erzielt, die um mehr als eine bis zwei Zehnerpotenz über diesem Wert liegen. Das heißt, daß für die Atomisierung in der Flamme ein erheblich größerer Aufwand zum Pulverisieren der Proben getrieben werden müßte, der sowohl bezüglich der Zeit als auch wegen des hohen Kontaminationsrisikos indiskutabel ist. Im Gegensatz dazu bietet die Graphitrohrofen-Technik relativ günstige Voraussetzungen für eine direkte Analyse fester Proben. Flüssige oder gelöste Proben werden hier ja nicht kontinuierlich versprüht, sondern in einem Aliquot in das Rohr dosiert und getrocknet, so daß sie schließlich in fester Form vorliegen. In ähnlicher Weise können daher feste Proben auch direkt eingegeben werden; die weitere thermische Vorbehandlung und Atomisierung ist dann für beide Probentypen analog. Die Vorteile der Direktanalyse fester Proben liegen klar auf der Hand. Der Wegfall des Aufschlußschritts kann je nach Art der Probe eine erhebliche Zeitersparnis und Vereinfachung des gesamten Analysenablaufs mit sich bringen. Weiterhin kann die Empfindlichkeit der AAS im Graphitrohrofen nur bei der direkten Festprobendosierung voll genützt werden, da die Probe und damit die Konzentration an dem zu bestimmenden Element nicht verdünnt wird. Damit werden zusätzliche Trenn- und Anreicherungsschritte überflüssig, was eine weitere Zeitersparnis bedeutet. Schließlich bedeutet in der Spurenanalytik jeder Probenvorbehandlungsschritt, jedes Reagens und jedes Probengefäß, das verwendet werden muß, die Gefahr eines Einschleppens oder eines Verlustes des zu bestimmenden Elements. Die direkte Festprobenanalyse bietet demnach ein Minimum an systematischen Fehlermöglichkeiten. Schließlich besteht auch noch die Gefahr, daß durch Aufschluß- und andere Reagenzien das zu bestimmende Element ungünstig beeinflußt, die Rohrlebensdauer beeinträchtigt oder eine höhere Untergrundabsorption verursacht wird.

Diesen Vorteilen stehen ganz klar aber auch einige Nachteile gegenüber, wie etwa die Schwierigkeit, wenige mg Probe richtig abzuwiegen und sicher in das Graphitrohr einzubringen. Aus dieser geringen Einwaage ergeben sich dann auch sehr rasch Probleme mit der Homogenität der Probe, die zu einer relativ schlechten Präzision bei der Analyse führen. Weiterhin können auch noch Schwierigkeiten beim Kalibrieren erwartet werden, da Festproben sicher nicht ohne weiteres mit wäßrigen Bezugslösungen vergleichbar sind. Während beim Eintrocknen von Lösungen eine relativ dünne Schicht entsteht, die üblicherweise in gutem Kontakt mit der Graphitoberfläche ist, liegen Festproben meist recht lose angehäuft im Rohr, woraus sich eine schlechtere Wärmeübertragung ergibt. Schließlich können bei der direkten Eingabe von biologischen und anderen organischen Proben höhere unspezifische Strahlungsverluste erwartet werden als bei Verwendung aufgeschlossener Proben.

L'VOV [8] hat sich ausführlich mit dem Problem der direkten Feststoffanalyse auseinandergesetzt und die Ursachen für die schlechte Reproduzierbarkeit untersucht. Einmal fand er, daß der typische Fehler beim Dosieren von Flüssigkeiten bei etwa 0,025 µL, bei Feststoffen dagegen bei etwa 0,1 mg liegt. Davon unabhängig spielt bei der direkten Feststoffeingabe die Homogenität der Probe eine ganz entscheidende Rolle.

Bei einer Korngröße von beispielsweise 3 µm hat ein Korn ein Volumen von $1,4 \times 10^{-11}$ cm^3, d. h. eine Masse von etwa 4×10^{-11} g (bci einer Dichte von 3 g/cm^3). Eine Probe von 1 mg enthält dann bei einer Konzentration von $1 \times 10^{-4}\%$ des zu bestimmenden Elements 25 Körner mit dem Element. Der Variationskoeffizient in der Zahl der Körner n in einzelnen Proben entspricht dann

$$\frac{\Delta n}{n} = \frac{1}{\sqrt{n}} \tag{8.5}$$

das heißt bei $n = 25$ liegt der Variationskoeffizient bei 1 mg Probenmenge bei 20% nur aufgrund der statistischen Verteilung. L'VOV gibt auch eine quantitative Beziehung zwischen dem Variationskoeffizienten V und der mittleren Teilchengröße P der Probe an, wonach

$$V = \frac{1}{\sqrt{P}} \tag{8.6}$$

woraus sich die weitgehend selbstverständliche Forderung nach einer möglichst feinen Zerteilung der Probe ergibt, was allerdings auch nicht problemlos ist, da jeder Mahlvorgang eine potentielle Kontaminationsquelle darstellt. Eine ausführliche Aufstellung über die Größenordnung des Dosierfehlers unter den ungünstigen Voraussetzungen, daß das Spurenelement nicht gleichmäßig verteilt, sondern in Form diskreter Partikel vorliegt, bringt LANGMYHR [2520]. Tabelle 16 zeigt die berechnete, relative Standardabweichung für

Tabelle 16 Relative Standardabweichungen für Quecksilber als Quecksilber(II)-sulfid in einer Eisen(II)-sulfid-Matrix in Abhängigkeit von der Teilchengröße und dem Quecksilbergehalt [2520]

Teilchen-größe µm	ASTM „mesh" No.	Ungefähre Teilchenzahl je 5 mg Probe	Relative Standardabweichung (%) des Quecksilbergehalts für verschiedene Quecksilberkonzentrationen 1 µg/g	3 µg/g	10 µg/g	30 µg/g
105	140	$1,6 \times 10^3$	232	134	73	42
53	270	$1,3 \times 10^4$	81	47	26	15
37	400	$3,8 \times 10^4$	48	27	15	9
20	–	$2,4 \times 10^5$	19	11	6	3,5
10	–	$1,9 \times 10^6$	6,7	3,9	2,1	1,2

Quecksilber (als Quecksilber(II)-sulfid in einer Matrix von Eisen(II)-sulfid) für 5 mg Probenmengen mit 1, 3, 10 und 30 µg/g Hg bei unterschiedlicher Teilchengröße.

Aus der Tabelle ergibt sich klar, daß beim Zusammentreffen ungünstiger Bedingungen erhebliche Fehler bzw. Streuungen auftreten können. Man sollte jedoch erwähnen, daß unter günstigen Bedingungen auch bei der direkten Festprobendosierung eine zufriedenstellende Präzision erreicht werden kann. LANGMYHR weist auch noch auf die Tatsache hin, daß bei den meisten Analysen Probenmengen eingesetzt werden, die denen entsprechen, die bei Emissionsspektrographen durch den Funken verdampft werden. Die aufgrund der Probeninhomogenität zu erwartenden Meßwertschwankungen dürften daher für die beiden Verfahren die gleichen sein [2520].

Darüber hinaus sei erwähnt, daß durchaus nicht alle Proben eine derart ungünstige inhomogene Verteilung von Spurenelementen in Form diskreter Partikel aufweisen. Spurenelemente sind auch häufig relativ gleichmäßig in einer Probe verteilt, so daß diese durchaus nicht zu stark zerkleinert werden muß. Eine derart homogene Verteilung findet man beispielsweise bei verschiedenen Polymeren [634] [637], die z. T. mit sehr gutem Erfolg direkt analysiert wurden. MARKS und Mitarbeiter [2626] sowie später auch LUNDBERG und FRECH [2570] [2571] gaben ganze Späne von Stählen und Nickellegierungen (1 bis 5 mg) in den Graphitrohrofen und erzielten für Elemente wie Antimon, Bismut, Blei, Selen, Tellur oder Thallium dabei eine relative Standardabweichung von weniger als 10%. Eine ähnlich gute Präzision wurde auch bei der Bestimmung von Beryllium in Kohlestaub [2301] oder von Schwermetallen in Klärschlamm [2133] gefunden.

GONG und SUHR [2307] fanden, daß bei der Bestimmung von Cadmium in Gestein dieses feiner gemahlen werden muß (~ 40 µm), da das Cadmium mehr in der Struktur eingebaut ist. Im Gegensatz dazu sitzt das Cadmium bei Flußsedimenten mehr an der Oberfläche adsorbiert, so daß hier ein gröberes Zerkleinern (> 100 µm) voll ausreicht.

Die üblicherweise in den unterschiedlichsten Materialien in der Literatur angegebenen relativen Standardabweichungen liegen für die direkte Festprobenanalyse im Graphitrohrofen bei 5 bis 20%. Dabei sollte nicht vergessen werden, daß die Inhomogenität der Probe nicht der einzige Faktor ist, der die Genauigkeit einer Bestimmung beeinflußt. L'VOV [2575] hat beispielsweise deutlich darauf hingewiesen, daß bei der Atomisierung von Festproben das Signal unter Umständen eine ziemlich willkürliche Form annehmen kann. Einen zuverlässigen Wert wird man in einem solchen Fall nur erhalten, wenn man die Peakfläche über die gesamte Zeit integriert, während der das fragliche Element atomisiert wird. Dieses Integral ist dann proportional der Gesamtzahl an Atomen dieses Elements in der Probe und deren Aufenthaltszeit in der Analysenzelle.

Obwohl eine Integration über die Peakfläche einige eindeutige Vorteile bringt, kann sie auch Ursache für Fehler werden, wie neuere Arbeiten gezeigt haben [2320]. Bei der direkten Analyse von Festproben werden während der Atomisierung des zu bestimmenden Elements oft auch größere Mengen an Begleitsubstanzen mit verflüchtigt. Dies kann dazu führen, daß zwar kurzzeitig die gleiche Atomwolkendichte und damit die gleiche Signalhöhe wie bei Bezugslösungen ohne Matrix erzielt wird, daß aber die Aufenthaltsdauer der Atome im Strahlengang deutlich kürzer wird. Durch diesen Verdrängungseffekt entstehen Peaks mit einer erheblich geringeren Halbwertsbreite als bei reinen Salzen des gleichen Elements (Abb. 108).

Sowohl CHAKRABARTI und Mitarbeiter [2142] als auch PRICE und Mitarbeiter [2761] fanden eine eindeutig bessere Präzision der Ergebnisse, wenn sie die Festproben, biologi-

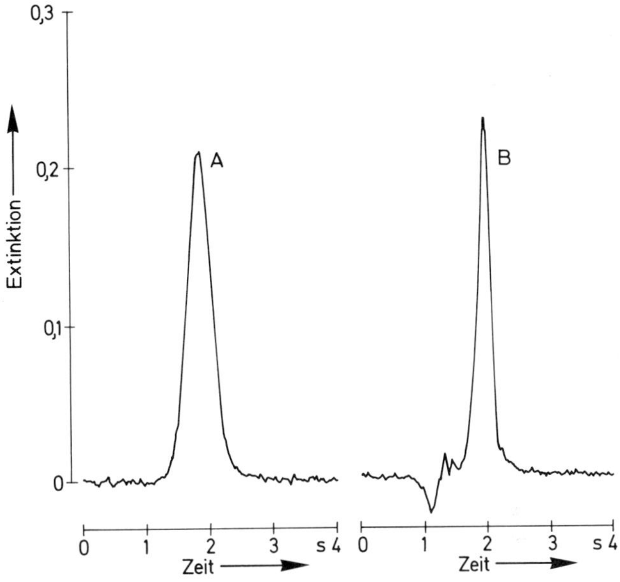

Abb. 108 Einfluß der Matrix auf die Signalform bei der direkten Analyse von Festproben. Bestimmung von Cadmium *A*: in einer matrixfreien Bezugslösung und *B*: in Rinderleber

sche, geologische und metallurgische Proben, nicht auf die Rohrwand sondern auf eine L'VOV-Plattform dosierten. Dabei verlieren offensichtlich die unterschiedliche Verteilung der Probe im Rohr und der Kontakt mit der Rohrwand an Einfluß, da jetzt die Atomisierung nur durch Strahlungsheizung von der Umgebung erfolgt. GROBENSKI und Mitarbeiter [2320] fanden diesen Unterschied in der Präzision nicht, wenn alle Parameter optimiert und die Probe im Graphitrohr mit verdünnter Salpetersäure befeuchtet wurde.

Schließlich sollte neben diesen Betrachtungen zur Homogenität der Probe nicht unerwähnt bleiben, daß die mit dieser Technik mögliche Mikroanalyse, falls gewünscht, sehr nützliche Informationen über die Verteilung von Spurenelementen in bestimmten Bereichen einer Probe bietet. Es können hier ja kleinste Teilchen von der Oberfläche oder aus dem Inneren einer metallurgischen, geologischen oder biologischen Probe isoliert und untersucht werden. Besonders bekannt geworden ist in diesem Zusammenhang die Bestimmung zahlreicher Spurenelemente in einzelnen Haarsegmenten [785] [2024], die Auskunft geben können über Ernährung, Stoffwechsel und Umwelteinflüsse auf einen Menschen während weiter zurückliegender Zeiträume.

Weit wichtiger als diese Betrachtungen über die Präzision der direkten Feststoffanalyse ist allerdings die Frage nach der Richtigkeit, die in engem Zusammenhang steht mit der Kalibrierung. Das zuverlässigste Verfahren wird auch hier, wie bei anderen Verfahren zur instrumentellen Elementspurenbestimmung (Röntgenfluoreszenz, optische Emission mit Funken und Bogen) der Vergleich mit voranalysierten Proben sein. Je ähnlicher diese Vergleichsmaterialien der aktuellen Probe sind, sowohl bezüglich der Zusammensetzung der Hauptbestandteile als auch der Konzentration an dem zu bestimmenden Element, desto wahrscheinlicher wird der richtige Wert gemessen. Besonders bei der Analyse metallurgischer Proben, wie komplexer Nickellegierungen, wurde dieses Verfahren mit der Graphitrohrofen-Technik erfolgreich eingesetzt [2053] [2571] [2626].

Derartige Standard-Referenzmaterialien sind zwar für metallurgische und auch geologische Proben in relativ großer Zahl erhältlich, die für Spurenelemente angegebenen Werte sind jedoch häufig nicht sehr zuverlässig. Vor allem für Umweltproben fehlen aber derartige Materialien noch fast ganz, so daß dieses zuverlässige Kalibrierverfahren nicht allzu oft eingesetzt werden kann. Daneben besteht natürlich die Möglichkeit, daß sich ein Labor selbst voranalysierte Proben erstellt. Hierzu werden einige gut zerkleinerte und homogenisierte Proben möglichst nach mehreren unabhängigen Verfahren analysiert bis übereinstimmende Werte für die zu bestimmenden Spurenelemente erhalten werden. Diese werden dann nach dem neuen Verfahren gemessen und z. B. wie in Abb. 109 für Quecksilber gezeigt, die im Graphitrohrofen gemessene Extinktion gegen die mit Neutronenaktivierung erhaltenen Konzentrationen aufgetragen [1295]. Liegen die Punkte auf einer Geraden, so kann diese als Bezugskurve für die Kalibrierung weiterer ähnlicher Proben eingesetzt werden.

Eine weitere Möglichkeit des Kalibrierens besteht im Erstellen synthetischer Referenzmaterialien, indem man den oder die Hauptbestandteile in Form reiner Verbindungen mit den zu bestimmenden Spurenelementen mischt. LANGMYHR und Mitarbeiter [2533] bestimmten Blei und Cadmium in Zähnen gegen reinen Hydroxiapatit (dem Hauptbestandteil der Zähne), dem diese Elemente in bekannten Mengen zugesetzt waren. Üblicherweise ist das Bereiten derartiger fester, synthetischer Referenzmaterialien mühsam und langwierig. Verschiedene Autoren haben untersucht, inwieweit sich eine Addition von wäßrigen Bezugslösungen auf die festen Proben für das Kalibrieren einsetzen läßt. Man sollte dazu möglichst ähnliche Mengen an festen Proben in das Graphitrohr geben und mit verschiede-

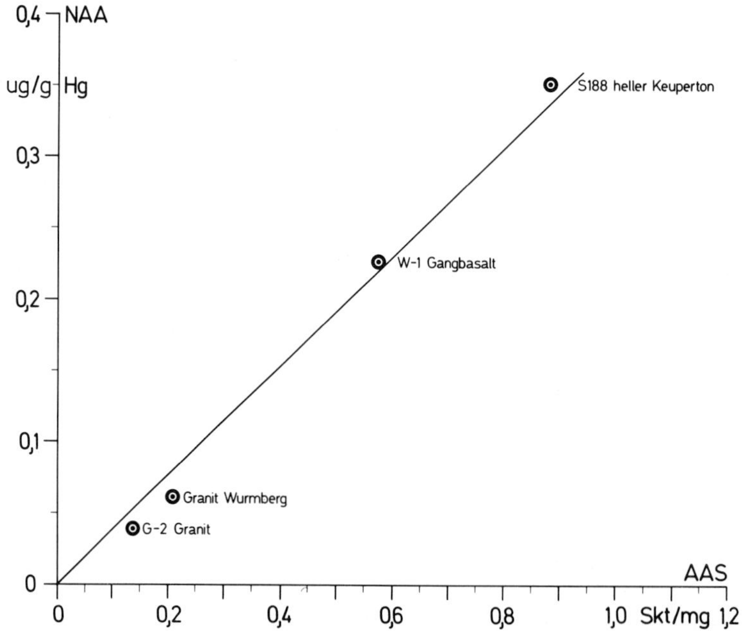

Abb. 109 Bestimmung von Quecksilber in Gesteinen mit Graphitrohrofen-AAS und direkter Festprobendosierung im Vergleich zu Neutronenaktivierungs-Analyse (NAA)

nen Konzentrationen an dem zu bestimmenden Element aufstocken. Man läßt dazu die Lösung gut in die pulverisierte Probe einziehen bevor der Trocknungsschritt gestartet und die Probe wie üblich thermisch vorbehandelt und schließlich atomisiert wird. Es hat sich dabei als günstig erwiesen, auch die nicht aufgestockten Proben mit einer verdünnten Säure zu benetzen, um so eine ähnliche und gleichmäßigere Verteilung im Rohr zu bekommen [2320]. Dieses Verfahren wurde erfolgreich für verschiedene biologische, geologische und industrielle Proben eingesetzt [1295] [2320] [2521] [2522] [2526] [2748] und ergab für Standard-Referenzmaterialien eine gute Übereinstimmung mit den Zertifikatwerten.

GROBENSKI und Mitarbeiter [2320] fanden bei der Untersuchung an biologischen Materialien, daß bei weiterer Optimierung der Temperatur-Zeit-Programme die Additionskurve schließlich parallel verlief zu der Bezugskurve für schwach saure Lösungen. Dieser Befund wurde von anderen Autoren zumindest für einige Elemente in biologischen [2562], geologischen [2307] [2859] und metallurgischen Proben [2041], sowie in Graphit [2505] und Klärschlamm [2133] bestätigt.

Zweifellos kann dieser Befund nicht verallgemeinert werden, da die Bindungsform, in der das zu bestimmende Element vorliegt, in der Probe und der Bezugslösung sicher oft unterschiedlich ist. Auch sind sicher die Atomisierungsmechanismen oft verschieden, da die Bezugslösung nach dem Trocknen das Element in einer sehr dünnen Salzschicht zurückläßt, während es in der festen Probe von einem enormen Überschuß an Begleitmaterialien umgeben ist. Eine genaue Überwachung der Peakform und besonders des Zeitpunkts für das Auftreten des ersten Atomisierungssignals und des Peakmaximums liefern hier wertvolle Zusatzinformationen [2320], die vor Fehlmessungen schützen können.

Darüber hinaus scheint in einigen Fällen eine Matrix-Modifikation für die Richtigkeit der Bestimmung von Vorteil zu sein. LANGMYHR und KJUUS [2525] fanden, daß für die Bestimmung von Blei und Mangan in Knochen alles Chlorid aus der Probe entfernt werden muß und erhitzten diese daher im Graphitrohr mit einem Überschuß an Salpetersäure. CHAKRABARTI und Mitarbeiter [2142] gaben der Probe und den Bezugslösungen bei der Bestimmung von Cadmium in Rinderleber Ammoniumsulfat zu, um dieses flüchtige Element besser zu stabilisieren.

Zur Frage der unspezifischen Strahlungsverluste bei der direkten Analyse fester Proben ist in der Literatur kaum etwas erwähnt. Die meisten Autoren vermerken lediglich, daß eine Untergrundkompensation eingesetzt wurde, ohne eine Aussage über die Größe des unspezifischen Signals zu machen. MARKS und Mitarbeiter [2626] vermuteten bei der direkten Analyse von Nickellegierungen, daß ein geringerer Untergrund auftreten sollte, da keine Metallsalze gebildet werden. Sie fanden auch tatsächlich z. B. bei der Bestimmung von Bismut, daß bei niedrigerer Atomisierungstemperatur (2200 °C) das Signal/Untergrund-Verhältnis bei Atomisierung der festen Proben um mehr als eine Zehnerpotenz besser ist als bei Atomisierung der aufgeschlossenen Probe. Sie setzten aber dann für die Bestimmung eine höhere Atomisierungstemperatur (2500 °C) ein, bei der der Unterschied nicht mehr signifikant war.

GROBENSKI und Mitarbeiter [2320] fanden dagegen bei der Analyse fester, biologischer Materialien ein deutlich höheres Untergrundsignal als beim Einsatz von aufgeschlossenen Proben. Die unspezifischen Strahlungsverluste waren z. T. so groß, daß sie mit einem Kontinuumstrahler nicht mehr kompensierbar waren (Abb. 110). Sie lösten dieses Problem jedoch durch eine „in situ" Veraschung der festen Proben, indem während der thermischen Vorbehandlung für 10 s Sauerstoff durch das Graphitrohr geleitet wurde. Zusammenfas-

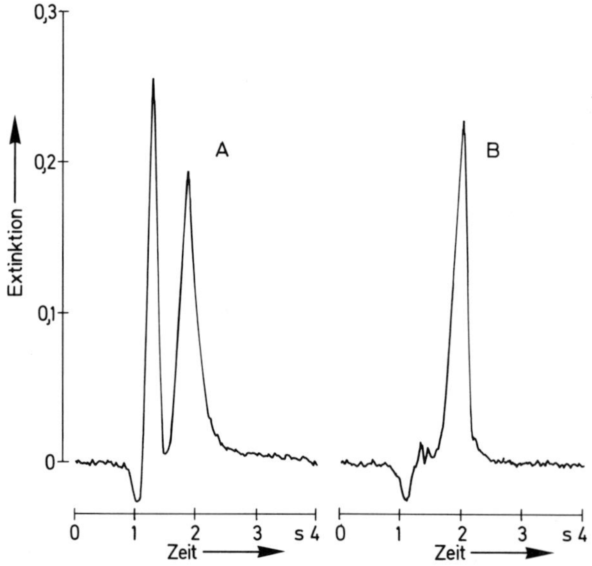

Abb. 110 Verringerung der Störung durch Untergrundabsorption (*A*) bei der Bestimmung von Cadmium in Lebergewebe durch eine „in situ" Veraschung mit Sauerstoff (*B*) bei der direkten Festprobenanalyse

send läßt sich vielleicht an dieser Stelle sagen, daß die direkte Feststoffanalyse im Graphitrohrofen eine ganze Reihe von Vorteilen bietet, die bis heute sicher noch lange nicht ausgeschöpft sind. Bei geeigneter Kalibrierung läßt sich wohl die gleiche Richtigkeit erzielen wie mit anderen Methoden zur Spurenanalyse. Für die Bestimmung von einem oder wenigen Elementen in schwer aufschließbaren Proben ist die direkte Festprobenanalyse sicher schneller, für die Bestimmung vieler Elemente je Probe wird jedoch der Aufschluß vorzuziehen sein.

Einige Autoren berichten über geringere chemische Störungen und Signalunterdrückungen bei der Analyse von festen Proben im Vergleich zu aufgeschlossenen Proben. Ganz sicher aber ist das Kontaminationsrisiko durch Reagenzien und Gefäße bei der direkten Feststoffanalyse geringer, so daß diese im extremen Spurenbereich zuverlässiger erscheint. Bei der Ultraspurenanalyse kommt noch als Vorteil dazu, daß bei der Eingabe von festen Proben diese nicht „verdünnt" werden und damit die Empfindlichkeit der Graphitrohrofen-Technik voll genützt werden kann.

Auf der anderen Seite muß natürlich auch gesagt werden, daß Lösungen mit einer deutlich höheren Präzision pipettiert und gemessen werden können und daß das Lösen einer Probe die beste Homogenisierung darstellt. Auch das Kalibrieren ist bei Lösungen üblicherweise weit problemloser und einfacher als bei festen Proben.

Schließlich läßt sich das Dosieren von Lösungen heute schon sehr gut automatisieren, während das Einbringen von Festproben in das Graphitrohr sicher immer etwas schwieriger bleiben wird.

8.3 Die Hydrid-Technik

Die überwiegende Mehrzahl der Arbeiten über die Hydrid-Technik sind rein anwendungsorientiert und behandeln die beobachteten Störungen rein empirisch. Es ist daher über Stör-

und Atomisierungsmechanismen in der Hydrid-Technik noch viel weniger bekannt als bei den beiden vorher besprochenen Techniken. Dazu kommt, daß sehr viele Arbeiten mit selbstgebauten Apparaturen durchgeführt wurden, die sich in zahlreichen Details z. T. grundsätzlich unterscheiden. Häufig haben aber diese apparativen Unterschiede einen erheblichen Einfluß sowohl auf den Atomisierungsmechanismus und damit auf die Empfindlichkeit als auch auf die beobachteten Störungen. Dazu kommen dann noch die oft sehr verschiedenen Versuchsbedingungen bezüglich Probenvolumen, Säurevolumen, -konzentration und -zusammensetzung, bezüglich des verwendeten Reduktionsmittels, sowie dessen Volumen und Konzentration und vieler anderer Parameter. Im folgenden soll versucht werden, eher eine Wertung der Störmöglichkeiten als eine komplette Zusammenfassung aller in der Literatur berichteter Störungen zu geben. Eine exakte Klassifizierung der nichtspektralen Interferenzen in der Hydrid-Technik ist schwierig, da, wie schon erwähnt, über deren Mechanismen noch einige Unklarheit herrscht. Im folgenden wurde unterschieden zwischen kinetischen Störungen, das sind solche, die nur in dynamischen Systemen auftreten, nicht aber wenn das Hydrid nach seinem Entstehen gesammelt wird. Zum Teil gehören dazu auch die Wertigkeitseinflüsse, die jedoch hier getrennt behandelt werden. Die übrigen Störungen werden nach dem Ort ihrer Entstehung eingeteilt in chemische Interferenzen im Reaktionsgefäß und in Gasphasen-Interferenzen in der Atomisierungseinrichtung.

8.3.1 Atomisierungsmechanismen

In der Hydridtechnik wurde die Atomisierung anfangs hauptsächlich in Argon/Wasserstoff-Diffusionsflammen [362] [524] vorgenommen. Diese wurden später ersetzt durch Graphitrohröfen [678] [2651] bzw. hauptsächlich durch beheizte Quarzrohre [1271] [2158] [2312] [2967]. Kommerziell erhältliche Hydridsysteme verwenden praktisch ausschließlich elektrisch oder durch Flammen beheizte Quarzrohre. Sehr gute Ergebnisse wurden auch bei der Atomisierung in sehr brenngasreichen Knallgasflammen erzielt, die in einem nicht beheizten Quarzrohr brennen [2188] [2854] [2856] [2857].

Verschiedene Dinge, besonders aber die relativ leichte Atomisierung der gasförmigen Hydride in beheizten Quarzrohren und die von verschiedenen Autoren beobachtete steigende Empfindlichkeit mit zunehmender Rohrtemperatur hat zu der Auffassung geführt, die Atomisierung der Hydride sei ein sehr einfacher Vorgang. Verschiedene Beobachtungen verleiten auch direkt zu der Annahme, die Atomisierung sei eine einfache thermische Dissoziation; das zu bestimmende Element gelangt als gasförmiges Hydrid in die Atomisierungseinrichtung und zersetzt sich dort unter Bildung von freien Atomen.

Eine Reihe neuerer Beobachtungen lassen allerdings Zweifel aufkommen, daß eine thermische Dissoziation der einzige Mechanismus für die Atombildung ist. DĚDINA und RUBEŠKA [2188] haben die Atomisierung von Selen in einer kühlen Sauerstoff/Wasserstoff-Flamme untersucht, die in einem nicht beheizten Quarzrohr brennt. Sie fanden bei allen Wasserstoffströmungen mit steigender Sauerstoffströmung einen raschen Empfindlichkeitsanstieg am Anfang, gefolgt von einer langsamen Empfindlichkeitsabnahme. Die Position des Maximums hängt dabei nur ab von dem Durchmesser des Quarzrohrs. Der langsame Empfindlichkeitsrückgang entspricht dem Temperaturanstieg und der damit zusammenhängenden Ausdehnung des durch das Rohr strömenden Gasvolumens. Diese Ergebnisse zeigen eindeutig, daß ein Erhöhen der Sauerstoffströmung über das Empfindlichkeitsmaximum die Wirksamkeit der Atomisierung nicht erhöht. Auch ein Erhitzen des Einlaßteils des T-Rohrs auf Temperaturen von 300 bis 900 °C bei Sauerstoffströmungsraten unterhalb des Optimums führte in keinem Fall zu einer Erhöhung der Peakfläche für Selen. Die Atomisierung kann daher in diesem Fall nicht durch thermische Dissoziation erfolgen.

DĚDINA und RUBEŠKA schließen daraus, daß die Atomisierung durch freie Radikale erfolgen muß, die in der primären Reaktionszone der Diffusionsflamme gemäß folgender Reaktionen entstehen:

$$H + O_2 \rightleftharpoons OH + O \quad (1)$$
$$O + H_2 \rightleftharpoons OH + H \quad (2)$$
$$OH + H_2 \rightleftharpoons H_2O + H \quad (3)$$

In Gegenwart von überschüssigem Wasserstoff kann angenommen werden, daß nur OH- und H-Radikale gebildet werden, und zwar in Mengen, die der Gesamtmenge an Sauerstoff entsprechen, d. h. zwei Radikale pro Sauerstoff-Molekül. Da die Rekombination von Radikalen wesentlich langsamer abläuft als deren Bildung, ist in der sekundären Reaktionszone eine Menge weit oberhalb der Gleichgewichtskonzentration vorhanden. Da die Reaktion (3) sehr rasch abläuft, stellt sich auch sehr schnell ein Gleichgewichtszustand zwischen H- und OH-Radikalen ein. Da die Gleichgewichtskonstante der Reaktion (3) sehr groß und zudem die Wasserstoffkonzentration in der Atomisierungseinrichtung viel höher als die Wasserkonzentration ist, dürfte die Konzentration an H-Radikalen um einige Größenordnungen höher sein als die an OH-Radikalen.

Die eigentliche Atomisierung erfolgt sehr wahrscheinlich nach einem zweistufigen Mechanismus mit den vorherrschenden H-Radikalen:

$$SeH_2 + H \rightarrow SeH + H_2 \quad (\Delta H = -189\ kJ/mol) \quad (4)$$
$$SeH + H \rightarrow Se + H_2 \quad (\Delta H = -131\ kJ/mol) \quad (5)$$

Daneben wären auch die entsprechenden Reaktionen mit OH-Radikalen denkbar, die Rolle dieser Reaktionen ist aber wahrscheinlich wegen der geringen Konzentration an OH-Radikalen zu vernachlässigen. Eine weitere Reaktion, die in Betracht gezogen werden sollte, ist die Rekombination

$$Se + H \rightarrow SeH \quad (\Delta H = -305\ kJ/mol) \quad (6)$$

Betrachtet man nur die Reaktionen (4), (5) und (6), so läßt sich leicht zeigen, daß nach einer ausreichend großen Zahl an Zusammenstößen mit H-Radikalen ein Gleichgewichtszustand erreicht wird. In dem Gleichgewicht ist kein SeH_2 enthalten und das Verhältnis zwischen SeH und Se entspricht dem Verhältnis der Bildungskonstanten der Reaktionen (5) und (6). Da die Rekombination (6) stark exotherm ist und einen dritten Partner zur Aufnahme der gebildeten Energie braucht, ist es vernünftig anzunehmen, daß diese Reaktion viel langsamer abläuft als die Bildung von Se-Atomen. Die Wahrscheinlichkeit der Bildung freier Selenatome aus SeH_2 ist daher proportional der Anzahl Zusammenstöße mit freien Radikalen und die Wirksamkeit der Atomisierung sollte mit steigender Zahl an Radikalen zunehmen. Bei einer optimalen Sauerstoffströmung wird der Gleichgewichtszustand erreicht, bei dem alles Selen in Form freier Atome vorliegt. Diese Beobachtungen und

Überlegungen von DĚDINA und RUBEŠKA lassen analoge Schlüsse für die Atomisierung von Selen- und den anderen gasförmigen Hydriden in Wasserstoff-Diffusionsflammen zu. Allein die Tatsache, daß die Empfindlichkeit für die meisten Elemente in diesen Flammen niedriger Temperatur gleich gut oder sogar besser ist als in den heißeren Luft- oder Lachgas/Acetylen-Flammen, läßt Zweifel an der thermischen Dissoziation der Hydride aufkommen. Vermutlich führt auch hier eine ähnliche Radikalreaktion zu der Atomisierung der gasförmigen Hydride. Daß z. B. in einer Argon/Wasserstoff-Diffusionsflamme eine große Anzahl H-Radikale vorhanden ist und somit der gleiche Mechanismus ablaufen kann, wurde schon früher gezeigt.

Bleibt nur noch die Frage nach der Atomisierung in beheizten Quarzrohren offen. Vereinzelt wird über den Einfluß der Quarzrohr-Oberfläche berichtet, auf der sich erst ein „kalatytischer Film" ausbilden muß, bevor die volle Empfindlichkeit erreicht wird [2232]. Ist dieser Film zerstört, so treten erhebliche Signalerniedrigungen auf, und einmal vergiftete Rohre konnten nicht mehr konditioniert werden. Andere Autoren führten die ebenfalls beobachtete Empfindlichkeitsabnahme auf eine zunehmende Entglasung des Quarzes durch NaOH-Spuren im Trägergas und vor allem auf eingebrannte Metallspuren zurück [2666].

Nach unserer Erfahrung können tatsächlich bei einem neuen, unbehandelten Quarzrohr derartige Effekte auftreten, daß z. B. erst nach mehrstündigem oder mehrtägigem Gebrauch die volle Empfindlichkeit für ein Element erreicht wird. Durch kurzes Spülen mit Flußsäure läßt sich dieser Effekt jedoch beseitigen und das Quarzrohr liefert von der ersten Messung an die maximale Signalhöhe. Damit ist die Theorie mit dem katalytischen Film, der sich erst ausbilden muß, widerlegt. Viel wahrscheinlicher ist, daß sich auf der Oberfläche von *unbehandelten* Quarzrohren aktive Stellen oder ein „katalytischer Film" befindet, der erst entfernt werden muß. Auch wenn nach längerem Gebrauch die Empfindlichkeit der Bestimmung abnimmt, hat sich ein erneutes Spülen mit Flußsäure bestens bewährt.

Bei eingehenden Untersuchungen über die Temperaturabhängigkeit der Atomisierung im beheizten Quarzrohr [3056] fanden wir zunächst eine Abhängigkeit der Empfindlichkeit auch von der Vorspülzeit mit einem Inertgas. Längere Vorspülzeiten bewirkten vor allem im Bereich 700 bis 800 °C z. T. erheblich geringere Empfindlichkeiten als kurze Vorspülzeiten. Ursache hierfür ist offensichtlich der mit der Vorspülzeit abnehmende Sauerstoffgehalt der Meßlösung. Arbeitet man unter weitgehendem Luftausschluß, so zeigen alle untersuchten Elemente außer Bismut bei 700–800 °C kein meßbares Signal oder zumindest eine deutlich reduzierte Empfindlichkeit (Abb. 111). Mit weiterer Temperaturerhöhung steigt auch die Empfindlichkeit weiter an und für einige Elemente scheint auch bei 1000 °C Küvettentemperatur noch nicht das Maximum erreicht zu sein. In Gegenwart von Sauerstoff wird dagegen die maximale Empfindlichkeit spontan bereits bei 700 °C erreicht und eine weitere Erhöhung der Küvettentemperatur bringt keine weitere Signalerhöhung, wie aus Abb. 111 zu ersehen ist. Die Befunde zeigen ganz deutlich, daß Sauerstoff eine aktive Rolle bei der Atomisierung der gasförmigen Hydride im beheizten Quarzrohr spielt. Auch hier bringt, wie bei den Versuchen von DĚDINA und RUBEŠKA, eine Erhöhung des Sauerstoffgehalts im System über ein Optimum hinaus keine weitere Verbesserung. Neben Sauerstoff ist in der Quarzküvette natürlich auch genügend Wasserstoff aus der Reaktion des Borhydrids mit der sauren Probenlösung vorhanden, so daß man an ähnliche Radikalreaktionen denken könnte wie sie in brenngasreichen Wasserstoff-Flammen ablaufen.

Die Bedeutung des Wasserstoffs bei der Atomisierung konnte eindrucksvoll bei Versuchen mit reinem Arsin gezeigt werden [3056]. In einer reinen Argonatmosphäre wird Arsen-

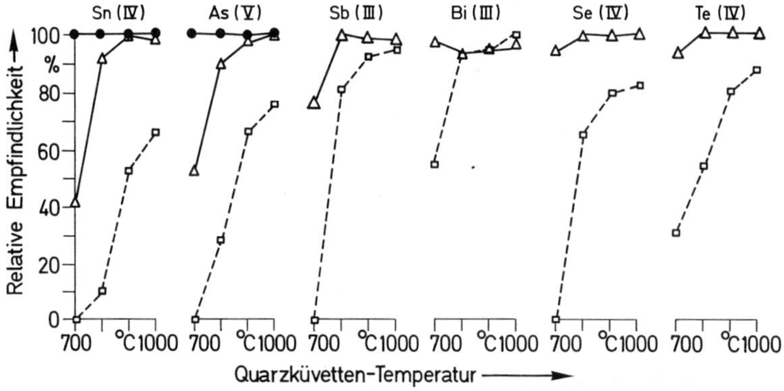

Abb. 111 Einfluß der Vorspülzeit und der Gaszusammensetzung auf die Empfindlichkeit der Hydrid-Technik bei verschiedenen Küvettentemperaturen (nach [3056]). △ 25 s Vorspülzeit, □ 60 s Vorspülzeit, ● Spülgas Argon mit 1% Sauerstoff

hydrid selbst in einer 1000 °C heißen Quarzküvette praktisch nicht meßbar atomisiert. Das Hydrid wird zwar thermisch dissoziiert, seine Zersetzung führt aber nicht zu Arsenatomen, sondern wahrscheinlich zu den bei diesen Temperaturen viel beständigeren tetrameren oder dimeren Molekülen As_4 bzw. As_2.

Sobald dem Argon aber Wasserstoff zugemischt wird, erfolgt auch eine Atomisierung. In Abwesenheit von Sauerstoff wird dabei wieder die gleiche Abhängigkeit der erzielten Empfindlichkeit von der Temperatur der Quarzküvette gefunden wie bei früheren Versuchen, während in Anwesenheit von Sauerstoff (Argon mit 1% Sauerstoff) etwa ab 600 °C Küvettentemperatur spontan die volle Empfindlichkeit erreicht wird.

Daraus geht hervor, daß der Wasserstoff zur Atomisierung von Arsenwasserstoff (und anderen gasförmigen Hydriden) in der beheizten Quarzküvette unbedingt erforderlich ist und daß Sauerstoff zumindest bei niedrigeren Temperaturen eine unterstützende Rolle spielt. Daß das Zumischen von Sauerstoff nicht etwa zu einer Temperaturerhöhung führt, konnte durch Messungen der Temperatur in der Gasphase unter verschiedenen Versuchsbedingungen eindeutig gezeigt werden [3056].

Es liegt daher nahe anzunehmen, daß in einer beheizten Quarzküvette die Atomisierung von gasförmigen Hydriden ebenfalls durch Zusammenstöße mit Wasserstoffradikalen erfolgt, wie von Dědina und Rubeška [2188] für die brenngasreiche Sauerstoff/Wasserstoff-Flamme gefordert. Die H-Radikale werden auch in der Quarzküvette durch Reaktion mit Sauerstoff gebildet, und zwar setzt die Reaktion zwischen 500 und 600 °C ziemlich spontan ein, wie das bei dieser Temperatur in Anwesenheit von genügend Sauerstoff auftretende volle Atomisierungssignal zeigt.

Der bei Abwesenheit von Sauerstoff beobachtete Temperatureinfluß auf die Empfindlichkeit kann dadurch erklärt werden, daß unter diesen Bedingungen bei niedrigen Temperaturen weniger H-Radikale gebildet werden bzw. deren Bildungsrate langsamer ist.

Bei höheren Temperaturen genügt offensichtlich bereits die, auch bei längeren Vorspülzeiten in der Meßlösung verbliebene, bzw. die in üblichem Argon stets vorhandene, kleine Menge Sauerstoff, um eine genügende Anzahl von H-Radikalen zu produzieren.

Der Radikalmechanismus zur Atomisierung von gasförmigen Hydriden setzt voraus, daß die Konzentration an H-Radikalen in der Quarzküvette weit höher ist als die Gleichgewichtskonzentration, bzw. daß die Lebensdauer der Radikale relativ lang ist. Dies kann in der reinen Argonatmosphäre als gegeben angenommen werden, wenn sich nicht auf der Quarzoberfläche der Küvette aktive Stellen befinden, die eine Rekombination der Radikale katalysieren. Damit wäre auch die bedeutende Rolle der Oberflächenbeschaffenheit und des „katalytischen Films“ plausibel erklärt.

Innerhalb einer Hauptgruppe scheint jedoch, wie aus Abb. 111 zu ersehen ist, mit zunehmendem Atomgewicht (z. B. in der Reihe As – Sb – Bi) immer weniger Sauerstoff zur Atomisierung erforderlich zu sein. Für Bismut werden auch unter weitgehendem Luftausschluß bereits bei 700 °C mehr als 50% der Empfindlichkeit erreicht.

Dieses Verhalten ist wahrscheinlich auf eine höhere Wirksamkeit der Zusammenstöße für die größeren und weniger stabilen Hydridmoleküle zurückzuführen, so daß weniger Radikale für eine Atomisierung erforderlich sind.

8.3.2 Spektrale Interferenzen

Bei der Hydridtechnik gelangt das zu bestimmende Element als gasförmiges Hydrid in die eigentliche Atomisierungseinrichtung, während die Begleitsubstanzen üblicherweise im Reaktionsgefäß zurückbleiben. Die relativ geringe Zahl an Komponenten, die in der Atmosphäre der Atomisierungseinrichtung dadurch vorhanden ist, schließt spektrale Interferenzen praktisch aus. Bei einer Atomisierung in Flammen treten noch gelegentlich Schwankungen in der Transparenz auf, wenn das Hydrid zusammen mit dem entwickelten Wasserstoff in die Flamme eingebracht wird; in solchen Fällen empfiehlt sich dann die Verwendung eines Untergrund-Kompensators [362]. Bei einer Atomisierung im beheizten Quarzrohr dagegen treten Störungen durch Untergrundabsorption nicht auf, wenn vermieden wird, daß sich bei offenen Quarzrohren der Wasserstoff am Rohrende entzündet [2967]. Lediglich SINEMUS [2869] berichtet über eine geringfügige Untergrundabsorption bei der Bestimmung kleinster Selenspuren in halbkonzentrierter Salzsäure. Da es sich hierbei jedoch um ein sehr kleines und zudem sehr konstantes Signal handelte, das von der Salzsäure herrührte, genügte es, dieses wie einen Blindwert abzuziehen.

8.3.3 Kinetische Störungen

Kinetische Störungen entstehen aus einem unterschiedlich schnellen Entwickeln oder Freisetzen des Hydrids aus der Meßlösung; sie treten nur bei Durchflußsystemen auf, bei denen die Messung „on-line“ mit der Entwicklung des Hydrids geschieht, nicht aber bei einem Sammeln des Hydrids z. B. durch Ausfrieren. SIEMER und KOTEEL [2856] berichten allerdings, daß eine Integration über die Peakfläche, statt der sonst üblichen Peakhöhenmessung, die meisten kinetischen Störungen ebenfalls beseitigt. Eine typische kinetische Störung ist die Behinderung der Hydridaustreibung durch übermäßige Schaumbildung in der Probenlösung [3051]. Analysiert man z. B. nicht, oder nur unvollständig zerstörte biologische Materialien mit der Hydrid-Technik, so bildet sich häufig bei Zugabe der alkalischen Borhydrid-Lösung ein dichter Schaum, der hartnäckig einen Teil des gebildeten Hydrids zurückhält. Dadurch entsteht ein deutlich niedrigeres und breiteres Signal als aus reinen, sauren Bezugslösungen. Die wirksamste Abhilfe ist hier ein guter Entschäumer, der dieses Problem beseitigt und z. B. das Additionsverfahren überflüssig macht.

Eine weitere kinetische Störung scheint auch der Einfluß des Meßvolumens auf die Empfindlichkeit einer Bestimmung mit der Hydrid-Technik zu sein (vgl. Abb. 46, S. 76). Aus großen Volumina läßt sich das gebildete Hydrid unter sonst konstant gehaltenen Bedingungen offensichtlich nicht so leicht oder so schnell austreiben wie aus einem kleineren. Dieser Effekt läßt sich allerdings nur schwer durch eine Integration über die Peakfläche beseitigen. In der Praxis spielt dieser Effekt keine große Rolle, da ohnehin aus anderen Gründen meist mit einem konstanten Meßvolumen gearbeitet wird und zudem die Empfindlichkeitsunterschiede zwischen einem kleinen und einem großen Meßvolumen nicht sehr bedeutend sind.

8.3.4 Wertigkeitseinflüsse

Die Hydrid-Technik ist die einzige AAS-Technik, bei der die Wertigkeit der zu bestimmenden Elemente einen z. T. ganz erheblichen Einfluß auf die erzielte Empfindlichkeit hat. Bei den Elementen der IV. Hauptgruppe, Germanium, Zinn und Blei, ist in der Literatur nichts über einen Einfluß der Wertigkeit auf die Empfindlichkeit berichtet. Bei den Elementen der V. Hauptgruppe beträgt die Empfindlichkeitsdifferenz in Peakhöhe zwischen den Oxidationsstufen +3 und +5 weniger als den Faktor 2. Bei Integration über die Peakfläche verschwinden diese Unterschiede oft weitgehend. Bei den Elementen der VI. Hauptgruppe, Selen und Tellur, gibt nur die vierwertige Stufe ein meßbares Signal, so daß hier wohl kaum von einer kinetischen Interferenz gesprochen werden kann. Bei Arsen beträgt die Empfindlichkeit der Oxidationsstufe +5 etwa 80% der mit der Oxidationsstufe +3 erhaltenen, bei Antimon beträgt die Empfindlichkeit der höheren Oxidationsstufe nur etwa 50% der niedrigeren (Abb. 112). Einige Autoren haben sich daher entschlossen, der Einfachheit halber mit der höheren Oxidationsstufe zu arbeiten, wenn sie beim Aufschluß der Probe anfiel und mit entsprechenden Bezugslösungen zu kalibrieren, statt eine Vorreduktion durchzuführen [2232] [3052] [3054]. Dies scheint jedoch nicht ganz problemlos zu sein, da zumindest unter bestimmten Bedingungen das fünfwertige Arsen zudem stärkere chemische Interferenzen zeigt als das dreiwertige [3060].

Die meisten Autoren benützten eine Vorreduktion zur dreiwertigen Stufe, um die volle Empfindlichkeit der Technik ausnützen zu können. Hierzu wurde entweder ein Gemisch aus Kaliumiodid und Ascorbinsäure [2735] [2858] oder von Kaliumiodid allein in stark saurer Lösung [2643] [2869] verwendet. Die Reduktion von Antimon geht dabei praktisch spontan vor sich, während Arsen langsamer reagiert, so daß ein Erwärmen oder eine längere Wartezeit erforderlich ist [2869]. Bismut, das dritte Element aus der fünften Hauptgruppe unter den Hydridbildnern, kommt praktisch nur in der dreiwertigen Stufe vor, so daß sich hier kein Problem ergibt.

Verschiedene Autoren fanden, daß die beiden Wertigkeitsstufen des Antimon [3052] und des Arsen [2455] [2857] in Peakfläche die gleiche Empfindlichkeit ergeben, d. h. es könnte sich hier um eine echte kinetische Störung handeln. SIEMER und Mitarbeiter [2857] wollen allerdings festgestellt haben, daß dies nur unter ganz bestimmten analytischen Bedingungen der Fall ist. Bei Verwendung größerer Säuremengen beobachteten diese Autoren auch in Peakfläche eine kleinere Empfindlichkeit für die höhere Oxidationsstufe.

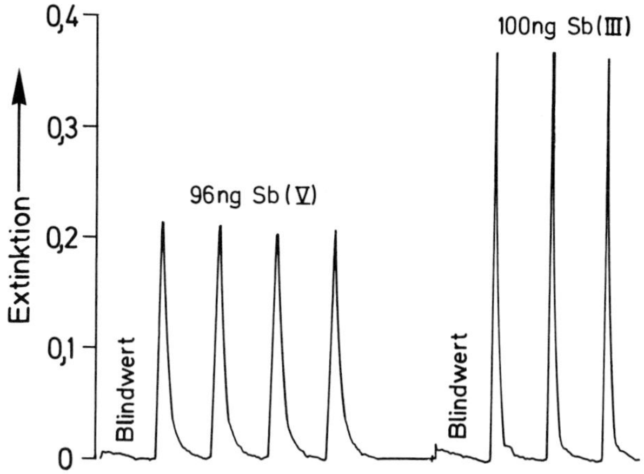

Abb. 112 Signale für dreiwertiges und fünfwertiges Antimon mit der Hydrid-Technik (nach [3052])

Außer von der Säurekonzentration scheint der Unterschied in der Signalhöhe zwischen den beiden Wertigkeitsstufen auch noch von der Borhydridkonzentration abzuhängen. THOMPSON und THOMERSON [2967] fanden beim Arsen nur noch einen Unterschied von 10%, wenn sie von 1 auf 4% Borhydrid gingen. HINNERS [2374] fand schließlich bei einer genügend großen Menge Natriumborhydrid keinen Unterschied mehr zwischen den beiden Wertigkeitsstufen des Arsens in Salzsäure der Konzentration 2 mol/L bis 10 mol/L.

Bei den Elementen der VI. Hauptgruppe ist der Unterschied zwischen den Oxidationsstufen + 4 und + 6 sehr stark ausgebildet. Die sechswertige Form gibt weder für Selen noch für Tellur ein praktisch meßbares Signal. Zumindest wurde bislang nicht untersucht, ob die höhere Oxidationsstufe innerhalb einer vernünftig meßbaren Zeit zum Hydrid reduziert wird, so daß wenigstens theoretisch von einer verlangsamten Reaktion gesprochen werden kann.

In der Praxis heißt das auf alle Fälle, daß für die Elemente Selen und Tellur eine Vorreduktion eingeschaltet werden muß, wenn sie in der sechswertigen Stufe vorliegen. Für Selen wird dabei eine Vorreduktion mit heißer Salzsäure der Konzentration 4 mol/L bis 6 mol/L vorgeschlagen [2180] [2785] [2786]. Dabei wird eine Abhängigkeit der Reduktionseffektivität sowohl von der Säurekonzentration als auch von der Kochzeit beobachtet [2180] [2869]. SINEMUS und Mitarbeiter [2869] stellten außerdem mit längerer Kochzeit zunehmend Verluste an Selen fest und zogen daher ein Erhitzen im geschlossenen Gefäß vor. Tellur läßt sich wieder leichter als Selen zur vierwertigen Stufe reduzieren; hier genügt ein kurzes Aufkochen mit halbkonzentrierter Salzsäure für eine vollständige Reduktion [2869].

8.3.5 Chemische Interferenzen

Säuren haben einen recht geringen Einfluß auf die Empfindlichkeit der Hydridbildner; lediglich Zinn und Blei [2967] sind relativ stark pH-abhängig und werden daher meist aus einer gepufferten Lösung bestimmt. Von den unterschiedlichen in der Praxis üblichen Säuren stört nur Flußsäure schon in relativ geringen Konzentrationen (Abb. 113), so daß diese nach Möglichkeit vor der Bestimmung der Hydridbildner weitgehend abgeraucht werden

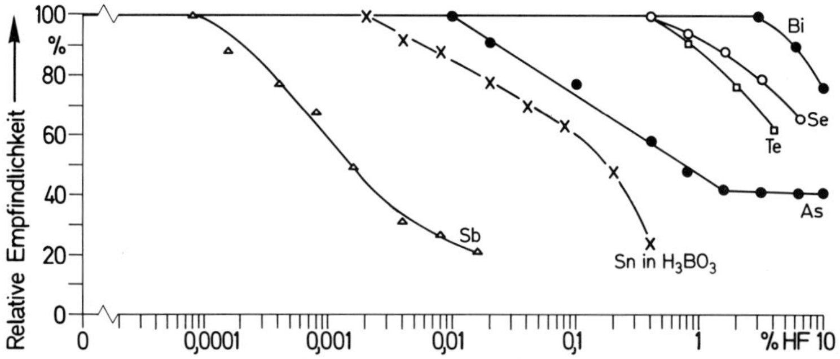

Abb. 113 Einfluß steigender Konzentrationen Flußsäure auf die Empfindlichkeit der hydridbildenden Elemente

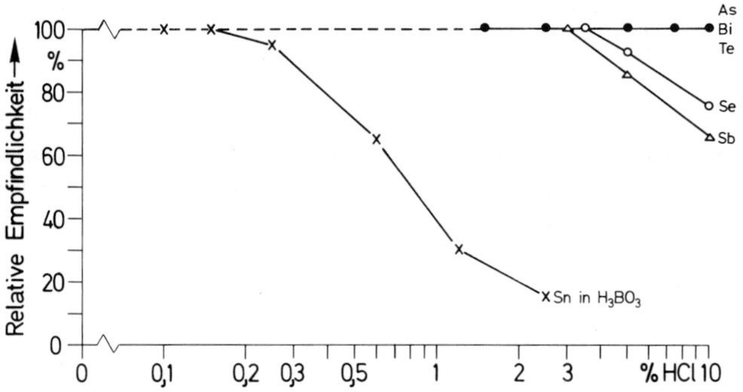

Abb. 114 Einfluß steigender Konzentrationen Salzsäure auf die Empfindlichkeit der hydridbildenden Elemente

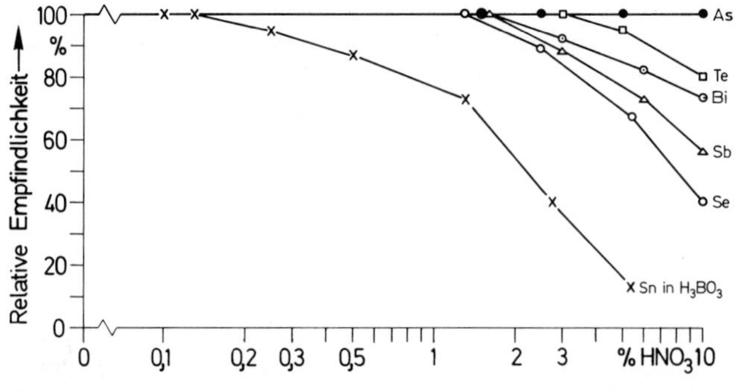

Abb. 115 Einfluß steigender Konzentrationen Salpetersäure auf die Empfindlichkeit der hydridbildenden Elemente

sollte. Salzsäure (Abb. 114), Salpetersäure (Abb. 115) und Schwefelsäure (Abb. 116) wirken auf die meisten Hydridbildner erst in relativ hohen Konzentrationen signalerniedrigend. Diese Säuren eignen sich daher ausgezeichnet, um die Probe im Reaktionsgefäß des Hydridsystems auf das endgültige Meßvolumen aufzufüllen. Hierbei sollten auch evtl. noch vom Aufschluß her in der Probe vorhandene Säuren, z. B. Flußsäure, so weit verdünnt werden, daß sie die Bestimmung nicht mehr stören können. Üblicherweise wird man versuchen, in der Praxis mit der niedrigsten Säurekonzentration für die Messung auszukommen, die eine rasche, gleichmäßige und quantitative Reaktion mit dem Natriumborhydrid gewährleistet. Dies ist für die meisten Hydridbildner eine Salzsäure der Konzentration 0,5 mol/L. Höhere Säurekonzentrationen verursachen, besonders bei der für die Spurenanalyse erforderlichen Reinheit, entsprechend höhere Kosten und sind, da sie meist in großem Überschuß zugegeben werden, ein zusätzliches Kontaminationsrisiko. Schließlich ist ganz allgemein der Umgang mit hohen Säurekonzentrationen nicht sehr angenehm und erfordert zusätzliche Schutzmaßnahmen für den Bediener und die Geräte.

Dennoch ist es einer der ganz großen Vorteile der Hydrid-Technik, daß sie z. T. sehr hohe Säurekonzentrationen tolerieren kann, ohne daß dabei größere Empfindlichkeitsverluste oder sonstige Störungen auftreten. Verschiedene Autoren stellten nämlich schon fest, daß die in der Hydrid-Technik auftretenden Kationenstörungen (auf die noch näher eingegangen wird) stark abhängig sind von der Säurekonzentration [2084] [2666] [3054] [3058]. In Gegenwart hoher Konzentrationen an Salz- oder Salpetersäure läßt sich der störfreie Bereich oft um Größenordnungen ausdehnen. In der Praxis wird man daher häufig die damit verbundenen Nachteile, ebenso wie den manchmal beobachteten geringen Empfindlichkeitsverlust, in Kauf nehmen und die Probenlösung mit einer höher konzentrierten Säure verdünnen.

Kang und Valentine [2455] stellten zudem fest, daß in Peakhöhe mehr Säureinterferenzen auftreten als bei Messung in Peakfläche, bei der praktisch keine Störungen mehr zu beobachten sind. Dies deutet darauf hin, daß es sich bei den geringen beobachteten Störungen durch hohe Säurekonzentrationen möglicherweise ebenfalls um eine kinetische Interferenz handelt. Bei der starken pH-Abhängigkeit der Elemente Zinn und Blei dürfte allerdings eine andere Ursache vorliegen.

Zahlreiche häufig vorkommende metallische Elemente, z. B. die Alkali- und Erdalkalimetalle ebenso wie Aluminium, Titan, Vanadium, Chrom(III), Mangan(II) und Zink stören

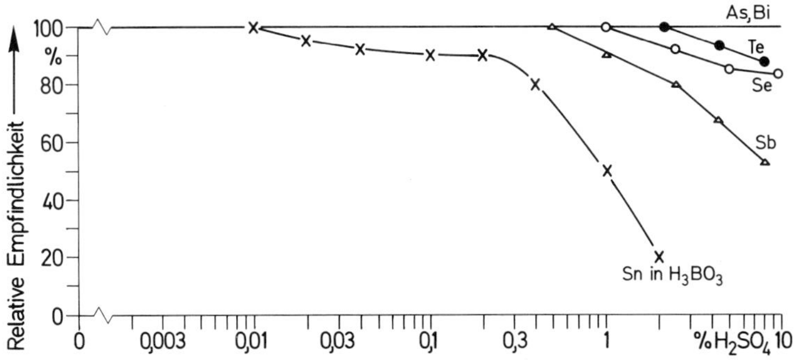

Abb. 116 Einfluß steigender Konzentrationen Schwefelsäure auf die Empfindlichkeit der hydridbildenden Elemente

die Bestimmung der Hydridbildner nicht oder erst in extrem hohen Konzentrationen. Damit ist eine wichtige Voraussetzung dafür geschaffen, daß für die Hydrid-Technik bei der Untersuchung geologischer und biologischer Proben ebenso wie für die Analyse von See- und Binnenwasser usw. keine schwerwiegenden Interferenzen zu erwarten sind. All diese Proben enthalten im wesentlichen solche Elemente in höheren Konzentrationen, die die Bestimmungen nicht stören.

Die größten Störungen kommen von den Elementen der VIII. und der I b. Nebengruppe des Periodensystems. PIERCE und BROWN [2749] haben bei ihren Versuchen zur Automation der Arsen- und Selenbestimmung festgestellt, daß verschiedene Kationen-Interferenzen viel deutlicher auftreten, wenn zuerst Natriumborhydrid zu den Proben gegeben wird und dann erst Salzsäure, als bei umgekehrter Zugabe. Gleichzeitig fanden sie, daß sofort ein Niederschlag ausfällt, wenn Borhydrid zu der neutralisierten Probenlösung gegeben wird. Sie brachten diese Niederschlagsbildung direkt in Zusammenhang mit den Störungen, wie das SMITH [2890] bereits ein Jahr früher gefordert hat.

KIRKBRIGHT und TADDIA [2471] weisen darauf hin, daß Nickel und die Elemente der Platingruppe Hydrierungskatalysatoren sind und sehr viel Wasserstoff adsorbieren können. Sie sind auch in der Lage, besonders in der fein verteilten Form, in der sie bei der Reduktion hier entstehen, das entwickelte Hydrid einzufangen und zu zersetzen. Direkte Zugabe von 500 mg Nickelpulver zu der Probenlösung vor der Hydridbildung brachte eine völlige Signalunterdrückung.

Es dürfte damit klar sein, daß ein direkter Zusammenhang besteht zwischen dem Ausfällen von feinstverteiltem Metall und der beobachteten Störung der Hydridentwicklung und -austreibung aus der Probenlösung. Es wurde auch von verschiedenen Autoren festgestellt, daß die Signalunterdrückung nicht vom Mengenverhältnis Hydridbildner zu Störelement abhängt [2658] [2666] [2778], sondern nur von der Konzentration des Störelements in der endgültigen Meßlösung [3054] [3058], sowie von der Säurekonzentration und -zusammensetzung, worauf noch ausführlich eingegangen werden soll.

Die Tatsache, daß die Signalunterdrückung weder vom Mengenverhältnis Hydridbildner zu Störelement noch von der Kontaktzeit der Reaktionspartner vor der Reduktion abhängt, schließt die Bildung nicht oder schwer reduzierbarer Verbindungen zwischen dem Hydridbildner und dem Störelement vor der Reduktion aus. TÖLG und Mitarbeiter [2666] kommen daher zu der Annahme, daß das Hydrid erst nach seiner Bildung an der Phasengrenzfläche Gas/Lösung mit den in der salzsuren Probenlösung vorhandenen freien Störionen zu schwer löslichen Arseniden, Seleniden, Telluriden usw. reagiert, wenn es im Trägergasstrom die Probenlösung passiert. Eine solche Reaktion hängt nur von der Diffusionsgeschwindigkeit des kovalenten Hydrids aus dem Inneren der Gasblase zur Phasengrenzfläche ab. Die transportierte Menge an dem Hydridbildner wäre dann aber nach den Gesetzen der Diffusion nur der Anfangskonzentration des Hydrids in der Gasblase proportional und weitgehend unabhängig vom ursprünglichen Gehalt des Hydridbildners in der Probenlösung. Eine Abschätzung der Diffusionsgeschwindigkeit des Hydrids im Trägergasgemisch Stickstoff-Wasserstoff und die Größenordnung der Verweilzeit einer Gasblase in der Lösung sprechen mit großer Wahrscheinlichkeit für den Ablauf eines solchen Reaktionsmechanismus.

In die gleiche Richtung gehen die Untersuchungen von RAPTIS und Mitarbeiter [2778], die feststellten, daß bei kleinen Probeneinwaagen richtige Ergebnisse erhalten wurden, während bei höheren Einwaagen der gleichen Probe unter sonst identischen Versuchsbedingungen Minderbefunde auftraten. Dies zeigt ganz klar, daß die Signalerniedrigung nicht von dem Verhältnis Hydridbildner zu Störelement, sondern nur von der jeweiligen Konzentration des Störelements in der Meßlösung abhängt. MELCHER und Mitarbeiter [2658] haben diesen Befund bestätigt; sie stellten allerdings fest, daß auch bei hohen Probeneinwaagen richtige Ergebnisse erzielt werden, wenn mit dem Additionsverfahren gearbeitet wird.

Es bleibt nun lediglich noch die Frage offen, ob es sich bei den beobachteten Störungen um Reaktionen des kovalenten Hydrids mit den in Lösung befindlichen Ionen oder mit dem bereits ausgefällten, fein verteilten Metall handelt. Der schon früher erwähnte Versuch von KIRKBRIGHT und TADDIA [2471] mit der direkten Zugabe von Nickelpulver zeigt zumindest, daß auch die Reaktion Gas/festes Metall eine Rolle spielt. Dafür sprechen ebenfalls die früher zumindest qualitativ festgestellten Zusammenhänge zwischen dem Auftreten eines Niederschlags im Reaktionsgefäß und einer Signalerniedrigung.

Eingehende Untersuchungen, bei denen das aus reiner, salzsaurer Lösung entwickelte Hydrid erst durch eine Waschflasche geleitet wurde, in der sich das Störelement ionogen in Lösung befand, zeigten eindeutig, daß beide Reaktionsmechanismen möglich sind [3057]. Übergangsmetalle wie Cobalt, Eisen, Nickel und Kupfer stören dabei allerdings in der reduzierten, metallischen Form, deutlich stärker und in viel geringeren Konzentrationen als in Lösung. Hier müßte die Interferenz also ganz einfach dadurch zu beseitigen sein, daß das Ausfällen nach der Borhydridzugabe verhindert wird. Damit scheint klar zu sein, daß die Reduktion des Störelements zum Metall, zumindest für diese Elemente die erste und entscheidende Reaktion ist. Von dem fein verteilten Metall wird dann das entwickelte Hydrid eingefangen und zersetzt, so daß es in einer wahrscheinlich katalytisch unterstützten Reaktion die schwer lösliche Verbindung bildet. Der Befund von PIERCE und BROWN [2749], daß wesentlich mehr Störungen auftreten, wenn zuerst Borhydrid zur Probenlösung gegeben wird und dann die Salzsäure als bei umgekehrter Zugabe, weist ganz klar in die gleiche Richtung.

Die meisten Übergangsmetalle stören aber, zumindest in höheren Konzentrationen, auch in der ionogenen Form in Lösung [3057]. Hier gilt also offensichtlich der von TÖLG und Mitarbeitern [2666] vorgeschlagene Mechanismus, daß das Hydrid erst nach seiner Bildung an der Phasengrenzfläche Gas/Lösung mit den in der sauren Lösung vorhandenen freien Störionen zu schwer löslichen Arseniden, Seleniden, Telluriden usw. reagiert. Ganz entscheidend bei all diesen Feststellungen ist aber die Tatsache, daß Störungen durch Übergangsmetalle in der Hydrid-Technik durch relativ einfache Mittel beseitigt oder zumindest um Größenordnungen reduziert werden können. Als Maßnahmen kommen dabei in Frage: ein Erhöhen der Säurekonzentration (Abb. 117), Verwenden eines Säuregemischs (Abb. 118) oder ein Verdünnen der Probenlösung durch Verwenden kleinerer Aliquote bei sonst gleichen Versuchsbedingungen bzw. durch Verdünnen des gleichen Probenaliquots auf ein größeres Endvolumen (Abb. 119). Berücksichtigt man diese Möglichkeiten, so gelingt eine störfreie Bestimmung der Hydridbildner nicht nur in Lebensmitteln [2857] und anderen biologischen Materialien [2735] [2893], in geologischen und Umweltproben [2893], sondern auch in reinen Metallen und Legierungen [2254] [3054] [3058].

BERNDT und Mitarbeiter [2084] fanden als erste bei der Bestimmung von Arsen in Blei, daß der störfreie Bereich um fast vier Zehnerpotenzen ausgedehnt werden kann, wenn mit einer Salzsäure der Konzentration 6 mol/L, statt wie sonst mit 0,5 mol/L HCl gearbeitet wird. Ähnliche Befunde machten wir für alle anderen Hydridbildner in Gegenwart von Eisen und Nickel [3054] sowie von Kupfer und einigen anderen Übergangsmetallen [3058].

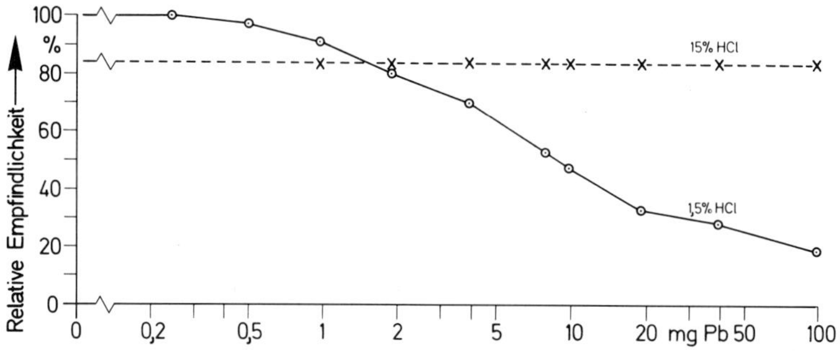

Abb. 117 Erweiterung des störfreien Bereichs in der Hydrid-Technik durch Einsatz höherer Säurekonzentrationen. Bestimmung von Arsen in Gegenwart von Blei in 1,5- und in 15%iger Salzsäure

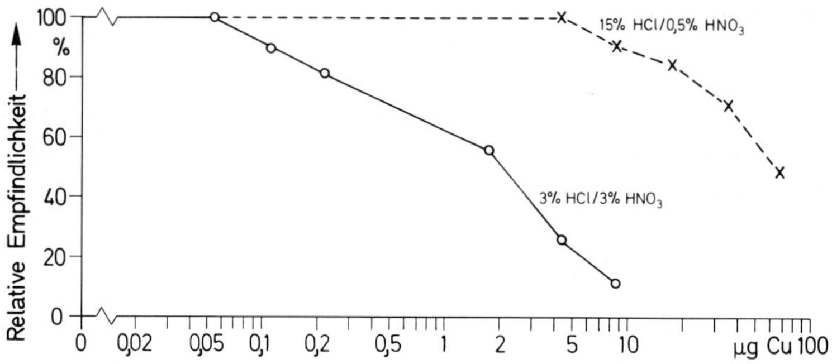

Abb. 118 Erweiterung des störfreien Bereichs in der Hydrid-Technik durch Einsatz von Säuregemischen. Bestimmung von Tellur in Gegenwart von Kupfer(II) in 3% HCl/3% HNO_3 und in 15% HCl/ 0,5% HNO_3

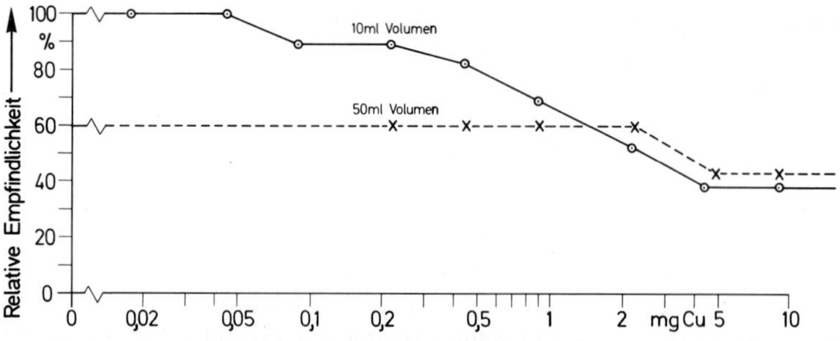

Abb. 119 Erweiterung des störfreien Bereichs in der Hydrid-Technik durch Verwenden größerer Meßvolumina. Bestimmung von Antimon in Gegenwart von Kupfer(II)

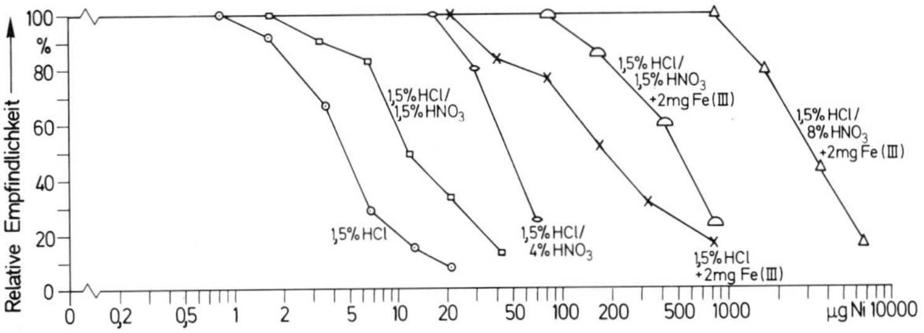

Abb. 120 Erweiterung des störfreien Bereichs bei der Bestimmung von Arsen in Gegenwart von Nickel durch Zusätze von Eisen(III) in verschiedenen Säuregemischen (nach [3049])

Häufig lassen sich die Einflüsse von störenden Elementen auf einen recht einfachen Nenner bringen, so daß es gelingt, den Bereich für eine störfreie Bestimmung vorauszuberechnen und Säurekonzentration und -zusammensetzung sowie Probenverdünnung entsprechend abzustimmen [3054] [3058]. Dies gelingt jedoch nicht in allen Fällen, da offensichtlich, besonders bei komplexer Probenzusammensetzung mit verschiedenen Wechselwirkungen gerechnet werden muß. RAPTIS und Mitarbeiter [2778] stellten z. B. bei der Bestimmung von Selen in pflanzlichen und tierischen Materialien fest, daß Störungen auftraten, obgleich in keinem Fall die Absolutmenge eines Störelements allein für die Minusbefunde verantwortlich zu machen war. Sie vermuteten daher, daß mit synergetischen Effekten verschiedener Elemente gerechnet werden muß, was durch Versuche von uns bestätigt wurde [2658]. Daß Wechselwirkungen mehrerer Elemente aber nicht nur eine erhöhte Störanfälligkeit mit sich bringen, sondern unter Umständen auch einen sehr positiven Einfluß haben können, haben Arbeiten von FLEMING und IDE [2254] gezeigt. Während Nickel die Bestimmung aller Hydridbildner schon in relativ kleinen Konzentrationen stört, ist dieser Einfluß in Gegenwart hoher Konzentrationen Eisen wesentlich geringer. Den Autoren gelang daher eine störungsfreie Bestimmung von Antimon, Arsen, Bismut, Selen, Tellur und Zinn in Stahl selbst in Gegenwart höherer Nickelgehalte. Zur Analyse hoch legierter Stähle setzten sie sogar Eisen zu, um den Einfluß von Nickel und anderen Störelementen zu beseitigen. Diese Befunde wurden von uns bestätigt und für weitere Legierungsbestandteile systematisch untersucht [3054] [3058]. In Abb. 120 ist dieser Effekt für die Bestimmung von Arsen in Gegenwart von Nickel gezeigt. Auch bei der Bestimmung von Arsen in Abwasser kann die Nickelstörung durch Zusatz von Eisen beseitigt werden [3060].

Eine weitere interessante Möglichkeit Störeinflüsse stark zu reduzieren besteht in der unterschiedlichen Stabilität der Verbindungen, die die Hydridbildner mit den Elementen der VIII. und I. Nebengruppe eingehen. TÖLG und Mitarbeiter [2666] stellten bereits fest, daß die Selenbestimmung durch Silber in Gegenwart von Tellur sehr unterschiedlich beeinflußt wird. Während in Abwesenheit von Tellur die Selenbestimmung bereits durch Silberkonzentrationen oberhalb 25 µg/L (in Salzsäure der Konzentration 0,3 mol/L) gestört wird, beginnt der Einfluß des Silbers in Gegenwart von 200 µg Tellur erst bei 5000 µg/L. Das entspricht einer Erweiterung des störfreien Bereichs um den Faktor 200.

KIRKBRIGHT und TADDIA [2472] bauten auf diesem Verhalten ein Verfahren auf, um die Störungen verschiedener Metallionen bei der Bestimmung von Selen zu reduzieren. Das bei der Reduktion mit Natriumborhydrid entstehende Te^{2-} kann mit zahlreichen störenden

Ionen sehr stabile Telluride bilden. Dabei sind die Stabilitätskonstanten der Telluride von Kupfer, Nickel, Palladium, Platin und anderen alle niedriger als die der entsprechenden Selenide. Der Zusatz von überschüssigem Tellur(IV) erweitert den störfreien Bereich für die Selenbestimmung in Gegenwart all dieser Elemente ganz erheblich.

Dies ist der einzige Hinweis in der Literatur auf die Zugabe eines anderen Hydridbildners, um die Einflüsse auf das zu bestimmende Element zu reduzieren. Bei genauerer Betrachtung der Stabilitätskonstanten ließen sich sicher noch andere Elementkombinationen finden, bei denen ähnliche Effekte auftreten.

Verschiedene Autoren haben versucht, durch unterschiedliche Zusätze hauptsächlich von Komplexbildnern die Reduktion und Fällung der störenden Metalle zu verhindern und damit die Störungen zu beseitigen. Kaliumiodid beseitigt den Einfluß von Cadmium, Eisen, Cobalt, Kupfer und Silber auf die Bestimmung von Arsen bis zum 1000fachen Überschuß und reduziert auch den Einfluß von Nickel [3086]. Desgleichen wird die Störung der Antimonbestimmung in Gesteinen durch Eisen [2146] sowie der Bismutbestimmung in biologischem Material durch Kupfer [2797] durch Kaliumiodid-Zusatz reduziert.

Das Natriumsalz der Ethylendiamin-tetraessigsäure (EDTA) bildet mit zahlreichen Übergangselementen stabile Komplexe, DRINKWATER [2206] gelang auf diese Weise die Bestimmung von Bismut in Nickellegierungen und LINDSJÖ [2550] die Bestimmung von Bismut in Cobalt. Der EDTA-Cobalt(III)-Komplex ist noch in einer Salzsäure der Konzentration 5 mol/L stabil, während der entsprechende Bismutkomplex unter diesen Bedingungen nicht mehr stabil ist. MAUSBACH [2642] beseitigte die Störung von Cobalt und Nickel auf die Bestimmung von Arsen und Selen durch Komplexierung mit EDTA vollständig. Der Einfluß von Kupfer auf die Arsenbestimmung konnte durch die gleiche Maßnahme beseitigt werden, während dies bei der Selenbestimmung nicht gelang. MAUSBACH erklärte dies mit der unterschiedlich starken pH-Abhängigkeit der EDTA-Komplexe mit den untersuchten Metallen.

GUIMONT und Mitarbeiter [2328] setzten EDTA, Cyanid und Rhodanid erfolgreich für die Maskierung von Nickel bei der Bestimmung von Arsen in Gesteinen und Sedimenten ein. RUBEŠKA und HLAVINKOVÁ [2809] wiesen allerdings darauf hin, daß diese Komplexierungsmittel nur dann einsetzbar sind, wenn der endgültige pH-Wert der Lösung nach dem Mischen mit Natriumborhydrid alkalisch ist, oder wenn Borhydrid-Tabletten verwendet werden, in deren Umgebung genügend Alkalität herrscht. In Salzsäure, der Konzentration 1 mol/L, haben weder EDTA noch Rhodanid einen Effekt, da die Komplexe nicht stabil genug sind.

LINDSJÖ [2550] fand, daß sich Thioharnstoff gut eignet, um Kupfer für die Bestimmung von Antimon zu komplexieren und VIJAN und CHAN [3016] verwendeten Natriumoxalat, um Störungen der Zinnbestimmung durch Kupfer und Nickel zu beseitigen. KIRKBRIGHT und TADDIA [2471] setzten Thiosemicarbazid und 1,10-Phenanthrolin ein, um den Einfluß von Kupfer, Nickel, Platin und Palladium auf die Bestimmung von Arsen zu reduzieren. DORNEMANN und KLEIST [2205] fanden schließlich, daß Pyridin-2-aldoxim die größte Wirkung bei der Beseitigung von Störungen der Arsenbestimmung hat. 300 mg des Komplexbildners in der Meßlösung schalten die Störung von 40 mg Cobalt, Kupfer oder Nickel (jeweils als Oxid) aus.

Eine letzte Möglichkeit verschiedene Störungen bei der Hydrid-AAS-Technik zu umgehen, besteht im Abtrennen der Hydridbildner durch Mitfällung mit Lanthanhydroxid [2068] [2069] [2550] [2971], Eisenhydroxid [2068], Aluminiumhydroxid [2550] oder hydratisiertem

Mangandioxid [3016]. Das größte Problem bei diesem Verfahren dürfte die Reinheit der in relativ hohen Konzentrationen verwendeten Metallsalze sein, so daß häufig hohe Blindwerte zu erwarten sind.

8.3.6 Gasphasen-Interferenzen

Fast alle Hydridbildner stören sich gegenseitig mehr oder weniger stark, wobei in einigen Fällen schon sehr niedrige Konzentrationen signalerniedrigend wirken. Auch das Ausmaß dieser Störung hängt nur von der Konzentration des Störelements ab und nicht vom Verhältnis Störelement zu interessierendem Element. Daher tritt diese Interferenz bei vielen Proben nach ausreichender Verdünnung nicht mehr in Erscheinung, so daß verschiedene Autoren auch keine Notwendigkeit zu ihrer Beseitigung sahen. VERLINDEN und DEELSTRA [3009] fanden bei der Bestimmung von Selen, daß Bismut und Zinn bereits bei einem zwei- bis fünffachen Überschuß stören, Antimon ab etwa einem 20fachen Überschuß, sowie Tellur und Arsen ab einem 100- bzw. 500fachen Überschuß. Es wurde kein Versuch unternommen, die Einflüsse zu reduzieren, da die Störfreiheit für Messungen in biologischen Materialien ausreichte.

YAMAMOTO und KUMAMARU [3086] beseitigten die Einflüsse von Bismut, Blei, Selen(IV) und Tellur(IV) und auf die Bestimmung von Arsen durch Zusatz von Kaliumiodid. Ein bis zu 1000facher Überschuß an diesen Elementen störte dann nicht mehr. ROMBACH und KOCK [2797] verwendeten das gleiche Reagens, um den Einfluß von Arsen und Selen auf die Bestimmung von Bismut zu beseitigen. VIJAN und CHAN [3016] schließlich setzten der Probenlösung Natriumoxalat zu, um Störungen durch Antimon und Arsen bei der Bestimmung von Zinn zu kontrollieren.

Über den Mechanismus der gegenseitigen Störung der hydridbildenden Elemente haben sich bislang nur äußerst wenig Autoren Gedanken gemacht. SMITH [2890] vermutete, daß Verbindungsbildung in der von ihm benutzten, kühlen Argon/Wasserstoff-Flamme eine Erklärung für die wechselseitigen Interferenzen der Hydridbildner sein könnte, sagte jedoch nichts aus über die Art dieser Verbindungen.

Denkbar wäre auch eine Art „Konkurrenzreaktion“, d. h. das zu bestimmende und das störende Element machen sich das Natriumborhydrid streitig. Das leichter reduzierbare Element würde dabei rascher reagieren und bevorzugt das Borhydrid verbrauchen, so daß weniger davon für das langsamer reagierende Element zur Verfügung stünde, für das dann ein niedrigeres Signal erhalten wird. Eine Bestätigung dafür scheint zu sein, daß Arsen(III) die Bestimmung von Selen etwa 5- bis 10mal stärker stört als Arsen(V), das bekanntlich deutlich langsamer reduziert wird [2666].

Eine eingehende Untersuchung des Elementpaars Arsen und Selen [3055] hat bestätigt, daß Arsen(III) schon in einer etwa 10mal niedrigeren Konzentration ($>0,01$ mg/L) die Selenbestimmung stört als Arsen(V), das erst oberhalb von 0,1 mg/L einen Einfluß zeigt (Abb. 121). Selen seinerseits stört aber die Bestimmung von Arsen schon in Konzentrationen oberhalb 0,001 mg/L Se (Abb. 122), also wesentlich stärker. Diese Störung ist unabhängig von der Oxidationsstufe des Arsens. Beide Interferenzen sind unabhängig von der Konzentration des zu bestimmenden Elements und hängen nur ab von der Konzentration des störenden Elements. Um den Reaktionsmechanismus beurteilen zu können, wurden, wie in Abb. 123 zu sehen ist, die Signale für Se(IV), As(III) und As(V) schnell registriert

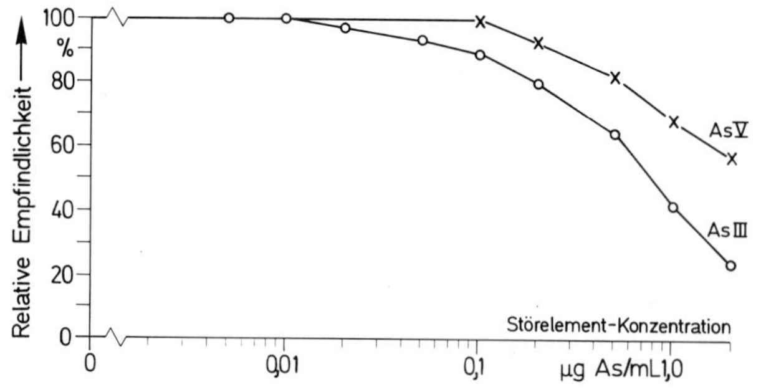

Abb. 121 Einfluß steigender Arsenkonzentrationen auf die Bestimmung von Selen (nach [3055])

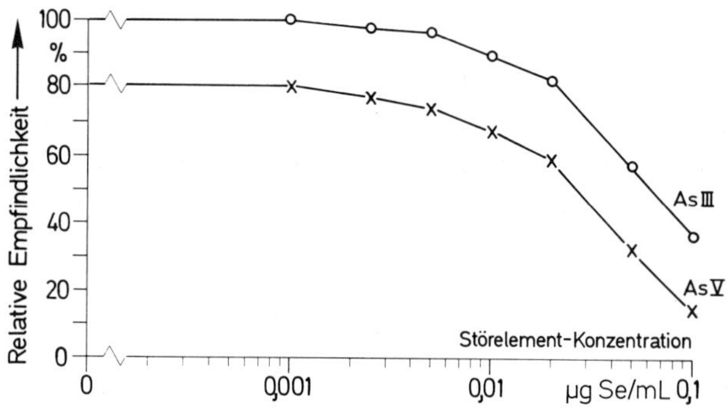

Abb. 122 Einfluß steigender Selenkonzentrationen auf die Bestimmung von Arsen(III) und Arsen(V)

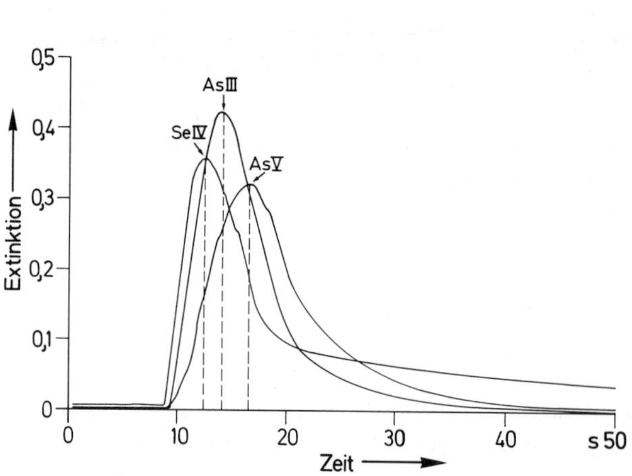

Abb. 123 Atomisierungssignale für Arsen(III), Arsen(V) und Selen(IV) in der Hydrid-Technik

und übereinanderprojiziert. Selen(IV) reagiert damit am schnellsten, gefolgt von Arsen(III), und am langsamsten kommt das Signal von Arsen(V).

Wenn nun tatsächlich eine Konkurrenzreaktion um das Natriumborhydrid die Erklärung für die Interferenz wäre, so müßte das schneller reagierende Arsen(III) einen stärkeren Einfluß auf die Selenbestimmung haben als das langsamere Arsen(V), was ja auch den Beobachtungen entspricht. Weiterhin sollte der Einfluß von Selen, das am schnellsten reagiert, auf Arsen stärker sein als umgekehrt, was ebenfalls in Übereinstimmung mit den experimentellen Ergebnissen ist. Schließlich sollte auch ein ganz deutlicher Unterschied der Seleninterferenz auf die beiden Oxidationsstufen des Arsens zu bemerken sein, da Se(IV) und As(III) fast gleichzeitig erscheinen, während As(V) viel später und langsamer reagiert. Wie das Experiment zeigt, ist jedoch kein Unterschied im Einfluß von Selen auf die beiden Oxidationsstufen des Arsens.

Damit wird der Mechanismus der Konkurrenzreaktion um das Natriumborhydrid ziemlich unwahrscheinlich. Zudem wird üblicherweise mit einem sehr großen Überschuß an Borhydrid gearbeitet, so daß zumindest bei so kleinen Konzentrationen an Hydridbildnern wie sie hier betrachtet werden, kaum ein Mangel an dem Reduktionsmittel auftreten dürfte. Auch andere Reaktionen in der Lösung, die zu einer derartigen Signalerniedrigung führen könnten, sind kaum vorstellbar, da keine schwer löslichen Verbindungen zwischen Arsen und Selen bekannt sind.

Es ist daher anzunehmen, daß beide Hydride gebildet werden und auch in die Atomisierungseinrichtung gelangen. Wie schon in Abschn. 8.3.1 ausgeführt, erfolgt die Atomisierung der Hydride bevorzugt durch Zusammenstöße mit H-Radikalen.

DĚDINA und RUBEŠKA [2188] haben aus der Strömungsgeschwindigkeit der Gase und der Lebensdauer von Radikalen abgeleitet, daß diese alle in einer Schicht konzentriert sind. Die Zahl der Zusammenstöße zwischen Radikalen und Hydridmolekülen und damit die Wirksamkeit der Atomisierung hängen damit nur ab von der Querschnittsdichte an Radikalen in dieser Schicht.

In einem beheizten Quarzrohr, das mit Inertgas gespült wird, ist sicher die Konzentration an Radikalen nicht beliebig groß und man kann sich vorstellen, daß oft sogar ein Mangel an Radikalen zu beobachten ist, besonders wenn unter weitgehendem Sauerstoffausschluß gearbeitet wird [3056]. Betrachtet man nun die gegenseitige Störung von Arsen und Selen nochmals unter diesem Aspekt, so wird klar, daß Selenhydrid, das früher verflüchtigt wird als Arsin, den Mangel an Radikalen noch erhöht. Für Arsin, das später im Quarzrohr erscheint, sind dann nicht mehr genügend Radikale vorhanden, um den gleichen Atomisierungsgrad zu erreichen wie in Abwesenheit von Selenhydrid. Dieser Effekt ist weitgehend unabhängig von der Erscheinungszeit des Arsins, woraus sich erklärt, warum der Einfluß von Selen auf Arsen(III) und Arsen(V) praktisch gleich ist. Die Tatsache, daß Arsen die Selenbestimmung weniger stört als umgekehrt unterstützt diese Theorie ebenso wie der Befund, daß Arsen(V) weniger stört als Arsen(III). Je später das Arsin in der geheizten Quarzküvette erscheint, desto geringer ist sein Einfluß auf die Atomisierung des schnelleren Selenhydrids.

Wenn nun die wechselseitige Interferenz zwischen Arsen und Selen tatsächlich eine Gasphasenreaktion in der Atomisierungseinrichtung ist und sich nicht in der flüssigen Phase des Reaktionsgefäßes abspielt, dann sollte es möglich sein, diese Interferenz zu beseitigen, indem man verhindert, daß das störende Hydrid in die Atomisierungseinrichtung gelangt. Dies sollte möglich sein mit einem der bekannten Störionen der VIII. oder I. Nebengruppe.

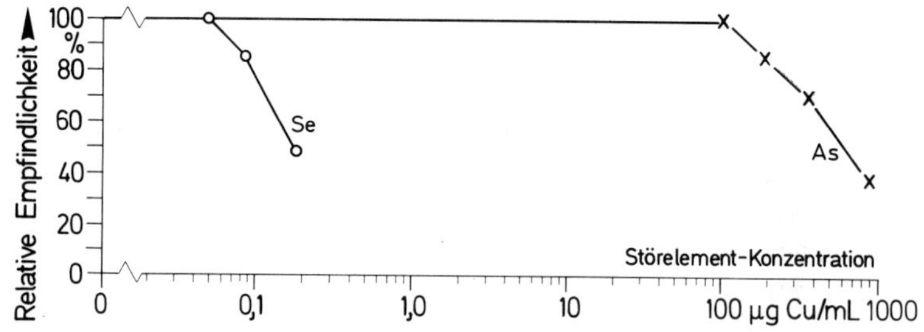

Abb. 124 Einfluß von Kupfer(II) auf die Bestimmung von Arsen und Selen in 1,5%iger Salzsäure

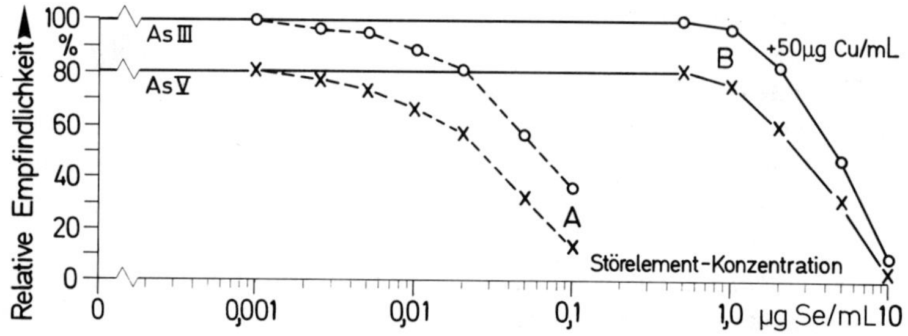

Abb. 125 Erweiterung des störfreien Bereichs für die Arsenbestimmung in Gegenwart von Selen durch Zusatz von 50 mg/mL Kupfer

Natürlich darf dieser „Puffer" nur die Bildung oder Austreibung des störenden Hydrids beeinflussen, nicht die des zu bestimmenden Elements.

Kupfer(II) ist ein derartiges Ion, das die Bestimmung von Selen viel stärker stört als die von Arsen (Abb. 124). Zugabe von beispielsweise 50 mg/L Cu sollte die Entwicklung von Selenhydrid vollständig unterdrücken, aber noch keinen Einfluß auf Arsen haben. Abb. 125 zeigt, daß dieser Effekt tatsächlich eintritt und daß die Zugabe einer ausreichend hohen Konzentration Kupfer den störfreien Bereich für die Bestimmung von Arsen um nahezu drei Zehnerpotenzen ausdehnt [3055].

8.4 Die Kaltdampf-Technik

Die Kaltdampf-Technik läßt sich nur für die Bestimmung von Quecksilber einsetzen und basiert auf einigen typischen Eigenschaften dieses Elements. Da es sich aus seinen Verbindungen leicht zum Metall reduzieren läßt und bei 20 °C einen beträchtlichen Dampfdruck von 0,0016 mbar besitzt, kann es ohne eine spezielle Atomisierungseinrichtung direkt bestimmt werden. Es muß lediglich nach seiner Reduktion durch einen Gasstrom in den Dampfraum übergeführt werden. Eine Diskussion des Atomisierungsmechanismus entfällt daher bei dieser Technik.

Auch spektrale Interferenzen treten bei der Kaltdampftechnik praktisch nicht auf. In früheren Arbeiten wurde gelegentlich von einer Untergrundabsorption durch Wasserdampf berichtet; eine genauere Untersuchung hat jedoch gezeigt, daß Wasser auf der Quecksilberlinie keine Absorptionsbande besitzt. Die beobachtete Störung beruht nur auf mitgerissenen Lösungströpfchen oder der Kondensation von Wasserdampf in der Absorptionsküvette [2926]. Dies läßt sich durch ein geeignetes Trocknungsmittel oder noch einfacher durch leichtes Erwärmen der Absorptionsküvette vermeiden.

Schließlich ist noch eine gewisse Abhängigkeit der beobachteten Signalhöhe vom Lösungsvolumen festzustellen, wenn das Quecksilber nicht vor der Bestimmung durch Amalgamieren oder Zementieren gesammelt wird. Es handelt sich hier um eine kinetische Interferenz, die jedoch dann nicht stört, wenn Proben und Bezugslösungen aus dem gleichen Lösungsvolumen gemessen werden.

Somit verbleiben bei der Kaltdampf-Technik lediglich noch chemische Interferenzen in der Lösung durch Begleitsubstanzen, die eine Reduktion des Quecksilbers verhindern oder mit dem Quecksilber zu schwer reduzierbaren Verbindungen weiterreagieren. Darüber hinaus sollen in diesem Fall jedoch auch systematische Fehler diskutiert werden, die beim Quecksilber aufgrund der speziellen Eigenschaften dieses Elements besonders gravierend sein können. Es muß dabei jedoch ausdrücklich darauf hingewiesen werden, daß diese systematischen Fehler grundsätzlich nichts mit der Bestimmungstechnik selbst zu tun haben. Sie sind sowohl unabhängig von dem Analysenverfahren AAS als auch der verwendeten Kaltdampftechnik.

8.4.1 Systematische Fehler

Die Ursachen für die bei der Bestimmung von Quecksilber in so hohem Maße auftretenden systematischen Fehler hängen alle mehr oder weniger direkt mit der Mobilität dieses Elements und seiner Verbindungen zusammen. Im wesentlichen geht es dabei um Blindwerte und Kontamination aus Reagenzien, den Gerätschaften und aus der Luft, sowie um Verluste, die durch Verflüchtigung, durch Adsorption oder auch durch chemische Umsetzungen eintreten können. Diese Vorgänge können in der extremen Spurenanalytik, die bei Quecksilber oft notwendig ist, zu Ergebnissen führen, die um Größenordnungen falsch sind. Aber auch im „normalen" Meßbereich sind noch erhebliche Fehler möglich, wenn nicht mit besonderer Sorgfalt gearbeitet wird. Der Quecksilbergehalt in Luft ist üblicherweise in nicht direkt kontaminierten Bereichen sehr niedrig und übersteigt selten einige ng/m^3. In Laboratoriumsluft kann Quecksilber jedoch oft stark angereichert sein, und Werte von einigen 100 ng/m^3 sind keine Seltenheit [2291]. Dazu kommt, daß Quecksilber nicht wie die meisten anderen Kontaminationselemente an Staubteilchen gebunden vorkommt, sondern gasförmig vorliegt und damit auch von den Hochleistungs-Schwebstoffiltern eines Reinstraumlabors nicht zurückgehalten wird. Dies führt dann leicht zu unkontrollierbaren Blindwerten und zu Kontaminationen von Proben, Geräteoberflächen und Reagenzien [2975].

KAISER und Mitarbeiter [2448] berichten über erhebliche Probleme, die bei der Lagerung von Proben auftreten können. Bodenproben, die zum Trocknen 30 Tage lang bei 20 °C an der Luft gelagert wurden, nahmen ein Vielfaches ihres ursprünglichen Gehalts an Quecksilber aus der Luft auf, die Werte stiegen bis auf das 100fache an, wobei jedoch keine bestimmten Gesetzmäßigkeiten zu beobachten waren. Diese Aufnahme von Quecksilber kann auch durch Diffusion von Hg-Dampf durch Kunststoffolien hindurch erfolgen. Werden Analysenproben in Kunststoffgefäßen an Orten mit einem Hg-Konzentrationsgefälle zwischen

Umwelt und Probe gelagert, so kann ein Quecksilberaustausch durch die Gefäßwand stattfinden. Dieser Vorgang hängt sehr stark vom Typ der Folie und ihrer Dicke, sowie der Temperatur und anderen Faktoren ab.

Ebenso können erhebliche Fehler durch Kontamination von Gefäßen und Geräten aus der Laborluft auftreten. Eine gründliche Reinigung z. B. durch Ausdämpfen mit Salpetersäure und Wasser ist hierbei eine Selbstverständlichkeit, jedoch lassen sich damit nicht alle Quecksilberspuren entfernen. Darüber hinaus muß daher versucht werden, mit möglichst wenig Geräten auszukommen, weitgehend inerte Materialien einzusetzen und Geräte mit einer möglichst kleinen Oberfläche zu verwenden. Der Einsatz von Verbundverfahren ist zudem ein Weg, der hier Erfolg verspricht.

Wohl die bekannteste Quelle für Elementblindwerte sind die verwendeten Reagenzien. Zunächst ist zu berücksichtigen, daß es überhaupt nur relativ wenige Reagenzien gibt, die sich ohne allzu großen Aufwand sehr rein darstellen oder nachreinigen lassen. Dazu gehören in erster Linie nur Wasser und einige Säuren; alle anderen Reagenzien genügen oft kaum noch den Ansprüchen der extremen Spurenanalyse [2975].

Säuren lassen sich zwar durch eine Destillation unterhalb ihres Siedepunktes („sub boiling destillation") recht wirkungsvoll reinigen, es sollte jedoch nicht vergessen werden, daß solche Lösungen nicht unbedingt über längere Zeiträume rein bleiben. Quecksilberdampf folgt einer gut funktionierenden Verteilungsfunktion und es stellt sich rasch ein Gleichgewicht zwischen einem Gas und einer wäßrigen Phase ein [2482]. Das heißt, daß sich in einem offenen Gefäß sehr rasch wieder eine höhere Quecksilberkonzentration ausbildet, wenn dieses in der Laboratoriumsluft vorhanden ist. Es hat sich gezeigt, daß schon kurzzeitiges Öffnen einer Flasche mit hochreiner Säure den Elementblindwert erheblich erhöhen kann [3053].

Die zweite Quelle für systematische Fehler bei der Bestimmung von Quecksilber sind Verluste durch Verflüchtigung, Adsorption oder durch chemische Umsetzungen. Diese Verluste können bereits bei der Probenahme, der Probenvorbereitung, dem Aufschluß, der Lagerung oder erst bei der eigentlichen Messung auftreten. Im Prinzip handelt es sich natürlich wegen der Mobilität des Quecksilbers bei den meisten Verlusten im Prinzip um Austauschreaktionen. Das heißt, das Quecksilber wird z. B. von einer Probe, die relativ viel von diesem Metall enthält, an eine Gefäßoberfläche abgegeben. Wird in das gleiche Gefäß ohne vorherige Reinigung dann eine Probe mit relativ niedrigem Quecksilbergehalt gebracht, so erfolgt der umgekehrte Austausch, das Quecksilber wird von der Gefäßoberfläche an die Probe abgegeben. Ein Verlust an Quecksilber in der einen Probe kann also sofort zu einer Kontamination der nächsten führen.

Mehrere Autoren haben sich schon mit der Frage der geeignetsten Gefäßmaterialien für Probenahme und -lagerung befaßt (Abb. 126). Normales Laborglas zeigt eindeutig die schlechtesten Eigenschaften; PTFE ist besser, jedoch keinesfalls befriedigend, wenn es nicht vorher mit 65%iger Salpetersäure ausgedämpft wurde [2447]. Insgesamt zeigt sich, daß Quarz und glasartiger Kohlenstoff am besten für eine Aufbewahrung quecksilberhaltiger Proben geeignet sind. Ein Ausdämpfen der Gefäße mit 65%iger Salpetersäure führt in jedem Fall zu einer geringeren Bereitschaft Quecksilber zu adsorbieren [2448]. Eine längere verlustfreie Lagerung kann jedoch nur dann vorgenommen werden, wenn den Proben Kaliumiodid, -bromid oder -cyanid zum Komplexieren des Quecksilbers zugesetzt wird [2447].

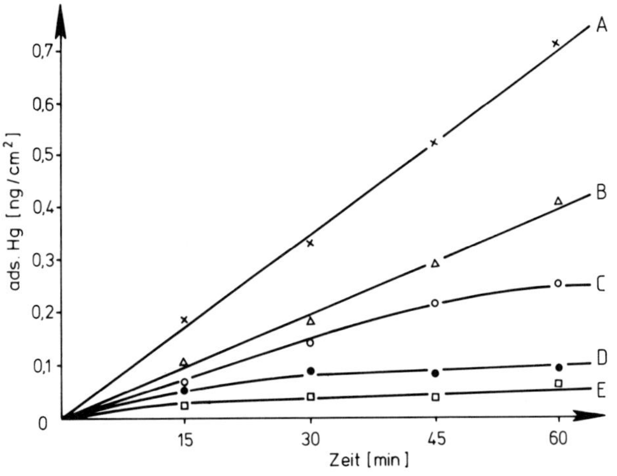

Abb. 126 Adsorption von Quecksilberdampf an verschiedene Werkstoffe. *A*: Graphit-PTFE, *B*: PTFE, *C*: Duranglas, *D*: Quarz, *E*: glasartiger Kohlenstoff. Adsorptionsbedingungen: T = 20 °C, Trägergas: Stickstoff, 5 L/h; mittlere Quecksilberkonzentration im Trägergas: 1 ng/mL ± 10%; Werkstoffe mit bidest. H_2O gespült (nach [2448])

LITMAN und Mitarbeiter [2551] berichten ebenfalls über hohe Adsorptionsraten von Quecksilber an Glas, Teflon und besonders an Polyethylen im Konzentrationsbereich < 1 µg/L. Sie vermuteten, daß die Verluste auf eine Reduktion zum Metall zurückzuführen sind.

KOIRTYOHANN und KHALIL [2482] fanden bei Verwendung von Polypropylen, daß häufig für die Bezugslösungen zu niedrige Werte gefunden werden, nicht aber für Proben, die überschüssiges Oxidationsmittel aus dem Aufschluß enthalten. Als Ursache hierfür fanden sie Di-t-butyl-methyl-phenol, das dem Polypropylen als Antioxidans zugesetzt wird und das hier als Reduktionsmittel wirkt. Das Problem ließ sich durch Zusatz eines Oxidationsmittels wie $KMnO_4$ zu den Bezugslösungen beseitigen.

TÖLG [2975] berichtet weiterhin über Fällungsaustauschreaktionen beim Quecksilber z. B. durch Zementieren an unedleren Metalloberflächen und chemische Wechselwirkungen an Schlauchoberflächen. Rote Gummischläuche, die mit Antimonsulfiden versetzt sind, binden an ihrer Oberfläche Quecksilberionen als HgS und PVC-Schlauch hält das Quecksilber an nicht abgesättigten Chlorvalenzen zurück.

Bezüglich der Probenahme und -lagerung berichten STOEPPLER und MATTHES [2921], daß nicht angesäuerte Seewasserproben ihr Quecksilber sehr rasch verlieren. Bei pH 2,5 trat jedoch über mehr als 2 Monate keine Änderung im Quecksilber-Gesamtgehalt ein, wohl aber eine Abnahme des Methylquecksilbers und eine proportionale Zunahme an anorganischem Quecksilber. MATSUNAGA und Mitarbeiter [2635] fanden, daß eine Konzentration von 0,5 µg/L Quecksilber selbst in einer angesäuerten Lösung rasch abnimmt. Die Anwesenheit von Natriumchlorid verhindert aber die Adsorptionsverluste an die Gefäßwand.

Für die Probenvorbereitung weisen KAISER und Mitarbeiter [2448] besonders darauf hin, daß bei flüssigen Proben Schwebstoffe nicht durch Filtrieren entfernt werden dürfen, da das Filter wegen seiner großen Oberfläche einen großen Anteil des Quecksilbers adsorbiert. Auch beim Zentrifugieren kann der durch Adsorption im Niederschlag verbleibende Anteil an Quecksilber bei Bestimmungen im unteren ng/g-Bereich erheblich sein.

Bei Feststoffen treten systematische Fehler vorwiegend beim Zerkleinern, Sieben und Homogenisieren auf. Hierbei ist darauf zu achten, daß z. B. die Schneidewerkzeuge so beschaffen sind, daß möglichst keine Verluste durch Amalgambildung oder Zementation auftreten. Mit flüssigem Stickstoff gekühlte Gefäße aus inertem Kunststoff haben sich zum Homogenisieren bewährt [2448]. Über Verluste beim Gefriertrocknen gibt es sehr widersprüchliche Berichte [2551]. RAMELOW und HORNUNG [2771] fanden jedoch bei 49 Fisch- und 8 Muschelproben nach dem Gefriertrocknen keine signifikanten Unterschiede zu den Gehalten vor dem Lyophilisieren.

Um feste, biologische oder geologische Proben in Lösung zu bringen, wird üblicherweise ein Naßaufschluß mit Perchlorsäure, Schwefelsäure, Salpetersäure, Flußsäure usw., gelegentlich unter Zusatz von Kaliumpermanganat oder Vanadiumpentoxid verwendet. Auf Einzelheiten dazu wird im Abschnitt über spezielle Anwendungen eingegangen. Die größten Probleme bei diesen Aufschlüssen liegen in der Kontamination durch die verwendeten Reagenzien und besonders in den möglichen Verlusten durch Verflüchtigen von Quecksilber. Für den Nachweis kleinster Hg-Gehalte muß daher mit einem Minimum an leicht zu reinigenden Reagenzien und mit kleinsten Oberflächen gearbeitet werden. Immer beliebter werden in diesem Zusammenhang Druckaufschlußgefäße, da sie mit geringen Säuremengen auskommen, ein relativ günstiges Verhältnis Probenmenge zu Oberfläche bieten, und Verluste relativ unwahrscheinlich werden, da im geschlossenen System gearbeitet wird. Häufig genügt für den Aufschluß biologischer Materialien halbkonzentrierte Salpetersäure [3050] allein oder mit Vanadiumpentoxid als Katalysator [2502], während für geologische Proben oder Erze ein Gemisch von Salpetersäure und Flußsäure verwendet wird [2982].

TÖLG [2975] weist allerdings auch hier auf die Tatsache hin, daß Teflon durchaus kein inerter Kunststoff ist und besonders nach mehrmaligem Aufschluß unter Druck seine Oberfläche deutlich verändert. Auch sind die Kontamination und die Oberflächengüte von PTFE chargenabhängig, so daß ein Konditionieren und häufige Blindwertmessungen unerläßlich sind. Es wird auch darauf verwiesen, daß glasartiger Kohlenstoff evtl. eine Alternative zu PTFE sein könnte [2448].

Neben den Druckaufschlüssen im geschlossenen System sind in letzter Zeit auch zwei anscheinend verlustfrei arbeitende Aufschlüsse in offenen Gefäßen beschrieben worden. STUART [2925] schließt Fischgewebe in einem Rundkolben mit Intensivkühler mit Schwefelsäure/Salpetersäure unter kräftigem Erhitzen auf und berichtet über 100%ige Wiederfindung von radioaktiv markiertem Quecksilber. Er fand gleichzeitig, daß bei den unterschiedlichen Teilveraschungen bei Temperaturen von 50 bis 75 °C z. T. nur geringe Mengen Quecksilber freigesetzt werden. Dies führt unter anderem zu erheblichen Rückhalteeffekten des Quecksilbers beim Austreiben aus der Lösung.

KNAPP und Mitarbeiter [2476] [2477] berichten über einen mechanisierten Aufschluß organischer Materialien mit Chlorsäure/Salpetersäure. Das hohe Oxidationspotential dieses Aufschlußgemischs scheint der Grund dafür zu sein, daß Quecksilber auch bei Aufschlußtemperaturen von über 100 °C in Lösung verbleibt. Dabei spielt allerdings die Form des Aufschlußgefäßes eine wesentliche Rolle [2448].

In Abb. 127 ist die Abhängigkeit der Quecksilberverluste von der Heizblocktemperatur und der Form der Aufschlußgefäße zu ersehen. Während bei Verwendung niederer Gefäße bereits bei einer Temperatur von 120 °C signifikante Verluste an Quecksilber auftreten, kann sie bei Verwendung von Gefäßen mit langem Hals bis auf 200 °C gesteigert werden. Bei dieser Temperatur verdampft bereits ein Teil des Aufschlußgemischs. Trotzdem treten keine Hg-Verluste auf, was auf eine Oxidation des bereits verdampften Quecksilbers in der Gasphase durch das aus Chlorsäure entstehende ClO_2 zurückzuführen sein dürfte [2448].

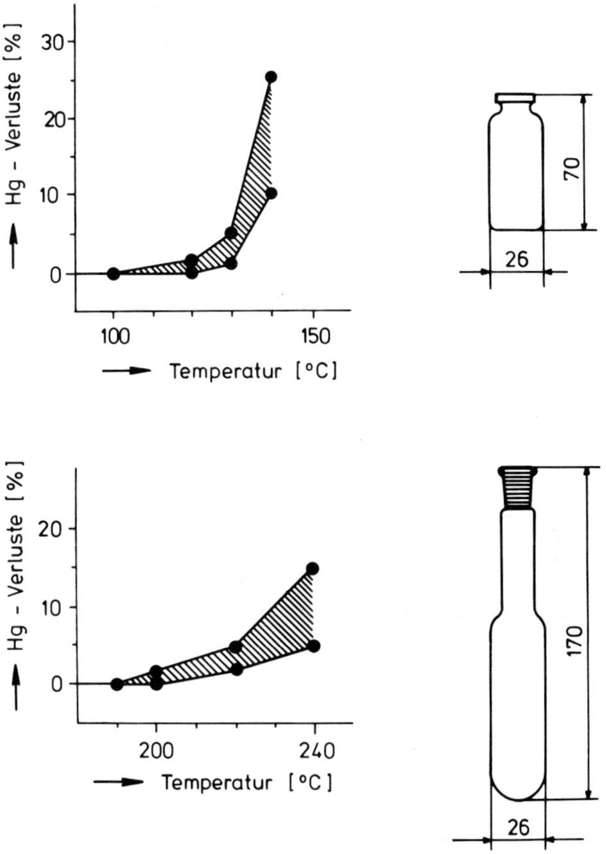

Abb. 127 Quecksilberverluste beim Aufschluß mit Chlorsäure und Salpetersäure in Abhängigkeit von der Temperatur und der Form der Aufschlußgefäße (nach [2448])

Einige Autoren beschreiben auch eine aufgrund der Flüchtigkeit des Quecksilbers und der thermischen Instabilität seiner Verbindungen erfolgreiche Verbrennung biologischer, petrochemischer oder geologischer Materialien im Sauerstoffstrom. Hierbei handelt es sich meist um modifizierte SCHÖNINGER- oder WICKBOLD-Aufschlüsse. Das verflüchtigte Quecksilber wird dann durch Ausfrieren in einer Kühlfalle [2305] [2798] oder durch Lösen in saurer Permangamat-Lösung [2478] [2986] gesammelt. Für die fehlerfreie Durchführung derartiger Aufschlüsse ist jedoch meist sehr viel Erfahrung und Übung erforderlich [2478]; in der Hand eines geübten Analytikers werden jedoch einwandfrei richtige Ergebnisse erzielt [2798].

TÖLG [2975] beschreibt noch eine weitere verlustfrei arbeitende Aufschlußtechnik, bei der die Proben ebenfalls in reinem Sauerstoff in einer Quarzapparatur verbrannt werden. Das verflüchtigte Quecksilber wird mit flüssigem Stickstoff an einem Kühlfinger kondensiert und kann danach mit wenig Salpetersäure durch Kochen unter Rückfluß in der gleichen Apparatur abgelöst werden.

Was früher schon für die Aufbewahrung von Proben gesagt wurde, gilt natürlich in gleichem Maße auch für die Bestimmungsapparatur selbst. Auch hier sind Materialien wie Gummi- oder PVC-Schläuche [2975] zu vermeiden, die Quecksilber binden können.

STUART [2926] weist darauf hin, daß jedes Teil, das der Quecksilberdampf nach seiner Reduktion berührt, ein potentielles Problem darstellen kann. Um Verluste zu vermeiden, müssen die mit Quecksilberdampf in Kontakt kommenden Oberflächen möglichst klein sein. Selbst bei größter Sorgfalt wird jedoch stets etwas Quecksilber im System zurückgehalten und kann während der nächsten Messung wieder abgegeben werden. Häufige Blindwertmessungen sind besonders bei stärker wechselnden Hg-Konzentrationen daher unerläßlich.

Ein besonderes Problem kann das Trocknungsmittel darstellen. Ganz schlecht ist Calciumchlorid, das in feuchtem Zustand fast das gesamte Quecksilber adsorbiert [2926]. Viel besser ist Magnesiumperchlorat, das nur wenige Prozent Quecksilber bindet; noch geeigneter scheint konzentrierte Schwefelsäure zu sein [2503], wobei hier jedoch wieder das große Totvolumen in einer Waschflasche ein Problem darstellen kann.

8.4.2 Chemische Interferenzen

Chemische Interferenzen sind bei der Bestimmung von Quecksilber mit der Kaltdampf-Technik selten. Hohe Konzentrationen an den meisten Säuren und sehr vielen Kationen stören nicht. Die wenigen bekannten Interferenzen sind in Tabelle 17 kurz zusammengefaßt [2448]. Dabei fällt auf, daß sich die beiden Reduktionsmittel, Zinn(II)-chlorid und Natriumborhydrid in fast idealer Weise ergänzen. Nur Silber stört in beiden Reduktionsmitteln gleichermaßen, während Arsen, Bismut und Kupfer nur mit Natriumborhydrid eine gewisse, wenn auch nicht sehr starke Störung verursachen.

Selen und Iodid stören dagegen bei Verwendung von Zinn(II)-chlorid erheblich, während bei Natriumborhydrid sich erst sehr hohe Konzentrationen bemerkbar machen.

ROONEY [2799] berichtet zudem über eine völlige Unterdrückung des Quecksilbersignals in Gegenwart von 1 g/L Gold, Palladium, Platin, Rhodium und Ruthenium bei Verwendung von Natriumborhydrid als Reduktionsmittel. Er führt diese Störung auf eine Reduktion dieser Elemente zum Metall und eine Bindung des Quecksilbers als Amalgam zurück; gleiches dürfte für Silber und Kupfer gelten. WHITE und MURPHY [3067] beseitigten die Störung durch Silber bei der Bestimmung von Quecksilber in Silber und Silbernitrat durch Zugabe von Bromid. Silber wird dabei als Silberbromid gefällt, während Quecksilber als $HgBr_4^{2-}$-Komplex in Lösung bleibt und im Filtrat störfrei bestimmt werden kann.

Tabelle 17 Grenzkonzentrationen von Fremdelementen, ab denen bei der Kaltdampf-Technik zur Bestimmung von Quecksilber signifikante Störungen auftreten [2448]

Element	Grenzkonzentrationen (Massenanteil) bei Reduktion mit	
	$SnCl_2$-Lösung	$NaBH_4$-Lösung
Ag	0,005	0,005
As	10	0,25
Bi	10	0,25
Cu	10	0,25
I	0,0003	1
Sb	1	2,5
Se	0,0005	0,5

KULDVERE und ANDREASSEN [2512] fanden bei der Bestimmung von Quecksilber in Tang, daß Iod selbst in großen Mengen bei der Messung der Proben nicht störte, wohl aber in den Bezugslösungen. Die Erklärung dafür ist, daß in Abwesenheit von organischen Materialien die Salpetersäure nicht verbraucht und das Iodid über Iod zum Iodat oxidiert wird. In Gegenwart von organischen Materialien wird dagegen so viel Salpetersäure verbraucht, daß das Iodid nur zu Iod oxidiert wird, das dann in der einen oder anderen Form mit den nitrosen Gasen den Kolben verläßt.

STUART [2927] weist besonders noch auf einige Fehlerquellen hin, die bei unkontrollierter Zugabe einiger gebräuchlicher Reagenzien entstehen können. Hydroxylamin-hydrochlorid, das man zur Lösung gibt, um überschüssiges Permanganat zu reduzieren, kann in höheren Konzentrationen das Quecksilbersignal erheblich beeinflussen. 25 mg verursachen bereits eine Signalerniedrigung um 15% und 100 mg eine Erniedrigung um 65%. Da diese Störung in Peakhöhe und in Peakfläche gleichermaßen auftritt, heißt das, daß das Quecksilber überhaupt nicht freigesetzt wird. Eine weitere Störung, die allerdings nur bei Messung in Peakhöhe zu beobachten ist, wird durch Reagenzien mit Sulfhydrylgruppen verursacht. Ein Beispiel hierfür ist das Cystein, das zur Komplexierung des Quecksilbers gerne zugesetzt wird, um eine bessere Reproduzierbarkeit zu erhalten, das aber auch Bestandteil zahlreicher biologischer Matrices ist. Hier stört es allerdings nur, wenn die Probe nicht vollkommen verascht wurde. Reagenzien mit Sulfhydrylgruppen führen zu einer verlangsamten Freisetzung des Quecksilbers aus der Probe, eine Störung, die durch Peakflächenintegration oder Amalgamieren beseitigt werden kann.

AGEMIAN und Mitarbeiter [2007] [2009] berichten, daß das zum Aufschluß quecksilberorganischer Verbindungen häufig eingesetzte Permanganat oder Persulfat für Proben mit hohem Chloridgehalt nicht verwendbar ist. Hierbei wird das Chlorid zu Chlorgas oxidiert, was zu erheblichen Störungen führt. Sie verwendeten daher einen Schwefelsäure/Dichromat-Aufschluß für Schlamm und Sedimente und eine Photo-Oxidation durch UV-Bestrahlung für hoch salzhaltiges Wasser.

TOFFALETTI und SAVORY [2974] stellten schließlich noch fest, daß quecksilberorganische Verbindungen mit Natriumborhydrid zwar verflüchtigt und teilweise reduziert werden, daß aber ihre Empfindlichkeit von der des ionogenen, anorganischen Quecksilbers verschieden ist. Die Autoren stellten einmal fest, daß bei Verwendung eines beheizten Quarzrohrs zur Quecksilberbestimmung zunächst die Empfindlichkeit für alle drei Spezies (Hg^{2+}, CH_3Hg^+ und $C_6H_5Hg^+$) aufgrund der kürzeren Aufenthaltszeit abfällt. Oberhalb 500 °C steigt jedoch die Empfindlichkeit für Methyl-quecksilberchlorid deutlich an und erreicht bei etwa 700 °C den gleichen Wert wie anorganisches Quecksilber. Dies deutet auf eine thermische Zersetzung einer flüchtigen Verbindung hin, die erst bei etwa 700 °C vollständig ist. Weiterhin stellte sich heraus, daß in Abwesenheit von Kupfer das Phenyl-quecksilberchlorid so langsam reagierte, daß praktisch kein Signal meßbar war. In Gegenwart von 10 mg/L Kupfer(II) waren dagegen die Peakflächen für alle drei Komponenten praktisch gleich. Höhere Kupfergehalte führten zu einer langsamen Signalerniedrigung, die jedoch für alle drei Spezies gleich war.

Wird das Quecksilber vor der Bestimmung durch Amalgambildung an einem Edelmetall angereichert, so werden zwar die gleichen chemischen Interferenzen, nicht aber die eingangs erwähnten kinetischen Störungen auftreten, vorausgesetzt die Sammelzeiten sind lang genug. YAMAMOTO und Mitarbeiter [3087] stellten fest, daß bei Verwendung von Borhydrid als Reduktionsmittel Silber, Kupfer und Nickel zunächst ausfallen, sich aber in dem sauren

Medium dann wieder lösen. Der erniedrigende Effekt konnte daher bei genügend langer Reduktionszeit (15 min) zumindest teilweise kompensiert werden.

Als eine zusätzliche Störung kann bei diesem Verfahren eine teilweise oder völlige Belegung oder Vergiftung der Goldoberfläche durch andere gasförmige Reduktionsprodukte vorkommen, so daß die Amalgamierung verhindert wird. Diese Gefahr ist bei Verwendung von Natriumborhydrid größer als bei Zinn(II)-chlorid, da durch das stärkere Reduktionsmittel mehr Substanzen freigesetzt werden. Auch ist bei der heftigeren Reaktion die Wahrscheinlichkeit größer, daß Flüssigkeitströpfchen von der Probe bis zum Adsorber gelangen können [3053]. Auf alle Fälle empfiehlt sich eine häufigere Reinigung des Goldadsorbers in Salpetersäure, um stets eine optimale Amalgamierung zu bekommen. Viele der als Adsorber vorgeschlagenen Materialien, wie Silber- oder Goldwolle oder mit Gold bedampfte Quarzwolle überstehen eine mehrmalige Reinigung kaum. Besonders bewährt hat sich wegen seiner mechanischen Stabilität ein Gold/Platin-Netz [2448] [3053], das ebenso robust wie wirkungsvoll ist.

9 Verwandte Analysenverfahren

An dieser Stelle soll kurz auf die beiden anderen Analysenverfahren eingegangen werden, die ebenfalls auf der Aufnahme bzw. Abgabe von optischer Strahlung durch Atome beruhen, die Atomemissions- (AES) und die Atomfluoreszenzspektrometrie (AFS). Bevor die beiden Verfahren etwas näher betrachtet werden, scheint eine Vorbemerkung notwendig, die a priori einige falsche Vorstellungen beseitigen soll. Bei allen drei Verfahren wird oft mit vergleichbaren Atomisierungseinrichtungen gearbeitet, bei allen drei Verfahren ist die Empfindlichkeit unter anderem direkt abhängig von der Gesamtzahl N der gebildeten Atome, und bei allen drei Verfahren sind nicht-spektrale Interferenzen schließlich nichts anderes als eine Beeinflussung dieser Gesamtzahl N an Atomen im Meßvolumen. Diese Beeinflussung geschieht in der Atomisierungseinrichtung, und die Atome können nicht wissen, ob sie mit Hilfe der AAS, der AES oder der AFS gemessen werden sollen. Daher treten bei Verwendung der gleichen Atomisierungseinrichtung bei allen drei Verfahren die gleichen Transport-, Verdampfungs- und Gasphasen-Interferenzen in dem selben Ausmaß auf. Die häufig geäußerte Ansicht, die Flammen-AES sei in viel stärkerem Maß chemischen Interferenzen unterworfen als die Flammen-AAS, beruht nur auf der Verwendung ungeeigneter Flammen und Brenner bei der AES, die auch in der AAS die gleichen Störungen hervorrufen würden.

9.1 Atomemissionsspektrometrie

Es kann in diesem Zusammenhang keinesfalls auf den gesamten Komplex der AES mit all ihren verschiedenen Anregungsquellen vom Funken und Bogen über Flammen und Plasmen bis hin zu Glimmentladungen eingegangen werden. Ebenso können nicht die unterschiedlichen optischen Systeme vom klassischen, hochauflösenden Spektrographen mit einer Photoplatte als Detektor über den Polychromator zur raschen, simultanen Multielementbestimmung bis zu den unterschiedlichsten Monochromatoren diskutiert werden. An dieser Stelle sollen vielmehr drei Systeme herausgegriffen werden, die AAS-Techniken ähnlich sind und daher einen direkten Vergleich erlauben. Es sind dies die Flammen-AES, die auch mit fast jedem Atomabsorptionsspektrometer durchführbar ist, die sequentielle ICP-AES sowie die Graphitrohrofen-AES.

9.1.1 Flammen-AES

Es wurde viel diskriminierendes über die Flammen-AES im Vergleich zur Flammen-AAS geschrieben, was sich später als unhaltbar herausstellte. So wurde die Abhängigkeit des Verhältnisses angeregter zu nicht angeregten Atomen von der Anregungsenergie und der absoluten Temperatur (Gl. 1.7, S. 8) dazu verwendet, die geringere Empfindlichkeit der Flammenemission zu beweisen.

Richtig ist, daß die Anregungsenergie umgekehrt proportional ist der Wellenlänge (Gl. 1.4, S. 2) und daß der Anteil angeregter Atome, d. h. das Verhältnis N_j/N_0 (Gl. 1.7) mit größer werdender Anregungsenergie exponentiell abnimmt. Damit ist im kurzwelligen

Bereich des Spektrums das Verhältnis angeregter zu nicht angeregten Atomen für die Emission wesentlich ungünstiger als im langwelligen (vgl. Abb. 4, S. 8). Es ist aber nicht richtig zu sagen, daß, nachdem die Anzahl angeregter Atome stets kleiner ist als die Anzahl der Atome im Grundzustand (Tabelle 2, S. 8), die AAS auf alle Fälle empfindlicher ist als die

Tabelle 18 Beispiele für Nachweisgrenzen, wie sie mit den verschiedenen Techniken der Atomemissionsspektrometrie erreicht werden können (µg/L).

Element	Flammen-AES	Graphitrohrofen-AES	ICP-AES
Ag	20	0,45	
Al	10	1	20
As	50 000		50
Au	500	160	
B	30 000	200	4
Ba	1	4	0,5
Be	40 000	460	
Bi	40 000	30	
Ca	0,1		
Cd	2 000	50	4
Co	50	10	6
Cr	5	1	5
Cs	8	18	
Cu	10	2	3
Fe	50	7	3
In	5	0,65	
Ir	100 000	860	
K	3	0,0015	
Li	0,03	0,07	
Mg	5	1	
Mn	5	1,5	1
Mo	100	16	8
Na	0,1	0,0025	
Ni	30	15	10
P			50
Pb	200	27	
Pd	50	60	
Rb	3	0,1	
Si	5 000	90	
Sn	300	15	30
Sr	0,1	1	
Ta	18 000		20
Ti	200	17	2
Tl	20	1	
U	10 000	2 500	50
V	10	9	5
W	500		40
Zn	50 000	1 500	2
Zr	3 000		4

AES. In der AAS hängt die Empfindlichkeit zwar praktisch nur ab von der Anzahl der Atome N_0 im Grundzustand, für die AES ist aber neben der Anzahl der Atome N_j im angeregten Zustand die Lebensdauer in diesem angeregten Zustand wichtig. Die Praxis hat gezeigt, daß die AAS nur dann empfindlicher ist als die Flammenemission, wenn das Anregungspotential größer als 3,5 eV ist; bei kleinerem Anregungspotential ist dagegen meist die Flammenemission empfindlicher.

In Tabelle 18 sind die mit den verschiedenen Techniken der AES erreichbaren Nachweisgrenzen zum Vergleich zusammengestellt, und es zeigt sich, daß Flammen-AAS (s. Tabelle 6, S. 54) und Flammen-AES sich eher ergänzen als daß sie sich Konkurrenz machen. So sollten die beiden Verfahren auch verstanden werden, besonders nachdem es heute mit den meisten Atomabsorptionsspektrometern möglich ist, beide Meßverfahren einzusetzen. Die Flammenemission existiert heute nicht mehr als eigenständiges apparatives Verfahren, außer in Flammenphotometern zur Bestimmung von Natrium und Kalium, sowie gelegentlich auch Calcium oder Lithium in Körperflüssigkeiten.

Pickett und Koirtyohann [978] fanden, daß die Atomabsorptions- und Atomemissionsspektrometrie zusammen viel besser und universeller einsetzbar sind, als die meisten anderen Analysenverfahren. Wie andere Autoren [351] fanden sie, daß bei Verwendung heißer, vorgemischter Flammen, etwa der Lachgas/Acetylen-Flamme, die Emission ebenso störungsfrei arbeitet wie die Absorption.

Der zweite Vorwurf, der aus Gl. (1.7) häufig abgeleitet wurde, ist eine im Vergleich zur Atomabsorption starke Temperaturabhängigkeit der Flammen-AES; kleine Temperaturänderungen in der Flamme würden schon eine erhebliche Änderung in der Zahl der angeregten Atome mit sich bringen, während die Zahl der Atome im Grundzustand relativ unverändert bleibt. Zwar besteht eine exponentielle Abhängigkeit der Anzahl angeregter Atome von der absoluten Temperatur, doch darf daraus kein falscher Schluß gezogen werden. Temperaturänderungen in der Flamme kommen nicht vor, außer man ändert deren Stöchiometrie. Ändert man aber die Stöchiometrie einer Flamme, so ändern sich auch die chemischen Eigenschaften, die die Bildung freier Atome unter Umständen sehr stark beeinflussen können; von solchen Veränderungen wären aber wiederum Atomabsorption und Atomfluoreszenz ebenso betroffen wie die Atomemission selbst.

Als Vorteil der Flammenemissionsspektrometrie wird es gelegentlich angesehen, daß diese ohne zusätzliche Strahlungsquelle (Hohlkathodenlampe usw.) arbeitet. Für sehr selten zu bestimmende Elemente ist dies sicherlich ein gewisser finanzieller Faktor, der von Fall zu Fall bedeutsam werden kann. In der Regel ist aber die Spezifität der AAS den Preis einer Hohlkathodenlampe wert. Der wichtigste Unterschied zwischen beiden Verfahren ist nämlich immer noch das häufige Auftreten spektraler Interferenzen durch Überlappen von Linien in der Flammen-AES, die in der Atomabsorption praktisch unbekannt sind [176]. Solche spektrale Interferenzen treten, wie schon erwähnt, in der Atomemission dann auf, wenn der Monochromator nicht in der Lage ist, die Emissionslinien von zwei verschiedenen Elementen zu trennen, und damit die Bestimmung nicht elementspezifisch ist. Dieses Problem ist in der Hauptsache ein Monochromatorproblem, wenn nicht echte Überlappungen von zwei Linien auftreten [176], und zahlreiche Interferenzen dieser Art verschwinden bei Verwendung von Monochromatoren mit einer spektralen Bandbreite von 0,03 nm oder besser. Selbstverständlich muß ein solcher Monochromator auch eine entsprechend gute reziproke Lineardispersion von möglichst weniger als 2 nm/mm besitzen, um mit so engen Spalten noch befriedigend arbeiten zu können. Weiterhin ist es bei derartigen Spaltbreiten oft sinnvoller, mit Hilfe eines motorischen Wellenlängenantriebs einen Teil des Spektrums registrierend zu überfahren als die Bestimmung auf der Linie auszuführen, da sonst Driftprobleme usw. auftreten könnten. BARNETT und Mitarbeiter [78] berichteten über ausgezeichnete Ergebnisse, die sie mit einem kommerziellen Atomabsorptionsspektrometer bei Emissionsmessungen erzielten. Ein weiteres Problem der Flammen-AES neben dem möglichen Auftreten von Linienüberlappungen ist Untergrund-Emission durch die verwendete Flamme oder durch die Matrix der Probe. Dieser Effekt kann die Nachweisgrenze in der Emission in Gegenwart einer komplexen Matrix erheblich mehr beeinflussen als dies durch ähnliche Effekte in der AAS vorkommen kann. Die in Tabelle 18 genannten Nachweisgrenzen gelten durchweg für reine wäßrige Lösungen und können in Gegenwart einer komplexen oder konzentrierten Matrix deutlich schlechter werden.

9.1.2 ICP-Atomemissionsspektrometrie

Das Interesse in der AES hat sich Ende der 70er Jahre in hohem Maße auf das induktiv gekoppelte Argonplasma (ICP) als Anregungsquelle konzentriert. Es sind auch rasch Vergleiche mit der AAS gemacht worden, in denen dieser Technik z. T. ein baldiges Ende vorausgesagt wurde. Häufig beruhten diese Vergleiche auf zu großen Vereinfachungen und zudem unter alleiniger Berücksichtigung der Flammen-AAS. Diese bietet auch, wie aus Tabelle 6 (S. 54) und Tabelle 18 leicht zu ersehen ist, bei einem bloßen Vergleich der Nachweisgrenzen kaum irgendwelche Vorteile gegenüber der ICP-AES. Im folgenden soll daher versucht werden, einen realistischeren Vergleich zwischen der sequentiellen ICP-AES und den verschiedenen Techniken der AAS anzustellen.

Ein Plasma ist ganz allgemein ein „leuchtendes Gasgemisch“. Dieses Leuchten wird durch eine teilweise Ionisation der Gasmoleküle oder -atome hervorgerufen, die bei ihrer Wiedervereinigung die aufgenommene Energie in Form von Strahlung aussenden. Das Plasma ist demnach ein Gas, dessen Atome oder Moleküle zu einem gewissen Prozentsatz in positive (Ionen) und negative (Elektronen) Ladungsträger dissoziiert sind, so daß neben neutralen auch frei bewegliche, elektrisch geladene Teilchen vorliegen.

Im Falle des ICP erfolgt die Ionisierung des Gases in der Induktionsspule eines HF-Generators, die um das durchströmte Quarzrohr gelegt ist. Als Plasmagas dient üblicherweise Argon, da es relativ leicht zu ionisieren ist. Der Plasmabrenner selbst besteht aus drei konzentrischen Quarzrohren (Abb. 128). Im innersten Rohr wird die zerstäubte Probe von einem Argonstrom in das Plasma transportiert. Im mittleren Rohr wird Argon mit einer relativ geringen Strömung als Hilfsgas eingeleitet, während zwischen dem mittleren und dem äußeren Rohr das eigentliche Plasma-Argon zugeführt wird. Die spezielle, tulpenförmige Konstruktion des mittleren Rohrs sorgt zunächst für einen Stau und dann für eine hohe Beschleunigung des Plasma-Argons entlang der Innenseite des Außenrohrs.

Aus dieser Anordnung ergibt sich daß die weiter zur Mitte hin im Wirbelbereich sich befindenden Argonatome im Induktionsfeld zuerst erfaßt und ionisiert werden, während die schnelle Gasströmung entlang des Außenrohrs die Kühlfunktion übernehmen kann. Dieses Prinzip funktioniert allerdings nur bis zu einer HF-Leistung von etwa 2 kW. Bei höherer angelegter Leistung wird auch das schnell strömende Gas ionisiert, womit die Kühlwirkung aufgehoben ist und das Quarzrohr zu schmelzen beginnt.

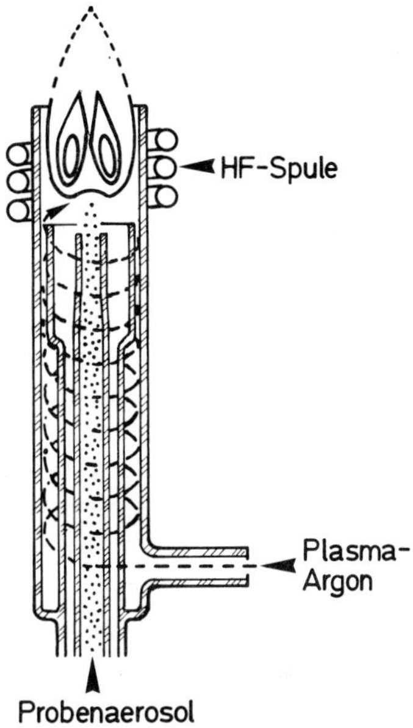

Abb. 128 Querschnitt durch einen Brenner für ein induktiv gekoppeltes Plasma

Eine der Besonderheiten des ICP ist, daß sich das Plasma ringförmig ausbildet und das im inneren Quarzrohr zugeführte Trägergas mit dem Probenaerosol axial in das Plasma eindringen kann. Durch die relativ hohe Beschleunigung des Trägergases entsteht im Zentrum des Plasmas ein Tunnel, in dem Temperaturen von 6000–8000 K herrschen. Diese hohen Temperaturen sind zusammen mit der langen Verweilzeit der Probe im Inneren des Plasmas entscheidend für die Effektivität der Energieübertragung von dem ionisierten Gas auf die Probe und damit für ihre Atomisierung und Anregung. Das ICP unterscheidet sich damit ganz deutlich von anderen Plasmen, etwa dem Mikrowellen-Plasma, bei denen die Probe nicht in den Kern des Plasmas eindringen kann, sondern sich nur an dessen Oberfläche aufhält.

Die hohe Temperatur und die lange Verweilzeit der Probe im Plasma sorgen zusammen mit der chemisch praktisch völlig inerten Umgebung für einen sehr hohen Atomisierungsgrad und eine damit verbundene weitgehende Freiheit von Verdampfungs- und Gasphasen-Interferenzen bei der ICP-AES. Durch die hohen Temperaturen werden selbst sehr stabile Verbindungen aufgebrochen und thermisch in die Atome dissoziiert. Es sei hier nochmals betont, daß dies lediglich auf den Einfluß des Atomisierungsmediums (induktiv gekoppeltes Plasma im Vergleich zu einer konventionellen Flamme) zurückzuführen ist und nicht etwa den Unterschied zwischen Absorption und Emission darstellt.

Neben der hohen Temperatur und der langen Verweilzeit, die eine sehr effektive Atomisierung und Anregung der Probe bewirken, ist aber auch noch die chemische Umgebung von Bedeutung. In jeder Flamme herrscht ein relativ hoher Partialdruck an Sauerstoff oder Sauerstoffverbindungen. Dies führt dazu, daß solche Elemente, die eine hohe Affinität zu Sauerstoff besitzen, in üblichen Flammen nicht in dem Maße atomisiert werden, wie dies anhand der herrschenden Temperatur der Fall sein sollte. Diese Elemente (z. B. Erdalkali-Elemente, seltene Erdmetalle, Bor, Silicium, usw.) bilden mit den Flammengasen häufig

Oxide oder Hydroxid-Radikale, die nicht weiter dissoziiert werden. Das Plasma besteht dagegen zunächst nur aus dem Edelgas Argon, und Sauerstoff entsteht lediglich in geringem Umfang durch Dissoziation des mit der Probe eingebrachten Wassers. Damit herrscht nur ein geringer Partialdruck an Sauerstoff, und die Bildung von Oxiden wird recht unwahrscheinlich. Im ICP lassen sich daher auch Elemente mit einer hohen Affinität zu Sauerstoff sehr wirkungsvoll atomisieren.

Ein weiterer Vorteil des ICP ist die sehr hohe Elektronendichte, die in diesem Plasma herrscht. Üblicherweise werden in Flammen und anderen Atomisierungsquellen hoher Temperatur die Probenatome mehr oder weniger stark ionisiert, und zwar um so mehr, je höher die Temperatur ist. Da ionisierte Atome auf anderen Wellenlängen absorbieren und emittieren als neutrale Atome, stellt die Ionisation eine echte Störung dar, die üblicherweise durch Zugabe eines „Ionisationspuffers" (z. B. ein Alkalisalz wie KCl) unterdrückt wird. Durch die hohe Elektronendichte im ICP wird die Ionisation jedoch trotz der dort herrschenden Temperaturen praktisch völlig unterbunden. Eine Ausnahme hiervon stellen lediglich die Alkalielemente dar, für die in der ICP-AES aus diesem Grund auch relativ schlechte Nachweisgrenzen erzielt werden.

Während für die Absorption die Probe nur atomisiert werden muß, ist für die Emission die Zufuhr weiterer Energie erforderlich, um die Atome in einen angeregten Zustand zu versetzen. Für die Absorption reichen daher üblicherweise Temperaturen von 3000 K oder weniger aus, um einen guten Atomisierungsgrad zu erzielen. In der Emission reichen diese Temperaturen nur zur Anregung der Elemente aus, deren Wellenlängen im sichtbaren und nahen UV-Bereich liegen. Da kürzere Wellenlängen gleichbedeutend sind mit einer höheren Anregungsenergie, benötigen Elemente mit Emissionslinien im fernen UV erheblich höhere Anregungstemperaturen. Das ICP bietet mit Temperaturen um 8000 K daher recht gute Voraussetzungen für eine intensive Emission über den gesamten Spektralbereich.

Mit der Temperatur steigt jedoch auch die Zahl der Emissionslinien, da durch die höhere Energie, die hier zur Verfügung steht, wesentlich mehr höher angeregte Zustände besetzt werden können. Man kann also ganz einfach sagen: je höher die Temperatur, desto linienreicher ist das Spektrum. Im Gegensatz dazu ist ein Absorptionsspektrum recht linienarm, da unter den üblicherweise verwendeten Bedingungen nur solche Spektrallinien in Absorption auftreten, die auf dem Grundzustand enden. Absorptionsspektren sind daher vergleichsweise leicht überschaubar.

Darüber hinaus erfolgt in der AAS die Selektion der Analysenlinie, d. h. der Spektrallinie, auf der die Messung durchgeführt wird, durch die elementspezifische Strahlungsquelle und das Modulationsprinzip. Wie schon erwähnt, wird hierbei der Strahl der Primärstrahlungsquelle mit einer bestimmten Frequenz (z. B. 50 Hz) moduliert und der Verstärker auf die gleiche Modulationsfrequenz abgestimmt. Damit ist die Strahlung des zu bestimmenden Elements eindeutig „gekennzeichnet", während jede Fremdstrahlung, wie etwa eine Emission von anderen Elementen in der Atomisierungseinrichtung, nicht moduliert ist und vom Selektivverstärker ausgesondert werden kann. Dem Monochromator in der AAS fällt daher lediglich die Aufgabe zu, mehrere Absorptionslinien des gleichen Elements voneinander zu trennen, während die Emissionslinien anderer Elemente nicht stören. Hierfür genügt üblicherweise eine spektrale Spaltbreite von 0,2 bis 2 nm.

In der Emission dagegen kommt dem Monochromator die Aufgabe zu, die Analysenlinie aus *jeglicher* Fremdstrahlung auszusondern. Andernfalls wird nicht nur die Strahlung des zu bestimmenden Elements, sondern die Summe aller durch den Austrittsspalt des Monochromators auf den Detektor fallenden Strahlungen gemessen. Aus diesem Grund kann man auch generell sagen, daß die Qualität eines Emissions-Gerätes der Auflösung des Monochromators direkt proportional ist.

Die für eine hohe Auflösung erforderlichen kleinen Spaltbreiten bedeuten aber gleichzeitig eine Verminderung der auf dem Detektor ankommenden Strahlungsenergie und eine erhöhte Driftgefahr. Aus diesem Grund kann man bei einem Routinegerät nur bis zu einer gewissen Grenze gehen; man betrachtet daher heute eine Auflösung von etwa 0,02–0,03 nm als einen praktikablen Wert.

Der Vorteil der AAS ist demnach ihre hohe Spezifität und Selektivität, die sie zu einem einfach zu handhabenden, zuverlässigen Analysenverfahren machen. Gleichzeitig ist die AAS aber vom Prinzip her ein Einelement-Verfahren. Das heißt, man bestimmt erst ein Element (in beliebig vielen Proben) und wechselt dann die Strahlungsquelle, verändert die Wellenlänge, optimiert alle Meßparameter und bestimmt dann in den gleichen Proben das nächste Element. Die AES bietet dagegen den prinzipiellen Vorteil der simultanen oder sequentiellen Mehrelement-Bestimmung. Da alle in der Probe vorhandenen Elemente gleichzeitig ihre charakteristische Strahlung emittieren, müssen lediglich die entsprechenden optischen und elektronischen Vorkehrungen getroffen werden, um die Strahlung aller interessierender Elemente gleichzeitig oder in rascher Folge zu messen. Der prinzipielle Nachteil des AES ist dabei, daß die jeweiligen Emissionslinien durch sehr schmale Spalte ausgesondert werden müssen und stets die Gefahr für Fehlmessungen durch Untergrundstrahlung und spektrale Interferenzen besteht.

Simultane Multielement-Atomemissionsspektrometer werden schon seit vielen Jahren, vor allem in metallurgischen Labors, erfolgreich eingesetzt. Bei diesen Geräten sind die Emissionsquelle und das dispergierende Element (Gitter) fest montiert. Ebenfalls fest montiert auf einem Kreis um das Gitter sind eine große Anzahl Austrittsspalte, die jeweils auf bestimmte Emissionslinien fest eingestellt sind. Hinter jedem Austrittsspalt befindet sich ein Photomultiplier mit eigener Hochspannungsversorgung, Verstärkung, Datenverarbeitung usw.

Der eindeutige Vorteil dieser meist vollautomatisch arbeitenden Spektrometer ist die Schnelligkeit, mit der eine große Zahl Elemente simultan in einer Probe bestimmt werden kann. Der Zeitbedarf für eine Vollanalyse von der Probenahme bis zur Meßwertausgabe beträgt nur etwa 2 min. Der Nachteil des Systems liegt ebenso klar in dem starren Aufbau, der es völlig unflexibel macht. Einmal ist rein mechanisch der Platz zur Montage von Sekundärspalten begrenzt, so daß nicht beliebig nahe beieinander liegende Linien ausgewählt werden können (der minimale Abstand zweier Spalte beträgt etwa 1 bis 2 nm). Weiterhin ist eine nachträgliche Veränderung der Spaltpositionen praktisch nicht oder nur mit großem Aufwand möglich. Diese Tatsache erfordert seitens des Laboratoriums eine gründliche Kenntnis der analytischen Aufgabenstellung. Dazu gehört unter anderem die Anzahl der zu bestimmenden Elemente, die Kenntnis der Matrix und Begleitelemente, mögliche Linienüberlagerungen, die angestrebte und erreichbare Bestimmungsgrenze in der Matrix usw. Mit anderen Worten, ein simultanes Multielement-Spektrometer wird üblicherweise für ein genau bekanntes, eng begrenztes Einsatzgebiet gebaut und ist praktisch nur für diese Aufgabenstellung einsetzbar.

Anders ist die Situation bei der sequentiellen Mehrelement-Bestimmung, bei der mit einem z. B. durch Schrittmotor angetriebenen Monochromator gearbeitet wird. Hier erfolgt die Bestimmung der interessierenden Elemente nacheinander, indem das Gitter schrittweise von einer Wellenlänge zur nächsten weitergedreht wird. Dieses System bietet die volle Flexibilität bezüglich der Auswahl der Linien, die für die Messung der Element- und Untergrundstrahlung herangezogen werden sollen. Diese sequentielle ICP-Atomemissionsmessung läßt sich für quantitative und qualitative Spurenanalysen ähnlich einsetzen wie z. B. die Flammen-AAS. Die ICP-AES bietet jedoch für die meisten Elemente eine bessere Nachweisgrenze und einen größeren linearen Arbeitsbereich. Besonders für solche Elemente, die eine hohe Affinität zu Sauerstoff oder anderen Bestandteilen der üblicherweise verwendeten Flammen besitzen, liefert die ICP-AES Ergebnisse, die um Größenordnungen besser sind.

Für die Bestimmung von nur einem Element pro Meßlösung ist die Flammen-AAS deutlich schneller als die ICP-AES, und auch die erreichbare Präzision ist besser. Sobald aber mehr als zwei oder drei Elemente pro Meßlösung zu bestimmen sind, wird die ICP-AES eindeutig schneller. Es gibt heute schon sequentielle Geräte, die etwa 15 Elemente in 1 min mit einer Präzision von wenigen % messen können.

Geht man auf die Graphitrohrofen-Technik bzw. die Hydrid- oder Kaltdampf-Technik über, so ist die ICP-AES zwar schon bei der Bestimmung eines Elements pro Meßlösung etwa gleich schnell, der zweite Vorteil, die besseren Nachweisgrenzen, ist jedoch für die meisten Elemente nicht mehr gegeben. Die AAS-Techniken sind hier der ICP-AES oft um zwei Zehnerpotenzen überlegen und damit in ihrer Bedeutung für die Ultraspurenanalytik unangefochten.

Wie schon früher erwähnt, besteht ein entscheidender Unterschied zwischen der AAS und der AES in dem verbreiteten Auftreten von spektralen Interferenzen durch Linienüberlagerungen bei der Emissionsspektrometrie. Da die sequentielle Mehrelementbestimmung mit einem durch Schrittmotor angetriebenen Gittermonochromator gute Voraussetzungen für eine Korrektur dieser Einflüsse bietet, soll auf diese Problematik etwas ausführlicher eingegangen werden. Auf alle Fälle ist eine exakte Kenntnis des Strahlungsuntergrunds sowie der Emissionslinien von Begleitelementen in der Nähe der Analysenlinie erforderlich, um eine einwandfreie Korrektur und damit ein richtiges Meßergebnis zu erzielen.

Unter dem Oberbegriff spektrale Interferenzen faßt man verschiedene Formen der Überlappung von Linien der Matrix und der Begleitelemente mit der Analysenlinie des zu bestimmenden Elements zusammen:

- Direktes Zusammentreffen von Linien
- Überlappung nahe beieinander liegender Linien
- Überlappung mit verbreiterten Linien
- Kontinuumstrahlung

Bei den beiden ersten Fällen, für die in Abb. 129 jeweils ein Beispiel gezeigt ist, handelt es sich um die klassische Form der spektralen Interferenz. Im Prinzip unterscheiden sich die beiden Fälle nur durch den Abstand der beiden Linien voneinander, da es praktisch kaum einen Fall gibt, bei dem zwei Spektrallinien ganz exekt zusammenfallen. Mit einem sehr hoch auflösenden Monochromator (0,01 nm oder besser) ließen sich sowohl die Linien von Mg und Zn im Beispiel B als auch die noch näher beieinander liegenden Linien von As und Cd im Beispiel A voneinander trennen. Das Ausmaß dieser spektralen Interferenzen ist daher eine Funktion der Auflösung des verwendeten Monochromators. Die zweite Form der spektralen Interferenz wird durch starke Linienverbreiterungen oder Kontinuumstrahlung hervorgerufen. Stark emittierende Elemente wie Calcium, Magnesium oder auch Aluminium zeigen, wenn sie in hohen Konzentrationen in der Probe vorliegen, zum Teil erheb-

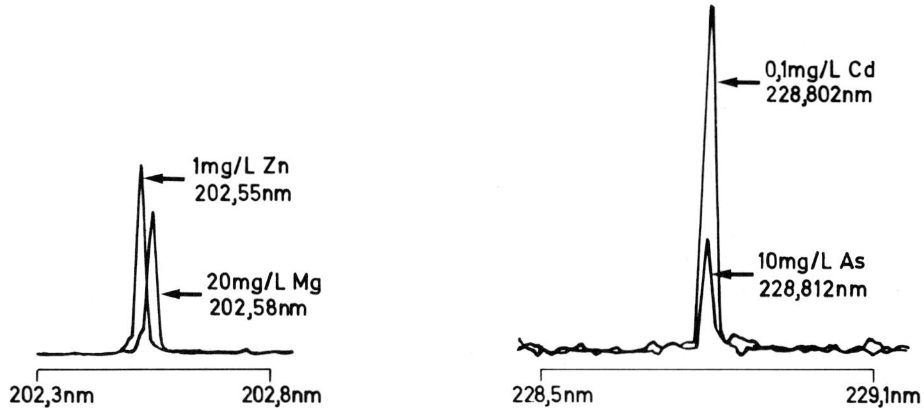

Abb. 129 Spektrale Interferenz in der Atomemissionsspektrometrie durch direktes Überlappen von zwei sehr nahe beieinander liegenden Linien unterschiedlicher Elemente

liche Linienverbreiterungen. Diese führen dann zu Überlappungen, obwohl die Linien eigentlich weit genug auseinander liegen, so daß sie durch den Monochromator problemlos aufgelöst werden sollten (Abb. 130). Gelegentlich zeigen diese Elemente im fernen UV spektrale Kontinua, die natürlich selbst durch hochauflösende Monochromatoren nicht abgetrennt werden können (Abb. 131).

Wie schon erwähnt, ließe sich die Überlappung nicht verbreiterter, nahe beieinander liegender Linien meist durch Verwendung hoch auflösender Monochromatoren verhindern. Derartige Geräte stellen jedoch sehr hohe Anforderungen an den Aufstellungsort und neigen sehr stark zu Drifterscheinungen usw. Aus praktischen Gründen wählt man daher meist Monochromatoren mit einer Auflösung von 0,02–0,03 nm, die sich gut bewährt

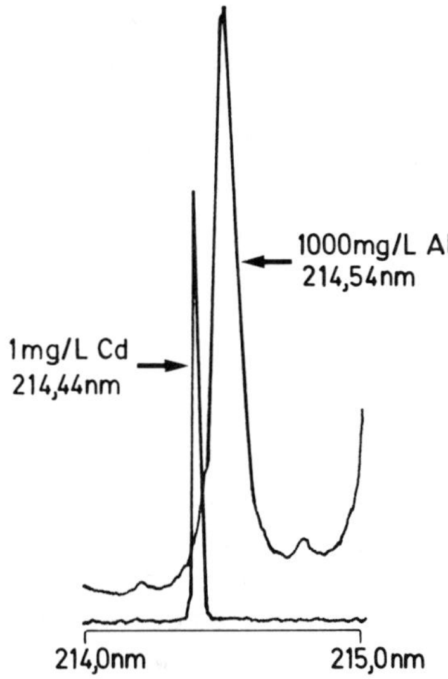

Abb. 130 Spektrale Interferenz in der Atomemissionsspektrometrie durch Überlappen mit einer stark verbreiterten Linie eines in hoher Konzentration vorhandenen Begleitelements

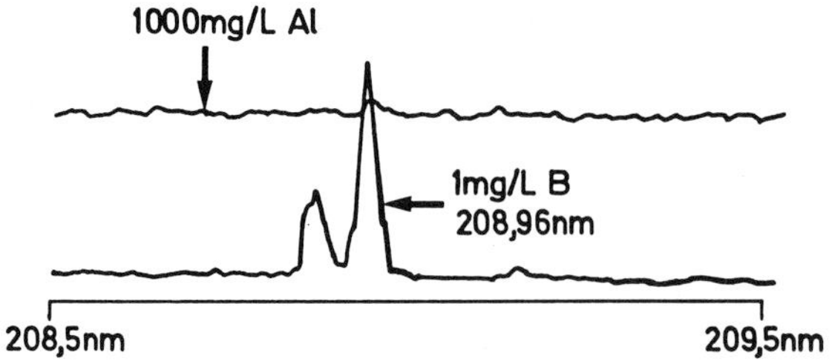

Abb. 131 Spektrale Interferenz in der Atomemissionsspektrometrie durch Überlappen mit der kontinuierlichen Strahlung eines Begleitelements

haben. Für die Messung bzw. die Kompensation spektraler Interferenzen stehen dann prinzipiell eine Reihe von Möglichkeiten zur Verfügung:
- Messen einer Blindlösung
- Ausweichen auf andere Linien
- Schwingende Quarz-Refraktorplatte
- Computerprogramm zur schrittweisen Messung und Subtraktion des Untergrunds

Die eigentlich ideale und zuverlässigste Methode zur Erkennung und Beseitigung von spektralen Interferenzen ist die Messung einer „Blindlösung". Das ist eine Lösung, die die gesamte Matrix und alle Begleitelemente in der gleichen Konzentration enthält wie die Probe, nicht aber das zu bestimmende Element. Da eine solche Blindlösung in den meisten Fällen aber nicht zugänglich ist, wird diese Korrekturmöglichkeit auch in der Praxis nur selten durchführbar sein.

In jedem Fall sollte, nachdem die Anwesenheit von spektralen Interferenzen erkannt wurde, versucht werden, ob nicht auf einer anderen Emissionslinie des zu bestimmenden Elements störfrei gemessen werden kann. Jede spektrale Interferenz, selbst wenn Korrekturmaßnahmen ergriffen werden, kann sowohl die Präzision als auch die Richtigkeit der Bestimmung beeinflussen. Daher kann es durchaus von Vorteil sein, auf eine weniger empfindliche Linie auszuweichen, wenn dort keine spektralen Interferenzen auftreten. Jede Bestimmung sollte daher auch bezüglich der Wahl der geeigneten Analysenlinie optimiert werden.

Die Verwendung einer Blindlösung gestattet die Messung der spektralen Interferenz exakt auf der Analysenlinie und damit ihre recht zuverlässige Beseitigung. Ist dies nicht möglich, so sollte man doch versuchen, den Untergrund so nahe wie möglich an der Analysenlinie zu messen, um eine möglichst gute Kompensation zu erhalten. Eine Möglichkeit, dies zu erreichen, ist die Verwendung einer schwingenden oder drehbaren Quarz-Refraktorplatte. Im Strahlengang wird vor dem Austrittsspalt des Monochromators eine senkrecht stehende, um ihre Achse drehbare Quarzscheibe angebracht. Wird diese in einem Winkel zum Strahlengang verdreht, so tritt eine geringfügige Verschiebung der Wellenlänge ein. Damit ist eine Messung des Untergrunds sehr nahe an beiden Seiten der Analysenlinie möglich, ohne die Einstellung des Monochromators selbst zu ändern. Dieses Verfahren läßt sich sicher immer dann erfolgreich einsetzen, wenn der Untergrund beiderseits der Analysenlinie klar definiert ist.

Eine weitere, noch universeller einsetzbare Methode bietet ein Computerprogramm zum schrittweisen Messen und Subtrahieren des Untergrunds. Ein computergesteuerter Schrittmotorantrieb für das Gitter bietet die Möglichkeit, die Wellenlänge für die Messung des Untergrunds beiderseits der Analysenlinie frei zu wählen. Diese Korrekturmöglichkeit für spektrale Interferenzen erfordert natürlich eine gute Kenntnis der spektralen Umgebung der Analysenlinie, die aber ohnehin in jedem Fall erforderlich ist, wenn mit Hilfe der ICP-AES in wechselnder Matrix richtige Ergebnisse erzielt werden sollen. Ist diese spektrale Umgebung jedoch bekannt, so bietet dieser frei programmierbare, computergesteuerte Schrittmotorantrieb sicher die beste und eleganteste Möglichkeit zur Korrektur für die verschiedensten spektralen Interferenzen.

Aus den bisherigen Betrachtungen ist schon ziemlich klar geworden, daß die Frage „ICP-AES oder AAS" eigentlich nur so beantwortet werden kann, daß beide Techniken ihre bevorzugten Einsatzgebiete haben. Die ICP-AES erweitert sicherlich die Leistungsfähigkeit der Atomspektrometrie als analytisches Hilfsmittel ganz erheblich. Die ICP-AES ist aber eindeutig als eine *Ergänzung* zur Atomabsorption zu sehen und nicht als eine Alternative, die diese Technik ersetzen oder verdrängen wird.

Die ICP-AES liefert zum Beispiel ganz ausgezeichnete Nachweisgrenzen für eine Reihe von schwer atomisierbaren Elementen wie B, Ta, Ti, U, W usw., die mit der Flammen-AAS nur mit geringer Empfindlichkeit bestimmbar sind. Auch ein Vordringen in das beginnende Vakuum-UV ist mit der ICP-AES relativ leicht möglich, so daß etwa auch die Nichtmetalle Phosphor und Schwefel mit Nachweisgrenzen besser als 1 mg/L meßbar sind.

Wie bei anderen Emissionsverfahren liegt eine eindeutige Stärke der ICP-AES in der Multielement-Bestimmung. Die schnellen, simultanen Mehrelement-Geräte können wegen ihrer starren Konzeption, die auf ein eng begrenztes Einsatzgebiet ausgerichtet ist, hier nicht in den Vergleich aufgenommen werden. Jedoch auch die flexiblen, sequentiellen Geräte erlauben eine raschere Multielement-Bestimmung als die AAS, wenn mehr als z. B. 2–3 Elemente pro Probe zu messen sind.

Weiterhin zeigt die ICP-AES aufgrund der hohen Temperaturen und der inerten Umgebung im Plasma nur eine sehr geringe Matrix-Abhängigkeit. Sowohl Verdampfungs- als auch Gasphasen-Interferenzen sind äußerst selten, so daß von dieser Seite ein recht problemloses Arbeiten mit komplexen Proben zu erwarten ist. Auch bei häufig wechselnden Einsatzgebieten wird die Nachweisstärke der ICP-AES erhalten bleiben. Die einzige Störung, die bei der ICP-AES zu erheblichen Schwierigkeiten führen kann, sind die spektralen Interferenzen. Diese können natürlich bei stärker wechselnder Probenzusammensetzung den Analytiker vor größere Probleme stellen, deren Lösung längere Zeit in Anspruch nimmt. Es muß jedoch klar gesagt werden, daß die meisten spektralen Interferenzen entweder durch Ausweichen auf eine andere Wellenlänge umgehbar, oder durch entsprechende Meßprogramme korrigierbar sind. Ein kritisch beobachtender Analytiker wird sicher in der Lage sein, spektrale Interferenzen zu erkennen und richtige Ergebnisse zu erzielen.

Wie schon mehrfach erwähnt, zeichnet sich demgegenüber die AAS durch ihre beispiellose Selektivität und Spezifität aus, die sie zu einem recht einfach zu handhabenden spektrometrischen Verfahren machen. Darüber hinaus ist das Preis/Leistungs-Verhältnis so günstig, daß sich auch für kleine Labors die Anschaffung eines AAS-Gerätes lohnt. Die Flammen-AAS ist nach wie vor unübertroffen in ihrer Schnelligkeit und Präzision bei der Bestimmung von nur einem oder wenigen Elementen pro Probe und bei hohem Probenanfall. Dies liegt in erster Linie an den ausgezeichneten Eigenschaften des verwendeten Zerstäuber-Brenner-Systems. Bereits 1 bis 2 s nach dem Ansaugen der Probe hat sich ein stabiles Signal eingestellt und es genügen Meßzeiten von wenigen Sekunden, um eine Präzision von 0,2% oder noch besser zu erzielen.

Zwar reichen die Temperaturen der üblicherweise verwendeten Flammen nicht immer aus, um die eingesprühte Probe vollständig zu atomisieren, doch führt dies nur relativ selten zu ernsthaften Störungen. Eine daraus resultierende Schwierigkeit ist die geringe Empfindlichkeit, mit der z. B. Elemente wie Bor, Tantal, Uran oder Wolfram bestimmt werden können. Weiterhin ist eine zu niedrige Flammentemperatur für das Auftreten von Verdampfungs-Interferenzen verantwortlich, wie etwa der Phosphatstörung bei der Bestimmung von Calcium. Diese Interferenzen sind aber üblicherweise leicht zu beseitigen – im vorliegenden Beispiel etwa durch Verwendung der heißeren Lachgas/Acetylen-Flamme, oder auch chemisch durch Zusatz eines anderen Kations (Barium oder Lanthan als Chlorid), das dann das störende Anion (Phosphat) stärker bindet als das Calcium. Damit ist die Probenmatrix in der Flammen-AAS nur von untergeordneter Bedeutung und ein Wechsel zwischen verschiedenen Probentypen meist unproblematisch. Darin liegt auch eine der Stärken der Flammen-AAS, die dazu führt, daß selbst in sehr komplexen Proben mit wenig Aufwand zuverlässige und richtige Ergebnisse erzielt werden. Sie paßt sich häufig wechselnden Problemstellungen so rasch an wie wohl kaum ein anderes Verfahren zur Elementanalytik.

Die besten Nachweisgrenzen für die Mehrzahl aller Elemente liefert die Graphitrohrofen-Technik. Sie ist der ICP-AES meist um mehr als zwei und der Flammen-AAS um mehr als drei Größenordnungen überlegen. Die Graphitrohrofen-AAS ist damit immer dann das Verfahren der Wahl, wenn wirkliche Spuren- und Ultraspurenanalytik betrieben werden muß.

Es wurde schon darauf hingewiesen, daß die Graphitrohrofen-AAS nicht so störfrei arbeitet wie etwa die Flammen-AAS. Ein Teil der Problematik rührt dabei einfach daher, daß hier in einem Konzentrationsbereich gearbeitet wird in dem Fehlmessungen durch Adsorption an Gefäßwandungen oder durch Einschleppen des zu bestimmenden Elements mit den verwendeten Chemikalien erhebliche Ausmaße annehmen können. Die Hauptmenge der in der Literatur beschriebenen Verdampfungs- und Gasphasen-Interferenzen scheinen heute allerdings bei Verwendung einer L'vov Plattform, eines Ofens im thermischen Gleichgewicht und von geeigneten Isoformierungshilfen nicht mehr zu existieren. Auch die bei dieser Technik häufig beobachtete Untergrundabsorption läßt sich durch Einsatz des Zeeman-Effekts gut korrigieren. Sicher ist dieses Verfahren viel zuverlässiger und universeller verwendbar als alle Verfahren zur Beseitigung spektraler Interferenzen in der AES.

Unabhängig von diesen Störmöglichkeiten, die natürlich die erhöhte Aufmerksamkeit des Analytikers erfordern, stellt die Graphitrohrofen-Technik häufig das einzige Verfahren dar, mit dem eine Bestimmung im Spuren- und Ultraspurenbereich ohne vorherige Anreicherung des interessierenden Elements gemacht werden kann. Darüber hinaus sollte man nicht vergessen, daß auch die Graphitrohrofen-Technik die Selektivität und Spezifität der AAS auszeichnet, was besonders im Ultraspurenbereich oft von ganz erheblicher Bedeutung ist.

Darüber hinaus sollte auch noch erwähnt werden, daß die Graphitrohrofen-AAS im Bedarfsfall mit äußerst kleinen Probenvolumina auskommen kann und damit eine echte Mikroanalyse ermöglicht, selbst wenn es um Spurenelemente geht. Schließlich lassen sich auch feste Proben direkt in das Graphitrohr einbringen und analysieren, ein Verfahren, das schon für eine ganze Reihe von Proben erfolgreich eingesetzt wurde.

Abschließend sollen auch noch die Hydrid- und die Kaltdampf-AAS-Techniken erwähnt werden, die bei einer recht geringen Störanfälligkeit noch bessere Nachweisgrenzen bieten als die Graphitrohrofen-AAS. Diese Techniken werden sicher immer dann optimal zum

Einsatz kommen, wenn kleinste Konzentrationen an Antimon, Arsen, Bismut, Selen, Tellur bzw. Quecksilber zu bestimmen sind.

Nachdem jede der beschriebenen Techniken ihre spezifischen Vor- und Nachteile aufweist, wird es sicher möglich sein, für ein bestimmtes, eng begrenztes Anwendungsgebiet das optimale Verfahren auszuwählen. In vielen Labors werden aber die Aufgabenstellungen sowohl bezüglich der zu bestimmenden Elemente als auch der zu untersuchenden Materialien immer wieder wechseln. Hier würde ein Festlegen auf nur eine Analysentechnik eine starke Beschränkung bedeuten, die immer wieder Kompromisse fordern würde.

Das fortschrittliche Labor wird daher versuchen, alle spektrometrischen Techniken zur Elementanalytik zur Auswahl zu haben, falls es das Budget erlaubt. Nur unter diesen Bedingungen ist es möglich, sowohl jede Aufgabe mit der am besten geeigneten Technik zu lösen, als auch im Zweifelsfall eine unabhängige Technik zur Überprüfung der Richtigkeit eines Ergebnisses zur Verfügung zu haben.

9.1.3 Graphitrohrofen-AES

Im Jahr 1975 untersuchten OTTAWAY und SHAW [2718] erstmals die Möglichkeit, einen Graphitrohrofen auch in Emission einzusetzen. Sie erwarteten dabei erheblich weniger Probleme durch Untergrundstrahlung von Komponenten wie C_2, CH, CN und OH als in einer Flamme, obgleich das Graphitrohr selbst ein starkes Kontinuum emittiert. In ersten Versuchen fanden die Autoren für Natrium und Kalium Nachweisgrenzen, die um eine bzw. zwei Größenordnungen besser waren als in Absorption. EPSTEIN und Mitarbeiter [2229] verwendeten eine Wellenlängenmodulierung mit einer schwingenden Quarz-Refraktorplatte zur Untergrundkorrektur bei der Graphitrohrofen-AES. Sie konnten die Nachweisgrenzen bei einigen Elementen damit um eine bis zwei Zehnerpotenzen verbessern. Die Autoren fanden auch, daß bei Emissionsmessungen Barium zu etwa 35% ionisiert ist und daß diese Ionisation durch Zusatz von Kalium beseitigt werden kann.

ALDER und Mitarbeiter [2023] beobachteten die Emissionslinien von 20 Elementen und fanden, daß ein thermischer Anregungsmechanismus am wahrscheinlichsten ist. Sie ermittelten eine Nachweisgrenze von 5 pg für Aluminium und von 140 pg für Chrom und Molybdän. Die Autoren fanden die Strahlungsemission von der Rohrwand besonders im sichtbaren Bereich sehr störend. LITTLEJOHN und OTTAWAY [2553] zeigten, daß sich diese bei sorgfältiger Justage des Graphitrohrofens und mit einem optimierten optischen Aufbau sehr klein halten läßt. Es muß auf alle Fälle vermieden werden, daß Strahlung von der Rohrwand in den Monochromator gelangt.

OTTAWAY und SHAW [2719] modifizierten daraufhin die Rohrform und erzielten damit um 370 °C höhere Temperaturen; damit erreichten sie für schwerer anregbare Elemente Nachweisgrenzen, die bis um eine Zehnerpotenz besser waren. Die Autoren konnten zeigen, daß eine exponentielle Abhängigkeit zwischen dem Emissionssignal und der Temperatur besteht. Die Autoren nehmen an, daß die niedrige Anregungstemperatur und der rein thermische Charakter der Anregung einige prinzipielle Vorteile gegenüber anderen Anregungsquellen in der AES bringen. Sie nennen dabei besonders den geringen Strahlungsuntergrund, die nur schwache Ionisation und erheblich weniger spektrale Interferenzen.

In späteren Arbeiten modifizierten LITTLEJOHN und OTTAWAY [2555] [2558] die Graphitrohre weiter und fanden, daß die Rohrkonstruktion einen großen Einfluß auf die Emissionsintensität und damit auf die erzielbaren Nachweisgrenzen hat. Wenn die Wandtemperatur zu den Rohrenden hin absinkt, so ist die mittlere Atomdampftemperatur stets niedriger als die Wandtemperatur, von der die Atome verflüchtigt wurden. Das führt zu relativ schlechten Nachweisgrenzen für flüchtige Elemente. Kehrt man den Temperaturgradienten um, so daß sich die Enden rascher erwärmen und eine höhere Temperatur erreichen als der Mittelteil, von dem aus die Probe atomisiert wird, so ist die Gastemperatur höher als die Wandtemperatur. Dadurch läßt sich die Emissionsintensität für zahlreiche Elemente verbessern. Für schwer atomisier- und anregbare Elemente wie Gadolinium, Molybdän oder Titan erhält man allerdings in einem „Hochtemperaturrohr", bei dem die Mitte die heißeste Stelle ist, die besten Nachweisgrenzen. Weitere Verbesserungen für schwerflüchtige Elemente bringt schließlich eine superschnelle Heizrate für die Atomisierung [2554].

In einer weiteren Untersuchung fanden LITTLEJOHN und OTTAWAY [2556], daß besonders für Geräte ohne automatische Korrektur der Untergrundemission ein Optimieren der Graphitrohrofentemperatur notwendig ist, um beste Nachweisgrenzen zu erzielen. Für die meisten Elemente sind diese optimalen Temperaturen niedriger als die maximal erreichbaren, jedoch nur, wenn die Heizrate unabhängig von der gewählten Endtemperatur ist. Wird die Heizrate von der eingestellten Endtemperatur bestimmt, so werden die Zusammenhänge komplex, und die Optimierung der Temperatur hat kaum einen meßbaren Effekt.

In einer Betrachtung über den Anregungsmechanismus in einem Graphitrohrofen kommen LITTLEJOHN und OTTAWAY [2557] zu dem Schluß, daß unter praktischen analytischen Bedingungen und unterbrochener Gasströmung durch das Graphitrohr ein lokales thermisches Gleichgewicht zustande kommt. Damit stellt der Graphitrohrofen eine einmalige Emissionsquelle dar. Da der Graphitrohrofen im Vergleich zu anderen Anregungsquellen relativ kühl ist, ergeben sich sehr günstige Signal-zu-Untergrund-Verhältnisse, eine gute Signalstabilität und eine lange Aufenthaltsdauer für die Atome. Daraus resultieren schließlich sehr günstige Nachweisgrenzen für eine Vielzahl von Elementen (Tabelle 18). Bei einer weiteren Optimierung von Graphitrohrofen und Spektrometer für Emissionsmessungen sind hier sicher weitere Verbesserungen zu erwarten.

9.2 Atomfluoreszenzspektrometrie

Das Prinzip der Atomfluoreszenzspektrometrie (AFS) war ähnlich wie bei der AAS schon längere Zeit bekannt; seine mögliche Bedeutung als Analysenverfahren wurde jedoch erst 1964 von WINEFORDNER und VICKERS [1347] erkannt.

Atomfluoreszenz ist die Folge und im Prinzip die Umkehr der Atomabsorption. Die AFS basiert auf der Absorption optischer Strahlung geeigneter Frequenz (Wellenlänge) durch gasförmige Atome und der darauf folgenden Desaktivierung der angeregten Atome unter Abgabe der Energie in Form von Strahlung. Die dabei emittierten Frequenzen (Wellenlängen) sind dabei wieder charakteristisch für die Atomart.

Man unterscheidet zwischen einer Reihe verschiedener Arten von Atomfluoreszenz, je nachdem, ob die Erregerlinie und die Fluoreszenzlinie von gleichen oder verschiedenen Energieniveaus ausgehen bzw. auf gleichen oder verschiedenen Energieniveaus enden [867] [1343] [2952]. Weiterhin ist noch wichtig, ob bei verschiedenen Energieniveaus die Fluoreszenzlinie energiereicher oder energieärmer ist als die Erregerlinie. Ein Überblick über die verschiedenen Arten der Fluoreszenz ist in Abb. 132 gegeben; OMENETTO und WINEFORDNER [2709] zählen noch einige weitere, seltenere Arten von Fluoreszenz auf.

Der häufigste Fall, bei dem die Erreger- und die Fluoreszenzlinie die gleichen oberen und unteren Energieniveaus aufweisen, ist die *Resonanzfluoreszenz* (A und B in Abb. 132). Hier haben mit anderen Worten die Erregerlinie und die Fluoreszenzlinie die gleiche Frequenz; die Linien können dabei sowohl vom Grundzustand als auch von einem angeregten Zustand ausgehen.

Weisen Erregerlinie und Fluoreszenzlinie das gleiche obere, aber verschiedene untere Energieniveaus auf, so spricht man von Direktlinien-Fluoreszenz. Ist dabei die Anregungsenergie größer als die Fluoreszenzenergie, so bezeichnet man dies als STOKES *Direktlinien-Fluoreszenz* (C und D in Abb. 132). Den umgekehrten Fall, wenn die Fluoreszenzenergie größer ist als die Anregungsenergie, bezeichnet man als *anti*-STOKES-*Direktlinien-Fluoreszenz* (E und F in Abb. 132). All diese Linien können dabei wieder vom Grundzustand oder einem angeregten Zustand ausgehen.

Weisen Erregerlinie und Fluoreszenzlinie verschiedene obere Energieniveaus auf, so spricht man von *stufenweiser Linien-Fluoreszenz,* die wiederum je nach Energieverhältnis zwischen Anregungs- und Fluoreszenzenergie als STOKES- (G und H) bzw. als *anti*-STOKES- (I und K) stufenweise Linien-Fluoreszenz bezeichnet wird. Folgt der Strahlungsanregung eine weitere Stoßanregung (Fall I in Abb. 132), so spricht man von einem *thermisch unterstützten* Prozeß [258] [939] [940].

Die Intensität der Atomfluoreszenz und damit die erreichbare Nachweisgrenze hängt ab von der Anzahl an Atomen im Grundzustand und von der Intensität der anregenden Strahlungsquelle. Es ist daher verständlich, daß die Erforschung der Atomfluoreszenz eng verknüpft ist mit der Untersuchung neuer und intensiverer Strahlungsquellen [252] [304] [305] [763] [818] [1264] [1342] [1345] [1346], insbesondere der elektrodenlosen Entladungsröhren [171] [255] [258] [377] sowie auch von Lasern [937] [938].

Das Fluoreszenzsignal wird von einem (thermisch erzeugten) Emissionssignal üblicherweise dadurch unterschieden, daß man, wie in der Atomabsorption, mit modulierter Strahlung arbeitet. Das heißt, die Strahlungsquelle wird mit einer bestimmten Frequenz moduliert und der Detektor auf die gleiche Modulationsfrequenz abgestimmt. Die Beobachtung der Fluoreszenz geschieht dabei meist im rechten Winkel zur Einstrahlungsrichtung. Eine Schwierigkeit stellt dabei die Unterscheidung zwischen echter Fluoreszenz und Streustrah-

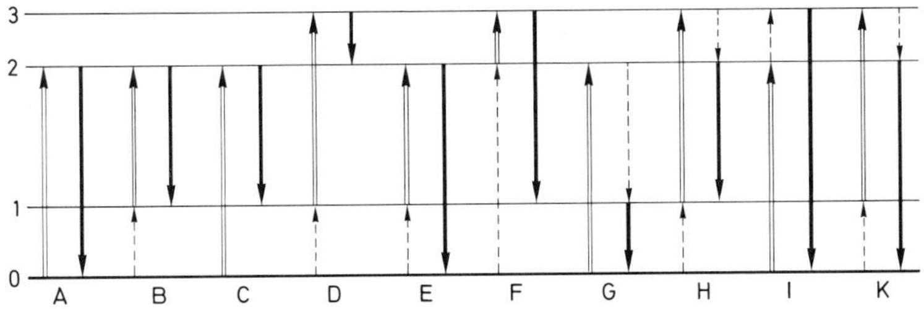

Abb. 132 Schematische Darstellung der verschiedenen in Fluoreszenz möglichen Übergänge zwischen vier Energieniveaus. *A* und *B*: Resonanzfluoreszenz; *C* und *D*: STOKES-Direktlinien-Fluoreszenz; *E* und *F*: anti-STOKES-Direktlinien-Fluoreszenz; *G* und *H*: STOKES stufenweise Linienfluoreszenz; *I* und *K*: anti-STOKES stufenweise Linienfluoreszenz

lung dar; wird Strahlung von der Strahlungsquelle an Partikeln in der Flamme gestreut, so erscheint auch diese Strahlung moduliert und erzeugt ebenso wie in der AAS ein Fehlsignal. RAINS und Mitarbeiter [1013] haben daher für die Atomfluoreszenz ein ähnliches Kompensationssystem vorgeschlagen, wie es in der Atomabsorption Verwendung findet. Durch alternierendes Einstrahlen eines Kontinuums von einem Xenon-Lichtbogen und einem Linienstrahler läßt sich die Störung durch Streustrahlung eliminieren. Aus den gleichen Gründen ist im Zusammenhang mit der Fluoreszenz schon sehr viel an Brennern und Flammen gearbeitet worden [32] [159] [160] [161] [252] [579] [838] [1156]. Die Flamme hat, wie von verschiedenen Autoren immer wieder betont wird [578] [837], einen erheblichen Einfluß auf die Fluoreszenz-Analyse; es ist hier nicht nur auf eine möglichst weitgehende Atomisierung der Probe und eine möglichst geringe Verbindungsbildung durch die chemische Zusammensetzung der Flamme zu achten. Die Fluoreszenz-Intensität kann in einer Flamme stark verringert werden, wenn durch Strahlungsenergie angeregte Atome ihre Energie durch nichtstrahlende Zusammenstöße (Quenching) verlieren. Diese nichtstrahlenden Zusammenstöße hängen stark von der Zusammensetzung der Flamme ab. So zeigt beispielsweise Stickstoff einen wesentlich höheren Quenching-Effekt als Argon und kühlere Flammen einen niedrigeren als heißere.

Ein Vorteil der AFS gegenüber der AAS ist die (zumindest theoretisch) leichtere Erreichbarkeit kleinster Nachweisgrenzen durch einfaches Erhöhen der Intensität der Strahlungsquelle. Auch sollte eine leichte Instabilität der Strahlungsquelle die Nachweisgrenzen bei weitem nicht in dem Maße beeinflussen wie etwa bei der AAS. Bei der Atomfluoreszenzspektrometrie ist die Nachweisgrenze meßtechnisch einfach das Erfassen eines sehr kleinen Strahlungssignals (ähnlich wie bei der AES), während es bei der AAS um ein Erfassen eines sehr kleinen Unterschieds zwischen zwei intensiven Strahlungssignalen geht. Bei der Fluoreszenzspektrometrie überträgt sich eine Schwankung in der Strahlungsquelle proportional auf das Signal, während sie in der Absorptionsspektrometrie in ihrer vollen Größe in die Nachweisgrenze eingeht und daher häufig den limitierenden Faktor bei einer Messung darstellt.

Während in der AAS die Breite der Erregerlinie aus der Strahlungsquelle direkt in die Empfindlichkeit der Bestimmung eingehen kann (s. S. 19ff) und die Gegenwart nicht absorbierbarer Strahlung aus der Strahlungsquelle innerhalb der betrachteten spektralen Bandbreite zu erheblichen Krümmungen der Bezugskurven führen kann (s. S. 85ff), ist dies in der AFS nicht möglich. Bei der Atomabsorptionsspektrometrie fällt die Strahlung der Strahlungsquelle (nach spektraler Zerlegung) direkt auf den Detektor; bei der Atomfluoreszenzspektrometrie wird dagegen senkrecht zur Bestrahlungsrichtung gemessen. Dadurch wird es nicht nur möglich, auch ohne extrem kleine spektrale Spaltbreiten mit Kontinuumstrahlern zu arbeiten [243] [1238], da die nicht absorbierbare Strahlung am Detektor vorbeifällt, es wird sogar möglich, im Prinzip ohne Monochromator zu arbeiten, wie JENKINS [577] erstmals vorgeschlagen hat. Unter Verwendung einer elementspezifischen Strahlungsquelle und eines Selektivverstärkers wurde die Fluoreszenz der Atome in einer Flamme direkt mit einem Sekundärelektronenvervielfacher beobachtet. Es war allerdings erforderlich, ein Filter zu verwenden, um den starken nicht modulierten Strahlungsanteil der Flamme zu reduzieren, der ein stärkeres Rauschen des Detektorsignals verursacht hätte. VICKERS und VAUGHT [1268] verwendeten statt dessen einen „solar-blind" Detektor, der nur zwischen 160 und 320 nm empfindlich war. LARKINS und WILLIS [733] [734] verwendeten ein ähnliches nicht-dispergierendes System recht erfolgreich für ihre Messungen und erzielten damit

Nachweisgrenzen, die z. T. um eine Größenordnung besser waren als mit einem Monochromator. Andere Autoren [2047] [2687] sind diesem Beispiel gefolgt und haben ebenfalls gute Ergebnisse erreicht.

Aus der Tatsache, daß bei der Atomfluoreszenzspektrometrie die Strahlung der Strahlungsquelle nicht auf den Detektor fällt, resultieren Bezugskurven, die über drei bis fünf Zehnerpotenten linear sind, während sie in der AAS häufig nur über zwei Zehnerpotenzen geradlinig verlaufen. Allerdings ist der Verlauf der Bezugskurven in der AFS nicht immer so einfach, wie es hier erscheinen mag. Selbstabsorption und andere Effekte können die Gestalt der Kurven gelegentlich erheblich beeinflussen [76] [935] [1375].

Obgleich die Atomfluoreszenzspektrometrie einige klare Vorteile gegenüber der AAS und der AES zu haben scheint, ist ihr bis heute der Durchbruch noch nicht gelungen. Die AFS hat etwa die gleiche Selektivität und Spezifität wie die AAS und gestattet, mit vergleichbaren Atomisierungseinrichtungen z. T. erheblich bessere Nachweisgrenzen zu erreichen. Allerdings sieht es so aus als würde die AFS nicht ohne weiteres so komplexe Matrices tolerieren wie die AAS. Zudem scheinen heißere Flammen, die bekanntlich zahlreiche Interferenzen reduzieren oder ganz beseitigen können, und die Bestimmung vieler Elemente erst möglich machen, in der AFS Probleme wie Untergrundemission und Quenching zu verursachen [76].

Andererseits sollte die problemlose Verwendung von Kontinuumstrahlern ein ebenso attraktiver Aspekt sein wie die Möglichkeit, ohne dispergierendes Element arbeiten zu können. Und schließlich eignet sich die AFS auch noch recht gut für eine Multielement-Bestimmung [2991], um nur einige wichtige Punkte zu nennen. Dennoch glauben OMENETTO und WINEFORDNER [2709] nicht, daß sich die AFS gegenüber den beiden etablierten atomspektrometrischen Verfahren, der AAS und der AES, durchsetzen kann. Für spezielle Anwendungen wird sie jedoch ein äußerst nützliches Verfahren darstellen.

Dem interessierten Leser sei neben den ausgezeichneten, zusammenfassenden Artikeln von WINEFORDNER und MANSFIELD [1343], WEST [1309], BROWNER [2113] sowie OMENETTO und WINEFORDNER [2709] besonders die Monographie von SYCHRA, SVOBODA und RUBEŠKA [2952] empfohlen.

10 Die einzelnen Elemente

Hier sollen die wichtigsten Eigenschaften der mit AAS bestimmbaren Elemente aufgeführt werden. Es soll auf die verschiedenen verwendbaren Flammen, auf andere Techniken, auf mögliche Interferenzen und deren Beseitigung und Umgehung sowie auf charakteristische Konzentrationen oder Massen und Nachweisgrenzen eingegangen werden. Als Grundlage dienten dabei die Methodensammlungen der Firma PERKIN-ELMER [1] [2035] [2228], wobei die Angaben weitgehend überprüft und, wo erforderlich, ergänzt wurden.

10.1 Aluminium

Verschiedene Autoren versuchten vor 1966, Aluminium in Sauerstoff/Acetylen-Flammen unterschiedlicher Stöchiometrie zu bestimmen [223] [310] [791] [1146], wobei sie häufig organische Lösungsmittel zur Erhöhung der Empfindlichkeit verwendeten. Eine einwandfreie Aluminiumbestimmung wurde jedoch erst nach Einführung der Lachgas/Acetylen-Flamme durch WILLIS [1333] möglich. In dieser Flamme scheinen praktisch keine Interferenzen vorzuliegen; RAMAKRISHNA [1016] berichtete, daß Essigsäure die Absorption von Aluminium um etwa 10% erhöht, auch gleichzeitige Anwesenheit von Titan soll die Absorption um etwa 25% erhöhen. Dies ist nach WEST und Mitarbeitern [1306] auf eine reduzierte Lateraldiffusion und dadurch erhöhte Atomkonzentration in der Mitte der Flamme zurückzuführen. Andererseits soll die Anwesenheit von Silicium einen leicht unterdrückenden Einfluß auf die Absorption von Aluminium ausüben [238] [365].

Die charakteristische Konzentration für Aluminium in der Lachgas/Acetylen-Flamme ist etwa 1 µg/mL 1% auf der 309,3-nm-Linie, und die Nachweisgrenze liegt etwa bei 0,03 µg/mL für reine wäßrige Lösungen. Vergleichswerte für einige andere Resonanzlinien sind in Tabelle 19 zusammengestellt.

Da Aluminium in der Lachgas/Acetylen-Flamme etwa zu 10% ionisiert wird, sollte zu allen Proben- und Bezugslösungen etwa 0,1% Kalium (als Chlorid) oder ein anderes leicht ionisierbares Metall zugegeben werden.

Aluminium läßt sich bei pH 8 mit Oxin komplexieren und in MIBK estrahieren. Die Exraktion muß allerdings innerhalb von drei Minuten durchgeführt werden, da sonst die Gefahr einer Kopräzipitation besteht [373].

Tabelle 19 Al-Resonanzlinien

Wellenlänge nm	Energieniveaus (K)	charakteristische Konzentration (µg/mL 1%)
309,3	112–32437	1,2
396,1	112–25348	2,0
308,2	0–32435	2,5
394,4	0–25348	4,0
257,5	112–38934	16

Bei der Bestimmung von Aluminium im Graphitrohrofen sollte unbedingt Argon als Schutzgas verwendet werden [802], da Aluminium in Gegenwart von Stickstoff ein stabiles Monocyanid bildet [2576], was zu einem erheblichen Empfindlichkeitsverlust führt. PERSSON und Mitarbeiter [2743] [2744] berichten, daß Aluminium als Al_2O_3 verdampft und in der Gasphase reduziert wird. Sie berechneten, daß selbst kleine Mengen O_2, H_2, Cl_2, N_2 und S während der Atomisierung Störungen verursachen; H_2 und Cl_2 stören zusätzlich noch während der thermischen Vorbehandlung. Sie fanden, daß die Störungen am kleinsten sind, wenn möglichst hohe Vorbehandlungstemperaturen verwendet werden. Anwesenheit von H_2 erniedrigt dabei die verwendbare Vorbehandlungstemperatur erheblich.

MANNING und Mitarbeiter [2620] untersuchten die Bestimmung von Aluminium bei Atomisierung von einer L'VOV-Plattform in einem Ofen im thermischen Gleichgewicht. Als Isoformierungshilfe setzten sie 50 µg Magnesiumnitrat [2877] zu und konnten dann eine thermische Vorbehandlungstemperatur von 1700 °C verwenden.

JULSHAMN [2441] berichtet über eine vollständige Unterdrückung des Aluminiumsignals durch Perchlorsäure der Konzentration 1 mol/L in einem unbeschichteten Graphitrohr. KOIRTYOHANN und Mitarbeiter [2481] studierten den Mechanismus dieser Interferenz und fanden, daß das Aluminiumsignal durch Perchlorsäure der Konzentration 0,5 mol/L zu 95% unterdrückt wird. Sie stellten auch fest, daß Perchlorsäure die Verdampfung von Aluminium nicht beeinflußt, sondern daß Aluminium in ihrer Gegenwart als Verbindung aus dem Rohr entfernt wird. MANNING und Mitarbeiter [2620] fanden ebenfalls schwere Störungen durch Perchlorsäure, wenn Graphitrohre mit einer schlechten Pyroschicht verwendet wurden; wenn einwandfreie, pyrolytisch beschichtete Graphitrohre eingesetzt wurden, so traten keine Störungen bis zur Perchlorsäure-Konzentration 0,5 mol/L auf. MANNING und Mitarbeiter [2620] fanden auch, daß zahlreiche andere in der Literatur beschriebene Interferenzen z. B. durch $CaCl_2$ oder $CuCl_2$ [2637] bei Verwendung einwandfrei beschichteter Pyrographitrohre, von Magnesiumnitrat als Isoformierungshilfe sowie Atomisieren von der L'VOV-Plattform in einem Ofen im thermischen Gleichgewicht verschwinden bzw. drastisch reduziert werden.

Die günstigste Atomisierungstemperatur für Aluminium von der L'VOV-Plattform liegt bei 2500 °C, wenn eine ausreichend schnelle Heizrate eingesetzt wird.

10.2 Antimon

Die Bestimmung von Antimon läßt sich in einer Luft/Acetylen-Flamme praktisch störungsfrei durchführen. Allerdings wurde noch nicht viel über dieses Element publiziert, so daß möglicherweise noch nicht alles bekannt ist. MOSTYN und CUNNINGHAM [888] fanden es vorteilhaft, die Matrix anzugleichen, um kleinere Störungen zu vermeiden. Für die Bestimmung von Antimon stehen drei Resonanzlinien ähnlicher Empfindlichkeit zur Verfügung, die in Tabelle 20 zusammengestellt sind. Für die meisten Bestimmungen wird die 217,6-nm-Linie verwendet, doch zeigen hohe Eisen- [3083] Kupfer- [888] und Bleikonzentrationen [1337] auf dieser Linie leichte spektrale Interferenzen. In Gegenwart dieser Elemente empfiehlt sich, ebenso wie bei höheren Antimon-Konzentrationen, die 231,1-nm-Linie.

CHAMBERS und MCCLELLAN [2145] beschreiben eine Extraktion von Antimon mit APDC in MIBK, gefolgt von einer Rückextraktion in die wäßrige Phase zur Empfindlichkeitssteigerung für die nachfolgende Bestimmung mit der Flammen-Technik. SUBRAMANIAN und

Tabelle 20 Sb-Resonanzlinien

Wellenlänge nm	Energieniveaus (*K*)	charakteristische Konzentration (µg/mL 1%)
217,6	0–45 945	0,35
206,8	0–48 332	0,5
231,1	0–43 249	0,8

MERANGER [2941] verwendeten das gleiche Verfahren und fanden, daß nur Sb(III) problemlos extrahierbar ist, während Sb(V) nur im Bereich 0,3–1,0 mol/L HCl extrahiert wird.

Über die Bestimmung von Antimon mit der Graphitrohrofen-Technik findet sich sehr wenig in der Literatur. KUNSELMAN und HUFF [2515] berichten über Signalerhöhungen durch Salz-, Salpeter- und Schwefelsäure. FRECH [2259] fand dagegen, daß Salz- und Salpetersäure eine Signalerniedrigung hervorrufen, jedoch nur in Gegenwart von (hineindiffundiertem) Sauerstoff. Unter Ausschluß von Sauerstoff verlief die Bestimmung von Antimon störfrei. FRECH fand auch Einflüsse von Chrom, Nickel und Eisen, die jedoch bei einer ausreichend schnellen Heizrate (> 900 °/s) verschwanden.

Bei Verwendung von Ammoniumdichromat als Isoformierungshilfe zur Matrix-Modifikation läßt sich Antimon bis etwa 1000 °C verlustfrei thermisch vorbehandeln. Die optimale Atomisierungstemperatur von der L'VOV-Plattform liegt bei 1800 °C.

Antimon läßt sich sehr vorteilhaft mit der Hydridtechnik bestimmen; mit dieser Technik liegt die Bestimmungsgrenze bei 1,0 ng absolut bzw. bei 0,02 µg/L. CHAN und VIJAN [2146] berichten über eine Störung der Antimonbestimmung durch Eisen, die sie durch Zusatz von Kaliumiodid beseitigten. In Gegenwart von 3%iger Salzsäure fanden wir keine Störung durch Eisen bis 0,2 g/L Fe [3054]. ALDUAN und Mitarbeiter [2028] beseitigten eine Störung durch Kupfer, indem sie KSCN zusetzten.

Das Atomisierungssignal für Antimon in der Hydridtechnik ist wertigkeitsabhängig. Sb(III) gibt ein nahezu doppelt so hohes Signal wie Sb(V) [3052 (vgl. Abb. 112, S. 247); bei Integration über die Peakfläche sind diese Unterschiede jedoch kaum feststellbar. Verschiedene Autoren arbeiteten trotz der geringeren Empfindlichkeit mit fünfwertigem Antimon, wenn dieses z. B. nach einem Aufschluß in der Probenlösung vorliegt [2232] [3054]. Liegt die Wertigkeit dagegen nicht eindeutig fest, so muß auf alle Fälle eine Vorreduktion vorgenommen werden. Am besten eignet sich hierfür Kaliumiodid in salzsaurer Lösung [2869].

YAMAMOTO und Mitarbeiter [3084] berichten, daß bei pH 8 Antimon(III) selektiv zum Hydrid reduziert wird und selbst ein 100facher Überschuß an Antimon(V) nicht stört.

10.3 Arsen

Die Tatsachen, daß die Resonanzlinien des Arsen bei 193,7 nm und 197,2 nm im beginnenden Vakuum-UV liegen und zudem die erhältlichen Hohlkathodenlampen relativ leistungsschwach sind, beeinflussen die Bestimmung dieses Elements erheblich. Da ferner viele Photomultiplier unter 200 nm nur noch eine geringe Empfindlichkeit zeigen und Strahlungsverluste durch erhöhte Absorption des Linsenmaterials und durch geringeres Reflexionsver-

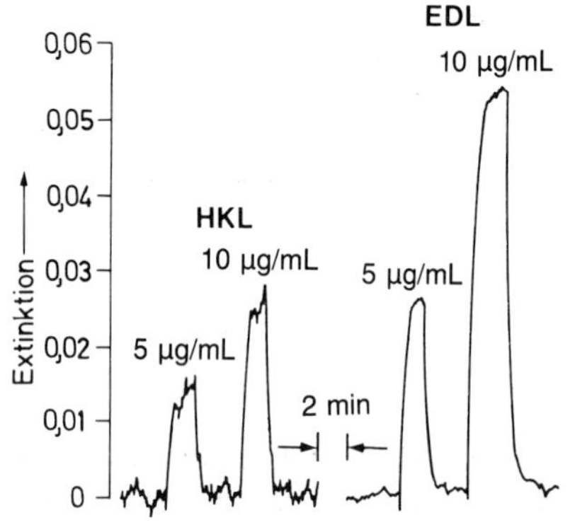

Abb. 133 Bestimmung von niedrigen Arsengehalten mit einer Hohlkathodenlampe (HKL) und einer elektrodenlosen Entladungslampe (EDL) unter gleichen analytischen und apparativen Bedingungen in einer Luft/Acetylen-Flamme. – Die elektrodenlose Entladungslampe liefert ein erheblich besseres Signal/Rausch-Verhältnis [74]

mögen von Spiegeln auftreten können, läßt sich Arsen nur mit den besten Atomabsorptionsspektrometern noch befriedigend bestimmen. Dementsprechend wurde früher auch relativ wenig über dieses Element publiziert. Erst die Entwicklung von leistungsstarken elektrodenlosen Entladungslampen machte eine weitgehend problemlose Arsenbestimmung möglich (Abb. 133). Die charakteristische Konzentration, die mit dieser Strahlungsquelle in einer Luft/Acetylen-Flamme erreicht wird, liegt bei 0,5 µg/mL 1% und die Nachweisgrenze bei 0,15 µg/mL. Mit einer normalen Hohlkathodenlampe sind die entsprechenden Werte 1,5 µg/mL 1% bzw. 2,3 µg/mL.

In einer Luft/Acetylen-Flamme lassen sich nur wenige Interferenzen für Arsen feststellen [1154]. Der Nachteil dieser Flamme ist, daß sie etwa 60% der von der Strahlungsquelle emittierten Strahlungsenergie absorbiert; die Luft/Wasserstoff Flamme zeigt praktisch die gleiche Absorption (vgl. Abb. 15, S. 33).

Die Verwendung einer Argon/Wasserstoff-Diffusionsflamme bringt eine erhebliche Verbesserung in der Empfindlichkeit und Nachweisgrenze für Arsen (Tabelle 21). Allerdings sind in dieser Flamme Interferenzen wahrscheinlicher, obwohl bis jetzt noch nichts darüber berichtet wurde. Untergrundeffekte sind beim Arsen besonders bei Verwendung der Argon/Wasserstoff-Flamme in erheblichem Maße zu erwarten, so daß bei Analyse komplexer Materialien größte Vorsicht geboten ist.

KASZERMAN und THEURER [2458] berichten, daß die Empfindlichkeit für Arsen(III) in einer Argon/Wasserstoff-Diffusionsflamme zwei- bis dreimal größer ist als die für Arsen(V) und daß Anwesenheit von Salpetersäure diesen Effekt noch verstärkt. Auch in der Lachgas/Acetylen-Flamme sollen beträchtliche Unterschiede zwischen den beiden Wertigkeitsstufen bestehen. Bestes Reduktionsmittel ist Kaliumiodid.

Tabelle 21 Vergleich: Luft/Acetylen- und Argon/Wasserstoff-Flamme für die As-Resonanzlinie 193,7 nm

	Luft/Acetylen	Argon/Wasserstoff
Absorption der Flamme	60%	15%
charakteristische Konzentration (µg/mL 1%)	0,5	0,15
Nachweisgrenze (µg/mL)	0,15	0,02

CHAMBERS und MCCLELLAN [2145] extrahierten Arsen mit APDC in Chloroform und wieder zurück in die wäßrige Phase, um die Empfindlichkeit für die nachfolgende Bestimmung mit der Flammentechnik zu erhöhen. SUBRAMANIAN und MERANGER [2941] fanden, daß sich mit APDC als Komplexbildner nur Arsen(III) in MIBK extrahieren läßt.

Für die Bestimmung von Arsen mit der Graphitrohrofen-Technik hat EDIGER [2217] den Zusatz von Nickel als Isoformierungshilfe vorgeschlagen. Dabei bildet sich thermisch stabiles Nickelarsenid, das eine thermische Vorbehandlung bis etwa 1400 °C ermöglicht. Damit lassen sich verschiedene Störeinflüsse, etwa durch unterschiedliche Säuren [2515] praktisch vollständig beseitigen.

KOREČKOVÁ und Mitarbeiter [2494] untersuchten eingehend die verschiedenen Faktoren, die die Atomisierung von Arsen beeinflussen können. Sie fanden, daß bei Verwendung unbeschichteter Graphitrohre ein viel breiteres Signal entsteht und führten das auf die Bildung von Verbindungen zwischen Graphit und Arsen zurück. Auch die durch Salpetersäure hervorgerufene Signalerhöhung und die Signalerniedrigung durch Phosphorsäure lassen sich über die aktive Rolle des Graphits erklären. Nickel bindet Arsen dagegen unabhängig vom Graphitmaterial, weshalb dann auch die Störungen verschwinden. Optimale Bedingungen erhält man, wenn man zudem noch von einer L'VOV-Plattform in einem Ofen im thermischen Gleichgewicht atomisiert. Unter diesen Bedingungen liegt die günstigste Atomisierungstemperatur bei 2300 °C.

POLDOSKI [2752] berichtet über eine spektrale Interferenz durch Silikat bei der Bestimmung von Arsen in Fluß- und Seewasser. Die Störung ist abhängig von der eingestellten spektralen Spaltbreite; sie läßt sich durch Zugabe von Flußsäure und durch eine möglichst kleine Spaltbreite unter Kontrolle halten.

Arsen läßt sich sehr gut mit der Hydridtechnik mit einer Bestimmungsgrenze von 1,0 ng absolut bzw. 0,02 μg/L messen. Verschiedentlich wird über Störungen der Arsenbestimmung durch Elemente der VIII. und I. Nebengruppe berichtet; diese Einflüsse sind jedoch stark abhängig von der verwendeten Säurekonzentration und -mischung sowie von der Verdünnung der Probe. So stört beispielsweise Eisen(II) die Bestimmung von Arsen(III) erst in Konzentrationen oberhalb 2 g/L, wenn in 1,5%iger Salz- und 1,5%iger Salpetersäure gearbeitet wird [3054]. BERNDT und Mitarbeiter [2084] fanden, daß sich der störfreie Bereich der Bestimmung von Arsen in Gegenwart von Blei um vier Zehnerpotenzen ausdehnen läßt, wenn in Salzsäure der Konzentration 6 mol/L statt in 0,5 mol/L gearbeitet wird. FLEMING und IDE [2254] fanden, daß die Arsenbestimmung schon durch relativ kleine Nickelkonzentrationen stark gestört wird, daß diese Interferenz aber bei der Analyse von Stählen nicht auftritt. Bei eingehenden Untersuchungen fanden wir [3049] [3058], daß in Gegenwart von genügend Eisen und einer geeigneten Säuremischung (1,5% HCl / 8% HNO_3) der störfreie Bereich um drei Zehnerpotenzen erweitert werden kann, so daß bis zu 0,1 g/L Ni keinen Einfluß mehr haben. Durch ähnliche Maßnahmen konne auch der Einfluß von Eisen, Kupfer und Nickel gleichzeitig beseitigt werden [3060].

BÉDARD und KERBYSON [2069] beseitigten den Einfluß von Kupfer durch Kopräzipitation mit Lanthanhydroxid, DORNEMANN und KLEIST [2205] die Störung durch Cobalt, Kupfer und Nickel mit einem Zusatz von Pyridin-2-aldoxim und GUIMONT und Mitarbeiter [2328] setzten zur Beseitigung der Nickelstörung Kaliumthiocyanat zu. Zahlreiche andere Autoren [2751] [2809] [2857] [2893] fanden allerdings, daß bei den meisten echten Proben ein Verdünnen genügt, um die Einflüsse dieser Elemente auszuschalten.

Arsen wird bereits durch relativ niedrige Konzentrationen an Selen gestört [3055]. Hierbei handelt es sich um eine Interferenz, die sich in der Gasphase des beheizten Quarzrohrs abspielt. Sie läßt sich dadurch beseitigen, daß Selenhydrid daran gehindert wird, in die Atomisierungseinrichtung zu gelangen. Dies gelingt beispielsweise durch Zusatz einer geeigneten Menge Kupfer zu der Meßlösung, die die Entwicklung des Selenhydrids verhindert.

Die beiden Wertigkeitsstufen des Arsen weisen eine geringfügig unterschiedliche Empfindlichkeit auf. Zur Reduktion wird üblicherweise Kaliumiodid verwendet [2168] [2869], gelegentlich auch unter Zusatz von Ascorbinsäure [2858]. MAY und GREENLAND [2643] fanden, daß damit auch Störungen beseitigt waren. HINNERS [2374] stellte allerdings fest, daß in Gegenwart von genügend Borhydrid kein Unterschied mehr zwischen den beiden Wertigkeitsstufen besteht.

Verschiedene Autoren haben versucht, die beiden Wertigkeitsstufen getrennt zu bestimmen, wobei meist die Tatsache ausgenutzt wird, daß Arsen(III) leichter und schon bei einem pH von 4–5 reduziert wird [2011] [2480] [2688] [2844], während Arsen(V) erst im stärker sauren Medium reduziert wird. ANDREAE [2038] sowie BRAMAN und Mitarbeiter [2101] bestimmten zudem noch verschiedene Methylarsenverbindungen durch selektive Reduktion und Verflüchtigung.

10.4 Barium

Barium zeigt bei Bestimmung in einer Luft/Acetylen-Flamme zahlreiche Verdampfungs- und Gasphasen-Interferenzen [635], die bei Verwendung einer Lachgas/Acetylen-Flamme stark reduziert oder völlig verschwunden sind [2603]. Ebenso ist in der heißen Flamme die in Gegenwart einer Calcium-Matrix von BILLINGS [123] in der Luft/Acetylen-Flamme beobachtete starke Untergrundabsorption durch eine CaOH-Bande verschwunden (vgl. Abb. 93, S. 180). Störend macht sich jedoch gelegentlich die starke Emission der Lachgas/Acetylen Flamme in der Nähe der Ba-Linie bemerkbar, die einen erheblichen Beitrag zum Rauschen liefert (Abb. 134). Eine gewisse Abhilfe schafft hier ein Erhöhen des Lampenstroms und ein Verkleinern des Monochromatorspalts.

RUBEŠKA [1066] fand, daß die Bestimmung von Barium in einer durch ein Inertgas abgeschirmten Lachgas/Acetylen-Flamme auch in Gegenwart eines hohen Calcium-Überschusses (CaOH-Emission) problemlos ist.

Barium ist in der Lachgas/Acetylen-Flamme zu 80–90% ionisiert (vgl. Abb. 96, S. 193), es ist daher erforderlich, Proben- und Bezugslösungen etwa 0,2–0,5% Kalium (als Chlorid) oder ein anderes, entsprechend leicht ionisierbares Metall zuzusetzen. Barium hat nur eine verwendbare Resonanzlinie bei 553,6 nm. Die charakteristische Konzentration ist in der Luft/Acetylen-Flamme etwa 10 µg/mL 1% und in der Lachgas/Acetylen-Flamme etwa 0,5 µg/mL 1%. Die Nachweisgrenzen in den beiden Flammen betragen 0,7 bzw. 0,01 µg/mL. Mittels Flammenemissionsspektrometrie läßt sich eine etwa 10mal bessere Nachweisgrenze erzielen [635].

Bei der Bestimmung von Barium mit der Graphitrohrofen-Technik kann die Strahlungsemission des Graphitrohrs störend wirken. Es sollten daher keine zu hohen Atomisierungstemperaturen verwendet werden. Ein weiteres Problem kann dadurch entstehen, daß eine Deuteriumlampe auf der Wellenlänge des Barium nur noch sehr wenig Energie besitzt und daher nicht zur Untergrundkorrektur eingesetzt werden kann. Es lassen sich daher nur

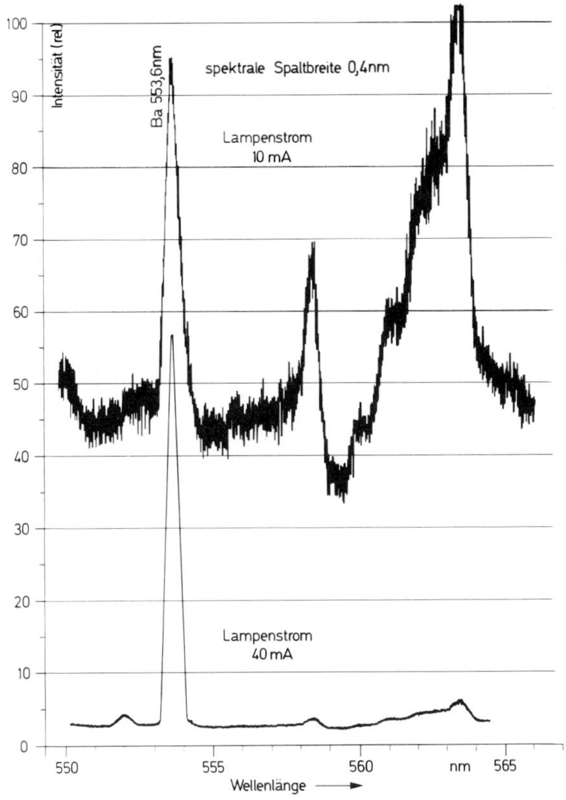

Abb. 134 Einfluß des Lampenstroms auf die Barium-Bestimmung. – Das obere Spektrum zeigt den hohen Anteil an Strahlungsemission, den eine Lachgas/Acetylen-Flamme bei Verwendung einer schwachen Hohlkathodenlampe liefert. Das untere Spektrum wurde unter sonst gleichen Bedingungen mit einer strahlungsstarken Intensitron-Hohlkathodenlampe aufgenommen. Der Nullabgleich erfolgte jeweils vor Zünden der Flamme

solche Geräte sinnvoll einsetzen, die entweder mit einer Halogenglühlampe als Kontinuumstrahler oder mit dem Zeeman-Effekt zur Untergrundkompensation arbeiten.

Barium bildet ein relativ stabiles Carbid und kann daher mit unbeschichteten Graphitrohren nur unbefriedigend bestimmt werden. RENSHAW [1031] fand eine Empfindlichkeitsverbesserung um den Faktor 20, indem er eine Tantalfolie in das Graphitrohr einlegte. Das gleiche Ergebnis läßt sich auch mit einem mit Pyrokohlenstoff beschichteten Rohr erzielen.

In 0,2%iger Salpetersäure läßt sich eine thermische Vorbehandlungstemperatur von 1500 °C verwenden; die optimale Atomisierungstemperatur bei Verwendung einer sehr schnellen Heizrate liegt bei 2700 °C.

10.5 Beryllium

Beryllium läßt sich in einer Luft/Acetylen-Flamme nur sehr schlecht bestimmen, zeigt jedoch in einer Lachgas/Acetylen-Flamme eine ausgezeichnete Empfindlichkeit mit einer charakteristischen Konzentration von etwa 0,03 µg/mL 1% und einer Nachweisgrenze von etwa 0,002 µg/mL. Die wichtigste Resonanzlinie liegt bei 234,8 nm; über die Verwendbarkeit anderer Linien wurde bislang nichts berichtet.

Die Bestimmung von Beryllium in der Lachgas/Acetylen-Flamme scheint weitgehend frei von Interferenzen zu sein. BOKOWSKI [137] berichtete über leichte Störungen durch hohe Silicium- und Aluminiumgehalte, fand jedoch keinen Einfluß von Phosphat und Sulfat. RAMAKRISHNA [1016] beseitigte die unterdrückende Wirkung des Aluminiums durch Zusatz von etwa 1,5 g/L Fluorid. Er fand weiterhin eine Erhöhung des Signals um etwa 20% durch Zusatz von Essigsäure. Beryllium wird in der Lachgas/Acetylen-Flamme nicht merklich ionisiert, ein Zusatz von Alkali kann daher unterbleiben.

Auch NAKAHARA und Mitarbeiter [903] fanden die Berylliumbestimmung in der Lachgas/Acetylen-Flamme weitgehend störungsfrei. Bei der Legierungsanalyse störten lediglich Palladium und Silicium etwas. Phosphorsäure erhöhte das Signal geringfügig, während Salzsäure und Salpetersäure etwas erniedrigten.

Beryllium wird mit der Graphitrohrofen-Technik am besten in einem mit Pyrokohlenstoff beschichteten Graphitrohr bestimmt. THOMPSON und Mitarbeiter [2965] fanden, daß das Berylliumsignal durch Zugabe von Calcium erhöht wird. MAESSEN und Mitarbeiter [2600] stellten fest, daß Beryllium in Gegenwart von Aluminiumnitrat erst bei Temperaturen ab 1600 °C flüchtig wird, so daß dies möglicherweise eine geeignete Isoformierungshilfe darstellt. HURLBUT [2401] fand nur wenige Interferenzen bei der Bestimmung von Beryllium, wenn er Lanthan zu den salpetersauren Probenlösungen gab und die Rohre ebenfalls mit Lanthan behandelte.

Bei Verwendung von Magnesiumnitrat als Isoformierungshilfe läßt sich eine thermische Vorbehandlungstemperatur von 1500 °C einsetzen. Die optimale Atomisierungstemperatur von der L'VOV-Plattform liegt bei 2400 °C.

10.6 Bismut

Bismut läßt sich leicht und störungsfrei in einer Luft/Acetylen-Flamme bestimmen. Auf der 222,8-nm-Resonanzlinie ist die charakteristische Konzentration 0,2 µg/mL 1% und die Nachweisgrenze etwa 0,02 µg/mL. Verschiedene andere Resonanzlinien werden in Tabelle 22 zusammengestellt. In einer Luft/Wasserstoff-Flamme läßt sich ein besseres Signal/Rausch-Verhältnis und eine Nachweisgrenze von etwa 0,015 µg/mL erzielen.

Bismut läßt sich mit der Graphitrohrofen-Technik mit recht guter Empfindlichkeit bestimmen und bei Atomisierung von der L'VOV-Plattform in einem Ofen im thermischen Gleichgewicht dürften kaum Interferenzen zu erwarten sein.

KANE [2454] bestimmte Bismut in Gesteinen nach einem Flußsäure-Perchlorsäure-Aufschluß und Extraktion als Iodid in MIBK sowie Rückextraktion in die wäßrige Phase mit

Tabelle 22 Bi-Resonanzlinien

Wellenlänge nm	Energieniveaus (*K*)	charakteristische Konzentration (µg/mL 1%)	spektrale Spaltbreite nm
222,8	0–44 865	0,2	0,07–0,2
306,8	0–32 588	0,6	0,7
206,2	0–48 489	1,6	0,7
227,7	0–43 912	3	0,7

EDTA. Relativ häufig wurde Bismut in metallurgischen Proben bestimmt. BARNETT und MCLAUGHLIN [2060] analysierten Eisen-, Kupfer- und Zinklegierungen nach Lösen in Salpetersäure nach dem Additionsverfahren. MARKS und WELCHER [2625] analysierten Legierungen für Gasturbinen nach Lösen in Flußsäure-Salpetersäure. FORRESTER und Mitarbeiter [2257] untersuchten hochreines Nickel, das sie in reinster Salpetersäure lösten und direkt in den Graphitrohrofen eingaben. Die Analysenergebnisse stimmten sehr gut mit den Zertifikatswerten für Bismut überein.

MARKS und Mitarbeiter [2626] analysierten komplexe Nickellegierungen direkt ohne Vorbehandlung in der festen Form als Späne und fanden weniger Untergrundabsorption, da keine Metallsalze gebildet wurden. Auch HEADRIDGE und THOMPSON [2358] bestimmten Bismut in Nickellegierungen, sowie LUNDBERG und FRECH [2572] in Stahl durch direkte Festprobenanalyse.

HAMNER und Mitarbeiter [2344] bestimmten Bismut in metallischem Chrom nach einem Schmelzaufschluß und fanden, daß Nickel eine stabilisierende Wirkung hat und zudem eine bessere Empfindlichkeit liefert. GLADNEY [2302] hat die Verwendung von Isoformierungshilfen untersucht und gefunden, daß Bismut durch Nickel bis 1200 °C thermisch stabilisiert wird, was von uns allerdings nicht bestätigt werden konnte. Ohne Nickel können nur Vorbehandlungstemperaturen bis 600 °C verwendet werden. Mit Ammoniumdichromat als Isoformierungshilfe läßt sich Bismut bis 900 °C verlustfrei thermisch vorbehandeln; die optimale Atomisierungstemperatur von der L'VOV-Plattform liegt bei 1800 °C.

Bismut läßt sich auch mit der Hydrid-Technik mit sehr guter Empfindlichkeit bestimmen; die Bestimmungsgrenze liegt bei 1,0 ng Bi absolut bzw. bei 0,02 µg/L.

ROMBACH und KOCK [2797] bestimmten Bismut in organischen Materialien und fanden, daß ein Zusatz von Harnstoff zur Aufschlußlösung Störungen durch Stickoxide beseitigt. Mögliche Störungen durch Kupfer, Arsen oder Selen wurden durch Zugabe von Kaliumiodid vermieden.

BÉDARD und KERBYSON [2068] bestimmten Bismut in metallischem Kupfer und fanden, daß eine Signalerniedrigung auftrat, wenn mehr als 1 mg Kupfer in der Meßlösung zugegen war. Sie trennten daher Bismut durch Kopräzipitation mit Eisen- oder Lanthan-Hydroxid ab. FLEMING und IDE [2254] bestimmten Bismut in Stahl in Gegenwart von Schwefelsäure (Konzentration 2 mol/L) und fanden, daß unter diesen Bedingungen Störungen durch Kupfer, Nickel oder Molybdän durch das vorhandene Eisen reduziert wurden. Sie hielten daher die Menge Eisen konstant auf 20 mg und setzten für hoch legierte Stähle Eisen zu.

Wir fanden, daß in Gegenwart eines Säuregemischs von 1,5% Salz- und 2,5% Salpetersäure Konzentrationen bis 1 g/L Eisen die Bismutbestimmung nicht stören [3054]. Auch die übrigen in niedrig legierten Stählen vorhandenen Metalle hatten unter diesen Bedingungen keinen Einfluß auf das Bismutsignal, so daß die Bestimmung direkt gegen wäßrige Bezugslösungen durchgeführt werden konnte, die nur im Säuregehalt angeglichen waren.

DRINKWATER [2206] bestimmte Bismut in komplexen Nickellegierungen und fand, daß sich bei Zugabe von Natriumborhydrid ein feiner, schwarzer Niederschlag bildete und erhebliche Interferenzen auftreten. Er beseitigte die Störungen durch Zugabe von EDTA, wobei das Bismutsignal proportional dem zugesetzten Volumen an EDTA-Lösung anstieg. SINEMUS und Mitarbeiter [2869] bestimmten Bismut in Oberflächenwasser in salzsaurer Lösung. Sie fanden keinen Einfluß der Wertigkeit, da die Oxidationsstufe + 5 sehr unwahrscheinlich ist.

10.7 Blei

Die Bestimmung von Blei läßt sich in den verschiedensten Flammen durchführen, ohne daß nennenswerte Interferenzen zu erwarten wären. Meist wird eine Luft/Acetylen-Flamme verwendet, doch bevorzugen einige Autoren auch eine Luft/Propan-Flamme. DAGNALL und WEST [262] fanden in dieser Flamme geringe Interferenzen von Aluminium, Beryllium und Zirconium, sowie von Phosphat und Sulfat, die sich durch Zugabe von EDTA weitgehend beseitigen ließen.

Die wichtigsten Resonanzlinien des Blei sind in Tabelle 23 zusammengestellt. Obgleich die 217,0-nm-Linie merklich empfindlicher ist als die 283,3-nm-Linie, ergibt sie wegen des ungünstigeren Signal/Rausch-Verhältnisses keine bessere Nachweisgrenze. Außerdem treten auf der 217,0-nm-Linie leichter Untergrundabsorptionseffekte auf, so daß die 283,3-nm-Linie meist mit größerem Erfolg verwendet wird.

ISSAQ und ZIELINSKI [2416] fanden bei verdünnten, wäßrigen Bleilösungen z. T. erhebliche Verluste innerhalb relativ kurzer Zeit, wenn diese in Glas- oder auch Polyäthylenbehältern aufbewahrt wurden. Ein Ansäuern mit Salpetersäure verhinderte diese Verluste.

Da Blei häufig noch in sehr geringen Konzentratitonen bestimmt werden muß, reicht die mit einer Flamme erzielbare Nachweisgrenze von etwa 0,01 µg/mL häufig nicht aus. Es wurden daher schon frühzeitig Techniken wie das Probenboot [616] oder das DELVES-System [292] zum Erhöhen der Empfindlichkeit verwendet. Den eigentlichen Durchbruch schaffte jedoch erst die Graphitrohrofen-Technik, die heute überwiegend für die Bestimmung dieses Elements eingesetzt wird.

Die frühen Publikationen über die Bestimmung von Blei in verschiedenen Proben berichten über zahllose Störungen durch spektrale und nicht-spektrale Interferenzen, die zumindest teilweise mit der relativ großen und von den Begleitsubstanzen abhängigen Flüchtigkeit des Blei zusammenhängen.

OTTAWAY [2717] berichtet beispielsweise über erhebliche Störungen durch Chloride. Er beobachtete gleichzeitig mit dem Auftreten von Signalunterdrückungen das Molekülspektrum von Bleichlorid und schloß daraus, daß Blei als Molekül verflüchtigt wird. Er beobachtete auch eine Interferenz, wenn er Blei und Magnesiumchlorid an verschiedene Stellen im Graphitrohr brachte, was auf eine Gasphaseninterferenz hindeutet. HENN [2367] fand erhebliche Störungen durch 5% Salzsäure und konnte diese durch Zugabe von Molybdän zu

Tabelle 23 Pb-Resonanzlinien

Wellenlänge nm	Energieniveaus (K)	charakteristische Konzentration (µg/mL 1%)
217,0	0–46 069	0,08
283,3	0–35 287	0,2
261,4	7819–46 061	5
368,4	7819–34 960	17
364,0	7819–35 287	40

Proben und Bezugslösungen wirkungsvoll reduzieren. VICKREY und Mitarbeiter [3011] fanden eine ähnliche Verbesserung, wenn sie Zirconiumbeschichtete Graphitrohre verwendeten.

BEHNE und Mitarbeiter [2072] fanden eine starke Signalunterdrückung durch Perchlorsäure, die zudem die Rohre oxidativ angreift, so daß sie nicht verwendet werden kann. Auch Salpetersäure störte die Bleibestimmung, weshalb sie mit Ameisensäure aus den Probenlösungen entfernt wurde. Auch JULSHAMN [2441] fand eine Störung durch Perchlorsäure. WEGSCHEIDER und Mitarbeiter [3040] berichten, daß alle Säuren das Bleisignal erniedrigen, nur Phosphorsäure gab eine Erhöhung. HODGES und SKELDING [2380] fanden, daß die Matrixinterferenzen bei der Bestimmung von Blei in Urin am geringsten waren, wenn sie den Meßlösungen Orthophosphorsäure zusetzten und die Rohre mit Molybdän konditionierten.

FRECH und CEDERGREN [2260–2262] verwendeten Hochtemperatur-Gleichgewichtsberechnungen zur Untersuchung der Störungen und fanden, daß die Chloridinterferenz in Gegenwart von Wasserstoff deutlich geringer war. Diese Untersuchungen beziehen sich allerdings auf Stahlanalysen, und das Eisen spielt hier offensichtlich eine wichtige Rolle. In Gegenwart von Natriumchlorid konnte der Wasserstoff die Störung nicht ausreichend beeinflussen. Auch andere Autoren bestätigten den positiven Einfluß von Wasserstoff bei der Analyse von Stahl [2600] und von geologischen Proben [2363].

Der eigentliche Durchbruch gelang jedoch erst als der Einfluß der Graphitrohroberfläche und von Isoformierungshilfen eingehender untersucht wurden [2617] [2618]. SLAVIN und MANNING [2880] setzten dann noch die L'VOV-Plattform zur Atomisierung ein und fanden, daß die meisten in der Literatur beschriebenen Störungen nicht mehr auftreten. HINDERBERGER und Mitarbeiter [2372] bestätigten, daß bei Atomisierung von der L'VOV-Plattform und Verwendung von primärem Ammoniumphosphat als Isoformierungshilfe Blei in zahlreichen biologischen Materialien einschließlich Urin störfrei zu bestimmen ist.

Unter diesen Bedingungen läßt sich eine thermische Vorbehandlungstemperatur von 950 °C einsetzen; Magnesiumnitrat als Isoformierungshilfe erlaubt noch etwas höhere Temperaturen. Die günstigste Atomisierungstemperatur von der L'VOV-Plattform liegt bei 1900 °C.

Blei läßt sich auch mit der Hydridtechnik bestimmen, jedoch ist die Empfindlichkeit nicht besonders gut. THOMPSON und THOMERSON [2967] fanden bei Atomisierung in einem beheizten Quarzrohr eine Nachweisgrenze von 0,1 µg/mL. FLEMING und IDE [2254] konnten die Empfindlichkeit durch Zugabe von Weinsäure und Kaliumdichromat erheblich verbessern, berichten jedoch über starke Störungen durch Kupfer und Nickel. VIJAN und SADANA [3018] bestimmten Blei in Trinkwsser nach Kopräzipitation mit Mangandioxid ebenfalls mit der Hydrid-Technik.

Zahlreiche Autoren berichten über die Kombination chromatographischer Trennverfahren mit der AAS zur Bestimmung bleiorganischer Verbindungen in Benzin [1108] [2096] [2165] [2191] [2796] und in Luft [2153] [2796]. SIROTA und UTHE [2873] bestimmten Tetraalkylblei in Gewebe nach einer Extraktion.

BRIMHALL [163] und KIRCHHOF [647] berichteten über eine Möglichkeit zur Bestimmung der drei Bleiisotopen 206, 207 und 208 mittels AAS und selbstfertigen Isotopen-Hohlkathodenlampen.

10.8 Bor

Bor läßt sich praktisch nur in einer Lachgas/Acetylen-Flamme bestimmen und gehört mit einer charakteristischen Konzentration von etwa 15 µg/mL 1% und einer Nachweisgrenze von 1 µg/mL zu den am wenigsten empfindlichen Elementen in der AAS. Die Resonanzlinien bei 249,7/249,8 nm werden praktisch ausschließlich verwendet.

Verschiedene Autoren [65] [795] berichten über die Bestimmung von Bor in wäßriger Lösung, jedoch wird die Analyse durch unterschiedliche refraktäre Substanzen deutlich gestört. Deshalb und wegen der geringen Empfindlichkeit wurden von verschiedenen Autoren Extraktionsverfahren zur Anreicherung und zum Abtrennen der störenden Matrix vorgeschlagen. AGAZZI [21], HOSSNER [536] und WEGER und Mitarbeiter [1288] extrahierten einen 2-Ethyl-1,3-hexandiol-Komplex in Chloroform, wobei dieses Lösungsmittel jedoch für die Verbrennung in einer Lachgas/Acetylen-Flamme wenig geeignet ist. MELTON und Mitarbeiter [858] und HOLAK [526] verwendeten daher MIBK als Lösungsmittel, das sich auch für diese Extraktion als sehr brauchbar erwies.

ELTON-BOTT [2227] erhöhte die Empfindlichkeit der Borbestimmung durch Umwandlung in den flüchtigen Borsäuremethylester, der gasförmig in eine Lachgas/Acetylen-Flamme eingeleitet wurde. CHAPMAN und DALE [2149] verflüchtigten Bor als Fluorid durch Reaktion mit Kupferhydroxifluorid und konnten damit die Empfindlichkeit ebenfalls erheblich steigern.

Eine Bestimmung von Bor mit der Graphitrohrofen-Technik ist nur in Rohren mit einer einwandfreien Pyrokohlenstoffbeschichtung möglich. Eine schnelle Heizrate bei der Atomisierung erhöht die Empfindlichkeit weiter und verringert das Tailing.

SZYDLOWSKI [2954] bestimmte Bor in Wasser und fand, daß Zugabe von 1000 µg/mL Barium als Hydroxid die beste Empfindlichkeit für Bor lieferte.

In Gegenwart von 500 µg/L Calcium läßt sich eine thermische Vorbehandlungstemperatur von 1000 °C verwenden; die optimale Atomisierungstemperatur liegt über 2700 °C.

MANNING und SLAVIN [808] fanden, daß eine Isotopenanalyse mittels AAS nur bei sehr leichten und bei sehr schweren Atomen möglich sein wird. MROZOWSKI [891] versuchte, die Isotopenlinie von ^{10}B und ^{11}B in mit flüssiger Luft gekühlten Hohlkathodenlampen zu trennen, was ihm jedoch nicht gelang.

Der Isotopenshift ist etwa 0,001 nm, während die Linienbreite in einer Lachgas/Acetylen-Flamme etwa 0,006 nm beträgt, wodurch eine Trennung unmöglich wird. Auch GOLEB [426] gelang es nicht, bei Verwendung von Isotopenlampen und einer Absorptionsröhre unterschiedliche Absorptionswerte für die beiden Isotopen zu erhalten.

HANNAFORD und LOWE [2346] gelang dann schließlich die Bestimmung des Isotopenverhältnisses mit einer Neon-gefüllten Entladungslampe und einer wassergekühlten Kathodenzerstäubungskammer als Absorptionsküvette auf dem Dublett bei 208,89/208,96 nm, das einen deutlich höheren Isotopenshift aufweist.

10.9 Cadmium

Cadmium läßt sich gut und ohne nennenswerte Interferenzen in einer Luft/Acetylen-Flamme bestimmen. Auf der Resonanzlinie bei 228,8 nm beträgt die charakteristische Konzentration 0,02 µg/mL 1%; eine Nachweisgrenze von 0,0005 µg/mL läßt sich leicht erreichen. In einer Argon/Wasserstoff-Diffusionsflamme läßt sich eine um den Faktor 2 bessere Empfindlichkeit und eine Nachweisgrenze von etwa 0,0003 µg/mL erzielen. In dieser Flamme ist jedoch das Auftreten von spektralen und nicht-spektralen Interferenzen wahrscheinlicher.

Für die Bestimmung höherer Cadmium-Gehalte eignet sich die Resonanzlinie bei 326,1 nm, die eine charakteristische Konzentration von etwa 20 µg/mL 1% ergibt und somit übermäßige Verdünnungen erspart.

Da Cadmium sehr leicht atomisierbar ist, läßt es sich auch mit der Boot-Technik und mit dem DELVES-System gut bestimmen. Die Nachweisgrenzen für die beiden Verfahren liegen bei 1×10^{-10} bzw. 2×10^{-11} g Cd [218].

Die größten Schwierigkeiten bei der Bestimmung von Cadmium mit der Graphitrohrofen-Technik bereitete lange Zeit seine hohe Flüchtigkeit. LUNDGREN und Mitarbeiter [771] nutzten allerdings gerade diese hohe Flüchtigkeit aus, um Cadmium mit einer sehr schnellen Heizrate bereits bei 800 °C zu atomisieren, bevor die Matrix Natriumchlorid merklich flüchtig wird.

Die Chloridinterferenzen sind bei Cadmium nicht so stark wie bei Blei oder Thallium, da die Dissoziationsenergie für CdCl mit 206 kJ/mol recht niedrig ist. Dennoch berichten zahlreiche Autoren über z. T. erhebliche Interferenzen durch Chloride [2367] [2632] oder Perchlorsäure [2441], die sie z. B. durch Zusatz von Phosphorsäure [2108] [2632] oder von Molybdän [2367] zu beseitigen versuchten.

EDIGER [2217] hat verschiedene Ammoniumsalze als Isoformierungshilfen untersucht und schließlich sekundäres Ammoniumphosphat vorgeschlagen, das Cadmium bis etwa 900 °C thermisch stabil macht. SLAVIN und Mitarbeiter [2880] [2882] ebenso wie HINDERBERGER und Mitarbeiter [2372] fanden schließlich, daß eine störfreie Bestimmung von Cadmium möglich ist, wenn mit primärem Ammoniumphosphat als Isoformierungshilfe und Atomisierung von einer L'VOV-Plattform in einem Ofen im thermischen Gleichgewicht gearbeitet wird.

Unter diesen Bedingungen läßt sich eine thermische Vorbehandlungstemperatur bis etwa 800 °C verwenden; ein Zusatz von Magnesiumnitrat erlaubt noch etwas höhere Temperaturen. Die optimale Atomisierungstemperatur von der L'VOV-Plattform liegt bei 1700 °C.

Eines der größten Probleme bei der Bestimmung von Cadmium mit der Graphitrohrofen-Technik stellt das Kontaminationsrisiko dar. SALMELA und VUORI [2816] stellten fest, daß gelbe Pipettenspitzen stark mit Cadmium verunreinigt sind. Man findet jedoch auch oft hohe Cadmiumblindwerte in verschiedenen Reagenzien, so daß häufig eine Nachreinigung notwendig wird (vgl. Abschn. 6.4).

10.10 Caesium

Die Resonanzlinie des Caesium liegt mit 852,1 nm im beginnenden infraroten Spektralbereich und damit für einige Atomabsorptionsspektrometer außerhalb des normalen Arbeitsbereichs. Für die Bestimmung von Caesium gibt es bis heute keine brauchbaren Hohlkathodenlampen; seit einiger Zeit sind jedoch ausgezeichnete elektrodenlose Entladungslampen erhältlich [2061], die die früher gebräuchlichen Metalldampflampen rasch verdrängt haben. Caesium läßt sich in einer Luft/Acetylen-Flamme ohne nennenswerte Interferenzen mit einer charakteristischen Konzentration von 0,1 µg/mL 1% und einer Nachweisgrenze von etwa 0,01 µg/mL bestimmen. In dieser Flamme wird Caesium allerdings erheblich ionisiert, so daß größere Mengen eines anderen Alkalisalzes zugesetzt werden müssen [569], um die Ionisation zu unterdrücken. Eine wesentlich geringere Ionisation beobachtet man in einer Luft/Wasserstoff-Flamme, die damit ein leichteres Arbeiten mit diesem Element gestattet. Einige Autoren bevorzugen auch die Verwendung einer Luft/Propan-Flamme [296], in der jedoch gelegentlich andere Störungen auftreten können. LUECKE [2566] fand bei der Bestimmung von Caesium in Gesteinen und Mineralien neben der Ionisationsinterferenz Störungen durch höhere Aluminium- und Phosphatgehalte.

Für höhere Caesium-Gehalte eignet sich die Resonanzlinie bei 455,6 nm, die eine charakteristische Konzentration von etwa 20 µg/mL 1% ergibt [407].

In Emission läßt sich mit einer Luft/Acetylen- oder Luft/Wasserstoff-Flamme unter Zusatz von 100 µg/mL Natriumsalz eine Nachweisgrenze von 0,008 µg/mL für Caesium erzielen [363].

Die Bestimmung von Caesium mit der Graphitrohrofen-Technik wurde erstmals von BARNETT und Mitarbeitern [2061] im Zusammenhang mit der Untersuchung neuer elektrodenloser Entladungslampen beschrieben. Sie erzielten eine Nachweisgrenze von 0,3 µg/L. FRIGERI und Mitarbeiter [2271] bestimmten Caesium in Fluß- und Seewasser und fanden Störungen durch Eisen und Cobalt.

Die maximale thermische Vorbehandlungstemperatur für Caesium liegt bei 900 °C, die günstigste Atomisierungstemperatur bei 1900 °C. Es empfiehlt sich die Verwendung eines Geräts mit einer Halogenglühlampe zur Untergrundkompensation, wenn nicht der Zeemaneffekt hierfür eingesetzt wird.

10.11 Calcium

Calcium ist eines der am häufigsten mit AAS bestimmten Elemente, und die Zahl der Publikationen ist entsprechend groß. Die ersten Arbeiten von WILLIS [1324] [1328] und DAVID [268] [269] aus den Jahren 1959 bis 1961 befaßten sich mit der Bestimmung von Calcium in Serum und Urin, bzw. in Pflanzen- und Bodenproben.

Calcium läßt sich in einer Lachgas/Acetylen-Flamme praktisch störungsfrei [3297] mit einer charakteristischen Konzentration von 0,09 µg/mL 1% und einer Nachweisgrenze von etwa 0,001 µg/mL bestimmen. Interferenzen lassen sich in dieser Flamme nur bei sehr hohen Silicium- und Aluminium-Konzentrationen beobachten, und die leichte Ionisierung wird unschwer durch Zusatz ausreichender Alkalimengen behoben [800].

Ungeachtet dieser Tatsache wird Calcium sehr oft in einer Luft/Acetylen-Flamme bestimmt und dient dann als Prototyp eines durch zahlreiche Interferenzen gestörten Elements. RAMAKRISHNA [1014] veröffentlichte beispielsweise eine systematische Studie, in der der Effekt von mehr als 50 Ionen auf die Absorption von Calcium untersucht wurde, wobei nur zwei Anionen (von 20 untersuchten) und 15 Kationen (von 32 untersuchten) ohne nennenswerten Einfluß auf die Absorption von Calcium waren. Dabei muß allerdings betont werden, daß diese Arbeit mit einem direktzerstäubenden Turbulenzbrenner ausgeführt wurde; bei Verwendung von Mischkammerbrennern sind diese Interferenzen erfahrungsgemäß weit weniger stark ausgeprägt [301]. In Mischkammerbrennern lassen sich die Einflüsse von bis zu 500 µg/mL Silicium und 1000 µg/mL Aluminium oder Phosphor usw. durch Zusatz von 1% Lanthan (als salzsaure Lösung des Oxids) oder von 1% EDTA (als

Dinatriumsalz) gut kontrollieren. Calcium läßt sich dann in der Luft/Acetylen-Flamme auf der Resonanzlinie bei 422,7 nm mit einer charakteristischen Konzentration von 0,1 µg/mL 1% und einer Nachweisgrenze von etwa 0,001 µg/mL bestimmen. Während bei der Bestimmung von Calcium in einer Luft/Acetylen-Flamme meist große spektrale Spaltbreiten (etwa 2,0 nm) verwendet werden, ist dies mit der Lachgas/Acetylen-Flamme nicht zu empfehlen. Wie in Abb. 135 zu sehen ist, befindet sich in dieser Flamme zwischen 422 und etwa 410 nm eine intensive CN-Emissionsbande. Wird diese im Monochromator nicht abgetrennt, so verschlechtert sich das Signal/Rausch-Verhältnis deutlich.

Hohe Calcium-Konzentrationen lassen sich auf der Resonanzlinie bei 239,9 nm mit einer charakteristischen Konzentration von etwa 10 µg/mL 1% bestimmen. Das Signal/Rausch-Verhältnis auf dieser Linie ist jedoch nicht sehr günstig, so daß sich diese nicht unbedingt für Präzisionsanalysen eignet.

Calcium ist ein recht häufiges Element und die Empfindlichkeit der Graphitrohrofen-Technik wird hier nur selten benötigt. CARRONDO und Mitarbeiter [2133] bestimmten Calcium in Klärschlämmen, indem sie eine Suspension in verdünnter Salpetersäure direkt in das Graphitrohr einspritzten. Die Ergebnisse stimmten gut mit den Werten der Flammen-Technik überein. SMITH und COCHRAN [2891] bestimmten Calcium in gesättigten Solelösungen in unbeschichteten Graphitrohren und mit einer hohen Argonströmung während der Atomisierung, um die Empfindlichkeit zu reduzieren.

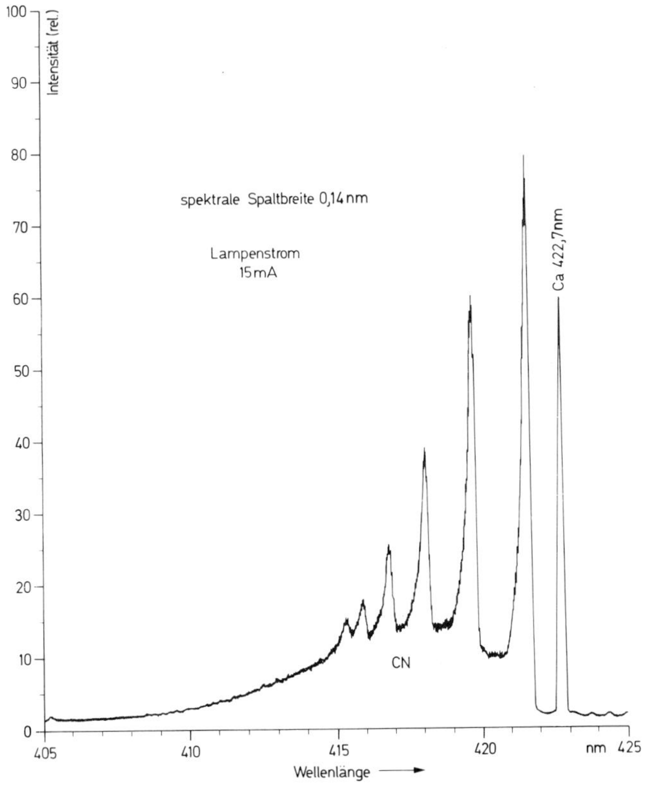

Abb. 135 Emission der Lachgas/Acetylen-Flamme in der Nähe der Ca-Resonanzlinie bei 422,7 nm

Die besten Empfindlichkeiten für Calcium erhält man in einem mit Pyrokohlenstoff beschichteten Graphitrohr. Die Bestimmung ist jedoch in hohem Maße kontaminationsgefährdet und sollte an einem staubfreien Arbeitsplatz durchgeführt werden. Die maximale thermische Vorbehandlungstemperatur für Calcium liegt bei 1200 °C, die günstigste Atomisierungstemperatur bei 2400 °C.

10.12 Chrom

Chrom läßt sich sowohl in einer brenngasreichen Luft/Acetylen- als auch in einer Lachgas/Acetylen-Flamme bestimmen. Eine eingehende Studie über die optimale Atomkonzentration und das Absorptionsprofil des Chrom in brenngasarmen und -reichen Luft/Acetylen-Flammen wurde von RANN und HAMBLY [1018] erarbeitet; dabei hat sich gezeigt, daß die größte Empfindlichkeit mit einem Dreischlitz-Brennerkopf [1172] und einer schwach leuchtenden Flamme erhalten wird. Chrom weist eine Vielzahl an Resonanzlinien ähnlicher Empfindlichkeit auf, wobei für die meisten Arbeiten die bei 357,9 nm verwendet wird. Auf dieser Linie ist die charakteristische Konzentration 0,04 µg/mL 1%, und es lassen sich Nachweisgrenzen von etwa 0,002 µg/mL erreichen. Nach GATEHOUSE und WILLIS [407] läßt sich für höhere Chrom-Gehalte die Resonanzlinie bei 425,4 nm mit einer charakteristischen Konzentration von 0,1 µg/mL 1% gut verwenden.

AGGETT und O'BRIEN [2012] [2013] haben eine sehr eingehende Arbeit über die Bildung von Chromatomen in Luft/Acetylen-Flammen publiziert. Während sich Chrom in zahlreichen Proben annähernd störungsfrei bestimmen läßt [989], wird in Gegenwart von Eisen und Nickel die Absorption von Chrom erheblich erniedrigt. ROOS [1045] fand, daß diese Interferenzen zusätzlich stark von der jeweiligen Gasmischung abhängen; zudem fand ROOS, daß Chrom(III) eine höhere Empfindlichkeit zeigt als Chrom(VI) und somit auch die Oxidationsstufe eine gewisse Rolle spielt. Diese Effekte lassen sich jedoch weitgehend durch Zusatz von 2% Ammoniumchlorid [410] bzw. 2% Kaliumpersulfat [1272], oder auch von 1% Ammoniumhydrogenfluorid allein oder zusammen mit 0,2% Natriumsulfat [1008] zu Proben- und Bezugslösungen eliminieren. ROOS erklärt die Beseitigung dieser Störungen mit einer „Trägerdestillation“, d. h. daß Eisen und andere Störionen mit den zugesetzten Salzen viel rascher in der Flamme abdestillieren [1049]. KRAFT und Mitarbeiter [2506] fanden, daß die Intensität des Chromsignals in einer Luft/Acetylen-Flamme in sehr komplexer Weise von der Wertigkeit des Chrom und der Flammentemperatur abhängt. Außerdem besteht ein komplexer Einfluß von Kalium. Andere Autoren haben zur Beseitigung von Interferenzen Chrom in MIBK extrahiert [825], oder mit Hilfe eines Ionenaustausches von störenden Ionen befreit [581]. Auch 8-Hydroxichinolin wurde als freisetzendes Agens zur Unterdrückung von Störungen vorgeschlagen [945]. WOLF [3076] verwendete schließlich eine Kombination von Chelatisierung, Extraktion und einer chromatographischen Trennung, bevor er die Bestimmung in einer Flamme mit einer Nachweisgrenze von 1 ng Cr durchführte. RAO und SASTRI [2777] bringen eine gute Übersicht über Extraktionsverfahren für Chrom.

YANAGISAWA und Mitarbeiter [1361] trennten Chrom(III) und Chrom(VI) durch Extraktion, bevor sie die beiden Wertigkeitsstufen mit Atomabsorption bestimmten. Als Chelatbildner für Cr(III) diente Hydroxichinolin bei pH 6 und für Cr(VI) Diethyldithiocarbamat bei pH 4. Auch CRANSTON und MURRAY [2172] sowie VAN LOON und Mitarbeiter [3003] beschreiben eine getrennte Bestimmung der beiden Wertigkeitsstufen von Chrom in Wasser. DE JONG und BRINKMANN [2189] extrahieren die beiden Wertigkeitsstufen bei verschiedenen pH-Werten mit Aliquat-336, einer Mischung von Methyl-tri-n-alkylammoniumchloriden.

Wesentlich einfacher lassen sich die oft schwer kontrollierbaren chemischen Interferenzen beim Chrom durch Verwendung der Lachgas/Acetylen-Flamme beseitigen [547] [1053]. In dieser Flamme sind kaum irgendwelche Interferenzen bekannt und auch die beiden Wertigkeitsstufen weisen exakt die gleiche Empfindlichkeit auf [2506]. Lediglich der Zusatz von Kalium empfiehlt sich für einige Bestimmungen mit komplexerer Matrix. Für Präzisionsanalysen ist es jedoch auch in dieser Flamme noch erforderlich, die Matrix anzugleichen, da sonst keine einwandfreien Ergebnisse erzielt werden können [1299]. In der Lachgas/Acetylen-Flamme ist die charakteristische Konzentration für Chrom 0,5 µg/mL 1% bei Verwendung der 357,9-nm-Linie.

SLAVIN [2876] fand, daß zumindest für die Bestimmung von Chrom in Umweltproben die Graphitrohrofen-Technik am besten geeignet ist da sie die besten Nachweisgrenzen aufweist und die anderen Techniken teurer und nicht so einfach in der Anwendung sind. Chrom wurde lange Zeit als schwieriges Element in der Graphitrohrofen-Technik betrachtet. Ein Grund hierfür war sicher, daß die Deuteriumlampe auf der Resonanzlinie für Chrom bei 357,8 nm keine ausreichende Strahlungsenergie mehr besitzt für eine befriedigende Untergrundkorrektur. Bei Geräten, die eine Halogenglühlampe als Kontinuumstrahler verwenden oder den Zeeman-Effekt [2244] zur Untergrundkompensation einsetzen, ist dieses Problem beseitigt.

Dazu kamen Berichte über eine sehr hohe Flüchtigkeit einiger Chromverbindungen [2071] die zu erheblichen Verlusten bei der thermischen Vorbehandlung im Graphitrohrofen führten. Andere Autoren konnten allerdings keine leichtflüchtigen Chromverbindungen feststellen [2837]. Es finden sich auch immer wieder Berichte in der Literatur über relativ starke Chloridinterferenzen bei der Chrombestimmung [2441] [2638], die jedoch von anderen nicht bestätigt wurden [2513]. CARRONDO und Mitarbeiter [2133] bestimmten beispielsweise Chrom in Klärschlamm, indem sie eine salpetersaure Suspension direkt in das Graphitrohr einspritzten und gegen angesäuerte Bezugslösungen kalibrierten. Die Übereinstimmung mit aufgeschlossenen Proben, die sie mit der Flammen-Technik untersuchten, war gut.

HINDERBERGER und Mitarbeiter [2372] gelang eine störfreie Bestimmung von Chrom in Körperflüssigkeiten und Geweben, wenn sie primäres Ammoniumphosphat als Isoformierungshilfe zusetzen und von der L'VOV-Plattform atomisierten. SLAVIN und Mitarbeiter [2877] [2882] fanden schließlich, daß Magnesiumnitrat sich am besten als Isoformierungshilfe zur Matrix-Modifikation eignet. Chrom läßt sich damit bis 1650 °C verlustfrei thermisch vorbehandeln, so daß die Abtrennung der meisten störenden Begleitsubstanzen gelingt. Eine Atomisierung von der L'VOV-Plattform in einem Ofen im thermischen Gleichgewicht führt schließlich zu einer praktisch störfreien Bestimmung. Die günstigste Atomisierungstemperatur liegt bei 2500 °C.

10.13 Cobalt

Cobalt läßt sich ohne Schwierigkeiten mit der AAS in einer Luft/Acetylen-Flamme bestimmen. Obgleich es eine große Zahl an Resonanzlinien aufweist, von denen die wichtigsten in

Tabelle 24 zusammengestellt sind, eignen sich nur wenige für analytische Zwecke. Besonders bei Verwendung von Mehrelementlampen, in denen auch Nickel enthalten ist, und bei zu großen spektralen Spaltbreiten (größer als 0,2 nm) können bei einigen der in Tabelle 24 genannten Linien deutliche spektrale Interferenzen durch Überlappungen auftreten. Für kleine Cobalt-Konzentrationen eignet sich die 240,7-nm-Linie mit einer charakteristischen Konzentration von 0,1 µg/mL 1% und einer Nachweisgrenze von etwa 0,006 µg/mL am besten. Aufgrund einer leichten Selbstabsorption, die bei älteren Lampen wesentlich intensiver zu beobachten war [471], sowie einiger kleiner Ionenlinien, die sich praktisch nicht von dieser Resonanzlinie abtrennen lassen, beobachtet man eine deutliche Krümmung der Bezugskurve bei höheren Extinktionswerten. Für höhere Cobaltgehalte eignet sich am besten die 352,7-nm-Linie, die eine gute Linearität und ein sehr günstiges Signal/Rausch-Verhältnis aufweist und somit eine gute Präzision ermöglicht.

McPherson [851] zeigte, daß die Bestimmung von Cobalt in einer Luft/Acetylen-Flamme durch 2000 µg/mL Cr, Ni und W, 1000 µg/mL Cu und Mo, 500 µg/mL Si, 200 µg/mL Mn und V, 100 µg/mL Ti, sowie 50 µg/mL P und S nicht gestört wird. In Gegenwart hoher Matrix-Konzentrationen kann ein Angleichen der Hauptbestandteile allerdings erforderlich werden. Bei einer refraktären Matrix kann es von Vorteil sein, Cobalt mit einer Lachgas/Acetylen-Flamme zu bestimmen. Die charakteristische Konzentration in dieser Flamme ist auf der 240,7-nm-Linie etwa 0,7 µg/mL 1%.

Simmons [1127] komplexierte Cobalt mit 2-Nitroso-1-naphthol und extrahierte es mit Chloroform aus Aufschlüssen von Pflanzenmaterial. Wegen der schlechten Brenneigenschaften von Chloroform dampfte er dieses ab und nahm den Rückstand in MIBK auf.

Verschiedene Autoren berichten über eine Bestimmung von Cobalt in Böden, Pflanzen oder Seewasser nach einer Extraktion [2419] [2737] [2866] bzw. einer Abtrennung der Matrix über eine Austauschersäule [2468]. Batley und Matousek [2062] verwendeten zur Abtrennung eine elektrolytische Abscheidung direkt auf dem Graphitrohr. Slavin und Mitarbeiter [2874] fand die Direktbestimmung von Cobalt in Fleisch mit der Graphitrohrofen-Technik besser und einfacher als eine Extraktion. Petrov und Mitarbeiter [2746] bevorzugten ebenfalls das einfachere Direktverfahren zur Bestimmung von Cobalt in Bodenextrakten. Maier und Mitarbeiter [2608] fanden keine Störungen bei der Direktbestimmung von Cobalt in Oberflächenwasser.

Lidums [2547] beobachtete deutliche Matrixeffekte bei der Direktbestimmung von Cobalt in Blut und Urin und trennte das Element daher in einem Ionenaustauscher ab. Juls-

Tabelle 24 Co-Resonanzlinien

Wellenlänge nm	Energieniveaus (K)	charakteristische Konzentration (µg/mL 1%)
240,7	0–41 529	0,1
242,5	0–41 226	0,12
252,1	0–39 649	0,15
241,1	816–42 269	0,15
352,7	0–28 346	1,8
345,4	3483–32 431	2

HAMN [2441] fand eine leichte Signalunterdrückung durch Perchlorsäure. SLAVIN und Mitarbeiter [2877] [2882] haben die Wirkung von Magnesiumnitrat als Isoformierungshilfe für die Matrix-Modifikation untersucht und gefunden, daß sich Cobalt damit bis 1450 °C thermisch stabilisieren läßt. Die optimale Atomisierungstemperatur von der L'VOV-Plattform liegt bei 2500 °C.

10.14 Eisen

Eisen gehört zu den am häufigsten mit der AAS bestimmten Elementen; es wird in einer Vielzahl verschiedener Proben und meist in kleineren Gehalten bestimmt. In einer stöchiometrischen Luft/Acetylen-Flamme scheint dabei die Bestimmung von Eisen weitgehend störungsfrei zu sein. ALLAN [37] fand lediglich eine Interferenz durch Silicium, die einfach durch Zugabe von 200 µg/mL Calcium beseitigt werden kann [989]. TERASHIMA [1223] fand, daß außer Silicium auch Strontium, Aluminium und Mangan sowie Citronen- und Weinsäure das Eisensignal erniedrigen, wobei der Effekt mit zunehmender Höhe über dem Brennerschlitz abnimmt. Auch ROOS und PRICE [1051] fanden eine starke Beeinflussung des Eisensignals durch Citronensäure und beseitigten diese Störungen durch Zugabe von Phosphorsäure oder von Natriumchlorid. OTTAWAY und Mitarbeiter [944] fanden eine starke Erniedrigung des Eisensignals durch Cobalt, Kupfer und Nickel. Diese Störung ist jedoch stark abhängig von den Flammenbedingungen, wie Brenngas/Oxidans-Verhältnis, Beobachtungshöhe in der Flamme, sowie von dem verwendeten Anion. Zur Beseitigung wurde der Zusatz von 8-Hydroxichinolin empfohlen. MARTIN [826] verwendete zur Beseitigung der gleichen Störung einen Zusatz von Lanthan. ZETTNER [1380] fand bei der Untersuchung biologischer Materialien keinen Einfluß von seiten zahlreicher Kationen und Anionen, von der Oxidationsstufe des Eisens und von verschiedenen Chelatbildnern. FERRIS und Mitarbeiter [365] fanden eine leichte Erniedrigung des Eisensignals durch Aluminium und Silicium.

In stark salpetersauren Lösungen läßt sich, besonders in einer leicht reduzierenden Flamme, eine deutliche Erniedrigung des Eisensignals beobachten, die in stark oxidierender Flamme jedoch nur schwach zu beobachten ist. Bei Verwendung einer Lachgas/Acetylen-Flamme verschwindet dieser Effekt völlig, jedoch ist die Empfindlichkeit etwas geringer, was aber häufig nicht stört.

BALL und GOTTSCHALL [2054] berichten in einer Luft/Acetylen-Flamme und mit einem Dreischlitzbrenner von zahlreichen Interferenzen z. B. durch Salpeter-, Oxal- und Citronensäure. Dabei ist zu bemerken, daß dieser Brenner mit einer brenngasreichen Flamme betrieben wird. THOMPSON und WAGSTAFF [2968] fanden in einer sehr sorgfältigen Studie, daß in einer brenngasreichen Luft/Acetylen-Flamme zwar eine höhere Empfindlichkeit erzielt wird, daß aber sowohl deutliche Unterschiede zwischen den beiden Wertigkeitsstufen des Eisens bestehen, als auch Interferenzen durch Silicium und Calcium auftreten. Sie empfehlen daher eine brenngasarme Flamme, in der sie keine Störungen feststellen konnten.

MALONEY und Mitarbeiter [2611] berichten über eine Extraktion von Eisen aus wäßriger Thiocyanatlösung durch Sorption an Polyurethanschaum. Die Thiocyanatkomplexe lassen sich mit Salpetersäure der Konzentration 0,1 mol/L, leicht wieder desorbieren.

Für die Bestimmung von Eisen stehen zahlreiche Resonanzlinien unterschiedlicher Empfindlichkeit zur Verfügung, von denen die wichtigsten in Tabelle 25 zusammengestellt sind.

Tabelle 25 Fe-Resonanzlinien

Wellenlänge nm	Energieniveaus (*K*)	charakteristische Konzentration (µg/mL 1%)
248,3	0–40 257	0,04
248,8	416–40 594	0,07
252,3	0–39 626	0,07
271,9	0–36 767	0,12
302,1	0–33 096	0,14
	416–33 507	
250,1	0–39 970	0,4
216,7	0–46 137	0,5
372,0	0–26 875	0,27
296,7	0–33 695	0,32
246,3	0–40 594	0,48
386,0	0–27 167	0,49
344,1	0–29 056	0,65
293,7	0–34 040	0,80
382,4	0–26 140	5,0

Die am häufigsten benutzte Resonanzlinie bei 248,3 nm gibt eine charakteristische Konzentration von 0,04 µg/mL 1% und eine Nachweisgrenze von etwa 0,005 µg/mL bei einer spektralen Spaltbreite von 0,2 nm.

Eisen ist üblicherweise in relativ hoher Konzentration in Luftstäuben enthalten; seine Bestimmung mit der Graphitrohrofen-Technik ist daher stark kontaminationsgefährdet. SOMMERFELD und Mitarbeiter [2897] fanden beispielsweise hohe Eisenkonzentrationen in Pipettenspitzen, die sich auch durch Nachreinigen nicht völlig beseitigen ließen. Eine gründliche Reinigung aller Gefäße durch Ausdämpfen (vgl. Abschn. 6.4) und ein Arbeiten mit einem Probenautomaten (vgl. 3.2.6, Abb. 41, S. 68) sind auf alle Fälle empfehlenswert.

Auch für die Bestimmung von Eisen wird gelegentlich über eine Chloridinterferenz berichtet. VOLLAND und Mitarbeiter [3021] fanden eine schwerwiegende Signalunterdrükkung durch halogenierte Kohlenwasserstoffe. Vermutlich werden diese in das Graphitgitter eingelagert und erst bei relativ hohen Temperaturen wieder abgegeben. KOIRTYOHANN und Mitarbeiter [2481] fanden einen erheblichen Einfluß durch Perchlorsäure, der von JULSHAMN [2441] bestätigt wurde.

Auch für die Bestimmung von Eisen eignet sich Magnesiumnitrat als Isoformierungshilfe; mit einer derartigen Matrix-Modifikation lassen sich noch thermische Vorbehandlungstemperaturen bis 1450 °C einsetzen. Die optimale Atomisierungstemperatur von der L'VOV-Plattform liegt bei 2400 °C.

10.15 Gallium

Gallium läßt sich einfach in einer stöchiometrischen Luft/Acetylen-Flamme bestimmen, wobei das größte Problem eine gute Hohlkathodenlampe ist. Da Gallium bereits bei 30 °C

Tabelle 26 Ga-Resonanzlinien

Wellenlänge nm	Energieniveaus (K)	charakteristische Konzentration (µg/mL 1%)	Spektrale Spaltbreite nm
287,4	0–34 782	1,3	0,2
294,4	826–34 782	1,1	0,2
417,2	826–24 788	1,5	0,2
403,3	0–24 788	2,8	0,7
250,0	826–40 811	10	0,7
245,0	0–40 803	12	2,0

schmilzt, läßt es sich nur schwer in einer Hohlkathodenlampe üblicher Bauart verarbeiten. MULFORD [892] beschreibt eine Hohlkathode, in der sich das Metall in geschmolzenem Zustand befinden kann und untersucht gleichzeitig verschiedene Resonanzlinien auf ihre Empfindlichkeit (Tabelle 26). Auf der 287,4-nm-Linie läßt sich bei einer charakteristischen Konzentration von 1,3 µg/mL 1% eine Nachweisgrenze von etwa 0,1 µg/mL erzielen. Bei Verwendung einer Lachgas/Acetylen-Flamme beobachtet man die beste Empfindlichkeit auf der 294,4-nm-Linie mit einer charakteristischen Konzentration von 1,0 µg/mL 1%.

Über die Bestimmung von Gallium wurde bislang nur sehr wenig berichtet. GUPTA und Mitarbeiter [449] untersuchten den Einfluß von 43 verschiedenen Ionen auf die Gallium-Absorption in einer Luft/Acetylen-Flamme und fanden für 12 Ionen leichte Erniedrigungen des Signals, wenn die Gehalte bestimmte Konzentrationen überstiegen. Im allgemeinen scheint jedoch Gallium weitgehend störungsfrei bestimmbar zu sein.

ALLAN [2030] berichtet über eine spektrale Interferenz durch Mangan auf der Resonanzlinie bei 403,298 nm.

In der Graphitrohrofen-Technik berichten einige Autoren über Störungen der Galliumbestimmung durch Chloride. In einer frühen Arbeit fanden wir, daß Zugabe von überschüssigem Ammoniak zu der Probenlösung im Graphitrohr zahlreiche Interferenzen beseitigt. EDIGER [2217] berichtet, daß eine Mischung von Salpetersäure und Wasserstoffperoxid das Galliumsignal verdoppelt und eine viel bessere Reproduzierbarkeit liefert. In 0,2%iger Salpetersäure läßt sich für Gallium eine thermische Vorbehandlungstemperatur bis etwa 800 °C verwenden; die günstigste Atomisierungstemperatur liegt bei 2700 °C, wenn mit sehr schneller Heizrate gearbeitet wird.

10.16 Germanium

Germanium läßt sich bei 265,1 nm in einer Lachgas/Acetylen-Flamme mit einer charakteristischen Konzentration von 2,5 µg/mL 1% und einer Nachweisgrenze von etwa 0,2 µg/mL bestimmen [795]. POPHAM und SCHRENK [997] publizierten eine eingehende Studie über die Absorption von Germanium in der Lachgas/Acetylen- und einer brenngasreichen Sauerstoff/Acetylen-Flamme. Sie fanden dabei besonders in der Lachgas-Flamme zahlreiche Interferenzen, die jedoch wahrscheinlich darauf zurückzuführen sind, daß nur 2 mm über dem Brennerschlitz gemessen wurde, was sicher nicht für eine völlige Atomisierung ausreicht.

Mit der Hydrid-Technik und $NaBH_4$ als Reduktionsmittel läßt sich Germanium mit einer Nachweisgrenze von 2×10^{-7} g bzw. von 0,01 µg/mL deutlich empfindlicher bestimmen [358].

Allerdings muß für dieses Element in einer Flamme gearbeitet werden, da in einem beheizten Quarzrohr Germaniumhydrid nicht genügend atomisiert wird.

Über die Bestimmung von Germanium mit der Graphitrohrofen-Technik wurde bislang recht wenig publiziert. EDIGER [2217] fand, daß oxidierende Säuren die Empfindlichkeit für Germanium verbessern und schlug Perchlorsäure vor. JOHNSON und Mitarbeiter [2438] berichten, daß mit einem Graphitstab keine Germaniumbestimmung möglich ist, während ein Graphitrohrofen gut verwendbar ist. ROZENBLUM [2806] bestimmte Germanium in hochreinem Wasser indirekt über die Germanomolybdänsäure.

In 0,2%iger Salpetersäure läßt sich für Germanium eine thermische Vorbehandlungstemperatur bis etwa 800 °C verwenden; die günstigste Atomisierungstemperatur liegt bei Einsatz einer sehr schnellen Heizrate bei 2600 °C.

10.17 Gold

Gold wird recht häufig mit der AAS in Erzproben und in galvanischen Bädern bestimmt. Die empfindlichste Resonanzlinie ist die bei 242,8 nm mit einer charakteristischen Konzentration von 0,25 µg/mL 1% und einer Nachweisgrenze von etwa 0,006 µg/mL; häufig gestattet jedoch die nur unwesentlich weniger empfindliche Linie bei 267,6 nm (0,4 µg/mL 1%) wegen ihrer höheren Intensität ein besseres und präziseres Arbeiten.

Normalerweise wird Gold in einer scharfen, brenngasarmen Luft/Acetylen-Flamme bestimmt, in der keine nennenswerten Interferenzen auftreten. Es ergeben sich lediglich gewisse Differenzen, wenn cyanidische Goldlösungen mit salzsauren verglichen werden; hier sollten sich Proben- und Bezugslösungen gleichen. Nach den Erfahrungen in unserem Laboratorium treten allerdings bei der Bestimmung von Gold in komplexer Matrix – obgleich keine eindeutigen Interferenzen feststellbar sind – kleinere Störungen auf, die stark von Änderungen in der Flammenzusammensetzung abhängen. So ist es häufig nicht möglich, selbst bei Anwendung des Additionsverfahrens, Gold in komplexer Matrix mit einer besseren Genauigkeit als ±5% zu bestimmen. Die Verwendung einer Lachgas/Acetylen-Flamme vermindert zwar die Empfindlichkeit der Goldbestimmung, beseitigt jedoch teilweise diese schwer kontrollierbaren Störungen.

Relativ schwierig ist oft die Bestimmung von Gold in Gegenwart anderer Edelmetalle. ADRIAENSSENS und VERBEEK [17] fanden, daß in einer 2%igen Kaliumcyanidlösung die meisten in saurer Lösung beobachteten Interelementstörungen nicht auftreten. SEN GUPTA [1114] beseitigte die Interelementstörungen durch Zugabe einer Kupfer-Cadmium-Pufferlösung und publizierte eine gute Übersicht über die verschiedenen Methoden in der Edelmetallanalyse [1116].

Da Gold häufig mit noch größerer Genauigkeit und besonders in kleineren Konzentrationen bestimmt werden muß, sind zahlreiche Extraktionsverfahren in Gebrauch [439] [445] [992] [1182] [1231] [1232], auf die teilweise später noch näher eingegangen werden soll. MOJSKI [2671] setzte Di-n-octylsulfid zur Extraktion von Gold in Cyclohexan ein und RUBEŠKA und Mitarbeiter [2810] verwendeten Dibutylsulfid, um Gold und Palladium aus geologischen Proben in Toluol zu extrahieren. Zur Bestimmung setzten sie sowohl eine Flamme als auch einen Graphitrohrofen ein.

ROYAL [2805] versuchte eine Goldbestimmung mit der Graphitrohrofen-Technik durch Einsprühen des Aerosols und fand schwere Interferenzen durch Natrium, Kalium und Calcium. SCHATTENKIRCHNER und GROBENSKI [2824] bestimmten Gold in Blut und Urin und KAMEL und Mitarbeiter [2452] untersuchten Proteinfraktionen und fanden keine Störungen. ROWSTON und OTTAWAY [2804] gaben optimierte Bedingungen für die Bestimmung von Gold und anderen Edelmetallen und fanden eine charakteristische Konzentration von 0,9 µg/L 1%.

In 0,2%iger Salpetersäure läßt sich für Gold eine thermische Vorbehandlungstemperatur bis etwa 650 °C einsetzen. Die optimale Atomisierungstemperatur bei Verwendung einer sehr schnellen Heizrate liegt bei 1600 °C.

10.18 Hafnium

Über die Bestimmung von Hafnium ist kaum etwas in der Literatur zu finden; es läßt sich in einer Lachgas/Acetylen-Flamme auf der 286,6-nm-Linie mit einer charakteristischen Konzentration von 15 µg/mL 1% und einer Nachweisgrenze von 2 µg/mL bestimmen. Einige weitere Resonanzlinien geringerer Empfindlichkeit sind in Tabelle 27 zusammengestellt.

In Gegenwart von Flußsäure wird das Signal für Hafnium deutlich erhöht, so daß Proben- und Bezugslösungen mindestens 0,1% Flußsäure enthalten sollten, um den Effekt unter Kontrolle zu bekommen und die bestmögliche Empfindlichkeit zu erzielen. BOND [141] bevorzugte den Zusatz von Ammoniumfluorid-Lösung, der Konzentration 0,1 mol/L, zur Erhöhung des Signals.

Tabelle 27 Hf-Resonanzlinien

Wellenlänge nm	Energieniveaus (*K*)	charakteristische Konzentration (µg/mL 1%)
286,6	0–34 877	15
307,3	0–32 533	25
289,8	2357–36 850	70
296,5	2357–36 075	50
295,1	2357–36 237	100
294,1	0–33 995	150
290,5	2357–36 773	150
377,8	0–26 464	150

10.19 Indium

Indium läßt sich in einer oxidierenden Luft/Acetylen-Flamme auf der 304,0-nm-Linie mit einer charakteristischen Konzentration von 0,5 µg/mL 1% und einer Nachweisgrenze von etwa 0,02 µg/mL bestimmen. Weitere Resonanzlinien sind in Tabelle 28 zusammengestellt. Das Signal/Rausch-Verhältnis, und damit die erreichbare Nachweisgrenze, hängt beim

Tabelle 28 In-Resonanzlinien

Wellenlänge nm	Energieniveaus (*K*)	charakteristische Konzentration (μg/mL 1%)	Spektrale Spaltbreite nm
304,0	0–32 892	0,5	0,7
325,6	2213–32 916	0,6	0,2
410,5	0–24 373	1,3	0,7
451,1	2213–24 373	1,5	1,4
256,0	0–39 048	5	2,0
275,4	0–36 302	11	2,0

Indium wie bei den meisten leicht schmelzbaren Elementen davon ab, ob die Kathodenkonstruktion ein Arbeiten mit dem geschmolzenen Metall erlaubt oder nicht [892].

Eine deutliche Verbesserung hat hier die Einführung von elektrodenlosen Entladungslampen gebracht.

In der Literatur ist nur wenig über die Bestimmung von Indium zu lesen, doch scheinen keine ernsthaften Interferenzen zu bestehen. Während SATTUR [1079] keinerlei chemische Einflüsse feststellen konnte, fand MULFORD [892], daß verschiedene Elemente besonders in hohen Konzentrationen die Indium-Absorption zunehmend erniedrigen. FUJIWARA und Mitarbeiter [2276] untersuchten sehr eingehend den Einfluß verschiedener Säuren auf die Atomisierung von Indium in einer Luft/Acetylen-Flamme. NAKAHARA und MUSHA [2685] fanden, daß die Indium-Bestimmung in einer Argon/Wasserstoff-Diffusionsflamme mit einer charakteristischen Konzentration von 0,08 μg/mL 1% deutlich empfindlicher ist als in einer Luft/Acetylen-Flamme. Die zahlreichen Interferenzen ließen sich durch Zugabe von Magnesiumchlorid fast alle beseitigen, bis auf die Störungen durch Silicium und Vanadium.

DITTRICH und Mitarbeiter [2200] fanden mit der Graphitrohrofen-Technik schwere Gasphaseninterferenzen durch Halogenide bei der Bestimmung von Indium. L'VOV und Mitarbeiter [2579] erklärten die erhöhende Wirkung einer Pyrobeschichtung bei Indium, das wohl kaum mit Graphit reagiert, mit einer makrokinetischen Theorie der Probenverdampfung. Die Probe dringt in das Gefüge von unbeschichteten Graphitrohren ein und wird beim Eintrocknen durch Kapillarkräfte über die Dicke der Wandung verteilt. Eine Atomisierung „von der Wand" bedeutet hier eine Atomisierung aus der Graphitmasse heraus. Bei pyrobeschichteten Rohren verteilt sich die Probe dagegen nur über die Oberfläche.

In 0,2%iger Salpetersäure läßt sich für Indium eine thermische Vorbehandlungstemperatur bis etwa 800 °C einsetzen. Die optimale Atomisierungstemperatur bei Verwendung einer sehr schnellen Heizrate liegt bei 1500 °C.

10.20 Iod

Die Resonanzlinie für Iod liegt mit 183,0 nm bereits so weit im Vakuum-UV, daß sie mit kommerziellen Geräten praktisch nicht mehr erreichbar ist. KIRKBRIGHT und Mitarbeitern [654] [669] [2473] ist es jedoch gelungen, durch kleinere Modifikationen die Bestimmung von Iod zu ermöglichen. Sie spülten den Monochromator eines kommerziellen Gerätes mit

Stickstoff, verwendeten eine mit Stickstoff abgetrennte Lachgas/Acetylen-Flamme, eine elektrodenlose Entladungslampe für Iod und verkürzten die Wege des Strahlengangs durch die Luft durch Einsetzen von gespülten Tuben auf ein Minimum. Auf diese Weise erreichten sie eine charakteristische Konzentration von 12 µg/mL 1% und eine Nachweisgrenze von etwa 6 µg/mL für Iod. Die Bestimmung war frei von Störungen und es zeigte sich kein Unterschied zwischen den verschiedenen Bindungsarten von Iod. Später beschreiben die gleichen Autoren eine 38fache Empfindlichkeitssteigerung durch Anwendung des LEIPERT-Verfahrens [670]. Hierbei wird das Iodid zum Iodat aufoxidiert, das dann bei der Behandlung mit überschüssigem Iodid 6 Äquivalente Iod freisetzt. Dieses wird in MIBK extrahiert und direkt versprüht. Die charakteristische Konzentration beträgt dann 0,32 µg/mL 1%.

L'VOV und KHARTSYZOV [780] bestimmten Iod in einem Graphitrohrofen. Sie verwendeten dafür die Linie bei 206,2 nm, einer angeregten Linie, deren unteres Niveau 0,94 eV über dem Grundzustand liegt. Bei einer Atomisierungstemperatur von 2400 °C betrug die Nachweisgrenze für Iod etwa 2×10^{-9} g.

KIRKBRIGHT und WILSON [2474] bestimmten Iod mit einem kommerziellen Zweistrahlgerät und einem Graphitrohrofen bei 183,0 nm und fanden eine Nachweisgrenze von 1×10^{-9} g. Zahlreiche Ionen gaben Signalerhöhungen um bis zu 100%; die Autoren vermuteten jedoch, daß es sich dabei um Untergrundabsorption handelt.

NOMURA und KARASAWA [2697] fanden, daß man in einem Graphitrohrofen beim Aufheizen von Lösungen, die Quecksilber(II)-nitrat und Iod enthalten, zwei Peaks für Quecksilber bekommt, wobei der zweite dem stabileren HgI_2 zuzuordnen ist. Den Autoren gelang auf diesem Weg eine gute und reproduzierbare indirekte Bestimmung von Iod, wobei allerdings Cyanid, Sulfid und Thiosulfat stören.

10.21 Iridium

Iridium galt lange Zeit als nicht bestimmbar mit AAS. Den ersten Erfolg erzielte MULFORD [893], der dieses Element auf Anregung von WILLIS genauer überprüfte. Später machten MANNING und FERNANDEZ [801] eine eingehende Studie und fanden auf der 264,0-nm-Resonanzlinie eine charakteristische Konzentration von 10 µg/mL 1% in einer etwas brenngasreichen Luft/Acetylen-Flamme. Zwar war die 208,9-nm-Linie etwa zweimal empfindlicher, das Signal/Rausch-Verhältnis jedoch erheblich schlechter, so daß die erstgenannte Resonanzlinie die bessere Nachweisgrenze, etwa 1 µg/mL, und eine bessere Präzision ergab. Einige weitere Resonanzlinien sind in Tabelle 29 zusammengestellt.

FUHRMAN [390] fand, daß die Empfindlichkeit der Iridium-Bestimmung durch Zugabe von 100 µg/mL Kalium *und* 1000 µg/mL Lanthan verdoppelt werden kann; Zugabe von Natrium oder Kalium allein erniedrigt dagegen das Signal erheblich. Weiterhin berichtet FUHRMAN, daß in Gegenwart von Kalium und Lanthan kein Einfluß von Platin oder Titan auf die Iridium-Absorption beobachtet werden kann.

JANSSEN und UMLAND [571] bevorzugten bei der Bestimmung von Iridium in Gegenwart anderer Platinmetalle die Zugabe von je 1% Natrium und Kupfer. Dadurch sollen die Empfindlichkeit für Iridium auf das 10fache ansteigen und gleichzeitig die Interferenzen durch die anderen Platinmetalle verschwinden. GRIMALDI und SCHNEPFE [443] verwendeten die gleichen Zusätze zur Iridium-Bestimmung in Gesteinen. TOFFOLI und PANNETIER [1234] bevorzugten zur Beseitigung der genannten Störungen die Zugabe von 0,5% Lithium, unter

Tabelle 29 Ir-Resonanzlinien

Wellenlänge nm	Energieniveaus (*K*)	charakteristische Konzentration (µg/mL 1%)	+ La + K [390]
264,0	0–37 872	4	6,5
208,9	0–47 858	1,5	3
266,5	0–37 515	5	
285,0	0–35 081	6	8
237,3	0–42 132	6	
250,3	0–39 940	7	
351,4	0–28 452	35	

Umständen zusammen mit etwas Kupfer und SEN GUPTA [1114] verwendete 0,5% Kupfer und 0,5% Cadmium. Der gleiche Autor veröffentlichte eine gute Übersicht über die Methoden zur Bestimmung der Edelmetalle mit Atomabsorption [1116].

LUECKE und ZIELKE [769] fanden, daß die zahlreichen Interferenzen bei der Bestimmung von Iridium in einer Lachgas/Acetylen-Flamme völlig verschwinden. Die um etwa 50% geringere Empfindlichkeit wird durch eine Chlorierung praktisch wieder auf den ursprünglichen Wert gebracht. Als Komplex $(IrCl_6)^{2-}$ zeigt Iridium in der Lachgas/Acetylen-Flamme die gleiche Empfindlichkeit wie in der Luft/Acetylen-Flamme und ist völlig störungsfrei bestimmbar. In einer späteren Arbeit fanden die Autoren [3100] allerdings, daß verschiedene Iridiumkomplexe auch in dieser Flamme sehr unterschiedliche Empfindlichkeiten aufweisen können.

ADRIAENSSENS und KNOOP [16] fanden bei der Bestimmung von Iridium im Graphitrohrofen in Gegenwart anderer Edelmetalle nur geringe Interelementeffekte und keinen Einfluß von Salzsäure. ROWSTON und OTTAWAY [2804] optimierten die Iridiumbestimmung mit der Graphitrohrofen-Technik und fanden eine charakteristische Konzentration von 38 µg/L 1%. In Gegenwart von 0,2%iger Salpetersäure läßt sich für Iridium eine thermische Vorbehandlungstemperatur bis etwa 1000 °C einsetzen. Die optimale Atomisierungstemperatur bei Verwendung einer sehr schnellen Heizrate liegt bei 2500 °C.

10.22 Kalium

Kalium wird häufig mit einfachen Flammenphotometern mit ausreichender Empfindlichkeit und Genauigkeit bestimmt. Die AAS bietet jedoch durch Auswahl verschiedener Resonanzlinien und Flammen größere Variationsmöglichkeiten und damit eine Optimierung für das jeweilige Analysenproblem. Außerdem scheint die Emission bei komplexer Matrix stärker gestört zu werden als die Absorption.

Die Nachweisgrenzen in der Atomabsorptions- und in der Flammenemissionsspektrometrie sind sehr ähnlich; während die besten in Emission erzielten Werte bei 0,003 µg/mL liegen, findet man in der AAS auf der 766,5-nm-Resonanzlinie bei einer charakteristischen Konzentration von 0,03 µg/mL 1% eine Nachweisgrenze von etwa 0,001 µg/mL. Diese Nachweisgrenze ist jedoch stark geräteabhängig, da viele Photomultiplier auf der Kalium-

Wellenlänge nur noch geringe Energie besitzen und damit ein ungünstiges Signal/Rausch-Verhältnis liefern.

Neben der empfindlichsten Linie bei 766,5 nm bietet sich häufig die zweite Dublettlinie bei 769,9 nm als sehr vorteilhaft an; sie liefert etwa die halbe Empfindlichkeit (0,05 µg/mL 1%) und eine Bezugskurve mit besserer Linearität. Für höhere Kaliumkonzentrationen steht schließlich das Dublett bei 404,4 und 404,7 nm mit einer charakteristischen Konzentration von etwa 5 µg/mL 1% zur Verfügung.

Kalium wird häufig in einer Luft/Acetylen-Flamme bestimmt, wobei es jedoch zu einer deutlichen Ionisierung kommt, die durch Zusatz von 0,1% Caesium eliminiert werden sollte. Einfacher ist manchmal die Bestimmung von Kalium in einer kühleren Flamme, in der keine Ionisation zu beachten ist. Als sehr vorteilhaft hat sich dabei eine Wasserstoff/Luft-Flamme erwiesen, die besonders auf dem sekundären Dublett bei 404,4/404,7 nm ein erheblich verbessertes Signal/Rausch-Verhältnis und somit eine bessere Präzision liefert.

Luecke [2566] fand bei der Bestimmung von Kalium in Gesteinen und Mineralien keine nennenswerten Interferenzen durch Aluminium, Phosphat, Fluorid oder Perchlorat.

Eine häufige Ursache für eine unruhige Anzeige bei der Bestimmung von Kalium (und besonders Natrium) ist eine Verunreinigung der Laborluft durch Staub oder Tabakrauch. Gelangt dieser in die Flamme, so kann er zu erheblichen Störungen, besonders bei Spurenanalysen, führen. Diese Störung läßt sich einfach ermitteln, indem man den Rauschpegel mit und ohne Flamme bestimmt; bei größeren Unterschieden ist dies die Ursache hierfür. Eine einfache Methode zum Eliminieren dieser Störung ist – falls die Ursache nicht beseitigt werden kann – die Verwendung eines Mehrschlitz-Brennerkopfes, der eine breitere Flamme liefert. Hierbei werden die Randzonen der Flamme, in denen sich die Störung hauptsächlich bemerkbar macht, nicht vom Meßstrahl erfaßt und gehen somit nicht in die Analyse ein.

Manning und Mitarbeiter [810] untersuchten eingehend die Unterschiede zwischen Metalldampflampen und Hohlkathodenlampen bei der Bestimmung von Kalium und fanden die ersteren besonders auf dem sekundären Linieindublett den Hohlkathodenlampen überlegen. Inzwischen ist die Qualität der Hohlkathodenlampen allerdings deutlich verbessert. Die Metalldampflampen wurden schließlich durch elektrodenlose Entladungslampen völlig verdrängt, die für dieses Element die besten Ergebnisse bringen.

Joseph und Mitarbeiter [595] berichteten über ein Verfahren zur Bestimmung von ^{40}K mit AAS.

Yoza und Ohashi verwendeten die Atomabsorption als Detektor für Kalium in der Gelchromatographie [1364].

Die Bestimmung von Kalium mit der Graphitrohrofen-Technik ist in hohem Maße kontaminationsgefährdet, da Kalium in relativ hohen Konzentrationen in Stäuben vorkommt. Es wurde über Signalerniedrigungen für Kalium in Anwesenheit von überschüssigem Natrium, sowie durch verschiedene Säuren berichtet. Ottaway und Shaw [2719] bestimmten Kalium mit einem Graphitrohrofen in Emission. Kalium läßt sich bis etwa 950 °C verlustfrei thermisch vorbehandeln. Die optimale Atomisierungstemperatur bei Verwendung einer sehr schnellen Heizrate liegt bei 1500 °C.

10.23 Kupfer

Kupfer gehört zu den am häufigsten und am leichtesten mit der AAS bestimmten Elementen; es zeigt in einer Luft/Acetylen-Flamme keine Interferenzen [646] [989], ist praktisch unabhängig von der Stöchiometrie der Flamme und vom Lampenstrom und dient daher häufig als Standard zum Test eines Gerätes oder eines Verfahrens.

Kupfer weist eine Anzahl verschiedener Resonanzlinien auf, die alle analytisch gut verwendbar sind (Tabelle 30). Durch die Wahl der richtigen Resonanzlinien lassen sich auch hohe Kupfer-Gehalte ohne übermäßige Verdünnung genau bestimmen. Für geringe Kupferkonzentrationen eignet sich am besten die 324,7-nm-Linie mit einer charakteristischen Konzentration von 0,03 μg/mL 1% und einer Nachweisgrenze von etwa 0,001 μg/mL.

FUJIWARA und Mitarbeiter [2276] untersuchten sehr eingehend die Atomverteilung von Kupfer in einer Luft/Acetylen-Flamme in Gegenwart verschiedener Säuren.

Mit einer Luft/Propan-Flamme läßt sich eine etwas verbesserte Empfindlichkeit erzielen, doch sind in dieser Flamme gewisse Störungen nicht völlig auszuschließen.

Kupfer läßt sich ausgezeichnet durch eine Vielzahl von Chelatbildnern über einen weiten pH-Bereich komplexieren und von praktisch allen organischen Lösungsmitteln extrahieren. Es dient daher häufig als Leitelement bei Extraktionen, um die Vollständigkeit des Extraktionsschritts zu prüfen [39]. Ebenso läßt sich Kupfer vielfach durch Extraktion – auch unter extremen Bedingungen – von seiner Matrix befreien [1243].

Kupfer wird recht häufig mit der Graphitrohrofen-Technik bestimmt, wobei zahlreiche Autoren über nur geringe Störungen berichten. Kupfer in Serum [2235] läßt sich mit ausgezeichneter Richtigkeit direkt bestimmen und auch bei der Bestimmung von Kupfer in Urin nach einer Tieftemperaturveraschung treten keine Interferenzen auf [2956]. Auch bei der Analyse von Fleisch nach Aufschluß in Salpetersäure [2874] oder von Leber und Fischmehl direkt in der festen Probe [2522] werden gute Ergebnisse gefunden. CARRONDO und Mitarbeiter [2133] bestimmten Kupfer in Klärschlämmen, indem sie die Suspension direkt einspritzten. PETROV und Mitarbeiter [2746] bevorzugten ebenfalls das einfache Direktverfahren zur Bestimmung von Kupfer in Bodenextrakten.

SUZUKI und Mitarbeiter [2951] fanden in einem Molybdänrohrofen Interferenzen von Chlorid, die sie durch Zusatz von Thioharnstoff beseitigten. JULSHAMN [2441] stellte eine Signalerniedrigung durch Perchlorsäure fest; die gleiche Störung veranlaßte SIMMONS und LONERAGAN [2867] Kupfer bei der Analyse von Pflanzenproben vor der Bestimmung zu extrahieren. Auch verschiedene andere Autoren berichten über eine Extraktion von Kupfer bei der Analyse von Seewasser [2100] [2432] [2468] [2894] oder Bodenextrakten [2419] [2737].

Bei der Atomisierung von einer L'VOV-Plattform in einem Ofen im thermischen Gleichgewicht dürften jedoch keine Chloridinterferenzen mehr auftreten und die Bestimmung müßte weitgehend störfrei sein.

Tabelle 30 Cu-Resonanzlinien

Wellenlänge nm	Energieniveaus (*K*)	charakteristische Konzentration (μg/mL 1%)
324,7	0–30 784	0,03
327,4	0–30 535	0,07
222,6	0–44 916	0,5
249,2	0–40 114	2,5
244,2	0–40 944	10

In 0,2%iger Salpetersäure läßt sich Kupfer bis etwa 1200 °C verlustfrei thermisch vorbehandeln. Die optimale Atomisierungstemperatur von der L'vov-Plattform liegt bei 2300 °C.

10.24 Lanthan, Lanthaniden

Die Lanthaniden sind sich in ihrem Verhalten in der AAS sehr ähnlich, auch wenn sie mit teilweise recht unterschiedlichen Empfindlichkeiten bestimmbar sind. Alle seltenen Erden benötigen für ihre Bestimmung eine Lachgas/Acetylen-Flamme und werden in dieser mehr oder weniger stark ionisiert, so daß stets mit einem Zusatz von etwa 0,1 bis 0,3% Kalium zur Unterdrückung dieses Effekts gearbeitet werden sollte. Die wichtigsten Resonanzlinien des *Lanthan* und der seltenen Erden sind in Tabelle 31 mit den jeweils erzielbaren charakteristischen Konzentrationen und Nachweisgrenzen zusammengestellt.

Da sich die einzelnen seltenen Erdmetalle in der AAS nicht gegenseitig beeinflussen und in der heißen Flamme keine nennenswerten Interferenzen auftreten, liegt hier eine ideale Möglichkeit zur absolut spezifischen Bestimmung dieser so schwer trennbaren Elemente vor. Emissionsmessungen sind für einige seltene Erdmetalle empfindlicher, durch den ungeheuren Linienreichtum der Emissionsspektren ist die Zuordnung jedoch häufig stark erschwert.

Cer ließ sich lange Zeit trotz verschiedener Bemühungen [48] [885] nicht mit AAS bestimmen [574]. Es gibt nur wenig Hinweise darauf, daß Cer bei 522,4 nm bzw. bei 569,7 nm eine geringe Absorption zeigen soll; die dort erreichten Nachweisgrenzen liegen bei etwa 100 µg/mL. L'vov und Mitarbeiter [2577] [2587] bestimmten Cer in einem Graphitrohrofen mit

Tabelle 31 Resonanzlinien von Lanthan und den Lanthaniden

Element	Wellenlänge nm	Charakteristische Konzentration µg/mL 1%	Nachweisgrenze µg/mL
La	550,1	48	2
	418,7	63	
	495,0	72	
	403,7	170	
Dy	421,2	0,7	0,05
	404,6	1,0	
	418,7	1,0	
	419,5	1,3	
	416,8	7,3	
Er	400,8	0,7	0,04
	415,1	1,2	
	389,3	2,3	
	408,8	3,4	
	393,7	3,6	
Eu	459,4	0,6	0,02
	462,7	0,8	
	466,2	0,9	
	321,1	7	

Tabelle 31 Resonanzlinien von Lanthan und den Lanthaniden

Element	Wellenlänge nm	Charakteristische Konzentration µg/mL 1%	Nachweisgrenze µg/mL
Gd	368,4	19	1,2
	407,9	19	
	405,8	22	
	405,4	25	
	371,4	28	
Ho	410,4	0,9	0,04
	405,4	1,1	
	416,3	1,4	
	417,3	5	
	404,1	7	
Lu	336,0	6	0,7
	331,2	11	
	337,7	12	
	356,8	13	
	298,9	55	
Nd	492,4	7	1
	463,4	11	
	471,9	19	
	489,7	35	
Pr	495,1	39	5
	513,3	60	
	492,5	80	
	505,3	100	
	504,6	110	
	502,7	110	
Sm	429,7	7	2
	476,0	12	
	511,7	14	
	472,8	16	
	520,1	17	
Tb	432,7	8	0,6
	431,9	10	
	390,1	13	
	406,2	15	
	433,8	16	
Tm	371,8	0,5	0,01
	410,6	0,7	
	374,4	0,7	
	409,4	0,8	
	420,4	1,5	
Yb	398,8	0,1	0,005
	346,4	0,5	
	246,5	1	
	267,2	5	

guter Empfindlichkeit. Die Probleme beim Nachweis von Cer wurden früher der Ionisation, der Bildung leicht flüchtiger Oxide oder der Komplexität des Spektrums zugeschrieben. L'VOV fand, daß das Problem in der Bildung eines Monocyanids in der Gasphase zu suchen ist. Cer wird in Argonatmosphäre bei 2700 °C nur zu 5% und in Stickstoffatmosphäre nur zu 0,4% atomisiert. Bei Atomisierung von einem Wolframdraht in einem mit Tantal ausgelegten Ofen wird Cer vollständig atomisiert. Die Nachweisgrenze bei 567 nm beträgt unter diesen Bedingungen 4 ng.

JOHNSON und Mitarbeiter [582] haben eine indirekte Bestimmung über die Heteropoly-Molydo-Cer-Phophorsäure vorgeschlagen, die 6 Atome Molybdän pro Atom Cer enthält. Nach der Extraktion in Iso-butylacetat wird Molybdän bestimmt, wobei sich wegen des Anreicherungseffekts eine charakteristische Konzentration von 0,1 µg/mL für Cer ergibt.

Prometium wurde als natürlich nicht vorkommendes Element bislang noch nicht mit AAS untersucht.

Eine umfassende Arbeit über die Bestimmung *seltener Erdmetalle* in der Lachgas/Acetylen-Flamme wurde von AMOS und WILLIS [48] publiziert. MOSSOTTI und FASSEL [885] untersuchten die Verwendbarkeit eines Kontinuumstrahlers und einer turbulenten Sauerstoff/Acetylen-Flamme für die Bestimmung der Lanthaniden. Zahlreiche Informationen, besonders über unterschiedliche Resonanzlinien, finden sich bei MANNING [793] [794] und FERNANDEZ [360].

Viele der Lanthaniden lassen sich mit der Graphitrohrofen-Technik mit guter Empfindlichkeit bestimmen. GROBENSKI [2319] untersuchte alle seltenen Erden und den Einfluß einer Beschichtung der Rohre mit Pyrokohlenstoff auf deren Bestimmung. Er fand eine direkte Parallelität zwischen den Dissoziationsenergien der gasförmigen Monoxide und den Empfindlichkeiten im Graphitrohrofen. GROBENSKI fand eine Signalerniedrigung für Samarium in Gegenwart von Salpeter- und Schwefelsäure.

L'VOV und PELIEVA [2584] und SEN GUPTA [2841] bestimmten die charakteristischen Konzentrationen für zahlreiche Lanthaniden. SEN GUPTA verwendete dabei ein mit Pyrokohlenstoff beschichtetes, L'VOV und PELIEVA ein mit Tantal ausgekleidetes Graphitrohr. SEN GUPTA vermied Störungen durch die Begleitsubstanzen in Gesteinsproben, indem er die Lanthaniden durch Mitfällung mit Calcium und Eisen abtrennte.

MAZZUCOTELLI und FRACHE [2648] bestimmten Europium in Silikatmatrix und fanden Signalerhöhungen durch Natrium, Kalium, Calcium, Aluminium und Eisen. HORSKY [2393] bestimmte Praseodym mit superschneller Heizrate und fand eine charakteristische Masse von 5 ng/1%, die um drei Zehnerpotenzen besser ist als die mit der Flamme erzielbare.

10.25 Lithium

Lithium läßt sich gut und praktisch störungsfrei in einer Luft/Acetylen-Flamme bestimmen. Auf der 670,8-nm-Resonanzlinie ist die charakteristische Konzentration 0,03 µg/mL 1% und die Nachweisgrenze etwa 0,0005 µg/mL. Hohe Lithium-Konzentrationen lassen sich bequemer auf der Resonanzlinie bei 323,3 nm bestimmen, die eine charakteristische Konzentration von etwa 10 µg/mL 1% liefert.

Obgleich Lithium in der ersten Hauptgruppe des Periodensystems steht, gehört es aufgrund seines chemischen Verhaltens eher zu den Erdalkali- [689] als zu den Alkalielementen. Im Gegensatz zu den Alkalimetallen läßt sich Lithium in kühleren Flammen (z. B. Luft/

Propan) nicht mit höherer, sondern nur mit erheblich reduzierter Empfindlichkeit bestimmen. Auch zeigt Lithium in der Luft/Acetylen-Flamme keinerlei Ionisation.

PATASSY [961] fand in einer Luft/Acetylen-Flamme keine Interferenzen bei der Bestimmung von Lithium. Dies wurde von FISHMAN und DOWNS [374] für verschiedene Elemente bestätigt, doch fanden diese eine leichte Interferenz von Strontium. Dies wurde von SLAVIN [12] bestätigt, der eine Erhöhung der Lithium-Absorption um etwa 5% in Gegenwart von 100 µg/mL Strontium fand.

LUECKE [2566] fand bei der Bestimmung von Lithium in Gesteinen und Mineralien in einer Luft/Acetylen-Flamme leichte Signalerniedrigungen bis 10% durch höhere Konzentrationen Aluminium, Phosphat, Fluorid und Perchlorat, die jedoch alle in einer Lachgas/Acetylen-Flamme verschwanden. LUECKE empfiehlt daher diese heißere Flamme für die Lithiumbestimmung in geologischen Proben.

KATZ und TAITEL [2460] fanden bei der Bestimmung von Lithium mit der Graphitrohrofen-Technik eine starke Signalunterdrückung durch Calciumchlorid der Konzentration 0,025 mol/L, die jedoch durch Zugabe von Schwefelsäure beseitigt werden konnte. Auch Phosphorsäure beseitigte Störungen, führte aber zu einer schlechteren Präzision. STAFFORD und SAHAROVICI [2906] bestimmten Lithium in Serum ohne Störungen. In früheren Arbeiten fanden wir jedoch eine im Vergleich zu wäßrigen Lösungen deutlich geringere Empfindlichkeit, wenn Lithium in Serum direkt bestimmt wurde. Gleichzeitig stieg aber die thermische Stabilität deutlich an, so daß die thermische Vorbehandlung bei 1100 °C durchgeführt werden konnte. In 0,2%iger Salpetersäure läßt sich eine thermische Vorbehandlungstemperatur von 1000 °C verwenden; die optimale Atomisierungstemperatur liegt bei Einsatz einer sehr schnellen Heizrate bei 2200 °C.

Es ist möglich, das Isotopenverhältnis ^{6}Li zu ^{7}Li mit AAS zu bestimmen. Dies wurde erstmals schon von WALSH [1282] vorgeschlagen und später von ZAIDEL und KORENNOI [1369], MANNING und SLAVIN [808] sowie GOLEB und YOKOYAMA [427] praktisch ausgeführt. ZAIDEL bestimmte die Gesamtkonzentration an Lithium mit Flammenemission, sodann die ^{7}Li-Konzentration mit einer an diesem Isotop angereicherten Hohlkathodenlampe. MANNING verwendete eine Flamme, in der er reine Isotopen versprühte, als Strahlungsquelle zur Bestimmung des natürlichen Isotopenverhältnisses, und GOLEB benutzte gekühlte Hohlkathodenlampen und eine flammenlose Atomisierungszelle. RÄDE [2770] bestimmte das Isotopenverhältnis mit einem kommerziellen AAS-Gerät und Lithium-Isotopenlampen in einer Luft/Acetylen-Flamme mit einer Genauigkeit von 0,5 Atom%. CHAPMAN und DALE [2148] verwendeten dazu ebenfalls ein Zweistrahlgerät und eine direkte Messung des Extinktionsverhältnisses [2150].

Die Grundlage für die Isotopenbestimmung mit Atomabsorptionsspektrometrie ist der Isotopenshift im Absorptionsspektrum, der beim Lithium 0,015 nm beträgt, also weit größer ist als die natürliche Breite einer Absorptionslinie. Ein Nachteil ist jedoch, daß die 670,8-nm-Resonanzlinie ein Dublett mit einem Dublett-Abstand von ebenfalls 0,015 nm darstellt, demnach fällt die schwächere Dublettlinie des häufigeren Isotops ^{7}Li mit der intensiveren Dublettlinie des selteneren Isotops ^{6}Li zusammen. Dieser Sachverhalt, der in Abb. 136 schematisch dargestellt ist, erlaubt keine wirklich unabhängige Bestimmung der beiden Isotope. Wie jedoch neuere Arbeiten von WHEAT [1313] [1315] sowie BUTLER und SCHROEDER [196] zeigten, ist es besonders durch Verwendung von Zweikanal-Atomabsorptionsspektrometern mit Li-Isotopen-Hohlkathodenlampen leicht möglich, das Isotopenverhältnis mit einer relativen Genauigkeit besser als 2% zu bestimmen. Damit bietet die AAS

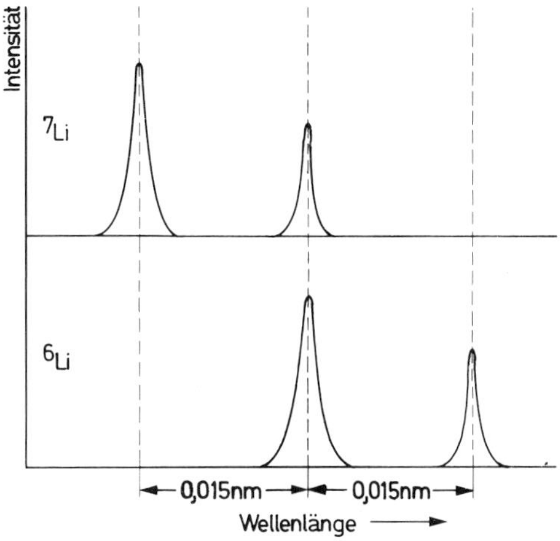

Abb. 136 Dublettaufspaltung der beiden Lithium-Isotopen ^{6}Li und ^{7}Li. Die schwächere Dublettlinie des häufigeren Isotops ^{7}Li fällt mit der stärkeren Dublettlinie des selteneren Isotops ^{6}Li zusammen

eine nicht nur wirtschaftlich sehr attraktive Alternative zur Massenspektrometrie für diese Bestimmung.

10.26 Magnesium

Magnesium gehört zu den am häufigsten mit AAS bestimmten Elementen, was sicher teilweise auf die sehr hohe Empfindlichkeit zurückzuführen ist, die für dieses Element erreicht werden kann. Auf der 285,2-nm-Resonanzlinie beträgt die charakteristische Konzentration mit einer Luft/Acetylen-Flamme 0,003 µg/mL 1%, und es lassen sich wegen des günstigen Signal/Rausch-Verhältnisses Nachweisgrenzen von 0,0001 µg/mL erzielen.

Diese hohe Empfindlichkeit ist selbstverständlich nicht immer von Vorteil. Höhere Magnesiumkonzentrationen werden vorteilhafter auf der 202,5-nm-Resonanzlinie bestimmt, die mit einem Dreischlitzbrenner eine charakteristische Konzentration von etwa 0,1 µg/mL 1% und mit quergestelltem Schlitzbrenner von etwa 1–2 µg/mL 1% ergibt [973].

In einer laminaren Luft/Acetylen-Flamme scheint Magnesium weitgehend frei von Interferenzen zu sein. Allan [36] fand keine Störungen durch Natrium, Kalium, Calcium und Phosphat. Willis [1325] [1332] bestätigte diese Befunde, fand jedoch eine leichte Erhöhung des Magnesium-Signals um etwa 8% durch Protein. Durch Zusatz von EDTA ließ sich diese Störung beseitigen; Dawson und Heaton [279] kamen zu dem gleichen Ergebnis. Belcher und Bray [98] fanden, daß Phosphat und Silicium bis 100 µg/mL keinen Einfluß auf Magnesium hatten, jedoch störte Aluminium etwas. McBride [846] fand bei der Untersuchung von Düngemitteln, daß die Absorption von 0,8 µg/mL Magnesium selbst durch 2000 µg/mL Phosphor (als Phosphat) nicht beeinflußt wird. Slavin [1145] konnte selbst bei einem 10^5fachen Überschuß an Phosphor lediglich einen leichten Viskositätseinfluß, jedoch keine echte Interferenz feststellen.

Wie sehr diese Interferenz von der Brennerkonstruktion abhängt, zeigt die Arbeit von Zettner [1379], bei der der von Slavin verwendete Brenner etwas modifiziert wurde, so daß mehr große Tröpfchen in die Flamme gelangen konnten. Zettner fand bereits durch 10 µg/mL Phosphor eine Erniedrigung des Magnesiumsignals um etwa 10%. Ähnlich fanden auch DAVID [269] sowie STEWART und Mitarbeiter [1175] mit anderen Brennerkonstruktionen Interferenzen durch Phosphat und Sulfat sowie eine Erhöhung der Magnesium-Absorption durch Calcium. HUMPHREY [541] bemerkte keine Störung durch zahlreiche Kationen in erheblichem Überschuß; lediglich 500 µg/mL Silicium bewirkten eine kleine Erniedrigung der Magnesium-Absorption um 4%.

Diese zahlreichen Untersuchungen machen klar, daß bei Verwendung einer Luft/Acetylen-Flamme und eines gut konzipierten Brenners höchstens höhere Gehalte an Silicium und Aluminium die Magnesiumbestimmung etwas stören, daß aber keine Phosphat-Interferenz, nicht einmal bei höchsten Gehalten, zu erwarten ist. Eine sehr eingehende Studie der Magnesium-Spinell-Interferenz ($MgO \cdot Al_2O_3$) wurde von HARRISON und WADLIN [475] erarbeitet. Daß dieses Mischoxid tatsächlich gebildet wird, wurde von RUBEŠKA und MOLDAN [1069] gezeigt, die Partikel aus einer Luft/Acetylen-Flamme sammelten und mittels Röntgen-Strukturanalyse identifizierten. HARRISON und WADLIN fanden, daß diese Interferenz sehr stark abhängig ist von der Beobachtungshöhe über dem Brennerschlitz und von der Stöchiometrie der Flamme. Während 100 µg/mL Aluminium unmittelbar über dem Brennerschlitz die Magnesium-Absorption um 65% erniedrigten, war in einer Höhe von 20–30 mm über dem Brennerschlitz der Effekt kleiner als 5%. Während die Empfindlichkeit für Magnesium mit zunehmendem Brenngas-Überschuß steigt, ist die Aluminium-Störung in einer reduzierenden Flamme weit deutlicher, so daß man in Gegenwart dieses Elements besser mit etwas verminderter Empfindlichkeit in einer oxidierenden Flamme arbeitet. Titan und Zirconium gaben mit Magnesium ähnliche Interferenzen und zeigten auch ein dem Aluminium entsprechendes Verhalten.

AMOS und WILLIS [48] fanden in einer Lachgas/Acetylen-Flamme eine um etwa 50% reduzierte Empfindlichkeit für Magnesium. Außerdem wird Magnesium in dieser Flamme zu etwa 6% ionisiert, so daß ein Zusatz von Kalium (1000 µg/mL) empfehlenswert ist. Obgleich diese Flamme normalerweise für die Bestimmung von Magnesium nicht erforderlich ist, könnte sie für die Beseitigung der oben genannten Interferenzen von Nutzen sein [150]. NESBITT [906] bestätigte dies auch bei der Bestimmung von Magnesium in Silikatgesteinen für die Aluminium-Interferenz. FLEMING [378] stellte eine Abhängigkeit der Spinell-Bildung von der Stöchiometrie der Lachgas/Acetylen-Flamme fest, die von HARRISON und WADLIN [475] bestätigt wurde. Demnach kann je nach Brenngas/Oxidans-Verhältnis sowohl eine Erhöhung als auch eine Erniedrigung des Magnesiumsignals in Gegenwart von Aluminium stattfinden. WILSON [1340] beobachtete noch eine Störung durch Titan, die sich in der Lachgas/Acetylen-Flamme durch eine Erhöhung des Magnesiumsignals auswirkte. HARRISON und WADLIN stellten fest, daß auch hier das Vorzeichen der Interferenz von der Beobachtungshöhe über dem Brennerschlitz abhängt und daß in einer bestimmten Höhe der Einfluß praktisch gleich Null ist.

Während die Empfindlichkeit der Magnesiumbestimmung in einer Luft/Acetylen- und einer Luft/Propan-Flamme gleich ist, treten in der letzteren eine Vielzahl von Interferenzen auf. Während HORN und LATNER [533] in dieser Flamme keine Störungen durch Na, K, Ca und Phosphat fanden, berichteten JONES und THOMAS [586] sowohl von Erhöhungen als auch von Erniedrigungen durch diese Elemente in der gleichen Flamme. HALLS und TOWNSHEND [459] fanden eine sehr deutliche Interferenz durch Phosphat und verschiedene andere Ionen in der Luft/Propan-Flamme. WALLACE [1281] fand eine Erniedrigung des Magnesiumsignals um 90% durch 200 µg/mL Aluminium und erhebliche Störungen durch Cu, Mn, Ni und Pb. ANDREW und NICHOLS [54] fanden schon durch 0,5 µg/mL Al und 0,2 µg/mL

Si eine Unterdrückung um mehr als 50%. FIRMAN [370] fand ebenso wie ELWELL und GIDLEY [7] eine Beeinflussung durch eine Vielzahl von Säuren und Kationen. Wie wenig geeignet kühle Flammen für die Bestimmung von Magnesium sind, zeigt eine Arbeit von ANDREW und NICHOLS [55], in der die Autoren den Einfluß zweier „identischer" Gase auf verschiedene Störungen untersuchten und dabei erhebliche Änderungen mit unterschiedlicher Gaszusammensetzung fanden. SUNDERMANN und CARROLL [1202] untersuchten eine Luft/Wasserstoff-Flamme für die Bestimmung von Magnesium und fanden – im Gegensatz zur Luft/Acetylen-Flamme – eine Erniedrigung des Signals durch Protein. FLEMING und STEWART [379] fanden in einer turbulenten Sauerstoff/Acetylen-Flamme zahlreiche Interferenzen mit zum Teil uneinheitlichem Gang. RAMAKRISHNA [1014] entdeckte in einer turbulenten Sauerstoff/Wasserstoff-Flamme alle Interferenzen, die auch bei der Bestimmung von Calcium auftreten, jedoch in etwas geringerem Ausmaß.

YOZA und OHASHI [1364] verwendeten die Atomabsorption als Detektor für Magnesium in der Gelchromatographie.

Magnesium gehört auch in der Graphitrohrofen-Technik zu den empfindlichsten Elementen. Da es in den meisten Proben in Konzentrationen vorliegt, die mit der Flammen-Technik gut erfaßbar sind, ist nur geringer Bedarf vorhanden für die zusätzliche Empfindlichkeit der Graphitrohrofen-Technik. Das größte Problem bei dieser Technik ist die Kontamination, worauf besonders TSCHÖPEL und Mitarbeiter [2987] klar hinweisen.

SMITH und COCHRAN [2891] bestimmten Magnesium in gesättigten Salzlösungen mit unbeschichteten Graphitrohren und einer erhöhten Argonströmung während der Atomisierung, um die Empfindlichkeit zu reduzieren.

10.27 Mangan

Mangan läßt sich ohne größere Störungen in einer Luft/Acetylen-Flamme bestimmen. Die beste charakteristische Konzentration läßt sich mit 0,03 µg/mL 1% auf der 279,5-nm-Resonanzlinie erzielen; in der Praxis verwendet man jedoch meist das Triplett 279,5/279,8/280,1 nm, da der Einsatz weiterer Spaltbreiten hier eine deutliche Verbesserung des Signal/Rausch-Verhältnisses bringt. Bei Verwendung des Tripletts (etwa 0,7 nm spektrale Spaltbreite) beträgt die charakteristische Konzentration 0,1 µg/mL 1% und die Nachweisgrenze etwa 0,001 µg/mL. Im Falle des Mangan lassen sich ausnahmsweise mehrere Linien gleichzeitig verwenden ohne die sonst üblichen Nachteile. Die drei Triplettlinien haben fast die gleiche Empfindlichkeit, wodurch eine größere Empfindlichkeitseinbuße und eine stärkere Krümmung der Bezugskurve vermieden werden. Jede Einzellinie für sich liefert selbstverständlich eine noch bessere Linearität. Für die Bestimmung höherer Mangangehalte eignet sich die 403,1-nm-Resonanzlinie mit einer charakteristischen Konzentration von etwa 0,3 µg/mL 1%. Hierbei ist die Verwendung einer spektralen Spaltbreite von 0,2 nm zum Abtrennen der 403,3-nm-Resonanzlinie erforderlich; andernfalls tritt eine erhebliche Krümmung der Bezugskurve auf.

ALLAN [37] fand bei der Bestimmung von Mangan in einer Luft/Acetylen-Flamme keine Interferenzen von Na, K, Ca, Mg und Phosphat. PLATTE und MARCY [989] fanden eine Erniedrigung des Mangansignals um 20% schon durch kleine Silicium-Gehalte; nach Zugabe von 200 µg/mL Calcium (als Chlorid) war keine Störung durch 1000 µg/mL Silicium und zahlreiche andere Kationen und Anionen mehr festzustellen. BELCHER und KINSON

[100] fanden keine Silikat-Interferenz, wenn sie nur den inneren Flammenkegel ohne die Randzonen betrachteten. Die Silikatinterferenz läßt sich auch durch Verwendung einer Lachgas/Acetylen-Flamme beseitigen, in der die charakteristische Konzentration etwa 0,3 µg/mL 1% beträgt. HUSLER [547] bestimmte Mangan in Stahl in dieser Flamme störungsfrei und BARNETT [73] fand sowohl in dieser als auch in einer brenngasarmen Luft/Acetylen-Flamme praktisch keine nennenswerten Säureinterferenzen. Erst ab Säurekonzentrationen zwischen 5 und 10% (V/V) machten sich Störungen bemerkbar.

MANSELL [814] hat die Extraktion von Mangan ausführlich beschrieben und FELDMAN und Mitarbeiter [354] untersuchten die Empfindlichkeit von Mangan in vier verschiedenen Lösungsmitteln. Zusammen mit anderen Spurenelementen extrahierten MANSELL und EMMEL [815] Mangan aus einer konzentrierten Solelösung. CALKINS [202] trennte Mangan von einem großen Aluminium-Überschuß durch Komplexierung mit 8-Hydroxichinaldin und Extraktion in Chloroform ab.

OLSEN und SOMMERFELD [928] weisen auf die Instabilität vieler Metallchelate, speziell der des Mangan, hin. Bereits unmittelbar nach der Extraktion beginnt hier die Ausfällung, die zu Empfindlichkeitsverlusten und zum Verstopfen des Zerstäubers führt. Die Autoren dampften daher unmittelbar nach Extraktion des Diethyl-dithiocarbamat-Komplexes in MIBK die Lösung zur Trockene ein und nahmen in HCl (Konzentration 0,1 mol/L)/Aceton (1 : 1) auf. Diese Lösung war mindestens zwei Wochen stabil.

GENC und Mitarbeiter [2298] fanden, daß die Atomisierung des Mangan in einem Graphitrohrofen über das feste Oxid geht, das verflüchtigt und in der Gasphase atomisiert wird. Sie fanden eine Erscheinungstemperatur von 1205 °C unabhängig davon, ob das Metall als Chlorid, Sulfat oder Nitrat vorlag.

Vor allem in der frühen Literatur finden sich zahlreiche Hinweise auf erhebliche Interferenzen der Manganbestimmung im Graphitrohrofen durch Chloride [72] [1109] [2073]. Aber auch neuere Arbeiten von SMEYERS-VERBEKE und Mitarbeitern [2887] [2888] sowie HAGEMANN und Mitarbeitern [2337] beschreiben starke Signalerniedrigungen durch Magnesium- und Calciumchlorid. DOKIYA und Mitarbeiter [2202] verglichen die Störungen durch Calciumchlorid in verschiedenen Graphitrohröfen und fanden in einem großen Rohr wesentlich weniger Störungen als in einem kleinen. MCARTHUR [2649] fand bei der Bestimmung von Mangan in Seewasser mit bis zu 3,5% Salzgehalt keine Störungen, wenn Ammoniumnitrat zugegeben und eine langsame Heizrate verwendet wurde. KLINKHAMMER [2475] zog dagegen eine Extraktion mit 8-Hydroxichinolin in Chloroform und eine Rückextraktion des Mangans in Salpetersäure für seine Bestimmung in Seewasser vor. BONILLA [2091] fand wenig Störungen bei der Bestimmung von Mangan in Gewebe in salpetersaurer Lösung.

MANNING und SLAVIN [2619] fanden bei Atomisierung von einer Graphitplattform in einem Ofen im thermischen Gleichgewicht, daß praktisch alle in der Literatur beschriebenen Interferenzen verschwinden. Mit einem derartigen System ließ sich praktisch die gleiche Störfreiheit erzielen, wie sie HAGEMAN und Mitarbeiter [2337] für den WOODRIFF-Ofen fanden.

In einer späteren Arbeit untersuchten SLAVIN und Mitarbeiter [2877] [2882] die Verwendbarkeit von Magnesiumnitrat als Isoformierungshilfe für Mangan und fanden, daß sich damit die thermische Vorbehandlungstemperatur bis 1400 °C steigern läßt. Mit dieser Matrix-Modifikation und einer Atomisierung von der L'VOV-Plattform in einem Ofen im thermischen Gleichgewicht läßt sich eine störfreie Bestimmung von Mangan in praktisch allen Matrices erreichen. FERNANDEZ und Mitarbeiter [2244] fanden lediglich, daß bei einigen Proben, wie Seewasser, zusätzlich der Einsatz des Zeeman-Effekts zur Untergrundkompensation erforderlich ist. Die günstigste Atomisierungstemperatur von der L'vov-Plattform liegt bei 2300 °C.

10.28 Molybdän

Molybdän läßt sich sowohl mit einer brenngasreichen Luft/Acetylen-Flamme als auch in einer Lachgas/Acetylen-Flamme bestimmen. Auf der 313,3-nm-Resonanzlinie beträgt die charakteristische Konzentration in Luft/Acetylen etwa 1 µg/mL 1% und in Lachgas/Acetylen etwa 0,1 µg/mL 1%; die Nachweisgrenzen in den beiden Flammen liegen bei 0,1 bzw. 0,03µg/mL. Neben der höheren Empfindlichkeit bietet die Lachgas-Flamme noch eine weitgehende Interferenzfreiheit, so daß diese heute fast ausschließlich eingesetzt wird.

Die früheren Arbeiten von David [271] sowie Mostyn und Cunningham [887] wurden alle mit einer sehr brenngasreichen Luft/Acetylen-Flamme ausgeführt. Wie jedoch die Untersuchung von Rann und Hambly [1018] zeigt, ist selbst unter brenngasreichen Bedingungen die Flammenzone mit der höchsten Atomkonzentration sehr begrenzt, so daß ein Großteil der Hohlkathodenstrahlung durch Bereiche geht, in denen Verbindungsbildung möglich ist. Roos [1045] fand daher auch erhebliche Störungen der Molybdänbestimmung durch Eisen; auch David [271] und Mostyn und Cunningham [887] fanden Interferenzen bei der Stahlanalyse, die sie durch Zugabe von 2% Ammoniumchlorid kontrollieren konnten.

Sturgeon und Chakrabarti [2932] fanden in einer eingehenden Studie über die Atomisierung von Molybdän in verschiedenen Flammen, daß die höchste freie Atomkonzentration stets auf einen recht kleinen Bereich in der Flamme lokalisiert ist. In jedem Fall wird eine ausreichende Atomdichte nur in stark reduzierenden Flammen gefunden, also in einer sehr brenngasreichen Luft/Acetylen- oder einer Lachgas/Acetylen-Flamme. Die Autoren schlossen daraus, daß die Atomisierung hautpsächlich über MoO geht.

Die möglichen Interferenzen bei der Molybdänbestimmung in einer brenngasreichen Luft/Acetylen-Flamme sind nur wenig erforscht, und häufig ist ein Angleichen der Matrix erforderlich. In einer Lachgas/Acetylen-Flamme treten zwar auch einige Interferenzen auf, und es kann dabei zu Signalerniedrigungen und -erhöhungen kommen. Van Loon [1254] fand jedoch, daß ein Zusatz von 0,1 bis 0,3% Aluminium alle Störungen beseitigt. West und Mitarbeiter [1306] erklärten die Wirkung des Aluminiums durch eine Behinderung der Lateraldiffusion des Molybdäns, die zu einer Erhöhung der Atomkonzentration in der Mitte der Flamme führt. Besonders in Verbindung mit organischen Lösungsmitteln, die in der fetten Luft/Acetylen-Flamme große Schwierigkeiten bereiten, zeigt die heiße Lachgas-Flamme ihre großen Vorteile.

Kirkbright [655] komplexierte Molybdän mit 8-Hydroxichinolin in Gegenwart von Fluorid und EDTA als maskierende Reagenzien und extrahierte es in Butanol, das sich in der Lachgas-Flamme gut verbrennen ließ. Ure [1250] behandelte Bodenextrakte mit Tri-N-octylamin und 2% n-Octanol in Petrolether und überführte das extrahierte Molybdän mit Ammoniakgas wieder in die wäßrige Phase, aus der er es mit einer Lachgas/Acetylen-Flamme bestimmte. DeLaughter [289] verwendete Toluol-3,4-dithiol als Komplexbildner zur Extraktion mit MIBK, und Butler und Mathews [195] komplexierten das Molybdän mit Ammoniumpyrrolidindithiocarbamat und extrahierten ebenfalls in MIBK. Es erwies sich dabei jedoch als notwendig, Eisen vor der Extraktion mit Citronensäure zu maskieren.

In Anbetracht der Bedeutung dieses Elements finden sich bemerkenswert wenig Arbeiten über seine Bestimmung mit der Graphitrohrofen-Technik in der Literatur. SNEDDON und Mitarbeiter [2895] befaßten sich mit dem Atomisierungsmechanismus und identifizierten mit Röntgenstrukturanalyse die Verbindungen, die sich aus Ammoniummolybdat bei verschiedenen Temperaturen auf der Graphitrohroberfläche bildeten. Sie fanden eine Erscheinungstemperatur von 1900 °C. Die Atomisierung geht vom Molybdat über MoO_3, Mo_2C, MoC und möglicherweise über festes Mo zu gasförmigem Mo.

RUNNELS und Mitarbeiter [2813] zeigten, daß sich Molybdäncarbid bildet, wenn Molybdänlösungen auf ein unbeschichtetes Graphitrohr gebracht werden. Sie behandelten die Rohroberfläche daher mit Elementen wie Lanthan oder Zirconium, um einen Kontakt der Proben mit Graphit zu verhindern. DAGNALL [249] berichtet über eine Empfindlichkeitssteigerung um 79% für Molybdän, wenn die Graphitrohre mit Wolfram gesättigt waren und KUZOVLEV und Mitarbeiter [719] fanden eine Empfindlichkeitszunahme um den Faktor 2,5, nachdem die Graphitrohre mit einem Tantal/Niob-Mischcarbid beschichtet wurden. Wie aus Abb. 137 zu sehen ist, bringen eine Beschichtung der Graphitrohre mit Pyrokohlenstoff und eine schnelle Heizrate eine erhebliche Verbesserung in der Emfpindlichkeit für dieses Element.

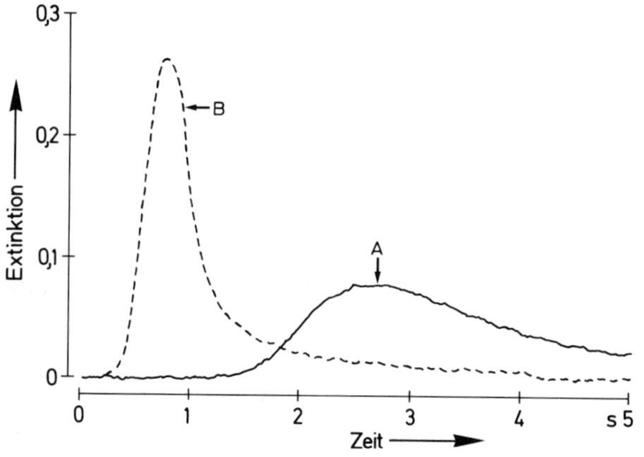

Abb. 137 Hochaufgelöste Signale für Molybdän mit der Graphitrohrofen-Technik und „normaler" Heizrate mit Spannungsregelung (*A*), bzw. „superschneller" Heizrate (*B*) mit optischer Überwachung der Temperatur (Perkin-Elmer HGA-500)

BODROV und NIKOLAEV [2089] bestimmten Molybdän in Stahl mit einem L'VOV-Ofen und fanden keine Störungen außer durch hohe Konzentrationen Titan und Niob. NAKAHARA und CHAKRABARTI [2684] bestimmten Molybdän in synthetischem Seewasser nach selektiver Verflüchtigung der Salzmatrix. Ursprünglich traten erhebliche Signalerniedrigungen durch NaCl, KCl und Na_2SO_4 sowie Erhöhungen durch $MgCl_2$ und $CaCl_2$ auf. Zugabe von $MgCl_2$ hebt nach Angabe der Autoren den unterdrückenden Effekt auf.

Bei Verwendung von Magnesiumnitrat als Isoformierungshilfe lassen sich thermische Vorbehandlungstemperaturen bis etwa 1700 °C einsetzen; bei Verwendung einer sehr schnellen Heizrate liegt die optimale Atomisierungstemperatur bei 2700 °C.

10.29 Natrium

Natrium wird vielfach routinemäßig mit einfachen Flammenphotometern bestimmt, und die Nachweisgrenze mit Flammenemission ist etwa um eine Zehnerpotenz besser als mit AAS. Dennoch bietet die Atomabsorptionsspektrometrie auch für dieses Element gewisse Vorteile, denn einmal muß Natrium nur selten in solchen Spuren bestimmt werden, daß die Nachweisgrenze dieses Verfahrens nicht mehr ausreicht; außerdem scheint die AAS im Spurenbereich in Gegenwart einer komplexen Matrix wesentlich störungsfreier zu sein, was für die Praxis von großer Bedeutung ist; schließlich bietet die Atomabsorptionsspektrometrie einige weniger empfindliche Linien, die die Bestimmung höherer Natriumgehalte ohne übermäßige Verdünnung ermöglichen.

Die Bestimmung von Natrium erfolgt üblicherweise auf dem Dublett 589,0/589,6 nm. Durch die etwas unterschiedliche Empfindlichkeit der beiden Linien erhält man zwar eine leicht gekrümmte Bezugskurve und eine etwas reduzierte Empfindlichkeit, das Signal/Rausch-Verhältnis ist jedoch sehr günstig. Mit spektralen Spaltbreiten von etwa 0,2–0,4 nm läßt sich die empfindlichere Dublettlinie bei 589,0 nm abtrennen, wenn eine bessere Linearität der Bezugskurve erforderlich ist.

Wird mit größeren Spaltbreiten und beiden Dublett-Linien gearbeitet, so ist die charakteristische Konzentration für Natrium in einer Luft/Acetylen-Flamme 0,01 µg/mL 1% und die Nachweisgrenze etwa 0,0002 µg/mL. Höhere Natrium-Gehalte lassen sich vorteilhaft auf dem zweiten Dublett bei 330,2/330,3 nm bestimmen, bei dem die charakteristische Konzentration etwa 2 µg/mL 1% beträgt.

MANNING [796] fand, daß es möglich ist, Natrium mit einer guten Zink-Hohlkathodenlampe zu bestimmen und damit die Empfindlichkeit noch weiter zu erniedrigen. Zink hat ein Dublett bei 330,259/330,294 nm, dessen zweite Linie sehr dicht bei der zweiten Linie des Natrium-Dubletts bei 330,232/330,299 nm liegt. Der Abstand der beiden Linien von nur 0,005 nm bewirkt eine leichte Überlappung der „Schwingen", wodurch Natriumatome in der Lage sind, einen Teil der Zinkstrahlung zu absorbieren. Die charakteristische Konzentration beträgt etwa 140 µg/mL 1%. MANNING weist darauf hin, daß hierbei keine Gefahr für das Auftreten einer spektralen Interferenz gegeben ist, da die betrachtete Zinklinie keine Resonanzlinie ist und nur in der Emission auftritt.

Natrium wird in der Luft/Acetylen-Flamme etwas ionisiert, so daß Proben- und Bezugslösungen ein anderes leicht ionisierbares Element zur Unterdrückung dieses Effekts zugegeben werden sollte; am wirkungsvollsten ist der Zusatz eines Caesium-Salzes. Verschiedene Autoren bevorzugen allerdings die Verwendung einer Flamme niedrigerer Temperatur etwa einer Luft/Propan- oder einer Luft/Wasserstoff-Flamme [296] [810] zur Unterdrückung der Ionisation. Die letztere Flamme hat daneben den Vorteil, besonders auf dem sekundären Liniendublett bei 330,2/330,3 nm ein erheblich verbessertes Signal/Rausch-Verhältnis zu liefern und damit die Präzision zu verbessern und das Arbeiten zu erleichtern.

LUECKE [2566] berichtet bei der Bestimmung von Natrium in Gesteinen und Mineralien von einer leichten Interferenz durch Aluminium und Silicium, die auf Neubildung thermisch stabiler Alkalialuminiumsilikate zurückgeführt werden muß. Ein HF-Aufschluß für Silikate reduziert allerdings die daraus resultierenden Meßprobleme weitgehend. Es wurden auch kleinere Signalerniedrigungen von einigen Prozent durch Phosphat, Fluorid und Perchlorat gefunden.

Natrium gehört zu den in einem Labor „allgegenwärtigen" Elementen, und es muß daher, besonders bei der Spurenanalyse, mit äußerster Sorgfalt gearbeitet werden. Natrium löst sich leicht aus normalen Laborgläsern, daher dürfen „destilliertes" Wasser ebenso wie Proben- und Bezugslösungen nur kurzzeitig, wenn überhaupt, mit Glas in Berührung kommen. Wasser darf nur in Quarzapparaturen destilliert oder aus Mischbett-Austauschern entnommen werden. Besondere Vorsicht ist bei den unterschiedlichen Spül- und Reinigungsmitteln geboten, die häufig große Mengen Natrium enthalten. Für die Aufbewahrung von Proben- und Bezugslösungen eignen sich nur Plastikgefäße. Vorsicht ist auch bei vielen Chemikalien geboten, die entweder Natrium enthalten oder, wie es bei Säuren häufig vorkommt, dieses aus den Glasbehältern aufnehmen (Blindwert!). Über den Einfluß von Staub oder Zigarettenrauch auf das Flammenrauschen wurde bereits beim Kalium ausführlich gesprochen. Alles dort Gesagte gilt in verstärktem Maße auch für Natrium (s. S. 311); die Verwendung eines Dreischlitz-Brennerkopfs empfiehlt sich also auf alle Fälle.

Was für die Flammentechnik bezüglich Kontamination gesagt wurde, gilt natürlich in noch höherem Maße für die Graphitrohrofen-Technik. Hier ist eine sinnvolle Natriumbestimmung praktisch nur an einem staubfreien Arbeitsplatz möglich. Auf dem Liniendublett bei 330 nm sind die Kontaminationsprobleme natürlich etwas geringer, so daß dieses für Spurenbestimmungen von Natrium etwa in hochreinen Wässern [2940] oder in Heizöl herangezogen werden kann.

10.30 Nichtmetalle

Iod, Phosphor und Schwefel werden in eigenen Kapiteln behandelt, da es für diese Nichtmetalle bereits direkte AAS-Verfahren gibt. Die übrigen Nichtmetalle lassen sich nicht direkt mit der Atomabsorptionsspektrometrie bestimmen, da ihre Resonanzlinien im Vakuum-UV liegen. BECKER-ROSS und FALK [2067] haben allerdings über eine erfolgreiche Bestimmung von Brom in einem Spezial-Graphitofen mit einem Vakuum-Monochromator bei 148,86 nm berichtet. Sie erzielten eine Nachweisgrenze von 1,5 ng Br. DAGNALL, THOMPSON und WEST verwendeten eine Molekülemission zur Bestimmung von Schwefel auf einer S_2-Bande [254] und Phosphor auf einer H-P-O-Bande [259]; in Gegenwart von Indium bestimmten sie die Halogene mit Hilfe von InCl-, InBr- und InI-Emissionsbanden [261]. Ähnliche Arbeiten wurden auch von GUTSCHE und HERRMANN [450–453] mit spezieller Anwendung auf biologische Proben veröffentlicht. GUTSCHE und Mitarbeiter [2330] verwendeten einen Graphitofen als bromspezifischen Detektor für GC nach der Indiummethode.

Für die indirekte Bestimmung von Nichtmetallen mit AAS wurden zwei verschiedene Wege beschritten: die Ausnutzung chemischer Interferenzen oder die Verwendung bekannter Fällungsreaktionen mit Metallen. Nach dem ersten Verfahren bestimmten CHRISTIAN und FELDMAN [232] *Orthophosphat, Sulfat, Sulfid, Iodat, Iodid, Glucose, Protein, 8-Oxichinolin* und andere Komplexbildner, indem sie deren Einfluß auf die Bestimmung von Calcium, Eisen und Chrom untersuchten und deren Ausmaß in eine Relation zu der Konzentration an Störionen setzten. KUNISHI und OHNO [717] untersuchten die indirekte Sulfatbestimmung sehr eingehend und benutzten die erniedrigende Wirkung auf die Eisenbestimmung und deren Aufhebung durch Lanthan zur Sulfatbestimmung. Bei einem Ionenverhältnis $La^{3+} : SO_4^{2-} = 2:3$ war die ursrüngliche Empfindlichkeit für Eisen wieder hergestellt. Die Autoren sprechen dabei von einem scharfen „Umschlag", der eine sehr präzise Bestimmung ermöglicht. Auf ähnliche Weise bestimmten BOND und O'DONNELL [142] *Fluorid*-Ionen, indem sie deren Einfluß auf die Bestimmung von Magnesium in einer Luft/Kohlengas-Flamme und von Zirconium in der Lachgas/Acetylen-Flamme quantitativ auswerteten.

SAND und Mitarbeiter [2819] bestimmten Silikat, Phosphat und Sulfat über die Beeinflussung der Calcium-Atomisierung.

Das zweite Verfahren, die Bildung eines schwerlöslichen Niederschlags mit einem Metall-Kation und anschließende Bestimmung dieses Metalls, verwendeten EZELL [336] und WESTERLUND-HELMERSON [1312] zur Bestimmung von *Chlorid* in verschiedenen Materialien. Das Chlorid-Ion wird dabei mit Silbernitrat ausgefällt und entweder der Niederschlag in Ammoniak gelöst und auf seinen Silbergehalt analysiert, oder bei genau abgemessener Zugabe von Silbernitrat wird der Überschuß aus der Lösung bestimmt [82].

GAMBRELL [404] bestimmte Chlorid in Wasser durch Endpunktbestimmung mit Silbernitrat mit Atomabsorption. Hierzu wurden zwei verschiedene Mengen Silbernitrat zu der Probenlösung gegeben, die Extinktion für Silber gemessen und gegen Null extrapoliert.

MANAHAN und KUNKEL [790] bestimmten *Cyanid,* indem sie die Löslichkeit von Cu(II) aus basischem Kupfercarbonat in alkalischem Medium ausnützten. Das als $[Cu(CN)_3]^-$ komplexierte Kupfer wird mit Atomabsorption bestimmt; die charakteristische Konzentration beträgt 2×10^{-5} mol/L CN^-. JUNGREIS und AIN [2444] bestimmten ebenfalls Cyanid, indem sie die Lösung über Silberwolle filtrierten und das komplex gelöste Silber mit der Graphitrohrofen-Technik bestimmten. KOVATSIS [2504] bestimmte *Schwefelkohlenstoff* durch Reaktion mit Zinkacetat und N,N-Dibenzylamin. Das gebildete Zink-dibenzyldithiocarbamat kann mit Toluol extrahiert und das Zink bestimmt werden. MANAHAN und JONES [789] beschreiben auch ein für *Chelatbildner* spezifisches Detektorsystem für Flüssigchromatographie. Eine Lösung, die einen Chelatbildner enthält, wird über eine kurze Säule mit einem Chelat-Ionenaustauscher in der Cu-Form geleitet und gelangt dann direkt in ein auf Kupfer eingestelltes Atomabsorptionsspektrometer. Die Menge an Kupfer ist direkt proportional der Menge an Chelatbildner; die Nachweisgrenze liegt bei 5×10^{-7} mmol Chelatbildner.

KUMAMARU und Mitarbeiter bestimmten *Nitrat* [716] und organische Moleküle durch Mitextraktion mit einem Metallkomplex. *Nitrat* und *Phthalsäure* [713] [714] wurden beide als Ionenpaar aus Bis-(neocuproin)-kupfer(I) und dem zu bestimmenden Anion mit MIBK extrahiert. *Pentachlorophenol* [1359] wurde ebenfalls als Ionenpaar mit Tris-(1,10-phenanthrolin)-eisen(II) in Nitrobenzol extrahiert; der Gehalt an Kupfer bzw. Eisen in dem Extrakt ist dabei dem zu bestimmenden Ion bzw. Molekül proportional und kann mit AAS gemessen werden.

WOODIS und Mitarbeiter [3078] bestimmten *Biuret* in Düngemitteln, indem sie eine alkoholische Lösung von Biuret und Kupfer mit einer starken Base behandelten. Es bildet sich ein Biuret-Kupfer-Komplex, das überschüssige Kupfer fällt aus und das komplex gelöste Kupfer bestimmt. OLES und SIGGIA [2707] bestimmten *Aldehyde* durch Oxidation mit einem Silber-Ammoniak-Komplex (Tollen's Reagens). Das reduzierte Silber wird abgetrennt, in Salpetersäure gelöst und mit AAS bestimmt. *1,2-Diole* [2708] bestimmten sie durch Oxidation mit Periodsäure; das entstandene Iodat wird durch Fällung als Silberiodat abgetrennt, in Ammoniumhydroxid gelöst und das Silber mit AAS bestimmt.

10.31 Nickel

Nickel gehört zu den häufig mit AAS bestimmten Elementen. Die beste charakteristische Konzentration wird in einer Luft/Acetylen-Flamme auf der 232,0-nm-Resonanzlinie mit 0,04 μg/mL 1% erzielt; die Nachweisgrenze liegt bei 0,004 μg/mL. Um die 232,003-nm-Linie sinnvoll anwenden zu können, ist eine spektrale Spaltbreite von 0,2 nm erforderlich, da sonst die beiden starken Emissionslinien bei 231,716 nm und 232,138 nm eine erhebliche Krümmung der Bezugskurve und einen starken Rückgang der Empfindlichkeit verursachen. Da die 232,0-nm-Linie auch bei spektralen Spaltbreiten von 0,2 nm noch eine deutlich gekrümmte Bezugskurve ergibt, eignet sie sich nicht sehr gut für die Bestimmung höherer Nickel-Gehalte. Hierfür bietet sich besonders die 341,5-nm-Resonanzlinie mit einer charakteristischen Konzentration von 0,2 μg/mL 1% an. Diese Linie erlaubt sogar die Verwendung größerer spektraler Spaltbreiten (bis etwa 0,7 nm) und gibt dann ein gutes Signal/Rausch-Verhältnis. Weitere Resonanzlinien sind in Tabelle 32 zusammengestellt, wobei jedoch besonders bei Verwendung von Mehrelementlampen, die auch Cobalt enthalten, bei einigen Linien leichte spektrale Interferenzen auftreten können; eine kritische Prüfung der Linien und der Signale ist daher zu empfehlen.

Die Bestimmung von Nickel scheint in einer oxidierenden (brenngasarmen) Luft/Acetylen-Flamme weitgehend frei von Interferenzen zu sein. KINSON und BELCHER [645] fanden keine Störungen durch hohe Gehalte an Co, Cr, Cu, Mn, Mo sowie Al, V und W. Ebenso hatten HCl, HNO_3, H_2SO_4 und H_3PO_4 keinen Einfluß. Diese Befunde wurden von PLATTE und MARCY [989] bestätigt, wobei jedoch besonders auf eine Optimierung der Brennerhöhe und der Flammengase zu achten ist [73] [1199]. SUNDBERG [1199] brachte die sehr unterschiedlichen (erhöhenden und erniedrigenden) Effekte von anderen Metallen (Co, Cr, Cu, Fe, Mn, Zn) bei nicht exakter Gaseinstellung und Beobachtungshöhe in Zusammenhang mit den Dissoziationsenergien der entsprechenden Monoxide. In einer weniger scharfen Flamme machen sich jedoch Interferenzen von Eisen und Chrom bemerkbar. Für Präzisionsbestimmungen fanden wir [1299], daß es erforderlich ist, die Matrix anzugleichen, um eine Genauigkeit von 0,3% relativ zu erhalten. Mit Hilfe einer Lachgas/Acetylen-Flamme lassen sich die potentiellen Einflüsse von Eisen und Chrom ebenfalls beseitigen; die charakteristische Konzentration beträgt in dieser Flamme etwa 2 μg/mL 1% auf der 232,0-nm-Resonanzlinie.

Nickel läßt sich leicht mit Ammoniumpyrrolidindithiocarbamat komplexieren und in MIBK extrahieren [1170]. BURRELL [183] verwendete mehrere Anreicherungsschritte wie

Tabelle 32 Ni-Resonanzlinien

Wellenlänge nm	Energieniveaus (K)	charakteristische Konzentration (μg/mL 1%)
232,0	0–43 090	0,04
231,1	0–43 259	0,07
341,5	205–29 481	0,2
305,1	205–32 973	0,25
346,2	205–29 084	0,35

Kopräzipitation mit Eisen(III)-hydroxid, das später wieder entfernt wurde [307], um kleinste Spuren Nickel zu bestimmen.

CRUZ und VAN LOON [245] fanden bei der Bestimmung von Nickel mit der Graphitrohrofen-Technik z. T. erhebliche Signalerhöhungen durch Kalium- und Eisennitrat sowie einige weitere Nitrate. Calciumchlorid unterdrückte das Signal vollständig. FULLER [393] fand Nickelverluste bei der thermischen Vorbehandlung und JULSHAMN [2441] stellte eine leichte Unterdrückung durch Perchlorsäure fest.

KINGSTON und Mitarbeiter [2468] trennten Nickel bei der Analyse von Seewasser über eine Austauschersäule ab, während andere eine Extraktion in ein organisches Lösungsmittel und eine Rückextraktion in Salpetersäure [2137] [2432] vorzogen. BOYLE und EDMOND [2100] verwendeten schließlich eine Kopräzipitation mit Cobalt-pyrolidindithiocarbamat zur Abtrennung.

MAIER und Mitarbeiter [2608] bestimmten Nickel direkt in Oberflächenwasser und CARRONDO und Mitarbeiter [2133] spritzten eine Suspension von Klärschlämmen in Salpetersäure direkt in das Graphitrohr ein. Die Direktbestimmung gegen salpetersaure Bezugslösungen brachte gut vergleichbare Werte.

IU und Mitarbeiter [2419] bestimmten Nickel in Bodenextrakten nach dessen Extraktion in Chloroform und PEDERSEN und Mitarbeiter [2737] nach Extraktion in Xylol. PETROV und Mitarbeiter [2746] analysierten dagegen die Bodenextrakte direkt und fanden dieses Verfahren rasch und zuverlässig.

VÖLLKOPF und Mitarbeiter [3022] entwickelten ein Direktverfahren zur Bestimmung von Nickel in Serum und fanden eine gute Beschichtung der Graphitrohre mit Pyrokohlenstoff als besonders wichtig. BROWN und Mitarbeiter [2112] entwickelten die IUPAC-Referenzmethode für Nickel in Serum und Urin über eine Extraktion mit APDC in MIBK. Auch ADAMS und Mitarbeiter [2000] fanden, daß Extraktionsverfahren für Nickel in Urin den Direktverfahren überlegen sind. DUDAS [2207] stellte dabei fest, daß nicht unmittelbar nach dem Dosieren von Extraktionslösungen mit dem Trocknungsschritt begonnen werden sollte, sondern erst nach etwa 2 Minuten.

HINDERBERGER und Mitarbeiter [2372] fanden, daß die Bestimmung von Nickel in Blut, Lebergewebe und Urin störfrei direkt durchführbar ist, wenn mit primärem Ammoniumphosphat als Isoformierungshilfe gearbeitet und von einer L'VOV-Plattform atomisiert wird. SLAVIN und Mitarbeiter [2877] [2882] untersuchten Magnesiumnitrat als Isoformierungshilfe zur Matrix-Modifikation und fanden, daß damit Nickel bis 1400 °C thermisch stabil ist. Wird zudem von einer L'VOV-Plattform in einem Ofen im thermischen Gleichgewicht atomisiert, so ist die Bestimmung von Nickel praktisch frei von Störungen. Die optimale Atomisierungstemperatur für Nickel liegt unter diesen Bedingungen bei etwa 2500 °C.

VIJAN [3015] machte einen Versuch, Nickel als Carbonyl zu verflüchtigen, indem er es aus seinen Verbindungen mit Natriumborhydrid zum Metall reduzierte und darauf unter Druck CO einwirken ließ. Er leitete das entstandene Gas in eine beheizte Quarzküvette und fand eine charakteristische Masse von etwa 20 pg Ni/1%. VIJAN fand aber, daß die Reaktion nicht quantitativ verläuft, es bildet sich nur eine Gleichgewichtskonzentration an Nickelcarbonyl.

10.32 Niob

Niob läßt sich in einer Lachgas/Acetylen-Flamme mit einer charakteristischen Konzentration von 40 μg/mL 1% und einer Nachweisgrenze von etwa 2 μg/mL bestimmen, wenn auf der 334,3-nm-Resonanzlinie [795] und mit einer spektralen Spaltbreite von 0,2 nm gearbeitet wird. Da Niob in der heißen Flamme beträchtlich ionisiert wird, empfiehlt sich der Zusatz von etwa 0,1% Kalium (als Chlorid) zu Proben- und Bezugslösungen. WALLACE und Mitarbeiter [3029] fanden eine verbesserte Linearität, Empfindlichkeit, Präzision und Nachweisgrenze für Niob durch Zugabe von Aluminium zur flußsauren Lösung. In Gegenwart von 1% HF und 0,2% Al beträgt die Nachweisgrenze für Niob 0,75 μg/mL. Aluminium könnte die Tendenz zur Bildung refraktärer Oxide reduzieren und die Atomisierung fördern. Auch eine reduzierte Lateraldiffusion könnte eine Erklärung für die Empfindlichkeitssteigerung sein. Über Interferenzen wurde bislang nichts berichtet.

10.33 Osmium

SLAVIN [12] berichtet 1968 erstmals, daß WILLIS auf verschiedenen Wellenlängen eine starke Absorption durch Osmium gefunden hat. FERNANDEZ [356] untersuchte daraufhin zehn Resonanzlinien auf ihre Empfindlichkeit und fand in einer Lachgas/Acetylen-Flamme für die 290,9-nm-Linie eine charakteristische Konzentration von 1 μg/mL 1%. Die Nachweisgrenze scheint dabei nur wenig besser als 0,1 μg/mL zu sein. Einige weitere Resonanzlinien und die hier erzielbaren Empfindlichkeiten sind in Tabelle 33 zusammengestellt.

Bei Verwendung einer brenngasreichen Luft/Acetylen-Flamme läßt sich eine charakteristische Konzentration von etwa 5 μg/mL 1% erzielen [356]; MAKAROV und Mitarbeiter [788] fanden in einer Propan/Butan/Luft-Flamme eine charakteristische Konzentration von 17 μg/mL 1%. OSOLINSKI und KNIGHT [943] bestimmten Osmium in Thioharnstoff-Komplexen und in Chloroform-Extrakten. Sie weisen besonders auf die Toxizität von OsO_4 und die daher erforderlichen Sicherheitsmaßnahmen hin.

Tabelle 33 Os-Resonanzlinien

Wellenlänge nm	Energieniveaus (*K*)	charakteristische Konzentration (μg/mL 1%) N₂O/Acetylen [356]	Luft/Acetylen [356]	Luft/Propan [788]
290,9	0–34365	1,0	5,0	17
305,9	0–32685	1,6	6,4	20
263,7	0–37909	1,8		
301,8	0–33124	3,2		
330,2	0–30280	3,6		
271,5	0–36826	4,2		
280,7	0–35616	4,6		
264,4	0–37809	4,8		
442,0	0–22616	20		
426,1	0–23463	30		

GLADNEY und APT [2303] fanden, daß neutrale Lösungen von Osmium sehr instabil sind und täglich frisch bereitet werden müssen. In HCl der Konzentration 1 mol/L, halten Lösungen bis 2 Monate, wenn sie in Glas, Quarz oder Polyethylen aufbewahrt werden.

10.34 Palladium

Palladium läßt sich in einer sehr scharfen (brenngasarmen) Luft/Acetylen-Flamme mit einer charakteristischen Konzentration von 0,15 μg/mL 1% und einer Nachweisgrenze von etwa 0,02 μg/mL bestimmen. Dabei liefern die beiden Resonanzlinien bei 247,6 nm und 244,8 nm etwa das gleiche Ergebnis. Die zweite gibt jedoch selbst bei einer spektralen Spaltbreite von 0,2 nm eine stark gekrümmte Bezugskurve; für das praktische Arbeiten ist daher die 247,6-nm-Linie vorzuziehen. Zwei weitere Resonanzlinien bei 276,3 nm und 340,4 nm geben jeweils eine charakteristische Konzentration von etwa 0,4 μg/mL 1%. Anstelle einer Luft/Acetylen-Flamme wurde von LOCKYER und HAMES [759] und STRASHEIM und WESSELS [1181] eine Luft/Propan-Flamme verwendet, die auch noch von einigen anderen Autoren zur Bestimmung von Palladium vorgezogen wird [296]. Obgleich diese keine Interferenzen feststellten, scheint die Analyse von Palladium selbst in der Luft/Acetylen-Flamme nicht völlig frei von Störungen zu sein, wobei besonders hohe Gehalte an anderen Edelmetallen einen deutlichen Einfluß ausüben können. Auch sollte die Säurekonzentration angeglichen werden.

JANSSEN und UMLAND [571] beseitigten die bei der Edelmetallanalyse auftretenden Interferenzen durch Zugabe von je 1% Natrium und Kupfer, während TOFFOLI und PANNETIER [1234] 0,5% Lithium, evtl. unter Zusatz von Kupfer, bevorzugten. SEN GUPTA [1114], der auch eine gute Übersicht über die Edelmetallanalyse publiziert hat [1116], gab zur Beseitigung der Interelementstörungen 0,5% Kupfer und 0,5% Cadmium zu. ADRIAENSSENS und VERBEEK [17] fanden, daß in 2% Kaliumcyanid-Lösung die meisten in saurer Lösung beobachteten Interelementstörungen nicht auftreten. Lediglich Gold und Platin beeinflußten Palladium noch etwas; dieser Effekt verschwand jedoch nach Zusatz von Silber. HEINEMANN [2361] fand, daß die Bestimmung von Palladium durch Platin nicht und durch Rhodium nur wenig beeinflußt wird. Die günstigsten Bedingungen werden geschaffen, wenn Lanthan als Puffer zugesetzt wird.

HARRINGTON [469] analysierte kolloidale Palladiumlösungen und fand, daß diese die gleiche Extinktion geben wie echte Palladium(II)-Lösungen, wenn die Brennerhöhe optimiert wird. ERINC und MANGEE [330] beschreiben eine Extraktion von Palladium aus salzsaurer Lösung in Hexon nach vorheriger Komplexierung als Pyridin-thiocyanat.

MOJSKI [2671] extrahierte Palladium aus Chlorid-, Bromid- und Iodid-Lösungen mit di-n-Octylsulfid in Cyclohexan. RUBEŠKA und Mitarbeiter [2810] extrahierten Palladium aus geologischen Proben mit Dibutylsulfid in Toluol und führten die Bestimmung sowohl in der Flamme als auch in einem Graphitrohrofen durch.

ROWSTON und OTTAWAY [2804] ermittelten die optimalen Bedingungen für die Bestimmung von Palladium mit der Graphitrohrofen-Technik und fanden eine charakteristische Konzentration von 4,5 μg/L 1%.

10.35 Phosphor

Phosphor hat seine Resonanzlinien bei 178 nm im Vakuum-UV und kann daher mit normalen Atomabsorptionsspektrometern nicht gemessen werden. KIRKBRIGHT [654] gelang es jedoch, mit einem modifizierten AAS-Gerät mit gespültem Monochromator und einer mit Stickstoff abgetrennten Lachgas/Acetylen-Flamme Phosphor zu bestimmen. Von den drei Resonanzlinien bei 177,5, 178,3 und 178,8 nm gab die bei 178,3 nm mit 5,4 μg/mL 1% die beste charakteristische Konzentration. KIRKBRIGHT bestimmte nach diesem Verfahren Phosphor in Fleischextrakt und Milchpulver.

WALSH [1283] bestimmte Phosphor in einer Atomisierungszelle mit Hilfe eines Vakuum-Spektrometers. Praktische Verwendung hat dieses Verfahren bis jetzt noch nicht gefunden. L'VOV und KHARTSYZOV [3103] berichteten als erste von einer erfolgreichen Phosphorbestimmung auf den Linien bei 213,55/213,62 nm und 214,91 nm, die von einem metastabilen Zustand ausgehen. MANNING und SLAVIN [809] fanden in einer Lachgas/Acetylen-Flamme mit einer Phosphor-Hohlkathodenlampe eine charakteristische Konzentration von 290 μg/mL 1% für die Linien bei 214 nm und 540 μg/mL 1% für die 215-nm-Linie. Damit lassen sich Phosphor-Konzentrationen von etwa 0,2–5% gut nachweisen. Die Autoren weisen abschließend darauf hin, daß Phosphor zahlreiche Kationen in der AAS stört und daß möglicherweise auch zahlreiche Kationen die Bestimmung von Phosphor stören könnten.

Die Direktbestimmung von Phosphor auf dem Dublett bei 213,5/213,6 nm wurde wie schon erwähnt erstmals von L'VOV und KHARTSYZOV [3103] beschrieben. In ihrem Graphitrohrofen erzielten sie eine Nachweisgrenze von 0,2 ng P. Breitere Beachtung fand diese Direktbestimmung aber erst nach der Einführung einer guten elektrodenlosen Entladungslampe [2061] für Phosphor. EDIGER [2218] erarbeitete Standardbedingungen für dieses Element und fand, daß die Zugabe von Lanthan als Isoformierungshilfe die Empfindlichkeit für Phosphor um etwa den Faktor 6 erhöht. Er ermittelte eine Nachweisgrenze von etwa 0,1 μg/mL.

In einer späteren Arbeit fanden EDIGER und Mitarbeiter [2219], daß Phosphorsäure praktisch kein Signal gibt, während sich Calciumphosphat sehr gut bestimmen läßt. Sie schlossen daraus, daß Phosphorsäure molekular verloren geht; ein Zusatz von Calcium oder noch besser von Lanthan gleicht diese Unterschiede wieder aus.

PRÉVÔT und GENTE-JAUNIAUX [2760] bestimmten Phosphor in Speiseöl und fanden, daß EDLs, ein Spektrometer mit hoher Leistung im fernen UV, und ein Graphitrohrofen mit guter Temperaturprogrammierbarkeit besonders wichtig sind. Sie verdünnten das Öl mit MIBK und bestimmten Phosphor direkt mit einer charakteristischen Masse von 0,5 ng/1% und fanden, daß ein Lanthanzusatz nur für wäßrige Lösungen erforderlich ist. Das Öl allein, mit dem das Rohr mehrfach konditioniert werden mußte, hatte die gleiche stabilisierende Wirkung wie Lanthan. SLIKKERVEER und Mitarbeiter [2884] fanden allerdings, daß eine Lanthanzugabe bei einer Reihe von Ölen doch bessere Ergebnisse bringt.

L'VOV und PELIEVA [2585] bestimmten Phosphor, indem sie die Probe mit einem Wolframdraht in den vorgeheizten Graphitrohrofen brachten. Sie brauchten bei diesem Verfahren keinerlei Vorbereitung der Probe und fanden eine Verbesserung der Empfindlichkeit um den Faktor 20–30 im Vergleich zur Atomisierung von der Wand.

PERSSON und FRECH [2741] untersuchten theoretisch und experimentell die Faktoren, die die Phosphorbestimmung im Graphitrohrofen beeinflussen. Sie fanden, daß die Gefahr für Verluste an Phosphor während der thermischen Vorbehandlung und während des Aufheizens sehr groß sind. Bei Temperaturen unterhalb 1300 °C ist dabei besonders die Bildung von gasförmigem PO sehr wahrscheinlich, die natürlich vom Partialdruck an Sauerstoff im Graphitrohr abhängt. Eine reduzierende Umgebung ist daher besonders wichtig, und aus dieser Sicht sind unbeschichtete Graphitrohre besonders vorteilhaft. Andererseits bildet sich in unbeschichteten Rohren Wasserstoff, wenn die Probe auf die Wand dosiert wird, was bei Phosphor zur Bildung von gasförmigem HCP, und damit wieder zu Verlusten führt. Oberhalb etwa 1350 °C werden Verluste an Phosphor in Form des Dimeren P_2 beobachtet, weshalb eine möglichst hohe Heizrate für die Atomisierung besonders wichtig ist. Die Autoren fanden, daß nur dann reproduzierbare Ergebnisse zu erwarten sind, wenn die Heizrate und die Endtemperatur im Graphitrohrofen unabhängig voneinander optimiert werden können. Während unter nicht-isothermen Bedingungen, wie von EDIGER und Mitarbeitern [2219] schon früher berichtet, Phosphorsäure kein Signal gibt, erhält man unter isothermen Bedingungen für Phosphorsäure und Calciumphosphat die gleiche Empfindlichkeit.

Wir haben daher die Atomisierung von Phosphor von einer L'VOV-Plattform in einem Ofen im thermischen Gleichgewicht untersucht [3061] und gefunden, daß eine Plattform aus massivem Pyrokohlenstoff in einem unbeschichteten Rohr die besten Ergebnisse bringt. In dieser Umgebung wird ein minimaler Partialdruck an Sauerstoff erreicht, so daß die Bildung von gasförmigem PO sehr unwahrscheinlich ist. Andererseits wird auch die Bildung von Wasserstoff verhindert, da die Probenlösung nicht mit dem unbeschichteten Graphit in Berührung kommt. Durch die Atomisierung von der Plattform wird schließlich eine unabhängige Kontrolle von Heizrate und Endtemperatur im Graphitrohrofen möglich. Mit 0,1% Lanthan als Isoformierungshilfe gelang damit eine direkte Bestimmung von Phosphor in Stahl gegen Bezugslösungen, die nur die gleiche Menge Lanthan enthielten. Da die Stahlmatrix eine intensive, strukturierte Untergrundabsorption verursacht, muß hier der Zeeman-Effekt zur Beseitigung einer spektralen Interferenz eingesetzt werden, besonders für kleinere Phosphorgehalte.

Mit Lanthan als Isoformierungshilfe läßt sich Phosphor bis etwa 1350 °C verlustfrei thermisch vorbehandeln; die optimale Atomisierungstemperatur von der L'VOV-Plattform liegt bei 2600 °C.

Verschiedene Autoren haben für die Bestimmung von Phosphor die in Emission beobachteten Monoxid- oder Hydroxid-Banden herangezogen [2350]. CAMPBELL und SEITZ [2124] verdampften die Probe dazu in einem Graphitrohrofen und leiteten die Gase in eine Luft/Wasserstoff-Flamme. KERBER und Mitarbeiter [636] verglichen die Phosphorbestimmung durch Atomabsorptions- und Flammenemissionsspektrometrie auf der HPO-Bande bei 526 nm. Sie fanden dabei nur geringe Störungen durch Kationen bei der AAS.

SYTY [1213] fand, daß diese HPO-Emission erheblich verstärkt wird, wenn hinter der Flamme eine gekühlte Platte angebracht wird und verwendete dieses Verfahren zur Bestimmung von Phosphor in Phosphatgesteinen [1214].

Verschiedene indirekte Verfahren zur Bestimmung von Phosphor wurden vorgeschlagen [544], die alle auf der Bildung von Ammoniumphosphormolybdat oder der freien Heteropolysäure und der Bestimmung von Molybdän mit AAS beruhen. WILSON [1338] löste den Ammoniumphosphormolybdat-Niederschlag in Ammoniak und bestimmte das Molybdän direkt aus dieser Lösung. ZAUGG und KNOX [1372] schüttelten eine saure Ammoniummolybdat-Lösung und 2-Octanol mit der phosphathaltigen Probe und bestimmten das Molybdän direkt aus der organischen Phase. In einer späteren Arbeit [1373] beschreiben diese

Autoren die Anwendung dieses einfachen Extraktionsverfahrens auf verschiedene biologische Proben. Eine ähnliche Extraktion mit Butylacetat als Lösungsmittel wird von KUMAMARU und Mitarbeitern [715] beschrieben.

MANNING und FERNANDEZ [804] fanden im Graphitrohrofen eine Absorption für Phosphor auf einer Blei-Ionenlinie bei 220,3 nm und schreiben diese Absorption einem PO_x-Radikal zu.

10.36 Platin

Platin besitzt eine Vielzahl von Resonanzlinien, von denen mit etwa 1 µg/mL 1% die Linie bei 265,9 nm die beste charakteristische Konzentration zeigt. Die Nachweisgrenze liegt bei 0,04 µg/mL in einer scharfen, brenngasarmen Luft/Acetylen-Flamme. Einige der wichtigsten anderen Resonanzlinien sind in Tabelle 34 zusammengestellt.

LOCKYER und HAMES [759] fanden in einer Luft/Propan-Flamme keine Interferenzen bei der Bestimmung von Platin. Dagegen berichten STRASHEIM und WESSELS [1181] über Störungen von zahlreichen Kationen, die sie jedoch durch Zugabe von 2% Kupfer (als Sulfat) größtenteils beseitigen konnten. Nach eigenen Befunden stören sowohl starke Säuren als auch andere Edelmetalle die Bestimmung von Platin; ein Angleichen der Matrix und Verwenden einer Lachgas/Acetylen-Flamme beseitigen diese Störeinflüsse jedoch weitgehend.

JANSSEN und UMLAND [571] fanden zahlreiche Interelementeffekte bei der Bestimmung von Platin in Gegenwart anderer Edelmetalle, die sie durch Zugabe von je 1% Natrium und Kupfer beseitigten. Gleichzeitig fanden sie eine Erhöhung der Empfindlichkeit für Platin um 50% durch diese Zusätze.

TOFFOLI und PANNETIER [1234] bevorzugten die Zugabe von 0,5% Lithium, evtl. unter Zusatz von etwas Kupfer, während SEN GUPTA [1114] 0,5% Kupfer und 0,5% Cadmium als Puffer verwendete.

ADRIAENSSENS und VERBEEK [17] fanden, daß in einer 2%igen Kaliumcyanidlösung die meisten in saurer Lösung beobachteten Interelementstörungen bei der Edelmetallanalyse nicht auftreten. Sie arbeiteten in einer brenngasarmen, scharfen Luft/Acetylen-Flamme und erreichten auch bei erheblichen Überschüssen an anderen Edelmetallen eine Genauigkeit von 2%.

PITTS und Mitarbeiter [986] [987] fanden in einer Luft/Acetylen-Flamme zahlreiche Interferenzen bei der Bestimmung von Platin, die sie durch Zusatz von Lanthan beseitigen

Tabelle 34 Pt-Resonanzlinien

Wellenlänge nm	Energieniveaus (*K*)	charakteristische Konzentration (µg/mL 1%)
265,9	0–37 591	1
306,5	0–32 620	2
299,8	776–34 122	5
271,9	824–37 591	12
304,3	824–33 681	18

konnten. Als Alternative schlagen die Autoren die Verwendung einer Lachgas/Acetylen-Flamme vor, in der die Empfindlichkeit zwar auf ein Fünftel reduziert ist, jedoch keinerlei Störungen mehr auftreten. Selbst hohe Konzentrationen an anderen Edelmetallen stören nicht.

MOJSKI [2671] extrahierte Platin aus Chlorid-, Bromid- und Iodid-Lösungen mit di-n-Octylsulfid in Cyclohexan. MACQUET und THEOPHANIDES [2597–2599] untersuchten den Effekt von cis-trans-isomeren Komplexen des Platin, sowie von chelatisierten und nicht-chelatisierten DNA-Platin-Komplexen auf die Empfindlichkeit der AAS-Bestimmung. Sie fanden, daß ein direkter Zusammenhang zwischen der Stereochemie und der Empfindlichkeit besteht und die stabilsten Komplexe die höchste Extinktion geben.

ADRIAENSSENS und KNOOP [16] fanden bei der Bestimmung von Platin in einem Graphitrohrofen nur geringe Interelementeffekte in Gegenwart von Iridium und Rhodium. PERA und HARDER [2739] bestimmten Platin in biologischen Materialien in guter Übereinstimmung mit anderen Verfahren. JANOUŠKOVÁ und Mitarbeiter [570] bestimmten Platin auf Aluminiumoxid-Katalysatoren und fanden keine Störungen durch zahlreiche andere Ionen auch in 100fachem Überschuß. Lediglich große Mengen Strontium oder Salpetersäure der Konzentration 0,5 mol/L erniedrigten das Signal etwas. TELLO und SEPULVEDA [2957] bestimmten Platin in Sand. Mit dem Kupellationsprozeß wird Platin angereichert und von störenden Begleitelementen getrennt. Die Schmelzperle wird in Königswasser gelöst und direkt analysiert. ROWSTON und OTTAWAY [2804] ermittelten die optimalen Bedingungen für die Bestimmung von Platin mit der Graphitrohrofen-Technik. Sie fanden eine charakteristische Konzentration von 23 µg/L 1%. In 0,2%iger Salpetersäure läßt sich Platin bis etwa 1400 °C verlustfrei thermisch vorbehandeln; bei Verwendung einer sehr schnellen Heizrate liegt die optimale Atomisierungstemperatur bei 2500 °C.

10.37 Quecksilber

Wegen der Sonderstellung, die das Quecksilber in mehrfacher Hinsicht, sowohl wegen seiner ökologischen Bedeutung als auch seiner analytischen Problematik einnimmt, soll ihm hier ein etwas breiterer Platz eingeräumt werden.

Die naturgegebene Häufigkeit des Quecksilbers ist mit $8 \times 10^{-6}\%$ äußerst gering und steht in keinem Verhältnis zu der Bedeutung, die dieses Element nicht erst in jüngster Zeit erlangt hat. Die herausragendste Eigenschaft des Quecksilbers ist sicher seine Flüchtigkeit. Alle seine Verbindungen sind bereits bei Temperaturen von weniger als 500 °C flüchtig und zersetzen sich – besonders in Gegenwart von Reduktionsmitteln – leicht unter Bildung des freien Metalls. Dieses besitzt, wie hinlänglich bekannt ist, bereits bei Zimmertemperatur einen recht hohen Dampfdruck von 0,0016 mbar (bei 20 °C), entsprechend einer Konzentration von etwa 14 mg Quecksilber pro Kubikmeter Luft. Die Hauptquellen für Quecksilber sind Verwitterung und Vulkanismus. Auf diesem „natürlichen" Wege werden jährlich global etwa 40 000 t Quecksilber freigesetzt und vom Wasser und der Atmosphäre aufgenommen. Daneben spielt in zunehmendem Maße der Mensch durch industrielle Kontamination eine wesentliche Rolle; auf diesem Wege werden jährlich zusätzlich etwa 15 000 t an die Umwelt abgegeben [2978]. Da diese Abgabe aus Industriebetrieben (Chloralkali- und Elektroindustrie, Farben, Schädlingsbekämpfungsmittel, Chemikalien usw.) häufig lokal sehr konzentriert erfolgt, kann sie besonders gefährlich werden. Der spektakulärste und zugleich katastrophalste Fall in diesem Zusammenhang war sicher der Unfall in der Minamata-Bucht in Japan, dem mindestens 46 Menschen zum Opfer fielen. Mehrere chemische Werke hatten hier ihr quecksilberhaltiges Abwasser eingeleitet; das toxische Element gelangte dann, akkumuliert in Fischen aus diesem Bereich, in die menschliche Nahrung.

Daneben spielt auch Quecksilber aus fossilen Brennstoffen noch eine gewisse Rolle. Obgleich die Quecksilbergehalte in Kohle oder Öl recht gering sind, wird auf diesem Wege dennoch eine beachtliche Menge an diesem Metall in die Atmosphäre emittiert.

Verflüchtigtes Quecksilber kehrt üblicherweise relativ rasch wieder aus der Luft auf die Erdoberfläche zurück und wird dort vom Wasser und von den oberen Bodenschichten aufgenommen. Der größte Teil des Quecksilbers wird dabei zu schwerlöslichen Verbindungen wie HgS oder HgSe reagieren und damit remineralisiert. Ein gewisser Teil gelangt aber – unter Beteiligung von Mikroorganismen – in biologische Kreisläufe und wird sich damit auf die eine oder andere Art am ökologischen Geschehen beteiligen. Besonders wichtig in diesem Zusammenhang ist noch, daß die verschiedenen chemischen Bindungsformen des Quecksilbers biologisch recht unterschiedlich wirken können. Ganz besonders interessieren seine mobilen Phasen: der Metalldampf, der eingeatmet von den Schleimhäuten rasch resorbiert und im Körper gelöst wird, sowie bestimmte metallorganische Verbindungen, die Formen also, in denen letztlich alles anthropogene Quecksilber in unserer Biosphäre angereichert wird.

Da Quecksilber meist in geringsten Spuren bestimmt werden muß und die AAS mit der Flamme auf der 253,7-nm-Resonanzlinie nur eine charakteristische Konzentration von 5 μg/mL 1% und eine Nachweisgrenze von etwa 0,2 μg/mL liefert, ist diese für die Bestimmung von Quecksilber wenig geeignet. Diese geringe Empfindlichkeit rührt daher, daß die Resonanzlinie, die dem Übergang vom Grundzustand in den ersten Anregungszustand entspricht, mit 184,9 nm im Vakuum-UV liegt und damit der Bestimmung mit normalen Geräten entzogen ist. KIRKBRIGHT [654] gelang mit einem modifizierten Atomabsorptionsspektrometer mit gespültem Monochromator und einer mit Stickstoff abgeschirmten Lachgas/Acetylen-Flamme eine Bestimmung von Quecksilber auf dieser Linie. Er erreichte eine charakteristische Konzentration von 0,05 μg/mL 1% und eine Nachweisgrenze von 0,02 μg/mL.

Wegen der großen Bedeutung des Quecksilbers und wegen der Einfachheit und Spezifität der AAS wurden verschiedene Verfahren entwickelt, die die Empfindlichkeit der Bestimmung erhöhen. Schon vor der Wiederentdeckung der AAS durch WALSH hat WOODSON [1354] ein Quecksilber-Meßgerät beschrieben, das später mehrere Autoren verwendeten [70] [71] [755] [847] [874] [948] [949] [1388]. BRANDENBERGER und BADER [153] [154] entwickelten ebenfalls eine flammenlose Methode mit der sich 0,2 ng Quecksilber nachweisen ließen. Auch die von KAHN und Mitarbeitern beschriebene Boot-Technik [616] verbessert die Nachweisgrenze, und es lassen sich noch etwa 20 ng Quecksilber mit einem kommerziellen Atomabsorptionsspektrometer bestimmen. WHEAT [1314] verwendete die von BRANDENBERGER beschriebene Methode zur Bestimmung von Quecksilber in radioaktiven Proben.

Das erfolgreichste und heute am meisten eingesetzte Verfahren zur Quecksilber-Spurenbestimmung wurde 1964 von POLUEKTOV und Mitarbeitern [996] vorgeschlagen und später von HATCH und OTT [481] eingehend untersucht. Das Quecksilber wird dabei in saurer Lösung mit Zinn(II)-chlorid oder Natriumborhydrid [2659] zum Metall reduziert und durch eine Absorptionsküvette im Strahlengang eines Atomabsorptionsspektrometers geleitet.

Die Nachweisgrenze dieses Verfahrens liegt bei 0,02 µg/L und ist damit um mehr als drei Größenordnungen besser als die mit der Flamme erreichbare.

Eine weitere Empfindlichkeitssteigerung und eine Nachweisgrenze von weniger als 0,1 ng absolut, bzw. etwa 1 ng/L sind durch Anreicherung des Quecksilbers an Silber oder Gold möglich [2448] [2640].

Eine ausführliche Beschreibung der Kaltdampftechnik zur Quecksilberbestimmung wurde schon in Abschn. 3.4 gegeben, so daß hier auf weitere Einzelheiten verzichtet werden kann. Auch über Störungen und besonders über systematische Fehlermöglichkeiten wurde schon in Abschn. 8.4 gesprochen. Neben den zahlreichen Anwendungen auf den Gebieten Medizin, Toxikologie und Umweltanalytik [57] [61] [576] [753] [786] [895] [1024] [1251] sei hier nur noch kurz auch auf die Analyse von Luft [2291] [2434] [2755] [2826], Kohle [2292] [2679], Petroleumprodukten [2478] und Erzen [2104] hingewiesen.

Wie schon früher erwähnt, sind die verschiedenen chemischen Bindungsformen des Quecksilbers recht unterschiedlich wirksam. Das schwerlösliche Quecksilbersulfid oder das Quecksilberselenid sind praktisch ungiftig und daher in der Umweltanalytik weniger bedeutsam. Ganz besonders interessieren dagegen seine mobilen Phasen, der Metalldampf und bestimmte metallorganische Verbindungen. Quecksilberdampf wird von den Schleimhäuten rasch resorbiert, gelöst, über die Blutbahn als Verbindungen verteilt und führt zu chronischen Vergiftungen. Ähnlich giftig sind auch lösliche, anorganische Quecksilberverbindungen.

Biologisch besonders aktiv ist Quecksilber jedoch in Form seiner metallorganischen Verbindungen. Dabei wird praktisch nur das Methylquecksilberchlorid und das Dimethylquecksilber auf natürlichem Wege unter Beteiligung von Mikroorganismen gebildet. Andere Alkyl- oder Aryl-Quecksilberverbindungen treten nur dort in höheren Konzentrationen auf, wo sie vom Menschen über Industrieabwässer in die Umwelt gelangen.

Aus diesen Betrachtungen geht klar hervor, daß häufig die Bestimmung des Gesamtquecksilbergehalts in einer Probe allein nur eine geringe Aussagekraft besitzt. Es ist hier daher wie wohl kaum bei einem anderen Element erforderlich, besonders bei ökologischen Untersuchungen in biologischen und geochemischen Proben, neben dem Gesamtquecksilber auch die einzelnen Spezies zu bestimmen. Wichtig ist dabei sicher, daß ionogenes und organisch gebundenes Quecksilber miteinander im Gleichgewicht stehen und daß sich dieses Gleichgewicht nach der Probenahme unter Umständen rasch ändern kann. Dies wurde zumindest für Seewasser von STOEPPLER und MATTHES [2921] sowie von MATSUNAGA und Mitarbeitern [2635] berichtet; von beiden wurde eine Abnahme des Methylquecksilbers und eine gleichzeitige Zunahme des ionogenen beobachtet.

Methyl-quecksilberchlorid ist die in Seewasser vorherrschende Spezies. Sie wird durch biologische Transformation aus ionogenem Quecksilber auf niederer trophischer Ebene gebildet und dann in Wassertieren angereichert. In dieser Form gelangt Quecksilber auch am häufigsten in die menschliche Nahrung, wobei allerdings auch noch andere Quellen in Frage kommen. Methylquecksilber wird im menschlichen Körper zumindest z. T. wieder in ionogenes Quecksilber umgewandelt.

Für die immer noch bedeutsame Bestimmung des Gesamtquecksilbergehalts ist es wichtig, daß bei dem Aufschluß der Probe die quecksilberorganischen Verbindungen quantitativ in ionogenes Quecksilber umgewandelt werden, da sie sonst nicht mit der Kaltdampf-Technik erfaßt werden. Das gebräuchlichste Verfahren hierzu ist ein oxidativer Aufschluß mit Kaliumpermanganat oder Kaliumdichromat in schwefelsaurer Lösung. Verschiedene Autoren lösen dabei zuerst die Probe in Salpetersäure-Schwefelsäure [2512], gegebenenfalls unter Zusatz von Vanadiumpentoxid als Katalysator [2220], oder in Salpetersäure unter Zusatz von Natriummolybdat [2213] bevor sie mit Kaliumpermanganat, gegebenenfalls unter Zusatz von Schwefelsäure oxidieren.

VELGHE und Mitarbeiter [3007] entwickelten dagegen ein sehr rasches, halbautomatisches Verfahren, bei dem die Fischprobe mit der doppelten Menge an festem Kaliumpermanganat und konzentrierter Schwefelsäure direkt kurz erwärmt wird. Die Probe löst sich in weniger als einer Minute und die quecksilberorganischen Verbindungen werden quantitativ zerstört.

Andere Autoren haben Aufschlüsse mit Salpetersäure-Schwefelsäure unter Zusatz von Vanadiumpentoxid als Katalysator und eine Oxidation mit Wasserstoffperoxid [2137] bzw. mit Perchlorsäure und Kaliumpermanganat im geschlossenen Gefäß [2836] vorgeschlagen. In beiden Fällen lag die Wiederfindung bei 80 bis 90%. AGEMIAN und Mitarbeiter [2007] weisen noch darauf hin, daß weder Permanganat noch Persulfat als Oxidationsmittel für die Zerstörung quecksilberorganischer Verbindungen eingesetzt werden kann, wenn die Probe relativ viel Chlorid enthält. Chlorid wird unter diesen Bedingungen zu Chlorgas oxidiert, womit das Verfahren z. B. für Seewasserproben nicht einsetzbar ist. Die Autoren schlagen daher für hoch chloridhaltige Wässer eine Photo-Oxidation durch UV-Bestrahlung vor, die für sieben untersuchte quecksilberorganische Verbindungen eine Wiederfindung zwischen 91 und 102% lieferte. Für Schlämme und trübe Wässer mit einem höheren Feststoffanteil schlagen sie zuerst einen Schwefelsäure-Dichromat-Aufschluß vor, der das Quecksilber wirkungsvoll von partikulärer Materie extrahiert, gefolgt von einer Photo-Oxidation [2009].

Für die Spezies-Bestimmung von Methyl-, Phenyl- und ionogenem Quecksilber gibt es in der Literatur zwei prinzipiell verschiedene Verfahren, wobei das eine über eine Extraktion der quecksilberorganischen Verbindungen läuft, während das andere eine sequentielle Bestimmung der einzelnen Verbindungen vorzieht.

Methylquecksilber läßt sich aus salzsaurer Lösung in Gegenwart von Natriumchlorid mit Benzol oder Toluol extrahieren und dann in eine wäßrige Cysteinacetat- oder eine ammoniakalische Glutathion-Lösung [2636] rückextrahieren. In dieser Lösung wird das Methylquecksilberchlorid schließlich mit Permanganat-Schwefelsäure [2186] oder Permanganat-Peroxidisulfat [2087] oxidiert. Das jetzt anorganische Quecksilber kann in der üblichen Weise bestimmt werden. Das extrahierte organische Quecksilber kann in Gegenwart von Natronlauge und Kupfer(II) auch direkt mit Zinn(II)-chlorid reduziert und gemessen werden [2636].

Die sequentiellen Direktverfahren zur Spezies-Bestimmung beruhen größtenteils auf der Tatsache, daß in alkalischem Medium nur *anorganisches,* ionogenes Quecksilber durch Zinn(II)-chlorid reduziert wird. Die besten Ergebnisse werden in Gegenwart von 15%iger oder stärkerer Natronlauge erzielt. Zudem wird eine bessere Reproduzierbarkeit erreicht, wenn vor der Reduktion Cystein zu der Probe gegeben wird, um alles Quecksilber zu komplexieren [2129] [2214] [2445] [2552].

Gibt man zur Probenlösung Schwefelsäure der Konzentration 18 mol/L und schüttelt kurz um, so steigt die Temperatur auf etwa 85 °C. Bei dieser Temperatur wird Quecksilber aus Phenylquecksilber ohne Verluste freigesetzt, während Methyl- und Ethylquecksilber nicht angegriffen werden. Auf diese Weise gelingt demnach eine Bestimmung von *anorganischem* und *Phenylquecksilber* [2129]. Aus der Differenz zwischen diesem Wert und dem für anorganisches Quecksilber ergibt sich dann der Gehalt an Phenylquecksilber. Bestimmt man schließlich noch das Gesamtquecksilber nach Oxidation mit Permanganat-Schwefelsäure, so läßt sich aus der Differenz auch noch Methylquecksilber ermitteln [2129].

Eine weitere Variante läßt sich in die sequentielle Spezies-Bestimmung dadurch einführen, daß sich *Alkylquecksilber* in alkalischem Medium in Gegenwart von Cadmium(II) durch Zinn(II)-chlorid selektiv zu atomarem Quecksilber reduzieren läßt [2605]. Cadmiumsalze können mit quecksilberorganischen Verbindungen reagieren und anorganische Quecksilberionen erzeugen. Dabei ersetzt Cadmium das Quecksilber in der organischen Verbindung. Zur sequentiellen Spezies-Bestimmung wurden daher folgende Wege vorgeschlagen: In alkalischem Medium wird zunächst das anorganische Quecksilber durch Zugabe von Zinn(II)-chlorid bestimmt, dann wird zur gleichen Lösung ein Gemisch Zinn(II)-chlorid-Cadmium(II)-chlorid gegeben und das Methylquecksilber gemessen [2214]. Man kann für den zweiten Schritt auch eine frische Probenlösung einsetzen, dann wird durch die Zinn(II)-chlorid-Cadmium(II)-chlorid-Reagenzmischung bei hohem pH anorganisches und Methylquecksilber freigesetzt; das Methylquecksilber kann dann aus der Differenze berechnet werden [2552].

Eine letzte Möglichkeit ist schließlich die Zugabe von Schwefelsäure der Konzentration 8 mol/L zur Probe (wodurch Phenylquecksilber freigesetzt wird) und Reduktion mit Zinn-(II)-chlorid-Cadmium(II)-chlorid. Da hier zunächst in saurer Lösung gearbeitet wird, kann auf diese Weise anorganisches und Phenylquecksilber gemessen werden. Gibt man anschließend Natronlauge im Überschuß zu, so kann in der jetzt alkalischen Lösung in Gegenwart von Cadmium auch Methylquecksilber bestimmt werden [3008].

Wichtig ist vielleicht noch die Anmerkung, daß all diese Spezies-Bestimmungen nur mit Zinn(II)-chlorid als Reduktionsmittel durchführbar sind. Wird Natriumborhydrid zur Reduktion von Quecksilber verwendet, so werden anorganisches, Methyl- und Phenylquecksilber gleichermaßen verflüchtigt. Die Empfindlichkeit für die drei Spezies ist allerdings nicht ganz gleich [2974].

Die Kaltdampftechnik ist sicher das erfolgreichste und mit Abstand am häufigsten eingesetzte Verfahren für die Quecksilberbestimmung. Daneben gab es aber auch einige Versuche, Quecksilber mit der Graphitrohrofen-Technik zu bestimmen. Außer bei der direkten Festprobenanalyse [1295] ist es wegen der hohen Flüchtigkeit des Quecksilbers unbedingt erforderlich, Isoformierungshilfen zur Matrix-Modifikation zuzusetzen. ISSAQ und ZIELINSKI [2417] fanden, daß 1% H_2O_2 Quecksilber in wäßrigen Lösungen stabilisiert und eine thermische Vorbehandlung bis 200 °C erlaubt. ALDER und HICKMAN [2021] behaupten allerdings, daß H_2O_2 allein keine Wirkung hat, sondern nur in Verbindung mit Salzsäure. HCl-Gas ist in der Gasphase im Überschuß vorhanden und stabilisiert Quecksilber als $HgCl_2$; H_2O_2 hat einen zusätzlichen Effekt möglicherweise durch Bildung einer Anlagerungsverbindung.

EDIGER [2217] schlägt eine 5%ige Ammoniumsulfidlösung zur Stabilisierung des Quecksilbers vor und erreicht damit thermische Vorbehandlungstemperaturen bis 250 °C. KIRKBRIGHT und Mitarbeiter [2470] fanden, daß 1% HNO_3/ 5% Na_2S oder 1% HNO_3/ 0,1% $KMnO_4$/0,5% $AgNO_3$ sowie 1% HNO_3/ 0,05% $K_2Cr_2O_7$ etwa gleichwertig sind bezüglich der erreichbaren Empfindlichkeit. Mit allen drei Gemischen lassen sich thermische Vorbehandlungstemperaturen bis etwa 250 °C erreichen. Trotz dieser zweifellos vorhandenen Möglichkeiten wird der Graphitrohrofen-Technik in der Quecksilberbestimmung sicher keine größere Bedeutung zukommen.

Neben diesen speziellen Bestimmungsverfahren sind zur Erhöhung der Empfindlichkeit auch zahlreiche Extraktionsverfahren für Quecksilber beschrieben worden, die meist eine Komplexierung mit Ammoniumpyrrolidindithiocarbamat und eine Extraktion in MIBK einschließen [111] [1323].

OSBORN und GUNNING [942] bestimmten das Quecksilber-Isotopenverhältnis mit Hilfe der AAS.

10.38 Rhenium

Rhenium läßt sich in einer Lachgas/Acetylen-Flamme auf der 346,0-nm-Resonanzlinie mit einer charakteristischen Konzentration von 15 µg/mL 1% und einer Nachweisgrenze von etwa 1 µg/mL bestimmen. Auf den Resonanzlinien bei 346,5 und 345,2 nm ist die charakteristische Konzentration etwa 25 bzw. 35 µg/mL 1%. Über chemische Interferenzen in der Lachgas-Flamme wurde bis jetzt nichts berichtet. SHRENK und Mitarbeiter [1097] fanden dagegen in einer turbulenten Sauerstoff/Acetylen-Flamme, daß das Rhenium-Signal durch verschiedene Kationen in Konzentrationen über 200–300 µg/mL deutlich erniedrigt wird; und zwar durch Calcium um etwa 75%, durch Mangan um 50%, Aluminium um 35%, Eisen um 15% sowie durch Molybdän, Blei und Kalium um etwa 10%. Dies ist jedoch sicher weitgehend auf den Brenner und die Flamme zurückzuführen.

10.39 Rhodium

Rhodium läßt sich in einer Lachgas/Acetylen-Flamme auf der 343,5-nm-Resonanzlinie mit einer charakteristischen Konzentration von 0,8 µg/mL 1% und einer Nachweisgrenze von etwa 0,005 µg/mL bestimmen. Eine scharfe, brenngasarme Luft/Acetylen-Flamme liefert zwar eine etwas bessere Empfindlichkeit und Nachweisgrenze, doch sind auch erhebliche chemische Interferenzen zu erwarten. Verschiedene weitere Resonanzlinien und die mit beiden Flammen erzielbaren charakteristischen Konzentrationen sind in Tabelle 35 zusammengestellt.

Tabelle 35 Rh-Resonanzlinien

Wellenlänge nm	Energieniveaus (*K*)	charakteristische Konzentration (µg/mL 1%) Luft/Acetylen	N_2O/Acetylen [63]
343,5	0–29 105	0,1	0,8
369,2	0–27 075	0,1	1,4
339,7	0–29 431	0,2	1,7
350,3	0–28 543	0,3	2,5
365,8	1530–28 860	0,5	2,5
370,1	1530–28 543	1	5,5
350,7	2598–31 102	2,5	2,5

Die Angaben, die in der Literatur über Rhodium zu finden sind, widersprechen sich z. T. erheblich. Während LOCKYER und HAMES [759] behaupten, in einer Luft/Stadtgas-Flamme keine Störungen zu finden, berichten STRASHEIM und WESSELS [1181] von einer Vielzahl chemischer Interferenzen in einer Luft/Propan-Flamme, die sie nicht wie beim Platin auf einfache Weise beseitigen konnten. DEILY [288] fand keine Schwierigkeiten bei der Bestimmung von Rhodium aus organischen Lösungsmitteln in einer scharfen Luft/Acetylen-Flamme. ZEEMAN und BRINK [1376] berichten von zahlreichen Interferenzen in einer Luft/Acetylen-Flamme, und GINZBURG und Mitarbeiter [417] kamen zu ähnlichnen Ergebnissen.

KALLMANN und HOBART [622] fanden in einer scharfen, brenngasarmen Flamme nur geringe Störungen durch Phosphorsäure, jedoch z. T. starke Erhöhungen durch Alkali-, Aluminium- oder Zinksulfat, die sie auf die Bildung eines Rhodium-Alauns zurückführten. JANSSEN und UMLAND [571] fanden, daß ein Zusatz von 1% Natrium und 1% Kupfer die Empfindlichkeit von Rhodium um 50% erhöhte und gleichzeitig die Interelementeffekte von anderen Edelmetallen beseitigte. TOFFOLI und PANNETIER [1234] bevorzugten 0,5% Lithium und etwas Kupfer zur Beseitigung der gleichen Interferenz und SEN GUPTA [1114] verwendete einen Puffer aus 0,5% Kupfer und 0,5% Cadmium.

ATWELL und HEBERT [63] führten daraufhin systematische Untersuchungen aus, bei denen sie den Einfluß von 14 Kationen in Konzentrationen bis 3000 µg/mL und von 4 Säuren bis zu einer Konzentration von 10% auf eine Lösung von 30 µg/mL Rhodium in einer Luft/Acetylen- und einer Lachgas/Acetylen-Flamme untersuchten. In der Luft/Acetylen-Flamme störten dabei nur 300 µg/mL Blei die Bestimmung von Rhodium nicht, während alle übrigen Elemente einen mehr oder minder großen Einfluß ausübten. In der Lachgas/Acetylen-Flamme dagegen war nur ein Einfluß durch Iridium und Ruthenium festzustellen, alle anderen Elemente hatten ebenso wie die untersuchten Säuren keinen Einfluß. Die Autoren fanden, daß 0,5% Zink, zu den Probenlösungen zugegeben, die Interferenz von Iridium und Ruthenium völlig beseitigen. Weiter fanden die Autoren, daß die Stöchiometrie der Flamme, die Höhe des Meßstrahls über dem Brennerkopf und ähnliche Parameter unkritisch seien und die Bezugskurve bis 100 µg/mL völlig linear ist.

GARSKA [2296] fand in der Luft/Acetylen-Flamme eine viermal höhere Empfindlichkeit im Vergleich zur Lachgas/Acetylen-Flamme. Richtige Einstellung der Acetylenströmung und der Brennerhöhe sind kritische Parameter bezüglich Empfindlichkeit und Linearität der Bezugskurve. Zugabe von Lanthan in Salzsäure als Puffer beseitigt die meisten Interferenzen. HEINEMANN [2362] fand nur wenig Beeinflussung der Rhodiumbestimmung durch Palladium und Platin. Auch HEINEMANN verwendete Lanthan als Puffer, fand jedoch Uran noch wirkungsvoller.

ADRIAENSSENS und KNOOP [16] bestimmten Rhodium mit der Graphitrohrofen-Technik und fanden nur geringe Interelement-Effekte und eine leichte Erniedrigung durch Salpetersäure. ROWSTON und OTTAWAY [2804] bestimmten die optimalen Parameter für die Atomisierung von Rhodium und fanden eine charakteristische Konzentration von 5,8 µg/L 1%.

10.40 Rubidium

Über die Bestimmung von Rubidium ist in der Literatur sehr wenig zu finden. Auf der Resonanzlinie bei 780 nm läßt sich in einer Luft/Acetylen-Flamme eine charakteristische Konzentration von 0,04 µg/mL 1% und eine Nachweisgrenze von etwa 0,002 µg/mL erreichen. Mit Flammen niedrigerer Temperatur läßt sich die Empfindlichkeit etwa um den Faktor 2 steigern. Die zweite Dublettlinie bei 794,8 nm müßte etwa die halbe Empfindlichkeit aufweisen, doch ist darüber ebenso wie über das Dublett bei 420,2/421,6 nm, das für höhere Rubidium-Konzentrationen geeignet sein sollte, nichts in der Literatur vermerkt.

In einer der wenigen zusammenhängenden Arbeiten über Rubidium diskutieren SLAVIN und Mitarbeiter [1151] auch das Problem geeigneter Strahlungsquellen. Bis heute gibt es keine brauchbare Hohlkathodenlampe für dieses Element, so daß früher fast ausschließlich Metalldampflampen verwendet werden mußten. Heute sind diese durch die ausgezeichneten elektrodenlosen Entladungslampen völlig verdrängt, die auch eine sehr gute Nachweisgrenze von 0,0025 µg/mL ermöglichen [2061].

LUECKE [2566] untersuchte die Bestimmung von Rubidium in Gesteinen und Mineralien und fand z. T. erhebliche Signalerniedrigungen durch große Überschüsse an Aluminium, Phosphat, Fluorid und Perchlorat. Ein Zusatz von Lanthan konnte diese Störungen nur teilweise ausgleichen. Erst ein Zusatz von EDTA und die Bestimmung von Rubidium in der Lachgas/Acetylen-Flamme konnte die Störungen weitgehend beseitigen.

Wie die anderen Alkalimetalle wird auch Rubidium in der Luft/Acetylen-Flamme beträchtlich ionisiert, so daß zur Unterdrückung dieses Effekts ein anderes leicht ionisierbares Element – vorzugsweise Caesium – zugesetzt werden sollte. In einer Luft/Wasserstoff-Flamme wird Rubidium praktisch nicht mehr ionisiert, so daß diese Flamme eventuell vorzuziehen ist.

In Flammenemission läßt sich eine Nachweisgrenze von etwa 0,003 µg/mL Rubidium erreichen [363].

Über die Bestimmung von Rubidium mit der Graphitrohrofen-Technik ist sehr wenig publiziert. BARNETT und Mitarbeiter [2061] bestimmten die Nachweisgrenze für Rubidium mit einer elektrodenlosen Entladungslampe und fanden einen Wert von 0,02 µg/L. Die Analyse komplexer Proben sollte durch die Zeeman-Untergrundkorrektur stark vereinfacht werden.

JOSEPH und Mitarbeiter [595] verwendeten die AAS zur Bestimmung von ^{87}Rb in verschiedenen natürlichen Proben.

10.41 Ruthenium

Ruthenium läßt sich auf der 349,9-nm-Resonanzlinie in einer Lachgas/Acetylen-Flamme mit einer charakteristischen Konzentration von 2,5 µg/mL 1% und einer Nachweisgrenze von etwa 0,1 µg/mL bestimmen. SCHWAB und HEMBREE [1100] fanden eine Verbesserung der Empfindlichkeit von Ruthenium um 100% durch einen Zusatz von Lanthannitrat der Konzentration 0,13 mol/L und Salzsäure der Konzentration 0,8 mol/L. Durch diese Zusätze wurden auch alle Störungen beseitigt. ROWSTON und OTTAWAY [1063] bestimmten Ruthenium in einer Luft/Acetylen-Flamme und verwendeten eine Mischung von 0,5% Kupfersulfat und 0,5% Cadmiumsulfat, um die zahlreichen Interferenzen zu beseitigen.

EL-DEFRAWY und Mitarbeiter [2224] fanden, daß Kaliumcyanid in Gegenwart von Salz- und Schwefelsäure praktisch alle Interferenzen beseitigt und führten dies auf die stark komplexierende Wirkung des Cyanids zurück. GLADNEY und APT [2303] fanden, daß neutrale Rutheniumlösungen nicht länger als einen Tag stabil sind. In Salzsäure der Konzentration 1 mol/L waren Lösungen dagegen bis 4 Monate stabil, wenn sie in Glas, Quarz oder Polyäthylen aufbewahrt wurden.

ROWSTON und OTTAWAY [2804] ermittelten die optimalen Bedingungen für die Bestimmung von Ruthenium mit der Graphitrohrofen-Technik und fanden eine charakteristische Konzentration von 19 µg/L 1%.

10.42 Scandium

Scandium läßt sich auf der 391,2-nm-Resonanzlinie in einer Lachgas/Acetylen-Flamme mit einer charakteristischen Konzentration von 0,3 µg/mL 1% und einer Nachweisgrenze von etwa 0,02 µg/mL bestimmen. AMOS und WILLIS [48] und MANNING [794] untersuchten die Empfindlichkeit auf zahlreichen anderen Resonanzlinien des Scandium, von denen einige in Tabelle 36 zusammengestellt sind. Scandium wird in der Lachgas/Acetylen-Flamme beträchtlich ionisiert, so daß dieser Effekt durch Zusatz von 0,1 bis 0,2% Kalium (als Chlorid) zu Proben- und Bezugslösungen beseitigt werden sollte.

Tabelle 36 Sc-Resonanzlinien

Wellenlänge nm	Energieniveaus (*K*)	charakteristische Konzentration (µg/mL 1%)
390,8	0–25 585	0,4
402,4	168–25 014	0,4
402,0	0–24 866	0,6
327,0	0–30 573	1,0
327,4	168–30 707	1,5

KRIEGE und WELCHER [705] untersuchten den Einfluß zahlreicher Kationen und Anionen auf die Absorption von Scandium in einer Lachgas/Acetylen-Flamme und fanden erhebliche Interferenzen. Zur Behebung der Störungen empfahlen die Autoren lediglich ein Angleichen der Matrix.

10.43 Schwefel

Die Direktbestimmung von Schwefel mit AAS ist mit kommerziellen Geräten bisher nicht möglich, da die Hauptresonanzlinie mit 180,7 nm im Vakuum-UV liegt. KIRKBRIGHT [654] gelang jedoch die Messung von Schwefel auf dieser Linie mit einem modifizierten Atomabsorptionsspektrometer mit gespültem Monochromator, einer mit Stickstoff abgeschirmten Lachgas/Acetylen-Flamme und einer elektrodenlosen Entladungslampe. Die charakteristische Konzentration lag bei 9 µg/mL 1% und die Nachweisgrenze bei etwa 5 µg/mL. KIRKBRIGHT fand keinen Einfluß vom Bindungszustand des Schwefels und benützte das Verfahren zur direkten Bestimmung von Schwefel in Rohöl.

In einem ähnlichen Gerät mit einer EDL, einer gespülten Optik und einem Vakuummonochromator gelang ADAMS und KIRKBRIGHT [2001] auch die Direktbestimmung von Schwefel mit einem Graphitrohrofen. Auf der Linie bei 180,7 nm fanden sie eine charakteristische Masse von 0,42 ng / 1%; die beiden anderen Linien bei 182,0 und 182,6 nm waren mit 0,68 und 1,5 ng / 1% etwas weniger empfindlich. Die Autoren fanden identische Bezugskurven für Sulfat, Thiocyanat und Thioharnstoff. Für Sulfat nehmen die Autoren eine Atomisierung über die Dissoziation von SO_2 an.

Es wurden auch einige indirekte Methoden beschrieben, die recht vielseitig einsetzbar sind. ROE und Mitarbeiter [1042] überführten organisch gebundenen Schwefel mit einem SCHÖNINGER- oder BENEDIKT-Aufschluß in Sulfat, fällten dieses als Bariumsulfat und bestimmten schließlich den Bariumgehalt des Niederschlags nach Auflösen in EDTA-Lösung. VARLEY und CHIN [1261] bestimmten wasserlösliches Sulfat in Bodenextrakten durch Zugabe einer bekannten Menge Bariumchlorid und Bestimmung des Überschusses mit AAS. CAMPBELL und TIOH [2123] bestimmten nach dem gleichen Verfahren Sulfat in Düngemitteln; alternativ kann auch das ausgefällte Bariumsulfat in ammoniakalischer EDTA gelöst und das Barium mit AAS bestimmt werden.

ROSE und BOLTZ [1057] bestimmten Schwefeldioxid nach Oxidation zu Sulfat durch Fällung als Bleisulfat, indem sie den nach Abzentrifugieren des Niederschlags in der überstehenden Lösung verbleibenden Überschuß an Blei mit Hilfe der AAS bestimmten. DUNK und Mitarbeiter [315] gaben eine genau abgemessene Menge Bariumchloridlösung zur Sulfatlösung und bestimmten das überschüssige Barium. CHRISTIAN und FELDMAN [232] verwendeten das Auftreten chemischer Interferenzen zur Bestimmung verschiedener Nichtmetalle, darunter auch von Sulfat. Sie fanden zum Beispiel eine direkte Beziehung zwischen der Absorption von Calcium und dem Gehalt an Sulfat in der untersuchten Lösung. Selbstverständlich wird diese Analyse durch andere Ionen stark gestört und ist nicht spezifisch.

FUWA und VALLEE [400] haben ein Verfahren zur Bestimmung von Schwefel mit Molekülabsorptionsspektrometrie auf einer SO_2-Absorptionsbande beschrieben. Eine Luft/Wasserstoff-Flamme wurde durch ein 273 cm langes, beheiztes Vycor-Rohr geschickt, als Strahlungsquelle diente eine Wasserstofflampe. Die Absorption wurde bei 207 nm mit einer spektralen Spaltbreite von etwa 0,7 nm gemessen. Die erreichte charakteristische Konzentration betrug etwa 10 µg/mL 1%.

10.44 Selen

Die empfindlichste Resonanzlinie des Selen liegt mit 196,1 nm im beginnenden Vakuum-UV [221] und damit am Ende des Bereichs normaler Spektrometer. Mit guten Atomabsorptions-Geräten läßt sich auf dieser Linie mit einer Luft/Acetylen-Flamme und einer elektrodenlosen Entladungslampe eine charakteristische Konzentration von 0,4 µg/mL 1% und eine Nachweisgrenze von 0,1 µg/mL erreichen. Bei gleichzeitiger Verwendung eines Untergrundkompensators lassen sich noch Konzentrationen unter 0,1 µg/mL nachweisen. Dieser Effekt erklärt sich aus der Tatsache, daß die Luft/Acetylen-Flamme auf der Wellenlänge des Selens etwa 55% der Strahlung von der Strahlungsquelle absorbiert und geringe Schwankungen in der Flammenabsorption direkt in das Meßergebnis eingehen. Durch simultane Untergrundkompensation läßt sich die Flammenabsorption und das damit verbundene Rauschen beseitigen.

ALLAN [42] verwendete die Resonanzlinie bei 204,0 nm, die jedoch nur eine charakteristische Konzentration von 2 µg/mL 1% ergibt. Ein leichteres Arbeiten gestattet eine Argon/Wasserstoff-Diffusionsflamme, die auf der 196,1-nm-Resonanzlinie nur etwa 10% der Strahlungsenergie absorbiert. Mit dieser Flamme läßt sich eine charakteristische Konzentration von 0,25 µg/mL 1% und eine Nachweisgrenze von weniger als 0,1 µg/mL erzielen. Während in der Luft/Acetylen-Flamme bis jetzt keine Interferenzen festzustellen waren [1017], muß die kühle Diffusionsflamme mit Vorsicht verwendet werden. Besonders Untergrundeffekte durch Strahlungsstreuung können in dieser Flamme deutlich auftreten. Auch lassen sich keine organischen Lösungsmittel verbrennen.

MULFORD [894] extrahierte Selen mit Ammonium-pyrrolidin-dithiocarbamat in MIBK und erzielte so Nachweisgrenzen von etwa 0,1 µg/mL. SEVERNE und BROOKS [1118] bestimmten Selen in biologischen Materialien durch Kopräzipitation mit Arsen und hypophosphoriger Säure. Der Niederschlag wird in Salpetersäure gelöst und mit der Flamme analysiert.

CHAMBERS und MCCLELLAN [2145] extrahierten Selen mit APDC in Chloroform und dann aus der organischen zurück in die wäßrige Phase, um die höchste Empfindlichkeit und Störfreiheit zu erhalten. SUBRAMANIAN und MERANGER [2941] fanden, daß mit APDC-MIBK nur Selen(IV) extrahiert wird; Selen(VI) wird über den gesamten pH-Bereich nicht extrahiert.

Für die Bestimmung von Selen mit der Graphitrohrofen-Technik hat EDIGER [2217] Nickel als Isoformierungshilfe für die Matrix-Modifikation vorgeschlagen. Selen, das sonst schon bei 300 °C merklich flüchtig ist, kann auf diese Weise bis 1200 °C thermisch vorbehandelt werden. Die Stabilisierung beruht wahrscheinlich auf der Bildung von Nickelselenid; Kupfer hat eine ähnliche Wirkung, jedoch lassen sich nicht ganz so hohe Vorbehandlungstemperaturen verwenden.

Zahlreiche Autoren haben inzwischen über den erfolgreichen Einsatz von Nickel bei der Selenbestimmung berichtet. MARTIN und KOPP [2628] bestimmten Selen in verschiedenen Umweltproben unter Zusatz von Nickel. Sie fanden z. T. erhebliche Signalunterdrückungen durch Sulfat und verschiedene Kationen, die jedoch durch Verwendung höherer Nickelzusätze weitgehend beseitigt werden konnten. STEIN und Mitarbeiter [2907] bestimmten Selen in Frisch- und Seewasser unter Zusatz von Nickel; den Frischwasserproben wurde auch noch Calcium zugesetzt. Für Sulfatgehalte bis 70 mg/L und Chloridgehalte bis 50 mg/L war die Wiederfindung für Selen nach diesem Verfahren gut. KUNSELMAN und HUFF [2515] setzten kein Nickel zu und fanden Signalunterdrückungen durch fast alle Säuren. Sie bestimmten daher Selen in Wasserproben nach dem Additionsverfahren. KOOP [699] fand dagegen bei der Bestimmung von Selen in Flußwasser Signalerhöhungen durch verschiedene Begleitsubstanzen. SHUM und Mitarbeiter [2851] bestimmten Selen in Fisch und Lebensmitteln unter Zusatz von Nickel direkt gegen ähnlich bereitete Standards. THOMPSON und ALLEN [2964] bestimmten Selen in Tabletten und Kapseln ebenfalls unter Zusatz von Nickel. Sie fanden, daß auch eine gute Pyrobeschichtung der Graphitrohre für diese Bestimmung wichtig ist. SZYDLOWSKI [2953] verwendete dagegen Kupfer als Isoformierungshilfe für die Bestimmung von Selen in kohlehydratreichen Lebensmitteln und fanden die Graphitrohrofen-Technik weniger störanfällig als die Fluorimetrie.

HENN [2366] [2367] bevorzugte einen Zusatz von Molybdän zur Erhöhung der Empfindlichkeit und zur Beseitigung von Matrixstörungen bei der Bestimmung von Selen in Industrieabwässern. SEFZIK [2838] fand, daß Kaliumiodid am besten geeignet ist, um Selen für die Analyse von Trinkwasser zu stabilisieren. Auch mit dieser Isoformierungshilfe ist eine thermische Vorbehandlung bis 1200 °C möglich; das Verfahren ist sehr empfindlich und liefert eine gute Genauigkeit.

WELCHER und Mitarbeiter [1291] fanden bei der Analyse von Hochtemperaturlegierungen, daß keine Selenverluste bei der thermischen Vorbehandlung auftraten, wenn die Proben Nickel enthielten. MARKS und Mitarbeiter [2626] bestimmten Selen in komplexen Nikkellegierungen, indem sie diese direkt ohne Vorbehandlung in das Graphitrohr einbrachten und atomisierten. Da keine Metallsalze gebildet wurden, fanden die Autoren weniger Untergrundabsorption; bei niedrigeren Atomisierungstemperaturen wurde ein deutlich besseres Signal/Untergrund-Verhältnis erzielt.

NEVE und HANOCQ [2690] bestimmten Selen in biologischen Materialien nach Extraktion mit 4-Chloro-1,2-diaminobenzol in Toluol. ISHIZAKI [2410] extrahierte Selen mit Dithizon in Tetrachlorkohlenstoff aus veraschten biologischen Proben und setzte dem Extrakt zur Stabilisierung des Selen Nickel zu. IHNAT [553] fand bei der Bestimmung von Selen in biologischen Materialien und Futtermitteln erhebliche Säureinterferenzen. Er fällte Selen daher mit Ascorbinsäure und gab zur Verbesserung der Präzision ebenfalls Nickel zu.

KIRKBRIGHT und Mitarbeiter [2470] untersuchten verschiedene Isoformierungshilfen für die Matrix-Modifikation und fanden Nickel, Kupfer und Kaliumdichromat in salpetersaurer Lösung etwa gleich wirksam. Alle stabilisieren Selen bis etwa 1200 °C. Silber und Kaliumpermanganat in salpetersaurer Lösung sind nur bis etwa 1000 °C wirksam. Wenn Quecksilber und Selen zugleich stabilisiert werden sollen, ist Kaliumdichromat in salpetersaurer Lösung am geeignetsten.

SLAVIN und Mitarbeiter [2882] fanden, daß die Bestimmung von Selen unter Zusatz von Nickel und bei Atomisierung von einer L'VOV-Plattform in einem Ofen im thermischen Gleichgewicht praktisch störfrei ist. Die günstigste Atomisierungstemperatur liegt unter diesen Bedingungen bei 2000 °C.

MANNING [2614] fand bei der Bestimmung von Selen in einer Eisenmatrix eine störende spektrale Interferenz, die zu einer starken Überkompensation führte. Eisen weist in der Nähe der 196,1-nm-Linie eine Reihe von Resonanzlinien auf, die zwar nicht von Selen, aber von dem Kontinuumstrahler des Untergrundkompensators absorbiert werden. FERNANDEZ und Mitarbeiter [2244] haben gezeigt, daß diese Interferenz durch Einsatz des Zeeman-Effekts zur Untergrundkorrektur vollständig beseitigt werden kann.

Noch empfindlicher als mit der Graphitrohrofen-Technik läßt sich Selen mit der Hydrid-Technik bestimmen. Die Bestimmungsgrenze liegt bei etwa 1,0 ng absolut bzw. bei 0,02 µg/L. MEYER und Mitarbeiter [2666] weisen allerdings darauf hin, daß die Selenbestimmung durch viele Kationen stark gestört wird und daß diese Störungen auch von der Säurekonzentration abhängen. Die Autoren weisen auch darauf hin, daß die Störungen nicht vom Verhältnis Selen zu Störelement, sondern nur von der Konzentration des Störelements in der Meßlösung abhängen. Die Autoren haben keinen Versuch unternommen, die beobachteten Störungen zu beseitigen.

Zahlreiche andere Autoren fanden dagegen, daß bei der Analyse von echten Proben keine Störungen auftreten bzw. die Störungen durch geeignete Verdünnung beseitigt werden können. CLINTON [2160] bestimmte Selen in Blut und Pflanzenmaterial und fand, daß nur Kupfer bei der Analyse von Pflanzen mit Spritzrückständen etwas stören könnte. IHNAT [2404] verglich die Graphitrohrofen- und die Hydrid-Technik für die Selenbestimmung in Lebensmitteln und fand die Leistung der letzteren insgesamt besser. VIJAN und WOOD

[3019] bestimmten Selen in Pflanzenmaterialien direkt gegen Bezugslösungen und fanden für nicht kontaminierte Proben keine Störungen. Kleine Interferenzen beseitigten sie durch Einsatz des Additionsverfahrens.

FIORINO und Mitarbeiter [2249] bestimmten Selen in Lebensmitteln und fanden, daß weder Säuren noch Kationen nach der üblichen Verdünnung in störenden Mengen in den Proben vorhanden waren. PIERCE und Mitarbeiter [2751] beseitigten eine mögliche Störung der Selenbestimmung durch Kupfer in Oberflächenwasser durch Verdünnen. WALKER und Mitarbeiter [3028] bestimmten Selen in Petroleum und Petroleumprodukten in guter Übereinstimmung mit Neutronenaktivierungsanalyse. Sie fanden keine Störungen durch die in den untersuchten Proben vorkommenden Elemente. Auch die Bestimmung von Selen in Glas [2370] verläuft störungsfrei.

Hohe Konzentrationen an Elementen hauptsächlich der VIII. und I. Nebengruppe stören die Selenbestimmung z. T. erheblich, weshalb auch die Analyse metallurgischer Proben nicht problemlos ist. FLEMING und IDE [2254] fanden, daß Eisen offensichtlich die Störungen von Nickel, Kupfer, Molybdän und anderen Elementen reduziert. Sie hielten daher die Konzentration an Eisen bei der Bestimmung von Selen in Stahl konstant auf 20 mg. BÉDARD und KERBYSON [2069] beseitigten dagegen die Störungen durch Kopräzipitation mit Lanthanhydroxid.

KIRKBRIGHT und TADDIA [2472] beseitigten zahlreiche Störungen der Selenbestimmung durch Zusatz von Tellur. Das nach der Reduktion mit Natriumborhydrid entstehende Te^{2-} kann mit zahlreichen störenden Ionen sehr stabile Telluride bilden. Die Stabilitätskonstanten der Telluride von Kupfer, Nickel, Palladium, Platin und anderen sind alle niedriger als die der entsprechenden Selenide.

Bei der Bestimmung von Selen in niedrig legierten Stählen [3054] fanden wir, daß Eisen bis zu Konzentrationen von 0,3 g/L nicht stört, wenn in einem Gemisch von 1,5% Salz- und 1% Salpetersäure gearbeitet wird. Der hohe Eisengehalt der verwendeten Lösungen beseitigte auch, wie bereits von FLEMING und IDE [2254] bemerkt, die möglichen Störungen durch andere Übergangsmetalle, so daß direkt gegen wäßrige Bezugslösungen gearbeitet werden konnte, die nur im Säuregehalt angeglichen waren.

VERLINDEN und DEELSTRA [3009] fanden, daß alle anderen hydridbildenden Elemente die Bestimmung von Selen mehr oder weniger stark stören. Da jedoch auch diese Störung nicht vom Verhältnis Selen zu Störelement abhängt, sondern nur von der Konzentration des Störelements in der Meßlöung [3055], läßt sich auch hier häufig durch Verdünnen eine störfreie Bestimmung erreichen. LANSFORD und Mitarbeiter [2535] fanden bei der Bestimmung von Selen in Wasser eine Störung durch Arsen. Allerdings führten sie die Reduktion nicht mit Borhydrid, sondern mit Zinn(II)-chlorid in Salzsäure der Konzentration 6 mol/L durch und fanden, daß die Störung abhängt von der Menge Zinn(II)-chlorid.

Da Selen(VI) bei Zugabe von Natriumborhydrid kein meßbares Signal gibt und daher vermutlich nicht zum Hydrid reduziert wird, muß dieses vor der eigentlichen Bestimmung zu Selen(IV) reduziert werden. CORBIN und BARNARD [2168] verwendeten dafür Natriumiodid, fanden aber, daß nur sehr wenig Reduktionslösung zugegeben werden darf, da sonst die Reduktion bis zum elementaren Selen geht. SINEMUS und Mitarbeiter [2869] haben daher eine Reduktion mit 37%iger Salzsäure bei 80 °C im geschlossenen Gefäß vorgezogen. Die Autoren bestimmten in Oberflächenwasser in der schwach angesäuerten Probe zunächst selektiv Selen(IV) und nach der Reduktion mit Salzsäure Gesamtselen.

CHAU und Mitarbeiter [2152] bestimmten die biologisch erzeugten, flüchtigen Selenverbindungen Dimethylselenid und Dimethyldiselenid in der Atmosphäre von Seewasser-Sedimentsystemen mit einer GC-AAS-Kombination. Die Atomisierung erfolgte in einem beheizten Quarzrohr, in das auch Wasserstoff eingeleitet wurde.

HOLEN und Mitarbeiter [2387] schieden Selen elektrolytisch auf einem Platindraht ab und verdampften das Selen in einer Argon/Wasserstoff-Diffusionsflamme durch zusätzliches Heizen des Platindrahts. Die Nachweisgrenze beträgt 0,1 µg/L bei 30 min Elektrolysezeit.

10.45 Silber

Silber läßt sich sehr gut mit AAS bestimmen. Auf der 328,1-nm-Resonanzlinie beträgt die charakteristische Konzentration in einer Luft/Acetylen-Flamme 0,02 µg/mL, und die Nachweisgrenze liegt bei etwa 0,001 µg/mL. In einer Flamme niedrigerer Temperatur läßt sich die Empfindlichkeit etwa um den Faktor 2 verbessern. Die Bestimmung von Silber ist nach bisherigen Erfahrungen frei von Interferenzen. WILSON [1339] und BELCHER und Mitarbeiter [101] untersuchten eine große Zahl Kationen und Anionen auf ihren möglichen Einfluß auf die Absorption von Silber und fanden selbst in Flammen niedriger Temperatur keine merklichen Störungen. Besonders bei der Bestimmung von Silberspuren muß auf die Abwesenheit von Chloridionen geachtet werden, da sonst leicht eine Fällung eintritt. RAWLING und Mitarbeiter [1026] fanden, daß in einer halbkonzentrierten Salzsäure mindestens 25 µg/mL Silber gelöst bleiben. Diese Säurekonzentration bedingt allerdings einen resistenten Zerstäuber und Brenner. GREAVES [439] setzte der Silberlösung Diethylentriamin zu, um ein Ausfällen zu vermeiden.

Da Silber häufig in kleinsten Spuren bestimmt werden muß, reicht die mit der Flammen-Technik erzielbare Nachweisgrenze manchmal nicht aus. WEST und Mitarbeiter [1308] extrahierten Silber als Dithizonat-Komplex in Ethylpropionat und konnten damit die Empfindlichkeit erheblich verbessern. EMMERMANN und LUECKE [329] [766] verwendeten die Boot-Technik zur Bestimmung von Silberspuren in Bodenproben. Mit dieser Technik lassen sich noch 10^{-10} g Silber nachweisen.

ROWSTON und OTTAWAY [2804] ermittelten die optimalen Bedingungen für die Bestimmung von Silber mit der Graphitrohrofen-Technik und fanden eine charakteristische Konzentration von 0,2 µg/L 1%. LANGMYHR und Mitarbeiter [2532] bestimmten Silber in Silikatgestein durch direkte Festprobenanalyse. Bei Integration über die Peakfläche erhielten sie eine relativ gute Übereinstimmung mit anderen Verfahren bei einer Präzision 10–20%.

Silber läßt sich in 0,2%iger Salpetersäure nur bis 600 °C verlustfrei thermisch vorbehandeln; die optimale Atomisierungstemperatur von der L'VOV-Plattform liegt bei 1900 °C.

10.46 Silicium

Silicium wird immer häufiger mit AAS bestimmt, da die Analyse seit Einführung der Lachgas/Acetylen-Flamme gut und mit ausreichender Empfindlichkeit durchführbar ist. Auf der 251,6-nm-Resonanzlinie beträgt die charakteristische Konzentration 2 µg/mL 1%, und die Nachweisgrenze liegt bei etwa 0,05 µg/mL. Verschiedene weitere Resonanzlinien sind in

Tabelle 37 Si-Resonanzlinien

Wellenlänge nm	Energieniveaus (*K*)	charakteristische Konzentration (µg/mL 1%)
251,6	223–39 955	2
251,9	77–39 760	3
250,7	77–39 955	6
252,9	223–39 760	6
251,4	0–39 760	6
252,4	77–39 683	7
221,7	223–45 322	8
221,1	77–45 294	14
220,8	0–45 276	25

Tabelle 37 zusammengestellt. Um die angegebenen charakteristischen Konzentrationen und eine befriedigende Linearität der Bezugskurve zu erreichen, ist eine spektrale Spaltbreite von 0,2 nm unbedingt erforderlich, da Silicium zahlreiche eng beieinander liegende Linien besitzt (vgl. Abb. 51, S. 86).

Die Bestimmung von Silicium ist in einer Lachgas/Acetylen-Flamme praktisch frei von Interferenzen. Schwierigkeiten bereitet jedoch häufig die Tatsache, daß Silicium in saurer Lösung ziemlich rasch ausfällt und dann für die Bestimmung verloren ist. De Vine und Suhr [2195] stellen fest, daß in wäßrigen Lösungen im pH-Bereich 1–8 und bei Konzentrationen bis etwa 120 µg/mL das monomere Molekül die stabilste Form des Siliciums ist. In höheren Konzentrationen tritt Polymerisation ein; diese kolloidale Form reagiert zwar in der Colorimetrie nicht, läßt sich jedoch mit AAS messen. Es besteht allerdings Gefahr, daß kolloidales SiO_2 an der Gefäßwand hängen bleibt und daher Minderbefunde auftreten. Bei höherem pH tritt dieses Problem nicht mehr auf. Medlin und Mitarbeiter [855] haben für die Analyse von Silikaten einen Lithiummetaborat-Aufschluß vorgeschlagen, der sowohl Silicium als auch andere Kationen in Lösung hält. Paralusz [950] hat verschiedene organische Silicium-Verbindungen auf ihre Eignung als Bezugslösungen in organischen Lösungsmitteln untersucht.

Musil und Nehasilova [2681] haben den Einfluß zahlreicher Substanzen auf die Absorption von Silicium untersucht und gefunden, daß Schwefelsäure eine Signalerniedrigung, Alkalielemente, Aluminium und einige weitere Elemente in größerem Überschuß aber eine Erhöhung des Siliciumsignals bewirken. Parker [2731] bestimmte Methylsiloxanverbindungen in Wasser durch Extraktion mit 1-Pentanol in MIBK. Die organische Lösung wurde direkt in die Lachgas/Acetylen-Flamme versprüht.

Chapman und Dale [2149] verbesserten die Empfindlichkeit für Silicium, indem sie durch Erhitzen mit Kupferhydroxifluorid das flüchtige Siliciumtetrafluorid bildeten und direkt in die Flamme einleiteten.

Frech und Cedergren [2263] haben die Bestimmung von Silicium mit der Graphitrohrofen-Technik sehr eingehend untersucht. Theoretische und praktische Untersuchungen zeigen, daß zwischen 1300 und 1850 °C Silicium teilweise als gasförmiges SiO verloren geht und empfehlen, daß Silicium bei 2600 °C unter isothermen Bedingungen atomisiert werden sollte. Sowohl Chlorid als auch Sulfat störten, wobei die letztere Interferenz bei einer verlängerten thermischen Vorbehandlungszeit abnahm. Selbst geringe Spuren Wasser erniedrigen das Siliciumsignal signifikant. Die Autoren bestätigen den Befund von MANNING und FERNANDEZ [802], daß das Siliciumsignal in Gegenwart von Stickstoff etwas höher ist als in Argon; sie führen das auf eine Behinderung der Oxidbildung durch das Nitrid zurück.

MÜLLER-VOGT und WENDL [2677] studierten die Reaktionen von Silicium mit unbeschichteten Graphitrohren zwischen 1000 und 2000 °C mit Hilfe von Raster-Elektronenmikroskopie. Sie fanden, daß Silikat bis zu einer Vorbehandlungstemperatur von 1650 °C zu Silicium reduziert wird. Bei höheren Temperaturen reagiert es mit dem Graphit zu Siliciumcarbid. Aus der Abhängigkeit der Extinktion von der Vorbehandlungszeit und -temperatur schließen die Autoren, daß eine Bildung von SiO oder SiC unterhalb 1650 °C unwahrscheinlich ist. Eine Beschichtung der Graphitrohre mit Niob brachte eine deutliche Signalerhöhung, die die Autoren auf eine Erhöhung der Reduktionsrate und eine Abnahme der Carbidbildung zurückführen.

LO und CHRISTIAN [2559] fanden starke Signalerniedrigungen durch Kaliumdichromat, Antimon in Salzsäure und Selen in Königswasser und schwächere Störungen für eine Reihe weiterer Metalle in verdünnter Salzsäure. Durch Beschichtung der Rohre mit Lanthan-, Zirconium- oder Molybdäncarbid konnten die Störungen erniedrigt und das Siliciumsignal erhöht werden.

In einem unbeschichteten Graphitrohr läßt sich Silicium bis etwa 1400 °C verlustfrei thermisch vorbehandeln; bei Verwendung einer sehr schnellen Heizrate liegt die optimale Atomisierungstemperatur bei 2700 °C.

10.47 Strontium

Strontium liegt auch in seinem Verhalten in einer Flamme zwischen den Elementen Calcium und Barium, d. h. es läßt sich sowohl in einer Luft/Acetylen- als auch in einer Lachgas/Acetylen-Flamme bestimmen. In der kühleren Flamme findet man erwartungsgemäß zahlreiche Interferenzen, die von verschiedenen Autoren untersucht wurden. In der heißen Flamme wird Strontium erheblich ionisiert. Die empfindlichste Resonanzlinie liegt bei 460,7 nm; in der Luft/Acetylen-Flamme liegt die charakteristische Konzentration bei 0,15 µg/mL 1% und die Nachweisgrenze bei etwa 0,002 µg/mL; in der Lachgas/Acetylen-Flamme beträgt bei Unterdrückung der Ionisation die charakteristische Konzentration 0,1 µg/mL 1%, und die Nachweisgrenze liegt bei etwa 0,002 µg/mL. FULTON und BUTLER [397] fanden die beste charakteristische Konzentration von 0,075 µg/mL 1% in einer gemischten Luft-Lachgas/Acetylen-Flamme, die jedoch für den Routineeinsatz kaum in Frage kommen wird.

LOKEN und Mitarbeiter [761] und PARKER [951] fanden, daß Strontium schon in einer Luft/Acetylen-Flamme zu etwa 10% ionisiert ist. INTONTI und STACCHINI [557] stellten bei einer eingehenden Untersuchung fest, daß dieser Effekt lediglich durch Rubidium einwandfrei beseitigt wird, und zwar genügt bereits ein Zusatz von 50–100 µg/mL. Alle übrigen Alkalimetalle zeigen einen mit wachsender Konzentration unregelmäßigen Effekt. AMOS und WILLIS [48] fanden in der Lachgas/Acetylen-Flamme etwa 80% Ionisation, die sich durch Zusatz von 0,1–0,2% Kalium (als Chlorid) beseitigen läßt.

TRENT und SLAVIN [1242] untersuchten die Störmöglichkeiten in einer Luft/Acetylen-Flamme sehr eingehend und fanden zahlreiche Interferenzen. Die meisten konnten dabei durch Zugabe von 1% Lanthan zu Proben- und Bezugslösungen beseitigt werden. Diese Befunde wurden durch BELCHER und BROOKS [99] bestätigt, die jedoch nur 0,2% Lanthan zusetzten. Als wichtigste störende Substanzen sind dabei zu nennen: Si, Al, PO_4 sowie Ca, Fe, Mg und HNO_3. Auch höhere Gehalte an HCl, $CuCl_2$, $CoCl_2$, NH_4NO_3, $CdNO_3$ übten einen deutlich erniedrigenden Einfluß aus [1242].

Über die Bestimmung von Strontium mit der Graphitrohrofen-Technik findet sich nur sehr wenig in der Literatur. BEK und Mitarbeiter [96] bestimmten Strontium in Blut und HELSBY [2364] Strontium in Zahnschmelz. Dabei traten Störungen durch Calcium und Phosphat im Zahnschmelz auf, die jedoch durch das Additionsverfahren beseitigt werden konnten. Salz- und Salpetersäure störten die Strontiumbestimmung nicht, Perchlorsäure verursachte dagegen starke Signalerniedrigungen.

SLAVIN und Mitarbeiter [2881] untersuchten den Einfluß des Rohrmaterials auf die Strontiumbestimmung und fanden eine charakteristische Masse von 2 pg/1%.

In 0,2%iger Salpetersäure läßt sich Strontium bis etwa 1200 °C verlustfrei thermisch vorbehandeln; bei Verwendung von pyrokohlenstoffbeschichteten Graphitrohren und einer sehr schnellen Heizrate liegt die optimale Atomisierungstemperatur bei 2500 °C.

10.48 Tantal

Tantal läßt sich in einer Lachgas/Acetylen-Flamme auf der 271,4-nm-Resonanzlinie mit einer charakteristischen Konzentration von 20 µg/mL 1% und einer Nachweisgrenze von etwa 1 µg/mL bestimmen. Die Absorption von Tantal wird in Gegenwart von Flußsäure und Eisen deutlich erhöht, weshalb Proben- und Bezugslösungen mindestens 0,1% Flußsäure enthalten sollten, um diese Interferenz zu beseitigen und die beste Empfindlichkeit zu erzielen. BOND [141] bevorzugte den Zusatz von Ammoniumfluorid der Konzentration 0,1 mol/L zur Erhöhung der Empfindlichkeit.

VAN LUIPEN [3004] fand, daß Schwefel- und Phosphorsäure, sowie Titan und Vanadium die Bestimmung von Tantal in der Lachgas/Acetylen-Flamme stören. Die wahrscheinlichste Erklärung für diese Störungen ist die verschiedene Flüchtigkeit der Verbindung, in der sich das Tantal befindet. Vermutlich werden Verbindungen wie $Ta_2O_5 \cdot Ti_2O_3$, $Ta_2O_5 \cdot V_2O_3$ oder $Ta_2O_2(SO_4)_3 \cdot 5\,H_2O$ in der Lachgasflamme gebildet. WALLACE und Mitarbeiter [3029] fanden eine verbesserte Linearität, Empfindlichkeit, Präzision und Nachweisgrenze für Tantal, wenn sie Aluminium im Überschuß zugaben. Aluminium könnte die Tendenz zur Bildung refraktärer Oxide reduzieren und die Atomisierung fördern. Auch eine reduzierte Lateraldiffusion könnte eine Erklärung für das Phänomen sein. In Gegenwart von Flußsäure und Aluminium fanden die Autoren eine Nachweisgrenze von 0,5 µg/L.

10.49 Technetium

HARELAND und Mitarbeiter [468] haben erstmals die Bestimmung von Technetium beschrieben. In einer brenngasreichen Luft/Acetylen-Flamme läßt sich auf dem Dublett bei 261,4/261,6 nm eine charakteristische Konzentration von 3,0 µg/mL 1% erzielen. Störungen durch Erdalkalimetalle lassen sich durch Zugabe von Aluminium (etwa 100 µg/mL pro 50 µg/mL Störionen) beseitigen.

BAUDIN und Mitarbeiter [87] bestimmten Technetium mit der Graphitrohrofen-Technik und fanden die beste charakteristische Masse mit 10 ng/1% auf der Resonanzlinie bei 429,7 nm. Die Atomisierungstemperatur betrug etwa 2200 °C. Eine wesentlich bessere Nachweisgrenze von 0,06 ng auf dem nicht aufgelösten Dublett bei 261,4/261,6 nm berichten KAYE und BALLOU [2462]. Sie verwendeten eine zerlegbare Hohlkathodenlampe als Strahlungsquelle und fanden eine Atomisierungstemperatur von 3300 °C als optimalen Kompromiß zwischen Empfindlichkeit und Rohrlebensdauer. Dieser Wert ist jedoch stark anzuzweifeln.

10.50 Tellur

Tellur läßt sich leicht und störungsfrei in einer Luft/Acetylen-Flamme bestimmen. Auf der 214,3-nm-Resonanzlinie beträgt die charakteristische Konzentration 0,3 µg/mL 1%, und die Nachweisgrenze liegt bei etwa 0,02 µg/mL. In einer Luft/Wasserstoff-Flamme läßt sich eine etwas bessere Empfindlichkeit und eine Nachweisgrenze von etwa 0,015 µg/mL erreichen.

WU und Mitarbeiter [1358] untersuchten den Einfluß von 25 verschiedenen Ionen auf die Absorption von Tellur und fanden keine nennenswerten Interferenzen. Sie studierten auch sehr eingehend die Extraktion von Tellur mit verschiedenen Komplexbildnern und organischen Lösungsmitteln und kamen mit Ammonium-pyrrolidin-dithiocarbamat/2,4-Pentandion zu sehr guten Ergebnissen.

Höhere Tellur-Gehalte lassen sich auf der 225,9-nm-Resonanzlinie bestimmen, die eine charakteristische Konzentration von etwa 5 µg/mL 1% aufweist. NAKAHARA und MUSHA [2686] bestimmten Tellur in einer Argon (bzw. Stickstoff)/Wasserstoff-Diffusionsflamme mit einer charakteristischen Konzentration von 0,13 µg/mL. Sie fanden keine Störungen durch Salz-, Fluß-, Salpeter-, Schwefel- oder Phosphorsäure der Konzentration 0,1–0,2 mol/L; nur Perchlorsäure verursachte eine Signalerniedrigung. Zugabe von 2000 µg/mL Magnesium als Chlorid eliminierte sehr wirkungsvoll die Interferenzen verschiedener Elemente.

KUNSELMAN und HUFF [2515] fanden, daß das Signal für Tellur in der Graphitrohrofen-Technik durch Salz-, Salpeter- und Schwefelsäure erhöht wird und setzten daher das Additionsverfahren ein. BEATY [91] bestimmte Tellur in Gesteinsproben nach Lösen in Flußsäure und Extraktion in MIBK. SIGHINOLFI und Mitarbeiter [2864] untersuchten geochemische Proben nach dem gleichen Verfahren, setzten jedoch zusätzlich eine Rückextraktion des Tellur in wäßriges Medium ein.

EDIGER [2217] zeigte, daß Nickel gut als Isoformierungshilfe geeignet ist und sonst flüchtige Tellurverbindungen bis 1200 °C thermisch stabilisiert. WEIBUST und Mitarbeiter [3041] suchten ebenfalls nach einer geeigneten Isoformierungshilfe zur Stabilisierung von Tellur und fanden, daß Cadmium, Kupfer, Palladium, Platin und Zink gleichermaßen geeignet sind und anorganisch gebundenes Tellur bis 1050 °C thermisch stabil machen. Organisch gebundenes Tellur wird dagegen nur von Palladium, Platin und Silber stabilisiert. Sowohl für anorganisches wie auch für organisches Tellur gleichermaßen geeignet sind demnach nur Palladium und Platin. Die günstigste Atomisierungstemperatur von der L'VOV-Plattform liegt bei 1800 °C.

Tellur läßt sich auch mit der Hydrid-Technik mit hoher Empfindlichkeit bestimmen. Mit diesem Verfahren beträgt die Bestimmungsgrenze etwa 0,5 ng absolut, bzw. 0,02 µg/L.

FIORINO und Mitarbeiter [2249] bestimmten Tellur in Lebensmitteln und fanden, daß nach der üblichen Verdünnung weder die Säuren noch irgendwelche Kationen in störenden Konzentrationen in den Proben enthalten waren. Sie fanden eine ausgezeichnete Übereinstimmung der Ergebnisse mit instrumenteller Neutronenaktivierungsanalyse und anderen Verfahren. GREENLAND und CAMPBELL [2315] bestimmten Nanogramm-Mengen Tellur in Silikatgestein und fanden, daß die üblicherweise in solchen Proben vorkommenden Konzentrationen an Eisen und Kupfer nicht stören. BÉDARD und KERBYSON [2069] bestimmten Tellur in Kupfer und beseitigten die Störungen durch Kopräzipitation mit Lanthanhydroxid.

FLEMING und IDE [2254] bestimmten Tellur in Stahl in Salzsäure der Konzentration 3 mol/L und fanden, daß Eisen offensichtlich die Störungen durch Kupfer, Nickel, Molybdän usw. reduziert. Sie hielten daher die Eisenmenge konstant auf 20 mg und setzten für die Analyse hoch legierter Stähle entsprechend Eisen zu. Wir haben die Bestimmung von Tellur in Stahl eingehend untersucht [3054] und gefunden, daß in einer Mischung mit 7,5% Salz- und 7,5% Salpetersäure bis zu 1 g/L Fe nicht stören. Auch die anderen in niedrig legierten Stählen vorhandenen Metalle störten nicht, so daß die Bestimmung direkt gegen wäßrige Bezugslösungen durchgeführt werden konnte, die lediglich im Säuregehalt angeglichen waren.

Wie beim Selen gibt auch die sechswertige Oxidationsstufe des Tellur in der Hydrid-Technik kein meßbares Signal. Zur Reduktion genügt kurzes Erhitzen mit konzentrierter Salzsäure [2869]. SINEMUS und Mitarbeiter [2869] bestimmten selektiv Tellur(IV) in Oberflächenwasser, indem sie die Proben mit Salz- und Salpetersäure ansäuerten. Nach Reduktion mit Salzsäure unter Erhitzen bestimmten sie dann Gesamttellur.

10.51 Thallium

Thallium läßt sich leicht und störungsfrei mit einer Luft/Acetylen-Flamme bestimmen. Auf der 276,8-nm-Resonanzlinie ist die charakteristische Konzentration 0,2 µg/mL 1% und die Nachweisgrenze etwa 0,01 µg/mL. Höhere Thallium-Gehalte lassen sich auf der 377,6-nm-Resonanzlinie bestimmen, die eine charakteristische Konzentration von etwa 3 µg/mL 1% ergibt.

Die Bestimmung von Thallium mit der Graphitrohrofen-Technik leidet sehr stark unter Signalunterdrückungen durch Halogenide. Die Flüchtigkeit dieses Elements ist zu groß, als daß nennenswerte Mengen an Halogeniden während der thermischen Vorbehandlung im Rohr abgetrennt werden könnten. Sie werden daher während des Atomisierungsschritts verdampft und verursachen dann die bekannten Gasphasen-Interferenzen. MANNING und Mitarbeiter [2621] haben den Einfluß von Magnesiumchlorid bei konventioneller Atomisierung von der Rohrwand und Atomisierung von einem Wolframdraht in einem auf konstante Temperatur aufgeheizten Ofen untersucht. Im zweiten Fall, bei einer Atomisierung unter thermischen Gleichgewichtsbedingungen, war praktisch keine Signalerniedrigung mehr feststellbar. Eine ähnliche Verbesserung der Thalliumbestimmung in Gegenwart von Halogeniden wurde von SLAVIN und Mitarbeitern [2880] bei Atomisierung von der L'VOV-Plattform beobachtet.

Im Gegensatz dazu fand FULLER [2279] bei Atomisierung von der Rohrwand starke Einflüsse von Salz- und Perchlorsäure, die er auf die Bildung flüchtiger Chloride zurückführte. Natriumchlorid unterdrückte das Thalliumsignal vollständig, während Schwefel- und Salpetersäure praktisch keinen Einfluß hatten. Sie bilden nach Ansicht des Autors ein stabiles Oxid. FULLER fand, daß Zugabe von 1% Schwefelsäure zur Probenlösung eine störfreie Bestimmung von Thallium in Gegenwart von Chloriden ermöglicht.

L'VOV und Mitarbeiter [2576] [2591] zeigten, daß Lithium (als Nitrat) die Interferenz durch Natriumchlorid erheblich reduziert. Dies beruht auf der Bildung von relativ stabilem Lithiumchlorid in der Gasphase, wodurch Thallium weitgehend ungestört bleibt.

KUJIRAI und Mitarbeiter [2510] bestimmten Thallium in Cobalt- und Nickellegierungen und fanden, daß Weinsäure und Schwefelsäure die Verwendung höherer thermischer Vorbehandlungstemperaturen erlaubten und die Störungen reduzierten.

KOIRTYOHANN und Mitarbeiter [2481] fanden eine fast völlige Signalunterdrückung für Thallium in Gegenwart von Perchlorsäure der Konzentration 0,5 mol/L. Dieser Effekt bleibt selbst wenn das Rohr weit über den Siedepunkt der Perchlorsäure erhitzt wird. Die Säure oder ein Zersetzungsprodukt reagiert offensichtlich mit Graphit zu einem thermisch stabilen Produkt, das später verflüchtigt wird und die Atomisierung stört. SLAVIN und Mitarbeiter [2878] fanden, daß diese Interferenz in hohem Maße von der Qualität der Pyrobeschichtung der Graphitrohre abhängt. In einem einwandfrei beschichteten Rohr war nur ein geringer Einfluß der Perchlorsäure auf das Thalliumsignal feststellbar.

Auch SLAVIN und Mitarbeiter [2878] fanden, daß sich Schwefelsäure als Isoformierungshilfe für die Bestimmung von Thallium gut eignet und eine verlustfreie thermische Vorbehandlung bis 700 °C ermöglicht. Mit diesem Zusatz und bei Atomisierung von einer L'VOV-Plattform in einem Ofen im thermischen Gleichgewicht fanden die Autoren keinen Einfluß von Perchlorsäure (Konzentration bis zu 1 mol/L) auf das Thalliumsignal. Auch der Einfluß von Natriumchlorid und anderen Halogeniden war nicht mehr feststellbar [2882].

Die optimale Atomisierungstemperatur von der L'VOV-Plattform liegt bei 1400 °C.

LANGMYHR und Mitarbeiter [2532] bestimmten Thallium in Silikatgestein durch direkte Festprobeneingabe mit einer Genauigkeit von 10–20%. Nach einem ähnlichen Verfahren haben auch wir Thallium in verschiedenen Gesteinsproben in guter Übereinstimmung mit Neutronenaktivierungsanalyse bestimmt [1295].

10.52 Titan

Titan läßt sich in einer Lachgas/Acetylen-Flamme auf der 364,3-nm-Resonanzlinie mit einer charakteristischen Konzentration von 2 µg/mL 1% und einer Nachweisgrenze von etwa 0,05 µg/mL bestimmen. Eine Vielzahl weiterer Resonanzlinien wurde von CARTWRIGHT und Mitarbeitern [214] untersucht (vgl. Tabelle 9, S. 117), von denen einige in Tabelle 38 zusammengestellt sind.

AMOS und WILLIS [48] fanden, daß das Titansignal in Anwesenheit von Eisen oder Flußsäure beträchtlich erhöht wird. Eine Konzentrationserhöhung der Flußsäure von 0,2% auf 4% brachte ein um 50% höheres Signal, und 0,2% Eisen erhöhten die Extinktion auf das Doppelte. Es empfiehlt sich daher, die Gehalte an diesen Substanzen möglichst konstant zu halten; bei hohen Gehalten an Eisen und Flußsäure scheint der Effekt weitgehend unter Kontrolle zu sein. BOND [141] fand, daß eine Ammoniumfluorid-Lösung der Konzentration 0,1 mol/L einen besonders stark erhöhenden Effekt hat, und bevorzugt daher dieses Reagens.

RAO [1022] bestimmte Titan in Erzen nach einem Lithiummetaborat-Aufschluß störungsfrei, indem er eine Konzentration von 2% Lithiummetaborat und 0,8% Ammoniumfluorid

Tabelle 38 Ti-Resonanzlinien

Wellenlänge nm	Energieniveaus (*K*)	charakteristische Konzentration (µg/mL 1%)
364,3	170–27 615	2
335,5	170–29 971	3
399,9	387–25 388	5
399,0	170–25 227	5
395,6	170–25 439	5
394,8	0–25 318	10

sowie 0,05–0,2% SiO_2 (entsprechend 12,5–50% SiO_2 in der Originalprobe) einhielt. Unter diesen Bedingungen wurde auch die maximale Empfindlichkeit für Titan erreicht.

Komárek und Mitarbeiter [2490] untersuchten ausführlich den Einfluß der Wertigkeit des Titans, sowie von Mineralsäuren und von verschiedenen organischen Komplexliganden auf die Titanabsorption in der Lachgas/Acetylen-Flamme. Die thermischen Prozesse in den trockenen Aerosolpartikeln scheinen für die Atomisierung wichtiger zu sein als die Komplexbildungsgleichgewichte in der Lösung. In Gegenwart von Chromotropsäure ist die Titanbestimmung empfindlicher und praktisch störfrei.

Die Bestimmung von Titan mit der Graphitrohrofen-Technik hängt in hohem Maße ab von der Qualität der Pyrobeschichtung der Graphitrohre [2615] [2881] und von der verwendeten Heizrate bei der Atomisierung. Die Bestimmung von Titan ist bemerkenswert frei von Störungen. In 0,2%iger Salpetersäure läßt sich Titan bis 1400 °C verlustfrei thermisch vorbehandeln; die optimale Atomisierungstemperatur liegt selbst bei Verwendung sehr schneller Heizraten und bester pyrobeschichteter Graphitrohre noch oberhalb 2700 °C.

10.53 Uran

Uran läßt sich auf der 351,5-nm-Resonanzlinie in einer Lachgas/Acetylen-Flamme mit einer charakteristischen Konzentration von 50 µg/mL 1% und einer Nachweisgrenze von etwa 30 µg/mL bestimmen. Die Resonanzlinien bei 358,5 nm und 356,7 nm weisen zwar eine bessere Empfindlichkeit, aber ein ungünstigeres Signal/Rausch-Verhältnis auf. Manning [794] hat noch weitere Linien für Uran untersucht und die charakteristischen Konzentrationen bestimmt.

Da Uran in einer Lachgas/Acetylen-Flamme deutlich ionisiert wird, sollte Proben- und Bezugslösungen etwa 0,1% Kalium (als Chlorid) zur Unterdrückung dieses Effekts zugegeben werden.

Keil [2463] fand, daß eine ganze Reihe von Metallen das Uransignal mehr oder weniger stark erhöhen, wobei Gallium den deutlichsten Effekt zeigte. Bei Zusatz von 10 g/L Ga fand der Autor auf der 358,5-nm-Linie eine charakteristische Konzentration von 16 µg/mL 1% und eine Nachweisgrenze von 30 µg/mL. Auf der 351,5-nm-Linie ist die charakteristische Konzentration 26 µg/mL 1% und die Nachweisgrenze 10 µg/mL.

ALDER und DAS [2018–2020] beschreiben ein indirektes Verfahren zur Bestimmung von Uran. Es beruht auf der Oxidation von Uran(IV) durch Kupfer(II), das zu Kupfer(I) reduziert und als Neocuproin-Komplex extrahiert und bestimmt wird.

Die Bestimmung von Uran mit der Graphitrohrofen-Technik ist nur mit Graphitrohren mit einer einwandfreien Pyrokohlenstoffbeschichtung, sowie mit einer sehr schnellen Heizrate zur Atomisierung möglich. Aber selbst unter diesen Bedingungen liegt die optimale Atomisierungstemperatur über 2700 °C.

GOLEB [424] [425] hat das Isotopenverhältnis $^{235}U/^{238}U$ mit Hilfe gekühlter Hohlkathodenlampen und Ofenatomisierung bestimmt.

10.54 Vanadium

Vanadium läßt sich in einer Lachgas/Acetylen-Flamme auf dem Triplett 318,3/318,4/318,5 nm mit einer charakteristischen Konzentration von etwa 2 µg/mL 1% und einer Nachweisgrenze von 0,04 µg/mL bestimmen. CARTWRIGHT [214] hat zahlreiche andere Resonanzlinien untersucht, von denen einige in Tabelle 39 zusammengestellt sind.

CAPACHO-DELGADO und MANNING [207] fanden eine Erhöhung des Vanadiumsignals in Gegenwart von Phosphorsäure. GOECKE [422] stellte fest, daß Eisen in Konzentrationen über 1000 µg/mL störte, und entfernte es aus stark salzsaurer Lösung durch Extraktion in Isopropyläther. Anschließend mußte der hohe Gehalt an Salzsäure durch Eindampfen entfernt werden. GOECKE fand weiterhin, daß 200 µg/mL Aluminium das Vanadiumsignal um ein Drittel erhöhten, er fügte daher allen Proben und Bezugslösungen dieses Kation zu und konnte damit und durch Optimieren der Lachgas-Flamme eine charakteristische Konzentration von 0,2 µg/mL 1% erzielen.

WEST und Mitarbeiter [1306] erklären diese Erhöhung der Extinktion durch eine Verminderung der Lateraldiffusion in der Flamme. Die Beimengung verzögert die Atomisierung des Vanadium und verkürzt damit die Zeit, die für eine seitliche Diffusion der Atome in der

Tabelle 39 V-Resonanzlinien

Wellenlänge nm	Energieniveaus (*K*)	charakteristische Konzentration (µg/mL 1%)
318,3	137–31 541	2
318,4	323–31 722	
318,5	553–31 937	
370,4	2425–29 418	5
437,9	2425–25 254	5
438,5	2311–25 112	6
370,5	2311–29 296	10
257,4	553–39 391	20
251,7	323–40 039	35
253,0	553–40 064	35
250,8	137–40 001	40

Flamme zur Verfügung steht. Die zu bestimmenden Atome werden daher in der Mitte der Flamme und damit im Strahlengang konzentriert.

Die Bestimmung von Vanadium mit der Graphitrohrofen-Technik wurde durch die Einführung mit Pyrokohlenstoff beschichteter Graphitrohre wesentlich erleichtert [2615]. Die Qualität der Pyrobeschichtung hat dabei einen direkten Einfluß auf die Qualität der Signale [2881]; nach eigenen Erfahrungen tritt mit einwandfreien Rohren keine Drift in der Empfindlichkeit über die Lebensdauer eines Graphitrohrs von 200–300 Bestimmungen auf.

THOMPSON und Mitarbeiter [2966] fanden eine Nachweisgrenze von 1 µg/L und keinerlei Memory-Effekt, nachdem sie Calcium für die Bestimmung von Vanadium in einem pyrolytisch beschichteten Graphitrohr zugegeben hatten. STUDNICKI [2928] berichtet, daß fast alle Mineralsäuren das Vanadiumsignal ziemlich stark unterdrücken und SCHWEIZER [1101] berichtet von einer Interferenz durch Calcium in einem unbeschichteten Graphitrohr, die er durch Einsatz des Additionsverfahrens umgeht.

KRISHNAN und Mitarbeiter [2509] bestimmten Vanadium in biologischem Gewebe. WEISS und Mitarbeiter [3043] bestimmten Vanadium in Seewasser nach Reduktion zu Vanadium(IV) mit Ascorbinsäure und Anreicherung an einem Ionenaustauscher. Sie fanden, daß sowohl die Graphitrohrofen-Technik als auch die Neutronenaktivierungsanalyse gleichermaßen zuverlässige Werte liefern.

Vanadium in 0,2%iger Salpetersäure läßt sich bis bis etwa 1500 °C verlustfrei thermisch vorbehandeln; die optimale Atomisierungstemperatur liegt bei Verwendung einer sehr schnellen Heizrate bei 2700 °C.

10.55 Wolfram

Wolfram läßt sich in einer Lachgas/Acetylen-Flamme auf der 400,9-nm-Resonanzlinie mit einer charakteristischen Konzentration von 11 µg/mL 1% und einer Nachweisgrenze von etwa 1 µg/mL bestimmen. Obgleich AMOS und WILLIS [48] und MANNING [794] verschiedene Resonanzlinien mit besserer Empfindlichkeit aufzählen, ist die 400,9-nm-Linie wegen ihres wesentlich günstigeren Signal/Rausch-Verhältnisses vorzuziehen.

MUSIL und DOLEŽAL [2680] bestimmten kleine Mengen Wolfram in Stahl und Zirconiumlegierungen durch Reduktion mit Zinn(II) und Abtrennung des Thiocyanatkomplexes mit MIBK. Die organische Phase wird direkt in eine Lachgas/Acetylen-Flamme versprüht. CHONG und BOLTZ [2156] beschreiben eine indirekte Bestimmung von Wolfram über die Fällung als Blei(II)-wolframat und die Bestimmung von Blei in der überstehenden Lösung.

10.56 Yttrium

Yttrium läßt sich in einer Lachgas/Acetylen-Flamme auf der 410,2-nm-Resonanzlinie mit einer charakteristischen Konzentration von 2 µg/mL 1% und einer Nachweisgrenze von etwa 0,1 µg/mL bestimmen. Eine nur wenig geringere Empfindlichkeit weisen die Resonanzlinien bei 407,7 nm, 412,8 nm und 414,3 nm auf. Um eine Ionisation zu unterdrücken, sollte Proben- und Bezugslösungen etwa 0,1–0,2% Kalium als Chlorid zugegeben werden.

WISE und SOLSKY [3073] bestimmten Yttrium in Zirconiumoxid nach einem Schmelzaufschluß mit $LiBO_2/H_3BO_3$. Sie setzten einen Puffer mit Kalium und EDTA zu, um die maximale Empfindlichkeit in einer stöchiometrischen Lachgas/Acetylen-Flamme zu erhalten. Sulfat, Phosphat, Calcium und Magnesium störten nicht; Silicium kann vor dem Schmelzaufschluß mit HF abgeraucht werden.

SEN GUPTA [2841] bestimmte Yttrium in Gesteinsproben mit der Graphitrohrofen-Technik in pyrolytisch beschichteten Graphitrohren. Zur Vermeidung von Matrixinterferenzen wurden Yttrium und die Lanthaniden durch Kopräzipitation mit Calcium und Eisen von den Hauptbestandteilen abgetrennt.

WAHAB und CHAKRABARTI [3026] [3027] haben die Atomisierung von Yttrium eingehend untersucht und gefunden, daß eine Nachbehandlung pyrolytisch beschichteter Graphitrohre mit einem carbidbildenden Metall (Lanthan, Tantal, Zirconium) eine Empfindlichkeitssteigerung um etwa den Faktor 2 bringt. Dies ist vermutlich auf die Verwendung qualitativ schlechter Pyroschichten zurückzuführen. Atomisierung von Metalloberflächen (Tantal- oder Wolframfolie in das Rohr eingelegt) brachte eine weitere Verbesserung der Empfindlichkeit, niedrigere Atomisierungstemperaturen und einen vernachlässigbaren Memory-Effekt. Unter optimierten Bedingungen erzielten die Autoren eine charakteristische Masse von 0,3 ng/1%. Sie schlagen als Atomisierungsmechanismus eine thermische Dissoziation des gasförmigen Monoxids vor.

10.57 Zink

Zink gehört zu den am häufigsten mit AAS bestimmten Elementen. In einer Luft/Acetylen-Flamme läßt sich auf der 213,8-nm-Resonanzlinie eine charakteristische Konzentration von 0,01 µg/mL 1% und eine Nachweisgrenze von etwa 0,001 µg/mL erreichen. In einer Luft/Wasserstoff-Flamme erhält man ein günstigeres Signal/Rausch-Verhältnis und eine Nachweisgrenze besser als 0,001 µg/mL.

Schon in den ersten Jahren der Atomabsorptionsspektrometrie beschäftigten sich DAVID [267] und ALLAN [41] ausführlich mit der Bestimmung von Zink und fanden, daß die AAS bei der Bestimmung dieses Elements allen anderen Verfahren überlegen ist.

Die Bestimmung von Zink scheint in einer Luft/Acetylen-Flamme frei von Interferenzen zu sein, wie SPRAGUE und SLAVIN [1171] bei der Analyse biologischer Materialien feststellten. PLATTE und MARCY [989] bestätigten diese Befunde, indem sie keinen Einfluß von 1000 µg/mL Sulfat, Phosphat, Nitrit, Nitrat, Bicarbonat, Silikat, EDTA und neun verschiedenen Kationen auf die Absorption von 1 µg/mL Zink fanden. Die von GIDLEY und JONES [414] [415] genannten Störungen ließen sich auf die Verwendung einer ungeeigneten Strahlungsquelle und eines ungeeigneten Brenners zurückführen.

Hohe Zink-Gehalte lassen sich sehr vorteilhaft auf der 307,6-nm-Resonanzlinie bestimmen; die charakteristische Konzentration auf dieser Linie beträgt etwa 100 µg/mL 1%. Dadurch können unnötige Verdünnungen vermieden und hohe Gehalte mit guter Präzision bestimmt werden [1299].

Die Bestimmung von Zink mit der Graphitrohrofen-Technik sollte sehr einfach und weitgehend frei von Störungen sein. Da die Dissoziationskonstante von Zinkchlorid kleiner ist als die der meisten anderen Elemente, sollten auch Halogenide keine größeren Interferenzen verursachen. Das größte Problem bei der Zinkbestimmung ist die sehr hohe Empfindlichkeit (charakteristische Masse 0,3 pg/1%) kombiniert mit der Allgegenwart dieses Metalls, so daß man üblicherweise mit hohen Blindwerten und mit starker Kontamination zu kämpfen hat [2987]. SOMMERFELD und Mitarbeiter [2897] berichten auch über eine Kontamination von Pipettenspitzen durch Zink, wobei selbst ein mehrfaches Ausspülen mit Salzsäure das Problem nicht beseitigen konnte. Es sei in diesem Zusammenhang nochmal auf Kap. 6.4 (Problematik der Spurenanalyse) verwiesen.

CRUZ und VAN LOON [245] fanden eine Erhöhung des Zinksignals durch Kalium- und Aluminiumnitrat und eine starke Unterdrückung durch Magnesium- und Eisennitrat sowie durch Calciumchlorid. CLARK und Mitarbeiter [235] fanden ebenfalls eine Signalunterdrükkung durch Phosphorsäure, Salzsäure, Natrium- und Kaliumchlorid sowie durch Silikat. CAMPBELL und OTTAWAY [2128] fanden, daß Natriumchlorid und besonders Magnesiumchlorid das Zinksignal erheblich unterdrücken. FERNANDEZ und MANNING [361] konnten dagegen keine Störung durch Natriumchlorid feststellen.

VIEIRA und HANSEN [3013] gelang es, die Kontaminationsprobleme bei der Bestimmung von Zink in Serum und Urin unter Kontrolle zu bekommen. Sie führten die Bestimmung im Mikromaßstab mit 10 μL-Proben aus. LANGMYHR und Mitarbeiter [2526] bestimmten Zink in Zähnen durch direkte Festprobeneingabe auf der weniger empfindlichen Linie bei 307,6 nm. JULSHAMN [2441] fand eine nur geringfügige Signalerniedrigung durch Perchlorsäure der Konzentration 1 mol/L.

KINGSTON und Mitarbeiter [2468] bestimmten Zink in Seewasser, nachdem sie die Hauptkomponenten über eine Austauschersäule abgetrennt hatten. JAN und YOUNG [2432] bevorzugten für die gleiche Bestimmung eine Extraktion mit APDC in MIBK, gefolgt von einer Rückextraktion in Salpetersäure der Konzentration 4 mol/L. SMITH und WINDOM [2894] extrahierten mit Dithizon in Chloroform und führten ebenfalls eine Rückextraktion in Salpetersäure durch.

CAMPBELL und OTTAWAY [2128] atomisierten verdünnte Seewasserproben direkt bei 1490 °C und trennten so das Atomisierungssignal vom Untergrund. GUEVREMONT [2325] verwendete ebenfalls ein direktes Verfahren zur Bestimmung von Zink in Seewasser unter Zusatz von Citronensäure als Isoformierungshilfe. Er konnte noch 0,1 μg Zn/L Seewasser nachweisen.

MAIER und Mitarbeiter [2608] bestimmten Zink in Oberflächenwasser und Trinkwasser direkt ohne Störungen. VÖLLKOPF und Mitarbeiter [3023] bestimmten Zink in z. T. stark kontaminierten Industrieabwässern und fanden, daß Phosphorsäure eine ausgezeichnete Isoformierungshilfe darstellt und eine thermische Vorbehandlung im Rohr bis etwa 900 °C ermöglicht. Auch primäres Ammoniumphosphat läßt sich zur Matrix-Modifikation einsetzen. Bei Atomisierung von der L'VOV-Plattform in einem Ofen im thermischen Gleichgewicht trat selbst bei stark belasteten Abwässern keine matrixbedingte Signalunterdrückung auf. Zur Kompensation der z. T. sehr hohen Untergrundabsorption mußte der Zeeman-Effekt eingesetzt werden.

LUNDBERG und FRECH [2572] bestimmten Zink in Stahl durch direkte Festprobeneingabe in das Graphitrohr. CARRONDO und Mitarbeiter [2133] bestimmten Zink in Klärschlamm, indem sie eine Suspension in salpetersaurer Lösung direkt in das Graphitrohr einspritzten. Die Ergebnisse waren in guter Übereinstimmung mit den über einen Aufschluß und die anschließende Bestimmung mit der Flammen-Technik erhaltenen Werten.

Die optimale Atomisierungstemperatur für Zink von der L'VOV-Plattform liegt bei 1600 °C.

10.58 Zinn

Zinn läßt sich sowohl in einer Luft/Wasserstoff- als auch in einer brenngasreichen Luft/Acetylen- und einer Lachgas/Acetylen-Flamme mit etwa vergleichbarer Empfindlichkeit bestimmen. Die entsprechenden Werte sind in Tabelle 40 für die drei wichtigsten Resonanzlinien des Zinn zusammengestellt (s. auch Tab. 8, S. 116). Die beste charakteristische Konzentration mit 1,1 µg/mL 1% läßt sich in einer Luft/Wasserstoff-Flamme auf der 224,6-nm-Resonanzlinie erzielen; die Nachweisgrenze ist etwa 0,02 µg/mL.

ALLAN [42] und GATEHOUSE und WILLIS [407] verwendeten eine stark reduzierende Luft/Acetylen-Flamme, die ein nicht sehr günstiges Signal/Rausch-Verhältnis lieferte. Nach Einführung der Luft/Wasserstoff-Flamme durch CAPACHO-DELGADO und MANNING [206] [208] und der Hohlkathodenlampen mit geschmolzenem Zinn durch VOLLMER [1276] kann dieses Element recht gut mit AAS bestimmt werden; die besten Ergebnisse liefert eine elektrodenlose Entladungslampe. Allerdings scheint die Bestimmung durch verschiedene Interferenzen gestört zu werden, so daß sich bei komplexer Matrix die Verwendung einer Lachgas/Acetylen-Flamme empfiehlt. CAPACHO-DELGADO und MANNING [208] fanden in der Luft/Wasserstoff-Flamme eine starke Erniedrigung des Signals durch Phosphor- und Schwefelsäure und einen leichten Einfluß durch Salpetersäure. In der Luft/Acetylen-Flamme hatte die Salpetersäure ebenfalls einen leicht negativen Einfluß, während die beiden anderen Säuren das Zinnsignal erhöhten. Kationen-Interferenzen scheinen vernachlässigbar zu sein. AGAZZI [20] fand mit einem Turbulenzbrenner und einer Sauerstoff/Wasserstoff-Flamme Störungen durch Phosphat und Pyrophosphat sowie eine Erhöhung des Signals durch hohe Natriumgehalte. AMOS und WILLIS [48] fanden dagegen eine Erniedrigung des Zinnsignals durch 5000 µg/mL Natrium um 15% in einer Luft/Wasserstoff-Flamme. LEVINE und Mitarbeiter [742] fanden in einer brenngasreichen Luft/Acetylen-Flamme eine Erhöhung von etwa 10% schon durch geringe Kaliumgehalte. BOWMAN [148] stellte in einer Lachgas/Acetylen-Flamme eine leichte Erhöhung des Zinnsignals durch Ammoniumiodid fest.

Die kleinste charakteristische Konzentration mit 0,6 µg/mL 1% läßt sich in einer Argon/Wasserstoff-Diffusionsflamme erzielen, doch stören in dieser Flamme zahlreiche Fremdelemente. NAKAHARA und Mitarbeiter [903] fanden, daß ein Zusatz von 0,1% Eisen(III)-chlorid die meisten Störungen wirksam beseitigen konnte. RUBEŠKA und MIKŠOVSKY [1068] fanden in der gleichen Flamme Erniedrigungen des Zinnsignals durch Säuren und eine zum Teil erhebliche (bis 100%) Erhöhung durch fast alle metallischen Elemente. Die Autoren erklärten diesen Effekt mit einem erleichterten Wärmetransport durch die beigemengten Salze und eine dadurch verursachte bessere Atomisierung des Zinn.

Tabelle 40 Sn-Resonanzlinien [208]

Wellenlänge nm	Energieniveaus (*K*)	charakteristische Konzentration (µg/mL 1%) Luft/H_2	Luft/Acetylen	N_2O/Acetylen
224,6	0–44 509	1,1	2,0	3,0
286,3	0–34 914	1,8	3,5	5,4
235,4	1692–44 145	2,2	2,5	3,8

KAHN und SCHALLIS [617] konnten kein Absorptionssignal für 100 µg/mL Zinn in MIBK bei Verwendung einer Luft/Wasserstoff-Flamme finden. HARRISON und JULIANO [472] untersuchten daraufhin den Einfluß organischer Lösungsmittel auf die Absorption von Zinn. Sie fanden dabei, daß bereits kleine Konzentrationen an Alkoholen, Ketonen und organischen Säuren die Absorption von Zinn in der Luft/Wasserstoff-Flamme erheblich verringern. Der Effekt wird größer mit wachsender Kettenlänge und Verzweigung der betreffenden Stoffklasse. Während zum Beispiel 10% Methanol die Extinktion von 50 µg/mL Zinn um etwa 25% erniedrigen, bewirken 10% Ethanol eine Erniedrigung um etwa 70% und 10% n-Propanol um 80%. Bei Anwesenheit von 10% n-Butanol läßt sich praktisch kein Zinnsignal mehr beobachten. Auch 10% Aceton unterdrücken die Zinn-Absorption praktisch völlig. Die Autoren erklären diesen Effekt damit, daß die organischen Materialien die Konzentration an Wasserstoffatomen in der Flamme verringern; diese wiederum scheinen eine wichtige Rolle im Atomisierungsprozeß für Zinn zu spielen, sei es indirekt durch Reduktion des Monoxids zum Metall oder direkt durch intermediäre Bildung des Hydrids [1067].

Dieser Effekt schließt eine Bestimmung von Zinn in organischen Lösungsmitteln mit der Luft/Wasserstoff-Flamme aus. Da auch die brenngasreiche Luft/Acetylen-Flamme mit organischen Lösungsmitteln schwer zu handhaben ist, bleibt hierfür nur die Lachgas/Acetylen-Flamme übrig, in der allerdings eine Ionisation zu beobachten ist, die durch Zugabe von Alkali beseitigt werden sollte. MENSIK und SEIDEMANN [861] trennten Zinn aus Gesteins- und Erzproben durch Sublimation mit Ammoniumiodid ab ($SnO_2 + 4\ NH_4I \rightarrow SnI_4 + 4\ NH_3 + 2\ H_2O$). Nach Lösen in Salzsäure wurde mit Trioctylphosphinoxid/MIBK extrahiert und das Zinn in einer Lachgas/Acetylen-Flamme störungsfrei bestimmt.

DONALDSON [2203] extrahierte Zinn aus Erzen, Eisen, Stahl und Nichteisenlegierungen in schwefelsaurer Lösung mit Toluol unter Zusatz von Kaliumiodid, Weinsäure und Ascorbinsäure. Die Lösung wurde zur Trockene abgedampft, in Salzsäure unter Zusatz von Weinsäure und Kalium aufgenommen und in einer Lachgas/Acetylen-Flamme analysiert.

GLADNEY und GOODE [2304] fanden, daß neutrale Lösungen von Zinn in Glas überhaupt nicht und in Plastikgefäßen bis zu 24 h aufbewahrt werden können. Für eine längere Aufbewahrung müssen die Lösungen mindestens Säure der Konzentration 0,1 mol/L enthalten.

Ähnlich wie bei der Flammen-Technik bereitet die Bestimmung von Zinn auch in der Graphitrohrofen-Technik einige Schwierigkeiten. BARNETT und MCLAUGHLIN [2060] bestimmten Zinn in Eisen-, Kupfer- und Zinklegierungen nach dem Additionsverfahren; sie lösten die Proben nur in Salpetersäure auf. RATCLIFFE und Mitarbeiter [2780] bestimmten ebenfalls Zinn in Stählen und fanden, daß sie nur mit salpetersauren Lösungen arbeiten konnten. Salzsäure unterdrückte das Zinnsignal vollständig, während Schwefel- und Perchlorsäure niedrige und stark streuende Signale lieferten. Die Autoren fanden auch Störungen durch Chrom, Nickel, Titan und Niob.

DEL MONTE TAMBA und LUPERI [2196] bestimmten Zinn in verschiedenen niedrig und hoch legierten Stählen mit Auswertung gegen die gleiche Bezugskurve. Durch sorgfältige Auswahl der Lösungsvorschrift gelang es den Autoren, die Konzentration an Salpetersäure für alle Stähle annähernd konstant zu halten. Unter diesen Bedingungen ist die Bestimmung von Zinn frei von Interferenzen durch die anderen üblicherweise im Stahl vorhandenen Komponenten. MARKS und Mitarbeiter [2626] bestimmten Zinn in komplexen Nickellegierungen durch direkte Festprobeneingabe in das Graphitrohr. Sie kalibrierten direkt gegen

Standard-Legierungen und fanden bei diesem Verfahren deutlich weniger Untergrund, da keine Metallsalze gebildet wurden.

THOMPSON und Mitarbeiter [2966] fanden, daß Calcium das Zinnsignal erhöhte und TOMINAGA und UMEZAKI [2979] berichteten über Störungen durch zahlreiche Chloride und Nitrate sowie einige Sulfate. Sie konnten diese Störungen durch Zugabe von Ascorbinsäure erheblich reduzieren und z. T. völlig beseitigen. HOCQUELLET und LABEYRIE [2378] fanden, daß ein Zusatz von Ammoniumnitrat eine deutliche Empfindlichkeitsverbesserung für Zinn bringt und Matrixstörungen bei der Analyse von Lebensmitteln beseitigt. Dies ist in guter Übereinstimmung mit eigenen Befunden [2321], nach denen ein Zusatz von Ammoniumhydroxid zu salpetersauren Lösungen im Graphitrohr die besten Ergebnisse für Zinn liefert.

Verschiedene Autoren haben sich eingehend mit der Oberfläche von Graphitrohren und deren Einfluß auf die Zinnbestimmung befaßt. HOCQUELLET und LABEYRIE [2378] fanden, daß eine Beschichtung mit Tantal bzw. Tantalcarbid eine starke Signalerhöhung für Zinn bringt. FRITZSCHE und Mitarbeiter [2272] zeigten, daß ein Imprägnieren mit Molybdän, Tantal, Wolfram oder Zirconium die Oberflächencharakteristik für die Atomisierung von Zinn günstig verändert. Die Verwendung von imprägnierten Rohren und von Gas Stop während der Atomisierung minimiert die Einflüsse vieler Ionen auf die Zinnbestimmung. VICKREY und Mitarbeiter [3012] fanden bei der Analyse von Organozinnverbindungen, daß eine Zirconiumbehandlung die besten Ergebnisse bringt in Bezug auf Interferenzbeseitigung. Die Bestimmung kann unter diesen Bedingungen direkt gegen wäßrige Bezugslösungen durchgeführt werden.

L'VOV und Mitarbeiter [2579] erklären die Wirkung der Oberflächenbehandlung mit der Diffusionskinetik. Bei normalen, unbeschichteten Graphitrohren dringt die Probenlösung in den Graphit ein und ein Atomisieren „von der Wand" bedeutet dann ein Atomisieren aus der Graphitmasse heraus. Nur STURGEON und CHAKRABARTI [2933] finden eine bessere Empfindlichkeit für Zinn mit einem unbeschichteten Rohr.

Dies läßt sich möglicherweise mit dem erheblichen Einfluß der Gasströmung auf die Empfindlichkeit erklären, die bei einem mit Pyrokohlenstoff beschichteten Rohr weit stärker ist als bei einem unbeschichteten [2321]. Die Atomisierung von Zinn geht sehr wahrscheinlich über die thermische Dissoziation des gasförmigen Oxids, was den Einfluß der Gasströmung auf die Empfindlichkeit erklärt. In einem unbeschichteten Rohr kann direkt oder indirekt durch die reduzierende Wirkung des Graphits auch bei strömendem Gas noch eine Atomisierung erfolgen, während dies in einem beschichteten Graphitrohr kaum möglich ist. In Gegenwart von Ammoniumhydroxid als Isoformierungshilfe läßt sich Zinn bis 800 °C verlustfrei thermisch vorbehandeln; die optimale Atomisierungstemperatur von der L'VOV-Plattform liegt bei 2200 °C.

Zinn läßt sich auch mit der Hydrid-Technik bestimmen, die Empfindlichkeit ist jedoch im Gegensatz zu den anderen Elementen relativ stark pH-abhängig. Am besten wird die Bestimmung in einer gesättigten Borsäurelösung durchgeführt; unter diesen Bedingungen läßt sich eine Bestimmungsgrenze von etwa 5,0 ng Sn absolut bzw. von 0,5 µg/L erreichen.

VIJAN und CHAN [3016] bestimmten Zinn in partikulärem Material von Filtern und beseitigten eventuelle Störungen durch Kupfer, Nickel, Antimon und Arsen durch Zugabe von Natriumoxalat oder durch vorherige Kopräzipitation mit hydratisiertem Mangandioxid.

PYEN und FISHMAN [2768] fanden, daß EDTA für die Bestimmun von Zinn in Wasser besser ist als Natriumoxalat, um Störungen zu beseitigen. Noch bessere Ergebnisse erzielten die Autoren mit einer höheren Säurekonzentration und einer verdünnteren Borhydridlösung.

BRAMAN und TOMKINS [2103] bestimmten anorganisches Zinn und Methylzinnverbindungen in Umweltproben durch Reaktion mit Natriumborhydrid bei pH 6,5. Die verschiedenen Hydride werden in einer Kühlfalle ausgefroren und durch langsames Erwärmen fraktioniert verflüchtigt und getrennt bestimmt.

BÉDARD und KERBYSON [2069] bestimmten Zinn in metallischem Kupfer nach vorheriger Kopräzipitation mit Lanthanhydroxid, um Störungen zu vermeiden. FLEMING und IDE [2254] bestimmten Zinn in Stahl in Gegenwart von Weinsäure. Zur Vermeidung von Störungen hielten sie die Eisenmenge konstant auf 20 mg, wodurch auch die Einflüsse von Kupfer, Nickel und Molybdän kontrolliert werden konnten. Wir konnten feststellen, daß die Bestimmung von Zinn in niedrig legierten Stählen in einem Säuregemisch aus gesättigter Borsäurelösung und 0,6% Salpetersäure störungsfrei verlief [3054]. Bis 0,1 g/L Eisen, sowie die üblicherweise in solchen Proben vorhandenen anderen Metalle hatten keinen Einfluß auf das Zinnsignal, so daß die Bestimmung gegen wäßrige Bezugslösungen durchgeführt werden konnte, die nur im Säuregehalt angeglichen waren.

10.59 Zirconium

Zirconium läßt sich in einer Lachgas/Acetylen-Flamme auf der 360,1-nm-Resonanzlinie mit einer charakteristischen Konzentration von 10 µg/mL 1% und einer Nachweisgrenze von etwa 1 µg/mL bestimmen. Weitere Resonanzlinien sind in Tabelle 41 zusammengestellt.

Zirconium wird in der Lachgas/Acetylen-Flamme zu etwa 10% ionisiert [794]; zur Unterdrückung dieses Effekts sollte Proben- und Bezugslösungen 0,1% Kalium (als Chlorid) zugegeben werden [1152].

AMOS und WILLIS [48] fanden, daß die Absorption von Zirconium in Gegenwart von Flußsäure und hohen Eisenkonzentrationen beträchtlich erhöht wird; sie fügten daher allen Lösungen 2% Flußsäure zu. SLAVIN und Mitarbeiter [1152] bestätigten diese Befunde, fanden jedoch, daß auch Salzsäure ähnliche Einflüsse hat. 10% Salzsäure erhöhten das Signal einer Zirconium-Bezugslösung um 400% verglichen mit der säurefreien Lösung. BOND [141] erhielt den stärksten Effekt durch Zusatz einer Ammoniumfluorid-Lösung der Konzentration 0,1 mol/L, die ein etwa achtfaches Signal lieferte. WALLACE und Mitarbeiter

Tabelle 41 Zr-Resonanzlinien

Wellenlänge nm	Energieniveaus (*K*)	charakteristische Konzentration (µg/mL 1%)
360,1	1241–29 002	10
354,8	570–28 750	15
303,0	1241–34 240	15
301,2	570–33 764	17
298,5	0–33 487	17
362,4	570–28 157	20

[3029] fanden durch Zugabe von Aluminium im Überschuß eine verbesserte Linearität, Empfindlichkeit, Präzision und Nachweisgrenze für Zirconium. Aluminium könnte die Tendenz zur Bildung refraktärer Oxide reduzieren und die Atomisierung fördern. Es wäre jedoch auch denkbar, daß das Aluminium die Lateraldiffusion reduziert und die Atome daher mehr in der Mitte der Flamme konzentriert. In Gegenwart von 1% Flußsäure und 0,2% Aluminium fanden die Autoren eine Nachweisgrenze von 0,3 µg/mL. BOND und Mitarbeiter [142] [143] fanden, daß die Zirconium-Absorption in Gegenwart vieler stickstoffhaltiger Verbindungen, die als LEWIS-Basen reagieren können, erhöht wird, und entwickelten daraus ein Verfahren zur Bestimmung von Ammoniakspuren. TYLER [1247] extrahierte Zirconium als Cupferon-Komplex mit einem Benzol-Isoamylalkohol-Gemisch (1 : 1) und schaltete so einige Interferenzen aus. FOSTER [383] fand, daß ein Thenoyltrifluoroaceton(TTA)-Xylol-Gemisch sich für eine Extraktion von Zirconium bestens eignet und eine Erhöhung des Signals um mindestens den Faktor 5 bringt.

11 Spezielle Anwendungen

Die Anwendungsbreite der AAS ist dank ihrer Spezifität und hohen Störungsfreiheit sehr groß. Obgleich die Analysenmethoden oft ähnlich sind, rechtfertigen die oft sehr unterschiedlichen Problemstellungen in den verschiedenen Zweigen der Analytik eine getrennte Betrachtung der einzelnen Gebiete. Besonderes Gewicht soll dabei auf die reine Anwendung der AAS gelegt werden, während die Probenvorbereitung, wie Lösen oder Aufschließen von festen Substanzen, als weitgehend bekannt vorausgesetzt werden kann und daher nur gestreift werden soll. Dies gilt besonders, wenn sich die Probenvorbereitung nicht von bekannten, naßchemischen Verfahren unterscheidet; lediglich spezielle Vorbereitungsverfahren sollen etwas ausführlicher beschrieben werden. Bei Erwähnung von Interferenzen wird das bei den einzelnen Elementen gesagte als bekannt vorausgesetzt, und nur spezielle Störungen sollen noch ausführlicher behandelt werden.

11.1 Körperflüssigkeiten und Gewebe

Einer der Schwerpunkte der AAS ist der Einsatz im klinisch-chemischen Routinelabor zur Bestimmung von Calcium und Magnesium in den unterschiedlichen Körperflüssigkeiten. Daneben übernimmt sie auch gelegentlich die Bestimmung von Natrium und Kalium [956], die sonst hauptsächlich mit einfachen Flammenphotometern durchgeführt wird. Weiterhin kommen in verstärktem Maße auch die Elemente Eisen, Kupfer und Zink in Serum in die Routine, die mit anderen Verfahren oft nicht ausreichend schnell und zuverlässig bestimmbar sind.

Die Bestimmung von *Calcium* und *Magnesium* in Serum und Urin wurde bereits von Willis um das Jahr 1960 in verschiedenen Publikationen beschrieben und ist heute eine weit verbreitete Anwendung der AAS. Einen Überblick über die umfangreiche Literatur zur Bestimmung dieser Elemente in Körperflüssigkeiten und Geweben gibt Tabelle 42.

Das einfachste und heute am häufigsten verwendete Verfahren besteht in einer direkten Analyse der 1 : 20 bis 1 : 50 verdünnten Proben mit einer Luft/Acteylen-Flamme. Zur Unterdrückung der Phosphat-Interferenz muß den Proben- und Bezugslösungen entweder 1% Natrium-EDTA oder 0,5% Lanthan in salzsaurer Lösung oder 0,25% Strontium zugesetzt werden. Lanthan darf dabei erst zu dem bereits verdünnten Serum oder Urin gegeben werden, da sonst das Eiweiß koaguliert. Aus diesem Grunde wird gelegentlich EDTA bevorzugt. Obgleich Protein bei Verwendung eines guten Zerstäuber-Brenner-Systems in der hohen Verdünnung und in Gegenwart von Lanthan die Bestimmung von Calcium und Magnesium nicht stört, finden einige Autoren eine verbesserte Reproduzierbarkeit in enteiweißten Proben [1081] [1121]. Dabei muß jedoch beachtet werden, daß Trichloressigsäure und auch Salzsäure die Bestimmung beider Elemente beeinflussen [68] [873], d. h. die Bezugslösungen müssen die gleiche Konzentration an entsprechender Säure enthalten.

Bhattacharya und Williams [2086] schlagen für die Bestimmung von Calcium und Magnesium in Urin die Verwendung einer Lachgas/Acetylen-Flamme vor, da die Proben dann lediglich zur Unterdrückung der Ionisation mit einem Kaliumpuffer verdünnt werden müssen; andere Störungen treten nicht auf.

Tabelle 42 Literaturübersicht: Anwendung der AAS zur Bestimmung von Calcium und Magnesium in Körperflüssigkeiten und Gewebe

Element	Serum	Urin	andere Körperflüssigkeiten, Gewebe, usw.
Ca	[416] [420] [484] [583] [671] [873] [956] [958] [998] [1041] [1081] [1113] [1245] [1323] [1324] [1384] [2079] [2331]	[416] [496] [673] [873] [1081] [1144] [1244] [1245] [1263] [1328] [1384] [2086]	[121] [283] [416] [462] [504] [673] [873] [910] [951] [2373] [2406] [2561] [2660]
Mg	[279] [416] [420] [438] [467] [505] [533] [542] [552] [554] [672] [782] [873] [956] [958] [1081] [1113] [1175] [1322] [1325] [2079] [2331]	[279] [416] [496] [505] [533] [554] [782] [873] [1081] [1175] [1244] [1328] [2086]	[121] [229] [279] [283] [416] [442] [462] [463] [476] [505] [542] [545] [554] [782] [873] [951] [969] [2373] [2406] [2561] [2660]

Tabelle 43 Literaturübersicht: Anwendung der AAS zur Bestimmung von Kupfer, Eisen und Zink in Körperflüssigkeiten und Gewebe

Element	Serum, Plasma	Urin	andere Körperflüssigkeiten und Gewebe
Cu	[110] [135] [294] [493] [506] [529] [836] [952] [1035] [1150] [1171] [1204] [1301] [2080] [2130] [2235] [2284] [2290] [2613] [2683] [3033] [3042]	[110] [1150] [1204] [2284] [2956]	[110] [230] [462] [476] [929] [1204] [2132] [2234] [2250] [2373] [2406] [2436] [2442] [2593] [2660] [2663] [2683] [2956] [3082]
Fe	[112] [135] [419] [493] [836] [927] [930] [1035] [1171] [1281] [1301] [1362] [1370] [1385] [2080] [2861]	[112] [135] [1161] [1380] [2956]	[135] [462] [476] [507] [930] [1370] [1381] [1382] [2026] [2406] [2561] [2660] [2956]
Zn	[280] [455] [482] [493] [784] [836] [952] [958] [1000] [1030] [1035] [1171] [2080] [2290] [3013]	[280] [784] [1000] [2594] [3013]	[121] [230] [280] [462] [476] [929] [951] [2050] [2234] [2250] [2373] [2406] [2436] [2526] [2561] [2593] [2594] [2660] [2663] [2896] [3082]

Zahlreiche Vergleichsmessungen mit konventionellen Verfahren, wie komplexometrischer Titration oder Flammenphotometrie ebenso wie Fluorimetrie und anderen Techniken, haben ergeben, daß die AAS für die Bestimmung von Calcium und Magnesium in den unterschiedlichsten Körperflüssigkeiten mindestens gleichwertig, meist jedoch bezüglich Genauigkeit und Schnelligkeit überlegen ist [438] [467] [1041] [1081] [1144] [1263].

HANSEN [465] weist allerdings darauf hin, daß besonders die Bestimmung von Calcium einer besonderen Sorgfalt bedarf, da dieses Element relativ empfindlich ist gegenüber Änderungen in der Flammenzusammensetzung. Bei Optimieren aller Parameter des Zerstäuber-Brenner-Systems läßt sich eine Präzision von besser 1% für Calcium und von 0,6% für Magnesium erzielen.

Die Bestimmung von *Natrium* und *Kalium* in Serum wurde nur von WILLIS [1326], HERRMANN und LANG [504], PASCHEN [956] sowie BERNDT und JACKWERTH [2079] beschrieben. Sie erfolgt am besten aus einer 1 : 50 verdünnten Probe in einer Luft/Wasserstoff-Flamme, wobei Natrium auf der sekundären Linie bei 330,2 nm bestimmt werden sollte, um zu hohe Verdünnungen zu vermeiden.

Wird eine Luft/Acetylen-Flamme verwendet, so müssen die Bezugslösungen für Kalium im Natriumgehalt dem der Proben ungefähr angeglichen sein. Noch besser ist allerdings der Zusatz eines neutralen Ionisationspuffers wie Caesium zu Proben- und Bezugslösungen.

Besonders elegant ist die von PASCHEN [956] beschriebene Mikromethode zur Bestimmung von Natrium, Kalium, Calcium und Magnesium aus einer einzigen Serumverdünnung. 100 µL Serum werden mit einer 0,25%igen Strontiumchlorid-Lösung 1 : 100, oder besser 1 : 50 [957] verdünnt und direkt auf die vier zu bestimmenden Elemente analysiert. Der Zusatz von Strontium beseitigt sowohl den Einfluß von Phosphat auf Calcium als auch die Ionisation von Natrium und Kalium in der Luft/Acetylen-Flamme. Die Variationskoeffizienten der Bestimmung liegen zwischen 0,3 und 0,5%.

GRUNBAUM und PACE [446] beschreiben eine Mikromethode zur Bestimmung von Natrium, Kalium, Calcium und Magnesium in Urin. 0,1 mL Urin wird unter Zusatz von Lanthan und Caesium 1 : 100 verdünnt und direkt in die Flamme versprüht. HAZEBROUCQ [484] kontrolliert in Lösungen für die extrarenale Dialyse (künstliche Niere) Natrium, Kalium, Calcium und Magnesium und findet dabei, daß die AAS der Flammenphotometrie überlegen ist. Die Präzision für Natrium liegt bei 1%.

GUTTMANN [2331] gelang die Diagnosestellung der latenten Herzinsuffizienz durch die Bestimmung der Elektrolyte Natrium, Kalium, Calcium und Magnesium.

BERNDT und JACKWERTH [2079] bestimmten die vier Serumelektrolyte mit der Injektionstechnik, einer Mikromethode, die nur insgesamt 5–20 µL Serum benötigt.

Es lassen sich jedoch nicht nur Serum und Urin mit Hilfe der AAS untersuchen; HANKIEWICZ [463] analysierte beispielsweise Magensaft auf Magnesium, indem er diesen 1 : 10 mit Wasser verdünnte und direkt in die Flamme versprühte.

Die Graphitrohrofen-Technik eignet sich nur sehr bedingt für die Bestimmung der Elemente Natrium, Kalium, Calcium und Magnesium in Serum, da einmal eine sehr hohe Verdünnung erforderlich wäre und weiterhin wegen der hohen Kontaminationsgefahr die erwartete Präzision und Richtigkeit kaum erreichbar ist [836].

Einige Autoren haben sich mit der Bestimmung von Calcium und Magnesium in Lebergewebe beschäftigt, wobei der Aufschluß im Vordergrund des Interesses steht. MENDEN und Mitarbeiter [2660] fanden, daß eine Trockenveraschung, gefolgt von einer mehrfachen Nachbehandlung mit Salzsäure, Königswasser und Salpetersäure die besten Ergebnisse brachte. LOCKE [2561] schlägt eine Tieftemperaturveraschung und ein anschließendes Lösen in Salpetersäure vor. Er fand, daß Natrium, Kalium, Phosphat und der Schwefelsäuregehalt in den Bezugslösungen den Proben gut angepaßt sein müssen, um Störungen bei der Bestimmung in der Flamme zu vermeiden. IIDA und Mitarbeiter [2406] bevorzugen einen Druckaufschluß mit Salpeter- und Perchlorsäure. HINNERS [2373] fand, daß es genügt, die Leber zu lyophilisieren und mit 1%iger Salpetersäure zu extrahieren, um Calcium und Magnesium quantitativ zu bestimmen.

Die Elemente *Eisen, Kupfer* und *Zink* sind etwa in der gleichen Konzentration um 1 μg/mL (= 100 μg %) in Serum enthalten und zählen damit schon zu den Spurenelementen. Eine Literaturübersicht über die Bestimmung dieser drei Elemente in den unterschiedlichen Körperflüssigkeiten und in Gewebe findet sich in Tabelle 43.

Während Gewebeproben vor der Analyse aus naheliegenden Gründen naß oder trocken verascht werden müssen, lassen sich Eisen, Kupfer und Zink aus Serum und Urin häufig direkt bestimmen. Zink ist dabei wegen seiner hohen Empfindlichkeit am leichtesten zu handhaben [1035]; es läßt sich aus 1 : 5 verdünntem Serum und aus unverdünntem oder 1 : 2 verdünntem Urin direkt störungsfrei gegen wäßrige Bezugslösungen messen [1030]. Um ein Verstopfen des Brennerschlitzes zu vermeiden, wird häufig ein Dreischlitz-Brennerkopf mit einer Luft/Acetylen-Flamme verwendet. DAWSON und WALKER [280] bevorzugen höhere Verdünnungsraten und Verwendung einer entsprechenden Signaldehnung. Die Bestimmung von Kupfer und Eisen in Serum ist wegen der geringeren Empfindlichkeit dieser Elemente etwas problematischer. Wegen der relativ hohen Viskosität des Blutserums kann dieses nicht mit wäßrigen Bezugslösungen verglichen werden; andererseits würde eine stärkere Verdünnung die Empfindlichkeit und Präzision der Bestimmung erheblich verschlechtern. Verschiedene Autoren haben daher eine Enteiweißung [110] [1218] [2130] oder eine Extraktion [952] [1385] vorgeschlagen, die jedoch für eine Routinebestimmung etwas aufwendig ist. OLSON und HAMLIN [930] schlagen eine einfache Enteiweißung vor, mit der gleichzeitig 95% des evtl. vorhandenen Hämoglobin-Eisens entfernt werden.

Wie FIELDING und RYALL [366] feststellen, ist eine Enteiweißung mit Trichloressigsäure keinesfalls problemlos, da sie die nachfolgende Analyse nicht unerheblich beeinflussen kann. Einmal findet durch das Ausfällen des Proteins eine Verringerung der flüssigen Phase um bis zu 13% statt, da das Protein vor und nach dem Ausfällen etwa das gleiche Volumen einnimmt. Zweitens besitzt der Niederschlag eine positive Oberflächenladung, die zu einer Adsorption von negativ geladenen Ionen aus der überstehenden Flüssigkeit führt, wie etwa einigen Eisenkomplexen, besonders in Gegenwart von EDTA. SIERTSEMA [2861] berichtet zudem über eine spektrale Störung der Eisenbestimmung durch Trichloressigsäure.

ALDRIGHETTI und Mitarbeiter [2026] lyophilisierten Blutserum, lösten den Rücksstand mit verdünnter Salzsäure und bestimmten Eisen direkt in dieser Lösung nach Zentrifugieren. Andererseits ist auch die Direktbestimmung nicht problemlos. Während die Bestimmung von Kupfer üblicherweise keine Schwierigkeiten bereitet, müssen bei der Eisenbestimmung verschiedene Punkte beachtet werden. Das Viskositätsproblem läßt sich nach einer einfachen 1 : 2-Verdünnung des Blutserums mit Wasser durch Angleichen der Bezugslösungen, z. B. mit einem käuflichen, synthetischen Plasmaexpander, sehr zuverlässig lösen [1035]. Für Eisen läßt sich dieses Verfahren allerdings nur dann einsetzen, wenn sich bei der Probenahme eine Hämolyse zuverlässig ausschließen läßt. Hämolytische Seren können nur über eine Enteiweißung noch einigermaßen zuverlässig analysiert werden. Weiterhin eignet sich die Direktmethode nicht für die Bestimmung von Eisen in *Serum*, da hier immer etwa

40–70 µg Fe/100 mL zuviel gefunden werden, verglichen mit anderen. z. B. colorimetrischen Verfahren (Abb. 138). Dagegen stimmen die in *Plasma* bestimmten Eisenwerte mit anderen Methoden gut überein [493].

Besonders geeignet ist für die Problematik die von MANNING [2613] für die Bestimmung von Kupfer in Serum vorgeschlagene Injektionsmethode. WEINSTOCK und UHLEMANN [3042] analysierten nach diesem Verfahren routinemäßig unverdünntes, unbehandeltes Serum und fanden auch nach 500 Messungen keinen Memory-Effekt, keine Verschleppung oder Verstopfung von Brenner oder Zerstäuber. Die Kalibrierung erfolgt gegen ein Poolserum. Die Reproduzierbarkeit innerhalb der Serie für Kupfer war 1,8% und die von Tag zu Tag 2,2%. BERNDT und JACKWERTH [2080] bestimmten nach dem gleichen Verfahren Eisen, Kupfer und Zink in Serum.

Die Bestimmung von Eisen und Kupfer in *Urin* bereitet keine größeren Schwierigkeiten. Die Direktbestimmung aus angesäuertem (2 mL Urin + 0,1 mL konz. Schwefelsäure), unverdünntem Urin hat die für klinische Bedürfnisse erforderliche Präzision, Empfindlichkeit und Spezifität. Es gibt keine Störungen durch Protein und anorganische Komponenten und die Übereinstimmung mit anderen, aufwendigeren Verfahren ist gut [1161].

Der größte Nachteil bei der Bestimmung von Eisen, Kupfer und Zink in Serum oder Plasma mit der Flamme ist der relativ hohe Probenbedarf von 1 bis 2 mL pro Bestimmung, wenn nicht mit der Injektionsmethode gearbeitet wird. Aus diesem Grund wird für diese Bestimmungen immer mehr die Graphitrohrofen-Technik eingesetzt, die nur etwa 1 bis 2 µL Serum pro Bestimmung benötigt und zudem noch eine bessere Präzision liefert. Der Nachteil dieses Mikroverfahrens ist allerdings der deutlich größere Zeitbedarf pro Bestimmung.

Die für die Eisenbestimmung in der Flamme gemachten Bemerkungen gelten selbstverständlich auch hier, d. h. eine Direktbestimmung kann nur aus Plasma, nicht aus Serum gemacht werden. Die meisten Autoren bevorzugen daher eine von OLSEN und Mitarbeitern

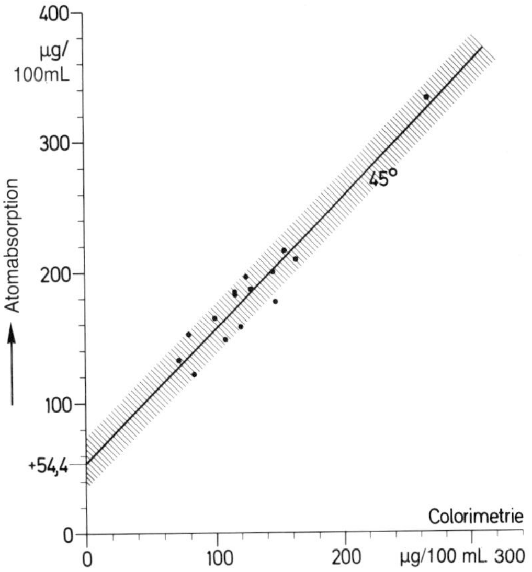

Abb. 138 Bei der Bestimmung von Eisen in Serum ohne Vorbehandlung findet man mit der AAS üblicherweise 40–70 µg Fe/100 mL zuviel, verglichen mit Colorimetrischen Verfahren und nach vorausgegangener Enteiweißung

[927] vorgeschlagene Enteiweißung im Mikromaßstab, die selbst bei Verwendung von nur 20 µL Serum einwandfreie Ergebnisse liefert [1362].

Kupfer in Serum läßt sich ebenso wie Eisen und Kupfer in Urin direkt, oder nach einer einfachen Verdünnung mit Wasser im Graphitrohrofen bestimmen [112] [1301] [2683] [3038]. Die Übereinstimmung mit anderen Methoden ist gut, wie von verschiedenen Autoren [2235] [2290] gezeigt wurde. Die Bestimmung von Zink mit der Graphitrohrofen-Technik erfordert wegen der hohen Kontaminationsgefahr besondere Vorsichtsmaßnahmen [3013], weshalb sie auch häufig einfacher mit der Flammen-Technik durchgeführt wird [2593].

Daneben läßt sich die Atomabsorptionsspektrometrie auch sehr vorteilhaft für die Bestimmung der Eisen-Bindungskapazität [930] [1370] [1385] und von Eisen in Hämoglobin [507] [1381] [1382] anwenden.

Auch für die Bestimmung der Eisenbindungs-Kapazität (EBK) wurden Mikroverfahren für die Graphitrohrofen-Technik ausgearbeitet [112] [1362], die eine sehr gute Übereinstimmung mit der Makromethode von OLSON und HAMLIN [930] zeigen. Der Probenbedarf liegt dabei hier ebenfalls bei nur 20 µL Serum.

In zunehmendem Maße werden auch Gewebeproben, besonders Lebergewebe, mit der AAS auf Eisen, Kupfer und Zink untersucht. JOHNSON [2436] machte einen Naßaufschluß mit Salz- und Salpetersäure und bestimmte Kupfer und Zink in der Flamme. EVENSON und ANDERSON [2234] rauchten das Lebergewebe mit Salpetersäure ab und bestimmten Kupfer mit dem Graphitrohrofen und Zink mit der Flamme. MENDEN und Mitarbeiter [2660] schlugen eine Trockenveraschung mit mehreren Säurebehandlungen für die Bestimmung von 8 Elementen vor.

HINNERS [2373] extrahierte lyophilisiertes Lebergewebe mit 1%iger Salpetersäure und erhielt für Kupfer und Zink, nicht aber für Eisen eine quantitative Wiederfindung. IIDA und Mitarbeiter [2406] verwendeten einen Druckaufschluß mit Salpetersäure-Perchlorsäure, während LOCKE [2561] eine Tieftemperaturveraschung vorschlägt. CARPENTER [2132] schließlich verwendet einen enzymatischen Aufschluß für Leber- und Nierengewebe.

JULSHAMN und ANDERSEN [2442] untersuchten ein Tetraalkyl-ammoniumhydroxid als Lösungsmittel für Muskelgewebe und fanden es für die nachfolgende Bestimmung von Kupfer als gut verwendbar. WUYTS und Mitarbeiter [3082] untersuchten verschiedene Aufschlußmöglichkeiten für Hirngewebe und fanden, daß bei einer Trockenveraschung hauptsächlich Alkaliphosphate Kupfer aus Porzellantiegeln lösen. Sie setzten daher mit Erfolg eine Naßveraschung ein.

BAGLIANO und Mitarbeiter [2050] entwickelten eine einfache und schnelle Methode zur Bestimmung von Zink in Haaren mit einem Aufschluß in Salpetersäure-Perchlorsäure und Bestimmung in der Flamme. SOHLER und Mitarbeiter [2896] bestimmten Zink in Fingernägeln mit der Graphitrohrofen-Technik durch direkte Festprobeneingabe. LANGMYHR und Mitarbeiter [2526] bestimmten Zink in Zähnen ebenfalls durch direkte Festprobeneingabe im Graphitrohrofen.

Während in den 60er Jahren über die übrigen, im menschlichen Körper vorkommenden Spurenelemente so gut wie nichts bekannt war, zeigt allein das Erscheinen von mehreren Übersichtsartikeln [278] [293] [1098] [1201] das Anfang der 70er Jahre plötzlich erwachte Interesse an metallischen Elementen, die in Konzentrationen oft weit unter 1 µg/mL (100 µg %) in Körperflüssigkeiten vorkommen. Dabei gibt es mindestens drei Gründe für eine eingehende Untersuchung dieser Spurenelemente: zu niedrige Konzentrationen, hervorgerufen durch eine zu geringe Aufnahme mit der Nahrung oder durch Störungen im Metabolismus können Mangelerkrankungen hervorrufen. Zu hohe Konzentrationen, hervorgerufen durch eine zu hohe Aufnahme aus der Umwelt oder durch Störungen im Metabolismus können toxische Effekte hervorrufen. Anomale Konzentrationen an Spurenelementen können schließlich auch durch gewisse Erkrankungen hervorgerufen werden und bieten damit vielleicht einen Weg zum besseren Verständnis dieser Erkrankungen.

Das größte Hindernis, das einer routinemäßigen Bestimmung der Spurenelemente lange Zeit entgegen stand, war der zu große Probenbedarf und die Notwendigkeit einer mehr oder weniger aufwendigen Probenvorbereitung bei einer Bestimmung in der Flamme. Erst die Graphitrohrofen-Technik hat dem Biochemiker und Mediziner ein Mittel in die Hand gegeben, die Fülle an Daten zu sammeln, die eine statistisch zuverlässige Aussage ermöglicht.

Bei den Spurenelementen unterscheidet man zwischen essentiellen, indifferenten und toxischen Elementen. Dabei ist zu bedenken, daß ein essentielles Element durchaus toxisch wirken kann, wenn es in zu hohen Konzentrationen vorliegt und daß ein toxisches Element erst ab einer bestimmten Konzentration für den Menschen gefährlich werden kann. Ebenso muß berücksichtigt werden, daß ein indifferentes Element heute vielleicht nur deshalb als indifferent angesehen wird, weil seine Bedeutung im menschlichen Körper noch nicht erkannt wurde. Man neigt daher heute sehr stark dazu, nicht mehr einem Element eine bestimmte Wirkung zuzuschreiben, sondern von essentiellen bzw. toxischen Konzentrationen eines Elements zu sprechen. Es soll hier dennoch die alte Unterteilung in hauptsächlich essentielle und vorwiegend toxische Elemente beibehalten bleiben. In Tabelle 44 ist eine Literaturübersicht über die Bestimmung von essentiellen und indifferenten Spurenelementen in biologischen Materialien zusammengestellt und in Tabelle 45 sind die Normalwerte für die essentiellen Spurenelemente, sowie deren Wirkung im menschlichen Körper aufgeführt.

Tabelle 44 Literaturübersicht: Anwendung der AAS zur Bestimmung von essentiellen und indifferenten Spurenelementen in biologischen Materialien

Element	Literaturzitat
Al	[389] [707] [708] [2309] [2442] [2509] [2534] [2652] [2714] [2889] [2973]
B	[65]
Co	[294] [521] [1192] [1329] [2032] [2056] [2436] [2547] [2601]
Cr	[199] [200] [201] [277] [355] [429] [970] [983] [1059] [1085] [1383] [2050] [2147] [2314] [2329] [2372] [2436] [2461] [2513] [2543] [2738] [2803] [2837]
Mn	[24] [96] [230] [429] [462] [787] [941] [1301] [2032] [2073] [2250] [2373] [2406] [2436] [2442] [2525] [2526] [2541] [2561] [2660] [2802] [2848]
Mo	[983]
Ni	[294] [521] [523] [918] [970] [1086] [1136] [1200] [1201] [1203] [2000] [2003] [2036] [2066] [2112] [2336] [2372] [2747] [2947] [3022] [3094]
Rb	[1207] [2561]
Se	[1117] [1130] [2160] [2410] [2437] [2690]
Sr	[96] [246] [272] [294] [297] [876] [1287] [2364]
V	[2509]

Tabelle 45 Essentielle Spurenelemente: Normalwerte in menschlichem Serum bzw. Plasma und deren Wirkung

Element	Normalwert (µg/L)	Wirkung im Körper
Aluminium	1–10	Einfluß auf Zellmitose, erhöhte Werte bei neurofibrillärer Degeneration
Chrom	0,1–0,5	essentiell für den Glucosestoffwechsel, Mangel: bei Arteriosklerose und Diabetes
Cobalt	0,02–0,2	Kopplung an Vitamin B_{12}, Überschuß: Kardiomyopathie
Mangan	0,5 (Mittelwert)	essentiell für Glucose- und Fettstoffwechsel und eine Reihe anderer wichtiger biochemischer Prozesse
Molybdän	0,6 (Mittelwert)	essentiell für Xanthin-Oxidase und Aldehyd-Oxidase
Nickel	2–3	Mangel bei Leber-Zirrhose und chronischer Niereninsuffizienz, erhöhte Werte nach Myokardinfarkten etc.
Selen	50–100	Zusammenhang mit Vitamin E
Strontium	50	härtet Knochen und Zähne, evtl. Zusammenhang mit Osteoporose
Vanadium	0,02–1 (?)	evtl. essentiell für Fettsäurestoffwechsel

Auf das Problem der „Normalwerte" wurde von verschiedenen Autoren [2946] [3010] hingewiesen. Es handelt sich dabei üblicherweise um Mittelwerte, die bei einer größeren Anzahl offensichtlich gesunder, nicht exponierter Probanden gefunden werden. Gerade bei den Spurenelementen haben sich die als normal angenommenen Werte in den letzten Jahren z. T. um Größenordnungen nach unten bewegt. Dies liegt teils an den empfindlicheren Techniken, die für die Analyse zur Verfügung stehen. Zu einem erheblichen Ausmaß wurden jedoch auch Kontaminationsquellen erkannt und beseitigt. Die in Tabelle 45 genannten Werte können trotzdem nur ein ungefährer Hinweis sein [3010].

KRISHNAN und Mitarbeiter [707] [708] untersuchten eingehend den Aluminiumgehalt im Gehirn im Zusammenhang mit neurofibrillärer Degeneration. Das Hirngewebe wurde dabei mit Salpetersäure naß verascht und der Aluminiumgehalt in einer Lachgas/Acetylen-Flamme bestimmt. MCDERMOTT und WHITEHILL [2652] fanden eine Trockenveraschung besser als eine Naßveraschung und bestimmten das Aluminium mit der Graphitrohrofen-Technik. Sie fanden im Gehirn einen Wert von 1,3 µg/g Trockengewicht. JULSHAMN und ANDERSEN [2442] untersuchten die Verwendbarkeit von Tetraalkyl-ammoniumhydroxid als Lösungsmittel für Muskelgewebe und fanden, daß dies für die nachfolgende Aluminiumbestimmung ungeeignet ist. GORSKY und DIETZ [2309] fanden, daß sich Aluminium bei Nierenversagen in toxischen Mengen im Gehirn ansammeln kann. Bei Direktmessung mit der Graphitrohrofen-Technik fanden sie einen Mittelwert von 28 ± 9 µg/L im Serum. Auch FUCHS und Mitarbeiter [389] bestimmten Aluminium in Serum mit der Graphitrohrofen-Technik. Bei Verwendung des Gleitprogramms konnten sie 25 µL Serum direkt thermisch zerstören und das Aluminium störungsfrei bestimmen.

SMEYERS-VERBEKE und Mitarbeiter [2889] bestimmten Aluminium in Serum und Urin und setzten ebenfalls ein Gleitprogramm zum Entfernen der organischen Matrix ein. Die Autoren fanden, daß das größte Problem die externe Kontamination war. Durch Einsatz eines Probenautomaten konnten sie sowohl die Präzision als auch die Richtigkeit der Bestimmung verbessern.

OSTER [2714] verdünnte das Serum mit Triton X-100 und Salpetersäure und fand eine gute Korrelation zwischen Direktbestimmung und Additionsverfahren im Graphitrohrofen. Die Nachweisgrenze mit diesem Verfahren ist 2,5 µg/L und der Mittelwert gesunder Personen wurde mit < 4 µg/L (Bereich < 2,5 – 7 µg/L) angegeben. TODA und Mitarbeiter [2973] bestimmten Aluminium in Serumproben aus der Gelfiltrationschromatographie durch Atomisieren von der L'VOV-Plattform und erzielten eine Nachweisgrenze von 0,4 µg/L.

Chrom läßt sich auch nach vorhergehender trockener [983] oder nasser Veraschung und Extraktion [355] kaum mit ausreichender Empfindlichkeit in der Flamme bestimmen. Die Graphitrohrofen-Technik bietet dagegen eine ausreichende Empfindlichkeit für eine Direktbestimmung; DAVIDSON und SECREST [277] fanden dabei, daß die verschiedenen Wertigkeitsstufen des Chrom die gleichen Empfindlichkeiten aufweisen. ROSS und Mitarbeiter [429] [1059] fanden, daß eine Behandlung mit Salpetersäure keine Veränderung bei der Bestimmung von Chrom in Serum und Urin brachte und entschlossen sich daher ebenso zur Direktbestimmung wie verschiedene andere Autoren [970] [1085]. PEKAREK und Mitarbeiter [2738] dosierten 50 µL Serum direkt in das Graphitrohr und versuchten Störungen durch selektive Verflüchtigung zu vermeiden.

ROUTH [2803] fand, daß die Untergrundabsorption durch Zumischen von Wasserstoff zum Inertgas reduziert wurde. KAYNE und Mitarbeiter [2461] stellten fest, daß nur mit einer Halogenglühlampe als Kontinuumstrahler eine einwandfreie Untergrundkompensation möglich ist. Sie fanden einen Mittelwert von 0,14 µg/L in Serum. HINDENBERGER und Mitarbeiter [2372] fanden, daß nur bei Zugabe einer Isoformierungshilfe wie primärem Ammoniumphosphat und Atomisierung von der L'VOV-Plattform eine störungsfreie Chrombestimmung in biologischen Materialien möglich ist.

KUMPULAINEN [2513] bestimmte Chrom in Muttermilch mit der Graphitrohrofen-Technik und fand einen Mittelwert von 1 µg/L. JOHNSON [2436] bestimmte Chrom in Leber nach einem Aufschluß mit Salz- und Salpetersäure in der Flamme und BAGLIANO und Mitarbeiter [2050] setzten die Graphitrohrofen-Technik für die Bestimmung von Chrom in Haaren ein.

Cobalt ist das einzige unter den essentiellen Elementen, dessen Konzentration selbst für eine Direktbestimmung mit der Graphitrohrofen-Technik zu niedrig ist. SULLIVAN und Mitarbeiter [1192] beschreiben die Bestimmung von Cobalt in Gewebe nach einer Naßveraschung und DELVES und Mitarbeiter [294] bestimmten Cobalt in oxidiertem Blut nach Extraktion in MIBK mit einer Flamme. ALT und MASSMANN [2032] bestimmten Cobalt in Serum nach einem Naßaufschluß und Extraktion mit der Graphitrohrofen-Technik, während LIDUMS [2547] den Einsatz eines Ionenaustauschers zur Abtrennung vorzog.

Mangan liegt in relativ hohen Konzentrationen im Blutserum vor, so daß mit guten Atomabsorptionsspektrometern nach einer 1 : 2-Verdünnung mit Wasser noch eine direkte Bestimmung in der Flamme gelingt [787]. Für die Bestimmung von Mangan in Urin ist allerdings eine Extraktion vorzuziehen [24] [941]. Mit der Graphitrohrofen-Technik läßt sich Mangan in Serum und anderen Körperflüssigkeiten direkt bestimmen [2032] [2802]. Die Ergebnisse sind meist in guter Übereinstimmung mit denen von veraschten [96] oder extrahierten [429] Proben. LEKEHAL und HANOCQ [2541] verwendeten für die Bestimmung von Mangan in Urin allerdings einen Naßaufschluß und eine Extraktion vor der Analyse im Graphitrohrofen. Für die Analyse von Lebergewebe verwendeten BELLING und JONES [2073] einen Naßaufschluß mit nachfolgender Extraktion, während IIDA und Mitarbeiter

[2406] einen Druckaufschluß vorzogen und die Aufschlußlösung direkt im Graphitrohrofen analysierten. MENDEN und Mitarbeiter [2660] verwendeten eine Trockenveraschung mit mehrmaliger Säurebehandlung zur nachfolgenden Bestimmung von 8 Elementen in Gewebe. HINNERS [2373] extrahierte lyophilisiertes Lebergewebe mit 1%iger Salpetersäure und konnte Mangan quanitativ wiederfinden. JULSHAMN und ANDERSEN [2442] lösten Muskelgewebe in einem Tetraalkyl-ammoniumhydroxid für die nachfolgende Bestimmung von Mangan.

LANGMYHR und Mitarbeiter [2525] bestimmten Mangan in Knochen durch direkte Festprobeneingabe im Graphitrohr. Sie fanden, daß überschüssiges Chlorid vorher entfernt werden mußte und gaben daher Salpetersäure auf die Probe im Graphitrohr. Die gleichen Autoren [2526] bestimmten nach diesem Verfahren auch Mangan in Zähnen.

PIERCE und CHOLAK [983] bestimmten *Molybdän* in Blut und Urin nach trockener Veraschung und Extraktion mit APDC-MIBK in einer Flamme.

Nickel wurde in Serum, Vollblut oder Urin nach Säurebehandlung oder Enteiweißung und anschließender Extraktion mit APDC-MIBK in einer Flamme bestimmt [294] [521] [918] [1086] [1200]. Mit der Graphitrohrofen-Technik läßt sich Nickel in Serum bei Verwendung von 50 µL Probenmenge direkt [970] [1136], oder unter Zusatz von Lanthan in salpetersaurer Lösung [1203] bestimmen. Die Verwendung eines Gleitprogramms zur thermischen Vorbehandlung der großen Serummengen ist dabei unerläßlich. BEATY und COOKSEY [2066] fanden, daß kurzzeitiges Einleiten von Luft oder Sauerstoff während der thermischen Vorbehandlung im Graphitrohr zu einer praktisch rückstandsfreien Veraschung des Serums führt. Damit lassen sich auch lange Meßreihen mit großen Serummengen störfrei durchführen. VÖLLKOPF und Mitarbeiter [3022] untersuchten sehr eingehend die Bedeutung einer guten Pyrokohlenstoffbeschichtung von Graphitrohren für die nachfolgende Nickelbestimmung.

Die IUPAC-Referenzmethode für die Bestimmung von Nickel in Serum und Urin [2112] schlägt heute einen Säureaufschluß, gefolgt von einer Extraktion mit APDC in MIBK und Messung mit der Graphitrohrofen-Technik vor. Sie ist damit in Einklang mit dem Befund mehrerer Arbeitsgruppen, die nach einem Extraktionsschritt eine bessere Präzision und Richtigkeit der Nickelbestimmung finden [2000] [2003] [2036] [3094]. Unter Zusatz einer geeigneten Isoformierungshilfe und bei Atomisierung von der L'VOV-Plattform müßte allerdings auch eine zuverlässige und richtige Direktbestimmung möglich sein [2372].

CLINTON [2160] bestimmte *Selen* in Blut nach einem Salpetersäure-Perchlorsäure-Aufschluß mit der Hydrid-Technik. Er fand einen Mittelwert von 129 ng/g in Blut. NEVE und HANOCQ [2690] extrahierten Selen vor der Bestimmung mit der Graphitrohrofen-Technik. ISHIZAKI [2410] setzte ebenfalls ein Extraktionsverfahren für Selen ein und gab vor der Bestimmung im Graphitrohrofen Nickel als Isoformierungshilfe zu. MANNING [2614] fand bei der Bestimmung von Selen eine spektrale Interferenz durch größere Mengen Eisen, die bei Direktbestimmung in Blut und einigen Geweben stören könnte. Mit dem Zeeman-Effekt zur Untergrundkompensation tritt diese Störung nicht auf.

Strontium läßt sich in Urin nach trockener Veraschung und Zugabe von Lanthan [1287] oder direkt nach einer 1 : 2-Verdünnung mit einer salzsauren Lanthanlösung [297] mit einer Flamme bestimmen. BEK und Mitarbeiter [96] bestimmten Strontium in Serum direkt mit der Graphitrohrofen-Technik und erhielten gute Übereinstimmung mit Werten aus veraschten Proben.

HELSBY [2364] bestimmte Strontium in Zahnschmelz mit der Graphitrohrofen-Technik und fand Störungen durch die Calcium- und Phosphat-Matrix, die jedoch durch das Additionsverfahren beseitigt werden konnten. Wegen der hohen Empfindlichkeit der Graphitrohrofen-Technik und dem geringen Probenbedarf ist eine Verteilungsanalyse von Strontium über den Zahn möglich.

KRISHNAN und Mitarbeiter [2509] untersuchten die Bestimmung von *Vanadium* in biologischen Geweben mit der Graphitrohrofen-Technik.

Neben diesen essentiellen Spurenelementen werden auch einige „indifferente" Elemente wie Gold, Lithium oder Rubidium in Serum und Urin bestimmt, da sie dem Körper therapeutisch zugefügt werden. Hier interessieren nicht die Normalgehalte, die sehr niedrig sind, sondern lediglich der erhöhte Gehalt in Blut oder Serum und die Ausscheidung im Urin.

Gold wird zur Behandlung von Gelenkrheumatismus verabreicht. Gold in Serum läßt sich in einer Flamme direkt nach einer 1 : 2- bis 1 : 4-Verdünnung bestimmen, wobei die Bezugslösungen in der Viskosität den Proben angepaßt sein sollten [302] [303] [313] [762]. Für die Bestimmung in Blut wird vorteilhaft Triton X-100 zur Hämolyse zugegeben [477]. Zur Goldbestimmung in Urin wird dieser mit Trichloressigsäure [477], Salpetersäure-Perchlorsäure [314] oder Kaliumpermanganat [69] vorbehandelt und dann in MIBK extrahiert. Die Flamme liefert auch hier eine für alle klinischen Fälle ausreichende Empfindlichkeit und Präzision.

Trotzdem wird diese Bestimmung, nicht zuletzt wegen des erheblich geringeren Probenbedarfs, zunehmend mit der Graphitrohrofen-Technik durchgeführt [2212] [2601] [2824]. WAWSCHINEK und RAINER [3039] haben zusätzlich eine Extraktion von Gold vor der Bestimmung im Graphitrohrofen vorgeschlagen.

KAMEL und Mitarbeiter [2451] [2452] bestimmen Gold in einzelnen Proteinfraktionen aus der Gelchromatographie, sowie in Gewebe [2453] in guter Übereinstimmung zwischen Flammen-, Graphitrohrofen-Technik und Neutronenaktivierungsanalyse.

Lithium wird zur Therapie manischer Psychose verabreicht. In Serum läßt sich Lithium nach einer 1 : 10-Verdünnung problemlos in der Flamme bestimmen [466] [744] [745] [1009], in Urin können größere Verdünnungen erforderlich werden [1383]. FRAZER und Mitarbeiter [385] bestimmten Lithium in Erythrocyten nach einer 1 : 50-Verdünnung mit Wasser.

BERNDT und JACKWERTH [2079] setzten für die Bestimmung von Lithium in Serum die Injektionsmethode ein und konnten so den Probenbedarf erheblich reduzieren. Zur Bestimmung kleinster Lithiumgehalte oder zur Mikroanalyse wurde auch die Graphitrohrofen-Technik eingesetzt [1301] [2601] [2906].

Rubidium wird ebenfalls zur Therapie von Psychosen eingesetzt; seine Bestimmung in Serum, Plasma, Vollblut und Urin erfolgt analog dem Lithium aus 1 : 10 mit Wasser verdünntem Serum oder Blut bzw. aus unverdünntem Urin [1207].

Platin wird als cis-Dichloro-diammin-platin(II) zur Tumortherapie eingesetzt. Die Bestimmung dieses Elements in Körperflüssigkeiten mit der Graphitrohrofen-Technik wird von verschiedenen Autoren beschrieben [2055] [2400] [2439] [2739]. Auch *Palladium* wurde mit dieser Technik in Blut und Urin bestimmt [2439].

Neben den metallischen Elementen werden mit AAS auch verschiedentlich Nichtmetalle bzw. Anionen indirekt in verschiedenen Körperflüssigkeiten bestimmt. Besonders erwähnenswert ist dabei die von BARTELS [82] beschriebene Bestimmung von *Chlorid* in Serum, bei der das Serum mit überschüssiger Silbernitratlösung versetzt und das Silber nach dem Zentrifugieren in der überstehenden Lösung direkt gemessen wird. WOLLIN [1350] sowie

ROE und Mitarbeiter [1042] bestimmten *Sulfat* in Serum und Urin nach Oxidation mit H_2O_2 (SCHÖNINGER) oder Kaliumchlorat (BENEDICT) durch Zugabe von Barium nach dem Zentrifugieren in der überstehenden Lösung. ZAUGG und KNOX [1372] [1373] beschreiben schließlich eine *Phosphat*bestimmung, bei der nach dem Enteiweißen Ammoniummolybdat zugegeben und die freie Heteropolysäure mit 2-Octanol ausgeschüttelt und das Molybdän im organischen Extrakt bestimmt wird. PARSONS und Mitarbeiter [954] modifizieren dieses Verfahren für automatisches Arbeiten und die gleichzeitige Bestimmung von Calcium aus 0,2 mL Plasma. Die Methode eignet sich für 0,2–20 mg P/100 mL und 1–20 mg Ca/100 mL bei einem Variationskoeffizient von etwa 1%.

MANNING und FERNANDEZ [804] beschreiben eine direkte Bestimmung von Phosphor in Urin und Lebergewebe mit der Graphitrohrofen-Technik. Sie verwenden hierfür eine PO_x-Radikalabsorption, die auf einer Blei-Ionenlinie bei 220,3 nm beobachtet werden kann.

Die Bestimmung vorwiegend toxisch wirkender Metalle in den unterschiedlichen Körperflüssigkeiten mit AAS wurde schon frühzeitig beschrieben. WILLIS berichtete 1962 über die Bestimmung von *Blei, Cadmium, Quecksilber* und *Bismut* in Urin über eine Extraktion in ein organisches Lösungsmittel. Ähnlich sind auch alle anderen toxischen Elemente meist über einen weiten pH-Bereich mit APDC in MIBK extrahierbar. Eine Literaturübersicht über die verschiedenen Publikationen auf diesem Gebiet findet sich in Tabelle 46.

Der Umstand, daß es praktisch bei keinem dieser Elemente möglich ist, die „Normalwerte" durch direktes Versprühen in eine Flamme zu erfassen, so daß also stets eine Anreicherung durch Extraktion erforderlich ist, hat die Ausbreitung der AAS auf dieses Anwendungsgebiet etwas behindert. Es ist daher nicht verwunderlich, daß gerade auf die-

Tabelle 46 Literaturübersicht: Anwendung der AAS zur Bestimmung toxischer Elemente in Körperflüssigkeiten und Geweben

Element	Literaturzitat
Ag	[178] [199] [200] [201] [2396] [2436] [2526]
As	[298] [2171] [2252] [2437] [2650] [2960] [3051]
Be	[138] [2317] [2401]
Bi	[299] [644] [1329] [2800]
Cd	[111] [112] [199] [200] [201] [218] [247] [294] [319] [429] [483] [738] [739] [750] [784] [1058] [1329] [2031] [2115] [2132] [2197] [2198] [2221] [2234] [2289] [2372] [2373] [2422] [2442] [2525] [2533] [2569] [2660] [2663] [2693] [2740] [2758] [2766] [2918] [2992] [3079] [3099]
Hg	[111] [146] [564] [565] [566] [703] [711] [735] [753] [754] [786] [847] [863] [864] [871] [874] [920] [926] [1249] [1329] [2129] [2214] [2236] [2250] [2437] [2502] [2552] [2659] [2715] [2825] [2974] [3069]
Pb	[46] [53] [85] [109] [113] [199] [200] [201] [216] [217] [219] [292] [294] [308] [318] [333] [357] [359] [480] [482] [483] [492] [508] [509] [523] [591] [592] [593] [616] [618] [685] [695] [696] [697] [712] [783] [784] [869] [983] [1052] [1056] [1106] [1112] [1301] [1327] [1329] [1386] [2033] [2057] [2072] [2092] [2105] [2132] [2240] [2241] [2242] [2294] [2295] [2313] [2372] [2379] [2380] [2421] [2525] [2533] [2623] [2660] [2663] [2693] [2758] [2791] [2861] [2919] [2959] [3024] [3075]
Sn	[2983]
Te	[644] [1117] [2155]
Tl	[111] [112] [148] [482] [784] [1080] [1120] [2132] [2151] [2279] [2871]

sem Sektor die wesentlich empfindlicheren flammenlosen Verfahren schon frühzeitig eingesetzt wurden. Der erste erfolgreiche Versuch war sicher das Verfahren von BRANDENBERGER und BADER [152–155] zur Bestimmung von Quecksilber. Später folgte die Boot-Technik [616], die sich für fast alle toxikologisch interessierenden Elemente anwenden läßt. Urin wird dabei unverdünnt, Vollblut etwa 1 : 10 verdünnt in ein Tantalschiffchen eingebracht, in der Nähe der Flamme getrocknet, leicht verascht und anschließend in die Flamme eines Atomabsorptionsspektrometers eingebracht. Die Methode ist rasch und einfach und gestattet die routinemäßige Erfassung von toxisch erhöhten Werten ohne besondere Probenvorbereitung. Das Verfahren wurde ausführlich beschrieben für Blei in Urin [616], Blei in Vollblut [618] und Thallium in verschiedenen biologischen Materialien [248]. Später folgten dann das DELVES-System, das speziell für die Bestimmung von Blei in Vollblut entwickelt wurde, sowie die Kaltdampftechnik für Quecksilber. Den endgültigen Durchbruch für den Einsatz der AAS in der Toxikologie schaffte schließlich die Graphitrohrofen-Technik, die sich universell für alle hier interessierenden Elemente einsetzen läßt [1301].

Die Bestimmung von *Arsen* kann sowohl mit der Graphitrohrofen- als auch mit der Hydrid-Technik durchgeführt werden. THIEX [2960] machte einen Säureaufschluß von biologischem Material und extrahierte Arsen vor der Bestimmung im Graphitrohrofen. LO und COLEMAN [2560] zogen eine Trockenveraschung von Gewebe vor; sie nahmen mit Salzsäure auf und führten die Messung dann direkt im Graphitrohrofen durch. FITCHETT und Mitarbeiter [2252] trennten verschiedene Arsenspezies in Urin durch Extraktion und bestimmten sie ebenfalls im Graphitrohrofen.

COX [2171] bestimmte Arsen in Urin mit der Hydrid-AAS-Technik nach einem Aufschluß mit Salpeter-, Schwefel- und Perchlorsäure. Es ist jedoch auch eine Direktbestimmung möglich, wenn ein geeigneter Entschäumer zugesetzt wird [3051].

Daß sich die Bestimmung von *Blei* in Vollblut oder Urin in einer Flamme nur über eine Veraschung und anschließende Extraktion [869] [985] durchführen läßt, wurde bereits erwähnt. KOPITO und Mitarbeiter [696] weisen jedoch ausdrücklich darauf hin, daß diese Bestimmung trotz aller Fortschritte relativ schwierig bleibt und viele Fehlequellen enthält; sie muß mit größter Sorgfalt durchgeführt werden und erfordert Erfahrung. SCHLEBUSCH und NIEHOFF [1089] gehen noch einen Schritt weiter, wenn sie behaupten, daß die Flamme trotz der Extraktion und der damit verbundenen Anreicherung keine ausreichende Empfindlichkeit für die Bestimmung der Normalwerte (etwa 10 µg Pb/100 mL) liefert.

Große Verbreitung und Anwendung hat das Verfahren nach DELVES [292] zur Bestimmung von Blei im Vollblut gefunden (vgl. S. 47). Die Ergebnisse sind in guter Übereinstimmung mit der konventionellen Flammen-Technik [509] und der Colorimetrie [359]. Neben der Originalmethode, bei der die Blutprobe in einem Nickelgefäß getrocknet und mit Wasserstoffperoxid vorbehandelt wird, sind zahlreiche Modifikationen beschrieben worden. EDIGER und COLEMAN [318] trockneten die Blutprobe lediglich auf einer Heizplatte und brachten sie dann direkt in die Flamme, während BARTHEL und Mitarbeiter [85] das Wasserstoffperoxid durch Salpetersäure und ROSE und WILLDEN [1056] durch Königswasser ersetzten und so die Präzision der Bestimmung verbessern konnten. JOSELOW und BOGDEN [592] schließlich extrahierten das Blei mit APDC-MIBK bevor sie die Bestimmung in dem DELVES-System durchführten. MARCUS und Mitarbeiter [2623] haben das Verfahren weiter verbessert und für die Routine eingesetzt. BRATZEL und REED [2105] fanden, daß die Hauptfehlerquelle bei der Bleibestimmung in Blut bei der Probenahme zu suchen ist. JACKSON und Mitarbeiter [2421] bestimmten Blei in Urin ohne Probenvorbereitung gegen aufgestockte Urinproben und GRAEF [2313] bestimmte Blei in Barthaaren durch direkte Festprobenanalyse.

Eine interessante Variante brachten CERNIK und SAYERS [219], die einen Tropfen Blut auf Filterpapier aufbrachten und nach dem Trocknen ein standardisiertes Stück ausstanzten und mit dem DELVES-System analysierten. Das Blut breitet sich selbst unter sehr unterschiedlichen Bedingungen so auf dem Filterpapier aus, daß die Bleiwerte keine signifikanten Unterschiede zeigen [217]. JOSELOW und SINGH [593] fanden, daß sich die Präzision des Verfahrens deutlich verbessern läßt, wenn das Näpfchen während einer Meßreihe in der Halterung bleibt, dennoch scheint die Papierscheibchen-Methode weniger genau zu sein als die mit flüssigem Blut.

Mit der Graphitrohrofen-Technik wurden anfangs für die Bestimmung von Blei in Blut oder Urin nur wenig befriedigende Ergebnisse erzielt [200] [201]. VOLOSIN und Mitarbeiter [3024] fanden, daß für den Carbon-Rod weder das Direktverfahren noch eine Verdünnung mit Triton X-100 ein richtiges Ergebnis liefert. Sie verwendeten daher eine Extraktion zur Bestimmung von Blei in Blut. Andere Autoren fanden, daß eine einfache Vorbehandlung mit Triton X-100 [712] oder mit Salpetersäure [482] besonders die Analyse von Urin [784] deutlich vereinfacht. ALT und MASSMANN [2033] verglichen eine Direktbestimmung unter Zusatz von Ammoniumnitrat, ein Lösen mit einem quarternären Ammoniumhydroxid und einen Druckaufschluß und fanden, daß alle drei Verfahren vergleichbare Ergebnisse für Blei in Blut brachten.

STOEPPLER und Mitarbeiter [2919] automatisierten die Bleibestimmung in Vollblut. Sie setzten Salpetersäure zur Enteiweißung und Matrix-Modifikation zu und bestimmten Blei direkt in der überstehenden Lösung.

FERNANDEZ [2240] hat ein Verfahren ausgearbeitet, bei dem die Probe lediglich mit Triton X-100 verdünnt werden muß und dann direkt gegen wäßrige Bezugslösungen gemessen werden kann. Später wurde das Verfahren dann automatisiert [2241] und die Richtigkeit in zahlreichen Ringversuchen bestätigt. HINDERBERGER und Mitarbeiter [2372] haben gezeigt, daß sich durch Zusatz von primärem Ammoniumphosphat als Isoformierungshilfe und Atomisierung von der L'VOV-Plattform alle Störungen bei der Bestimmung von Blei in Blut und Urin beseitigen lassen. FERNANDEZ [2242] hat daraufhin sein Verfahren nochmals überarbeitet und verwendet jetzt sowohl Triton X-100 zum Verdünnen als auch primäres Ammoniumphosphat als Isoformierungshilfe. Die Atomisierung erfolgt auch hier von einer L'VOV-Plattform in einem Ofen im thermischen Gleichgewicht und ist störfrei.

MÉRANGER und Mitarbeiter [2663] weisen noch darauf hin, daß Blutproben, auch wenn sie mit Heparin stabilisiert sind, nicht längere Zeit aufbewahrt werden sollten. Der Gehalt an Blei wird innerhalb einer Woche unabhängig vom Gefäßmaterial und der Temperatur signifikant niedriger.

CARPENTER [2132] schlägt für die Bestimmung von Blei in Leber- und Nierengewebe einen enzymatischen Aufschluß vor, während BARLOW und KHERA [2057] Gewebe in einem quarternären Ammoniumhydroxid lösen. Das Verfahren eignet sich ausgezeichnet zum Lösen von Leber- und Placentagewebe zur anschließenden direkten Verwendung im Graphitrohrofen. WITTMERS und Mitarbeiter [3075] bestimmten Blei in Knochenasche nach Lösen in Salpetersäure und Zugabe von Lanthanlösung im Graphitrohrofen. LYNGMYHR und Mitarbeiter [2525] [2533] bestimmten Blei in Knochen bzw. Zähnen durch direkte Festprobeneingabe. Chlorid muß dabei aus der Probe entfernt werden, was im Graphitrohr durch Zugabe von Salpetersäure zur Probe erfolgt.

Für die Bestimmung von *Cadmium* in Blut, Serum oder Urin mit der Flamme eignet sich am besten eine Naßveraschung und anschließende Extraktion mit APDC-MIBK [294] [738] [739]. Obgleich mit dem DELVES-System eine direkte Cadmiumbestimmung möglich zu sein scheint [218] [319], ist eine vorausgehende Extraktion für eine genaue Bestimmung vorzuziehen [750]. Auch bei der Bestimmung mit der Graphitrohrofen-Technik ist wegen der hohen Flüchtigkeit eine Extraktion [112] oder eine Kaltveraschung [784] von Vorteil. Allerdings scheint es hier möglich zu sein, durch sorgfältige thermische Vorbehandlung und Atomisierung bei niedrigen Temperaturen (z. B. 1300 °C) auch eine Direktbestimmung durchzuführen [429] [1058], die in guter Übereinstimmung mit der Extraktion ist.

Mit modernen Graphitrohröfen scheint die Bestimmung von Cadmium recht gut unter Kontrolle zu sein. STOEPPLER und BRANDT [2918] setzen Vollblut lediglich Salpetersäure zur Enteiweißung und Isoformierung zu und bestimmten Cadmium in der überstehenden Lösung im Graphitrohrofen. Urin wird nur verdünnt und direkt gemessen. ALT [2031] hat dieses Verfahren mit einer Verdünnung der Blutproben mit einem quarternären Ammoniumhydroxid und einem Extraktionsverfahren verglichen. Die besten Werte lieferte der Zusatz von Salpetersäure; das quarternäre Ammoniumhydroxid verursachte einen extrem hohen Untergrund, der nur mit dem Zeeman-Effekt zur Untergrundkompensation beseitigt werden konnte. Die Extraktion lieferte erhebliche Kontamination und ist daher weniger empfehlenswert. DELVES und WOODWARD [2198] fanden, daß eine Kombination von Matrix-Modifikation mit Ammoniumphosphat und Sauerstoffveraschung während der thermischen Vorbehandlung im Rohr sehr gute Ergebnisse liefert. BRUHN und NAVARRETE [2115] fanden, daß eine Verdünnung mit Triton X-100, eine Matrix-Modifikation mit Ammoniumphosphat und eine Atomisierung bei 800 °C mit sehr schneller Anstiegsrate für Cadmium in Urin ausgezeichnet geeignet sind. HINDERBERGER und Mitarbeiter [2372] stellen allerdings fest, daß nur mit Matrix-Modifikation und Atomisierung von einer L'VOV-Plattform eine störfreie Bestimmung von Cadmium in Blut und Urin möglich ist.

PRUSZKOWSKA und Mitarbeiter [2766] untersuchten die Bestimmung von Cadmium in Urin sehr eingehend und fanden schließlich, daß das sekundäre Ammoniumphosphat dem primären überlegen ist. Sie verdünnten den Urin 1 : 5, gaben sekundäres Ammoniumphosphat als Isoformierungshilfe, sowie zu den Bezugslösungen außerdem 0,2% Natriumchlorid zu und atomisierten bei 1500–1700 °C von einer L'VOV-Plattform in einem Ofen im thermischen Gleichgewicht. Zur Kompensation der hohen Untergrundabsorption setzten sie den Zeeman-Effekt ein. Sie fanden eine charakteristische Konzentration von 0,2 µg/L bezogen auf den unverdünnten Urin. Die Bestimmung war frei von nicht-spektralen Störungen. Von verschiedenen Autoren [2198] [2221] [3099] wurde eindeutig gezeigt, daß der Cadmiumgehalt im Blut von Rauchern hochsignifikant höher liegt als im Blut von Nichtrauchern. MÉRANGER und Mitarbeiter [2663] haben darauf hingewiesen, daß Blutproben für die Bestimmung von Cadmium nicht über längere Zeit aufbewahrt werden dürfen. Auch in heparinisierten Blutproben wird der Cadmiumgehalt unabhängig vom Gefäßmaterial und der Temperatur innerhalb einer Woche signifikant höher.

EVENSON und ANDERSON [2234] bestimmten Cadmium in Lebergeweben durch Abrauchen mit Salpetersäure und Aufnehmen des Rückstands in verdünnter Salpetersäure direkt im Graphitrohrofen. HINNERS [2373] extrahierte lyophilisiertes Lebergewebe mit Salpetersäure für die anschließende Analyse mit der Graphitrohrofen-Technik. JULSHAMN und ANDERSEN [2442] untersuchten die Anwendbarkeit von Tetraalkyl-ammoniumhydroxid als Lösungsmittel für Muskelgewebe und fanden, daß es für die nachfolgende Bestimmung von

Cadmium im Graphitrohrofen gut geeignet ist. JACKSON und MITCHELL [2422] homogenisierten Gewebe unter Zugabe von Wasser und analysierten das Homogenisat direkt. LANGMYHR und Mitarbeiter [2525] [2533] bestimmten Cadmium in Knochen und Zähnen durch direkte Festprobeneingabe in den Graphitrohrofen. Chlorid mußte vorher aus der Probe entfernt werden, was die Autoren durch Zugabe von Salpetersäure direkt im Graphitrohr erreichten.

Obgleich sich *Quecksilber* im Prinzip nach einer Extraktion und entsprechender Anreicherungen auch in der Flamme [111] [864] oder mit der Boot-Technik [863] bestimmen läßt, wird heute fast ausschließlich das von POLUEKTOV und Mitarbeitern [996] beschriebene Kaltdampfverfahren nach Reduktion mit Zinn(II)-chlorid verwendet (vgl. S. 78 ff). Unterschiedlich ist lediglich noch die Art der Probenvorbereitung, die bei Urin meist aus einem mehrstündigen Stehenlassen mit Schwefelsäure-Kaliumpermanganat besteht [711] [754].

Das gleiche Verfahren kann auch für Blut, Plasma [711] und Haare [920] verwendet werden. BOUCHARD [146] bevorzugte einen Aufschluß mit Chromsäure wegen der großen Schnelligkeit und LINDSTEDT und SKARE [754] zerstörten Blut mit Salpetersäure-Perchlorsäure bei 70 °C über Nacht. MAGOS und CERNIK [786] bestimmten Quecksilber in Urin, Blut und Gewebe ohne vorherige Veraschung; damit konnten sie nur das anorganische Quecksilber erfassen, während nach einer Veraschung alles Quecksilber bestimmt wird. Einen guten Überblick über die verschiedenen anderen flammenlosen Verfahren zur Quecksilberbestimmung hat MANNING publiziert [797].

Inzwischen hat sich Natriumborhydrid als alternatives Reduktionsmittel für Quecksilber gut bewährt [2659]. OSTER [2715] fand, daß sich Gesamtquecksilber in Urin sehr zuverlässig bestimmen läßt, wenn aus der Urinprobe nach Behandlung mit Kaliumpermanganatlösung und einem Salpetersäure-Schwefelsäure-Gemisch das Quecksilber mit Natriumborhydrid reduziert wird. SCHIERLING und SCHALLER [2825] setzten Urin und Blut direkt ein, reduzierten mit Borhydrid und sammelten das Quecksilber vor der Bestimmung auf einer Goldgaze. Dadurch erreichten sie die Empfindlichkeit und Spezifität, um auch noch „normale" Quecksilbergehalte in Blut und Urin erfassen zu können.

Mit Natriumborhydrid werden auch quecksilberorganische Verbindungen reduziert, wenn auch mit etwas unterschiedlicher Empfindlichkeit [2974]. Verschiedene Autoren verwendeten schwächere Reduktionsmittel, um die verschiedenen organischen Quecksilberverbindungen vom anorganischen Quecksilber abzutrennen und gesondert zu bestimmen [2129] [2214] [2552]. Die in Zusammenhang mit der Quecksilberbestimmung bestehenden Probleme bezüglich Verluste, Kontamination und die speziellen Anforderungen an Aufschlußverfahren wurden schon ausführlich in Abschn. 8.4 und 10.36 behandelt. Auf eine nochmalige Besprechung kann hier daher verzichtet werden.

11.2 Lebensmittel und Getränke

Die Analytik der Spurenelemente in Lebensmitteln hat in den siebziger Jahren gewaltig zugenommen, wobei vor allem auch die neuen Möglichkeiten der Graphitrohrofen-, Hydrid- und Kaltdampf-Technik eine wichtige Rolle spielen. Der Gehalt an Spurenelementen in Lebensmitteln wird dabei von vielen Quellen beeinflußt (vgl. Abb. 140, S. 399). Bei pflanzlichen Produkten sind dies beispielsweise die Bodenbeschaffenheit, die verwendeten Dünger, Pflanzenschutzmittel, Insektizide, Pestizide etc. sowie die Nähe von Industrie oder

Straßen. Bei tierischen Produkten sind es hauptsächlich Futter und Umwelt, bei Wassertieren ganz vorwiegend der Lebensraum Wasser selbst. Dazu kommen dann für alle Lebensmittel noch die Einflüsse von der Verarbeitung, Aufbewahrung, Verpackung usw. Dabei ist zu beachten, daß durch eine Bearbeitung nicht nur eine Erhöhung, sondern auch eine Erniedrigung der Spurenelementgehalte erfolgen kann. Es sei hier an das Entfernen von Schalen oder äußeren Blättern oder an Waschen und Kochen gedacht, wobei lösliche Bestandteile ausgelaugt werden. Die Problematik beginnt schon bei der *Probenahme*, auf die der Analytiker oft keinen Einfluß hat, die aber bereits den Gehalt an Spurenelementen so stark verfälschen kann, daß die nachfolgende Analyse kaum mehr sinnvoll ist. Nach der Probenahme muß ein repräsentativer Anteil der Probe ausgewählt, zerkleinert, gemischt und homogenisiert werden. Einige Autoren [2440] [2942] haben sich beispielsweise mit dem Homogenisieren von Doseninhalten für die nachfolgende Bestimmung von Blei befaßt.

Danach folgt das Zerstören der organischen Substanz durch einen Aufschluß, gelegentlich gefolgt von einem Trenn- oder Anreicherungsschritt und der eigentlichen Bestimmung der Spurenelemente. Für Elemente, die in höheren Konzentrationen vorliegen, ist das Verfahren im Prinzip ähnlich, nur daß Anreicherungsschritte wegfallen können. Die Bestimmung erfolgt üblicherweise nach entsprechender Verdünnung der Aufschlußlösung direkt in der Flamme.

Metallische Elemente können in Lebensmitteln chemisch an funktionelle organische Gruppen gebunden sein oder als anorganische Salze vorliegen. Üblicherweise ist ein Aufschluß erforderlich, um das organische Material bzw. die organische Bindung zu zerstören. Die Methode zur Probenvorbereitung hängt dabei ab von dem zu bestimmenden Element, von der Probe und von den Gegebenheiten des Labors. Man muß sich dabei darüber im Klaren sein, daß jede Methode einen Kompromiß darstellt zwischen der quantitativen Wiederfindung des zu bestimmenden Elements, der Geschwindigkeit, der Einfachheit, der Sicherheit und den Anforderungen des Analysenverfahrens.

Weit verbreitet sind die verschiedenen *Naßaufschlüsse*, bei denen die Probe mit geeigneten Säuren bei erhöhter Temperatur oxidiert wird. Besonders häufig wird ein Gemisch von Salpetersäure und Perchlorsäure [2286] [2389] [2747] [2866] [2867] [2953] [3001] [3019], oft auch unter Zusatz von Schwefelsäure [2147] [2249] [2392] [2627] [2960], verwendet. Besonders diese letztere Säurekombination erlaubt einen sehr schnellen Auschluß, der auch automatisierbar ist. Verschiedene Autoren [2147] [2867] [2953] haben diesem Aufschluß einen Extraktionsschritt angeschlossen, weil beispielsweise Perchlorsäure die Graphitrohre angreift. Dieses Problem ist heute jedoch mit einer qualitativ hochwertigen Beschichtung der Rohre mit Pyrokohlenstoff beseitigt. Etwas weniger leistungsfähig, dafür aber auch gefahrloser ist ein Aufschluß mit Salpeter- und Schwefelsäure [2010], häufig unter Zusatz von Oxidationsmitteln wie Kaliumperchlorat [2134], Wasserstoffperoxid [2711] oder Vanadiumpentoxid [2220] [2267]. REAMER und VEILLON [2782] fanden einen Naßaufschluß mit Phosphorsäure-Salpetersäure-Wasserstoffperoxid für die nachfolgende Bestimmung von Selen besonders geeignet. AGEMIAN und CHEAM [2008] verwendeten einen Schwefelsäure-Wasserstoffperoxid-Aufschluß, gekoppelt mit einer Permanganat-Persulfat-Oxidation für die vollständige Erfassung organischer Arsen- und Quecksilberverbindungen in Fisch. SCHACHTER und BOYER [2822] verwendeten schließlich einen Aufschluß nur mit Salpetersäure in einer Soxhlet-Apparatur. SPERLING [2898] [2901] [2902] hat sich vor allem bemüht, die Aufschlüsse mit Salpetersäure-Schwefelsäure und Salpetersäure-Perchlorsäure für die

Bestimmung von Cadmium in Meeresorganismen zu miniaturisieren um damit unter anderem das Kontaminationsproblem unter Kontrolle zu bekommen.

KNAPP und Mitarbeiter [2476] [2477] [2778] beschreiben ein mechanisiertes System zur Durchführung naßchemischer Aufschlußmethoden speziell mit Chlorsäure-Salpetersäure. Sie fanden dieses Aufschlußgemisch besonders für leicht flüchtige Elemente wie Cadmium, Selen und speziell Quecksilber besser geeignet als alle anderen. Besonders interessant sind die verschiedenen Aufschlüsse in Teflon-Autoklaven (vgl. Abb. 70, S. 128) unter Druck und erhöhter Temperatur, die üblicherweise etwa eine Stunde dauern.

PAUS [966] beschreibt den Aufschluß von Fisch und Tang zur nachfolgenden Bestimmung von Blei, Cadmium, Eisen, Kupfer, Quecksilber und Zink. HOLAK [528] findet dabei gute Übereinstimmung mit der offiziellen AOAC-Methode für Quecksilber in Fisch und TÖLG und Mitarbeiter [700] stellten mit Radionukliden fest, daß die Verluste selbst bei so flüchtigen Elementen wie Selen oder Quecksilber unter 2% liegen. ADRIAN [19] arbeitete mit größeren Probenmengen (5 g) und niedrigeren Temperaturen auf Kosten der Zeit; er ließ die Probe über Nacht bei Raumtemperatur stehen und heizte dann drei Stunden auf 90° auf.

Besonders für die nachfolgende Bestimmung sehr flüchtiger Elemente sind derartige Druckaufschlüsse geeignet, da mit ihnen Verdampfungsverluste sicher vermieden werden [2917] [3050] und üblicherweise auch ohne Perchlorsäure nur mit Salpeter- und Schwefelsäure oder Salpeter- und Salzsäure gearbeitet werden kann [2832] [2917] [3050]. Die Aufschlußlösungen sind üblicherweise nach Verdünnen in der AAS direkt einsetzbar und ermöglichen z. B. bei Atomisierung von der L'VOV-Plattform in einem Ofen im thermischen Gleichgewicht eine von nicht-spektralen Interferenzen weitgehend freie Spurenelementanalytik. Auch für die Hydrid-Technik sind derartige Aufschlußlösungen üblicherweise sehr gut geeignet [3050].

BEHNE und Mitarbeiter [2071] fanden, daß sich Chrom in Bierhefe nur nach einem Druckaufschluß verlustfrei bestimmen läßt. Inzwischen wurde allerdings gezeigt, daß auch andere Aufschlüsse für Chrom verlustfrei arbeiten [2147], daß dieses Element jedoch zu einem hohen Prozentsatz an säureunlöslichen Rückständen festgehalten werden kann.

Neben dem nassen Aufschluß wird auch häufig, besonders wenn weniger flüchtige Elemente zu bestimmen sind, eine Oxidation durch Sauerstoff bei erhöhter Temperatur, eine sog. *trockene Veraschung* durchgeführt. Vorteil dieses Verfahrens ist, daß die organischen Bestandteile dabei rückstandsfrei zerstört werden, was für die nachfolgende Analyse natürlich günstig ist. Weiterhin lassen sich relativ große Probenaliquote veraschen; allerdings dauert dieser Aufschluß dafür relativ lange. Der größte Nachteil des Verfahrens ist die Gefahr, daß dabei Verluste auftreten, meist durch Verflüchtigung, gelegentlich auch durch Bildung unlöslicher Oxide oder Silikate.

Der Aufschluß kann direkt [2308] [2359] [2706] [3035] oder unter Zusatz von Veraschungshilfen wie Magnesiumnitrat [2232] [2269] [2560] [2782] [2858] bei 500 bis 550 °C erfolgen. Salpetersäurezusatz gibt eine besonders saubere und leicht lösliche Asche [2316], während der Zusatz von Schwefelsäure dazu beiträgt, Verluste zu vermeiden. FEINBERG und DUCAUZE [2238] fanden, daß bei Zusatz von Schwefelsäure die Veraschungstemperatur sogar bis 980 °C erhöht werden kann, ohne daß signifikante Verluste an Blei oder Cadmium auftreten.

MENDEN und Mitarbeiter [2660] fanden, daß nicht nur das Temperaturprogramm bei der Veraschung selbst sondern auch das Lösen der Asche für die Wiederfindung von großer Bedeutung ist. Sie entwickelten ein mehrstufiges Programm, bei dem sie nach einer Vorveraschung erst Kaliumsulfat und Salpetersäure, dann nur Salpetersäure und schließlich Königswasser zusetzten. FETTEROLF und SYTY [2247] berichten, daß sich Kaugummi nur mit einem kombinierten Trocken- und Naßaufschluß vollständig aufschließen läßt.

Gelegentlich wird auch ein SCHÖNINGER-Aufschluß eingesetzt [2382] [2986], bei dem die Probe in einem Sauerstoffkolben verbrannt wird. Bei diesem Verfahren läßt sich allerdings nur sehr wenig Probenmaterial einsetzen und es resultiert ein sehr ungünstiges Verhältnis Probe zu Wand. TÖLG [620] beschreibt schließlich noch eine modifizierte „Kaltveraschung" mit aktiviertem Sauerstoff, die ebenfalls verlustfrei arbeitet. Ein Aufschluß mit angeregtem Sauerstoff ist jedoch nur für Proben mit sehr geringem Anteil an anorganischen Salzen verwendbar. Schon wenige Prozent anorganischer Salze bilden eine Kruste, durch die das Sauerstoffplasma nicht mehr eindringen kann. Für die Ultraspurenanalytik besonders geeignet ist ein Verbundverfahren, das ebenfalls im Arbeitskreis von TÖLG [2345] entwickelt wurde. Die Probe wird dabei in Sauerstoff verbrannt und die verflüchtigten Elemente an einem Kühlfinger kondensiert. Sie werden in der gleichen Apparatur unter Rückfluß mit Salzsäure oder Salpetersäure gelöst und dann direkt der Bestimmung zugeführt.

Eine Sonderstellung unter den Spurenelementen nimmt das *Quecksilber* ein, worauf bei der Besprechung dieses Elements (10.37, S. 333 ff) und der Kaltdampf-Technik (8.4, S. 258 ff) eingegangen wurde. Für Quecksilber ist eine Trockenveraschung auch unter Zusatz von Veraschungshilfen nicht ohne Verluste durchführbar [2269] und selbst das Homogenisieren der Proben [2137] oder das Gefriertrocknen [2771] scheint nicht problemlos zu sein. Auch Naßaufschlüsse sind für Quecksilber nicht gefahrlos, da selbst hierbei in Abhängigkeit von der Aufschlußzeit und -temperatur Verluste auftreten können [2137] [2477] [3008], besonders wenn die Oxidationskraft der Aufschlußlösung nicht hoch genug ist.

Es wurden für Quecksilber daher einige Verfahren entwickelt, die einen Aufschluß bei besonders niedriger Temperatur oder in sehr kurzer Zeit ermöglichen. BOUCHARD [146] verwendete Chromsäure zum Aufschluß von Fisch und Fleisch, wobei der Aufschluß nach 1/2 bis 1 1/2 h bei 25 °C vollständig war. VELGHE und Mitarbeiter [3007] versetzten Fischproben mit Kaliumpermanganat und Schwefelsäure und erwärmten kurz. Sie fanden, daß sich der Fisch in weniger als einer Minute löst und organische Quecksilberverbindungen quantitativ zerstört werden. DUSCI und HACKETT [2213] lösten Fisch in 2–3 min bei 60 °C mit Salpetersäure unter Zusatz von Natriummolybdat.

Besonders geeignet für die nachfolgende Quecksilberbestimmung sind natürlich wieder die Druckaufschlüsse im geschlossenen Gefäß, da sie bei richtiger Handhabung verlustfrei arbeiten [528] [700] [966] [3050]. SEEGER [2836] hat ein vereinfachtes Verfahren beschrieben, bei dem in gewöhnlichen Schraubflaschen bei niedriger Temperatur und geringerem Druck gearbeitet wird.

ROOK und Mitarbeiter [2798] sowie GLADNEY und OWENS [2305] beschreiben eine Verbrennung im Sauerstoffstrom und ein Ausfrieren des Quecksilbers in einer Kühlfalle, das sich sehr gut für eine quantitative, verlustfreie Bestimmung dieses Elements einsetzen läßt.

Auf die Möglichkeiten der Spezies-Bestimmung wurde schon bei der Besprechung dieses Elements (Abschn. 10.37) eingegangen. EGAAS und JULSHAMN [2220] weisen besonders darauf hin, daß die ausschließliche Bestimmung von Gesamtquecksilber ein falsches Bild gibt. Es muß gleichzeitig der Gehalt an antagonistischen Elementen wie Selen berücksichtigt werden.

Auch das *Selen* nimmt unter den Spurenelementen eine Art Sonderstellung ein. Zwar ist in zahlreichen Tierversuchen eindeutig nachgewiesen worden, daß Selen als essentiell für den Organismus einzustufen ist, doch sind beim Menschen bisher noch keine Mangelerscheinungen beobachtet worden. Die Spanne zwischen der toxikologischen Grenze und der essentiell notwendigen Aufnahme wird mit nur 1–2 Zehnerpotenzen angegeben und ist daher so gering wie bei keinem anderen Spurenelement. Wechselwirkungen zwischen Selen und anderen Spurenelementen sind besonders stark ausgeprägt, wodurch die physiologische Bewertung zusätzlich erschwert wird [2382].

Neben dem oxidativen Aufschluß von biologischen Materialien wurde für einige Elemente und Proben auch eine *Extraktion* mit einer verdünnten Säure oder einem organischen Lösungsmittel untersucht. FREEMAN und Mitarbeiter [2267] extrahierten anorganisches und organisch gebundenes Arsen aus Fischgewebe und fanden die gleichen Ergebnisse wie mit einem Naßaufschluß. MAURER [2641] extrahierte sieben Elemente mit Salz- und Salpetersäure aus Lebensmitteln und fand, daß dieses Verfahren besser, schneller und einfacher ist als eine trockene Veraschung. HINNERS und Mitarbeiter [2375] extrahierten Cadmium aus Reis mit 1%iger Salpetersäure mit gleichen Ergebnissen wie nach einem Naßaufschluß mit Salpeter- und Perchlorsäure.

LOVE und PATTERSON [2564] extrahierten Äpfel mit Aceton zur Untersuchung auf Rückstände des Pestizids Tricyclohexylzinn-hydroxid. TRACHMAN und Mitarbeiter [2983] bestimmten Zinn in biologischen Materialien nach Lösen in einem quarternären Ammoniumhydroxid.

CRUZ und Mitarbeiter [2178] weisen darauf hin, daß auch bei Blei eine Spezies-Bestimmung wichtig ist. Neben dem Gesamtblei, das nach einem Salpetersäure-Schwefelsäure-Perchlorsäure-Aufschluß bestimmt wird, interessieren besonders die Mengen an extrahierbarem, flüchtigem und Tetraalkylblei. Für ersteres extrahierten sie die Proben mit Hexan; zur Abtrennung von flüchtigem Blei wird die Probe auf 150 °C erhitzt und die verflüchtigten Bestandteile in einer Kühlfalle gesammelt. Die Bestimmung selbst erfolgt durch langsames Erwärmen der Falle und direktes Messen im Graphitrohrofen. Tetraakylblei wird nach dem gleichen Verfahren abgetrennt und gemessen, jedoch unter Zwischenschalten einer Trennsäule. SIROTA und UTHE [2873] bestimmten Tetraalkylblei in Fischgewebe, indem sie Gewebehomogenisate mit einer wäßrigen EDTA-Lösung und Benzol ausschüttelten.

BROOKE und EVANS [2109] trennten anorganisches Arsen in Fisch durch Destillation aus Salzsäure der Konzentration 6,6 mol/L ab sowie durch Chelatisieren und Extrahieren, gefolgt von einer Rückextraktion. Beide Verfahren lieferten mit der Hydrid-Technik gut übereinstimmende Werte; die Autoren bevorzugten dabei das Destillationsverfahren, da es schneller und effektiver ist.

Mit der Graphitrohrofen-Technik lassen sich auch *feste Proben* direkt untersuchen, wobei hier die Probe im Graphitrohr praktisch in situ thermisch zerstört wird. Eine der ersten Anwendungen dieser Art stammt von PICKFORD und ROSSI [2741], die das NBS-Standard-Referenzmaterial Rinderleber auf diese Art analysierten. Die Kalibrierung erfolgte nach dem Additionsverfahren, indem wäßrige Bezugslösungen auf die Festprobe dosiert wurden. Die Übereinstimmung mit den zertifizierten Werten für Blei, Kupfer, Mangan und Silber lag innerhalb 10%. CHAKRABARTI und Mitarbeiter [2142] untersuchten später die gleiche Probe auf 6 Elemente und fanden, daß durch die direkte Festprobenanalyse wesentlich weniger Kontaminationsprobleme auftreten.

LORD und Mitarbeiter [2562] preßten Tabletten aus gefriergetrocknetem, pulversiertem Muschelgewebe und gaben diese in den Graphitrohrofen. Für Aluminium, Chrom und Kupfer gelang eine Kalibrierung gegen wäßrige Bezugslösungen, während für Blei und Zink die Erscheinungszeiten in Probe und Bezugslösung zu sehr verschieden waren. In einem Ofen im thermischen Gleichgewicht müßte sich dieses Problem durch Peakflächenintegration beseitigen lassen.

LANGMYHR und Mitarbeiter [2522] [2523] [2527] haben die direkte Festprobenanalyse für Fisch, Leber und botanische Proben eingehend untersucht und dabei Blei, Cadmium, Chrom, Cobalt, Kupfer, Mangan, Nickel und Phosphor bestimmt. Sie verwendeten sowohl das Additionsverfahren als auch eine Direktbestimmung gegen wäßrige Bezugslösung und fanden eine gute Übereinstimmung mit den Werten von Aufschlußlösungen bzw. mit zertifizierten Gehalten. Die Festprobenanalytik ist schnell, braucht wenig Probenmaterial und zeigt kaum Kontaminations- oder Blindwertprobleme.

GROBENSKI und Mitarbeiter [2320] kombinierten die direkte Festprobeneingabe mit einer in situ Veraschung, indem sie während der thermischen Vorbehandlung kurzzeitig Sauerstoff durch das Graphitrohr leiteten und so eine Zerstörung der organischen Bestandteile erreichten. Sie fanden mit diesem Verfahren viel weniger spektrale und nicht-spektrale Interferenzen als bei Untersuchung von Aufschlußlösungen.

Öle und flüssige *Fette* können, wenn es die Konzentration an dem zu bestimmenden Element erlaubt, nach einer ausreichenden Verdünnung mit einem geeigneten organischen Lösungsmittel direkt in die Flamme versprüht werden. Für die Bestimmung von Spurenelementen ist, wenn diese mit der Flammen-Technik erfolgen soll, eine Veraschung unumgänglich. Hierfür wird häufig eine Verbrennung mit Sauerstoff, etwa ein SCHÖNINGER-Aufschluß [2986] oder mit verminderter Luftzufuhr unter Zusatz von Schwefelsäure [2985] mit nachfolgender Extraktion eingesetzt.

Mit der Graphitrohrofen-Technik lassen sich auch Spurenelemente in Ölen und Fetten nach leichter Verdünnung (zur besseren Dosierung) direkt bestimmen. Häufig sind dabei für die thermische Probenvorbehandlung im Graphitrohrofen und die in situ Zerstörung der organischen Bestandteile recht aufwendige Temperaturprogramme erforderlich, wie in Abb. 139 am Beispiel der Phosphorbestimmung in Sojaöl [3050] gezeigt ist.

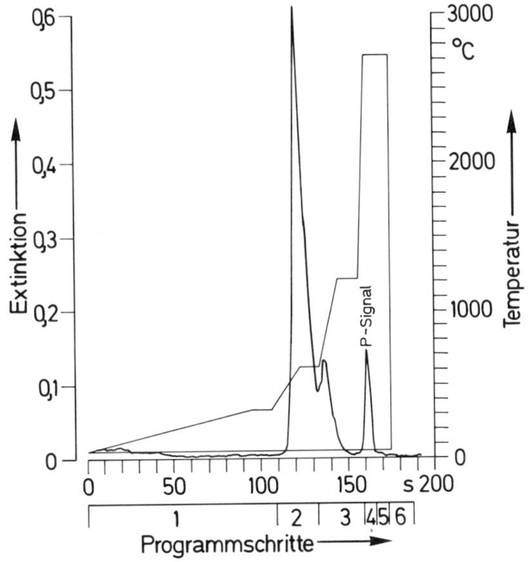

Abb. 139 Bestimmung von Phosphor in Sojaöl mit der Graphitrohrofen-Technik. Temperatur-Zeit-Programm und die dabei registrierten Untergrund- und Elementsignale

Prévôt und Gente-Jauniaux [2760] bestimmten ebenfalls Phosphor in Speiseöl direkt nach einer 1 : 1-Verdünnung mit MIBK und fanden eine Nachweisgrenze von etwa 0,5 mg/kg im Öl. Slikkerveer und Mitarbeiter [2884] verbesserten das Verfahren weiter und fanden, daß ein Zusatz von Lanthan (als Lanthan-2,4-pentadionat) eine bessere Genauigkeit und eine ausgezeichnete Wiederfindung gibt. Auch diese Autoren fanden, daß die Flexibilität in der Programmierung des Graphitrohrofens besonders wichtig ist.

Milch läßt sich noch unverdünnt direkt in die Flamme versprühen; gelegentlich sind jedoch die interessierenden Elemente nicht in ausreichender Konzentration enthalten, so daß diese nach einer vorausgegangenen nassen Veraschung extrahiert oder nach einer trokkenen aus der Asche bestimmt werden müssen. Brooks und Mitarbeiter [166] bevorzugten eine Enteiweißung der Milch mit Trichloressigsäure, um die Hauptelemente störungsfrei bestimmen zu können. Sulek und Mitarbeiter [2944] verglichen eine Trockenveraschung von Trockenmilch mit nachfolgender Chelatisierung und Extraktion von Blei und dessen Bestimmung mit der Flammen-Technik mit einer Bestimmung im Graphitrohrofen. Für letzteres Verfahren wurde die Probe auf dem Dampfbad mit Salpetersäure gelöst und direkt gemessen. Die beiden Verfahren gaben eine befriedigende Übereinstimmung auch mit voltammetrischen Verfahren, wobei die Graphitrohrofen-Technik am einfachsten war.

Lagathu und Desirant [722] bestimmten Cobalt, Eisen, Kupfer, Mangan und Strontium in Milch mit der Graphitrohrofen-Technik mit einem Variationskoeffizienten von 2–5%; Manning und Fernandez bestimmten Kupfer und Strontium [802] sowie Blei [803] direkt unter Verwendung eines Untergrundkompensators. Fast alle *Milchprodukte* müssen vor ihrer Analyse naß oder trocken verascht werden. Eine Ausnahme bildet lediglich die Bestimmung von Kupfer in Butter und anderen Fetten; diese wird zweckmäßigerweise über eine einfache Extraktion der gelösten oder geschmolzenen Probe mit verdünnter Salpetersäure durchgeführt [15]. Eine ähnliche Extraktion beschreiben Price und Mitarbeiter [1005] für Nickel in Speisefetten, die ebenfalls mit 10%iger Salpetersäure in Gegenwart von Tetrachlorkohlenstoff durchgeführt wird.

Getränke lassen sich mit Ausnahme solcher Fruchtsäfte oder -konzentrate, die noch Fruchtfleisch enthalten, oft direkt in eine Flamme versprühen. Hierbei wird die Flamme praktisch zur in situ Zerstörung des organischen Materials verwendet. McHard und Mitarbeiter [2655] [2656] beschreiben ein Hydrolyseverfahren mit Salpetersäure bei 80 °C für die Bestimmung von 8 Spurenelementen in Orangensaft mit der Flammen-Technik. Liköre oder Konzentrate müssen lediglich verdünnt werden, da sie eine sehr hohe Viskosität aufweisen, und aus kohlensäurehaltigen Getränken muß die Kohlensäure vor der Analyse am besten durch Erwärmen ausgetrieben werden. Boriello und Sciaudone [2093] bestimmten Blei, Eisen, Kupfer und Zink in Dosen- und Flaschenbier nach Erwärmen mit Salpetersäure und Wasserstoffperoxid. Sie fanden in Dosenbier signifikant höhere Gehalte an Blei und Zink und vergleichbare Werte für Eisen und Kupfer. Getränke mit höherem oder wechselndem Zucker- oder Alkoholgehalt sollten möglichst nach dem Additionsverfahren analysiert werden, da besonders ein hoher Alkoholgehalt die einzelnen Elemente sehr unterschiedlich beeinflussen kann. Varju [1258] weist darauf hin, daß auch bei alkoholischen Getränken eine Direktbestimmung möglich ist, wenn der Alkoholgehalt auf 50% angeglichen wird und nicht mehr als 5% variiert. Watkins und Mitarbeiter [3035] untersuchten *Verpackungsmaterial*, besonders gefärbtes Papier, auf Blei und fanden z. T. recht hohe Gehalte an diesem Element. Die Proben wurden durch nasse oder trockene Veraschung aufgeschlossen. Trachman und Mitarbeiter [2983] bestimmten Zinn in Verpackungsmaterial nach Extraktion mit Wasser, Essigsäure und organischen Lösungsmitteln. Zinn wird Plastikfolien als Stabilisator zugesetzt.

Eine Literaturübersicht über die Analyse von Lebensmitteln und Getränken findet sich in Tabelle 47. Ein ausführlicher Übersichtsartikel mit einer Literaturzusammenstellung bis 1978 wurde von FRICKE und Mitarbeitern [2268] publiziert.

Tabelle 47 Literaturübersicht: Anwendung der AAS in der Lebensmittelchemie

Element	Tierische Produkte	Pflanzliche Produkte	Öl, Fett	Getränke, Milch Milchprodukte
Ag	[2316] [2420] [2748]	[2420]		
Al	[129] [2562]	[525]		
As	[2008] [2109] [2232] [2249] [2253] [2267] [2389] [2405] [2560] [2711] [2857] [2858] [2960] [3050]	[2232] [2405] [2711] [2857] [2858] [2960] [3050]		[2858] [3050]
B	[526]	[526]		
Bi	[2797]	[2797]		
Ca	[121] [489] [951] [1129] [2641] [2660]	[594] [951] [2641]	[23] [382] [448]	[166] [386] [594] [722] [2655] [2656] [3050]
Cd	[49] [129] [527] [2010] [2142] [2233] [2238] [2389] [2522] [2660] [2706] [2747] [2753] [2832] [2874] [2892] [2898] [2901] [2902]	[751] [2090] [2233] [2238] [2286] [2375] [2479] [2747] [2832] [2892] [3050]	[2985]	
Cl				[405]
Co	[598] [2420] [2527] [2874]	[2420] [2866]		[387] [722] [3050]
Cr	[49] [129] [2010] [2316] [2420] [2527] [2543] [2562] [2706] [2874]	[594] [2071] [2134] [2420] [2984]		[387] [594]
Cu	[49] [129] [203] [489] [490] [491] [674] [741] [1129] [2010] [2231] [2238] [2443] [2522] [2562] [2641] [2660] [2748] [2874] [2892]	[39] [594] [2231] [2238] [2359] [2641] [2867] [2892] [3050]	[1143] [2985]	[15] [180] [386] [387] [594] [722] [802] [897] [1046] [1184] [1258] [1331] [1378] [2093] [2656]
Fe	[129] [489] [674] [1129] [2231] [2308] [2443] [2641] [2660] [2874]	[273] [525] [594] [2231] [2641]	[1143]	[386] [387] [594] [722] [1003] [1046] [1258] [2093] [2656]
Hg	[57] [146] [528] [531] [576] [754]	[531] [576] [948] [2512] [2798] [2836]		[2986] [3050]

Fortsetzung Tabelle 47

Element	Tierische Produkte	Pflanzliche Produkte	Öl, Fett	Getränke, Milch Milchprodukte
Hg	[895] [934] [949] [1225] [1229] [1251] [2008] [2044] [2087] [2137] [2186] [2213] [2220] [2445] [2771] [2798] [2852] [2925] [3007] [3008] [3050]	[3050] [3053]		
K	[121] [490] [1226] [2641]	[273] [594] [2641]	[1001]	[166] [386] [512] [594] [722]
Li		[594]		[114] [594]
Mg	[121] [489] [674] [951] [2641] [2660]	[36] [273] [594] [951] [2641]	[23] [448]	[116] [387] [549] [722] [1258] [2656]
Mn	[489] [674] [2231] [2443] [2522] [2641] [2660] [2748] [2874]	[174] [273] [594] [2231] [2359] [2641]	[1143] [2985]	[387] [594] [722] [2656]
Mo				[1046]
Na	[121] [490] [867] [2641]	[273] [594] [2641]	[130] [1001]	[166] [386] [512] [594] [722]
Ni	[2010] [2233] [2527] [2747] [2874]	[2233] [2747]	[1005] [1143]	[180] [387]
P	[654] [2523]	[2523]	[1143] [2760] [2884] [3050]	[654] [804]
Pb	[129] [144] [527] [590] [1055] [1179] [2010] [2178] [2233] [2237] [2238] [2389] [2392] [2440] [2443] [2522] [2660] [2706] [2747] [2748] [2753] [2873] [2874] [3050]	[352] [2170] [2178] [2225] [2233] [2238] [2247] [2392] [2440] [2627] [2747] [2984]	[2985]	[369] [456] [724] [803] [1055] [1377] [1378] [2093] [2392] [2944] [3050]
Rb		[594] [1185]		[594]
Sb	[2232] [2249]	[2034] [2232]		[2034]
Se	[2220] [2249] [2253] [2345] [2404] [2405] [2778] [2851] [3050]	[2160] [2283] [2345] [2382] [2404] [2405] [2778] [2782] [2953] [3019] [3050]		
Sn	[276] [1054] [1129] [2232] [2378]	[2232] [2378] [2564] [3050]		[1003] [1093] [3050]
Sr	[275] [1242]	[270] [594] [1242]		[722] [802] [1242]
Te	[2249]			
Zn	[49] [121] [129] [489] [674] [951] [1129] [1246] [2010] [2231] [2316] [2443] [2641] [2660] [2874]	[174] [267] [273] [594] [951] [2231] [2359] [2641]	[23] [2985]	[387] [594] [1378] [2093]

11.3 Böden, Düngemittel und Pflanzen

Die Agrikulturchemie umfaßt drei wichtige Zweige, die Analyse von Böden und Bodenextrakten, von Düngemitteln und von Pflanzen. Neben den Hauptelementen Natrium, Kalium, Calcium und Magnesium interessieren dabei besonders die Spurenelemente Kupfer, Mangan, Zink, Eisen, Molybdän und Bor, die im Leben der Pflanzen eine wichtige Rolle spielen. Sind diese Elemente nicht in ausreichender Menge im Boden enthalten, so treten unter Umständen Schäden an Pflanzen oder schlechte Ernten auf; sie sollten demnach mit den Düngemitteln dem Boden verabreicht werden. Eine Überdosierung kann jedoch ebenfalls zu Schäden führen, so daß also eine regelmäßige Kontrolle angebracht ist. Auch der Aluminiumgehalt von Böden wird häufiger untersucht, da dieser für die Regenerierung und die Säure des Bodens von Bedeutung ist. Im Zuge der Umweltkontrolle spielen natürlich auch toxische Schwermetalle wie Arsen, Blei, Cadmium usw. eine immer größer werdende Rolle. Eine Literaturübersicht über die einzelnen Elemente, die in Bodenextrakten, Düngemitteln und Pflanzen untersucht wurden, findet sich in Tabelle 48.

Die Flammen-AAS eignet sich sehr gut für die direkte Analyse von *Bodenextrakten*, da die oft komplexe und konzentrierte Matrix nur selten größere Probleme bereitet. Für die Spurenanalyse lassen sich die Extrakte mit Ammoniumacetat oder anderen Extraktionsmitteln bei Verwendung eines Dreischlitz-Brennerkopfs direkt versprühen. Die Ergebnisse sind dabei in guter Übereinstimmung mit Neutronen-Aktivierung [173] und häufig besser als mit konventionellen Verfahren [464]. Die Störfreiheit und Schnelligkeit der AAS erlaubt dabei eine leichte Automation bei hohem Probenanfall [532]. Das einzige Element, das sich häufig nicht mit der erforderlichen Empfindlichkeit direkt in Böden und Bodenextrakten bestimmen läßt, ist Bor. Ein spezielles Extraktionsverfahren mit einem Lösungsmittel bringt eine Steigerung der Empfindlichkeit um etwa den Faktor 25 und ist für dieses Element besonders nützlich [979] [1288].

KRISHNAMURTI und Mitarbeiter [2508] fanden einen Aufschluß von Böden mit Salpetersäure und Wasserstoffperoxid bei 100 °C besonders vorteilhaft für die nachfolgende Analyse mit der Flammen-Technik. Organisches Material wird leicht oxidiert und Kontamination ist kaum ein Problem. Auch bei der Analyse von Bodenextrakten spielen inzwischen natürlich die wesentlich empfindlichere Graphitrohrofen- bzw. Hydrid-Technik für die Bestimmung der Spurenelemente eine erhebliche Rolle. Die meisten Autoren [2208] [2419] [2737] [2746] [2828] [2994] bevorzugen dabei eine Extraktion der komplexierten metallischen Spurenelemente in ein organisches Lösungsmittel wie MIBK oder Chloroform, um Störungen zu vermeiden. YAMASAKI und Mitarbeiter [3088] bestimmten eine ganze Anzahl von Spurenelementen in Bodenextrakten direkt im Graphitrohrofen und fanden zahlreiche Störungen, die allerdings bei Atomisierung von einer L'VOV-Plattform in einem Ofen im thermischen Gleichgewicht nicht auftreten sollten.

Die Bestimmung von Arsen in Bodenextrakten mit der Hydrid-Technik scheint dagegen weitgehend störfrei zu sein [2005] [2963] [3017] [3037]. Sie hat gegenüber anderen Verfahren erhebliche Vorteile bezüglich Geschwindigkeit, Empfindlichkeit und Richtigkeit. Sie ist besonders geeignet für Routineanalysen [2963] und wurde ebenso wie die Selenbestimmung bereits automatisiert [2005].

Die Analyse von *Düngemitteln* erfordert meist einen Aufschluß des Materials; für die Analyse auf die wichtigsten Spurenelemente genügt jedoch häufig ein einmaliges Abrauchen mit konzentrierter Salzsäure und Lösen des Rückstands mit verdünnter Salzsäure.

Tabelle 48 Literaturübersicht: Anwendung der AAS zur Analyse von Böden, Düngemitteln und Pflanzen

Element	Böden und Bodenextrakte	Düngemittel	Pflanzen
Al	[173] [720] [968] [1365] [3088]		
As	[2005] [2256] [2963] [3017] [3037]		[2318] [2511] [2735] [2893] [2963] [3037]
B	[464] [979]	[461] [980] [1288]	[859] [963] [2227] [2283]
Ca	[173] [269] [968]		[117] [268] [274] [418] [1259] [2376]
Cd	[612] [2208] [2270] [2419] [2746] [2775] [2792] [2828] [2994] [3088]		[2994]
Co	[2270] [2419] [2746] [3088]		[1127] [2283]
Cr	[173] [2661] [3088]		
Cu	[39] [64] [173] [464] [1260] [2270] [2419] [2746] [2792] [2830] [3088]	[461] [490] [846]	[22] [39] [418] [1040] [1259] [2283]
Fe	[37] [64] [173] [968] [1365] [2830] [3088]	[461] [846]	[22] [37] [273] [274] [418] [1040] [1111] [1259] [2283]
Hg	[3087]		
K	[173] [269] [968] [1221]	[490] [989] [1230]	[274] [418]
Li	[173]		[961]
Mg	[269] [441] [968] [1321]	[846]	[117] [274] [418] [1259] [2283]
Mn	[64] [173] [464] [535] [2746] [2830] [3088]	[461] [846]	[22] [174] [273] [274] [418] [1040] [1111] [1259] [2283]
Mo	[464] [1250] [2465]	[271] [530]	[503] [2283] [2689]
Na	[269] [968]	[490] [2169]	[274] [418]
Ni	[173] [2270] [2419] [2661] [2746] [2792] [3088]		
P		[2383]	
Pb	[612] [2270] [2419] [2746] [2792] [3088]		[532] [612] [1111] [2225] [2363]
Rb	[173]		
SO_4	[401] [1261]	[2123]	
Sb			[2034]
Se	[2005]	[553]	[1017] [2283]
Si	[721] [1365] [2369]		
Sn			[1319]
Sr	[173] [272]		[272] [1242]
Zn	[41] [64] [173] [464] [2746] [2792] [3088]	[461] [846]	[22] [41] [174] [274] [418] [1040] [1259] [2283] [2376]

Zumindest für Eisen, Kupfer, Mangan, und Zink sind die damit erhaltenen Werte gut vergleichbar mit denen aus einer Kaliumhydrogensulfat-Schmelze oder einem Flußsäure-Salpetersäure-Aufschluß [461]. McBRIDE [846] hat die Bestimmung von Eisen, Kupfer, Magnesium, Mangan und Zink in Düngemitteln mit AAS einem scharfen Test unterzogen [1363] und zudem Vergleichsmessungen durchgeführt. Das Ergebnis ist dabei sehr zufriedenstellend, und das Verfahren wurde als offizielle Methode von der AOAC angenommen.

COROMINAS und Mitarbeiter [2169] haben verschiedene Methoden zur Bestimmung von Natrium in Düngemitteln verglichen, wobei sie mit der AAS die beste Richtigkeit und Präzision erzielten. CAMPBELL und TIOH [2123] bestimmten Sulfat in Düngemitteln, indem sie dieses als Bariumsulfat fällten, den Niederschlag in ammoniakalischer EDTA-Lösung auflösten und das Barium bestimmten. WOODIS und Mitarbeiter [3078] beschreiben ein indirektes Verfahren zur Bestimmung von Biuret in Mischdüngern und Harnstoff. Eine alkoholische Lösung von Biuret und Kupfer wird mit einer starken Base behandelt, so daß sich ein Biuret-Kupfer-Komplex bildet und das überschüssige Kupfer ausgefällt wird. Das gelöste Kupfer, dessen Konzentration der des Biuret entspricht, wird bestimmt.

MANNING und FERNANDEZ [804] berichten über eine direkte Bestimmung von Phosphor in Düngemitteln mit der Graphitrohrofen-Technik. Sie verwenden hierfür eine PO_x-Radikalabsorption auf einer Blei-Ionenlinie bei 220,3 nm, die spezifisch ist für Phosphor. HOFT und Mitarbeiter [2383] bestimmten ebenfalls Phosphor in wäßrigen Lösungen von Düngern mit einer Lachgas/Acetylen-Flamme auf der 213,6 nm Resonanzlinie. Sie fanden, daß die Methode schnell, spezifisch und frei von Interferenzen ist.

Die Analyse von *Pflanzenmaterialien* schließt praktisch immer eine Veraschung des getrockneten Materials ein, wobei die AAS den Vorteil bietet, daß die meist in verdünnter Salzsäure aufgenommene Asche direkt untersucht werden kann; nur in den seltensten Fällen sind weitere Anreicherungsschritte, wie eine Extraktion mit einem organischen Lösungsmittel, erforderlich.

Mehrere Autoren haben die Zusammenhänge zwischen Probenvorbereitung und analytischem Ergebnis bei der Pflanzenanalyse untersucht. GIRON [418] fand keine signifikanten Unterschiede zwischen Trocken- und Naßveraschung mit Salpeter- und Perchlorsäure bei der Bestimmung von 8 Elementen. Lediglich die Präzision war bei der Trockenveraschung besser. VARJU [1259] fand, daß eine Vorbehandlung von Pflanzenproben mit Salpetersäure vor der trockenen Veraschung diese beschleunigt und die Löslichkeit der Asche erhöht. Kupfer und Eisen werden nämlich als Nitrate nicht an Kieselsäure gebunden und daher auch quantitativ wiedergefunden. Eine Extraktion von Pflanzenmaterial mit Salzsäure der Konzentration 6 mol/L bei 110 °C im geschlossenen Gefäß löst zwar Eisen, Kupfer, Mangan und Zink quantitativ, Calcium und Magnesium jedoch nur zu weniger als 50%.

ROBLES und LACHICA [1040] verglichen die Naßveraschung mit Salpeter- und Perchlorsäure mit drei einfachen Extraktionsverfahren und zwar mit Salpetersäure-Salzsäure, nur mit Salzsäure und mit Salzsäure-Flußsäure, wobei die Kieselsäure entfernt wurde. Das letzte Verfahren gab für die untersuchten Elemente Eisen, Kupfer, Mangan und Zink die höchsten Werte. AGUILAR und Mitarbeiter [22] untersuchten den Zusammenhang zwischen der konventionellen Blattanalyse und der Analyse der Säfte und fanden für Kupfer, Mangan und Zink eine gute Übereinstimmung, während Eisen bei der konventionellen Analyse bis zu zehnmal höhere Ergebnisse brachte.

ELTON-BOTT [2227] bestimmt Bor in Pflanzen, indem die veraschten Proben mit konzentrierter Schwefelsäure behandelt und damit die Borate in Borsäure umgewandelt werden.

Durch Reaktion mit Methanol wird der flüchtige Borsäuremethylester gebildet, der in eine Lachgas/Acetylen-Flamme eingeleitet wird.

FURR und Mitarbeiter [2283] bestimmten Bor, Cobalt, Eisen, Kupfer, Magnesium, Mangan, Molybdän, Selen und Zinn in Äpfeln, Hirse und Gemüse, die auf Boden wuchsen, der mit Flugasche gedüngt wurde. Sie fanden höhere Gehalte an all diesen Elementen; Flugasche kann daher verwendet werden, um gewisse Mängel im Boden zu korrigieren, allerdings mit Vorsicht, um eine Anreicherung toxisch wirkender Elemente wie Selen zu vermeiden. ELFVING und Mitarbeiter [2225] untersuchten die Düngung mit Altpapier und fanden etwas erhöhte Bleigehalte in Gemüse.

SEGAR und Mitarbeiter [1111] bestimmten Blei, Eisen und Mangan in einer wäßrigen Suspension von Blättern mit der Graphitrohrofen-Technik und fanden gute Übereinstimmung mit anderen Verfahren. HENNING und JACKSON [503] bestimmten Molybdän in Pflanzen nach trockener Veraschung aus salzsaurer Lösung im Graphitrohrofen in guter Übereinstimmung mit einem colorimetrischen Verfahren. NEUMANN und MUNSHOWER [2689] bestimmten ebenfalls Molybdän in Pflanzen nach einem Naßaufschluß mit Salpetersäure. Sie fanden, daß die Salpetersäure verschiedene Störeinflüsse im Graphitrohrofen deutlich reduziert.

URE und MITCHELL [2994] bestimmten Cadmium in Pflanzenmaterial nach einer trockenen Veraschung bei 450 °C aus salzsaurer Lösung im Graphitrohrofen. Sie fanden keine nennenswerten Interferenzen und eine ausgezeichnete Nachweisgrenze für dieses Element. Sehr zahlreich sind inzwischen die Arbeiten zur Bestimmung von Arsen in Pflanzenmaterial mit der Hydridtechnik [2318] [2511] [2735] [2893] [2963] [3017] [3037], wobei üblicherweise von einem Naßaufschluß mit Salpetersäure-Schwefelsäure [2511] [2963], Salpetersäure-Perchlorsäure [2318] [2735] [3017] oder Schwefelsäure-Wasserstoffperoxid [2893] ausgegangen wird. Die Autoren berichten übereinstimmend, daß die Methode empfindlich, selektiv, schnell, einfach und preiswert ist. Störungen durch Übergangsmetalle oder Säuren werden nicht beobachtet, so daß sich das Verfahren auch für eine Automation gut eignet [3017].

Sehr eingehend wurde von einer Arbeitsgruppe die Bestimmung von Antimon in Pflanzen wie Kohl oder Gras untersucht [2034]. Dabei wurde gefunden, daß nur die Hydrid-AAS-Technik eine ausreichende Empfindlichkeit und quantitative Wiederfindung liefert.

11.4 Wasser

Die Wasseranalytik umfaßt die Untersuchung von Trink-, Süß- und Seewasser sowie am Rande auch von Sedimenten. Abwasser und andere stark belastete Wässer sollen im nächsten Abschnitt (11.5 Umwelt) besprochen werden.

Die AAS ist sehr gut geeignet für den Einsatz in der Wasseranalytik; die zu bestimmenden Metalle liegen üblicherweise bereits in gelöster Form vor und es muß daher nur noch eine Technik ausreichender Empfindlichkeit für die Analyse ausgewählt werden. Die Konzentration an gelösten Stoffen ist zumindest in Süßwasser üblicherweise so gering, daß außer Ionisationsinterferenzen bei der Bestimmung der Alkalimetalle keine größeren Störungen zu erwarten sind. Soweit daher die Konzentration an den zu bestimmenden Elementen groß genug, bzw. die Empfindlichkeit der Flammen-AAS ausreichend ist, lassen sich die im Wasser gelösten Metallsalze direkt und ohne Vorbereitung bestimmen. Dies gilt bei natürlichen Wässern hauptsächlich für *Natrium, Kalium, Calcium* und *Magnesium* sowie häufig auch für *Zink*. Die wichtigsten Spurenelemente, Chrom, Cobalt, Eisen, Kupfer, Mangan und Nickel, können dagegen im Direktverfahren meist nicht mit der erforderlichen Empfindlichkeit bestimmt werden, so daß üblicherweise Anreicherungsverfahren oder die Verwendung der Graphitrohrofen-Technik erforderlich sind. Eine Literaturübersicht über die Anwendung der AAS auf die Wasseranalyse findet sich in Tabelle 49.

Das in der Wasseranalyse am häufigsten angewendete Anreicherungsverfahren für die Spurenanalyse ist die Komplexierung der Metallionen mittels Ammonium-pyrrolidindithiocarbamat (APDC) und die anschließende Extraktion in Methylisobutylketon (MIBK). Dieses Extraktionssystem hat den Vorteil, daß über einen relativ weiten pH-Bereich ziemlich stabile Chelat-Komplexe mit zahlreichen Metallen gebildet werden, so daß mit einem einzigen Extraktionsschritt die meisten Spurenelemente gleichzeitig extrahiert werden können. Viele Autoren haben mit diesem System erfolgreich *Blei, Cobalt, Eisen, Kupfer, Mangan, Nickel, Zink* und andere Elemente extrahiert und anschließend mit AAS bestimmt. JOYNER und FINLEY [596] komplexierten Eisen und Mangan in Meerwasser mit Natriumdiethyldithiocarbamat und extrahierten den Komplex in MIBK. CHAU und Mitarbeiter [228] fanden, daß sich *Chrom* am besten als Acetylacetonat-Komplex extrahieren läßt, und DELAUGHTER [289] verwendete für Chrom Diphenyldithiocarbazon und für *Molybdän* Dithiol als Komplexbildner zur Extraktion in MIBK.

Andere Autoren fanden dagegen, daß sich auch diese Elemente mit APDC-MIBK optimal extrahieren ließen. MIDGETT und FISHMAN [865] stellten fest, daß Chrom vor einer Extraktion mit diesem System zur sechswertigen Stufe oxidiert werden muß. Ganz problemlos ist die Extraktion von Spurenelementen in organische Lösungsmittel allerdings nicht. OLSEN und SOMMERFELD [928] weisen darauf hin, daß verschiedene Metallchelate nicht sonderlich stabil sind. Speziell Mangan beginnt unmittelbar nach der Extraktion wieder mit der Ausfällung. Die Autoren dampften daher den Extrakt zur Trockene ein und nahmen mit Salzsäure der Konzentration 1 mol/L und Aceton (1 : 1) auf. KOIRTYOHANN und WEN [691] fanden eine Abhängigkeit der Empfindlichkeit für verschiedene extrahierte Spurenelemente vom pH-Wert der wäßrigen Lösung, die sie durch Zugabe von Perchlorsäure der Konzentration 0,2 mol/L zur wäßrigen Lösung beseitigen.

FISHMAN [373] extrahierte Aluminium aus Wasser mit Oxin-MIBK bei pH 8; die Extraktion mußte jedoch innerhalb von drei Minuten beendet sein, da sonst Magnesiumoxinat ausfällt und Aluminium mitreißt. HICKS und Mitarbeiter [510] weisen schließlich auf eine Störmöglichkeit durch die Anwesenheit mit Wasser mischbarer organisscher Lösungsmittel in Abwasser hin.

Tabelle 49 Literaturübersicht: Anwendung der AAS in der Wasseranalyse

Element	Literaturzitat
Ag	[225] [1109] [1308] [2432]
Al	[373] [1302] [2339] [2608]
As	[2038] [2154] [2168] [2171] [2251] [2252] [2448] [2515] [2688] [2721] [2751] [2752] [2838] [2843] [2844] [2869] [2908] [3037]
Au	[1387]
B	[2608] [2954] [3000]
Ba	[2066] [2435] [3072]
Be	[510]

Fortsetzung Tabelle 49

Element	Literaturzitat
Bi	[2869]
Ca	[108] [125] [136] [192] [242] [371] [374] [386] [510] [989] [2891] [3072]
Cd	[72] [177] [510] [718] [770] [771] [965] [967] [988] [1015] [1109] [1168] [2100] [2116] [2128] [2255] [2324] [2326] [2339] [2360] [2432] [2468] [2608] [2664] [2779] [2788] [2838] [2894] [2902] [2903] [2905]
Cl	[404]
Co	[162] [168] [177] [182] [321] [337] [375] [510] [597] [815] [916] [965] [1077] [1109] [1168] [2468] [2608]
Cr	[177] [225] [289] [321] [361] [510] [815] [865] [883] [916] [989] [1302] [2172] [2189] [2339] [2360] [2432] [2608] [2838]
Cu	[72] [136] [162] [167] [177] [192] [320] [321] [337] [361] [371] [374] [386] [434] [510] [597] [704] [718] [815] [900] [916] [965] [967] [988] [989] [1015] [1109] [1168] [1237] [1302] [2100] [2116] [2255] [2339] [2360] [2432] [2468] [2779] [2894]
Cs	[2271]
Fe	[136] [162] [168] [177] [192] [320] [321] [337] [386] [510] [588] [596] [704] [916] [967] [988] [989] [1077] [1109] [1111] [1168] [1300] [1302] [2318] [2339] [2360] [2432] [2468] [2608]
Ge	[2806]
Hg	[372] [621] [798] [926] [1235] [1302] [2007] [2009] [2635] [2644] [2921] [3087]
K	[125] [192] [371] [374] [386] [3072]
Li	[56] [371] [374] [3072]
Mg	[125] [136] [192] [371] [374] [989] [2891] [3072]
Mn	[72] [136] [177] [320] [321] [361] [371] [374] [596] [597] [815] [916] [928] [967] [989] [1077] [1109] [1111] [1168] [1300] [1302] [2131] [2339] [2360] [2468] [2475] [2608] [2649]
Mo	[195] [289] [815] [899] [2256] [2498] [2684]
Na	[125] [192] [371] [374] [386] [510] [3072]
Ni	[136] [162] [168] [177] [182] [321] [337] [375] [588] [597] [815] [916] [965] [989] [1077] [1109] [1168] [2100] [2116] [2339] [2432] [2468] [2608] [2779] [2894]
P	[1371]
Pb	[72] [136] [162] [168] [177] [320] [361] [375] [597] [916] [965] [967] [988] [1109] [1111] [1168] [1302] [2122] [2178] [2255] [2293] [2341] [2360] [2377] [2432] [2468] [2608] [2669] [2779] [2783] [2788] [2838] [3018]
Rb	[125] [3072]
Sb	[2448] [2515] [2869]
Se	[699] [2168] [2180] [2366] [2448] [2515] [2535] [2628] [2767] [2751] [2838] [2869] [2907]
Sn	[2768]
Sr	[125] [371] [374] [3072]
Te	[2515] [2869]
V	[815] [901] [1109] [2498] [3043]
W	[2501]
Zn	[136] [162] [168] [177] [337] [361] [371] [374] [421] [434] [597] [916] [967] [988] [989] [1015] [1109] [2116] [2128] [2255] [2325] [2360] [2432] [2468] [2540] [2608] [2779] [2894]

MULFORD [894] hat das APDC-MIBK-Extraktionssystem ausführlich beschrieben, und BURRELL [184] behandelt die Technik der Lösungsmittel-Extraktion in Kombination mit der AAS für die Bestimmung der Spurenelemente in Meerwasser. Ausführliche Vorschriften und Methodensammlungen, die sich mit der Anwendung der AAS auf die Wasseranalyse befassen, wurden von FISHMAN und DOWNS [374], BREWER, SPENCER und SMITH [162] sowie EDIGER [317] veröffentlicht.

JOYNER und Mitarbeiter [597] berichten umfassend über die unterschiedlichen Verfahren zur Probenanreicherung, die für die Spurenanalyse in Meerwasser in Frage kommen. Die Autoren befassen sich kritisch mit dem Eindampfen, der Kopräzipitation, der Lösungsmittelextraktion und anderen Anreicherungsverfahren und geben eine ausführliche Literaturübersicht über dieses Thema.

KORKISCH und KRIVANEC [2498] bestimmen Molybdän und Vanadium nach Abtrennung als Citratkomplexe mit einem Anionenaustauscher in einer Lachgas/Acetylen-Flamme. VANDERBORGHT und VAN GRIEKEN [2999] verwenden eine Kombination einer Chelatisierung mit 8-Hydroxichinolin mit nachfolgender Anreicherung an Aktivkohle für die Spurenelementanalyse in natürlichem Wasser. HALL und GODINHO [2339] fanden, daß eine Gefriertrocknung von natürlichen Wässern für die Bestimmung von Aluminium, Cadmium, Chrom, Eisen, Kupfer, Mangan und Nickel genau so effektiv ist wie eine Extraktion oder eine Anreicherung mit Ionenaustauscher.

Im Laufe der siebziger Jahre hat die Graphitrohrofen-Technik rasch Eingang gefunden in der Wasseranalytik. Mit dieser Technik lassen sich beispielsweise in natürlichen Oberflächengewässern die unterschiedlichen Spurenelemente ohne Probenvorbereitung direkt bestimmen [1294]. In Peakhöhe bewirken die anorganischen Hauptbestandteile des Wassers häufig eine Signalerniedrigung [361] [1302], die jedoch ab einer bestimmten Gesamtsalzkonzentration konstant zu sein scheint. Es ist daher möglich, durch Angleichen der Matrix (z. B. Ansetzen der Bezugslösungen in Leitungswasser [1302]) die Störungen zu beseitigen. Andere Autoren bevorzugen dagegen das Additionsverfahren [72] [321], wobei einige Elemente wie Chrom und Nickel kaum Matrixeinflüsse zeigen [321] [883]. Verschiedene Autoren [2117] [2360] [2608] [2838] berichten über den erfolgreichen Einsatz der Graphitrohrofen-Technik für die Bestimmung einer großen Zahl an Spurenelementen. Beispielsweise für die Trinkwasseranalyse bietet diese Technik eine hohe Empfindlichkeit, gute Genauigkeit und Selektivität und einen geringen Zeitaufwand, da praktisch keine Probenvorbereitung erforderlich ist [2838]. Im Vergleich mit Neutronenaktivierungsanalyse (nach vorangegangener Gefriertrocknung) und Röntgenfluoreszenzanalyse (nach Voranreicherung an Celluloseaustauschern) liefert die Graphitrohrofen-AAS die gleichen Ergebnisse mit dem großen Vorteil, daß keine Probenvorbereitung erforderlich ist [2117].

Recht häufig wird die Bestimmung von *Blei* in Wasser mit der Graphitrohrofen-Technik durchgeführt. MITCHAM [2669] berichtet dabei über schwere Unterdrückungseffekte bei der Direktbestimmung, weshalb er einen Extraktionsschritt vorschaltet. VIJAN und SADANA [3018] trennten Blei durch Kopräzipitation mit Mangandioxid ab und bestimmten es mit der Hydrid-Technik. CALLIO [2122] fand, daß ein Zusatz von Phosphorsäure die Störungen bei der Bleibestimmung mit der Graphitrohrofen-Technik weitgehend beseitigt. REGAN und WARREN [2783] verwendeten zum gleichen Zweck Ascorbinsäure. CRUZ und Mitarbeiter [2178] bestimmten neben Gesamtblei auch extrahierbares, flüchtiges und Tetraalkylblei. GARDNER und HUNT [2293] weisen auf die Gefahr von Bleiverlusten beim Filtrieren hin, die zu erheblichen Fehlern führen können. MÉRANGER und SUBRAMANIAN [2664] untersuchten vier verschiedene Methoden zur Bestimmung von *Cadmium* in Trinkwasser. Sie fanden, daß die Bestimmung frei ist von Interferenzen und setzten daher bevorzugt die Direktbestimmung mit der Graphitrohrofen-Technik ein. Auch die Bestimmung von Blei in natürlichen Wässern ist bei Einsatz einer geeigneten Isoformierungshilfe und Atomisierung von der L'VOV-Plattform in einem Ofen im thermischen Gleichgewicht praktisch störfrei, so daß sich Trennschritte erübrigen.

SZYDLOWSKI [2954] und VAN DER GEUGTEN [3000] bestimmten *Bor* in natürlichem Wasser mit der Graphitrohrofen-Technik. Sie fanden, daß ein Zusatz von Barium bzw. Calcium und Magnesium die Empfindlichkeit erheblich verbessert. CRANSTON und MURRAY [2172] berichten über die Bestimmung von *Chrom*-Spezies in natürlichem Wasser. FLORENCE und BATLEY [2255] setzen sich kritisch mit der Speziesbestimmung und den Problemen der Spurenanalytik in Wasser auseinander.

Eine große Anzahl an Publikationen befaßt sich mit dem Element *Arsen*. Einige Autoren setzen für seine Bestimmung die Graphitrohrofen-Technik ein, wobei ein Zusatz an Nickel als Isoformierungshilfe eine direkte Kalibrierung gegen wäßrige Bezugslösungen gestattet [2908]. OWENS und GLADNEY [2721] fanden, daß der Zusatz an Nickel unterbleiben kann, wenn die Salpetersäurekonzentration konstant gehalten wird. POLDOSKI [2752] berichtet von einer spektralen Interferenz bei der Arsenbestimmung mit der Graphitrohrofen-Technik durch Silikat aus den Schwebstoffen. In der Hydrid-Technik wird diese Störung nicht beobachtet. SHAIKH und TALLMAN [2843] reduzieren Arsen mit Natriumborhydrid zunächst zu Arsin, das aufgefangen und gelöst in den Graphitrohrofen dosiert wird.

Die meisten Autoren bestimmen Arsen jedoch direkt mit der Hydrid-Technik [2168] [2171] [2251] [2312] [2751] [2869] [3037], wobei keine Störungen beobachtet werden. Es ist lediglich erforderlich, fünfwertiges Arsen zur dreiwertigen Stufe zu reduzieren, wozu vorzugsweise Kaliumiodid eingesetzt wird [2168] [2869]; die Reaktion geht bei Raumtemperatur in 15–30 min vor sich. FISHMAN und SPENCER [2251] weisen darauf hin, daß Proben, die auch organisch gebundenes Arsen enthalten, entweder durch UV-Bestrahlung oder durch einen Schwefelsäure-Kaliumpersulfat-Aufschluß vorbehandelt werden müssen. Verschiedene Autoren [2038] [2154] [2252] [2688] [2844] berichten über eine Spezies-Bestimmung von Arsen in Wasser. Hierfür läßt sich beispielsweise die Tatsache ausnutzen, daß Arsen(III) schon in neutraler Lösung zum Hydrid reduziert wird, während Arsen(V) nur aus stärker saurer Lösung reagiert [2688] [2844]. Organische Arsenverbindungen werden üblicherweise nach selektiver Extraktion oder Verflüchtigung bestimmt.

Auch *Selen* wird relativ häufig in Wasser bestimmt. Mit der Graphitrohrofen-Technik ist eine störfreie Bestimmung zu erwarten, wenn Nickel als Isoformierungshilfe zugesetzt wird [2628] [2907] und von einer L'VOV-Platform in einem Ofen im thermischen Gleichgewicht atomisiert wird. Zur Bestimmung mit der Hydrid-Technik ist es erforderlich, Selen(VI) zu Selen(IV) zu reduzieren, da die höhere Oxidationsstufe kein meßbares Signal gibt. Eine Reduktion mit Iodid erfordert viel Vorsicht, da Selen leicht zu elementarem Selen reduziert wird [2168]. Besser geeignet ist eine Reduktion mit siedender, halbkonzentrierter Salzsäure [2535], die besonders vorteilhaft im geschlossenen Gefäß durchgeführt wird [2869]. SINEMUS und Mitarbeiter [2869] verwendeten die Tatsache, daß Selen(VI) kein meßbares Signal gibt zur selektiven Bestimmung der beiden Wertigkeitsstufen.

GOULDEN und BROOKSBANK [2312] sowie SINEMUS und Mitarbeiter [2869] bestimmten *Antimon* in Wasser mit der Hydrid-Technik. Die Reduktion von Antimon(V) zu Antimon(III) mit Kaliumiodid geht praktisch spontan vor sich. SINEMUS und Mitarbeiter bestimmten auch *Bismut* und *Tellur* mit der Hydrid-Technik. Bismut brauchte keine Vorbereitung, während Tellur durch kurzes Erhitzen mit halbkonzentrierter Salzsäure zur vierwertigen Stufe reduziert werden mußte. PYEN und FISHMAN [2768] berichten über eine Bestimmung von *Zinn* in Wasser, wobei die Säure- und Borhydridkonzentration kritisch waren.

Quecksilber wird in Wasser heute ausschließlich mit der Kaltdampf-Technik bestimmt, wobei besonders für die niedrigen „natürlichen" Gehalte in zunehmendem Maße eine Anreicherung an Gold eingesetzt wird. Zum Aufschluß quecksilberorganischer Verbindungen wird häufig Permanganat und Persulfat eingesetzt. AGEMIAN und Mitarbeiter [2007] [2009] weisen allerdings darauf hin, daß dieser Aufschluß in Gegenwart hoher Chloridgehalte nicht eingesetzt werden kann, da Chlorid sofort zu Chlorgas oxidiert wird. Die Autoren verwendeten daher eine UV-Bestrahlung, die eine ausgezeichnete Wiederfindung für zahlreiche verschiedene organische Quecksilberverbindungen lieferte und keine Störung durch Chlorid zeigte. Das Verfahren versagte lediglich bei Proben mit höherem Feststoffanteil, da die UV-Strahlung trübes Wasser nicht gut durchdringen kann. In diesem Fall setzten die Autoren einen Schwefelsäure-Dichromat-Aufschluß ein, der Quecksilber wirkungsvoll von partikulärer Materie extrahiert, gefolgt von einer UV-Photooxidation.

MATSUNAGA und Mitarbeiter [2635] stellten fest, daß eine Quecksilberkonzentration von 0,5 µg/L selbst in angesäuerter Lösung rasch abnimmt; die Gegenwart von Natriumchlorid verhindert aber Adsorptionsverluste an die Gefäßwand, so daß Seewasserproben weniger gefährdet sind. Eine Seewasserprobe, die Schwefelsäure der Konzentration 0,2 mol/L enthält, verändert ihren Quecksilbergehalt über 60 Tage nicht. Polyäthylenflaschen sind unzuverlässig, da sie oft kontaminiert sind; Glasflaschen lassen sich leichter reinigen. Ähnliche Befunde werden auch von STOEPPLER und Mitarbeitern [2644] [2921] berichtet, die zudem eine Diffusion von Quecksilber durch die Gefäßwand von Polyäthylenflaschen beobachteten. Die gleichen Autoren berichten auch über eine Änderung des Verhältnisses Methylquecksilberchlorid zu Quecksilberionen mit der Aufbewahrung.

Über die allgemeinen Probleme der Quecksilberbestimmung, die mit seiner hohen Mobilität zusammenhängen, sowie über die Speziesbestimmung wurde schon ausführlich im Rahmen der Kaltdampftechnik (8.4, S. 258 ff) und bei der Besprechung des Elements Quecksilber (10.37, S. 333 ff) berichtet.

Zur Bestimmung von Spurenelementen in *Seewasser*, deren Konzentration zumindest im offenen Ozean noch weit geringer ist als etwa in Süßwasser, wird heute praktisch ausschließlich die Graphitrohrofen- bzw. die Hydrid-Technik eingesetzt. Das am häufigsten verwendete Verfahren ist dabei eine Extraktion in ein organisches Lösungsmittel, gefolgt von einer Rückextraktion in Säure und die anschließende Bestimmung im Graphitrohrofen. Mit den Neuerungen, die die Matrix-Modifikation, die Atomisierung von der L'VOV-Plattform in einem Ofen im thermischen Gleichgewicht sowie die Zeemaneffekt-Untergrundkompensation gebracht haben, bestehen allerdings gewisse Aussichten für eine Direktbestimmung im Graphitrohrofen [2875]. Dies gilt besonders für die höheren Spurenelementgehalte in Küstengewässern und Ästuarien.

SEGAR und GONZALEZ [1107] [1109] untersuchten als erste eingehend die Seewasseranalyse mit der Graphitrohrofen-Technik und fanden, daß sich leicht flüchtige Elemente wie Blei, Cadmium, Silber oder Zink nicht bestimmen lassen. Schwerer atomisierbare Elemente wie Cobalt, Eisen, Kupfer, Mangan, Nickel oder Vanadium lassen sich zwar ausreichend gut von der Natriumchloridmatrix befreien, jedoch wird durch Mitverdampfung die Empfindlichkeit z. T. stark reduziert. Lediglich Eisen war noch empfindlich genug für eine Direktbestimmung; daher empfehlen die Autoren eine Extraktion der Spurenelemente mit APDC-MIBK vor der Bestimmung mit der Graphitrohrofen-Technik [1111], die auch von anderen Autoren erfolgreich eingesetzt wurde [704] [967]. Als besonderer Vorteil der Graphitrohrofen-Technik wurde damals schon erkannt, daß die Extraktion im Mikromaßstab [704] und die Bestimmung „vor Ort" durchgeführt werden kann, womit ein Transport der Proben entfällt [185].

Wie schon erwähnt, ist die Extraktion in ein organisches Lösungsmittel, gefolgt von einer Rückextraktion in eine Säure die häufigste Anreicherungstechnik. Neben dem System APDC-MIBK [2432] werden dabei auch Dithizon-Chloroform [2377] [2894], 8-Hydroxichinolin-Chloroform [2475] und andere eingesetzt. DE JONG und BRINKMAN [2189] bestimmten Chrom(III) und Chrom(VI) nach selektiver Extraktion getrennt im Graphitrohrofen. SPERLING [2902] [2903] [2905] befaßt sich sehr ausführlich mit der Bestimmung von Cadmium in Seewasser. Er weist dabei besonders darauf hin, daß Cadmium in natürlichen Wässern auch gebunden vorliegen kann, so daß selbst der starke Komplexbildner APDC nur einen Teil des Cadmiums erfaßt. In diesem Fall ist vor der Extraktion ein Aufschluß erforderlich. SPERLING weist auch auf die Probleme der Kontamination bei der Handhabung der Proben hin, die die Hauptursache für größere Abweichungen ist.

RASMUSSEN [2779] vergleicht die APDC-DEDC-Extraktion und Rückextraktion in Salpetersäure für Blei, Cadmium, Kupfer, Nickel und Zink mit einer Anreicherung an einer Chelex-100 Austauschersäule. Er findet nur für Cadmium eine gute Übereinstimmung, während die restlichen Elemente durch Reagenzienblindwerte verfälscht werden. BRULAND und Mitarbeiter [2116] führen denselben Vergleich durch und finden für Cadmium und Zink ähnliche Werte. Kupfer und Nickel werden offenbar durch den Austauscher nicht vollständig aus den Seewasserproben entfernt.

KINGSTON und Mitarbeiter [2468] fanden dagegen, daß sich die Chelex-100 Austauschersäule sehr gut einsetzen läßt und bei sorgfältiger Auswahl der Bedingungen eine quantitative Trennung im sub-ng-Bereich ermöglicht. MUZZARELLI und ROCCHETTI [899] [900] [901] bestimmten Kupfer, Molybdän und Vanadium in Seewasser, indem sie die mit Persulfat vorbehandelten Proben in einer Chitosan-Säule vom Natriumchlorid befreiten. WEISS und Mitarbeiter [3043] reicherten Vanadium nach Reduktion mit Ascorbinsäure an einer Austauschsäule an und fanden, daß die Graphitrohrofen-Technik ebenso zuverlässige Werte liefert wie die Neutronenaktivierungsanalyse.

LUNDGREN und Mitarbeiter [771] gelang die Direktbestimmung von Cadmium in Seewasser in einem Graphitrohrofen mit sehr raschem Temperaturanstieg und Temperaturkontrolle. Sie atomisierten Cadmium bei 820 °C, einer Temperatur, bei der Natriumchlorid noch nicht merklich flüchtig ist, und erreichten eine Nachweisgrenze von 0,03 µg/L Cd. RIANDEY und Mitarbeiter [2788] bestimmen nach dem gleichen Verfahren Cadmium und Blei in Seewasser. CAMPBELL und OTTAWAY [2128] berichten über die direkte Bestimmung von Cadmium und Zink.

EDIGER und Mitarbeiter [320] berichteten schon 1974 über eine erhebliche Erleichterung der direkten Seewasseranalyse durch Zusatz von Ammoniumnitrat, wobei sich die Reaktion

$$NaCl + NH_4NO_3 \rightarrow NaNO_3 + NH_4Cl$$

abspielt, bei der beide Endprodukte, Natriumnitrat und Ammoniumchlorid, bei Temperaturen um 400 °C abgetrennt werden können, während Natriumchlorid erst oberhalb 1100 °C merklich flüchtig wird. Auf diese Weise gelingt die Bestimmung von Blei, Eisen, Kupfer und Mangan mit Nachweisgrenzen um 1 µg/L.

Verschiedene Autoren setzten diese Isoformierungshilfe erfolgreich zur Matrix-Modifikation bei der Bestimmung von Elementen wie Blei [2341] oder Mangan [2131] [2649] ein. STEIN und Mitarbeiter [2907] [2908] bestimmten Arsen und Selen in Ästuarien unter Zusatz von Nickel als Isoformierungshilfe, wie ebenfalls von EDIGER [320] vorgeschlagen wurde. SZYDLOWSKI [2954] bestimmt Bor in Seewasser unter Zusatz von Barium zur Erhöhung der Empfindlichkeit.

GUEVREMONT und Mitarbeiter [2324] [2325] [2326] untersuchten organische Isoformierungshilfen und fanden, daß für Cadmium EDTA oder Citronensäure und für Zink ebenfalls Citronensäure sehr gut geeignet sind. Die Autoren versuchen mit diesen Zusätzen allerdings das zu bestimmende Element noch flüchtiger zu machen als die Begleitsubstanzen. Die Atomisierungstemperatur sinkt somit weit unter die Verflüchtigungstemperatur anderer Matrixkomponenten, weshalb weder eine exakte Temperaturregelung noch eine genaue Untergrundkompensation erforderlich ist.

CARNRICK und Mitarbeiter [2131] berichten über eine sehr erfolgreiche Direktbestimmung von Mangan in Seewasser über Matrix-Modifikation und Atomisierung von einer L'VOV-Plattform in einem Ofen im thermischen Gleichgewicht. Die Kalibrierung kann in diesem Fall direkt gegen wäßrige Bezugslösungen erfolgen. STURGEON und Mitarbeiter [2931] vergleichen verschiedene Verfahren zur Spurenelementbestimmung in Seewasser. Sie finden, daß die ICP-AES nicht empfindlich genug und die Isotopenverdünnungs-Massenspektrometrie zu teuer und zu langsam ist. Die Graphitrohrofen-AAS ist dagegen schnell und genügend empfindlich, außer für kleinste Gehalte an einigen Elementen. Für diese kann dann eine Extraktion oder Anreicherung an einem Ionenaustauscher eingesetzt werden. Auch die Richtigkeit der mit der Graphitrohrofen-Technik erhaltenen Werte ist üblicherweise sehr gut.

Abschließend sei noch kurz auf die Analyse von partikulärer Materie und von *Sedimenten* eingegangen, die gelegentlich in Ergänzung zur Wasseranalyse durchgeführt wird. Üblicherweise wird eine Sedimentfraktion mit einem der bekannten Säuregemische aufgeschlossen und nach entsprechender Verdünnung mit der Flammen-Technik analysiert [50] [177] [380]. SCHOCK und MERCER [2830] fanden, daß die Verwendung weniger empfindlicher Resonanzlinien für Eisen, Kupfer und Mangan eine erhebliche Zeitersparnis im Vergleich zu dem üblichen Verdünnen bringt. Sie fanden keinen Verlust an Richtigkeit und Präzision, dafür aber weniger Fehler und eine geringere Kontaminationsgefahr.

HONGVE und HOLTH-LARSEN [2391] bestimmten Calcium im Sediment von Binnenseen und konnten nur mit der Lachgas/Actetylen-Flamme richtige Ergebnisse erzielen. LOSSER [2563] bestimmte Eisen in Salpetersäureauszügen von Sedimenten des Kontinentalshelf. Es war ein Zusatz von Ammoniumchlorid der Konzentration 0,3 mol/L erforderlich, um richtige Werte zu erhalten. KIM und Mitarbeiter [2465] bestimmten Molybdän nach Extraktion mit dem quarternären aliphatischem Amin „Aliquat 336" ebenfalls in der Flamme.

RANTALA und LORING [2773] [2774] bestimmten eine ganze Reihe von Spurenelementen in suspendierter Materie und in Sedimenten nach Aufschluß in Flußsäure und Königswasser. FILIPEK und OWEN [2248] bestimmten nacheinander mit einer Reihe von chemischen Extraktionen und Aufschlüssen die Verteilung von Schwermetallen über die verschiedenen mineralogischen Bestandteile von Sedimenten. SCOTT [2834] berichtet über Verluste von Chrom durch Adsorption an den Silikatrückstand bei längerem Erhitzen und kontrollierte die Aufschlußzeiten daher sehr genau. SINEX und Mitarbeiter [2870] fanden, daß eine Extraktion mit HNO_3-HCl (9 : 1) für Sedimentstandards des NBS eine hohe Wiederfindung und eine gute Genauigkeit lieferte. Für eine Reihe von echten Proben versagte das Verfahren jedoch, so daß es nicht zu empfehlen ist.

AGEMIAN und CHAU [2006] bestimmten 20 Elemente in Sedimenten nach einem Druckaufschluß mit Salpetersäure, Perchlorsäure und Flußsäure bei 140 °C. Die Autoren fanden, daß auf diese Weise organische Materialien völlig zerstört und Silikate vollständig gelöst werden, so daß eine quantitative Wiederfindung mit der AAS gewährleistet ist.

FISHMAN und SPENCER [2251] bestimmten Arsen in Sedimenten mit der Hydrid-Technik. Proben, die auch organisch gebundenes Arsen enthalten, müssen durch einen Schwefelsäure-Kaliumpersulfat-Aufschluß vorbehandelt werden. Ohne Aufschluß sind die Ergebnisse ebenso zu niedrig wie nach einem Salpetersäure-Schwefelsäure-Aufschluß. PYEN und FISHMAN [2767] bestimmten Selen in Sedimenten mit der Hydrid-Technik nach einem Persulfataufschluß. Dabei werden alle organischen Selenverbindungen erfaßt, nicht aber nach einem Säure-Permanganat-Aufschluß.

AGEMIAN und DA SILVA [2009] bestimmten Quecksilber in Sedimenten nach einem Schwefelsäure-Dichromat-Aufschluß, der Quecksilber wirkungsvoll von partikulärer Materie extrahiert, gefolgt von einer UV-Photooxidation, die Organo-Quecksilberverbindungen oxidiert. Für Spurenelementgehalte in Sedimenten läßt sich auch die Graphitrohrofen-Technik sehr wirkungsvoll einsetzen [151]. Unter gewissen Voraussetzungen lassen sich Sedimente auch direkt in Suspension in den Graphitrohrofen eingeben und analysieren [380].

11.5 Umwelt

Der Begriff Umwelt umfaßt im Prinzip die ganze Fülle der Parameter, die unser Leben beeinflussen. Dabei kann eigentlich kein Bereich isoliert für sich betrachtet werden, da sich fast alle Parameter gegenseitig beeinflussen. In Abb. 140 ist der Versuch gemacht worden, den Gesamtkomplex Umwelt schematisch darzustellen und die möglichen Wechselwirkungen aufzuzeigen. Über Lebensmittel, Wasser, Tiere, Pflanzen und Bodenuntersuchungen wurde schon in früheren Kapiteln berichtet, so daß hier nur noch die vor allem im Zusammenhang mit Umweltverschmutzung wichtigen Bereiche Luft, Staub, Abwasser, Schlamm und Müll behandelt werden sollen.

Metalle und deren Verbindungen gehören zu den heimtückischsten Verschmutzern unserer Umwelt, da sie biologisch nicht abbaubar sind. Nur sehr wenige Metalle sind selbst in hohen Konzentrationen nicht toxisch; eine ganze Reihe von ihnen ist hochaktiv und ruft schon in sehr geringen Konzentrationen bei Mensch, Tier und Pflanze Veränderungen hervor. Eine Entfernung von Metallen aus den natürlichen Kreisläufen gelingt oft nur durch Überführen in schwerlösliche oder inaktive Verbindungen und Sedimentieren. Auch in dieser Form stellen sie jedoch noch eine potentielle Gefahrenquelle dar, da sie z. B. durch den Einfluß von Mikroorganismen oder durch Änderungen des pH-Werts wieder mobilisiert werden können. Metalle in der Umwelt können sowohl aus natürlichen Quellen stammen oder vom Menschen eingebracht werden.

Bei der Untersuchung von *Luft* unterscheidet man zwischen gasförmigen Metallen und Metallverbindungen und partikulärer Materie, wie Staub, Flugasche und Aerosole, wobei die verschiedenen Aggregatszustände natürlich unterschiedliche Sammel- und Probenvorbe-

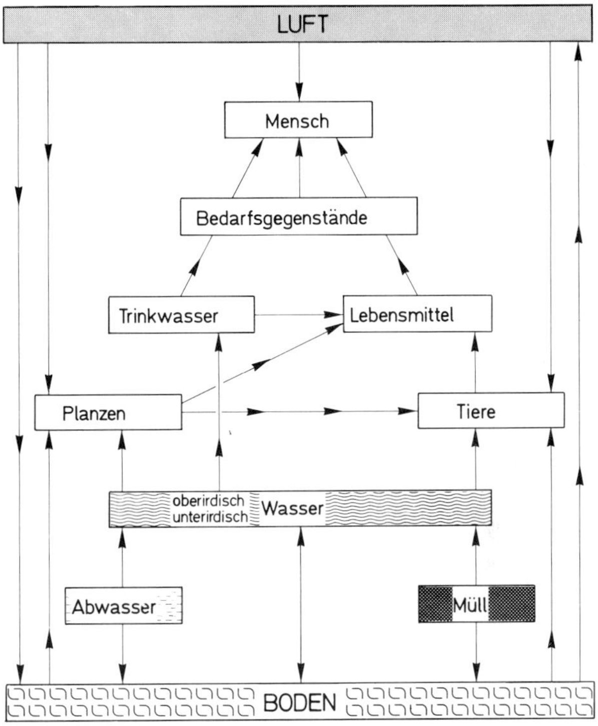

Abb. 140 Mögliche Wechselwirkungen im Elementkreislauf zwischen dem Menschen und seiner Umwelt und den einzelnen Bereichen der Umwelt untereinander (nach [2043])

reitungstechniken erfordern. Die Beurteilung der chemischen und ökotoxischen Eigenschaften von Stäuben und Aerosolen verschiedenster Herkunft ist zu einer wichtigen Aufgabe für den Analytiker geworden. Während die chemisch-physikalische Untersuchung von Gasen heute im allgemeinen bis in den Spurenbereich hinein recht gut beherrscht wird, bereitet die Analyse von luftgetragenen Stäuben und Aerosolen, von Stäuben aus Emissionen, von Rauch oder Nebel noch große Schwierigkeiten [2185].

Global gesehen entstammen die partikelförmigen Stoffe in der Luft überwiegend natürlichen Quellen und sind nur zu 10–20% den anthropogenen Quellen zuzurechenen [2209] [2923], werden also direkt vom Menschen erzeugt. Diese Quellen sind aber keinesfalls gleichmäßig über die Festlandgebiete verteilt. In den typischen Ballungsräumen, in denen die menschlichen Aktivitäten am deutlichsten zu Tage treten, werden auch die höchsten Emissionen meist aus vielen Quellen auftreten und einen großen Bevölkerungsanteil in Form von Immissionen wiederum belasten [2185]. Stäube und Aerosole bis etwa 5 μm werden als lungengängig angesehen und beeinflussen den Menschen daher direkt. Aber auch größere Partikel sind nicht ungefährlich, da sie durch ihre Einwirkung auf Gewässer und Pflanzen [2639] [2829] den Menschen indirekt beeinflussen können.

Die Analytik der partikelförmigen Emissionen hat zunächst hinsichtlich der repräsentativen Probenahme noch große Probleme zu überwinden. DANNECKER [2185] weist besonders auf die Schwierigkeiten hin, aus diffusen Quellen wie Rauchgasströmen von einigen 100 000 m^3/h bei Temperaturen bis zu 300 °C und bei schwankenden Staubkonzentrationen, die in den Bereichen mg bis g/m^3 Gas liegen, für den Gesamtmassenstrom noch repräsentative Proben zu gewinnen. Häufig liegen die im Abgas vorkommenden Stoffe noch teilweise gas- und dampfförmig vor und entziehen sich so einer Probenahme.

DANNECKER [2185] untersuchte sehr eingehend das Anreicherungsverhalten von Metallen in Massenströmen von Großfeuerungsanlagen, wobei zunächst verschiedenartige Aufschlußverfahren getestet wurden. Ein kombinierter, mehrstufiger Aufschluß mit Salpetersäure, Perchlorsäure und Flußsäure unter Verwendung offener Teflonröhrchen in einem über ein Temperaturprogramm gesteuerten Heizblock brachte die zuverässigsten Ergebnisse. Der Autor zeigte auch, daß die Abweichungen vom wahren Wert immer dann klein sind, wenn die Meßparameter günstig gewählt waren und das Analysenverfahren im optimalen Konzentrationsbereich arbeitete. Für die Spuren- und Ultraspurenanalytik heißt das Verwendung der Graphitrohrofen- bzw. Hydrid-Technik.

DANNECKER stellte fest, daß die aus kohlebefeuerten Großfeuerungsanlagen ausgetragenen Schwermetallmengen beträchtliche Massenströme darstellen, die besonders in Ballungsräumen erhebliche immissionsseitige Belastungen hervorrufen können. Alle untersuchten Elemente außer Mangan kommen dabei im Reingasstaub mehr oder weniger angereichert vor. Ähnliches gilt für Müllverbrennungsanlagen, aus denen erhebliche Massenanteile an ökotoxisch wirkenden Elementen in die Umwelt gelangen. Die im Staub von Rauchgasen ausgestoßenen Schwermetallmengen berechnen sich beispielsweise auf 270 g/h Blei und 11 g/h Cadmium. Als besonders bedenklich darf dabei angesehen werden, daß gerade diese Elemente stark angereichert in den feinen Kornfraktionen und besonders an luftgetragenen Stäuben vorkommen. Die stark toxischen Elemente Blei, Cadmium und Vanadium sind bis zu achtmal häufiger im Schwebstaub enthalten als im Grobstaub, was hinsichtlich toxikologischer und epidemiologischer Überlegungen von Bedeutung sein sollte.

Auch LAW und GORDON [2538] untersuchten die Verteilung von Elementen zwischen Bodenasche, Flugasche und atmosphärischen Partikeln in einer Müllverbrennungsanlage. GARDNER [2292] beschreibt einen Aufschluß mit Salpetersäure und Perchlorsäure unter Zusatz von Schwefelsäure für Kohlenstaub zur nachfolgenden Bestimmung von Quecksilber. MAY und STOEPPLER [2645] verwendeten einen ähnlichen Aufschluß, gegebenenfalls unter Zusatz von Dichromat für eine Reihe von Umweltproben. OWENS und GLADNEY [2720] beschreiben einen Aufschluß mit Salpetersäure, Schwefelsäure, Flußsäure und Perchlorsäure für Flugasche zur nachfolgenden Bestimmung von Beryllium mit der Graphitrohrofen-Technik. LIKAITS und Mitarbeiter [2549] untersuchten Aufschlußmethoden für Flugstaub zur Bestimmung von Arsen und fanden, daß Salpetersäure-Schwefelsäure ebenso wie Salpetersäure-Perchlorsäure zu niedrige Werte geben. Ein Salzsäure-Salpetersäure-Aufschluß, gegebenenfalls unter Zusatz von Flußsäure bei hohem Silikatgehalt, liefert richtige Werte. Eine Bestimmung von Arsen mit der Lachgas/Acetylen-Flamme ist schnell und liefert richtige Ergebnisse mit guter Präzision. SILBERMAN und FISHER [2865] lösten Flugasche bei Raumtemperatur in Flußsäure und bestimmten 19 Elemente mit der Flammen- und Graphitrohrofen-Technik. Von den untersuchten Elementen ließ sich nur Selen nicht nach diesem Verfahren bestimmen, da es zu 75% im Rückstand bleibt.

BELCHER und BROOKS [99] bestimmten Na, K, Mg, Ca und Sr in Kohlenasche in einer Luft/Acetylen-Flamme. Die Proben wurden in Flußsäure gelöst und mit einer Lanthanlösung verdünnt, um chemische Interferenzen zu umgehen. OBERMILLER und FREEDMAN [922] lösten Kohlenasche in Perchlorsäure und Flußsäure und bestimmten Na, K, Mg, Ca und Fe, wobei der Meßlösung für die Erdalkalimetalle ebenfalls Lanthan zugesetzt wurde.

STOEPPLER und BACKHAUS [2917] untersuchten einen Druckaufschluß mit Salzsäure-Salpetersäure für verschiedene Umweltproben. POLLOCK [2754] setzte je nach dem zu bestimmenden Element und der verwendeten Analysentechnik einen Aufschluß in einer Sauerstoffbombe, eine Tieftemperaturveraschung, einen Schmelzaufschluß oder einige spezielle Aufschlüsse für Kohle und Kohlenasche ein. Eine Reihe von Autoren setzten Schmelzaufschlüsse z. B. mit Lithiummetaborat für die Analyse von Flugasche zur nachfolgenden Spurenbestimmung mit der Flamme [2125] [2682] oder der Graphitrohrofen-Technik [2700] [2722] ein. Quecksilber, Blei und Zinn werden dabei allerdings verflüchtigt [2682], was jedoch zumindest bei Blei durch sorgfältige Temperaturkontrolle vermieden werden kann [2700]. HANSEN und FISHER [2348] untersuchten die Verteilung der Elemente über die einzelnen Phasen in Kohlen-Flugasche. MILLS und BELCHER [2668] geben eine Übersicht über Probenvorbereitung, Aufschluß und Analysenverfahren für Kohlenasche.

Schwebstäube der Luft werden üblicherweise durch Filtrationsverfahren bei 24-stündiger Sammelzeit bestimmt, während die stärker sedimentierenden Grobstäube der Luft durch Aufstellen von Sammelgefäßen über 4 Wochen und Auswägen des Staubniederschlags gemessen werden. Für beide Bestimmungsmethoden gibt es normierende Verfahrensrichtlinien, auf die hier nicht näher eingegangen werden soll. DANNECKER [2185] hat sich eingehend mit der Durchführung einer differenzierten Luftstaubanalytik befaßt.

SACHDEV [1077] berichtet über die Bestimmung von Cobalt, Eisen, Mangan und Nickel in Luft und Wasser mit einem etwas modifizierten Atomabsorptionsspektrometer. KETTNER [640] vergleicht die Bestimmung von Blei in Staubniederschlägen nach der Dithizon-Methode mit AAS und findet die letztere mindestens ebenso genau und dazu rascher und zuverlässiger. Verschiedene andere Autoren bestimmten ebenfalls Blei [181] [295] [548] [559] [1094] [1227], Cadmium [1094] [1227], Eisen [534] [559] [1227], Kupfer [534] [1094], Zink [559] [1094] und andere Elemente [1227], indem sie die Filter mit Säure extrahierten oder bei niedriger Temperatur bzw. im Sauerstoffplasma veraschten und den in Säure aufgenommenen Rückstand in die Flamme versprühten.

DUMAREY und Mitarbeiter [2211] bestimmten an Partikel gebundenes Quecksilber nach Abscheiden an Glasfaserfiltern durch Pyrolyse und Anreichern an Goldwolle. Hierbei wird allerdings nur ein kleiner Teil des Quecksilbers erfaßt, da die Hauptmenge des Quecksilbers nicht an Partikel gebunden ist, sondern gasförmig vorliegt [2449]. BETTGER und Mitarbeiter [2085] setzten ebenfalls Glasfaserfilter ein und bestimmten Beryllium in Luftproben mit der Graphitrohrofen-Technik, nachdem sie die Proben mit Salpetersäure-Schwefelsäure-Flußsäure gelöst hatten. Die Autoren stellten Verluste an BeO fest, wenn sie die Proben zur Trockene abdampften. HUBERT und Mitarbeiter [2399] lösten die Proben mit Salzsäure-Salpetersäure von Glasfaserfiltern zur Bestimmung von Blei, Cadmium und Zink mit der Flamme und von Arsen mit der Hydrid-Technik.

DANNECKER [2185] fand, daß sich durch Verwenden von Glasfaserfiltern wohl große Luftvolumendurchsätze erreichen lassen; wegen der hohen und stark streuenden Elementblindwerte eignet sich diese Filterart jedoch mehr für gravimetrische Bestimmungen der Schwebstaubkonzentrationen als für die anspruchsvolle Elementanalytik in Luftstaubproben. RANWEILER und MOYERS [2776] fanden Polystyrolfilter besonders nützlich, da sie bei 400 °C vollständig verascht werden können und im Vergleich zu Glasfaserfiltern relativ geringe Blindwerte aufweisen.

Membranfilter aus Cellulosematerialien sind wegen der niedrigen und konstanten Metallblindwerte hervorragend für eine Multielementanalyse nach den verschiedensten Analysentechniken geeignet. Zur Bestimmung der Elementgehalte in den Luftstaubproben wird das Membranfilter unter Zugabe von Salpetersäure und wenig Flußsäure und Perchlorsäure im Teflongefäß oxidativ aufgeschlossen [2185]. GELADI und ADAMS [2297] fanden, daß Anwesenheit von Perchlorsäure bei der Bestimmung von Beryllium und Mangan mit der Graphitrohrofen-Technik zu Fehlern führt. Sie rauchten die Probe daher zur Trockene ab oder verwendeten eine Tieftemperaturveraschung und lösten den Rückstand in Flußsäure-Salpetersäure. Der störende Einfluß von Perchlorsäure dürfte allerdings nach neueren Erkenntnissen [2878] bei Atomisierung von der L'VOV-Plattform in einem Ofen im thermischen Gleichgewicht kaum zu beobachten sein.

STOLZENBURG und ANDREN [2922] setzten Filter den Dämpfen von Salpetersäure und Flußsäure aus und fanden mit dieser Extraktionsmethode für 10 Elemente die gleichen Werte wie bei vollständigem Lösen mit Salpetersäure und Perchlorsäure.

DE JONGHE und ADAMS [2190] fanden, daß zwar partikuläres Blei auf Cellulosefiltern abgeschieden wird, nicht aber organisch gebundenes, das in einer Iodmonochloridlösung hinter dem Filter aufgefangen wurde.

PACHUTA und LOVE [2724] stanzten Scheibchen aus dem Cellulosefilter aus, die sie in Nickel-Mikrogefäßen direkt in die Flamme brachten und Blei bestimmten. THOMASSEN und Mitarbeiter [2962] verwendeten ein ähnliches Verfahren zur Bestimmung von Blei, Cadmium, Kupfer und Mangan mit der Graphitrohrofen-Technik. TORSI und Mitarbeiter [2981] schieden Partikel aus der Luft direkt elektrostatisch auf einem Graphitrohr ab und bestimmten auf diese Weise Blei, während SIEMER und WOODRIFF [2860] sowie NOLLER und BLOOM [2695] Luft durch Graphitrohre bzw. -tiegel durchsaugten und den porösen Graphit selbst als Filter verwendeten. NOLLER und Mitarbeiter [2696] bringen eine Übersicht über konventionelle Sammelmethoden sowie über die direkte Abscheidung und Bestimmung von Metallen in Luftstaub mit der Graphitrohrofen-Technik.

BEGNOCHE und RISBY [2070] befassen sich mit dem Problem der Porengröße bei Filtern für die nachfolgende Bestimmung von Metallen in Schwebstaub. SEIFERT und DREWS [2839] diskutieren Probleme der Probenahme, Probenvorbereitung und Kontamination bei der Analyse von Staub.

OMANG [932] sowie JANSSENS und DAMS [572] [573] bestimmten Blei und Cadmium in Luft mit der Graphitrohrofen-Technik und fanden eine ausgezeichnete Empfindlichkeit und Richtigkeit der Ergebnisse. BRODIE und MATOUSEK [2108] setzten Phosphorsäure zu, um Veraschungsverluste bei der Bestimmung von Cadmium in Luftstaub zu vermeiden. RANTALA und LORING [2775] lösten die Proben in Königswasser und Flußsäure und bestimmten Cadmium störfrei durch Atomisieren mit superschneller Heizrate bei 950 °C. SLAVIN [2876] zeigt, daß die Graphitrohrofen-AAS die am besten geeignete Technik für die Bestimmung von Chrom in Umweltproben ist. Sie weist die besten Nachweisgrenzen auf und ist billiger und einfacher in der Anwendung als andere Verfahren.

VIJAN und CHAN [3016] berichten über die Bestimmung von Zinn in Luftstaubproben und VIJAN und WOOD [1271] von Arsen mit der Hydrid-Technik. SHEAFFER und Mitarbeiter [2847] bestimmten Silber in Niederschlägen bis herunter zu 10^{-6} µg/mL mit der Graphitrohrofen-Technik.

Über die direkte Luftuntersuchung auf Metallspuren mit AAS ist relativ wenig in der Literatur berichtet. WHITE [1317] hat ein Atomabsorptionsspektrometer beschrieben, das eine direkte Untersuchung von Luft auf Blei- und Cadmiumdämpfe ermöglicht. EDWARDS [322] bestimmte Silber in Luft mit einer Nachweisgrenze von 3 µg/m^3, indem er die zu untersuchende Luft direkt in die primäre Luftversorgung einer Flamme einleitete. THILLIEZ [1224] bestimmte Bleialkyle in der Umgebung eines Herstellungsbetriebs für diese Substanzen direkt mit AAS. CHAU und Mitarbeiter [2153] sowie ROBINSON und Mitarbeiter [2796] verwendeten eine GC-AAS-Kopplung, um Bleialkyle in Luft mit der Graphitrohrofen-Technik zu bestimmen. SHENDRIKAR und WEST [2849] fanden, daß Selen von Filtern nicht sehr wirkungsvoll zurückgehalten wird und sammelten dieses Element mit gutem Erfolg in Wasser.

Quecksilber liegt in der Luft größtenteils als Metalldampf oder in Form gasförmiger organischer Verbindungen vor und nicht an Partikel gebunden. Es wird daher häufig direkt oder nach vorheriger Anreicherung mit der Kaltdampftechnik bestimmt [70] [71] [703]. LINDNER [752] bestimmte Quecksilber in Raumluft durch einfaches Durchsaugen durch eine Absorptionsküvette in einem Atomabsorptionsspektrometer.

SCHIERLING und SCHALLER [2826] [2827] sammelten Quecksilber durch Amalgamieren auf einem Goldnetz und erreichten so mit schon kurzen Sammelzeiten eine sehr hohe Empfindlichkeit. ALDRIGHETTI und Mitarbeiter [2027] untersuchten eingehend den Einfluß der Strömungsrate und Sammelzeit bei dieser Technik.

GARDNER [2291] sammelte Quecksilber in einer Falle mit Kaliumpermanganat und Schwefelsäure. JANSSEN und Mitarbeiter [2434] weisen darauf hin, daß dieses Verfahren nicht für Partikel einsetzbar ist. Sie fanden weiter, daß tragbare Detektoren keine Quecksilberverbindungen erfassen und setzten daher eine Adsorption auf kohlegefülltem Papier für Quecksilber in Luft ein. Die Filter werden in Salpetersäure ausgekocht, worauf die Bestimmung in gewohnter Weise erfolgen kann. POLLOCK [2755] verwendete ein Sammelrohr mit Aktivkohle und Silber oder Gold für Quecksilber in Luft, das er bei 500–600 °C ausheizte. ROSE und BOLTZ [1057] bestimmten Schwefeldioxid in Luft auf dem Umweg über Bleisulfat und die Bestimmung von Blei mit AAS.

Toxische Schwermetalle gelangen im allgemeinen nur in geringen Konzentrationen in die Gewässer. Mittel- und langfristig können sie aber durch ihre ausgeprägte Akkumulationsfähigkeit innerhalb der Nahrungskettenglieder auch für die menschliche Gesundheit gefährlich werden. Ihre Bestimmung in *Abwasser* ist daher im Zuge der Umweltkontrolle von erheblicher Bedeutung.

Abwässer können in ihrer Zusammensetzung äußerst verschieden sein, und zwar sowohl in bezug auf ihren Schwermetallgehalt als auch ihren Gesamtgehalt an anorganischen und organischen Begleitsubstanzen. Während häusliche Abwässer kaum größere Mengen an toxischen Metallen aufweisen, können Industrieabwässer z. T. stark kontaminiert sein. Auch die Art der Bestimmung und die beobachteten Störungen können sehr stark von der Art des zu untersuchenden Abwassers abhängen.

GUILLAUMIN [2327] bestimmte 9 Elemente in Kraftwerksabwässern mit der Graphitrohrofen-Technik direkt gegen wäßrige Bezugslösungen und beobachtete keine größeren Störungen. KUNSELMAN und HUFF [2515] bestimmten Antimon, Arsen, Selen und Tellur im Graphitrohrofen nach dem Additionsverfahren und fanden eine gute Übereinstimmung mit der Hydrid-Technik. MARTIN und KOPP [2628] bestimmten Selen in Industrieabwässern mit der Graphitrohrofen-Technik unter Zusatz von 1% Nickel als Isoformierungshilfe.

SMITH und Mitarbeiter [2893] bestimmten Arsen in Umweltproben mit der Hydrid-Technik und fanden nur wenig Störungen. In eigenen Untersuchungen [3060] fanden wir jedoch, daß die in Industrieabwässern unter Umständen zu erwartenden hohen Konzentrationen an Übergangselementen wie Eisen, Kupfer oder Nickel eine fast völlige Signalunterdrückung bewirken können. Außerdem wird fünfwertiges Arsen stärker gestört als dreiwertiges. Abwasser muß vor der Analyse mit der Hydrid-Technik mit Königswasser oder Schwefelsäure-Wasserstoffperoxid aufgeschlossen werden, um auch evtl. vorhandenes elementares Arsen und organische Arsenverbindungen zu erfassen. Als nächster Schritt folgt dann zweckmäßigerweise eine Reduktion zur dreiwertigen Stufe mit Kaliumiodid in halbkonzentrierter Salzsäure. In diesem Medium sind die Störungen relativ gering. Um Signalerniedrigungen durch hohe Nickelkonzentrationen sicher auszuschließen, muß noch ein Zusatz von Eisen zu Proben- und Bezugslösungen erfolgen. Eine mögliche Störung durch ebenfalls vorhandenes Selen kann durch Zusatz von Kupfer zu allen Lösungen kontrolliert werden. Auf diese Weise gelingt eine störfreie Bestimmung von Arsen mit der Hydrid-Technik in Industrieabwässern, die bis zu 500 mg/L Eisen und Kupfer sowie 100 mg/L Nickel enthalten können [3060].

BRAMAN und TOMKINS [2103] bestimmten anorganisches Zinn und Methylzinn-Verbindungen in Umweltproben mit der Hydridtechnik. Sie verflüchtigten die entsprechenden Hydride mit Natriumborhydrid, sammelten sie in einer Kühlfalle und verflüchtigten sie nacheinander durch langsames Erwärmen.

VÖLLKOPF und Mitarbeiter [3023] bestimmten Blei, Cadmium, Chrom und Zink in Industrieabwässern und Müllsickerwasser mit der Graphitrohrofen-Technik. Sie fanden, daß ein Zusatz von Isoformierungshilfen wie Ammoniumphosphat für die Bestimmung von Blei, Cadmium und Zink oder Phosphorsäure für Zink sowie Magnesiumnitrat für Chrom unbedingt erforderlich ist, um starke Signalerniedrigungen durch die z. T. sehr hohen Gesamtsalzgehalte zu vermeiden. Atomisierung von der L'VOV-Plattform in einem Ofen im thermischen Gleichgewicht beseitigt nicht-spektrale Interferenzen vollständig und erlaubt eine direkte Bestimmung gegen Bezugslösungen, die nur die gleiche Menge an Isoformierungsreagens enthalten. Zur Kompensation der vielfach sehr hohen Untergrundabsorption setzten die Autoren den Zeeman-Effekt ein.

CRUZ und Mitarbeiter [2178] weisen darauf hin, daß neben Gesamtblei besonders auch die Konzentration an extrahierbarem, flüchtigem und Tetraalkylblei interessiert und geben Methoden für deren Bestimmung im Graphitrohrofen an. PARKER [2731] bestimmt organische Siliciumverbindungen in Wasser nach Extraktion mit 1-Pentanol-MIBK in einer Lachgas/Acetylen-Flamme. CASSIDY und Mitarbeiter [2135] verwendeten poröse Polymere als Kollektoren für organische Siliciumverbindungen, die sie mit einem Molekularsieb abtrennten. CRISP und Mitarbeiter [2176] bestimmten anionische Detergentien indirekt, indem sie diese als Ionen-Anlagerungsverbindung mit Bisethylendiamin-Kupfer(II) in Chloroform extrahierten und das Kupfer im Graphitrohrofen bestimmten. PAKALNS und FARRAR [2726] untersuchten die Wirkung von oberflächenaktiven Substanzen auf die Extraktion verschiedener Metalle. Störungen konnten durch Zusatz von Aluminiumnitrat und höhere Konzentrationen an APDC beseitigt werden.

Die Aufbringung von *Klärschlämmen* auf landwirtschaftlich genutzte Flächen ist sowohl eine sinnvolle Rückführung von wertvollen Rohstoffen in den natürlichen Kreislauf der Elemente als auch eine wirtschaftliche Technologie der Schlammbeseitigung. Um dabei eine nachteilige Veränderung des Bodens zu vermeiden, z. B. durch Anreicherung von Schwermetallen, ist eine umfangreiche analytische Kontrolle notwendig. Der Analytik kommt bei der landwirtschaftlichen Nutzung des Klärschlamms eine besondere Aufgabe der Entscheidungsfindung zu und zwar sowohl im Hinblick auf den Wert des Klärschlamms als Dünger, um den Mineraldüngerbedarf der Landwirtschaft zu senken, als auch in der Kontrolle der

Schwermetallanreicherung im Boden durch deren gezielte Beobachtung. Darüber hinaus schafft die Analytik die Voraussetzungen, um gezielt auf die Minderung der Schwermetalle in den verschiedenen Abwässern hinzuwirken und so die Zeitspanne für die Nutzung des Klärschlamms im Boden auszudehnen [2094].

RITTER und Mitarbeiter [2792] untersuchten eine Reihe von Aufschlußverfahren für Klärschlämme für die nachfolgende Bestimmung von Blei, Cadmium, Kupfer, Nickel und Zink. Sie fanden, daß eine Trockenveraschung bei 550 °C das beste Verfahren ist, sie liefert eine gute Präzision und ist schneller und leichter durchführbar als ein vollständiger Aufschluß, bei dem nach der Trockenveraschung mehrfach mit Salzsäure und Flußsäure abgeraucht werden muß. Eine Extraktion mit Salpetersäure der Konzentration 6 mol/L gibt für die meisten Elemente und Proben zu niedrige Werte. Eine Naßveraschung mit Salpetersäure und Perchlorsäure ist auch sehr gut und liefert meist übereinstimmende Werte mit dem vollständigen Aufschluß, die Streuungen sind jedoch größer z. B. durch Kontamination. Ein Aufschluß mit Salpetersäure und Salzsäure gibt für alle Elemente signifikant niedrigere Werte. Leider haben die Autoren den heute verbreitet eingesetzten Aufschluß mit Schwefelsäure und Wasserstoffperoxid nicht in ihren Vergleich mit einbezogen. THOMPSON und WAGSTAFF [2969] fanden, daß ein einfacher Salpetersäureaufschluß in kalibrierten Glasgefäßen für Blei, Cadmium, Chrom, Kupfer, Nickel und Zink in Klärschlämmen schnell und sicher durchführbar ist und richtige Ergebnisse liefert. MARTIN und KOPP [2628] verwendeten den Aufschluß mit Salpetersäure und Wasserstoffperoxid für die nachfolgende Bestimmung von Selen im Graphitrohrofen. Sie fanden, daß bei Zusatz von 1% Nickel als Isoformierungshilfe die Methode eine gute Empfindlichkeit, Präzision und Richtigkeit liefert.

CARRONDO und Mitarbeiter [2133] verglichen eine Direktbestimmung im Graphitrohrofen mit verschiedenen Aufschlußverfahren und anschließender Bestimmung in der Flamme für Blei, Cadmium, Chrom, Kupfer, Nickel und Zink in Klärschlamm. Eine Veraschung bei 450 °C, ein Aufschluß mit Schwefelsäure und Salpetersäure oder Salpetersäure und Wasserstoffperoxid sind alle relativ zeitaufwendig. Im Graphitrohrofen kann eine verdünnte Suspension von Klärschlamm in 1% Salpetersäure direkt gegen wäßrige Bezugslösungen gemessen werden. Dieses schnelle Direktverfahren ist sowohl hinsichtlich Präzision als auch Richtigkeit gut vergleichbar mit den verschiedenen Aufschlußmethoden und Bestimmung in der Flamme. STERRITT und LESTER [2916] verwendeten die gleiche Direktbestimmung homogenisierter Proben und fanden diese nicht nur schneller sondern sogar genauer als die Analyse trocken oder naß veraschter Proben in der Flamme, da erheblich weniger Fehlerquellen auftreten.

HAYNES [2356] bestimmte Antimon und Arsen in brennbarem städtischem *Müll*. Die Proben wurden unter Zusatz von Magnesiumnitrat als Veraschungshilfe und Nickelnitrat zur Vermeidung von Verlusten bei 450–500 °C verascht. Die Bestimmung im Graphitrohrofen ergab gute Übereinstimmung mit Zertifikatwerten von Referenzmateralien. Wegen der Inhomogenität der Proben war allerdings eine Streuung der Werte von etwa 20% zu beobachten.

Die Analyse von *Sedimenten* hat im Zuge der Umweltkontrolle ebenfalls an Bedeutung zugenommen. Üblicherweise wird eine bestimmte Sedimentfraktion mit einem bekannten Säuregemisch aufgeschlossen und nach entsprechender Verdünnung mit der Flammen-Technik untersucht [50] [177] [380]. KRISHNAMURTI und Mitarbeiter [2508] verwendeten beispielsweise den schon früher für Klärschlämme beschriebenen Aufschluß mit Salpetersäure und Wasserstoffperoxid auch für Sedimente. GABRIELLI und Mitarbeiter [2285] bestimmten Blei in Schwebstoffen nach Veraschen unter einer Infrarotlampe durch direktes Einbringen in eine Flamme. Selbstverständlich läßt sich auch die Graphitrohrofen-Technik für die Untersuchung von Sedimenten einsetzen, besonders wenn die Konzentrationen niedrig werden [151]. SCHMIDT und DIETL [2828] bestimmten Cadmium nach Extraktion mit APDC-MIBK und Rückextraktion in verdünnte Salpetersäure in zirconiumbeschichteten Graphitrohren. BRIESE und GIESY [2106] bestimmten Blei und Cadmium in Schwebstoffen direkt nach Zusatz von Ammoniumnitrat bzw. Ammoniumsulfat im Graphitrohrofen. Unter gewissen Voraussetzungen lassen sich Sedimente auch direkt in Suspension im Graphitrohrofen analysieren [380].

TERASHIMA [2958] bestimmte Arsen in Sedimenten nach Aufschluß mit Salpetersäure, Perchlorsäure und Flußsäure unter Zusatz von Kaliumpermanganat mit der Hydrid-Technik in guter Übereinstimmung mit anderen Methoden. AGEMIAN und BEDEK [2005] verwendeten den gleichen Aufschluß für die Bestimmung von Arsen und Selen. Sie fanden, daß die beiden Elemente aus allen Phasen, einschließlich der silikatischen, quantitativ extrahiert werden. CHAU und Mitarbeiter [2152] bestimmten Dimethylselenid und Dimethyldiselenid, die wichtigsten Selen-Metaboliten im biologischen System, in der Atmosphäre von Seewasser-Sedimentsystemen. MAHER [2607] bestimmte anorganische und methylierte Arsenspezies in Ästuariensedimenten nach Lösungsmittelextraktion und Trennung durch Ionenaustauscher-Chromatographie mit der Hydrid-Technik.

MATSUNAGA und TAKAHASHI [2636] bestimmten organisch gebundenes Quecksilber in Sedimenten, das in Gegenwart von Natronlauge und Kupfer(II) direkt mit Zinn(II)-chlorid reduziert werden kann. Das Quecksilber wird auf Goldgranulat gesammelt und anschließend bei 500 °C rasch ausgeheizt.

MAY und PRESLEY [2646] bestimmten Eisen, Nickel und Vanadium in *Küstenteer* durch Lösen in einem organischen Lösungsmittel und direkte Analyse im Graphitrohrofen. Besonders das Verhältnis Ni : V ist typisch für die Herkunft des Rohöls und eignet sich für dessen Identifizierung. Später haben die Autoren einen Aufschluß mit Salpetersäure, Perchlorsäure und Schwefelsäure für Rohölrückstände verwendet [2647].

11.6 Gesteine, Mineralien und Erze

Wegen ihrer hohen Spezifität und Störfreiheit, die auch bei der Spurenbestimmung meist ein Abtrennen der Hauptbestandteile überflüssig macht, hat die AAS rasch Eingang in das geochemische Labor gefunden. Sie ersetzt dort nicht nur die konventionelle naßchemische Analyse, sondern steht auch häufig gleichberechtigt neben wesentlich aufwendigeren Verfahren, wie etwa Röntgenfluoreszenz-Analyse oder auch Neutronenaktivierungs-Analyse.

Während Anfang der sechziger Jahre hauptsächlich die Elemente Calcium, Magnesium, Natrium, Kalium, Eisen, Mangan, Kupfer und Zink in den unterschiedlichen Gesteinsproben, sowie Silber und Gold in Erzen untersucht wurden, kamen nach Einführung der Lachgas/Acetylen-Flamme in steigendem Maße auch Elemente wie Aluminium, Silicium und Titan dazu. Damit ist die AAS praktisch in der Lage, die wichtigen, in Gesteinen interessierenden metallischen Elemente mit meist ausreichender Empfindlichkeit und sehr guter Genauigkeit zu bestimmen. Einen wesentlichen Beitrag zur leichten Erfassung der Spurenelemente haben dann besonders die Graphitrohrofen- und die Hydrid-Technik geleistet. Daneben wurden jedoch auch verschiedene Anreicherungsverfahren weiter ausgearbeitet, die eine störarme Spurenelementbestimmung auch mit der Flammentechnik ermöglichen. Eine Übersicht über die bisher in der Literatur berichteten Anwendungsmöglichkeiten der AAS zur Analyse von Gesteinen, Mineralien und Erzen findet sich in Tabelle 50. Die Geochemie war auch das erste Spezialgebiet der AAS, für das eine umfangreiche Monographie erschien [2], die zahlreiche wertvolle Hinweise enthält.

Der schwierigste Teil einer Gesteins- oder Erzanalyse ist häufig der Aufschluß. Dies gilt besonders, wenn es sich bei der zu untersuchenden Probe um ein silikathaltiges Material handelt. Es soll daher an dieser Stelle kurz auf einige Aufschlußverfahren eingegangen werden, die besonders im Zusammenhang mit der AAS-Analyse geprüft wurden. Das bekannteste und gebräuchlichste Aufschlußverfahren, das sich auch sehr gut für eine nachfolgende Analyse mit AAS eignet, ist der Aufschluß mit Flußsäure-Schwefelsäure [45]: Zu 100 mg Substanz werden in einer Platinschale 5 mL 40%ige Flußsäure und in kleinen Portionen nach und nach 3 mL konzentrierte Schwefelsäure gegeben. Die Schale wird über Nacht auf dem Wasserbad erwärmt, dann dampft man vorsichtig ab, bis die Schwefelsäure raucht. Ist der Aufschluß nicht vollständig, muß man zur Trockene abrauchen, den Aufschluß wiederholen und schließlich im Meßkolben auffüllen.

Von diesem einfachen HF-H_2SO_4-Aufschluß sind verschiedene Varianten beschrieben worden. GALLE [402] verwendete zum Beispiel weniger Schwefelsäure und machte dafür von dem verbleibenden Rückstand zusätzlich einen Kaliumpyrosulfat-Aufschluß. Andere Autoren ziehen Salzsäure oder Perchlorsäure in Verbindung mit Flußsäure vor, da die Schwefelsäure gelegentlich zu gewissen Störungen führt [1241] [1243]. BILLINGS und ADAMS

Tabelle 50 Literaturübersicht: Anwendung der AAS zur Analyse von Gesteinen, Mineralien und Erzen

Element	Literaturzitat
Ag	[158] [329] [376] [439] [494] [538] [715] [730] [766] [768] [913] [1072] [1164] [1231] [1232] [1373] [2159] [2275] [2347] [2532] [2682] [3031]
Al	[66] [115] [131] [150] [402] [495] [496] [725] [726] [727] [728] [729] [765] [855] [1153] [1257] [1366] [2323] [2682] [2924] [2980]
As	[2159] [2328] [2489] [2667] [2809] [2958]
Au	[158] [198] [211] [439] [931] [1028] [1115] [1126] [1132] [1165] [1182] [1231] [1232] [2159] [2275] [2332] [2340] [2347] [2493] [2596] [2682] [2732] [2810] [2863] [2943]
B	[765]
Ba	[765] [1066] [2403] [2565] [2682] [2980] [3034]
Be	[765] [1153] [2499] [2565]
Bi	[496] [546] [730] [2159] [2347] [2454]
Ca	[44] [45] [115] [122] [124] [126] [131] [164] [290] [402] [725] [726] [727] [728] [729] [765] [768] [855] [898] [1036] [1241] [1243] [1257] [1349] [1366] [2306] [2682] [2924] [2980]
Cd	[245] [341] [496] [730] [766] [768] [1274] [1295] [2042] [2159] [2307] [2347] [2497] [2532] [2909]
Co	[124] [126] [164] [183] [768] [1101] [1142] [2042] [2347] [2479] [2565] [2682] [2820] [2980] [3034] [3070]
Cr	[45] [93] [727] [728] [768] [855] [1101] [1142] [2347] [2565] [2682] [2980] [3034]
Cs	[435] [436] [1109] [2566]
Cu	[66] [106] [107] [164] [264] [340] [768] [855] [1101] [1180] [1190] [1243] [1295] [2042] [2159] [2347] [2497] [2565] [2682] [2820] [2980] [3034] [3070]

Fortsetzung Tabelle 50

Element	Literaturzitat
Fe	[44] [45] [66] [115] [122] [124] [126] [131] [164] [183] [402] [495] [496] [725] [726] [727] [728] [729] [768] [860] [1036] [1142] [1190] [1241] [1243] [1257] [1349] [1366] [2045] [2682] [2924] [2980]
Ga	[991] [2159] [2347] [2530] [2682]
Ge	[991]
Hg	[496] [768] [1010] [1233] [1262] [1294] [1295] [2104] [2159] [2682] [2862] [2982]
In	[2159] [2530] [2682]
Ir	[443] [769]
K	[44] [45] [115] [122] [124] [126] [131] [164] [290] [725] [726] [727] [728] [729] [768] [855] [898] [1036] [1241] [1349] [1366] [2566] [2682] [2789] [2790] [2924] [2980]
La, Lanthaniden	[642] [643] [1255] [2648] [2840] [2841]
Li	[435] [1176] [2565] [2566]
Mg	[44] [45] [115] [124] [126] [131] [164] [290] [341] [402] [725] [726] [727] [728] [729] [765] [855] [898] [1036] [1190] [1241] [1243] [1257] [1349] [1366] [2682] [2924] [2980]
Mn	[45] [164] [202] [290] [402] [495] [496] [725] [727] [728] [729] [768] [1036] [1241] [1257] [1349] [1366] [2347] [2497] [2682] [2924] [2980] [3070]
Mo	[1021] [1101] [1142] [1254] [2347] [2682] [2949]
Na	[44] [45] [115] [122] [124] [126] [131] [164] [290] [725] [726] [727] [728] [729] [855] [898] [1036] [1241] [1349] [1366] [2566] [2682] [2924] [2980]
Ni	[45] [93] [124] [126] [164] [183] [245] [768] [1101] [1142] [2042] [2347] [2565] [2682] [2820] [2980] [3034] [3070]
Pb	[89] [264] [329] [340] [435] [496] [766] [768] [1142] [2127] [2157] [2159] [2347] [2363] [2497] [2532] [2682] [2700] [2859] [2980] [3070]
Pd	[2159] [2275] [2732] [2810]
Pt	[1115] [1208] [2159] [2275] [2957]
Rb	[122] [124] [126] [164] [435] [731] [1043] [2566]
Re	[2226]
Rh	[1095] [1115] [2275]
Sb	[914] [1183] [2146] [2159] [2347] [2682] [2980] [3044]
Se	[1118] [1167] [2159]
Si	[66] [115] [131] [150] [437] [725] [727] [728] [729] [855] [1257] [1366] [2045] [2118] [2299] [2682] [2980] [3030]
Sn	[911] [2159] [2682] [3045]
Sr	[45] [93] [122] [124] [126] [765] [855] [1243] [2565]
Te	[91] [1167] [2159] [2167] [2315] [2864]
Ti	[115] [131] [150] [402] [495] [496] [725] [726] [727] [728] [729] [765] [855] [1022] [1256] [1257] [1366] [2565] [2682] [2924] [2980]
Tl	[384] [496] [768] [1124] [1294] [1295] [2159] [2347] [2532]
U	[2018]
V	[115] [234] [728] [765] [1101] [2488] [2565] [2924] [2980] [3034]
W	[631] [1020] [2466]
Y	[2840] [2841]
Zn	[66] [106] [107] [150] [202] [245] [264] [329] [335] [340] [435] [766] [768] [855] [1142] [1190] [2042] [2159] [2347] [2497] [2532] [2565] [2682] [2980] [3070]
Zr	[765] [2924]

[124] lösten verschiedene Silikat- und Carbonat-Gesteine wie Glimmer und Feldspäte in Flußsäure-Salpetersäure und fanden gute Übereinstimmung mit anderen Analysenverfahren, wie Flammenphotometrie, Röntgenfluoreszenz usw. [122].

SANZOLONE und Mitarbeiter [2820] verwendeten einen Flußsäure-Salpetersäure-Aufschluß für verschiedene geologische Proben und lösten den Rückstand zusätzlich in Salzsäure. KANE [2454] setzte einen Flußsäure-Perchlorsäure-Aufschluß ein; ARMANNSSON [2042] beschreibt einen Aufschluß mit Flußsäure, Schwefelsäure und Perchlorsäure und SUTCLIFFE [2949] raucht die Proben mit Salpetersäure-Schwefelsäure ab und löst den Rückstand in Salzsäure.

LANGMYHR und PAUS [725] [728] haben ein Aufschlußverfahren beschrieben, das nur mit Flußsäure arbeitet und bei dem das Silicium entweder entfernt oder auch quantitativ erhalten werden kann. Die Autoren prüften das Verfahren für die Analyse von Silikatgestein [725], von silikatischen Materialien, wie Gläsern, Quarzit und Sand [726], von Bauxit [727], von Feldspat [2529] sowie von unterschiedlichen Standardgesteinen, -erzen und -zement [728]. Die Probe wird bei diesem Verfahren je nachdem, ob Silicium erhalten bleiben soll oder nicht, in einem geschlossenen oder offenen Plastikgefäß mit Flußsäure erhitzt. Bleibt die Temperatur dabei unter dem Siedepunkt des azeotropen Gemischs (38,26% HF) bei 112 °C, so genügen für den Aufschluß im geschlossenen Gefäß normale, starkwandige Behälter, vorzugsweise aus PTFE. Für Zersetzung bei höheren Temperaturen wird zweckmäßigerweise in einem geschlossenen System gearbeitet [964]. Diese PTFE-Autoklaven (vgl. Abb. 70, S. 128) verkürzen die Aufschlußzeit erheblich – je nach Gesteinsart auf ½ bis 1½ Stunden – und arbeiten praktisch verlust- und kontaminationsfrei, was besonders für die Spurenanalyse von großem Vorteil ist [444]. Ähnliche Aufschlußsysteme wurden auch von BERNAS [115] und RANTALA und LORING [1019] beschrieben, wobei letzterer nur für geringe Überdrucke geeignet ist, da er sich in keinem Schutzmantel befindet.

TOMLJANOVIC und GROBENSKI [2980] setzten einen Druckaufschluß für die Bestimmung von Haupt- und Spurenelementen in Eisenerzen ein. GILL und KRONBERG [2299] fanden den Aufschluß mit Flußsäure unter Zusatz von Salpetersäure und Salzsäure im Autoklav besonders für die Siliciumbestimmung geeignet, da er den günstigsten Kompromiß bezüglich Schnelligkeit, Richtigkeit und Präzision darstellt. Das Verfahren ist in der Geschwindigkeit vergleichbar mit manueller Röntgenfluoreszenz-Analyse.

Für flüchtige Elemente, insbesondere für Quecksilber [2104] [2862] [2982], bietet der Druckaufschluß im geschlossenen Teflongefäß den großen Vorteil, daß bei richtiger Handhabung Verluste durch Verflüchtigung nicht auftreten können. PRICE und WHITESIDE [2763] beschreiben eine Modifikation des Druckaufschlusses, die generell für silikatische Materialien einsetzbar ist. Sie geben 0,5 g Probe zusammen mit 5 mL Wasser, 2 mL Königswasser und 1 mL Flußsäure in den Teflonautoklaven und erhitzen 30 min auf 160 °C. Nach dem Abkühlen werden schnell 10 mL 4%ige Borsäure zugegeben und nochmal 20 min auf 160 °C erhitzt. Die Autoren betonen, daß der zweite Heizschritt für ein vollständiges Lösen der Proben sehr wichtig ist.

AYRANCI [2045] [2046] beschreibt einen Aufschluß für silikatische Materialien mit Flußsäure, Schwefelsäure und Phosphorsäure in einem PTFE-Zylinder in Stickstoffatmosphäre zur nachfolgenden Bestimmung von Haupt-, Neben- und Spurenbestandteilen aus einer einzigen Lösung. Der Autor betont die Bedeutung der nicht oxidierenden Umgebung für diesen Aufschluß.

Die Verwendung bekannter alkalischer Aufschlüsse, etwa des Soda-Pottasche-Aufschlusses, hat sich speziell für die Spurenanalyse nicht sehr bewährt, da einmal die im Überschuß zugesetzten Carbonate häufig nicht in der erforderlichen Reinheit zur Verfügung stehen und außerdem die Gesamtsalzkonzentration stark erhöht wird, was zu Störungen führen kann.

Einige Schmelzaufschlüsse finden sich dennoch in der Literatur, die erwähnenswert sind. BURDO und WISE [2118] schmelzen die Proben mit Natriumcarbonat und Natriumborat für die nachfolgende Bestimmung von Silicium und lösen die Schmelze in saurer Molybdatlösung. Dabei bildet sich ein Silico-Molybdatkomplex, der eine Polymerisation und ein Ausfällen von Silikat verhindert.

CHOW [2157] bestimmte Blei in Columbit nach einem Schmelzaufschluß mit Pyrosulfat und Auslaugen mit Weinsäure. GUEST und MAC PHERSON [2323] fanden eine Natriumperoxidschmelze für die Bestimmung von Aluminium in sulfidischen und silikatischen Mineralien und Erzen am besten geeignet.

SUHR und INGAMELLS haben mit dem Lithiummetaborat-Aufschluß ($LiBO_2$) ein rasches und einfaches Verfahren vorgeschlagen, das sowohl Silicium als auch die anderen metallischen Elemente in Silikatgestein und Mineralien aufschließt und in Lösung hält. Das Verfahren wurde ursprünglich für Emissionsspektrometrie [1191] und Colorimetrie [555] vorgeschlagen und erst später auch auf die AAS angewendet [855] [1190].

Nach der ursprünglichen Vorschrift von SUHR und Mitarbeitern werden 0,100 g fein gepulverte Probe mit 0,500 g $LiBO_2$ gemischt und in einem ausgeglühten Graphittiegel in einem Muffelofen 10–15 min auf 900–1000 °C erhitzt. Die klare Schmelze wird noch heiß im Tiegel umgeschwenkt, so daß sich kleine Kugeln bilden und nichts mehr an der Wand haftet, und dann rasch in 40 mL 3%ige Salpetersäure gegossen, die sich in einem 200 mL Teflon- oder Polyäthylen-Becher befindet. Das Gefäß wird bedeckt und der Inhalt bis zum vollständigen Lösen magnetisch gerührt. Aus dieser Lösung lassen sich – gegebenenfalls nach weiterer Verdünnung – Aluminium, Calcium, Chrom, Kalium, Kupfer, Magnesium, Mangan, Natrium, Silicium, Strontium, Titan, Zink und andere Elemente bestimmen. YULE und SWANSON [1366] haben dieses Verfahren an verschiedenen Standardgesteinen für neun Elemente geprüft und eine gute Übereinstimmung mit den Zertifikatwerten gefunden. Ebenso wurde eine gute Übereinstimmung mit naßchemischen Verfahren (die etwa fünfmal länger dauern) sowohl für Hauptbestandteile (bis über 80% SiO_2) als auch für die Spurenelemente gefunden. GOVINDARAJU und L'HOMEL [437] haben dieses Aufschlußverfahren teilautomatisiert, um anschließend Silicium in Silikatgesteinen direkt oder nach Durchlauf durch einen Kationenaustauscher zu bestimmen. Besonders die letztere Methode liefert eine Präzision besser als 1% und eine ausgezeichente Richtigkeit. Eine gute Übersicht über die Verwendung des Lithiummetaborat-Aufschlusses für geologische Proben gibt INGAMELLS [556].

VAN LOON und PARISSIS [1257] haben die Vorschriften für den Lithiummetaborat-Aufschluß unabhängig von SUHR modifiziert und speziell für die nachfolgende Atomabsorptions-Analyse eingerichtet. In 12 Standard-Silikatgesteinen wurden Aluminium, Calcium, Eisen, Kalium, Magnesium, Mangan, Natrium, Silicium und Titan bestimmt. Genaue Vorschriften über die für eine exakte und störungsfreie AAS-Analyse nötigen Vorbereitungen sind für jedes Element angegeben. Die hierbei erhaltenen Ergebnisse stehen in sehr guter Übereinstimmung mit den Werten aus drei anderen Analysenverfahren. Auch BOAR und INGRAM [131] geben detaillierte Vorschriften für die Analyse von Silikatgesteinen mit diesem Aufschluß.

Rice [2790] vergleicht den Schmelzaufschluß mit Lithiummetaborat und einen Naßaufschluß mit Flußsäure für die Bestimmung von Kalium und findet keinen Unterschied in der Genauigkeit. Während 15 min bei 900 °C treten keine Verluste an Kalium auf. Nuhfer und Romanosky [2700] bestimmten Blei nach einem Lithiummetaborat-Aufschluß und fanden, daß unterhalb 1100 °C Aufschlußtemperatur keine Verluste an Blei auftreten. Es ist aber mindestens eine Temperatur von 950 °C erforderlich, da der Aufschluß sonst nicht quantitativ ist. Muter und Nice [2682] fanden dagegen, daß bei einem Aufschluß von silikatischem Material mit Lithiummetaborat Blei, Quecksilber und Zinn verflüchtigt werden.

Die Anwendung der AAS bei geochemischen Analysen bringt meist keine besonderen Probleme mit sich. Es empfiehlt sich allerdings, zu heißeren Flammen hin zu tendieren und beispielsweise die Erdalkali-Elemente generell in einer Lachgas/Acetylen-Flamme zu bestimmen [764]. Das ist um so empfehlenswerter, je höher die Gehalte an Silicium und Aluminium in der Lösung sind oder wenn Schwefelsäure für den Aufschluß verwendet wurde. Unter Umständen muß für die Bestimmung sehr geringer Gehalte in komplexer und konzentrierter Matrix das Additionsverfahren verwendet werden, um Fehler zu vermeiden; häufig werden auch Anreicherungs- und Extraktionsverfahren zur Spurenanalyse angewendet, wie etwa das bekannte System APDC-MIBK.

Clark und Viets [2159] beschreiben ein Multielement-Extraktionssystem für die Bestimmung von 18 Spurenelementen in geochemischen Proben. Hannaker und Hughes [2347] extrahierten 15 Spurenelemente aus geologischen Materialien als Chlorokomplexe, mit DEDC und 8-Hydroxichinolin in MIBK und n-Butylacetat. Sanzolone [2820] extrahierte Cobalt, Kupfer und Nickel mit DEDC in MIBK und Armannsson [2042] fand, daß für die Bestimmung von Cadmium und Zink zusätzlich eine Rückextraktion aus dem organischen Lösungsmittel in verdünnte Salzsäure notwendig ist.

Kim und Mitarbeiter [2466] verwendeten langkettige Alkylamine in Chloroform zur Anreicherung von Wolfram in geologischen Proben. Korkisch und Sorio [2499] extrahierten Beryllium als Acetylacetonat mit Chloroform und trennten dann von mitextrahierten Elementen, besonders Aluminium an einem Kationenaustauscher ab. Welsch und Chao [3044] verflüchtigten Antimon als Triiodid durch Erhitzen mit Ammoniumiodid. Nach Aufnehmen mit 10%iger Salzsäure wurde Antimon dann mit TOPO in MIBK extrahiert. Nach dem gleichen Verfahren verflüchtigten die Autoren auch Zinn als Tetraiodid [3045], das sie ebenfalls nach Extraktion in der Lachgas/Acetylen-Flamme bestimmten. Michael [2667] bestimmte Arsen indirekt in sulfidischen Proben, die auch Antimon enthalten durch Reduktion zum Hydrid, das er in einer Iodlösung oxidierte und mit Ammoniummolybdat komplexierte. Nach Extraktion der Heteropolysäure in MIBK bestimmte der Autor Molybdän in der Lachgas/Acetylen-Flamme.

Verschiedene Autoren setzten Anionenaustauscher zum Abtrennen und Anreichern von Cadmium [2909], Vanadium [2488] und verschiedenen anderen Elementen [2497] ein. Strelow und Mitarbeiter [2924] beschreiben den Einsatz einer einzigen Kationen-Austauschersäule für die Trennung von 10 Haupt- und Nebenbestandteilen in Silikatgesteinen. Durch Verwendung verschiedener Elutionsmittel lassen sich alle Elemente einzeln nacheinander eluieren, lediglich Ti(IV) und Zr kommen zusammen.

Verschiedene Autoren haben jedoch auch mit gutem Erfolg zahlreiche Elemente direkt in Gesteinsaufschlüssen bestimmt. Luecke [2566] bestimmte die Alkalimetalle in einer Vielzahl an Gesteinen und Mineralien und fand dabei, daß hohe Gehalte an Aluminium und Phosphat vor allem die Bestimmung von Rubidium und Caesium stören. Ein Zusatz von

EDTA und Arbeiten in der Lachgas/Acetylen-Flamme beseitigte diese Interferenzen. In einer anderen Arbeit untersuchte LUECKE [2565] Matrixeinflüsse auf die Spurenelementbestimmung in geochemisch unterschiedlichen Gesteinstypen. 11 Elemente wurden dabei in vier Kunstmatrices bestimmt, die einem ultrabasischen, einem basischen, einem intermediären und einem sauren Gestein entsprachen. Der Autor fand dabei, daß die wäßrigen bzw. salzsauren Bezugskurven praktisch nie mit den matrixbelasteten übereinstimmten und empfiehlt daher entweder gegen eine Kunstmatrix (ohne Silicium) zu messen oder eine ähnlich zusammengesetzte Gesteinsprobe mit einem möglichst geringen Gehalt an dem zu bestimmenden Element mit mehreren Konzentrationen aufzustocken und als Bezugskurve zu verwenden. Auch WARREN und CARTER [3034] empfehlen die Messung von Silikatgesteinen nach Aufschluß in einem Niederdruck-Teflonautoklaven bei 100 °C gegen Bezugslösungen durchzuführen, die die Hauptelemente in ähnlichen Konzentrationen enthalten.

GLIKSMAN und Mitarbeiter [2306] bestimmten Calcium in Phosphatgesteinen mit hoher Genauigkeit in einer Lachgas/Acetylen-Flamme. Sie fanden, daß sich diese Bestimmung in einem modernen AAS-Gerät mit gleicher Präzision und Richtigkeit durchführen läßt wie mit anderen etablierten Verfahren, z. B. gravimetrisch als Sulfat. Dabei ist der Probendurchsatz bei der AAS dreimal höher und die Kosten sind vor allem wegen des geringeren Bedarfs an Reagenzien um 70% niedriger.

WALSH [3030] weist auf die Notwendigkeit einer sehr guten Genauigkeit bei der Bestimmung hoher Silikatgehalte in Gesteinen hin. Üblicherweise werden hier zwei Stellen hinter dem Komma angegeben. Um die nötige Richtigkeit in einer relativ kurzen Zeit zu erreichen, verwendet der Autor ein kombiniertes gravimetrisches und AAS-Verfahren. Die Probe wird nach einem Natriumcarbonataufschluß mit Salzsäure abgeraucht, um das SiO_2 unlöslich zu machen. Der Rückstand wird in 20%iger Salzsäure gelöst und das verbleibende SiO_2 gravimetrisch bestimmt. In der Lösung befinden sich üblicherweise 2–6 mg SiO_2, die mit AAS bestimmt und dem gravimetrisch gefundenen Wert zugerechnet werden.

SEN GUPTA [2840] bestimmte Yttrium und die Lanthaniden in Gesteinen und Mineralien und fand, daß die Empfindlichkeit um den Faktor 2–5 besser ist, wenn man in absolutem Ethanol als Lösungsmittel statt in Wasser arbeitet. Ein Zusatz von Lanthan beseitigt Interferenzen und führt gelegentlich zu einer weiteren Empfindlichkeitssteigerung. RICE [2789] berichtet über einen Ringversuch zur Bestimmung von Kalium in Gesteinen und Mineralien. Die größten Streuungen wurden dabei durch Kontamination oder Verluste verursacht. Waren diese Probleme beseitigt, so lieferte die AAS mit einer Luft/Acetylen-Flamme und Caesium als Ionisationspuffer immer richtige Ergebnisse, während die AES mit einer Luft/Propan-Flamme und Lithium als internem Bezugselement zumindest für niedrige Kaliumkonzentrationen zu hohe Werte lieferte.

DALL'AGLIO [264] verglich die Atomabsorptions- mit optischer Emissionsspektrometrie, und LANGMYHR und PAUS [729] führten einen Ringversuch durch, bei dem die AAS in guter Übereinstimmung mit Röntgenspektrometrie, Emissionsspektrometrie, konventionellen naßchemischen Verfahren und anderen Methoden stand. Es ist daher nicht weiter verwunderlich, daß die AAS rasch Eingang gefunden hat in das geochemische Routinelabor [748].

Eine Methode zur direkten Eingabe von festen Proben in eine Flamme wird von GOVINDARAJU [435] [436] beschrieben. Gesteinspulver wird mit einem Ionisationspuffer (z. B. Natriumcarbonat) gemischt und auf einem mit Aceton befeuchteten Gewindestab aus Eisen aufgebracht, der dann direkt in die Flamme eingebracht wird. Blei, Caesium, Lithium, Rubidium und Zink lassen sich nach dieser Methode mit Nachweisgrenzen um 1 µg/g bestimmen. WILLIS [3070] hat die Wirksamkeit der Atomisierung für Blei, Cobalt, Kupfer, Mangan, Nickel und Zink untersucht, wenn Suspensionen geologischer Proben direkt in die Flamme versprüht werden. Nur Partikel kleiner als 12 µm tragen wesentlich zu der beobachteten Absorption bei, wobei die Wirksamkeit der Atomisierung mit abnehmender Teilchengröße rasch ansteigt. Für Proben mit einer Teilchengröße kleiner als 44 µm schwankte die Wirksamkeit der Atomisierung für verschiedene Gesteinsproben um den Faktor 2. LUECKE und Mitarbeiter [329] [766] beschreiben den Einsatz der Boot-Technik zur Bestimmung sehr geringer Gehalte an Blei, Silber und Zink in Bodenproben zur geochemischen Prospektion, wobei sie besonders auf die Schnelligkeit der Analyse und die hohe Empfindlichkeit hinweisen. FRATTA [384] verwendete ebenfalls die Boot-Technik zur Bestimmung von Thallium in Silikatgesteinen im ng/g-Bereich.

Verschiedene Autoren haben den Einsatz der Graphitrohrofen-Technik für die Bestimmung der Spurenelemente aus sauren Aufschlußlösungen untersucht. SCHWEIZER [1101] verwendete einen modifizierten Flußsäure-Perchlorsäure-Aufschluß, bei dem anschließend mehrfach mit Salzsäure abgeraucht wurde, zur Bestimmung der Haupt- und Nebenbestandteile mit der Flamme und der Spurenelemente Chrom, Cobalt, Kupfer, Molybdän, Nickel und Vanadium mit der Graphitrohrofen-Technik in kalkigem Gesteinsmaterial. Chrom und Cobalt konnten dabei gegen wäßrige Bezugslösungen bestimmt werden, während für die übrigen Elemente das Additionsverfahren verwendet werden mußte; die Variationskoeffizienten lagen zwischen 2,5 und 4%. Verschiedene andere Autoren setzten die beim normalen Flußsäure-Perchlorsäure-Aufschluß entstehende Probenlösung direkt für die Bestimmung von Beryllium [1123], Vanadium [234], Cadmium, Nickel, Zink [245], sowie Aluminium, Eisen, Mangan, Titan [495] [496] und Cobalt [768] ein. Teilweise scheint dabei die Perchlorsäure die Untergrundabsorption zu reduzieren [245], andererseits erniedrigt sie das Signal von Cobalt sehr stark [768] und stört auch bei einigen anderen Elementen, so daß eine Abtrennung meist wünschenswert ist [234] [1123]. Um noch störungsfreier zu arbeiten, haben einige Autoren Elemente wie Tellur [91] oder Thallium [496] [1124] auch aus der Probenlösung extrahiert, bevor sie die Bestimmung mit der Graphitrohrofen-Technik durchführten.

Auch SIGHINOLFI und Mitarbeiter [2864] verwenden eine Extraktion in MIBK, gefolgt von einer Rückextraktion in die wäßrige Phase für die Bestimmung von Tellur. CORBETT und GOODBEER [2167] trennten Tellur durch Ausfällen als elementares Tellur ab und konnten dann im Konzentrationsbereich 0,01–1 µg/g Te störfrei arbeiten. KANE [2454] bestimmte Nanogramm-Mengen Bismut in Gesteinen nach einem Flußsäure-Perchlorsäure-Aufschluß. Das Bismut wird als Iodid in MIBK extrahiert und dann mit EDTA und Säure in die wäßrige Phase überführt. SEN GUPTA [2841] bestimmte Yttrium und die seltenen Erden in Gesteinen nach Abtrennen durch Mitfällung mit Calcium und Eisen.

Viele der Störungen, die für die Bestimmung von Spurenelementen mit der Graphitrohrofen-Technik berichtet wurden und eine Abtrennung nötig machten, sind auf ungeeignete Geräte oder ungünstige Bedingungen zurückzuführen. Die schweren systematischen Fehler, die HEINRICHS [2363] beispielsweise bei der Bestimmung von Blei in geologischen Materialien findet, sind eindeutig auf eine Gasphasen-Interferenz zurückzuführen. Bei Atomisierung von einer L'VOV-Plattform in einem Ofen im thermischen Gleichgewicht dürfte diese Störung nicht mehr auftreten. Auch die früher beschriebenen Störungen durch Perchlorsäure sind unter optimierten Bedingungen nicht mehr zu beobachten, wie SLAVIN und Mitarbeiter [2878] für Aluminium und Thallium gezeigt haben. Auch der Einsatz des Zeeman-Effekts zur Untergrundkompensation kann weiter zu einer störfreien Spurenbestimmung beitragen, besonders in Gegenwart hoher Gesamtsalzgehalte [2700].

Mehrere Autoren haben sich recht eingehend mit der direkten Festprobenanalyse von geologischen Proben mit der Graphitrohrofen-Technik befaßt, da damit der oft zeitraubende Aufschluß der Proben umgangen und gleichzeitig die höchste Empfindlichkeit erreicht werden kann. Verschiedene Autoren berichten über die Direktbestimmung von leicht atomisierbaren Elementen wie Bismut, Blei, Cadmium, Quecksilber, Silber, Thallium und Zink [496] [730] [768] [1294] [1295], sowie Caesium und Rubidium [731]. Bei diesen Elementen gelingt meist eine gute Abtrennung durch selektives Verdampfen indem man die Atomisierung bei relativ niedrigen Temperaturen (z. B. 1400–1700 °C) durchführt. Hier liegen die Gesteinsproben üblicherweise geschmolzen vor, zeigen jedoch keinen sehr großen Dampfdruck, so daß nur geringe Untergrundabsorptionen auftreten; das zu bestimmende Element wird jedoch rasch genug aus der geschmolzenen Gesteinsprobe heraus atomisiert. Bei Verwendung eines guten Untergrundkompensators läßt sich dieses Verfahren sogar noch bei wesentlich höheren Atomisierungstemperaturen einsetzen, so daß z. B. auch Kupfer noch aus der festen Probe bestimmt werden kann [1295].

LANGMYHR und Mitarbeiter [2530–2532] verwenden einen durch einen Hochfrequenz-Induktionsgenerator beheizten Graphitrohrofen für die direkte Festprobenanalyse. Sie bestimmten Blei, Cadmium, Silber, Thallium und Zink in Silikatgestein [2532], Gallium und Indium in Bauxit, sulfidischen Erzen und anderen Materialien [2530] sowie 13 Spurenelemente in Phosphatgesteinen [2531]. Die Übereinstimmung mit konventioneller Flammen- oder Graphitrohrofen-Technik bzw. mit Zertifikatswerten war allgemein gut und die relative Standardabweichung lag bei 5 bis 20% in Abhängigkeit von der Konzentration an dem zu bestimmenden Element.

GONG und SUHR [2307] bestimmten Cadmium in geologischen Proben und fanden, daß für niedrige Cadmiumgehalte die Probe feiner gemahlen werden muß, da dieses mehr in der Struktur des Gesteins sitzt. Für höhere Cadmiumgehalte genügt eine weniger fein gemahlene Probe, da das zu bestimmende Element mehr an der Oberfläche adsorbiert ist. Die Bestimmung erfolgte direkt gegen wäßrige Bezugslösungen mit guter Richtigkeit. SIEMER und WEI [2859] bestimmten Blei in Silikatgesteinen durch Atomisieren bei 1200 bis 1500 °C ebenfalls gegen wäßrige Bezugslösungen. Für eine Reihe von Referenzmaterialien fanden sie dabei eine ausgezeichnete Übereinstimmung der Werte. Diese direkte Festprobenaufgabe hat allerdings neben den genannten Vorteilen auch einige deutliche Nachteile. Da die maximal verwendbare Probenmenge in der Größenordnung von einigen mg liegt, sollte die Teilchengröße 1 µm nicht überschreiten, damit die aufgegebene Menge noch repräsentativ ist für die Gesamtprobe. Trotzdem liegt der Variationskoeffizient bei direkter Festprobenaufgabe typischerweise bei 10–20%, was nicht immer den Anforderungen genügt. Auch bereitet die Kalibrierung gelegentlich Schwierigkeiten und der Aufwand, daß für jede Bestimmung eine genaue Wägung in der Gegend von 1 mg gemacht werden muß, sollte nicht unterschätzt werden. Für eine schnelle, halbquantitative Untersuchung einer Probe auf ein Spurenelement ist das Verfahren jedoch ausgezeichnet einsetzbar. Über den Einsatz der Hydrid-Technik zur Analyse geologischer Proben ist relativ wenig in der Literatur berichtet. Die wenigen Arbeiten mit dieser Technik sind jedoch durchweg sehr erfolgreich und es wurden kaum Störungen beobachtet. TERASHIMA [2958] bestimmte Arsen in Gesteinen, Mineralien und Sedimenten nach einem Aufschluß mit Flußsäure, Perchlorsäure und Salpetersäure. Vor der Bestimmung wurde Arsen mit Kaliumiodid reduziert; die Übereinstimmung der Werte mit anderen Methoden war sehr gut. KOKOT [2489] modifizierte das Verfahren so, daß er 300 Proben pro Tag analysieren konnte. GUIMONT und Mitarbeiter [2328] fanden nur Störungen durch Cobalt und Nickel, wobei Cobalt erst bei Konzentrationen stört, die etwa 100mal höher sind als die, die üblicherweise in Gesteinen und Sedimenten vorkommen. EDTA, Cyanid und Rhodanid wurden mit Erfolg zur Beseitigung der Nickelstörung eingesetzt; am besten wirkte dabei eine 5%ige Kaliumthiocyanatlösung. RUBEŠKA und HLAVINKOVÁ [2809] weisen allerdings darauf hin, daß EDTA oder Rhodanid nur dann zur Beseitigung von Interferenzen eingesetzt werden können, wenn der endgültige pH-Wert nach dem Mischen mit Natriumborhydrid alkalisch ist oder wenn Natriumborhydridtabletten verwendet werden, in deren Umgebung genügend Alkalität herrscht. In Salzsäure der Konzentration 1 mol/L haben weder EDTA noch Rhodanid einen Effekt. Die Autoren verwendeten einen Aufschluß mit Königswasser und reduzierten Arsen(V) zu Arsen(III) mit Kaliumiodid und Ascorbinsäure. Sie fanden, daß Nickel erst ab 10 µg, Cobalt ab 100 µg sowie Kupfer und Eisen erst ab 1000 µg stören. Interferenzen sind daher nur für Proben mit mehr als 10 µg/g Nickel zu erwarten, was äußerst selten ist. CHAN und VIJAN [2146] suchten eine spezifische, empfindliche, präzise und richtige Methode für die Bestimmung von Antimon in Gesteinen, die zudem robust, wenig arbeitsaufwendig und preiswert ist. Sie fanden, daß die Hydrid-Technik gut geeignet ist, da die Hauptkomponenten nicht stören und die störenden Übergangselemente nur in geringer Konzentration vorhanden sind. Sulfide und Sulfite werden bei der Probenvorbehandlung zerstört. In Anwesenheit von Kaliumiodid, das für die Reduktion von Antimon(V) zu Antimon(III) zugesetzt wird, ist auch die Eisenstörung praktisch beseitigt. GREENLAND und CAMPBELL [2315] bestimmten Nanogramm-Mengen Tellur in Silikatgesteinen und fanden, daß die üblicherweise in diesen Proben vorkommenden Konzentrationen an Eisen und Kupfer nicht stören. Das Verfahren ist schnell, empfindlich und ausreichend genau und richtig; es lassen sich noch 5 ng/g Tellur in Gestein bestimmen. Für die Bestimmung von Quecksilber wird auch hier zweckmäßig die Kaltdampf-Technik, am besten nach einem Druckaufschluß in einem Teflon-Autoklaven eingesetzt. BRANDVOLD und MARSON [2104] bestimmten Quecksilber in Erzen und Konzentraten nach einem Druckaufschluß mit Schwefelsäure-Flußsäure unter Zusatz von Kaliumpermanganat. TOTH und INGLE [2982] bestimmten Quecksilber in Manganknollen nach einem Druckaufschluß mit Flußsäure und Salpetersäure. Sie fanden im pazifischen Becken Werte zwischen 20 und 50 ng/g, in aktiven „Bergkämmen“ 95–290 ng/g und in schnell sich bildenden hydrothermischen Krusten bis 1300 ng/g Quecksilber. SIGHINOLFI und Mitarbeiter [2862] bestimmten Quecksilber in verschiedenen silikatischen Materialien nach einem Aufschluß mit Salpetersäure-Schwefelsäure im Autoklaven. Sie fanden, daß die Nachweisgrenze nur von der Reinheit der Reagenzien abhängt und erreichten mit „suprapur“-Säuren etwa 10 ng/g.

Eine besondere Stellung in der geochemischen Analyse nehmen die Elemente *Silber* und *Gold* ein. Während die dokimastische Analyse, die für die Bestimmung dieser Elemente meist verwendet wurde, schwierig und sehr aufwendig ist, bietet die AAS Richtigkeit, Schnelligkeit und Empfindlichkeit. Lediglich das Lösen der Proben bereitet gelegentlich gewisse Schwierigkeiten, und häufig erfordert jedes Rohmaterial eine gewisse Modifizierung. FIXMAN und BOUGHTON [376] lösten silberhaltige Mineralien in Salpetersäure unter Zusatz von Wasserstoffperoxid. RAWLING und Mitarbeiter [1025] [1026] lösten die Probe in Salzsäure-Salpetersäure und hielten das Silber in Lösung, indem sie immer mit halbkonzentrierter Salzsäure arbeiteten.

RUBEŠKA und Mitarbeiter [1072] nennen drei Aufschlußverfahren für sulfidische Silbererze, nämlich mit Salpetersäure-Weinsäure unter Zusatz von Quecksilber(II)-nitrat oder mit Salpetersäure-Schwefelsäure oder mit Schwefelsäure, unter Umständen ebenfalls unter Zusatz von Weinsäure. HUFFMAN und Mitarbeiter [538] fanden dagegen, daß einfaches Erhitzen der Probe für etwa 15 min mit konzentrierter Salpetersäure alles Silber in Lösung bringt. Die Autoren untersuchten 44 Erzproben mit Gehalten zwischen 1 und 8000 μg/g Silber und fanden keine nennenswerten Unterschiede zwischen den durch einfache Extraktionen mit Salpetersäure erhaltenen Werten und den nach vollständigem Lösen der Probe gefundenen. Auch die Übereinstimmung mit herkömmlichen Bestimmungsmethoden ist gut. SPITZER und TESIK bestimmten Silber in Kupfereisenstein [494] und in Schwefelkiesabbränden [1165] aus salzsaurer Lösung der Konzentration 7 mol/L, aus der Eisen vorher extrahiert wurde. Die Übereinstimmung mit der dokimastischen Bestimmung ist gut.

WALTON [3031] behandelt die Proben zur Bestimmung von Silber in Erzen und Mineralien mit flußsäurehaltigen Säuremischungen, die zur Trockene abgeraucht werden. Der Rückstand wird stark ammoniakalisch gemacht und der Extrakt direkt in die Flamme versprüht. Für sulfidische Erze ist die Wiederfindung praktisch quantitativ, für andere etwa 3% zu niedrig.

Die Bestimmung von Gold scheint nicht ganz störungsfrei zu sein, besonders lassen sich saure Lösungen nicht mit cyanidischen vergleichen. Üblicherweise wird jedoch Gold nicht direkt aus der Lösung bestimmt, sondern nach Extraktion, da die natürlichen Konzentrationen zu niedrig für eine direkte Analyse und die Genauigkeitsanforderungen hoch sind. BUTLER und Mitarbeiter [198] komplexierten Gold mit Dimethylglyoxim und extrahierten in MIBK. STRELOW und Mitarbeiter [1182] untersuchten die Probleme um die Goldanalyse sehr eingehend und fanden, daß sich Gold quantitativ aus einer Salzsäure der Konzentration 3 mol/L direkt ohne Komplexbildner in MIBK extrahieren läßt. Bei einem Mischungsverhältnis von wäßriger Lösung zu MIBK wie 10 : 1 ließen sich mehr als 99% Gold in einem Arbeitsgang extrahieren. SPITZER und TESIK [1165] verwendeten das gleiche Verfahren zur Extraktion von Gold aus Schwefelkiesabbränden. Das mit extrahierte Eisen wurde in einem zweiten Schritt wieder aus der organischen Phase entfernt. Diese Autoren fanden ebenso wie TINDALL [1231] [1232] und HALL [2340] eine gute Übereinstimmung mit dokimastisch gefundenen Werten. GREAVES [439] extrahierte Gold in Gegenwart von Bromwasserstoffsäure statt Salzsäure in MIBK und fand befriedigende Ergebnisse.

RUBEŠKA und Mitarbeiter [2810] fanden, daß sich Gold und Palladium aus geologischen Proben mit Dibutylsulfid in einem Schritt in Toluol extrahieren lassen. Die Nachweisgrenze liegt für beide Elemente in der Flamme bei 20 ng/g und im Graphitrohrofen bei 1 ng/g; das ist noch unterhalb der mittleren Goldkonzentration in Gesteinen und ausreichend für Palladium in basischen Gesteinen. PARKES und MURRAY-SMITH [2732] haben das gleiche Verfahren eingesetzt, nachdem die Proben bei 600 °C geröstet und dann in Salzsäure-Salpetersäure gelöst wurden.

Wegen ihrer hohen Empfindlichkeit wird in den letzten Jahren die Graphitrohrofen-Technik verstärkt für die Bestimmung von Gold und anderen Edelmetallen eingesetzt. MACHIROUX und ANH [2596] bestimmten Gold in Blei- und Zinksulfiderzen, nachdem sie die Proben in Salzsäure-Salpetersäure unter Zusatz von Brom lösten und das Gold in MIBK extrahierten. Auch SIGHINOLFI und SANTOS [2863] extrahierten Gold als Bromoaurat aus bromwasserstoffsaurer Lösung in MIBK und dosierten die organische Phase direkt in den Graphitrohrofen. Sie erreichten hierbei eine Nachweisgrenze von 0,6–0,8 ng/g. HADDON und PANTONY [2332] schüttelten die in Salzsäure suspendierten Erzproben 3 h mit Amylacetat, das etwas Brom enthält. Sie fanden mit sehr guter Reproduzierbarkeit praktisch eine 100%ige Extraktion. Da das Verfahren spezifisch ist für Gold, treten auch im Graphitrohrofen keinerlei Störungen auf. KONTAS [2493] beschreibt ein Schnellverfahren für die Bestimmung von Gold im Graphitrohrofen ohne Extraktion in ein organisches Lösungsmittel. Die Proben werden über Nacht mit Salzsäure und Salpetersäure stehen gelassen und dann nach Zugabe von Wasser geschüttelt und zentrifugiert. Aus der klaren Lösung wird unter Zusatz von Zinn(II)-chlorid und Quecksilber(I)-nitrat Gold als Amalgam ausgefällt. Nach Lösen in Salzsäure-Wasserstoffperoxid wird die Bestimmung direkt im Graphitrohrofen durchgeführt.

FRYER und KERRICH [2275] bestimmten außer Gold auch Silber, Palladium, Platin und Rhodium in Gesteinsproben, die mit Königswasser aufgeschlossen und durch Abrauchen mit Flußsäure vom Silicium befreit wurden. Nach Aufnehmen mit Salzsäure wird eine Tellurchloridlösung zugegeben und mit Zinn(II)-chlorid zum Metall reduziert. Mit dem metallischen Tellur fallen auch Gold, Palladium, Platin, Rhodium und Silber aus, sonst aber nichts. Der Niederschlag wird mit Königswasser gelöst und ist praktisch ideal für eine Bestimmung im Graphitrohrofen, da fast alle Begleitelemente abgetrennt sind und Tellur selbst leicht flüchtig ist. Es sind keine Matrixinterferenzen zu beobachten und nicht einmal ein Untergrundkompensator ist erforderlich.

11.7 Metallurgie und Galvanik

In den analytischen Labors der großen Eisen- und Stahlwerke wird heute die Betriebsüberwachung hauptsächlich durch direktanzeigende Spektrometer, Quantometer genannt, durchgeführt. Daneben hat sich jedoch auch die AAS ihren festen Platz gesichert, so daß die Metallurgie heute zu ihren Hauptanwendungsgebieten gehört. Eine Literaturübersicht über die in Eisen, Stählen und Eisenlegierungen durchgeführten Bestimmungen findet sich in Tabelle 51.

Für Eisen und die meisten Stähle stellt der Lösevorgang keine größere Schwierigkeit dar; häufig lassen sich diese in einem Salzsäure-Salpetersäure-Gemisch lösen, das für die anschließende Analyse mit AAS besonders geeignet ist. BEYER [119] erwärmte etwa 500 mg einer Probe mit 10 mL halbkonzentrierter Salzsäure und fügte dann tropfenweise konzentrierte Salpetersäure zu, bis alles lösliche Material in Lösung war. KINSON [645] [646] und BELCHER [100] fanden, daß Wolframstähle vorzugsweise in Phosphorsäure-Schwefelsäure gelöst werden. HUSLER [547] löste Werkzeugstahl in Salpetersäure-Flußsäure und SCHILLER [1088] verwendete das gleiche Säuregemisch um Niob in niedrig legierten Stählen zu lösen. HEADRIDGE und SOWERBUTTS [488] schließlich verwendeten einen Druckaufschluß in einem Teflon-Autoklaven zur Bestimmung von Gesamtaluminium in Stahl.

DAMIANI und Mitarbeiter [2184] lösten Ferrosilicium-Legierungen, indem sie das Silicium mit Flußsäure-Salpetersäure abrauchten, den Rest in Salpetersäure-Perchlorsäure lösten und mit Salzsäure auffüllten.

Nach der jeweiligen Art der durchzuführenden Analyse und der erforderlichen Genauigkeit richtet sich üblicherweise auch das Analysenverfahren. Interferenzen chemischer Art werden bei der Stahlanalyse nur selten beobachtet. In Gegenwart höherer Siliciumgehalte wird die Bestimmung von Mangan gestört, was durch Zugabe von Calcium und Verwendung

Tabelle 51 Literaturübersicht: Anwendung der AAS zur Analyse von Eisen und Stahl

Element	Literaturzitat
Ag	[522] [2048] [2210] [2572]
Al	[47] [145] [175] [488] [679] [680] [791] [2184] [2742] [2846]
As	[513] [2059] [2060] [2254] [2780] [3049] [3054]
Bi	[2041] [2060] [2210] [2254] [2264] [2572] [2846] [3049] [3054]
Ca	[487] [743] [1220] [2184]
Cd	[919] [2060] [2572]
Co	[675] [851] [852] [1169]
Cr	[119] [547] [675] [680] [743] [945] [947] [1045] [1053] [1299] [2729]
Cu	[119] [646] [675] [680] [743] [1169]
Fe	[743] [919]
Mg	[98] [119] [851] [919] [1169] [1220] [2846]
Mn	[100] [119] [537] [547] [675] [680] [743] [919] [947] [1169] [2184] [2846]
Mo	[271] [547] [663] [675] [887] [990] [1045]
Nb	[1088]
Ni	[119] [236] [645] [675] [743] [919] [947] [1169] [1299] [2846]
P	[2353] [3061] [3068]
Pb	[328] [743] [851] [919] [2040] [2059] [2060] [2210] [2254] [2260] [2261] [2264] [2265]
Sb	[2059] [2060] [2254] [2259] [2780] [3049] [3052] [3054] [3083]
Se	[972] [2210] [2244] [2254] [3049] [3054]
Si	[656] [675] [845] [1004]
Sn	[903] [2059] [2060] [2169] [2203] [2254] [2321] [2780] [3049] [3054]
Te	[75] [819] [2163] [2210] [2254] [3049] [3054]
Ti	[486] [905] [2184]
Tl	[2119] [2210]
V	[207] [457] [547] [675] [2846] [2872]
W	[547] [2680] [2972]
Zn	[632] [743] [2572] [2846]

eines Dreischlitz-Brennerkopfes vermieden werden kann. Chrom wird in der Luft/Acetylen-Flamme durch Eisen beeinflußt, was entweder durch Angleichen des Eisengehalts in den Bezugslösungen oder besser durch Verwendung einer Lachgas/Acetylen-Flamme umgangen werden kann.

KÖNIG, SCHMITZ und THIEMANN [680] fanden, daß die Bestimmung von Kupfer, Mangan und Aluminium sowohl durch den Säuregehalt, als auch durch die Eisenkonzentration beeinflußt wird, und haben daher die Bezugslösungen entsprechend angeglichen. KNIGHT und PYZYNA [675] lösten das Problem bei der Analyse von 9 Elementen in Werkzeugstahl durch Kalibrieren mit Standard-Stählen des NBS und fanden eine sehr gute Übereinstimmung mit Emissionsspektrometrie und Röntgenfluoreszenz. Bei letzterer können Phasenprobleme auftreten und zu Fehlern führen, wie an Beispielen gezeigt wird. HUSLER [547] verwendete zur Bestimmung von Chrom, Mangan, Molybdän, Vanadium und Wolfram in Werkzeugstahl eine Lachgas/Acetylen-Flamme. Nach Zugabe von Eisen als Hauptelement zu den Bezugslösungen und Kalium als Ionisationspuffer war die Bestimmung in dieser Flamme störungsfrei.

Die Verwendung von Standard-Stählen zum Kalibrieren hat sich besonders im Zusammenhang mit der Präzisionsanalyse bewährt. Ist eine hohe Genauigkeit der Analyse erforderlich, wie etwa bei der Bestimmung der Hauptlegierungsbestandteile in Chrom-Nickel-Stählen, so können sich kleinere Störungen schon deutlich auswirken. Wie wir [1299] zeigen konnten, läßt sich für die Elemente Chrom und Nickel selbst bei Angleichen der Säurekonzentration und des Eisengehalts nur eine Richtigkeit von etwa 1% erzielen. Erst bei Verwendung von Standard-Stählen zur Kalibrierung und der Methode der Nullpunktsunterdrückung und Skalendehnung läßt sich eine Richtigkeit von etwa 0,3% relativ erreichen. Erstaunlich ist dabei, daß die Stähle in ihrer Zusammensetzung der Probe nicht sehr ähnlich zu sein brauchen; es muß also keine besondere Auswahl an Standard-Stählen getroffen werden.

QURESHI und Mitarbeiter [2769] weisen noch besonders auf die Möglichkeit hin, daß Eisen relativ leicht vor der Bestimmung von Spurenelementen aus Stahllösungen extrahierbar ist. Die Verteilung von Eisen(III) zwischen der wäßrigen Phase und 2-Hexylpyridin der Konzentration 0,1 mol/L in Benzol ist unter anderem eine Funktion der Salzsäurekonzentration. In Salzsäure der Konzentration 7 mol/L kann Eisen von zahlreichen Elementen weitgehend abgetrennt werden, so daß die nachfolgende Spurenbestimmung störfrei verläuft.

Die Bestimmung von *Magnesium*, das einen erheblichen Effekt auf die Eigenschaften von Gußeisen hat, ist mit konventionellen Methoden nur schwer auszuführen. Die AAS bietet sich hier wegen ihrer Einfachheit und hohen Empfindlichkeit für dieses Element als ideales Werkzeug an. BELCHER und BRAY [98] entwickelten schon 1962 ein Verfahren, das heute vielfach als Standardmethode verwendet wird. 1 g Probe wird in 30 mL halbkonzentrierter Salzsäure gelöst und mit 5 mL Salpetersäure oxidiert. Die Lösung wird zur Trockene eingedampft, für 5 min gelinde weiter erhitzt, schließlich mit 10 mL Salzsäure aufgenommen und mit einer Strontiumchlorid-Lösung verdünnt. Die Verwendung einer Lachgas/Acetylen-Flamme bietet sowohl für Magnesium, als auch für Calcium gewisse Vorteile [1220]. SHAW und OTTAWAY [2846] setzten für die Bestimung von Magnesium in Eisen und Stahl erfolgreich die Graphitrohrofen-Technik ein.

Die Bestimmung von *Molybdän* in Stahl wird vorzugsweise mit einer Lachgas/Acetylen-Flamme durchgeführt, da hier nur geringe Störungen zu erwarten sind. KIRKBRIGHT [663] fügte den Bezugslösungen lediglich eine entsprechende Menge Eisen zu und fand sonst keine Interferenzen. POLLOCK [990] fand allerdings bei der Bestimmung von Molybdän in Schlacken auch in der Lachgas/Acetylen-Flamme häufig zu niedrige Werte und konnte erst durch Zusatz von 1000 µg/mL Aluminium die theoretischen Werte erhalten. In einer Luft/Acetylen-Flamme, die sehr brenngasreich betrieben werden muß, treten zahlreiche Störungen auf, die entweder durch Zusatz von einem großen Überschuß an Aluminium [271] oder von 2% Ammoniumchlorid [887] beseitigt werden können.

Die Bestimmung von *Aluminium* [175] [488] [791], *Vanadium* [207] [457], *Titan* [486], *Niob* [1088], und anderen refraktären Elementen in Stahl läßt sich mit einer Lachgas/Acetylen-Flamme ohne nennenswerte Störungen durchführen. Lediglich der Eisengehalt sollte angeglichen werden. BOSCH und Mitarbeiter [145] berichten über eine Schnellbestimmung des säurelöslichen Aluminiums in Stählen in dem wichtigen Konzentrationsbereich 0,002–0,060% Al. Nach dem beschriebenen Verfahren lassen sich 20 Proben in 11 min mit einer Standardabweichung von etwa ± 0,001% Al bestimmen. COLLIN und Mitarbeiter [239] analysierten die verschiedenen nichtmetallischen Phasen im Stahl, die einen erheblichen Einfluß auf die physikalischen und mechanischen Eigenschaften haben. Der Stahl wurde in

Flußsäure gelöst und der Rückstand (Sulfide, Carbide, Nitride, Oxide, Aluminiumsilikate von Calcium, Eisen, Magnesium und Mangan) mit Natriumcarbonat-Natriumtetraborat geschmolzen. Nach Lösen in Schwefel- oder Salzsäure und Verdünnen wurden mit der Flamme die einzelnen Elemente bestimmt.

SHAW und OTTAWAY [2846] setzten für die Bestimmung von Aluminium in Stahl die Graphitrohrofen-Technik ein. Zur Erfassung des säurelöslichen Aluminium lösten sie die Probe in Salpetersäure und dosierten sie direkt ins Graphitrohr. Für die Bestimmung des in Säure unlöslichen Aluminium wurde der Rückstand mit Natriumcarbonat-Natriumtetraborat geschmolzen und mit Salpetersäure gelöst. Auch PERSSON und Mitarbeiter [2742] bestimmten Aluminium in verschiedenen Stählen mit der Graphitrohrofen-Technik. Sie lösten die Proben in Salzsäure-Salpetersäure und fügten Ammoniumsulfalt zu, um den Einfluß der Salzsäure zu beseitigen. Der Eisengehalt der Proben reduzierte die Empfindlichkeit um etwa 20% und wurde daher in den Bezugslösungen angeglichen. Die unterschiedlichen Eisengehalte in verschiedenen Stählen waren ebenso zu vernachlässigen wie der Einfluß von Chrom, Molybdän oder Nickel in Edelstählen.

MCAULIFFE [845] hat ein Verfahren zur direkten *Silicium*bestimmung in Gußeisen beschrieben. 0,50 g Probe werden mit 25 mL Schwefelsäure der Konzentration 1,5 mol/L erwärmt, bis alles gelöst ist. Darauf gibt man 10 mL einer 12%igen Ammoniumpersulfat-Lösung zu und erhitzt etwa 1 min zum Sieden, bis die Lösung klar ist. Nach dem Abkühlen wird verdünnt, filtriert und die Lösung direkt angesaugt. Die nach diesem Verfahren erhaltenen Werte stimmen sehr gut mit anderen Methoden und mit Zertifikatwerten überein. KIRKBRIGHT und Mitarbeiter [656] bestimmten Silicium in niedrig legierten Stählen mit Hilfe der Atomfluoreszenzspektrometrie und fanden keine Störungen.

TINDALL [2972] weist darauf hin, daß beim Aufschluß metallurgischer Proben für die nachfolgende Bestimmung von *Wolfram* 70 °C keinesfalls überschritten werden dürfen. Er pulverisiert die Proben fein und löst sie bei 60–70 °C auf dem Wasserbad langsam in konzentrierter Salzsäure. MUSIL und DOLEŽAL [2680] reduzieren Wolfram mit Zinn(II)-chlorid und extrahieren den Thiocyanatkomplex in MIBK. Die organische Phase wird direkt in eine Lachgas/Acetylen-Flamme versprüht; es wurden keine Interferenzen von anderen Legierungskomponenten beobachtet.

HOFTON und HUBBARD [522] bestimmten *Silber* in Stahl nach Extraktion des Dithizonats in MIBK, was eine große Vereinfachung und Verbesserung gegenüber bisherigen Methoden darstellt. PETERSON [972] bestimmte *Selen* in Edelstahl im Bereich 0,2–0,5% störungsfrei nachdem die Probe in Salzsäure-Salpetersäure gelöst und dann mit Schwefelsäure-Phosphorsäure weiter behandelt wurde.

MARČEC und Mitarbeiter [819] bestimmten Spuren von *Tellur* in Stählen und Eisen durch Fällung mit Zinn(II)-chlorid und Extraktion des Diethyldithiocarbamat-Komplexes mit Amylacetat. Die anschließende Atomabsorptions-Analyse ist frei von Störungen. BARNETT und KAHN [75] beschreiben ein Verfahren zur Bestimmung von Tellur in Stahl ohne vorausgehende Extraktion. 2 g Stahl werden in 25 mL einer Säuremischung aus zwei Teilen konzentrierter Salpetersäure und einem Teil halbkonzentrierter Schwefelsäure gelöst und auf 100 mL verdünnt. Da mit dieser Lösung auf der 214,3-nm-Resonanzlinie eine deutliche Interferenz durch Strahlungsstreuung auftritt, muß mit einem Untergrundkompensator gearbeitet werden, um Fehler zu vermeiden.

Für eine ganze Reihe von Spurenelementen in Eisen und Stahl haben die Hydrid- und die Graphitrohrofen-Technik eine ganz erhebliche Erweiterung der Möglichkeiten gebracht, sowohl bezüglich der erreichbaren Bestimmungsgrenzen als auch in Hinsicht auf Schnelligkeit, Einfachheit und Zuverlässigkeit der Analyse. FLEMING und IDE [2254] berichten schon 1976 über die Bestimmung von *Antimon, Arsen, Bismut, Blei, Selen, Tellur,* und *Zinn* in Stählen mit der Hydrid-Technik. Die Autoren arbeiteten noch mit einer Argon/Wasserstoff-Diffusionsflamme, so daß die erzielten Empfindlichkeiten nicht optimal waren. Sie erkannten jedoch bereits die Bedeutung der Säurekonzentration in der Meßlösung für die Störfreiheit und fanden auch, daß Eisen offensichtlich die Störung von Nickel und anderen Übergangselementen reduziert. Die Bestimmung der Hydridbildner in niedrig legierten Stählen wurde später in unserem Labor eingehend untersucht [3049] [3054]. Dabei konnte für jedes der Elemente eine Säuremischung gefunden werden, die eine störfreie Bestimmung direkt gegen wäßrige Bezugslösungen möglich macht. Wir haben auch den Einfluß von Nickel noch näher untersucht und gefunden, daß sowohl ein Erhöhen der Säurekonzentration, vor allem aber ein Zusatz von Eisen diese Störung stark reduziert und den störfreien Bereich beispielsweise für Arsen um etwa drei Zehnerpotenzen erweitert [3049] (vgl. Abb. 120, S. 253). Während FLEMING und IDE [2254] Antimon(V) vor der Bestimmung mit Kaliumiodid zu Antimon(III) reduzierten, arbeiteten wir ohne Vorreduktion direkt mit Antimon(V)-Bezugslösungen [3052].

BARNETT und MCLAUGHLIN [2060] bestimmten eine Reihe von Spurenelementen in Eisenlegierungen mit dem Graphitrohrofen, nachdem sie die Proben in Salpetersäure gelöst hatten. Antimon, Arsen und Blei konnten dabei direkt gegen synthetische Bezugslösungen gemessen werden, die die Hauptlegierungselemente in ähnlicher Konzentration enthielten; Cadmium, Bismut und Zinn brauchten das Additionsverfahen. DULSKI und BIXLER [2210] bestimmten Bismut, Blei, Selen, Silber, Tellur und Thallium in Eisen nach fünf verschiedenen Verfahren und fanden, daß die Direktbestimmung im Graphitrohrofen eine erhebliche Zeitersparnis einbrachte und zufriedenstellende Ergebnisse lieferte. Die Autoren verwendeten aufgestockte Proben zum Kalibrieren.

FRECH [2259] untersuchte eingehend die Bestimmung von *Antimon* in Stahl mit der Graphitrohrofen-Technik. Die Proben wurden in Königswasser gelöst. FRECH fand, daß in Gegenwart von Sauerstoff, der in das Graphitrohr hineindiffundierte, das Antimonsignal sowohl von der Konzentration an Salzsäure als auch an Salpetersäure abhängt. Er führte die starken Signalerniedrigungen auf Verluste in Form von Antimontrichlorid zurück. Wird sorgfältig auf einen Ausschluß von Sauerstoff geachtet, so stören die beiden Säuren die Antimonbestimmung nicht. Chrom erhöht das Signal, ab 200 µg/mL war die Erhöhung aber konstant, so daß immer diese Menge Chrom zugesetzt wurde. Bei einer Heizrate von 450 °C/s erhöhte Nickel das Antimonsignal während es Eisen erniedrigte. Bei einer Heizrate von 900 °C/s oder schneller war kein Einfluß mehr festzustellen.

FRECH und CEDERGREN [2260] [2261] untersuchten die Bestimmung von *Blei* in Stahl mit der Graphitrohrofen-Technik theoretisch und praktisch sehr eingehend. Sie fanden, daß die Probe in Gegenwart einer ausreichenden Menge Wasserstoff bei etwa 900 K im Graphitrohr thermisch vorbehandelt werden muß, um das Chlor gemäß

$$FeCl_2 + H_2 \rightarrow Fe + 2\,HCl$$

zu entfernen. Andernfalls bilden sich flüchtige Bleichloride, die zu Verlusten und damit zu einer Signalerniedrigung führen. In einem Graphitrohrofen, bei dem Sauerstoff weitgehend ausgeschlossen ist, bildet sich Wasserstoff bei erhöhten Temperaturen durch Reaktion von Graphit mit Wasser, das nach dem Trocknungsschritt im Rohr verblieben ist.

FRECH und CEDERGREN [2261] vergleichen auch verschiedene Graphitrohröfen in Hinblick auf diese Bestimmung und finden dabei erhebliche Unterschiede im Reaktionsverhalten. FRECH und Mitarbeiter [2265] beschreiben daraufhin ein Routineverfahren für Blei in Stahl, das gute Übereinstimmung mit Polarographie und Flammen-AAS mit Extraktion liefert. Auch in der Stahlanalytik zeigt sich wieder, daß immer dann erhebliche Störungen mit der Graphitrohrofen-Technik auftreten, wenn mit unzureichenden Geräten und unter nicht optimierten Bedingungen gearbeitet wird. So wurde schon mehrfach darauf hingewiesen, daß die Chloridinterferenz bei der Bleibestimmung praktisch völlig verschwindet, wenn von einer L'VOV-Plattform in einem Ofen im thermischen Gleichgewicht atomisiert wird [2882].

Auch die Arbeit von RATCLIFFE und Mitarbeitern [2780] zeigt diese Tendenz deutlich. Die Autoren berichten für die Bestimmung von *Zinn* in Stahl von einer völligen Signalunterdrückung durch Salzsäure und von starken Streuungen, die durch Schwefelsäure oder Perchlorsäure hervorgerufen werden. Auch über Störungen durch Chrom, Nickel, Niob und Titan wird berichtet. DEL MONTE TAMBA und LUPERI [2196] gelang es, durch sorgfältige Auswahl der Lösungsvorschrift die Konzentration an Salpetersäure für die verschiedensten Stähle konstant zu halten. Auf diese Weise konnte Zinn in allen Proben gegen die gleiche Bezugskurve ausgewertet werden. Die Autoren fanden, daß die Bestimmung im Graphitrohrofen frei ist von Interferenzen von anderen, üblicherweise im Stahl vorhandenen Komponenten. Das Verfahren eignet sich für die Bestimmung von Zinn im Bereich 0,002–0,04% in Stahl und liefert schnell die richtigen Ergebnisse, womit es für die Routine geeignet ist. GROBENSKI und Mitarbeiter [2321] untersuchten die Zinnbestimmung in Stahl in einem Ofen im thermischen Gleichgewicht und Atomisierung von einer L'VOV-Plattform. Sie fanden keinerlei Störungen und konnten die Bestimmungen direkt gegen wäßrige Bezugslösungen durchführen.

FERNANDEZ und Mitarbeiter [2244] berichten über eine spektrale Interferenz von Eisen bei der Bestimmung von Selen in Stählen und Legierungen, die nur durch Einsatz des Zeeman-Effekts zur Untergrundkorrektur zu beseitigen ist. YAMADA und Mitarbeiter [3083] berichten über eine ähnliche spektrale Interferenz durch Eisen, Blei und Kupfer bei der Bestimmung von Antimon.

Eine Bestimmung, die erst mit der Graphitrohrofen-Technik und besonders mit der L'VOV-Plattform, dem Ofen im thermischen Gleichgewicht und der Zeemaneffekt-Untergrundkorrektur sinnvoll geworden ist, ist die Bestimmung von *Phosphor* in Stahl. Zwar berichten sowohl WHITESIDE und PRICE [3068] als auch HAVEZOV und Mitarbeiter [2353] über diese Bestimmung, die von diesen Autoren genannten Methoden halten jedoch einer genauen Prüfung nicht Stand. PERSSON und FRECH [2741] haben an Hand eingehender theoretischer und praktischer Untersuchungen gezeigt, daß nur unter isothermen Bedingungen vernünftige Ergebnisse für Phosphor zu erwarten sind. Dies konnte in einer ausführlichen Arbeit von uns für die Bestimmung von Phosphor in Stahl bestätigt werden [3061]. Einmal ist es erforderlich, die Atomisierung von der L'VOV-Plattform in einem Ofen im thermischen Gleichgewicht durchzuführen. Am besten eignet sich dazu eine Plattform aus massivem Pyrokohlenstoff, die sich in einem unbeschichteten Graphitrohr befindet. Damit kann die Probe praktisch nicht mit dem Graphit reagieren, es herrscht jedoch gleichzeitig der für diese Bestimmung günstige, sehr niedrige Partialdruck an Sauerstoff. Als Isoformierungshilfe zur Matrix-Modifikation eignet sich am besten eine 0,2%ige Lanthanlösung, die Proben- und Bezugslösungen zugesetzt wird. Unter diesen Bedingungen läßt sich die Bestimmung von Phosphor in Stahl direkt gegen wäßrige Bezugslösungen durchführen.

Bei Verwendung eines Untergrundkompensators mit Kontinuumstrahler beobachtet man allerdings noch eine erhebliche, von der eingestellten Spaltbreite abhängige spektrale Interferenz, die zu einer Überkompensation führt [3061]. Bei Einsatz des Zeeman-Effekts an der Atomisierungseinrichtung zur Untergrundkompensation ist diese Störung beseitigt und es lassen sich noch etwa 0,002% Phosphor in Stahl störfrei bestimmen.

Auch in der Stahlanalytik kann die Möglichkeit der Graphitrohrofen-Technik, *Festproben* direkt untersuchen zu können, von erheblichem Interesse sein. Die wichtigsten Argumente sind auch hier die Schnelligkeit der Analyse, Umgehen eines Aufschlusses und die auf diesem Wege erzielbaren besten Nachweisgrenzen. HEADRIDGE und Mitarbeiter verwendeten einen Induktionsofen, den sie auf eine konstante Temperatur von 1700–2200 °C aufheizten und in den die Probe eingeworfen wurde. Mit dieser Einrichtung bestimmten sie Bismut [2041], Silber [2048] und Blei [2040] in Stahl. Zur Kalibrierung verwendeten die Autoren vorzugsweise voranalysierte Stähle; es wurden jedoch auch gegen wäßrige Bezugslösungen recht gute Ergebnisse erzielt.

FRECH und Mitarbeiter [2264] [2572] bestimmten nach einem ähnlichen Verfahren Blei, Cadmium, Silber, Bismut und Zink in Stählen. Sie stellten fest, daß bei 2100 °C nur etwa 80% wiedergefunden werden, weshalb die Bestimmung nicht gegen wäßrige Bezugslösungen durchgeführt werden sollte. Die Autoren betonen auch, daß eine direkte Festprobenanalyse nur in einem Ofen sinnvoll sind, der sich im thermischen Gleichgewicht befindet.

Die AAS eignet sich gleichermaßen für die Bestimmung von Spurenelementen wie der Hauptbestandteile in *Legierungen*. Lediglich die Techniken sind verschieden, ebenso wie die Anforderungen an die Genauigkeit. SATTUR [1079] hat eine Vielzahl von Nichteisen-Legierungen routinemäßig mit AAS untersucht. Er bestimmte Kupfer, Eisen, Mangan und Nickel in *Kupferlegierungen*, wobei der Kupfergehalt z. T. über 80% lag. In ähnlicher Weise untersuchte er auch Aluminium, Blei, Zinn und Zink enthaltende Legierungen. GIDLEY und JONES [414] [415] analysierten Kupferlegierungen auf Zink, ELWELL und GIDLEY auf Blei [328] und Mangan [7], CAPACHO-DELGADO und MANNING [206] [208] bestimmten Zinn in Messing und Bleilegierungen und zogen dabei eine Luft/Acetylen-Flamme vor, da in der Luft/Wasserstoff-Flamme chemische Interferenzen stärker hervortraten. SPRAGUE und Mitarbeiter [1167] bestimmten Selen und Tellur in verschiedenen Kupferlegierungen. NAKAHARA und Mitarbeiter [904] bestimmten Beryllium in Kupferlegierungen mit einer Lachgas/Acetylen-Flamme und fanden keine Störungen außer durch Palladium und Silicium.

ROSALES [2801] bestimmte Kupfer in Flotationsprodukten mit bis zu 50% Kupfer durch Verwendung weniger empfindlicher Resonanzlinien mit maximaler Schnelligkeit und Richtigkeit. ALDER und Mitarbeiter [2016] bestimmten Kupfer in Kupferlegierungen, nachdem sie es elektrographisch von der Oberfläche gelöst und mit einem feuchten Filterpapier aufgenommen hatten.

LIKAITS und Mitarbeiter [2549] bestimmten Arsen in Blasenkupfer nach einem Aufschluß mit Salzsäure-Salpetersäure. Die Autoren weisen darauf hin, daß bei der Bestimmung von Arsen wichtig ist, daß in Gegenwart einer oxidierenden Säure aufgeschlossen wird, da Arsentrichlorid schon bei Temperaturen knapp oberhalb 100 °C flüchtig ist. Ein Aufschluß mit Schwefelsäure-Salpetersäure oder Perchlorsäure-Salpetersäure gibt zu niedrige Werte für Arsen. TSUKAHARA und TANAKA [2988] bestimmten Silber in Kupferlegierungen nach

Extraktion als tri-n-Octylmethylammonium-silberbromid-Komplex. NAKAHARA und MUSHA [2686] bestimmten Tellur in Kupfer-Hüttenschlämmen in einer Argon/Wasserstoff-Diffusionsflamme und fanden keine Störungen durch Säuren außer Perchlorsäure. Magnesiumchlorid eliminierte sehr wirkungsvoll Interferenzen durch verschiedene Elemente. CELIS und Mitarbeiter [2139] bestimmten Aluminium in dispersionsgehärteten Kupfer-Aluminiumoxid-Legierungen. Sie lösten die Legierung in Schwefelsäure-Wasserstoffperoxid, entfernten das Kupfer elektrolytisch, dampften die Lösung zur Trockene ein und lösten den Rückstand mit einer Natriumcarbonatschmelze.

BARNETT und MCLAUGHLIN [2060] bestimmten eine Reihe von Spurenelementen in Kupferlegierungen mit der Graphitrohrofen-Technik. Antimon und Blei konnten sie dabei gegen Bezugslösungen messen, die die Hauptlegierungsbestandteile enthielten, während Arsen, Bismut, Cadmium und Zinn nach dem Additionsverfahren bestimmt werden mußten. SHAW und OTTAWAY [2845] bestimmten Blei in Kupferlegierungen im Graphitrohrofen direkt nach Lösen in Salpetersäure. MEYER und Mitarbeiter [2665] verflüchtigten Selen im Sauerstoffstrom bei 1100–1150 °C aus geschmolzenen Kupferlegierungen. Das Selen wurde in einer gekühlten Vorlage aufgefangen, in Salpetersäure gelöst und im Graphitrohrofen gemessen. Die Nachweisgrenze des Verfahrens liegt bei 0,1 ng/g Selen in Kupfer oder Kupferlegierung. FRITZSCHE und Mitarbeiter [2272] fanden, daß die Zinnbestimmung durch Reaktionen mit der Graphitoberfläche behindert wird. Sie imprägnierten die Rohre daher mit Tantal, Wolfram oder Zirconium. BAKER und HEADRIDGE [2052] bestimmten Bismut, Blei und Tellur in Kupferlegierungen durch direkte Festprobeneingabe in einem Induktionsofen. Die Probenmenge betrug 2–30 mg Legierung; die Kalibrierung erfolgte gegen voranalysierte Standards.

LEWIS, OTT und SINE [747] haben die AAS als Standardverfahren zur Bestimmung von Blei in *Nickellegierungen* vorgeschlagen. Sie bestimmten Blei bis zu einem Gehalt von 0,0001% herunter und fanden keine chemischen Interferenzen. DYCK [316] bestimmte Chrom, Magnesium und Mangan in Nickellegierungen und fand, daß die AAS schnell und zuverlässig arbeitet. ANDREW und NICHOLS [54] bestimmten Magnesium in hochreinem Nickel und in Nickellegierungen mit einer Standardabweichung von 0,00005%. BURKE [179] fand, daß die Konzentration an Antimon, Bismut, Blei und Zinn in Nickel für eine präzise Direktbestimmung zu niedrig ist und verwendete daher eine Kopräzipitation mit Mangan(IV)-oxid zur Anreicherung.

BURKE [2119] fand, daß Spuren Thallium in Nickellegierungen aus einer 10%igen Salzsäurelösung mit 2% Ascorbinsäure und 9% Kaliumiodid quantitativ in 5% tri-n-Octylphosphinoxid (TOPO) in MIBK extrahiert werden. Die anschließende Bestimmung in der Flamme ist störfrei. KIRK und Mitarbeiter [2469] setzten für die Bestimmung von Spuren Bismut, Blei, Cadmium, Silber und Zink in Nickellegierungen einen Ionenaustauscher zum Abtrennen von der Matrix ein. ARENDT [60] beschreibt zwei Verfahren zur Bestimmung von Niob in Nickellegierungen und NEWLAND [911] extrahierte Bismut aus Nickellegierungen mit MIBK vor der Bestimmung.

WELCHER und KRIEGE [1289] entwickelten ein spezielles Verfahren für die Präzisionsbestimmung von Al, Cr, Co, Fe, Mo, Nb, Ta, Ti, V und W in Hochtemperatur-Nickellegierungen. Die Übereinstimmung mit den durch langwierige naßchemische Analyse erhaltenen Werten ist sehr gut: die Richtigkeit und Präzision wurde außerdem durch wiederholte Bestimmung einer Standard-Legierung geprüft. CARPER [212] bestimmte die drei Hauptkomponenten in Cobalt-Eisen-Nickel-Legierungen. Die Zusammensetzung der Legierung ist sehr kritisch in Hinblick auf ihre magnetischen Eigenschaften. 150 mg der Probe wurden in 5 mL Königswasser gelöst und für die Bestimmung von Cobalt auf 500 mL verdünnt. Für Eisen wurde diese Lösung 1 : 4 und für Nickel 1 : 20 weiter verdünnt. Die Messung erfolgte gegen wäßrige Bezugslösungen, die jeweils die beiden anderen Legierungsbestandteile in entsprechenden Konzentrationen enthielten. Der Variationskoeffizient war für Cobalt (Gehalt etwa 3%) 1,5% relativ, für Eisen (Gehalt etwa 17%) 0,28% relativ und für Nickel (Gehalt etwa 80%) 0,21% relativ. Die Übereinstimmung mit der klassischen chemischen Analyse, die wesentlich zeitraubender ist, war ausgezeichnet; chemische Interferenzen wurden nicht beobachtet, wenn die Bezugslösungen die Elemente Ni-Fe-Co ebenfalls im Verhältnis 80 : 17 : 3 enthielten. WELCHER und KRIEGE [1290] bestimmten die Hauptlegierungselemente in einer Hochtemperatur-Cobaltlegierung nach Lösen in Salzsäure-Salpetersäure-Flußsäure. Die Bezugslösungen mußten der Probenlösung nicht genau angepaßt werden; es traten nur geringe Störungen auf und die Übereinstimmung mit Zertifikatswerten war gut.

WELCHER und Mitarbeiter [1291] [2625] lösten Nickellegierungen in einem Gemisch aus gleichen Teilen Salpetersäure, Flußsäure und Wasser für die nachfolgende Bestimmung im Graphitrohrofen, da Salzsäure Bismut und Thallium völlig und Blei teilweise unterdrückt und Schwefelsäure die Empfindlichkeit für Tellur beeinflußt. Für die Bestimmung von Arsen muß allerdings die Flußsäure entfernt werden. Die Autoren betonen besonders, daß in Gegenwart von Nickel keine Verluste an Selen während der thermischen Vorbehandlung im Graphitrohrofen auftreten. Die Ergebnisse sind in guter Übereinstimmung mit Emissionsspektrometrie und Röntgenfluoreszenz-Analyse. KUJIRAI und Mitarbeiter [2510] beschreiben ebenfalls ein schnelles Bestimmungsverfahren für Thallium in Nickel- und Cobaltlegierungen. DULSKI und BIXLER [2210] untersuchten fünf verschiedene Verfahren zur Bestimmung von Spuren Bismut, Blei, Selen, Silber, Tellur und Thallium in Nickellegierungen. Alle gaben zufriedenstellende Ergebnisse, aber das Direktverfahren mit der Graphitrohrofen-Technik war am schnellsten; die Kalibrierung erfolgte gegen aufgestockte Probenlösungen.

MARKS und Mitarbeiter [2626] bestimmten Bismut, Blei, Selen, Tellur, Thallium und Zinn in komplexen Nickellegierungen durch direkte Festprobenanalyse im Graphitrohr. Ein Span von etwa 1 mg wurde ohne Vorbehandlung atomisiert; die Kalibrierung erfolgte gegen voranalysierte Legierungen. Da keine Metallsalze gebildet werden wie beim Lösen, wird viel weniger Untergrundabsorption beobachtet. Die Autoren fanden die Technik bezüglich ihrer Richtigkeit voll ausreichend; für beste Genauigkeit und Richtigkeit empfehlen sie allerdings, die Probe zu lösen. Die direkte Festprobenanalyse kann zudem, falls gewünscht, nützliche Informationen über die Verteilung von Spurenelementen in einer größeren Probe geben. HEADRIDGE und THOMPSON [2358] bestimmten ebenfalls Bismut in Nickellegierungen durch direkte Festprobeneingabe in einem Induktionsofen.

Die Tatsache, daß bei der Bestimmung von Arsen oder Selen in Nickellegierungen mit der Graphitrohrofen-Technik so wenig Schwierigkeiten beobachtet werden, hängt direkt mit der Isoformierung zusammen, die durch dieses Element erreicht wird. EDIGER [2217] hat das in seiner ersten Publikation zur Matrix-Modifikation bereits eindeutig beschrieben. Was aber bei der Graphitrohrofen-Technik von Vorteil ist, nämlich die Bildung sehr stabiler Verbindungen zwischen Nickel und Elementen wie Arsen oder Selen, wirkt sich bei der Hydrid-Technik als erhebliche Störmöglichkeit aus. Dennoch gelang DRINKWATER [2206] eine störfreie Bestimmung von Bismut in Nickellegierungen mit der Hydrid-Technik, indem er EDTA-Lösung als Puffer zusetzte. KIRKBRIGHT und TADDIA [2472] beseitigten den

Einfluß von Nickel auf die Selenbestimmung durch Zusatz von Tellur. Die Autoren weisen darauf hin, daß die Stabilitätskonstanten der Telluride alle niedriger sind als die der entsprechenden Selenide. Durch Zusatz von Eisen in stark saurer Lösung läßt sich der Einfluß des Nickels auf Arsen ganz erheblich reduzieren [3049] [3058], so daß eine direkte Bestimmung von Arsen in Nickellegierungen möglich wird. Für die Bestimmung von Spuren Selen in Nickellegierungen und Nickeloxid empfiehlt sich allerdings eine Abtrennung des Nickels durch Ausfällen als Hydroxid [3059].

YOUNG [3092] gibt einen Überblick über die Bestimmung von 28 Elementen in Nickellegierungen, Raffinerieschlämmen und Rückständen.

QUARRELL und Mitarbeiter [1011] bestimmten Antimon und Zinn in *Bleilegierungen* für Kabelabschirmungen. Sie lösten die Probe in einem Gemisch von Fluorborsäure und Wasserstoffperoxid und bestimmten Antimon in der Luft/Acetylen- und Zinn in der Lachgas/Acetylen-Flamme direkt aus dieser Lösung. BELL [104] weist darauf hin, daß eine rasche Bestimmung der Bestandteile von Bleilegierungen in der Elektroindustrie von großer Bedeutung ist und daß sich die Hauptbestandteile Blei und Zinn nicht im gleichen Medium lösen. Gemische von Fluorborsäure, Wasserstoffperoxid und Dinatrium-EDTA lösen Bleilegierungen rasch bei Raumtemperatur und können nach dem Verdünnen in der Flamme direkt versprüht werden. SKERRY und CHAPMAN [1131] lösten ein Zinn-Blei-Lot in Salzsäure-Salpetersäure, indem sie das in feinen Spänen vorliegende Lot auf 195° vorheizten und die Säuren unter Rühren zugaben. HWANG und SANDONATO [550] bestimmten zahlreiche Spurenelemente in einem Zinn-Blei-Lot nach Lösen in Fluorborsäure-Salpetersäure.

In eigenen Untersuchungen [3062] fanden wir, daß das Verfahren von HWANG und SANDONATO zum Lösen von Weichloten das einzig gangbare ist. Wichtig ist dabei, daß das Mischungsverhältnis 3 Teile 65%ige Salpetersäure, 2 Teile 35%ige Fluorborsäure und 5 Teile entionisiertes Wasser stets eingehalten wird, da sonst die Probe nicht vollständig gelöst wird oder aber beim Verdünnen Metazinnsäure ausfällt. Durch geeignete Auswahl der Analysenlinien gelang aus *einer* Aufschlußlösung sowohl die Bestimmung der Hauptlegierungsbestandteile Blei (bei 368,4 nm) und Zinn (bei 266,1 nm), als auch der Spurenelemente Arsen (im Graphitrohrofen), Antimon, Bismut, Kupfer, Nickel (niedrige Konzentrationen im Graphitrohrofen) und Silber.

GUERRA [2322] löste Blei-Zinn-Lote in Salzsäure-Salpetersäure zur nachfolgenden Bestimmung von Gold und Kupfer. TSUKAHARA und TANAKA [2988] extrahierten Silber aus Bleilegierung als tri-n-Octylmethylammonium-silberbromid-Komplex und bestimmten es direkt in der Flamme. MACHATA und BINDER [2595] bestimmten Haupt- und Spurenelemente in Schroten zur Identifizierung von Geschoßen. Sie fanden, daß sich hierfür die Graphitrohrofen-Technik besser eignet als die Flamme. BERNDT und Mitarbeiter [2084] bestimmten Arsen in Blei und Bleilegierungen mit der Hydrid-Technik und fanden, daß sich der störfreie Bereich um fast vier Zehnerpotenzen ausdehnen läßt, wenn man nicht wie sonst üblich in einer Salzsäurekonzentration von 0,5 mol/L sondern in Salzsäure der Konzentration 6 mol/L arbeitet. Dies wurde von uns unabhängig davon bei eigenen Arbeiten bestätigt.

BARTON und Mitarbeiter [86] bestimmten Calcium in Blei-Calcium-Legierungen mit einer relativen Standardabweichung von 0,3% und berichten von einer mittleren Wiederfindung von 100%.

BELL [102] [103] untersuchte eingehend den Einsatz der AAS für die Analyse von *Aluminiumlegierungen* und fand, daß Cd, Cr, Cu, Fe, Mg, Mn, Ni und Zn störungsfrei bestimmbar sind. Die Probe wird einfach in halbkonzentrierter Salzsäure, gegebenenfalls unter Zusatz einiger Tropfen Wasserstoffperoxid, gelöst und entsprechend verdünnt. Für die Bestimmung der Erdalkalielemente empfiehlt sich der Zusatz von Lanthan oder die Verwendung einer Lachgas/Acetylen-Flamme. WILSON [1339] bestimmte Silberspuren in Aluminiumlegierungen und verglich die Ergebnisse mit der konventionellen Methode nach VOLHARD [1274], wobei die Übereinstimmung sehr gut war. MANSELL und Mitarbeiter [816] fanden ebenfalls gute Übereinstimmung mit naßchemischen Verfahren bei der Bestimmung von Ca, Cu, Mn und Zn in *Magnesiumlegierungen*. Da die meisten Legierungen auch Aluminium enthielten, setzten sie den Proben Lanthan zu. WILSON [1340] bestimmte neben anderen Elementen auch Chrom und Zirconium in Aluminiumlegierungen und fand ebenfalls gute Übereinstimmung mit titrimetrischen bzw. gravimetrischen Werten. ELROD und EZELL [327] befaßten sich ausführlicher mit der Bestimmung von Chrom in Aluminium und Aluminiumoxid-Materialien und fanden, daß Kaliumperoxidisulfat alle Interferenzen von großen Mengen Aluminium, Eisen oder Titan in einer Luft/Acetylen-Flamme beseitigt. Die Proben werden in halbkonzentrierter Schwefelsäure gelöst und vor dem Verdünnen mit soviel Kaliumperoxidisulfat versetzt, daß die Meßlösung 1% davon enthält. Die Bestimmung kann dann gegen wäßrige Chrom-Bezugslösungen durchgeführt werden. Die Übereinstimmung mit Zertifikatwerten war sehr gut und die von-Tag-zu-Tag-Reproduzierbarkeit der AAS etwa um den Faktor drei besser als die der Diphenylcarbazid-Methode.

CAMPBELL [204] bestimmte Silicium in Aluminiumlegierungen; er löste 0,5 g Probe in 10 mL 20%iger Natronlauge mit nachfolgender Oxidation des Siliciums mit Wasserstoffperoxid. Die Lösung wurde angesäuert, auf 100 mL verdünnt und direkt angesaugt. Bei hohen Siliciumgehalten wurde weiter verdünnt. Nachdem die Bezugslösungen in den Hauptbestandteilen angeglichen waren, konnte eine Übereinstimmung von etwa 1% relativ mit naßchemischen Verfahren erzielt werden. NAKAHARA und Mitarbeiter [904] bestimmten Beryllium in Aluminium- und Magnesiumlegierungen in einer Lachgas/Acetylen-Flamme und fanden keine Störungen außer durch Palladium und Silicium.

JANOUŠEK [2433] befaßte sich sehr eingehend mit der Bestimmung geringer Berylliummengen in Aluminiumlegierungen und fand, daß Beryllium durch Aluminium und Silicium stark gestört wird. Es bilden sich thermisch stabile Verbindungen, die nicht einmal in der Lachgas/Acetylen-Flamme atomisierbar sind. Die von anderen vorgeschlagenen Verfahren mit Fluorid [1016], 8-Hydroxichinolin [377] oder Diethylenglykol-monobutyl [904] sind nur bis etwa 4000 μg/mL Aluminium wirksam. JANOUŠEK schlägt daher einen Aufschluß mit Salpetersäure, Flußsäure und Wasser im Verhältnis 2 : 1 : 4 in einem Teflonautoklaven vor, der den Einfluß von Aluminium bis 10000 μg/mL beseitigt. Dabei bilden sich Fluoridkomplexe des Aluminiums, die verhindern, daß Aluminium-Sauerstoff-Bindungen entstehen. BURKE [2119] bestimmte Spuren Thallium in Aluminiumlegierungen nach Extraktion mit TOPO in MIBK direkt in der Flamme. FRITZSCHE und Mitarbeiter [2272] bestimmte Zinn in Aluminiumlegierungen mit der Graphitrohrofen-Technik. Die Autoren fanden, daß die Atomisierung von Zinn durch Reaktionen mit der Graphitoberfläche behindert wird und imprägnierten die Rohre daher mit Wolfram-, Zirconium- oder Tantalsalzlösungen. Bei den Säurekonzentrationen, die erforderlich sind, um die Hydrolyse von Zinn zu verhindern, sind die imprägnierten Rohre viel stabiler als unbehandelte. Eigene Versuche haben gezeigt, daß Rohre, die mit einer geschlossenen Schicht Pyrokohlenstoff überzogen sind, den mit Metallsalzen imprägnierten mindestens gleichwertig sind. ISHIZUKA und Mitarbeiter [2411] atomisierten Aluminiumlegierungen mit einem Rubin-Laser und bestimmten Aluminium, Chrom, Eisen, Kupfer, Mangan, Molybdän, Nickel und Vanadium mit AAS.

MYERS [538] bestimmte Aluminium, Eisen und Vanadium in *Titanlegierungen* und Eisen in *Zirconiumlegierungen*. Die Proben wurden in Flußsäure gelöst und mit wenig Salpetersäure oxidiert. Die Durchschnittsabweichung über Monate war ± 0,10% für Aluminium und Vanadium sowie ± 0,002% für Eisen in den Titanlegierungen. CAPACHO-DELGADO und MANNING [206] [208] bestimmten Zinn in Zirconium, nachdem sie das Metall in einer Mischung aus HBF_4 und HCl lösten. SCHLEWITZ und SHIELDS [1090] bestimmten Chrom, Kupfer, Eisen, Nickel und Zinn in Zirconiumlegierungen und fanden, daß sie für eine exakte Analyse die Matrix angleichen mußten. Für die Bestimmung von Tantal in Zirconiumlegierungen bevorzugten sie eine Extraktion in MIBK [1091].

THORMAHLEN und FRANK [1228] bestimmten Silicium in *Nioblegierungen*, die sie in Schwefelsäure-Wasserstoffperoxid lösten.

PABALKAR und Mitarbeiter [2723] bestimmten Eisen, Kupfer und Nickel in *Wolframlegierungen* mit 7,5% Nickel und 2,5% Kupfer. Die Legierung wurde in Flußsäure-Salpetersäure unter Zusatz von Ammoniumcitrat gelöst, um Wolfram in Lösung zu halten. ORTNER und Mitarbeiter [2712] [2713] bestimmten Arsen, Blei und Silicium in Wolframlegierungen mit der Graphitrohrofen-Technik. Sie tränkten die Rohre mit einer Natriumwolframatlösung und erhielten so eine bessere Reproduzierbarkeit und eine längere Lebensdauer der Rohre.

LIEBER [749] bestimmte die Hauptbestandteile in *Silberlegierungen*, nachdem er sie in Salzsäure-Salpetersäure gelöst hatte und SCHAEFER und VOMHOF [1084] bestimmten Gold in Schmucklegierungen nach Lösen in Königswasser in guter Übereinstimmung mit Gravimetrie und Röntgenfluoreszenz und mit hoher Präzision.

Neben der Analyse von Legierungen eignet sich die AAS auch zur Spurenbestimmung in *hochreinen Metallen*. Hierbei sind generell zwei Vorschriftsmaßnahmen zu treffen. Einmal können beim Versprühen hoher Gesamtsalzkonzentrationen leicht Untergrundeffekte auftreten, die unbedingt berücksichtigt werden müssen, und zweitens sollte zur Vermeidung von Viskositätseinflüssen (Transportinterferenzen) nach dem Additionsverfahren gearbeitet werden. Ferner sei darauf hingewiesen, daß sowohl Kupfer als auch Silber, in hohen Konzentrationen in einen Mischkammerbrenner angesaugt, mit Acetylen als Brenngas zu Acetylidbildung und damit zu Explosionen im Brennersystem führen kann. In solchen Fällen empfiehlt sich ein Entfernen des Hauptbestandteils oder eine Verdünnung, falls nicht statt Acetylen ein anderes Brenngas verwendet werden kann.

MCCRACKAN und Mitarbeiter [848] berichten über die Bestimmung von Spuren Zinn, Cadmium und Zink in Kupfer nach vorheriger Abtrennung von Kupfer mittels Ionenaustauscher und GOODWIN [432] bestimmte Silber in Kupfer ohne Abtrennung und fand lediglich, daß nitrose Gase stören und daher vor der Analyse verkocht werden müssen.

WUNDERLICH und BURGHARDT [3080] bestimmten Spuren Silber in reinem Kupfer nach Extraktion mit Dithizon in Tetrachlorkohlenstoff und Rückextraktion in die wäßrige Phase. WUNDERLICH und HAEDELER [3081] bestimmten Spuren Bismut, Cadmium und Zink in reinem Kupfer. Die Autoren weisen auf die Möglichkeit einer spektralen Interferenz durch Überlappung der Kupferlinie bei 213,83 nm mit der Zinklinie bei 213,86 nm hin. Daher wird Kupfer mit Schwefelwasserstoff als Sulfid oder elektrolytisch abgetrennt.

BÉDARD und KERBYSON [2068] [2069] bestimmten Spuren Arsen, Bismut, Selen, Tellur und Zinn in Kupfer mit der Hydrid-Technik. Um Störungen bei der Hydridentwicklung zu vermeiden, trennten sie die Spurenelemente vor der Bestimmung durch Mitfällung mit

Eisen- oder Lanthanhydroxid ab. Die Nachweisgrenzen liegen je nach Element zwischen 0,001 und 0,006 µg/g in Kupfer. ALDUAN und Mitarbeiter [2028] bestimmten Antimon in Kupfer mit der Hydrid-Technik und beseitigten Störungen durch Zusatz von Kaliumrhodanid. LINDSJÖ [2550] verwendete für die gleiche Bestimmung einen Zusatz von Thioharnstoff, um Kupfer zu komplexieren. Oft genügt auch ein Arbeiten in halbkonzentrierter Salzsäure um die Störungen von Kupfer auf die Hydridbildner um einige Größenordnungen zu reduzieren [3058].

HAYNES [2357] bestimmte Antimon, Arsen, Selen und Tellur in hochreinem Kupfer mit der Graphitrohrofen-Technik. Es wurden keine Störungen beobachtet und die Kalibrierung konnte gegen Bezugslösungen durchgeführt werden, die die gleiche Menge Kupfer und Salpetersäure enthielten wie die Meßlösungen. Kupfer wirkt hier als Isoformierungsreagens stabilisierend für diese Elemente, so daß relativ hohe Temperaturen für die thermische Vorbehandlung im Graphitrohrofen verwendet werden können. MEYER, HOFER und TÖLG [2665] bestimmten Selen in Kupfer, Silber, Gold, Blei und Bismut nach Verflüchtigung im Sauerstoffstrom bei 1100–1150 °C. Das Selen wird in einer gekühlten Vorlage aufgefangen, mit Salpetersäure gelöst und mit der Graphitrohrofen-Technik bestimmt. Die Nachweisgrenzen liegen bei 0,1 ng/g in Kupfer, bei 0,05 ng/g in Silber und Gold, bei 0,2 ng/g in Bismut und bei 10 ng/g in Blei.

FORRESTER und Mitarbeiter [2257] bestimmten Antimon, Arsen, Bismut, Blei, Cadmium, Selen, Silber, Tellur und Thallium in hochreinem Nickel, das in reinster Salpetersäure gelöst und direkt in den Graphitrohrofen eingesetzt wird. Die Ergebnisse sind in guter bis sehr guter Übereinstimmung mit Zertifikatwerten; die Nachweisgrenzen liegen je nach Element zwischen 0,01 und 0,5 µg/g bezogen auf festes Nickel.

HAMNER und Mitarbeiter [2344] bestimmten Antimon, Arsen,Bismut, Selen, Silber und Tellur in metallischem Chrom mit der Graphitrohrofen-Technik. Eine Natriumperoxid-Natriumcarbonat-Schmelze hat genügend Oxidationsstärke, um jegliche Verluste an den Spurenelementen zu verhindern. Die Untergrundabsorption von der Chrommatrix störte, konnte aber durch Verwenden von nur 10 µL Lösung und durch Einsatz eines Deuterium-Untergrundkompensators unter Kontrolle gebracht werden. Nickel stabilisierte die meisten der untersuchten Elemente und lieferte auch bessere Empfindlichkeiten. Zur Beseitigung von verbleibenden Störungen wurde nach dem Additionsverfahren gearbeitet.

LINDSJÖ [2550] bestimmte Bismut in reinem Cobalt mit der Hydrid-Technik, indem er Cobalt mit Wasserstoffperoxid in Natronlauge zu Cobalt(III) oxidierte und mit EDTA komplexierte. Dieser Komplex ist noch in Salzsäure beständig, während der entsprechende Bismutkomplex instabil ist.

MC ELHANEY [2654] bestimmte Cobalt, Gold und Silber in reinem Aluminium mit der Graphitrohrofen-Technik, war jedoch mit einem Zweilinienverfahren zur Untergrundkorrektur nicht ganz erfolgreich. LANGMYHR und RASMUSSEN [2530] bestimmten Gallium und Indium in Aluminium durch direkte Festprobendosierung in einem Induktionsofen. NORVAL und GRIES [2699] bestimmten Thallium in metallischem Cadmium ebenfalls durch direkte Festprobeneingabe im Graphitrohrofen. Sie fanden das Verfahren empfindlicher als das Arbeiten mit Lösungen, es war kein zeitraubender Extraktionsschritt erforderlich, die Kontaminationsgefahr ist gering und es kann mit kleinsten Probenmengen gearbeitet werden.

NEUMANN bestimmte Chrom, Cobalt, Eisen, Mangan und Nickel in hochreinem Molybdän und Wolfram und fand keinerlei Störungen [908], während für die Bestimmung von

Calcium ein Zusatz von Caesium und Strontium erforderlich war [907], oder, ebenso wie für die Bestimmung von Aluminium, die Verwendung der Lachgas/Acetylen-Flamme [909]. In allen Fällen konnte jedoch ohne vorherige Trennung gearbeitet werden.

SCARBOROUGH und Mitarbeiter [1083] beschreiben ein Verfahren zur Bestimmung von Chrom, Cobalt, Eisen, Mangan und Nickel in Konzentrationen unter 10 µg/g in hochreinem Natriummetall. Die zu bestimmenden Spurenelemente werden dabei zusammen mit zugesetztem Lanthan bei pH 9 ausgefällt und so vom Natrium getrennt. Der Niederschlag wird in Salzsäure gelöst und mit AAS analysiert.

HUBER und Mitarbeiter [2398] bestimmten Chrom, Eisen, Mangan und Nickel in Natriummetall mit der Graphitrohrofen-Technik, nachdem das Natrium im Vakuum abdestilliert und der Rückstand in Salzsäure gelöst wurde. GARBETT und Mitarbeiter [2287] [2288] untersuchten ebenfalls die Bestimmung von Chrom, Eisen und Nickel in metallischem Natrium mit der Graphitrohrofen-Technik. Sie fanden, daß die üblichen Natriumsalze flüchtiger sind als die der zu bestimmenden Elemente. Die Autoren verflüchtigten daher Natriumchlorid selektiv bei 1100 °C unter Zugabe von Ammoniak und bestimmten dann die interessierenden Elemente störfrei.

PANDAY und GANGULY [947] bestimmten Chrom, Mangan und Nickel in metallischem Bismut und Tellur und fanden eine zum Teil deutliche Untergrundabsorption, die sie durch Entfernen des Hauptbestandteils beseitigten. ROTH und Mitarbeiter [1061] bestimmten Spuren Tellur in hochreinem Bismut durch Extraktion aus Salzsäure der Konzentration 6 mol/L in MIBK und durch direktes Ansaugen der organischen Schicht. Die Methode ist genau und schnell; die Wirksamkeit der Extraktion liegt bei 98 bis 99%.

YUDELEVICH und Mitarbeiter [3093] bestimmten 13 Elemente in hochreinem Rhenium und 15 Elemente in hochreinem Gallium mit der Graphitrohrofen-Technik. DITTRICH und Mitarbeiter [2201] untersuchten die Bestimmung von Selen und Tellur in verschiedenen Halbleitermaterialien mit der Graphitrohrofen- und der Hydrid-Technik. Sie fanden mit beiden Techniken starke Einflüsse von den Halbleitermaterialien, die jedoch unter optimierten Bedingungen weitgehend unter Kontrolle zu bringen waren. Das bedeutet beim Graphitrohrofen ein Atomisieren von der L'VOV-Plattform in einem Ofen im thermischen Gleichgewicht und bei der Hydrid-Technik Arbeiten in höheren Säurekonzentrationen.

DOOLAN und BELCHER [2204] geben einen guten Überblick über die Analyse von Nichteisenlegierungen und Reinstmetallen mit atomspektrometrischen Verfahren mit besonderer Beachtung der Probenvorbereitung.

Nicht ganz störungsfrei scheint die Bestimmung der *Edelmetalle* untereinander zu sein; verschiedene Autoren verwenden daher Zusätze von 0,5% Kupfer und 0,5% Cadmium [1114], 0,5–1% Lithium [485] [1234] oder je 1% Natrium und Kupfer [571] zur Beseitigung der verschiedenen Interferenzen. ADRIAENSSENS und VERBEEK [17] [18] fanden, daß in einer 2%igen Kaliumcyanidlösung die meisten in saurer Lösung beobachteten Interelementstörungen bei Edelmetallen nicht auftreten und bestimmten Gold, Palladium, Platin und Silber störungsfrei und mit guter Präzision in Kupellationskörnchen. Auch KALLMANN und HOBART [623] bestimmten Gold, Palladium und Silber in der Edelmetallperle aus dem Schmelzanreicherungsschritt in cyanidischer Lösung mit einer Genauigkeit von 1%. HEINEMANN [2361] [2362] untersuchte sehr eingehend die gegenseitige Beeinflussung der Platinmetalle in einer Luft/Acetylen-Flamme und fand, daß Lanthan und auch Uran als Puffer sehr wirksam sind. Gut geeignet scheint für die Edelmetallanalyse auch die Graphitrohrofen-Technik zu sein, da hier kaum Interelementeffekte auftreten [16]. KRAGTEN und REY-

NAERT [2507] bestimmten Spuren Eisen in Gold und Silber im Graphitrohrofen, nachdem das Gold durch Reduktion zum Metall bzw. das Silber als Chlorid ausgefällt wurde. Eisen wird hierbei nicht gefällt und kann in der verbleibenden Lösung bestimmt werden. ROWSTON und OTTAWAY [2804] untersuchten die Atomisierung der Edelmetalle im Graphitrohrofen sehr eingehend und erarbeiteten empfohlene Bedingungen für deren Bestimmung. Verschiedene Autoren weisen besonders auf die Gefahr einer Untergrundabsorption bei der Edelmetallanalyse in der Flamme hin, die unbedingt beachtet werden muß [324] [687]. Zwei gute Übersichtsartikel über die Edelmetallanalyse wurden von SEN GUPTA [1116] sowie von BEAMISH und VAN LOON [90] publiziert.

Interessant sind im Zusammenhang mit der Reinstmetallanalyse noch die von JACKWERTH und Mitarbeitern beschriebenen Anreicherungsverfahren für Spurenelemente an Aktivkohle oder Quecksilber. Aktivkohle kann als Spurenfänger zur Anreicherung zahlreicher Metalle aus hochreinem Aluminium, Silber, Wolfram [563], Cadmium oder Magnesium [562] dienen. Zur nachfolgenden Bestimmung kann die in verdünnter Salpetersäure suspendierte Aktivkohle direkt in die Flamme versprüht oder besser durch Eindampfen mit Salpetersäure ausgelaugt und der Rückstand mit einer kleinen Säuremenge aufgenommen werden.

In ähnlicher Weise lassen sich auch voluminöse Niederschläge als unter bestimmten Bedingungen säureunlösliche Spurenfänger einsetzen. So wurden beispielsweise Spurenelemente in Manganlegierungen an Silberhalogeniden [2078] oder in reinem Kupfer durch Ausfällen der Matrix als Kupfersulfid [2428] angereichert. Gold und Palladium wurden aus verschiedenen Reinstmetallen als Dithizon-chelate mit überschüssigem Dithizon als Spurenfänger angereichert [2429].

Von zwei miteinander in elektrischem Kontakt stehenden Metallen bestimmt das unedlere das Potential und wird daher zunächst allein von Oxidationsmitteln angegriffen. Löst man daher ein mit einer Quecksilberschicht überzogenes Metallstück in Säure, so reichern sich die Spurenverunreinigungen, die edler sind als der Hauptbestandteil, in der Amalgamschicht an. Der „Endpunkt" der Lösung ist dabei potentiometrisch eindeutig identifizierbar. Dieses Anreicherungsverfahren wurde erfolgreich eingesetzt für die Bestimmung zahlreicher Spurenelemente in hochreinem Aluminium [519], Cadmium [561] [2385] und Zink [560]. JACKWERTH [2424] hat kürzlich eine Zusammenfassung dieser Arbeiten zur Spuren-Elementanreicherung herausgebracht (s. auch Abschn. 6.3.2).

Galvanikbäder eignen sich meist gut für eine – nach vorangegangener Verdünnung – direkte Analyse mit AAS. Da die Bestimmungen oft einfach sind, ist nur relativ wenig über diese Anwendung publiziert. SHAFTO [1119] berichtet über die Bestimmung von Blei, Eisen, Kupfer und Zink in Nickelbädern, und WHITTINGTON und WILLIS [1318] analysieren ebenfalls verschiedene Elektrolytbäder auf Spurenelemente. KOMETAIN [694] bestimmt den Gehalt an Blei, Cobalt, Eisen, Kupfer, Nickel und Silber in Goldbädern; er verwendet die AAS ferner zur Bestimmung von Badzusammensetzungen, von Diffusionsdaten und der Dicke der galvanisch aufgetragenen Schichten usw. KRAFT [701] beschreibt den Einsatz der AAS zur Bestimmung von Cobalt in Goldbädern, von Eisen, Kupfer und Silber in Chrom-, Nickel- und Zinnbädern, sowie von Kupfer in einem Kupfercyanid-Bad.

VAN LOON [1253] bestimmte Iridium in einem Edelmetall-Vielkomponentenkonzentrat mit befriedigender Genauigkeit, und EZELL [336] berichtet über die indirekte Bestimmung von Chlorid in Werkslaugen über die Fällung mit Silbernitrat. EZELL findet, daß die Genauigkeit der AAS besser ist als die der titrimetrischen Methoden. KUNISHI und OHNO [717] bestimmten Sulfat in einem Rhodiumbad. Sie benützen die erniedrigende Wirkung von Sulfat auf Eisen und deren Aufhebung durch Lanthan zur Sulfatbestimmung.

KAPETAN [624] berichtet über die Bestimmung von Cobalt und Verunreinigungen in Goldbädern. Vor Einführung der AAS wurde Cobalt polarographisch,Blei, Eisen und Kupfer mit optischer Emission bestimmt. Durch die AAS wurden beide Verfahren mit einem erheblichen Zeitgewinn abgelöst. Die Spurenelemente werden aus dem unverdünnten, Cobalt aus dem 1 : 20 verdünnten Bad direkt bestimmt.

11.8 Kohle, Öl und Petrochemie

Innerhalb der letzten Jahre sind die Aussichten auf eine verstärkte Nutzung von *Kohle* deutlich angewachsen, sowohl wegen der gestiegenen Ölpreise als auch wegen des geringen Wachstums der Kernenergie. Diese Tatsache dürfte auch die Analytik wieder etwas beleben nicht zuletzt deshalb, weil, wie beispielsweise DANNECKER [2185] gezeigt hat, die aus kohlebefeuerten Großkraftwerksanlagen ausgetragenen Schwermetallmengen beträchtliche Massenströme darstellen, die wiederum erhebliche immissionsseitige Belastungen hervorrufen können. Während die Analyse von Luft, Luftstäuben usw. schon in Abschn. 11.5 (Umwelt) ausführlich behandelt wurde, soll hier nur noch auf das Rohmaterial Kohle und deren Veredelungsprodukte eingegangen werden.

Relativ schwierig ist bei der Analyse von Kohle der Lösungsvorgang; nicht zuletzt aus diesem Grund hat sich hier die Graphitrohrofen-Technik schon recht gut eingeführt, da sie die Möglichkeit bietet, auch feste Proben oder Aufschlämmungen direkt zu analysieren. MILLS und BELCHER [2668] geben einen guten Überblick über die Analyse von Kohle, Koks und ähnlichen Produkten einschließlich der Probenvorbereitung und der anschließenden Bestimmung der interessierenden Elemente mit Atomspektrometrie.

DITTRICH und LIESCH [306] bestimmten Chrom in Elektrodenkoks, indem sie die Proben veraschten, die Asche mit Kaliumbisulfat glühten und die Schmelze in Schwefelsäure der Konzentration 0,5 mol/L aufnahmen. Das Verfahren läßt sich für den Bereich 0,1–2 µg/g Cr in Koks verwenden. HARTSTEIN und Mitarbeiter [479] bestimmten 10 Elemente in Kohle nach einem Druckaufschluß mit rauchender Salpetersäure (2 1/2 h bei 150 °C) und anschließend mit Flußsäure (15 min bei 150 °C) direkt in der Flamme.

POLLOCK [2754] bestimmte 12 Spurenelemente in Kohle nach trockener Veraschung und Lösen in Säure mit der Flammen-Technik und 11 mit der Graphitrohrofen-Technik. Für Arsen und Antimon setzte POLLOCK eine Tieftemperaturveraschung und die Hydrid-Technik ein, für Bismut, Germanium, Tellur und Zinn ebenfalls die Hydrid-Technik, jedoch eine Hochtemperaturveraschung und Selen wurde nach einem Aufschluß in der Sauerstoffbombe mit dieser Technik bestimmt. Auch für Quecksilber wurde ein Aufschluß in einer Sauerstoffbombe für die nachfolgende Bestimmung mit der Kaltdampf-Technik eingesetzt. GLADFELTER und DICKERHOOF [2300] bestimmten Eisen in Kohle nach einer Extraktion mit Salzsäure und Salpetersäure. OWENS und GLADNEY [2720] bestimmten Beryllium in Kohle nach einem Aufschluß mit Salpetersäure, Flußsäure und Schwefelsäure unter Zusatz von Perchlorsäure im Graphitrohrofen. GLADNEY [2301] weist auf die Bedeutung der Verteilung von Beryllium bei Kohlereinigungsprozessen, bei Kohlevergasung und -verflüssigung und in Kohlekraftwerken hin. Die chemische Analyse von Kohle dauert recht lang,besonders weil der Aufschluß sehr zeitraubend ist. Die Hochtemperaturveraschung geht zwar einigermaßen schnell, führt jedoch zu Verlusten an organisch gebundenen Spurenelementen. Der Autor zog daher die direkte Festprobenanalyse im Graphitrohrofen vor und fand bei Probeneinwaagen um 1 mg eine Streuung von weniger als 10%. Die Nachweisgrenze lag bei 0,005 ng Beryllium und sowohl bei Auswertung gegen wäßrige Bezugslösungen als auch nach dem Additionsverfahren wurden richtige Werte gefunden.

Auch LANGMYHR und AADALEN [2521] verwendeten die direkte Festprobeneingabe zur Bestimmung von Kupfer, Nickel und Vanadium in Kohle und Petroleumkoks. Auch hier stimmten die Ergebnisse sowohl bei Auswertung gegen wäßrige Bezugslösungen als auch nach dem Additionsverfahren gut mit den Zertifikatswerten überein.

GARDNER [2292] bestimmte Gesamtquecksilber in Kohle nach der Kaltdampftechnik mit einer absoluten Nachweisgrenze von 5 ng. Die pulverisierte Kohle wurde mit Salpetersäure und Schwefelsäure über Nacht stehen gelassen und dann unter Rückflußkühlung erhitzt bis die Lösung blaßgelb war. Unter Zugabe von Perchlorsäure und Aminoessigsäure wurde dann destilliert und die Fraktion 130–340 °C aufgefangen, in der das Quecksilber bestimmt wurde. MURPHY [2679] verwendete einen Aufschluß mit Wasserstoffperoxid und Schwefelsäure für die nachfolgene Bestimmung von Quecksilber, das er zur Erhöhung der Empfindlichkeit an Silberwolle anreicherte.

Der Einsatz der AAS in der *Petrochemie* erstreckt sich von der Analyse des Rohöls über die Kontrolle von Additiven und Verunreinigungen in den unterschiedlichsten Zwischen- und Endprodukten bis hin zur Bestimmung von Abriebmetallen in gebrauchten Schmierölen. Die AAS bietet dabei den großen Vorteil, daß die zu untersuchenden Proben häufig nur mit einem geeigneten Lösungsmittel verdünnt werden müssen und dann direkt versprüht werden können. Lediglich die Wahl der Bezugssubstanzen muß oft sorgfältig getroffen werden, da sonst Fehlmessungen entstehen können. Für die meisten Ölanalysen eignen sich dabei öllösliche organische Metallsalze, meist Cyclohexanbutyrate etc., die von verschiedenen Herstellern angeboten werden.

LANG und Mitarbeiter [2518] [2519] fanden allerdings für Nickel und Vanadium, daß verschiedene metallorganische Verbindungen unterschiedliche Extinktionswerte geben, und zwar sowohl in einer Luft/Acetylen- als auch in einer Lachgas/Acetylen-Flamme. Sie schlagen daher unbedingt die Verwendung des Additionsverfahrens vor, da sonst systematische Fehler entstehen können. LUKASIEWICZ und BUELL [2568] fanden auch bei der Bestimmung von Zink in Schmierölen und Additiven, daß Abweichungen bis zu 10% eintreten, wenn für alle Arten Schmieröl die gleiche Bezugslösung eingesetzt wird. Auch hier hilft das Additionsverfahren oder ein besseres Angleichen der Bezugslösungen mit einem ähnlichen Öl.

Neben der Verwendung metallorganischer Verbindungen zur Herstellung von Bezugslösungen wurde auch von verschiedenen Autoren die Anwendbarkeit von wäßrigen Lösungen geprüft. So wurde beispielsweise die Verwendung von Öl- bzw. Benzin-Wasser-Emulsionen [2371] [2756] vorgeschlagen, die direkt in die Flamme versprüht werden. HON und Mitarbeiter [2390] fanden, daß sich wäßrige, anorganische Bezugslösungen für die direkte Bestimmung von Metallen in Schmierölen einsetzen lassen, die mit Isobuttersäure verdünnt sind. Für die Bestimmung von Abriebmetallen in Schmierölen wurden diese von verschiedenen Autoren mit kleinen Mengen an Säuren gemischt [2110] [2814] [2989] und gegen ähnlich bereitete Bezugslösungen gemessen. Schließlich werden auch von einigen Autoren Veraschungs- und Aufschlußverfahren für Öle beschrieben etwa durch Säuren [2647] [3028] oder durch Verbrennen [2786] [3014]. Nach dieser Mineralisierung ist natürlich eine Bestimmung gegen wäßrige Bezugslösungen möglich.

Die Bestimmung von Nickel, einem schweren Katalysatorgift, und Vanadium, das zu Korrosionsproblemen führt, in *Rohöl* wurde nach Einführung der Graphitrohrofen-Technik von verschiedenen Autoren beschrieben [222] [923] [933] [2517]. Während die meisten das Öl direkt, oder nach einer Verdünnung mit einem organischen Lösungsmittel in den Graphitrohrofen eingeben und dort thermisch vorbehandeln, ziehen ESKAMANI und Mitarbeiter [332] eine Veraschung mit einem Magnesiumsulfonat bei 650 °C vor der Eingabe in das Graphitrohr vor.

Die Bestimmung von Katalysatorgiften im Rohöl und in Destillationsrückständen war eine der ersten petrochemischen Anwendungen der AAS. BARRAS [79] [80] untersuchte Ölsumpf auf Eisen, Kupfer und Nickel und fand die AAS-Ergebnisse gut vergleichbar mit anderen Analysenverfahren. KERBER [633] bestimmte Nickel in 1 : 10 verdünntem *Gasöl* und untersuchte dabei eine Vielzahl an Lösungsmitteln auf ihre Eignung als Verdünnungsmittel und auf ihre Brenneigenschaften in der Flamme. Er fand, daß zahlreiche aliphatische Kohlenwasserstoffe, Alkohole und Ketone die Proben nicht vollständig lösten, während rein aromatische Kohlenwasserstoffe zwar gute Lösungsmittel waren, jedoch eine zu gelbe, rußende Flamme erzeugten, die zu schlechten Meßergebnissen führte. p-Xylol wurde schließlich als gutes Lösungsmittel mit brauchbaren Brenneigenschaften ermittelt. TRENT und SLAVIN [1243] bestimmten ebenfalls Nickel in Gasöl und ähnlichen Substanzen und fanden, daß im Spurenbereich unbedingt die Streustrahlung kompensiert werden sollte, da sonst zu hohe Werte ermittelt werden. Diese Autoren verwendeten ebenfalls Xylol als Lösungsmittel, verdünnten die Proben jedoch nur 1 : 5 und arbeiteten dafür nach dem Additionsverfahren.

MOORE und Mitarbeiter [878] verwendeten Dioxan zum Verdünnen ihrer Ölproben. Andere Autoren [127] hatten mit diesem Lösungsmittel jedoch Schwierigkeiten, da es zum Ausfrieren an der Zerstäuberdüse neigt.

ROBINSON [1037] bestimmte Natrium in Gasöl und fand keine Interferenzen durch Kalium. CAPACHO-DELGADO und MANNING [207] bestimmten Vanadium in Gasöl mit einer Lachgas/Acetylen-Flamme. Bei Verwendung einer 1 : 3-Verdünnung und dem Additionsverfahren gelang es ihnen, noch 0,05 µg/mL Vanadium in dem Öl nachzuweisen.

Schmierölen werden häufig Barium-, Calcium- oder Zinksalze als Additive zugesetzt. Nachdem diese stets in relativ hoher Konzentration vorliegen, bereitet ihre Bestimmung mit AAS keine Schwierigkeiten; die Probe muß lediglich entsprechend verdünnt werden. MOSTYN und CUNNINGHAM [889] bestimmten Zink in Schmierölen mit einer Luft/Acetylen-Flamme und verwendeten n-Heptan als Verdünnungsmittel.

SLAVIN [12] schlug für diesen Zweck MIBK vor, sowie die Verwendung einer Lachgas/Acetylen-Flamme zur Bestimmung von Calcium- und Barium-Additiven. Die Bestimmung ist in dieser Flamme frei von chemischen Interferenzen, lediglich zur Unterdrückung von Ionisation sollte den Proben- und Bezugslösungen etwa 0,2% Natrium zugesetzt werden.

BINDING und GAWLICK [127] untersuchten verschiedene Lösungsmittel für die Analyse von Barium-, Calcium- und Zink-Additiven. n-Hexan gab eine unruhige Anzeige. Cyclohexan führte, wie schon erwähnt, zu Vereisungen hinter der Zerstäuberdüse. In Toluol und MIBK waren Barium-Additive schlecht bzw. nicht löslich. n-Heptan war gut geeignet, doch zogen die Autoren Isooktan als für diese Anwendung ideales Lösungsmittel vor. Barium und Calcium wurden in einer Lachgas/Acetylen-Flamme bestimmt, wobei zur Unterdrükkung der Ionisation das Natriumsalz der sog. Petroleumsulfonsäure zugesetzt wurde. Die Autoren untersuchten eingehend die Emission der Lachgasflamme im Bereich der Calcium-

und Barium-Resonanzlinie und fanden, daß eine Erhöhung des Lampenstroms das Signal/Rausch-Verhältnis bei der Bariumbestimmung erheblich verbessert. Um mit einer einzigen Verdünnung der Ölproben arbeiten zu können, verwendeten die Autoren zwei Zerstäuber und glichen so die geringe Empfindlichkeit des Bariums aus. Ein auf optimale Leistung eingestellter Zerstäuber diente für dieses weniger empfindliche Element und ein zweiter Zerstäuber mit nur etwa 1/10 der Ansaugleistung für die empfindlicheren Elemente Calcium und Zink.

PETERSON und KAHN [974] verdünnten die Proben mit Xylol und bestimmten die drei Elemente ebenfalls mit der Lachgas/Acetylen-Flamme, reduzierten jedoch die Empfindlichkeit für die Zinkbestimmung, indem sie den Brennerkopf um 90° drehten. SALAMA [1078] setzte für alle drei Elemente weniger empfindliche Linien ein und konnte so ebenfalls mit einer Verdünnung arbeiten.

HON und Mitarbeiter [2390] fanden, daß bei Verwendung von Isobuttersäure als Verdünnungsmittel für Schmieröle die Signale viel stabiler waren als mit Xylol oder MIBK. Die Autoren bestimmten Barium, Calcium, Eisen, Kupfer und Zink in Ölen durch direktes Versprühen der verdünnten Proben in die Flamme. LUKASIEWICZ und BUELL [2568] fanden bei der Zinkbestimmung, daß Abweichungen bis 10% auftreten können, wenn alle Arten Schmieröle gegen die gleiche Bezugslösung gemessen werden. Die Autoren schlagen vor, die Bezugslösungen besser anzugleichen und mit einem Öl anzusetzen, das den Proben möglichst ähnlich ist. Auch die Bindungsform des Metalls in dem Öl ist für die Empfindlichkeit der Bestimmung von Bedeutung.

Nach der DIN-Vorschrift werden Schmieröle zur Bestimmung von Barium, Calcium und Zink mit Testbenzin verdünnt und direkt in die Flamme versprüht (Luft/Acetylen für Zink und Lachgas/Acetylen für Barium und Calcium). Die Bestimmung erfolgt gegen Bezugslösungen, die die zu messenden Elemente als öllösliche Verbindungen enthalten. Zur Unterdrückung der Ionisation wird allen Meßlösungen ein Alkalimetall in ausreichender Konzentration zugesetzt.

SUPP [1205] bestimmte Antimon in *Additiven*, indem er sie in MIBK unter Zusatz von 2-Ethylhexansäure löste und direkt versprühte. Er fand eine gute Übereinstimmung mit der naßchemischen Methode und keine Störung durch Zink oder Barium. Antimon-dialkyldithiocarbamate und -dialkylphosphorodithioate geben dem Öl ausgezeichnete Antiverschleiß-, Hochdruck- und Antioxidans-Eigenschaften. Nach dem gleichen Verfahren bestimmte der Autor auch Blei in Bleidiamyldithiocarbamat, einem vielverwendeten Additiv für Schmieröle und Fette [1206]. NORWITZ und GORDON [921] bestimmten Lithium in Schmiermitteln auf Sebacat-Basis, die wegen ihrer Hoch- und Niedertemperatureigenschaften immer mehr an Bedeutung gewinnen. Solche Schmiermittel enthalten z. B. 8% Lithiumstearat und 1,5% Bariumpetroleumsulfonat. Die Probe wird mit Salzsäure behandelt, mit Ether extrahiert und die wäßrige Phase mit Perchlorsäure abgedampft und mit AAS analysiert.

MOSTYN und CUNNINGHAM [889] bestimmten Molybdän, das in Form des Disulfids in *Schmierfetten* vorlag, nach vorheriger Veraschung in einem Quarztiegel. Unveröffentlichte Versuche in unserem eigenen Labor haben gezeigt, daß sich eine Molybdändisulfid-Suspension in Öl zwar direkt in einer Lachgas/Acetylen-Flamme bestimmen läßt, daß jedoch die Höhe des Signals stark abhängt von der Korngröße. Außerdem muß die Suspension nach dem Verdünnen und während des Ansaugens kräftig gerührt werden, da sonst eine Entmischung auftritt. KÄGLER [601] [602] bestimmte Lithium, Natrium und Calcium in Schmierfetten und Natrium in *Heizölen* und fand, daß die AAS wesentlich einfacher in der Handhabung ist als die Röntgenfluoreszenz und die Flammen-AES. 10–200 mg des Schmierfetts wurden mit 4—8 mL Butanol homogenisiert, mit Salzsäure der Konzentration 1 mol/L auf 100–200 g aufgefüllt und kräftig geschüttelt. Lithium, Natrium und Calcium wurden direkt aus dem HCl-Extrakt bestimmt. Heizöl wird vor der Bestimmung mit Toluol bzw. einem Toluol/Methanol-Gemisch (8 : 2) verdünnt und direkt angesaugt. Zur Spurenbestimmung von Natrium oder Vanadium in extraleichtem Heizöl kann dieses, wie eigene Versuche gezeigt haben, entweder unverdünnt oder in einer 1 : 2-Verdünnung direkt versprüht werden. KÄGLER [603] hat die Natriumbestimmung in verschiedenen Mineralölprodukten bezüglich der Geräteparameter und dem Lösungsmitteleinfluß eingehend untersucht.

Ein relativ schwieriges analytisches Problem ist die Spurenbestimmung in extraleichtem Heizöl für Gasturbinen, das besonderen Reinheitsanforderungen genügen muß. Speziell Vanadium muß noch in Gehalten unter 0,1 µg/g sicher erfaßbar sein. Für diese Analyse eignet sich die Graphitrohrofen-Technik in besonderem Maße; sie muß allerdings mit Graphitrohren ausgerüstet sein, die ein Verlaufen des Öls während der thermischen Vorbehandlung verhindern. Auch eine langsame, gleitende Temperaturerhöhung während der Vorbehandlung ist für das Entfernen der Matrix von Bedeutung. Unter diesen Voraussetzungen lassen sich noch etwa 0,01 µg/g Vanadium in Heizöl bestimmen [1296].

Die Graphitrohrofen-Technik wird schon relativ lange für die Spurenanalyse in *Öl* und *Petroleumprodukten* eingesetzt. RUNNELS und Mitarbeiter [2813] bestimmten Aluminium, Beryllium, Chrom und Mangan und fanden es vorteilhaft, die Graphitrohre mit Lanthan oder Zirconium zu behandeln. Durch diese Oberflächenbehandlung wurde sowohl die Empfindlichkeit als auch die Reproduzierbarkeit verbessert und die Lebensdauer der Rohre verlängert. ROBBINS und Mitarbeiter [2794] verglichen die Bestimmung von Beryllium in zwei verschiedenen Ofensystemen und fanden in einem Rohrofen mit oberflächenbehandelten Graphitrohren eine zehnmal bessere Nachweisgrenze. ROBBINS und WALKER [2795] bestimmten Spuren Cadmium in Petroleum und finden neben der höheren Empfindlichkeit besonders den geringeren Probenverbrauch der Ofenmethode vorteilhaft, da viel weniger Material verascht werden muß.

KUNDU und PREVOT [2514] fanden es besonders vorteilhaft bei der Bestimmung von Kupfer in Öl dem Spülgas bei der thermischen Vorbehandlung Sauerstoff zuzumischen, um so eine schnellere Zerstörung der organischen Matrix zu erreichen. ROBBINS [2793] bestimmte Mangan direkt in Petroleumprodukten im Bereich 10–300 ng/g mit der Graphitrohrofen-Technik und beseitigte Störungen mit dem Additionsverfahren. ESKAMANI und Mitarbeiter [331] bestimmten Selen in Benzin und anderen petrochemischen Produkten mit der Graphitrohrofen-Technik nach Aufschluß in einem Teflon-Autoklaven.

WALKER und Mitarbeiter [3028] setzten für die Bestimmung von Selen in Petroleum und Petroleumprodukten die Hydrid-Technik ein. Sie verwendeten einen Aufschluß mit rauchender Salpetersäure, Schwefelsäure und Perchlorsäure im Kjeldahl-Kolben und fanden keine Störungen durch andere in Petroleumprodukten vorkommende Elemente. Die Übereinstimmung der Ergebnisse zwischen zwei Labors und einem dritten, das die Neutronenaktivierungsanalyse einsetzte, war sehr gut.

KNAUER und MILLIMAN [2478] bestimmten Quecksilber in Petroleum und Petroleumprodukten mit der Kaltdampftechnik. Sie verwendeten sowohl eine Verbrennung der Probe in einer WICKBOLD-Apparatur mit Sauerstoff/Wasserstoff, bei der das Quecksilber in einer angesäuerten Permanganatlösung aufgefangen wurde, als auch einen Säureaufschluß mit

Schwefelsäure-Salpetersäure. Die Autoren fanden, daß für beide Aufschlüsse viel Erfahrung notwendig ist.

MILLER und Mitarbeiter [866] bestimmten Silicium in Spuren *Siliconfett* und fanden, daß sich die AAS hierfür gut eignet.

ROBINSON [1038] berichtete schon 1961 über die Bestimmung von Blei in *Benzin* mit AAS und fand diese schnell, störungsfrei und selektiv. ROBINSON verdünnte das Benzin mit Isooktan, um in den günstigsten Meßbereich zu kommen. Später fanden einige Autoren Unterschiede in der Extinktion von Tetraethyl- und Tetramethylblei, was besonders bei Mischungen der beiden zu Schwierigkeiten führte. TRENT [1239] untersuchte daraufhin diese Bestimmung und fand, daß Tetramethylblei in Heptan, MIBK und Toluol ein etwa zwei- bis dreimal höheres Signal ergab als Tetraethylblei. Außerdem spielte auch die Länge der Ansaugkapillare eine nicht unbedeutende Rolle. Schließlich verwendete TRENT eine 25 cm lange Ansaugkapillare und Isooktan als Verdünnungsmittel, da hierbei kein Unterschied mehr zwischen den beiden Additiven festzustellen war. Tetraethylblei brauchte lediglich 30 s, um ein stabiles Signal zu liefern, während Tetramethylblei sofort die volle Signalhöhe erreichte. MOSTYN und CUNNINGHAM [889] verwendeten daher eine genau abgemessene Ansaugzeit von 15 s, um nicht warten zu müssen, bis das Gleichgewicht erreicht ist. Die Autoren kamen mit ihrem Verfahren auf einen Variationskoeffizienten von 1,6%.

KASHIKI und Mitarbeiter [628] fanden, daß Tetramethylblei, Tetraethylblei und gemischte Bleialkylverbindungen durch Kalibrieren mit einer einzigen Standard-Bleialkylverbindung bestimmt werden können, wenn 3 mg Iod zu 1 mL Benzinprobe hinzugefügt werden und diese vor dem Zerstäuben auf 50 mL mit MIBK verdünnt wird. Später haben die Autoren dieses Verfahren auch für die Graphitrohrofen-Technik beschrieben, um den unteren Konzentrationsbereich (0,02–0,1 µg/mL Pb) bequemer zu erfassen. Auch hier zeigen alle untersuchten Bleiverbindungen nach Zugabe von Iod die gleiche Empfindlichkeit [627].

MCCORRISTON und RITCHIE [2650] fanden, daß bei Verwenden eines direktzerstäubenden Brenners im Gegensatz zum Mischkammerbrenner keine Unterschiede zwischen den verschiedenen Bleialkylen auftreten und das Signal sofort die volle Empfindlichkeit erreicht. LUKASIEWICZ und Mitarbeiter [2567] setzten eine Lachgas/Wasserstoff-Flamme zur Bestimmung von Blei in Benzin ein und fanden praktisch keinen Einfluß von der Bezinzusammensetzung. POLO-DIEZ und Mitarbeiter [2756] schließlich versprühten eine Benzin-Wasser-Emulsion direkt in die Flamme und fanden ebenfalls keinen Einfluß von verschiedenen Matrices oder Bleialkylverbindungen.

KOLB und Mitarbeiter [692] verwendeten eine Kombination Gaschromatographie-Atomabsorptionsspektrometrie zur Trennung und elementspezifischen Anzeige der beiden Blei-Additive in Benzin. Die AAS diente hier praktisch als hochspezifischer Detektor für die Gaschromatographie, wobei dieser nur auf ein metallisches Element anspricht.

Später hat SEGAR [1108] [1110] dieses Verfahren auch für die Graphitrohrofen-Technik beschrieben, indem er das Eluat des Gaschromatographen direkt in ein kontinuierlich auf 1500–1700 °C geheiztes Graphitrohr einleitete. Dabei konnte eine gute Trennung der 5 Bleialkyle erzielt werden.

In den folenden Jahren haben verschiedene Autoren Kombinationen von GC [2165] [2796] oder LC [2096] [2191] mit der Graphitrohrofen-Technik zur Bestimmung der einzelnen Bleialkyle in Benzin beschrieben. BYE und Mitarbeiter [2121] haben einen Vergleich der Flammen- und der Graphitrohrofen-Technik als spezifische Detektoren für Tetraalkylbleiverbindungen angestellt. Sie fanden generell eine gute Übereinstimmung der Werte für beide Techniken und etwa die gleiche Wiederfindung; die Graphitrohrofen-Technik hat dabei den Vorteil, daß sie um zwei Größenordnungen empfindlicher ist als die Flamme.

MOORE und Mitarbeiter [878] bestimmten Nickel und Kupfer, MOSTYN und CUNNINGHAM [889] Zink in Benzin, indem sie dieses unverdünnt versprühten. BARTELS und WILSON [84] untersuchten Düsentreibstoffe auf Mangan, das diesen Treibstoffen als Methyl-cyclopentadienylmangan-tricarbonyl zur Unterdrückung der typischen Kondensstreifen beigemischt wurde. Wird unverdünnter Treibstoff versprüht, so läßt sich die AAS direkt auf den Bereich 0,02–0,3 Gewichtsprozente Additivstoff anwenden. Höhere Gehalte lassen sich nach Verdünnen messen.

Die Bestimmung von *Abriebmetallen in Schmierölen* ist eine wichtige Anwendung der AAS geworden. Die Geschwindigkeit und hohe Empfindlichkeit dieser Bestimmung gestattet eine kontinuierliche Überwachung von Motoren, Getrieben und anderen Maschinenteilen. Oft ermöglicht die elementspezifische Untersuchung von Schmierölen ein frühes Erkennen und dazu häufig noch ein Lokalisieren eines beginnenden Schadens.

Üblicherweise werden die Schmieröle 1 : 10 mit MIBK verdünnt und direkt angesaugt. Die Kalibrierung erfolgt häufig gegen öllösliche Standards (Cyclohexanbutyrate, etc.) oder auch gegen Naphthenate [853]. SPRAGUE und SLAVIN [1138] [1173] entwickelten ein Verfahren zur automatischen Bestimmung von Fe, Ni, Cr, Pb, Cu, Ag, Sn, Mg und Al in Flugzeugschmierölen. Bei einer Probenfrequenz von 14 s konnte eine Reproduzierbarkeit von 3% erreicht werden. BURROWS und Mitarbeiter [187] verglichen AAS und Colorimetrie bei der Untersuchung von Maschinenölen, die vor der Bestimmung verascht wurden. Die Übereinstimmung war gut. Ähnliche Ergebnisse ließen sich mit der AAS jedoch auch ohne Veraschung erzielen. Daraus geht hervor, daß mit der Flammen-Technik nicht nur gelöste, sondern auch suspendierte, metallische Bestandteile in Schmierölen bestimmt werden, wenn diese nicht zu groß sind.

KRISS und BARTELS [83] [709] untersuchten eingehend die Effektivität des Zerstäuber-Brenner-Systems zur Bestimmung von in Öl suspendierten Partikeln. Für Eisenpartikel von 3,0 und 1,2 µm Größe war dabei die Wiederfindung nur in der Größenordnung von wenigen Prozent. Die Autoren bestätigen allerdings, daß diese Partikelgröße in echten Ölen kaum vorkommt. Weiterhin fanden die Autoren, daß die Effektivität der Atomisierung von der Flamme unabhängig ist und daß Probleme mit der Reproduzierbarkeit vom Öl und nicht von der Flamme kamen [710]. Die Autoren gaben auch ein Verfahren an, mit dem sich die größeren Partikel mit AAS erfassen lassen. Verdünnt man das Öl mit 14 mL MIBK und 5 mL einer Mischung aus 80% Methanol, 5% Wasser und 15% konz. Salzsäure, so findet man bei 1,2-µm-Partikeln schon nach 1 h Stehen 100% wieder, während bei 3-µm-Partikeln die Wartezeit 16 h beträgt [709].

Basierend auf diesem Verfahren haben verschiedene Autoren Säurebehandlungen von Schmierölen beschrieben, die zum Teil sehr rasch zu guten Erfolgen führen. SABA und EISENTRAUT [2814] verdünnten Flugzeugschmieröl zur Bestimmung von Titan mit 4-Methyl-2-pentanon und schüttelten die Probe 10 s mit etwas Salzsäure/Flußsäure. Die gesamte Analyse dauert nur 1–2 min und die erreichbare Nachweisgrenze liegt bei 0,03 µg/g Titan. Die Autoren fanden keinen Unterschied zwischen Bezugslösungen, die sie aus Öl und metallischem Titan herstellten und in gleicher Weise behandelten wie die Proben, sowie solchen aus metallorganischen Titanverbindungen. TUELL und Mitarbeiter [2989] gaben ein Gemisch von Flußsäure, Salzsäure und Salpetersäure im Verhältnis 2 : 3 : 3 zu gebrauchten

Flugzeugschmierölen zur Bestimmung von Chrom, Eisen, Kupfer, Magnesium, Molybdän und Vanadium. Sie fanden ebenfalls keine signifikanten Unterschiede zwischen Bezugslösungen aus Organometall-Verbindungen und solchen, die ebenso behandelt wurden wie die Proben. Brown und Mitarbeiter [2110] bestimmten Aluminium, Eisen, Kupfer, Magnesium, Molybdän, Nickel, Thallium und Zinn in Flugzeugschmierölen, die sie mit wenig Flußsäure und Königswasser bei 65 °C im Ultraschallbad behandelt hatten. Sie fanden, daß das Verfahren sehr schnell und unabhängig von der Teilchengröße ist. Die Wiederfindung lag bei 97–103% und die Präzision war in Abhängigkeit von dem Element und seiner Konzentration 4–10%.

Bei der Schmierölanalyse auf Abriebmetalle ist üblicherweise auch nicht die absolut quantitative Erfassung der Metallkonzentrationen wichtig, es sind lediglich atypische, relative Konzentrationsanstiege interessant, die auf einen beginnenden oder eingetretenen Schaden hinweisen. Nach diesem System ist z. B. ein weitverzweigtes Überwachungsnetz für schwere Baumaschinen entwickelt worden, das sich bestens bewährt hat [1279]. Kahn und Mitarbeiter [615] haben schließlich auch gezeigt, daß keine statistischen Abweichungen zwischen der AAS und der AES für die Ölanalyse feststellbar sind.

Die Analyse von Schmierölen auf Abriebmetalle mit der Graphitrohrofen-Technik wurde von zwei Arbeitskreisen beschrieben [165] [233]. Dies scheint jedoch keine sehr typische Anwendung zu sein, da es sich hier weder um eine Spuren- noch um eine Mikrobestimmung handelt und die Flamme in jedem Fall schneller arbeitet.

May und Presley [2646] befaßten sich mit der Analyse von *Rohölrückständen* an Küsten und der Identifizierung der Herkunft. Hierfür eignet sich am besten eine Spurenelementbestimmung, speziell das Verhältnis Ni : V ist sehr typisch. Als Analysenverfahren eignen sich am besten die instrumentelle Neutronenaktivierungs-Analyse und die Graphitrohrofen-AAS, wobei letztere natürlich erheblich preiswerter und einfacher ist. Die Teerprobe kann gelöst und direkt im Graphitrohrofen auf Eisen, Nickel und Vanadium untersucht werden. Eine bessere Übereinstimmung mit der INAA erhält man allerdings nach einer Naßveraschung mit Salpetersäure, Perchlorsäure und Schwefelsäure im Verhältnis 5 : 2 : 2 [2647].

Menz und Conradi [2662] verwendeten die Bestimmung von Spurenelementen in Rohölen als geochemische Methode zu deren Klassifizierung. Sie fanden dabei, daß sich Xylol nicht besonders als Verdünnungsmittel für die nachfolgende Bestimmung im Graphitrohrofen eignet, da nach längerer Standzeit Schichtung und Ausfällung eintrat. Besser geeignet war ein Gemisch aus 80% Benzin der Fraktion 100–140 °C und 20% Toluol, in dem auch nach mehreren Tagen keine Entmischung eintrat. Die Autoren stellten weiter fest, daß sie nur mit einer automatischen Probendosierung in den Graphitrohrofen reproduzierbare Ergebnisse erzielen konnten.

Lieu und Woo [2548] berichten, daß durch den in einem Ölreservoir vorhandenen Druck sich nur der kleinere Teil des Vorkommens ausbeuten läßt. Das Fluten mit Wasser ist die wichtigste und verbreiteste sekundäre Gewinnungstechnik. Das unter Druck eingespritzte Wasser darf nur ganz wenig suspendierte Partikel enthalten, da sonst die Einspritzpumpe verstopft und sich zu hohe Drucke aufbauen. Die Autoren bestimmten eine Vielzahl an Elementen in Wasser und in suspendierten Feststoffen mit der Flammen- und der Graphitrohrofen-Technik mit einer Wiederfindung von 91% oder mehr. Das Verfahren benötigt weniger Zeit und kleinere Probenvolumina als andere Techniken.

Manning und Mitarbeiter [2616] bestimmten Arsen in synthetischen *Prozeßwässern* aus der Erdölgewinnung nach vier verschiedenen Techniken. Die Produktion von Brennstoffen aus Ölschiefer und Teersanden gewinnt immer mehr an Bedeutung. Besonders bei der vor-Ort-Verarbeitung von Ölschiefern entsteht mindestens die gleiche Menge Wasser wie Öl, woraus sich ein erhebliches Abfallproblem ergibt. Diese Prozeßwässer enthalten oft einen hohen und stark schwankenden Anteil an organischen und anorganischen Bestandteilen, darunter auch toxische Metalle wie Arsen. Höhere Gehalte an Arsen können noch direkt mit der Flammen-Technik bestimmt werden. Die Bestimmung mit der Graphitrohrofen-Technik erfolgte nach Verdünnen und Zusatz von Nickel als Isoformierungshilfe nach dem Additionsverfahren. Die Hydridtechnik erfordert eine Vorbehandlung mit Salpetersäure und Schwefelsäure, da sonst erhebliche Minderbefunde auftreten. Die Ergebnisse der drei AAS-Techniken sowie der ICP-AES waren in sehr guter Übereinstimmung untereinander und auch mit dem Mittelwert aus einem Ringversuch.

11.9 Glas, Keramik, Zement

Bei Glas und ganz besonders bei keramischen Materialien ist meist nicht die Analyse selbst das Problem, sondern das Lösen der Proben. Glas wird normalerweise in Flußsäure gelöst und das Silicium entfernt, da dieses meist nicht interessiert. Damit gestaltet sich die Analyse mit AAS recht einfach, da die Gesamtsalzkonzentration niedriger wird. Keramisches Material läßt sich auch häufig in Flußsäure, oft in Kombination mit Perchlorsäure etc. lösen. Gelegentlich können Kleinautoklaven aus Teflon [964] [2039] sehr von Nutzen sein. Andernfalls müssen alkalische Schmelzen verwendet werden, die jedoch die Atomabsorptions-Analyse unter Umständen erschweren können. ADAMS und PASSMORE [13] [14] bestimmten Magnesium, Calcium und Strontium in *Glas* und keramischem Material, sowie die Alkalielemente in keramischem Material. Die chemischen Interferenzen, die für die Erdalkalielemente in der Luft/Acetylen-Flamme zu erwarten waren, wurden durch eine Mischung aus Lanthan und EDTA beseitigt. JONES [584] bestimmte Li, Na, K, Mg, Ca, Ba, Cu, Mn, Fe, Co, Ni, Pb und Zn in verschiedenen Gläsern und fand eine gute Übereinstimmung mit den Zertifikaten sowie mit photometrischen Ergebnissen. PASSMORE und ADAMS bestimmten Eisen, Zink [959] und Kupfer [960] in zahlreichen Gläsern und fanden gute Übereinstimmung mit colorimetrischen Ergebnissen. SLAVIN und Mitarbeiter [1148] bestimmten Arsen in Glas, und BOBER und MILLS [132] analysierten Bleigläser auf Blei in guter Übereinstimmung mit chemischen und spektrochemischen Verfahren. PRAGER und GRAVES [2759] bestimmten ebenfalls Blei in Gläsern nach Lösen in Flußsäure-Salpetersäure auf der sekundären Resonanzlinie bei 261,4 nm. Es bestand kein signifikanter Unterschied zwischen den Ergebnissen der Flammen-AAS, der Röntgenfluoreszenz und der Gravimetrie, das AAS-Verfahren war jedoch am schnellsten und einfachsten. ANDREW [2039] bestimmte Bor in Gläsern, nachdem er eine größere Probenmenge in relativ wenig Flußsäure unter Zusatz von Salz- und Salpetersäure im geschlossenen Teflongefäß gelöst hatte, um eine möglichst hohe Konzentration an Bor in der Lösung zu haben. Der Überschuß an Flußsäure wurde durch Zusetzen von Quarzpulver verbraucht. WISE und SOLSKY [3074] bestimmten Aluminium in Glas unter Zusatz von 1000 µg/mL Calcium und etwas Perchlorsäure als Flammenpuffer in guter Übereinstimmung mit Zertifikatwerten. CHARLIER und MAYENCE [227] bestimmten Chrom, Cobalt, Kupfer, Mangan und Nickel in Gläsern nach Abrauchen mit Flußsäure-Perchlorsäure und Aufnehmen mit 5%iger Salzsäure störungsfrei gegen angeglichene Bezugslösungen. Die Nachweisgrenzen lagen bei 0,5% Metall im Glas.

HANSEN und HALL [2349] bestimmten 14 Elemente in Gläsern und bereiteten dabei generell Proben- und Bezugslösungen in einer gemeinsamen Matrix von 0,4% Caesiumchlorid und 2% Salzsäure. Dadurch werden zahlreiche Analysenfehler beseitigt und spezielle Probenvorbereitungen oder das Additionsverfahren vermieden.

BURDO und WISE [2118] bestimmten Silicium in Gläsern nach einer Natriumcarbonat-Natriumborat-Schmelze, die in saurer Molybdatlösung gelöst wird. Dabei bildet sich ein Silico-molybdatkomplex, der eine Polymerisation von Silikat vermeidet und mögliche Interferenzen abpuffert. Die Autoren erreichten eine Richtigkeit von 0,2–0,3% absolut für Proben mit 14–94% SiO_2 und erzielten eine erhebliche Zeitersparnis im Vergleich zu gravimetrischen Methoden.

Verschiedene Autoren untersuchten den Einsatz der Graphitrohrofen-Technik für die Glasanalyse. FULLER [392] löste hochreinen Quarz in Flußsäure, verflüchtigte Siliciumtetrafluorid und die Säuren im Graphitrohr und bestimmte Eisen und Kupfer bis 0,01 µg/g herunter in guter Übereinstimmung mit Colorimetrie. Ebenso bestimmte er Chrom, Cobalt, Eisen, Kupfer, Mangan, Nickel und Vanadium in Gläsern, indem er diese mit Flußsäure und Perchlorsäure zur Trockene abrauchte, in warmer Perchlorsäure aufnahm und die Spurenelemente in MIBK extrahierte, bevor er sie im Graphitrohrofen bestimmte [396]. Auch WOOLLEY [1357] bestimmte Eisen und Kupfer in hochreinen Gläsern, die für die Herstellung von Faseroptik benötigt werden, mit der Graphitrohrofen-Technik. Interessant ist hierbei die Probenvorbereitung: das Glas wurde durch eine elektrohydraulische Druckwelle pulverisiert, die durch einen Funken in dem die Probe enthaltenden Wasser hervorgerufen wird. Gelöst wird die Probe dann in einem Teflon-Autoklav, wobei das Silicium abgetrennt wird.

FULLER [2278] bestimmte Cobalt, Eisen, Kupfer und Nickel in Gläsern nach Aufschluß mit Flußsäure-Salpetersäure und Extraktion der o-Phenanthrolinkomplexe in MIBK mit der Graphitrohrofen-Technik. Blei wird nach einem Aufschluß mit Flußsäure, Schwefelsäure und Salzsäure als Sulfat abgetrennt, die Spuren mit Salzsäure aufgenommen und als Diethyldithiocarbamat-Komplexe in MIBK extrahiert. SIEMER und WEI [2859] bestimmten Blei in Gläsern durch direkte Festprobeneingabe in einen Graphitofen. Fein gemahlenes Glas wird mit Graphitpulver gemischt und im Graphitofen auf 1350 °C aufgeheizt, wobei Blei atomisiert wird, die Hauptmenge der Matrix aber im Graphitofen verbleibt. Bei Auswertung der Flächenintegrale finden die Autoren eine ausgezeichnete Übereinstimmung mit den Zertifikatwerten im Vergleich mit wäßrigen Bezugslösungen. HERMANN [2370] bestimmte Selen in Glas nach Aufschluß mit Flußsäure, Salzsäure und Salpetersäure mit der Hydrid-Technik.

Eine im Zuge der Umweltkontrolle heute viel durchgeführte Bestimmung ist die Prüfung von keramischen *Oberflächenglasuren* auf ihre Abgabe von toxischen Schwermetallen. Man läßt dabei das Gefäß 24 h mit 4%iger Essigsäure bei 22 ± 2 °C stehen und bestimmt dann die interessierenden Metalle. KRINITZ und FRANCO [706] haben eine Einwirkungszeit von einer halben und von 24 h verglichen und eine asymptotische Zunahme der Metallgehalte mit der Zeit gefunden. In einem Ringversuch wurden dabei Variationskoeffizienten von 4–5% für Blei und Cadmium gefunden.

MUNTZ [896] bestimmte Yttrium in *Hafnium-* und *Ziconiumoxid* in guter Übereinstimmung mit anderen Methoden, nachdem er die Proben in Flußsäure-Schwefelsäure gelöst hatte. WISE und SOLSKY [3073] bestimmten ebenfalls Yttrium in Zirconiumoxid nach einem Schmelzaufschluß mit Lithiummetaborat und Borsäure und Lösen in heißer Perchlorsäure. Um maximale Empfindlichkeit zu erzielen, setzten sie Kalium und EDTA als Puffer zu.

Sulfat, Phosphat, Calcium und Magnesium störten nicht; evtl. vorhandenes Silicium kann vor dem Schmelzaufschluß mit Flußsäure abgeraucht werden.

HAVEZOV und TAMNEV [2354] bestimmten Beryllium in β-*Aluminiumoxidkeramik* in der Lachgas/Acetylen-Flamme. Die Probe wird schnell bei 300 °C in starker Phosphorsäure aufgeschlossen; diese verringert gleichzeitig chemische Interferenzen und begünstigt die Atomisierung.

VAN LOON [1252] hat ein Verfahren zur Bestimmung von Aluminium in hoch silikathaltigen Materialien beschrieben und ebenfalls sehr gute Übereinstimmung mit den Zertifikatwerten gefunden. BELCHER [97] löste Wolframcarbid in Orthophosphorsäure-Salzsäure unter Zusatz von Salpetersäure und bestimmte in dieser Lösung Eisen in guter Übereinstimmung mit der Röntgenfluoreszenzanalyse.

Die Bestimmung der Nebenbestandteile und Spurenelemente in *Zement* wurde schon frühzeitig mit der AAS durchgeführt. CAPACHO-DELGADO und MANNING [209] bestimmten Fe, Mg, Mn, K, Li, Na, Sr, Al und Ti in Zement gegen wäßrige Bezugslösungen, die im Calciumgehalt angeglichen waren. Für Al, Mg, Sr und Ti wurde die Lachgas/Acetylen-Flamme verwendet. MONTAGUT-BUSCAS und Mitarbeiter [875] bestimmten Cobalt in Zement, der für den Reaktorbau vorgesehen war, nach Extraktion in MIBK.

LANGMYHR und PAUS [2528] beschrieben einen Aufschluß für Zement, Klinker, Rohmaterialien und silikathaltigen Kalkstein mit Salzsäure unter Zusatz von Flußsäure. CROW und CONNOLLY [2177] schlugen dagegen für die Bestimmung von Al, Ca, Fe, Mg, Mn, K, Na, Si und Sr in Zement und seinen Ausgangsmaterialien einen Lithiummetaborat-Aufschluß vor, der in gewohnter Weise in Salpetersäure gelöst wird. Der Aufschluß dauerte für eine Einzelprobe eineinhalb Stunden.

Während für die Nebenbestandteile des Zements meist die Routinegenauigkeit der AAS von etwa 1–2% relativ ausreicht, muß Calcium mit größtmöglicher Genauigkeit bestimmt werden. CROW, HIME und CONNOLLY [244] fanden schließlich in einer umfassenden Arbeit, daß sich mit diesem Verfahren und der Verwendung von Standard-Zementen zur Kalibrierung eine Präzision und Richtigkeit von etwa 0,2% erreichen läßt. Die Autoren geben eine komplette Arbeitsvorschrift für die Analyse von Zement auf alle wichtigen Elemente mit AAS.

TENOUTASSE [1222] bestimmte 10 Elemente einschließlich Calcium in Zement nach einem Aufschluß mit Flußsäure-Salzsäure in einem Teflonautoklav. Dabei wurden keine Fremdionen (außer Borsäure) zugefügt und alle Elemente konnten aus einer Lösung bestimmt werden. FIERENS und DEGRE [367] beschrieben ein automatisches Verfahren zur Bestimmung von 11 Elementen in Zement, Rohmaterialien und Klinkerprodukten.

11.10 Kunststoffe, Textilien, Papier

SLAVIN [1141] berichtete über die Bestimmung von Mangan in *Kunststoffen* nach vorheriger nasser Veraschung mit konzentrierter Schwefelsäure. Zur Vermeidung von Matrixeinflüssen wurde nach dem Additionsverfahren gearbeitet. FARMER [339] bestimmte Eisen in Nylon 66 nach vorheriger trockener Veraschung und Extraktion des in Salzsäure gelösten Verbrennungsrückstands mit APDC-MIBK. DRUCKMAN [311] analysierte Polypropylen auf Titan, Aluminium und Eisen und fand, daß die AAS gegenüber früheren Verfahren verschiedene Vorteile hat. Eine Probe des Polymeren wird bei 800 °C verascht und in geschmolzenem Natriumcarbonat aufgenommen. Dieses wird in Schwefelsäure der Konzentration 1,5 mol/L gelöst und direkt versprüht. Das Verfahren kann auch auf andere Polymere (Polyethylen, Polystyrol, PVC) sowie andere Metalle, wie Magnesium, Kupfer und Zink ausgedehnt werden. PARALUSZ [950] bestimmte Silicium in verschiedenen Polymeren und untersuchte eingehend verschiedene Standards und Hohlkathodenlampen; auch werden die verschiedensten Analysenverfahren verglichen; die AAS erwies sich als besonders günstig.

OLIVIER [924] verwendete die AAS zur Bestimmung von 20 metallischen Elementen in einer Vielzahl von Polymeren und gab detaillierte Vorschriften für die Probenvorbereitung. Lösliche Polymere wurden in einem für die AAS geeigneten Lösungsmittel, wie MIBK, DMF [925], Cyclohexanon, Ameisensäure, etc. gelöst und direkt versprüht. Unlösliche Polymere wurden mit Schwefelsäure-Wasserstoffperoxid aufgeschlossen; für flüchtige Metalle wurde ein zweimaliges Umfällen mit anschließender Anreicherung verwendet. Der Autor betonte, daß die AAS eine schnelle und genaue Bestimmung von Metallen in Polymeren sowohl im µg/g- als auch in %-Bereich gestattet.

PRICE [1002] bestimmte Antimon, Blei, Cobalt, Eisen, Kupfer, Mangan, Zink und Zinn in Rohmaterialien und Polymeren wie Reyon, Nylon und Polyestern nach Lösen in Schwefelsäure-Wasserstoffperoxid direkt in der Flamme schnell und genau. KERBER bestimmte Gold in Polyesterfasern [634], Aluminium und Eisen in Polypropylen, sowie Kupfer und Eisen in fluorierten Kohlenwasserstoffpolymeren [637] durch direkte Festprobeneingabe im Graphitrohrofen in guter Übereinstimmung mit Flammen-AAS bzw. mit Colorimetrie und Emissionsspektrometrie.

TRACHMAN und Mitarbeiter [2983] bestimmten Zinn in Verpackungsmaterial aus Plastik, dem Organozinn-Verbindungen als Stabilisatoren zugesetzt sind. Es wurden Extrakte mit 3% Essigsäure, Heptan, 8% und 50% Ethanol hergestellt, die nach dem Ansäuern direkt im Graphitrohrofen analysiert wurden.

KORENAGA [2495] bestimmte Spuren Arsen in antimonhaltigen Akrylfasern mit der Hydrid-Technik. Nach einem Aufschluß mit Salpetersäure, Perchlorsäure und Schwefelsäure wurden Arsen und Antimon zur dreiwertigen Stufe reduziert. Arsen(III) läßt sich aus salz- und schwefelsaurer Lösung im Gegensatz zu Antimon(III) extrahieren. Die Bestimmung mit der Hydrid-Technik erfolgt nach Rückextraktion in wäßriges Medium.

DELLA MONICA und MCDOWELL [291] bestimmten Chrom in *Leder* und fanden, daß die Atomabsorption im Vergleich zur Alkalischmelze zuverlässig ist und eine erhebliche Zeitersparnis bringt.

HARTLEY und INGLIS [478] beschrieben die Bestimmung von Aluminium in *Wolle* mittels AAS. Die Probe wurde in siedender Salzsäure gelöst und der Extrakt direkt in die Flamme versprüht. Die Nachweisgrenze liegt bei 0,02% Aluminium in der Wolle. SIMONIAN [1128] bestimmte Kupfer in Textilien nach dem gleichen Verfahren und fand eine gute Übereinstimmung der AAS mit Colorimetrie und Elektrolyse. OLIVIER [924] baute Wolle mit 5%iger Natronlauge oder auch konzentrierter Salzsäure ab und Baumwolle mit 72%iger Schwefelsäure und bestimmte eine Vielzahl an Elementen in den entstandenen Lösungen.

BETHGE und RÅDESTRÖM [118] verwenden AAS zur Bestimmung von Calcium, Eisen, Kupfer, Mangan, Magnesium und Natrium in *Zellstoffen* und fanden, daß die Genauigkeit und Richtigkeit mit den bei konventionellen Methoden erreichbaren vergleichbar sind. Wenn mehrere Proben zu untersuchen oder mehrere Metalle in einer Probe zu bestimmen sind, spart die AAS viel Zeit. Die Proben wurden trocken verascht, in Salzsäure der Konzentration 6 mol/L aufgenommen und die Lösung direkt versprüht. ANT-WUORINEN und

VISAPÄÄ [59] beschrieben ein Verfahren zur Bestimmung von Na, K, Mg, Ca, Fe, Cu und Zn in verschiedenen Zellstoffproben. Der Einfluß verschiedener Vorbehandlungen wurde genau untersucht und das Verfahren mit Röntgenfluoreszenz-Analyse geprüft.

PERSSON [2745] bestimmte Aluminium in Pulpe mit der Graphitrohrofen-Technik. PARALUSZ [950] untersuchte den Gehalt an organischen Siliciumverbindungen in *Papier*, indem er dieses mit Petrolether extrahierte, das Lösungsmittel abdampfte und den Rückstand mit wenig MIBK aufnahm und direkt versprühte. LANGMYHR und Mitarbeiter [732] bestimmten Blei, Cadmium, Kupfer und Mangan in Papier und Papierbrei in einem Graphitrohrofen direkt durch Eingabe der festen bzw. aufgeschlämmten Probe unter Verwendung eines Untergrundkompensators. KERBER und Mitarbeiter [637] fanden bei der Direktbestimmung von Eisen, Kupfer, Mangan und Silicium in Papier mit der Graphitrohrofen-Technik gute Übereinstimmung mit der Flammen-Technik. WATKINS und Mitarbeiter [3035] bestimmten Blei in Verpackungspapier für Lebensmittel nach nasser und trockener Veraschung und fanden zum Teil erhebliche Bleigehalte. SIMON und Mitarbeiter [2868] versuchten verschiedene Papiersorten aufgrund von Spurenelementgehalten zu klassifizieren und zu identifizieren. Sie fanden, daß sie die überwiegende Mehrheit der Papiere bereits anhand von 6 Kennzeichen identifizieren konnten. Am wichtigsten waren dabei der Gehalt an Antimon, Chrom, Cobalt, Kupfer und Mangan. Blei zeigte eine hohe Korrelation zu Chrom, Cobalt und Mangan. Cadmium, Eisen und Magnesium streuten innerhalb eines Papiers oft sehr stark.

11.11 Radioaktive Materialien, pharmazeutische und sonstige Industrieprodukte

Die AAS eignet sich für eine Vielzahl analytischer Probleme in der Industrie und ist wegen ihrer Einfachheit, Empfindlichkeit und Spezifität universell einsetzbar. Häufig werden jedoch gerade diese zahlreichen „Nebenaufgaben“ der AAS nicht oder nur am Rande erwähnt.

Elemente mit einem hohen Neutroneneinfang-Wirkungsquerschnitt absorbieren Neutronen und wirken bei Strahlungsvorgängen desaktivierend. Ihre Anwesenheit in *nuklearen Brennstoffen* oder in anderen Materialien, wo sie den Prozeß beeinflussen können, ist selbst in sehr geringen Konzentrationen (10^{-5}–10^{-7}%) unerwünscht. Daraus ergibt sich die Notwendigkeit für eine Ultraspurenanalyse auf zahlreiche Elemente. Optische Emissionsverfahren werden viel eingesetzt, da sie sehr viele Elemente simultan oder in rascher Folge erfassen können und auch die Röntgenfluoreszenz-Analyse ist ein wichtiges Verfahren.

Die AAS wurde ebenfalls schon früh eingesetzt, wobei die Luft/Acetylen-Flamme nicht heiß genug ist für eine Atomisierung der Uranmatrix und daher eine Abtrennung erfordert. Die Lachgas/Acetylen-Flamme eignet sich hier besser; auch hier wird jedoch häufig die Matrix abgetrennt, um weniger Probleme mit der Aktivität der versprühten Lösung zu bekommen. TAKAHASHI und URUNO [1215] bestimmten Magnesium nach Extraktion der Hauptmenge des Urans; HUMPHREY [541] führte die gleiche Bestimmung ohne Abtrennung des Urans durch und arbeitete zur Vermeidung von Störungen nach dem Additionsverfahren. JURISK [600] bestimmte Nickel, Eisen und Aluminium in guter Übereinstimmung mit colorimetrischen Verfahren und SCARBOROUGH [1082] analysierte Uranlegierungen auf Molybdän, Ruthenium, Palladium und Rhodium. Nach Zugabe der entsprechenden Menge Uran zu den Bezugslösungen störten sich die vier Elemente untereinander nicht mehr.

SHEPHERD und JOHNSON [2850] bestimmten Eisen und Nickel in Uran entweder direkt oder nach dem Additionsverfahren und nach vorheriger Abtrennung des Uran an einem Ionenaustauscher. Die letzte Methode gestattet die Bestimmung kleinerer Gehalte und ist recht genau.

KORKISCH und Mitarbeiter [2496] [2500] bestimmten Blei und Kupfer in Uranoxid- und Yellow-Cake-Proben nach Abtrennen des Uran und anderer Fremdionen in einem stark basischen Anionenaustauscher. WALKER und VITA [1280] bestimmten Al, Ca, Cd, Co, Cr, Cu, Fe, Mg, Mn, Na, Ni, K, Pb und Zn in Uran und Uranverbindungen. Die Probe wird in Salpetersäure der Konzentration 6–8 mol/L gelöst und das Uran selektiv mit Tributylphosphat abgetrennt. Die wäßrige Schicht wird zur Trockene eingedampft, der Rückstand in Salzsäure der Konzentration 0,2 mol/L gelöst und direkt angesaugt. Die AAS ist etwa ebenso genau wie die Colorimetrie und viel genauer als die AES. PAGLIAI und POZZI [946] trennten Uran durch Trennungs-Chromatographie in umgekehrten Phasen (feste Phase: KEL-F, stationäre Phase: TBP) ab und bestimmten anschließend 10 Elemente problemlos mit Atomabsorption.

PICHOTIN und CHASSEUR [975] bestimmten Magnesium, Calcium, Lithium und Kalium in Plutoniummetall nach Extraktion des Plutoniums mit Tri-n-octylphosphin und Dibutylphosphorsäure. FRANZ und Mitarbeiter [2258] untersuchten die Zusammensetzung von Thoriumoxid-Brennstoffkernen mit Aluminiumoxid-Siliciumdioxid-Zusätzen und bestimmten Aluminium nach einem Druckaufschluß mit Salpetersäure-Flußsäure mit AAS.

Die Graphitrohrofen-Technik ist bei der Analyse von nuklearen Roh- und Wiederaufbereitungsmaterialien von besonderem Interesse. Wegen ihrer Fähigkeit, auch mit sehr kleinen Probenmengen eine hohe Empfindlichkeit zu liefern, kommt sie der Aufgabenstellung ebenso wie der speziellen Problematik bei der Analyse radioaktiver Materialien in hohem Maße entgegen. Durch die Reduktion des Probenvolumens auf wenige Mikroliter eröffnen sich interessante Aspekte, da weit weniger Schutzvorrichtungen erforderlich sind. Die inerte Atmosphäre mit einer relativ geringen, kontrollierten Gasströmung tut ein übriges, um die radioaktive Strahlung kontrollierbar zu halten.

PATEL und Mitarbeiter [2733] bestimmten Cadmium, Chrom und Cobalt in Uran ohne vorherige Abtrennung direkt im Graphitrohrofen, wobei die Bezugslösungen die gleiche Menge Uran enthalten. BAGLIANO und Mitarbeiter [2049] bestimmten Chrom, Cobalt, Eisen und Mangan im Bereich 0,05 bis 0,005% in Uranoxid mit der Graphirohrofen-Technik. Die Autoren fanden, daß sich für Proben mit einem Urangehalt bis 0,8 g/L salpetersaure Bezugslösungen verwendet werden können; es ist jedoch besser, den Urangehalt in den Bezugslösungen anzugleichen. PAGE und Mitarbeiter [2725] bestimmten Cadmium und Lithium in Uranoxid durch direkte Eingabe der pulverisierten U_3O_8-Proben in Graphittiegelchen in Mengen von etwa 1 mg. Der Arbeitsbereich lag bei 0,05–2 µg/g für Cadmium und bei 1–25 µg/g für Lithium; die Genauigkeit war besser als 10%. Die Autoren stellten die Standards durch Mischen der hochreinen Oxide her. HENN und Mitarbeiter [2368] setzen die Graphitrohrofen-Technik in einem Labor für Wiederaufbereitung von Kernbrennstoffen hauptsächlich zur Analyse von Uran- und Plutoniumnitratlösungen ein. Voraussetzung für diese Rohstoffrezyklisierung ist die unbedingte Sicherstellung der Reinheit der Lösungen von zahlreichen inaktiven und radioaktiven Verunreinigungen. Die Autoren geben dieser Technik wegen der hohen Verfügbarkeit, den guten Bestimmungsgrenzen und einem günstigen Analysenzeitbedarf den Vorzug vor anderen analytischen Techniken.

BAUDIN [2064] gibt einen guten Überblick über die Analyse nuklearer Materialien wie Uran, Plutonium, Zirconium, aber auch von Stählen, Kühlwasser, Kühlnatrium etc. und diskutiert spezielle Probleme mit radioaktiven Materialien.

Eine relativ häufige Anwendung der AAS ist die Spurenanalyse in *hochreinen Chemikalien.* AGAZZI [20] bestimmte Zinn in Wasserstoffperoxid, dem es als Stabilisator zugegeben wurde. Der interessierende Bereich war 2–50 mg/L in Wasserstoffperoxid. LUNDY und WATJE [772] untersuchten rote, rauchende Salpetersäure auf Al, Cr, Fe, Ni und Zn. Die Probe wurde fast bis zur Trockene eingedampft und mit destilliertem Wasser aufgenommen. Die Ergebnisse der AAS waren in befriedigender Übereinstimmung mit den wesentlich aufwendigeren colorimetrischen Messungen. YANAGISAWA und Mitarbeiter [1360] beschrieben ein Verfahren zur Bestimmung von Spuren Calcium in Phosphorsäure und deren Salzen. Calcium wurde mit Hydroxichinolin komplexiert und in 3-Methyl-1-butanol extrahiert. Der Extrakt wurde direkt versprüht und der Gehalt an Calcium mit dem Additionsverfahren ermittelt. BEDROSIAN und LERNER [94] bestimmten Na, K, Ca, Mg, Fe, Mn, Cu, Ni und Cr in elementarem Bor und fanden eine relative Standardabweichung von 4% oder besser. Die AAS ließ sich gut mit Emissionsverfahren vergleichen wobei der relative Fehler dieser Verfahren meist größer war. SPITZER [1164] untersuchte Zinkoxid auf Cu, Pb, Fe, Mn, Ni und Ca. Die Ergebnisse stimmten gut mit den Werten der chemischen Analyse überein. Nachdem die Bezugslösungen im Zinkgehalt (40 g/L) angeglichen waren, konnten alle Elemente störungsfrei bestimmt werden. Die Methode ist zuverlässig und bequem.

CRISP und Mitarbeiter [2175] bestimmten nicht-ionische oberflächenaktive Substanzen indirekt im Konzentrationsbereich 0,05–2 mg/L, indem sie diese als neutrales Addukt mit Kaliumtetracyanato-Zinkat(II) in 1,2-Dichlorbenzol extrahierten und das Zink direkt mit AAS bestimmten. JUNG und CLARKE [599] bestimmten Cadmium in Fungiziden mit der Flammen-Technik auf der sekundären Linie bei 326,1 nm.

HOLEN und Mitarbeiter [2388] führten eine elektrochemische Anreicherung von Selen auf einem Platindraht aus, um dieses Element in technischer Schwefelsäure zu bestimmen. Die Atomisierung erfolgte in einer Argon/Wasserstoff-Diffusionsflamme unter gleichzeitigem Aufheizen des Drahts. KATO [2459] bestimmte Silicium in Siliciumcarbid nach einem Schmelzaufschluß mit Natriumhydroxid und Natriumperoxid und Lösen der Schmelze in verdünnter Salzsäure. ALDER und BUCKLOW [2017] bestimmten Chrom, Kupfer und Zink in Graphitgewebe; das sind Metalle, die die Qualität der Graphitfaser beeinflussen können, da sie den Pyrolyseprozeß stören. Die Graphitfasern wurden pulverisiert, mit Salpetersäure und Natriumhexametaphosphat gemischt und direkt in die Flamme versprüht. Die Autoren fanden, daß weder die Probenmenge noch die Elementkonzentration problematisch ist und erzielten mit der Methode eine gute Richtigkeit und Präzision. Sind kleinere Elementkonzentrationen von Interesse, so läßt sich das Verfahren auch auf die Graphitrohrofen-Technik übertragen.

JACKWERTH und WILLMER [2430] bestimmten zahlreiche Spurenelemente in hochreinen Barium- und Strontiumsalzen nach der Injektionsmethode mit der Flammen-Technik. Zu diesem Zweck wurden die Hauptbestandteile Barium und Strontium durch einfaches Eindampfen der salpetersauren Lösung als Nitrate gefällt. Die Löslichkeit der Barium- und Strontiumnitrate in der entstehenden konzentrierten Salpetersäure ist so gering, daß die aufkonzentrierten Spurenelemente störungsfrei in der verbleibenden Lösung bestimmt werden können.

HARRINGTON [470] bestimmte Ruthenium in Rutheniumchloridhydrat und Titan in Tetraorthobutyltitanat in guter Übereinstimmung mit Gravimetrie und OLIVIER [926] untersuchte Natronlauge auf Quecksilber mit einem flammenlosen Verfahren. REVERSAT [1033] bestimmte Calcium, Chrom, Eisen, Kupfer, Magnesium und Nickel in Lithiumhydroxid-Einkristallen mit der Graphitrohrofen-Technik.

MÜLLER-VOGT und WENDL [2676] bestimmten Silicium in $LiNbO_3$-Einkristallen nach einem Schmelzaufschluß mit Natrium- und Kaliumcarbonat und Extraktion als Molybdatkomplex mit Amylalkohol im Graphitrohrofen. Eisen, Kupfer und Zink bestimmten die Autoren nach Lösen in Flußsäure-Salpetersäure direkt in einer Luft/Acetylen-Flamme.

KOMETANI [2491] bestimmte Ultraspuren an Chrom, Cobalt, Eisen, Kupfer, Mangan, Nickel und Zink in Siliciumtetrachlorid für die Herstellung von Faserglas, indem sie das Siliciumtetrachlorid bei niedriger Temperatur verdampften. Der Rest wurde in hochreiner Flußsäure gelöst und direkt im Graphitrohrofen analysiert. LANGMYHR und HÅKEDAL [2524] bestimmten Blei, Cadmium, Eisen, Kupfer, Mangan und Zink in technischer und analysenreiner Fluß- und Schwefelsäure sowie in Ammoniaklösung. Die Säuren wurden in Glaskohleschiffchen außerhalb des Graphitrohrs weitgehend abgeraucht bevor sie im Schiffchen ins Rohr gebracht und atomisiert wurden. Die Ammoniaklösung wurde direkt in das Graphitrohr dosiert. KOWALSKA und KEDZIORA [2505] bestimmten Blei in hochreinem Graphit durch direkte Festprobeneingabe im Graphitrohrofen. Die Genauigkeit der Bestimmung hängt stark von der Homogenität der Proben ab; die Nachweigrenze liegt noch unter 0,01 µg/g.

MAY und GREENLAND [2643] bestimmten Arsen in Phosphorsäure mit der Hydrid-Technik und fanden, daß nach Reduktion von Arsen zu Arsen(III) mit Kaliumiodid keine Störungen mehr auftreten. Auch Antimon hat in den zu erwartenden Konzentrationen keinen Einfluß auf die Bestimmung.

Die Analyse von *Katalysatoren* auf Trägermaterialien ohne vorheriges Lösen wurde von verschiedenen Autoren beschrieben. KASHIKI und OSHIMA [626] versprühten eine Suspension von Aluminiumoxid-Katalysatoren in Methanol direkt in die Flamme und bestimmten Cobalt und Molybdän in guter Übereinstimmung mit einem Aufschlußverfahren. COUDERT und VERGNAUD [240] bestimmten Platin auf Aktivkohle oder Aluminiumoxid, indem sie das Pulver mit einer Transportschraube gleichmäßig dem Gasgemisch zuleiteten, das den pneumatischen Transport zur Flamme gewährleistet. JANOUŠKOVÁ und Mitarbeiter [570] bestimmten ebenfalls Platin auf Aluminiumoxid, führten die Bestimmung jedoch im Graphitrohrofen aus und fanden nur geringe Störungen.

HARRINGTON und BRAMSTEDT [2351] untersuchten Überzüge von Antimon-, Tantal- oder Zinnoxiden, die zusammen mit Edelmetalloxiden auf einem Titansubstrat als elektrochemische Katalysatoren verwendet wurden. Die Oxide wurden mit einer Alkalischmelze vom Substrat gelöst und durch Säurebehandlung in Lösung gebracht. Antimon und Zinn werden direkt, Tantal nach Extraktion mit MIBK mit der Flammen-Technik bestimmt. KALLMANN und BLUMBERG [2450] bestimmten Platinmetalle in Katalysatoren für Automobil-Auspuffgase und LABRECQUE [2516] bestimmte Cobalt, Molybdän und Nickel in petrochemischen Katalysatoren. SUPP und GIBBS [2948] bestimmten Selen und Tellur in Beschleunigern für den Vulkanisierungsprozeß von natürlichem und synthetischem Gummi nach Aufschluß mit Salzsäure-Salpetersäure in einer Luft/Acetylen-Flamme.

DALRYMPLE und KENNER [265] bestimmten Calcium in verschiedenen *pharmazeutischen Präparaten* und fanden gute Übereinstimmung zwischen AAS und komplexometrischer

Titration. Zink in kristallinem Insulin und in Insulin-Präparaten wurde von SPIELHOLTZ und TORALBALLA [1162] mit AAS und verschiedenen anderen Verfahren untersucht. Die AAS ist rascher und einfacher bei gleicher oder besserer Genauigkeit der Ergebnisse.

LEATON [736] berichtete über den Einsatz der AAS für die Analyse pharmazeutischer Produkte. As, Ca, Co, Cu, Fe, Mg, K und Hg wurden in Lösungen, Pulvern und Tabletten mit guter Genauigkeit bestimmt. Um die Probenvorbereitung auf ein Minimum einzuschränken, wurden die einzelnen Substanzen nur in Säure gelöst und direkt versprüht.

KARAKHANIS und ANFINSEN [625] bestimmten Aluminium in pharmazeutischen Produkten, indem sie die Proben einfach in konzentrierter Salzsäure lösten bzw. auslaugten und nach dem Verdünnen direkt versprühten. Die Methode war störungsfrei und in guter Übereinstimmung mit komplizierten Verfahren. TARLIN und BATSCHELDER [1216] bestimmten Eisen in Tabletten und Kapseln in Übereinstimmung mit colorimetrischen, volumetrischen und gravimetrischen Verfahren und MOODY und TAYLOR [877] bestimmten Zink in zahlreichen pharmazeutischen Präparaten mit guter Richtigkeit und Präzision.

SUZUKI und Mitarbeiter [2950] bestimmten Cobalt in Vitamin B 12 und in Proteinen mit der Flammen-Technik, während PECK [2736] für die gleiche Analyse die Graphitrohrofen-Technik einsetzte. Die Proben wurden in verdünnter Salzsäure gelöst und entsprechend verdünnt, so daß sie im optimalen Meßbereich für Cobalt lagen. SZYDLOWSKI und VIANZON [2955] bestimmten Barium in Spritzen- und Infusionslösungen nach entsprechender Verdünnung direkt im Graphitrohrofen. Barium kann aus dem Glas oder aus Gummistopfen in die Lösungen gelangen. Für die Bestimmung müssen Stabilisatoren wie Natriumbisulfid oder Natriumchlorid in den Bezugslösungen angeglichen werden. THOMPSON und ALLEN [2964] beschrieben die Bestimmung von Selen in Selentabletten oder selenhaltigen Lebensmittelzusätzen, die in den USA als Ergänzung zur Ernährung angeboten werden. Die Proben wurden in einer angesäuerten Emulsion von gemischten, nichtionischen Netzmitteln suspendiert und unter Zusatz von Nickel als Isoformierungsreagens direkt in den Graphitrohrofen eingebracht.

SMITH [1157] gibt einen guten Überblick über die Bestimmung von 15 Elementen in den verschiedensten pharmazeutischen Produkten.

SEARLE und Mitarbeiter [1103] verwendeten die AAS zur Bestimmung von Blei in alten *Farbanstrichen* und fanden für diese Methode eine Standardabweichung von 0,05% Blei, während diese bei der Gravimetrie bei fünfmal höherem Probenverbrauch 0,3% betrug. HENN [502] setzte für die gleiche Bestimmung das DELVES-System ein und fand eine gute Übereinstimmung zwischen diesem Direktverfahren und der vorhergehenden Veraschung.

MOTEN [890] bestimmte Chrom in Triphenylmethan-Farbzusätzen mit einer Nachweisgrenze von 5 µg/g. BRANDT [156] beschrieb den universellen Einsatz der Atomabsorption zur Analyse von Rohmaterialien, Pigmenten, Polymeren und Additiven und EIDER [323] fand, daß der Hauptvorteil der AAS in der Möglichkeit zur direkten Analyse von metallorganischen Verbindungen und komplexen Mischungen ohne vorherige Trennung besteht. Das bedeutet eine erhebliche Zeitersparnis gegenüber naßchemischen Methoden bei gleicher Genauigkeit.

NOGA [2694] schlug für die Bestimmung von Gesamtchrom in Chromoxidfarben einen Druckaufschluß mit Kaliumpermanganat und Schwefelsäure im Teflonautoklaven vor. Häufig muß für derartige Proben sonst ein alkalischer Schmelzaufschluß verwendet werden. Die Bestimmung von Chrom erfolgte in einer Lachgas/Acetylen-Flamme.

Sehr verbreitet wurde die Bestimmung von Blei in verschiedenen Farben mit AAS beschrieben. PORTER [2757] schlossen Latexfarben mit Salpetersäure auf und analysierten sie mit einer Luft/Acetylen-Flamme. LAU und LI [2537] setzten ebenso wie MITCHELL und Mitarbeiter [2670] das Mikroprobensystem von DELVES für diese Bestimmung ein und fanden eine gute Übereinstimmung mit konventionellen Verfahren. CASTELLANI und Mitarbeiter [2136] schließlich führten die Bestimmung im Graphitrohrofen durch und verglichen direkte Festprobenanalyse mit einem Aufschlußverfahren mit gleichen Ergebnissen. VANDEBERG und Mitarbeiter [2996] berichteten über einen Ringversuch zur Bleibestimmung in Farben mit der AAS.

FULLER [392] setzte die Graphitrohrofen-Technik zur Bestimmung von Aluminium, Eisen, Kupfer und Mangan in Titandioxid-Pigmenten ein. Die Probe wurde in Flußsäure gelöst und direkt in das Graphitrohr eingegeben; die Übereinstimmung mit Flammen-AAS und Röntgenfluoreszenz-Analyse war sehr gut. Später versuchte FULLER [2281] eine wäßrige Aufschlämmung von Titandioxid-Pigmenten direkt in die Flamme bzw. das Graphitrohr einzubringen und auf Blei, Eisen, Kupfer und Mangan zu untersuchen. Der Vorteil der Proben ist, daß alle Pigmente eine sehr einheitliche Korngröße von $10 \pm 0{,}3$ µm aufweisen. Für die Bestimmung mit der Flamme wurde dabei die Injektionsmethode verwendet, da sonst der Zerstäuber viel zu rasch verstopfen würde. Die Ergebnisse waren in guter Übereinstimmung mit anderen Verfahren, wobei das Direktverfahren die größere Geschwindigkeit und Einfachheit und die niedrigeren Blindwerte aufwies. Die Bestimmungsgrenzen für die vier Elemente lagen bei 2 µg/g in der Flamme und bei 0,1 µg/g im Graphitrohrofen.

MATZ [841] bestimmte Pb, Mg, Fe, K, Na, Zn, Cu und Cd in *Gummi*verschlüssen mit AAS nach vorheriger trockener Veraschung der Proben bei 650 °C durch direktes Versprühen der mit Salzsäure der Konzentration 6 mol/L aufgenommenen Asche. Die Bestimmung ist schnell, leicht zu handhaben und störungsfrei.

DEILY [287] verwendete die AAS zur Bestimmung von Aluminium in *Aluminium-Trialkylen*. Die Probe wird mit einer 1%igen Lösung von Salzsäure in Aethylenglycol-monomethylether hydrolysiert und die Lösung direkt in eine Lachgas/Acetylen-Flamme versprüht.

PERKINS [971] bestimmte Natrium in *Leuchtphosphoren*, indem er etwa 250 mg davon in Salzsäure löste und auf 10 mL verdünnte. Die AAS zeigte sich für diese Anwendung der Flammenphotometrie überlegen. SCOTT [1102] untersuchte Yttriumphosphore auf Europium, wobei er die Proben entweder in Salzsäure löste oder mit Kaliumcarbonat aufschloß. Europium-aktiviertes Yttriumorthovanadat, Yttriumoxid und Yttriumoxisulfid finden in der Farbfernseh-Industrie Verwendung, und es mußte eine rasche und einfache Methode gefunden werden. Die AAS erfüllte diese Forderungen voll.

WOOLLEY [1356] beschrieb den Einsatz der AAS in der elektronischen Industrie zur Analyse verschiedener Rohmaterialien und Fertigprodukte. Synthetische Quarzkristalle und Halbleitermaterialien wurden ebenso untersucht wie Gläser, Lampenphosphore, Galvanikbäder, magnetische Materialien, Thermistoren, Legierungen und Kunststoffe.

Literaturverzeichnis

Monographien und Bücher

[1] *Analytische Methoden in der Atom-Absorptions-Spektroskopie*. 7. Auflage. Perkin-Elmer Corporation, Norwalk, Connecticut 1973 (dt. Übersetzung: Bodenseewerk Perkin-Elmer & Co. GmbH, Überlingen).
[2] Angino, E. E., u. Billings, G. K., *Atomic Absorption Spectrometry in Geology*. Elsevier Publishing Company, Amsterdam/London/New York 1967.
[3] *Atomic Absorption Spectroscopy*. ASTM Special Technical Publication 443, Amer. Soc. Test. Mater., Philadelphia 1969.
[4] Christian, G. D., u. Feldmann, F. J., *Atomic Absorption Spectroscopy: Applications in Agriculture, Biology, and Medicine*. Interscience Publishers, New York/London/Sidney 1970.
[5] Dean, J. A., u. Rains, T. C., *Flame Emission and Atomic Absorption Spectrometry*, Vol. 1, *Theory*. Marcel Dekker Inc., New York/London 1969.
[6] Dean, J. A., u. Rains, T. C., *Flame Emission and Atomic Absorption Spectrometry*, Vol. 2, *Components and Techniques*. Marcel Dekker Inc., New York 1971.
[7] Elwell, W. T., u. Gidley, J. A. F., *Atomic Absorption Spectrophotometry*, 2. Auflage. Pergamon Press, Oxford/London/Edinburgh/New York/Toronto/Sidney/Paris/Braunschweig 1966.
[8] L'vov, B. V., *Atomic Absorption Spectrochemical Analysis*. Adam Hilger, London 1970.
[9] Price, W. J., *Analytical Atomic Absorption Spectrometry*. Heyden & Son Ltd., London/New York/Rheine 1972.
[10] Ramirez-Muñoz, J., *Atomic Absorption Spectroscopy*. Elsevier Publishing Company, Amsterdam/London/New York 1968.
[11] Rubeška, I., u. Moldan, B., *Atomic Absorption Spectrophotometry*. Iliffe Books Ltd., London 1969.
[12] Slavin, W., *Atomic Absorption Spectroscopy*. Interscience Publishers, New York/London/Sidney 1968.

Sonstige Publikationen

[13] Adams, P. B., in: *Standard Methods of Chemical Analysis*, (F. J. Welcher, ed.), Vol. III B, 6th Ed. Van Nostrand, Princeton, N.J., 1966.
[14] Adams, P, B., u. Passmore, W. O., *Anal. Chem. 38*, 630 (1966).
[15] Adda, J., Rousselet, F., u. Mocquat, C., *Rev. Latière Française 231*, 227 (1966).
[16] Adriaenssens, E., u. Knoop, P., *Anal. Chim. Acta 68*, 37 (1973).
[17] Adriaenssens, E., u. Verbeek, F., *At. Absorption Newslett. 12*, 57 (1973).
[18] Adriaenssens, E., u. Verbeek, F., *At. Absorption Newslett. 13*, 41 (1974).
[19] Adrian, W. J., *At. Absorption Newslett. 10*, 96 (1971).
[20] Agazzi, E. J., *Anal. Chem. 37*, 364 (1965).
[21] Agazzi, E. J., *Anal. Chem. 39*, 233 (1967).
[22] Aguilar, A., Jaime, S., u. Lachica, M., *3. CISAFA*, Paris 1971, S. 545.
[23] Aitzetmüller, K., *3. CISAFA*, Paris 1971, S. 487.
[24] Ajemian, R. S., u. Whitman, N. E., *Ann. Ind. Hyg. Assoc. J. 30*, 52 (1969).
[25] Al Ani, M. J., Dagnall, R. M., u. West, T. S., *Analyst 92*, 597 (1967).
[26] Aldous, K. M., Browner, R. F., Dagnall, R. M., u. West, T. S., *Anal. Chem. 42*, 939 (1970).
[27] Aldous, K. M., Dagnall, R. M., u. West, T. S., *Anal. Chim. Acta 44*, 457 (1969).
[28] Aldous, K. M., Mitchell, D. G., u. Jackson, K. W., *4. ICAS*, Toronto, 1973.
[29] Alkemade, C. Th. J., *Anal. Chem. 38*, 1252 (1966).
[30] Alkemade, C. Th. J., *Appl. Optics 7*, 1261 (1968).
[31] Alkemade, C. Th. J., in: [5], S. 101.
[32] Alkemade, C. Th. J., Hoomayers, H. P., u. Lijnse, P. L., *Spectrochim. Acta 27B*, 149 (1972).
[33] Alkemade, C. Th. J., u. Milatz, J. M. W., *Appl. Sci. Res. Sect. B4*, 289 (1955).

[34] Alkemade, C. Th. J., u. Milatz, J. M. W., *J. Opt. Soc. Am. 45*, 583 (1955).
[35] Alkemade, C. Th. J., u. Voorhuis, M. H., *Z. Anal. Chem. 163*, 91 (1958).
[36] Allan, J. E., *Analyst 83*, 466 (1958).
[37] Allan, J. E., *Spectrochim. Acta 10*, 800 (1959).
[38] Allan, J. E., *Nature 187*, 1110 (1960).
[39] Allan, J. E., *Spectrochim. Acta 17*, 459 (1961).
[40] Allan, J. E., *Spectrochim. Acta 17*, 467 (1961).
[41] Allan, J. E., *Analyst 86*, 530 (1961).
[42] Allan, J. E., *Spectrochim. Acta 18*, 259 (1962).
[43] Allan, J. E., *4. Australian Spectry. Conf.* (1963).
[44] Althaus, E., *Analysentechn. Berichte 3*, 1964 (Bodenseewerk Perkin-Elmer & Co. GmbH, Überlingen).
[45] Althaus, E., *N. Jahrb. Miner. Mh. 9*, 259 (1966).
[46] Amos, M. D., Bennett, P. A., Brodie, K. G., Lung, P. W. Y., u. Matoušek, J. P., *Anal. Chem. 43*, 211 (1971).
[47] Amos, M. D., u. Thomas, P. E., *Anal. Chim. Acta 32*, 139 (1965).
[48] Amos, M. D., u. Willis, J. B., *Spectrochim. Acta 22*, 1325 (1966).
[49] Anderson, J., *At. Absorption Newslett. 11*, 88 (1972).
[50] Anderson, J., *At. Absorption Newslett. 13*, 31 (1974).
[51] Anderson, R. G., Maines, I. S., u. West, T. S., *IAASC*, Sheffield 1969.
[52] Anderson, R. G., Maines, I. S., u. West, T. S., *Int. Sympos. Mikrochem.*, Graz 1970.
[53] Anderson, W. N., Broughton, P. M. G., Dawson, J. B., u. Fisher, G. W., *Clin. Chim. Acta 50*, 129 (1974).
[54] Andrew, T. R., u. Nichols, P. N. R., *Analyst 87*, 25 (1962).
[55] Andrew, T. R., u. Nichols, P. N. R., *Analyst 92*, 156 (1967).
[56] Angino, E. E., u. Billings, G. K., *Geochim. Cosmochim. Acta 30*, 153 (1966).
[57] Antonacopoulos, N., *Chem. Mikrobiol. Technol. Lebensm. 3*, 8 (1974).
[58] Antonetti, A., Amiel, C., Mulher, R., u. Rousselet, F., *3. CISAFA*, Paris 1971, S. 589.
[59] Ant-Wuorinen, O., u. Visapää, A., *Paperi Ja Puu 48*, 649 (1966).
[60] Arendt, D. H., *At. Absorption Newslett. 11*, 63 (1972).
[61] Armstrong, F. A. J., u. Uthe, J. F., *At. Absorption Newslett. 10*, 101 (1971).
[62] Atkinson, R. J., Chapman, G. D., u. Krause, L., *J. Opt. Soc. Am. 55*, 1269 (1965).
[63] Atwell, M. G., u. Hebert, J. Y., *Appl. Spectry. 23*, 480 (1969).
[64] Bachler, W., *Die Bodenkultur 20*, 17 (1969).
[65] Bader, H., u. Brandenberger, H., *At. Absorption Newslett. 7*, 1 (1968).
[66] Bailey, N. T., u. Wood, S. J., *Anal. Chim. Acta 69*, 19 (1974).
[67] Baker, M. R., u. Vallee, B. L., *Opt. Soc. Am. 45*, 775 (1955).
[68] Baker, R. A., Hartshorne, D. J., u. Wilshire, A. G., *At. Absorption Newslett. 8*, 21 (1969).
[69] Balazs, N. D. H., Pole, D. J., u. Masarei, J. R, *Clin. Chim. Acta 40*, 213 (1972).
[70] Ballard, A. E., Stewart, D. W., Kamm, W. O., u. Zuehlke, C. W., *Anal. Chem. 26*, 921 (1954).
[71] Ballard, A. E., u. Thornton, C. W. D., *Ind. Eng. Chem. Anal. Ed. 13*, 893 (1941).
[72] Barnard, W. M., u. Fishman, M. J., *At. Absorption Newslett. 12*, 118 (1973).
[73] Barnett, W. B., *Anal. Chem. 44*, 695 (1972).
[74] Barnett, W. B., *At. Absorption Newslett. 12*, 142 (1973).
[75] Barnett, W. B., u. Kahn, H. L., *At. Absorption Newslett. 8*, 21 (1969).
[76] Barnett, W. B., u. Kahn, H. L., *3. CISAFA*, Paris 1971.
[77] Barnett, W. B., u. Kahn, H. L., *Clin. Chem. 18*, 923 (1972).
[78] Barnett, W. B., Kahn, H. L., u. Manning, D. C., *At. Absorption Newslett. 8*, 46 (1969).
[79] Barras, R. C., *Jarrell-Ash Newslett. 13* (1962).
[80] Barras, R. C., u. Helwig, J. D., *Am. Petrol. Inst. Abstr. Refining Lit. 5* (1963).
[81] Barringer, A. R., *Inst. Mining & Metal. Bull. 714, 75B*, 120 (1966).
[82] Bartels, H., *At. Absorption Newslett. 6*, 132 (1967).
[83] Bartels, T. T., u. Slater, M. P., *At. Absorption Newslett. 9*, 75 (1970).
[84] Bartels, T. T., u. Wilson, C. E., *At. Absorption Newslett. 8*, 3 (1969).
[85] Barthel, W. F., Smrek, A. L., Angel, G. P., Liddle, J. A., Landrigan, P. J., Gehlbach, S. H., u. Chisolm, J. J., *J. Ass. Offic. Agr. Chem. 56*, 1252 (1973).

[86] Barton, H. N., Johnson, A. J., u. Shepherd, G. A., *Dow Chem. Corp. RFP-978* (1967).
[87] Baudin, G., Bonne, R., Chaput, M., u. Feve, L., *3. CISAFA*, Paris 1971, S. 853.
[88] Baudin, G., Chaput, M., u. Feve, L., *Spectrochim. Acta 26B*, 425 (1971).
[89] Bazhov, A. S., *J. Anal. Chem. USSR 23*, 1446 (1968).
[90] Beamish, F. E., u. Van Loon, J. C., *Recent advances in the analytical chemistry of the Noble Metals.* Pergamon Press, Oxford/New York/Toronto/Sidney/Braunschweig 1972.
[91] Beaty, R. D., *At. Absorption Newslett. 13*, 38 (1974).
[92] Beaty, R. D., *At. Absorption Newslett. 13*, 44 (1974).
[93] Beccaluva, L., u. Venturelli, G., *At. Absorption Newslett. 10*, 50 (1971).
[94] Bedrosian, A. J., u. Lerner, M. W., *Anal. Chem. 40*, 1104 (1968).
[95] Beer, A., *Ann. Physik 86*, 78 (1852).
[96] Bek, F., Janoušková, J., u. Moldan, B., *At. Absorption Newslett. 13*, 47 (1974).
[97] Belcher, C. B., *Anal. Chim. Acta 29*, 340 (1963).
[98] Belcher, C. B., u. Bray. H. M., *Anal. Chim. Acta 26*, 322 (1962).
[99] Belcher, C. B., u. Brooks, K. A., *Anal. Chim. Acta 29*, 202 (1963).
[100] Belcher, C. B., u. Kinson, K., *Anal. Chim. Acta 30*, 483 (1964).
[101] Belcher, R., Dagnall, R. M., u. West, T. S., *Talanta 11*, 1257 (1964).
[102] Bell, G. F., *At. Absorption Newslett. 5*, 73 (1966).
[103] Bell, G. F., *At. Absorption Newslett. 6*, 18 (1967).
[104] Bell, H. F., *Anal. Chem. 45*, 2296 (1973).
[105] Bell, W. E., Bloom, A. L., u. Lynch, J., *Rev. Sci. Int. 32*, 688 (1961).
[106] Belt, C. B., *At. Absorption Newslett. 3*, 23 (1964).
[107] Belt, C. B., *Econ. Geol. 59*, 240 (1964).
[108] Bentley, E. M., u. Lee, G. F., *Environ, Sci. Technol. 1*, 721 (1967).
[109] Berman, E., *At. Absorption Newslett. 3*, 111 (1964).
[110] Berman, E., *At. Absorption Newslett. 4*, 296 (1965).
[111] Berman, E., *At. Absorption Newslett. 6*, 57 (1967).
[112] Berman, E., *4. ICAS*, Toronto 1973.
[113] Berman, E., Valavanis, V., u. Dubin, A., *Clin. Chem. 14*, 239 (1968).
[114] Bermejo-Martinez, F., u. Baluja-Santos, C., *CSI XVII*, Florenz 1973, S. 577.
[115] Bernas, B., *Anal. Chem. 40*, 1682 (1968).
[116] Berry, J. W., Chappell, D. G., u. Barnes, R. B., *Ind. Eng. Chem. Anal. Ed. 18*, 19 (1946).
[117] Berry, W. L., u. Johnson, C. M., *Appl. Spectry. 20*, 209 (1966).
[118] Bethge, P. O., u. Radeström, R., *Svk. Papperstidn. 69*, 772 (1966).
[119] Beyer, M., *At. Absorption Newslett. 4*, 212 (1965).
[120] Beyer, M., *At. Absorption Newslett. 8*, 23 (1969).
[121] Bianchi, C. P., *Cell Calcium*, Butterworth, London 1969.
[122] Billings, G. K., *At. Absorption Newslett. 4*, 312 (1965).
[123] Billings, G. K., *At. Absorption Newslett. 4*, 357 (1965).
[124] Billings, G. K., u. Adams, J. A. S., *At. Absorption Newslett. 3*, 65 (1964).
[125] Billings, G. K., u. Harriss, R. C., *Texas J. Sci. 17*, 129 (1965).
[126] Billings, G. K., Ragland, P. C., u. Harriss, R. C., *Texas J. Sci. 18*, 277 (1966).
[127] Binding, U., u. Gawlick, H., *Analysentechn. Berichte 18* (1969).
[128] Binnewies, M., u. Schäfer, H., *Z. Anorg. Allg. Chem. 395*, 77 (1973).
[129] Bishop, J. R., Dunn, J. W., u. Hill, W. H., *IAASC, Sheffield* 1969.
[130] Black, L. T., *J. Am. Oil Chem. Soc. 47*, 313 (1970).
[131] Boar, P. L., u. Ingram, L. K., *Analyst. 95*, 124 (1970).
[132] Bober, A., u. Mills, A. L., *Appl. Spectry. 22*, 62 (1968).
[133] Bode, H., u. Fabian, H., *Z. Anal. Chem. 162*, 328 (1958).
[134] Bode, H., u. Fabian, H., *Z. Anal. Chem. 163*, 187 (1958).
[135] Böhmer, M., Auer, E., u. Bartels, H., *Ärztl. Lab. 13*, 258 (1967).
[136] Boettner, E. A., u. Grunder, F. I., in: *Trace Inorganics in Water. Amer. Chem. Soc. Publ., Advan. Chem. Ser. 73*, 236 (1968).
[137] Bokowski, D. L., *At. Absorption Newslett. 6*, 97 (1967).
[138] Bokowski, D. L., *Am. Indust. Hygn. Assn. J. 29*, 474 (1968).
[139] Boling, A. E., *Spectrochim. Acta 22*, 425 (1966).

[140] Boling, F. A., *Spectrochim. Acta 23B*, 495 (1968).
[141] Bond, A. M., *Anal. Chem. 42*, 932 (1970).
[142] Bond, A. M., u. O'Donnell, T. A., *Anal. Chem. 40*, 560 (1968).
[143] Bond, A. M., u. Willis, J. B., *Anal. Chem. 40*, 2087 (1968).
[144] Boppel, B., *Z. Anal. Chem. 268*, 114 (1974).
[145] Bosch, H., Büschel, E., u. Lohau, K. H., *Analysentechn. Berichte 20* (1970).
[146] Bouchard, A., *At. Absorption Newslett. 12*, 115 (1973).
[147] Bouguer, P., *Essai d'Optique sur la gradation de la lumière*. Paris 1729.
[148] Bowman, J. A., *Anal. Chim. Acta 42*, 285 (1968).
[149] Bowman, J. A., Sullivan, J. V., u. Walsh, A., *Spectrochim. Acta 22*, 205 (1966).
[150] Bowman, J. A., u. Willis, J. B., *Anal. Chem. 39*, 1210 (1967).
[151] Brady, D. V., Montalvo, J. G., Glowacki, G., u. Pisciotta, A., *Anal. Chim. Acta 70*, 448 (1974).
[152] Brandenberger, H., u. Bader, H., *Helv. Chim. Acta 50*, 1409 (1967).
[153] Brandenberger, H., u. Bader, H., *At. Absorption Newslett. 6*, 101 (1967).
[154] Brandenberger, H., u. Bader, H., *At. Absorption Newslett. 7*, 53 (1968).
[155] Brandenberger, H., u. Bader, H., *Chimia 21*, 597 (1967).
[156] Brandt, J., *Am. Paint J. 57*, 28 (1973).
[157] Bratzel, M. P., u. Chakrabarti, Ch. L., *Anal. Chim. Acta 63*, 1 (1973).
[158] Bratzel, M. P., Chakrabarti, Ch. L., u. Sturgeon, R. E., *Anal. Chem. 44*, 372 (1972).
[159] Bratzel, M. P., Dagnall, R. M., u. Winefordner, J. D., *Anal. Chem. 41*, 713 (1969).
[160] Bratzel, M. P., Dagnall, R. M., u. Winefordner, J. D., *Anal. Chem. 41*, 1527 (1969).
[161] Bratzel, M. P., Winefordner, J. D., u. Dagnall, R. M., *IAASC*, Sheffield 1969.
[162] Brewer, P. G., Spencer, D. W., u. Smith, C. L., in: [3] *443*, 70 (1969).
[163] Brimhall, W. H., *Anal. Chem. 41*, 1349 (1969).
[164] Brimhall, W. H., u. Adams, J., *Geochim. Cosmochim. Acta 33*, 1308 (1969).
[165] Brodie, K. G., u. Matoušek, J. P., *Anal. Chem. 43*, 1557 (1971).
[166] Brooks, I. B., Luster, G. A., u. Easterly, D. G., *At. Absorption Newslett. 9*, 93 (1970).
[167] Brooks, R. R., Presley, P. J., u. Kaplan, I. R., *Anal. Chim. Acta 38*, 321 (1967).
[168] Brooks, R. R., Presley, P. J., u. Kaplan, I. R., *Talanta 14*, 809 (1967).
[169] Browner, R. F., Dagnall, R. M., u. West, T. S., *Anal. Chim. Acta 45*, 163 (1969).
[170] Browner, R. F., Dagnall, R. M., u. West, T. S., *IAASC*, Sheffield 1969.
[171] Browner, R. F., Dagnall, R. M., u. West, T. S., *Talanta 16*, 75 (1969).
[172] Browner, R. F., Patel, B. M., u. Winefordner, J. D., *CSI XVII*, Florenz 1973, S. 227.
[173] Brunelle, R. L., Hoffman, C. M., Snow, K. B., u. Pro, M. J., *J. Ass. Offic. Agr. Chem. 52*, 911 (1969).
[174] Buchanan, J. R., u. Muraoka, T. T., *At. Absorption Newslett. 3*, 79 (1964).
[175] Buck, L., *Chimie Analytique 47*, 10 (1965).
[176] Buell, B. E., in: [5], S. 267.
[177] Bukenberger, U., Lodemann, C. K. W., u. Loeschke, J., *Oberrhein. Geol. Abh. 21*, 43 (1972).
[178] Buneaux, F., u. Fabiani, P., *Ann. Biol. Clin. 28*, 273 (1970).
[179] Burke, K. E., *Anal. Chem. 42*, 1536 (1970).
[180] Burke, K. E., u. Albright, C. H., *J. Ass. Offic. Agr. Chem. 53*, 531 (1970).
[181] Burnham, C. D., Moore, C. E., Kowalski, T., u. Krasniewski, J., *Appl. Spectry. 24*, 4 (1970).
[182] Burrell, D. C., *At. Absorption Newslett. 4*, 309 (1965).
[183] Burrell, D. C., *At. Absorption Newslett. 4*, 328 (1965).
[184] Burrell, D. C., *Anal. Chim. Acta 38*, 447 (1967).
[185] Burrell, D. C., *3. CISAFA*, Paris 1971, S. 409.
[186] Burrell, D. C., u. Wood, G. G., *Anal. Chim. Acta 48*, 45 (1969).
[187] Burrows, J. A., Heerdt, J. C., u. Willis, J. B., *Anal. Chem. 37*, 579 (1965).
[188] Busch, K. W., u. Morrison, G. H., *Anal. Chem. 45*, 712A (1973).
[189] Busch, K. W., Morrison, G. H., u. Feldman, M., *4. ICAS*, Toronto 1973.
[190] Butler, L. R. P., *J. S. Afr. Inst. Mining Met. 62*, 786 (1962).
[191] Butler, L. R. P., *At. Absorption Newslett. 5*, 99 (1966).
[192] Butler, L. R. P., u. Brink, D., *S. Afr. Ind. Chem. 17*, 152 (1963).
[193] Butler, L. R. P., u. Brink, D., *IAASC*, Sheffield 1969.
[194] Butler, L. R. P., u. Brink, D., in: [6], S. 21.

[195] Butler, L. R. P., u. Mathews, P. M., *Anasl. Chim. Acta 36*, 319 (1966).
[196] Butler, L. R. P., u. Schroeder, W. W., *IAASC*, Sheffield 1969.
[197] Butler, L. R. P., u. Strasheim, A., *Spectrochim. Acta 21*, 1207 (1965).
[198] Butler, L. R. P., Strasheim, A., Strelow, F. W. E., Mathews, P., u. Feast, E. C., *CSI XII*, Exeter 1965.
[199] Buttgereit, G., *Analysentechn. Berichte 26* (1972).
[200] Buttgereit, G., *Arbeitsmed. Sozialmed. Arbeitshyg. 10*, 286 (1972).
[201] Buttgereit, G., *Z. Anal. Chem. 267*, 81 (1973).
[202] Calkins, R. C., *Appl. Spectry. 20*, 146 (1966).
[203] Cameron, A. G., u. Hackett, D. R., *J. Sci. Fd. Agric. 21*, 535 (1970).
[204] Campbell, D. E., *XVI. Anachem Conf.*, Detroit 1968.
[205] Campbell, W. C., Ottaway, J. M., u. Strong, B., *Talanta 21*, 837 (1974).
[206] Capacho-Delgado, L., u. Manning, D. C., *At. Absorption Newslett. 4*, 317 (1965).
[207] Capacho-Delgado, L., u. Manning, D. C., *At. Absorption Newslett. 5*, 1 (1966).
[208] Capacho-Delgado, L., u. Manning, D. C., *Spectrochim. Acta 22*, 1505 (1966).
[209] Capacho-Delgado, L., u. Manning, D. C., *Analyst 92*, 553 (1967).
[210] Capacho-Delgado, L., u. Sprague, S., *At. Absorption Newslett. 4*, 363 (1965).
[211] Carlson, G. G., u. Van Loon, J. C., *At. Absorption Newslett. 9*, 90 (1970).
[212] Carper, J. L., *At. Absorption Newslett. 9*, 48 (1970).
[213] Cartwright, J. S., u. Manning, D. C., *At. Absorption Newslett. 5*, 114 (1966).
[214] Cartwright, J. S., Sebens, C., u. Manning, D. C., *At. Absorption Newslett. 5*, 91 (1966).
[215] Cartwright, J. S., Sebens, C., u. Slavin, W., *At. Absorption Newslett. 5*, 22 (1966).
[216] Cernik, A. A., *4. ICAS*, Toronto 1973.
[217] Cernik, A. A., *At. Absorption Newslett. 12*, 42 (1973).
[218] Cernik, A. A., *At. Absorption Newslett. 12*, 163 (1973).
[219] Cernik, A. A., u. Sayers, M. H. P., *Brit. J. Industr. Med. 28*, 392 (1971).
[220] Chakrabarti, Ch. L., *Appl. Spectry. 21*, 160 (1967).
[221] Chakrabarti, Ch. L., *Anal. Chim. Acta 42*, 379 (1968).
[222] Chakrabarti, Ch. L., u. Hall. G., *Spectry. Letters 6*, 385 (1973).
[223] Chakrabarti, Ch. L., Lyles, G. R., u. Dowling, F. B., *Anal. Chim. Acta 29*, 489 (1963).
[224] Chakrabarti, Ch. L., Robinson, J. W., u. West, P. W., *Anal. Chim. Acta 34*, 269 (1966).
[225] Chao, T. T., Fishman, M., J., u. Ball, J. W., *Anal. Chim. Acta 47*, 189 (1969).
[226] Chapman-Andresen, C., u. Christensen, S., *Compt. Rend. Trav. Lab. Carlsberg 38*, No. 2, 19 (1970).
[227] Charlier, H., u. Mayence, R., *3. CISAFA*, Paris 1971, S. 799.
[228] Chau, Y-K., Sim, S-S., u. Wong, Y-H., *Anal. Chim. Acta 43*, 13 (1968).
[229] Cheek, D. B., Graystone, J. E., Willis, J. B., u. Holt, A. B., *Clin. Sci. 23*, 169 (1962).
[230] Cheek, D. B., Powell, G. K., Reba, R., u. Feldman, M., *Bull. Johns Hopkins Hosp. 118*, 338 (1966).
[231] Christensen, S., *At. Absorption Newslett. 11*, 51 (1972).
[232] Christian, G. D., u. Feldman, F. J., *Anal. Chim. Acta 40*, 173 (1968).
[233] Chuang, F. S., u. Winefordner, J. D., *Appl. Spectry. 28*, 215 (1974).
[234] Cioni, R., Innocenti, F., u. Mazzuoli, R., *At. Absorption Newslett. 11*, 102 (1972).
[235] Clark, D., Dagnall, R. M., u. West, T. S., *Anal. Chim. Acta 63*, 11 (1973).
[236] Clarke, W. E., *IAASC*, Sheffield 1969.
[237] Clinton, O. E., *Spectrochim. Acta 16*, 985 (1960).
[238] Cobb, W. D., u. Harrison, T. S., *Joint Symp. acc. Meth. Anal. Maj. Const.*, London 1970.
[239] Collin, J., Sire, J., u. Merklen, J., *3. CISAFA*, Paris 1971, S. 713.
[240] Coudert, M., u. Vergnaud, J. M., *3. CISAFA*, Paris 1971, S. 757.
[241] Cowley, T. G., Fassel, V. A., u. Kniseley, R. N., *Spectrochim. Acta 23 B*, 771 (1968).
[242] Cragin, J. H., u. Herron, M. M., *At. Absorption Newslett. 12*, 37 (1973).
[243] Creeser, M. S., u. West, T. S., *Spectrochim. Acta 25 B*, 61 (1970).
[244] Crow, R. F., Hime, W. G., u. Connolly, J. D., *J. Res. Develop. Lab. Portland Cement Ass. 9*, No. 2, 60 (1967).
[245] Cruz, R., u. Van Loon, J. C., *Anal. Chim. Acta 72*, 231 (1974).
[246] Curnow, D. H., Gutteridge, D. H., u. Horgan, E. D., *At. Absorption Newslett. 7*, 45 (1968).

[247] Curry, A. S., u. Knott, A. R., *Clin. Chim. Acta 30*, 115 (1970).
[248] Curry, A. S., Read, J. F., u. Knott, A. R., *Analyst 94*, 744 (1969).
[249] Dagnall, R. M., *II. ČS. Conf. Flame Spectry.*, Zvikov 1973.
[250] Dagnall, R. M., Kirkbright, G. F., West, T. S., u. Wood, R., *Anal. Chim. Acta 47*, 407 (1969).
[251] Dagnall, R. M., Taylor, M. R. G., u. West, T. S., *Spectry. Letters 1*, 397 (1968).
[252] Dagnall, R. M., Thompson, K. C., u. West, T. S., *Anal. Chim. Acta 36*, 269 (1966).
[253] Dagnall, R. M., Thompson, K. C., u. West, T. S., *At. Absorption Newslett. 6*, 117 (1967).
[254] Dagnall, R. M., Thompson, K. C., u. West, T. S., *Analyst 92*, 506 (1967).
[255] Dagnall, R. M., Thompson, K. C., u. West, T. S., *Talanta 14*, 551 (1967).
[256] Dagnall, R. M., Thompson, K. C., u. West, T. S., *Talanta 14*, 557 (1967).
[257] Dagnall, R. M., Thompson, K. C., u. West, T. S., *Talanta 14*, 1151 (1967).
[258] Dagnall, R. M., Thompson, K. C., u. West, T. S., *Talanta 14*, 1467 (1967).
[259] Dagnall, R. M., Thompson, K. C., u. West, T. S., *Analyst 93*, 72 (1968).
[260] Dagnall, R. M., Thompson, K. C., u. West, T. S., *Analyst 93*, 153 (1968).
[261] Dagnall, R. M., Thompson, K. C., u. West, T. S., *Analyst 94*, 643 (1969).
[262] Dagnall, R. M., u. West, T. S., *Talanta 11*, 1553 (1964).
[263] Dagnall, R. M., u. West, T. S., *Appl. Opt. 7*, 1287 (1968).
[264] Dall'Aglio, M., Gragnani, R., u. Visibelli, D., *Rend. Soc. Ital. Mineral. Petrol. Cia. Soc. Mines. Italy 24*, 188 (1968).
[265] Dalrymple, B. A., u. Kenner, C. T., *J. Pharm. Sci. 58*, 604 (1969).
[266] Dalton, E. F., u. Malanoski, A. J., *At. Absorption Newslett. 10*, 92 (1971).
[267] David, D. J., *Analyst 83*, 655 (1958).
[268] David, D. J., *Analyst 84*, 536 (1959).
[269] David, D. J., *Analyst 85*, 459 (1960).
[270] David, D. J., *Nature 187*, 1109 (1960).
[271] David, D. J., *Analyst 86*, 730 (1961).
[272] David, D. J., *Analyst 87*, 576 (1972).
[273] David, D. J., *At. Absorption Newslett. 1*, 45 (1962).
[274] David, D. J., in: *Modern Methods of Plant Analysis*, Vol. 5. Springer Verlag, Berlin/Göttingen/Heidelberg 1972.
[275] David, D. J., *Analyst 89*, 747 (1964).
[276] David, D. J., *Spectrochim. Acta 20*, 1185 (1964).
[277] Davidson, I. W. F., u. Secrest, W. L., *Anal. Chem. 44*, 1808 (1972).
[278] Dawson, J. B., *Proc. Soc. Anal. Chem. 1970*, 195.
[279] Dawson, J. B., u. Heaton, F. W.: *Biochem. J. 80*, 99 (1961).
[280] Dawson, J. B., u. Walker, B. E., *Clin. Chim. Acta 26*, 465 (1969).
[281] Dean, J. A., *Analyst 85*, 621 (1960).
[282] Dean, J. A., u. Carnes, W. J., *Anal. Chem. 34*, 192 (1962).
[283] Decker, C. F., Aras, A., u. Decker, L. R., *Anal. Biochem. 8*, 344 (1964).
[284] de Galan, L., *Spectry. Letters 3*, 123 (1970).
[285] de Galan, L., u. Winefordner, J. D., *J. Quant. Spectrosc. Radiat. Transfer 7*, 251 (1967).
[286] de Galan, L., u. Samaey, G. F., *Spectrochim. Acta 24 B*, 679 (1969).
[287] Deily, J. R., *At. Absorption Newslett. 5*, 119 (1966).
[288] Deily, J. R., *At. Absorption Newslett. 6*, 65 (1967).
[289] Delaughter, B., *At. Absorption Newslett. 4*, 273 (1965).
[290] Delfino, J. J., Bortleson, G. C., u. Lee, G. F., *Environm. Sci. Technol. 3*, 1189 (1969).
[291] Della Monica, E. S., u. McDowell, P. E., *J. Am. Leather Chem. Ass. 1971*, 21.
[292] Delves, H. T., *Analyst 95*, 431 (1970).
[293] Delves, H. T., At. Absorption Newslett. 12, 50 (1973).
[294] Delves, H. T., Shepherd, G., u. Vinter, P., *Analyst 96*, 260 (1971).
[295] Den Tonkelaar, W. A. M., u. Bikker, M. A., *Atmospher. Environm. 1971*, 353.
[296] Derschau, H. A. V., u. Prugger, H., *Z. Anal. Chem. 247*, 8 (1969).
[297] Descube, J., Roques, N., Rousselet, F., u. Girard, M. L., *Ann. Biol. Clin. 35*, 1011 (1967).
[298] Devoto, G., *Boll. Soc. Ital. Biol. Sper. 44*, 425 (1968).
[299] Devoto, G., *Boll. Soc. Ital. Biol. Sper. 44*, 1253 (1968).
[300] Dickinson, G. W., u. Fassel, V. A., *Anal. Chem. 41*, 1021 (1969).

[301] Dickson, R. E., u. Johnson, C. M., *Appl. Spectry. 20*, 214 (1966).
[302] Dietz, A. A., u. Rubinstein, H. M., Clin. Chem. 15, 787 (1969).
[303] Dietz, A. A., u. Rubinstein, H. M., *Ann. Rheum. Dis. 32*, 124 (1973).
[304] Dinnin, J. I., u. Helz, A. W., *Anal. Chem. 39*, 1489 (1967).
[305] Dinnin, J. I., *Anal. Chem. 39*, 1491 (1967).
[306] Dittrich, K., u. Liesch, G., *Talanta 20*, 691 (1973).
[307] Dodson, R., Forney, F., u. Swift, E., *J. Am. Chem. Soc. 58*, 2573 (1936).
[308] Döllefeld, E., *Ärztl. Lab. 17*, 369 (1971).
[309] Donega, H. M., u. Burgess, T. E., *Anal. Chem. 42*, 1521 (1970).
[310] Dowling, F. B., Chakrabarti, Ch. L., u. Lyles, G. R., *Anal. Chim. Acta 28*, 392 (1963).
[311] Druckman, D., *At. Absorption Newslett. 6*, 113 (1967).
[312] D'Silva, A. P., Kniseley, R. N., u. Fassel, V. A., *Anal. Chem. 36*, 1287 (1964).
[313] Dunckley, J. V., *Clin. Chem. 17*, 992 (1971).
[314] Dunckley, J. V., *Clin. Chem. 19*, 1081 (1973).
[315] Dunk, R., Mostyn, R. A., u. Hoare, H. C., *At. Absorption Newslett. 8*, 79 (1969).
[316] Dyck, R., *At. Absorption Newslett. 4*, 170 (1965).
[317] Ediger, R. D., *At. Absoprtion Newslett. 12*, 151 (1973).
[318] Ediger, R. D., u. Coleman, R. L., *At. Absorption Newslett. 11*, 33 (1972).
[319] Ediger, R. D., u. Coleman, R. L., *At. Absorption Newslett, 12*, 3 (1973).
[320] Ediger, R. D., Peterson, G. E., u. Kerber, J. D., *At. Absorption Newslett. 13*, 61 (1974).
[321] Edmunds, W. M., Giddings, D. R., u. Morgan-Jones, M., *At. Absorption Newslett. 12*, 45 (1973).
[322] Edwards, H. W., *Anal. Chem. 41*, 1172 (1969).
[323] Eider, N. G., *Appl. Spectry. 25*, 313 (1971).
[324] Elliott, E., V., u. Stever, K. R., *At. Absorption Newslett. 12*, 60 (1973).
[325] Ellis, D. W., u. Demers, D. R., *Anal. Chem. 38*, 1943 (1966).
[326] Ellis, D. W., u. Demers, D. R., in: *Trace Inorganics in Water. Amer. Chem. Soc. Publ., Advan. Chem. Ser. 73*, 326 (1968).
[327] Elrod, B. B., u. Ezell, J. B., *At. Absorption Newslett. 8*, 129 (1969).
[328] Elwell, W. T., u. Gidley, J. A. F., *Anal. Chim. Acta 24*, 71 (1961).
[329] Emmermann, R., u. Lücke, W., *Z. Anal. Chem. 248*, 325 (1969).
[330] Erinc, G., u. Mangee, R. J., *Anal. Chim. Acta 31*, 197 (1964).
[331] Eskamani, A., Strecker, H. A., u. Vigler, M. S., *4. ICAS*, Toronto 1973.
[332] Eskamani, A., Vigler, M. S., Strecker, H. A., u. Anthony, N. R., *4. ICAS*, Toronto 1973.
[333] Evenson, M. A., u. Pendergast, D. D., *Clin. Chem. 20*, 163 (1974).
[334] Everson, R. T., u. Schrenk, W. G., *4. ICAS*, Toronto 1973.
[335] Ezell, J. B., *At. Absorption Newslett. 5*, 122 (1966).
[336] Ezell, J. B., *At. Absorption Newslett. 6*, 84 (1967).
[337] Fabricand, B. P., Sawyer, R. R., Ungar, S. G., u. Adler, S., *Geochim. Cosmochim. Acta 26*, 1023 (1962).
[338] Fallgatter, K., Svoboda, V., u. Winefordner, J. D., *Appl. Spectry. 25*, 347 (1971).
[339] Farmer, M. H., *At. Absorption Newslett. 6*, 121 (1967).
[340] Farrar, B., *At. Absorption Newslett. 4, 325* (1965).
[341] Farrar, B., *At. Absorption Newslett. 5*, 62 (1966).
[342] Fassel, V. A., *IAASC*, Sheffield 1969.
[343] Fassel, V. A., *CSI XVI*, Heidelberg 1971, S. 63.
[344] Fassel, V. A., u. Becker, D. A., *Anal. Chem. 41*, 1522 (1969).
[345] Fassel, V. A., u. Golightly, D. W., *Anal. Chem. 39*, 466 (1967).
[346] Fassel, V. A., u. Mossotti, V. G., *Anal. Chem. 35*, 252 (1963).
[347] Fassel, V. A., Mossotti, V. G., Grossman, W. E. L., u. Kniseley, R. N., *XII. CSI*, Exeter 1965.
[348] Fassel, V. A., Mossotti, V. G., Grossman, W. E. L., u. Kniseley, R. N., *Spectrochim. Acta 22*, 347 (1966).
[349] Fassel, V. A., Myers, R. B., u. Kniseley, R. N., *Spectrochim. Acta 19*, 1187 (1963).
[350] Fassel, V. A., Rasmuson, J. O., Kniseley, R. N., u. Cowley, T. G., *Spectrochim. Acta 25 B*, 559 (1970).
[351] Fassel, V. A., Slack, R. W., u. Kniseley, R. N., *Anal. Chem. 43*, 186 (1971).

[352] Favretto, L., Pertoldi Marletta, G., u. Favretto Gabrielli, L., *At. Absorption Newslett. 12*, 101 (1973).
[353] Feldman, F. J., *Anal. Chem. 42*, 719 (1970).
[354] Feldman, F. J., Bosshart, R. E., u. Christian, G. D., *Anal. Chem. 39*, 1175 (1967).
[355] Feldman, F. J., Knoblock, E. C., u. Purdy, W. C., *Anal. Chim. Acta 38*, 489 (1967).
[356] Fernandez, F. J., *At. Absorption Newslett. 8*, 90 (1969).
[357] Fernandez, F. J., *At. Absorption Newslett. 12*, 70 (1973).
[358] Fernandez, F. J., *At. Absorption Newslett. 12*, 93 (1973).
[359] Fernandez, F. J., u. Kahn, H. L., *At. Absorption Newslett. 10*, 1 (1971).
[360] Fernandez, F. J., u. Manning, D. C., *At. Absorption Newslett. 7*, 57 (1968).
[361] Fernandez, F. J., u. Manning, D. C., *At. Absorption Newslett. 10*, 65 (1971).
[362] Fernandez, F. J., u. Manning, D. C., *At. Absorption Newslett. 10*, 86 (1971).
[363] Fernandez, F. J., u. Manning, D. C., *At. Absorption Newslett. 11*, 67 (1972).
[364] Fernandez, F. J., Manning, D. C., u. Vollmer, J., *At. Absorption Newslett, 8*, 117 (1969).
[365] Ferris, A. P., Jepson, W. B., u. Shapland, R. C., *Analyst 95*, 574 (1970).
[366] Fielding, J., u. Ryall, R. G., *Clin. Chim. Acta 33*, 235 (1971).
[367] Fierens, P., u. Degre, J. P., *CSI XVII*, Florenz 1973, S. 558.
[368] Fiorino, J., Kniseley, R. N., u. Fassel, V. A., *Spectrochim. Acta 23 B*, 413 (1968).
[369] Fiorino, J. A., Moffitt, R. A., Woodson, A. L., Gajan, R. J., Huskey, G. E. u. Scholz, R. G., *J. Ass. Offic. Agr. Chem. 56*, 1246 (1973).
[370] Firman, R. J., *Spectrochim. Acta 21*, 341 (1965).
[371] Fishman, M. J., *At. Absorption Newslett. 5*, 102 (1966).
[372] Fishman, M. J., *Anal. Chem. 42*, 1462 (1970).
[373] Fishman, M. J., *At. Absorption Newslett. 11*, 46 (1972).
[374] Fishman, M. J., u. Downs, S. C., *US Geol. Surv. Water-Supply Papers 1540-C.* US Gov. Print. Office, Washington, D. C. 1966.
[375] Fishman, M. J., u. Midgett, M. R., in: *Trace Inorganics in Water. Amer. Chem. Soc. Publ., Advan. Chem. Ser. 73*, 230 (1968).
[376] Fixman, M., u. Boughton, L., *At. Absorption Newslett. 5*, 33 (1966).
[377] Fleet, B., Liberty, K. V., u. West, T. S., *Anal. Chim. Acta 45*, 205 (1969).
[378] Flemin, H. D., *Spectrochim. Acta 23 B*, 207 (1967).
[379] Fleming, L. W., u. Stewart, W. K., *Clin. Chim. Acta 14*, 134 (1966).
[380] Förstner, U., u. Müller, G., *Schwermetalle in Flüssen und Seen.* Springer-Verlag, Berlin/Heidelberg/New York 1974.
[381] Forrester, A. T., Gudmundsen, R. A., u. Johnson, P. O., *J. Opt. Soc. Am. 46*, 339 (1956).
[382] Foss, R. A., u. Houston,. D. M., *At. Absorption Newslett. 8*, 82 (1969).
[383] Foster, R. R., *At. Absorption Newslett. 7*, 110 (1968).
[384] Fratta, M., *4. ICAS*, Toronto 1973.
[385] Frazer, A., Secunda, S. K., u. Mendels, J., *Clin. Chim. Acta 36*, 499 (1972).
[386] Frey, S. W., *At. Absorption Newslett. 3,* 127 (1964).
[387] Frey, S. W., de Witt, W. G., u. Bellomy, B. R., *Prc. Am. Soc. Brew. Chem. 1966*, 172.
[388] Fritze, K., u. Stuart, C., *4. ICAS*, Toronto 1973.
[389] Fuchs, Ch., Brasche, M., Paschen, K., Nordbeck, H., u. Quellhorst, E., *Clin. Chim. Acta 52*, 71 (1974).
[390] Fuhrman, D. L., *At. Absorption Newslett. 8*, 105 (1969).
[391] Fukushima, S., *Microchim. Acta 1959*, 596.
[392] Fuller, C. W., *Anal. Chim. Acta 62*, 261 (1972).
[393] Fuller, C. W., *Anal. Chim. Acta 62*, 442 (1972).
[394] Fuller, C. W., *At. Absorption Newslett. 11*, 65 (1972).
[395] Fuller, C. W., *At. Absorption Newslett. 12*, 40 (1973).
[396] Fuller, C. W., u. Whiteheard, J., *Anal. Chim. Acta 68*, 407 (1974).
[397] Fulton, A., u. Butler, L. R. P., *Spectry. Letters 1*, 317 (1968).
[398] Fuwa, K., Pulido, P., McKay, R., u. Vallee, B. L., *Anal. Chem. 36*, 2407 (1964).
[399] Fuwa, K., u. Vallee, B. L., *Anal. Chem. 35*, 942 (1963).
[400] Fuwa, K., u. Vallee, B. L., *Anal. Chem. 41*, 188 (1969).
[401] Galindo, G, G., Appelt, H., u. Schalscha, E. B., *Soil Sci. Soc. Amer. Proceed. 33*, 974 (1969).

[402] Galle, O. K., *Appl. Spectry. 22*, 404 (1968).
[403] Gambrell, J. W., *At. Absorption Newslett. 10*, 81 (1971).
[404] Gambrell, J. W., *At. Absorption Newslett. 11*, 125 (1972).
[405] Garrido, M. D., Llaguno, C., u. Garrido, J., *Am. J. Enology Viticult. 1971*, 44.
[406] Gatehouse, B. M., u. Walsh, A.,*Spectrochim. Acta 16*, 602 (1960).
[407] Gatehouse, B. M., u. Willis, J. B., *Spectrochim. Acta 17*, 710 (1961).
[408] Gaumer, M. W., Sprague, S., u. Slavin, W.: *At. Absorption Newslett. 5*, 58 (1966).
[409] Gelder, Z. V., *Spectrochim. Acta 25 B*, 669 (1970).
[410] Giammarise, A., *At. Absorption Newslett. 5*, 113 (1966).
[411] Gibson, J. H., Grossman, W. E. L., u. Cooke, W. D., in: *Analytical Chemistry*. Elsevier Publishers, Amsterdam 1962.
[412] Gibson, J. H., Grossman, W. E. L., u. Cooke, W. D., *Anal. Chem. 35*, 266 (1963).
[413] Gidley, J. A. F., *CSI IX.*, Paris 1962, S. 263.
[414] Gidley, J. A. F., u. Jones, J. T., *Analyst 85*, 249 (1960).
[415] Gidley, J. A. F., u. Jones, J. T., *Analyst 86*, 271 (1961).
[416] Gimblet, E. G., Marney, A. F., u. Bonsnes, R. W., *Clin. Chem. 13*, 204 (1967).
[417] Ginzburg, V. L., Livshits, D. M., u. Satariana, G. I., *Zh. Analit. Khim. 19*, 1089 (1964).
[418] Giron, H. C., *At. Absorption Newslett. 12*, 28 (1973).
[419] Glenn, M. T., Savory, J., Fein, S. A., Reevers, R. D., Molnar, C. J., u. Winefordner, J. D., *Anal. Chem. 45*, 203 (1973).
[420] Gochman, N., u. Givelber, H., *Clin. Chem. 16*, 229 (1970).
[421] Goebgen, H. G., u. Brockmann, J., *Wasser, Luft, Betrieb 12*, 11 (1968).
[422] Goecke, R., *Talanta 15*, 871 (1968).
[423] Goguel, R., *Spectrochim. Acta 26 B*, 313 (1971).
[424] Goleb, J. A., *Anal. Chem. 35*, 1978 (1963).
[425] Goleb, J. A., *Anal. Chim. Acta 34*, 135 (1966).
[426] Goleb, J. A., *Anal. Chim. Acta 36*, 130 (1966).
[427] Goleb, J. A., u. Yokoyama, Y., *Anal. Chim. Acta 30*, 213 (1964).
[428] Gonzalez, J. G., u. Ross, R. T., *Anal. Letters 5*, 683 (1972).
[429] Gonzalez, J. G., Ross, R. T., u. Segar, D. A., *4. ICAS*, Toronto 1973.
[430] Goodfellow, G. I., *Anal. Chim. Acta 36*, 1491 (1967).
[431] Goodfellow, G. I., *Appl. Spectry. 21*, 39 (1967).
[432] Goodwin, E., *At. Absorption Newslett. 9*, 95 (1970)
[433] Gough, D. S., Hannaford, P., u. Walsh, A., *Spectrochim. Acta 28 B*, 197 (1973).
[434] Goulden, P. D., Brooksbank, P., u. Ryan, J. F., *Int. Lab. 1973*, No. 5, 31.
[435] Govindaraju, K., Mevelle, G., u. Chouard, C., *Anal. Chem. 46*, 1672 (1974).
[436] Govindaraju, K., Hermann, R., Mevelle, G., u. Chouard, C., *At. Absorption Newslett. 12*, 73 (1973).
[437] Govindaraju, K., u. L'homel, N., *At. Absorption Newslett. 11*, 115 (1972).
[438] Gray, R., u. Pruden, E. L., *Am. J. Med. Technol. 33*, 349 (1967).
[439] Greaves, M. C., *Nature 199*, 552 (1963).
[440] Greenfield, S., Jones, I. L., u. Berry, C. T., *Analyst 89*, 713 (1964).
[441] Griffin, G. F., *Soil. Sci. Soc. Amer. Proc. 32*, 803 (1968).
[442] Griffith, F. D., Parker, H. E., u. Rogler, J. C., *J. Nutr. 83*, 15 (1964).
[443] Grimaldi, F. S., u. Schnepfe, M. M., *Talanta 17*, 617 (1970).
[444] Grobenski, Z., *Analysentechn. Berichte 31*, (1974).
[445] Groenewald, T., *Anal. Chem. 40*, 863 (1968).
[446] Grunbaum, B. W., u. Pace, N., *Microchem. J. 15*, 666 (1970).
[447] Grüçer, S., u. Massmann, H., *CSI XVII*, Florenz 1973, S. 51.
[448] Guillaumin, R., *At. Absorption Newslett. 5*, 19 (1966).
[449] Gupta, H. K. L., Amore, F. J., u. Boltz, D. F., *At. Absorption Newslett. 7*, 107 (1968).
[450] Gutsche, B., u. Herrmann, R., *Analyst 95*, 805 (1970).
[451] Gutsche, B., u. Herrmann, R., *Naunyn-Schmiedebergs Arch. Pharm. 270*, 94 (1971).
[452] Gutsche, B., u. Herrmann, R., *Z. Anal. Chem. 253*, 257 (1971).
[453] Gutsche, B., u. Herrmann, R., *Z. Anal. Chem. 258*, 277 (1972).
[454] Haarsma, J. P. S., deJong, G. J., u. Agterdenbos, J., *Spectrochim. Acta 29 B*, 1 (1974).

[455] Haas, T., Lehnert, G., u. Schaller, K. H., *Z. Klin. Chem. Klin. Biochem. 5*, 27 (1967).
[456] Haelen, P., Cooper, G., u. Pampel, C., *At. Absorption Newslett. 13*, 1 (1974).
[457] Hall, G., Cochrane, I. G., u. Dorman, R. W., *IAASC*, Sheffield 1969.
[458] Hall, J. M., u. Woodward, C., *Spectry. Letters 2*, 113 (1969).
[459] Halls, D. J., u. Townshend, A., *Anal. Chim. Acta 36*, 278 (1966).
[460] Hambly, A. N., u. Rann, C. S., in: [5], S. 241.
[461] Hammar, H. E., u. Page, N. R., *At. Absorption Newslett. 6*, 33 (1967).
[462] Hanig, R. C., u. Aprison, M. H., *Anal. Biochem. 21*, 169 (1967).
[463] Hankiewicz, J., *Polish Med. J. VIII*, 779 (1969).
[464] Hanna, W. J., *Ag. Chem. III*, 23 (1967).
[465] Hansen, A. C., *At. Absorption Newslett. 12*, 125 (1973).
[466] Hansen, J. L., *Am. J. Med. Technol. 34*, 625 (1968).
[467] Hansen, J. L., u. Freier, E. F., *Am. J. Med. Technol. 33*, 217 (1967).
[468] Hareland, W. A., Ebersole, E. R., u. Ramachandran, T. P., *Anal. Chem. 44*, 520 (1972).
[469] Harrington, D. E., *At. Absorption Newslett. 9*, 106 (1970).
[470] Harrington, D. E., *At. Absorption Newslett. 11*, 107 (1972).
[471] Harrison, W. W., *Anal. Chem. 37*, 1168 (1965).
[472] Harrison, W. W., u. Juliano, P. O., *Anal. Chem. 41*, 1016 (1969).
[473] Harrison, W. W., u. Juliano, P. O., *Anal. Chem. 43*, 248 (1971).
[474] Harrison, W. W., u. Tyree, A. B., *Clin. Chim. Acta 31*, 63 (1971).
[475] Harrison, W. W., u. Wadlin, W. H., *Anal. Chem. 41*, 374 (1969).
[476] Harrison, W. W., Yurachek, J. P., u. Benson, C. A., *Clin. Chim. Acta 23*, 83 (1969).
[477] Harth, M., Haines, D. S. M., u. Bondy, D. C., *Am. J. Clin. Pathol. 59*, 423 (1973).
[478] Hartley, F. R., u. Inglis, A. S., *Analyst 92*, 622 (1967).
[479] Hartstein, A. M., Freedman, R. W., u. Platter, D. W., *Anal. Chem. 45*, 611 (1973).
[480] Hasegawa, N., Hirai, A., Sugino, H., u. Kashiwagi, T., *3. CISAFA*, Paris 1971, S. 665.
[481] Hatch, W. R., u. Ott, W. L., *Anal. Chem. 40*, 2085 (1968).
[482] Hauck, G., *Z. Anal. Chem. 267*, 337 (1973).
[483] Hauser, T. R., Hinners, T. A., u. Kent, J. L., *Anal. Chem. 44*, 1819 (1972).
[484] Hazebroucq, G. F., *3. CISAFA*, Paris 1971, S. 577.
[485] Headridge, J. B., u. Ashy, M. A., *4. ICAS*, Toronto 1973.
[486] Headridge, J. B., u. Hubbard, D. P., *Anal. Chim. Acta 37*, 151 (1967).
[487] Headridge, J. B., u. Richardson, J., *Analyst 94*, 968 (1969).
[488] Headridge, J. B., u. Sowerbutts, A., *Analyst 98*, 57 (1973).
[489] Heckman, M., *J. Ass. Offic. Agr. Chem. 50*, 45 (1967).
[490] Heckman, M., *J. Ass. Offic. Agr. Chem. 53*, 923 (1970).
[491] Heckman, M., *J. Ass. Offic. Agr. Chem. 54*, 666 (1971).
[492] Hein, H., *Analysentechn. Berichte 29* (1973).
[493] Heinemann, G., *Z. Klin. Chem. Klin. Biochem. 10*, 467 (1972).
[494] Heinrich, G., Spitzer, H., u. Tesik, G., *Z. Anal. Chem. 226*, 124 (1967).
[495] Heinrichs, H., u. Lange, J., *Fortschr. Miner. 50*, Bh, 1, 35 (1972).
[496] Heinrichs, H., u. Lange, J., *Z. Anal. Chem. 265*, 256 (1973).
[497] Hell, A., Ulrich, W. F., Shifrin, N., u. Ramirez-Muñoz, J., *Appl. Opt. 7*, 1317 (1968).
[498] Helsby, C. A., *Talanta 20*, 779 (1973).
[499] Helsby, C. A., *Anal. Chim. Acta 69*, 259 (1974).
[500] Heneage, P., *At. Absorption Newslett. 5*, 64 (1966).
[501] Heneage, P., *At. Absorption Newslett. 5*, 67 (1966).
[502] Henn, E. L., *At. Absorption Newslett, 12*, 109 (1973).
[503] Henning, S., u. Jackson, T. L., *At. Absorption Newslett. 12*, 100 (1973).
[504] Herrmann, R., u. Lang, W., *Z. Ges. Exptl. Med. 134*, 268 (1961).
[505] Herrmann, R., u. Lang, W., *Z. Ges. Exptl. Med. 135*, 569 (1962).
[506] Herrmann, R., u. Lang, W., *Z. Klin. Chem. 1*, 182 (1963).
[507] Herrmann, R., Lang, W., u. Stamm, D., *Blut 11*, 135 (1965).
[508] Hessel, D. W., *At. Absorption Newslett. 7*, 55 (1968).
[509] Hicks, J. M., Gutierrez, A. N., u. Worthy, B. E., *Clin. Chem. 19*, 322 (1973).
[510] Hicks, J. E., McPherson, R. T., u. Salyer, J. W., *Anal. Chim. Acta 61*, 441 (1972).

[511] Hieftje, G. M., u. Malmstadt, H. V., *Anal. Chem. 40*, 1860 (1968).
[512] Hill, G. L., u. Caputi, A., *Am. J. Enology Viticult. 20*, 227 (1969).
[513] Hill, U. T., in: [3], 83 (1969).
[514] Hinkle, M. E., u. Learned, R. E., *US Geol. Survey Prof. Paper 650-D*, D 251 (1969).
[515] Hoare, H. C., Mostyn, R. A., u. Newland, B. T. N., *Anal. Chim. Acta 40*, 181 (1968).
[516] Hoare, H. C., Mostyn, R. A., u. Newland, B. T. N., *IAASC*, Sheffield 1969.
[517] Hobbs, R. S., Kirkbright, G. F., Sargent, M., u. West, T. S., *Talanta 15*, 997 (1968).
[518] Hobbs, R. S., Kirkbright, G. F., u. West, T. S., *Analyst 94*, 554 (1969).
[519] Höhn, R., Jackwerth, E., u. Koos, K., *Spectrochim. Acta 29B*, 225 (1974).
[520] Höhn, R., u. Umland, F., *Z. Anal. Chem. 258*, 100 (1972).
[521] Hoffmann, H.-D., u. Fiedler, H., *Z. Ges. Inn. Med. Ihre Grenzgeb. 25*, 1065 (1970).
[522] Hofton, M. E., u. Hubbard, D. P., *3. CISAFA*, Paris 1971, S. 743.
[523] Hohnadel, D. C., Sunderman, F. W., Nechay, M. W., u. McNeely, M. D., *Clin. Chem. 19*, 1288 (1973).
[524] Holak, W., *Anal. Chem. 41*, 1712 (1969).
[525] Holak, W., *J. Ass. Offic. Agr. Chem. 53*, 877 (1970).
[526] Holak, W., *J. Ass. Offic. Agr. Chem. 54*, 1138 (1971).
[527] Holak, W., *At. Absorption Newslett. 12*, 63 (1973).
[528] Holak, W., Krinitz, B., u. Williams, J. C., *J. Ass. Offic. Agr. Chem. 55*, 741 (1972).
[529] Holtzman, N. A. Elliott, D. A., u. Heller, R. H., *New England J. Med. 275*, 347 (1966).
[530] Hoover, W. L., u. Duren, S. C., *J. Ass. Offic. Agr. Chem. 52*, 708 (1969).
[531] Hoover, W. L., Melton, J. R., u. Howard, P. A., *J. Ass. Offic. Agr. Chem. 54*, 860 (1971).
[532] Hoover, W. L., Reagor, J. C., u. Garner, J. C., *J. Ass. Offic. Agr. Chem. 52*, 708 (1969).
[533] Horn, D. B., u. Latner, A. L., *Clin. Chim. Acta 8*, 974 (1963).
[534] Hoschler, M. E., Kanabrocki, E. L., Moore, C. E., u. Hattori, D. M., *Appl. Spectry. 27*, 185 (1973).
[535] Hossner, L. R., u. Ferrara, L. W., *At. Absorption Newslett. 6*, 71 (1967).
[536] Hossner, L. R., Weger, S. J., u. Ferrara, L. W., *ACS Meet.*, Atlantic City 1968.
[537] Hubbard, D. P., u. Monks, H. H., *Anal. Chim. Acta 47*, 197 (1969).
[538] Huffman, C., Mensik, J. D., u. Rader, L. F., *US Geol. Survey Prof. Paper 550-B*, B 189 (1966).
[539] Human, H. G. C., Butler, L. R. P., u. Strasheim, A., *Analyst 94*, 81 (1969).
[540] Human, H. G. C., Strasheim, A., u. Butler, L. R. P., *IAASC*, Sheffield 1969.
[541] Humphrey, J. R., *Anal. Chem. 37*, 1604 (1965).
[542] Hunt, B. J., *Clin. Chem. 15*, 979 (1969).
[543] Hunter, R. E., Kelsall, M. A., Bishop, W. J., u. Woodworth, P. F., *4. ICAS*, Toronto 1973.
[544] Hurford, T. R., u. Boltz, D. F., *Anal. Chem. 40*, 379 (1968).
[545] Husdan, H., u. Rapoport, A., *Clin. Chem. 15*, 669 (1969).
[546] Husler, J. W., *At. Absorption Newslett. 9*, 31 (1970).
[547] Husler, J. W., *At. Absorption Newslett. 10*, 60 (1971).
[548] Hwang, J. Y., *Canadian Spectry. März 1971*, 43.
[549] Hwang, J. Y., Mokeler, Ch. J., u.Ullucci, P. A., *Anal. Chem. 44*, 2018 (1972).
[550] Hwang, J. Y., u. Sandonato, L. M., *Anal. Chem. 42*, 744 (1970).
[551] Hwang, J. Y., Ullucci, P. A., u. Mokeler, Ch. J., *Anal. Chem. 45*, 795 (1973).
[552] Hyatt, K. H., Levy, L., Nichaman, N., u. Oscherwitz, M., *Appl. Spectry. 20*, 142 (1966).
[553] Ihnat, M., *Anal. Chim. Acta 82*, 293 (1976).
[554] Iida, C., Fuwa, K., u. Wacker, W. E. C., *Anal. Biochem. 18*, 18 (1967).
[555] Ingamells, C. O., *Anal. Chem. 38*, 1228 (1966).
[556] Ingamells, C. O., *Anal. Chim. Acta 52*, 323 (1970).
[557] Intonti, R., u. Stacchini, A., *Spectrochim. Acta 23 B*, 437 (1968).
[558] Jackson, A. S., Michael, L. M., u. Schumacher, H. S., *Anal. Chem. 44*, 1064 (1972).
[559] Jackson, B., u. Myrick, H. N., *Internat. Labor. Mai/Juni 1971*, 41.
[560] Jackwerth, E., *Z. Anal. Chem. 256*, 128 (1971).
[561] Jackwerth, E., Höhn, R., u. Koos, K., *Z. Anal. Chem. 264*, 1 (1973).
[562] Jackwerth, E., Lohmar, J., u. Wittler, G., *Z. Anal. Chem. 266*, 1 (1973).
[563] Jackwerth, E., Lohmar, J., u. Wittler, G., *Z. Anal. Chem. 270*, 6 (1974).
[564] Jacobs, M. B., Goldwater, L. J., u. Gilbert, H., *Am. Ind. Hyg. Assoc. J. 22*, 276 (1961).

[565] Jacobs, M. B., u. Singerman, A., *J. Lab. Clin. Med. 59*, 871 (1962).
[566] Jacobs, M. B., Yamaguchi, S., Goldwater, L. J., u. Gilbert, H., *Am. Ind. Hyg. Assoc. J. 21*, 475 (1960).
[567] Jacobsen, E., u. Harrison, G. R., *J. Opt. Soc. Amer. 39*, 1054 (1969).
[568] James, C. H., u. Webb, J. S., *Trans. Instn. Min. Metall 73*, 633 (1964).
[569] Janauer, G. E., Smith, F. E., u. Mangan, J., *At. Absorption Newslett. 6*, 3 (1967).
[570] Janoušková, J., Nehasilova, M., u. Sychra, V., *At. Absorption Newslett. 12*, 161 (1973).
[571] Janssen, A., u. Umland, F., *Z. Anal. Chem. 251*, 101 (1970).
[572] Janssens, M., u. Dams, R., *Anal. Chim. Acta 65*, 41 (1973).
[573] Janssens, M., u. Dams, R., *Anal. Chim. Acta 70*, 25 (1974).
[574] Jaworowski, R. J., u. Weberling, R. P., *At. Absorption Newslett. 5*, 125 (1966).
[575] Jaworowski, R. J., Weberling, R. P., u. Bracco, D. J., *Anal. Chim. Acta 37*, 284 (1967).
[576] Jeffus, M. T., Elkins, J. S., u. Kenner, C. T., *J. Ass. Offic. Agr. Chem. 53*, 1172 (1970).
[577] Jenkins, D. R., *Spectrochim. Acta 23 B*, 167 (1967).
[578] Jenkins, D. R., *IAASC*, Sheffield 1969.
[579] Jenkins, D. R., *Spectrochim. Acta 25 B*, 47 (1970).
[580] Jenkins, D. R., u. Sudgen, T. M., in: [5], S. 151.
[581] Johnson, F. J., Woodis, T. C., u. Cummings, J. M., *At. Absorption Newslett. 11*, 118 (1972).
[582] Johnson, H. N., Kirkbright, G. F., u. Whitehouse, R. J., *Anal. Chem. 45*, 1603 (1973).
[583] Johnson, J. R. K., u. Riechman, G. C., *Clin. Chem. 14*, 1218 (1968).
[584] Jones, A. H., *Anal. Chem. 37*, 1761 (1965).
[585] Jones, A. H., *At. Absorption Newslett. 9*, 1 (1970).
[586] Jones, D. I. H., u. Thomas, T. A., *Hilger J. 9*, 39 (1965).
[587] Jones, G. W., Lewis, B., u. Seaman, H., *J. Amer. Chem. Soc. 53*, 3992 (1931).
[588] Jones, J. L., u. Eddy, R. D., *Anal. Chim. Acta 43*, 165 (1968).
[589] Jones, W. G., u. Walsh, A., *Spectrochim. Acta 16*, 249 (1960).
[590] Jordan, J., *At. Absorption Newslett. 7*, 48 (1968).
[591] Joselow, M. M., u. Bogden, J. D., *At. Absorption Newslett. 11*, 99 (1972).
[592] Joselow, M. M., u. Bogden, J. D., *At. Absorption Newslett. 11*, 127 (1972).
[593] Joselow, M. M., u. Singh, N. P., *At. Absorption Newslett. 12*, 128 (1973).
[594] Joseph, K. T., Panday, V. K., Raut, S. J., u. Soman, S. D., *At. Absorption Newslett. 7*, 25 (1968).
[595] Joseph, K. T., Parameswaran, M., u. Soman, S. D., *At. Absorption Newslett. 8*, 127 (1969).
[596] Joyner, T., u. Finley, J. S., *At. Absorption Newslett. 5*, 4 (1966).
[597] Joyner, T., Healy, M. L., Chakrabarti, D., u. Koyanagi, T., *Environm. Sci. Technol. 1*, 417 (1967).
[598] Julshamn, K., u. Braekkan, O. R., *At. Absorption Newslett. 12*, 139 (1973).
[599] Jung, P. D., u. Clarke, D., *J. Ass. Offic. Agr. Chem. 57*, 379 (1974).
[600] Jursik, M. L., *At. Absorption Newslett. 6*, 21 (1967).
[601] Kägler, S. H., *Analysentechn. Berichte 6* (1965).
[602] Kägler, S. H., *Erdöl, Kohle, Erdgas, Petrochemie 19*, 879 (1966).
[603] Kägler, S. H., *Erdöl, Kohle, Erdgas, Petrochemie 24*, 13 (1971).
[604] Kahn, H. L., *At. Absorption Newslett. 2*, 35 (1963).
[605] Kahn, H. L., *J. Chem. Education 43*, A 7 & A 103 (1966).
[606] Kahn, H. L., *J. Metals, 1966*, 1101.
[607] Kahn, H. L., *At. Absorption Newslett. 6*, 51 (1967).
[608] Kahn, H. L., *At. Absorption Newslett. 7*, 40 (1968).
[609] Kahn, H. L., in: *Trace Inorganics in Water. Advan. Chem. Ser. 73*, 183 (1968).
[610] Kahn, H. L., *Amer. Laboratory 1969*, 52.
[611] Kahn, H. L., *At. Absorption Newslett. 10*, 58 (1971).
[612] Kahn, H. L., Fernandez, F. J., u. Slavin, S., *At. Absorption Newslett. 11*, 42 (1972).
[613] Kahn, H. L., u. Manning, D. C., *At. Absorption Newslett. 4*, 264 (1965).
[614] Kahn, H. L., u. Manning, D. C., *Amer. Laboratory 1972*, 8.
[615] Kahn, H. L., Peterson, G. E., u. Manning, D. C., *At. Absorption Newslett. 9*, 79 (1970).
[616] Kahn, H. L., Peterson, G. E., u. Schallis, J. E., *At. Absorption Newslett. 7*, 35 (1968).
[617] Kahn, H. L., u. Schallis, J. E., *At. Absorption Newslett. 7*, 5 (1968).

[618] Kahn, H. L., u. Sebestyen, J. E., *At. Absorption Newslett. 9*, 33 (1970).
[619] Kahn, H. L., u. Slavin, S., *At. Absorption Newslett. 10*, 125 (1971).
[620] Kaiser, G., Tschöpel, P., u. Tölg, G., *Z. Anal. Chem. 253*, 177 (1971).
[621] Kalb, G. W., *At. Absorption Newslett. 9*, 84 (1970).
[622] Kallmann, S., u. Hobart, E. W., *Anal. Chim. Acta 51*, 120 (1970).
[623] Kallmann, S., u. Hobart, E. W., *Talanta 17*, 845 (1970).
[624] Kapetan, J. P., in: [3], 78 (1969).
[625] Karkhanis, P. P., u. Anfinsen, J. R., *J. Ass. Offic. Agr. Chem. 56*, 358 (1973).
[626] Kashiki, M., u. Oshima, S., *Anal. Chim. Acta 51*, 387 (1970).
[627] Kashiki, M., Yamazoe, S., Ikeda, N., u. Oshima, S., *Anal. Letters, 7*, 53 (1974).
[628] Kashiki, M., Yamazoe, S., u. Oshima, S., *Anal. Chim. Acta 53*, 95 (1971).
[629] Kawamura, H., Tanaka, G., u. Ohyagi, Y., *Spectrochim. Acta 28 B*, 309 (1973).
[630] Keats, G. H., *At. Absorption Newslett. 4*, 319 (1965).
[631] Keller, E., u. Parsons, M. L., *At. Absorption Newslett. 9*, 92 (1970).
[632] Kelly, W. R., u. Moore, C. B., *Anal. Chem. 45*, 1274 (1973).
[633] Kerber, J. D., *Appl. Spectry. 20*, 212 (1966).
[634] Kerber, J. D., *At. Absorption Newslett. 10*, 104 (1971).
[635] Kerber, J. D., u. Barnett, W. B., *At. Absorption Newslett. 8*, 113 (1969).
[636] Kerber, J. D., Barnett, W. B., u. Kahn, H. L., *At. Absorption Newslett. 9*, 39 (1970).
[637] Kerber, J. D., Koch, A., u. Peterson, G. E., *At. Absorption Newslett. 12*, 104 (1973).
[638] Kerber, J. D., Russo, A. J., Peterson, G. E., u. Ediger, R. D., *At. Absorption Newslett. 12*, 106 (1973).
[639] Kerbyson, J. D., u. Ratzkowski, C., *Canad. Spectry. 13*, 102 (1968).
[640] Kettner, H., *Schriftenr. V. Wasser-, Boden-, Lufthyg. 29*, 55 (1969).
[641] King, A. S., *Astrophys. 28*, 300 (1908).
[642] Kinnunen, J., u. Lindsjö, O., *Chemist-Analyst 56*, 25 (1967).
[643] Kinnunen, J., u. Lindsjö, O., *Chemist-Analyst 56*, 76 (1967).
[644] Kinser, R. E., *Am. Ind. Hyg. Ass. J. 27*, 260 (1966).
[645] Kinson, K., u. Belcher, C. B., *Anal. Chem. Acta 30*, 64 (1964).
[646] Kinson, K., u. Belcher, C. B., *Anal. Chem. Acta 31*, 180 (1964).
[647] Kirchhof, H., *Spectrochim. Acta 24 B*, 235 (1969).
[648] Kirchhoff, G., *Pogg. Annalen, 109*, 275 (1860).
[649] Kirchhoff, G., *Phil. Mag. (4), 20*, 1 (1860).
[650] Kirchhoff, G., u. Bunsen, R., *Phil. Mag. (4), 20*, 89 (1860).
[651] Kirchhoff, G., u. Bunsen, R., *Phil. Mag. (4), 22*, 329 (1861).
[652] Kirkbright, G. F., *IAASC*, Sheffield 1969.
[653] Kirkbright, G. F., *Analyst 96*, 609 (1971).
[654] Kirkbright, G. F., *II. ČS. Conf. Flame Spectry.*, Zvikov 1973.
[655] Kirkbright, G. F., Peters, M. K., u. West, T. S., *Analyst 91*, 705 (1966).
[656] Kirkbright, G. F., Rao, A., u. West, T. S., *Anal. Letters 2*, 465 (1969).
[657] Kirkbright, G. F., Sargent, M., u. West, T. S., *At. Absorption Newslett. 8*, 34 (1969).
[658] Kirkbright, G. F., Sargent, M., u. West, T. S., *Talanta 16*, 245 (1969).
[659] Kirkbrigth, G. F., Sargent, M., u. West, T. S., *Talanta 16*, 1467 (1969).
[660] Kirkbright, G. F., Semb, A., u. West, T. S., *Talanta 14*, 1011 (1967).
[661] Kirkbright, G. F., Semb, A., u. West, T. S., *Talanta 15*, 441 (1968).
[662] Kirkbright, G. F., Semb, A., u. West, T. S., *Spectry. Letters 1*, 7 (1968).
[663] Kirkbright, G. F., Smith, A. M., u. West, T. S., *Analyst 91*, 700 (1966).
[664] Kirkbright, G. F., u. Troccoli, O. E., *Spectrochim. Acta 28 B*, 33 (1973).
[665] Kirkbright, G. F., Troccoli, O. E., u. Vetter, S., *Spectrochim. Acta 28 B*, 1 (1973).
[666] Kirkbright, G. F., u. Vetter, S., *Spectrochim. Acta 26 B*, 505 (1971).
[667] Kirkbright, G. F., Ward, A. F., u. West, T. S., *Anal. Chim. Acta 64*, 353 (1973).
[668] Kirkbright, G. F., u. West, T. S., *Appl. Optics 7*, 1305 (1968).
[669] Kirkbright, G. F., West, T. S., u. Wilson, P. J., *At. Absorption Newslett. 11*, 53 (1972).
[670] Kirkbright, G. F., West, T. S., u. Wilson, P. J., *At. Absorption Newslett. 11*, 113 (1972).
[671] Klein, B., Kaufman, J. H., u. Morgenstern, S., *Clin. Chem. 13*, 388 (1967).
[672] Klein, B., Kaufman, J. H., u. Oklander, M., *Clin. Chem. 13*, 788 (1967).

[673] Klein, B., Kaufman, J. H., u. Oklander, M., *Clin. Chem. 13*, 79 (1967).
[674] Knauer, G. A., *Analyst 95*, 476 (1970).
[675] Knight, D. M., u. Pyzyna, M. K., *At. Absorption Newslett. 8*, 129 (1969).
[676] Kniseley, R. N., in: [5], S. 189.
[677] Kniseley, R. N., D'Silva, A. P., u. Fassel, V. A., *Anal. Chem. 35*, 911 (1963).
[678] Knudson, E. J., u. Christian, G. D., *Anal. Letters 6*, 1039 (1973).
[679] König, P., Schmitz, K. H., u. Thiemann, E., *Z. Anal. Chem. 244*, 232 (1969).
[680] König, P., Schmitz, K. H., u. Thiemann, E., *Arch. Eisenhüttenwesen 40*, 53 (1969).
[681] Koirtyohann, S. R., *Anal. Chem. 37*, 601 (1965).
[682] Koirtyohann, S. R., *At. Absorption Newslett. 6*, 77 (1967).
[683] Koirtyohann, S. R., in: [5], S. 295.
[684] Koirtyohann, S. R., *4. ICAS*, Toronto 1973.
[685] Koirtyohann, S. R., u. Feldman, C., in: *Developments in Applied Spectroscopy*, Vol. 3. Plenum Press, New York 1964, S. 180.
[686] Koirtyohann, S. R., u. Pickett, E. E., *Anal. Chem. 37*, 601 (1965).
[687] Koirtyohann, S. R., u. Pickett, E. E., *Anal. Chem. 38*, 585 (1966).
[688] Koirtyohann, S. R., u. Pickett, E. E., *Anal. Chem. 40*, 2068 (1968).
[689] Koirtyohann, S. R., u. Pickett, E. E., *Spectrochim. Acta 23 B*, 673 (1968).
[690] Koirtyohann, S. R., u. Pickett, E. E., *Spectrochim. Acta 26 B*, 349 (1971).
[691] Koirtyohann, S. R., u. Wen, J. W., *Anal. Chem. 45*, 1986 (1973).
[692] Kolb, B., Kemmner, G., Schleser, F. H., u. Wiedeking, E., *Z. Anal. Chem. 221*, 166 (1966).
[693] Kolihová, D., u. Sychra, V., *Anal. Chim. Acta 59*, 477 (1972).
[694] Kometain, T. Y., *Plating 56*, 1251 (1969).
[695] Kopito, L., Byers, R. K., u. Schwachman, H., *New England J. Med. 276*, 949 (1967).
[696] Kopito, L., Davis, M. A., u. Schwachman, H., *Clin. Chem. 20*, 205 (1974).
[697] Kopito, L., u. Schwachman, H., *J. Lab. & Clin. Med. 70*, 326 (1967).
[698] Kornblum, G. R., u. deGalan, L., *Spectrochim. Acta 28 B*, 139 (1973).
[699] Kopp, J. F., *4. ICAS*, Toronto, 1973.
[700] Kotz, L., Kaiser, G., Tschöpel, P., u. Tölg, G., *Z. Anal. Chem. 260*, 207 (1972).
[701] Kraft, E. A., *Amer. Laboratory*, August 1969, 8.
[702] Kranz, E., *Emissionsspektroskopie*. Akademie-Verlag, Berlin, 1964, S. 160.
[703] Krauser, L. A., Henderson, R., Shotwell, H. P., u. Culp, D. A., *Amer. Ind. Hyg. Assn. J. 32*, 331 (1971).
[704] Kremling, K., u. Petersen, H., *Anal. Chim. Acta 70*, 35 (1974).
[705] Kriege, O. H., u. Welcher, G. G., *Talanta 15*, 781 (1968).
[706] Krinitz, B., u. Franco, V., *J. Ass. Offic. Agr. Chem. 56*, 869 (1973).
[707] Krishnan, S. S., u. Crapper, D. R., *4. ICAS*, Toronto, 1973.
[708] Krishnan, S. S., Gillespie, K. A., u. Crapper, D. R., *Anal. Chem. 44*, 1469 (1972).
[709] Kriss, R. H., u. Bartels, T. T., *At. Absorption Newslett. 9*, 78 (1970).
[710] Kriss, R. H., u. Bartels, T. T., *At. Absorption Newslett. 11*, 110 (1972).
[711] Kubasik, N. P., Sine, H. E., u. Volosin, M. T., *Clin. Chem. 18*, 1326 (1972).
[712] Kubasik, N. P., u. Volosin, M. T., *Clin. Chem. 20*, 300 (1974).
[713] Kumamaru, T., *Anal. Chim. Acta 43*, 19 (1968).
[714] Kumamaru, T., Hayashi, Y., Okamoto, N., Tao, E., u. Yamamoto, Y., *Anal. Chim. Acta 35*, 524 (1966).
[715] Kumamaru, T., Otani, Y., u. Yuroka, Y., *Bull. Chem. Soc. Jap. 40*, 429 (1967).
[716] Kumamaru, T., Tao., E., Okamoto, N., u. Yamamoto, Y., *Bull. Chem. Soc. Jap. 38*, 2204 (1966).
[717] Kunishi, M., u. Ohno, S., *At. Absorption Newslett. 13*, 29 (1974).
[718] Kuwata, K., Hisatomi, K., u. Hasegawa, T., *At. Absorption Newslett. 10*, 111 (1971).
[719] Kuzovlev, I. A., Kuznetsov, Y. N., u. Sverdlina, O. A., *Zaw. Lab. 39*, 428 (1973).
[720] Laflamme, Y., *At. Absorption Newslett. 6*, 70 (1967).
[721] Laflamme, Y., *At. Absorption Newslett, 7*, 101 (1968).
[722] Lagathu, J., u. Desirant, J., *Rev. Franc. Corps Gras 19*, 169 (1972).
[723] Lambert, H., *Photometria, sive de mesura et gradibus luminis colorum et umbrae* (1760).
[724] Lamm, S., Cole, B., Glynn, K., u. Ullmann, W., *New England J. Med. 289*, 574 (1973).

[725] Langmyhr, F. J., u. Paus, P. E., *Anal. Chim. Acta 43*, 397 (1968).
[726] Langmyhr, F. J., u. Paus, P. E., *Anal. Chim. Acta 43*, 506 (1968).
[727] Langmyhr, F. J., u. Paus, P. E., *Anal. Chim. Acta 43*, 508 (1968).
[728] Langmyhr, F. J., u. Paus, P. E., *At. Absorption Newslett. 7*, 103 (1968).
[729] Langmyhr, F. J., u. Paus, P. E., *At. Absorption Newslett. 8*, 131 (1969).
[730] Langmyhr, F. J., Solberg, R., u. Wold, L. T., *Anal. Chim. Acta 69*, 267 (1974).
[731] Langmyhr, F. J., u. Thomassen, Y., *Z. Anal. Chem. 264*, 122 (1973).
[732] Langmyhr, F. J., Thomassen, Y., u. Massoumi, A., *Anal. Chim. Acta 68*, 305 (1974).
[733] Larkins, P. L., *Spectrochim. Acta 26 B*, 477 (1971).
[734] Larkins, P. L., u. Willis, J. B., *Spectrochim. Acta 26 B*, 491 (1971).
[735] Least, C. J., Rejent, T. A., u. Lees, H., *At. Absorption Newslett. 13*, 4 (1974).
[736] Leaton, J. R., *J. Ass. Offic. Agr. Chem. 53*, 237 (1970).
[737] Lebedev, V. I., u. Dolidze, L. D., *IAASC*, Sheffield 1969.
[738] Lehnert, G., Klavis, G., Schaller, K. H., u. Haas, T., *Brit. J. Industr. Med. 26*, 156 (1969).
[739] Lehnert, G., Schaller, K. H., u. Haas, T., *Z. Klin. Chem. 6*, 174 (1968).
[740] Lemonds, A. J., u. McClellan, B. E., *Anal. Chem. 45*, 1455 (1973).
[741] Leonard, E. N., *At. Absorption Newslett. 10*, 84 (1971).
[742] Levine, J. R., Moore, S. G., u. Levine, S. L., *Anal. Chem. 42*, 412 (1970).
[743] Levine, S. L., *Anal. Chem. 40*, 1376 (1968).
[744] Levy, A. L., u. Katz, E. M., *Clin. Chem. 15*, 787 (1969).
[745] Levy, A. L., u. Katz, E. M., *Clin. Chem. 16*, 840 (1970).
[746] Lewis, B., Seaman, H., u. Jones, G. W., *J. Franklin Inst. 215*, 149 (1933).
[747] Lewis, C., Ott, W. L., u. Sine, N. M., *The Analysis of Nickel*. Pergamon Press, Oxford 1966, S. 192.
[748] Lewis, R. R., *At. Absorption Newslett. 7*, 61 (1968).
[749] Lieber, E. R., *At. Absorption Newslett. 9*, 51 (1970).
[750] Lieberman, K. W., *Clin. Chim. Acta 46*, 217 (1973).
[751] Lind, B., Kjellström, T., Linnman, L., u. Nordberg, G., *4. ICAS*, Toronto 1973.
[752] Lindner, J., *Gesundheits-Ingenieur 95*, 39 (1974).
[753] Lindstedt, G., *Analyst 95*, 264 (1970).
[754] Lindstedt, G., u. Skare, I., *3. CISAFA*, Paris 1971, S. 581.
[755] Lindstrom, O., *Anal. Chem. 31*, 461 (1959).
[756] Ling, C., *Anal. Chem. 39*, 798 (1967).
[757] Ling, C., *Anal. Chem. 40*, 1876 (1968).
[758] Lloyd, P. D., u. Lowe, R. M., *Spectrochim. Acta 27 B*, 23 (1972).
[759] Lockyer, R., u. Hames, G. E., *Analyst 84*, 385 (1959).
[760] Loftin, H. P., Christian, C. M., u. Robinson, J. W., *Spectry. Letters 3*, 161 (1970).
[761] Loken, H. F., Teal, J. S., u. Eisenberg, E., *Anal. Chem. 35*, 875 (1963).
[762] Lorber, A., Cohen, R. L., Chang, C. C., u. Anderson, H. E., *Arthritis and Rheumatism 11*, 170 (1968).
[763] Lowe, R. M., *Spectrochim. Acta 26 B*, 201 (1971).
[764] Luecke, W., *N. Jb. Miner. Mh. 1971*, 263.
[765] Luecke, W., *N. Jb. Miner. Mh. 1971*, 469.
[766] Luecke, W., u. Emmermann, R., *Analysentechn. Berichte 19* (1970).
[767] Luecke, W., u. Emmermann, R., *At. Absorption Newslett. 10*, 45 (1971).
[768] Luecke, W., Eschermann, F., Lennartz, U., u. Papastamataki, A. J., *N. Jb. Miner. Abh. 120*, 178 (1974).
[769] Luecke, W., u. Zielke, H.-J., *Z. Anal. Chem. 253*, 20 (1971).
[770] Lundgren, G., *4. ICAS*, Toronto 1973.
[771] Lundgren, G., Lundmark, L., u. Johansson, G., *Anal. Chem. 46*, 1028 (1974).
[772] Lundy, R. G., u. Watje, W. F., *At. Absorption Newslett. 8*, 124 (1969).
[773] Lurie, H. H., u. Sherman, G. W., Ind. Eng. Chem. 25, 404 (1933).
[774] Luyten, S., Smeyers-Verbeke, J., u. Massart, D. L., *At. Absorption Newslett. 12*, 131 (1973).
[775] L'vov, B. V., *Ing. Fiz. Zhur. 11*, No. 2, 44 (1959).
[776] L'vov, B. V., *Ing. Fiz. Zhur. 11*, No. 11, 56 (1959).
[777] L'vov, B. V., *Spectrochim. Acta 17*, 761 (1961).

[778] L'vov, B. V., *Spectrochim. Acta 24 B*, 53 (1969).
[779] L'vov, B. V., u. Khartsyzov, A. D., *Zh. Prikl. Spektrosk. 11*, 413 (1969).
[780] L'vov, B. V., u. Khartsyzov, A. D., *Zh. Analit. Khim. 24*, 799 (1969).
[781] L'vov, B. V., u. Khartsyzov, A. D., *Zh. Analit. Khim. 25*, 1824 (1970).
[782] MacDonald, M. A., u. Watson, L., *Clin. Chim. Acta 14*, 233 (1966).
[783] Machata, G., *Wiener Klin. Wochenschr. 85*, 216 (1973).
[784] Machata, G., u. Binder, R., *Z. Rechtsmed. 73*, 29 (1973).
[785] Maes, D., Adiwinata, Y., Egglestone, D., Fyles, T., Tilgner, F., u. Pate, B. D., *4. ICAS*, Toronto 1973.
[786] Magos, L., u. Cernik, A. A., *British J. Ind. Med. 26*, 144 (1969).
[787] Mahoney, J. R., Sargent, K., Greland, M., u. Small, W., *Clin. Chem. 15*, 312 (1969).
[788] Makarov, D. F., Kukushkin, Y. N., u. Eroshevich, T. A., *Zh. Analit. Khim. 24*, 1436 (1969).
[789] Manahan, S. E., u. Jones, D. R., *Anal. Letters 6*, 745 (1973).
[790] Manahan, S. E., u. Kunkel, R., *Anal. Letters 6*, 547 (1973).
[791] Manning, D. C., *At. Absorption Newslett. 3*, 84 (1964).
[792] Manning, D. C., *At. Absorption Newslett. 4*, 267 (1965).
[793] Manning, D. C., *At. Absorption Newslett. 5*, 63 (1966).
[794] Manning, D. C., *At. Absorption Newslett. 5*, 127 (1966).
[795] Manning, D. C., *At. Absorption Newslett. 6*, 35 (1967).
[796] Manning, D. C., *At. Absoprtion Newslett. 6*, 75 (1967).
[797] Manning, D. C., *At. Absorption Newslett. 9*, 97 (1970).
[798] Manning, D. C., *At. Absorption Newslett. 9*, 109 (1970).
[799] Manning, D. C., *At. Absorption Newslett. 10*, 123 (1971).
[800] Manning, D. C., u. Capacho-Delgado, L., *Anal. Chim. Acta 36*, 312 (1966).
[801] Manning, D. C., u. Fernandez, F. J., *At. Absorption Newslett. 6*, 15 (1967).
[802] Manning, D. C., u. Fernandez, F. J., *At. Absorption Newslett. 9*, 65 (1970).
[803] Manning, D. C., u. Fernandez, F. J., *Pitburgh Conf. Anal. Chem. Appl. Spectry*, Cleveland 1973.
[804] Manning, D. C., u. Fernandez, F. J., *Pittsburgh Conf. Anal. Chem. Apl. Spectry*, Cleveland 1974.
[805] Manning, D. C., u. Heneage, P., *At. Absorption Newslett. 6*, 124 (1967).
[806] Manning, D. C., u. Heneage, P., *At. Absorption Newslett. 7*, 80 (1968).
[807] Manning, D. C., u. Kahn, H. L., *At. Absorption Newslett. 4*, 224 (1965).
[808] Manning, D. C., u. Slavin, W., *At. Absorption Newslett. 1*, 39 (1962).
[809] Manning, D. C., u. Slavin, S., *At. Absorption Newslett. 8*, 132 (1969).
[810] Manning, D. C., Trent, D. J., Sprague, S., u. Slavin, W., *At. Absorption Newslett. 4*, 255 (1965).
[811] Manning, D. C., Trent, D. J., u. Vollmer, J., *At. Absorption Newslett. 4*, 234 (1965).
[812] Manning, D. C., u. Vollmer, J., *At. Absorption Newslett. 6*, 38 (1967).
[813] Manning, D. C., Vollmer, J., u. Fernandez, F. J., *At. Absorption Newslett. 6*, 17 (1967).
[814] Mansell, R. E., *At. Absorption Newslett. 4*, 276 (1965).
[815] Mansell, R. E., u. Emmel, H. W., *At. Absorption Newslett. 4*, 365 (1965).
[816] Mansell, R. E., Emmel, H. W., u. McLaughlin, E. L., *Appl. Spectry. 20*, 231 (1966).
[817] Mansfield, J. M., Bratzel, M. P., Norgordon, H. O., Knapp, D. O., Zacha, K. E., u. Winefordner, J. D., *Spectrochim. Acta 23 B*, 389 (1968).
[818] Mansfield, J. M., Winefordner, J. D., u. Veillon, C., *Anal. Chem. 37*, 1049 (1965).
[819] Marček, M. V., Kinson, K., u. Belcher, C. B., *Anal. Chim. Acta 41*, 447 (1968).
[820] Margoshes, M., u. Darr, M. M., *NBS Techn. Note 272*, 18 (1965).
[821] Mariée, M., u. Pinta, M., *Méth. Pys. d'Anal. (GAMS) 6*, 361 (1970).
[822] Marinkovic, M., u. Vickers, T. J., *Appl. Spectry. 25*, 319 (1971).
[823] Marks, J. Y., u. Welcher, G. G., *Anal. Chem. 42*, 1033 (1970).
[824] Marshal, G. B., u. West, T. S., *Talanta 14*, 823 (1967).
[825] Marshal, G. B., u. West, T. S., *Analyst 95*, 343 (1970).
[826] Martin, M., *Chem. Ind. 1971*, 514.
[827] Maruta, T., u. Takeuchi, T., *Anal. Chim. Acta 62*, 253 (1972).
[828] Massmann, H., *Z. Instrumentenkunde 71*, 225 (1963).
[829] Massmann, H., *XII CSI*, Exeter 1965. S. 275.

[830] Massmann, H., *2. Int. Sympos. Reinststoffe in Wissenschaft und Technik*, Dresden 1965. II, S. 297.
[831] Massmann, H., *Z. Anal. Chem. 225*, 203 (1967).
[832] Massmann, H., *Spectrochim. Acta 23 B*, 215 (1968).
[833] Massmann, H., *Méthodes Physiques d' Analyse 4*, 193 (1968).
[834] Massmann, H., *CSI XVI*. Heidelberg 1971, S. 285.
[835] Matoušek, J. P., *CSI XVII*, Florenz 1973, S. 57.
[836] Matoušek, J. P., u. Stevens, B. J., *Clin. Chem. 17*, 363 (1971).
[837] Matoušek, J. P., u. Sychra, V., *IAASC*, Sheffield 1969.
[838] Matoušek, J. P., u. Sychra, V., *Anal. Chem. 41*, 518 (1969).
[839] Matoušek, J. P., u. Sychra, V., *Anal. Chim. Acta 49*, 175 (1970).
[840] Matsumoto, C., Taniquchi, S., Suzusho, K., u. Sakaguchi, T., *J. Spect. Soc. Japan 2*, 61 (1968).
[841] Matz, A. R., *Bull. Parenteral Drug Ass. 20*, 130 (1966).
[842] Mavrodineanu, R., u. Boiteux, H., *Flame Spectroscopy*. John Wiley 1965.
[843] Mavrodineanu, R., u. Hughes, R. C., *Spectrochim. Acta 19*, 1309 (1963).
[844] Mavrodineanu, R., u. Hughes, R. C., *Appl. Optics 7*, 1281 (1968).
[845] McAuliffe, J. J., *At. Absorption Newslett. 6*, 69 (1967).
[846] McBridge, C. H., *At. Absorption Newslett. 3*, 144 (1964).
[847] McBryde, W. T., u. Williams, F., *US AEC Rept. Y-1178* (1957).
[848] McCrackan, M. L., Webb, H. J., Hammar, H. E., u. Loadholt, C. B., *J. Ass. Offic. Agr. Chem. 50*, 5 (1967).
[849] McFarren, E. F., u. Lishka, R. J., in: *Trace Inorganics in Water. Am. Chem. Soc. Publ., Advan. Chem. Ser. 73*, 253 (1968).
[850] McGee, W. W., u. Winefordner, J. D., *Anal. Chim. Acta 37*, 429 (1967).
[851] McPherson, G. L., *At. Absorption Newslett. 4*, 186 (1965).
[852] McPherson, G. L., Price, J. W., u. Scaife, P. H., *Nature 199*, 371 (1963).
[853] Means, E. A., u. Ratcliff, D., *At. Absorption Newslett. 4*, 174 (1965).
[854] Meddings, B., u. Kaiser, H., *At. Absorption Newslett. 6*, 28 (1967).
[855] Medlin, J. H., Suhr, N. H., u. Bodkin, J. B., *At. Absorption Newslett. 8*, 25 (1969).
[856] Meggers, W. F., Corliss, C. H., u. Scribner, B. F., *Tables of Spectral Line Intensities*. NBS Monograph 32-I (1961).
[857] Meggers, W. F., u. Westfall, F. O., *J. Res. Nat. Bur. Stand. 44*, 447 (1950).
[858] Melton, J. R., Hoover, W. L., u. Howard, P. A., *J. Ass. Offic. Agr. Chem. 52*, 950 (1969).
[859] Melton, J. R., Hoover, W. L., Howard, P. A., u. Ayers, J. L., *J. Ass. Offic. Agr. Chem. 53*, 682 (1970).
[860] Menis, O., u. Rains, T. C., *Anal. Chem. 32*, 1837 (1960).
[861] Mensik, J. D., u. Seidemann, H. J., *At. Absorption Newslett. 13*, 8 (1974).
[862] Menzies, A. C., *Anal. Chem. 32*, 898 (1960).
[863] Mesman, B. B., u. Smith, B. S., *At. Absorption Newslett. 9*, 81 (1970).
[864] Mesman, B. B., Smith, B. S., u. Pierce, J. O., *Am. Ind. Hyg. Assn. J. 31*, 701 (1970).
[865] Midgett, M. R., u. Fishman, M. J., *At. Absorption Newslett. 6*, 128 (1967).
[866] Miller, J. R., Helprin, J. J., u. Finlayson, J. S., *J. Pharm. Sci. 58*, 455 (1969).
[867] Mitchell, A. C. G., u. Zemansky, M. W., *Resonance Radiation and Excited Atoms*. Cambridge Univ. Press, New York 1961.
[868] Mitchell, D. G., Jackson, K. W., u. Aldous, K. M., *Anal. Chem. 45*, 1215A (1973).
[869] Mitchell, D. G., Ryan, F. J., u. Aldous, K. M., *At. Absorption Newslett. 11*, 120 (1972).
[870] Mitchell, K. B., *J. Opt. Soc. Amer. 51*, 846 (1961).
[871] Moffitt, A. E., u. Kupel, R. E., *At. Absorption Newslett. 9*, 113 (1970).
[872] Mondan, B., *IAASC*, Sheffield 1969.
[873] Monder, C., u. Sells, N., *Anal. Biochem. 20*, 215 (1967).
[874] Monkman, J. L., Maffet, P. A., u. Doherty, T. F., *Ind. Hyg. Foundation Am. Quart. 17*, 418 (1956).
[875] Montagut-Buscas, M., Obiols, J., u. Rodriquez, E., *At. Absorption Newslett. 6*, 61 (1967).
[876] Montford, B., u. Cribbs, S. C., *At. Absorption Newslett. 8*, 77 (1969).
[877] Moody, R. R., u. Taylor, R. B., *J. Pharm. Pharmac. 24*, 848 (1972).

[878] Moore, E. J., Milner, O. I., u. Glass, J. R., *Microchem. J. 10*, 148 (1966).
[879] Morgan, M. E., *At. Absorption Newslett. 3*, 43 (1964).
[880] Morrison, G. H., u. Freiser, H., *Solvent Extraction in Analytical Chemistry*. John Wiley & Sons, New York 1957.
[881] Morrison, G. H., u. Talmi, Y., *Anal. Chem. 42*, 809 (1970).
[882] Morrow, R. W., u. McElhaney, R. J., *Appl. Spectry. 27*, 387 (1973).
[883] Morrow, R. W., u. McElhaney, R. J., *At. Absorption Newslett. 13*, 45 (1974).
[884] Mossotti, V. G., u. Duggan, M., *Appl. Optics 7*, 1325 (1968).
[885] Mossotti, V. G., u. Fassel, V. A., *Spectrochim. Acta 20*, 1117 (1964).
[886] Mossotti, V. G., Laqua, K., u. Hagenah, W. D., *Spectrochim. Acta 23 B*, 197 (1967).
[887] Mostyn, R. A., u. Cunningham, A. F., *Anal. Chem. 38*, 121 (1966).
[888] Mostyn, R. A., u. Cunningham, A. F., *Anal. Chem. 39*, 433 (1967).
[889] Mostyn, R. A., u. Cunningham. A. F., *J. Inst. Petrol. 53*, 101 (1967).
[890] Moten, L., *J. Ass. Offic. Agr. Chem. 53*, 916 (1970).
[891] Mrozowski, S., *Z. Physik 112*, 223 (1939).
[892] Mulford, C. E., *At. Absorption Newslett. 5*, 28 (1966).
[893] Mulford, C. E., *At. Absorption Newslett. 5*, 63 (1966).
[894] Mulford, C. E., *At. Absorption Newslett. 5*, 88 (1966).
[895] Munns, R. K., u. Holland, D. C., *J. Ass. Offic. Agr. Chem. 54*, 202 (1971).
[896] Muntz, J. H., *At. Absorption Newslett. 10*, 9 (1971).
[897] Murthy, L., Menden, E. E., Eller, P. M., u. Petering, H. G., *Anal. Biochem. 53*, 365 (1973).
[898] Muter, R., u. Cockrell, C., *Appl. Spectry. 23*, 493 (1969).
[899] Muzzarelli, R. A. A., u. Rocchetti, R., *Anal. Chim. Acta 64*, 371 (1973).
[900] Muzzarelli, R. A. A., u. Rocchetti, R., *Anal. Chim. Acta 69*, 35 (1974).
[901] Muzzarelli, R. A. A., u. Rocchetti, R., *Anal. Chim. Acta 70*, 283 (1974).
[902] Myers, D., *At. Absorption Newslett. 6*, 89 (1967).
[903] Nakahara, T., Munemori, M., u. Musha, S., *Anal. Chim. Acta 62*, 267 (1972).
[904] Nakahara, T., Munemori, M., u. Musha, S., *Bull. Chem. Soc. Japan 46*, 1162 (1973).
[905] Nakahara, T., Munemori, M., u. Musha, S., *Bull. Chem. Soc. Japan 46*, 1172 (1973).
[906] Nesbitt, R. W., *Anal. Chim. Acta 35*, 413 (1966).
[907] Neumann, G. M., *Z. Anal. Chem. 258*, 180 (1972).
[908] Neumann, G. M., *Z. Anal. Chem. 259*, 337 (1972).
[909] Neumann, G. M., *Z. Anal. Chem. 261*, 108 (1972).
[910] Newbrun, E., *Nature 192*, 1182 (1961).
[911] Newland, B. T. N., u. Mostyn, R. A., *At. Absorption Newslett. 10*, 89 (1971).
[912] Neybon, R., u. Rey-Coquais, B., *At. Absorption Newslett. 6*, 92 (1967).
[913] Ng, W. K., *Anal. Chim. Acta 63*, 469 (1973).
[914] Ng, W. K., *Anal. Chim. Acta 64*, 292 (1973).
[915] Nitis, G. J., Svoboda, V., u. Winefordner, J. D., *Spectrochim. Acta 27 B*, 345 (1972).
[916] Nix, J., u. Goodwin, T., *At. Absorption Newslett. 9*, 119 (1970).
[917] Nixon, D. E., Fassel, V. A., u. Kniseley, R. N., *Anal. Chem. 46*, 210 (1974).
[918] Nomoto, S. u. Sunderman, F. W., *Clin. Chem. 16*, 477 (1970).
[919] Nonnenmacher, G., u. Schleser, F. H., *Z. Anal. Chem. 209*, 284 (1965).
[920] Nord, P. J., Kadaba, M. P., u. Sorenson, J. R. J., *Arch. Environ. Health. 27* , 40 (1973).
[921] Norwitz, G., u. Gordon, H., *Talanta 20*, 905 (1973).
[922] Obermiller, E. L., u. Freedman, R. W., *Fuel 44*, 199 (1965).
[923] Oddo, N., *Riv. Combustibili XXV*, 153 (1971).
[924] Olivier, M., *Z. Anal. Chem. 248*, 145 (1969).
[925] Olivier, M., *Z. Anal. Chem. 257*, 135 (1971).
[926] Olivier, M., *Z. Anal. Chem. 257*, 187 (1971).
[927] Olsen, E. D., Jatlow, P. I., Fernandez, F. J., u. Kahn, H. L., *Clin. Chem. 19*, 326 (1973).
[928] Olsen, R. D., u. Sommerfeld, M. R., *At. Absorption Newslett. 12*, 165 (1973).
[929] Olson, A. D., u. Hamlin, W. B., *At. Absorption Newslett. 7*, 69 (1968).
[930] Olson, A. D., u. Hamlin, W. B., *Clin. Chem. 15*, 438 (1969).
[931] Olson, A. M., *At. Absorption Newslett. 4*, 278 (1965).
[932] Omang, S. H., *Anal. Chim. Acta 55*, 439 (1971).

[933] Omang, S. H., *Anal. Chim. Acta 56*, 470 (1971).
[934] Omang, S. H., *Anal. Chim. Acta 63*, 247 (1973).
[935] Omenetto, N., Benetti, P., Hart, L. P., Winefordner, J. D., u. Alkemade, C. Th. J., *Spectrochim. Acta 28 B*, 289 (1973).
[936] Omenetto, N., Benetti, P., u. Rossi, G., *Spectrochim. Acta 27 B*, 453 (1972).
[937] Omenetto, N., Hart, L. P., Benetti, P., u. Winefordner, J. D., *Spectrochim. Acta 28 B*, 301 (1973).
[938] Omenetto, N., Hatch, N. N., Fraser, L. M., u. Winefordner, J. D., *Spectrochim. Acta 28 B*, 65 (1973).
[939] Omenetto, N., u. Rossi, G., *Spectrochim. Acta 24 B*, 95 (1969).
[940] Omenetto, N., u. Rossi, G., *IAASC*, Sheffield 1969.
[941] Ormer, D. G., u. Purdy, W. C., *Anal. Chim. Acta 64*, 93 (1973).
[942] Osborn, K. R., u. Gunning, H. E., *J. Opt. Soc. Amer. 45*, 522 (1955).
[943] Osolinski, T. W., u. Knight, N. H., *Appl. Spectry. 22*, 532 (1968).
[944] Ottaway, J. M., Coker, D. T., Rowston, W. B., u. Bhattarai, D. R., *Analyst 95*, 567 (1970).
[945] Ottaway, J. M., u. Pradhan, N. K., *Talanta 20*, 927 (1973).
[946] Pagliai, V., u. Pozzi, F., *3. CISAFA*, Paris 1971, S. 907.
[947] Panday, V. K., u. Ganguly, A. K., *At. Absorption Newslett. 7*, 50 (1968).
[948] Pappas, E. G., u. Rosenberg, L. A., *J. Ass. Offic. Agr. Chem. 49*, 782 (1966).
[949] Pappas, E. G., u. Rosenberg, L. A., *J. Ass. Offic. Agr. Chem. 49*, 792 (1966).
[950] Paralusz, C. M., *Appl. Spectry. 22*, 520 (1968).
[951] Parker, H. E., *At. Absorption Newslett. 2*, 23 (1963).
[952] Parker, M. W., Humoller, F. L., u. Mahler, D. J., *Clin. Chem. 13*, 40 (1967).
[953] Parson, M. L., McCarthy, W. J., u. Winefordner, J. D., *Appl. Spectry. 20*, 223 (1966).
[954] Parsons, J. A., Dawson, B., Callahan, E., u. Potts, J. T., *Biochem. J. 119*, 791 (1970).
[955] Paschen, A., *Physik 50*, 901 (1916).
[956] Paschen, K., *Deut. Med. Wochenschr. 95*, 2570 (1970).
[957] Paschen, K., Privatmitteilung.
[958] Paschen, K., u. Fritz, G., *Ärztl. Forsch. 24*, 202 (1970).
[959] Passmore, W. O., u. Adams, P. B., *At. Absorption Newslett. 4*, 237 (1965).
[960] Passmore, W. O., u. Adams, P. B., *At. Absorption Newslett. 5*, 77 (1966).
[961] Patassy, F. Z., *Plant Soil 22*, 395 (1965).
[962] Patel, B. M., u. Winefordner, J. D., *Anal. Chim. Acta 64*, 135 (1973).
[963] Pau, J. C.-M., Pickett, E. E., u. Koirtyohann, S. R., *Analyst 97*, 860 (1972).
[964] Paus, P. E., *At. Absorption Newslett. 10*, 44 (1971).
[965] Paus, P. E., *At. Absorption Newslett. 10*, 69 (1971).
[966] Paus, P. E., *At. Absorption Newslett. 11*, 129 (1972).
[967] Paus, P. E., *Z. Anal. Chem. 264*, 118 (1973).
[968] Pawluk, S., *At. Absorption Newslett. 6*, 53 (1967).
[969] Payne, C. E., u. Combs, H. F., *Appl. Spectry. 22*, 786 (1968).
[970] Pekarek, R. S., u. Hauer, E. C., *Fed. Proc. 31*, 700 (1972).
[971] Perkins, J., *Analyst 88*, 324 (1963).
[972] Peterson, E. A., *At. Absorption Newslett. 9*, 129 (1970).
[973] Peterson, G. E., *At. Absorption Newslett. 5*, 177 (1966).
[974] Peterson, G. E., u. Kahn, H. L., *At. Absorption Newslett. 9*, 71 (1970).
[975] Pichotin, B., u. Chasseur, P., Privatmitteilung.
[976] Pickett, E. E., Koirtyohann, S. R., *Spectrochim. Acta 23 B*, 235 (1968).
[977] Pickett, E. E., u. Koirtyohann, S. R., *Spectrochim. Acta 24 B*, 325 (1969).
[978] Pickett, E. E., u. Koirtyohann, S. R., *Anal. Chem. 41*, 28 A (1969).
[979] Pickett, E. E., u. Pau, J. C.-M., *J. Ass. Offic. Agr. Chem. 56*, 151 (1973).
[980] Pickett, E. E., Pau, J. C.-M., u. Koirtyohann, S. R., *J. Ass. Offic. Agr. Chem. 54*, 796 (1971).
[981] Pickford, C. J., u. Rossi, G., *Analyst 97*, 647 (1972).
[982] Pickford, C. J., u. Rossi, G., *Analyst 98*, 329 (1973).
[983] Pierce, J. O., u. Cholak, J., *Environ. Health 13*, 208 (1966).
[984] Pinta, M. u., Riandey, C., *CSI XVII*, Florenz 1973, S. 71.
[985] Piper, K. G., u. Higgins, G., *Proc. Assoc. Clin. Biochem. 4*, 190 (1967).

[986] Pitts, A. E., VanLoon, J. C., u. Beamish, F. E., *Anal. Chim. Acta 50*, 181 (1970).
[987] Pitts, A. E., VanLoon, J. C., u. Beamish, F. E., *Anal. Chim. Acta 50*, 195 (1970).
[988] Platte, J. A., in: *Trace Inorganics in Water. Amer. Chem. Soc. Publ., Advan. Chem. Ser. 73*, 247 (1968).
[989] Platte, J. A., u. Marcy, V. M., *At. Absorption Newslett. 4*, 289 (1965).
[990] Pollock, E. N., *At. Absorption Newslett. 9*, 47 (1970).
[991] Pollock, E. N., *At. Absorption Newslett. 10*, 77 (1971).
[992] Pollock, E. N., u. Anderson, S. I., *Anal. Chim. Acta 41*, 441 (1968).
[993] Pollock, E. N., u. West, S. J., *At. Absorption Newslett. 11*, 104 (1972).
[994] Pollock, E. N., u. West, S. J., *At. Absorption Newslett. 12*, 6 (1973).
[995] Poluektov, N. S., u. Vitkun, R. A., *Zh. Anal. Khim. 18*, 33 (1963).
[996] Poluektov, N. S., Vitkun, R. A., u. Zelyukova, Y. V., *Zh. Anal. Khim. 19*, 873 (1964).
[997] Popham, R. E., u. Schrenk, W. G., *Spectrochim. Acta 23 B*, 543 (1968).
[998] Porter, C., *At. Absorption Newslett. 8*, 112 (1969).
[999] Posener, D. W., *Austr. J. Physics 12*, 184 (1959).
[1000] Prasad, A. S., Oberleas, D., u. Halsted, J. A., *J. Lab. Clin. Med. 66*, 508 (1965).
[1001] Prévôt, A., *At. Absorption Newslett. 5*, 13 (1966).
[1002] Price, J. P., *At. Absorption Newslett. 11*, 1 (1972).
[1003] Price, W. J., u. Roos, J. T. H., *J. Sci. Fd. Agric. 20*, 437 (1969).
[1004] Price, W. J., u. Roos, J. T. H., *Met. Ital. 61*, 423 (1969).
[1005] Price, W. J., Roos, J. T. H., u. Clay, A. F., *Analyst 95*, 760 (1970).
[1006] Prugger, H., *Optik 21*, 320 (1964).
[1007] Prugger, H., Grosskopf, R., u. Torge, R., *Spectrochim. Acta 26 B,* 191 (1971).
[1008] Purushottam, A., Naidu, P. P., u. Lal, S. S., *Talanta 20*, 631 (1973).
[1009] Pybus, J., u. Bowers, G. N., *Clin. Chem. 16*, 139 (1970).
[1010] Pyrih, R. S., u. Bisque, R. E., *Econ. Geol. 64*, 825 (1969).
[1011] Quarrell, T. M., Powell, R. J. W., u. Cluley, H. J., *Analyst 98*, 443 (1973).
[1012] Rains, T. C., in: [5], S. 349.
[1013] Rains, T. C., Epstein, M. S., u. Menis, O., *Anal. Chem. 46*, 207 (1974).
[1014] Ramakrishna, T. V., Robinson, J. W., u. West, P. W., *Anal. Chim. Acta 36*, 57 (1966).
[1015] Ramakrishna, T. V., Robinson, J. W., u. West, P. W., *Anal. Chim. Acta 37*, 20 (1967).
[1016] Ramakrishna, T. V., Robinson, J. W., u. West, P. W., *Anal. Chim. Acta 39*, 81 (1969).
[1017] Rann, C. S., u. Hambly, A. N., *Anal. Chim. Acta 32* 346 (1965).
[1018] Rann, C. S., u. Hambly, A. N., *Anal. Chem. 37*, 879 (1965).
[1019] Rantala, R. T. T., u. Loring, D. H., *At. Absorption Newslett. 12*, 97 (1973).
[1020] Rao, P. D., *At. Absorption Newslett. 9*, 131 (1970).
[1021] Rao, P. D., *At. Absorption Newslett. 10*, 118 (1971).
[1022] Rao, P. D., *At. Absorption Newslett. 11*, 45 (1972).
[1023] Rasmuson, J. O., Fassel, V. A., u. Kniseley, R. N., *Spectrochim. Acta 28 B*, 365 (1973).
[1024] Rathje, A. O., *Amer. Ind. Hyg. Assoc. J. 30*, 126 (1969).
[1025] Rawling, B. S., Amos, M. D., u. Greaves, M. C., *Aust. Inst. Mining Met. Proc. 199*, (1961).
[1026] Rawling, B. S., Greaves, M. C., u. Amos, M. D., *Nature 188*, 137 (1960).
[1027] Rawson, R. A. G., *4. ICAS*, Toronto 1973.
[1028] Reevers, J. R., *Econ, Geol. 62*, 426 (1967).
[1029] Reif, I., Fassel, V. A., u. Kniseley, R. N., *Spectrochim. Acta 28 B*, 105 (1973).
[1030] Reinhold, J. G., Pascoe, E., u. Kfoury, G. A., *Anal. Biochem. 25*, 557 (1968).
[1031] Renshaw, G. D., *At. Absorption Newslett. 12*, 158 (1973).
[1032] Renshaw, G. D., Pounds, C. A., u. Pearson, E. F., *At. Absorption Newslett. 12*, 55 (1973).
[1033] Reversat, G., *3. CISAFA*, Paris 1971, S. 769.
[1034] Riandey, C., u. Pinta, M., *3. CISAFA*, Paris 1971, S. 321.
[1035] Ringhardtz, I., u. Welz, B., *Z. Anal. Chem. 243*, 190 (1968).
[1036] Rivalenti, G., u. Sighinolfi, G. P., *Contr. Mineral. Petr. 23*, 173 (1969).
[1037] Robinson, J. W., *Anal. Chim. Acta 23*, 458 (1960).
[1038] Robinson, J. W., *Anal. Chim. Acta 24,* 451 (1961).
[1039] Robinson, J. W., *Anal. Chem. 33*, 1067 (1961).
[1040] Robles, J., u. Lachica, M., *3. CISAFA*, Paris 1971, S. 453.

[1041] Rodgerson, D. O., u. Moran, I. K., *Clin. Chem. 14*, 1206 (1968).
[1042] Roe, D. A., Miller, P. S., u. Lutwak, L., *Anal. Biochem. 15*, 313 (1966).
[1043] Roelandts, I., *At. Absorption Newslett. 11*, 48 (1972).
[1044] Rohleder, H. A., Dietl, F., u. Sansoni, B., *Spectrochim. Acta 29 B*, 19 (1974).
[1045] Roos, J. T. H., *IAASC*, Sheffield 1969.
[1046] Roos, J. T. H., *Spectrochim. Acta 24 B*, 255 (1969).
[1047] Roos, J. T. H., *Spectrochim. Acta 25 B*, 539 (1970).
[1048] Roos, J. T. H., *Spectrochim. Acta 26 B*, 285 (1971).
[1049] Roos, J. T. H., *Spectrochim. Acta 27 B*, 473 (1972).
[1050] Roos, J. T. H., *Spectrochim. Acta 28 B*, 407 (1973).
[1051] Roos, J. T. H., u. Price, W. J., *Spectrochim. Acta 26 B*, 279 (1971).
[1052] Roosels, D., u. Vanderkeel, J. V., *At. Absorption Newslett. 7*, 9 (1968).
[1053] Roosney, R. C., u. Pratt, C. G., *IAASC*, Sheffield 1969.
[1054] Roschnik, R. K., *4. ICAS*, Toronto 1973.
[1055] Roschnik, R. K., *Analyst 98*, 596 (1973).
[1056] Rose, G. A., u. Willden, E. G., *Analyst 98*, 243 (1973).
[1057] Rose, S. A., z. Boltz, D. F., *Anal. Chim. Acta 44*, 239 (1969).
[1058] Ross, R. T., u. Gonzalez, J. G., *Anal. Chim. Acta 70,* 443 (1974).
[1059] Ross, R. T., Gonzalez, J. G., u. Segar, D. A., *Anal. Chim. Acta 63*, 205 (1973).
[1060] Rossi, G., u. Omenetto, N., *Appl. Spectry. 21*, 329 (1967).
[1061] Roth, D. J., Bohl, D. R., u. Sellers, D. E., *At. Absorption Newslett. 7*, 87 (1968).
[1062] Rousselet, F., Antonetti, A., Englander, J., u. Amiel, C., *3. CISAFA*, Paris 1971, S. 175.
[1063] Rowston, W. B., u. Ottaway, J. M., *Anal. Letters 3*, 411 (1970).
[1064] Rubeška, I., *Anal. Chim. Acta 40*, 187 (1968).
[1065] Rubeška, I., in: [5], S. 317.
[1066] Rubeška, I., *At. Absorption Newslett. 12*, 33 (1973).
[1067] Rubeška, I., *Spectrochim. Acta 29 B*, 263 (1974).
[1068] Rubeška, I., u. Mikšovsky, M., *At. Absorption Newslett. 11*, 57 (1972).
[1069] Rubeška, I., u. Moldan, B., *Anal. Chim. Acta 37*, 421 (1967).
[1070] Rubeška, I., u. Moldan, B., *Appl. Optics 7*, 1341 (1968).
[1071] Rubeška, I., u. Štupar, J., *At. Absorption Newslett. 5*, 69 (1966).
[1072] Rubeška, I., Šulcek, Z., u. Moldan, B., *Anal. Chim. Acta 37*, 27 (1967).
[1073] Rubeška, I., u. Svoboda, V., *Anal. Chim. Acta 32*, 253 (1965).
[1074] Russell, B. J., Shelton, J. P., u. Walsh, A., *Spectrochim. Acta 8*, 317 (1957).
[1075] Russell, B. J., u. Walsh, A., *Spectrochim. Acta 10*, 883 (1959).
[1076] Russos, G. F., u. Morrow, B. H., *Appl. Spectry. 22*, 769 (1968).
[1077] Sachdev, S. L., Robinson, J. W., u. West, P. W., *Anal. Chim. Acta 38*, 499 (1967).
[1078] Salama, C., *At. Absorption Newslett. 10*, 72 (1971).
[1079] Sattur, T. W., *At. Absorption Newslett. 5*, 37 (1966).
[1080] Savory, J., Rozel, N. O., Mushak, P., u. Sunderman, F. W., *Am. J. Clin. Pathol. 50*, 505 (1968).
[1081] Savory, J., Wiggins, J. W., u. Heintges, M. G., *Am. J. Clin. Pathol. 51*, 720 (1969).
[1082] Scarborough, J. M., *Anal. Chem. 41*, 250 (1969).
[1083] Scarborough, J. M., Bingham, C. D., u. de Vries, P. F., *Anal. Chem. 39*, 1394 (1967).
[1084] Schaefer, C., u. Vomhof, D. W., *At. Absorption Newslett. 12*, 133 (1973).
[1085] Schaller, K. H., Essing, H. G., Valentin, H., u. Schäcke, G., *Z. Klin. Chem. Klin. Biochem. 10*, 434 (1972).
[1086] Schaller, K. H., Kühnert, A., u. Lehnert, G., *Blut 17*, 155 (1968).
[1087] Schallis, J. E., u. Kahn, H. L., *At. Absorption Newslett. 7*, 75 (1968).
[1088] Schiller, R., *At. Absorption Newslett. 9*, 111 (1970).
[1089] Schlebusch, H., u. Niehoff, B., *Biochem. Anal. 74*, München 1974.
[1090] Schlewitz, J. H., u. Shields, M. G., *At. Absorption Newslett. 10*, 39 (1971).
[1091] Schlewitz, J. H., u. Shields, M. G., *At. Absorption Newslett. 10*, 43 (1971).
[1092] Schmidt, F. J., u. Royer, J. L., *Anal. Letters 6*, 17 (1973).
[1093] Schmidt, W., u. Sansoni, B., *Biochem. Anal. 74,* München 1974.
[1094] Schneider, W., u. Matter, L., *Lebensmittelchem. Gerichtl. Chem. 28*, 3 (1974).
[1095] Schnepfe, M. M., u. Grimaldi, F. S., *Talanta 16*, 1461 (1969).

[1096] Schramel, P., *Anal. Chim. Acta 67*, 69 (1973).
[1097] Schrenk, W. G., Lehman, D. A., u. Neufeld, L., *Appl. Spectry. 20*, 389 (1966).
[1098] Schroeder, H. A., u. Nason, A. P., *Clin. Chem. 17*, 461 (1971).
[1099] Schulz-Baldes, M., *Marine Biology 16*, 226 (1972).
[1100] Schwab, M. R., u. Hembree, N. H., *At. Absorption Newslett. 10*, 15 (1971).
[1101] Schweizer, V. B., *At. Absorption Newslett. 14*, 137 (1975).
[1102] Scott, R. L., *At. Absorption Newslett. 9*, 46 (1970).
[1103] Searle, B., Chan, W., Jensen, C., u. Davidow, B., *At. Absorption Newslett. 8*, 126 (1969).
[1104] Sebens, C., Vollmer, J., u. Slavin, W., *At. Absorption Newslett. 3*, 165 (1964).
[1105] Sbestyen, N. A., *Spectrochim. Acta 25 B*, 261 (1970).
[1106] Segal, R. J., *Clin. Chem. 15*, 1124 (1969).
[1107] Segar, D. A., *3. CISAFA*, Paris 1971, S. 523.
[1108] Segar, D. A., *Anal. Letters 7*, 89 (1974).
[1109] Segar, D. A., u. Gonzalez, J. G., *Anal. Chim. Acta 58,* 7 (1972).
[1110] Segar, D. A., u. Gonzalez, J. G., *4. ICAS*, Toronto 1973.
[1111] Segar, D. A., Gonzalez, J. G., Gilio, J. L., u. Pellenbarg, R. E., *4. ICAS*, Toronto 1973.
[1112] Selander, S., u. Cramer, K., *British J. Ind. Med. 25,* 139 (1968).
[1113] Seller, R. H., Ramirez-Muxo, O., Brest, A. N., u. Moyer, J. H., *J. Amer. Med. Ass. 191*, 118 (1965).
[1114] SenGupta, J. G., *Anal. Chim. Acta 58*, 23 (1972).
[1115] SenGupta, J. G., *Anal. Chim. Acta 63*, 19 (1973).
[1116] SenGupta, J. G., *Miner. Sci. Engng. 5*, 207 (1973).
[1117] Severne, B. C., u. Brooks, R. R., *Talanta 19*, 1467 (1972).
[1118] Severne, B. C., u. Brooks, R. R., *Anal. Chim. Acta 58,* 216 (1972).
[1119] Shafto, R. G., *At. Absorption Newslett. 3*, 115 (1964).
[1120] Shkolnik, G. M., u. Bevill, R. F., *At. Absorption Newslett. 12*, 112 (1973).
[1121] Sideman, L., Murphy, J. J., u. Wilson, D. T., *Clin. Chem. 16*, 597 (1970).
[1122] Siemer, D., Lech, J. F., u. Woodriff, R., *Spectrochim. Acta 28 B*, 469 (1973).
[1123] Sighinolfi, G. P., *At. Absorption Newslett. 11*, 96 (1972).
[1124] Sighinolfi, G. P., *At. Absorption Newslett. 12*, 136 (1973).
[1125] Silvester, M. D., Koop, D. J., u. Barringer, A. R., *4. ICAS*, Toronto 1973.
[1126] Simmons, E. C., *At. Absorption Newslett. 4*, 281 (1965).
[1127] Simmons, W. J., *Anal. Chem. 45*, 1947 (1973).
[1128] Simonian, J. V., *At. Absorption Newslett. 7*, 63 (1968).
[1129] Simpson, G. R., u. Blay, R. A., *Food Trade Rev. 36*, No. 8, 35 (1966).
[1130] Siren, M. J., *Sci. Tools 11*, 37 (1964).
[1131] Skerry, P. J., u. Chapman, W., *4. ICAS*, Toronto 1973.
[1132] Skewes, H. R., *Aust. Inst. Mining Met. Proc. 211*, 217 (1964).
[1133] Skogerboe, R. K., in: [5], S. 381.
[1134] Skogerboe, R. K., u. Woodriff, R. A., *Anal. Chem. 35*, 1977 (1963).
[1135] Slavin, S., Barnett, W. B., u. Kahn, H. L., *At. Absorption Newslett. 11*, 37 (1972).
[1136] Slavin, S., Fernandez, F. J., u. Manning, D. C., *25. Pittsburgh Conf. Anal. Chem. Appl. Spectry.*, Cleveland 1974.
[1137] Slavin, S., u. Sattur, T. W., *At. Absorption Newslett. 7*, 99 (1968).
[1138] Slavin, S., u. Slavin, W., *At. Absorption Newslett. 5,* 106 (1966).
[1139] Slavin, W., *At. Absorption Newslett. 2*, 1 (1963).
[1140] Slavin, W., *At. Absorption Newslett. 3*, 93 (1964).
[1141] Slavin, W., *At. Absorption Newslett. 4*, 192 (1965).
[1142] Slavin, W., *At. Absorption Newslett. 4*, 243 (1965).
[1143] Slavin, W., *At. Absorption Newslett. 4*, 330 (1965).
[1144] Slavin, W., *Occupational Health Rev. 17*, 9 (1965).
[1145] Slavin, W., *At. Absorption Newslett. 6*, 9 (1967).
[1146] Slavin, W., u. Manning, D. C., *Anal. Chem. 35*, 253 (1963).
[1147] Slavin, W., u. Manning, D. C., *Appl. Spectry. 19*, 65 (1965).
[1148] Slavin, W., Sebens, C., u. Sprague, S., *At. Absorption Newslett. 4*, 341 (1965).
[1149] Slavin, W., u. Slavin, S., *Appl. Spectry. 23*, 421 (1969).

[1150] Slavin, W., u. Sprague, S., *At. Absorption Newslett. 3*, 1 (1964).
[1151] Slavin, W., Trent, D. J., u. Sprague, S., *At. Absorption Newslett. 4*, 180 (1965).
[1152] Slavin, W., Venghiattis, A., u. Manning, D. C., *At. Absorption Newslett. 5*, 84 (1966).
[1153] Smith, D., u. McLain, M. E., *Radiochem. Radioanal. Letters 16*, 89 (1974).
[1154] Smith, K. E., u. Frank, C. W., *Appl. Spectry. 22*, 765 (1968).
[1155] Smith, R., u. Winefordner, J. D., *Spectry. Letters 1*, 157 (1968).
[1156] Smith, R., u. Winefordner, J. D., *IAASC*, Sheffield 1969.
[1157] Smith, R. V., *Int. Laboratory* 1973, No. 2, 39.
[1158] Smyly, D. S., Townsend, W. P, Zeegers, P. J. Th., u. Winefordner, J. D., *Spectrochim. Acta 26 B*, 531 (1971).
[1159] Snelleman, W., in: [5], 213.
[1160] Sobolev, N. N., *Spectrochim. Acta 11*, 310 (1956).
[1161] Spector, H., Clusman, S., Jatlow, P., u. Seligson, D., *Clin. Chim. Acta 31*, 5 (1971).
[1162] Spielholtz, G. I., u. Toralballa, G. C., *Analyst 94*, 1072 (1M.
[1161] Spector, H., Clusman, S., Jatlow, P., u. Seligson, D., *Clin. Chim. Acta 31*, 5 (1971).
[1162] Spielholtz, G. I., u. Toralballa, G. C., *Analyst 94*, 1072 (1969).
[1163] Spitz, J., u. Uny, G., *Appl. Optics 7*, 1345 (1968).
[1164] Spitzer, H., *Erzbergbau Metallhüttenwes. 19*, 567 (1966).
[1165] Spitzer, H., u. Tesik, G., *Z. Anal. Chem. 232*, 40 (1967).
[1166] Spooner, C. M., u. Crassweller, P. O., *At. Absorption Newslett. 11*, 72 (1972).
[1167] Sprague, S., Manning, D. C., u. Slavin, W., *At. Absorption Newslett. 3*, 27 (1964).
[1168] Sprague, S., u. Slavin, W., *At. Absorption Newslett. 3*, 37 (1964).
[1169] Sprague, S., u. Slavin, W., *At. Absorption Newslett. 3*, 72 (1964).
[1170] Sprague, S., u. Slavin, W., *At. Absorption Newslett. 3*, 160 (1964).
[1171] Sprague, S., u. Slavin, W., *At. Absorption Newslett. 4*, 228 (1965).
[1172] Sprague, S., u. Slavin, W., *At. Absorption Newslett. 4*, 293 (1965).
[1173] Sprague, S., u. Slavin, W., *At. Absorption Newslett. 4*, 367 (1965).
[1174] Stevens, B. J., *Clin. Chem. 18*, 1379 (1972).
[1175] Stewart, W. K., Hutchinson, F., u. Fleming, L. W., *J. Lab. Clin. Med. 61*, 858 (1963).
[1176] Stone, M., u. Chesher, S. E., *Analyst 94*, 1063 (1969).
[1177] Strasheim, A., u. Butler, L. R. P., *Appl. Spectry. 16*, 109 (1962).
[1178] Strasheim, A., u. Human, H. G. C., *Spectrochim. Acta 23 B*, 265 (1968).
[1179] Strasheim, A., Norval, E., u. Butler, L. R. P., *J. S. Afr. Chem. Inst. 17*, 55 (1964).
[1180] Strasheim, A., Strelow, F. W. E., u. Butler, L. R. P., *J. S. Afr. Chem. Inst. 13*, 73 (1960).
[1181] Strasheim, A., u. Wessels, G. J., *Appl. Spectry. 17*, 65 (1963).
[1182] Strelow, F. W. E., Feast, E. C., Mathews, P. M., Bothma, C. J. C., u. van Zyl, C. R., *Anal. Chem. 38*, 115 (1966).
[1183] Stresko, V., u. Martiny, E., *At. Absorption Newslett. 11*, 4 (1972).
[1184] Strunk, D. H., u. Andreasen, A. A., *At. Absorption Newslett. 6*, 111 (1967).
[1185] Stupar, J., *Z. Anal. Chem. 203*, 401 (1964).
[1186] Stupar, J., *Microchim. Acta 1966*, 722.
[1187] Stupar, J., u. Dawson, J. B., *Appl. Optics 7*, 1351 (1968).
[1188] Stupar, J., u. Dawson, J. B., *At. Absorption Newslett. 8*, 38 (1969).
[1189] Stupar, J., Podobnik, B., u. Korosin, J., *Croat. Chem. Acta 37*, 141 (1965).
[1190] Suhr, N. H., *XIII. CSI*, Ottawa 1967.
[1191] Suhr, N. H., u. Ingamells, C. O., *Anal. Chem. 38*, 730 (1966).
[1192] Sullivan, J. V., Parker, M., u. Carson, S. B., *J. Lab. Clin. Med. 71*, 893 (1968).
[1193] Sullivan, J. V., u. Walsh, A., *Spectrochim. Acta 21*, 721 (1965).
[1194] Sullivan, J. V., u. Walsh, A., *Spectrochim. Acta 21*, 727 (1965).
[1195] Sullivan, J. V., u. Walsh, A., *Spectrochim. Acta 22*, 1843 (1966).
[1196] Sullivan, J. V., u. Walsh, A., *VI. Aust. Spectry. Conf.*, Brisbane 1967.
[1197] Sullivan, J. V., u. Walsh, A., *XIII. CSI*, Ottawa 1967.
[1198] Sullivan, J. V., u. Walsh, A., *Appl. Optics 7*, 1271 (1968).
[1199] Sundberg, L. L., *Anal. Chem. 45*, 1460 (1973).
[1200] Sunderman, F. W., *Am. J. Clin. Pathol. 44*, 182 (1965).
[1201] Sunderman, F. W., *Human Pathol. 4*, 549 (1973).

[1202] Sunderman, F. W., u. Carroll, J. E., *Am. J. Clin. Pathol. 43*, 302 (1965).
[1203] Sunderman, F. W., u. Nechay, M. W., *Biochem. Anal. 74,* München, 1974.
[1204] Sunderman, F. W., u. Roszel, N. O., *Am. J. Clin. Pathol. 48*, 286 (1967).
[1205] Supp, G. R., *At. Absorption Newslett. 11*, 122 (1972).
[1206] Supp, G. R., Gibbs, I., u. Juszli, M., *At. Absorption Newslett. 12*, 66 (1973).
[1207] Sutter, E., Platman, S. R., u. Fieve, R. R., *Clin. Chem. 16*, 602 (1970).
[1208] Swider, R. T., *At. Absorption Newslett. 7*, 111 (1968).
[1209] Sychra, V., u. Kolihová, D., *3. CISAFA*, Paris 1971, S. 265.
[1210] Sychra, V., u. Matoušek, J., *Anal. Chim. Acta 52*, 376 (1970).
[1211] Sychra, V., u. Matousěk, J., *Talanta 17*, 363 (1970).
[1212] Sychra, V., Slevin, P. J., Matoušek, J., u. Bek, F., *Anal. Chim. Acta 52*, 259 (1970).
[1213] Syty, A., *Anal. Letters 4*, 531 (1971).
[1214] Syty, A., *At. Absorption Newslett. 12*, 1 (1973).
[1215] Takahashi, M., u. Uruno, Y., *Bunko Kenkyu 10*, 110 (1962).
[1216] Tarlin, I. H., u. Batchelder, M., *J. Pharmac. Sci. 59*, 1328 (1970).
[1217] Taulli, T. A., u. Kaelble, E. F., *At. Absorption Newslett. 9*, 100 (1970).
[1218] Tavenier, P., u. Hellendoorn, H. B. A., *Clin. Chim. Acta 23*, 47 (1969).
[1219] Taylor, J. H., *At. Absorption Newslett. 8*, 95 (1969).
[1220] Taylor, M. L., u. Belcher, C. B., *Anal. Chim. Acta 45,* 219 (1969).
[1221] Temperli, A. T., u. Misteli, H., *Anal. Biochem. 27*, 361 (1969).
[1222] Tenoutasse, N., *3. CISAFA*, Paris 1971, S. 817.
[1223] Terashima, S., *Japan Analyst 18*, 1259 (1969).
[1224] Thilliez, G., *Anal. Chem. 39*, 427 (1967).
[1225] Thilliez, G., *Chimie Analytique 50*, 226 (1968).
[1226] Thompson, M. H., *J. Ass. Offic. Agr. Chem. 52*, 55 (1969).
[1227] Thompson, R. J., Morgan, G. B., u. Purdue, L. J., *At. Absorption Newslett. 9*, 53 (1970).
[1228] Thormahlen, D. J., u. Frank, E. H., *At. Absorption Newslett. 10*, 63 (1971).
[1229] Thorpe, V. A., *J. Ass. Offic. Agr. Chem. 54*, 206 (1971).
[1230] Thorpe, V. A., *J. Ass. Offic. Agr. Chem. 56*, 147 (1973).
[1231] Tindall, F. M., *At. Absorption Newslett. 4*, 339 (1965).
[1232] Tindall, F. M., *At. Absorption Newslett. 5*, 140 (1966).
[1233] Tindall, F. M., *At. Absorption Newslett. 6*, 104 (1967).
[1234] Toffoli, P., u. Pannetier, G., *3. CISAFA*, Paris 1971, S. 707.
[1235] Topping, G., u. Pirie, J. M., *Anal. Chim. Acta 62*, 200 (1972).
[1236] Toshimitsu, M., *J. Physic. Soc. Japan. 17*, 1440 (1962).
[1237] Toth, S. J., u. Reimer, D. N., *Indust. Water Eng.* Sept. 1967, 42.
[1238] Townsend, W. P., Smyly, D. S., Zeegers, P. J. T., Svoboda, V., u. Winefordner, J. D., *Spectrochim. Acta 26 B*, 595 (1971).
[1239] Trent, D. J., *At. Absorption Newslett. 4*, 348 (1965).
[1240] Trent, D. J., Manning, D. C., u. Slavin, W., *At. Absorption Newslett. 4*, 335 (1965).
[1241] Trent, D. J., u. Slavin, W., *At. Absorption Newslett. 3*, 17 (1964).
[1242] Trent, D. J., u. Slavin, W., *At. Absorption Newslett. 3*, 53 (1964).
[1243] Trent, D. J., u. Slavin, W., *At. Absorption Newslett. 3*, 118 (1964).
[1244] Trent, D. J., u. Slavin, W., *At. Absorption Newslett. 4*, 300 (1965).
[1245] Trudeau, D. L., u. Freier, E. F., *Clin. Chem. 13*, 101 (1967).
[1246] Tušl, J., *J. Ass. Offic. Agr. Chem. 53*, 1190 (1970).
[1247] Tyler, J. B., *At. Absorption Newslett. 6*, 14 (1967).
[1248] Tyndall, J., *Six Lectures on Light.* D. Appleton & Co, New York 1898.
[1249] Ulfvarson, U., *Acta Chem. Scand. 21*, 641 (1967).
[1250] Ure, A. M., *IAASC,* Sheffield 1969.
[1251] Uthe, J. F., Armstrong, F. A. J., u. Stainton, M. P., *J. Fish. Res. Bd. Canada 27*, 805 (1970).
[1252] VanLoon, J. C., *At. Absorption Newslett. 7*, 3 (1968).
[1253] VanLoon, J. C., *At. Absorption Newslett. 8*, 6 (1969).
[1254] VanLoon, J. C., *At. Absorption Newslett. 11*, 60 (1972).
[1255] VanLoon, J. C., Aarden, D., u. Galbraith, J., *IAASC,* Sheffield 1969.
[1256] VanLoon, J. C., u. Parissis, C. M., *Anal. Letters 1*, 249 (1968).

[1257] VanLoon, J. C., u. Parissis, C. M., *Analyst 94*, 1057 (1969).
[1258] Varju, M. E., *At. Absorption Newslett. 11*, 45 (1972).
[1259] Varju, M. E., *II. ČS. Conf. Flame Spectry.*, Zvikov 1973.
[1260] Varju, M. E., u. Elek, E., *At. Absorption Newslett. 10*, 128 (1971).
[1261] Varley, J. A., u. Chin, P. Y., *Analyst 95*, 592 (1970).
[1262] Vaughn, W. W., u. McCarthy, J. H., *US Geol. Survey Prof. Paper 501-D,* D- 123 (1964).
[1263] Veall, N., *Medical uses of Ca-47.* Int. Atom. Energ. Ag., Wien, *Techn. Report 32* (1964).
[1264] Veillon, C., Mansfield, J. M., Parsons, M. L., u. Winefordner, J. D., *Anal. Chem. 38*, 204 (1966).
[1265] Veillon, C., u. Margoshes, M., *Spectrochim. Acta 23 B,* 503 (1968).
[1266] Venghiattis, A. A., *Spectrochim. Acta 23 B*, 67 (1967).
[1267] Venghiattis, A. A., *Appl. Optics 7*, 1313 (1968).
[1268] Vickers, T. J., u. Vaughn, R. M., *Anal. Chem. 41*, 1476 (1969).
[1269] Vidale, G. L., *General Electric T. I. S. Report R60SD330* (1961).
[1270] Vidale, G. L., *General Electric T. I. S. Report R60SD331* (1962).
[1271] Vijan, P. N., u. Wood, G. R., *At. Absorption Newslett. 13*, 33 (1974).
[1272] Vogliotty, F. L., *At. Absorption Newslett. 9*, 123 (1970).
[1273] Voinovitch, I., Legrand, G., u. Louvrier, J., *3. CISAFA*, Paris 1971, S. 843.
[1274] Volhard, J., *J. Prakt. Chem. 2*, 217 (1874).
[1275] Vollmer, J., *At. Absorption Newslett. 5*, 12 (1966).
[1276] Vollmer, J., *At. Absorption Newslett. 5*, 35 (1966).
[1277] Vollmer, J., Sebens, C., u. Slavin, W., *At. Absorption Newsett. 4*, 306 (1965).
[1278] Vulfson, E. K., Karyakin, A. V., u. Shidlovsky, A. I., *Zh. Anal. Khim. 28*, 1253 (1973).
[1279] Wadman, B. W., *Diesel and Gas Turbine Progress,* Juli 1971, 16.
[1280] Walker, C. R., u. Vita, O. A., *Anal. Chim. Acta 43,* 27 (1968).
[1281] Wallace, F. J., *Analyst 88*, 259 (1963).
[1282] Walsh, A., *Spectrochim. Acta 7*, 108 (1955).
[1283] Walsh, A., *X. CSI*, Maryland 1962.
[1284] Walsh, A., *IAASC*, Sheffield 1969.
[1285] Walsh, A., *Int. Congr. Anal. Chem.*, Kyoto 1972.
[1286] Walsh, A., *Appl. Spectry. 27*, 335 (1973).
[1287] Warren, J. M., u. Spencer, H., *Clin. Chim. Acta 38,* , 435 (1972).
[1288] Weger, S. J., Hossner, L. R., u. Ferrara, L. W., *J. Agr. Food Chem. 17*, 1276 (1969).
[1289] Welcher, G. G., u. Kriege, O. H., *At. Absorption Newslett. 8*, 97 (1969).
[1290] Welcher, G. G., u. Kriege, O. H., *At. Absorption Newslett. 9*, 61 (1970).
[1291] Welcher, G. G., Kriege, O. H., u. Marks, J. Y., *Anal. Chem. 46*, 1227 (1974).
[1292] Welz, B., *CZ 95*, T 99 (1971).
[1293] Welz, B., *3. CISAFA*, Paris 1971, S. 655.
[1294] Welz, B., *CZ-Chemie-Tech. 1*, 455 (1972).
[1295] Welz, B., *Fortschr. Miner. 50*, (Bh. 1), 106 (1972).
[1296] Welz, B., *Z. Werkstofftechnik 4*, 285 (1973).
[1297] Welz, B., *CSI XVII*, Florenz 1973, S. 67.
[1298] Welz, B., *Vom Wasser 42*, 119 (1974).
[1299] Welz, B., u. Sebestyen, J. E., *Joint Sympos. accurate Meth. Anal. Maj. Const.*, London 1970.
[1300] Welz, B., u. Wiedeking, E., *Int. Sympos. Mikrochem.*, Graz 1970.
[1301] Welz, B., u. Wiedeking, E., *Z. Anal. Chem. 252*, 111 (1970).
[1302] Welz, B., u. Wiedeking, E., *Z. Anal. Chem. 264*, 110 (1973).
[1303] Welz, B., u. Witte, W., *4. ICAS,* Toronto 1973.
[1304] Wendt, R. H., u. Fassel, V. A., *Anal. Chem. 37*, 920 (1965).
[1305] Wendt, R. H., u. Fassel, V. A., *Anal. Chem. 38*, 337 (1966).
[1306] West, A. C., Fassel, V. A., u. Kniseley, R. N., *Anal. Chem. 45*, 1586 (1973).
[1307] West, C. D., u. Hume, D. N., *Anal. Chem. 36*, 412 (1964).
[1308] West, F. K., West, P. W., u. Ramakrishna, T. V., *Environ. Sci. Technol. 1*, 717 (1967).
[1309] West, T. S., *Endeavour. 26*, 44 (1967).
[1310] West, T. S., *Int. Sympos. Mikrochem.*, Graz 1970.
[1311] West, T. S., u. Williams, X. K., *Anal. Chim. Acta 45*, 27 (1969).

[1312] Westerlund-Helmerson, U., *At. Absorption Newslett. 5,* 97 (1966).
[1313] Wheat, J. A., *XI. Conf. Anal. Chem. Nucl. Techn.,* Gatlinburg, Tenn. 1967.
[1314] Wheat, J. A., *USAEC-Report DP-1164,* Dupont Savannah River Lab. 1968.
[1315] Wheat, J. A., *Appl. Spectry. 25,* 3 (1971).
[1316] White, A. D., *J. Appl. Phys. 30,* 711 (1959).
[1317] White, R. A., *J. Sci. Instrum. 44,* 678 (1967).
[1318] Whittington, C. M., u. Willis, J. B., *Plating 51,* 767 (1964).
[1319] Williams, A. I., *Analyst 98,* 233 (1973).
[1320] Williams, C. H., David, D. J., u. Iismaa, O., *J. Agric. Sci. 59,* 381 (1962).
[1321] Williams, T. R., Wilkinson, B., Wadsworth, G. A., Barther, D. H., u. Beer, W. J., *J. Sci. Fd. Agric. 17,* 344 (1967).
[1322] Willis, J. B., *Nature 184,* 186 (1959).
[1323] Willis, J. B., *Nature 186,* 249 (1960).
[1324] Willis, J. B., *Spectrochim. Acta 16,* 259 (1960).
[1325] Willis, J. B., *Spectrochim. Acta 16,* 273 (1960).
[1326] Willis, J. B., *Spectrochim. Acta 16,* 551 (1960).
[1327] Willis, J. B., *Nature 191,* 381 (1961).
[1328] Willis, J. B., *Anal. Chem. 33,* 556 (1961).
[1329] Willis, J. B., *Anal. Chem. 34,* 614 (1962).
[1330] Willis, J. B., in: *Methods of Biochemical Analysis,* Vol. XI. Interscience, New York/London/Sidney 1963.
[1331] Willis, J. B., *Aust. J. Dairy Technol.,* Juni 1964, 70.
[1332] Willis, J. B., *Clin. Chem. 11,* 251 (1965).
[1333] Willis, J. B., *Nature 207,* 715 (1965).
[1334] Willis, J. B., *Appl. Optics 7,* 1295 (1968).
[1335] Willis, J. B., *Spectrochim. Acta 26 B,* 177 (1971).
[1336] Willis, J. B., Fassel, V. A., u. Fiorino, J. A., *Spectrochim. Acta 24 B,* 157 (1969).
[1337] Willis, J. B., Rasmuson, J. O., Kniseley, R. N., u. Fassel, V. A., *Spectrochim. Acta 23 B,* 725 (1968).
[1338] Wilson, J., unveröffentlicht.
[1339] Wilson, L., *Anal. Chim. Acta 30,* 377 (1964).
[1340] Wilson, L., *Anal. Chim. Acta 40,* 503 (1968).
[1341] Winefordner, J. D., *IAASC,* Sheffield 1969.
[1342] Winefordner, J. D., *CSI XVII,* Florenz 1973, S. 58.
[1343] Winefordner, J. D., u. Mansfield, J. M., *Appl. Spectry. Rev. 1,* 1 (1967).
[1344] Winefordner, J. D., u. Parsons, M. P., *Anal. Chem. 39,* 1593 (1966).
[1345] Winefordner, J. D., u. Staab, R. A., *Anal. Chem. 36,* 165 (1964).
[1346] Winefordner, J. D., u. Staab, R. A., *Anal. Chem. 36,* 1367 (1964).
[1347] Winefordner, J. D., u. Vickers, T. J., *Anal. Chem. 36,* 161 (1964).
[1348] Winefordner, J. D., u. Vickers, T. J., *Anal. Chem. 36,* 1947 (1964).
[1349] Witkind, I. J., *Am. Mineral. 54,* 1118 (1969).
[1350] Wollin, A., *At. Absorption Newslett. 9,* 43 (1970).
[1351] Woodriff, R., u. Ramelow, G., *Spectrochim. Acta 23 B,* 665 (1968).
[1352] Woodriff, R., u. Stone, R. W., *Appl. Optics 7,* 1337 (1968).
[1353] Woodriff, R., Stone, R. W., u. Held, A. M., *Appl. Spectry. 22,* 408 (1968).
[1354] Woodson, T. T., *Rev. Sci. Instrum. 10,* 308 (1939).
[1355] Woodward, C., *At. Absorption Newslett. 8,* 121 (1969).
[1356] Woolley, J. F., *Spectrovision* 1969, 7.
[1357] Woolley, J. F., *4. ICAS,* Toronto 1973.
[1358] Wu, J. Y. L., Droll, H. A., u. Lott, P. F., *At. Absorption Newslett. 7,* 90 (1968).
[1359] Yamamoto, Y., Kumamaru, T., u. Hayashi, Y., *Talanta 14,* , 611 (1967).
[1360] Yanagisawa, M., Suzuki, M., u. Takeuchi, T., *Talanta* 14, 933 (1967).
[1361] Yanagisawa, M., Suzuki, M., u. Takeuchi, T., *Microchim. Acta 1973,* 475.
[1362] Yeh, Y-Y., u. Zee, P., *Clin. Chem. 20,* 360 (1974).
[1363] Youden, W. J., *J. Ass. Offic. Agr. Chem. 46,* 55 (1963).
[1364] Yoza, N., u. Ohashi, S., *Anal. Letters 6,* 595 (1973).

[1365] Yuan, T. L., u. Breland, H. L., *Soil Sci. Soc. Amer. Proc. 33*, 868 (1969).
[1366] Yule, J. W., u. Swanson, G. A., *At. Absorption Newslett. 8*, 30 (1969).
[1367] Zacha, K. E., Bratzel, M. P., Winefordner, J. D., u. Mansfield, J. M., *Anal. Chem. 40*, 1733 (1968).
[1368] Zacha, K. E., u. Winefordner, J. D., *Anal. Chem. 38*, 1537 (1966).
[1369] Zaidel, A. N., u. Korennoi, E. P., *Opt. Spectry. 10*, 299 (1961).
[1370] Zaino, E. C., *At. Absorption Newslett. 6*, 93 (1967).
[1371] Zaugg, W. S., *At. Absorption Newslett. 6*, 63 (1967).
[1372] Zaugg, W. S., u. Knox, R. J., *Anal. Chem. 38*, 1759 (1966).
[1373] Zaugg, W. S., u. Knox, R. J., *Anal. Biochem. 20*, 282 (1967).
[1374] Zeegers, P. J. T., Smith, R., u. Winefordner, J. D., *Anal. Chem. 40*, 26 (1968).
[1375] Zeegers, P. J. T., u. Winefordner, J. D., *Spectrochim. Acta 26 B*, 161 (1971).
[1376] Zeeman, P. B., u. Brink, J. A., *Analyst 93*, 388 (1968).
[1377] Zeeman, P. B., u. Butler, L. R. P., *Tegnicon 13*, 96 (1960).
[1378] Zeeman, P. B., u. Butler, L. R. P., *Appl. Spectry. 16*, 120 (1962).
[1379] Zettner, A., in: *Adv. in Clin. Chem.*, Vol. 7. Academic Press, New York 1965.
[1380] Zettner, A., u. Mansbach, L., *Am. J. Clin. Pathol. 44*, , 517 (1965).
[1381] Zettner, A., u. Mensch, A. H., *Am. J. Clin. Pathol. 48*, 225 (1967).
[1382] Zettner, A., u. Mensch, A. H., *Am. J. Clin. Pathol. 49*, 196 (1968).
[1383] Zettner, A., Rafferty, K., u. Jarecky, H. J., *At. Absorption Newslett. 7*, 32 (1968).
[1384] Zettner, A., u. Seligson, D., *Clin. Chem. 10*, 869 (1964).
[1385] Zettner, A., Sylvia, L. C., u. Capacho-Delgado, L., *Am. J. Clin. Pathol. 45*, 533 (1966).
[1386] Zinterhofer, L. J. M., Jatlow, P. I., u. Fappiano, A., *J Lab. Clin. Med. 78*, 664 (1971).
[1387] Zlalkis, A., Bruewing, W., u. Bayler, E., *Anal. Chem. 41*, 1692 (1969).
[1388] Zuehlke, C. W., u. Ballard, A. E., *Anal. Chem. 22*, 953 (1950).

[2000] Adams, D. B., Brown, S. S., Sunderman, F. W., u. Zachariasen, H., *Clin. Chem. 24*, 862 (1978).
[2001] Adams, M. J., u. Kirkbright, G. F., *Canad. J. Spectrosc. 21*, 127 (1976).
[2002] Adams, M. J., Kirkbright, G. F., u. Rienvatana, P., *At. Absorption Newslett. 14*, 105 (1975).
[2003] Ader, D., u. Stoeppler, M., *J. Anal. Toxicol. 1*, 252 (1977).
[2004] Agemian, H., Aspila, K. I., u. Chau, A. S. Y., *Anal. Chem. 47*, 1038 (1975).
[2005] Agemian, H., u. Bedek, E., *Anal. Chim. Acta 119*, 323 (1980).
[2006] Agemian, H., u. Chau, A. S. Y., *Anal. Chim. Acta 80*, 61 (1975).
[2007] Agemian, H., u. Chau, A. S. Y., *Anal. Chem. 50*, 13 (1978).
[2008] Agemian, H., u. Cheam, V., *Anal. Chim. Acta 101*, 193 (1978).
[2009] Agemian, H., u. daSilva, J. A., *Anal. Chim. Acta 104*, 285 (1979).
[2010] Agemian, H., Sturtevant, D. P., u. Austen, K. D., *Analyst 105*, 125 (1980).
[2011] Aggett, J., u. Aspell, A. C., *Analyst 101*, 341 (1976).
[2012] Aggett, J., u. O'Brien, G., *Analyst 106*, 497 (1981).
[2013] Aggett, J., u. O'Brien, G., *Analyst 106*, 506 (1981).
[2014] Aggett, J., u. West, T. S., *Anal. Chem. 55*, 349 (1971).
[2015] Alder, J. F., Alger, D., Samuel, A. J., u. West, T. S., *Anal. Chim. Acta 87*, 301 (1976).
[2016] Alder, J. F., Baker, A. E., u. West, T. S., *Anal. Chim. Acta 90*, 267 (1977).
[2017] Alder, J. F., u. Bucklow, P. L., *At. Absorption Newslett. 18*, 123 (1979).
[2018] Alder, J. F., u. Das, B. C., *Anal. Chim. Acta 94*, 193 (1977).
[2019] Alder, J. F., u. Das, B. C., *Analyst 102*, 564 (1977).
[2020] Alder, J. F., u. Das, B. C., *At. Absorption Newslett. 17*, 63 (1978).
[2021] Alder, J. F., u. Hickman, D. A., *Anal. Chem. 49*, 336 (1977).
[2022] Alder, J. F., u. Hickman, D. A., *At. Absorption Newslett. 16*, 110 (1977).
[2023] Alder, J. F., Samuel, A. J., u. Snook, R. D., *Spectrochim. Acta 31 B*, 509 (1976).
[2024] Alder, J. F., Samuel, A. J., u. West, T. S., *Anal. Chim. Acta 87*, 313 (1976).
[2025] Aldous, K. M., Mitchell, D. G., u. Jackson, K. W., *Anal. Chem. 47*, 1034 (1975).

[2026] Aldrighetti, F., Carelli, G., Ceriati, F., Cremona, G., u. Pomponi, M., *At. Spectrosc. 2*, 71 (1981).
[2027] Aldrighetti, F., Carelli, G., Innaccone, A., LaBua, R., u. Rimatori, V., *At. Spectrosc. 2*, 13 (1981).
[2028] Alduan, J. A., Suarez, J. R. C., Polo, A. B., u. del Busto, J. L., *At. Spectrosc. 2*, 125 (1981).
[2029] Alkemade, C. Th. J., Snelleman, W., Boutilier, G. D., Pollard, B. D., Winefordner, J. D., Chester, T. L., u. Omenetto, N., *Spectrochim. Acta 33 B*, 383 (1978).
[2030] Allan, J. W., *Spectrochim. Acta 24 B*, 13 (1969).
[2031] Alt, F., *Z. Anal. Chem. 308*, 137 (1981).
[2032] Alt, F., u. Massmann, H., *Z. Anal. Chem. 279*, 100 (1976).
[2033] Alt, F., u. Massmann, H., *Spectrochim. Acta 33 B*, 337 (1978).
[2034] Analytical Methods Committee, *Analyst 105*, 66 (1980).
[2035] *Analystische Methoden mit dem Quecksilber/Hydrid-System MHS*, Bodenseewerk Perkin-Elmer, Überlingen 1979.
[2036] Andersen, I., Torjussen, W., u. Zachariasen, H., *Clin. Chem. 24*, 1198 (1978).
[2037] Andersson, A., *At. Absorption Newslett. 15*, 71 (1976).
[2038] Andreae, M. O., *Anal. Chem. 49*, 820 (1977).
[2039] Andrew, B. E., *Ceramic Bull. 55*, 583 (1976).
[2040] Andrews, D. G., Aziz-Alrahman, A. M., u. Headridge, J. B., *Analyst 103*, 909 (1978).
[2041] Andrews, D. G., u. Headridge, J. B., *Analyst 102*, 436 (1977).
[2042] Armannsson, H., *Anal. Chim. Acta 88*, 89 (1977).
[2043] Aurand, K., *Blei und Umwelt,* Verein für Wasser-, Boden- und Lufthygiene, Berlin, S. 5.
[2044] Auslitz, H. J., *Arch. Lebensmittelhyg. 27*, 68 (1976).
[2045] Ayranci, B., *Schweiz. mineral. petrogr. Mitt. 56*, 513 (1976).
[2046] Ayranci, B., *Schweiz. mineral. petrogr. Mitt. 57*, 299 (1977).
[2047] Azad, J., Kirkbright, G. F., u. Snook, R. D., *Analyst 104*, 232 (1979).
[2048] Aziz-Alrahman, A. M., u. Headridge, J. B., *Talanta 25*, 413 (1978).
[2049] Bagliano, G., Benischek, F., u. Huber, I., *At. Absorption Newslett. 14*, 45 (1975).
[2050] Bagliano, G., Benischek, F., u. Huber, I., *Anal. Chim. Acta 123*, 45 (1981).
[2051] Baird, R. B., u. Gabrielian, S. M., *Appl. Spectrosc. 28*, 273 (1974).
[2052] Baker, A. A., u. Headridge, J. B., *Anal. Chim. Acta 125*, 93 (1981).
[2053] Baker, A. A., Headridge, J. B., u. Nicholson, R. A., *Anal. Chim. Acta 113*, 47 (1980).
[2054] Ball, J. W., u. Gottschall, W. C., *At. Absorption Newslett. 14*, 63 (1975).
[2055] Bannister, S. J., Chang, Y., Sternson, L. A., u. Repta, A. J., *Clin. Chem. 24*, 877 (1978).
[2056] Barfoot, R. A., u. Pritchard, J. G., *Analyst 105*, 551 (1980).
[2057] Barlow, P. J., u. Khera, A. K., *At. Absorption Newslett. 14*, 149 (1975).
[2058] Barnett, W. B., u. Cooksey, M. M., *At. Absorption Newslett. 18*, 61 (1979).
[2059] Barnett, W. B., u. Kerber, J. D., *At. Absorption Newslett. 13*, 56 (1974).
[2060] Barnett, W. B., u. McLaughlin, E. A., *Anal. Chim. Acta 80*, 285 (1975).
[2061] Barnett, W. B., Vollmer, J. W., u. deNuzzo, S. M., *At. Absorption Newslett. 15*, 33 (1976).
[2062] Batley, G. E., u. Matousek, J. P., *Anal. Chem. 49*, 2031 (1977).
[2063] Batley, G. E., u. Matousek, J. P., *Anal. Chem. 52*, 1570 (1980).
[2064] Baudin, G., *Prog, analyt. atom. Spectrosc. 3*, 1 (1980).
[2065] Beaty, M., Barnett, W. B., u. Grobenski, Z., *At. Spectrosc. 1*, 72 (1980).
[2066] Beaty, R. D., u. Cooksey, M. M., *At. Absorption Newslett. 17*, 53 (1978).
[2067] Becker-Ross, H., u. Falk, H., *Spectrochim. Acta 30 B*, 253 (1975).
[2068] Bédard, M., u. Kerbyson, J. D., *Anal. Chem. 47*, 1441 (1975).
[2069] Bédard, M., u. Kerbyson, J. D., *Canad. J. Spectrosc. 21*, 64 (1976).
[2070] Begnoche, B. C., u. Risby, T. H., *Anal. Chem. 47*, 1041 (1975).
[2071] Behne, D., Brätter, P., Gessner, H., Hube, G., Mertz, W., u. Rösik, U., *Z. Anal. Chem. 278*, 269 (1976).
[2072] Behne, D., Brätter, P., u. Wolters, W., *Z. Anal. Chem. 277*, 355 (1975).
[2073] Belling, G. B., u. Jones, G. B., *Anal. Chim. Acta 80*, 279 (1975).
[2074] Benjamin, M. M., u. Jenne, E. A., *At. Absorption Newslett. 15*, 53 (1976).
[2075] Berndt, H., persönliche Mitteilung (1981).
[2076] Berndt, H., u. Jackwerth, E., *Spectrochim. Acta 30 B*, 169 (1975).

[2077] Berndt, H., u. Jackwerth, E., *At. Absorption Newslett. 15*, 109 (1976).
[2078] Berndt, H., u. Jackwerth, E., *Z. Anal. Chem. 283*, 15 (1977).
[2079] Berndt, H., u. Jackwerth, E., *J. Clin. Chem. Clin. Biochem. 17*, 71 (1979).
[2080] Berndt, H., u. Jackwerth, E., *J. Clin. Chem. Clin. Biochem. 17*, 489 (1979).
[2081] Berndt, H., Jackwerth, E., u. Kimura, M., *Anal. Chim. Acta 93*, 45 (1977).
[2082] Berndt, H., u. Messerschmidt, J., *Spectrochim. Acta 34 B*, 241 (1979).
[2083] Berndt, H., u. Slavin, W., *At. Absorption Newslett. 17*, 109 (1978).
[2084] Berndt, H., Willmer, P. G., u. Jackwerth, E., *Z. Anal. Chem. 296*, 377 (1979).
[2085] Bettger, R. J., Ficklin, A. C., u. Rees, T. F., *At. Absorption Newslett. 14*, 124 (1975).
[2086] Bhattacharya, S. K., u. Williams, J. C., *Anal. Lett. 12*, 397 (1979).
[2087] Bisogni, J. J., u. Lawrence, A. W., *Environ. Sci. Technol. 8*, 850 (1974).
[2088] Bloch, L., u. Bloch, E., *Zeeman Verh. 1935*, 18 (1935).
[2089] Bodrov, N. V., u. Nikolaev, G. I., *Zh. Analit. Khim. 24*, 1314 (1969).
[2090] Boline, D. R., u. Schrenk, W. G., *Appl. Spectosc. 30*, 607 (1976).
[2091] Bonilla, E., *Clin. Chem. 24*, 471 (1978).
[2092] Boone, J., Hearn, T., u. Lewis, S., *Clin. Chem. 25*, 389 (1979).
[2093] Boriello, R., u. Sciaudone, G., *At. Spectrosc. 1*, 131 (1980).
[2094] Bortlisz, J., *Vom Wasser 56*, 225 (1981).
[2095] Boss, C. B., u. Hieftje, G. M., *Anal. Chem. 49*, 2112 (1977).
[2096] Botre, C., Cacace, F., u. Cozzani, R., *Anal. Lett. 9*, 825 (1976).
[2097] Boutilier, G. D., Pollard, B. D., Winefordner, J. D., Chester, T. L., u. Omenetto, N., *Spectrochim. Acta 33 B*, 401 (1978).
[2098] Bower, N. W., u. Ingle, J. D., *Anal. Chem. 48*, 686 (1976).
[2099] Bower, N. W., u. Ingle, J. D., *Anal. Chem. 49*, 574 (1977).
[2100] Boyle, E. A., u. Edmond, J. M., *Anal. Chim. Acta 91*, 189 (1977).
[2101] Braman, R. S., Johnson, D. L., Foreback, C. C., Ammons, J. M., u. Bricker, J. L., *Anal. Chem. 49*, 621 (1977).
[2102] Braman, R. S., Justen, L. L., u. Foreback, C. C., *Anal. Chem. 44*, 2195 (1972).
[2103] Braman, R. S., u. Tomkins, M. A., *Anal. Chem. 51*, 12 (1979).
[2104] Brandvold, L. A., u. Marson, S. J., *At. Absorption Newslett. 13*, 125 (1974).
[2105] Bratzel, M. P., u. Reed, A. J., *Clin. Chem. 20*, 217 (1974).
[2106] Briese, L. A., Giesy, J. P., *At. Absorption Newslett. 14*, 133 (1975).
[2107] Brodie, K. G., u. Liddell, P. R., *Anal. Chem. 52*, 1059 (1980).
[2108] Brodie, K. G., u. Matousek, J. P., *Anal. Chim. Acta 69*, 200 (1974).
[2109] Brooke, P. J., u. Evans, W. H., *Analyst 106*, 514 (1981).
[2110] Brown, J. R., Saba, C. S., Rhine, W. E., u. Eisentraut, K. J., *Anal. Chem. 52*, 2365 (1980).
[2111] Brown, R. M., Northway, S. J., u. Fry, R. C., *51. Pittsburgh Conf. Anal. Chem. Appl. Spectrosc.*, Atlantic City, N. J. 1980, Paper 452.
[2112] Brown, S. S., Nomoto, S., Stoeppler, M., u. Sunderman, F. W., *Pure & Appl. Chem. 53*, 773 (1981).
[2113] Browner, R. F., *Analyst 99*, 1183 (1974).
[2114] Bruce, C. F., u. Hannaford, P., *Spectrochim. Acta 26 B*, 207 (1971).
[2115] Bruhn, C. F., u. Navarrete, G. A., *Anal. Chim. Acta 130*, 209 (1981).
[2116] Bruland, K. W., Franks, R. P., Knauer, G. A., u. Martin, J. H., *Anal. Chim. Acta 105*, 233 (1979).
[2117] Burba, P., Lieser, K. H., Neitzert, V., u. Röber, H. M., *Z. Anal. Chem. 291*, 273 (1978).
[2118] Burdo, R. A., u. Wise, W. M., *Anal. Chem. 47*, 2360 (1975).
[2119] Burke, K. E., *Appl. Spectrosc. 28*, 234 (1974).
[2120] Butler, L. R. P., u. Fulton, A., *Appl. Optics 7*, 2131 (1968).
[2121] Bye, R., Paus, P. E., Solberg, R., u. Thomassen, Y., *At. Absorption Newslett. 17*, 131 (1978).
[2122] Callio, S., *At. Spectrosc. 1*, 80 (1980).
[2123] Campbell, A. D., u. Tioh, N. H., *Anal. Chim. Acta 100*, 451 (1978).
[2124] Campbell, D. R., u. Seitz, W. R., *Anal. Lett. 9*, 543 (1976).
[2125] Campbell, J. A., Laul, J. C., Nielson, K. K., u. Smith, R. D., *Anal. Chem. 50*, 1032 (1978).
[2126] Campbell, W. C., u. Ottaway, J. M., *Talanta 21*, 837 (1974).
[2127] Campbell, W. C., u. Ottaway, J. M., *Talanta 22*, 729 (1975).

[2128] Campbell, W. C., u. Ottaway, J. M., *Analyst 102*, 495 (1977).
[2129] Campe, A., Velghe, N., u. Claeys, A., *At. Absorption Newslett. 17*, 100 (1978).
[2130] Campenhausen, H., u. Müller-Plathe, O., *Z. Klin. Chem. Klin. Biochem. 13*, 489 (1975).
[2131] Carnrick, G. R., Slavin, W., u. Manning, D. C., *Anal. Chem. 53*, 1866 (1981).
[2132] Carpenter, R. C., *Anal. Chim. Acta 125*, 209 (1981).
[2133] Carrondo, M. J. T., Perry, R., u. Lester, J. N., *Anal. Chim. Acta 106*, 309 (1979).
[2134] Cary, E. E., u. Olson, O. E., *J. Assoc. Off. Anal. Chem. 58*, 433 (1975).
[2135] Cassidy, R. M., Hurteau, M. T., Mislan, J. P., u. Ashley R. W., *J. Chromatog. Sci. 14*, 444 (1976).
[2136] Castellani, F., Riccioni, R., Gusteri, M., Bartocci, V., u. Cescon, P., *At. Absorption Newslett. 16*, 57 (1977).
[2137] Caupeil, J. E., Hendrikse, P. W., u. Bongers, J. S., *Anal. Chim. Acta 81*, 53 (1976).
[2138] Cedergren, A., Frech, W., Lundberg, E., u. Persson, J. A., *Anal. Chim. Acta 128*, 1 (1981).
[2139] Celis, J. P., Helsen, J. A., Hermans, P., u. Roos, J. R., *Anal. Chim. Acta 92*, 413 (1977).
[2140] Chakrabarti, C. L., Hamed, H. A., Wan, C. C., Li, W. C., Bertels, P. C., Gregoire, D. C., u. Lee, S., *Anal. Chem. 52*, 167 (1980).
[2141] Chakrabarti, C. L., Wan, C. C., Hamed, H. A., u. Bertels, P. C., *Anal. Chem. 53*, 444 (1981).
[2142] Chakrabarti, C. L., Wan, C. C., u. Li, W. C., *Spectrochim. Acta 35 B*, 93 (1980).
[2143] Chakrabarti, C. L., Wan, C. C., Teskey, R. J., Chang, S. B., Hamed, H. A., u. Bertels, P. C., *Spectrochim. Acta 36 B,* 427 (1981).
[2144] Chakraborti, D., deJonghe, W., u. Adams, F., *Anal. Chim. Acta 119*, 331 (1980).
[2145] Chambers, J. C., u. McClellan, B. E., *Anal. Chem. 48*, 2061 (1976).
[2146] Chan, C. Y., u. Vijan, P. N., *Anal. Chim. Acta 101,* 33 (1978).
[2147] Chao, S. S., u. Pickett, E. E., *Anal. Chem. 52*, 335 (1980).
[2148] Chapman, J. F., u. Dale, L. S., *Anal. Chim. Acta 87,* 91 (1976).
[2149] Chapman, J. F., u. Dale, L. S., *Anal. Chim. Acata 89,* 363 (1977).
[2150] Chapman, J. F., Dale, L. S., u. Fraser, H. J., *Anal. Chim. Acta 116*, 427 (1980).
[2151] Chapman, J. F., u. Leadbeatter, B. E., *Anal. Lett. 13,* 439 (1980).
[2152] Chau, Y. K., Wong, P. T. S., u. Goulden, P. D., *Anal. Chem. 47*, 2279 (1975).
[2153] Chau, Y. K., Wong, P. T. S., u. Goulden, P. D., *Anal. Chim. Acta 85*, 421 (1976).
[2154] Cheam, V., u. Agemian, H., *Analyst 105*, 1253 (1980).
[2155] Cheng, J. T., u. Agnew, W. F., *At. Absorption Newslett. 13*, 123 (1974).
[2156] Chong, R. W., u. Boltz, D. F., *Anal. Lett. 8*, 721 (1975).
[2157] Chow, C., *Analyst 104*, 154 (1979).
[2158] Chu, R. C., Barrons, G. P., u. Baumgardner, P. A. W., *Anal. Chem. 44*, 1476 (1972).
[2159] Clark, J. R., u. Viets, J. G., *Anal. Chem. 53*, 61 (1981).
[2160] Clinton, O. E., *Analyst 102*, 187 (1977).
[2161] Clyburn, S. A., Kantor, T., u. Veillon, C., *Anal. Chem. 46*, 2214 (1974).
[2162] Cobb, W. D., Foster, W. W., u. Harrison, T. S., *Anal. Chim. Acta 78*, 293 (1975).
[2163] Cobb, W. D., Foster, W. W., u. Harrison, T. S., *Analyst 101*, 39 (1976).
[2164] Codding, E. G., Ingle, J. D., u. Stratton, A. J., *Anal. Chem. 52*, 2133 (1980).
[2165] Coker, D. T., *Anal. Chem. 47*, 386 (1975).
[2166] Cooksey, M. M., u. Barnett, W. B., *At. Absorption Newslett. 18*, 1 (1979).
[2167] Corbett, J. A., u. Godbeer, W. C., *Anal. Chim. Acta 91*, 211 (1977).
[2168] Corbin, D. R., u. Barnard, W. M., *At. Absorption Newslett. 15*, 116 (1976).
[2169] Corominas, L. F., Boy, V. M., u. Rojas, P., *J. Assoc. Off. Anal. Chem. 64*, 704 (1981).
[2170] Coughtrey, P. J., u. Martin, M. H., *Chemosphere 3*, 183 (1976).
[2171] Cox, D. H., *J. Analyt. Toxicol. 4*, 207 (1980).
[2172] Cranston, R. E., u. Murray, J. W., *Anal. Chim. Acta 99*, 275 (1978).
[2173] Cresser, M. S., *Solvent Extraction in Flame Spectroscopic Analysis.* Butterworths, London, Boston 1978.
[2174] Cresser, M. S., *Prog. analyt. atom. Spectrosc. 4*, 219 (1981).
[2175] Crisp, P. T., Eckert, J. M., u. Gibson, N. A., *Anal. Chim. Acta 104*, 93 (1979).
[2176] Crisp, P. T., Eckert, J. M., Gibson, N. A., Kirkbright, G. F., u. West, T. S., *Anal. Chim. Acta 87*, 97 (1976).
[2177] Crow, R. F., u. Connolly, J. D., *J. Testing Evaluat. 1*, 382 (1973).

[2178] Cruz, R. B., Lorouso, C., George, S., Thomassen, Y., Kinrade, J. D., Butler, L. R. P., Lye, J., u. VanLoon, J. C., *Spectrochim. Acta 35 B*, 775 (1980).
[2179] Culver, B. R., u. Surles, T., *Anal. Chem. 47*, 920 (1975).
[2180] Cutter, G. A., *Anal. Chim. Acta 98*, 59 (1978).
[2181] Czobik, E. J., u. Matousek, J. P., *Talanta 24*, 573 (1977).
[2182] Czobik, E. J., u. Matousek, J. P., *Anal. Chem. 50*, 2 (1978).
[2183] Czobik, E. J., u. Matousek, J. P., *Spectrochim. Acta 35 B*, 741 (1980).
[2184] Damiani, M., Del Monte Tamba, M. G., u. Bianchi, F., *Analyst 100*, 643 (1975).
[2185] Dannecker, W., in: *Atomspektrometrische Spurenanalytik* (Hrsg. B. Welz), Verlag Chemie, Weinheim 1982, S. 187.
[2186] Davies, I. M., *Anal. Chim. Acta 102*, 189 (1978).
[2187] Dawson, J. B., Grassan, E., Ellis, D. J., u. Keir, M. J., *Analyst 101*, 315 (1976).
[2188] Dědina, J., u. Rubeška, I., *Spectrochim. Acta 35 B*, 119 (1980).
[2189] deJong, G. J., u. Brinkman, U. A. Th., *Anal. Chim. Acta 98*, 243 (1978).
[2190] deJonghe, W., u. Adams, F., *Anal. Chim. Acta 108*, 21 (1979).
[2191] deJonghe, W., Chakraborti, D., u. Adams, F., *Anal. Chim. Acta 115*, 89 (1980).
[2192] deLoos-Vollebregt, M. T. C., u. deGalan, L., *Spectrochim. Acta 33 B*, 495 (1978).
[2193] deLoos-Vollebregt, M. T. C., u. deGalan, L., *Appl. Spectrosc. 33*, 616 (1979).
[2194] deLoos-Vollebregt, M. T. C., u. deGalan, L., *Spectrochim. Acta 35 B*, 495 (1980).
[2195] deVine, J. C., u. Suhr, N. H., *At. Absorption Newslett. 16*, 39 (1977).
[2196] delMonte Tamba, M. G., u. Luperi, N., *Analyst 102*, 489 (1977).
[2197] Delves, H. T., *Analyst 102*, 403 (1977).
[2198] Delves, H. T., u. Woodward, J., *At. Spectrosc. 2*, 65 (1981).
[2199] Dittrich, K., *Prog, analyt. atom. Spectrosc. 3*, 209 (1980).
[2200] Dittrich, K., Schneider, S., Spiwakow, B. J., Suchowejewa, L. N., u. Zolotow, J. A., *Spectrochim. Acta 34 B*, 257 (1979).
[2201] Dittrich, K., Vorberg, B., u. Wolters, H., *Talanta 26*, 747 (1979).
[2202] Dokiya, Y., Kobayashi, T., u. Toda, S., *J. Spectrosc. Soc. Japan. 27*, 435 (1978).
[2203] Donaldson, E. M., *Talanta 27*, 499 (1980).
[2204] Doolan, K. J., u. Belcher, C. B., *Prog. analyt. atom. Spectrosc. 3*, 125 (1980).
[2205] Dornemann, A., u. Kleist, H., *Z. Anal. Chem. 305*, 379 (1981).
[2206] Drinkwater, J. E., *Analyst 101*, 672 (1976).
[2207] Dudas, M. J., *At. Absorption Newslett. 13*, 67 (1974).
[2208] Dudas, M. J., *At. Absorption Newslett. 13*, 109 (1974).
[2209] Dulka, J. J., u. Risby, T. H., *Anal. Chem. 48*, 640 A (1976).
[2210] Dulski, T. R., u. Bixler, R. R., *Anal. Chim. Acta 91*, 199 (1977).
[2211] Dumarey, R., Heindryckx, R., u. Dams, R., *Anal. Chim. Acta 116*, 111 (1980).
[2212] Dunckley, J. V., Grennan, D. M., u. Palmer, D. G., *J. Analyt. Toxicol. 3*, 242 (1979).
[2213] Dusci, L. J., u. Hackett, L. P., *J. Assoc. Off. Anal. Chem. 59*, 1183 (1976).
[2214] Ebbestad, U., Gundersen, N., u. Torgrimsen, T., *At. Absorption Newslett. 14*, 142 (1975).
[2215] Ebdon, L., Kirkbright, G. F., u. West, T. S., *Anal. Chim. Acta 58*, 39 (1972).
[2216] Edgar, R. M., *At. Absorption Newslett. 14*, 68 (1975).
[2217] Ediger, R. D., *At. Absorption Newslett. 14*, 127 (1975).
[2218] Ediger, R. D., *At. Absorption Newslett. 15*, 145 (1976).
[2219] Ediger, R. D., Knott, A. R., Peterson, G. E., u. Beaty, R. D., *At. Absorption Newslett. 17*, 28 (1978).
[2220] Egaas, E., u. Julshamn, K., *At. Absorption Newslett. 17*, 135 (1978).
[2221] Einbrodt, H. J., Rosmanith, J., u. Prajsnar, D., *Naturwissenschaften 63*, 148 (1976).
[2222] Eklund, R. H., u. Holcombe, J. A., *Anal. Chim. Acta 108*, 53 (1979).
[2223] Eklund, R. H., u. Holcombe, J. A., *Anal. Chim. Acta 109*, 97 (1979).
[2224] El-Defrawy, M. M. M., Posta, J., u. Beck, M. T., *Anal. Chim. Acta 102*, 185 (1978).
[2225] Elfving, D. C., Bache, C. A., u. Lisk, D. J., *J. Agric. Food Chem. 27*, 138 (1979).
[2226] Elliott, E. V., Stever, K. R., u. Heady, H. H., *At. Absorption Newslett. 13* , 113 (1974).
[2227] Elton-Bott, R. R., *Anal. Chim. Acta 86*, 281 (1976).
[2228] *Empfohlene Bedingungen für die Atomabsorptionsspektrometrie mit der Graphitrohrofen-Technik*. Bodenseewerk Perkin-Elmer, Überlingen 1983.

[2229] Epstein, M. S., Rains, T. C., u. O'Haver, T. C., *Appl. Spectrosc. 30*, 324 (1976).
[2230] Erspamer, J. P., u. Niemczyk, T. M., *Appl. Spectrosc. 35*, 512 (1981).
[2231] Evans, W. H., Dellar, D., Lucas, B. E., Jackson, F. J., u. Read, J. I., *Analyst 105*, 529 (1980).
[2232] Evans, W. H., Jackson, F. J., u. Dellar, D., *Analyst 104*, 16 (1979).
[2233] Evans, W. H., Read, J. I., u. Lucas, B. E., *Analyst 103*, 580 (1978).
[2234] Evenson, M. A., u. Anderson, C. T., *Clin. Chem. 21,* 537 (1975).
[2235] Evenson, M. A., u. Warren, B. L., *Clin. Chem. 21*, 619 (1975).
[2236] Farant, J. P., Brissette, D., Moncion, L., Bigras, L., u. Chartrand, A., *J. Analyt. Toxicol. 5*, 47 (1981).
[2237] Favretto-Gabrielli, L., Pertoldi-Marletta, G., u. Favretto, L., *At. Spectrosc. 1*, 35 (1980).
[2238] Feinberg, M., u. Ducauze, C., *Anal. Chem. 52*, 207 (1980).
[2239] Felkel, H. L., u. Pardue, H. L., *Anal. Chem. 49*, 1112 (1977).
[2240] Fernandez, F. J., *Clin. Chem. 21*, 558 (1975).
[2241] Fernandez, F. J., *At. Absorption Newslett. 17*, 115 (1978).
[2242] Fernandez, F. J., u. Hilligoss, D., *At. Spectrosc. 3,* 130 (1982).
[2243] Fernandez, F. J., Beaty, M. M., u. Barnett, W. B., *At. Spectrosc. 2*, 16 (1981).
[2244] Fernandez, F. J., Bohler, W., Beaty, M. M., u. Barnett, W. B., *At. Spectrosc. 2*, 73 (1981).
[2245] Fernandez, F. J., u. Iannarone, J., *At. Absorption Newslett. 17*, 117 (1978).
[2246] Fernandez, F. J., Myers, S. A., u. Slavin, W., *Anal. Chem. 52*, 741 (1980).
[2247] Fetterolf, D. D., u. Syty, A., *J. Agric, Food Chem. 27*, 377 (1979).
[2248] Filipek, L. H., u. Owen, R. M., *Can. J. Spectrosc. 23,* 31 (1978).
[2249] Fiorino, J. A., Jones, J. W., u. Capar, S. G., *Anal. Chem. 48*, 120 (1976).
[2250] Fischer, H., u. Weigert, P., *Öff. Gesundh. Wesen 39,* , 269 (1977).
[2251] Fishman, M., u. Spencer, R., *Anal. Chem. 49*, 1599 (1977).
[2252] Fitchett, A. W., Daughtrey, E. H., u. Mushak, P., *Anal. Chim. Acta 79*, 93 (1975).
[2253] Flanjak, J., *J. Assoc. Off. Anal. Chem. 61*, 1299 (1978).
[2254] Fleming, H. D., u. Ide, E. G., *Anal. Chim. Acta 83*, 67 (1976).
[2255] Florence, T. M., u. Batley, G. E., *Talanta 24*, 151 (1977).
[2256] Forehand, T. J., Dupuy, A. E., u. Tai, H., *Anal. Chem. 48*, 999 (1976).
[2257] Forrester, J. E., Lehecka, V., Johnston, J. R., u. Ott, W. L., *At. Absorption Newslett. 18*, 73 (1979).
[2258] Franz, H., Görgenyi, T., Jungen, W., u. Rottmann, J., *Z. Anal. Chem. 292*, 353 (1978).
[2259] Frech, W., *Talanta 21*, 565 (1974).
[2260] Frech, W., u. Cedergren, A., *Anal. Chim. Acta 82*, 83 (1976).
[2261] Frech, W., u. Cedergren, A., *Anal. Chim. Acta 82*, 93 (1976).
[2262] Frech, W., u. Cedergren, A., *Anal. Chim. Acta 88*, 57 (1977).
[2263] Frech, W., u. Cedergren, A., *Anal. Chim. Acta 113*, 227 (1980).
[2264] Frech, W., Lundberg, E., u. Barbooti, M. M., *Anal. Chim Acta 131*, 45 (1981).
[2265] Frech, W., Lundgren, G., u. Lunner, S. E., *At. Absorption Newslett. 15*, 57 (1976).
[2266] Frech, W., Persson, J. A., u. Cedergren, A., *Prog. analyt. atom. Spectrosc. 3*, 279 (1980).
[2267] Freeman, H., Uthe, J. F., u. Flemming, B., *At. Absorption Newslett. 15*, 49 (1976).
[2268] Fricke, F. L., Robbins, W. B., u. Caruso, J. A., *Prog. analyt. atom. Spectrosc. 2*, 185 (1979).
[2269] Friend, M. T., Smith, C. A., u. Wishart, D., *At. Absorption Newslett. 16*, 46 (1977).
[2270] Frigieri, P., u. Trucco, R., *Analyst 103*, 1089 (1978).
[2271] Frigieri, P., Trucco, R., Ciaccolini, I., u. Pampurini, G., *Analyst 105*, 651 (1980).
[2272] Fritzsche, H., Wegschneider, W., Knapp, G., u. Ortner, H. M., *Talanta 26*, 219 (1979).
[2273] Fry, R. C., u. Denton, M. B., *Anal. Chem. 49*, 1413 (1977).
[2274] Fry, R. C., u. Denton, M. B., *Anal. Chem. 51*, 266 (1979).
[2275] Fryer, B. J., u. Kerrich, R., *At. Absorption Newslett. 17*, 4 (1978).
[2276] Fujiwara, K., Haraguchi, H., u. Fuwa, K., *Anal. Chem. 47*, 1670 (1975).
[2277] Fuller, C. W., *Analyst 99*, 739 (1974).
[2278] Fuller, C. W., *At. Absorption Newslett. 14*, 73 (1975).
[2279] Fuller, C. W., *Anal. Chim. Acta 81*, 199 (1976).
[2280] Fuller, C. W., *Analyst 101*, 798 (1976).
[2281] Fuller, C. W., *Analyst 101*, 961 (1976).
[2282] Fuller, C. W., *At. Absorption Newslett. 16*, 106 (1977).

[2283] Furr, A. K., Parkinson, T. F., Elfving, D. C., Gutemann, W. H., Pakkala, I. S., u. Lisk, D. J., *J. Agric. Food Chem. 27,* 135 (1979).
[2284] Fuwa, K., u. Vallee, B. L., *Spectrochim. Acta 35 B,* 657 (1980).
[2285] Gabrielli, L. F., Marletta, G. P., u. Favretto, L., *At. Absorption Newslett. 16*, 4 (1977).
[2286] Ganje, T. J., u. Page, A. L., *At. Absorption Newslett. 13*, 131 (1974).
[2287] Garbett, K., Goodfellow, G. I., u. Marshall, G. B., *Anal. Chim. Acta 126*, 135 (1981).
[2288] Garbett, K., Goodfellow, G. I., u. Marshall, G. B., *Anal. Chim. Acta 126*, 147 (1981).
[2289] Gardiner, P. E., u. Ottaway, J. M., *Talanta 26*, 841 (1979).
[2290] Gardiner, P. E., Ottaway, J. M., Fell, G. S., u. Burns, R. R., *Anal. Chim. Acta 124*, 281 (1981).
[2291] Gardner, D., *Anal. Chim. Acta 82*, 321 (1976).
[2292] Gardner, D., *Anal. Chim. Acta 93*, 291 (1977).
[2293] Gardner, M. J., u. Hunt, D. T. E., *Analyst 106*, 471 (1981).
[2294] Garnys, V. P., u. Matousek, P., *Clin. Chem. 21*, 891 (1975).
[2295] Garnys, V. P., u. Smythe, L. E., *Talanta 22*, 881 (1975).
[2296] Garska, K. J., *At. Absorption Newslett. 15*, 38 (1976).
[2297] Geladi, P., u. Adams, F., *Anal. Chim. Acta 105*, 219 (1979).
[2298] Genc, Ö., Akman, S., Özdural, A. R., Ates, S., u. Balkis, T., *Spectrochim. Acta 36 B*, 163 (1981).
[2299] Gill, R. C. O., u. Kronberg, B. I., *At. Absorption Newslett. 14*, 157 (1975).
[2300] Gladfelter, W. L., u. Dickerhoof, D. W., *Fuel 55*, 360 (1976).
[2301] Gladney, E. S., *At. Absorption Newslett. 16*, 42 (1977).
[2302] Gladney, E. S., *At. Absorption Newslett. 16*, 114 (1977).
[2303] Gladney, E. S., u. Apt, K. E., *Anal. Chim. Acta 85,* 393 (1976).
[2304] Gladney, E. S., u. Goode, W. E., *Anal. Chim. Acta 91,* 411 (1977).
[2305] Gladney, E. S., u. Owens, J. W., *Anal. Chim. Acta 90,* 271 (1977).
[2306] Gliksman, J. E., Gibson, J. E., u. Kandetzski, P. E., *At. Spectrosc. 1*, 166 (1980).
[2307] Gong, H., u. Suhr, N. H., *Anal. Chim. Acta 81*, 297 (1976).
[2308] Gordon, D. T., *J. Assoc. Off. Anal. Chem. 61*, 715 (1978).
[2309] Gorsky, J. E., u. Dietz, A. A., *Clin. Chem. 24*, 1485 (1978).
[2310] Gough, D. S., *Anal. Chem. 48*, 1926 (1976).
[2311] Gough, D. S., u. Sullivan, J. V., *Anal. Chim. Acta 124,* 259 (1981).
[2312] Goulden, P. D., u. Brooksbank, P., *Anal. Chem. 46*, 1431 (1974).
[2313] Graef, V., *J. Clin. Chem. Clin. Biochem. 14*, 181 (1976).
[2314] Graf-Harsanyi, E., u. Langmyhr, F. J., *Anal. Chim. Acta 116*, 105 (1980).
[2315] Greenland, L. P., u. Campbell, E. Y., *Anal. Chim. Acta 87*, 323 (1976).
[2316] Greig, R. A., *Anal. Chem. 47*, 1682 (1975).
[2317] Grewal, D. S., u. Kearns, F. X., *At. Absorption Newslett. 16*, 131 (1977).
[2318] Griffin, H. R., Hocking, M. B., u. Lowery, D. G., *Anal. Chem. 47*, 229 (1975).
[2319] Grobenski, Z., *Z. Anal. Chem. 289*, 337 (1978).
[2320] Grobenski, Z., Lehmann, R., u. Welz, B., *52. Pittsburgh Conf. Anal. Chem. Appl. Spectrosc.,* Atlantic City, N.J. 1981, Paper 260.
[2321] Grobenski, Z., Welz, B., Voellkopf, U., u. Wolff, J., *53. Pittsburgh Conf. Anal. Chem. Appl. Spectrosc.,* Atlantic City, N.J. 1982, Paper 743.
[2322] Guerra, R., *At. Spectrosc. 1*, 58 (1980).
[2323] Guest, R. J., u. MacPherson, D. R., *Anal. Chim. Acta 78*, 299 (1975).
[2324] Guevremont, R., *Anal. Chem. 52*, 1574 (1980).
[2325] Guevremont, R., *Anal. Chem. 53*, 911 (1981).
[2326] Guevremont, R., Sturgeon, R. E., u. Bergman, S. S., *Anal. Chim. Acta 115*, 163 (1980).
[2327] Guillaumin, J. C., *At. Absorption Newslett. 13*, 135 (1974).
[2328] Guimont, J., Pichette, M., u. Rhéaume, N., *At. Absorption Newslett. 16*, 53 (1977).
[2329] Gunčaga, J., Lentner, C., u. Haas, H. G., *Clin. Chim. Acta 57*, 77 (1974).
[2330] Gutsche, B., Rüdiger, K., u. Herrmann, R., *Z. Anal. Chem. 285*, 103 (1977).
[2331] Guttmann, W., *Therapiewoche 27*, 5721 (1977).
[2332] Haddon, M. J., u. Pantony, D. A., *Analyst 105*, 371 (1980).
[2333] Hadeishi, T., *Appl. Phys. Letts. 21*, 438 (1972).

[2334] Hadeishi, T., Church, D. A., McLaughlin, R. D., Zak, B. D., Nakamura, M., u. Chang, B., *Science 187*, 348 (1975).

[2335] Hadeishi, T., u. McLaughlin, R. D., *Science 174*, 404 (1971).

[2336] Hagedorn-Götz, H., Küppers, G., u. Stoeppler, M., *Arch. Toxicol. 38*, 275 (1977).

[2337] Hageman, L., Mubarak, A., u. Woodriff, R., *Appl. Spectrosc. 33*, 226 (1979).

[2338] Hageman, L. R., Nichols, J. A., Viswanadham, P., u. Woodriff, R., *Anal. Chem. 51*, 1406 (1979).

[2339] Hall, A., u. Godinho, M. C., *Anal. Chim. Acta 113*, 369 (1980).

[2340] Hall, S. H., *At. Absorption Newslett. 18*, 126 (1979).

[2341] Halliday, M. C., Houghton, C., u. Ottaway, J. M., *Anal. Chim. Acta 119*, 67 (1980).

[2342] Halls, D. J., *Anal. Chim. Acta 88*, 69 (1977).

[2343] Halls, D. J., *Spectrochim. Acta 32 B*, 221 (1977).

[2344] Hamner, R. M., Lechak, D. L., u. Greenberg, P., *At. Absorption Newslett. 15*, 122 (1976).

[2345] Han, H. B., Kaiser, G., u. Tölg, G., *Anal. Chim. Acta 128*, 9 (1981).

[2346] Hannaford, P., u. Lowe, R. M., *Anal. Chem. 49*, 1852 (1977).

[2347] Hannaker, P., u. Hughes, T. C., *Anal. Chem. 49*, 1485 (1977).

[2348] Hansen, L. D., u. Fisher, G. L., *Environ. Sci. Technol. 14*, 1111 (1980).

[2349] Hansen, R. K., u. Hall, R. H., *Anal. Chim. Acta 92*, 307 (1977).

[2350] Haraguchi, H., u. Fuwa, K., *Anal. Chem. 48*, 784 (1976).

[2351] Harrington, D. E., u. Bramstedt, W. R., *At. Absorption Newslett. 14*, 36 (1975).

[2352] Harrington, D. E., u. Bramstedt, W. R., *At. Absorption Newslett. 15*, 125 (1976).

[2353] Havezov, I., Russeva, E., u. Jardanov, N., *Z. Anal. Chem. 296*, 125 (1979).

[2354] Havezov, I., u. Tamnev, B., *Z. Anal. Chem. 290*, 299 (1978).

[2355] Hawley, J. E., u. Ingle, J. D., *Anal. Chem. 47*, 719 (1975).

[2356] Haynes, B. W., *At. Absorption Newslett. 17*, 49 (1978).

[2357] Haynes, B. W., *At. Absorption Newslett. 18*, 46 (1979).

[2358] Headridge, J. B., u. Thompson, R., *Anal. Chim. Acta 102*, 33 (1978).

[2359] Heanes, D. L., *Analyst 106*, 182 (1981).

[2360] Hegi, H. R., *Hydrologie 38*, 35 (1976).

[2361] Heinemann, W., *Z. Anal. Chem. 280*, 359 (1976).

[2362] Heinemann, W., *Z. Anal. Chem. 281*, 291 (1976).

[2363] Heinrichs, H., *Z. Anal. Chem. 295*, 355 (1979).

[2364] Helsby, C. A., *Talanta 24*, 46 (1977).

[2365] Hendrikx-Jongerius, C., u. deGalan, L., *Anal. Chim. Acta 87*, 259 (1976).

[2366] Henn, E. L., *Anal. Chem. 47*, 428 (1975).

[2367] Henn, E. L., in: *Flameless Atomic Absorption Analysis: An Update*. American Society for Testing and Materials, STP 618, 1977, S. 54.

[2368] Henn, K. H., Berg, R., u. Hörner, L., in: *Atomspektrometrische Spurenanalytik* (Hrsg. B. Welz), Verlag Chemie, Weinheim 1982, S. 553.

[2369] Henry, C. D., *At. Absorption Newslett. 16*, 128 (1977).

[2370] Hermann, R., *At. Absorption Newslett. 16*, 44 (1977).

[2371] Hernandez-Mendez, J., Polo-Diez, L., u. Bernal-Melchor, A., *Anal. Chim. Acta 108*, 39 (1979).

[2372] Hinderberger, E. J., Kaiser, M. L., u. Koirtyohann, S. R., *At. Spectrosc. 2*, 1 (1981).

[2373] Hinners, T. A., *Z. Anal. Chem. 277*, 377 (1975).

[2374] Hinners, T. A., *Analyst 105*, 751 (1980).

[2375] Hinners, T. A., Bumgarner, J. E., u. Simmons, W. S., *At. Absorption Newslett. 13*, 146 (1974).

[2376] Hinrichs, G., Johannes, D., u. Krause, H., *Erzmetall 33*, 536 (1980).

[2377] Hirao, Y., Fukumoto, K., Sugisaki, H., u. Kimura, K., *Anal. Chem. 51*, 651 (1979).

[2378] Hocquellet, P., u. Labeyrie, N., *At. Absorption Newslett. 16*, 124 (1977).

[2379] Hodges, D. J., *Analyst 102*, 66 (1977).

[2380] Hodges, D. J., u. Skelding, D., *Analyst 106*, 299 (1981).

[2381] Hoffmeister, W., *Z. Anal. Chem. 290*, 289 (1978).

[2382] Hofsommer, H. J., u. Bielig, H. J., *Dtsch. Lebensm. Rdsch. 76*, 419 (1980).

[2383] Hoft, D., Oxman, J., u. Gurira, R. C., *J. Agric. Food Chem. 27*, 145 (1979).

[2384] Höhn, R., u. Jackwerth, E., *Anal. Chim. Acta 85*, 407 (1976).

[2385] Höhn, R., u. Jackwerth, E., *Z. Anal. Chem. 282*, 21 (1976).

[2386] Holcombe, J. A., Eklund, R. H., u. Smith, J. E., *Anal. Chem. 51*, 1205 (1979).
[2387] Holen, B., Bye, R., u. Lund, W., *Anal. Chim. Acta 130,* 257 (1981).
[2388] Holen, B., Bye, R., u. Lund, W., *Anal. Chim. Acta 131,* 37 (1981).
[2389] Holm, J., *Fleischwirtschaft 1978*, 864.
[2390] Hon, P. K., Lau, O. W., u. Mok. C. S., *Analyst 105,* 919 (1980).
[2391] Hongve, D., u. Holth-Larsen, B., *At. Absorption Newslett. 17*, 91 (1978).
[2392] Hoover, W. L., *J. Assoc. Off. Anal. Chem. 55*, 737 (1972).
[2393] Horsky, S. J., *At. Spectrosc. 1*, 129 (1980).
[2394] Hoshino, Y., Utsunomiya, T., u. Fukui, K., *Chem. Lett. 9,* 947 (1976).
[2395] Hoshino, Y., Utsunomiya, T., u. Fukui, K., *J. Chem. Soc Japan. 6,* 808 (1977).
[2396] Howlett, C., u. Taylor, A., *Analyst 103*, 916 (1978).
[2397] Hubaux, A., u. Vos, G., *Anal. Chem. 42*, 849 (1970).
[2398] Huber, I., Schreinlechner, I., u. Benischek, F., *At. Absorption Newslett. 16*, 64 (1977).
[2399] Hubert, J., Candelaria, R. M., u. Applegate, H. G., *At. Spectrosc. 1*, 90 (1980).
[2400] Hull, D. A., Muhammad, N., Lanese, J. G., Reich, S. D., Finkelstein, T. T., u. Fandrich, S., *J. Pharmaceut. Scienc. 70,* 500 (1981).
[2401] Hurlbut, J. A., *At. Absorption Newslett. 17*, 121 (1978).
[2402] Hutton, R. C., Ottaway, J. M., Epstein, M. S., u. Rains, T. C., *Analyst 102*, 658 (1977).
[2403] Hutton, R. C., Ottaway, J. M., Rains, T. C., u. Epstein, M. S., *Analyst 102,* 429 (1977).
[2404] Ihnat, M., *J. Assoc. Off. Anal. Chem. 59*, 911 (1976).
[2405] Ihnat, M., u. Miller, H. J., *J. Assoc. Off. Anal. Chem. 60*, 1414 (1977).
[2406] Iida, C., Uchida, T., u. Kojima, I., *Anal. Chim. Acta 113*, 365 (1980).
[2407] Ingle, J. D., *Anal. Chem. 46*, 2161 (1974).
[2408] Inglis, A. S., u. Nicholls, P. W., *Mikrochim. Acta (Wien) 1975 II*, 553.
[2409] International Union of Pure and Applied Chemistry, *Spectrochim. Acta 33 B*, 247 (1978).
[2410] Ishizaki, M., *Talanta 25*, 167 (1978).
[2411] Ishizuka, T., Uwamino, Y., u. Sunahara, H., *Anal. Chem. 49*, 1340 (1977).
[2412] Issaq, H. J., *Anal. Chem. 51*, 657 (1979).
[2413] Issaq, H. J., u. Morgenthaler, L. P., *Anal. Chem. 47,* 1661 (1975).
[2414] Issaq, H. J., u. Morgenthaler, L. P., *Anal. Chem. 47,* 1668 (1975).
[2415] Issaq, H. J., u. Morgenthaler, L. P., *Anal. Chem. 47,* 1748 (1975).
[2416] Issaq, H. J., u. Zielinski, W. L., *Anal. Chem. 46*, 1328 (1974).
[2417] Issaq, H. J., u. Zielinski, W. L., *Anal. Chem. 46*, 1436 (1974).
[2418] Issaq, H. J., u. Zielinski, W. L., *Anal. Chem. 47*, 2281 (1975).
[2419] Iu, K. L. Pulford, I. D., u. Duncan, H. J., *Anal. Chim. Acta 106*, 319 (1979).
[2420] Jackson, F. J., Read, J. I., u. Lucas, B. E., *Analyst 105*, 359 (1980).
[2421] Jackson, K. W., Fuller, T. D., Mitchell, D. G., u. Aldous, K. M., *At. Absorption Newslett. 14*, 121 (1975).
[2422] Jackson, K. W., u. Mitchell, D. G., *Anal. Chim. Acta 80,* 39 (1975).
[2423] Jackwerth, E., *Z. Anal. Chem. 271*, 120 (1974).
[2424] Jackwerth, E., in: *Atomspektrometrische Spurenanalytik* (Hrsg. B. Welz), Verlag Chemie, Weinheim 1982, S. 1.
[2425] Jackwerth, E., u. Berndt, H., *Anal. Chim. Acta 74*, 299 (1975).
[2426] Jackwerth, E., Lohmar, J., u. Wittler, G., *Z. Anal. Chem. 266*, 1 (1973).
[2427] Jackwerth, E., u. Messerschmidt, J., *Anal. Chim. Acta 87*, 341 (1976).
[2428] Jackwerth, E., u. Willmer, P. G., *Z. Anal. Chem. 279,* 23 (1976).
[2429] Jackwerth, E., u. Willmer, P. G., *Talanta 23*, 197 (1976).
[2430] Jackwerth, E., u. Willmer, P. G., *Spectrochim. Acta 33 B*, 343 (1978).
[2431] Jackwerth, E., Willmer, P. G., Höhn, R., u. Berndt, H., *At. Absorption Newslett. 18*, 66 (1979).
[2432] Jan, T. K., u. Young, D. R., *Anal. Chem. 50*, 1250 (1978).
[2433] Janoušek, I., *At. Absorption Newslett. 16*, 49 (1977).
[2434] Janssen, J. R., van den Enk, J. E., Bult, R. u. deGroot, D. C., *Anal. Chim. Acta 84*, 319 (1976).
[2435] Jasim, F., u. Barbooti, M. M., *Talanta 28*, 353 (1981).
[2436] Johnson, C. A., *Anal. Chim. Acta 81*, 69 (1976).
[2437] Johnson, C. A., Lewin, J. F., u. Fleming, P. A., *Anal. Chim. Acta 82*, 79 (1976).
[2438] Johnson, D. J., West, T. S., u. Dagnall, R. M., *Anal. Chim. Acta 67*, 79 (1973).

[2439] Jones, A. H., *Anal. Chem. 48*, 1472 (1976).
[2440] Jones, J. W., u. Boyer, K. W., *J. Assoc. Off. Anal. Chem. 62*, 122 (1979).
[2441] Julshamn, K., *At. Absorption Newslett. 16*, 149 (1977).
[2442] Julshamn, K., u. Andersen, K. J., *Anal. Biochem. 98*, 315 (1979).
[2443] Julshamn, K., u. Braekkan, O. R., *At. Absorption Newslett. 14*. 49 (1975).
[2444] Jungreis, E., u. Ain, F., *Anal. Chim. Acta 88*, 191 (1977).
[2445] Kacprzak, J. L., u. Chvojka, R., *J. Assoc. Off. Anal. Chem. 59*, 153 (1976).
[2446] Kahl, M., Mitchell, D. G., Kaufman, G. I., u. Aldous, K. M., *Anal. Chim. Acta 87*, 215 (1976).
[2447] Kaiser, G., Götz, D., Schoch, P., u. Tölg, G., *Talanta 22*, 889 (1975).
[2448] Kaiser, G., Götz, D., Tölg, G., Knapp, G., Maichin, B., u Spitzy, H., *Z. Anal. Chem. 291*, 278 (1978).
[2449] Kalb, G. W., in: *Trace Elements in Fuel* (S. P. Babu, ed.), *Adv. Chem. Ser. 141*, Am. Chem. Soc., Washington, D. C. 1975, S. 154.
[2450] Kallmann, S., u. Blumberg, P., *Talanta 27*, 827 (1980).
[2451] Kamel, H., Brown, D. H., Ottaway, J. M., u. Smith, W. E., *Analyst 101*, 790 (1976).
[2452] Kamel, H., Brown, D. H., Ottaway, J. M., u. Smith, W. E., *Analyst 102*, 645 (1977).
[2453] Kamel, H., Brown, D. H., Ottaway, J. M., u. Smith, W. E., *Talanta 24*, 309 (1977).
[2454] Kane, J. S., *Anal. Chim. Acta 106*, 325 (1979).
[2455] Kang, H. K., u. Valentine, J. L., *Anal. Chem. 49*, 1829 (1977).
[2456] Kantor, T., Fodor, P., u. Pungor, E., *Anal. Chim. Acta 102*, 15 (1978).
[2457] Karwowska, R., Bulska, E., u. Hulanicki, A., *Talanta 27*, 397 (1980).
[2458] Kaszerman, R., u. Theurer, K., *At. Absorption Newslett. 15*, 129 (1976).
[2459] Kato, K., *At. Absorption Newslett. 15*, 4 (1976).
[2460] Katz, A., u. Taitel, N., *Talanta 24*, 132 (1977).
[2461] Kayne, F. J., Komar, G., Laboda, H., u. Vanderlinde, R. E., *Clin. Chem. 24*, 2151 (1978).
[2462] Kaye, J. H., u. Ballou, N. E., *Anal. Chem. 50*, 2076 (1978).
[2463] Keil, R., *persönl. Mitteilg.*
[2464] Keliher, P. N., u. Wohlers, C. C., *Anal. Chem. 48*, 333 A (1976).
[2465] Kim, C. H., Alexander, P. W., u. Smythe, L. E., *Talanta 23*, 229 (1976).
[2466] Kim, C. H., Alexander, P. W., u. Smythe, L. E., *Talanta 23*, 573 (1976).
[2467] King, A. S., *Astrophys. J. 75*, 379 (1932).
[2468] Kingston, H. M., Barnes, I. L., Brady, T. J., Rains, T. C., u. Champ, M. A., *Anal. Chem. 50*, 2064 (1978).
[2469] Kirk, M., Perry, E. G., u. Arritt, J. M., *Anal. Chim. Acta 80*, 163 (1975).
[2470] Kirkbright, G. F., Hsiao-Chuan, S., u. Snook, R. D., *At. Spectrosc. 1*, 85 (1980).
[2471] Kirkbright, G. F., u. Taddia, M., *Anal. Chim. Acta 100,* 145 (1978).
[2472] Kirkbright, G. F., u. Taddia, M., *At. Absorption Newslett. 18*, 68 (1979).
[2473] Kirkbright, G. F., u. Wilson, P. J., *Anal. Chem. 46,* 1414 (1974).
[2474] Kirkbright, G. F., u. Wilson, P. J., *At. Absorption Newslett. 13*, 140 (1974).
[2475] Klinkhammer, G. P., *Anal. Chem. 52*, 117 (1980).
[2476] Knapp, G., *Z. Anal. Chem. 274*, 271 (1975).
[2477] Knapp, G., Sadjadi, B., u. Spitzy, H., *Z. Anal. Chem. 274*, 275 (1975).
[2478] Knauer, H. E., u. Milliman, G. E., *Anal. Chem. 47*, 1263 (1975).
[2479] Knezevic, G., *Deut. Lebensm. Rundsch. 75*, 305 (1979).
[2480] Knudson, E. J., u. Christian, G. D., *Anal. Lett. 6,* 1073 (1973).
[2481] Koirtyohann, S. R., Glass, E. D., u. Lichte, F. E., *Appl. Spectrosc. 35*, 22 (1981).
[2482] Koirtyohann, S. R., u. Khalil, M., *Anal. Chem. 48*, 136 (1976).
[2483] Koizumi, H., u. Yasuda, K., *Anal. Chem. 47*, 1679 (1975).
[2484] Koizumi, H., u. Yasuda, K., *Anal. Chem. 48*, 1178 (1976).
[2485] Koizumi, H., u. Yasuda, K., *Spectrochim. Acta 31 B,* 237 (1976).
[2486] Koizumi, H., u. Yasuda, K., *Spectrochim. Acta 31 B*, 523 (1976).
[2487] Koizumi, H., Yasuda, K., u. Katayama, M., *Anal. Chem. 49*, 1106 (1977).
[2488] Kojima, I., Uchida, T., Nanbu, M., u. Iida, C., *Anal. Chim. Acta 93*, 69 (1977).
[2489] Kokot, M. L., *At. Absorption Newslett. 15*, 105 (1976).
[2490] Komárek, J., Vrchlabský, M., u. Sommer, L., *Z. Anal. Chem. 278*, 121 (1976).
[2491] Kometani, T. Y., *Anal. Chem. 49*, 2289 (1977).

[2492] König, K. H., u. Neumann, P., *Z. Anal. Chem. 279*, 337 (1976).
[2493] Kontas, E., *At. Spectrosc. 2*, 59 (1981).
[2494] Korečková, J., Frech, W., Lundberg, E., Persson, J. A., u. Cedergren, A., *Anal. Chim. Acta 130*, 267 (1981).
[2495] Korenaga, T., *Analyst 106*, 40 (1981).
[2496] Korkisch, J., u. Gross, H., *Mikrochim. Acta (Wien) 1975 II*, 413.
[2497] Korkisch, J., Hübner, H., Steffan, I., Arrhenius, G., Fisk, M., u. Frazer, J., *Anal. Chim. Acta 83*, 83 (1976).
[2498] Korkisch, J., u. Krivanec, H., *Anal. Chim. Acta 83,* 111 (1976).
[2499] Korkisch, J., u. Sorio, A., *Anal. Chim. Acta 82*, 311 (1976).
[2500] Korkisch, J., Steffan, I., u. Gross, H., *Mikrochim. Acta (Wien) 1975 II*, 569.
[2501] Korrey, J. S., u. Goulden, P. D., *At. Absorption Newslett. 14*, 33 (1975).
[2502] Korunová, V., u. Dědina, J., *Analyst 105*, 48 (1980).
[2503] Kothandaraman, P., u. Dallmeyer, J. F., *At. Absorption Newslett. 15*, 120 (1976).
[2504] Kovatsis, A. V., *At. Absorption Newslett. 17*, 104 (1978).
[2505] Kowalska, A., u. Kedziora, M., *At. Spectrosc. 1*, 33 (1980).
[2506] Kraft, G., Lindenberger, D., u. Beck, H., *Z. Anal. Chem 282*, 119 (1976).
[2507] Kragten, J., u. Reynaert, A. P., *Talanta 21*, 618 (1974).
[2508] Krishnamurti, K. V., Shpirt, E., u. Reddy, M. M., *At. Absorption Newslett. 15*, 68 (1976).
[2509] Krishnan, S. S., Quittkat, S., u. Crapper, D. R., *Can. J. Spectrosc. 21*, 25 (1976).
[2510] Kujirai, O., Kobayashi, T., u. Sudo, E., *Z. Anal. Chem. 297*, 398 (1979).
[2511] Kuldvere, A., *At. Spectrosc. 1*, 138 (1980).
[2512] Kuldvere, A., u. Andreassen, B. T., *At. Absorption Newslett. 18*, 106 (1979).
[2513] Kumpulainen, J., *Anal. Chim. Acta 113*, 355 (1980).
[2514] Kundu, M. K., u. Prevot, A., *Anal. Chem. 46*, 1591 (1974).
[2515] Kunselman, G. C., u. Huff, E. A., *At. Absorption Newslett. 15*, 29 (1976).
[2516] Labrecque, J. J., *Appl. Spectrosc. 30*, 625 (1976).
[2517] Labrecque, J. J., Galobardes, J., u. Cohen, M. E., *Appl. Spectrosc. 31*, 207 (1977).
[2518] Lang, I., Šebor, G., Sychra, V., Kolihová, D., u. Weisser, O., *Anal. Chim. Acta 84*, 299 (1976).
[2519] Lang, I., Šebor, G., Weisser, O., u. Sychra, V., *Anal. Chim. Acta 88*, 313 (1977).
[2520] Langmyhr, F. J., *Talanta 24*, 277 (1977).
[2521] Langmyhr, F. J., u. Aadalen, U., *Anal. Chim. Acta 115,* 365 (1980).
[2522] Langmyhr, F. J., u. Aamodt, J., *Anal. Chim. Acta 87,* 483 (1976).
[2523] Langmyhr, F. J., u. Dahl, I. M., *Anal. Chim. Acta 131*, 303 (1981).
[2524] Langmyhr, F. J., u. Håkedal, J. T., *Anal. Chim. Acta 83*, 127 (1976).
[2525] Langmyhr, F. J., u. Kjuus, I., *Anal. Chim. Acta 100,* 139 (1978).
[2526] Langmyhr, F. J., Lind, T., u. Jonsen, J., *Anal. Chim. Acta 80*, 297 (1975).
[2527] Langmyhr, F. J., u. Orre, S., *Anal. Chim. Acta 118,* 307 (1980).
[2528] Langmyhr, F. J., u. Paus, P. E., *Anal. Chim. Acta 44,* 445 (1969).
[2529] Langmyhr, F. J., u. Paus, P. E., *Anal. Chim. Acta 45,* 176 (1969).
[2530] Langmyhr, F. J., u. Rasmussen, S., *Anal. Chim. Acta 72*, 79 (1974).
[2531] Langmyhr, F. J., Solberg, R., u. Thomassen, Y., *Anal. Chim. Acta 92*, 105 (1977).
[2532] Langmyhr, F. J., Stubergh, J. R., Tomassen, Y., Hanssen, J. E., u. Doležal, J., *Anal. Chim. Acta 71*, 35 (1974).
[2533] Langmyhr, F. J., Sundli, A., u. Jonsen, J., *Anal. Chim. Acta 73*, 81 (1974).
[2534] Langmyhr, F. J., u. Tsalev, D. L., *Anal. Chim. Acta 92*, 79 (1977).
[2535] Lansford, M., McPherson, E. M., u. Fishman, M. J., *At. Absorption Newslett. 13*, 103 (1974).
[2536] Lau, C., Held, A., u. Stephens, R., *Can. J. Spectrosc. 21*, 100 (1976).
[2537] Lau, O. W., u. Li, K. L., *Analyst 100*, 430 (1975).
[2538] Law, S. L., u. Gordon, G. E., *Environ. Sci. Technol. 13*, 432 (1979).
[2539] Lawson, S. R., u. Woodriff, R., *Spectrochim. Acta 35 B*, 753 (1980).
[2540] leBihan, A., u. Courtot-Coupez, J., *Analusis 3*, 559 (1975).
[2541] Lekehal, N., u. Hanocq, M., *Anal. Chim. Acta 83*, 93 (1976).
[2542] Leopez-Escobar, L., u. Hume, D. N., *Anal. Lett. 6*, 343 (1973).
[2543] Li, R. T., u. Hercules, D. M., *Anal. Chem. 46*, 916 (1974).
[2544] Lichte, F. E., u. Skogerboe, R. K., *Anal. Chem. 44*, 1480 (1972).

[2545] Liddell, P. R., *Anal. Chem. 48*, 1931 (1976).
[2546] Liddell, P. R., u. Wildy, P. C., *Spectrochim. Acta 35 B*, 193 (1980).
[2547] Lidums, V. V., *At. Absorption Newslett. 18*, 71 (1979).
[2548] Lieu, V. T., u. Woo, D. H., *At. Spectrosc. 1*, 149 (1980).
[2549] Likaits, E. R., Farrell, R. F., u. Mackie, A. J., *At. Absorption Newslett. 18*, 53 (1979).
[2550] Lindsjo, O., in: *Atomspektrometrische Spurenanalytik* (Hrsg. B. Welz), Verlag Chemie, Weinheim 1982, S. 437.
[2551] Litman, R., Finston, H. L., u. Williams, E. T., *Anal. Chem. 47*, 2364 (1975).
[2552] Littlejohn, D., Fell, G. S., u. Ottaway, J. M., *Clin. Chem. 22*, 1719 (1976).
[2553] Littlejohn, D., u. Ottaway, J. M., *Analyst 102*, 553 (1977).
[2554] Littlejohn, D., u. Ottaway, J. M., *Anal. Chim. Acta 98*, 279 (1978).
[2555] Littlejohn, D., u. Ottaway, J. M., *Analyst 103*, 662 (1978).
[2556] Littlejohn, D., u. Ottaway, J. M., *Anal. Chim. Acta 107*, 139 (1979).
[2557] Littlejohn, D., u. Ottaway, J. M., *Analyst 104*, 208 (1979).
[2558] Littlejohn, D., u. Ottaway, J. M., *Analyst 104*, 1138 (1979).
[2559] Lo, D. B., u. Christian, G. D., *Can. J. Spectrosc. 22,* 45 (1977).
[2560] Lo, D. B., u. Coleman, R. L., *At. Absorption Newslett. 18*, 10 (1979).
[2561] Locke, J., *Anal. Chim. Acta 104*, 225 (1979).
[2562] Lord, D. A., McLaren, J. W., u. Wheeler, R. C., *Anal. Chem. 49*, 257 (1977).
[2563] Losser, G. L., *At. Absorption Newslett. 17*, 41 (1978).
[2564] Love, J. L., u. Patterson, J. E., *J. Assoc. Off. Anal. Chem. 61*, 627 (1978).
[2565] Luecke, W., *Chem. Geol. 20*, 265 (1977).
[2566] Luecke, W., *Chem. Erde 38*, 1 (1979).
[2567] Lukasiewicz, R. J., Berens, P. H., u. Buell, B. E., *Anal. Chem. 47*, 1046 (1975).
[2568] Lukasiewicz, R. J., u. Buell, B. E., *Anal. Chem. 47*, 1674 (1975).
[2569] Lund, W., Larsen, B. V., u. Gundersen, N., *Anal. Chim. Acta 81*, 319 (1976).
[2570] Lundberg, E., u. Frech, W., *Anal. Chim. Acta 104*, 67 (1979).
[2571] Lundberg, E., u. Frech, W., *Anal. Chim. Acta 104*, 75 (1979).
[2572] Lundberg, E., u. Frech, W., *Anal. Chim. Acta 108*, 75 (1979).
[2573] Lundberg, E., u. Frech, W., *Anal. Chem. 53*, 1437 (1981).
[2574] Lundberg, E., u. Johansson, G., *Anal. Chem. 48*, 1922 (1976).
[2575] L'vov, B. V., *Talanta 23*, 109 (1976).
[2576] L'vov, B. V., *Spectrochim. Acta 33 B*, 153 (1978).
[2577] L'vov, B. V., *Keynote Lectures XXI CSI, 8. ICAS.* Cambridge, Heyden, London, Philadelphia, Rheine 1979.
[2578] L'vov, B. V., Bayunov, P. A., Patrov, I. B., u. Polobeiko, T. B., *Zh. Anal. Khim. 35*, 1877 (1980).
[2579] L'vov, B. V., Bayunov, P. A., u. Ryabchuk, G. N., *Spectrochim. Acta 36 B*, 397 (1981).
[2580] L'vov, B. V., Katskov, D. A., Kruglikova, L. P., u. Polzik, L. K., *Spectrochim. Acta 31 B*, 49 (1976).
[2581] L'vov, B. V., Kruglikova, L. P., Polzik, L. K., u. Katskov, D. A., *Zh. Anal. Khim. 30*, 645 (1975).
[2582] L'vov, B. V., Kruglikova, L. P., Polzik, L. K., u. Katskov, D. A., *Zh. Anal. Khim. 30*, 652 (1975).
[2583] L'vov, B. V., u. Orlov, N. A., *Zh. Anal. Khim. 30*, 1661 (1975).
[2584] L'vov, B. V., u. Pelieva, L. A., *Can. J. Spectrosc. 23,* 1 (1978).
[2585] L'vov, B. V., u. Pelieva, L. A., *Zh. Anal. Khim. 33,* 1572 (1978).
[2586] L'vov, B. V., u. Pelieva, L. A., *Zh. Anal. Khim. 33,* 1695 (1978).
[2587] L'vov, B. V., u. Pelieva, L. A., *Zh. Anal. Khim. 34,* 1744 (1979).
[2588] L'vov, B. V., u. Pelieva, L. A., *Zh. Prikl. Spektrosk. 31*, 16 (1979).
[2589] L'vov, B. V., u. Pelieva, L. A., *Prog. analyt. atom. Spectrosc. 3*, 65 (1980).
[2590] L'vov, B. V., Pelieva, L. A., u. Sharnopolsky, A. I., *Zh. Prikl. Spektrosk. 27*, 395 (1977).
[2591] L'vov, B. V., Pelieva, L. A., u. Sharnopolsky, A. I., *Zh. Prikl. Spektrosk. 28*, 19 (1978).
[2592] L'vov, B. V., u. Ribzyk, G. N., *Zh. Prikl. Spektrosk. 33*, 1013 (1980).
[2593] Machata, G., *Wien. klin. Wschr. 87*, 484 (1975).
[2594] Machata, G., u. Binder, R., *Z. Rechtsmed. 73*, 29 (1973).

[2595] Machata, G., u. Binder, R., *Archiv Kriminologie 155,* 87 (1975).
[2596] Machiroux, R., u. Anh, D. T. K., *Anal. Chim. Acta 86,* 35 (1976).
[2597] Macquet, J. P., u. Theophanides, T., *Spectrochim. Acta 29 B*, 241 (1974).
[2598] Macquet, J. P., u. Theophanides, T., *At. Absorption Newslett. 14*, 23 (1975).
[2599] Macquet, J. P., u. Theophanides, T., *Biochim. Biophys. Acta 442*, 142 (1976).
[2600] Maessen, F. J. M. J., Balke, J., u. Massee, R., *Spectrochim. Acta 33 B*, 311 (1978).
[2601] Maessen, F. J. M. J., Posma, F. D., u. Balke, J., *Anal. Chem. 46*, 1445 (1974).
[2602] Magill, W. A., u. Svehla, G., *Z. Anal. Chem. 268*, 177 (1974).
[2603] Magill, W. A., u. Svehla, G., *Z. Anal. Chem. 268*, 180 (1974).
[2604] Magnusson, B., u. Westerlund, S., *Anal. Chim. Acta 131,* 63 (1981).
[2605] Magos, L., *Analyst 96*, 847 (1971).
[2606] Magyar, B., u. Aeschbach, F., *Spectrochim. Acta 35 B,* 839 (1980).
[2607] Maher, W. A., *Anal. Chim. Acta 126*, 157 (1981).
[2608] Maier, D., Sinemus, H. W., u. Wiedeking, E., *Z. Anal. Chem. 296*, 114 (1979).
[2609] Majer, J. R., u. Khalil, S. E. A., *Anal. Chim. Acta 126*, 175 (1981).
[2610] Malloy, J. M., Keliher, P. N., u. Cresser, M. S., *Spectrochim. Acta 35 B*, 833 (1980).
[2611] Maloney, M. P., Moody, G. J., u. Thomas, J. D. R., *Analyst 105*, 1087 (1980).
[2612] Maney, J. P., u. Luciano, V. J., *Anal. Chim. Acta 125*, 183 (1981).
[2613] Manning, D. C., *At. Absorption Newslett. 14*, 99 (1975).
[2614] Manning, D. C., *At. Absorption Newslett. 17*, 107 (1978).
[2615] Manning, D. C., u. Ediger, R. D., *At. Absorption Newslett. 15*, 42 (1976).
[2616] Manning, D. C., Ediger, R. D., u. Hoult, D. W., *At. Spectrosc. 1*, 52 (1980).
[2617] Manning, D. C., u. Slavin, W., *Anal. Chem. 50*, 1234 (1978).
[2618] Manning, D. C., u. Slavin, W., *At. Absorption Newslett. 17*, 43 (1978).
[2619] Manning, D. C., u. Slavin, W., *Anal. Chim. Acta 118,* 301 (1980).
[2620] Manning, D. C., Slavin, W., u. Carnrick, G. R., *Spectrochim. Acta 37 B*, 331 (1982).
[2621] Manning, D. C., Slavin, W., u. Myers, S., *Anal. Chem. 51*, 2375 (1979).
[2622] Manthei, K., *Ger. 2245610*, 1974.
[2623] Marcus, M., Hollander, M., Lucas, R. E., u. Pfeiffer, N. C., *Clin. Chem. 21*, 533 (1975).
[2624] Marks, J. Y., Spellman, R. J., u. Wysocki, B., *Anal. Chem. 48*, 1474 (1976).
[2625] Marks, J. Y., u. Welcher, G. G., in: *Flameless Atomic Absorption Analysis: An Update.* American Society for Testing and Materials, STP 618, 1977, S. 11.
[2626] Marks, J. Y., Welcher, G. G., u. Spellman, R. J., *Appl. Spectrosc. 31*, 9 (1977).
[2627] Markus, J. R., *J. Assoc. Off. Anal. Chem. 57*, 970 (1974).
[2628] Martin, T. D., u. Kopp, J. F., *At. Absorption Newslett. 14*, 109 (1975).
[2629] Massmann, H., *Ullmanns Encyklopädie der Technischen Chemie, Band 5.* Verlag Chemie, Weinheim, 4. Auflage, 1980, S. 423.
[2630] Massmann, H., ElGohary, Z., u. Gücer, S., *Spectrochim. Acta 31 B*, 399 (1976).
[2631] Massmann, H., u. Gücer, S., *Spectrochim. Acta 29 B,* 283 (1974).
[2632] Matousek, J. P., *Amer. Lab. 3(6)*, 45 (1971).
[2633] Matousek, J. P., *Talanta 24*, 315 (1977).
[2634] Matousek, J. P., *Prog. analyt. atom. Spectrosc. 4*, 247 (1981).
[2635] Matsunaga, K., Konishi, S., u. Nishimura, M., *Environ. Sci. Technol. 13*, 63 (1979).
[2636] Matsunaga, K., u. Takahashi, S., *Anal. Chim. Acta 87,* 487 (1976).
[2637] Matsusaki, K., Yoshino, T., u. Yamamoto, Y., *Talanta 26*, 377 (1979).
[2638] Matsusaki, K., Yoshino, T., u. Yamamoto, Y., *Anal. Chim. Acta 124*, 163 (1981).
[2639] Matter, L., u. Schneider, W., *Lebensmittelchem. Gerichtl. Chem. 28*, 231 (1974).
[2640] Matthes, W., Flucht, R., u. Stoeppler, M., *Z. Anal. Chem. 291*, 20 (1978).
[2641] Maurer, J., *Z. Lebensm. Unters. Forsch. 165*, 1 (1977).
[2642] Mausbach, G., *G.I.T. 23*, 898 (1979).
[2643] May, I., u. Greenland, L. P., *Anal. Chem. 49*, 2376 (1977).
[2644] May, K., Reisinger, K., Flucht, R., u. Stoeppler, M., *Vom Wasser 55*, 63 (1980).
[2645] May, K., u. Stoeppler, M., *Z. Anal. Chem. 293*, 127 (1978).
[2646] May, L. A., u. Presley, B. J., *At. Absorption Newslett. 13*, 144 (1974).
[2647] May, L. A., u. Presley, B. J., *Microchem. J. 21*, 119 (1976).
[2648] Mazzucotelli, A., u. Frache, R., *Analyst 105*, 497 (1980).

[2649] McArthur, J. M., *Anal. Chim. Acta 93*, 77 (1977).
[2650] McCorriston, L. L., u. Ritchie, R. K., *Anal. Chem. 47,* 1137 (1975).
[2651] McDaniel, M., Shendrikar, A. D., Reiszner, K. D., u. West, P. W., *Anal. Chem. 48*, 2240 (1976).
[2652] McDermott, J. R., u. Whitehill, I., *Anal. Chim. Acta 85*, 195 (1976).
[2653] McDonald, D. C., *Anal. Chem. 49*, 1336 (1977).
[2654] McElhaney, R. J., *J. Radioanalyt. Chem. 32*, 99 (1976).
[2655] McHard, J. A., Winefordner, J. D., u. Attaway, J. A., *J. Agric. Food Chem. 24*, 41 (1976).
[2656] McHard, J. A., Winefordner, J. D., u. Ting, S. V., *J. Agric. Food Chem. 24*, 950 (1976).
[2657] McLaren, J. W., u. Wheeler, R. C., *Analyst 102*, 542 (1977).
[2658] Melcher, M., Grobenski, Z., u. Welz, B., *8. Int. Microchem. Sympos.* Graz 1980.
[2659] Melcher, M., u. Welz, B., *49. Pittsburgh Conf. Anal. Chem. Appl. Spectrosc.*, Cleveland, OH. 1978.
[2660] Menden, E. E., Brockman, D., Choudhury, H., u. Petering, H. G., *Anal. Chem. 49*, 1644 (1977).
[2661] Menezes de Sequeira, E., *Agronomia Lusit. 30*, 115 (1968).
[2662] Menz, D., u. Conradi, G., in: *Atomspektrometrische Spurenanalytik* (Hrsg. B.Welz), Verlag Chemie, Weinheim 1982, S. 489.
[2663] Méranger, J. C., Hollebone, B. R., u. Blanchette, G. A., *J. Analyt. Toxicol. 5*, 33 (1981).
[2664] Méranger, J. C., u. Subramanian, K. S., *Can. J. Spectrosc. 24*, 132 (1979).
[2665] Meyer, A., Hofer, Ch., u. Tölg, G., *Z. Anal. Chem. 290*, 292 (1978).
[2666] Meyer, A., Hofer, Ch., Tölg, G., Raptis, S., u. Knapp, G., *Z. Anal. Chem. 296*, 337 (1979).
[2667] Michael, S. S., *Anal. Chem. 49*, 451 (1977).
[2668] Mills, J. C., u. Belcher, C. B., *Prog. analyt. atom. Spectrosc. 4*, 49 (1981).
[2669] Mitcham, R. P., *Analyst 105*, 43 (1980).
[2670] Mitchell, D. G., Aldous, K. M., u. Ward, A. F., *At. Absorption Newslett. 13*, 121 (1974).
[2671] Mojski, M., *Talanta 25*, 163 (1978).
[2672] Moldan, B., Rubeška, I., Miksovsky, M., u. Huka, M., *Anal. Chim. Acta 52*, 91 (1970).
[2673] Montaser, A., u. Crouch, S. R., *Anal. Chem. 46*, 1817 (1974).
[2674] Montaser, A., u. Crouch, S. R., *Anal. Chem. 47*, 38 (1975).
[2675] Montaser, A., Goode, S. R., u. Crouch, S. R., *Anal. Chem. 46*, 599 (1974).
[2676] Müller-Vogt, G., u. Wendl, W., *Mat. Res. Bull. 15*, 1461 (1980).
[2677] Müller-Vogt, G., u. Wendl, W., *Anal. Chem. 53*, 651 (1981).
[2678] Murphy, G. F., u. Stephens, R., *Talanta 25*, 223 (1978).
[2679] Murphy, J., *At. Absorption Newslett. 14*, 151 (1975).
[2680] Musil, J., u. Doležal, J., *Anal. Chim. Acta 92*, 301 (1977).
[2681] Musil, J., u. Nehasilová, M., *Talanta 23*, 729 (1976).
[2682] Muter, R. B., u. Nice, L. L., in: *Trace Elements in Fuel* (S. P. Babu, ed.), Adv. Chem. Ser. 141, Am. Chem. Soc., Washington, D.C. 1975, S. 57.
[2683] Muzzarelli, R. A. A., u. Rocchetti, R., *Talanta 22,* 683 (1975).
[2684] Nakahara, T., u. Chakrabarti, C. L., *Anal. Chim. Acta 104*, 99 (1979).
[2685] Nakahara, T., u. Musha, S., *Anal. Chim. Acta 80*, 47 (1975).
[2686] Nakahara, T., u. Musha, S., *Can. J. Spectrosc. 24*, 138 (1979).
[2687] Nakahara, T., Tanaka, T., u. Musha, S., *Bull. Chem. Soc. Jpn. 51*, 2046 (1978).
[2688] Nakashima, S., *Analyst 104*, 172 (1979).
[2689] Neumann, D. R., u. Munshower, F. F., *Anal. Chim. Acta 123*, 325 (1981).
[2690] Neve, J., u. Hanocq, M., *Anal. Chim. Acta 93*, 85 (1977).
[2691] Newton, M. P., u. Davis, D. G., *Anal. Chem. 47*, 2003 (1975).
[2692] Nichols, J. A., Jones, R. D., u. Woodriff, R., *Anal. Chem. 50*, 2071 (1978).
[2693] Nichols, J. A., u. Woodriff, R., *J. Assoc. Off. Anal. Chem. 63*, 500 (1980).
[2694] Noga, R. J., *Anal. Chem. 47*, 332 (1975).
[2695] Noller, B. N., u. Bloom, H., *Anal. Chem. 49*, 346 (1977).
[2696] Noller, B. N., Bloom, H., u. Arnold, A. P., *Prog. analyt. atom. Spectrosc. 4*, 81 (1981).
[2697] Nomura, T., u. Karasawa, I., *Anal. Chim. Acta 126*, 241 (1981).
[2698] Norris, J. D., u. West, T. S., *Anal. Chem. 46*, 1423 (1974).
[2699] Noval, E., u. Gries, W. H., *Anal. Chim. Acta 83*, 393 (1976).

[2700] Nuhfer, E. B., u. Romanosky, R. R., *At. Absorption Newslett. 18*, 8 (1979).
[2701] O'Haver, T. C., Harnly, J. M., u. Zander, A. T., *Anal. Chem. 50*, 1218 (1978).
[2702] Ohta, K., u. Suzuki, M., *Anal. Chim. Acta 85*, 83 (1976).
[2703] Ohta, K., u. Suzuki, M., *Talanta 25*, 160 (1978).
[2704] Ohta, K., u. Suzuki, M., *Anal. Chim. Acta 104*, 293 (1979).
[2705] Ohta, K., u. Suzuki, M., *Talanta 26*, 207 (1979).
[2706] Okuno, I., Whitehead, J. A., u. White, R. E., *J. Assoc. Off. Anal. Chem. 61*, 664 (1978).
[2707] Oles, P. J., u. Siggia, S., *Anal. Chem. 46*, 911 (1974).
[2708] Oles, P. J., u. Siggia, S., *Anal. Chem. 46*, 2197 (1974).
[2709] Omenetto, N., u. Winefordner, J. D., *Prog. analyt. atom. Spectrosc. 2*, 1 (1979).
[2710] Ooghe, W., u. Verbeek, F., *Anal. Chim. Acta 73*, 87 (1974).
[2711] Orheim, R. M., u. Bovee, H. H., *Anal. Chem. 46*, 921 (1974).
[2712] Ortner, H. M., u. Kantuscher, E., *Talanta 22*, 581 (1975).
[2713] Ortner, H. M., u. Lassner, E., *Mikrochim. Acta, Suppl. 7*, 41 (1977).
[2714] Oster, O., *Clin. Chim. Acta 114*, 53 (1981).
[2715] Oster, O., *J. Clin. Chem. Clin. Biochem. 19*, 471 (1981).
[2716] Otruba, V., Jambor, J., Horák, J., u. Sommer, L., *Scripta Fac. Sci. Nat. Ujep. Brunensis Chemia 1*, 1 (1976).
[2717] Ottaway, J. M., *Proc. Analyt. Div. Chem. Soc. 13*, 185 (1976).
[2718] Ottaway, J. M., u. Shaw, F., *Analyst 100*, 438 (1975).
[2719] Ottaway, J. M., u. Shaw, F., *Appl. Spectrosc. 31*, 12 (1977).
[2720] Owens, J. W., u. Gladney, E. S., *At. Absorption Newslett. 14*, 76 (1975).
[2721] Owens, J. W., u. Gladney, E. S., *At. Absorption Newslett. 15*, 47 (1976).
[2722] Owens, J. W., u. Gladney, E. S., *At. Absorption Newslett. 15*, 95 (1976).
[2723] Pabalkar, M. A., Naik, S. V., u. Sanjana, N. R., *Analyst 106*, 47 (1981).
[2724] Pachuta, D. G., u. Love, L. J. C., *Anal. Chem. 52*, 444 (1980).
[2725] Page, A. G., Godbole, S. V., Deshkar, S. B., u. Joshi, B. D., *Anal. Lett. A 11*, 619 (1978).
[2726] Pakalns, P., u. Farrar, Y. J., *Water Research 11*, 145 (1977).
[2727] Panday, V. K., *Anal. Chim. Acta 57*, 31 (1971).
[2728] Panday, V. K., u. Ganguly, A. K., *Spectrosc. Lett. 9*, 73 (1976).
[2729] Pandey, L. P., Ghose, A., Dasgupta, P., u. Rao, A. S., *Talanta 25*, 482 (1978).
[2730] Parker, C., u. Pearl, A., *Brit. 1 385 791* (1972).
[2731] Parker, R. D., *Z. Anal. Chem. 292*, 362 (1978).
[2732] Parkes, A., u. Murray-Smith, R., *At. Absorption Newslett. 18*, 57 (1979).
[2733] Patel, B. M., Bhatt, P. M., Gupta, N., Pawar, M. M., u. Joshi, B. D., *Anal. Chim. Acta 104*, 113 (1979).
[2734] Paveri-Fontana, S. L., Tessari, G., u. Torsi, G., *Anal. Chem. 46*, 1032 (1974).
[2735] Peats, S., *At. Absorption Newslett. 18*, 118 (1979).
[2736] Peck, E., *Anal. Lett. B 11*, 103 (1978).
[2737] Pedersen, B., Willems, M., u. Jörgensen, S. S., *Analyst 105*, 119 (1980).
[2738] Pekarek, R. S.; Hauer, E. C., Wannemacher, R. W., u. Beisel, W. R., *Anal. Biochem. 59*, 283 (1974).
[2739] Pera, M. F., u. Harder, H. C., *Clin. Chem. 23*, 1245 (1977).
[2740] Perry, E. F., Koirtyohann, S. R., u. Perry, H. M., *Clin. Chem. 21*, 626 (1975).
[2741] Persson, J. Å., u. Frech, W., *Anal. Chim. Acta 119*, 75 (1980).
[2742] Persson, J. Å., Frech, W., u. Cedergren, A., *Anal. Chim. Acta 89*, 119 (1977).
[2743] Persson, J. Å., Frech, W., u. Cedergren, A., *Anal. Chim. Acta 92*, 85 (1977).
[2744] Persson, J. Å., Frech, W., u. Cedergren, A., *Anal. Chim. Acta 92*, 95 (1977).
[2745] Persson, J. Å., Frech, W., Pohl, G., u. Lundgren, K., *Analyst 105*, 1163 (1980).
[2746] Petrov, I. I., Tsalev, D. L., u. Barsev, A. I., *At. Spectrosc. 1*, 47 (1980).
[2747] Pickett, E. E., *5. FACSS Meeting*, Boston, MA 1978.
[2748] Pickford, C. J., u. Rossi, G., *At. Absorption Newslett. 14*, 78 (1975).
[2749] Pierce, F. D., u. Brown, H. R., *Anal. Chem. 48*, 693 (1976).
[2750] Pierce, F. D., u. Brown, H. R., *Anal. Chem. 49*, 1417 (1977).
[2751] Pierce, F. D., Lamoreaux, T. C., Brown, H. R., u. Fraser, R. S., *Appl. Spectrosc. 30*, 38 (1976).
[2752] Poldoski, J. E., *At. Absorption Newslett. 16*, 70 (1977).

[2753] Poldoski, J. E., *Anal. Chem. 52*, 1147 (1980).
[2754] Pollock, E. N., in: *Trace Elements in Fuel* (S. P. Babu, ed.), Adv. Chem. Ser. 141, Am. Chem. Soc., Washington, D.C. 1975, S. 23.
[2755] Pollock, E. N., *At. Spectrosc. 1*, 78 (1980).
[2756] Polo-Diez, L., Hernandez-Mendez, J., u. Pedraz-Penalva, F., *Analyst 105*, 37 (1980).
[2757] Porter, W. K., *J. Assoc. Off. Anal. Chem. 57*, 614 (1974).
[2758] Posma, F. D., Balke, J., Herber, R. F. M., u. Stuik, E. J., *Anal. Chem. 47*, 834 (1975).
[2759] Prager, M. J., u. Graves, D., *J. Assoc. Off. Anal. Chem. 60*, 609 (1977).
[2760] Prévôt, A., u. Gente-Jauniaux, M., *At. Absorption Newslett. 17*, 1 (1978).
[2761] Price, W. J., Dymott, T. C., u. Whiteside, P. J., *Spectrochim. Acta 35 B*, 3 (1980).
[2762] Price, W. J., u. Roos, J. T. H., *Analyst 93*, 709 (1968).
[2763] Price, W. J., u. Whiteside, P. J., *Analyst 102*, 664 (1977).
[2764] Pritchard, M. W., u. Reeves, R. D., *Anal. Chim. Acta 82*, 103 (1976).
[2765] Prugger, M., u. Torge, R., *Ger. 1 964 469* (1969).
[2766] Pruskowska, E., Carnrick, G. R., u. Slavin, W., *Pittsburgh Conf. Anal. Chem. Appl. Spectrosc.*, Atlantic City, N. J. 1982, Paper 448.
[2767] Pyen, G., u. Fishman, M., *At. Absorption Newslett. 17,* 47 (1978).
[2768] Pyen, G., u. Fishman, M., *At. Absorption Newslett. 18,* 34 (1979).
[2769] Qureshi, M. A., Farid, M., Aziz, A., u. Ejaz, M., *Talanta 26*, 166 (1979).
[2770] Räde, H. S., *At. Absorption Newslett. 13*, 81 (1974).
[2771] Ramelow, G., u. Hornung, H., *At. Absorption Newslett. 17*, 59 (1978).
[2772] Ramsey, J. M., *Anal. Chem. 52*, 2141 (1980).
[2773] Rantala, R. T. T., u. Loring, D. H., *At. Absorption Newslett. 14*, 117 (1975).
[2774] Rantala, R. T. T., u. Loring, D. H., *At. Absorption Newslett. 16*, 51 (1977).
[2775] Rantala, R. T. T., u. Loring, D. H., *At. Spectrosc. 1*, 163 (1980).
[2776] Ranweiler, L. E., u. Moyers, J. L., *Environ. Sci. Technol. 8*, 152 (1974).
[2777] Rao, V. M., u. Sastri, M. N., *Talanta 27*, 771 (1980).
[2778] Raptis, S., Knapp, G., Meyer, A., u. Tölg, G., *Z. Anal. Chem. 300*, 18 (1980).
[2779] Rasmussen, L., *Anal. Chim. Acta 125*, 117 (1981).
[2780] Ratcliffe, D. B., Byford, C. S., u. Osman, P. B., *Anal. Chim. Acta 75*, 457 (1975).
[2781] Ratzlaff, K. L., *Anal. Chem. 51*, 232 (1979).
[2782] Reamer, D. C., u. Veillon, C., *Anal. Chem. 53*, 1192 (1981).
[2783] Regan, J. G. T., u. Warren, J., *Analyst 103*, 447 (1978).
[2784] Regan, J. G. T., u. Warren, J., *At. Absorption Newslett. 17*, 89 (1978).
[2785] Reichert, I. K., u. Gruber, H., *Vom Wasser 51*, 191 (1978).
[2786] Reichert, I. K., u. Gruber, H., *Vom Wasser 52*, 289 (1979).
[2787] Reid, R. D., u. Piepmeier, E. H., *Anal. Chem. 48*, 338 (1976).
[2788] Riandey, C., Gavinelli, R., u. Pinta, M., *Spectrochim. Acta 35 B*, 765 (1980).
[2789] Rice, T. D., *Talanta 23*, 359 (1976).
[2790] Rice, T. D., *Anal. Chim. Acta 91*, 221 (1977).
[2791] Riner, J. C., Wright, F. C., u. McBeth, C. A., *At. Absorption Newslett. 13*, 129 (1974).
[2792] Ritter, C. J., Bergman, S. C., Cothern, C. R., u. Zamierowski, E. E., *At. Absorption Newslett. 17*, 70 (1978).
[2793] Robbins, W. K., *Anal. Chem. 46*, 2177 (1974).
[2794] Robbins, W. K., Runnels, J. H., u. Merryfield, R., *Anal. Chem. 47*, 2096 (1975).
[2795] Robbins, W. K., u. Walker, H. H., *Anal. Chem. 47*, 1269 (1975).
[2796] Robinson, J. W., Kiesel, E. L., Goodbread, J. P., Bliss, R., u. Marshall, R., *Anal. Chim. Acta 92*, 321 (1977).
[2797] Rombach, N., u. Kock, K., *Z. Anal. Chem. 292*, 365 (1978).
[2798] Rook, H. L., Gills, T. E., u. LaFleur, P. D., *Anal. Chem. 44*, 1114 (1972).
[2799] Rooney, R. C., *Analyst 101*, 678 (1976).
[2800] Rooney, R. C., *Analyst 101*, 749 (1976).
[2801] Rosales, A. T., *At. Absorption Newslett. 15*, 51 (1976).
[2802] Ross, R. T., u. Gonzalez, J. G., *Bull. Environ. Contamin. Tech. 12*, 470 (1974).
[2803] Routh, M. W., *Anal. Chem. 52*, 182 (1980).
[2804] Rowston, W. B., u. Ottaway, J. M., *Analyst 104*, 645 (1979).

[2805] Royal, S. J., *Nat. Inst. Metallurgy Report 2063*, Randburg, South Africa 1980.
[2806] Rozenblum, V., *Microchem. J. 21*, 82 (1976).
[2807] Rubeška, I., *Spectrochim. Acta 29 B,* 263 (1974).
[2808] Rubeška, I., *Can. J. Spectrosc. 20*, 156 (1975).
[2809] Rubeška, I., u. Hlavinková, V., *At. Absorption Newslett. 18*, 5 (1979).
[2810] Rubeška, I., Korečková, J., u. Weiss, D., *At. Absorption Newslett. 16*, 1 (1977).
[2811] Rubeška, I., u. Musil, J., *Prog. analyt. atom. Spectrosc. 2*, 309 (1979).
[2812] Rubeška, I., u. Pelikanová, M., *Spectrochim. Acta 33 B*, 301 (1978).
[2813] Runnels, J. H., Merryfield, R., u. Fisher, H. B., *Anal. Chem. 47*, 1258 (1975).
[2814] Saba, C. S., u. Eisentraut, K. J., *Anal. Chem. 49*, 454 (1977).
[2815] Saeed, K., u. Tomassen, Y., *Anal. Chim. Acta 130*, 281 (1981).
[2816] Salmela, S., u. Vuori, E., *Talanta 26*, 175 (1979).
[2817] Salmon, S. G., Davis, R. H., u. Holcombe, J. A., *Anal. Chem. 53*, 324 (1981).
[2818] Salmon, S. G., u. Holcombe, J. A., *Anal. Chem. 51*, 648 (1979).
[2819] Sand, J. R., Liu, J. H., u. Huber, C. O., *Anal. Chim. Acta 87*, 79 (1976).
[2820] Sanzolone, R. F., Chao, T. T., u. Crenshaw, G. L., *Anal Chim. Acta 105*, 247 (1979).
[2821] Sastri, V. S., Chakrabarti, C. L., u. Willis, D. E., *Can. J. Chem. 47*, 587 (1969).
[2822] Schachter, M. M., u. Boyer, K. W., *Anal. Chem. 52*, 360 (1980).
[2823] Scharmann, A., u. Wirz, P., in: *Atomspektrometrische Spurenanalytik* (Hrsg. B. Welz), Verlag Chemie, Weinheim 1982, S. 405.
[2824] Schattenkirchner, M., u. Grobenski, Z., *At. Absorption Newslett. 16*, 84 (1977).
[2825] Schierling, P., u. Schaller, K. H., *Arbeitsmed. Sozialmed. Präventivmed. 16,* 57 (1981).
[2826] Schierling, P., u. Schaller, K. H., *At. Spectrosc. 2,* 91 (1981).
[2827] Schierling, P., u. Schaller, K. H., in: *Atomspektrometrische Spurenanalytik* (Hrsg. B. Welz), Verlag Chemie, Weinheim 1982, S. 97.
[2828] Schmidt, W., u. Dietl, F., *Z. Anal. Chem. 295,* 110 (1979).
[2829] Schneider, W., u. Matter, L., *Forum Städte-Hygiene 28*, 226 (1977).
[2830] Schock, M. R., u. Mercer, R. B., *At. Absorption Newslett. 16*, 30 (1977).
[2831] Schramel, P., *Anal. Chim. Acta 72*, 414 (1974).
[2832] Schulte-Löbbert, F. J., Bohn, G., u. Acker, L., *Lebensmittelchem. gerichtl. Chem. 32*, 93 (1978).
[2833] Schulze, H. D., *Chemie, Anlagen, Verfahren 1979 (2)*, 23.
[2834] Scott, K., *Analyst 103*, 754 (1978).
[2835] Sebastiani, E., Ohls, K., u. Riemer, G., *Z. Anal. Chem. 264*, 105 (1973).
[2836] Seeger, R., *At. Absorption Newslett. 15*, 45 (1976).
[2837] Seeling, W., Grünert, A., Kienle, K. H., Opferkuch, R., u. Swobodnik, M., *Z. Anal. Chem. 299*, 368 (1979).
[2838] Sefzik, E., *Vom Wasser 50*, 285 (1978).
[2839] Seifert, B., u. Drews, M., *WaBoLu Berichte 1/1978,* D. Reimer Verlag, Berlin 1978.
[2840] SenGupta, J. G., *Talanta 23*, 343 (1976).
[2841] SenGupta, J. G., *Talanta 28*, 31 (1981).
[2842] Shabushnig, J. G., u. Hieftje, G. M., *Anal. Chim. Acta 126*, 167 (1981).
[2843] Shaikh, A. U., u. Tallman, D. E., *Anal. Chem. 49*, 1094 (1977).
[2844] Shaikh, A. U., u. Tallman, D. E., *Anal. Chim. Acta 98,* 251 (1978).
[2845] Shaw, F., u. Ottaway, J. M., *At. Absorption Newslett. 13*, 77 (1974).
[2846] Shaw, F., u. Ottaway, J. M., *Analyst 100*, 217 (1975).
[2847] Sheaffer, J. D., Mulvey, G., u. Skogerboe, R. K., *Anal. Chem. 50*, 1239 (1978).
[2848] Shearer, D. A., Cloutier, R. O., u. Hidiroglou, M., *J. Assoc. Off. Anal. Chem. 60*, 155 (1977).
[2849] Shendrikar, A. D., u. West, P. W., *Anal. Chim. Acta 89*, 403 (1977).
[2850] Shepherd, G. A., u. Johnson, A. J., *At. Absorption Newslett. 6*, 114 (1967).
[2851] Shum. G. T. C., Freeman, H. C., u. Uthe, J. F., *J. Assoc. Off. Anal. Chem. 60*, 1010 (1977).
[2852] Shum, G. T. C., Freeman, H. C., u. Uthe, J. F., *Anal. Chem. 51*, 414 (1979).
[2853] Siemer, D. D., u. Baldwin, J. M., *Anal. Chem. 52*, 295 (1980).
[2854] Siemer, D. D., u. Hageman, L., *Anal. Lett. 8*, 323 (1975).
[2855] Siemer, D. D., u. Hageman, L., *Anal. Chem. 52*, 105 (1980).
[2856] Siemer, D. D., u. Koteel, P., *Anal. Chem. 49*, 1096 (1977).

[2857] Siemer, D. D., Koteel, P., u. Jariwala, V., *Anal. Chem. 48*, 836 (1976).
[2858] Siemer, D. D., Vitek, R. K., Koteel, P., u. Houser, W. C., *Anal. Lett. 10*, 357 (1977).
[2859] Siemer, D. D., u. Wei, H. Y., *Anal. Chem. 50*, 147 (1978).
[2860] Siemer, D. D., u. Woodriff, R., *Spectrochim. Acta 29 B*, 269 (1974).
[2861] Siertsema, L. H., *Clin. Chim. Acta 69*, 533 (1976).
[2862] Sighinolfi, G. P., Gorgoni, C., u. Santos, A. M., *Geostandard Newslett. 4*, 223 (1980).
[2863] Sighinolfi, G. P., u. Santos, A. M., *Mikrochim. Acta (Wien) 1976 II*, 33.
[2864] Sighinolfi, G. P., Santos, A., u. Martinelli, G., *Talanta 26*, 143 (1979).
[2865] Silberman, D., u. Fisher, G. L., *Anal. Chim. Acta 106*, 299 (1979).
[2866] Simmons, W. J., *Anal. Chem. 47*, 2015 (1975).
[2867] Simmons, W. J., u. Loneragan, J. F., *Anal. Chem. 47*, 566 (1975).
[2868] Simon, P. J., Giessen, B. C., u. Copeland, T. R., *Anal. Chem. 49*, 2285 (1977).
[2869] Sinemus, H. W., Melcher, M., u. Welz, B., *At. Spectrosc. 2*, 81 (1981).
[2870] Sinex, S. A., Cantillo, A. Y., u. Heiz, G. R., *Anal. Chem. 52*, 2342 (1980).
[2871] Singh, N. P., u. Joselow, M. M., *At. Absorption Newslett. 14*, 42 (1975).
[2872] Sire, J., Collin, J., u. Voinovitch, I. A., *Spectrochim. Acta 33 B*, 31 (1978).
[2873] Sirota, G. R., u. Uthe, J. F., *Anal. Chem. 49*, 823 (1977).
[2874] Slavin, S., Peterson, G. E., u. Lindahl, P. C., *At. Absorption Newslett. 14*, 57 (1975).
[2875] Slavin, W., *At. Spectrosc. 1*, 66 (1980).
[2876] Slavin, W., *At. Spectrosc. 2*, 8 (1981).
[2877] Slavin, W., Carnrick, G. R., u. Manning, D. C., *Anal. Chem. 54*, 621 (1982).
[2878] Slavin, W., Carnrick, G. R., u. Manning, D. C., *Anal. Chim. Acta 138*, 103 (1982).
[2879] Slavin, W., u. Manning. D. C., *Anal. Chem. 51*, 261 (1979).
[2880] Slavin, W., u. Manning, D. C., *Spectrochim. Acta 35 B*, 701 (1980).
[2881] Slavin, W., Manning, D. C., u. Carnrick, G. R., *Anal. Chem. 53*, 1504 (1981).
[2882] Slavin, W., Manning, D. C., u. Carnrick, G. R., *At. Spectrosc. 2*, 137 (1981).
[2883] Slavin, W., Myers, S. A., u. Manning, D. C., *Anal. Chim. Acta 117*, 267 (1980).
[2884] Slikkerveer, F. J., Braad, A. A., u. Hendrikse, P. W., *At. Spectrosc. 1*, 30 (1980).
[2885] Slovák, Z., u. Dočekal, B., *Anal. Chim. Acta 130*, 203 (1981).
[2886] Smets, B., *Spectrochim. Acta 35 B*, 33 (1980).
[2887] Smeyers-Verbeke, J., Michotte, Y., u. Massart, D. L., *Anal. Chem. 50*, 10 (1978).
[2888] Smeyers-Verbeke, J., Michotte, Y., van den Winkel, P., u. Massart, D. L., *Anal. Chem. 48*, 125 (1976).
[2889] Smeyers-Verbeke, J., Verbeelen, D., u. Massart, D. L., *Clin. Chim. Acta 108*, 67 (1980).
[2890] Smith, A. E., *Analyst 100*, 300 (1975).
[2891] Smith, M. R., u. Cochran, H. B., *At. Spectrosc. 2*, 97 (1981).
[2892] Smith, R. G., *Talanta 25*, 173 (1978).
[2893] Smith, R. G., VanLoon, J. C., Knechtel, J. R., Fraser, J. L., Pitts, A. E., u. Hodges, A. E., *Anal. Chim. Acta 93*, 61 (1977).
[2894] Smith, R. G., u. Windom, H. L., *Anal. Chim. Acta 113*, 39 (1980).
[2895] Sneddon, J., Ottaway, J. M., u. Rowston, W. B., *Analyst 103*, 776 (1978).
[2896] Sohler, A., Wolcott, P., u. Pfeiffer, C. C., *Clin. Chim. Acta 70*, 391 (1976).
[2897] Sommerfeld, M. R., Love, T. D., u. Olsen, R. D., *At. Absorption Newslett. 14*, 31 (1975).
[2898] Sperling, K. R., *At. Absorption Newslett. 14*, 60 (1975).
[2899] Sperling, K. R., *At. Absorption Newslett. 15*, 1 (1976).
[2900] Sperling, K. R., *Z. Anal. Chem. 287*, 23 (1977).
[2901] Sperling, K. R., *Z. Anal. Chem. 299*, 103 (1979).
[2902] Sperling, K. R., *Vom Wasser 54*, 99 (1980).
[2903] Sperling, K. R., *Z. Anal. Chem. 301*, 294 (1980).
[2904] Sperling, K. R., u. Bahr, B., *Z. Anal. Chem. 301*, 31 (1980).
[2905] Sperling, K. R., u. Bahr, B., *Z. Anal. Chem. 306*, 7 (1981).
[2906] Stafford, D. T., u. Saharovici, F., *Spectrochim. Acta 29 B*, 277 (1974).
[2907] Stein, V. B., Canelli, E., u. Richards, A. H., *At. Spectrosc. 1*, 61 (1980).
[2908] Stein, V. B., Canelli, E., u. Richards, A. H., *At. Spectrosc. 1*, 133 (1980).
[2909] Steinnes, E., *At. Absorption Newslett. 15*, 102 (1976).
[2910] Stephens, R., *Talanta 24*, 233 (1977).

[2911] Stephens, R., *Talanta 25*, 435 (1978).
[2912] Stephens, R., *Talanta 26*, 57 (1979).
[2913] Stephens, R., u. Murphy, G. F., *Talanta 25*, 441 (1978).
[2914] Stephens, R., u. Ryan, D. E., *Talanta 22*, 655 (1975).
[2915] Stephens, R., u. Ryan, D. E., *Talanta 22*, 659 (1975).
[2916] Sterritt, R. M., u. Lester, J. N., *Analyst 105*, 616 (1980).
[2917] Stoeppler, M., u. Backhaus, F., *Z. Anal. Chem. 291*, 116 (1978).
[2918] Stoeppler, M., u. Brandt, K., *Z. Anal. Chem. 300*, 372 (1980).
[2919] Stoeppler, M., Brandt, K., u. Rains, T. C., *Analyst 103*, 714 (1978).
[2920] Stoeppler, M., Kampel, M., u. Welz, B., *Z. Anal. Chem. 282*, 369 (1976).
[2921] Stoeppler, M., u. Matthes, W., *Anal. Chim. Acta 98*, 389 (1978).
[2922] Stolzenburg, T. R., u. Andren, A. W., *Anal. Chim. Acta 118*, 377 (1980).
[2923] Strauss, W., *Air Pollution Control III*, Wiby & Sons, New York 1977.
[2924] Strelow, F. W. E., Liebenberg, C. J., u. Victor, A. H., *Anal. Chim. Acta 46*, 1409 (1974).
[2925] Stuart, D. C., *Anal. Chim. Acta 96*, 83 (1978).
[2926] Stuart, D. C., *Anal. Chim. Acta 101*, 429 (1978).
[2927] Stuart, D. C., *Anal. Chim. Acta 106*, 411 (1979).
[2928] Studnicki, M., *Anal. Chem. 52*, 1762 (1980).
[2929] Sturgeon, R. E., *Anal. Chem. 49*, 1255 A (1977).
[2930] Sturgeon, R. E., u. Berman, S. S., *Anal. Chem. 53*, 632 (1981).
[2931] Sturgeon, R. E., Berman, S. S., Desaulniers, J. A. H., Mykytiuk, A. P., McLaren, J. W., u. Russell, D. S., *Anal. Chem. 52*, 1585 (1980).
[2932] Sturgeon, R. E., u. Chakrabarti, C. L., *Anal. Chem. 48*, 677 (1976).
[2933] Sturgeon, R. E., u. Chakrabarti, C. L., *Anal. Chem. 49*, 90 (1977).
[2934] Sturgeon, R. E., u. Chakrabarti, C. L., *Anal. Chem. 49*, 1100 (1977).
[2935] Sturgeon, R. E., u. Chakrabarti, C. L., *Spectrochim. Acta 32 B*, 231 (1977).
[2936] Sturgeon, R. E., u. Chakrabarti, C. L., *Prog. analyt. atom. Spectrosc. 1*, 5 (1978).
[2937] Sturgeon, R. E., Chakrabarti, C. L., u. Bertels, P. C., *Anal. Chem. 47*, 1250 (1975).
[2938] Sturgeon, R. E., Chakrabarti, C. L., u. Langford, C. H., *Anal. Chem. 48*, 1792 (1976).
[2939] Sturgeon, R. E., Chakrabarti, C. L., Maines, I. S., u. Bertels, P. C., *Anal. Chem. 47*, 1240 (1975).
[2940] Subramanian, K. S., u. Chakrabarti, C. L., *Prog. analyt. atom. Spectrosc. 2*, 287 (1979).
[2941] Subramanian, K. S., u. Meranger, J. C., *Anal. Chim. Acta 124*, 131 (1981).
[2942] Suddendorf, R. F., Wright, S. K., u. Boyer, K. W., *J. Assoc. Off. Anal. Chem. 64*, 657 (1981).
[2943] Sukiman, S., *Anal. Chim. Acta 84*, 419 (1976).
[2944] Sulek, A. M., Elkins, E. R., u. Zink, E. W., *J. Assoc. Off. Anal. Chem. 61*, 931 (1978).
[2945] Sullivan, J. V., *Prog. analyt. atom. Spectrosc. 4*, 311 (1981).
[2946] Sunderman, F. W., *Clin. Chem. 21*, 1873 (1975).
[2947] Sunderman, F. W., *27. Int. Congr. Pure Appl. Chem.* (A. Varmavuori, ed.), Pergamon Press, Oxford, New York 1980, S. 129.
[2948] Supp, G. R., u. Gibbs, I., *At. Absorption Newslett. 13*, 71 (1974).
[2949] Sutcliffe, P., *Analyst 101*, 949 (1976).
[2950] Suzuki, M., Hayashi, K., u. Wacker, W. E. C., *Anal. Chim. Acta 104*, 389 (1979).
[2951] Suzuki, M., Ohta, K., u. Yamakita, T., *Anal. Chem. 53*, 9 (1981).
[2952] Sychra, V., Svoboda, V., u. Rubeška, I., *Atomic Fluorescence Spectroscopy*. Van Nostrand Reinhold Co., London 1975.
[2953] Szydlowski, F. J., *At. Absorption Newslett. 16*, 60 (1977).
[2954] Szydlowski, F. J., *Anal. Chim. Acta 106*, 121 (1979).
[2955] Szydlowski, F. J., u. Vianzon, F. R., *Anal. Lett. B 11*, 161 (1978).
[2956] Tatro, M. E., Raynolds, W. L., u. Costa, F. M., *At. Absorption Newslett. 16*, 143 (1977).
[2957] Tello, A., u. Sepulveda, N., *At. Absorption Newslett. 16*, 67 (1977).
[2958] Terashima, S., *Anal. Chim. Acta 86*, 43 (1976).
[2959] Therrell, B. L., Drosche, J. M., u. Dziuk, T. W., *Clin. Chem. 24*, 1182 (1978).
[2960] Thiex, N., *J. Assoc. Off. Anal. Chem. 63*, 496 (1980).
[2961] Thomassen, Y., Larsen, B. V., Langmyhr, F. J., u. Lund, W., *Anal. Chim. Acta 83*, 103 (1976).
[2962] Thomassen, Y., Solberg, R., u. Hanssen, E., *Anal. Chim. Acta 90*, 279 (1977).

[2963] Thompson, A. J., u. Thoresby, P. A., *Analyst 102*, 9 (1977).
[2964] Thompson, D. D., u. Allen, R. J., *At. Spectrosc. 2*, 53 (1981).
[2965] Thompson, K. C., Godden, R. G., u. Thomerson, D. R., *Anal. Chim. Acta 74*, 289 (1975).
[2966] Thompson, K. C., Godden, R. G., u. Thomerson, D. R., *Anal. Chim. Acta 74*, 389 (1975).
[2967] Thompson, K. C., u. Thomerson, D. R., *Analyst 99*, 595 (1974).
[2968] Thompson, K. C., u. Wagstaff, K., *Analyst 105*, 641 (1980).
[2969] Thompson, K. C., u. Wagstaff, K., *Analyst 105*, 883 (1980).
[2970] Thompson, K. C., Wagstaff, K., u. Wheatstone, K. C., *Analyst 102*, 310 (1977).
[2971] Thompson, M., Pahlavanpour, B., Walton, S. J., u. Kirkbright, G. F., *Analyst 103*, 705 (1978).
[2972] Tindall, F. M., *At. Absorption Newslett. 16*, 37 (1977).
[2973] Toda, W., Lux, J., u. Van Loon, J. C., *Anal. Lett. 13*, 1105 (1980).
[2974] Toffaletti, J., u. Savory, J., *Anal. Chem. 47*, 2091 (1975).
[2975] Tölg, G., *Z. Anal. Chem. 283*, 257 (1977).
[2976] Tölg, G., *Nachr. Chem. Tech. Lab. 27*, 250 (1979).
[2977] Tölg, G., *Z. Anal. Chem. 294*, 1 (1979).
[2978] Tölg, G., u. Lorenz, I., *Chemie in unserer Zeit 11*, 150 (1977).
[2979] Tominaga, M., u. Umezaki, Y., *Anal. Chim. Acta 110*, 55 (1979).
[2980] Tomljanovic, M., u. Grobenski, Z., *At. Absorption Newslett. 14*, 52 (1975).
[2981] Torsi, G., Desimoni, E., Palmisano, F., u. Sabbatini, L., *Anal. Chem. 53*, 1035 (1981).
[2982] Toth, J. R., u. Ingle, J. D., *Anal. Chim. Acta 92*, 409 (1977).
[2983] Trachman, H. L., Tyberg, A. J., u. Branigan, P. D., *Anal. Chem. 49*, 1090 (1977).
[2984] Treptow, H., Askar, A., u. Bielig, H. J., *Lebensmittelchem. Gerichtl. Chem. 32*, 63 (1978).
[2985] Tsai, W. C., Lin, C. P., Shiau, L. J., u. Pan, S. D., *J. Amer. Oil Chem. Soc. 55*, 695 (1978).
[2986] Tsai, W. C., u. Shiau, L. J., *Anal. Chem. 49*, 1641 (1977).
[2987] Tschöpel, P., Kotz, L., Schulz, W., Veber, M., u. Tölg, G., *Z. Anal. Chem. 302*, 1 (1980).
[2988] Tsukahara, I., u. Tanaka, M., *Talanta 27*, 237 (1980).
[2989] Tuell, T. M., Ullman, A. H., Pollard, B. D., Massoumi, A., Bradshaw, J. D., Bower, J. N., u. Winefordner, J. D., *Anal. Chim. Acta 108*, 351 (1979).
[2990] Uchida, Y., u. Hattori, S., *Oyo Butsuri 44*, 852 (1975).
[2991] Ullman, A. H., *Prog. analyt. atom. Spectrosc. 3*, 87 (1980).
[2992] Ullucci, P. A., u. Hwang, J. Y., *Talanta 21*, 745 (1974).
[2993] Unvala, H. A., *U. S. 4 238 830* (1980).
[2994] Ure, A. M., u. Mitchell, M. C., *Anal. Chim. Acta 87*, 283 (1976).
[2995] Vajda, F., *Anal. Chim. Acta 128*, 31 (1981).
[2996] Vandeberg, J. T., Swafford, H. D., u. Scott, R. W., *J. Paint Technol. 47*, 84 (1975).
[2997] van den Broek, W. M. G. T., u. de Galan, L., *Anal. Chem 49*, 2176 (1977).
[2998] van den Broek, W. M. G. T., de Galan, L., Matousek, J. P., u. Czobik, E. J., *Anal. Chim. Acta 100*, 121 (1978).
[2999] Vanderborght, B. M., u. van Grieken, R. E., *Anal. Chem. 49*, 311 (1977).
[3000] van der Geugten, R. P., *Z. Anal. Chem. 306*, 13 (1981).
[3001] van Eenbergen, A., u. Bruninx, E., *Anal. Chim. Acta 98*, 405 (1978).
[3002] Van Loon, J. C., *Z. Anal. Chem. 246*, 122 (1969).
[3003] Van Loon, J. C., Radziuk, B., Kahn, N., Lichwa, J., Fernandez, F. J., u. Kerber, J. D., *At. Absorption Newslett. 16*, 79 (1977).
[3004] van Luipen, J., *At. Absorption Newslett. 17*, 144 (1978).
[3005] Veillon, C., Guthrie, B. E., u. Wolf, W. R., *Anal. Chem. 52*, 457 (1980).
[3006] Veinot, D. E., u. Stephens, R., *Talanta 23*, 849 (1976).
[3007] Velghe, N., Campe, A., u. Claeys, A., *At. Absorption Newslett. 17*, 37 (1978).
[3008] Velghe, N., Campe, A., u. Claeys, A., *At. Absorption Newslett. 17*, 139 (1978).
[3009] Verlinden, M., u. Deelstra, H., *Z. Anal. Chem. 296*, 253 (1979).
[3010] Versiek, J., u. Cornelis, R., *Anal. Chim. Acta 116*, 217 (1980).
[3011] Vickrey, T. M., Harrison, G. V., u. Ramelow, G. J., *At. Spectrosc. 1*, 116 (1980).
[3012] Vickrey, T. M., Harrison, G. V., Ramelow, G. J., u. Carver, J. C., *Anal. Lett. 13*, 781 (1980).
[3013] Vieira, N. E., u. Hansen, J. W., *Clin. Chem. 27*, 73 (1981).
[3014] Vigler, M. S., u. Gaylor, V. F., *Appl. Spectrosc. 28*, 342 (1974).
[3015] Vijan, P. N., *At. Spectrosc. 1*, 143 (1980).

[3016] Vijan, P. N., u. Chan, C. Y., *Anal. Chem. 48*, 1788 (1976).
[3017] Vijan, P. N., Rayner, A. C., Sturgis, D., u. Wood, G. R., *Anal. Chim. Acta 82*, 329 (1976).
[3018] Vijan, P. N., u. Sadana, R. S., *Talanta 27*, 321 (1980).
[3019] Vijan, P. N., u. Wood, G. R., *Talanta 23*, 89 (1976).
[3020] Volland, G., Kölblin, G., Tschöpel, P., u. Tölg, G., *Z. Anal. Chem. 284*, 1 (1977).
[3021] Volland, G., Tschöpel, P., u. Tölg, G., *Anal. Chim. Acta 90*, 15 (1977).
[3022] Völlkopf, U., Grobenski, Z., u. Welz, B., *At. Spectrosc. 2*, 68 (1981).
[3023] Völlkopf, U., Grobenski, Z., u. Welz, B., *G. I. T. Fachz. Lab. 26*, 444 (1982).
[3024] Volosin, M. T., Kubasik, N. P., u. Sine, H. E., *Clin. Chem. 21*, 1986 (1975).
[3025] Wagenaar, H. C., u. de Galan, L., *Spectrochim. Acta 30 B*, 361 (1975).
[3026] Wahab, H. S., u. Chakrabarti, C. L., *Spectrochim. Acta 36 B*, 475 (1981).
[3027] Wahab, H. S., u. Chakrabarti, C. L., *Spectrochim. Acta 36 B*, 463 (1981).
[3028] Walker, H. H., Runnels, J. H., u. Merryfield, R., *Anal. Chem. 48*, 2056 (1976).
[3029] Wallace, G. F., Lumas, B. K., Fernandez, F. J., u. Barnett, W. B., *At. Spectrosc. 2*, 130 (1981).
[3030] Walsh, J. N., *Analyst 102*, 51 (1977).
[3031] Walton, G., *Analyst 98*, 335 (1973).
[3032] Ward, A. F., Mitchell, D. G., u. Aldous, K. M., *Anal. Chem. 47*, 1656 (1975).
[3033] Ward, A. F., Mitchell, D. G., Kahl, M., u. Aldous, K. M., *Clin. Chem. 20*, 1199 (1974).
[3034] Warren, J., u. Carter, D., *Can. J. Spectrosc. 20*, 1 (1975).
[3035] Watkins, D., Corbyons, T., Bradshaw, J., u. Winefordner, J. D., *Anal. Chim. Acta 85*, 403 (1976).
[3036] Watling, R. J., *Anal. Chim. Acta 94*, 181 (1977).
[3037] Wauchope, R. D., *At. Absorpt. Newslett. 15*, 64 (1976).
[3038] Wawschinek, O., u. Höfler, H., *At. Absorption Newslett. 18*, 97 (1979).
[3039] Wawschinek, O., u. Rainer, F., *At. Absorption Newslett. 18*, 50 (1979).
[3040] Wegscheider, W., Knapp, G., u. Spitzy, H., *Z. Anal. Chem. 283*, 183 (1977).
[3041] Weibust, G., Langmyhr, F. J., u. Thomassen, Y., *Anal. Chim. Acta 128*, 23 (1981).
[3042] Weinstock, N., u. Uhlemann, M., *Clin. Chem. 27*, 1438 (1981).
[3043] Weiss, H. V., Guttman, M. A., Korkisch, J., u. Steffan, I., *Talanta 24*, 509 (1977).
[3044] Welsch, E. P., u. Chao, T. T., *Anal. Chim. Acta 76*, 65 (1975).
[3045] Welsch, E. P., u. Chao, T. T., *Anal. Chim. Acta 82*, 337 (1976).
[3046] Welz, B., *Angewandte AAS 4*, Bodenseewerk Perkin-Elmer, Überlingen 1976.
[3047] Welz, B., *Z. Anal. Chem. 279*, 103 (1976).
[3048] Welz, B., *Proceedings Symposium III on electrothermal atomization in atomic absorption spectrometry,* Chlum u Třeboně 1977, S. 126.
[3049] Welz, B., Grobenski, Z., u. Melcher, M., *13. Spektrometertagung.* Herausg. K. H. Koch, u. H. Massmann, Walter de Gruyter, Berlin, New York 1981, S. 337.
[3050] Welz, B., Grobenski, Z., Melcher, M., u. Weber, D., *Pittsburgh Conf. Anal. Chem. Appl. Spectrosc.,* Cleveland, OH. 1979.
[3051] Welz, B., u. Melcher, M., *At. Absorption Newslett. 18,* 121 (1979).
[3052] Welz, B., u. Melcher, M., *At. Spectrosc. 1*, 145 (1980).
[3053] Welz, B., u. Melcher, M., *19. Ann. Sympos. Analyt. Chem. Pollutants,* Dortmund 1980.
[3054] Welz, B., u. Melcher, M., *Spectrochim. Acta 36 B*, 439 (1981).
[3055] Welz, B., u. Melcher, M., *Anal. Chim. Acta 131*, 17 (1981).
[3056] Welz, B., u. Melcher, M., *Analyst 108,* 213 (1983).
[3057] Welz, B., u. Melcher, M., *9. FACSS Meeting*, Philadelphia, PA 1982, Paper 356.
[3058] Welz, B., u. Melcher, M., *Spectrochim. Acta,* im Druck.
[3059] Welz, B., u. Melcher, M., *Anal. Chim. Acta*, im Druck.
[3060] Welz, B., u. Melcher, M., *Vom Wasser 59*, 407 (1982).
[3061] Welz, B., Völlkopf, U., u. Grobenski, Z., *Anal. Chim. Acta 136*, 201 (1982).
[3062] Welz, B., Weber, D., u. Grobenski, Z., *Angewandte AAS 10*, Bodenseewerk Perkin-Elmer, Überlingen 1978.
[3063] Welz, B., Weber, D., u. Grobenski, Z., *unveröffentlicht.*
[3064] Welz, B., Wiedeking, E., u. Sigl, W., *Int. Sympos. Microchem. Tech.,* Davos 1977.
[3065] West, A. C., Fassel, V. A., u. Kniseley, R. N., *Anal. Chem. 45*, 815 (1973).
[3066] West, A. C., Fassel, V. A., u. Kniseley, R. N., *Anal. Chem. 45*, 2420 (1973).

[3067] White, W. W., u. Murphy, P. J., *Anal. Chem. 49*, 255 (1977).
[3068] Whiteside, P. J., u. Price, W. J., *Analyst 102*, 618 (1977).
[3069] Wigfield, D. C., Croteau, S. M., u. Perkins, S. L., *J. Analyt. Toxicol. 5*, 52 (1981).
[3070] Willis, J. B., *Anal. Chem. 47*, 1753 (1975).
[3071] Wilson, D. L., *At. Absorption Newslett. 18*, 13 (1979).
[3072] Wirth, K., *Geol. Mitt. 12,* 367 (1974).
[3073] Wise, W. M., u. Solsky, S. D., *Anal. Lett. 9*, 1047 (1976).
[3074] Wise, W. M., u. Solsky, S. D., *Anal. Lett. 10*, 273 (1977).
[3075] Wittmers, L. E., Alich, A., u. Aufderheide, A. C., *Am. J. Clin. Pathol. 75*, 80 (1981).
[3076] Wolf, W. R., *Anal. Chem. 48*, 1717 (1976).
[3077] Wolf, W. R., Mertz, W., u. Masironi, R., *J. Agr. Food Chem. 22*, 1037 (1974).
[3078] Woodis, T. C., Hunter, G. B., u. Johnson, F. J., *J. Assoc. Off. Anal. Chem. 59*, 22 (1976).
[3079] Wright, F. C., u. Riner, J. C., *At. Absorption Newslett. 14*, 103 (1975).
[3080] Wunderlich, E., u. Burghardt, M., *Z. Anal. Chem. 281,* 299 (1976).
[3081] Wunderlich, E., u. Hädeler, W., *Z. Anal. Chem. 281,* 300 (1976).
[3082] Wuyts, L., Smeyers-Verbeke, J., u. Massart, D. L., *Clin. Chim. Acta 72*, 405 (1976).
[3083] Yamada, H., Uchino, K., Koizumi, H., Noda, T., u. Yasuda, K., *Anal. Lett. A 11*, 855 (1978).
[3084] Yamamoto, M., Urata, K., u. Yamamoto, Y., *Anal. Lett. 14*, 21 (1981).
[3085] Yamamoto, Y., u. Kumamaru, T., *Z. Anal. Chem. 281*, 353 (1976).
[3086] Yamamoto, Y., u. Kumamaru, T., *Z. Anal. Chem. 282*, 139 (1976).
[3087] Yamamoto, Y., Kumamaru, T., u. Shiraki, A., *Z. Anal. Chem. 292*, 273 (1978).
[3088] Yamasaki, S., Yoshino, A., u. Kishita, A., *Soil Sci. Plant Nutr. 21*, 63 (1975).
[3089] Yasuda, K., Koizumi, H., Ohishi, K., u. Noda, T., *Prog. analyt. atom. Spectrosc. 3*, 299 (1980).
[3090] Yasuda, S., u. Kakiyama, H., *Anal. Chim. Acta 84*, 291 (1976).
[3091] Yasuda, S., u. Kakiyama, H., *Anal. Chim. Acta 89*, 369 (1977).
[3092] Young, R. S., *Talanta 28*, 25 (1981).
[3093] Yudelevich, I. G., Zelentsova, L. V., Beisel, N. F., Chanysheva, T. A., u. Vechernish, L., *Anal. Chim. Acta 108*, 45 (1979).
[3094] Zachariasen, H., Andersen, I., Kostøl, C., u. Barton, R., *Clin. Chem. 21*, 562 (1975).
[3095] Zander, A. T., O'Haver, T. C., u. Keliher, P. N., *Anal. Chem. 48*, 1166 (1976).
[3096] Zander, A. T., O'Haver, T. C., u. Keliher, P. N., *Anal. Chem. 49*, 838 (1977).
[3097] Zatka, V. J., *Anal. Chem. 50*, 538 (1978).
[3098] Zeeman, P., *Phil. Mag. 5*, 226 (1897).
[3099] Zielhuis, R. L., Stuik, E. J., Herber, R. F. M., Sallé, H. J. A., Verberk, M. M., Posma, F. D., u. Jager, J. H., *Int. Arch. Occup. Environ. Hlth. 39,* 53 (1977).
[3100] Zielke, H. J., u. Luecke, W., *Z. Anal. Chem. 271*, 29 (1974).
[3101] de Galan, L., u. de Loos-Vollebregt, M. T. C., *Keynote Lectures XXI CSI, 8. ICAS, Cambridge,* Heyden, London, Philadelphia, Rheine 1979.
[3102] L'vov, B. V., Katskov, D. A., u. Kruglikova, L. P., *Zh. Prikl. Spektr. 14*, 784 (1971).
[3103] L'vov, B. V., u. Khartsyzov, A. D., *Zh. Prikl. Spektr. 11*, 9 (1969).

Sachregister